Klimaanpassung an Gebäuden, Freiflächen sowie in der Stadt- und Landschaftsplanung

Maßnahmen, praktische Planungshilfen und Projektbeispiele

Stand: Juli 2026

FORUM

Prof. Dr. Hartmut Balder
Dipl.-Ing. Jürgen Benitz-Wildenburg
Dipl.-Ing. Birgit Georgi
Dr. Janalisa Hahne
Dipl.-Ing. (FH) Brigitte Hallschmid
Prof. Dr.-Ing. Thomas Hartmann
RA Denise Helling
Dipl.-Ing. (FH) Georg Hermannsdorfer
Prof. Dr.-Ing. Sabine Hoffmann
Dr.-Ing. Beate Hüttenmoser
Bernd Ishorst
Prof. Dr. Lutz Katzschner
RA Nina Kiesewetter
Prof. Jörn P. Lass
Dr. Gunter Mann
LL.M. M.Eng. Tobias Oest
RA Birgit Schaarschmidt
Dr. rer. pol. Volker Teichert
Dipl.-Ing. Jörg Tröller
Dr.-Ing. Tina Weinberger

Bibliografische Information der Deutschen Bibliothek
Die Deutsche Bibliothek verzeichnet diese Publikation in der Deutschen Nationalbibliografie; detaillierte bibliografische Daten sind im Internet über http://dnb.dnb.de abrufbar.

Mandichostraße 18
86504 Merching

Telefon: +49 (0)8233 381-123
Fax: +49 (0)8233 381-222
E-Mail: service@forum-verlag.com
Internet: www.forum-verlag.com

Hinweis: Aus Gründen der besseren Lesbarkeit und Einfachheit wird in den folgenden Texten meist die männliche Form verwendet. Die verwendeten Bezeichnungen sind als geschlechtsneutral bzw. als Oberbegriffe zu interpretieren und gelten gleichermaßen für alle Geschlechter.

Titelfoto/-illustration: © VectorMine – stock.adobe.com;
Satz: Reemers Publishing Services GmbH, 47799 Krefeld
Druck: Druckerei Joh. Walch, 86179 Augsburg
Printed in Germany

ISBN: 978-3-96314-920-7
Grundwerk inkl. 11. Aktualisierungslieferung

So sind Sie stets auf aktuellem Stand!

Bei der Bestellung Ihres Praxishandbuchs haben Sie sich auch für den Aktualisierungsservice dieses Werks entschieden. Zu Recht – denn so werden Sie automatisch über alle aktuellen Änderungen und neuen Entwicklungen informiert.

Wir empfehlen Ihnen, die gelieferte Aktualisierung entsprechend der Einsortieranleitung möglichst zeitnah einzuordnen. Nur so bleiben der hohe Praxisnutzen und die Aktualität Ihres Werks auf Dauer erhalten. Dieses Aktualisierungsprotokoll soll Ihnen dabei als Hilfestellung dienen.

Akt.-Nr.:	Stand:	einsortiert am:	von:

Akt.-Nr.:	Stand:	einsortiert am:	von:

Sollten Sie auf den Aktualisierungsservice irgendwann verzichten wollen, können Sie den Service völlig problemlos beenden: Eine Mitteilung genügt, und wir streichen Sie aus dem Verteiler.

Vorwort

Das Ziel des Pariser Klimaabkommens von 2016 war ambitioniert: Nur um 1,5 °C sollte die Erde sich bis zur Jahrhundertwende im Vergleich zum vorindustriellen Zeitalter erwärmen. Nur wenige Jahre später scheint es realistisch, dass diese Marke noch in diesem Jahrzehnt überschritten wird. Die Folgen für die Natur und die Menschen sind gravierend. Daher gewinnen Maßnahmen zur Klimaanpassung zunehmend an Bedeutung.

Die Aufgabe der Klimaanpassung besteht darin, die möglichen und bereits existierenden Folgen des Klimawandels, wie Hitze, Dürre, Starkregen oder Unwetter, abzumildern. Hierzu steht eine breite Auswahl an Anpassungsmaßnahmen zur Verfügung. Klimaresilienz wird für Städte und Regionen in Zukunft ein zentraler Punkt, um die Sicherheit und das Wohlbefinden der Menschen zu garantieren. Die Wahl der geeigneten Maßnahmen ist dabei von vielen Faktoren abhängig: Neben den konkreten Folgen des Klimawandels spielen lokale Gegebenheiten wie die geografische Lage oder das Wetter ebenso eine Rolle wie politische und finanzielle Überlegungen.

Starkregen z. B. kann schwerwiegende Folgen haben: Es kommt zu Hochwasser und Überflutungen, wodurch Menschen gefährdet, Gebäude zerstört und Landschaften verwüstet werden. Eine mögliche Anpassung ist die dezentrale Regenwasserbewirtschaftung: Anstatt Niederschlag direkt über die städtische Kanalisation abzuleiten, können u. a. Grünflächen, wie Parks, Gründächer oder Mulden, geschaffen oder Blauflächen, wie Teiche oder Bäche, angelegt werden, um Wasser lokal zu speichern.

Zudem stellt Hitze für Menschen eine große Gefahr dar. Insbesondere Großstädte heizen sich aufgrund des sog. Wärmeinseleffekts in den Sommermonaten deutlich stärker auf als das Umland. Auch hier tragen Grün- und Wasserflächen durch Schatten und Verdunstungskälte deutlich zur Minderung der Hitze bei. Gleichzeitig können auch bauliche Maßnahmen, wie eine effiziente Gebäudedämmung, eine geregelte Belüftung und Verschattungsmöglichkeiten, das Aufheizen der Innenräume verlangsamen oder verhindern.

Bei der Umsetzung von Maßnahmen zur Klimaanpassung ist eine produktive Kooperation zwischen Kommunen, Planern und Bürgern von entscheidender Bedeutung. Eine Vernetzung der Akteure und Datenbanken mit Best-Practice-Lösungen erleichtern den Erfahrungsaustausch und schaffen notwendige Strukturen.

Das Handbuch „Klimaanpassung an Gebäuden, Freiflächen sowie in der Stadt- und Landschaftsplanung“ gibt Architekten, Fachplanern, Verantwortlichen und Bauherren eine breite Auswahl an Handlungsmöglichkeiten, Maßnahmen und Projektbeispielen zur Anpassung an den Klimawandel an die Hand.

Durch die regelmäßigen Aktualisierungen bleiben Sie auf dem aktuellen Stand der Technik sowie der aktuellen Gesetzgebung und können so individuell auf Ihr Projekt abgestimmte Anpassungsmaßnahmen erfolgreich umsetzen. Hinweise und Anregungen zur Ergänzung des Inhalts werden gerne entgegengenommen.

Merching, im November 2022

1

1 Service und Verzeichnisse

Inhaltsverzeichnis

1.1 Gesamtinhaltsverzeichnis

Bei den mit @ gekennzeichneten Kapiteln handelt es sich um archivierte Beiträge. Online- und Premium-Kunden finden diese Kapitel weiterhin im digitalen Werk in FORUM Desk.

1.2 Autorenverzeichnis

Hartmut Balder, Prof. Dr. habil., em. BHT Berlin

Prof. Dr. Hartmut Balder studierte an der Leibnitz Universität Hannover Gartenbauwissenschaften. Dort erfolgten auch die Promotion in der phytomedizinischen Forschung und die Habilitation „Zur Gesundheit des Stadtgrüns". Danach wechselte er für 20 Jahre an das Pflanzenschutzamt Berlin, bevor er 2003 dem Ruf für das Lehrgebiet „Gehölzproduktion und Phytopathologie für den urbanen Bereich" an der heutigen Berliner Hochschule für Technik folgte. Er ist ein ausgewiesener Experte für die funktionale Verwendung von Gehölzen sowie ihrer Gesunderhaltung in der modernen Stadt. Seine vielfältigen Forschungsergebnisse hat er in mehreren Fachbüchern und zahlreichen Fachartikeln publiziert.

Birgit Georgi, Dipl.-Ing.

Birgit Georgi ist eine anerkannte unabhängige Klimaanpassungsexpertin mit expliziter fachlicher Erfahrung in den Bereichen Umwelt und Klimaanpassung. Nach langjähriger Tätigkeit beim Umweltbundesamt verbindet sie das dort gesammelte Wissen mit reichhaltigen europäischen Erfahrungen. Insbesondere hat sie bei der Europäischen Umweltagentur (2007-2017) den Bereich städtische Klimaanpassung aufgebaut. Seit 2017 ist sie selbstständig in diesem

Bereich tätig. Als beratende Expertin ist sie unter anderem stark involviert in die europäischen Projekte des EU-Programms Urban Innovative Action zu den Themen Klimaanpassung einschließlich innovativer Finanzierungsmethoden (IGNITION), Natur-basierten Lösungen (GreenQuays) und Just Transitions und berät Unterzeichnerstädte und -regionen der Bürgermeisterkonvents für Klima und Energie zur Klimaanpassung und Natur-basierten Lösungen im Rahmen der Policy Support Facility. www.birgitgeorgi.eu

Janalisa Hahne, Dr.

Dr. Janalisa Hahne lebt mit ihrem Mann und ihren drei Kindern in Nordhessen. Die Geografin und Umweltmanagerin arbeitet als wissenschaftliche Angestellte am Institut für Klima- und Energiekonzepte (INKEK). Sie hat einen wissenschaftlichen Hintergrund in Geografie und Wirtschaftswissenschaften (B.A.), Stadt,- Energie- und Umweltplanung (M.Sc. Ing.) und promovierte in Wirtschaftswissenschaften. Frau Dr. Hahne ist am BMBF „Build4People"-Forschungsprojekt in Kambodscha (Teilprojekt Stadtklima) beteiligt und hat internationale Projekt-, Lehr-, Arbeitserfahrung in den Bereichen Klimaanpassung, Klimapolitik und Regionalentwicklung.

Brigitte Hallschmid, Dipl.-Ing. (FH)

Brigitte Hallschmid ist Innenarchitektin, beim BAFA und in der DENA-Energie-Effizienz-Expertenliste gelistete Energieberaterin, Baubiologin (IBN) und Bausachverständige. Sie ist Autorin der Fachpublikation „Das Baustellenhandbuch für den Innenausbau“, Mitautorin der Bücher „Das Baustellenhandbuch für die Fassadenausführung“, „bauschaden Spezial: Feuchteschutz in der Altbausanierung“, „Formularmappe für die Bauleitung“ sowie diverser Fachartikel in „GEG Baupraxis“ und „der bauschaden“, erschienen bei der FORUM VERLAG HERKERT GMBH.

Thomas Hartmann, Prof. Dr.-Ing.

Prof. Dr.-Ing. Thomas Hartmann studierte Maschinenbau an der TU Dresden und ist seit 2004 Geschäftsführer am ITG – Institut für Technische Gebäudeausrüstung Dresden Forschung und Anwendung GmbH.

Zuvor arbeitete er von 1993 bis 1995 in einer Planungs- und Ausführungsfirma für Haustechnik. Zwischen 1995 und 2001 war er wissenschaftlicher Mitarbeiter des Instituts für Thermodynamik und Technische Gebäudeausrüstung der TU Dresden. 2001 promovierte Herr Hartmann dann zum Thema „Bedarfsgeregelte Wohnungslüftung“ und war anschließend zwei Jahre lang Gruppenleiter „Lüftungstechnik“ am Institut für Thermodynamik und Technische Gebäudeausrüstung der TU Dresden.

Des Weiteren arbeitet Herr Hartmann in nationalen und internationalen Normungsvorhaben und -ausschüssen, u. a. Auslegung von Lüftungsanlagen, energetische Bilanzierung im Rahmen der EnEV und EPBD, mit. Er hielt bereits zahlreiche Vorträge zum Thema und ist Autor von Veröffentlichungen in Fachzeitschriften auf dem Gebiet der TGA. Darüber hinaus ist Thomas Hartmann Honorarprofessor für Kälte- und Klimatechnik an der HTWK Leipzig (FH) und übt eine Lehrtätigkeit in der Weiterbildung u. a. bei EIPOS Dresden und für die AK Sachsen aus.

Denise Helling, Rechtsanwältin

Denise Helling ist Rechtsanwältin bei okl & Partner in Köln. Sie ist Fachanwältin für Verwaltungsrecht und berät insbesondere im Umwelt- und Planungsrecht sowie Klimaschutzrecht. Der Schwerpunkt ihrer anwaltlichen Tätigkeit liegt dabei im Bauplanungs- und Bauordnungsrecht.

Georg Hermannsdorfer, Dipl.-Ing. (FH)

Georg Hermannsdorfer studierte nach einer Lehre im Garten- und Landschaftsbau Landespflege an der Fachhochschule Weihenstephan. Er war bis 2019 Sachgebietsleiter Gewässerpflege am Wasserwirtschaftsamt Traunstein. Von 2013-2019 war er Lehrbeauftragter an der Hochschule Weihenstephan-Triestorf. Herr Hermannsdorfer leitet seit 20

Jahren Praxisschulungen zu Ingenieurbiologie und Gewässerrenaturierung.

Sabine Hoffmann, Prof. Dr.-Ing.

Prof. Dr.-Ing. Sabine Hoffmann leitet seit 2014 das Fachgebiet Gebäudesysteme und Gebäudetechnik an der TU Kaiserslautern (ab 01.01.2023 Rheinland-Pfälzische Technische Universität Kaiserslautern-Landau).

Nach ihrem Studium der Bauphysik promovierte Sabine Hoffmann im Gebiet der thermischen Bauphysik an der Bauhaus-Universität Weimar. Im Anschluss an die Promotion wechselte sie zum Fassadenbau-Unternehmen seele GmbH, wo sie die bauphysikalische Betreuung von Fassaden-Großbauprojekten innehatte. Nach einigen Jahren der Industrietätigkeit zog sie in die USA und arbeitete dort von 2010–2014 als Wissenschaftlerin am Lawrence Berkeley National Laboratory und an der University of California in Berkeley.

Als Expertin auf dem Gebiet der thermischen Simulation von komplexen Fassadensystemen veröffentlichte Sabine Hoffmann zahlreiche Publikationen im In- und Ausland und steht aktuell dem VDI-Expertengremium zur Entwicklung von Prüfverfahren für winkelabhängige solare Transmissionsgrade vor. Gemeinsam mit Prof. Dr. Andreas Dengel leitet sie das Living Lab smart office space am Deutschen Forschungszentrum für künstliche Intelligenz, in dem innovative Ansätze zur Verbesserung von thermischem und visuellem Komfort sowie energieeffiziente Regelungsansätze entwickelt werden.

Beate Hüttenmoser, Dr.-Ing.

Dr.-Ing. Beate Hüttenmoser ist Betriebsleiterin der Lehr- und Versuchsgärten an der Hochschule für Wirtschaft und Umwelt Nürtingen-Geislingen (Fachhochschule Nürtingen). Ihre Arbeitsschwerpunkte liegen in der Pflanzplanung und dem Pflegemanagement, der Objektplanung und Abwicklung, der Personal- und Haushaltsführung sowie Versuchen. Sie ist Dozentin für das Fach „Pflanzenverwendung".

Bernd Ishorst, Techniker

Bernd Ishorst absolvierte 1974 in Bonn die Prüfung zum Gas- und Wasserinstallateur. Nach mehrjähriger Tätigkeit im Sanitärhandwerk folgte eine Weiterbildung zum staatlich geprüften Techniker für Sanitär-, Heizungs- und Klimatechnik an der Rheinischen Akademie in Köln. Danach war er 37 Jahre in verschiedenen Positionen für die Gussrohrindustrie tätig, wobei er zuletzt als Geschäftsführer das IZEG Informationszentrum Entwässerungstechnik Guss in Bonn leitete. Bernd Ishorst ist durch die DIN-Akademie autorisiertes Mitglied im Normenausschuss DIN 1986. Seit 2020 arbeitet er als selbstständiger Berater, Fachautor und Referent für Entwässerungstechnik.

Lutz Katzschner, Prof. Dr.

Lutz Katzschner ist Meteorologe und Professor i. R. für Umweltmeteorologie im Fachbereich Architektur und Stadtplanung. Er ist Mitinhaber des Instituts für Klima- und Energiekonzepte (INKEK), www.inkek.de. Er besitzt wissenschaftliche Qualifikationen auf dem Gebiet zum planungsrelevanten Stadtklima und hat hier Erfahrungen im nationalen und internationalen Maßstab. Er betreute Projekte in Ballungsräumen sowie in Lateinamerika und Asien. Aktuell lehrt er in Belo Horizonte (Brasilien) und an der Universität Hong Kong (HKU). Herr Katzschner ist Vorsitzender einer Richtlinienkommission Stadtklima und Stadtplanung; Klimaanpassung im Verein Deutscher Ingenieure VDI und DIN und Landesvorstandsmitglied im BUND Hessen.

Nina Kiesewetter, Rechtsanwältin

Nina Kiesewetter ist Rechtsanwältin der auf das Umweltrecht, Planungsrecht und Vergaberecht spezialisierten Kanzlei okl & partner in Köln. Dabei ist sie im Bereich des öffentlichen Wirtschaftsrechts tätig und berät Unternehmen und öffentliche Auftraggeber im Vergaberecht und den damit zusammenhängenden Fragen.

Gunter Mann, Dr.

Dr. Gunter Mann ist Präsident des Bundesverbands GebäudeGrün e. V. (BuGG) und dabei u. a. zuständig für Veranstaltungen, Fort- und Weiterbildung, Öffentlichkeits- und Lobbyarbeit für die Gebäudebegrünung. Er ist Mitglied in den FLL-Regelwerksausschüssen zu den Dach- und Fassadenbegrünungsrichtlinien.

Tobias Oest, LL.M. M.Eng.

Tobias Oest ist Rechtsanwalt der auf das Umweltrecht, Planungsrecht und Vergaberecht spezialisierten Kanzlei okl & Partner in Köln. Er ist Fachanwalt für Verwaltungsrecht sowie Fachanwalt für Vergaberecht und im Bereich des öffentlichen Wirtschaftsrechts in der Beratung von Unternehmen und öffentlichen Auftraggebern tätig.

Birgit Schaarschmidt, Rechtsanwältin

Birgit Schaarschmidt ist selbstständige Rechtsanwältin in der Kanzlei Schaarschmidt, Frankfurt am Main. Sie ist Fachanwältin für Bau- und Architektenrecht und ausgebildete Mediatorin (Master of Mediation Fern-Universität Hagen). Nach dem Studium an der Ruhr-Universität Bochum arbeitete sie als Justiziarin in mittelständischen und großen Bauunternehmen, bevor sie sich selbstständig machte. Ihre Arbeitsschwerpunkte sind privates Baurecht, Ingenieur- und Architektenrecht, Facility-Management, Vergaberecht und baubegleitende Rechtsberatung.

Frau Schaarschmidt ist Lehrbeauftragte für Immobilienrecht an der Fachhochschule Mainz, Dozentin für Rechtsreferendare bei der Rechtsanwaltskammer Frankfurt/Main, Dozentin an der Universität Stuttgart für baurechtliche Themen sowie Prüferin im zweiten Staatsexamen im Land Hessen.

Christiane Schulzki-Haddouti, freie Journalistin

Seit 1996 arbeitet Christiane Schulzki-Haddouti als freie Journalistin für über 50 Publikationen. Ihre Berichterstattung konzentriert sich auf die gesellschaftliche Relevanz von Informationstechnologien, Technologietrends sowie soziotechnische Aspekte von Nachhaltigkeit. Sie ist Autorin bei Klimafakten.de und Mitgründerin des Riffreporter-Magazins „Klima wandeln“.

Volker Teichert, Dr. rer. pol., Diplom-Volkswirt, Diplom-Pädagoge

Dr. Volker Teichert ist wissenschaftlicher Mitarbeiter im Arbeitsbereich „Nachhaltige Entwicklung" an der Forschungsstätte der Evangelischen Studiengemeinschaft (FEST). Er war 2018/2019 Professor für Immobilienwirtschaft an der Hochschule Fresenius Heidelberg. Weiter ist er Prüfer für Umweltgutachter bei der Deutschen Akkreditierungs- und Zulassungsgesellschaft für Umweltgutachter mbH (DAU) sowie Mitglied des Heidelberg Center for the Environment (HCE) und des Forums Schule bei der Nationalen Plattform „Bildung für nachhaltige Entwicklung" beim Bundesministerium für Bildung und Forschung. Zu seinen Arbeitsschwerpunkten gehören die Bereiche Umwelt- und Nachhaltigkeitsmanagement, Produktpolitik, Klimaschutz und Klimaanpassung.

Jörg Tröller, Dipl.-Ing.

Jörg Tröller studierte Bauingenieurwesen an der Fachhochschule Gießen-Friedberg mit der Vertiefung im Planenden Ingenieurwesen. Anschließend war er in einem Ingenieurbüro für kommunalen Tief- und Bahnbau als Planer, Bau- und Projektleiter beschäftigt. Seit 2009 ist er freiberuflicher Inhaber des Planungsbüros Bauberatung Henkel, Jörg Tröller, Dipl.-Ing. Er ist zertifizierter Kanalsanierungsberater, Sicherheits- und Gesundheitskoordinator und als Beratender Ingenieur und Stadtplaner Mitglied der

Ingenieurkammer Hessen. Daneben ist er als Sachverständiger für kommunalen Tiefbau und Kanalsanierung im Deutschen Gutachter und Sachverständigen Verband e. V. tätig.

Andreas Thon, Prof. Dr.

Nach einem Studium zur Landschaftsarchitektur und Umweltplanung an der TFH Berlin, sowie einem Master in Landscape Architecture gründete Andreas Thon eine Spezialwasserpflanzengärtnerei für private Schwimmteiche mit dem Ziel oligotraphente Wasserpflanzen in rein mineralischem Substrat inkl. Flüssigdüngung (Nitratmonitoring) unter ständiger Durchströmung der Anzuchtstandorte zu produzieren. Seit 2007 ist er in die Lehre eingebunden und hat derzeit an der Hochschule Geisenheim die Professur für Bautechnik inne.

Tina Weinberger, Dr.-Ing.

Tina Weinberger arbeitet als freiberufliche Texterin für KMUs und Verlage. Grundlage bilden mehr als 15 Jahre Erfahrung als Dr.-Ing. Maschinenbau und Fachjournalistin. Nach dem Studium arbeitete Tina Weinberger in verschiedenen (leitenden) Positionen in mittelständischen und städtischen Unternehmen, bevor sie sich als Text-Ingenieurin selbstständig machte. Ihre Arbeitsschwerpunkte sind u. a. Energieeffizienz, Erneuerbare Energien, Lüftungs-, Heizungs- und Gebäudetechnik, Handwerk sowie Digitalisierung. Ein weiterer Fokus der CSR-Beauftragten liegt auf dem Thema Nachhaltigkeit.

Jörn P. Lass, Prof.

Prof. Jörn P. Lass ist der Institutsleiter des ift Rosenheim und seit über 40 Jahren in der Fenster- und Fassadenbranche tätig. Als gelernter Glaser und Fensterbauer absolvierte er ein Studium der Holztechnik und war in leitenden Funktionen bei einem Systemgeber, Fenster- und Fassadenherstellern sowie 14 Jahre im ift Rosenheim in den Bereichen Forschung, Prüfung, Güteüberwachung, Normung und Zertifizierung tätig. Die letzten sechs Jahre leitete er als Professor an der Technischen Hochschule Rosenheim die Studienrichtung „Gebäudehülle" und ist seit Januar 2020 als Institutsleiter wieder im ift Rosenheim.

Jürgen Benitz-Wildenburg, Dipl.-Ing.

Dipl.-Ing. Jürgen Benitz-Wildenburg leitet im ift Rosenheim den Bereich PR & Kommunikation. Als Schreiner, Holzbauingenieur und Marketingexperte ist er seit 38 Jahren in der Holz- und Fensterbranche in verschiedenen Funktionen tätig. Als Lehrbeauftragter, Referent und Autor gibt er seine Erfahrung weiter.

1.3 Stichwortverzeichnis

1.4 Onlinezugang

Mit dieser Publikation erhalten Sie in der Premium- und Online-Ausgabe einen Onlinezugang auf unsere Publishing-Plattform FORUM Desk. Dort haben Sie Zugriff auf die digitale Ausgabe Ihres kompletten Handbuchs sowie Arbeitshilfen und editierbare Vorlagen zum Download.

Ihre Vorteile:

- Das komplette Handbuch digital und überall verfügbar
- Zeitsparende Volltextsuche, wenn es schnell gehen muss
- Vollverlinkte Inhalte und Verweise
- Vielfältige Bearbeitungs- und Kommentierungsfunktionen
- Einsatzfertige Vorlagen zum Download
- Automatische Aktualisierung der Inhalte

So richten Sie sich Ihren Zugang ein:

Vergeben Sie sich Ihre persönlichen Zugangsdaten, indem Sie sich auf FORUM Desk einmalig registrieren (Schritt 1), sich anmelden (Schritt 2) und Ihr Produkt einmalig aktivieren (Schritt 3).

Schritt 1: Registrieren

Wenn Sie bislang noch keinen bestehenden Zugang für FORUM Desk haben, vergeben Sie sich bitte zunächst Ihre Zugangsdaten, indem Sie sich einmalig für FORUM Desk registrieren.

1. Rufen Sie folgende Adresse in Ihrem Web-Browser auf:
   www.desk.forum-verlag.com/registrierung

2. Tragen Sie Ihre E-Mail-Adresse ein und vergeben Sie sich ein Passwort. Klicken Sie anschließend auf „Registrieren“. Sie erhalten nun eine Bestätigungsmail an die angegebene E-Mail-Adresse.
3. Klicken Sie in dieser Bestätigungsmail auf den Bestätigungslink, um Ihre E-Mail-Adresse zu bestätigen. Prüfen Sie ggf. auch Ihren Spam-Ordner.

Sie sind jetzt erfolgreich registriert.

Schritt 2: Anmelden

Melden Sie sich mit Ihren Zugangsdaten auf FORUM Desk an.

1. Rufen Sie folgende Adresse in Ihrem Web-Browser auf: www.desk.forum-verlag.com/anmeldung
2. Geben Sie Ihre Zugangsdaten ein und klicken Sie auf „Anmelden“.

Sie sind nun erfolgreich angemeldet.

Schritt 3: Produkt aktivieren

Nach erfolgreicher Anmeldung ist nur noch eine einmalige Aktivierung der Inhalte notwendig.

1. Rufen Sie folgende Adresse in Ihrem Web-Browser auf: www.desk.forum-verlag.com/aktivierung
2. Geben Sie Ihren Aktivierungscode ein, den Sie bereits nach Ihrer Bestellung von uns per E-Mail an die bei Ihrer Bestellung angegebene E-Mail-Adresse erhalten haben. Prüfen Sie ggf. auch Ihren Spam-Ordner.
3. Klicken Sie auf „Aktivieren“[1].

---

[1] Mit Aktivierung des Produkts akzeptieren Sie die abgedruckten Lizenzbedingungen (siehe Kap. „Lizenzbedingungen“).

Ihre Inhalte sind jetzt erfolgreich freigeschaltet.

Öffnen der Publikation

Um auf Ihre digitalen Inhalte zuzugreifen, reicht es zukünftig aus, wenn Sie sich in FORUM Desk mit Ihren bestehenden Zugangsdaten anmelden und auf das Cover Ihrer Publikation in der Bibliothek klicken.

Arbeiten mit der Publikation

Das Navigieren und Arbeiten innerhalb der Publikation ist denkbar einfach. Nachdem Sie Ihre Publikation mit Klick auf das Cover geöffnet haben, stehen Ihnen mehrere Navigations- und Bearbeitungsmöglichkeiten zur Verfügung.

Eine Übersicht und Beschreibung aller Funktionen von FORUM Desk sowie die Bearbeitungsmöglichkeiten finden Sie in unserer Schnellstart-Hilfe unter:

www.desk.forum-verlag.com/hilfe

Sie benötigen Hilfe?

Unser Kundenservice hilft Ihnen gerne weiter:
Tel.: 08233 381-112
E-Mail: service@forum-verlag.com

1.5 Downloadverzeichnis

Mit dieser Publikation erhalten Sie in der Premium- und Online-Ausgabe Zugriff auf zusätzliche Arbeitshilfen und downloadbare Vorlagen in unserer Publishing-Plattform FORUM Desk unter: www.desk.forum-verlag.com.

Sollten Sie sich noch keine Zugangsdaten für FORUM Desk vergeben haben, müssen Sie sich hierfür zunächst einmalig auf FORUM Desk registrieren und Ihr Produkt freischalten (siehe Kap. 1.4 „Onlinezugang").

So einfach gelangen Sie zu Ihren digitalen Arbeitshilfen und Vorlagen:

1. Rufen Sie nachfolgende Adresse in Ihrem Web-Browser auf und melden Sie sich mit Ihren Zugangsdaten in FORUM Desk an:
   www.desk.forum-verlag.com/anmeldung
2. Klicken Sie nach der Anmeldung auf das Cover Ihrer Publikation in der Bibliothek.
   Es öffnet sich die Leseansicht Ihrer Publikation.
3. Klicken Sie in der Leseansicht Ihrer Publikation auf das Symbol für die Medienbibliothek in der rechten Sidebar, um zu allen Arbeitshilfen und Vorlagen zu gelangen.

Eine Übersicht und Beschreibung aller Funktionen von FORUM Desk sowie die Bearbeitungsmöglichkeiten finden Sie in unserer Schnellstart-Hilfe unter:

www.desk.forum-verlag.com/hilfe

Sie benötigen Hilfe?

Unser Kundenservice hilft Ihnen gerne weiter:
Tel.: 08233 381-112
E-Mail: service@forum-verlag.com

Arbeitshilfen

Klima und Wetterextreme in der Stadt

- Deutsche Anpassungsstrategie an den Klimawandel
- Essentials zur Klimaanpassung
- Regionaler Klimaatlas Deutschland
- Stadtentwicklung im Klimawandel
- HRC-Hitzetool zur Bewertung von Hitzeanpassungsmaßnahmen in Städten
- BlueGreen Streets – multifunktionale Straßenraumgestaltung
- Klimaanpassung in städtebaulich-/landschaftsplanerischen Wettbewerben (Anleitung)
- FAQ Urbanes Wassermanagement
- Planung gekoppelter blau-grüner Infrastrukturen ***NEU***
- Klimaanpassungsscanner des Umweltbundesamtes ***NEU***

Klimaanpassung an Gebäuden

- GREEN-Index; das Hersteller- und Dienstleisterverzeichnis mit Fokus Klimaanpassung
- Fachinformation positive Wirkung von Gebäudegrün
- Fachinformation Biodiversitätsgründach
- Liste: Dämmmaterialien Außendämmung
- Arbeitshilfe: Durchgangswerte Versickerung
- Tools zur Berechnung der Energieeinsparung
  - Berechnungstool Effizienzrechner Klima-Lüftung

  - AC-OPT Energieeffizienz-Software von Claus Händel
  - Lindab Duct-Leakage Calculator
- Ausschreibungstext: Verfahren zur Abdichtung von Luftleitungen im Bestand
- Schaubild: Leckageverluste in Abhängigkeit Dichtigkeitsklasse
- Liste: Technische FAQ – Energieeffizient bauen und sanieren
- Berechnungshilfe zur Verschattung von Gebäuden
- Arbeitshilfe: Reinigung von Luftleitungen
- Tabelle: Gehölze für Dachbegrünungen
- Hinweise zur Pflege von Dachbegrünung
- Positionspapier Solar-Gründächer
- Fassaden- und Dachbegrünung NABU
- Handbuch Fassadenbegrünung
- Anforderungen an Brandschutz bei Dach- und Fassadenbegrünungen
- Kühle Gebäude im Sommer
- Klimaangepasste Gebäude und Liegenschaften
- Leitfaden für Biodiversitätsfördernde Fassadenbegrünung
- Wasserwende im Wohnungsbau (Grauwassernutzung)
- Bauphysikalische Kennwerte von Naturdämmstoffen
- Wurzelfeste Produkte für begrünte Dächer ***NEU***

Klimaanpassung an Freiflächen

- Liste: technische Regelwerke für versickerungsfähige Flächen
- Liste: Stauden für trockene Standorte

- GALK Straßenbaumliste
- Weißbuch Stadtgrün
- Auswahl von Klimabäumen
- Broschüre: Wie gestalte ich meine Kommune naturnah?
- Positionspapier Wassersensible Straßenraumgestaltung GALK
- Gestaltung aktiver Wässerwiesen
- Zukunftsbäume für die Stadt
- Anpassung urbaner und ländlicher Räume an den Klimawandel
- Überflutungstolerante Bäume ***NEU***
- Sportplätze als Sicheranlage ***NEU***

Klimaanpassung durch Energieeffizienz

- Energieplanung für Städte und Quartiere
- Arbeitshilfe zur Integration von biodiversitätsfördernden Klimaanpassungsmaßnahmen in integrierte energetische Quartierskonzepte

Partizipatives Planen und Bauen

- Arbeitshilfe: Mediation
- Erfolgreiche Kommunikation Klimaanpassung

Klimaanpassung in der Kommune

- FAQ kommunale Wärmeplanung
- Klimaanpassungscheck für Kommunen NRW

- Kommunale Wärmeplanung Handlungsleitfaden
- Vorhabenbeschreibung Wärmeplanung
- Die ersten 100 Tage als Klimaanpassungsmanager
- Blaupause Klimaanpassungsstrategie
- Beispielgliederung eines Konzepts nach der DAS-Förderrichtlinie
- Klimafolgenanpassung in der Bauleitplanung
- Klimaschutz und Klimaanpassung in der Bauleitplanung (Emsland)
- Leitfaden: Mehr Grün durch verbindliche Bauleitplanung
- Leitfaden: Sanierungsgebiete klimaorientierte gestalten
- Kommunale Gestaltungssatzung zur Klimaanpassung im Siedlungsbereich
- Wassersensible Siedlungsentwicklung (Hessen)
- Grüne Infrastruktur in der sich verdichtenden Stadt

Fördermöglichkeiten

- Fördermittelexperten
- Bundesförderung für effiziente Gebäude (BEG)
- Wohngebäudekredit KFW
- Energieeffizienzexperten
- Anerkannte Sachverständiger Energieberatung
- Energieberater
- Infoblatt zur Bundesförderung für effiziente Gebäude
- BEG-Nichtwohngebäude Kredit Effizienzhaus des Bundesministeriums für Wirtschaft und Klimaschutz
- Nationale Klimaschutzinitiative

Gesetze

- Information zum Klimaanpassungsgesetz
- Entwurf Klimaanpassungsgesetz
- KAnG
- GEG 2024 (Klartext)

Checklisten

Klimaanpassung an Gebäuden

- Checkliste: Grauwassernutzungsanlage (Pumpen)
- Checkliste: Regenwassernutzungsanlage (Pumpen)
- Checkliste: Beurteilung Außenwände und Fassade
- Checkliste: Beurteilung Dachhaut und Dachaufbauten
- Checkliste: Ausführung von Dachbegrünungen
- Checkliste: Ausführung von Fassadenbegrünungen
- Checkliste: Bestandsgebäude hitzeresilient umbauen
- Checkliste: Hitzeresilienter Neubau

Klimaanpassung an Freiflächen

- Checkliste: Ausführung von Baumpflanzungen
- Checkliste: Ausführung von Staudenpflanzungen

Klimaanpassung in der Landschafts- und Stadtplanung

- Checkliste: Überflutungsschutz Bäche
- Checkliste: Handlungsbedarf zur kommunalen Klimaanpassung
- Checkliste: klimaangepasste Bauleitplanung
- Checkliste: Städtebaulich-landschaftsplanerische Wettbewerbe für klimaresiliente Quartiere

Klimaanpassung in Unternehmen

- Checkliste: Handlungsbedarf zur Klimaanpassung im Unternehmen

Projektdatenbank

Regenwasserbewirtschaftung

- Regen braucht Aufenthaltserlaubnis
- Regenwasser nutzen im Gartencenter
- Projekt Interess-I Alternative Wasserressourcen
- Ersatz für Sickermulden

Gewerbeflächen

- Klimaanpassung als Baustein nachhaltiger Gewerbegebietsentwicklung
- Klimagerechter Parkplatz in Herne

Klimaneutrale Energieversorgung

- Projekt Naturstrom Berlin

Klimaanpassung am Gebäude

- Umkehrdach mit Retention
- Grauwasserrecycling mit Wärmerückgewinnung
- Hitzeschutz im Bungalow ohne Klimaanlage
- Update zur Regenwassernutzung in Haus und Garten
- Dachbegrünung und Photovoltaik
- Wasser speichern und verdunsten auf dem Dach
- Regenwasserbewirtschaftung und Dachbegrünung
- Schwamm-Prinzip: Wie Gründächer Wasser speichern ***NEU***
- Entwässerungsrinnen in Tiefgaragen ***NEU***

Klimaanpassung an Freiflächen

- Klimaresilienz von urbanen Boulevards
- Stabilisierung historischer Baumalleen
- Platzbepflanzung mit Großbäumen
- Biodiversität in Außenräumen
- Von der traditionellen Pergola zur modernen Stadtlaube
- Mehr Räume für Bäume
- Bewässerung von Straßenbäumen
- Regenwasser von Straßen ableiten ***NEU***

Klimaanpassung im Quartier

- Projekt Klimawohl Lab
- Resiliente Stadtquartiere
- Plattenbauareal der Zukunft
- Dezentrale Regenwasserbewirtschaftung im Quartier
- Die essbare Stadt
- Klimagerechte Stadtentwicklung ***NEU***

1.6 Allgemeine Geschäfts- und Widerrufsbedingungen

Es gelten die Allgemeinen Geschäfts- und Widerrufsbedingungen des Verlags unter www.forum-verlag.com/agb.

Teil 1:	Allgemeine Bedingungen
Teil 2:	Zusätzliche Bedingungen für den Kauf von Fachmedien (als Print- oder Digitale Ausgabe)
Teil 3:	Zusätzliche Bedingungen für den Kauf von Software
Teil 4:	Zusätzliche Bedingungen für die Nutzung digitaler Inhalte und Funktionen auf Online-Datenbanken, Onlineportalen und webbasierten Anwendungen
Teil 5:	Zusätzliche Bedingungen für Abonnementverträge
Teil 6:	Zusätzliche Bedingungen für Seminare, Veranstaltungen und Lehrgänge
Teil 7:	Allgemeine Teilnahmebedingungen für Gewinnspiele
Teil 8:	Widerrufsbelehrungen und Musterwiderrufsformular für Verbraucher

Teil 1: Allgemeine Bedingungen (Auszug)

1. Geltungsbereich

1.1. Für alle Bestellungen sowie die Geschäftsbeziehung zum Erwerb von Waren (z. B. Printwerke, Software), der Erbringung von Diensten und der Nutzung digitaler Inhalte (z. B. Zugriff auf Online-Datenbanken, Onlineportale und webbasierte Anwendungen) sowie zur Teilnahme an Seminaren, Schulungen und Gewinnspielen, gelten allein die nachfolgenden Allgemeinen Geschäftsbedingungen des Anbieters/ Vertragspartners/ Lizenzgebers in ihrer zum Zeitpunkt der Abgabe ihrer Bestellung gültigen Fassung.

1.2. Für einzelne Produkte und Vertragsverhältnisse gelten die Zusätzlichen Bedingungen nach Teil 2 bis 7, welche die Allgemeinen Bedingungen des Teil 1 ergänzen.

1.3. Soweit Angaben in unseren Produktbeschreibungen, im Bestellvorgang oder unserem individuellen Angebot von Regelungen dieser Allgemeinen Geschäftsbedingungen abweichen, sind diese Angaben vorrangig.

1.4. Abweichende, entgegenstehende oder ergänzende Allgemeine Geschäftsbedingungen des Bestellers werden nicht Vertragsbestandteil, es sei denn, der Anbieter stimmt deren Geltung ausdrücklich zu.

1.5. Werden im Rahmen des Internetangebots Vertragsleistungen ersichtlich durch Kooperationspartner oder Dritte erbracht, gelten vorrangig deren jeweiligen Allgemeinen Vertragsbedingungen.

1.6. Das Regelwerk des Deutschen Buchhandels e.V. findet keine Anwendung.

2. Vertragspartner, Kundendienst

2.1. Soweit in der Produktbeschreibung, dem Bestellvorgang oder unserem individuellen Angebot nicht ausdrücklich anders angegeben ist Anbieter/ Lizenzgeber und Vertragspartner die

FORUM VERLAG HERKERT GMBH
Mandichostraße 18
86504 Merching
Telefon: +49 (0)8233 381-123
Telefax: +49 (0)8233 381-222
E-Mail: service(at)forum-verlag.com

Diese Daten können Sie auch zur Abgabe von Kündigungen nutzen.

2.2. Für Fragen, Beanstandungen oder anderen Anliegen zu unseren Angeboten oder Verträgen mit Ihnen erreichen Sie zudem unseren Kundendienst:

Tel: +49 (0)8233 381-123 (Mo - Do 8.00-17.00 Uhr, Fr 8.00-15.00 Uhr)
E-Mail: service(at)forum-verlag.com

Die Nutzung unseres Kundendienstes ist grundsätzlich kostenfrei, es fallen nur die Entgelte an, die Ihnen durch die Nutzung des Fernkommunikationsmittels entstehen.

1.7 Ihre Aktualisierung in 5 Minuten auf den Punkt gebracht

Kapitel 3.1.10 Grünfassade zur Grauwasserreinigung und Klimaanpassung

Das Kapitel beschreibt die „Vertikale KlimaKlärAnlage“ (VertiKKA) als multifunktionales Fassadensystem zur Klimaanpassung und Ressourcennutzung in Städten. Hintergrund sind zunehmende Hitzeextreme, Trockenperioden, Starkregenereignisse sowie der steigende Druck auf Wasser- und Flächennutzung durch den Klimawandel und die Urbanisierung. VertiKKA verbindet Fassadenbegrünung, Grauwasseraufbereitung und Photovoltaik in einem integrierten System.

Die Anlage besteht aus drei Funktionsebenen: In der hinteren Ebene wird Grauwasser in einem Substrat aus Blähglasgranulat und Pflanzenkohle gereinigt. Dieses wirkt als Filter, Trägermedium für Mikroorganismen und Nährstoffspeicher. Das Wasser wird von oben eingeleitet, durchströmt das Substrat und wird dabei biologisch und mechanisch gereinigt. Die mittlere Ebene bildet die Pflanzenebene. Die Pflanzen werden über kapillaraktive Materialien mit Wasser und Nährstoffen versorgt, tragen zur weiteren Reinigung bei und kühlen durch Verdunstung die Umgebungsluft. In der vorderen Ebene befinden sich bewegliche Photovoltaik-Lamellen, die Strom für die Anlagensteuerung liefern und gleichzeitig die Vegetation schützen.

Ein zentrales Ziel ist die Nutzung von Grauwasser als Alternative zur Bewässerung mit Trinkwasser. Da Grauwasser kontinuierlich im Gebäude anfällt und weniger stark belastet ist als Schwarzwasser, eignet es sich grundsätzlich für dezentrale Aufbereitung und Wiederverwendung. Voruntersuchungen zeigen ein hohes Reinigungspotenzial: Reduktionsleistungen von bis zu 99 % beim chemischen Sauerstoffbedarf, 95 % bei Phosphor und 94 % beim gebundenen Stickstoff wurden festgestellt. Die Grenzwerte der Abwasserverordnung Anhang 1 werden eingehalten. Je nach Wasserqualität erscheint eine weitere Nutzung etwa zur Bewässerung von Grünflächen oder als Betriebswasser möglich.

Darüber hinaus haben Grünfassaden gute klimatischen und bauphysikalischen Wirkungen. Sie verbessern das Mikroklima durch Verschattung und Verdunstungskühlung, senken die Lufttemperatur in Fassadennähe und erhöhen dort die relative Luftfeuchte. Im Reallabor wurden tagsüber Temperaturreduktionen von bis zu 0,8 K sowie eine Erhöhung der relativen Luftfeuchte um etwa 6,4 % nahe der Begrünung gemessen. Simulationen zeigen zudem deutliche Reduktionen von Oberflächentemperaturen und der mittleren Strahlungstemperatur im Stadtraum.

Auch für die Gebäudehülle ergeben sich Vorteile: Grünfassaden reduzieren den Wärmetransport durch die Außenwand, senken den U-Wert und können so den Kühlenergiebedarf verringern. Gleichzeitig wurde im Reallabor kein erhöhtes Feuchterisiko festgestellt; vielmehr reduzierte sich das Tauwasserrisiko. Insgesamt wird VertiKKA als integrativer Ansatz beschrieben, der nachhaltige Gebäude- und Stadtplanung unterstützen kann und möglichst früh in Planungsprozesse einbezogen werden sollte.

Kapitel 4.7 Sportplätze als Versickerungsanlagen

Kapitel 4.7 behandelt Sportplätze als mögliche Bestandteile der Niederschlagswasserbewirtschaftung. Ausgangspunkt ist die Forderung, Regenwassernutzung, -Versickerung und -Rückhaltung gegenüber der reinen Ableitung zu priorisieren. Die bisher etablierten Bauweisen im Sportplatzbau berücksichtigten diese Zielsetzung nicht ausreichend, weshalb eine neue Bauweise entwickelt wurde. Ziel war es, Niederschlagswasser möglichst vor Ort zu halten, die lokale Wasserbilanz und Verdunstung zu verbessern, die Kanalisation zu entlasten und die Versickerung wartungsfrei in den Sportplatzaufbau zu integrieren.

Moderne Sportanlagen sind in der Regel wasserdurchlässig aufgebaut, damit sie auch bei nasser Witterung nutzbar bleiben und kein Wasser auf der Oberfläche stehen bleibt. Grundsätzlich nimmt die Wasserdurchlässigkeit des Aufbaus von oben nach unten zu, damit Wasser in tiefere Schichten abgeführt und stauende Nässe vermieden wird. Für Sportrasen werden vier grundlegende Bauweisen unterschieden: der direkte Aufbau auf durchlässigem Baugrund, ein verbesserter Baugrund mit Dränage, Rasentragschichten mit Dränschlitzen sowie die Dränschichtbauweise. Die Rasentragschicht stellt dabei einen Kompromiss zwischen Wasserdurchlässigkeit, Tragfähigkeit und Vegetationsbedingungen dar.

Auch Kunststoffrasensysteme werden als mehrschichtige, wasserdurchlässige Systeme beschrieben. Sie sind hoch nutzbar, aber kostenintensiv und mit Umweltwirkungen verbunden, insbesondere durch Mikroplastikeintrag infolge von Faserabrieb.

Grundsätzlich gilt für alle Sportbeläge, dass auf der Oberfläche kein Wasser stehen bleiben darf, zugleich aber nur so viel Wasser abgeführt werden soll, wie aus bau- und nutzungsbedingten Gründen erforderlich ist.

Die Entwässerung erfolgt bei wasserdurchlässigen Sportanlagen im Wesentlichen in tieferen Schichten. Dabei spielt das Erdplanum eine zentrale Rolle. Es muss tragfähig und geneigt ausgebildet sein, wird jedoch durch Verdichtung häufig in seiner Wasserdurchlässigkeit eingeschränkt. Deshalb sind technische Entwässerungseinrichtungen im Sportplatzbau meist erforderlich. Rohrlose Entwässerungssysteme waren in den geltenden Regelwerken bislang weitgehend nicht vorgesehen.

Vor diesem Hintergrund wurde eine Versuchsanlage entwickelt, die die Bedingungen eines Sportplatzaufbaus realitätsnah abbildet. Ziel war, den Wassertransport im Aufbau unter definierten Randbedingungen zu untersuchen und zu klären, ob Entwässerung auch rohrlos möglich ist. Die Versuche mit beregneten Sportflächen zeigten, dass der untersuchte Aufbau Niederschlagswasser gut aufnehmen und ableiten kann. Bei einer Wasserdurchlässigkeit des Bodens von etwa 1×10^{-6} m/s kann das Planum rohrlos dräniert werden. Das Wasser dringt schnell in die oberen Schichten ein, wird zunächst im Aufbau gespeichert und erst verzögert in tiefere Schichten weitergeleitet. Diese Speicherwirkung puffert Belastungsspitzen ab. Die Leistungsfähigkeit hängt jedoch stark von den Randbedingungen ab, insbesondere von der Durchlässigkeit des Baugrunds, der Ausbildung der Tragschichten und dem Zustand der oberen Schichten.

Für die Planung wird daraus abgeleitet, dass Entwässerung überwiegend innerhalb des Systems und nicht oberflächlich erfolgen soll. Entscheidend ist das Zusammenwirken von Belag, Tragschicht und Baugrund; keine einzelne Schicht bestimmt allein die Entwässerungsleistung. Aufbau und Baugrund müssen daher gemeinsam betrachtet werden.

Die Überführung in die Praxis erfolgte zunächst über Pilotprojekte in Hamburg-Mitte. Die dort gewonnenen Erfahrungen flossen in die Normungsarbeit ein. In der aktuellen Fassung der DIN 18035-3:2025-07 wurden rohrlose Sickerpackungen als eigenständige Bauweise aufgenommen. Damit wird erstmals ausdrücklich eine Bauweise beschrieben, bei der die Entwässerung innerhalb des Systems erfolgt und das Wasser dem natürlichen Wasserkreislauf wieder zugeführt wird. Die Norm definiert dafür Anwendungsbereiche, Anforderungen an Ausführung und Anordnung sowie den Nachweis der Eignung des Baugrunds über die Infiltrationsrate. Wasserdurchlässige Sportplatzaufbauten können Niederschlagswasser nicht nur ableiten, sondern auch aufnehmen und verzögert weitergeben und sind damit als Teil der Niederschlagswasserbewirtschaftung geeignet.

Kapitel 6.3.3 kommunale Wärmeplanung, ein aktueller Effizienzrategeber

Kapitel 6.3.3 bewertet die kommunale Wärmeplanung als grundsätzlich chancenreich, betont aber, dass wirtschaftliche und praxistaugliche Lösungen nur mit hoher fachlicher Kompetenz, realistischen Annahmen und belastbaren Betreibermodellen gelingen. Fern- und Nahwärmenetze können durch intelligente, sektorübergreifende Konzepte sowie Synergien und Skalierungseffekte einen Beitrag zu Effizienz und Nachhaltigkeit leisten. Erfolgreich sind sie jedoch nur, wenn sowohl die Interessen der Kunden als auch die betriebswirtschaftlichen Anforderungen der Betreiber berücksichtigt werden.

Die Qualität bisheriger Machbarkeitsstudien variiert stark. Neben realistisch umsetzbaren Konzepten gibt es auch Ausarbeitungen, die voraussichtlich ohne praktische Wirkung bleiben. Ein zentrales Problem ist, dass gute technische Ideen allein nicht ausreichen: Für die Umsetzung werden fachlich versierte und finanzstarke Investoren oder Betreiber benötigt. Gerade für Kommunen und kleinere Stadtwerke kann deshalb die Frage relevant werden, ob ein externer Betreiber eingebunden werden soll. Eine solche Fremdvergabe sollte stets durch eine fundierte Make-or-Buy-Analyse vorbereitet werden, da externe Modelle neue wirtschaftliche Risiken mit sich bringen können.

Als besondere Herausforderung gilt die Projektierung von Wärmenetzen. Diese verursacht hohe Kosten für Tiefbau, Rohrleitungsbau und Betrieb, insbesondere in innerstädtischen Bereichen mit vielen Fremdsparten und aufwendiger Oberflächenwiederherstellung. Auch lange Leitungswege und kleinteilige Abnehmerstrukturen verschlechtern die Wirtschaftlichkeit. Moderne, energieeffiziente Gebäude ermöglichen einerseits geringe Temperaturniveaus und Verluste, machen aber andererseits wegen ihres geringeren Wärmebedarfs und der reduzierten Vollbenutzungsstunden Wärmenetze schneller unwirtschaftlich. Daher muss stets geprüft werden, ob sich die Vollkosten eines Wärmenetzes durch Vorteile in der Wärmeerzeugung tatsächlich ausgleichen lassen.

Als wirtschaftliche Vergleichsgröße dient die dezentrale Eigenerzeugung, künftig häufig mit Wärmepumpen. Der Beitrag betont, dass Wärmenetze nur dann tragfähig sind, wenn sie intelligenter aufgebaut sind als eine bloße Übertragung dezentraler Einzeltechnologien in den Großmaßstab. Reine 1:1-Lösungen, etwa nur mit Großwärmepumpen, reichen demnach meist nicht aus, um die zusätzlichen Netzkosten aufzufangen.

Besondere Bedeutung wird integrierten Versorgungskonzepten beigemessen. Wärmepumpen sind vor allem in Effizienzgebäuden mit niedrigen Systemtemperaturen sinnvoll. Für höhere Temperaturniveaus muss ihre Wirtschaftlichkeit kritisch geprüft werden. Als effizienter werden Wasser-Wasser-Wärmepumpen gegenüber Luft-Wasser-Wärmepumpen dargestellt, unter anderem wegen höherer Effizienz, geringerem Platzbedarf und Vorteilen beim Schall. Ergänzend ist die Nutzung von Abwärme aus Produktionsprozessen sinnvoll, sofern sie verfügbar und wirtschaftlich erschließbar ist.

Zur Abdeckung von Spitzenlasten wird die Kombination von Wärmepumpe, Power-to-Heat und Wärmespeicher empfohlen. Dadurch muss die Wärmepumpe nicht aufwendig für Winterspitzen ausgelegt werden. Ein ausreichend dimensionierter Speicher erhöht zudem die betriebliche Flexibilität und vermeidet Takten. Weiterhin ist die Bedeutung eigener Stromerzeugung wichtig, vor allem durch Photovoltaik und auch Windkraft, um Stromkosten zu senken und die Versorgungssicherheit zu verbessern.

Kritisch ist die starke Abhängigkeit elektrischer Wärmeerzeugung vom Winterstrombedarf. Deshalb gilt die Kombination von Wärmepumpen mit dezentralen Blockheizkraftwerken als vorteilhaft. So könnten die

Vorteile beider Technologien genutzt, die Versorgungssicherheit erhöht und Betriebskosten reduziert werden. Das BHKW kann im Winter Strom für die Wärmepumpe bereitstellen, höhere Temperaturbereiche bedienen und zusammen mit Speicher und Power-to-Heat Spitzenlasten übernehmen.

Ein früher Variantenvergleich ist unverzichtbar. Dabei sind sowohl unterschiedliche Erzeugungsoptionen als auch die grundsätzliche Entscheidung zwischen Wärmenetz und dezentraler Versorgung zu prüfen. Hohe Anschlussquoten, schnelle Auslastung und ein erfahrener Betreiber sind entscheidend für die Wirtschaftlichkeit. Insgesamt hält die kommunalen Wärmeplanung sowohl Risiken als auch Chancen – insbesondere für bestehende und neue Energiedienstleister sowie für sektorübergreifende Geschäftsmodelle.

2

2 Klima und Wetterextreme in der Stadt

Bei den mit @ gekennzeichneten Kapiteln handelt es sich um archivierte Beiträge. Online- und Premium-Kunden finden diese Kapitel weiterhin im digitalen Werk in FORUM Desk.

Autoren
Volker Teichert (2.1)
Lutz Katzschner (2.2–2.4)
Janalisa Hahne (2.2–2.4)
Eva-Maria Moseler (2.5–2.5.2)

Inhaltsverzeichnis

2.5.2 Der Wert grüner Infrastruktur für die Klimaanpassung

2 Klima und Wetterextreme in der Stadt

2.1 Entwicklung der Deutschen Anpassungsstrategie an den Klimawandel

Der globale Klimawandel beeinträchtigt auch in Deutschland viele Lebens- und Wirtschaftsbereiche der Menschen. Seine Folgen sind primär durch Extremwetterereignisse, wie Starkregen, Hochwasser und Sturmböen, aber auch extreme Hitzewellen mit Temperaturrekorden und Dürreperioden im Sommer bereits jetzt für viele Städte und Gemeinden zu einer großen Herausforderung geworden. Die Starkregen im Sommer 2021 sowie die Trockenheit und Hitze im Sommer 2022 in Deutschland untermauern die klimatischen Veränderungen, die uns in den kommenden Jahrzehnten begleiten werden. Daraus entstandene Schäden an Gebäuden, in der Landwirtschaft und in der Umwelt verdeutlichen die Notwendigkeit zum Handeln, um die Voraussetzungen für eine Anpassung an die Folgen des Klimawandels zu schaffen und negative Auswirkungen auch künftig soweit wie möglich zu begrenzen.

COP21

Zur Stärkung einer nachhaltigen Entwicklung und der internationalen Klimapolitik hat am 12.12.2015 die 21. Konferenz der Vertragsstaaten der Klimarahmenkonvention (COP21) in Paris den Text eines neuen Übereinkommens zum Klimaschutz und der Anpassung an die Folgen des Klimawandels angenommen. Mit der Ratifizierung des sog. Pariser Abkommens vom 05.10.2016 unterstützt auch die Bundesregierung das nun völkerrechtlich verbindliche Ziel, die globale Erderwärmung auf deutlich unter 2 °C im Vergleich zum vorindustriellen Niveau (1990) zu beschränken.[1]

Ziele des Pariser Klimaabkommens
Mit dem 2015 geschlossenen Klimaabkommen von Paris (PA)[2] hat sich die internationale Staatengemeinschaft das Ziel gesetzt, den Anstieg der durchschnittlichen Erdtemperatur auf „deutlich unter 2 °C gegenüber dem vorindustriellen Niveau" zu halten und Anstrengungen zu unternehmen, die Erwärmung „auf 1,5 °C (...) zu begrenzen, da erkannt wurde, dass dies die Risiken und Auswirkungen der Klimaänderungen erheblich verringern würde" (PA Art. 2.1).[3]
Zur Einhaltung dieser Temperaturobergrenze soll so schnell wie möglich eine globale Trendwende bei den Treibhausgasemissionen erreicht und danach durch „rasche Reduktionen im Einklang mit den besten verfügbaren

1 Vgl. Bundesministerium für Wirtschaft und Klimaschutz (2022): Klimaschutz in Zahlen. Aktuelle Emissionstrends und Klimaschutzmaßnahmen in Deutschland - Ausgabe 2022. Berlin: BMWK, S. 19ff.; URL: https://www.bmwk.de/Redaktion/DE/Publikationen/Klimaschutz/klimaschutz-in-zahlen.pdf?__blob=publicationFile&v=4 (Stand: November 2022).

2 In der offiziellen Übersetzung der EU ins Deutsche beispielsweise abrufbar unter https://eur-lex.europa.eu/legal-content/DE/TXT/HTML/?uri=CELEX:22016A1019(01)&from=DE (Stand: November 2022).

3 Die gravierende Verschärfung der Auswirkungen einer globalen Erhitzung um 2 °C gegenüber einem Temperaturanstieg von 1,5 °C verdeutlicht der Sonderbericht des IPCC „Global Warming of 1.5 °C" (IPCC 2018), der zugleich aufzeigt, welche weitreichenden und irreversiblen Folgen bereits bei Einhaltung des 1,5 °C-Ziels zu erwarten sind.

wissenschaftlichen Erkenntnissen" in der zweiten Hälfte des 21. Jahrhunderts „ein Gleichgewicht zwischen den anthropogenen Emissionen von Treibhausgasemissionen aus Quellen und dem Abbau solcher Gase durch Senken" hergestellt werden (PA Art. 4.1).
Die 189 Vertragsparteien des Pariser Abkommens – darunter Deutschland – haben sich somit völkerrechtlich verbindlich auf Treibhausgasneutralität verpflichtet, um den Klimawandel zu bekämpfen und die Erderhitzung auf deutlich unter 2 °C und möglichst 1,5 °C zu begrenzen.
Das Übereinkommen verpflichtet alle Vertragsstaaten zur Festlegung nationaler Beiträge zum Klimaschutz. Zugleich legt es jedoch fest, dass die Durchführung auf Basis des „Grundsatzes der gemeinsamen, aber unterschiedlichen Verantwortlichkeiten und jeweiligen Fähigkeiten" erfolgen muss (PA Art. 2.2). Reichen, frühindustrialisierten Ländern wie Deutschland kommt daher eine besondere Verantwortung zu, ambitionierte Maßnahmen zu ergreifen und zudem ärmere Länder bei ihren Klimaschutzbemühungen zu unterstützen.

Deutschland hat das Pariser Abkommen am 05.10.2016 ratifiziert. Als Mitglied der Europäischen Union, die ebenfalls Vertragspartei ist, legt Deutschland auf internationaler Ebene seinen Beitrag gemeinsam mit den anderen EU-Staaten vor.

Reduzierung des Ausstoßes klimaschädlicher Gase bis zum Jahr 2045

Um dieses Ziel zu erreichen, ist es notwendig, bis zum Jahr 2045 den globalen Ausstoß klimaschädlicher Gase soweit zu reduzieren, dass nur noch so viele Treibhausgase in die Atmosphäre ausgestoßen werden, wie in Senken (Ozean, Wälder) gebunden werden können (entspricht Treibhausgasneutralität). Dementsprechend verfolgt auch die Bundesregierung mit der am 31.12.2021 in Kraft getretenen Novellierung des Klimaschutzgesetzes das Ziel, Deutschland bis 2045 zur Klimaneutralität zu führen.[1] Als Zwischenziele wurden hierzu eine Reduktion um mindestens 65 % bis zum Jahr 2030 gegenüber 1990 und um mindestens 88 % bis 2040 festgelegt. Die Klimaziele sollen kontinuierlich per Monitoring überprüft werden. Wobei bis zum Jahr 2020 eine Reduktion des Treibhausgasausstoßes um 40,8 % erreicht werden konnte. Das Ziel lag bei 40 % Reduktion. Somit hat Deutschland sein Klimaziel für 2020 erreicht.

[1] Vgl. URL: https://www.bundesregierung.de/breg-de/themen/klimaschutz/klimaschutzgesetz-2021-1913672. (Stand. November 2022)

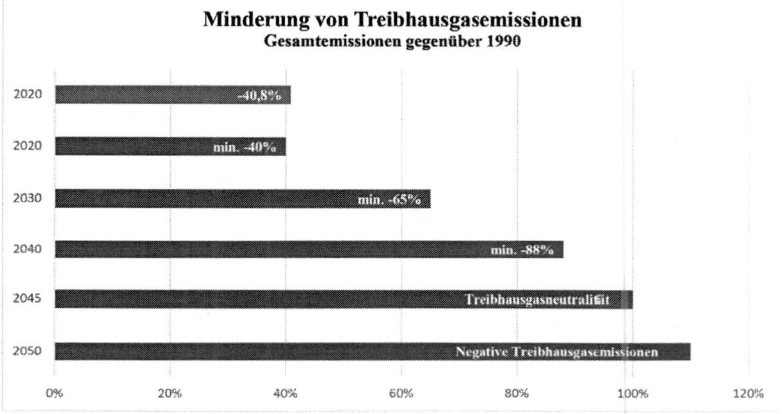

Abb. 2.1-1: Minderung von Treibhausgasemissionen. (Quelle: Autor Teichert in Anlehnung an Bundesministerium für Umwelt, Naturschutz und nukleare Sicherheit (2021): Klimaschutz in Zahlen – Fakten, Trends und Impulse deutscher Klimapolitik. Ausgabe 2021. Berlin, S. 18.)

Deutsche Anpassungsstrategie an den Klimawandel (DAS)

15 Handlungsfelder der Anpassungsstrategie

Das Pariser Abkommen sieht neben den Bemühungen zum Klimaschutz auch eine stärkere Anpassung an den Klimawandel vor, um die Widerstandsfähigkeit der Staaten gegenüber den Auswirkungen des Klimawandels zu erhöhen. In Deutschland hat die Klimaanpassung bereits im Jahr 2008 einen politischen Rahmen bekommen, indem die Bundesregierung die „Deutsche Anpassungsstrategie an den Klimawandel" (DAS)[1] beschlossen hat. In diesem Bericht wurden bereits beobachtete und zu erwartende Klimaänderungen vorgestellt sowie

[1] Vgl. Bundesregierung (2008): Deutsche Anpassungsstrategie an den Klimawandel; URL: https://www.bmu.de/fileadmin/bmu-import/files/pdfs/allgemein/application/pdf/das_gesamt_bf.pdf (Stand: November 2022).

notwendige Schritte zur Umsetzung von Klimaanpassungsmaßnahmen genannt. Für 15 verschiedene Handlungsfelder stellt die deutsche Anpassungsstrategie mögliche Folgen des Klimawandels vor und zeigt Handlungsoptionen auf, Deutschland widerstandsfähiger gegenüber Klimaveränderungen und deren Auswirkungen zu machen, also die Anpassungskapazität zu erhöhen. Die ausgewählten Handlungsfelder sind:

- menschliche Gesundheit
- Bauwesen
- Wasser, Hochwasser- und Küstenschutz
- Boden
- biologische Vielfalt
- Landwirtschaft
- Forstwirtschaft
- Fischerei
- Energiewirtschaft
- Finanz- und Versicherungswirtschaft
- Verkehr und Verkehrsinfrastruktur
- Industrie und Gewerbe
- Tourismus

sowie die Querschnittsthemen:

- Raum-, Regional- und Bauleitplanung,
- Bevölkerungs- und Katastrophenschutz.

Dabei werden konkrete Schritte und Maßnahmen des Bundes in der Anpassungsstrategie dargestellt, die eine enge Zusammenarbeit mit den Ländern und Kommunen vorsehen und durch ein übergreifendes Behördennetzwerk aus 28 Bundesbehörden unterstützt werden. Die DAS umfasst neben der Risikobewertung auch die Entwicklung von Entscheidungshilfen, Hinweise zur Umsetzung von Anpassungsmaßnahmen und Maßnahmen zur Sensibilisierung (Bewusstseinsbildung) für den Klimawandel und seine Folgen. Die besondere Herausforderung bei der Umsetzung der Anpassungsstrategie ist die hohe Komplexität, die sich u. a. aus der unterschiedlichen Betroffenheit, der Vielzahl der Akteure, den unterschiedlichen Entscheidungsebenen und den sektor- und bereichsübergreifenden Zusammenhängen und Wechselwirkungen ergibt.

Aktionsplan Anpassung (APA)

Zusammenhängend mit der Umsetzung der DAS wurde im Jahr 2011 der Aktionsplan Anpassung (APA I)[1] beschlossen, der die Handlungsoptionen mit konkreten Maßnahmen zur Anpassung unterstützt und Verknüpfungen mit anderen nationalen Strategieprozessen herstellt. Die Bereitstellung von Wissen und Information, das Schaffen von Anreizen und Grundlagen durch eine rechtliche und technische Rahmensetzung, Normung und Förderpolitik sowie Aktivitäten in direkter Bundesverantwortung (z. B. Bundesliegenschaften) werden im APA betont. Zusätzlich legt der APA I Wert darauf, dass Deutschland internationale Verantwortung im Zuge der Anpassung an den Klimawandel übernimmt.

[1] Vgl. Bundesregierung (2011): Aktionsplan Anpassung der Deutschen Anpassungsstrategie an den Klimawandel, Berlin; URL: https://www.bmu.de/fileadmin/bmu-import/files/pdfs/allgemein/application/pdf/aktionsplan_anpassung_klimawandel_bf.pdf (Stand: November 2022).

Zur Weiterentwicklung der DAS und des zugehörigen APA I ist eine kontinuierliche Berichterstattung zu den Fortschritten der Anpassung in Deutschland vorgesehen. Dementsprechend werden diese in regelmäßigen Abständen durch die Bundesregierung überprüft und im Rahmen von Fortschrittsberichten weiterentwickelt. Diese Berichte werden etwa alle fünf Jahre vom Bundeskabinett beschlossen und zusammen mit den zugehörigen Aktionsplänen vereinbart. Zur Evaluation der DAS wurde in einem fünfjährigen Entwicklungs- und Abstimmungsprozess mit Vertretern aus unterschiedlichen Ressorts auf Bundes- und Landesebene sowie mit nichtbehördlichen Fachexperten ein Indikatorensystem entwickelt und erstmals im Monitoringbericht 2015 zur DAS[1] dargestellt. Dieser Monitoringbericht und eine zusätzliche, deutschlandweite Vulnerabilitätsanalyse[2] von 2015 wurden durch eine interministerielle Arbeitsgruppe Anpassungsstrategie der Bundesregierung erstellt und bilden gemeinsam die Grundlage zur Weiterentwicklung der DAS. Aus der Auswertung der umfassenden Forschungstätigkeiten, der Evaluierung der

Fortschrittsberichten

---

1 Vgl. Umweltbundesamt (2015): Monitoringbericht 2015 zur Deutschen Anpassungsstrategie an den Klimawandel – Bericht der Interministeriellen Arbeitsgruppe Anpassungsstrategie der Bundesregierung. Dessau; URL: https://www.umweltbundesamt.de/sites/default/files/medien/376/publikationen/monitoringbericht_2015_zur_deutschen_anpassungsstrategie_an_den_klimawandel.pdf (Stand: November 2022).

2 Vgl. adelphi/PRC/EURAC (2015): Vulnerabilität Deutschlands gegenüber dem Klimawandel. Climate Change 24/2015, Dessau: Umweltbundesamt; URL: https://www.umweltbundesamt.de/publikationen/vulnerabilitaet-deutschlands-gegenueber-dem (Stand: November 2022).

bisherigen Förderprogramme und Maßnahmen sowie aus den Ergebnissen der Vulnerabilitätsanalyse zieht der erste Fortschrittsbericht zur DAS[1] Schlussfolgerungen für den künftigen Handlungsbedarf und weitere Aktivitäten und Maßnahmen des Bundes. Dementsprechend ist dem ersten Fortschrittsbericht bereits ein Aktionsplan Anpassung II (APA II) als umfangreiches Maßnahmenpaket für eine neue, umsetzungsorientierte Phase beigefügt. Darin ist eine konsequente Fortführung der bereits beschlossenen Maßnahmen vorgesehen sowie das Bestreben, die Anpassungskapazitäten auf allen Ebenen zu verstärken.

Ein kontinuierliches Berichtssystem wurde etabliert, und zwar mit dem Monitoringbericht, der Klimawirkungs- und Vulnerabilitätsanalyse, den Aktionsplänen Anpassung und den Fortschrittsberichten. Zurzeit werden die Monitoringberichte alle vier Jahre und die Klimawirkungs- und Vulnerabilitätsanalysen alle sechs Jahre auf den neuesten Stand gebracht. Die Evaluation wird ebenfalls alle vier Jahre vorgenommen. Die DAS wurde bisher 2015 und 2020 Rahmen von Fortschrittsberichten fortgeschrieben und von der Bundesregierung beschlossen. Zusammen mit den Fortschrittsberichten werden die Maßnahmen der Aktionspläne derzeit alle vier Jahre aktualisiert.

---

1 Vgl. Bundesregierung (2015): Fortschrittsbericht zur Deutschen Anpassungsstrategie an den Klimawandel, Berlin; URL: https://www.bmu.de/fileadmin/Daten_BMU/Download_PDF/Klimaschutz/klimawandel_das_fortschrittsbericht_bf.pdf (Stand: November 2022).

Der zweite Fortschrittsbericht der DAS beinhaltet den Aktionsplan III (APA III), der sich auf den zweiten Monitoringbericht vom November 2019[1] und einer Evaluation des DAS-Förderprogramms[2] stützt. Eine Übersicht der bereits erstellten Berichte zur Entwicklung der DAS sind in der folgenden Abbildung dargestellt:

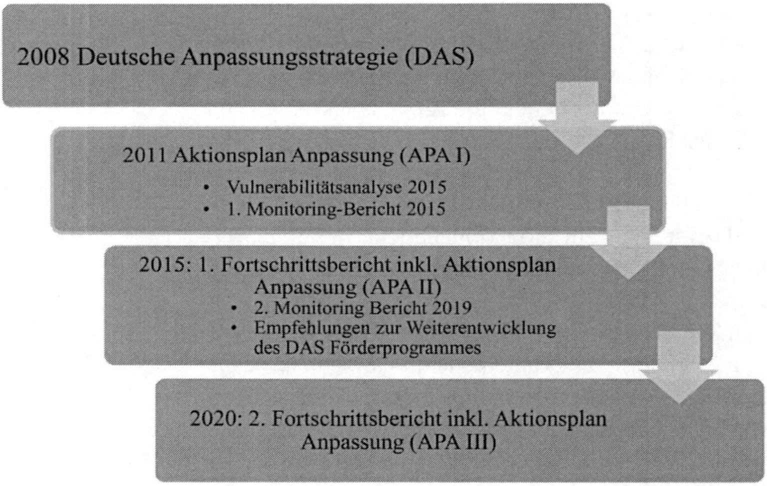

Abb. 2.1-2: Visualisierung der Meilensteine zur Weiterentwicklung der Deutschen Anpassungsstrategie. (Quelle: Teichert)

[1] Vgl. Umweltbundesamt (2019): Monitoringbericht 2019 zur Deutschen Anpassungsstrategie an den Klimawandel – Bericht der Interministeriellen Arbeitsgruppe Anpassungsstrategie der Bundesregierung. Dessau; URL: Monitoringbericht 2019 | Umweltbundesamt (Stand: November 2022).

[2] Vgl. Kahlenborn, Walter/Hetz, Karen (2018): Empfehlungen zur Weiterentwicklung des DAS-Förderprogramms. Berlin: adelphi; URL: https://www.z-u-g.org/fileadmin/user_upload/download_pdf/evaluierung_DAS_foerderprogramm_bf.pdf (Stand: November 2022).

Im 2. Fortschrittsbericht 2020[1] wurde die Klimawirkungs- und Vulnerabilitätsanalyse sowie der Aktionsplan Anpassung an den folgenden sechs Clustern[2] ausgerichtet:

1. Cluster **Wasser**:

   Dieses besteht aus den drei Handlungsfeldern „Wasserhaushalt, Wasserwirtschaft“, „Küsten- und Meeresschutz“ sowie „Fischerei“. Diese Handlungsfelder haben die Bewirtschaftung des Wassers und der aquatischen Ökosysteme zum Inhalt. „Wasserhaushalt, Wasserwirtschaft“ ist das Handlungsfeld, mit den meisten Wechselwirkungsbeziehungen zu anderen Handlungsfeldern.

2. Cluster **Land**:

   Dieses umfasst die Handlungsfelder „Boden“, „Landwirtschaft“, „Wald- und Forstwirtschaft“ sowie „biologische Vielfalt“.

---

1 Vgl. Bundesregierung (2020): Zweiter Fortschrittsbericht zur Deutschen Anpassungsstrategie an den Klimawandel. Berlin; URL: https://www.bmuv.de/fileadmin/Daten_BMU/Download_PDF/Klimaschutz/klimawandel_das_2_fortschrittsbericht_bf.pdf (Stand: November 2022).

2 Im Auftrag der Bundesregierung und im Kontext der Deutschen Anpassungsstrategie an den Klimawandel DAS wurden mit der Klimawirkungs- und Risikoanalyse 2021 zum zweiten Mal nach 2015 die mit dem Klimawandel verbundenen zukünftigen Risiken für Deutschland untersucht und bewertet. Diese Untersuchung, die alle sechs Jahre durchgeführt werden soll, ist die umfassendste Klimawirkungs- und Risikoanalyse in Deutschland. Vergleiche hierzu Kahlenborn, Walter et al. (2021): Klimawirkungs- und Risikoanalyse 2021 für Deutschland. Kurzfassung. Dessau. Umweltbundesamt; URL: https://www.umweltbundesamt.de/sites/default/files/medien/479/publikationen/kwra2021_teilbericht_zusammenfassung_bf_211027_0.pdf (Stand: November 2022).

3. Cluster **Infrastruktur**:

   Beruht auf den drei Handlungsfeldern, die am stärksten von langlebigen Infrastrukturen abhängen, namentlich „Bauwesen“, „Energiewirtschaft“ und „Verkehr, Verkehrsinfrastruktur“. Diese Handlungsfelder sind untereinander stark verknüpft und es bestehen Wechselbeziehungen zum Cluster „Wirtschaft“. Im Handlungsfeld Bauwesen werden detailliert die Schäden an Gebäuden, die Vegetation in Siedlungen, das Stadt- und Innenraumklima sowie die klimatischen Auswirkungen auf die Bautätigkeit beschrieben.[1]

4. Cluster **Wirtschaft**:

   Setzt sich aus den Handlungsfeldern „Industrie und Gewerbe“, „Tourismuswirtschaft“ und „Finanzwirtschaft“ zusammen.

5. Cluster **Gesundheit**:

   Dieses Cluster besteht aus dem Handlungsfeld „menschliche Gesundheit“. Dieses Cluster ist zentral für die Begründung von Anpassungsmaßnahmen in Deutschland, da Klimawirkungen häufig direkt oder indirekt die menschliche Gesundheit beeinflussen.

6. Cluster **Raumplanung und Bevölkerungsschutz**:

   Dieses Cluster geht auf die beiden Handlungsfelder „Raumordnung, Regional- und Bauleitplanung“

---

1 Vgl. Voß, Maike et al. (2021): Klimawirkungs- und Risikoanalyse 2021 für Deutschland. Teilbericht 4: Risiken und Anpassung im Cluster Infrastruktur. Dessau: Umweltbundesamt, S. 37 ff.; URL: https://www.umweltbundesamt.de/sites/default/files/medien/479/publikationen/kwra2021_teilbericht_4_cluster_infrastruktur_bf_211027_0.pdf (Stand: November 2022).

(spielt zentrale Rolle für die vorausschauende Anpassung an den Klimawandel der anderen Cluster) und „Bevölkerungsschutz“ zurück. Beide Handlungsfelder sind jedoch nur indirekt von den Folgen des Klimawandels betroffen. Aus diesem Grund hat das Netzwerk Vulnerabilität 2015 diese Handlungsfelder im Hinblick auf ihre Möglichkeiten betrachtet, Anpassungskapazität zu erhalten oder zu erhöhen.

Im Fortschrittsbericht werden zunächst in fünf Tabellenblättern die Klimawirkungen[1] je Cluster aufgezeigt. Im Anschluss folgen für alle sieben Cluster Tabellen mit zugeordneten Maßnahmen und Instrumenten.

Zentrum KlimaAnpassung

Als erste bundesweit tätige Beratungs- und Informationsstelle wurde 2021 das Zentrum KlimaAnpassung gegründet; sie richtet sich vorwiegend an Kommunen und Träger sozialer Einrichtungen in ganz Deutschland.

> **!**
> **Zentrum KlimaAnpassung**
> Das Zentrum unterstützt im Auftrag des Bundesministeriums für Umwelt, Naturschutz, nukleare Sicherheit und Verbraucherschutz (BMUV) die Planung und Umsetzung von Maßnahmen zur Anpassung an die Folgen des Klimawandels. Damit trägt es zur Vereinheitlichung und Effizienzsteigerung von Prozessen bei und nimmt eine Lotsenfunktion in

[1] Vgl. Voß, Maike et al. (2021): Klimawirkungs- und Risikoanalyse 2021 für Deutschland. Teilbericht 4: Risiken und Anpassung im Cluster Infrastruktur. Dessau: Umweltbundesamt S. 62 ff.

dem sich stetig weiterentwickelnden Feld der Klimaanpassung ein. Ein besonderer Fokus liegt auf den Regionen Deutschlands, die in hohem Maße von den Folgen des Klimawandels oder von Strukturwandelprozessen betroffen sind.
Um die Anpassung an den Klimawandel zu vollziehen, wird zunächst eine Beratung durchgeführt. Außerdem erhalten die Kommunen und Einrichtungen Unterstützung bei der Suche nach den passenden Förderprogrammen (Förderberatung), der Entwicklung von Anpassungskonzepten oder der Ermittlung der richtigen Anbieter für die Umsetzung von Maßnahmen zur Klimaanpassung. Des Weiteren werden Fortbildungen angeboten, etwa für erste Abschätzungen zu Folgen und Risiken des Klimawandels und zur besonderen Vulnerabilität von Kommunen und Einrichtungen. Schließlich werden auch Vernetzungen und der Austausch zu anderen Akteuren gewährleistet, z. B. durch Fortbildungsveranstaltungen, jährliche Online-Konferenzen oder Online-Plattformen.
Eines der Ziele des Zentrums KlimaAnpassung ist es, das Wissen und Erfahrungswerte verschiedener Einzelpersonen zu bündeln und für alle entsprechend nutzbar zu machen, sowie bestehende Angebote im Bedarfsfall zu ergänzen. Akteure sollen miteinander vernetzt werden, um den Austausch von Wissen und Erfahrungen zu stärken.

2.1.1 Klimawandel in Deutschland[1]

Im Vergleich zum Anstieg der globalen Durchschnittstemperatur um etwa 1 °C seit Beginn der Industrialisierung liegt die Zunahme der mittleren Jahrestemperatur in Deutschland bereits bei 1,5 °C. Räumliche Unterschiede umfassen eine Spanne von 1,3 bis 1,6 °C. Während die mittlere Regenmenge in Deutschland im Sommer kaum Veränderungen aufweist, ist die jährliche Niederschlagsmenge im Winter im Flächenmittel seit 1881 um 25 % angestiegen.

Zunahme der mittleren Jahrestemperatur liegt in Deutschland bereits bei 1,5 °C

Die damit verbundenen Folgen sind in vielen Teilen Deutschlands in den letzten Jahren deutlich spürbar geworden. Veränderungen in den Extremwetterereignissen sind statistisch weniger gesichert (= robust) als die Analysen der klimatischen Mittel, da sie definitionsgemäß nur selten auftreten (z. B. Jahrhundertereignisse treten statistisch nur einmal in 100 Jahren auf) und sich die vorhandenen Messreihen auf ähnlichen Zeitskalen bewegen. Robustere Aussagen zu Änderungen in der Häufigkeit lassen sich stattdessen über Tage treffen, an denen bestimmte Grenzwertüberschreitungen aufgetreten sind. So ist die Anzahl heißer Tage[2] in ganz Deutschland angestiegen (siehe Abbildung 2.1.1-1), während die Anzahl von Eistagen[3] abgenommen hat.

---

[1] Aufgeführte Zahlen und Fakten aus Umweltbundesamt (2019): Monitoringbericht 2019 zur Deutschen Anpassungsstrategie an den Klimawandel – Bericht der Interministeriellen Arbeitsgruppe Anpassungsstrategie der Bundesregierung. Dessau, mit zugrunde liegenden Daten des DWD.

[2] „Heiße Tage" sind hier als Tage mit einer Höchsttemperatur von mind. 30 °C definiert.

[3] „Eistage" sind Tage mit einer Höchsttemperatur unter 0 °C.

Auch die Häufigkeit und Intensität von Hitzeperioden hat in Deutschland seit 1951 zugenommen. Die damit verbundene extreme Trockenheit stellt nicht nur für die Landwirtschaft eine Gefahr dar, sondern auch für das Stadtklima und die menschliche Gesundheit. Die generelle Erwärmung wirkt sich zunehmend auf großräumige Wetterlagen aus und beeinflusst auch regional und auf räumlich sehr kleinen Skalen den Wasserhaushalt. Veränderungen bei den Temperaturen wirken sich direkt auf den Niederschlag aus, da wärmere Luft mehr Wasserdampf aufnehmen kann als kältere Luft. Selbst wenn sich die relative Luftfeuchte in der Region also nicht verändert, kann man durch eine Temperaturerwärmung mit einer höheren Niederschlagsmenge rechnen.

Zusätzlich beeinflussen veränderte meteorologische Verhältnisse auch Konvektionsprozesse und so die Entstehung von Gewittern. Demzufolge ist davon auszugehen, dass Starkregenereignisse entweder in ihrer Intensität oder aber ihrer Dauer zunehmen werden. Damit verbunden sind u. a. auch ansteigende Wasserstände, Überschwemmungen und Bodenerosionen. Der Prozess der Niederschlagsentstehung beinhaltet eine Vielzahl komplexer Rückwirkungsmechanismen und Einflussfaktoren, die statistisch gesicherte Vorhersagen erschweren und regional zu großen Unterschieden führen können.

Entgegen dem generellen Trend dürften manche Regionen Deutschlands auch trockener werden. Konvektive Ereignisse weisen außerdem eine sehr hohe räumliche und zeitliche Variabilität auf. Besonders kurze (Zeitskala von einer Stunde) oder kleinräumige Ereignisse können von meteorologischen Stationen häufig nicht erfasst werden, aber trotzdem mit einer großen Niederschlagsmenge einhergehen. Da Starkregenereignisse ein hohes Schadenspotenzial bieten, ist in diesem Bereich der Forschungsbedarf groß, um in Zukunft robuste Aussagen zu regionalen Trends zu machen und die Gefahren für die Gesellschaft zu reduzieren.

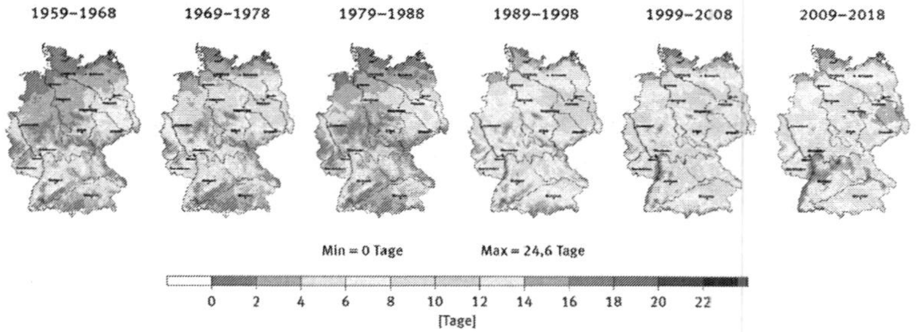

Abb. 2.1.1-1: Mittlere jährliche Anzahl der heißen Tage. (Quelle: Umweltbundesamt (2019); Monitoringbericht 2019 zur Deutschen Anpassungsstrategie an den Klimawandel – Bericht der Interministeriellen Arbeitsgruppe Anpassungsstrategie der Bundesregierung. Dessau, S. 24.)

2.1.2 Stand der Forschung zur Anpassung an den Klimawandel in Deutschland

Die Ressortförderungsinitiativen der Bundesministerien stützen sich auf drei Pfeiler zum Thema Anpassung an die Folgen des Klimawandels:

- **Klimasystemforschung**
- **Klimafolgenforschung**
- **Anpassungsforschung**

Klimasystemforschung

Dabei werden in der rein naturwissenschaftlichen Klimasystemforschung die Zusammenhänge zwischen den Teilsystemen des Erdsystems – Atmosphäre, Hydrosphäre (Ozeane und Wasserkreisläufe zwischen Atmosphäre und Ozean), Biosphäre (Pflanzen und Tiere) und Pedosphäre (Boden), Lithosphäre (Gestein) und Kryosphäre (Eis und Schnee) – sowie deren Wechselwirkungen mit biogeochemischen Kreisläufen, wie etwa dem Kohlenstoffkreislauf, untersucht. Durch die hohe Komplexität des Erdsystems steht die Klimasystemforschung auch heute noch am Anfang und viele ungeklärte Fragen bleiben offen. Forschungsarbeiten mit Klimamodellen entwickeln sich stetig weiter, um diese Lücken in Zukunft zu füllen und das Ausmaß der Klimaänderungen so konkret wie möglich voraussagen/abschätzen zu können.

Klimasystemforschung steht immer noch am Anfang

Beispiele:

- Helmholtz-Gemeinschaft
- Max-Planck-Gesellschaft
- Leibniz-Gemeinschaft
- Projekte unterstützt durch das Deutsche Klimaforschungsprogramm (DEKLIM)

Klimaschutz- und Klimafolgenforschung

Klimafolgenforschung zur Ermittlung möglicher Anpassungsstrategien

Die interdisziplinär ausgerichtete Klimaschutz- und Klimafolgenforschung befasst sich mit den Wechselbeziehungen zwischen Klimaänderungen und natürlichen Systemen sowie sozioökonomischen Systemen (menschliche Gesellschaft). Darauf basierend können Maßnahmen zur Anpassung an die Klimaveränderungen entwickelt werden. Andererseits dienen sie dem besseren Verständnis des menschlichen Einflusses auf das Klimasystem. Eine Vielzahl wissenschaftlicher Institute in Deutschland beschäftigen sich mit relevanten Fragestellungen, um die Grundlagen für robuste Aussagen für Entscheidungen in Politik, Wirtschaft und Zivilgesellschaft treffen zu können. Dazu werden Szenarienanalysen, Modellierungen und Computersimulationen genutzt, aber auch Wirkmodelle sind zur Folgenabschätzung und der Ermittlung möglicher Anpassungsstrategien notwendig.

Beispiele:

- Projekte unterstützt durch das Deutsche Klimaforschungsprogramm (DEKLIM)
- Potsdam-Institut für Klimafolgenforschung (PIK)
- Deutscher Wetterdienst (DWD)

Vulnerabilitäts- und Anpassungsforschung

Die Vulnerabilitäts- und Anpassungsforschung konzentriert sich auf Verletzlichkeiten unterschiedlicher gesellschaftlicher Funktionsbereiche und das Management der Klimafolgen für Mensch und Umwelt sowie wirtschaftliche und soziale Entwicklung. Dabei gilt es v. a., die regionalen und sektoralen Auswirkungen der Klimaänderungen zu untersuchen, Wissenslücken zu erkennen sowie Strategien und technische Lösungen für Anpassungsmaßnahmen zu entwickeln.

11/22

Beispiele:

- Climate Service Center (GERICS) der Helmholtz-Gemeinschaft
- Fördermaßnahmen des Bundesministeriums für Bildung und Forschung (BMBF) → Klimawandel in Regionen zukunftsfähig gestalten (KLIMZUG); Forschung für Nachhaltige Entwicklung (FONA)
- Schwerpunktbereich des Bundesministeriums für Umwelt, Naturschutz und nukleare Sicherheit: Anpassung an die Auswirkungen des Klimawandels
- Bundesministerium für Digitales und Verkehr (BMDV): Bis 2015 wurde ein Großteil der Klimaanpassungsforschung im Rahmen des Projekts „Auswirkungen des Klimawandels auf Wasserstraßen und Schifffahrt – Entwicklung von Anpassungsoptionen" (KLIWAS) durchgeführt; seit 2016 erarbeitet ein Expertennetzwerk aus sieben Ressortforschungseinrichtungen und Fachbehörden Innovationen in den Bereichen Anpassung an den Klimawandel, Umweltschutz und Risikomanagement.
- Beiträge aus der Ressortforschung → Die Studie „Vulnerabilität Deutschlands gegenüber dem Klimawandel" vom Umweltbundesamt in Kooperation mit adelphi (2015) verfolgt einen sektoralen Ansatz und betrachtet die einzelnen Handlungsfelder der DAS, den Stand der Forschung im jeweiligen Bereich und benennt den weiteren Forschungsbedarf.

- Auftragsforschung nach wettbewerblichen Vergabeverfahren sowie zweckgebundene Zuwendungen im Rahmen von Förder- und Fachprogrammen (z. B. Verbundprojekte wie „Klimaresilienz durch Handeln in der Stadt und Region“[1] und „Regionale Informationen zum Klimahandeln“ (RegIKlim)[2])

Da sich die Auswirkungen des Klimawandels v. a. regional zeigen, zählen die Kommunen zu den zentralen Akteuren zur Anpassung an den Klimawandel und müssen einen Großteil der Maßnahmen entwickeln und umsetzen. Vor allem über die Nationale Klimaschutzinitiative (NKI) und die DAS werden Kommunen durch den Bund seit 2011 bei der Erstellung von Anpassungskonzepten und der Umsetzung von Maßnahmen zur Anpassung an den Klimawandel durch einen Anpassungsmanager unterstützt. Im Vergleich zu den Fördermaßnahmen im Klimaschutz ist die kommunale Anpassung jedoch bisher ein nur gering wahrgenommenes Aktionsfeld. Im Zeitraum von 2011 bis 2017 wurden für 39 Kommunen Mittel zur Erarbeitung von Anpassungskonzepten bewilligt und die Umsetzung von zwei Teilkonzepten zur Anpassung gefördert.[3]

Nationale Klimaschutzinitiative (NKI)

Die Nationale Klimaschutzinitiative (NKI) gibt es seit 2008. Sie wird mittlerweile vom Bundesministerium für Wirtschaft und Klimaschutz (BMWK) verwaltet und

---

1 Vgl. URL: https://www.fona.de/de/massnahmen/foerdermassnahmen/klimaresilienz_durch_handeln_in_stadt_und_region.php (Stand: November 20232).

2 Vgl. URL: https://www.regiklim.de/DE/Home/home_node.html (Stand: November 2022).

3 Vgl. Umweltbundesamt (2019): Monitoringbericht 2019 zur Deutschen Anpassungsstrategie an den Klimawandel – Bericht der Interministeriellen Arbeitsgruppe Anpassungsstrategie der Bundesregierung. Dessau, S. 252.

durch den Projektträger Zukunft-Umwelt-Gesundheit (ZUG) gGmbH betreut. Bezuschusst werden im Rahmen der Kommunalrichtlinie folgende strategische und investive Maßnahmen.

Strategische Klimaschutzmaßnahmen (Nummerierung in der Richtlinie):

- Einstiegs- und Orientierungsberatung für das Handlungsfeld Klimaschutz (4.1.1 a)
- Fokusberatungen (4.1.1 b)
- Einführung und Erweiterung eines Energiemanagements (4.1.2)
- Einführung eines Umweltmanagements (4.1.3)
- Energiesparmodelle (4.1.4)
- Kommunale Netzwerke (4.1.5)
- Machbarkeitsstudien (4.1.6)
- Einrichtung einer Klimaschutzkoordination (4.1.7)
- Klimaschutzkonzepte und Klimaschutzmanager (4.1.8)
- Integriertes Vorreiterkonzept (4.1.9)
- Fokuskonzepte und ihre Umsetzung durch zusätzliches Personal (4.1.10)
- Investive Klimaschutzmaßnahmen (Nummerierung in der Richtlinie):- Sanierung von Außen- und Straßenbeleuchtung (4.2.1)
- Sanierung von Ampeln (Lichtsignalanlagen) (4.2.2)
- Sanierung von Innen- und Hallenbeleuchtung (4.2.3)

- Sanierung und Nachrüstung von Lüftungsanlagen (4.2.4)
- Maßnahmen für eine klimafreundliche Mobilität (4.2.5)
- Maßnahmen für eine klimafreundliche Abfallwirtschaft (4.2.6)
- Maßnahmen für eine klimafreundliche Abwasserbewirtschaftung (4.2.7)
- Maßnahmen für eine klimafreundliche Trinkwasserversorgung (4.2.8)
- Energie- und Ressourceneffizienzmaßnahmen in Rechenzentren (4.2.9)
- Weitere investive Maßnahmen (4.2.10)

Seit 2012 werden im Rahmen des DAS-Programms „Förderung von Maßnahmen zur Anpassung an die Folgen des Klimawandels“ durch das Bundesministerium für Umwelt, Naturschutz, nukleare Sicherheit und Verbraucherschutz Vorhaben finanziell unterstützt. Gefördert werden vor allem lokale und kommunale Akteure, aber auch Vereine und mittelständische Betriebe sowie Bildungseinrichtungen in den folgenden Förderschwerpunkten:

a) Einstieg in das Kommunale Anpassungsmanagement:
   - Förderschwerpunkt 1: Erstellung eines nachhaltigen Anpassungskonzepts (Erstvorhaben)
   - Förderschwerpunkt 2: Umsetzungsvorhaben (Anschlussvorhaben)

- Förderschwerpunkt 3: ausgewählte Maßnahmen zur Anpassung an den Klimawandel

b) innovative Modellprojekte für die Klimawandelanpassung (Wettbewerb)

- Erstellung eines Konzepts
- Umsetzung eines Konzepts

Dabei wurden bislang noch keine Anpassungskonzepte von kommunalen Unternehmen erstellt, jedoch hat der Bund für kommunale Leuchtturmprojekte insgesamt knapp 10 Mio. Euro bewilligt. In der repräsentativen Umfrage „Umweltbewusstsein in Deutschland"[1] werden seit 2012 Bürgerinnen und Bürger alle zwei Jahre im Auftrag des Bundesministeriums für Umwelt, Naturschutz und nukleare Sicherheit und des Umweltbundesamtes zu ihrer Einschätzung befragt, ob sich ihre Kommune hinreichend mit dem Thema Anpassung auseinandergesetzt und ob sie in ausreichendem Umfang Vorsorgemaßnahmen ergriffen hat.

In der Abb. 2.1.2-1 wird deutlich, dass sich in der Befragung von 2012 noch 58 % der Befragten positiv zur kommunalen Klimavorsorge äußerten. Seitdem geht die positive Einschätzung kontinuierlich zurück: 2014 wa-

---

[1] Bundesministerium für Umwelt, Naturschutz und nukleare Sicherheit/Umweltbundesamt (2019): Umweltbewusstsein in Deutschland 2018 – Ergebnisse einer repräsentativen Bevölkerungsumfrage. Berlin/Dessau. https://www.umweltbundesamt.de/sites/default/files/medien/1410/publikationen/ubs2018_-_m_3.3_basisdatenbroschuere_barrierefrei-02_cps_bf.pdf (Stand: November 2022).

ren 41 % und 2016 nur noch 30 % der Befragten von den kommunalen Vorsorgemaßnahmen positiv überzeugt.[1]

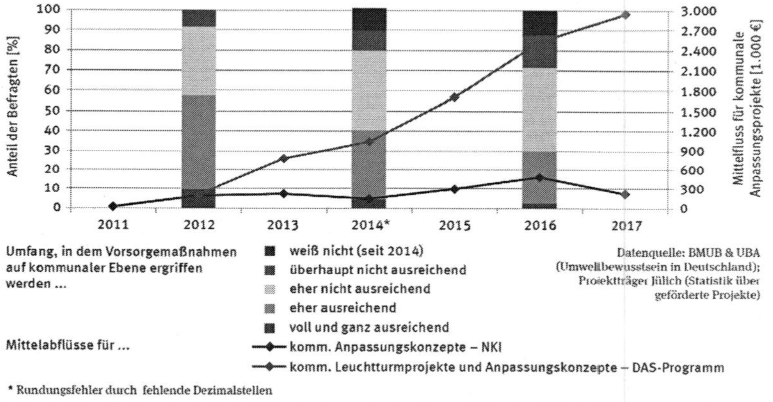

Abb. 2.1.2-1: Umweltbewusstsein und Mittelfluss für kommunale Anpassungsprojekte. (Quelle: Umweltbundesamt (2019): Monitoringbericht 2019 zur Deutschen Anpassungsstrategie an den Klimawandel – Bericht der Interministeriellen Arbeitsgruppe Anpassungsstrategie der Bundesregierung. Dessau, S. 252.)

Im Auftrag des Umweltbundesamtes hat das Deutsche Institut für Urbanistik (Difu) eine Umfrage zur „Wirkung der DAS für die Kommunen" durchgeführt.[2] Aufgrund der 249 Rückmeldungen aus ganz Deutschland zu den 70 Fragen der Umfrage konnten Rückschlüsse auf die

[1] Vgl. Umweltbundesamt (2019): Monitoringbericht 2019 zur Deutschen Anpassungsstrategie an den Klimawandel – Bericht der Interministeriellen Arbeitsgruppe Anpassungsstrategie der Bundesregierung. Dessau, S. 253.

[2] Vgl. Hasse, Jens/Willen, Luise (2019): Umfrage Wirkung der Deutschen Anpassungsstrategie (DAS) für die Kommunen, Climate Change 01/2019. Dessau: Umweltbundesamt, https://www.umweltbundesamt.de/sites/default/files/medien/1410/publikationen/2019-01-21_cc_01-2019_umfrage-das.pdf (Stand: November 2022).

Betroffenheit und Motivation der Kommunen, den Stand der Umsetzung von Klimaanpassungsmaßnahmen und zur Bekanntheit, dem Nutzen und der Wirkung der DAS gezogen werden.

Motivation zu Klimaanpassungsmaßnahmen ist die eigene Betroffenheit

Aus der Umfrage ging hervor, dass eine große Motivation zur Durchführung von Klimaanpassungsmaßnahmen die eigene Betroffenheit der Kommune durch Extremwetterereignisse ist. Auch die persönliche Überzeugung von Führungskräften, in der Klimaanpassung aktiv zu werden, war ein treibender Faktor. In Bezug auf eine politische Verankerung zur Klimaanpassung liegt laut der Umfrage bereits in 40 % der befragten Kommunen ein politischer Beschluss zur Klimaanpassung vor oder ist in Arbeit und in 46 % wurde eine verwaltungsinterne Bestandsaufnahme durchgeführt. Als zentrale Instrumente der Klimaanpassung wurden auf der kommunalen Ebene am häufigsten die Maßnahmen in der „Bauleitplanung“ (53 %) und zur Anpassung an „Extremniederschläge“ (49 %) von den Befragten ausgewählt.

In selteneren Fällen wurden Maßnahmen zur „Vermeidung von Hitzebelastungen“ in den kommunalen Klimaanpassungskonzepten und -instrumenten berücksichtigt. Die bereits umgesetzten Maßnahmen ließen sich dementsprechend auch hauptsächlich den Handlungsfeldern Bauwesen (65 %), Wasserwirtschaft (65 %) und Raum-, Regional- und Bauleitplanung sowie Bevölkerungsschutz (48 %) zuordnen. 74 % der antwortenden Kommunen haben bereits Maßnahmen zur Anpassung an den Klimawandel umgesetzt bzw. geplant.

Die am häufigsten umgesetzten bzw. geplanten Maßnahmen sind in der Abb. 2.1.2-2 aus der Umfrage des Difu dargestellt. Als starkes Hindernis in der Vorbereitung und Umsetzung der kommunalen Klimaanpassung wurden die zu knappen Ressourcen genannt. Des Weiteren wurden sowohl unzureichende Erfahrungen mit künftigen Klimaänderungen, eine unzureichende Datengrundlage, als auch mangelnde Akzeptanz des Themas in der Bevölkerung, Wirtschaft, Politik und den Verwaltungen als Barrieren bei der Umsetzung von Klimaanpassungsmaßnahmen angegeben.

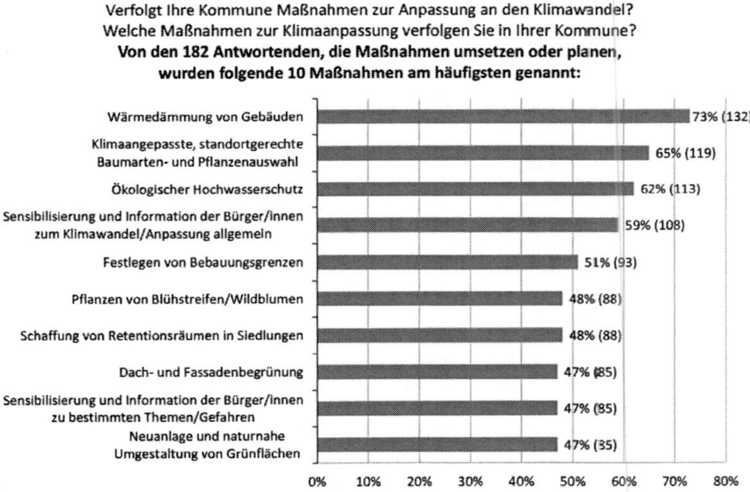

Abb. 2.1.2-2: Am häufigsten genannte umgesetzte oder geplante Klimaanpassungsmaßnahmen. (Quelle: Hasse, Jens/Willen, Luise (2019): Umfrage Wirkung der Deutschen Anpassungsstrategie (DAS) für die Kommunen, Climate Change 01/2019. Dessau: Umweltbundesamt, S. 56.)

2.1.3 Der Klimaanpassungsscanner des Umweltbundesamtes

Bewertung der Aktivitäten und Handlungsbedingungen zur Klimaanpassung in einer Kommune

Der Klimaanpassungsscanner des Umweltbundesamtes ist ein Online-Instrument, mit dem Kommunen systematisch prüfen können, wie gut sie auf die Folgen des Klimawandels vorbereitet sind und wo zusätzlicher Handlungsbedarf besteht.

Er unterstützt insbesondere Verwaltungen und politische Entscheidungsträger dabei, Handlungsbedarfe zu erkennen, bestehende Maßnahmen zur Klimaanpassung zu überprüfen und diese strategisch weiterzuentwickeln. Die Anwendung ist kostenfrei online verfügbar und so aufgebaut, dass sie ohne spezielles Fachwissen bedient werden kann.

Ausgangspunkt des Klimaanpassungsscanners ist die Erkenntnis, dass sich die Rahmenbedingungen für Kommunen bereits heute spürbar verändern. Hitzewellen, Starkregen, Überschwemmungen, Trockenperioden oder Stürme treten häufiger oder intensiver auf und können erhebliche Auswirkungen auf Infrastruktur, Gesundheit, Wirtschaft, Umwelt und Lebensqualität haben. Viele Kommunen stehen vor der Aufgabe, diese Klimarisiken besser zu verstehen, vorhandene Planungen anzupassen und neue Maßnahmen zu entwickeln. Genau hier setzt der Anpassungsscanner an: Er bietet eine strukturierte Vorgehensweise, um den Stand der kommunalen Klimaanpassung zu erfassen und zu bewerten.

07/26

Der Aufbau des Tools orientiert sich an einem Fragenkatalog, der zentrale Handlungsfelder der kommunalen Klimaanpassung abdeckt:

1. Werte, Ziele & Leitbilder
2. Wissen (Vorhandensein, Zugang, Austausch)
3. Zusammenarbeit & Zuständigkeiten
4. Ressourcen & Kapazitäten
5. Strategien & Maßnahmenumsetzung.

Anwenderinnen und Anwender beantworten schrittweise Fragen zu diesen Themen und machen Angaben dazu, ob bestimmte Voraussetzungen erfüllt sind, ob es bereits Maßnahmen gibt oder ob noch Handlungsbedarf besteht.

Die Handhabung ist bewusst einfach gehalten. Der Klimaanpassungsscanner führt die Nutzerinnen und Nutzer Schritt für Schritt durch die Themenblöcke. Jede Frage ist so formuliert, dass sie von Personen aus der Verwaltungspraxis beantwortet werden kann, ohne dass ein tiefgehendes fachliches Spezialwissen erforderlich ist. Gleichzeitig sind die Fragen so differenziert, dass ein realistisches Bild des Status quo entsteht. Teilweise werden kurze Erläuterungen gegeben, die erläutern, warum ein Aspekt für die Klimaanpassung wichtig ist, etwa bei der Berücksichtigung von Hitzevorsorge im Gesundheitswesen oder von Starkregenvorsorge in der Stadtplanung.

Ergebnis

Ein zentrales Ergebnis des Klimaanpassungsscanners ist eine Art „Profil“ der Kommune. Aus den Antworten wird ersichtlich, in welchen Bereichen bereits ein guter Stand der Klimaanpassung erreicht ist und in welchen Bereichen Lücken bestehen. So lassen sich Stärken und Schwachstellen erkennen. Das Tool zeigt auf, wo dringender Handlungsbedarf besteht, wo erste Schritte bereits unternommen wurden und wo Maßnahmen weiter vertieft oder verstetigt werden sollten. Diese Auswertung kann als Grundlage für die interne Diskussion in der Verwaltung, für die Zusammenarbeit mit der Politik oder für die Kommunikation nach außen dienen.

Darüber hinaus unterstützt der Klimaanpassungsscanner die Priorisierung von Maßnahmen. Indem sichtbar wird, welche Themenfelder noch wenig bearbeitet sind, können Kommunen gezielt überlegen, welche nächsten Schritte sinnvoll sind – etwa die Erarbeitung eines integrierten Klimaanpassungskonzepts, die Anpassung bestehender Pläne und Satzungen, die Verbesserung des Krisenmanagements oder die Stärkung der Zusammenarbeit zwischen Ämtern. Der Scanner ersetzt keine detaillierte Risikoanalyse oder Fachgutachten, weist aber auf zentrale Handlungsfelder hin, die vertieft bearbeitet werden sollten.

Unterstützung und Kooperation

Ein weiterer Vorteil des Tools besteht darin, dass es die interne Kooperation fördert. In vielen Kommunen ist Klimaanpassung eine Querschnittsaufgabe, an der unterschiedliche Fachbereiche beteiligt sind – zum Beispiel Stadtplanung, Umwelt, Gesundheit, Tiefbau, Katastrophenschutz oder Liegenschaftsverwaltung. Der Klimaanpassungsscanner kann gemeinsam bearbeitet werden und damit den Austausch zwischen den Fachämtern anregen. Unterschiedliche Perspektiven fließen in die Beantwortung der Fragen ein, was zu einer realistischeren Einschätzung und einer besseren Abstimmung der Maßnahmen führt.

Das Umweltbundesamt stellt den Klimaanpassungsscanner als Unterstützungsangebot bereit, um die kommunale Anpassungspraxis zu stärken und zu verbreiten. Die Anwendung trägt dazu bei, die Anforderungen aus nationalen und europäischen Strategien zur Klimaanpassung auf der lokalen Ebene umzusetzen. Sie hilft Kommunen, ihre Aktivitäten zu dokumentieren, Fortschritte sichtbar zu machen und diese in übergeordnete Strategien einzubetten. Zugleich trägt sie dazu bei, die Sensibilität für Klimarisiken in Verwaltung und Politik zu erhöhen und Anpassung als dauerhafte Aufgabe zu verankern.

Insgesamt ist der Klimaanpassungsscanner ein praxisnahes Instrument, das Kommunen eine erste, systematische Bestandsaufnahme ihrer Klimaanpassungsaktivitäten ermöglicht. Er bietet eine strukturierte Orientierung, führt durch die relevanten Themenfelder, macht Handlungsbedarf transparent und unterstützt bei der strategischen Weiterentwicklung der Anpassung. Damit leistet er einen Beitrag dazu, Städte, Gemeinden und Landkreise widerstandsfähiger gegenüber den unvermeidbaren Folgen des Klimawandels zu machen und die Lebensqualität vor Ort langfristig zu sichern.

Den Anpassungsscanner finden Sie zum Download unter Anpassungsscanner | Umweltbundesamt und im Kapitel 1.5.

2.2 Besonderheiten und Merkmale des Stadtklimas

Problemstellung

Sowohl in der Stadtplanung, der Gebäudeplanung als auch in der Freiraumplanung werden stadtklimatische Grundlagen benötigt, um nachhaltige Flächen- und Gebäudeplanungen umzusetzen. Im Energiesektor sind für eine Nutzung der potenziellen Ressourcen Kenntnisse der Strahlungsprozesse und der Belüftung notwendig. Die Stadtklimatologie liefert solche Grundlagen in Form von Klimaanalysen, die in Klimakarten dargestellt werden können. Kleinräumige Messungen und Computersimulationen liefern darüber hinaus Empfehlungen im Mikroklimabereich für eine klimagerechte Stadtentwicklung.

Städte sind hochkomplexe Gebilde, die die natürliche Erdoberfläche in vielfacher Hinsicht durch bauliche Tätigkeit verändern. Das betrifft nicht nur erhebliche Eingriffe in die Strömungsdynamik der urbanen Grenzschicht, sondern wegen der Verwendung meist künstlicher Baumaterialien und technisch produzierter Abwärme auch die Strahlungs- und Wärmeströme an, unter- und oberhalb der Bodenoberfläche. Städte weisen somit ein charakteristisches Eigenklima auf, welches sich vom Umland durch höhere Lufttemperaturen und eine reduzierte Windgeschwindigkeit auszeichnet. In Zeiten des globalen Klimawandels und durch die Ausweitung von mehr Bauland in den Städten wird dies verstärkt. Klimaschutz und Klimaanpassungsmaßnahmen müssen verstärkt und flächendeckend sowie gemeinsam angegangen werden.

Hinzu treten nutzungsbedingte Beeinflussungen durch Kraftfahrzeugverkehr, Industrie, Gewerbe sowie Wohnen, die darüber hinaus die Luftqualität in unterschiedlich starkem Maße beeinträchtigen. Städte stecken in dem Dilemma, dass bei hoher Einwohnerdichte und Versiegelung der Oberfläche die Stadtbevölkerung erwartet, an einer lebenswerten Umwelt ohne gesundheitliche Einschränkungen partizipieren zu können.

Städtische Überwärmung

Lokale Konvektionen

Da der globale Klimawandel insbesondere die Städte mit seinen Auswirkungen betrifft, ist davon auszugehen, dass vornehmlich die städtische Überwärmung an Intensität zunimmt und sich die thermischen Beeinträchtigungen (z. B. Hitzewellen sowie dadurch erhöhte Morbiditäts- und Mortalitätsraten) steigern werden. Belüftungseinschränkungen führen zur Verminderung der Luftqualität (Stagnationsbedingungen oder Generierung temperaturabhängiger Luftschadstoffe) und lokale Konvektionen über urbanen Räumen können die Gefahr von Starkregenereignissen erhöhen.

Städte können bereits jetzt aufgrund ihrer Erwärmung gegenüber dem Umland als Vorboten des globalen Klimawandels gelten. Das bietet die Möglichkeit, umweltmeteorologisches und damit auch human-biometeorologisches Datenmaterial per Messung oder Simulation unter den gegenwärtig vorherrschenden Bedingungen in der städtischen Grenzschicht zu gewinnen und die Ergebnisse anwendungsorientiert aufzubereiten.

Das Signal, welches von Klimaveränderungen ausgeht, wird sich in Ballungsräumen und innerstädtischen Gebieten verstärkt auswirken. Die Zunahme an austauscharmen Strahlungswetterlagen vermehrt den Hitzestress v. a. innerhalb windschwacher Stadträume. Zu beach-

Wärmeinseleffekt
Belüftung

ten sind somit der Wärmeinseleffekt und die Belüftung, wie sich dies auf die Lufthygiene und den thermischen Komfort auswirkt.

Stadtklimatologie

Die Stadtklimatologie beschäftigt sich mit eben diesen Effekten. Sie erstreckt sich über die Bereiche

- Stadtplanung und Architektur,
- Gebäude- und Bauleitplanung sowie
- Quartiers- und Stadtentwicklungsplanung.

Sie unterstützt den Anwender bei der Bewertung der thermischen und lufthygienischen Situation und der Auswirkung von Flächen, Verdichtungen, Konversionsmaßnahmen, Stadtrückbau und Einzelgebäuden.

Die Berücksichtigung des Klimas in der Stadtplanung erfordert eine detaillierte Kenntnis der Wechselwirkungsprozesse zwischen den städtischen Faktoren und der Atmosphäre. Die Ergebnisse werden in Abhängigkeit von der Stadtplanungsebene als Karten in unterschiedlicher, räumlicher Auflösung dargestellt. Festlegungen von Untersuchungsmethoden und die Bewertung der Ergebnisse für den thermischen und lufthygienischen Wirkungskomplex sind abhängig von der Planungsebene und den verfügbaren Daten[1].

---

1 KATZSCHNER, L.; KATZSCHNER, A.; KUPSKI, S. 2010: Abschlussbericht des BMBF Verbundprojekts KLIMES. Teilvorhaben Planerische Bewertung der kleinräumigen Stadtklimaanalyse zur Umsetzung der Maßnahmen „Anpassung an Klimaextreme“, Universität Kassel.

2.2.1 Ausbildung des städtischen Klimas

Wärmeinseleffekt

Städte zeichnen sich gegenüber ihrem Umland durch höhere Lufttemperauren aus. Dies wird als der Wärmeinseleffekt und die Wärmeinsel Stadt beschrieben. Dabei ist v. a. die nächtliche Übertemperatur von Bedeutung. Die fehlende nächtliche Abkühlung der Städte wird durch die Wärmespeicherung und die reduzierte Belüftung hervorgerufen.

Meteorologische Einteilung	Stadtstruktur	horizontale Länge
Mikroskala	Fassade	1 - 10 m
	Gebäude	10 m +
	Straßenschlucht	30 – 100 m
Lokal	Block	100 -300 m
	Nachbarschaft	ca. 1 km
Mesoskala	Stadtgebiet	10 – 100 km
Region	Stadtumgebung Landschaft	> 100 km

Tab. 2.2.1-1: Räumliche Ebenen und zugehörige Stadtstruktur mit Größenordnung (Quelle: Katzschner[1])

Mesoklima und Mikroklima

Zu unterscheiden und zu beachten sind die Größenordnungen. In der Stadtklimatologie wird die Gesamtstadt dem Mesoklima zugordnet, während die Freiräume und Gebäude dem Mikroklima zugeordnet wer-

[1] KATZSCHNER, L 2011: Urban Climate Strategies Against Future Heat Stress Conditions. Resilient Cities: Cities and Adaptation to Climate Change. Proceedings of the Global Forum 2010. K. Otto-Zimmermann. Dordrecht, Heidelberg, London, New York, Springer: 79-89.

den müssen. In Tabelle 1 wird eine grobe Größenordnung den Skalen/räumlichen Ebenen zugeteilt. Tabelle 2 ordnet die Skalen auch den Planungsebenen zu.

Abbildung 1 zeigt eine idealisierte Wirkungsweise der städtischen Wärmeinsel i. V. m. den Flurwinden. Je nach topografischer Lage kann sich diese räumlich unterschiedlich ausprägen. Bedeutsam ist zu erkennen, wo sich die Flurwinde, Kalt- und Frischluftzufuhr ausbilden, um Luftleitbahnen verorten zu können. Nicht nur in einem stark topografisch gegliederten Gelände spielt die Kaltluftzufuhr eine bedeutende Rolle, da sie hilft, die städtische Wärmeinsel abzubauen. Kaltluftentstehungsflächen sind Flächen mit geringer Wärmespeicherung, wie landwirtschaftliche Flächen oder Grasflächen[1]. Auch innerstädtische Parkanlagen entwickeln ein kühleres Mikroklima.

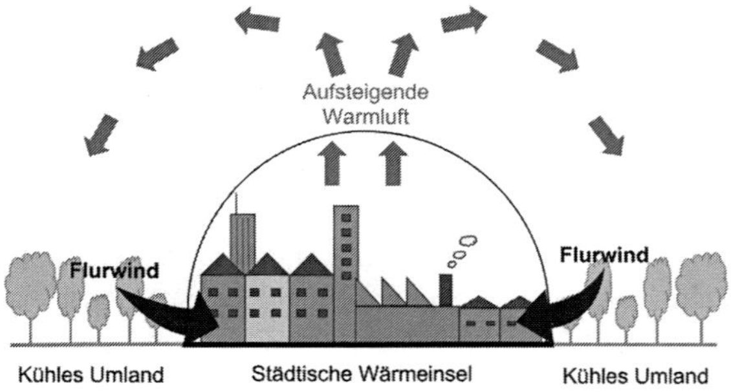

Abb. 2.2.1-1: Schematische Darstellung der Wärmeinsel und Funktionsweise des Flurwindsystems (Quelle: INKEK)

1 HENNINGER, S., WEBER, S. 2020: Stadtklima, utb, Verlag Ferdinand Schöningh, Paderborn.

Klimaanalyse

Von daher sind eine kleinräumige Auflösung und Verortung der städtischen Klimaeigenschaften wie in einer Klimaanalyse (siehe Kapitel 2.3) notwendig.

Das Stadtklima und die städtische Wärmeinsel sind naturgemäß nicht homogen verteilt, sondern weisen erhebliche Unterschiede im Mikroklima auf. Im Wesentlichen wird die Ausprägung im Mikroklimabereich von

- der Bebauungsdichte, Bauhöhe,
- der Vegetationsausstattung,
- der Oberflächenmaterialien bzw. dem Versiegelungsgrad und
- der Durchlüftung

Klimaanalysen und Stadtklimakarten

bestimmt. Die räumlichen Ausprägungen werden in Klimaanalysen und Stadtklimakarten dargestellt.

Der globale Klimawandel wirkt sich nicht nur in Richtung Übertemperaturen der Städte aus, sondern bewirkt auch zunehmend i. V. m. der Wärmeinsel Stadt Starkregenereignisse. Diese treten aber nicht nur in Leelage (also der windabgewandten Seite) der Stadt auf, sondern sind Ereignisse, die sich kaum lokal vorausbestimmen lassen. Dies hat zur Folge, dass Regenwassermanagement einen vorsorglichen und flächendeckenden Charakter haben muss[1].

1 VDI (VEREIN DEUTSCHER INGENIEURE) 2017. VDI-Richtlinie 3787 Blatt 8: Städtebau im Klimawandel, Berlin: VDI, Beuth Verlag.

2.2.2 Stadtklima und Stadtplanung

In der Diskussion um Flächenverbrauch in der Verbindung mit einer verdichteten Stadt tritt die stadtklimatische Abwägung immer mehr in den Vordergrund. Hierzu bedarf es auf die Stadtplanungsebenen bezogenen Klimaaussagen, die durch technische Regeln abgesichert sind.

Um die Umsetzungen stadtklimatischer Belange in der Planung ausreichend berücksichtigen zu können, ist eine Stadtklimaanalyse die entscheidende Grundlage, welche auch schon weltweit angewandt wird . Hierin werden räumliche Klimawirkungen dargestellt, da eine Stadt als hochkomplexes Gebilde die natürliche Erdoberfläche durch bauliche Tätigkeit ändert und sich damit auf das Stadtklima auswirkt. Eingriffe in die Strömungsdynamik der urbanen Grenzschicht und die Verwendung meist künstlicher Baumaterialien führen zu hoher Wärmespeicherung. Zudem kommt technisch produzierte Abwärme, die ebenso Einfluss auf die Strahlungs- und Wärmeströme haben. Diese Ströme werden in den Analysen der Stadtklimakarten als einheitliche Klimatope dargestellt und bezüglich der thermischen und dynamischen Eigenschaften bewertet.

Strahlungs- und Wärmeströme

Administrativ	Planungsebene	Klimaebene		Fachbeitrag Klima	Anpassungsstrategien
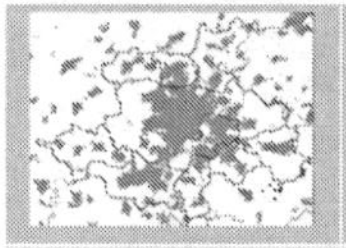	**Regionalplan** ca. M 1:100.000 Genauigkeit: 100–500 m	Mesoklima	**Regionalklima** Thermische und topografische bedingte Prozesse	Klimazone, Regionalklimaanalyse (Luftaustauschprozesse, Überwärmung)	Vorrang- und Vorbehaltsgebiete „Klima“ (Luftaustausch und Flächenverteilung)
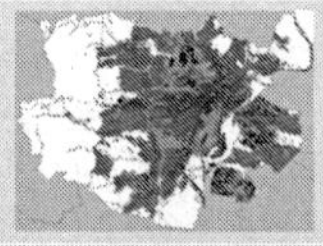	**Stadtentwicklung/ Flächennutzungsplan** ca. M 1:10.000 Genauigkeit: 20-100 m	Mesoklima	**Stadtklima** Klimatope, Stadtstrukturtypen, „local climate zones“	Wechselwirkung Oberfläche – Atmosphäre, Stadtklimaanalyse (Wärmeinsel Stadt, Belüftungsstrukturen)	Festsetzung „Klima“ (Vernetzung von Grünflächen, Belüftungskorridore, Flächennutzung, Gebäudevolumen)
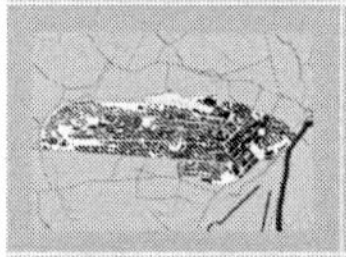	**Bauleitplanung/ Stadtteil, Bezirk** ca. M 1:5.000 Genauigkeit: 10-20 m	↔	**Freiraumklima** Versiegelung, Gebäudekomplex und Vegetationsverteilung	Stadtklimaanalyse (lokaler Luftaustausch, thermische Wechselwirkungen)	Festsetzung Maß der baulichen Nutzung (Gebäudestruktur, Freiflächenverteilung, Vernetzung und Ausstattung von Grünflächen, Belüftung)
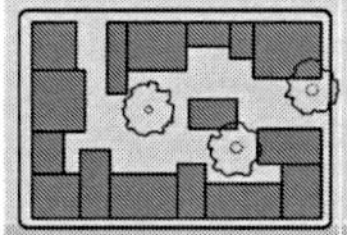	**Freiraumplanung Quartier** ca. M 1:2.000 Genauigkeit: 5-10 m	Mikroklima	**Lokalklima** Straßenraum- und Innenhofklima	Mikroklimaanalyse (Bioklima, Temperaturen, Strahlung, Wind)	Freiraumgestaltung (Gebäudestellung, Oberflächen, Versiegelung sowie Vegetationsart und –verteilung)
	**Objektplanung** ca. M 1:500 Genauigkeit: 2-5 m	Mikroklima	**Gebäudeklima** Einzelne Objekte	Mikroklimaanalyse (Bioklima, Strahlungsbilanzen und Gebäudeumströmung)	Auswirkung auf den Menschen (Schattenwurf, Oberflächen, Versiegelung)

Abb. 2.2.2-1: Planungs- und Klimaebenen, (Quelle: Katzschner)

Klimatope

Klimatope beschreiben Gebiete mit ähnlichen mikroklimatischen Ausprägungen. Diese unterscheiden sich v. a. hinsichtlich

- des Tagesgangs der Temperatur,
- der Veränderung des Windfeldes,
- der topografischen Lage bzw. Exposition
- sowie insbesondere hinsichtlich der Art der realen Flächennutzung.

Mikroklimatische Eigenschaften

So werden Überwärmungsräume, Belastungsräume und Luftleitbahnen räumlich eingegrenzt und können so direkt in die Planung eingebunden werden. Besondere Beachtung bei der Bewertung liegt auf den unterschiedlichen mikroklimatischen Eigenschaften von Stadtquartieren. Die kleinräumigen Unterschiede thermischer Bedingungen sind für die Aufenthaltsqualität der Stadtbewohner entscheidend. Das ideale Stadtklima sollte eine hohe Inhomogenität des thermischen Komforts beinhalten, die Wahlmöglichkeiten, wie beschattete Sitzmöglichkeiten oder belüftete Innenhöfe, bietet. Unterschiedliche Ausprägungen können auch durch den Tagesgang der thermischen Gegebenheiten hervorgerufen werden, was in eine Bewertung mit einfließen sollte[1]. Da durch den globalen Klimawandel auch die städtische Überwärmung an Intensität zunimmt, erhöht sich die Anzahl an thermischen Beeinträchtigungen. Die Bedeutung von Abkühlungsmaßnahmen durch Ver-

[1] KATZSCHNER, L., KUPSKI, S. 2019: Entwicklung geeigneter Stadtstrukturen in verschiedenen Klimazonen, in: Warnsignal Klima, die Städte, Wissenschaftliche Auswertungen GEO, Hamburg, S. 269 -275.

schattungen oder ausreichende Belüftung nimmt also zu.

Stadtklimakarten sind in ihren räumlichen Grenzen i. d. R. auf die politischen Grenzen abgestimmt, müssen aber auch die regionalen Zirkulationsbedingungen mitberücksichtigen. Eine Klimaanalysekarte stellt die räumlichen Klimaeigenschaften einer Bezugsfläche dar, die sich aufgrund der Flächennutzung und Topografie einstellen. Dargestellt werden die thermischen, dynamischen sowie lufthygienischen Verhältnisse.

2.3 Klimaanalysen

Um zu räumlichen Bewertungen zu kommen, ist es wichtig, die Klimaanalysen in zwei Schritten vorzunehmen, nämlich in der Darstellung einer

- Klimaanalysekarte und einer
- Planungshinweiskarte[1].

Hieraus lassen sich Planungsempfehlungen ableiten, die sich auf lokale Gegebenheiten beziehen. Ziel solcher Untersuchungen ist es, die Stadt in einer Ist-Situation zu analysieren, um Grundlagen für die räumliche Interpretation zur Klimawirkung von Vegetation, Baudichten bzw. Bauhöhen zu erreichen. Auf diese Weise sollen flächenbezogene Aussagen ermöglicht werden.

Ist-Situation

In der generierten Klimaanalysekarte (KAK) können die klimatischen Wechselwirkungen der Klimatope (d. h. Gebiete ähnlicher mikroklimatischer Ausprägung), sowie lokale als auch regionale dynamische Prozesse (z. B. Luftleitbahnen, Kalt- und Frischluftabflüsse) abgelesen werden.

[1] VDI (VEREIN DEUTSCHER INGENIEURE 2015: VDI-Richtlinie 3787 Blatt 1: Klima und Lufthygienekarten für Städte und Regionen Berlin: VDI, Beuth Verlag.

Gaimersheim
Manching

Klimatope (thermische und dynamische Komponente):

Kategorie	Name	Beschreibung
	Frisch- und Kaltluftentstehungsgebiet	Orientierung nach VDI Klimaeigenschaft: **Freilandklima.** Hoch aktive, vor allem kaltluftproduzierende Flächen im Außenbereich; Größtenteils mit geringer Rauhigkeit und/oder entsprechender Hangneigung.
	Frischluftentstehungsgebiet	Orientierung nach VDI Klimaeigenschaft: **Waldklima.** Flächen ohne Emissionsquellen; Hauptsächlich mit dichten Baumbestand und hoher Filterwirkung.
	Misch- und Übergangsklimate	Orientierung nach VDI Klimaeigenschaft: **Klima inner-städtischer Grünflächen.** Flächen mit hohem Vegetationsanteil, geringe und diskontinuierliche Emissionen; Pufferbereiche zwischen unterschiedlichen Klimatopen.
	Überwärmungspotential	Orientierung nach VDI Klimaeigenschaft: **Vorstadtklima.** Baulich geprägte Bereiche mit versiegelten Flächen, aber mit viel Vegetation in den Freiräumen; Größtenteils ausreichende Belüftung.
	Moderate Überwärmung	Orientierung nach VDI Klimaeigenschaft: **Stadtklima.** Dichte Bebauung, hoher Versiegelungsgrad und wenig Vegetation in den Freiräumen; Belüftungsdefizite.
	Starke Überwärmung	Orientierung nach VDI Klimaeigenschaft: **Innenstadtklima.** Stark verdichtete Innenstadtbereiche/City, Industrie- und Gewerbeflächen mit wenig Vegetationsanteil und fehlender Belüftung.

Klimaökologische Wertigkeit (+ oben, - unten)

Wärmebelastung / heat load (- oben, + unten)

Hervorhebung Dynamische Komponente:

Kategorie	Name	Beschreibung
großräumig 	**Luftleitbahn Donau**	Durch Ausrichtung, Oberflächenbeschaffenheit und Breite bevorzugte Fläche für den bodennahen Luftmassentransport. Luftleitbahnen sind durch geringe Rauigkeit gekennzeichnet. Sie ermöglichen den Luftmassenaustausch zwischen Umland und Stadt. Ferner können Luftleitbahnen vor allem bei Schwachwindlagen von großer Bedeutung für die klimatische Entlastung sein.
	**Kaltluftbahn/ Kaltluftabflussrichtung**	Thermisches, während der Nacht induziertes Windsystem. Dabei fließt die am Hang bodennah erzeugte Kaltluft ab. Das Pfeilsymbol entspricht der Abflussrichtung. Der Kaltluftabfluss lässt bei entsprechender Geländeneigung die Kaltluftmassen aus dem zugehörigen Kaltlufteinzugsgebiet heraus wirkam werden.
kleinräumig 	**Durchlüftung/ Durchlüftungsbahn**	Neben Luftleitbahnen auch Gleisanlagen, breite Straßen, Flussläufe etc. die als zusätzliche Bahnen belüftend wirken. Kanalisierung von Luftströmungen.
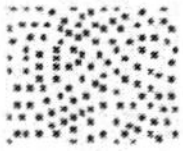	**Durchlüftungsbahn Gleisanlagen**	Starker Lufttemperaturtagesgang, trocken, nachts mögliche Kaltluftleitbahn, geringe Strömungshindernisse.

Abb. 2.3-1: Klimaanalysekarte nach VDI-Richtlinie. (Quelle: INKEK Klimaanalyse Ingolstadt[1])

1 INKEK 2022: Stadtklimaanalyse Ingolstadt, Umweltamt der Magistrat der Stadt Ingolstadt

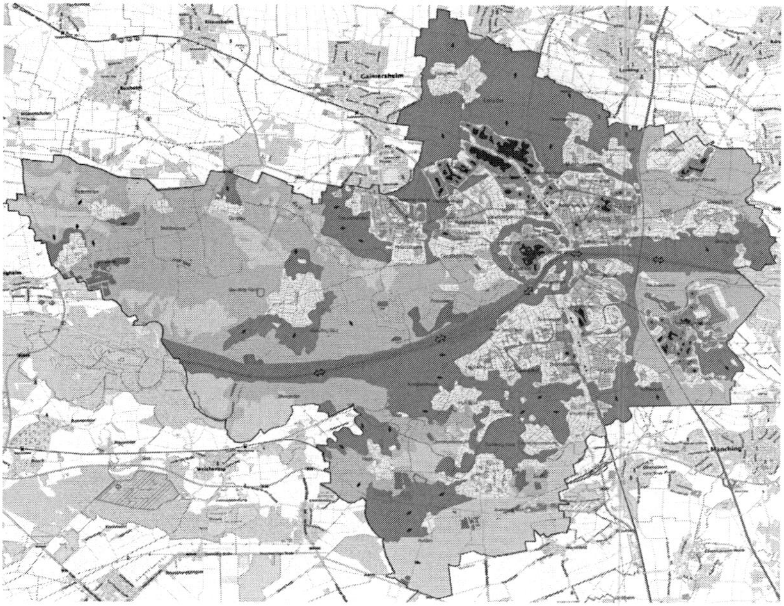
Gaimersheim
Manching

Ausgleichsräume, Grün- und Freiflächen

Kategorie	Name	Planungshinweise
schützen und vernetzen	**Ausgleichsraum mit hoher Bedeutung**	**Hohe Empfindlichkeit gegenüber Nutzungsänderungen.** Großflächige, klimaaktive Freiflächen mit direktem, positiv wirksamen Bezug zum Siedlungsraum. Hoher Einfluss für das aktive Kaltluftsystem, das die Siedlungsräume mit Kalt- und oder Frischluft versorgt. Hohe klimaökologische Wertigkeit. *Schützen und Funktionsfähigkeit aufrechterhalten, nach Möglichkeiten weitere Vernetzungen anstreben. Innerstädtische Potentialflächen über Schneisen und Vegetationsflächen verbinden.*
	Ausgleichsraum mit mittlerer Bedeutung	**Empfindlich gegenüber Nutzungsänderungen.** Flächen im indirekten und selten direkten Wirkungszusammenhang mit Siedlungsflächen. Hohe klimaökologische Wertigkeit der landwirtschaftlichen Flächen im Westen der Stadt. Dadurch wichtige Ausgleichsfunktion zur thermischen Entlastung. *Schützen und Funktionsfähigkeit aufrechterhalten. Bei Planungen von Baumaßnahmen ist eine Beurteilung eines klimatisch-lufthygienischen Sachverständigen bezüglich der Dimensionierung und Anordnung von Bauwerken sowie der Schaffung von Grün- und Ventilationsschneisen von Vorteil.*
schützen	**Ausgleichsraum mit geringer Bedeutung**	**Geringe Empfindlichkeit gegenüber Nutzungsänderungen.** Flächen mit geringem klimatischen Einfluss auf Siedlungsgebiete. Von Siedlungsgebieten abgewandt oder wenig bedeutend für die Kalt- und Frischluftproduktion. *Klimabewusste Entwicklungen sind unter Beachtung des „Bodenverbrauchs"/ Klimaschutz durchführbar. Eine möglichst geringe Gebäudehöhe sowie windoffene Gebäudeanordnungen sind zu empfehlen (Ausrichtung beachten!).*

Lasträume, Siedlungsflächen

Kategorie	Name	Planungshinweise
klimasensible Entwicklung	**Bebautes Gebiet mit geringer Belastung und geringer klimarelevanter Funktion**	Gebiete im Siedlungs- oder Stadtgebiet mit **geringer klimatisch-lufthygienischen Empfindlichkeit** aufgrund ihrer Lage und der geringen thermischen Belastungen. Diese Flächen haben keine nennenswerte klimatische Empfindlichkeit gegenüber Nutzungsintensivierungen und baulicher Nachverdichtung. *Entwicklungen können stadtklimatologische Auswirkungen haben, sofern ein Einfluss auf die Durchlüftung der Stadt oder die Abkühlung in der Nacht besteht. Siedlungsränder offenhalten. Nachverdichtungen im Sinne des Klimaschutzes sind stadtklimasensibel durchzuführen.*
	Bebautes Gebiet mit klimarelevanter Funktion	**Klimatisch-lufthygienische Empfindlichkeiten** gegenüber Nutzungsintensivierung. Bestehende Belüftungsmöglichkeiten sollten erhalten und ausgebaut werden. *Bauliche Maßnahmen und Stadtentwicklungsaktivitäten auf diesen Flächen sollen klimasensibel unter Beachtung der Durchlüftung des Gebiets und des Einflusses auf das Stadtgebiet betrieben werden und durch ein stadtklimatisches Gutachten begleitet werden.*
	Bebautes Gebiet mit bedeutender klimarelevanter Funktion	**Erhebliche Empfindlichkeit gegenüber Nutzungsintensivierung**. Bautätigkeit oder weiterer Versiegelung. Diese Faktoren können zu erheblichen negativen Auswirkungen der klimatischen Situation führen und sollten stets durch Mikroklimauntersuchungen begleitet werden. *Für diese Gebiete wird eine Vergrößerung des Vegetationsanteils und eine Betonung oder Erweiterung der Belüftungsflächen empfohlen.*
sanieren	**Bebautes Gebiet mit klimatischen Nachteilen**	Diese Gebiete sind unter stadtklimatischen Gesichtspunkten **sanierungsbedürftig**. Erhöhungen des Vegetationsanteils, Verringerungen des Versiegelungsgrads. Zudem wird eine *Schaffung oder Erweiterung von möglichst begrünten Ventilationsbahnen* empfohlen, damit das lokale Belüftungssystem entlastend wirken kann. Human-Biometeorologische Empfehlung: *Schaffung und Erhalt lokaler Gunsträume* (Freiräume mit Vegetation und Schatten), vor allem in Hinblick auf „Auswirkungen des Klimawandels" und bei unzureichender Belüftung.

Abb. 2.3-2: Planungshinweiskarte nach VDI Richtlinie. (Quelle: INKEK Klimaanalyse Ingolstadt)

Um die Integration der Ergebnisse in die Planungsprozesse zu gestalten, wird darauf aufbauend Planungshinweiskarte (PHK) abgeleitet, in der die analysierten und vielschichtigen Ergebnisse zusammengefasst werden.

Durch die vereinfachte Darstellung ist es möglich, schnell und eindeutig eine Einschätzung der klimatischen Bedeutung einer Fläche zu erhalten. Auf Basis eines Katalogs mit Planungsempfehlungen können fundierte und lokal abgestimmte Maßnahmen direkt den Flächen zugeordnet werden.

Ziele von Stadtklimaanalysen

Stadtentwicklungsprozesse und der globale Klimawandel bewirken eine zunehmende Belastung im Innen und Außenraum. Klimaanalysen helfen bei der Klimaanpassung konkrete Maßnahmen zu entwickeln. Damit verbunden ist die Tendenz, innerstädtisches Wohnen wieder attraktiver zu machen und die verdichtete Stadt gegenüber der Ausbreitung des Stadtraumes vorzuziehen. Stadtplanungsziele und Planungsebenen sind mit den klimatischen Bewertungsmethoden in ihrer räumlichen, zeitlichen und quantitativen Beschreibung und Festlegung zusammenzuführen.

Überall dort, wo dies bereits geschehen ist, wie in den Regionalplänen als Flächen für schützenswerte Klimafunktionen oder in den Stadtentwicklungs- und Flächennutzungsplänen als Überwärmungsbereiche, Frischluftversorgung und Luftleitbahnen, werden die Funktionen mit Planungsmaßgaben belegt:

- räumliche Darstellung und Bewertung der Wirkungs- und Belastungsräume;
- energetische Optimierung durch Standortbestimmung aus der Stadtklimaanalyse mit Überwärmungsräumen und Kaltluftgebieten, Baudichte.

- Abbau von Wärmeinseln (Wärmeinsel als Indiz für den thermischen Komfort),
- Optimierung der städtischen Belüftung (Luftaustausch, Luftleitbahnen), Stadtplanung und Stadtentwicklung für die Lufthygiene und den thermischen Komfort;
- Vermeidung von Luftstagnation bei Inversionswetterlagen, Vermeidung von Barrieren für den Luftaustausch.

Klimaschutz und Klimaanpassung

Klimaanalysen bieten stadtklimatische Grundlagen für eine nachhaltige Flächen- und Gebäudeentwicklung. Klimaanalysenkarten mit ihren zugehörigen Planungsempfehlungen oder mikroklimatische Analysen sind dabei Instrumente für die Stadtplanung, mit der Ziele zum Klimaschutz und zur Klimaanpassung besser erreicht, integriert und umgesetzt werden können. So ist es möglich Wetterextreme in Städten abzumildern oder gar zu verhindern und das ideale Stadtklima mit hoher Inhomogenität des thermischen Komforts anzustreben.

2.4 Einbindung des Stadtklimas in die Bauleitplanung

2.4.1 Problemstellung und Handlungsfelder

Problemstellung

Klimaanpassung im BBauGB 2017 verankert

Mit der Novellierung des Deutschen Baugesetzbuchs im Jahr 2011 wurde die Klimaanpassung als wichtiger Belang in der Bauleitplanung verankert und fortgeschrieben (BBauGB 2017)[1]. Durch das geänderte Planrecht sind die gesetzlichen Möglichkeiten gegeben, die Klimaanpassung bei Planungsvorhaben auf allen Ebenen zu berücksichtigen. Um die Umsetzung stadtklimatischer Belange und der Klimaanpassung hinreichend berücksichtigen zu können, ist es notwendig, auf die Stadt bezogene entsprechende klimatische Bewertungen zu erarbeiten.

Integrierte Bauleitplanung

Das Thema Stadtklima findet inzwischen Gehör bei diversen Akteuren aus Politik, Stadt- und Umweltplanung. Längst ist die Bedeutung von klimaangepasster Stadtentwicklung bekannt,[2] allerdings nicht hinreichend in der Flächennutzungs- und Bebauungsplanung festgesetzt. Im Folgenden wird darauf eingegangen, inwiefern eine integrierte Bauleitplanung mit dem Fokus

---

[1] BauGB, 2017: Baugesetzbuch in der Fassung der Bekanntmachung vom 3. November 2017; DAS 2020: Deutsche Anpassungsstrategie an den Klimawandel.

[2] DAS, 2008: Deutsche Anpassungsstrategie an den Klimawandel, Bundesministerium für Umwelt, Naturschutz, nukleare Sicherheit und Verbraucherschutz.

Stadtklima gelingen kann und welche stadtklimatischen Ebenen beachtet werden müssen.

Tabelle 1 zeigt die verschiedenen Planungsebenen sowie Klimaebenen. Um zu verdeutlichen, auf welcher klimatischen Ebene man sich je nach Planungsebene befindet, wird in Meso- und Mikroklima unterschieden. So betreffen Planungen der Regionalplanung und Flächennutzungsplanung das Mesoklima, wobei die Bebauungsplanung, die Freiraum- und Objektplanung das Mikroklima betreffen. Planungen im Bereich Mesoklima haben demnach andere Auswirkungen als solche, die das Mikroklima betreffen. Des Weiteren wird aufgezeigt, wie aus Klimasicht zur Planung fachlich beigetragen werden kann und welche Möglichkeiten aus planerischer Sicht zur Klimaanpassung bestehen.

Planungsebene	Klimaebene		Fachbeitrag Klima	Anpassungsstrategien
Regionalplan ca. M 1:100.000 Genauigkeit: 100-500 m	Mesoklima	Regionalklima Thermisch und topografisch bedingte Prozesse	Klimazone, Regionalklimaanalyse (Luftaustauschprozesse, Überwärmung)	Vorrang- und Vorbehaltsgebiete „Klima“ (Luftaustausch und Flächenverteilung)
Stadtentwicklung/ Flächennutzungs-plan ca. M 1:10.000 Genauigkeit: 20-100 m		Stadtklima Klimatope, Stadtstrukturen, „local climate zones“	Wechselwirkung Oberfläche – Atmosphäre, Stadtklimaanalyse (Wärmeinsel Stadt, Belüftungsstrukturen)	Festsetzung „Klima“ (Vernetzung von Grünflächen, Belüftungskorridore, Flächennutzung, Gebäudevolumen)
Bauleitplanung/ Stadtteil, Bezirk ca. M 1:5.000 Genauigkeit: 10-20 m		Freiraumklima Versiegelung, Gebäudekomplexe und Vegetationsverteilung	Stadtklimaanalyse (lokaler Luftaustausch, thermische Wechselwirkung)	Festsetzung Maß der baulichen Nutzung (Gebäudestruktur, Freiflächenverteilung, Vernetzung und Ausstattung von Grünflächen, Belüftung)

Planungsebene	Klimaebene		Fachbeitrag Klima	Anpassungsstrategien
Freiraumplanung/ Quartier ca. M 1:2.000 Genauigkeit: 5-10 m	Mikroklima	Lokalklima Straßenraum- und Innenhofklima	Mikroklimaanalyse (Bioklima, Temperaturen, Strahlung, Wind)	Freiraumgestaltung (Gebäudestellung, Oberflächen, Versiegelung sowie Vegetationsart und -verteilung
Objektplanung ca. M 1:500 Genauigkeit: 2-5 m		Gebäudeklima Einzelne Objekte	Mikroklimaanalyse (Bioklima, Strahlungsbilanzen und Gebäudeströmung)	Auswirkungen auf den Menschen (Schattenwurf, Oberflächen, Versiegelung)

Tab. 2.4.1-1: Planungs- und Klimaebenen sowie Anpassungsstrategien (Quelle: INKEK)

Um in der Bauleitplanung das Stadtklima oder Freiraumklima zu integrieren, benötigt es Flächenfestsetzungen wie bspw. die Ausweisung von relevanten Luftleitbahnen, denn bauliche Eingriffe in den Stadtraum auf Ebene des Stadt- und Freiraumklimas haben mesoklimatische Auswirkungen – oder in anderen Worten: wirken mitunter gesamtstädtisch und sind somit bedeutend für Stadtklima, städtisches Grün und menschliche Gesundheit. Belastungsräume wie Städte bzw. deren dicht bebaute Innenstädte zu entlasten, sollte dabei ein zentrales Ziel sein.

Unterlagen und Instrumente können den Klimaanalysekarten und den Planungshinweiskarten nach VDI 3787 Bl.1[1] entnommen werden. Hier wird für die Flächennutzungsplanung und Bebauungsplanung ein Bewertungsverfahren vorgestellt, um klimarelevante Räume zu definieren, welche in Festsetzungen münden.

1 VDI (Verein Deutscher Ingenieure) 2015: VDI-Richtlinie 3787 Blatt 1: Klima und Lufthygienekarten für Städte und Regionen Berlin: VDI, Beuth Verlag.

Um das Thema Klima bzw. Klimaanpassung und -schutz wirkungsvoll in die Bauleitplanung zu integrieren, bedarf es konkreter klimaanpassungsrelevanter Festsetzungen und Darstellungen. Flächennutzungspläne und Bebauungspläne müssen also von Beginn an solche Bedingungen für klimaangepasste Flächennutzung und Bebauung integrieren, die nachweislich zu einer Entlastung von besonders belasteten Räumen führen, und festsetzen, an welchen Stellen besondere klimatische Bedingungen zu berücksichtigen sind.

Handlungsfelder und Maßnahmen

Um konkrete Maßnahmen für eine klimaangepasste Bauleitplanung zu entwickeln, bedarf es zunächst der Bewusstmachung, welche Handlungsfelder betroffen sind:

- Stadtstrukturtypisierung und Charakteristik der baulichen Dichte bezüglich der Ausbildung ihrer Wärmeinsel und ihrer Belüftungsstruktur,
- Grünflächen in Bezug auf Abkühlungsleistung, Luftaustausch, Schattenwurf, Verdunstungsleistung,
- Luftleitbahnen und Kaltluftabflussbahnen sowie deren räumliche Lage als Ausgleichs- und Wirkungsraum,
- Auswirkung und Ausbreitung von Emissionen,
- die menschliche Gesundheit, vordergründig die vulnerablen Gruppen.

Verbesserungen der thermischen und lufthygienischen Bedingungen

Daraus können Maßnahmen zu den Verbesserungen der thermischen und lufthygienischen Bedingungen mit Raumbezug abgeleitet werden:

- Verbesserung der Belüftungsförderung durch räumliche und stadtstrukturelle Anordnungen,
- Schaffung von geeigneten Flächen zur nächtlichen Abkühlung,
- Reduzierung der Wärmespeicherung,
- Einsatz von Vegetation für Beschattung und Abkühlung sowie
- Förderung regionaler Luftleitbahnen.

2.4.2 Festsetzung und Vorgehen

Festsetzung zu Klima im Flächennutzungsplan

Nachdem Handlungsfelder abgesteckt und Maßnahmen formuliert sind, können daraus klimarelevante Festsetzungen und Kennzeichnungen für den Flächennutzungsplan entwickelt werden. Diese sind u. a.:

- Flächen zur Sicherung des Abbaus der Wärmeinsel Stadt bzw. hoher bioklimatischer Belastungen wie Grünflächen, Parkanlagen, Dauerkleingärten, Sport-, Spiel-, Friedhöfe,
- Flächen, die im Interesse des Hochwasserschutzes und der Regelung des Wasserabflusses freizuhalten sind,
- Flächen für die Sicherung der Zufuhr von Frischluft wie Landwirtschaft und den Wald,

- Sicherung von Luftleitbahnen.

Festsetzung zu Klima in der Bauleitplanung

Aufbauend auf dem Flächennutzungsplan können in einem Bebauungsplan wesentlich konkretere auf das Stadtklima ausgerichtete Festsetzungen getroffen werden:

- die Bauweise, die überbaubaren und die nicht überbaubaren Grundstücksflächen sowie die Stellung der baulichen Anlagen,
- die Baudichte wie Größe, Breite und Tiefe der Baugrundstücke; Mindestmaße und aus Gründen des sparsamen und schonenden Umgangs mit Grund und Boden für Wohnbaugrundstücke auch Höchstmaße,
- sowohl Festsetzungen zum Grünanteil pro Grundstück als auch Festsetzung zur Art und Umfang der Begrünung,
- Flächen, die von der Bebauung freizuhalten sind (Belüftung),
- insbesondere können für einzelne Flächen oder für ein Bebauungsplangebiet das Anpflanzen von Bäumen, Sträuchern und sonstigen Bepflanzungen und die Bindungen für Bepflanzungen und für die Erhaltung von Bäumen, Sträuchern und sonstigen Bepflanzungen sowie von Gewässern vorgeschrieben werden.

Vorgehen

Gesamtstädtische Klimaanalyse

Räumliche Festsetzungen können im Weiteren aufgrund der vorgegebenen klimatischen Analyse ausgearbeitet werden. Dabei ist eine städtische Gesamtanalyse mit Planungshinweisen erforderlich, die auf Klimaeigenschaften basiert (Abb.1).

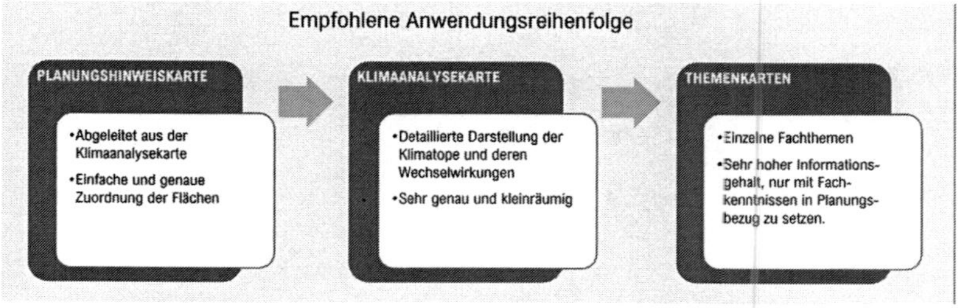

Abb. 2.4.2-1: Strategisches Vorgehen für die Anwendung einer gesamtstädtischen Klimaanalyse (Quelle: INKEK)

Index physiologisch äquivalente Temperatur (PET)

Aus dieser Vorgehensweise lässt sich in einem weiteren Schritt auch eine Mikroklimaanalyse herleiten, die die oben benannten Maßnahmen räumlich festlegt, sodass über die Analyse sowohl der thermische Aspekt (Bioklima) als auch der dynamische Aspekt (Belüftung) dargestellt werden können. Als Indikator wird der thermische Index physiologisch äquivalente Temperatur (PET) verwendet. PET vereint die Parameter Wind, mittlere Strahlungstemperatur, Lufttemperatur und Dampfdruck (Feuchte) und dient zur Charakterisierung von Freiräumen auf Grundlage des subjektiven Wärmeempfindens des Menschen (Bioklima). Dies ist in Abbildung 2 für den Ortsteil Dietenbach/Freiburg dargestellt.

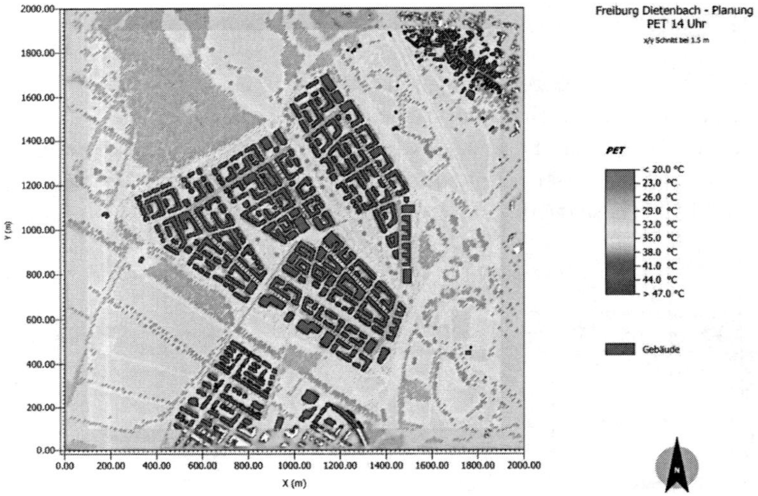

Abb. 2.4.2-2: Planzustand des PET-Tagesmittelwerts Ortsteil Dietenbach in Freiburg (Quelle: INKEK)

In Abbildung 2 werden die Wärmebelastungen eines Sommertags dargestellt. Bereits grün bis gelbe Bereiche bedeuten sehr warme bis heiße Orte, die für den Menschen als unangenehm empfunden werden können, weshalb er sich aufgrund der thermischen Unbehaglichkeit an solchen Orten womöglich nicht aufhalten möchte. Solche Orte müssen also stadtplanerisch so angepasst werden, dass man sich z. B. durch Beschattungsmaßnahmen dort eher aufhalten würde und dies auch unter Bedingungen des zu erwartenden Klimawandels mit noch steigenden Temperaturen, die sich auf die PET-Werte erhöhend auswirken werden. Die Bauleitplanung muss hier also vorbeugend wirken, indem Orte mit hohen PET-Werten besonders ausgewiesen werden und somit gesondert betrachtet und vorrangig entwickelt werden. Dadurch können in den überwärmten Bereichen durch die Festsetzung von

Fassadenbegrünung und/oder Baumpflanzungen die Spitzenwerte gemindert werden. Ebenso ist es durch diese Darstellung möglich, die Baudichte an den Hot Spots zu reduzieren, um über die bessere Belüftung reduzierte Wärmebelastungen zu erreichen.

Solche Festsetzungen können dazu führen, dass bestimmte Maßnahmen in der Flächennutzungsplanung oder konkret in der Bebauungsplanung verankert sind. So wird erkenntlich, wo bzw. wie eine zukünftige klimaangepasste bauliche Entwicklung stattfinden kann.

! Im Zuge des Klimawandels sollte das Stadtklima bei allen stadtplanerischen Fragestellungen eine wesentlich höhere Bedeutung in den planerischen Abwägungsprozessen erlangen. Dazu gehören die Umsetzung bzw. Festsetzungsmöglichkeiten der beschriebenen Maßnahmen in der Bauleitplanung.

2.5 Klimaanpassung im städtebaulich-/landschaftsplanerischen Wettbewerb

2.5.1 Klimawandel und Klimawandelanpassung in Wettbewerben

Rolle der Städte im Klimawandel ist von maßgeblicher Bedeutung

Die Rolle der Städte im Klimawandel ist von maßgeblicher Bedeutung, da sie einerseits erheblich zu den globalen CO_2-Emissionen beitragen und andererseits verstärkt den Auswirkungen dieses Wandels ausgesetzt sind. Diese Auswirkungen manifestieren sich in Form von Hitzewellen, Dürreperioden und Starkregen, die nicht nur die Lebensqualität der Bevölkerung beeinträchtigen, sondern auch die Funktionsfähigkeit der Städte beeinflussen. Besonders problematisch sind die zunehmende Verdichtung und Versiegelung städtischer Flächen, welche den Wärmeinseleffekt weiter verstärkt, insbesondere in bereits dicht bebauten Innenstädten. Die Dringlichkeit des Handelns wird durch aktuelle und prognostizierte Temperaturanstiege verdeutlicht, und es wird klar, dass ein grundlegendes Umdenken in der Stadtentwicklung erforderlich ist.

Als entscheidende Maßnahme zur Anpassung an den Klimawandel wird die Begrünung von Städten hervorgehoben. Diese Maßnahme hat nicht nur das Potenzial, das Stadtklima zu verbessern, sondern kann auch die Folgen von Starkregen mildern. Dennoch stehen der Entwicklung leistungsfähiger grüner Infrastrukturen verschiedene Herausforderungen gegenüber, vor allem aufgrund begrenzter freier Flächen in städtischen Gebieten. Angesichts des wachsenden Drucks auf Städte, zusätzlichen Wohnraum zu schaffen, gewinnt die Ge-

Gestaltung klimaresilienter Quartiere

staltung klimaresilienter Quartiere zunehmend an Bedeutung. Es ist entscheidend, dass Klimabelange möglichst frühzeitig – also zu Beginn einer jeden Planung – konsistent in allen Planungsprozessen sowie auch ganzheitlich integriert werden. Dies bedeutet einerseits, die frühen Planungsschritte einzelner Planungsverfahren und Instrumente zu nutzen, andererseits bieten sich auch Instrumente an, die in umfassenderen städtebaulichen Entwicklungen i. d. R. zu Beginn der Planung eingesetzt werden, wie z. B. der städtebaulich-landschaftsplanerische Wettbewerb.

„Grüne Stadt der Zukunft – klimaresiliente Quartiere in einer wachsenden Stadt"

Hier setzt das Forschungsprojekt „Grüne Stadt der Zukunft – klimaresiliente Quartiere in einer wachsenden Stadt" an, gefördert durch das Bundesministerium für Bildung und Forschung. Über einen Zeitraum von insgesamt sechs Jahren wurden ausgewählte Münchner Quartiere als Reallabore bearbeitet, um die Potenziale grüner Infrastruktur und die Perspektiven der Stadtgesellschaft für eine klimaangepasste Stadt zu erforschen. In diesem Zusammenhang wurden auch verschiedene städtebaulich-landschaftsplanerische Wettbewerbe wissenschaftlich begleitet. Dabei wurde deutlich, dass die Integration von Klimaanpassung in Wettbewerben eine Herausforderung darstellt, insbesondere aufgrund fehlender standardisierter Vorgehensweisen.

Der vorliegende Beitrag zeigt anhand von praxisorientierten Beispielen, wie Klimaanpassung in städtebaulich-landschaftsplanerische Wettbewerbe integriert werden kann, um eine klimaangepasste und grüne Quartiersentwicklung zu erreichen.

Die Verantwortung Wettbewerbsbeteiligter in Bezug auf klimatische Belange

Für eine bestmögliche Integration von Klimaanpassungsmaßnahmen in städtebaulich-landschaftsplanerische Wettbewerbe tragen alle Wettbewerbsbeteiligten Verantwortung, jedoch zu unterschiedlichen Zeitpunkten im Verfahren. So sollten Auslobende als Initiierende und Projektverantwortliche in den frühen Phasen des Wettbewerbs ein besonderes Augenmerk auf klimatische Belange legen, da sie den Stellenwert der Klimaanpassung festlegen und ein entsprechend qualifiziertes Betreuungsbüro mit der Durchführung des Wettbewerbs beauftragen.

Nachweis der Qualifikation

Der Nachweis der Qualifikation kann sowohl in Form eines Projektportfolios als auch durch Fortbildungen oder Seminare erfolgen. Ähnliche Anforderungen sollten darüber hinaus ebenfalls an die Mitglieder des Preisgerichts und teilnehmende Planungsbüros gestellt werden. Bei der Besetzung des Preisgerichts sollte zudem eine ausreichende Berücksichtigung von Landschaftsarchitekten erfolgen.

> Grundsätzlich gilt: Je höher die Kompetenz der Beteiligten hinsichtlich Klimaanpassung ist, desto mehr Berücksichtigung findet die Thematik im Wettbewerb und in den anschließenden Planungsprozessen.

Bei der Qualifikation Wettbewerbsbeteiligter übernehmen die Berufsverbände eine wichtige Rolle. Durch Fortbildungs- und Beratungsangebote sowie die Bereitstellung von Arbeitshilfen und Informationsmaterialien unterstützen sie die Etablierung von Klimaschutz und Klimaanpassung in der Planungspraxis.

Auch im Rahmen der Grundlagenermittlung ist die Berücksichtigung standort- und fachspezifischer Informationen essenziell, um Klimaanpassung in der Auslobung entsprechend zu adressieren und Bewertungskriterien zu formulieren. Zur Unterstützung können Auslobende vertiefende Gutachten beauftragen und externe Personen mit Expertise beteiligen. Daneben ist auch das Betreuungsbüro in hohem Maße für die Berücksichtigung klimatischer Belange während der gesamten Wettbewerbsdurchführung verantwortlich, da dieses sich inhaltlich intensiv mit der Planungsaufgabe auseinandersetzt, abhängig von der Wettbewerbsart wesentlich an der Auswahl der Planungsbüros sowie der Zusammenstellung des Preisgerichts mitwirkt und die Beteiligten sensibilisiert.

Darüber hinaus sollte das Betreuungsbüro während der Preisgerichtssitzung darauf achten, die Umsetzung klimaorientierter Maßnahmen in den Entwürfen gleichberechtigt zu diskutieren. Gleiches gilt für das Preisgericht. Zur Unterstützung kann eine externe Moderation beauftragt werden. Sie kann eine sachliche sowie ausgewogene Diskussion unterstützen und ermöglicht es Preisgerichtsvorsitzenden, inhaltlich tiefer einzusteigen.

Um klimatische Belange zusätzlich zu stärken, sollten die Mitglieder des Preisgerichts ausreichend sensibilisiert und durch die Prüfung der Auslobung mit der klimatischen Aufgabenstellung vertraut gemacht wer-

Sachverständige konsultieren

den. Insbesondere bei klimatisch herausfordernden Wettbewerben ist es empfehlenswert, Sachverständige zu konsultieren, die den Wettbewerbsprozess begleiten, wichtige Grundlagen liefern, Beteiligte sensibilisieren, an der Vorprüfung mitwirken und über die Integration verschiedener Klimaanpassungsmaßnahmen sowie die daraus resultierenden Konsequenzen informieren. Auch während der Preisgerichtssitzung übernehmen Sachverständige eine wichtige Rolle, indem sie klimatische Belange in den Fokus der Diskussion rücken und die Umsetzung der klimatischen Anforderungen aus der Auslobung einschätzen.

Für die planerische Umsetzung sind die teilnehmenden Planungsbüros verantwortlich. Entsprechend der Entwurfsaufgabe sollte eine umfassende Berücksichtigung klimatischer Belange in Form von Konzepten und Maßnahmen erfolgen. Um deren Schlüssigkeit bewerten zu können, müssen diese sowohl im Lageplan als auch in den weiteren Plangrafiken ersichtlich sein. Abhängig von der klimatischen Sensibilität des Planungsgebiets und des Aufgabenschwerpunkts ist ggf. auch eine Zusammenarbeit mit weiteren Fachplanungsbüros oder externen Beratenden (z. B. aus den Bereichen Ökologie oder Hydrologie) sinnvoll. Hier sind jedoch auch Auslobende und Betreuungsbüro in der Verantwortung, ausreichende Planungsgrundlagen bereitzustellen.

Die Methodik zum Vorgehen in den Reallaboren

Unter realen Bedingungen

Um eine enge Verzahnung von Wissenschaft und Praxis zu ermöglichen, arbeitete das Projekt mit einem Reallaboransatz. Dieser bietet die Chance, unter realen Bedingungen in einem zeitlich und räumlich begrenzten Rahmen innovative Ansätze zu erforschen (Ukowitz 2017).

Am Beispiel der Stadt München begleitete das Projektteam u. a. vier ausgewählte Planungsverfahren mit einem Wettbewerbsprozess. Diese vier Reallabore unterscheiden sich in ihrer städtebaulichen Typologie (Neubau, Nachverdichtung im Sanierungsgebiet und Überplanung eines Bestandsquartiers; siehe Abb. 2.5.1-1), aber auch in der Art (u. a. nicht offener Wettbewerb, kooperatives Verfahren) und der Phase des Wettbewerbs. Begleitet wurde jeweils der gesamte Ablauf des Wettbewerbsverfahrens und die Überführung der Ergebnisse in anschließende Planungsprozesse.

Abb. 2.5.1-1: Verortung der vier Reallabore mit einem Wettbewerbsprozess, die während der Umsetzungs- und Verstetigungsphase untersucht wurden (Quelle: LHM/TUM, Marion Schiffer, 2023)

Stadtklimatische Untersuchungen

Die Bearbeitung und Begleitung der Reallabore orientierte sich an den Prozessschritten des jeweiligen Planungsverfahrens. Bereits sehr frühzeitig, im Rahmen der Grundlagenermittlung, lieferten stadtklimatische Untersuchungen auf verschiedenen Maßstabsebenen wichtige Hinweise für die Umsetzung von Klimaanpassung im jeweiligen Planungsgebiet. Untersucht wurden beispielweise auf Quartiersebene die Durchlüftungssituation oder auf Blockebene das Mikroklima, wobei die klimatische Funktion von Bäumen im Fokus stand.

Die Hinweise wurden in der Auslobung als Planungsziele gesetzt sowie entsprechende Bewertungskriterien definiert und fanden sowohl in die Vorprüfung als auch in die Preisgerichtssitzung Eingang. Das Projektteam begleitete zudem alle Veranstaltungen im Laufe des Wettbewerbsprozesses, um mit Impulsen für die Belange der Klimaanpassung zu sensibilisieren. Im Nachgang wurden die Planungsbeteiligten interviewt und die Verfahren und Prozesse reflektiert. Ziel war die Validierung der Begleitung der Wettbewerbsverfahren, um die Integration klimatischer Belange zu optimieren.

Herausforderungen für die Umsetzung von Klimaanpassung

Außerhalb der Reallabore fanden Experten-Workshops für unterschiedliche Zielgruppen statt, um die Perspektiven von Fachplanern auf Bearbeitungsebene und der Entscheidungsträger in die Untersuchungen zu integrieren. Im Rahmen der Workshops wurden sowohl aktuelle Herausforderungen für die Umsetzung von Klimaanpassung als auch potenzielle Lösungsansätze und Handlungsoptionen für Wettbewerbsverfahren diskutiert. Darüber hinaus wurden Kriterien für die Klimaanpassung aufgearbeitet und Bewertungsmöglichkeiten für diese entwickelt. Die gewonnenen Erkenntnisse daraus wurden wiederum in den laufenden Reallaboren berücksichtigt und auf ihre Praxistauglichkeit getestet.

Beispielhafte Umsetzung der Methodik in einem Reallabor

Als eines der Reallabore wurde das Neubauvorhaben „5. Bauabschnitt Riem“ begleitet, wobei die Unterstützung des städtebaulich-landschaftsplanerischen Wettbewerbs – von der Grundlagenermittlung über Textbausteine für den Auslobungstext und die Vorprüfung bis hin zur Preisgerichtssitzung – im Fokus stand. Das Planungsgebiet wird von einer Eigentümergemeinschaft entwickelt.

Ziel ist die Schaffung eines urbanen **Stadtquartiers mit hoher Freiraumqualität unter Berücksichtigung von Klimaschutz und Klimaanpassung**. Der Planungsumgriff umfasst eine überwiegend unbebaute Fläche von ca. 25 ha, die teils klimatisch hochsensibel in einer Kaltluftleitbahn liegt (siehe Abb. 2.5.1-2).

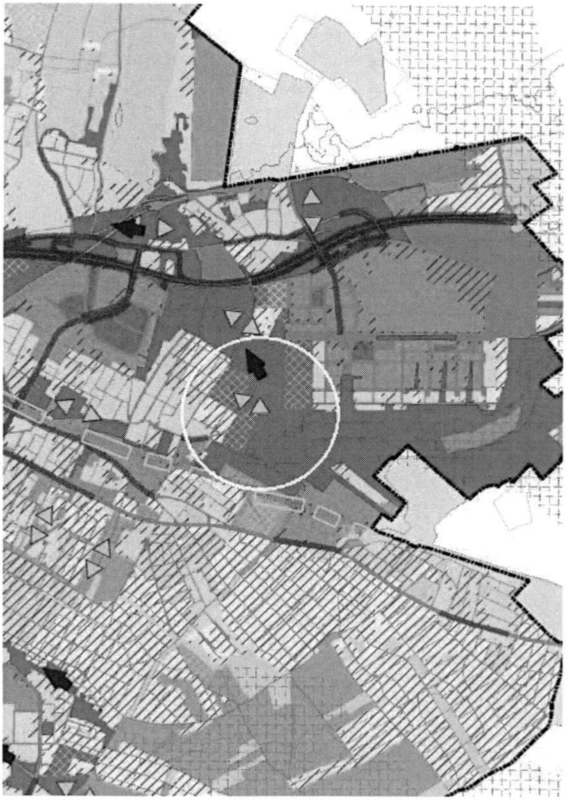

Abb. 2.5.1-2: Ausschnitt aus der Klimafunktionskarte München und Verortung des Reallabors (Quelle: GEO-NET i.A. der LH München, 2014)

Aufgrund dieser klimatisch besonders sensiblen Lage wurde bereits wettbewerbsvorbereitend, als Teil der Grundlagenermittlung, ein vertiefendes mikroklimatisches Gutachten beauftragt. Ziel des Gutachtens war u. a. das Erarbeiten von Planungshinweisen für die Auslobung, um die klimaökologischen Funktionen zu erhalten und einen hohen thermischen Komfort im Quartier zu schaffen. Diese umfassten Angaben zu Grün-

und Abstandsflächen, um eine ausreichende Durchlässigkeit für die nächtlichen Kaltluftströmungen zu gewährleisten, sowie Angaben zu verträglichen Gebäudehöhen und Dichten (siehe Abb. 2.5.1-3).

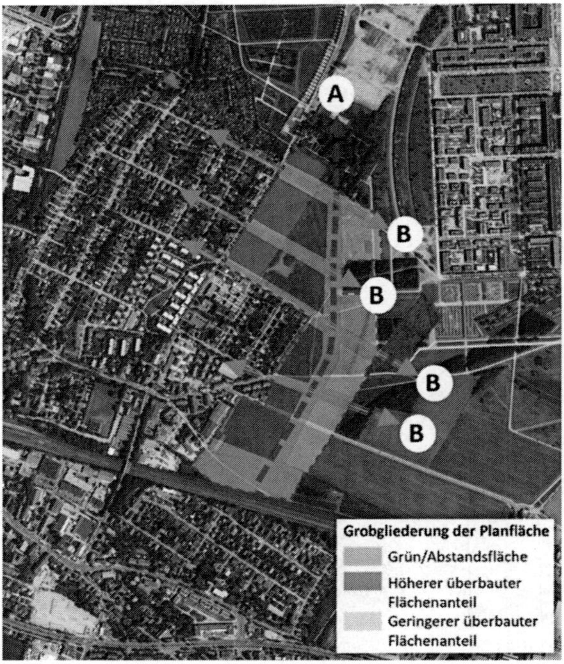

Abb. 2.5.1-3: Planungshinweiskarte des wettbewerbsvorbereitenden klimatischen Gutachtens
(Quelle: GEO-NET i. A. der LH München, 2021)

Klimaanpassungsziele

Die Auslobung adressierte weitere Klimaanpassungsziele wie

- die Schaffung klimatisch ausgleichender Grün- und Freiflächen,
- die Vernetzung mit bestehenden Grünstrukturen,
- die Berücksichtigung ökologisch wertvoller Vegetationsstrukturen,
- Dach- und Fassadenbegrünung,
- die Minimierung der Versiegelung
- die Förderung eines naturnahen und dezentralen Umgangs mit Niederschlagswasser oder
- die Erarbeitung eines innovativen Mobilitätskonzepts.

Die genannten Themen wurden ebenfalls in Beurteilungskriterien der Auslobung aufgegriffen und erhielten so den notwendigen Stellenwert.

Um die klimatischen Belange darüber hinaus zu stärken, wurden deren planerische Umsetzung in der Vorprüfung in enger Zusammenarbeit mit dem Umweltconsultingbüro GEO-Net vertiefend betrachtet. Hierzu wurden die eingereichten Arbeiten anhand verschiedener Kriterien zu drei thematischen Schwerpunkten bewertet:

- die klimaökologische Nutzung und Aufteilung der verfügbaren Planfläche
- die Umsetzung eines Schwammstadtkonzepts sowie
- die Durchgrünung

Die Ergebnisse der Vorprüfung wurden während der Preisgerichtssitzung vorgestellt und in weiteren Diskussionen berücksichtigt. Wichtige klimatische Belange fanden ebenfalls Eingang in die Überarbeitungshinweise für die drei preistragenden Entwürfe. Für diese wurde darüber hinaus ein Schwammstadtgutachten beauftragt, welches die Schlüssigkeit und Wirksamkeit der vorgeschlagenen Maßnahmen untersuchte, zu welchen auch Begrünungsmaßnahmen zählen. Hierzu wurden die Entwürfe bewertet, miteinander verglichen und Optimierungspotenziale aufgezeigt. Auf Grundlage einer Flächenermittlung (siehe Abb. 2.5.1-4) wurden sowohl Langzeitsimulationen für ein 5-jährliches und ein 100-jährliches Regenereignis durchgeführt als auch eine Wasserbilanz erstellt, um die Abweichung der Entwürfe von dem unbebauten Zustand zu ermitteln. Das Gutachten zeigte deutlich, dass ein schlüssiges dezentrales Regenwassermanagement einen erheblichen Beitrag zur Klimaanpassung leisten und auch Niederschlagsspitzen bewältigen kann. Darüber hinaus ist die Abweichung der Wasserbilanz von dem unbebauten Zustand durch die Integration von Schwammstadtmaßnahmen deutlich geringer (siehe Abb. 2.5.1-5).

Schraffur	Flächenart	Flächengröße [m²]	Anteil Abfluss	Anteil Grundwasser-neubildung	Anteil Verdunstung
	öffentliche Verkehrsflächen	45.600	0,8	0	0,2
	öffentliche Grünflächen	63.215	0,1	0,3	0,6
	öffentliche Sickerflächen	11.452	0	0,95	0,05
	teilbefestigte Flächen	29.805	0,52	0,33	0,15
	private Sickerflächen (nicht unterbaut)	3.177	0	0,93	0,07
	Dachflächen extensiv	43.260	0,49	0	0,51
	Sonstige Dachflächen	15.340	0,88	0	0,12
	Zusätzlich unterbaute Privatflächen	20.567	0,1	0,3	0,6
	Zusätzlich unterbaute öffentliche Fläch	833	0,1	0,3	0,6
	Sportplatz	12.051	0,1	0,3	0,6
	Gesamt Brutto Bauland	**245.300**			

Abb. 2.5.1-4: Preistragender Entwurf und Flächenermittlung im Rahmen des Schwammstadt-Gutachtens (Quelle: Arch GmbH, Studio Vulkan; Mayr Ingenieure i. A. der LH München, 2022)

Zusammenfassung der Ergebnisse

	Wasserbilanz			Aufteilungsfaktor			Abweichung		
	RD	GWN	ETa	a	g	v	a	g	v
Variante	(mm)			(-)			(-)		
unbebaut	140	447	431	0,138	0,439	0,423			
DZH	106	498	413	0,104	0,490	0,406	-0,033	0,051	-0,017
bebaut	658	79	282	0,646	0,077	0,277	0,509	-0,362	-0,147

Vergleich der Wasserbilanzen

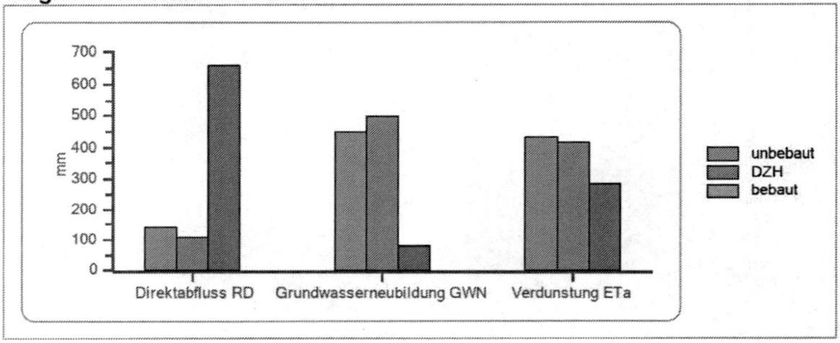

Abweichungen vom unbebauten Zustand

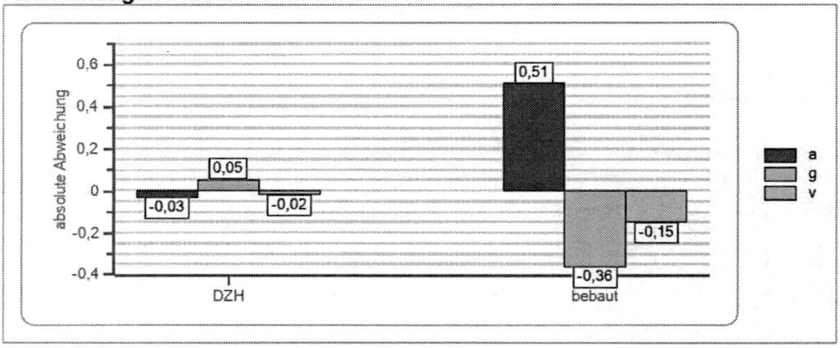

Abb. 2.5.1-5: Vergleich der Wasserbilanzen. Verglichen wurden der unbebaute Zustand, der preistragende Entwurf sowie der preistragende Entwurf ohne Schwammstadtmaßnahmen. Abweichung vom unbebauten Zustand , a = Abfluss, g = Grundwasserneubildung, v = Verdunstung (Quelle: Mayr Ingenieure i. A. der LH München, 2022)

Die Begleitung des städtebaulich-landschaftsplanerischen Wettbewerbs zeigte deutlich, dass eine frühzeitige und konstante Berücksichtigung klimatischer Belange unabdingbar ist, um Klimaanpassung umfassend und wirksam in Planungsprozesse zu integrieren und Bauvorhaben entsprechend zu realisieren.

Exkurs: Kooperative Verfahren für Klimaanpassung nutzen

Im Rahmen des Forschungsprojekts wurde zudem ein zweistufiges kooperatives Verfahren begleitet, in dessen erster Phase ein konkurrierender Wettbewerb durchgeführt wurde. Die Verfassenden der vier prämierten Entwürfe arbeiteten anschließend in der zweiten Phase gemeinsam an der Weiterentwicklung des ersten Preises. Bereits zu Beginn des Verfahrens erfolgte in Form von Impulsvorträgen eine intensive Sensibilisierung aller Beteiligten hinsichtlich Nachhaltigkeit sowie Klimaschutz und Klimaanpassung. Darüber hinaus gab es während der zweiten Phase mehrere Workshops, in denen Experten gemeinsam mit den Planenden an den Entwürfen arbeiten und unmittelbar Feedback zu Entwurfsentscheidungen geben konnten. Durch diesen intensiven Austausch konnten klimatische Belange umfangreich und zielorientiert während des gesamten Verfahrens integriert werden. Folglich beinhaltet der abschließende Entwurf Klimaschutz- und Klimaanpassungsmaßnahmen in einem Umfang, der in anderen Wettbewerbsverfahren aufgrund des geringeren Austausches zwischen Planenden und Experten kaum zu erreichen ist.

2.5.2 Der Wert grüner Infrastruktur für die Klimaanpassung

Zur Unterstützung der Klimaanpassung stehen zahlreiche grüne Infrastrukturmaßnahmen zur Verfügung. Sie unterscheiden sich jedoch in ihrer Wirkung, da sie unterschiedliche regulierende Ökosystemleistungen erbringen. Diese Unterschiede wurden im Rahmen des Projekts sowie in zahlreichen weiteren Forschungsvorhaben untersucht und anhand von Modellierungen mit ENVI-met quantifiziert.

Betrachtung der physiologisch äquivalenten Temperatur (PET)

Hierfür wird die gefühlte Temperatur, die sog. physiologisch äquivalente Temperatur (PET) betrachtet, mit welcher der thermische Komfort im Außenraum ermittelt werden kann. In diese Größe fließen neben der Lufttemperatur auch die meteorologischen Parameter Wind, Feuchte und Strahlungstemperatur ein. Dabei entspricht eine PET ab 35 °C starkem Hitzestress für den Menschen[1] wie Tabelle 1 zeigt. Die Auswertung der Analysen erfolgte jeweils für einen typisch heißen Sommertag (> 30 °C) um 15 Uhr nachmittags in 1,4 m Höhe mit einer räumlichen Auflösung von 2 m.

PET	Thermisches Empfinden	Thermophysiologische Belastungsstufe
18–23 °C	behaglich	keine
23–29 °C	leicht warm	schwach
29–35 °C	warm	mäßig
35–41 °C	heiß	stark
> 41 °C	sehr heiß	extrem

Tab. 2.5.2-1: Thermisches Empfinden des Menschen nach Physiologisch Äquivalenter Temperatur (PET) (Quelle: eigene Darstellung nach Matzarakis, Mayer and Iziomon, 1999)

[1] Matzarakis, A., Mayer, H. & Iziomon, M. G. (1999). Applications of a universal thermalindex: physiological equivalent temperature. Int. J. Biometeorol. 43, 76–84.

Im Rahmen des Forschungsprojekts „Grüne Stadt der Zukunft“ wurde u. a. die Wirkung von Bäumen auf die gefühlte Temperatur (PET) untersucht. Hierzu wurden verschiedene Arten der Nachverdichtung sowie damit einhergehende Veränderungen der Vegetation anhand des Reallabors „Wohnsiedlung Moosach“ modelliert.

Neben einem Zeilenschluss wurde eine Aufstockung der Bestandsgebäude um zwei Geschosse betrachtet. Um dem daraus resultierenden höheren Stellplatzschlüssel zu erfüllen, müssten drei zusätzliche Tiefgaragen gebaut werden, was mit einem Verlust von Bestandsbäumen einherginge. Die Modellierungen von Erlwein et al. (2021)[1] zeigen, dass durch den fehlenden Baumbestand mit einer zusätzlichen Hitzebelastung von durchschnittlich 4,7 °C im Untersuchungsgebiet im Vergleich zum Ausgangszustand zu rechnen ist (siehe Abb. 2.5.2-1).

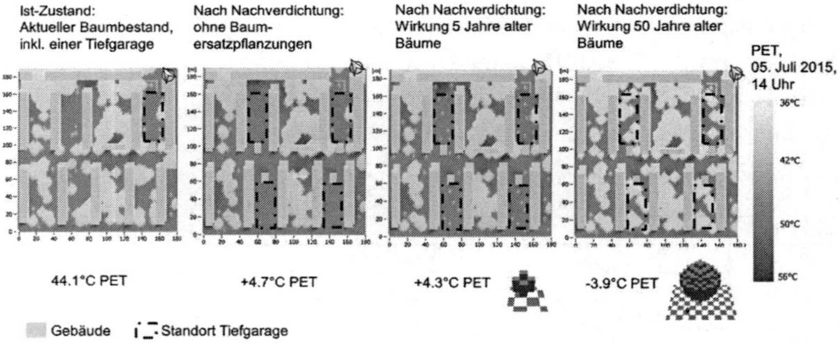

Abb. 2.5.2-1: Wirkung von unterschiedlichem Baumbestand auf den thermischen Außenraumkomfort bei einer Aufstockung um zwei Geschosse und drei zusätzliche Tiefgaragen (Quelle: basierend auf Erlwein et al., 2021)

[1] Erlwein, S., Zölch, T., & Pauleit, S. (2021). Regulating the microclimate with urban green in densifiying cities: Joint assessment on two scales. Building and Environment, 205, S. 108–233.

Des Weiteren wurde untersucht, wie sich Bäume unterschiedlichen Alters in dem Gebiet auswirken würden. Ersatzpflanzungen und Neupflanzungen mit ca. 5 Jahre alten Bäumen würden das Mikroklima nur geringfügig positiv beeinflussen, wohingegen mit 50 Jahre alten Bäume sogar eine Reduktion der gefühlten Temperaturen um 3,9 °C bewirkt werden könnte. Die Modellierungen verdeutlichen somit den Wert von altem Baumbestand für den thermischen Außenkomfort und zeigen, dass der ruhende Verkehr eine entscheidende Rolle spielt, wenn es um den Erhalt von Grünflächen geht. Innovative Mobilitätskonzepte spielen folglich eine wichtige Rolle für klimaangepasste Nachverdichtung. Diese Faktoren sollten bereits in der frühen Phase des Wettbewerbs berücksichtigt werden, um klimaangepasste Entwürfe zu fördern.

Wert von altem Baumbestand

Neben den thermischen Regulationsleistungen haben Bäume auch einen positiven Effekt bei Starkregenereignissen und leisten damit einen weiteren Beitrag zur Klimaanpassung: Sie halten Niederschlagswasser durch Interzeption in den Baumkronen zurück und können somit Abflussspitzen reduzieren.

Auch über die Klimaanpassung hinaus bieten Bäume eine Vielzahl weiterer Vorteile. Dazu zählen das Binden von Feinstaub, die Speicherung von Kohlenstoff, ihr kultureller Wert sowie die Bereitstellung von Lebensraum für Tiere. Ihr Erhalt, insbesondere in städtischen Gebieten, ist daher von unschätzbarem Wert. Daher sollte stets auf die Vitalität und die Bewahrung von Bestandsbäumen geachtet werden.

Exkurs: Forschungsprojekt „Klimaschutz und grüne Infrastruktur in der Stadt"

Teilprojekt I des Zentrums für Stadtnatur und Klimaanpassung (ZSK) der TU München

In einem weiteren Forschungsprojekt wurde neben der Wirkung von Bäumen auch der Einfluss von Dach- und Fassadenbegrünung untersucht. Dabei ging hervor, dass sich begrünte Fassaden nur im unmittelbaren Bereich um die Fassade herum auswirken, wie die Studie von Zölch et al. (2016)[1] zeigt. Begrünte Fassaden verschatten aber vor allem die dahinterliegende Wand. Das verhindert einerseits, dass sich das Gebäudeinnere stark erwärmt, und andererseits, dass die tagsüber gespeicherte Wärme nachts wieder abgestrahlt wird. Damit haben sie vor allem nachts einen regulierenden Effekt auf das urbane Mikroklima. Die größte Wirkung entfalten sie an stark sonnenexponierten Fassaden, also auf Südseiten von Gebäuden.

[1] Zölch, T., Maderspacher, J., Wamsler, C., & Pauleit, S. (2016). Using green infrastructure for urban climate-proofing: An evaluation of heat mitigation measures at the micro-scale. Urban Forestry & Urban Greening, 20, 305–316.

Neben der Hitzereduktion haben Fassadenbegrünungen weitere Vorteile: Sie fördern u. a. Biodiversität, reduzieren Lärm, binden Staub, wirken sich positiv auf die Gesundheit des Menschen aus[2] und schaffen einen ästhetischen Mehrwert.

Begrünte Dächer haben entsprechend den Modellierungen von Zölch et al. (2016)[3] in Abhängigkeit von der Gebäudehöhe kaum einen Effekt auf die Behaglichkeit im Straßenraum. Sie haben jedoch positive Effekte auf das Gebäudeinnere, da sie wie eine zusätzliche Isolation wirken: An heißen Tagen wird weniger Sonnenstrahlung absorbiert und gespeichert, wodurch sich das Gebäudeinnere weniger stark erwärmt. Im Winter hingegen wird die Wärmeabgabe von innen nach außen reduziert.

Durch die Verdunstung von Wasser wirkt sich Dachbegrünung zudem positiv auf den natürlichen Wasserhaushalt in urbanen Räumen aus. Aufgrund ihres Retentionspotenzials können sie Niederschlagswasser zwischenspeichern und dadurch auch Spitzenabflüsse bei Starkregenereignissen verringern, was wiederum zur Klimaanpassung beiträgt. Werden sie als Retentionsdächer ausgebildet, kann dieser Effekt deutlich erhöht werden. Begrünte Dächer können als hochwertige Aufenthaltsflä-

2 Heise, P., Hallermayr, S. (2022). Grüne Stadt – Gesunder Mensch; Herausforderungen, Lösungsansätze und Handlungsfelder. Springer Spektrum.

3 Zölch, T., Maderspacher, J., Wamsler, C., & Pauleit, S. (2016). Using green infrastructure for urban climate-proofing: An evaluation of heat mitigation measures at the micro-scale. Urban Forestry & Urban Greening, 20, 305–316.

chen gestaltet und von den Bewohnenden als Rückzugsort genutzt werden. Biodiversitätsdächer bieten Tieren und Pflanzen in Städten zusätzlichen Lebensraum. Ab einer punktuellen Substrathöhe von 60 cm kann die Vegetation um Kleinbäume bereichert werden. Auch eine Kombination von Dachbegrünung und Photovoltaikanlagen ist umsetzbar.
Dachflächen bieten demnach ein großes, oft noch ungenutztes Potenzial, um urbane Räume klimaangepasster zu gestalten.

Die Bewertung von Klimaanpassungsmaßnahmen

Elf Kriterien der Klimaanpassung

Im Rahmen der Forschung zu Wettbewerbsverfahren und dem Erfahrungsaustausch mit der Planungspraxis ging hervor, dass ein Bedarf an mehr Standards im Bereich der Klimaanpassung besteht. Um auf diesen Bedarf zu reagieren, wurden in Zusammenarbeit mit dem Büro GEO-NET Umweltconsulting elf Kriterien entwickelt, die die Integration von Klimaanpassung in Wettbewerben unterstützen. Anschließend wurde anhand der Arbeit in den Reallaboren deren Praxistauglichkeit erprobt, wobei sich zeigte, dass die wichtigsten Aspekte der Klimaanpassung adressiert werden. Die Kriterien lassen sich drei übergeordneten Themenfeldern zuordnen: Grüne Infrastruktur, Durchlüftung und wassersensible Stadtentwicklung, wobei eine Zuordnung zu einem einzigen Themenfeld aufgrund von thematischen Überschneidungen nicht immer möglich ist (siehe Abb. 2.5.2-2).

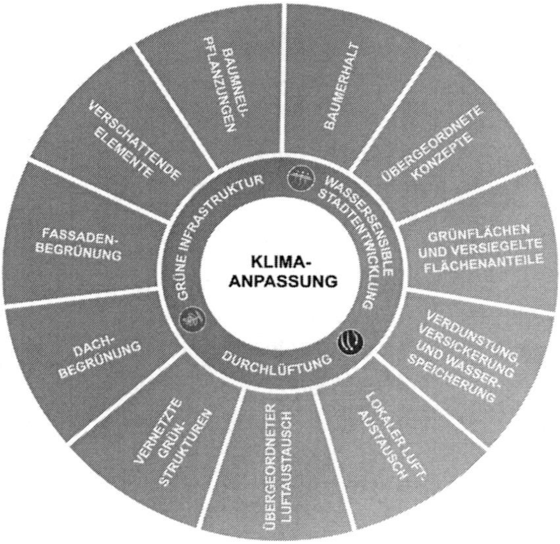

Abb. 2.5.2-2: Die drei übergeordneten Themenfelder der Klimaanpassung und die dazugehörigen Kriterien (Quelle: LHM/TUM, Marion Schiffer, 2023)

Unterschiedliche Dringlichkeiten

Zudem weisen die Kriterien unterschiedliche Flächenbedarfe und somit auch unterschiedliche „Flächenkonkurrenzen" und Dringlichkeiten auf. Das heißt, dass für einige Kriterien, wie den übergeordneten Luftaustausch oder Grünflächen, von Beginn an Flächenbedarfe eingeplant werden müssen. Diese Kriterien können auch in späteren Planungsstufen kaum mehr integriert werden, ohne den Entwurf maßgeblich zu verändern, was mit einem hohen Zeit- und Kostenaufwand verbunden ist.

Für die mehrstufige Anwendung im Wettbewerb wird deshalb eine weitere Strukturierung vorgeschlagen, die sich an den zuvor genannten Punkten orientiert (siehe Abb. 2.5.2-3). Den Rahmen für die ganzheitliche Integration von Klimaanpassung bilden die übergeordneten

Konzepte, die eine Art Leitbild des Entwurfs darstellen und innerhalb dessen die einzelnen Klimaanpassungsmaßnahmen verortet werden. **Kriterienblock 1** umfasst hierbei die Kriterien mit hohem Flächenbedarf, die in späteren Planungsphasen nicht mehr „heilbar" sind. In **Kriterienblock 2** hingegen befinden sich die Kriterien, die zwar von Beginn an mitgedacht werden sollten, jedoch auch in späteren Planungsprozessen, beispielsweise während der Überarbeitung eines Entwurfs oder der verbindlichen Bauleitplanung, noch ergänzt werden können. Die Auswahl der Kriterien ist immer von den spezifischen Anforderungen des jeweiligen Planungsgebiets abhängig, wie etwa der Lage in einem klimatisch sensiblen Gebiet, der Umgebung oder der Art des Vorhabens (Neubau, Nachverdichtung etc.). Eine sorgfältige Grundlagenermittlung ist für die Auswahl, Bearbeitung und spätere Bewertung der Kriterien ausschlaggebend.

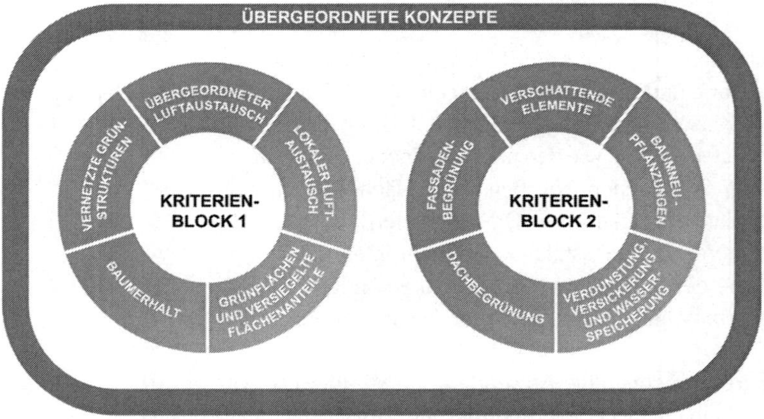

Abb. 2.5.2-3: Anwendungsorientierte Strukturierung der Kriterien (Quelle: LHM/TUM, Marion Schiffer, 2023)

Neben dem Wunsch nach einem standardisierten Verfahren zeigte der Austausch mit Vertretenden der Planungspraxis deutlich, dass transparente und einheitliche Bewertungsmethoden notwendig sind, um eine zielführende Umsetzung der Maßnahmen in den Entwürfen zu erreichen.

Zu diesem Zweck wurde eine Bewertungsmatrix entwickelt, die eine einheitliche und systematische Prüfung von Entwürfen ermöglicht. In der Abbildung unten ist ein Ausschnitt der Tabelle dargestellt. Die Kriterien werden mittels eines Ampelsystems und konkreter Bewertungsvorschläge hinsichtlich „erfüllt", „teilweise erfüllt" und „nicht erfüllt" geprüft und entsprechend Punkte vergeben. Über individuell anpassbare Gewichtungsfaktoren können – je nach Planungsgebiet und Aufgabenstellung – Schwerpunkte auf bestimmte Kriterien gelegt werden. Die Punkte der einzelnen Kriterien werden anschließend aufsummiert und ermöglichen so einen Vergleich der Entwürfe untereinander.

Bewertungs-matrix	Bauvorhaben: Neubau / Sanierung			ENTWURF 0001			ENTWURF 0002		
	Beschreibung	Bewertungsvorschlag (grün: 1 Punkt, orange: 0 Punkte, rot: -1 Punkt)							
Übergeordnete Konzepte			Gewichtungs-faktor	Bewertung		Anmerkungen	Bewertung		Anmerkungen
Klimaangepasste Planung	❶ [illegible]	❷ [illegible]		x					
		❸ [illegible]	2		2			-2	
		❹ [illegible]					x		
Integration von Mobilität	❺ [illegible]	❻ [illegible]		x					
		❼ [illegible]	2		2		x	0	
		❽ [illegible]							

Abb. 2.5.2-4: Ausschnitt aus der Bewertungsmatrix zur Bewertung von Entwürfen hinsichtlich der Klimaanpassung (Quelle: TUM/LHM, Sandra Feder, 2023)

Beispiel „Übergeordnete Konzepte“ Kriterium „Klimaangepasste Planung“.

1) *Die urbane klimaangepasste Planung umfasst verschiedene Aspekte: u. a. Durchlüftung, Mikroklima, Durchgrünung (inkl. Gebäudebegrünung), (Regen-) Wassermanagement, Anteil an versiegelter Fläche und Verschattung. Ziel ist es, Ökosystemleistungen und Maßnahmen dieser Bereiche, wie z. B. Regenwasserrückhaltung oder Hitzereduktion, aufeinander abgestimmt und ganzheitlich in den Entwurf zu integrieren.*
2) *Ganzheitliches, schlüssiges Konzept mit grafischer und textlicher Beschreibung und planungsrelevanter Detailtiefe sowie Nachvollziehbarkeit ist vorhanden. (1 Punkt)*
3) *Konzept mit grafischer und/oder textlicher Beschreibung ist vorhanden, wurde jedoch teilweise noch nicht ganz schlüssig ausgearbeitet. Die planungsrelevante Detailtiefe sowie Nachvollziehbarkeit haben noch Optimierungsbedarf. (0 Punkte)*
4) *Konzept nicht enthalten oder mit erheblichem Optimierungsbedarf, welches eine grundlegende Überarbeitung des Entwurfs fordert. (–1 Punkt)*
   Integration von Mobilität
5) *Eine wichtige Voraussetzung für die Umsetzung von Klimaanpassung im Entwurf ist der Umgang mit Mobilität, da diese sehr viel Fläche beansprucht, die sonst für die Freiraumversorgung und Klimaanpassung zur Verfügung stände. Mobilitätskonzepte werden im Idealfall bereits im Rahmen der Auslobung erstellt, die teilnehmenden Büros haben in der Regel keine ausreichenden Ressourcen dafür. Dennoch sollten die Teilnehmenden im Entwurf die Vermeidung von motorisiertem Individualverkehr (MIV) und die Förderung von umweltfreundlichen Verkehrsmitteln berücksichtigen. Zu möglichen Maßnahmen zählen u. a. Park+Ride- oder Bike+Ride-Angebote, Quartiersgaragen sowie die Anbindung an den ÖPNV, Car-Sharing-Angebote und (Lasten-)Radverleih. Zudem ist es möglich, gezielt Spielstraßen oder verkehrsberuhigte Bereiche anzulegen (Parkraumbewirtschaftung). Ruhender Verkehr sollte so geplant werden, dass möglichst viel Fläche im Quartier für Klimaanpassungsmaßnahmen zur Verfügung steht.*
6) *Es existiert ein ganzheitliches Konzept zum Umgang mit Mobilität durch Maßnahmen wie Park+Ride- oder Bike+Ride-Angebote, Quartiersgaragen, Anbindung an den ÖPNV, Car-Sharing-Angebote und (Lasten-)Radverleih, Spielstraßen oder verkehrsberuhigte Bereiche. Maßnahmen zur Reduzierung unter und überbauter Flächen für Stellplatzbedarfe, z. B. durch Quartiersgaragen wurden getroffen. (1 Punkt)*

7) *Einzelne, nicht zusammenhängende Maßnahmen zur Integration von Mobilität sind vorhanden. Viele weitere Alternativen zur herkömmlichen Mobilität wurden nicht eingeplant. Eine Optimierung ändert den Entwurf nicht grundlegend: z. B. die Reduzierung der Tiefgaragen kann in Quartiersgaragen umgeplant werden. (0 Punkte)*

8) *Maßnahmen zur Integration von Mobilität wurden nicht geplant bzw. konventionelle Mobilitätsplanung erfolgte ohne Angaben zu alternativen Möglichkeiten. Eine Optimierung ist mit grundlegenden Änderungen im Entwurf verbunden. (–1 Punkt)*

Bilanzen für bessere Vergleichbarkeit

Darüber hinaus wurden für eine bessere Vergleichbarkeit und einheitliche Berechnung einiger Kriterien Bilanzen entwickelt.

Die Baumbilanz klassifiziert beispielsweise Bäume anhand ihrer Leistung bzw. Wirksamkeit hinsichtlich Klimaanpassung. Entwürfe, die wertvollen Baumbestand erhalten, werden in der Bewertung durch die Baumbilanz positiv hervorgehoben.

Eine Flächenbilanz ermöglicht die einheitliche Erfassung und Berechnung von unterbauten Grünflächen sowie von Grünflächen mit festem Bodenanschluss. Eine vergleichbare Berechnung des Versiegelungsgrades wird ebenfalls durch die Flächenbilanz gewährleistet.

Je nach Anforderungen und Schwerpunkten eines Planungsvorhabens können die Bilanzen erweitert oder für andere Kriterien erstellt werden, wie beispielsweise für Gründächer oder Maßnahmen der wassersensiblen Stadtentwicklung. So gelingt eine differenzierte Bewertung der Entwürfe, während gleichzeitig Handlungsbedarfe für die weitere Bearbeitung aufgezeigt werden.

Fazit und Ausblick

Erhalt von Altbäumen

Schaffen neuer Großbaumstandorte

Grüne Infrastruktur reguliert bereits heute den thermischen Komfort im Außenraum und gewinnt im Zuge der globalen Erwärmung zunehmend an Bedeutung. Besonders Bäume tragen durch ihre Kühlfunktion vor allem an heißen Sommertagen wesentlich zu einem angenehmen Aufenthalt im Freien bei und werden daher für die Klimaanpassung in stark versiegelten Räumen wie Städten immer wichtiger. Der Erhalt von Altbäumen oder das Schaffen neuer Großbaumstandorte mit Bodenanschluss sollten unbedingt priorisiert werden. Aufgrund dessen ist die Umsetzung von Klimaanpassungsmaßnahmen im Rahmen von Bauvorhaben essenziell und muss von Beginn an umfassend mitgedacht werden, wofür städtebaulich-landschaftsplanerische Wettbewerbe ein wichtiges Planungsinstrument darstellen.

Anhand eines Reallaboransatzes konnten zahlreiche Integrationspotenziale für die Anpassung an die Folgen des Klimawandels in städtebaulich-landschaftsplanerischen Wettbewerben identifiziert werden. Die Arbeit in den Reallaboren zeigte deutlich den Unterstützungsbedarf der Fachplanung bei der Umsetzung von Klimaanpassung. Defizite bestehen insbesondere hinsichtlich praxistauglicher Arbeitshilfen, die ohne erheblichen Mehraufwand in den Arbeitsalltag integriert werden können.

Darüber hinaus wurden weitere Herausforderungen für die Umsetzung von Klimaanpassung erkannt und gemeinsam mit der Planungspraxis Lösungsansätze und Handlungsoptionen erarbeitet, wobei drei Themenfelder im Fokus standen: Grüne Infrastruktur, Durchlüftung und wassersensible Stadtentwicklung. Diese wurden anhand von elf Kriterien konkretisiert, im Anschluss erfolgte eine Gliederung nach Flächenanspruch bzw. „Heilbarkeit“. Die Auswahl und Priorisierung der Kriterien sollte auf den individuellen Planungsfall abgestimmt werden. Um eine bestmögliche Integration von Klimaanpassungsmaßnahmen zu erzielen, müssen klimatische Belange während des gesamten Wettbewerbsverfahrens frühzeitig und ganzheitlich adressiert und berücksichtigt werden. Wichtig ist hierbei auch, dass alle Wettbewerbsbeteiligten Verantwortung für klimatische Belange übernehmen und entsprechend handeln.

Die im Rahmen des Projekts entwickelte Anleitung (Download in Kapitel 1.5) für „Klimaanpassung in städtebaulich-/landschaftsplanerischen Wettbewerben“ zeigt hierfür anhand der einzelnen Prozessschritte zahlreiche Handlungsoptionen auf und unterstützt somit bei der Durchführung klimaangepasster Wettbewerbe.

Literaturverzeichnis

Erlwein, S., Zölch, T., & Pauleit, S. (2021). Regulating the microclimate with urban green in densifiying cities: Joint assessment on two scales. Building and Environment, 205, S. 108–233.

Heise, P., Hallermayr, S. (2022). *Grüne Stadt – Gesunder Mensch; Herausforderungen, Lösungsansätze und Handlungsfelder.* Springer Spektrum.

Karutz, R., Zozmann, H., Wollschläger, N.; Schlink, U. (2024). Fassadenbegrünung als multifunktionales Anpassungsinstrument gegen Hitze: Ergebnisse des Leipziger Pilotprojekts „Lebendige Wände“ in: Kabisch, S.,

Rink, D., Bahnzhaf, E.. *Die Resiliente Stadt, Konzepte, Konflikte, Lösungen*. Springer Spektrum. https://doi.org/10.1007/978-3-662-66916-7.

Lang, W., Pauleit, S., Brasche, J., Hausladen, G., Maderspacher, J., Schelle, R. & Zölch, T. (2018). Leitfaden für klimaorientierte Kommunen in Bayern – Handlungsempfehlungen aus dem Projekt Klimaschutz und grüne Infrastruktur in der Stadt am Zentrum Stadtnatur und Klimaanpassung. Bayerisches Staatsministerium für Umwelt und Verbraucherschutz, München.

Matzarakis, A., Mayer, H. & Iziomon, M. G. (1999). Applications of a universal thermalindex: physiological equivalent temperature. Int. J. Biometeorol. 43, 76–84.

Zölch, T., Maderspacher, J., Wamsler, C. & Pauleit, S. (2016). Using green infrastructure for urban climate-proofing: An evaluation of heat mitigation measures at the micro-scale. Urban Forestry & Urban Greening, 20, 305–316.

Autorinnen (Kapitel 2.5 bis 2.5.2)
Eva-Maria Moseler: M.A. Landschaftsarchitektur, Referat für Stadtplanung und Bauordnung der Landeshauptstadt München, Abteilung Grünplanung
Sandra Feder: M.Sc. Environmental Engineering, Technische Universität München, Lehrstuhl für energieeffizientes und nachhaltiges Planen und Bauen und Lehrstuhl für Strategie und Management in der Landschaftsentwicklung
Kira Rehfeldt: M.Sc. Geografie, Referat für Klima- und Umweltschutz der Landeshauptstadt

München, Sachgebiet Stadtklima, Grundwasser & Klimaanpassung
Dr. Teresa Zölch: M.Sc. Umweltwissenschaften, Referat für Klima- und Umweltschutz der Landeshauptstadt München, Sachgebiet Stadtklima, Grundwasser & Klimaanpassung
Prof. Dr. Simone Linke, Stadtplanerin: M.Sc. Urban Design/Stadtplanung, Hochschule Weihenstephan-Triesdorf, Fakultät Landschaftsarchitektur , Professur für Stadtplanung und Landschaft

Nebenautoren

Prof. Dr. Werner Lang: Professor für energieeffizientes und nachhaltiges Planen und Bauen, TUM
Prof. Dr. Stephan Pauleit: Professor für Strategie und Management der Landschaftsentwicklung an der TUM

3

3 Klimaanpassung an Gebäuden

Autoren
Gunter Mann (3.1–3.1.8)
hhp Berlin (3.1.9)
Maria Hartmann (3.1.10)
Maria Kohlhepp (3.1.10)
Sabine Hoffmann (3.2)
Thomas Hartmann (3.3)
Tina Weinberger (3.3.1–3.3.2)
Brigitte Hallschmid (3.4–3.4.2)
Barbara Beetz (3.4.3)
Bernd Ishorst (3.5–3.6.2.1)
Volker Teichert (3.7–3.7.3)
Jürgen Benitz-Wildenburg (3.8–3.8.1)
Peter Schmidt (3.9–3.12)

Inhaltsverzeichnis

3.1 Dach- und Fassadenbegrünung

3.1.1 Wirkungen und Markt

Klimawandel, Versiegelung und zunehmende Verstädterung führen zu überhitzten Großstädten. Die Folge sind u. a. Hitzeinseln, häufigere Sommertage und Hochwasserkatastrophen. Dach- und Fassadenbegrünungen spielen als Vorbeugungsmaßnahmen eine große Rolle und lassen sich bei vorausschauender Planung mit Zusatznutzen umsetzen. Gebäudebegrünungen vereinen viele positive Wirkungen, sind wichtiger Bestandteil des Nachhaltigen Bauens und der Anpassungsstrategie gegen den Klimawandel und fördern das Leben in der Stadt. Begrünte Gebäude und Quartier sind keine Zukunftsvision mehr, sondern vielerorts schon ein Muss.

Abb. 3.1.1-1: Begrünte Dächer vereinen eine Vielzahl an positiven Wirkungen. In 2021 sind in Deutschland etwa 8.700.000 m² Gründachfläche neu entstanden. (Quelle: Bundesverband GebäudeGrün)

Positive Wirkungen von Gebäudebegrünungen

Green Building

Dach- und Fassadenbegrünungen vereinen eine Vielzahl an positiven Eigenschaften und sind ein ebenso einfacher wie wirkungsvoller Baustein des Nachhaltigen Bauens, um der Bezeichnung „Green Building" auch im engeren Sinne gerecht zu werden.

Nachhaltiges Bauen heißt, Umweltgesichtspunkte gleichberechtigt mit sozialen und wirtschaftlichen Gesichtspunkten zu berücksichtigen, damit nachfolgenden Generationen ein intaktes ökologisches, soziales und ökonomisches Gefüge hinterlassen werden kann. Ziel ist das Erreichen einer hohen Gebäudequalität mit möglichst geringen Auswirkungen auf die Umwelt. Die Beurteilungs- bzw. Bewertungsmaßstäbe der Nachhaltigkeit von Gebäuden und Quartieren beziehen sich auf die drei vorrangigen Schutzziele Ökonomie, Ökologie und Soziales/Kulturelles – bezogen auf Gebäudebegrünung sind folgende Aspekte anzuführen[1]:

Ökonomie

Gebäudegrün und Ökonomie:

- Schutz der Dachabdichtung und Hausfassade durch die Begrünung vor Extrembeanspruchung bei Spitzentemperaturen im Sommer und Winter und vor Wind- und Witterungseinflüssen, wie Sturm, Hagel, UV-Strahlung – damit bis zu doppelt so langer Lebensdauer der Dachabdichtung gegenüber der frei bewitterten Variante
- Wärmedämmleistungen im Winter und Hitzeschild/ Verschattung im Sommer und damit ein Beitrag zur

1 BuGG-Fachinformation „Positive Wirkungen von Gebäudebegrünungen"

Energieeinsparung, beispielsweise durch den reduzierten Einsatz von Klimaanlagen

- Erhöhung des Wirkungsgrads von Photovoltaikanlagen bei der Kombination von PV mit Dachbegrünung („Solar-Gründach"). Unter bestimmten Voraussetzungen kann die Verdunstungskühlung der Begrünung die Effektivität der PV-Anlage um einige Prozent steigern.
- Wasserrückhaltung und Minderung der Spitzenabflüsse. Damit Entlastung der Kanalisation mit den verbundenen Einsparungspotenzialen bei der Rohr- und Kanaldimensionierung, Einsparung von Regenrückhaltebecken und mögliche Gebührenminderung bei Städten mit gesplitteter Abwassersatzung. „Retentionsgründächer" (Gründach mit zusätzlichem Retentionsraum und gedrosseltem Ablauf) können, gezielt eingesetzt, effektive Bausteine der dezentralen Regenwasserbewirtschaftung sein.

Gebäudegrün und Ökologie:

Ökologie

- Ökologische (Teil)Ausgleichsflächen. Bei Gründächern und Fassadenbegrünungen als Minderungsmaßnahme bei Eingriffen in die Natur, d. h. bei Umsetzung von Dach- und Fassadenbegrünungen, können ggf. andere Ausgleichsmaßnahmen eingespart werden.
- Besonders hervorzuheben hierbei sind die struktur- und artenreichen „Biodiversitätsgründächer", die mittels sog. „Biodiversitätsbausteinen" (z. B. Substratanhügelungen, Totholz, Steinhaufen, Sandlinsen, Wasserflächen) zusätzliche Lebensräume und Nistmöglichkeiten schaffen.

Soziales/Kulturelles

Gebäudegrün und Soziales/Kulturelles:

- Kühlung und Luftbefeuchtung. Durch die Verdunstung des gespeicherten Wassers ergibt sich eine Verbesserung des Umgebungsklimas durch Temperatursenkung. Davon profitieren v. a. ältere Menschen, die mit Hitze weniger gut zurechtkommen.
- Verbesserung des Arbeits- und Wohnumfelds, insbesondere bei einseh- bzw. begehbaren Dachbegrünungen mit zusätzlichen Wohn-, Sport- und Freizeitflächen. Auf Dächern entstehen Orte der Begegnung, der Kommunikation und des Miteinander. Ein schönes Beispiel hierfür sind „Urban-Farming-Dächer", auf denen Menschen bei eigenem Obst- und Gemüseanbau eine Dachfläche gemeinsam nutzen. Das Reizvolle für alle Investoren ist, dass der Baugrund für diese weiteren Nutzflächen kostenlos ist. Er wurde ja schon ebenerdig bezahlt und erfährt oben auf dem Dach eine „Zweitnutzung". Und die Kosten der Dachbegrünungen sind bei Weitem geringer als die Kosten eines Grundstücks.

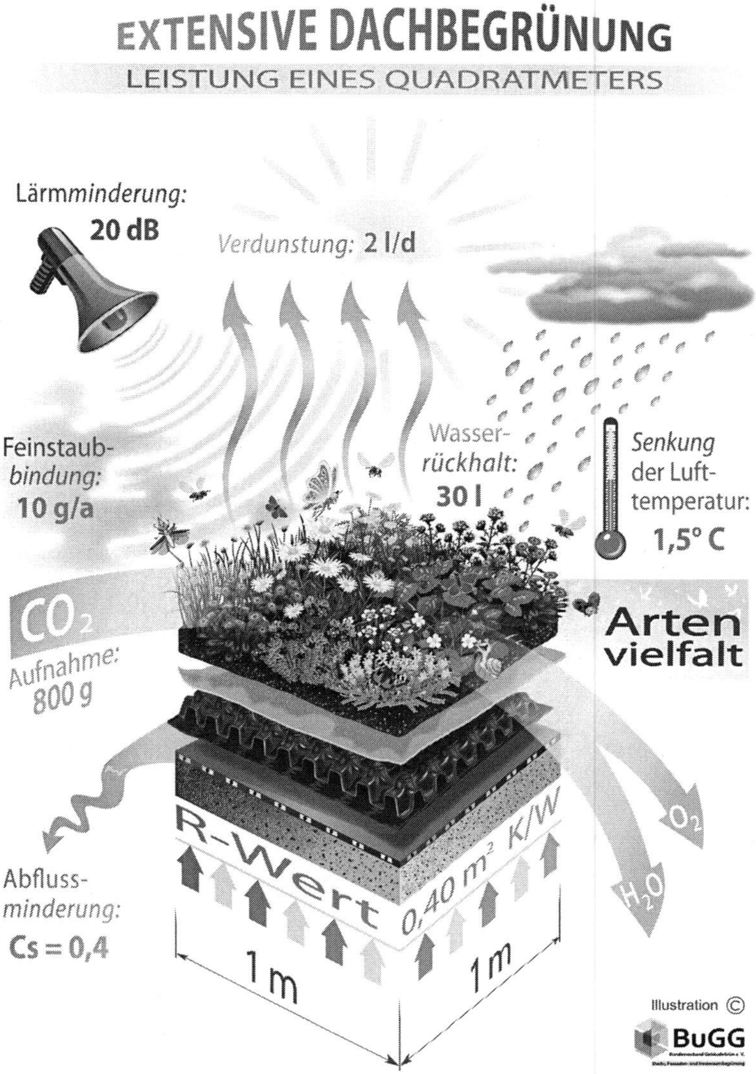

Abb. 3.1.1-2: Auf den Punkt gebracht. Zusammenfassungen der Wirkungen eines Quadratmeters extensiver Dachbegrünung. (Quelle: Bundesverband GebäudeGrün)

In der BuGG-Fachinformation „Positive Wirkungen von Gebäudebegrünungen“ sind die wichtigsten Wirkungen von Dach-, Fassaden- und Innenraumbegrünung zusammengeführt und mit Quellenangaben hinterlegt worden.[1]

Der Dachbegrünungsmarkt in Deutschland

Der Bundesverband GebäudeGrün e. V. (BuGG) veröffentlicht jährlich in seinem „BuGG-Marktreport Gebäudegrün“ Zahlen zum Gebäudebegrünungsmarkt. Im aktuellen BuGG-Marktreport Gebäudegrün 2022 werden u. a. die wichtigsten Ergebnisse der BuGG-Gründachsubstrat-Umfrage (eine Methode, bei der über die vertriebenen Mengen auf die eingebauten Flächen umgerechnet wird) wie folgt zusammengefasst[2].

- In Deutschland sind im Jahr 2021 insgesamt 8.681.416 m^2 Dachbegrünungen neu hinzugekommen. In 2020 waren es noch 7.839.977 m^2.

Gesamt-Gründachfläche

- Die neu hinzugekommene Gesamt-Gründachfläche, nun aufgeteilt auf Extensiv- und Intensivbegrünungen, ergibt:
  - Extensivbegrünung: 7.160.805 m^2. Das entspricht einem Marktanteil von 82,5 %. In 2020 waren es mit 6.437.762 m^2 und 82,1 %.
  - Intensivbegrünung: 1.520.611 m^2. Das entspricht einem Marktanteil von 17,5 %. In 2020 waren es mit 1.402.215 m^2 und 17,9 %.

---

[1] BuGG_Fachinfo_Positive_Wirkungen_Positionspapier_20-04-2022.pdf (gebaeudegruen.info)

[2] BuGG-Marktreport Gebäudegrün 2022

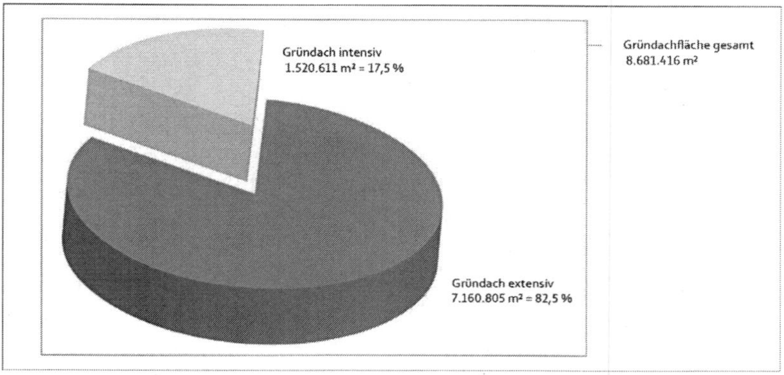

Abb. 3.1.1-3: Anteile extensive und intensive Dachbegrünungen in 2021.(Quelle: Bundesverband GebäudeGrün)

Mit 8.681.416 m^2 Dachbegrünung im Jahr 2021 liegt Deutschland vermutlich weltweit an der Spitze. Das hört sich erst einmal gut und nach viel an, doch bei angenommenen 90.000.000 m^2 neu entstandener Flachdachfläche sind 8.681.416 m^2 Dachbegrünung nur etwa 9,7 %! Das heißt, in 2021 blieben etwa 90 % der neuen Flachdachflächen unbegrünt – allein das ist schon ein enormes Potenzial!

Nur etwa 9,7 %!

Das sind Werte in der Größenordnung, wie sie auch schon im BuGG-Marktreport Gebäudegrün 2020 und 2021 veröffentlicht wurden. Der Gründachmarkt wächst, die gesicherten Daten dazu liegen vor, es lässt sich jedoch derzeit leider nur abschätzen, welchen Anteil dies im Verhältnis zur Flachdachfläche ist. Es konnten keine belegbaren Zahlen zu den in 2021 neu entstandenen (neu abgedichteten) Flachdachflächen ermittelt werden. Für 2019 wurden 80.000.000 m^2 (Schätzwert aus Angaben Dachabdichtungsverbände und Literatur, siehe BuGG-Marktreport Gebäudegrün 2020) und für 2020 wurden 100.000.000 m^2 (nach Brancheninformationen des Zentralverbands des Deutschen Dachdeckerhandwerks, siehe BuGG-Marktreport Gebäudegrün 2021) angenommen.

Für den BuGG-Marktreport Gebäudegrün 2022 wurde die Annahme getroffen, dass in 2021 etwa 90.000.000 m^2 neue Flachdachflächen (Neubau und Sanierung) entstanden sind.

Gründach-Index

Der BuGG hat die erhobenen Bestandszahlen begrünter Dächer verschiedener Städte ermittelt und in verschiedenen Varianten einander gegenübergestellt. Von den nachfolgend aufgeführten 20 Städten waren solche Informationen verfügbar: Aachen, Berlin, Braunschweig, Dresden, Düsseldorf, Essen, Frankfurt a. M., Hamburg, Hannover, Karlsruhe, Mainz, Mannheim, München, Nürnberg, Nürtingen, Osnabrück, Ottobrunn, Straubing, Rostock und Stuttgart.

In der BuGG-Gründach-Bundesliga wird die Summe der ermittelten Dachbegrünungsflächen je Stadt zur jeweiligen Einwohnerzahl (EW) in Relation gesetzt. Daraus ergibt sich der Gründach-Quadratmeter-Wert pro Einwohner („Gründach-Index").

Gründach-Index

Im Durchschnitt der 20 Städte liegt dieser „Gründach-Index" bei 1,1 m^2/EW. Der derzeitige Spitzenreiter Stuttgart hat einen „Gründach-Index" von 4,1 m^2/EW, d. h., im Durchschnitt kommen auf jeden Einwohner 4,1 m^2 Dachbegrünung. Das Reizvolle dieser Vorgehensweise ist, dass auch kleinere Städte um die „Meisterschaft" mitspielen können, da mit relativen Werten agiert wird. Das Ranking ergibt sich somit unabhängig von der Größe der Stadt.

Der Fassadenbegrünungsmarkt in Deutschland

Der BuGG hat die Mitglieder, die Produkt- und Systemlösungen zur Fassadenbegrünung anbieten, nach begrünten Flächen in 2021 befragt. Dabei wurden die Flächensummen sowohl boden- (allerdings nur die Flächen mit Kletterhilfen) als auch wandgebundener Fassadenbegrünungen abgefragt, mit den folgenden Ergebnissen:

- In Deutschland wurden demnach im Jahr 2021 insgesamt etwa 86.600 m^2 Fassadenfläche mit wandgebundener und bodengebundener Fassadenbegrünung (mit Kletterhilfen) neu begrünt.
- Die wandgebundenen Fassadenbegrünungen nehmen dabei eine Flächengröße von etwa 13.300 m^2 ein.
- Die bodengebundenen Fassadenbegrünungen mit Kletterhilfen nehmen dabei eine Flächengröße von etwa 73.300 m^2 ein.

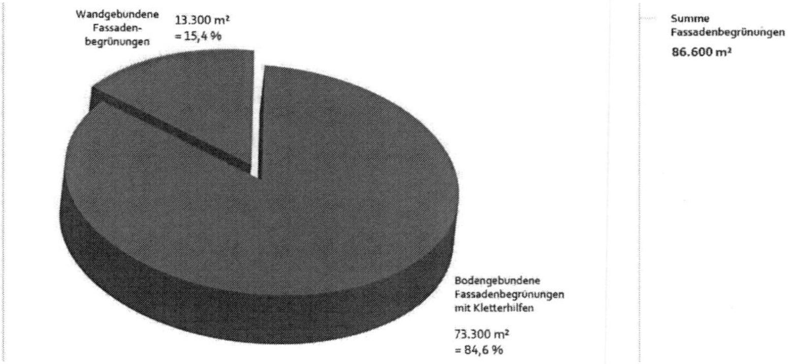

Abb. 3.1.1-4: Grafische Darstellung der in 2021 begrünten Fassadenflächen. (Quelle: Bundesverband GebäudeGrün)

3.1.2 Kommunale Förderinstrumente

Die Dach- und Fassadenbegrünungen gewinnen im Rahmen einer klimaangepassten und wassersensiblen Stadtentwicklung bundesweit an Bedeutung, denn sie bilden einen Mehrfachnutzen für die Stadt. Auf kommunaler Ebene kann die Umsetzung von Dach- und Fassadenbegrünung durch verschiedene Instrumente gefördert werden, die sich in ihrem Wirkungsbereich, ihrer Verbindlichkeit und ihrem finanziellen Aufwand für die Stadt unterscheiden. Folgende direkt und indirekt fördernde Instrumente stehen der Kommunalpolitik zur Verfügung:

Fördernde Instrumente stehen der Kommunalpolitik zur Verfügung

- Festsetzungen in Bebauungsplänen
- Gestaltungssatzungen
- Förderprogramme mit finanziellen Zuschüssen
- Ökopunkte im Rahmen der Eingriffsregelung
- Gebührenreduktion bei der gesplitteten Abwassergebühr

Mit Städte-Umfragen und zusätzlichen eigenen Recherchen hat der BuGG aktuelle Zahlen zu den kommunalen Förderinstrumenten zusammengetragen, die auszugsweise nachfolgend vorgestellt werden.

Festsetzung in Bebauungsplänen

Verbindlicher Bauleitplan

Der Bebauungsplan (B-Plan) ist nach dem BauGB ein verbindlicher Bauleitplan. Er wird durch Satzung beschlossen und schafft Baurecht bei Neubauvorhaben oder bei baulichen Änderungen in einem bestimmten Geltungsbereich (beplanter Innenbereich) einer Gemeinde. Um bestimmte Ziele in der Bauleitplanung zu erreichen, können aus städtebaulichen Gründen rechtsverbindliche Festsetzungen getroffen werden. Die Gründe einer Festsetzung sind in § 9 Abs. 1 BauGB aufgelistet. Als rechtliche Grundlage zur Festsetzung einer Dach- oder Fassadenbegrünung können je nach Zielsetzung § 9 Abs. 1 Nr. 20 sowie Nr. 25a, b BauGB dienen. Auch länderspezifische Bauordnungen und Landeswassergesetze i. V. m. § 9 Abs. 4 BauGB können für Gebäudegrün hinzugezogen werden. Für die Kombination von Dachbegrünung mit Anlagen zur solaren Energiegewinnung (Solar-Gründach) ist eine Festsetzung nach § 9 Abs. 1 Nr. 25a i. V. m. mit Nr. 23b BauGB möglich.

Vorteil des B-Plans ist die hohe Verbindlichkeit der Umsetzung von Dach- und Fassadenbegrünung durch die Bauherrschaft.

Nachteil dieses Förderinstruments ist der geringe Wirkungsbereich innerhalb des Gemeindegebiets, da der B-Plan durch seinen kleinen Geltungsbereich räumlich begrenzt ist.

Abb. 3.1.2-1: Sogenannte Solar-Gründächer finden immer mehr Berücksichtigung bei den kommunalen Förderinstrumenten. (Quelle: Bundesverband GebäudeGrün)

Als Ergebnis der BuGG-Städteumfrage 2022 lässt sich für alle deutschen Städte mit mehr als 50.000 Einwohnern festhalten, dass ca. 89 % der Städte Dachbegrünung und 61 % der Städte Fassadenbegrünung bereits in B-Plänen festgesetzt haben.

Hervorzuheben für Dachbegrünungen ist, dass:

- die Festsetzungen v. a. für Flachdächer und flach geneigte Dächer gelten
- vereinzelt eine Mindestgröße der Dachfläche zur verbindlichen Begrünung angegeben wird
- die geforderte Schichthöhe für Extensivbegrünungen bei 10 cm und mehr liegt
- die meisten Städte Wert auf eine artenreiche, heimische und naturnahe Bepflanzung legen
- sich Anlagen zur Nutzung der Solarenergie und Gründächer ergänzen
- erste Festsetzungen in Kombination mit Retentionselementen getroffen werden.

Hervorzuheben für Fassadenbegrünungen ist, dass:

- i. d. R. bodengebundene Fassadenbegrünungen festgesetzt werden, alternativ teilweise wandgebundene Systeme und Begrünungen aus Pflanztrögen akzeptiert werden
- die Parameter Ausrichtung der Fassade, Größe der Fassade und Türen/Fenster/Öffnungen für eine Begrünung bestimmend sind
- als Richtwerte der Festsetzung der prozentual zu begrünende Anteil der Fassadenfläche oder die Anzahl an Pflanzen pro Wandlänge dienen.

Kommunale Förderprogramme (Zuschüsse für Dach- und Fassadenbegrünung)

Direkte Förderung

Bei einem Förderprogramm handelt es sich um ein Instrument der direkten Förderung. Durch Zuschüsse oder zinsgünstige Darlehen wird ein finanzieller Anreiz geschaffen, freiwillig Dach- und Fassadenbegrünungen umzusetzen. Über Förderprogramme können zielgerichtet dort Förderungen angeboten werden, wo ein hoher Handlungsbedarf besteht oder andere Instrumente nicht greifen.

Bei kommunalen Förderprogrammen sind die Städte selbst die Fördermittelgeber. Die Mittel stammen i. d. R. aus dem eigenen kommunalen Haushalt und können mit Landes- und Bundesmitteln verbunden werden. Die Aufstellung eines kommunalen Förderprogramms ist eine freiwillige Leistung ohne Rechtsanspruch, die stark von der jeweiligen Haushaltslage abhängt. Der Wirkungsbereich einer Förderung kann sich flächendeckend auf das gesamte Stadtgebiet oder lokal begrenzt auf bestimmte Stadtteile beziehen.

Eine Förderung kann für den Gebäudebestand sowie für Neubauten gelten. Der Fokus bei kommunalen Förderprogrammen liegt auf der finanziellen Unterstützung von Privatpersonen sowie kleinen und mittelständischen Unternehmen (KMU). Eine Verbindlichkeit bei der Umsetzung von Dach- und Fassadenbegrünung ist im Gegensatz zum B-Plan oder der Gestaltungssatzung nicht gegeben, da ein Förderprogramm „nur" ein Angebot darstellt. An die Förderung selbst kann die Gemeinde jedoch bestimmte Voraussetzungen, Bedingungen und Qualitätskriterien knüpfen.

Als Ergebnis der BuGG-Städteumfrage 2022 lässt sich für alle Städte mit mehr als 50.000 Einwohnern festhalten, dass bereits 85 Städte und somit 44 % finanzielle Zuschüsse für Dachbegrünungen bereitstellen. Für Fassadenbegrünungen bieten 72 Städte und somit 37 % finanzielle Zuschüsse an. Darüber hinaus haben auch Städte mit weniger als 50.000 Einwohnern in der Städteumfrage angegeben, Gebäudegrün zu fördern.

Die kommunalen Förderprogramme sind sehr individuell aufgebaut. Dementsprechend variieren auch die Förderhöhen stark von Stadt zu Stadt. Es ist festzuhalten, dass:

- die Spanne der maximalen Förderung für Dachbegrünungen von 10 bis 100 Euro/m^2 sowie 100 bis 100.000 Euro je Vorhaben reicht
- die Spanne der maximalen Förderung für Fassadenbegrünungen von 10 bis 80 Euro/m^2 sowie 500 bis 100.000 Euro je Vorhaben reicht
- die Förderquote zwischen 10 und 100 % der förderfähigen Kosten schwankt, bei einem Großteil der Städte jedoch bei max. 50 % liegt.

Gebührenreduktion bei der gesplitteten Abwassergebühr

Gemeinden regeln individuell durch Satzung die Abwasserbeseitigung für ihr Gemeindegebiet und stellen die notwendige Infrastruktur sicher. Zur Kostendeckung von Bau, Betrieb und Instandhaltung der öffentlichen Abwasserbeseitigungseinrichtungen erheben die Gemeinden eine Abwassergebühr (als Benutzungsgebühr) bei den Grundstückseigentümern. Innerhalb der gesplitteten Abwassergebühr wird die Beseitigung des Schmutzwassers nach dem Frischwassermaßstab berechnet.

Zur Ermittlung der Niederschlagswassergebühr dient hingegen die befestigte und abflusswirksame Fläche mit Kanalanschluss des jeweiligen Grundstücks. Für Maßnahmen, die zum lokalen Regenwasserrückhalt beitragen, kann innerhalb der Satzung eine Gebührenreduktion für die Niederschlagswasserbeseitigung erlassen werden. Zu diesen Maßnahmen zählt u. a. die Dachbegrünung, sodass diese indirekt gefördert wird.

Als Ergebnis der BuGG-Recherche 2022 der Abwasser(-gebühren-)satzungen aller deutschen Städte mit mehr als 50.000 Einwohnern (193 Städte) lässt sich festhalten, dass:

- alle Städte die gesplittete Abwassergebühr eingeführt haben

Gebührenreduktion für Gründächer

- bei 161 Städten (83 %) eine Gebührenreduktion für Gründächer besteht
- im Vergleich zu 2019/2020 (137 Städte bzw. 72 %) und 2021 (149 Städte bzw. 77 %) weitere Städte Dachbegrünungen bei der Niederschlagswassergebühr berücksichtigen
- die Niederschlagswassergebühr für das Jahr 2022 im Durchschnitt bei 0,88 Euro/m^2 (161 Städte) liegt
- die durchschnittliche maximale Gebührenreduktion für eine Dachbegrünung 60 % bzw. 0,53 Euro/m^2 (161 Städte) beträgt
- je nach Stadt die Höhe der Niederschlagswassergebühr pro Jahr und die Höhe der maximalen Ge-

bührenreduktion für eine Dachbegrünung stark variiert.

3.1.3 Dachbegrünung – Bau- und Vegetationstechnik

Begriffsdefinitionen

Dachbegrünungen lassen sich vereinfacht in zwei Hauptkategorien einteilen:

- Extensive Dachbegrünung
- Intensive Dachbegrünung

Extensivbegrünungen

Geringe Aufbauhöhe, geringes Gewicht, pflegeleichte Vegetation

Die extensiven Gründächer zeichnen sich durch eine geringe Aufbauhöhe (ca. 6–15 cm), geringes Gewicht (ca. 60–180 kg/m^2) und eine trockenheitsverträgliche und relativ pflegeleichte Vegetation (bestehend aus Moosen, Sukkulenten, Kräutern, Gräsern) aus. Die naturnah angelegten Begrünungen erhalten sich weitgehend selbst und werden nur zur Instandhaltung (Pflege) und Wartung etwa ein- bis dreimal im Jahr begangen.

Extensivbegrünungen sind mit ihrer Pflanzenauswahl an die extremen Standortbedingungen eines Dachs (mit hohen Temperaturen, wenig Wasser, starken Winden) angepasst und unterliegen einer natürlichen Sukzession, das heißt, das Erscheinungsbild der Vegetation passt sich über die Jahre hinweg den örtlichen Gegebenheiten an. In der Regel werden Extensivbegrünungen bei Bedarf nur in der Anwuchsphase bewässert und kommen mit den natürlichen Niederschlägen aus.

Extensivbegrünungen sind auf Flach- und Schrägdächern bei Dachneigungen von 0–45 Grad möglich. Jedoch sind ab 10–15 Grad Dachneigung besondere Maßnahmen zur Rutschsicherung notwendig.

Extensivbegrünungen dienen also in erster Linie als Regenwasserspeicher, Nahrungs- und Brutfläche für Kleintiere und Schutz der Dachabdichtung.

Neben den „klassischen" extensiven Dachbegrünungen gibt es spezielle Begrünungs- bzw. Nutzungsformen, die einem bestimmten Zweck dienen, wie beispielsweise Leicht-, Biodiversitäts-, Solar- und Retentionsgründächer. Siehe hierzu auch das nachfolgende Kapitel.

Abb. 3.1.3-1: Extensive Dachbegrünung (Quelle: BuGG)

Intensivbegrünungen

Dagegen sind Intensivbegrünungen erweiterte Wohnräume, auf denen ähnliche Nutzungen wie in ebenerdigen Gärten bzw. Freiräumen möglich sind und auch entsprechende Pflanzen wachsen. Folglich ist der Gründachaufbau höher (ab ca. 25 cm bei Rasen, ab ca. 40 cm bei Gehölzen) und schwerer (ab ca. 300 bzw. 500 kg/m^2). Tiefgaragenbegrünungen können Mächtigkeiten um die 100 cm Aufbauhöhe haben. Aufgrund der hohen Ansprüche an die Wasser- und Nährstoffversorgung gestaltet sich die Instandhaltung (Pflege) je nach Pflanzenauswahl (Stauden, Gräser, Gehölze, Bäume, Rasenflächen) mehr oder weniger aufwendig (4- bis10-mal pro Jahr). Eine in der Regel automatisch gesteuerte Bewässerung ist dauerhaft notwendig. Intensiv begrünte Dächer gibt es in der Regel nur auf Flachdächern, idealerweise bei 0 Grad Dachneigung, um eine Anstaubewässerung möglichst einfach zu ermöglichen.

Intensivbegrünungen werden aufgrund ihrer Nutzung auch als Dachgärten (Garten auf dem Dach) bezeichnet und bieten neu hinzugewonnene Aufenthaltsqualität als Wohnraum, Pausen-, Sport- und Freizeitfläche. Auch „Urban Farming“ kann und wird immer öfters auf Dachgärten umgesetzt. Doch auch weitere Nutzungsformen, wie Biodiversitäts- und Retentionsgründächer, sind möglich.

Abb. 3.1.3-2: Intensive Dachbegrünung (Quelle: BuGG)

Einfache Intensivbegrünungen

Zwischen den extensiven und intensiven Begrünungen liegend und schwer abgrenzbar ist die sogenannte „Einfache Intensivbegrünung“. Das sind bodendeckende Begrünungen mit Stauden, Gräsern und Gehölzen und (im Vergleich zur Intensivbegrünung) geringeren Ansprüchen an Instandhaltung, Wasser- und Nährstoffversorgung.

Die Übergänge zwischen den genannten Begrünungsarten sind fließend.

Gründachaufbau

Ein- und mehrschichtige Bauweise

Grundsätzlich wird bei Dachbegrünungen zwischen ein- und mehrschichtiger Bauweise unterschieden: Bei der mehrschichtigen Bauweise (früher auch „3-schichtige Bauweise“ genannt) werden Dränschicht und Vegetationstragschicht separat (und in der Regel durch eine Filterschicht getrennt) ausgebildet. Bei der einschichtigen Bauweise übernimmt und vereint das „Einschichtsubstrat“ die Funktionen von Drän- und Vegetationstragschicht.

In der heutigen Praxis werden überwiegend mehrschichtige Dachbegrünungen umgesetzt (siehe BuGG-Marktreport Gebäudegrün 2022). Sie haben die Vorteile, dass sie durch die Trennung der beiden Funktionsschichten „Dränage“ und „Vegetationstragschicht“ besser auf die objektspezifischen Gegebenheiten (Dachgefälle, stehendes Wasser, Entwässerung/ Fließlängen, Statik, Wasserspeicherung, Nährstoffversorgung) eingehen können.

Ein- und mehrschichtige Bauweisen sind sowohl für Extensiv- als auch für Intensivbegrünungen geeignet, wobei Intensivbegrünungen fast ausschließlich mehrschichtig ausgeführt werden.

Nachfolgend werden die Funktionsschichten ein- und mehrschichtiger Bauweisen beschrieben, die grundsätzlich auf der folgenden Basis (von unten nach oben) aufbauen:

- Geeignete Dachunterkonstruktion

  Ausreichende Tragfähigkeit, bauphysikalisch geeignet, Wärmedämmung geeignet (ggf. druckstabil)

- Dachabdichtung

  Schutz vor Wasser und Wurzeln. Wurzelfestigkeit nach FLL bzw. DIN

- Schutzlage

  Schutzlage aus Vliesen, Gummigranulatmatten usw. zum Schutz der Dachabdichtung vor mechanischer Beschädigung. Mindestens ein Flächengewicht von 300 g/m^2, Höhe etwa 5–10 mm.

Einschichtige Bauweise

Die einschichtige Bauweise ist wie folgt aufgebaut:

- Einschichtsubstrat

  Vegetationstragschicht; spezielles, technisch hergestelltes Substrat nach den Kennwerten der FLL-Dachbegrünungsrichtlinie für Einschichtbauweise. Einbauhöhen von etwa 8 cm (Mindesthöhe nach FLL-Dachbegrünungsrichtlinien; FLL 2018) bis

15 cm bei Extensivbegrünungen und von etwa 25 bis 80 cm bei Intensivbegrünungen.

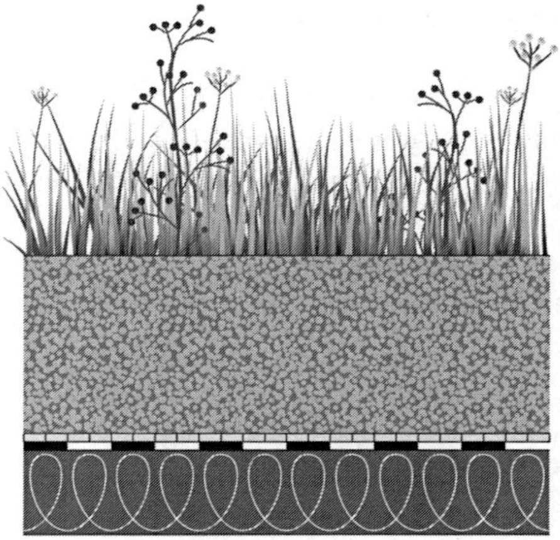

Abb. 3.1.3-3: Schematische Darstellung einer einschichtigen Dachbegrünung (Quelle: BuGG)

Mehrschichtige Bauweise

Die mehrschichtige Bauweise ist (von oben nach unten) wie folgt aufgebaut:

- Mehrschichtsubstrat

  Vegetationstragschicht; spezielles, technisch hergestelltes Substrat nach den Kennwerten der FLL-Dachbegrünungsrichtlinie für Mehrschichtbauweise.
  Einbauhöhen etwa 6 bis 15 cm bei Extensivbegrünungen („Extensivsubstrat") und etwa 20 bis 35 cm („Intensivsubstrat").

  Da Intensivsubstrate in mehrschichtiger Bauweise organische Bestandteile beinhalten und diese nicht tiefer als etwa 35 cm verbaut werden dürfen (Fäulnisprozesse), wird bei höheren Dachbegrünungen noch eine weitere mineralische Substratschicht (Untersubstrat) eingefügt („4-schichtige Bauweise“).

4-schichtige Bauweise

- Filtervlies

Kunststoffvliese, die die Dränage von der Vegetationstragschicht trennen und das Einschlämmen von Feinanteilen in die Dränage verhindern.
Flächengewicht von 100–200 g/m^2 und nur wenige Millimeter stark.

- Dränage

Speicherung von Niederschlagswasser und Ableitung des Überschusswassers zu den Entwässerungseinrichtungen. Zwar ist die vorrangige Funktion der Dränage, Überschusswasser zielgerichtet abzuleiten, doch die Funktion der Wasserrückhaltung und -speicherung hat vor allem durch die Rolle von Dachbegrünungen bei der Regenwasserbewirtschaftung eine besondere Bedeutung bekommen.

Die Dränage kann aus Schüttgütern wie z. B. Lava, Blähschiefer, Blähton („Schüttgüterdränage“) mit Einbauhöhen von etwa 5 (extensiv) bis 10 cm (intensiv) oder Kunststoffen („Festkörperdränage“) bestehen. Bei den Festkörperdränagen gibt es herstellerabhängig verschiedene Bauformen, Bauhöhen, Wasserableit- und Wasserspeicherungswerte. Die Dränageelemente haben Bauhöhen von etwa 2 bis 6 cm.

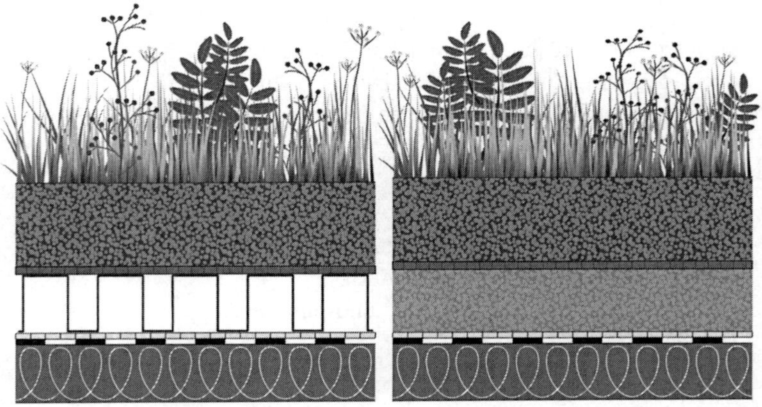

Abb. 3.1.3-4: Schematische Darstellung einer mehrschichtigen (3-schichtigen) Dachbegrünung mit Festkörperdränage (links) und Schüttgüterdränage (rechts) (Quelle: BuGG)

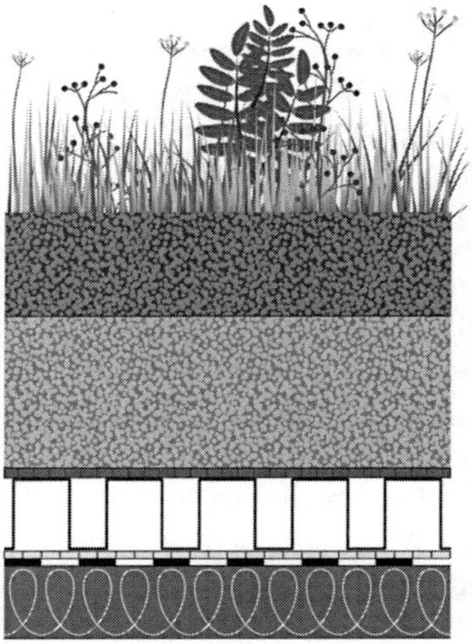

Abb. 3.1.3-5: Schematische Darstellung einer mehrschichtigen (4-schichtigen) Dachbegrünung mit Festkörperdränage (Quelle: BuGG)

Auf die zuvor genannten ein- oder mehrschichtigen Gründachaufbauten folgt die Vegetation, deren Pflanzenauswahl und Ausbringungsart größtenteils vom Schichtaufbau bzw. Nutzungsziel abhängen.

Beachtenswerte Planungsgrundlagen

Nachfolgend werden die wichtigsten Punkte angesprochen, die bei einer fachgerechten Planung beachtet werden sollten. Dabei können nur erste Hinweise gegeben werden, die weiterführend und im Detail vertieft werden müssen. Das relevanteste Regelwerk hierfür sind die FLL-Dachbegrünungsrichtlinien. Bei begeh- und befahrbaren Flächen, die über einfache Wartungswege hinausgehen, sind die FLL-Empfehlungen für Planung, Bau und Instandhaltung von Verkehrsflächen auf Bauwerken heranzuziehen.

FLL-Dachbegrünungsrichtlinien

- Nutzungsziel
- Statik
- Dachabdichtung/Wurzelschutz
- Dachkonstruktion
- Dachneigung/Gefälle
- Entwässerung
- Bewässerung
- Verwehsicherheit
- Brandschutz
- Kombination mit Photovoltaik bzw. Zisternen
- Absturzsicherung und Zugang

Abb. 3.1.3-6: Absturzsicherung: Kollektivschutz (Geländer) ist allen anderen Schutzmaßnahmen vorzuziehen (Quelle: BuGG)

Nutzungsziel

Vor allen anderen Überlegungen und Planungen steht die unmissverständliche Festlegung der Nutzungsziele, die mit der Dachbegrünung erreicht werden sollen. Erst mit dem Wissen, welche Funktionen mit der Begrünung erreicht werden sollen, kann in die weitere Planung gegangen werden. Vom Nutzungsziel hängen u. a. der Gründachaufbau, die statischen Anforderungen an das Gebäude, die Pflanzenauswahl und Instandhaltung (Pflege) ab.

Statik

Belastbarkeit der Dachfläche nach DIN EN 1991-1-4

Die maximale Belastbarkeit der Dachfläche muss bei jeder Dachbegrünung beachtet werden. Für die Berechnung findet DIN EN 1991-1-4 Anwendung. Demnach sind bei begrünten Dächern der wassergesättigte Zustand des gesamten Begrünungsaufbaus einschließlich Vegetation und die Schneelast als ständige Flächenlast anzusetzen. Bei Intensivbegrünungen und genutzten

Dachflächen können zusätzlich zum Systemaufbau auch Bäume, Sträucher und konstruktive Bauelemente wie Pergolen, Spielgeräte und Gehbeläge für erhöhte Punktlasten sorgen, die einberechnet werden müssen. Ebenso gesondert zu berücksichtigen sind zusätzliche Wassergewichte bei einem Wasseranstau (z. B. Dachgärten, Retentionsgründach).

Neben der Maximallast spielt bei bestimmten Anwendungsfällen, wie Windsogsicherung der Dachabdichtung bzw. Wärmedämmung oder auflastgehaltener Absturzsicherung bzw. PV-Aufständerungen, auch die Mindestlast eine beachtenswerte Rolle.

Dachabdichtung/Wurzelschutz

Hinsichtlich der Anforderung an die Dachabdichtung sind aufgrund der intensiveren Dachnutzung Produkt- und Systemlösungen höherer Qualitäten zu empfehlen.

FLL-Verfahren zur Untersuchung der Wurzelfestigkeit

Neben der Funktion der Dichtigkeit gegen Wasser ist bei einem Gründach die Funktion der Wurzelfestigkeit gefragt. Nach den allgemein anerkannten Regeln der Technik ist unter Dachbegrünungen eine wurzelfeste Abdichtung oder eine zusätzliche Maßnahme als Wurzelschutz erforderlich. Die Prüfung nach dem FLL-„Verfahren zur Untersuchung der Wurzelfestigkeit von Bahnen und Beschichtungen für Dachbegrünungen“ (FLL 2018) hat sich über lange Jahre bewährt. Seit 2008 ist zusätzlich die DIN EN 13948: „Bestimmung des Widerstandes gegen Durchwurzelung von Bitumen-, Kunststoff und Elastomerbahnen für Dachabdichtungen“ in Kraft. Sie unterscheidet sich von der FLL-Prüfung insbesondere dadurch, dass sie keine Rhizomfestigkeit gegenüber Quecke prüft.

Die BuGG-Fachinformation „Wurzelfeste Produkte für begrünte Dächer (BuGG-WBB-Liste) – Bahnen, Abdichtungen u. a. mit Prüfungen nach dem FLL-Verfahren und nach der DIN EN 13948“ führt die auf dem Markt vorhandenen wurzelfesten Dachabdichtungen auf. Die BuGG-WBB-Liste zeigt wurzelfeste Produkte, die die Prüfung nach FLL bzw. nach DIN EN 13948 bestanden haben. Bei der FLL-Prüfung wird zudem unterschieden nach „mit oder ohne Rhizomfestigkeit gegen Quecke“ und in der Liste auch so dokumentiert.

Die Ausführung der Dachabdichtung liegt beim Gewerk Dachdeckerhandwerk und stellt die Schnittstelle zum Gewerk Dachbegrünung dar. Die Ausführung der Dachbegrünung liegt meistens bei geschulten und spezialisierten Unternehmen des Garten- und Landschaftsbaus. Die Prüfung und Übergabe der ausgeführten Dachabdichtung an den Ausführenden der Begrünung ist besonders wichtig. Die BuGG-Fachinformation „Leitfaden sicherer Gewerkeübergang Dachbegrünung“ gibt hierzu Hinweise und stellt Checklisten zur Verfügung.

Dachkonstruktion

Auf Dächern ohne Wärmedämmung über unbeheizten Räumen (z. B. Garagendächer, Vordächer etc.) sind bei ausreichender Lastreserve alle Begrünungsarten möglich.

Bei Dächern mit Wärmedämmung sind, in Abhängigkeit von der Bauweise, besondere Kriterien bei der Planung und Ausführung der Dachbegrünung zu beachten. Generell muss der verwendete Wärmedämmstoff eine ausreichende Druckfestigkeit für die Last der Begrünung und die vorgesehene Nutzungsart aufweisen. Ein in

Deutschland sehr häufig verbreiteter Flachdachtyp ist das einschalige, nicht durchlüftete Dach („Warmdach“). Auf der Rohdecke befindet sich die Dampfsperre, darauf die Wärmedämmung und als oberste Lage die Dachabdichtung. Grundsätzlich lassen sich auf einschaligen Dächern alle Begrünungsarten ausführen, wenn die entsprechenden Lastreserven vorhanden sind.

Warmdach

Bei zweischaligen, belüfteten Dächern („Kaltdach“) befindet sich über der Wärmedämmung ein durchlüfteter Hohlraum. Dieser wird nach oben durch eine Tragschale begrenzt, die die Abdichtung trägt. Die Tragfähigkeit der oberen Schale lässt in der Regel nur Begrünungsarten mit niedrigen Lastannahmen zu. Der Kühleffekt der Begrünung kann Einfluss auf die Durchlüftung des Dachaufbaus nehmen.

Kaltdach

Bei Umkehrdächern liegt die Wärmedämmung oberhalb der Dachabdichtung im wechselfeuchten Bereich. Da die Wärmedämmung nach oben nicht diffusionsdicht abgeschlossen werden darf, müssen in diesem Fall die im Begrünungsaufbau verwendeten Folien und Schichten diffusionsoffen sein. Bei Umkehrdächern ist zu beachten, dass eine Anstaubewässerung mit Dauerstau in der Dränageschichtnicht möglich ist. Hierfür sind dann besondere Maßnahmen vorzusehen, wie z. B. funktionsfähige und diffusionsoffene Anstauelemente mit unterseitiger Dränfunktion. Siehe auch BuGG-Fachinformation „Begrüntes Umkehrdach“.

Umkehrdach

Dachneigung/Gefälle

Die Dachneigung wird in Grad und das Dachgefälle in Prozent angegeben. U. a. in den FLL-Dachbegrünungsrichtlinien ist eine Gegenüberstellung von Dachneigung/Dachgefälle hinterlegt.

0–45° Dachneigung möglich

Dachbegrünungen sind grundsätzlich von 0–45 Grad Dachneigung möglich, Extensivbegrünung über den gesamten genannten Bereich, wobei das Vegetationsziel meist mit einem gewissen Gefälle (2 %) einfacher zu erreichen ist. Es sind auch gefällelose Dächer extensiv begrünbar, wobei beachtet werden muss, dass die Vegetationstragschicht (Substrat) nicht vernässt. Die meisten Pflanzen vertragen keine Staunässe und bei gefällelosen Dächern mit (partiell) stehendem Wasser sind Vegetationsänderungen (in Richtung Moos- bzw. Grasdächer) möglich.

Ab etwa 5–15 Grad Dachneigung spricht man von „Schrägdachbegrünungen“ und ab 10– 15 Grad Dachneigung von „Steildachbegrünungen“. Hier müssen konstruktive Rutschsicherungsmaßnahmen vorgesehen werden, um den Gründachaufbau bei Wind- und Regeneinflüssen am Abrutschen zu hindern. Siehe auch später folgende Beschreibung.

Intensivbegrünungen finden sich bei Dächern mit 0–5 Grad Dachneigung. In der Regel werden für Intensivbegrünungen jedoch gefällelose Dachdecken geplant, um die Wasserspeicherung in der Dränageschicht zu erleichtern. Die Dachabdichtung eines gefällelosen Dachs mit Dachbegrünung kann sowohl nach DIN 18531 als auch nach Flachdachrichtlinie regelkonform ausgeführt werden.

Entwässerung

Die Entwässerung der Dachfläche erfolgt beim Gründachaufbau über die Dränageschicht bzw. dem Einschichtsubstrat, die das Überschusswasser in Richtung Entwässerungseinrichtung (punktueller Dachablauf bzw. vorgehängte Dachrinne) ableiten. Auch wenn die Dachbegrünung möglichst viel Wasser speichern soll, muss es eine geregelte Entwässerung geben, um Staunässe und unvorhergesehene Vegetationsentwicklungen und ggf. Zusatzlasten zu vermeiden.

Beachtenswerte Faktoren sind hierbei die baulichen Gegebenheiten (Fließlängen zu den Entwässerungseinrichtungen), geeignete Dränage (je nach Produkt unterschiedliche Entwässerungsleistungen) und Spitzenabflussbeiwert Cs des Gründachaufbaus (siehe FLL-Dachbegrünungsrichtlinien). Es gibt bei den Dränagen eine Vielzahl an unterschiedlichen Produktlösungen - Dränelemente, die besonders gut ableiten, extrem viel Wasser speichern oder den Abfluss stark verzögern. Auch hier ist die gewünschte Funktion das ausschlaggebende Kriterium bei der Wahl des geeigneten Dränelements.

Zu Kontrollzwecken frei zugänglich

Grundsätzlich müssen die Entwässerungseinrichtungen zu Kontrollzwecken frei zugänglich sein, das heißt, Punktabläufe müssen einen Kontrollschacht haben.

Die Ableitung des Überschusswassers weiterer, höher gelegener Dächer darf nur geplant erfolgen, das heißt, Dränage- und Abflussleistungen müssen dafür ausgelegt sein.

Bewässerung

Extensive Dachbegrünungen benötigen nur in Ausnahmefällen (z. B. Steildachbegrünungen, höherwertige Begrünung in extremer Trockenheitssituation) eine zusätzliche Bewässerung. Sie kommen in der Regel mit dem natürlichen Niederschlag aus und nach längeren Hitze- und Trockenperioden wird sich die vielleicht scheinbar abgestorbene Vegetation wieder erholen und neu austreiben; allerdings kann sich das Vegetationsbild über die Jahre hinweg verändern.

Dagegen sind Intensivbegrünungen auf eine Zusatzbewässerung angewiesen. Diese kann durch verschiedene Bewässerungsstrategien erfolgen:

- Händische Bewässerung per Schlauch oder Regner

  Eigentlich nur in der Anwuchsphase zur Unterstützung der nachfolgenden Bewässerungsmethoden oder bei kleinen, privaten Dachflächen

- Automatische Anstaubewässerung (Unterflurbewässerung)

  Jahrzehntelang bewährtes System, bei dem der Dachablauf höher gesetzt wird (etwa 5–8 cm) und sich das Überschusswasser in der Dränageschicht (vorzugsweise Schüttgüterdränage) anstauen kann. Gleichzeit wird über eine schwimmergesteuerte Bewässerungsautomatik (nach dem Prinzip einer WC-Spülung) Frischwasser zugegeben, wenn der Wasserstand (und der Schwimmer) sinkt und die Wasserzufuhr freigibt.

- Tropfschläuche

  Bewässerungsschläuche, die auf dem Substrat bzw. im Substrat liegen. Vorzugsweise bei Dränageschichten aus Kunststoffelementen eingesetzt, die selbst schon viel Wasser speichern können.

Grundsätzlich muss für jedes Gründach ein ausreichend dimensionierter Wasseranschluss vorhanden sein, da alle Dachbegrünungen zumindest in der Anwuchsphase bewässert werden müssen.

Im Rahmen der Instandhaltung und Wartung müssen Wintervorkehrungen (Entleerung der Leitungen) getroffen werden.

Verwehsicherheit

Windsogsicherung und Verwehsicherheit

Es wird zwischen Windsogsicherung (betrifft die Dachabdichtung und Wärmedämmung im Umkehrdach) und Verwehsicherheit (betrifft den Gründachaufbau) unterschieden. Vor allem die Eck- und Randbereiche können bei Gebäuden höher als etwa 10 Meter und exponierter Lage windanfällig sein. Die Gründachanbieter können anhand der objektbezogenen Daten (u. a. Gebäudehöhe und -geometrie und Windzone) berechnen, in welchen Dachbereichen welche Maßnahmen notwendig sind, um den Gründachaufbau vor Verwehungen zu schützen.

Diese Maßnahmen können beispielsweise sein:

- Verwendung von kiesverfüllten Rasengittersteinen
- Verwendung von geeigneten Betonplatten

- Einsatz von vorkultivierten Vegetationsmatten

Brandschutz

Gründächer gelten grundsätzlich als „harte Bedachung" und damit widerstandsfähig gegen Flugfeuer und strahlende Wärme (siehe FLL-Dachbegrünungsrichtlinien) – Intensivbegrünungen aufgrund ihres (bewässerten) Aufbaus ohne weitere Auflagen des Begrünungsaufbau, bei Extensivbegrünungen muss die Substratschicht jedoch mindestens 3 cm betragen und ein Substrat verwendet werden, das maximal 20 Massen-Prozent organischen Anteil enthält.

Grundsätzlich müssen um Dachöffnungen und vor Fensteröffnungen, die nicht höher als 80 cm über der Substratoberfläche liegen, ein Abstandsstreifen aus massiven Platten oder Grobkies von mindestens 50 cm ausgebildet werden.

Kombination mit Photovoltaik bzw. Zisternen

Dachbegrünungen lassen sich mit Photovoltaik (ausführliche Beschreibung siehe nächstes Kapitel unter „Solar-Gründach") und Elementen der Regenwasserbewirtschaftung (z. B. Zisternen) kombinieren.

Das Überschusswasser aus Dachbegrünungen hat nahezu Trinkwasserqualität, jedoch erhöhte Phosphatwerte und eine gelbliche Färbung, die vor allem durch pflanzliche Huminsäuren und durch organische Substrate herrühren. Vor allem folgende Punkte sind bei der Kombination Gründach und Brauchwassernutzug zu beachten:

- Substrat

  Verwendung eines möglichst mineralischen Substrats, um die Wasserfärbung zu minimieren

- Abflussbeiwert

  Beachtung des Jahres- und des mittleren Abflussbeiwerts, um abzuschätzen, wie viel Wasser überhaupt zur Verfügung steht. Ggf. einen dünnen Gründachaufbau verwenden.

- Nutzung

  Vorzeitige Überlegung, für was das gesammelte Wasser genutzt werden soll – Gartenbewässerung und/ oder Toilettenspülung? Bei Letztgenannten bietet sich ein Hinweisschild in der Toilette an, dass das Wasser vom Gründach kommt und deshalb gefärbt sein kann.

Bei der Kombination Dachbegrünung mit Photovoltaik muss vor allem vermieden werden, dass die PV-Module durch die Pflanzen verschattet werden. Deshalb werden in der Regel Extensivbegrünungen mit niedrigwüchsiger Vegetation und aufgeständerten PV-Modulen gewählt.

Absturzsicherung und Zugang

Maßnahmen zur Absturzsicherung bei Arbeiten auf dem Dach sind in den Technischen Regeln für Arbeitsstätten (ASR) festgelegt. Diese konkretisieren die Anforderungen der Arbeitsstättenverordnung (ArbStättV).

Bei genutzten Dachgärten und Dachterrassen sind Geländer zur Absturzsicherung vorzusehen, wenn die Brüstung nicht ausreichend hoch ist. Grundsätzlich sind kollektive Sicherungsmaßnahmen (Geländer) den persönlichen Schutzmaßnahmen (Einzelanschlagpunkte bzw. Seile und Schienen plus persönliche Schutzausrüstung gegen Absturz PSAgA) vorzuziehen. Bei der Wahl der Geländer und Anschlagpunkte für PSAgA sind auflastgehaltene Lösungen, bei denen der Gründachaufbau die Absturzsicherung lagesicher hält, zu bevorzugen.

Den sicheren Zugang zum und einen sicheren Arbeitsplatz auf dem Dach für die Pflege und Wartung sicherzustellen, sind Aufgaben von Planer und Sicherheits- und Gefahrenkoordinator SiGeKo. Dabei geht es nicht nur um den grundsätzlichen Zugang, sondern es gilt auch zu beachten, dass Arbeitsgeräte und Schnittgut transportiert werden, der Zugang also dafür ausgelegt werden muss. Und das Arbeiten auf dem Dach geschieht am sichersten bei einem umlaufenden Geländer bzw. mit persönlicher Schutzausrüstung an einer liniengeführten Absturzsicherung.

3.1.4 Dachbegrünung – Begrünungsformen

Es gibt auch innerhalb der extensiven und intensiven Dachbegrünungen verschiedene Ausprägungen und neben den „klassischen“ Begrünungen gibt es funktionsbezogene Begrünungsformen, die ebenfalls nachfolgend vorgestellt werden.

Extensivbegrünungen

Abhängigkeit Vegetationsform von Substrathöhe

Höhe Gründachaufbau[1]	Vegetationsform[2]	Wuchshöhe[3]	Pflegeaufwand[4]	Gewicht (max.)[5]	Gewicht (trocken)[6]
7 - 9 cm	Sedum-Moos-Kräuter	5 - 20 cm	gering	80 - 100 kg/m²	48 - 60 kg/m²
9 - 11 cm	Sedum-Kräuter-Gräser	5 - 25 cm	gering bis mittel	100 - 120 kg/m²	60 - 72 kg/m²
11 - 15 cm	Kräuter-Gräser-Sedum	5 - 35 cm	mittel bis hoch	120 - 180 kg/m²	72 - 108 kg/m²
15 - 18 cm	Gräser-Kräuter	10 - 50 cm	hoch	180 - 220 kg/m²	108 - 132 kg/m²

Die Tabelle dient als Orientierungshilfe und muss objektbezogen überprüft werden.

1: Gesamtaufbauhöhe, ein- oder mehrschichtig
2: Abhängig von Aufbauhöhe und Niederschlagsregion
3: Maximale Wuchshöhe der verschiedenen Arten, abhängig von der Pflanzenauswahl
4: In Bezug auf Solar-Gründach und abhängig von Pflanzenauswahl
5: Gesamtaufbau mit Vegetation im wassergesättigten Zustand
6: Gesamtaufbau im trockenen Zustand (ca. 60 % vom Maximal-Gewicht)

Abb. 3.1.4-1: Übersicht verschiedener extensiver Dachbegrünungen. (Quelle: BuGG)

Je nach Höhe des Gründachaufbaus kann weniger oder mehr Wasser gespeichert werden und hiervon hängen die verschiedenen Wirkungen, insbesondere die Artenvielfalt, ab. Von Sedum-Moos-Begrünungen (siehe

„Leichtdachbegrünung“) bis zu Gras-Kraut-Begrünungen sind verschiedene Begrünungsformen vertreten.

Abbildung 1 gibt eine gute Übersicht dazu.

Intensivbegrünungen

Garten auf dem Dach kostet nur einen geringen Teil des schon gekauften Grundstücks

Der langjährige Trend geht in Richtung Intensivbegrünungen, also zu genutzten Dachgärten. Eine folgerichtige Entwicklung mit Blick auf Klimawandelanpassung, Flächenknappheit und Bevölkerungsentwicklung. Dachflächen nicht für den Menschen als weiteren Wohnraum und Freizeitflächen zu nutzen, wäre bei den bekannten Herausforderungen und Möglichkeiten fatal. Und oftmals kostet der Garten auf dem Dach nur einen geringen Teil des schon gekauften Grundstücks und der Bauplatz ist schon bezahlt und eine „Zweit-Nutzung“ auf dem Dach bietet sich ohne zusätzliche Grundstückskosten an.

Auch bei den Intensivbegrünungen sind verschiedene Begrünungsformen möglich, wie beispielsweise:

- Stauden-Gehölze beim klassischen Dachgarten
- Begehbarer Rasen bei Dachflächen mit Spielflächen
- Hohe Stauden und Bäume bei Tiefgaragen

Wenn in der Planung Statik, Anschlusshöhen, Wasseranschluss und Absturzsicherung berücksichtigt werden, kann auf dem Dach ein nutzbarer Dachgarten entstehen, der alles vorweisen kann, was ebenerdig auch möglich ist: Stauden und Gehölze, Terrassen, Sandkästen, Spieleinrichtungen. Und wenn es „sportlich" werden soll, sind auch Swimming- Pool, Lauf- und Sprintbahnen, Fußball- und Basketballfelder möglich.

Sport- und Spielgeräte in der Dachbegrünung

Oftmals werden Sport- und Spielgeräte, Sandkästen u. Ä. als Einzelelemente in der Dachbegrünung integriert. Bei auflastgehaltenen Systemen kann das Eigengewicht des Begrünungaufbaus zur Lagesicherung dienen. Ansonsten sind folgende Punkte zu beachten:

- Erhöhte Punktlast
- Besonderer Schutz der Dachabdichtung (z. B. Gummigranulatmatten)
- Sicherstellung der störungsfreien Dachentwässerung

Abb. 3.1.4-2: Genutzte intensive Dachbegrünung mit Spiel- und Sporteinrichtungen. (Quelle: BuGG)

Funktionsbezogene Begrünungsformen

Die nachfolgenden als „funktionsbezogene" bezeichneten Begrünungsformen haben bestimmte Funktionen im Blick und können teilweise extensiven und intensiven Dachbegrünungen zugeordnet werden.

Leichtdachbegrünungen

Die Leichtdachbegrünungen, die je nach Systemanbieter auch nur aus Dränagevlies und dickerer Vegetationsmatte bestehen können, wiegen nur etwa 40–60 kg/m^2 und zeichnen sich durch eine Sedum-Moos-Vegetation aus. Sie gehören zu den Extensivbegrünungen und haben meistens wenig bis kein Substrat bzw. nutzen Substratersatzstoffe.

Sedum-Moos-Vegetation

Steildachbegrünung

Begrünte Steildächer (Dachneigungen von etwa 10–15 bis 45 Grad) werden in der Regel als Extensivbegrünungen in Abhängigkeit der Aufbauhöhe als Sedum-Kräuter- bis zu Gras-Kraut-Begrünungen ausgebildet. Je nach Himmelsausrichtung der Dachflächen können sich beispielsweise bei einem Satteldach die Süd- und Nordseiten optisch stark voneinander unterscheiden, weil sie unterschiedlichen Verhältnissen (Sonne, Wasser) ausgesetzt sind.

Um ein Abrutschen des Gründachaufbaus zu verhindern, müssen rutschhindernde Maßnahmen in Form von Schubschwellen, spezielle Dränplatten oder Ähnliches eingesetzt werden.

Die „Erfolgsfaktoren" funktionsfähiger Steildachbegrünungen sind:

- Einsatz von verrottungsbeständigen Schubsicherungen

- Verwendung verzahnender Substrate, z. B. Extensivsubstrat in mehrschichtiger Bauweise
- Verwendung von vorkultivierten, ggf. auch zugfesten Vegetationsmatten
- Regelmäßige, fachgerechte Instandhaltung

Es sind grundsätzlich alle Schrägdachformen (auch gebogene Dächer) begrünbar. Sowohl die Planung, praktische Umsetzung als auch Instandhaltung von Steildachbegrünungen sollten erfahrene Fachleute übernehmen.

Abb. 3.1.4-3: Steildachbegrünung. Am häufigsten im privaten Wohnungsbau. (Quelle: BuGG)

Solar-Gründach

Die Kombination von Solar (Photovoltaik und Solarthermie) und Dachbegrünung wird zwar schon seit Jahrzehnten in verschiedenen Varianten praktiziert, dennoch sind sogenannte „Solar-Gründächer" noch lange keine Selbstverständlichkeit. Viele Bauende, Planende und Ausführende haben noch Vorbehalte gegen eine Kombination oder wissen gar nicht, dass diese möglich ist.

Für die Kombination von Dachbegrünung (in der Regel Extensivbegrünung) mit einer Photovoltaik- oder Solarthermieanlage hat sich der Begriff „Solar-Gründach" im Markt etabliert. In der Regel nimmt die Begrünung dabei die ganze Dachfläche, also auch die Fläche unter den Solar-Modulen, ein und oftmals werden auflastgehaltene Modulträger verwendet, die ihre Lagesicherheit durch die Last der Begrünung bekommen.

Begrünung auch unter den Solar-Modulen

Der grundsätzliche Aufbau von auflastgehaltenen Solar-Gründächern sieht oberhalb einer geeigneten Dachkonstruktion mit wurzelfester Dachabdichtung wie folgt aus:

- Schutzlage als Schutz der Dachabdichtung.
- Als Grundelement für Solar-Gründächer dient in der Regel eine Basisplatte zur Verfüllung und Lastaufnahme. Diese Basisplatte hat meist sowohl Drän- als auch Wasserspeicherfunktionen.
- Eine durchgehende, störungsfreie Entwässerung muss sichergestellt sein – entweder durch die Basisplatte selbst oder eine darunterliegende Dränageschicht.
- Auf der Basisplatte ist das Modul-Montagesystem mit dem benötigten Neigungswinkel befestigt. Das Gesamtsystem ist durch Modultragschienen miteinander verbunden. Die Solar-Module werden auf die Modultragschienen aufgelegt und durch Modulklemmen gehalten.
- Die Basisplatten sind mit Substrat verfüllt und erhalten damit ihre Standfestigkeit. Die Vegetationstragschicht kann durchgehend auf gleicher Aufbauhöhe von etwa 8–10 cm, abhängig von Begrünungsart,

Vegetationsziel und zu erzielender Mindestauflast (bei auflastgehaltenen Systemen), über die komplette Dachfläche eingebaut werden.

Abb. 3.1.4-4: Kombination Photovoltaik und Gebäudebegrünung – Klimaschutz und Klimaanpassung in einem. (Quelle: BuGG)

Für die nachhaltige Umsetzung von Solar-Gründächern sind folgende Grundsätze („Erfolgsfaktoren") zu beachten (siehe auch BuGG-Fachinformation „Solar-Gründach", zu finden unter Kapitel 1.5):

- Vermeidung der Verschattung der Solar-Module.

  Höher gestellte Module und damit ausreichend großer Abstand zwischen Substratoberfläche und Modulunterkante von mindestens 20–30 cm. Und Verwendung geeigneter Pflanzen mit niedrigem Wuchs.

- Ausreichend Reihenabstände. Aufstellung der Module und Modulreihen so, dass eine Instandhaltung gut möglich ist.

  Es ist auf einen ausreichenden Abstand der Modulreihen untereinander, je nach Ausrichtung mindestens 50–80 cm, zu achten.

- Verwendung auflastgehaltener Solar-Gründach-Systeme.

  Auflastgehaltene Solar-Gründach-Systeme sind zu bevorzugen, da hierbei die Photovoltaikaufständerungen nicht in die Dachabdichtung/Dachkonstruktion eingreifen und damit Wärmebrücken und Undichtigkeiten vermieden werden.

- Regelmäßige, fachgerechte Instandhaltung (Pflege) und Wartung.

  Sicherstellung, dass 2- bis 3-mal im Jahr durch Fachpersonal zu hohe Vegetation entfernt wird.

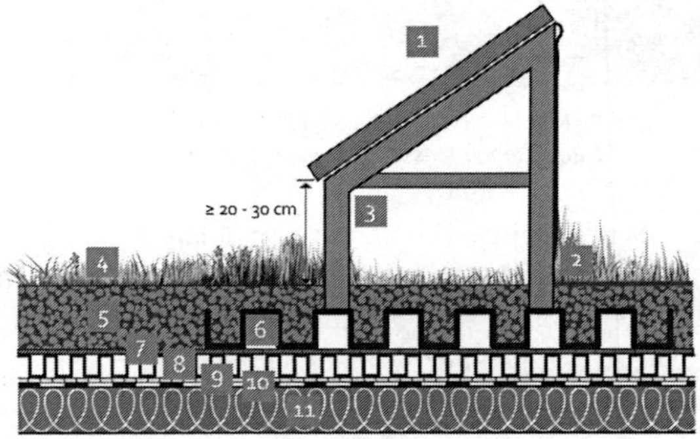

1 Solarmodul

2 Elektroleitung und Kabelkanal

3 Modul-Montagesystem mit Modultragschienen

4 Vegetation

5 Substrat

6 Basisplatte

7 Filtervlies

8 Dränageelement (optional, systemabhängig)

9 Schutzvlies

10 Wurzelfeste Dachabdichtung

11 Geeignete Unterkonstruktion

Abb. 3.1.4-5: Schematischer Schnitt durch ein auflastgehaltenes Solar-Gründach. Der Gründachaufbau hält die PV-Aufständerung lagesicher und ohne Dachdurchdringung. (Quelle: BuGG)

- Rechtzeitige Einbeziehung aller beteiligten Gewerke, einschließlich Planung.

  Bei einem Solar-Gründach sind verschiedene Gewerke (Dachabdichtung, Dachbegrünung, Photovoltaik) beteiligt, die vom Planenden koordiniert werden müssen.

Biodiversitätsgründach

Dachbegrünung mit hoher Struktur- und Pflanzenvielfalt

Unter einem „Biodiversitätsgründach" ist eine Dachbegrünung mit hoher Struktur- und Pflanzenvielfalt zu verstehen, um Tieren (vorrangig Insekten und Bodentieren) weitere Nist- und Lebensräume anzubieten. Durch eine erhöhte Struktur- und Pflanzenvielfalt auf dem Dach wird die Artenvielfalt der Fauna nachhaltig gefördert. Siehe auch BuGG-Fachinformation „Biodiversitätsgründach" (zu finden unter Kapitel 1.5).

In der Regel geht man bei einem „Biodiversitätsgründach" von einer extensiven Dachbegrünung aus, die durch verschiedene Maßnahmen aufgewertet ist. Diese Aufwertung durch sogenannte Bodiversitätsbausteine ist aber auch bei Intensivbegrünungen möglich.

Nachfolgend werden verschiedene Biodiversitätsbausteine aufgeführt, die zu einer höheren Struktur- und damit auch zu einer höheren Artenvielfalt der Fauna führen:

- Partielle Substratanhügelung mit einer Aufbauhöhe von etwa 30–40 cm und Pflanzung von anspruchslosen Gehölzen (z. B. Zwergkiefer, Felsenbirne, Ginster) und Stauden, damit frost- und trockenheitsempfindliche Bodentierarten Rückzugsmöglichkeiten für ein dauerhaftes Überleben finden.

- Artenreiche Pflanzenauswahl mit beispielsweise speziellen Futterpflanzen für Insekten und Vögel.
- Sandflächen als Nisthilfen.
- Totholz als Haufen oder Einzelstrukturen, als Lebensraum, Rückzugsfläche oder Nisthilfen.
- Industriell gefertigte Nisthilfen für Insekten und Vögel.
- Steine als Haufen oder Einzelstrukturen, als Rückzugsorte.
- Wasserflächen. Ausprägung von kleinen „Pfützen" bis hin zu Teichen vorstellbar. Meist temporär ausgebildet, d. h., sie füllen sich durch Niederschlagswasser. Sie können auch mit einem dauerhaften Wasserstand und über automatische Wasserzufuhr (Regen- bzw. Trinkwasser) angelegt werden.

Abb. 3.1.4-6: Biodiversitätsgründach. Struktur- und artenreiche Dachbegrünung als Maßnahme zum Erhalt der Artenvielfalt. (Quelle:BuGG)

Retentionsgründach

Durch Versiegelung verschwinden in Deutschland täglich viele Hektar Natur aus dem natürlichen Wasserkreislauf. Die urbanen Hitzeeffekte werden durch Sonne, dunkle Gebäude und Straßen, versiegelte Oberflächen und das schnell abfließende Regenwasser verursacht. Wir haben immer häufiger Hochwasser und Überflutungen. Ohne Pflanzen fehlt die Evapotranspiration und damit die Verdunstungskühlung. Eine kostengünstige Lösung, um diesen Missständen entgegenzuwirken, ist eine Beschränkung der zulässigen Einleitung in die überlasteten Kanalnetze. Die anfallende Wassermenge soll auf dem eigenen Grundstück zurückgehalten werden, ohne dass es zur Überflutung von Gebäuden kommt. Aufgrund der engen Bebauungen stehen oftmals keine Flächen für Versickerungsmulden bzw. Regenüberlaufbecken zur Verfügung, sodass sich Dachflächen ideal als Retentionsflächen nutzen lassen – und das ohne zusätzlichen Flächenverbrauch.

Dachflächen ideal als Retentionsflächen

Unter einem „Retentionsgründach" ist ein begrüntes Dach zu verstehen, das zusätzlich zum Wasserrückhalt im Gründachaufbau nochmals etwa 80–160 Liter Niederschlagswasser speichern kann und nach dem Regenereignis wieder gedrosselt (verzögert) an die Kanalisation abgibt. Unter einer extensiven oder intensiven Dachbegrünung wird anstelle der Dränageschicht ein Retentionsraum und in Verbindung mit einem Drosselablauf (hochgesetzter Dachablauf mit definierten Löchern/Schlitzen als kleine Ablauföffnungen) ein temporärer Wasseranstau geschaffen.

Die Planung der Entwässerung und der geeigneten Dachabdichtung muss durch erfahrene Fachleute erfolgen.

Abb. 3.1.4-7: Retentionsdach auf der Tiefgaragendecke: oben nutzbare Rasen- und Spielflächen und darunter große Retentionsflächen. (Quelle:BuGG)

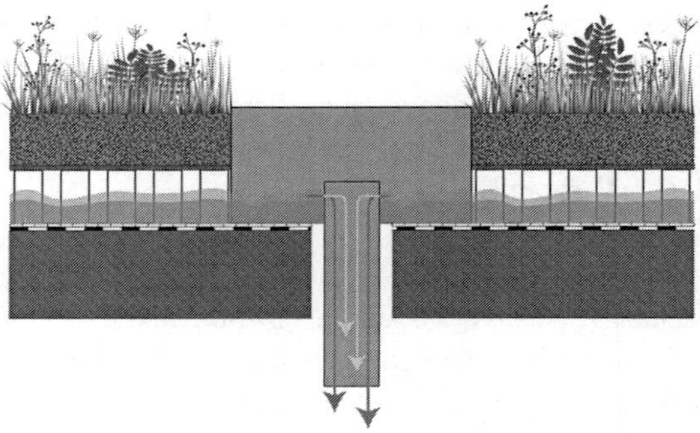

Abb. 3.1.4-8: Schematische Darstellung Grundprinzip Retentionsdach. (Quelle: BuGG)

3.1.5 Dachbegrünung – Pflanzenverwendung und Pflege

Allgemeines zu den Pflanzen

Extensivbegrünungen

Pflanzen für Extensivbegrünungen zeichnen sich dadurch aus, dass sie mit wenig Wasser auskommen. Bestimmte Arten können sich zudem bei Hitzeperioden einziehen und danach wieder frisch austreiben. Pflanzen für extensive Dachbegrünungen müssen Frost und das Durchfrieren des kompletten Gründachaufbaus vertragen. Zu diesen Pflanzen gehören z. B. die Sukkulenten (Dickblattgewächse), die sich durch ihre Wasserökonomie (Morphologie, Wasserbedarf und Wassereinlagerung) auszeichnen. Folgende Lieferformen sind bei **Extensivbegrünungen** üblich:

- Saatgut

  Je nach Zielvegetationsform und Hersteller gibt es unterschiedliche Saatgutmischungen, die oftmals getrennt in Kräuter und Gräser angeboten werden.

  Eine BasisSaatgutmischung für Extensivbegrünungen umfasst je nach Verwendungszweck etwa 20 bis 30 Arten. Das heißt nicht, dass nach ein paar Jahren noch alle Arten zu finden sind. Mit der großen Artenvielfalt soll zu Beginn ein gutes Startpotenzial geschaffen werden, aus dem sich in Abhängigkeit von den Standortbedingungen die geeigneten Arten durchsetzen und etablieren.

- Sedum-Sprossen

  SedumSprossen sind Pflanzenteile von fertig ausgebildeten SedumPflanzen mit etwa 1 bis 3 cm Länge. Sie bilden schon nach wenigen Wochen Wurzeln und wachsen innerhalb von wenigen Monaten zur fertigen Pflanze heran. SedumSprossenMischungen bestehen in der Regel aus mehreren Arten.

- Stauden

Stauden sollten bereits bei der Anzucht auf die Bedingungen in Extensivbegrünungen vorbereitet werden. Die Stauden sollen daher nicht direkt aus dem Gewächshaus kommen und in Substraten mit überwiegend mineralischen Anteilen (Dachsubstrat) gezogen werden. Es gibt verschiedene Topfgrößen.

- Gehölze

Die Pflanzen sollen in der Regel in Substraten mit überwiegend mineralischen Anteilen (Dachsubstrat) gezogen werden (Ausnahme Humuswurzler).

- Vegetationsmatten

Vorkultivierte Vegetationsmatten bestehen aus einer Trägereinlage und einer Deckschicht aus Dachsubstrat. Die Trägereinlagen sind verrottungsfähig (z. B. Kokosgewebe) oder verrottungsbeständig (z. B. Krallgewebe). Vegetationsmatten gibt es in verschiedenen Vegetationsformen. Üblich sind SedumMoos, SedumKraut und GrasKrautVegetation.

Abb. 3.1.5-1: Auswahl an Flachballenstauden für Pflanzungen bei Extensivbegrünungen (Quelle: Bundesverband GebäudeGrün)

Intensivbegrünungen

Bei den **Intensivbegrünungen**, die viel höhere Substratschichten haben, ist die Pflanzenauswahl ähnlich groß wie im ebenerdigen Garten. Es müssen allerdings Arten verwendet werden, die wenig empfindlich gegen Trockenheit, Wind und Frost sind. Bei der Auswahl sollte auf bewährte Arten zurückgegriffen und bei Gehölzen die Endwuchshöhe im Blick behalten werden.

- Stauden

  Die Stauden sollen nicht direkt aus dem Gewächshaus kommen und in Substraten mit überwiegend mineralischen Anteilen (Dachsubstrat) gezogen werden.

- Gehölze

  Es sollten nur wurzelechte Gehölze verwendet werden. Die Pflanzen sollen in Substraten mit überwiegend mineralischen Anteilen (Dachsubstrat) gezogen werden (Ausnahme Humuswurzler), wobei der Ballen keine Fremdvegetation und Schädlinge enthalten darf. Siehe auch BuGG-Fachinformation „Geeignete Gehölze für Dachbegrünungen“ im Kapitel 1.5.

- Fertigrasen

  In der Regel wird bei Intensivbegrünungen Fertigrasen für bespielbare Rasenflächen verwendet. Bei einfachen Intensivbegrünungen sind davon abweichend auch Kräuterzusaaten nach FLLRegelSaatgut-Mischungen Rasen – RSM gestattet, jedoch ohne Kleearten.

Vegetationsaufbringung

Die Pflanzen können auf verschiedene Arten aufgebracht werden. Die Vegetationsaufbringung richtet sich nach der Begrünungsart und der Dachform (z. B. Steildach), dem Zeitfaktor (wie schnell die Vegetationsdecke geschlossen sein soll) und dem Budget. Folgende Möglichkeiten der Vegetationsaufbringung sind Standard:

- Bei Extensivbegrünungen und einfachen Intensivbegrünungen
  - Ansaat (Trocken- und Nassansaat, Sedum-Sprossen)
  - Pflanzung (Stauden, Gehölze)
  - Vegetationsmatten
- Bei Intensivbegrünungen
  - Pflanzung (Stauden, Gehölze, Bäume)
  - Fertigrasen

Abb. 3.1.5-2: Vorkultivierte Vegetationsmatte – besonders bei Schräg- und Steildachbegrünungen verwendet (Quelle: Bundesverband GebäudeGrün)

April bis Juni und September bis November

In der Regel sind die Monate April bis Juni und September bis November für die Vegetationsaufbringung besonders gut geeignet. In den anderen Monaten besteht ein erhöhter Pflegeaufwand bzw. ein höheres Ausfallrisiko. Die verschiedenen Arten der Vegetationsausbringung sind teilweise kombinierbar, wie z. B. Ansaat mit Saatgut und Sedum-Sprossen und Pflanzung.

- Trockenansaat

  Bei der Ansaat werden etwa 1 g/m^2 Saatgut und 30 bis 50 g/m^2 Sedum-Sprossen per Hand ausgestreut und gut bewässert.

- Aussaat von Sedum-Sprossen

  Sedum-Sprossen werden in der Regel mit Saatgut kombiniert ausgebracht, aber auch reine Sedum-Begrünungen sind möglich. Das kann unabhängig von der Flächengröße geschehen, wenn eine einfache und pflegeleichte Vegetationsform gewünscht ist. Bei reinen Sedum-Begrünungen beträgt die Aufwandsmenge 70 bis 100 g/m^2.

- Pflanzung

  Bei Extensivbegrünungen werden vorgezogene Flachballenstauden in das Substrat gepflanzt. Der Bedarf (Stückzahl) hängt von der Topfgröße ab und liegt bei einer Topfgröße von 100 cm^3 bei etwa 15 bis 20 Pflanzen pro m^2.

- Bei Intensivbegrünungen richtet sich der Bedarf an Pflanzen pro m^2 nach den ausgewählten Pflanzenarten (Stauden und Gehölze) und deren Ballengröße. Gehölze müssen ggf. gegen Windangriffe gesichert werden.

- Vegetationsmatten und Fertigrasen

  Vorkultivierte Vegetationsmatten (für Extensivbegrünungen) und Fertigrasen (für Intensivbegrünungen) mit fertig ausgebildeten Pflanzen werden auf das Substrat verlegt und bewässert, bis der komplette Gründachaufbau wassergesättigt ist. Das Dach ist sofort grün und nach wenigen Wochen haben sich die Wurzeln der Vegetationsmatten bzw. des Fertigrasens ausgebildet und sind im Substrat fest eingewurzelt.

Abnahmefähiger Zustand

Der „abnahmefähige Zustand“ ist der Zustand, in dem die Pflanzen ausgewachsen sind und einen bestimmten „Deckungsgrad“ (Anteil an Bedeckung der Dachfläche durch die Pflanzen; Schattenwurf durch die Pflanzen bei senkrechter Sonneneinstrahlung) erreicht haben. Je nach Art der Vegetationsaufbringung ergeben sich

Extensivbegrünungen

nach den FLL-Dachbegrünungsrichtlinien unterschiedliche Kriterien für den abnahmefähigen Zustand bei Extensivbegrünungen.

- Ansaaten und Sprossenaussaat

  Der gleichmäßige Bestand sollte im ungeschnittenen Zustand eine projektive Deckung von mindestens 60 % aufweisen und vor der Abnahme eine Ruheperiode und eine Trocken- oder Frostphase überdauert haben. Der Bestand muss zu mindestens 60 % aus den Arten der Saatgutmischung bestehen, und die Sedum-Sprossen müssen noch mit 75 % der ausgeschriebenen Menge vorhanden und angewachsen sein. Der abnahmefähige Zustand wird nach etwa 12 bis 15 Monaten erreicht.

- Stauden

  Ballenpflanzen müssen in der ausgeschriebenen Anzahl und natürlicher Vitalität vorhanden sein, wobei bei Pflanzen aus Topfplatten und Töpfen Ausfälle bis zu 5 % tolerierbar sind, wenn ein geschlossener Vegetationseindruck entsteht. Soll bei Miniballenpflanzungen der Deckungsgrad als Abnahmekriterium dienen, muss dieser objektbezogen vereinbart werden und liegt in der Regel ebenfalls bei 60 %. Grundsätzlich müssen die Pflanzen ins Substrat eingewurzelt sein und ein natürliches Wachstum zeigen.

- Vegetationsmatten

  Der Deckungsgrad muss mindestens bei 80 % liegen, die Matten müssen nicht abhebbar eingewurzelt sein, und der Anteil sichtbarer Fugen darf nicht mehr als 10 % des Gesamtfugenanteils betragen.

Abb. 3.1.5-3: Der abnahmefähige Zustand bei Ansaat und Sedum-Sprossen ist bei 60 % projektiver Deckung erreicht.
(Quelle: Bundesverband GebäudeGrün)

Abnahme nach DIN 18916 und DIN 18917

Die Abnahme von intensiven Dachbegrünungen erfolgt nach DIN 18916 und DIN 18917. Im Einzelnen ist je nach Vegetationsform Folgendes zu beachten:

- Blumenzwiebeln, ein- und zweijährige Pflanzen sind direkt nach der Pflanzung abnahmefähig.
- Stauden sind abnahmefähig, wenn sie eingewurzelt sind bzw. ausgetrieben haben.
- Bei Gehölzen geht man nach ihrem Durchtrieb Ende Juni von einem Anwuchserfolg und damit von der Abnahmefähigkeit aus.
- Rasenansaaten sind abnahmefähig, wenn sie einen gleichmäßigen Bestand aufweisen und im geschnittenen Zustand eine projektive Deckung von mindestens 75 % aufweisen.
- Fertigrasen ist abnahmefähig, wenn er gleichmäßig und nicht abhebbar mit der Vegetationstragschicht verwurzelt ist.

Instandhaltung (Pflege) und Wartung

Es herrscht immer noch Unklarheit über die Notwendigkeit einer fachgerechten Pflege von Dachbegrünungen. Zu oft wird die Pflege gar nicht, unvollständig oder nicht fachgerecht ausgeschrieben. Dabei kommt der Pflege und damit der Erhaltung von Stadtgrün im Zuge von Klimaanpassungsstrategien eine besondere Bedeutung zu.

Es darf nicht außer Acht gelassen werden, dass ein Gründach Teil der Natur ist und sich in Abhängigkeit von Schichtaufbau, Exposition bzw. Ausrichtung des Daches und der regionalen Gegebenheiten insbesondere bei Extensivbegrünungen die standortgerechte Vegetationsform erst nach Jahren ausbildet. Das Gründach unterliegt einer natürlichen Vegetationsentwicklung. Es wird gewisse Vegetationsumwandlungen geben, die durch die Wahl eines sinnvollen Schichtaufbaus und regelmäßige, fachgerechte Pflege minimiert werden können. Die Vegetation auf Dächern durchlebt wie die Pflanzen auf ebenerdigen Standorten den Wechsel der Jahreszeiten und zeigt ein der Jahreszeit typisches Erscheinungsbild. Auch begrünte Dächer entwickeln sich weiter und müssen gepflegt werden, um den gewünschten Grundzustand zu bewahren.

Es gibt viele Gründe, die für eine regelmäßige und durch Fachleute durchgeführte Pflege sprechen – sie ist eindeutig notwendig!

Vorteile der regelmäßigen Pflege und Wartung von Dachbegrünungen

- nachhaltige Nutzungs- und Funktionstauglichkeit von Vegetation und technischen Einrichtungen
- Festlegung des Substrats durch die Vegetation
- Entwicklung und Erhalt des gewünschten Vegetationsbildes
- gesicherter Baubestand
- dauerhafter Schutz der Dachabdichtung
- Vermeidung von Brandgefahren
- Sicherstellung der Ausgleichs- bzw. Minderungsmaßnahme
- Sicherung der ggf. ausbezahlten Förderzuschüsse
- Erhalt der Gewährleistung
- geringer jährlicher Pflegeaufwand, dafür geringe Folgekosten

Fachgerecht Pflege von Extensiv- und Intensivbegrünungen

Fertigstellungspflege über 12 Monate

Es wird zwischen Fertigstellungs-, Entwicklungs- und Unterhaltungspflege unterschieden. Die Fertigstellungspflege gehört zwingend zur Herstellung einer Dachbegrünung. Sie erfolgt nach der Aufbringung der Pflanzen und soll das Anwachsen und Etablieren der Vegetation sicherstellen. In der Regel zieht sich die Fertigstellungspflege über 12 Monate hinweg. Da das Erreichen des geplanten Vegetationsziels ohne die Vergabe und Ausführung der Fertigstellungspflege gefährdet ist, soll auf deren Wichtigkeit besonders hingewiesen werden. Verzichtet der Auftraggeber auf die Fertigstellung, erfolgt die Abnahme direkt nach der Vegetationsausbringung. Der Auftragnehmer muss den Auftraggeber auf die Folgen einer fehlenden Fertigstellungspflege hinweisen.

Die Entwicklungspflege beginnt nach der Abnahme im Anschluss an die Fertigstellungspflege, um das angestrebte Vegetationsziel und einen Deckungsgrad von etwa 90 % zu erreichen. Sie geht in die Unterhaltungspflege über, die das erreichte Vegetationsziel erhalten soll.

Abb. 3.1.5-4: Auch extensive Dachbegrünungen benötigen eine fachgerechte Pflege, hier die Entfernung von Gehölzen. (Quelle: Bundesverband GebäudeGrün)

Folgende Leistungen können bei Extensivbegrünungen erforderlich werden:

- Entfernen von unerwünschtem Aufwuchs, einschließlich Gehölzkeimlinge
- Rückschnitt

- Düngen (ca. 5 g N/m^2 pro Jahr)
- Nachsaat bzw. Nachpflanzen bei größeren Fehlstellen
- Nachfüllen von Substrat bei Erosion
- Wässern stärker geneigter sonnenexponierter Dachflächen
- Pflanzenschutz
- Freihalten der technischen Einrichtungen von Fremdbewuchs
- Freihalten von Rand- und Sicherheitsstreifen sowie von Platten- und anderen Belägen von unerwünschtem Aufwuchs
- Säubern von Sicherheitsrinnen und Kontrollschächten, Dachabläufen und anderen Entwässerungseinrichtungen

In der Regel sind bei extensiven Gründächern etwa ein bis vier Pflegegänge pro Jahr (Frühjahr und Herbst) erforderlich.

Bei Intensivbegrünungen können ergänzend zu den oben genannten Leistungen weitere Arbeiten anfallen:

- Schnittarbeiten
- Mulchen
- Laubbeseitigung
- Winterschutzmaßnahmen
- Nachrichten von Verankerungen

- Entfernen von nicht mehr erforderlichen Verankerungen

Hier können in der Regel vier bis acht Pflegegänge im Jahr erforderlich sein.

Neben den oben genannten Leistungen sind bei begehbaren Rasenflächen auf dem Dach folgende Punkte beachtenswert:

- Laubbeseitigung
- Vertikutieren
- Aerifizieren
- Besanden

Bei Rasenflächen sind im Jahr bis zu zwölf Pflegegänge notwendig.

Abb. 3.1.5-5: Mustergültig mal zwei: frei zugängliche Entwässerungseinrichtung und Geländer zur Absturzsicherung (Quelle: Bundesverband GebäudeGrün)

3.1.6 Fassadenbegrünung – Bau- und Vegetationstechnik

Hitzeschutz, Kühlung und Feinstaubbindung

Haben begrünte Dächer ihre Wirkung vor allem bei der Nutzung als Lebensräume für Fauna und Flora und als Retentionsräume, so spielen bei Fassadenbegrünungen andere Aspekte eine große Rolle: sichtbares und greifbares lebendiges Grün, Feinstaubbindung und Luft- und Kleinklimaverbesserung. Fassadenbegrünungen sind auf „Augenhöhe" und haben für alle einen großen Wohlfühlfaktor und werten nicht nur das Gebäude, sondern das komplette Wohnquartier auf. Sie haben einen großen Stellenwert im Wirken gegen die Städteüberhitzung.

Die Wirkungen von begrünten Fassaden sind vielfältig. Natürlich ist es einerseits der optische Aspekt, begrünte Fassaden sehen schön aus und man fühlt sich wohl. Doch das ist nur eine der vielen positiven Wirkungen von Fassadenbegrünungen. Fassadenbegrünungen sorgen mit ihrer Verdunstungsleistung für „frische" Luft und tragen dazu bei, den urbanen Hitzeinseln entgegenzuwirken. Sie kühlen das Gebäude und ihre Umgebung nicht nur durch Verdunstung, sondern bewahren das Gebäude auch durch Verschattung vor der großen Sommerhitze. Ebenfalls wird die Hauswand vor Witterungseinflüssen (Sturm, Hagel, Starkregen), UV-Strahlung und (auch wenn es sich erst einmal kurios anhört) vor Graffiti geschützt. Weitere positive Wirkungen sind Minderung der Schallreflexion (siehe auch Lärmschutzwände) und Bindung von Feinstaub und Stickoxiden. Weiterhin bieten begrünte Wände Kleintieren und Vögeln neue Lebensräume und Nistmöglichkeiten.

Begriffsdefinition Fassadenbegrünung

Fassadenbegrünungen lassen sich in zwei Hauptkategorien einteilen:

- Bodengebundene Fassadenbegrünung
- Wandgebundene Fassadenbegrünung

Bodengebundene Begrünung

Die traditionellen bodengebundenen Begrünungen erfolgen an einer fertigen Außenwand je nach Klettermodus mit oder ohne Kletterhilfe. Sie sind im Wesentlichen dadurch charakterisiert, dass die verwendeten Pflanzen „Kletterpflanzen" sind und eine direkte Verbindung zum gewachsenen Boden haben. Die „Kletterpflanzen" sind Selbstklimmer oder benötigen geeignete dauerhafte Kletterhilfen. Die Wasser- und Nährstoffversorgung findet in der Regel über natürliche Einträge und über den gewachsenen Boden statt. Eine regelmäßige fachgerechte Pflege ist notwendig, jedoch in etwas geringerem Maße als bei wandgebundenen Begrünungssystemen.

Selbstklimmer oder mit Kletterhilfe

Kostenrichtwerte: Bodengebundene Fassadenbegrünungen mit Kletterhilfen gibt es etwa für 150–300 Euro/m^2. Die jährlichen Pflegekosten liegen bei etwa 15–35 Euro/m^2.

Abb. 3.1.6-1: Bodengebundene Begrünung mit Gerüstkletterpflanzen, Netz als Kletterhilfe (Quelle: Bundesverband Gebäudegrün)

Wandgebundene Begrünung

Wandgebundene Begrünungssysteme bilden i. d. R. die Fassade der Außenwand und ersetzen hier andere Materialien wie Glas, Faserzement, Metalle etc. Sie haben und benötigen keinen Bodenanschluss und eignen sich daher besonders für innerstädtische Bereiche. Sie zeichnen sich durch sofortige Wirksamkeit, große Gestaltungsspielräume („vertikale Gärten") sowie ein großes Spektrum verwendbarer Pflanzen aus und sind, wenn die Statik passt, an (fast) jeder Fassade/Wand umsetzbar.

Die Versorgung mit Wasser und Nährstoffen erfolgt über eine automatische Anlage, die ggf. über eine Fernwartung läuft. Der Aufwand für Pflege und Wartung ist von der Art der Gestaltung und dem verwendeten System abhängig; insgesamt aber etwas höher als bei bodengebundenen Begrünungen. Die Fassadenkonstruktion muss auf die Begrünung abgestimmt sein (Siehe Bild 3.1.6-3).

Kostenrichtwerte: Wandgebundene Begrünungen liegen je nach Flächengröße bei etwa 500–1.000 Euro/m². Die jährlichen Pflegekosten liegen bei etwa 15–45 Euro/m².

Beachtenswertes (Planungsgrundlagen)

FLL-Fassadenbegrünungsrichtlinien

Nachfolgend werden die wichtigsten Punkte angesprochen, die bei einer fachgerechten Planung beachtet werden sollten. Dabei können nur erste Hinweise gegeben werden, die weiterführend und im Detail vertieft werden müssen. Das relevanteste Regelwerk hierfür sind die FLL-Fassadenbegrünungsrichtlinien.

Fassadenkonstruktion

Um die Begrünungseignung der vorhandenen Fassade festzustellen, sind vor allem die Tragfähigkeit und die Oberflächenbeschaffenheit zu berücksichtigen. Damit die Fassade von der Begrünung keinen Schaden davonträgt, sollten möglichst keine Risse, Fugen oder Löcher vorhanden sein.

Bei Neuplanungen sollte von Beginn an die Planung der Fassadenbegrünung mit einbezogen werden. So können objektspezifisch die geeignetsten Systeme Anwendung finden.

Massive Wandaufbauten

Massive Wandaufbauten werden gedämmt oder ungedämmt ausgeführt. Sie bestehen aus Mauerwerk, Natur- oder Kunststein, Beton oder Stahlbeton. Während gedämmte Wandaufbauten meist für beheizte Innenräume angewendet werden, sind ungedämmte Massivwände besonders für Trenn-, Stütz- oder Gartenmauern oder unbeheizte Gebäude, wie Garagen oder Lagerhäuser, geeignet.

Da die notwendige Statik und Oberflächenbeschaffenheit gegeben ist, ist die Begrünung dieser Fassaden meist sehr unkompliziert. Bei der Beschichtung, beispielsweise durch Farben oder Harze, muss darauf geachtet werden, dass diese biozidfrei sind.

Ständer- und Fachwerkbauweise

Auch diese Form der Fassadenkonstruktion kann ungedämmt, beispielsweise in einer Holzskelett- oder Metallskelettbauweise, und gedämmt, etwa mit Sandwich-Paneelen oder als gedämmte Fachwerkwände, ausgeführt werden. Da die Elemente industriell mit systemspeziellen Maßen vorgefertigt werden, stehen alle statischen und bauphysikalischen Kriterien bei Fertigstellung schon fest. Dies lässt u. a. eine direkte Begrünung mit selbstklimmenden Pflanzen nicht zu. Zwischen der Fassade und der Begrünung muss eine Distanz bestehen. Die dann noch geeigneten Fassadenbegrünungssysteme müssen an den statisch geeigneten Stellen der Fassade, d. h. z. B. an Pfosten oder Riegeln, montiert werden.

Mehrschalige hinterlüftete Wandaufbauten

Ein anderer Begriff für diese Fassadenkonstruktion ist „vorgehängte hinterlüftete Fassade“. Sie setzt sich aus einer tragenden Innenschale, einer Außenschale und einer dazwischenliegenden Dämmung mit einer Luftschicht zusammen.

Eine direkte Begrünung lässt das hohe Gewicht der selbstklimmenden Pflanzen auch hier nicht zu. Besser geeignet sind bodengebundene Systeme mit Pflanzgerüsten oder auch wandgebundene Fassadenbegrünungen. Dabei sollten Rissbildungen durch Druckspannungen des Begrünungssystems möglichst vermieden werden.

Mehrschalige, nicht hinterlüftete Wandaufbauten

Bei dieser Fassadenkonstruktion wird zwischen Bauweisen mit Kerndämmung und Wärmedämmverbundsystemen unterschieden. Erstere bestehen aus einer tragenden Innenschale und einer Außenschale mit einer dazwischenliegenden Dämmung ohne eine Luftschicht. Dagegen werden die Wärmedämmverbundsysteme außen an der tragenden Wand montiert.

Handelt es sich um die Bauweise mit Kerndämmung, kann ggf. eine Begrünung mit Selbstklimmern stattfinden. Für Wärmedämmverbundsysteme ist dies nicht möglich. Hier können einige Hersteller von wandgebundenen und bodengebundenen Systemen mit Pflanzgerüsten passende Lösungen finden.

Statik

Die Statik spielt eine wesentliche Rolle bei der Begrünung einer Fassade. Während bei Neubauten die Last der Fassadenbegrünung von Planungsbeginn an mitberücksichtigt werden kann, muss bei Bestandsgebäuden geklärt werden, ob die Last der geplanten Begrünung für die vorhandene Oberfläche ausreichend ist. Hersteller verschiedener Fassadenbegrünungssysteme führen dafür eine Berechnung zur Eignung des jeweiligen Systems durch. Einfluss auf die Last haben je nach System:

Berechnung zur Eignung des jeweiligen Systems

- das Eigengewicht des Begrünungssystems oder Pflanzgerüsts,
- das Eigengewicht des Bewuchses (Holz, Laub und Früchte),
- Zusatzlasten durch Nässe, Schnee oder Eis,
- Winddruck und -sog,
- Materialeinfluss unter Einfluss von Temperatur und/oder Feuchte und
- Materialspannungen infolge von deformierendem Dickenwachstum der Pflanzen.

Orientierungswerte zu den Gewichten der Fassadenbegrünungssysteme und Pflanzen siehe FLL-Richtlinien.

Verwehsicherheit/Windsog

Wind, der parallel zur Wand verläuft, belastet vor allem den Seitenrandbereich der Fassadenbegrünungen. Wind, der dagegen senkrecht auf die Fassade wirkt, ist vollflächig gleichmäßig. Selbstklimmende Pflanzen haben eine sehr großflächige Ausbreitung. Die Windlast ist hier eher gering einzuschätzen.

Gerüstkletterpflanzen können sich dagegen nur so ausbreiten, wie es das Pflanzgerüst vorgibt. Die Dimensionierung der Befestigung der Pflanzgerüste gibt damit ausreichende Sicherheit gegen Abriss durch Wind. Jedoch gehören z. B. Seilkonstruktionen zu den eher lastsensiblen Kletterhilfen, da diese oft große Abstände zwischen den Befestigungspunkten haben. Hier gilt eine besondere Planung, Ausführung und Wartung. Für wandgebundene Systeme gibt es herstellerabhängige Beratungen, ob eine Begrünung des jeweiligen Systems möglich ist und eine Höhenbegrenzung notwendig wird.

Entwässerung

Bodengebundene Fassadenbegrünungen benötigen keine weiteren Entwässerungseinrichtungen. Manche Bauvorhaben sehen jedoch vor, das Überschusswasser des Dachs zur Bewässerung der Fassadenbegrünung zu nutzen. Somit sind zusätzliche Entwässerungselemente, die eine Zwischenspeicherung des Wassers ermöglichen, mit einzuplanen.

Für wandgebundene Systeme und Sonderlösungen mit Pflanzgefäßen müssen aufgrund der automatischen Bewässerung systemspezifische Entwässerungseinrichtungen zur zielgerichteten Ableitung des Überschusswassers eingebaut werden.

Fassadenbegrünungen: baukonstruktive und technische Voraussetzungen						
Bodengebundene Fassadenbegrünungen					Wandgebundene Fassadenbegrünungen	
Begrünungen mit Selbstklimmer		Begrünungen mit Gerüstkletterpflanzen			- Flächige Systeme - Modulare Systeme - Regalbauweise	
Massive Bauweise	Intakte Gebäudehülle	Ausreichende Statik	Intakte Gebäudehülle	Keine Beeinträchtigung der Gebäudedämmung	Ausreichende Statik	Hinterlüfteter Raum

Abb. 3.1.6-2: Fassadenbegrünungen. Begrünungsarten und bautechnische Voraussetzungen (Quelle: Bundesverband Gebäudegrün)

Brandschutz

Fassadenbegrünungen inklusive aller Bauteile können brandschutztechnisch in den Gebäudeklassen 1–3 (< 7 m Gebäudehöhe), unter Berücksichtigung fachgerechter Pflege und Wartung, unbedenklich eingesetzt werden.

Bei den Gebäudeklassen 4 und 5 müssen (7–22 m Gebäudehöhe) die Bauteile allerdings schon als „schwerentflammbar“ gelten und eine Rücksprache und Abstimmung mit den örtlichen Feuerwehren ist notwendig.

Einheitliche bauordnungsrechtliche Regelungen in Deutschland, wie mit Fassadenbegrünungen brandschutztechnisch umgegangen werden soll, existieren zum aktuellen Zeitpunkt noch nicht. Daher ist meist objektbezogen der Brandschutz zu klären.

Abb. 3.1.6-3: Ab 7 m Gebäudehöhe gelten besondere Anforderungen an den Brandschutz bei Fassadenbegrünungen (Quelle: Bundesverband Gebäudegrün)

Zugang/Absturzsicherung

Ab 1,00 m Absturzhöhe

Während des Einbaus und der Pflegegänge der Fassadenbegrünung muss die Absturzsicherung sichergestellt sein. Für den Einbau reicht dafür ein Gerüst aus. Mit zunehmender Höhe der Begrünung können für die Maßnahmen auch Hubsteiger oder Abseilsysteme vom Dach aus notwendig werden. An Arbeitsplätzen an Fassaden sind ab 1,00 m Absturzhöhe Absturzsicherungen erforderlich. Die Technischen Regeln für Betriebssicherheit TRBS 2121 – Gefährdungen von Personen durch Absturz – sind zum Schutz vor Absturz heranzuziehen.

Bewässerung

Bei bodengebundener Fassadenbegrünung sollte vorab die Notwendigkeit für eine zusätzliche Bewässerung geprüft werden. Befinden sich die Pflanzen im Regenschatten des Gebäudes, ist eine Bewässerungsanlage gerade bei Jungpflanzen mit noch geringer Wurzelausbildung sinnvoll. Gelangt genug Niederschlagswasser an die Pflanzen, kann auf die Bewässerung verzichtet werden. Dagegen gehören bei wandgebundenen Fassadenbegrünungen automatische Bewässerungsanlagen zum Gesamtsystem immer dazu. Für die Bewässerungsanlagen sind in der Regel frostfreie Räume notwendig. Die Systemanbieter empfehlen zudem eine EDV- und Internet-basierte Fernüberwachung. Des Weiteren sind Pflanzen, die in Gefäßen wachsen, auch nur mit einer fachgerechten Bewässerung (z. B. mittels Tropfschläuchen) dauerhaft überlebensfähig.

Kletterhilfen

Wandkonstruktion, Kletterhilfen und Pflanzen müssen aufeinander abgestimmt sein und eine passende Einheit bilden.

Es gibt mit Seilen, Netzen und Gittern unterschiedliche Formen von Kletterhilfen, die alle aus verrottungsbeständigem Material bestehen müssen. Mit dem Wissen um die Traglast der Fassade/Wand und der ausgewählten Pflanzen (Lichtbedarf und Gewicht) lässt sich die aufeinander abgestimmte Kletterhilfe finden.

Abstimmung mit weiteren Gewerken

Der verantwortliche Planende muss je nach Begrünungsform verschiedene Gewerke fachlich einbeziehen und koordinieren; das sind die Ausführenden (Garten- und Landschaftsbau), Elektro- und Sanitärhandwerk (bei Strom- und Wasserbedarf, wenn eine automatische Bewässerung integriert ist), Produkt- und Systemanbieter der Begrünungslösungen.

Instandhaltung (Pflege) und Wartung

Schon in der Planungsphase ist die spätere Pflege und Wartung zu berücksichtigen, idealerweise in Form eines Pflegekonzepts, das neben den Maßnahmen und Verantwortlichkeiten vor allem auch die Zugänge zur Fassade (z. B. Zuweg/Standfläche für Hubsteiger) und ggf. Absturzsicherungen beinhaltet.

Zu den einzelnen Maßnahmen der Instandhaltung und Wartung wird auf das später folgende Kapitel verwiesen.

3.1.7 Fassadenbegrünung – Begrünungsformen

Die Richtlinien für Planung, Bau und Instandhaltung von Fassadenbegrünungen (Fassadenbegrünungsrichtlinien) der Forschungsgesellschaft Landschaftsentwicklung Landschaftsbau e.V. (FLL) beschreiben ausführlich die verschiedenen Formen der Fassadenbegrünungen; nachfolgend werden diese in aller Kürze vorgestellt. Jedoch lassen sich die verschiedenen Fassadenbegrünungen nicht immer einer der vorgenannten Systematiken zuordnen - Mischformen sind möglich.

Bodengebundene Begrünung

Bodengebundene Fassadenbegrünungen mit Selbstklimmern

Selbstklimmer sind Kletterpflanzen, die ohne Kletterhilfen an Wänden und Fassaden mittels Haftscheiben bzw. Haftwurzeln wachsen können. Typische Beispiele sind Efeu und Wilder Wein. Um Schädigungen zu vermeiden, sollten Selbstklimmer nur an fugenlosen Wänden/Fassaden, z. B. Betonwänden, eingesetzt werden.

Efeu und Wilder Wein

Abb. 3.1.7-1: Bodengebundene Begrünung mit Selbstklimmer (Quelle: Bundesverband Gebäudegrün)

Bodengebundene Fassadenbegrünung mit Gerüstkletterpflanzen

Die Artenvielfalt und Gestaltungsmöglichkeiten steigen bei der Verwendung von Gerüstkletterpflanzen. Diese benötigen Kletterhilfen in Form von geeigneten Rankseilen, Rankgittern bzw. Ranknetzen, die mit einem Wandabstand von 8–20 cm befestigt werden. Damit ist einerseits ausreichend Platz für ein Dickenwachstum der Pflanzen und anderseits „durchlüfteter" Raum zwischen Begrünung und Fassade gegeben. Durch die Kletterhilfen und eine fachgerechte Pflege kann das Vegetationsbild geplant, vorgegeben und eingehalten werden.

Pfeifenwinde, Waldrebe, Geißblatt, Blauregen

Die Strategien der Kletterpflanzen, um an Fassaden und Wänden hochwachsen zu können, sind unterschiedlich ausgebildet; es gibt Schlinger, Ranker und Spreizklimmer. Bekannte Gerüstkletterpflanzen sind Pfeifenwinde, Waldrebe, Geißblatt, Blauregen.

Abb. 3.1.7-2: Bodengebundene Begrünung mit Gerüstkletterpflanzen, Seil als Kletterhilfe (Quelle: Bundesverband Gebäudegrün)

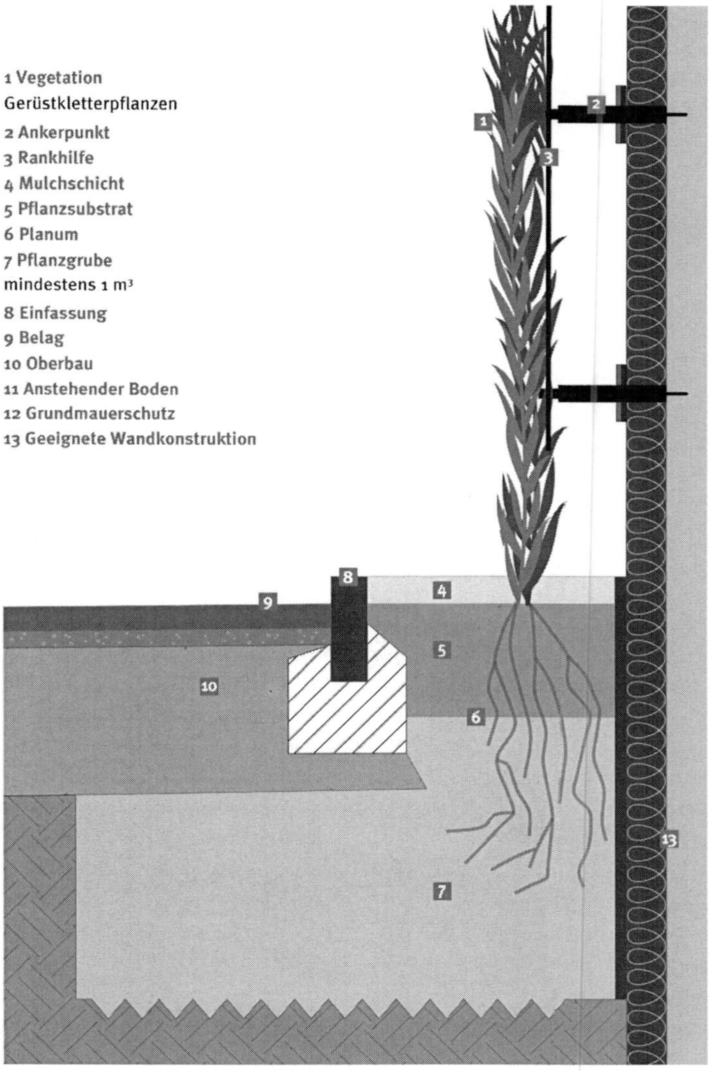

Abb. 3.1.7-3: Schematische Darstellung: Bodengebundene Begrünung mit Gerüstkletterpflanzen (Quelle: Bundesverband Gebäudegrün)

Wandgebundene Fassadenbegrünung

Wandgebundene Fassadenbegrünung, vertikal flächig

Das sind flächendeckende Textil- bzw. Textilsubstrat-Bauweisen, mit denen auch organische Formen umgesetzt werden können. Die Pflanzen werden in der Regel vor Ort bei frei wählbarer Pflanzendichte eingesetzt.

Wandgebundene Systeme, flächig und modular, fungieren wie eine vorgehängte hinterlüftete Fassade mit Abstand vor der eigentlichen Fassade bzw. Wand.

Storchschnabel, Bergenia, Gundermann, Katzenminze, Schafschwingel, Waldsteinia

Für wandgebundene Begrünungen liegen Erfahrungen zu einer Vielzahl an Pflanzen (Stauden, Gräser, Kleingehölze) vor, oft verwendet werden Storchschnabel, Bergenia, Gundermann, Katzenminze, Schafschwingel, Waldsteinia.

Abb. 3.1.7-4: Wandgebundene Fassadenbegrünung, vertikal flächig (Quelle: Bundesverband Gebäudegrün)

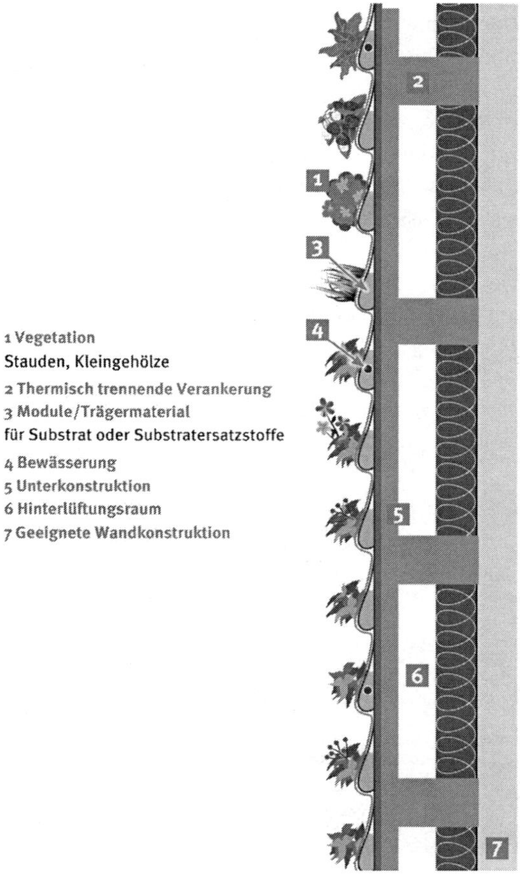

Abb. 3.1.7-5: Schematische Darstellung: Wandgebundene Fassadenbegrünung, vertikal flächig (Quelle: Bundesverband Gebäudegrün)

Wandgebundene Fassadenbegrünung, vertikal modular

Sie besteht aus Einzelelementen, je nach Systemanbieter in unterschiedlichen Größen, Bautiefen und Substratart, mit denen (in der Regel) lineare Raster- und Flächenwirkungen möglich sind. Modulare Begrünungssysteme lassen sich austauschen bzw. rückbauen.

Die Bautechnik ist wie vorgenannt und auch die Pflanzenauswahl ist ebenso vielfältig und artenreich wie bei den flächigen Begrünungssystemen.

Oftmals werden diese Systeme vorkultiviert und fertig bepflanzt geliefert.

Abb. 3.1.7-6: Wandgebundene Fassadenbegrünung, vertikal modular (Quelle: Bundesverband Gebäudegrün)

Wandgebundene Fassadenbegrünung, horizontale Regalbauweise mit Rinnen

Diese Bauweise bringt die Pflanzen wieder in eine horizontale, „natürliche“ Wuchsebene. In diesem Fall befindet sich das Begrünungssystem in Rinnen (je nach Anbieter in verschiedenen Größen und Höhen) und wird in bzw. an die Fassade integriert oder dieser teilweise mit größerem Abstand vorangestellt.

Die Pflanzenauswahl gestaltet sich vielfältig und in Abhängigkeit des verwendeten Systems und kann der von Dachbegrünungen ähnlich sein.

Abb. 3.1.7-7: Wandgebundene Fassadenbegrünung, horizontale Regalbauweise mit Rinnen (Quelle: Bundesverband Gebäudegrün)

Wandgebundene Fassadenbegrünung, horizontale Regalbauweise mit Pflanzgefäßen ohne/mit Kletterhilfen

Wie vorgenannt, jedoch mit Pflanzgefäßen in recht großen Dimensionen und altbewährten Erdsystemen in mehrschichtiger Bauweise, die wiederum Stauden und Gehölze ohne Kletterhilfen beherbergen können oder in Kombination mit Kletterhilfen Gerüstkletterpflanzen aufnehmen. Bei Regalbauweisen mit Pflanzgefäßen und Kletterhilfen lassen sich auch höhere Wände mit Kletterpflanzen innerhalb weniger Jahre flächendeckend bewachsen.

Abb. 3.1.7-8: Wandgebundene Fassadenbegrünung, horizontale Regalbauweise mit Pflanzgefäßen ohne Kletterhilfen (Quelle: Bundesverband Gebäudegrün)

Abb. 3.1.7-9: Wandgebundene Fassadenbegrünung, horizontale Regalbauweise mit Pflanzgefäßen mit Kletterhilfen (Quelle: Bundesverband Gebäudegrün)

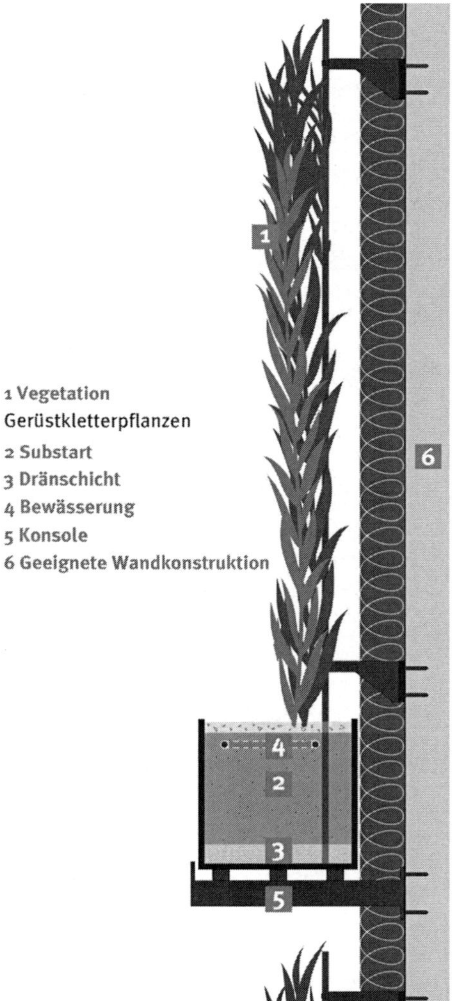

Abb. 3.1.7-10: Schematische Darstellung: Wandgebundene Fassadenbegrünung, horizontale Regalbauweise mit Pflanzgefäßen mit Kletterhilfen (Quelle: Bundesverband Gebäudegrün)

3.1.8 Fassadenbegrünung – Pflanzenverwendung und Pflege

Allgemeines zu den Pflanzen

Die Pflanzenauswahl sollte den örtlichen Gegebenheiten entsprechen. Dazu gehören die Himmelsausrichtung, die vorhandene Fassadenkonstruktion, das geplante Pflanzgerüst und auch die wirtschaftlichen Aspekte hinsichtlich der späteren Instandhaltung. Um die passenden Pflanzen auszuwählen, sollte dies mit allen Parteien (Landschaftsarchitekten, Garten- und Landschaftsbaubetrieb, Pflanzenlieferanten und dem Systemanbieter) abgestimmt werden.

Zu den bekannten Arten der bodengebundenen Fassadenbegrünung gehören u. a. Blauregen, Efeu, Geißblatt, Kletterhortensie, Kletterrose, Kletter-Spindelstrauch, Klettertrompete, Pfeifenwinde, Waldrebe und Wilder Wein. Für wandgebundene Begrünungssysteme haben sich insbesondere Bergenien, Geranien, Hainsimse, Immergrün, Johanniskraut, Spindelstrauch, Steinbrech, Streifen- und Schildfarne, Waldsteinien und Zwergmispel als geeignet erwiesen.

Pflanzenliste Bodengebundene Fassadenbegrünung

Botanischer Name	Deutscher Name	Standort			Höhe [m]	Pflege			Blütezeit	Blütenfarbe
		○	◐	●		g	m	h		
Selbstklimmer										
Campsis x tagliabuana	Trompetenblume	x			4 - 5			x	7 – 9	orange
Euonymus fortunei	Spindelstrauch		x	x	3 - 6	x			/	/
Hedera helix	Efeu	(x)	x	x	20 - 25		x		9 - 10	grün-gelb
Hydrangea petiolaris	Kletterhortensie		x	x	10 - 15		x		6 - 7	weiß
Parthenocissus tricuspidata	Wilder Wein	x	x	x	12 - 20		x		6 - 7	grün-gelb
Gerüstkletterpflanzen										
Akebia quinata	Akebie	x	x		6 - 8		x		5	violettbraun & rosa
Aristolochia tomentosa	Pfeifenwinde	x	x	x	4 - 6	x			6 - 7	grüngelb & purpurbraun
Clematis montana	Waldrebe	x	x		8 - 10			x	5 - 6	hellrosa
Fallopia baldschuanica	Knöterich	x	x		8 - 15			x	7 - 9	weiß
Jasminum nudiflorum	Winterjasmin	x	x		3 - 5	x			12 - 3	gelb
Lonicera caprifolia	Jelängerjelieber	x	x		4 - 6		x		5 - 7	gelblichweiß
Rosa i.S.	Kletterrose	x	x		2 - 6		x		6 - 10	sortenabhängig
Rubus henryi	Brombeere		x	x	2 - 4		x		6 - 8	weiß
Vitis vinifera	Echter Wein	x	x		8 - 10			x	/	/
Wisteria floribunda	Blauregen	x	x		8 - 12		x		4 - 6	violett

Abb. 3.1.8-1: Auszug einer Pflanzenliste zu bodengebundenen Fassadenbegrünungen (Quelle: Bundesverband Gebäudegrün)

Pflanzenliste Wandgebundene Fassadenbegrünung

Botanischer Name	Deutscher Name	Standort			Höhe [cm]	Pflege			Blütezeit	Blütenfarbe
		○	◐	●		g	m	h		
Alchemilla mollis	Frauenmantel	×	×	×	30 - 60	×	×		6 - 7	grün - gelb
Bergenia cordifolia	Bergenie	×	×	×	25 - 40	×	X		4 - 5	dunkelrosa
Carex pendula	Hängende Segge		×	×	40 - 120		X		6 - 7	grünlichbraun
Dryopteris affinis	Goldschuppenfarn		×	×	50 - 100		×		/	/
Geranium macrorrhizum, Spessart	Balkan-Storchschnabel	×	×		20 - 30	×			5 - 7	weiß
Geranium sanguineum	Blut-Storchschnabel	×	×		30 – 40	×			6 - 8	rosa-rot
Hosta lancifolia	Lanzen-Funkie	×	×		20 - 60		×		7 - 8	violettblau
Heuchera micrantha	Purpurglöckchen	×	×		30 – 60	×	×		7 – 8	weiß
Lavandula officinalis	Echter Lavendel	×			40		×		6 - 8	violett
Luzula sylvatica	Wald-Hainsimse		×	×	20 - 60		×		5 - 6	braun
Nepeta x faassenii	Katzenminze	×	×		30 - 40		×		5 - 7	violett - blau
Phlox subulata	Polsterphlox	×			15		×		5 - 6	rosa
Sedum telephium	Hohe Fetthenne	×			50 - 70	×			9 - 10	rot
Thymus vulgaris	Thymian	×			25	×			6 - 7	rosa - violett
Waldsteinia ternata	Teppich-Ungarwurz		×	×	10		×		4 - 5	gelb

Abb. 3.1.8-2: Auszug einer Pflanzenliste zu wandgebundenen Fassadenbegrünungen (Quelle: Bundesverband Gebäudegrün)

Es gibt sowohl für boden- als auch für wandgebundene Fassadenbegrünungen umfangreiche Pflanzenlisten langjährig bewährter Arten, bei denen unterschiedliche Kriterien (z. B. Licht- und Wasserbedarf, Wuchshöhe und -leistung, Kletterstrategie usw.) hinterlegt sind.

Die Pflanzen sollten grundsätzlich vom Fachhandel kommen und müssen auf Kletterhilfen und Begrünungssystem abgestimmt sein.

Vegetationsaufbringung

Die Pflanzen sind als Ballenwaren in verschiedenen Größen (Töpfe, Container) in spezialisierten Baumschulen bzw. Anzuchtbetrieben herangezogen und werden als fertige Pflanzen bei boden- und wandgebundenen Begrünungen eingesetzt.

Bei bodengebundenen Begrünungen erfolgt die Pflanzung am Objekt, bei den wandgebundenen Begrünungsformen wird je nach Begrünungssystem schon fertig bepflanzt angeliefert oder die Pflanzen werden vor Ort ins System gepflanzt.

Bisher selten, systembezogen (wandgebundene Begrünung) jedoch möglich, ist auch die Verwendung von (regional gewonnenen) Saatgutmischungen.

Abnahmefähiger Zustand

Bei bodengebundenen Fassadenbegrünungen ist der abnahmefähige Zustand erreicht, wenn die Pflanzen in der ausgeschriebenen Anzahl und Qualität vorhanden und verwendet wurden und fest eingewurzelt sind.

Bei wandgebundenen Fassadenbegrünungen ist der abnahmefähige Zustand erreicht bei Erreichen des Begrünungsziels (u. a. Deckungsgrad) fest eingewurzelter Pflanzen in ausgeschriebener Anzahl und Qualität. Ausfälle von bis zu 5 % der Gesamtstückzahl sind tolerierbar, wenn ein geschlossener Begrünungseindruck vorhanden ist.

Der abnahmefähige Zustand wird durch die vorherige Fertigstellungspflege erreicht.

Instandhaltung und Wartung

Die Pflegemaßnahmen müssen für bodengebundene Begrünungen etwa ein- bis zweimal jährlich durchgeführt werden. Die Instandhaltung von wandgebundenen Begrünungen ist oftmals etwas aufwendiger, da diese einer laufenden Beobachtung bedürfen. Die Häufigkeit der Pflegemaßnahmen hängt hier auch stark vom gewünschten Erscheinungsbild ab.

Die fachgerechte Pflege durch geschultes Fachpersonal ist zwingend mit einzuplanen und ausführlich durch Pflege- und Instandhaltungsmaßnahmen aus- und zuzuschreiben. Dabei wird zwischen der zur Bauabwicklung gehörigen Fertigstellungspflege und der späteren Instandhaltungspflege (wodurch die Pflege über viele Jahre sichergestellt ist) unterschieden.

Abb. 3.1.8-3: Schon bei der Planung ist auch die spätere Pflege zu berücksichtigen (Quelle: Bundesverband Gebäudegrün)

Pflegemaßnahmen für bodengebundene Fassadenbegrünung

- Lockern und Säubern der Pflanzfläche
- Entfernen von unerwünschtem Fremdaufwuchs
- Wässern
- Düngen
- Kontrolle und ggf. erforderliche Ergänzung der Anbindung
- Schädlingsbekämpfung
- Freihalten der technischen Einrichtungen von Bewuchs
- Jährliche Kontrolle der konstruktiven Bauteile, insbesondere der Verankerung
- Ggf. Nachpflanzungen bei ausgefallenen Pflanzen

- Ggf. Inspektion und Wartung der Bewässerungsanlage (wenn vorhanden), einschließlich Winterfestigkeit

Pflegemaßnahmen für wandgebundene Fassadenbegrünung

- Jährliche Kontrolle der konstruktiven Bauteile, insbesondere der Verankerung
- Inspektion und Wartung der Pflanzgefäße (wenn vorhanden)
- Inspektion und Wartung der Bewässerungsanlage und Nährstoffversorgung, einschließlich Winterfestigkeit
- Inspektion und Wartung der Entwässerungseinrichtung
- Freischneiden von technischen Einrichtungen
- Wartung der Ver- und Entsorgungssysteme
- Entfernen von unerwünschtem Fremdaufwuchs
- Ggf. Nachpflanzungen bei ausgefallenen Pflanzen
- Schädlingsbekämpfung
- Ggf. Kontrolle der Fernwartung

3.1.9 Brandschutz bei Fassadenbegrünung

Die Begrünung von Gebäuden übt zusätzlich einen positiven Effekt auf das Stadtklima und die -entwicklung aus (Regenwasserrückhaltung, Feinstaubbindung, akustische Dämpfung und Aufwertung der Luftqualität). Als "natürliche Klimaanlagen" sind sie fester Bestanteil der Anpassungsstrategien an den Klimawandel von Städten und Gemeinden. Sie steht dabei im Konflikt mit der Einbindung von Flächen der Gebäudehülle zur Gewinnung von erneuerbaren Energien mittels Photovoltaik- und Solarthermieanlagen. Neben Dächern werden zukünftig verstärkt auch Fassadenflächen klimatisch wirksam eingebunden sein.

Doch angepasste Bauprinzipien führen auch zu neuen Herausforderungen. Die regelmäßige internationale Berichterstattung von verehrenden Fassadenbränden verdeutlich die Notwendigkeit erhöhter Brandschutzanforderungen an Fassaden. Wird die Fassade nun um eine brennbare Fassadenbegrünung ergänzt, ist diese bei der brandschutztechnischen Betrachtung zusätzlich zu berücksichtigen.

Dieser Fachbeitrag stellt die wesentlichen Grundprinzipien zur brandschutztechnisch sicheren Ausführung von Fassadenbegrünungen vor.

Nachfolgend werden die brandschutztechnischen Anforderungen der Musterbauordnung (MBO) vorgestellt, die die Grundlage der 16 Landesbauordnungen bildet.

Allgemeine brandschutztechnische Anforderungen an Fassaden

Grundsätzlich sind bauliche Anlagen (und somit auch Gebäude) „so anzuordnen, zu errichten, zu ändern und instand zu halten, dass die öffentliche Sicherheit und Ordnung, [...] nicht gefährdet werden“ (§ 3 MBO). Die brandschutzspezifischen Schutzziele sind weiter in § 14 MBO beschrieben, wonach bauliche Anlagen so anzuordnen, zu errichten, zu ändern und instand zu halten sind, dass:

MBO

- der Brandentstehung vorgebeugt wird,
- der Ausbreitung von Feuer und Rauch vorgebeugt wird,
- die Rettung von Menschen und Tieren sowie wirksame Löscharbeiten möglich sind.

Abhängig von Gebäudehöhe (Maß der Fußbodenoberkante des höchstgelegenen Geschosses) und Anzahl und Größe der Nutzungseinheiten werden Gebäude in fünf Gebäudeklassen unterteilt. Über die Gebäudeklassen werden die Brandschutzanforderungen entsprechend des brandschutztechnischen Risikos definiert, damit alle Gebäude eine vergleichbare Sicherheit aufweisen. Die unterschiedlichen Gebäudeklassen sind in Abbildung 1 mit den jeweiligen Kriterien aufgeführt.

Die Anforderungen an Außenwände sind in § 28 MBO beschrieben. Grundsätzlich sind Außenwände und Außenwandteile so auszuführen, dass die Brandausbreitung ausreichend lang begrenzt ist. Für die Gebäudeklassen 1 bis 3 gelten keine weiteren Anforderungen, die Außenwände und Außenwandteile müssen lediglich die bauaufsichtliche Anforderung „normalentflammbar“ erfüllen.

Für Gebäude der Gebäudeklasse 4 und 5 sind nichttragende Außenwände und nichttragende Teile tragender Außenwände aus nichtbrennbaren Baustoffen zu errichten. Brennbare Baustoffe sind zulässig, wenn raumabschließende Bauteile feuerhemmend (d. h. mit einem definierten Feuerwiderstand) ausgeführt werden. Oberflächen von Außenwänden und Außenwandbekleidung müssen schwerentflammbar sein und dürfen nicht brennend abfallen oder abtropfen. Ein Baustoff gilt als schwerentflammbar, wenn er unter Brandeinwirkung nur einen begrenzten Beitrag zum Brand leistet und die Brandausbreitung während und nach Wegfall der Brandeinwirkung ebenfalls begrenzt ist. Eine Ausnahme gilt für hinterlüftete Außenwandbekleidungen, welche abgesehen von den Dämmstoffen aus normalentflammbaren Baustoffen (z. B. Holz) bestehen dürfen, wenn sie entsprechend einer Technischen Baubestimmung nach § 85a MBO ausgeführt sind.

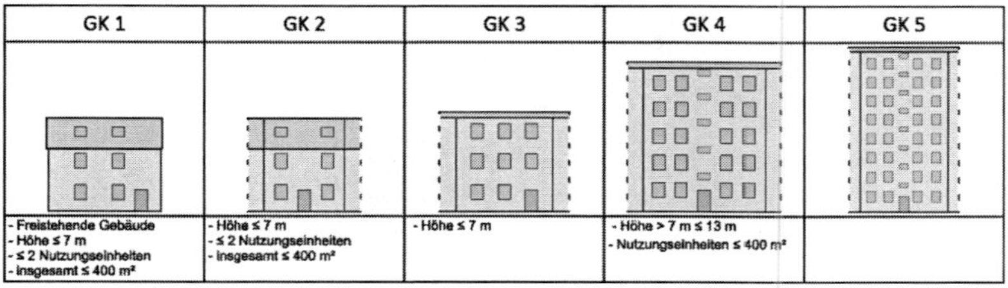

Abb. 3.1.9-1: Einteilung der Gebäudeklassen nach MBO (Quelle: hhpberlin)

Die genannten Anforderungen sind als vorbeugende Schutzmaßnahmen für die folgenden denkbaren Szenarien eines Brandüberschlages auf die Fassade zu sehen: (a) Brand eines benachbarten Objektes, (b) Brand außerhalb des Gebäudes oder (c) Brand innerhalb des Gebäudes. Die möglichen Szenarien sind in Abbildung 2 skizziert.

Beim Brand eines benachbarten Objektes wird die Fassade nicht direkt von Flammen beaufschlagt, die thermische Einwirkung erfolgt maßgeblich durch Wärmestrahlung. Ebenso ist die Brandweiterleitung durch Funkenflug und Flugfeuer möglich. Das Szenario (b) Brand außerhalb des Gebäudes beinhaltet die Brandbeanspruchung durch unmittelbar angrenzende Brandobjekte im Sockelbereich oder auf Balkonen und Terrassen. Bei einem Brand innerhalb des Gebäudes können aus dem Fenster schlagende Flammen die Fassade beanspruchen.

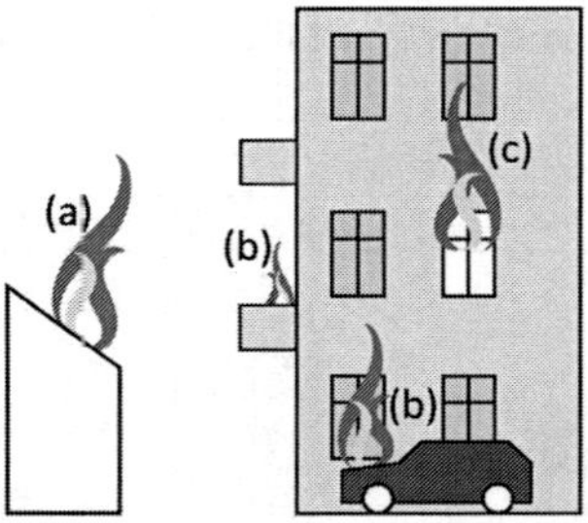

Abb. 3.1.9-2: Darstellung der möglichen Brandszenarien, welche zur Brandbeanspruchung der Fassade führen: (a) Brand eines benachbarten Objektes, (b) Brand außerhalb des Gebäudes, (c) Brand innerhalb des Gebäudes. (Quelle: hhpberlin)

Brandverhalten von Fassadenbegrünung

Fassadenbegrünungen können als boden- oder wandgebunde Ausführungen realisiert werden; auch Mischformen sind möglich. Bei bodengebundener Begrünung wächst die Pflanze aus dem Erdreich. Selbstklimmende Pflanzen, wie beispielsweise Efeu oder Wilder Wein, haften selbstständig an der Fassade und können diese ohne konstruktive Hilfsmittel bewachsen. Gerüstkletterpflanzen, wie beispielsweise Blauregen oder Hopfen, benötigen eine separate Wuchskonstruktion, welche direkt auf der Gebäudehülle befestigt oder freistehend angeordnet ist. Je nach Wuchsform der Pflanze eignen sich dafür beispielsweise vertikal gespannte Seile, Gittermatten oder horizontal angeordnete Latten. Bei wandgebundener Begrünung besteht die Besonderheit darin, dass das Wurzelwerk ohne Kontakt zum Erdreich in horizontalen Regalsystemen aus Pflanzenkübeln wächst. Für die Bewässerung und Nährstoffversorgung sind Systeme erforderlich, die entlang der Außenwand geführt werden. Alternativ ist ein flächiger Bewuchs möglich, wofür Vegetationsträger vertikal an der Wand befestigt werden.

Brandverhalten der Fassadenbegrünung

Das Brandverhalten der unterschiedlichen Formen der Fassadenbegrünung wird einerseits durch die Pflanze selbst und andererseits durch die Wuchskonstruktion bzw. den Vegetationsträger bestimmt. Einen maßgeblichen Einfluss hat dabei der Pflegezustand der Fassadenbegrünung. Denn ausgetrocknete bzw. abgestorbene Pflanzen mit hohem Totholzgehalt weisen eine wesentlich höhere Brandlast auf und führen gegebenenfalls zu nicht beherrschbaren Brandszenarien. Vitale Fassadenbegrünungen haben üblicherweise einen verhältnismäßig hohen Feuchtigkeitsgehalt, welcher dazu führt, dass die Pflanzen bei Beflammung nicht sofort entzündet werden. Ein vorheriges Austrocknen der Pflanzen ist notwendig, damit sich ihre Pflanzenmasse am Brand beteiligt.

Strohfeuerartig Brandausbreitung

Ausreichend ausgetrocknete Begrünungen zünden bei einem möglichen Brandüberschlag strohfeuerartig mit vertikaler Brandausbreitung durch, wobei Stichflammen nur wenige Sekunden anhalten (Abbildung 3) Eine horizontale Brandausbreitung in der Begrünung ist im Wesentlichen auf den vom Primärbrand beflammte Bereiche begrenzt. Durch von starkem Seitenwind abgelenkte Flammen ist dennoch eine erhöhte horizontale Brandausbreitung denkbar. Dies gilt insbesondere bei Pflanzenmasse mit geringem Feuchtigkeitsgehalt, welche schneller entzündet werden kann. Brennendes Abfallen beschränkt sich in der Regel auf vereinzelte, glimmende Pflanzenteile.

Abb. 3.1.9-3: Strohfeuerartige Durchzündung der Begrünung (hier Kriechspindel) während der Brandprüfung einer begrünten Holzfassade (Quelle: hhpberlin)

Bei brennbaren Wuchskonstruktionen und Vegetationsträgern ist das Brandverhalten dieser Systemkomponenten ebenfalls zu berücksichtigen. Zusätzliche Brandlasten ergeben sich aus den Kunststoffen möglicher Bewässerungsanlagen. Sowohl bei brennbaren als auch nichtbrennbaren Wuchskonstruktionen und Vegetationsträger kann die Temperaturerhöhung die Tragfähigkeit der tragenden Bestandteile reduzieren, wodurch eine zusätzliche Gefährdung durch herabfallende Teile möglich ist.

Anforderungen an die brandschutztechnische Ausführung einer begrünten Fassade

Zur Einhaltung der zuvor erläuterten Schutzziele definiert die Bauordnung Einzelanforderungen an das Brandverhalten von Baustoffen und Bauteilen. Derzeit wird in Expertenkreisen diskutiert, welche Teile der Fassadenbegrünung unter den Anwendungsbereich der Bauordnung fallen und welche bauordnungsrechtlichen Anforderungen daraus abzuleiten sind. Bis zu einer bauordnungsrechtlichen Klarstellung sind die nachfolgenden Ausführungen als Interpretation der Autoren zu verstehen und sind daher projektbezogen mit der verantwortlichen Genehmigungsbehörde abzustimmen. Unabhängig von der Diskussion um die Gültigkeit bestimmter Einzelanforderungen ist grundsätzlich sicherzustellen, dass die in § 3, § 14 und § 28 MBO erklärten Schutzziele erfüllt werden.

Fassadenbegrünungen müssen einen ausreichenden Abstand zu Brandwänden einhalten

An die Außenwände von Gebäuden der Gebäudeklasse 1 bis 3 werden keine besonderen brandschutztechnischen Anforderungen gestellt. Das Gefahrenpotential dieser Gebäude ist durch die geringe Gebäudehöhe von maximal 7 m vergleichsweise niedrig und Brände durch die Feuerwehr beherrschbar. Damit ergeben sich auch keine weiteren Anforderungen für eine Fassadenbegrünung. Bei Brandwänden nach § 30 MBO ist trotzdem zu beachten, dass keine brennbaren Bestandteile über diese hinweggeführt werden dürfen. Damit müssen auch Fassadenbegrünungen einen ausreichenden Abstand zu Brandwänden einhalten, damit eine Brandausbreitung über diese ausgeschlossen ist.

Bei Gebäuden der Gebäudeklasse 4 und 5 müssen die Außenwände und Außenwandbekleidungen nichtbrennbar bzw. schwerentflammbar ausgeführt werden. Durch die organischen Pflanzenbestandteile ist die bauaufsichtliche Anforderung „nichtbrennbar" prinzipiell nicht zu erreichen. Der Nachweis der Anforderung „schwerentflammbar" ist formal derzeit ebenfalls nicht möglich, da bislang keine technischen Regeln zur Klassifizierung von Fassadenbegrünungen existieren. Im Rahmen des Baugenehmigungsverfahren muss daher der Nachweis erfolgen, dass trotz Abweichung von diesen materiellen Anforderungen der Bauordnung die Schutzziele vollumfänglich erfüllt werden.

3.1.10 Reallabor VertiKKA: Eine Grünfassade zur Grauwasserreinigung und Klimaanpassung

Von der Idee zur Umsetzung

Der fortschreitende Klimawandel stellt Städte vor mehrere Herausforderungen, wie sich häufende Hitzeextreme, Trockenperioden oder Starkregenereignisse.[1] Gleichzeitig verschärft die fortschreitende Urbanisierung den Druck auf die Wasser- und Flächennutzung. Klassische Lösungen, wie Parks und Versickerungsflächen, stoßen hier zunehmend an ihre Grenzen, sodass integrierte, multifunktionale Ansätze an Bedeutung gewinnen.[2]

Fassadenbegrünung mit der Verwendung von Grauwasser

Eine vielversprechende Möglichkeit stellen begrünte Fassaden dar. Sie wirken sich positiv auf das Mikroklima aus, indem sie Oberflächentemperaturen in der Stadt reduzieren und die Umgebungsluft kühlen. Gleichzeitig können sie zur Verbesserung der thermischen Gebäudehülle beitragen und damit den Energiebedarf zur Gebäudeklimatisierung reduzieren. Ein bislang wenig genutztes, aber hohes Potenzial liegt in der Kombination von Fassadenbegrünung mit der Verwendung von Grauwasser. Dieser gering belastete Anteil des häuslichen Abwassers stammt aus Duschen, Waschbecken

1 Deutscher Wetterdienst (DWD) (2026): Klimawandel – ein Überblick, online verfügbar: https://www.dwd.de/DE/klimaumwelt/klimawandel/klimawandel_node.html, Stand: 31.03.2026, zuletzt geprüft: 23.04.2026

2 Bundesministerium für wirtschaftliche Zusammenarbeit und Entwicklung (BMZ) (2024): Wasser und Stadt, online verfügbar: https://www.bmz.de/de/themen/wasser/wasser-und-stadt, Stand: 13.06.2024, zuletzt geprüft: 23.04.2026

oder Waschmaschinen und macht einen Anteil von 50-80 % des Gesamtaufkommens aus.[1] Anstatt es direkt abzuleiten, kann es über die Grünfassade lokal aufbereitet und anschließend zur Gartenbewässerung oder als Brauchwasser im Haushalt wiederverwendet werden.

Vertikale KlimaKlär-Anlage – VertiKKA

Genau hier setzt das Konzept der „Vertikalen KlimaKlär-Anlage – VertiKKA“ an, welche die klimatischen und bauphysikalischen Vorteile von Grünfassaden mit dem speziellen Zweck der Grauwasseraufbereitung kombiniert.[2] Doch der Ansatz, das vertikale Flächenangebot in der Stadt und vorhandene Ressourcen optimal zu nutzen, birgt noch mehr Potenzial, nämlich die Nutzung solarer Erträge. Daher verfügt die VertiKKA auch über bewegliche Photovoltaik-Lamellen, die sich vor den Pflanzen befinden.

Abbildung 3.1.10-1 zeigt den charakteristischen Aufbau der VertiKKA. Sie besteht aus drei Funktionsebenen, die miteinander wechselwirken.

1 Deutsche Vereinigung für Abwasser und Abfall e. V. (DWA) (2017): Merkblatt 277 - Hinweise zur Auslegung von Anlagen zur Behandlung von Grauwasser und Grauwasserteilströmen

2 Kohlhepp, G.; Middendorf, V.; Hartmann, M.; Ostheimer, S.; Siemer, D.; Schütze, M., Rotsch, J.; Podlowski, L.; Speck, M.; Friedrich, K.; Alsaad, H.; Völker, C.; Beier, S. (2025): VertiKKA - Die vertikale KlimaKlärAnlage zur Steigerung der Ressourceneffizienz und Lebensqualität in urbanen Räumen; Umsetzung, Monitoring und Weiterentwicklung der vertikalen Klima-Klär-Anlage, Abschlussbericht, https://doi.org/10.34657/18281

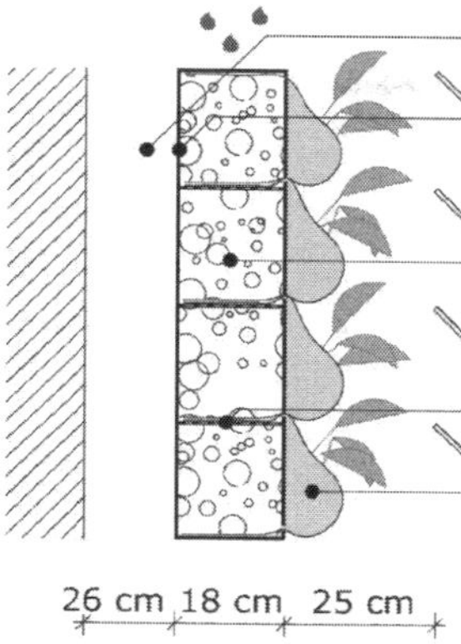

Abb. 3.1.10-1: Dreischichtiger Aufbau eines VertiKKA-Moduls von der Wand bis zur PV-Lamelle (Quelle: Hartmann; BUW)

Aufbereitung des Grauwassers

Die hinterste Ebene übernimmt die Aufbereitung des Grauwassers. Sie besteht aus einem Modulkasten, der mit einer Mischung aus Blähglasgranulat und Pflanzenkohle gefüllt ist. Das Reinigungssubstrat erfüllt mehrere Funktionen gleichzeitig: Es dient als mechanischer Filter, als Trägermedium für Mikroorganismen und als Speicher für Nährstoffe. Die Module sind konstruktiv so aufgebaut, dass das Substrat in mehrere Ebenen unterteilt ist, um eine gleichmäßige Durchströmung zu gewährleisten und Setzungsprozesse zu vermeiden. Das Grauwasser wird von oben in die Module eingeleitet und durchströmt das Substrat vertikal. Dabei werden organische Stoffe abgebaut und Partikel zurückgehalten.

Begrünung

Vor der Reinigungsebene befindet sich die Pflanzenebene. Die Pflanzen sind in separaten Pflanztaschen angeordnet und über ein kapillaraktives Vlies mit der dahinterliegenden Substratebene verbunden. Auf diese

Weise werden sie kontinuierlich mit Wasser und Nährstoffen versorgt. Die Pflanzen übernehmen mehrere Funktionen: Einerseits tragen sie zur weiteren Reinigung des Wassers bei und andererseits kühlen sie die Umgebungsluft leicht durch Verdunstung von transpiriertem Wasser, wodurch nicht nur das Mikroklima, sondern auch der Wirkungsgrad der angrenzenden Photovoltaik-Elemente positiv beeinflusst werden kann.

Im Reallabor werden ausschließlich winterharte Pflanzenarten eingesetzt. Pro Modul werden unterschiedliche Arten untersucht, um deren Eignung für das System bewerten zu können. Zur systematischen Bewertung der Pflanzengesundheit wird ein regelmäßiges Pflanzenmonitoring durchgeführt.

Photovoltaik

Die vorderste Ebene bildet die Photovoltaik, die auf beweglichen Lamellen mit einem opaken Anteil von 50 % angeordnet ist. Die Lamellen sind typischerweise in einem Winkel von etwa 45° positioniert und werden bei Windgeschwindigkeiten ab 50 km/h automatisch in eine vertikale Stellung gefahren. Dadurch wird die Windangriffsfläche reduziert und gleichzeitig die darunterliegende Vegetation geschützt. Der solare Stromertrag kann zur Anlagensteuerung genutzt werden.

Durch die Kombination dieser drei Ebenen entsteht ein integriertes System, in welchem Wasser-, Energie- und Stoffströme miteinander verknüpft sind (Abb. 3.1.10-2). Seit der Umsetzung des Reallabors an einem Bestandsgebäude in Weimar im Jahr 2024 (Abb. 3.1.10-3) werden die verschiedenen Wirkungsweisen erstmals gemeinsam und über längere Zeiträume untersucht. Ziel ist es, die Funktion solcher Systeme nicht nur unter Laborbedingungen, sondern im praktischen Einsatz zu bewerten und damit eine Grundlage für zukünftige Anwendungen in der Stadtentwicklung zu schaffen.

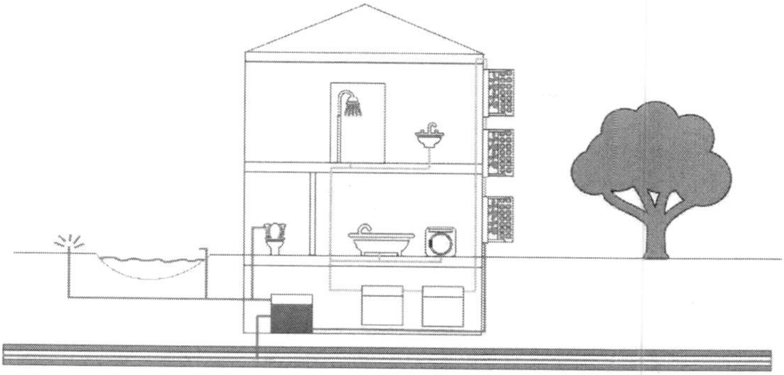

Abb. 3.1.10-2: Funktionsprinzip des multifunktionalen Fassadenbegrünungssystems VertiKKA (Quelle: BCE)

Abb. 3.1.10-3: Das Reallabor mit der weiterentwickelten VertiKKA an einem Universitätsgebäude in Weimar im Jahr 2024 (Quelle: Bauphysik; BUW)

Abb. 3.1.10-4: Erstmalige Umsetzung der VertiKKA an einem Testcontainer an der Kläranlage Weimar im Jahr 2020 (Quelle: Bauphysik; BUW)

Grauwasser als alternative Bewässerung für Grünfassaden

Bedeutung von Grauwasser

Ein zentraler Ansatz zur Reduktion des Trinkwasserverbrauchs in Gebäuden ist die Nutzung von Grauwasser. Im Vergleich zu Schwarzwasser (ähnlich dem Zulauf einer Kläranlage) ist Grauwasser deutlich geringer belastet und eignet sich daher grundsätzlich für eine dezentrale Aufbereitung und Wiederverwendung.[1] Der Optische Unterschied von Grauwasser zu Abwasser im Zulauf einer Kläranlage und zu Trinkwasser ist auf Abb. 5 zu sehen.

---

1 Deutsche Vereinigung für Abwasser und Abfall e. V. (DWA) (2017): Merkblatt 277 - Hinweise zur Auslegung von Anlagen zur Behandlung von Grauwasser und Grauwasserteilströmen

Abb. 3.1.10-5: Optischer Vergleich von Grauwasser mit Trinkwasser und dem Zulauf der Kläranlage Weimar (Quelle: Goldammer; BUW)

Alternative Bewässerung durch Grauwasser

Derzeit werden Fassadenbegrünungen in der Praxis überwiegend mit Trinkwasser und teilweise ergänzend mit gespeichertem Regenwasser bewässert. Diese Vorgehensweise ist jedoch nur bedingt nachhaltig und stößt insbesondere in den Sommermonaten an ihre Grenzen. Ein zentrales Problem besteht darin, dass Regenwasser genau dann knapp ist, wenn es am dringendsten benötigt wird: In heißen und trockenen Perioden fällt oft nur wenig Niederschlag, während gleichzeitig der Wasserbedarf der Pflanzen stark ansteigt. Gleichzeitig sind Trinkwasserressourcen in solchen Perioden besonders wertvoll und stehen zunehmend unter Druck. Die Bewässerung von Fassaden mit Trinkwasser ist daher langfristig weder ökologisch noch wirtschaftlich sinnvoll. Vor diesem Hintergrund bietet die Nutzung von Grauwasser eine vielversprechende Alternative: Es fällt kontinuierlich im Gebäude an, ist unabhängig von Witterungsschwankungen verfügbar und kann gezielt zur Bewässerung eingesetzt werden.

Grauwasseraufbereitung mit der VertiKKA

Blähgrasgranulat und Pflanzenkohle

Die Reinigungsmechanismen in der Reinigungsebene basieren auf einer Kombination aus Filtration durch ein mineralisches Substrat und biologischen Prozessen im Biofilm. Das System lässt sich damit funktional mit klassischen Verfahren wie Tropfkörpern oder bepflanzten Bodenfiltern vergleichen. Im Rahmen des Reallabors in Weimar muss das Grauwasser zur Anlage transportiert werden, da vor Ort am Universitätsgebäude kein Grauwasser anfällt. Das Grauwasser wird von oben in die Fassadenmodule eingeleitet und durchströmt anschließend das Reinigungssubstrat. Dieses besteht aus Materialien wie Blähglasgranulat und Pflanzenkohle (Abb. 3.1.10-6 links) und bietet eine große Oberfläche für Mikroorganismen. Während des Durchflusses werden organische Stoffe biologisch abgebaut, Nährstoffe teilweise gebunden oder umgesetzt und Feststoffe zurückgehalten. Gleichzeitig wird das Wasser im weiteren Verlauf für die Bewässerung der Pflanzen genutzt, wodurch ein gekoppeltes System aus Wasserreinigung und Begrünung entsteht. Zur Bewertung der Reinigungsleistung wird das Wasser regelmäßig am Zu- und Ablauf beprobt und analysiert.

Abb. 3.1.10-6: Links: Reinigungssubstrate: links oben: Blähglasgranulat aus Vorversuchen, rechts oben: Verwendetes Blähglasgranulat, links unten: Pflanzenkohle aus Getreidespelzen, rechts unten, Substratmischung aus Blähglasgranulat und Pflanzenkohle im eingesetzten Mischungsverhältnis; Rechts: Blick auf ein einzelnes VertiKKA-Modul von oben mit Reinigungs- und Pflanzenebene (Quelle: Kohlhepp; BUW)

Die Reinigungsleistung

Erste Voruntersuchungen an einem VertiKKA-Modul zeigen ein hohes Reinigungspotenzial. Auf Abb. 3.1.10-7 ist das Grauwasser vor (links) und nach der Reinigung (rechts) zu sehen. Im universitätseigenen Abwasserlabor wurden mittels Küvettentests die einschlägigen Parameter der Abwasserreinigung bestimmt (Abb. 3.1.10-8). Darauf aufbauend konnten beispielsweise Reduktionsleistungen für den chemischen Sauerstoffbedarf (CSB) von bis zu 99 %, für den Phosphor (PO4-P) von bis zu 95 % und für den gesamten gebundenen Stickstoff (TNb) von 94 % festgestellt werden.[1]

In Bezug auf die Abwasserverordnung Anhang 1[2] werden die Grenzwerte für alle Größenklassen eingehalten. Die tatsächliche langfristige Reinigungsleistung hängt dabei unter anderem von der Zusammensetzung des Grauwassers, der hydraulischen Belastung, der Umgebungs-, Substrat- und Grauwassertemperatur sowie dem Zustand der Vegetation und des Biofilms ab. Wie lange das Reinigungssubstrat verwendet werden kann, bevor es getauscht oder aufbereitet werden kann, ist Bestandteil der gegenwärtigen Forschung.

---

1 Paskert, T.; Kohlhepp, G.; Hartmann, M.; Beier, S.; Völker, C.; Alsaad, H. (2026): Grau trifft Grün: Untersuchung der Auswirkungen einer Grünfassade mit Grauwasseraufbereitung auf die Gebäudehülle, das urbane Mikroklima und die Grauwasserreinigungsleistung, Bauphysiktage 2026, Kaiserslautern

2 Verordnung (EU) 2020/741 (2020): Verordnung des Europäischen Parlaments und des Rates vom 25. Mai 2020 über Mindestanforderungen an die Wasserwiederverwendung, online verfügbar: http://data.europa.eu/eli/reg/2020/741/oj, zuletzt geprüft am: 23.04.2026

Abb. 3.1.10-7: Links: Stark belastetes Grauwasser im Speicherbehälter zur Bewässerung der Anlage; Rechts: Gereinigtes Grauwasser aus dem Ablauf eines VertiKKA-Moduls (Quelle: Kohlhepp; BUW)

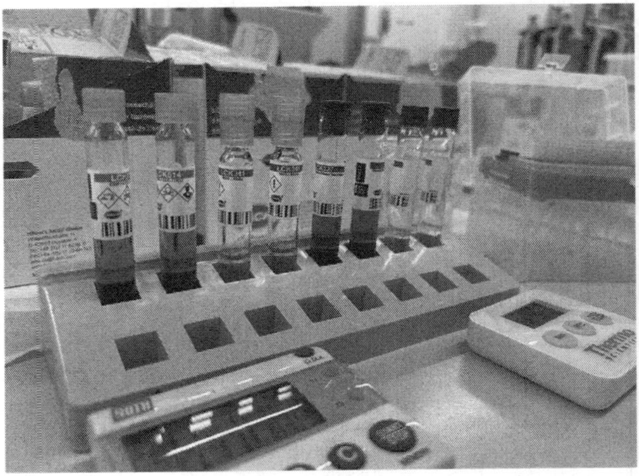

Abb. 3.1.10-8: Laboranalyse mit Küvettentests (Quelle: Kohlhepp; BUW)

Wasserwiederverwendung als Perspektive

Nutzung für die Bewässerung von Grünflächen möglich

Ein wesentliches Ziel der Untersuchungen ist die Bewertung, inwieweit das aufbereitete Wasser weiter genutzt werden kann. Dabei werden verschiedene Regelwerke berücksichtigt, u. a. die EU-Verordnung zur Wasserwiederverwendung (Verordnung (EU) 2020/741), DIN EN 16941-2 „Vor-Ort-Anlagen für Nicht-Trinkwasser – Teil 2: Anlagen für die Verwendung von behandeltem Grauwasser" oder das DWA-M 277 „Hinweise zur Auslegung von Anlagen zur Behandlung und Nutzung von Grauwasser und Grauwasserteilströmen". Je nach erreichten Wasserqualitäten ist eine Nutzung beispielsweise für die Bewässerung von öffentlichen oder privaten Grünflächen, als Betriebswasser im Gebäude für die Toilettenspülung oder Waschmaschine möglich. Damit leistet die VertiKKA nicht nur einen Beitrag zur Fassadenbegrünung, sondern auch zur Entwicklung dezentraler Wasserkreisläufe in Städten.

Grünfassaden für das Mikroklima

Herausforderungen in urbanen Lebensräumen

In Städten sinkt der Grünflächenanteil mit zunehmender Bebauungsdichte, während der Anteil an versiegelten Flächen zunimmt. Asphalt und Beton weisen eine geringe Albedo (solarer Reflexionsgrad) von 0,05-0,15 und 0,2-0,4 auf, wodurch sich diese Materialen unter Sonneneinstrahlung stark aufheizen. Die ungünstige Strahlungsbilanz dieser Oberflächen sowie die fehlende vegetationsbedingte Verdunstungskühlung und verringerte Windgeschwindigkeiten in engen Straßenschluchten begünstigen den städtischen Wärmeinseleffekt. In diesem Zusammenhang stellen Grünfassaden eine ideale Möglichkeit dar, das große vertikale Flächenangebot in Städten zur Begrünung zu nutzen – und das, ohne dabei die städtische Durchlüftung zu beeinträchtigen. Doch welche physikalischen Effekte an Grünfassaden tragen dazu bei, das urbane Mikroklima zu verbessern und damit dem Wärmeinseleffekt entgegenzuwirken?

Wirkungsweise von Grünfassaden

Transpiration und Evaporation

Die bereits erwähnte Verdunstungskühlung entsteht durch die Transpiration des Laubs und die Evaporation an der bewässerten Substratoberfläche. Da der Umgebungsluft bei der sogenannten Evapotranspiration, also der Verdunstung an Laub und Substrat, latente Wärme entzogen wird, sinkt die Temperatur der angrenzenden Luftschicht, während die relative Luftfeuchte steigt. Doch nicht nur die Lufttemperatur, sondern auch die Substrat- und Blatttemperatur sinkt dabei. Die Oberflächentemperaturen von Grünfassaden werden allerdings noch durch weitere Effekte beeinflusst. Dazu zählen die höhere Albedo des Laubs, die erhöhte konvektive Wärmeübertragung am Laub und die hohe Wärmekapazität des im Substrat gespeicherten Wassers, welche das Aufheizen verlangsamt. Infolgedessen wirken sich Grünfassaden positiv auf die mittlere Strahlungstemperatur aus, die von Menschen durch die Wärmeabstrahlung der Umgebungsflächen wahrgenommen wird. Sie beeinflusst weiterhin das thermische Empfinden von Stadträumen.

Albedo, konvektiver Wärmeübergang und Wärmekapazität

Die Einflüsse der VertiKKA

Die beschriebenen Auswirkungen werden sowohl mit einer Vielzahl von Sensoren, die Abb. 3.1.10-9 zeigt, im Reallabor gemessen als auch numerisch simuliert.

Abb. 3.1.10-10 zeigt die Positionierung von jeweils vier Feuchtefühlern einerseits vor einem Referenzwandabschnitt ohne Begrünung und andererseits an der VertiKKA (mit einem Zusatzsensor im Luftspalt). Damit werden die Lufttemperatur und relative Luftfeuchte in unterschiedlichen Wandabständen zwischen 0,05 m und 1,35 m in 5-Minuten-Intervallen gemessen. Anschließend werden die Rohdaten zu stündlichen Mittelwerten zusammengefasst und ausgewertet. Erste Ergebnisse zeigen eine Reduktion der Lufttemperatur von bis zu 0,8 K und eine um etwa 6,4 % erhöhte relative Luftfeuchte nahe der Begrünung am Tag, wobei diese Effekte mit zunehmendem Abstand sinken.[1]

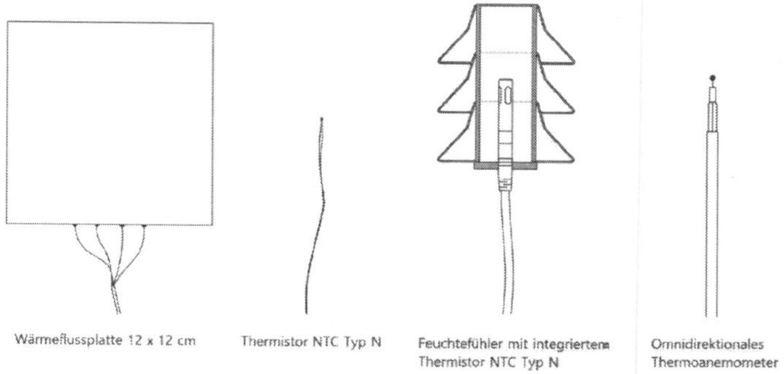

Abb. 3.1.10-9: Im Reallabor VertiKKA verwendete Sensoren (Quelle: Hartmann; BUW)

[1] Paskert, T.; Kohlhepp, G.; Hartmann, M.; Beier, S.; Völker, C.; Alsaad, H. (2026): Grau trifft Grün: Untersuchung der Auswirkungen einer Grünfassade mit Grauwasseraufbereitung auf die Gebäudehülle, das urbane Mikroklima und die Grauwasserreinigungsleistung, Bauphysiktage 2026, Kaiserslautern

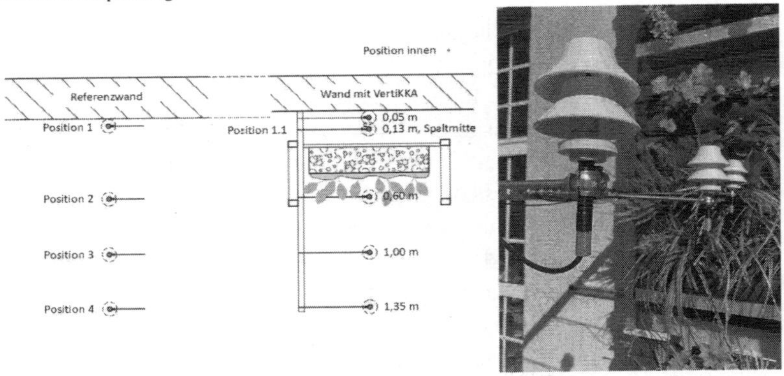

Abb. 3.1.10-10: Links: Horizontalschnitt mit Anordnung der Temperatur- und Feuchtesensoren an der unbegrünten Referenzwand und an der VertiKKA; Rechts: Feuchtefühler an der VertiKKA in Wetterschutzgehäusen (Quelle: Hartmann; BUW)

Die Auswirkungen auf die Oberflächentemperaturen einer Vielzahl von Fassaden und die mittlere Strahlungstemperatur müssen hingegen simuliert werden. Dazu eignen sich nicht-statische, numerische Rechenmodelle, die auf den Grundlagen der Thermo- und Fluiddynamik sowie der allgemeinen Atmosphärenphysik basieren (Software Envi-Met). Am deutlichsten zeigen sich die positiven Auswirkungen bei der Begrünung ganzer Stadtquartiere in vom Wärmeinseleffekt betroffenen Städten, wie Stuttgart. So konnten die Oberflächentemperaturen von Gebäuden im Stadtraum und damit die Wärmeabstrahlung, wie in Abb. 3.1.10-11 zu sehen, um 5,9 K für die Gebäude auf der linken Seite und um 7,8 K für die Gebäude auf der rechten Seite reduziert werden. In diesem Zusammenhang konnten auch die Tagesspitzenwerte der mittleren Strahlungstemperatur in Aufenthaltshöhe um bis zu 3,0 K gesenkt werden.[1]

[1] Alsaad, H., Hartmann, M., Hilbel, R., & Voelker, C. (2022): The potential of facade greening in mitigating the effects of heatwaves in Central European cities. Building and Environment, 216, 109021

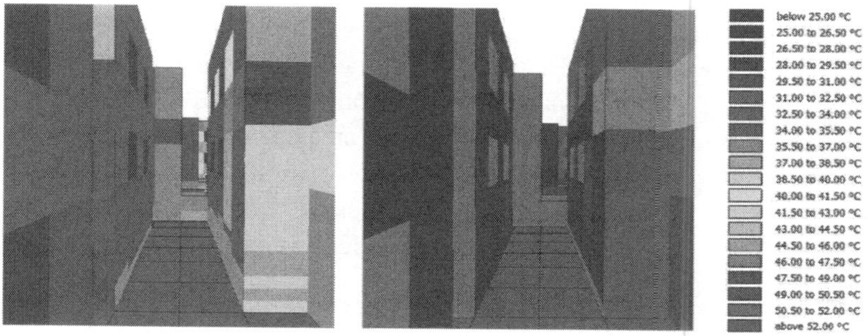

Abb. 3.1.10-11: Links: Oberflächentemperaturen unbegrünter Gebäude; Rechts: Im Vergleich dazu Substrattemperaturen bei Begrünung mit der VertiKKA (Quelle: Alsaad et al., 2022)

Die Hygrothermik von begrünten Wänden

Wärmetransport und Energieeinsparpotentiale für Gebäude

Verschattung und thermische Pufferwirkung

Indem Grünfassaden den langwelligen Strahlungsaustausch zwischen Fassade und Umgebung reduzieren oder sogar verhindern, beeinflussen sie nicht nur die Oberflächentemperatur der Fassade, sondern auch den Wärmetransport durch die Außenwand. Im Sommer wirken sie verschattend und können den Kühlenergiebedarf senken. Folglich werden die solaren Wärmegewinne zwar auch im Winter reduziert, jedoch wird in den verlängerten Dunkelphasen v. a. dem Strahlungsaustausch zwischen Fassade und dem etwa -50 °C kalten Nachthimmel entgegengewirkt. Das bedeutet, es geht weniger Wärme durch die Außenwand verloren. Gleichzeitig schirmt die Grünfassade den Wind ab, sodass der konvektive Wärmeaustausch an der Fassade reduziert wird.

Durch Messungen an der VertiKKA konnten die Auswirkungen dieser Effekte bereits gezeigt werden, denn der U-Wert, der den Wärmetransport durch ein Bauteil beschreibt, sank durch die Begrünung um bis zu 18 %.[1] Mithilfe von Simulationen kann beispielsweise auch das Verhalten von begrünten, konstruktiv unterschiedlichen Wandaufbauten untersucht werden. So zeigte sich, dass die VertiKKA sich auf nicht wärmegedämmte Wände am stärksten auswirkt. Beispielsweise konnte der U-Wert für eine Ziegelwand aus 38 cm dickem Mauerwerk um 0,77 W/m^2K und damit um etwa 42 % verringert werden, für einen zweischaligen Wandaufbau mit 10 cm Kerndämmung hingegen nur um 0,04 W/m^2K, was jedoch immer noch etwa 21 % entspricht.[2]

Feuchterisiko durch Grünfassaden?

Verringertes Tauwasserrisiko

Bei wandgebundenen Begrünungsformen, wie der VertiKKA, deren Bewässerung an der Fassade erfolgt, stellt sich außerdem die Frage nach der Feuchteproblematik. Begünstigen Grünfassaden etwa das Wachstum von Moosen, Flechten und Pilzen an der Fassade? Diese Bedenken konnten durch die bisherigen Messungen am Reallabor entkräftet werden, denn das Tauwasserrisiko wurde sogar reduziert. Die Ergebnisse sind nicht nur auf die geschlossene Alucobond-Rückwand, sondern auch auf einen physikalischen Effekt zurückzuführen. Zur Tauwasserbildung kommt es v. a., wenn die Oberflächentemperatur unter die Taupunkttemperatur der angrenzenden Luftschicht sinkt. Da der Luftwechsel zwischen Grünfassade und Außenwand reduziert wird,

---

1 Alsaad, H., Engelhardt, M., & Völker, C. (2022): Messtechnische Untersuchung der Auswirkung von Fassadenbegrünungen auf den U-Wert der Außenwand. Bauphysik, 44(4), 211-219

2 Alsaad, H., Hartmann, M., & Voelker, C. (2022). The effect of a living wall system designated for greywater treatment on the hygrothermal performance of the facade. Energy and Buildings, 255, 111711.

sind sowohl die Außenoberfläche der Wand als auch die Luft nahe der Fassade tendenziell wärmer und die Luft kann mehr Feuchtigkeit speichern. Im Reallabor konnte dieser Effekt gemessen werden. Dort stellte sich eine durchschnittlich 0,2 K höhere Temperatur der Wandoberfläche in den Wintermonaten ein.[1]

Zusammenfassung

Die VertiKKA kombiniert Grauwasseraufbereitung, Fassadenbegrünung und Photovoltaik. Damit stellt sie einen integrativen Ansatz dar, der mehrere urbane Herausforderungen gleichzeitig adressiert. Durch die Nutzung von Grauwasser kann der Trinkwasserverbrauch deutlich reduziert werden, während gleichzeitig lokal verfügbare Ressourcen effizient eingesetzt werden. Darüber hinaus tragen Grünfassaden, wie die VertiKKA, zur Verbesserung des Mikroklimas bei und können den Wärmeinseleffekt reduzieren, indem sie Gebäudefassaden verschatten und durch Verdunstung die Umgebungsluft kühlen. Gleichzeitig verbessern sie die thermische Gebäudehülle. Damit leisten die VertiKKA in ihrer Gesamtheit aber auch diverse andere Grünfassaden einen Beitrag zu nachhaltigen Gebäude- und Stadtplanungskonzepten und sollten frühestmöglich in die Planung integriert werden. Dies erfordert unter anderem die Verbreitung von Expertise und leicht integrierbarer digitaler Planungs- und Berechnungswerkzeuge für Grünfassaden.

---

[1] Paskert, T.; Kohlhepp, G.; Hartmann, M.; Beier, S.; Völker, C.; Alsaad, H. (2026): Grau trifft Grün: Untersuchung der Auswirkungen einer Grünfassade mit Grauwasseraufbereitung auf die Gebäudehülle, das urbane Mikroklima und die Grauwasserreinigungsleistung, Bauphysiktage 2026, Kaiserslautern

Danksagung

Das Projekt „GrayToGreen: Dekarbonisierung durch Energieeffizienz und Kreislaufwirtschaft" wird gefördert durch den Freistaat Thüringen aus Mitteln des Europäischen Sozialfonds Plus. Bestandteil dieses Beitrags sind ebenfalls Erkenntnisse aus den vorangegangenen BMBF-geförderten Projekten „VertiKKA" und „VertiKKA2" innerhalb der Förderinitiative Ressourceneffiziente Stadtquartiere (RES:Z), Förderkennzeichen 033W108G und 033W108GN. Das Reallabor VertiKKA entstand im Rahmen von „VertiKKA2". Wir bedanken uns für diese Unterstützung.

Autoren
Gloria Maria Kohlhepp (ORCID: 0009-0005-5774-2077), Professur Siedlungswasserwirtschaft und Technologien urbaner Stoffstromnutzungen
und
Maria Hartmann (ORCID: 0000-0002-9409-097X), Professur Bauphysik
Bauhaus-Universität Weimar, Coudraystraße 7, 99423 Weimar

3.2 Verschattung

Klimawandel – aktuelle Referenzwetterdaten

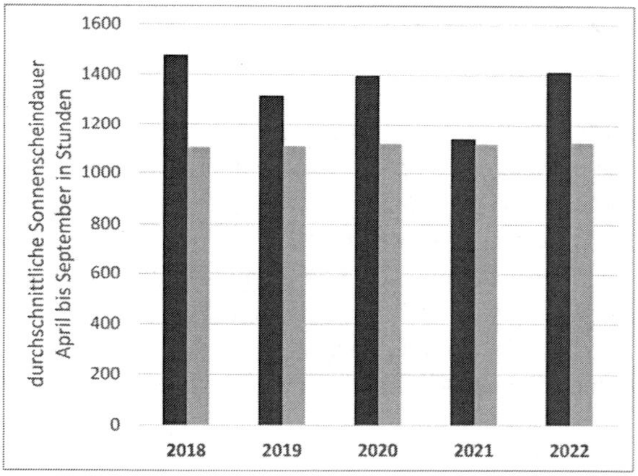

Abb. 3.2-1: Durchschnittliche Sonnenscheindauer der letzten fünf Jahre. (Quelle: Hoffmann nach Daten Deutscher Wetterdienst)

Deutlicher Anstieg der sommerlichen Temperaturen

In den letzten Jahren traten vermehrt heiße und strahlungsreiche Sommer mit Spitzentemperaturen über 40 °C auf. Die sommerlichen Temperaturen der letzten fünf Jahre sind im Vergleich zum vieljährigen Mittel der Jahre 1961-1990 von 1 bis 1.7 K (°C) angestiegen. Aufgrund einer Häufung warmer und in der Folge regen- und wolkenarmer Tage ist auch die auftreffende Solarstrahlung deutlich gestiegen. Abbildung 3.2-1 zeigt die durchschnittliche Sonnenscheindauer von 2018–2022, im Vergleich zum Mittel der Jahre 1961–1990. Mit Ausnahme des eher regenreichen Sommers 2021 weisen die letzten Jahre deutlich erhöhte Werte für die Sonnenscheindauer auf (Datenquelle: Deutscher Wetterdienst DWD).

Die vom DWD bereitgestellten Testreferenzjahre (engl.: test reference years TRY), die z. B. in der energetischen Gebäudesimulation als klimatische Randbedingungen genutzt werden, wurden hinsichtlich dieser Veränderungen angepasst. Abbildung 3.2-2 zeigt für Klimazonen A, B und C gemäß DIN 4108-2:2013[1] die monatlichen Durchschnittstemperaturen von April bis September sowohl für den Referenzzeitraum von 1991–2020 (A 2010, B 2010, C 2010) als auch für den teilweise in der Zukunft liegenden Zeitraum von 2021–2050 (A 2035, B 2035, C 2035). Abbildung 3.2-3 zeigt analog die monatlichen Summenwerte der Globalstrahlung. Aus diesen Daten ist ersichtlich, dass zukünftig von deutlich höheren Außentemperaturen und signifikant mehr Solarstrahlung im Sommer ausgegangen werden muss. Dem sommerlichen Wärmeschutz von Gebäuden kommt somit eine immer größere Bedeutung zu. (Eine detaillierte Analyse der Daten kann der Veröffentlichung „Untersuchungen zum sommerlichen Wärmeschutz – Teil 1: Vergleich der Nachweisverfahren unter Berücksichtigung zukünftiger Klimadaten“ entnommen werden.[2])

[1] DIN 4108-2:2013 „Wärmeschutz und Energie-Einsparung in Gebäuden – Teil 2: Mindestanforderungen an den Wärmeschutz“, Beuth-Verlag

[2] Hoffmann, and Kheybari.(2021). „Untersuchungen zum sommerlichen Wärmeschutz – Teil 1: Vergleich der Nachweisverfahren unter Berücksichtigung zukünftiger Klimadaten“ Bauphysik 43, H. 1, S. 27–35.

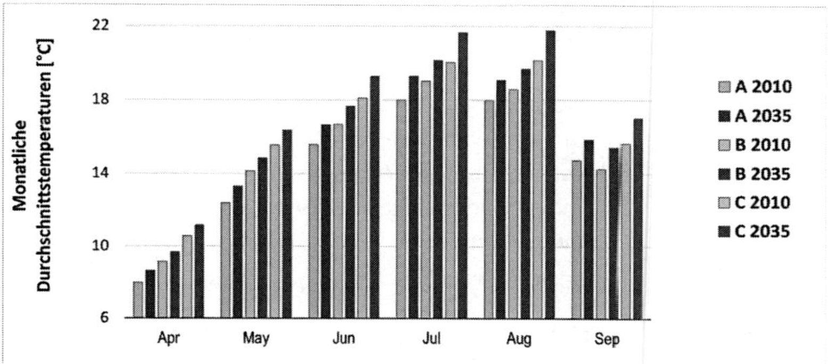

Abb. 3.2-2: Monatliche Durchschnittstemperaturen gemäß TRY 2010 (1991–2020) und TRY 2035 (2021–2050). (Quelle: Hoffmann und Kheybari[1])

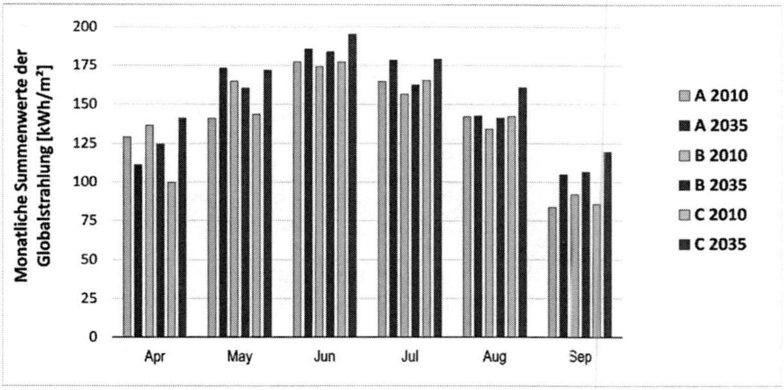

Abb. 3.2-3: Monatliche Summenwerte der Globalstrahlung gemäß TRY 2010 (1991–2020) und TRY 2035 (2021–2050). (Quelle: Hoffmann und Kheybari[2])

1 Hoffmann, Sabine, and Abolfazl Ganji Kheybari. 2021. „Untersuchungen zum sommerlichen Wärmeschutz – Teil 1: Vergleich der Nachweisverfahren unter Berücksichtigung zukünftiger Klimadaten“ Bauphysik 43, H. 1, S. 27–35.

2 Hoffmann, Sabine, and Abolfazl Ganji Kheybari. 2021. „Untersuchungen zum sommerlichen Wärmeschutz – Teil 1: Vergleich der Nachweisverfahren unter Berücksichtigung zukünftiger Klimadaten“ Bauphysik 43, H. 1, S. 27–35.

3.2.1 Notwendigkeit des Sonnenschutzes

Die Analyse der Wetterdaten zeigt die Notwendigkeit auf, im Gebäudesektor Maßnahmen zu treffen, die die Konsequenzen der zunehmenden Außentemperaturen und des vermehrten Solareintrags in den Sommermonaten abmildern.

Einflussfaktoren auf sommerliche Überhitzung

Sommerliche Überhitzung in Gebäuden kann auf folgende Einflussfaktoren zurückgeführt werden:

- hoher Solareintrag durch transparente (oder transluzente) und in geringerem Maße auch opake Bauteile der Gebäudehülle
- Transmissionswärmestrom von außen nach innen, wenn die Außentemperatur höher ist als die Innentemperatur
- Wärmeeintrag durch Lüftung, wenn die Außentemperatur höher ist als die Innentemperatur
- interne sensible (und ggf. latente) Wärmelasten durch Menschen und elektrische Geräte
- unzureichende thermische Masse der Gebäudekonstruktion, um den Wärmeeintrag temporär in der Baukonstruktion zu speichern.

Wie groß der Anteil der einzelnen Einflussgrößen am Entstehen sommerlicher Überhitzung ist, hängt stark vom Gebäude selbst und seiner Nutzung ab. Besonders kritisch ist, dass die sommerlichen Nachttemperaturen häufig nicht mehr dazu ausreichen, die tagsüber ins

Gebäude eingebrachte Wärme während der Nachtstunden durch erhöhte Nachtlüftung wieder an die Umgebung abzugeben[1]. Gleichzeitig nehmen die internen Wärmelasten durch die Vielzahl an elektrischen und elektronischen Geräten tendenziell zu, während immer häufiger leichte Bauweisen mit geringer thermischer Masse eingesetzt werden.

Solarer Wärmeeintrag
Transmissionswärmestrom

Im Folgenden werden der solare Wärmeeintrag sowie der Transmissionswärmestrom von außen nach innen betrachtet, da diese Größen durch eine Sonnenschutzvorrichtung beeinflusst werden können.

Transmissionswärmestrom und Solareintrag

U-Wert und g-Wert

Die zwei in der Baupraxis am häufigsten verwendeten bauphysikalischen Kenngrößen sind der Wärmedurchgangskoeffizient oder auch U-Wert (in W/m^2) sowie der Gesamtenergiedurchlassgrad oder g-Wert (dimensionslos).

Beide Kenngrößen werden verwendet, um unter üblicherweise stationären Randbedingungen den Wärmeeintrag ins Gebäude zu berechnen. Der U-Wert wird für opake Bauteile (Strahlungstransmissionsgrad $\tau_e = 0$) ebenso wie für transparente oder transluzente Bauteile (Strahlungstransmissionsgrad $\tau_e > 0$) bestimmt, der g-Wert dagegen nur für letztere.

[1] Hoffmann, Sabine, and Abolfazl Ganji Kheybari. 2021. „Untersuchungen zum sommerlichen Wärmeschutz – Teil 1: Vergleich der Nachweisverfahren unter Berücksichtigung zukünftiger Klimadaten“ Bauphysik 43, H. 1, S. 27–35.

> **!** Der Strahlungstransmissionsgrad τ_e wird mit dem Index e (energy) bezeichnet und dadurch vom Lichttransmissionsgrad τ_v mit dem Index v (visual) unterschieden. Letzterer berücksichtigt die Hellempfindlichkeit des Auges und wird für photometrische Berechnung verwendet.

Der Transmissionswärmestrom Q_{Trans} (in W), der mithilfe des U-Werts berechnet wird, ist abhängig von der Temperaturdifferenz zwischen innen und außen. Der durch die Solarstrahlung bedingte Wärmestrom Q_{Sol} (in W), der mithilfe des g-Werts berechnet wird, hängt dagegen von der auf die Fassade auftreffende Solarstrahlung I (in W/m²) ab. (Mit A wird die betrachtete Fläche in m² bezeichnet.)

$$Q_{Trans} = U*A*(\theta_e - \theta_i) \qquad \text{Gl. 1}$$

$$Q_{Sol} = g*A*I \qquad \text{Gl. 2}$$

DIN EN 673
DIN EN ISO 410

Hierbei ist allerdings anzumerken, dass für die Bestimmung von U- und g-Wert Annahmen hinsichtlich der thermischen Randbedingungen getroffen werden. Für Verglasungen sind diese in der DIN EN 673[1] und DIN EN ISO 410[2] festgelegt. Weichen die realen Bedingungen von den getroffenen Annahmen stark ab, nimmt die

[1] DIN EN 673:2011 „Glas im Bauwesen – Bestimmung des Wärmedurchgangskoeffizienten (U-Wert) – Berechnungsverfahren“, Beuth-Verlag.

[2] DIN EN 410:2011 „Glas im Bauwesen – Bestimmung der lichttechnischen und strahlungsphysikalischen Kenngrößen von Verglasungen“, Beuth-Verlag.

Genauigkeit der Abschätzung mittels der vereinfachten Kennwerte ab.

In internationalen Bauprojekten werden U-Wert und g-Wert, der dann SHGC (Solar Heat Gain Coefficient) genannt wird, häufig nach NFRC (National Fenestration Rating Council) beschrieben[1]. Da hier die Randbedingungen zur Bestimmung der Kennwerte nach ISO 15099[2] gewählt werden, weichen die sich ergebenden Kennwerte von den europäischen Werten teilweise stark ab.

Zur Demonstration der Gewichtung der einzelnen Einflussgrößen betrachten wir im Folgenden die Wärmeströme für folgendes Beispiel:

BEISPIEL

Südfassade mit solarer Einstrahlung von 500 W/m²
Referenzfläche A = 1 m²
Außentemperatur θ_e = 32 °C
Innentemperatur θ_i = 26 °C
Wärmeschutzverglasung mit g = 0,5 und U_g = 1,1 W/m²
(U_g: Wärmedurchgangskoeffizient der Verglasung)
Es ergibt sich ein Transmissionswärmestrom von:
$Q_{Trans} = U_g*A*(\theta_e - \theta_i) = 1{,}1\ W/m^2K * 1\ m^2 * 6\ K = 6{,}6\ W$
Es ergibt sich ein solarer Wärmeeintrag von:
$Q_{Sol} = g*A*I = 0{,}5 * 1\ m^2 * 500\ W/m^2 = 250\ W$

---

1 ANSI/NFRC 100-2020 "Procedure for Determining Fenestration Product U-factors", National Fenestration Rating Council, Inc. und ANSI/NFRC 200-2020 "Procedure for Determining Fenestration Product Solar Heat Gain Coefficient and Visible Transmittance at Normal Incidence", National Fenestration Rating Council, Inc.

2 ISO 15099:2003 "Thermal performance of windows, doors and shading devices – Detailed calculations".

Dieses einfache Rechenbeispiel zeigt, dass hinsichtlich des Wärmeeintrags die Solarstrahlung gegenüber dem Temperaturdifferenz-induzierten Wärmestrom ohne Berücksichtigung der Solarstrahlung klar dominiert.

Gesamtenergiedurchlassgrad einer Verglasung

Der g-Wert eines transparenten oder transluzenten Systems setzt sich zusammen aus dem Anteil der Solarstrahlung, die transmittiert wird (bestimmt durch den Strahlungstransmissiongrad τ_e), sowie dem sog. sekundären Wärmeabgabegrad nach innen q_i. Im vorherigen Rechenbeispiel haben wir eine Verglasung ohne Sonnenschutz betrachtet. Für diese ergibt sich der Gesamtenergiedurchlassgrad wie folgt:

$$g = \tau_e + q_i \qquad \text{Gl. 3}$$

Sekundärer Wärmestrom

Der sekundäre Wärmestrom ϕ wird verursacht durch den Energieanteil der Solarstrahlung, der nicht transmittiert oder reflektiert wird, sondern in den Glasschichten absorbiert wird und dort zu einer Temperaturerhöhung führt. Diese Temperaturerhöhung verursacht einen zusätzlichen Transmissionswärmestrom von der erwärmten Glasscheibe nach innen (ϕ_i) sowie einen zusätzlichen Transmissionswärmestrom nach außen (ϕ_e). Während der sekundäre Wärmestrom nach außen ignoriert wird, da er nicht in die Wärmebilanz des betrachteten Raums mit einfließt, trägt der sekundäre Wärmestrom nach innen maßgeblich bei zum Wärmeeintrag in den Raum. Der sekundäre Wärmeabgabegrad hängt ab von den Absorptionskoeffizienten der Glasschichten, den Wärmeübergangskoeffizienten an der inneren und äußeren Seite der Verglasung sowie von den Wärmedurchlasswiderständen beidseitig der absorbierenden Schichten. (Die Berechnungsvorschrift für q_i findet sich in der DIN EN 410[1].)

In der Konsequenz bedeutet dies für jegliche Maßnahmen des Sonnenschutzes, dass diese aus bauphysikalischer Sicht idealerweise soweit außen im System wie möglich angebracht werden sollten: Der sekundäre Wärmestrom nach außen ist umso größer, je geringer der thermische Widerstand in Bezug auf die Außenluft ist. Der sekundäre Wärmestrom nach innen ist umso geringer, je größer der thermische Widerstand in Bezug auf den Innenraum ist.

Gesamtenergiedurchlassgrad mit Sonnenschutz

Im vorherigen Abschnitt wurde der Gesamtenergiedurchlassgrad einer Verglasung erläutert, der aus dem transmittierten Strahlungsanteil sowie dem sekundären Wärmeabgabegrad nach innen besteht. Auch bei der Bestimmung des Gesamtenergiedurchlassgrads von Verglasungen in Kombination mit Sonnenschutz, g_{tot} genannt, muss neben der Strahlungstransmission der sekundäre Wärmeabgabegrad nach innen, $q_{i,tot}$ genannt, berücksichtigt werden.

Es gibt verschiedene Möglichkeiten, wie g_{tot} bestimmt werden kann. *g_{tot}*

[1] DIN EN 410:2011 „Glas im Bauwesen – Bestimmung der lichttechnischen und strahlungsphysikalischen Kenngrößen von Verglasungen“, Beuth-Verlag.

DIN 4108-2

Die DIN 4108-2 gibt vereinfachende Werte für die Reduktion des solaren Energieeintrags an, die mit einem zusätzlichen Sonnenschutz erzielt werden kann. Mithilfe von Abminderungsfaktoren (F_C-Faktoren genannt) und dem Gesamtenergiedurchlassgrad der Verglasung (g-Wert) wird g_{tot} gemäß Gl. 4 berechnet.

$$g_{tot} = F_C * g \qquad \text{Gl. 4}$$

DIN EN 410

Für flächige Behänge, wie textile Screens oder Mikrostrukturen mit gleichförmig diffus streuendem Strahlungsdurchgang, können g_{tot}–Werte in Anlehnung an DIN EN 410 bestimmt werden. Der sekundäre Wärmestrom wird dabei analog zur Betrachtung des Wärmestroms bei einer Verglasung behandelt, wobei eine evtl. Hinterlüftung zwischen Behang und Verglasung nicht berücksichtigt wird.

DIN EN 52022-1

Wenn bestimmte Anforderungen an die optischen Eigenschaften des Sonnenschutzes und an den g-Wert der Verglasung eingehalten werden, kann g_{tot} nach DIN EN 52022-1[1] berechnet werden. Auch dabei wird eine evtl. Hinterlüftung des Verschattungssystems nicht berücksichtigt.

[1] DIN EN 52022-1:2017 „Energieeffizienz von Gebäuden – Wärmetechnische, solare und tageslichtbezogene Eigenschaften von Bauteilen und Bauelementen – Teil 1: Vereinfachtes Berechnungsverfahren zur Ermittlung der solaren und tageslichtbezogenen Eigenschaften von Sonnenschutz in Kombination mit Verglasungen". Beuth-Verlag.

Eine genauere Berechnung ermöglicht die DIN EN 52022-3[1], die im Anhang D (normativ) ein Berechnungsverfahren für Lamellensysteme auf Basis von geometrischen Winkelfaktoren beschreibt. Im Gegensatz zu den anderen genannten Ansätzen wird ein von der normalen Richtung abweichender Einfallswinkel der Direktstrahlung angenommen und die Hinterlüftung des Sonnenschutzes wird bei der Berechnung des sekundären Wärmestroms berücksichtigt. Das Berechnungsverfahren nach DIN EN 52022-3 ist ausschließlich für horizontale Lamellensysteme anwendbar, wobei die Lamellen selbst grundsätzlich als flach angenommen werden.

Für Systeme, die sich nicht nach den oben genannten Normen ausreichend genau berechnen lassen, besteht die Möglichkeit einer Messung von g_{tot} gemäß EN 14500[2].

3.2.2 Positionierung des Sonnenschutzes

Kategorien von Verschattungssystemen

Parallel zur Gebäudehülle

Als Sonnenschutzeinrichtungen werden an dieser Stelle Verschattungssysteme verstanden, die zum Zwecke der Reduktion des Solareintrags in einer Ebene parallel zur Gebäudehülle angebracht werden. Überhänge, Aus-

---

1 DIN EN 52022-3:2017 „Energieeffizienz von Gebäuden – Wärmetechnische, solare und tageslichtbezogene Eigenschaften von Bauteilen und Bauelementen – Teil 3: Detailliertes Berechnungsverfahren zur Ermittlung der solaren und tageslichtbezogenen Eigenschaften von Sonnenschutz in Kombination mit Verglasungen“, Beuth-Verlag.

2 DIN EN 14500:2021 „Abschlüsse – Thermischer und visueller Komfort – Prüf- und Berechnungsverfahren“, Beuth-Verlag.

stellmarkisen und ähnliche, nicht-parallele Systeme werden hier nicht betrachtet. Des Weiteren wird nicht auf Sonnenschutzbeschichtungen und Gläser mit dynamischen optischen Eigenschaften eingegangen.

Zu den hier beschriebenen Systemen zählen Sonnenschutzeinrichtungen, die entweder

1. fest angebracht sind und dauerhaft wirken oder
2. vertikal oder horizontal verschoben werden können, wobei die transparenten Teile der Gebäudehülle zu variablen Werten bedeckt werden oder
3. neben der vertikalen oder horizontalen Verschiebung auch ihre geometrischen Eigenschaften ändern können, z. B. durch manuelle Betätigung oder automatisiert.

Zur ersten Kategorie gehören z. B. fest angebrachte großteilige Vertikal- oder Horizontallamellen oder metallische Gitter, in der zweiten Kategorie findet man Roll-, Falt- und Schiebeläden und in der dritten Kategorie befinden sich z. B. Raffstores mit drehbaren Lamellen und andere Systeme, deren Transmissionsgrad an die aktuelle Situation angepasst werden kann.

Außen liegender Sonnenschutz

Wo immer möglich, sollte der Sonnenschutz als außen liegendes System angebracht werden, da die Verschattungseinrichtung so bereits den solaren Wärmeeintrag in die Verglasung verhindert und den sekundären Wärmestrom nach innen reduziert. Die solare Energie, die direkt im Sonnenschutz absorbiert wird, kann durch die Konvektion von Außenluft am Sonnenschutz entlang und ggf. auch durch die Verschattung hindurch an die Umgebung abgegeben werden.

Strömungsvorgänge unterschiedlich

Grundsätzlich ist der Einfluss einer außen liegenden Verschattungseinrichtung auf die konvektiven Vorgänge an der Fassade schwer zu quantifizieren, da Strömungsvorgänge stark von der jeweiligen Geometrie sowie den aktuell vorherrschenden thermischen Verhältnissen und dem anstehenden Winddruck an der Fassade abhängen. Von diesen Größen werden einerseits der konvektive Wärmeübergang des Sonnenschutzes (beidseitig, d. h. nach innen und nach außen) sowie auch die Konvektion durch den Sonnenschutz selbst (auch Ventilation genannt) beeinflusst. Letztere wiederum hängt auch von der Art der Anbringung des Sonnenschutzes an der Fassade ab und ist umso größer, je mehr Luft an den Rändern zirkulieren kann.

Nachteil: Bewitterung

Nachteilig an der Positionierung des Sonnenschutzes außen ist die Bewitterung, die entsprechende Anforderungen an Material und Stabilität des Systems stellt. Gerade bei mehrgeschossigen Gebäuden mit zunehmendem Winddruck in den oberen Stockwerken stellen Windlasten eine große Herausforderung dar. Lamellensysteme, die ein- und ausfahrbar sind, müssen daher im Allgemeinen bei hohen Windgeschwindigkeiten eingefahren werden.

Sonnenschutz im Scheibenzwischenraum

Um dem Problem der Windlasten bei außen liegenden Systemen zu begegnen, gibt es verschiedene Ansätze, den Sonnenschutz gegen Windkräfte abzuschirmen. Eine Möglichkeit besteht in der Anbringung der Verschattung im Scheibenzwischenraum (SZR) einer Isolierverglasung.

Herausforderung: technische Umsetzung

Der Sonnenschutz selbst ist damit sehr gut geschützt, allerdings birgt die technische Umsetzung der Integration viele Herausforderungen. Ziel des SZR in einer Mehrscheibenverglasung ist es, den konvektiven und konduktiven Wärmetransport zwischen den einzelnen Glasscheiben zu reduzieren. Das Einbringen von Gitterstrukturen oder Lamellensystemen in den SZR kann dazu führen, dass dort aufgrund der solaren Absorption des Sonnenschutzes hohe Temperaturen entstehen, die die Konvektion begünstigen. Auch ist es möglich, dass die so entstehenden, temperaturbedingten Luftdrücken Undichtigkeiten in der Isolierverglasung verursachen, die zum Eindringen von feuchter Luft und in der Folge zu Kondensation im SZR führen können.

Die Sonnenschutzwirkung einer Verschattung im Scheibenzwischenraum ist geringer als die einer außen liegenden Verschattung, aber deutlich besser als diejenige einer innen liegenden Verschattung.

Sonnenschutz in einer Glas-Doppelfassade

Eine andere Option ist die Konstruktion von Glas-Doppelfassaden, wie sie in den 1990er-Jahren häufig umgesetzt wurden. Dabei wird der Sonnenschutz in dem großen und hinterlüfteten Bereich zwischen äußerer Glashaut und innerer Verglasung angebracht. Der große Vorteil einer Doppelfassade ist, dass die Sonnenschutzwirkung des Verschattungssystems aufgrund der gewünschten und notwendigen Konvektion im Zwischenraum annähernd so gut ist, wie bei einem außen angebrachten System, ohne dass die Problematik der hohen

Winddrücke die Nutzung des Sonnenschutzes einschränkt.

Glas-Doppelfassaden sind jedoch in der Errichtung technisch aufwendig und kostenintensiv, sodass sie sich nur für bestimmte, repräsentative Bauten eignen.

Aufwendig und kostenintensiv

Innen liegende Verschattung

Verschattungseinrichtungen, die raumseitig angebracht werden, sind hinsichtlich der Klimaanpassung kein probates Mittel zur Reduktion des solaren Energieeintrags. Da die im Sonnenschutz absorbierte Energie der Solarstrahlung sich bereits im Innenraum befindet, ist der sekundäre Wärmeeintrag sehr hoch. Nur ein geringer Anteil der Solarstrahlung, der durch die Verglasung transmittiert wird, wird an der Rückseite der Jalousie (d. h. an der zur Verglasung hingewandten Seite) reflektiert und durch die Verglasung zurück in den Außenraum transmittiert.

Wärmeeintrag sehr hoch

Innen liegende Verschattungssysteme dienen meist vorrangig dem Blendschutz und weisen nur eine sehr geringe Sonnenschutzwirkung auf. Die Abminderungsfaktoren für solche Systeme werden nach DIN 4108-2 mit F_C = 0,75 bis 0,8 für helle Materialien und mit F_C = 0,65 bis 0,7 für hochreflektierende Oberflächen angegeben (jeweils unter Annahme einer geringen Transparenz).

3.2.3 Spektrale und geometrische Energietransmission des Sonnenschutzes

Solare Transmission und sekundärer Wärmestrom

Wie bei der Betrachtung des Gesamtenergiedurchlasses gezeigt, setzt sich der solare Eintrag aus der solaren Transmission und dem sekundären Wärmestrom zusammen.

Das Transmissionsverhalten des Sonnenschutzes ebenso wie der sekundäre Wärmestrom weisen spektrale Komponenten sowie geometrische Komponenten auf. Die spektrale Komponente hängt vom Spektrum der einfallenden Strahlung sowie den spektralen Oberflächeneigenschaften des Systems ab. Die geometrische Komponente wird maßgeblich von den geometrischen Eigenschaften des Systems sowie vom Einfallswinkel der Solarstrahlung beeinflusst.

Solares Spektrum und spektraler Strahlungsdurchgang

Das solare Spektrum reicht von ca. 250 nm bis 3000 nm. Als Referenzspektrum für strahlungsphysikalische Kenngrößen wird in DIN EN 410[1] der Bereich von 300 nm bis 2500 nm festgelegt. Die DIN EN 410 basiert die spektrale Strahlungsverteilung auf AM 1 (AM: air mass), d. h. auf einem Strahlungsdurchgang, wie er bei einem Zenithwinkel (Winkel zwischen Sonnenstrahl und Normalen zur Erdoberfläche) von 0° auftritt. Das terrestrische Spektrum, das bei einem Einstrahlwinkel von 41,8° (Zenitwinkel = 48,2°) auf einer horizontalen Fläche

[1] DIN EN 410:2011 „Glas im Bauwesen – Bestimmung der lichttechnischen und strahlungsphysikalischen Kenngrößen von Verglasungen", Beuth-Verlag

auftrifft, ist dagegen im Normspektrum AM 1,5 beschrieben. Abhängig vom Sonnenstand ändert sich dieses Spektrum leicht. Bei sehr schrägem Einfall der Sonne werden vermehrt kurzwellige Strahlen (UV-Licht und blaues Licht) absorbiert und gestreut. Dieser Effekt ist z. B. in der Morgen- und Abendröte festzustellen.

Aus energetischer Sicht sind ca. 49 % des solaren Wärmeeintrags dem sichtbaren Spektrum zuzuordnen. Weitere 45 % der Energie entfallen auf den nahen (NIR) und mittleren (MIR) Infrarotbereich und ca. 6 % sind im UV-Bereich zu finden.

Sonnenschutzverglasungen können eine sehr starke spektrale Selektivität aufweisen

Verglasungen, insbesondere Sonnenschutzverglasungen, können hinsichtlich ihrer Transmission eine sehr starke spektrale Selektivität aufweisen. Abbildung 3.2.1-1 zeigt den Transmissionsgrad einer Sonnenschutzverglasung, die im UV-Bereich sowie im NIR und MIR fast undurchlässig ist, während im sichtbaren Bereich eine signifikante Transmission vorhanden ist. Das Verhältnis des sichtbaren Transmissionsgrads zum gesamten energetischen Eintrag wird auch Selektivität genannt.

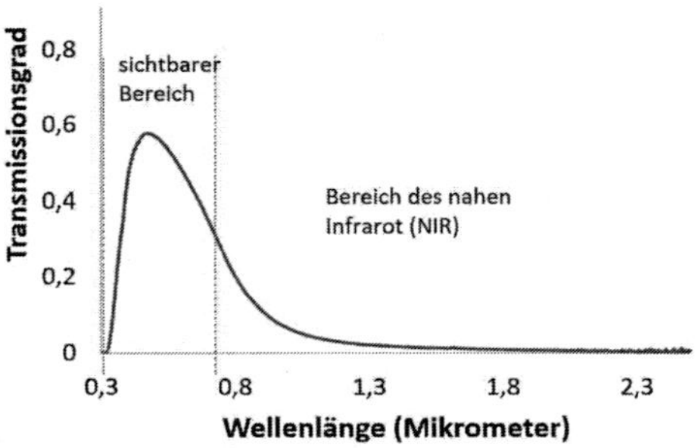

Abb. 3.2.3-1: Transmissionsgrad einer Sonnenschutzverglasung. (Quelle: Hoffmann)

Verschattungssysteme bestehen meist aus opaken Bauteilen und reduzieren die transmittierte Solarstrahlung durch ihre Geometrie. Da die transmittierte Solarstrahlung häufig auch im Verschattungssystem selbst reflektiert wird, ist der spektrale Transmissionsgrad des Sonnenschutzes abhängig von der Anzahl der Reflexionen sowie dem spektralen Reflexionsgrad des Materials.

Während beispielsweise Aluminium einen relativ konstanten Reflexionsgrad im Bereich von 300–2500 nm aufweist, steigt der Reflexionsgrad von Gold im Bereich von 500 nm sprunghaft an, der Reflexionsgrad von Silber bereits im Bereich von 320 nm. Verschiedene Beschichtungen und Anstriche ermöglichen eine Erhöhung des Reflexionsgrads im NIR und MIR Bereich.

Spekularer und diffuser Strahlungsdurchgang

Man kann den Strahlungsdurchgang durch ein Verschattungssystem in folgende Anteile unterscheiden:

- der Anteil, der als Direktstrahlung auf die Fassade auftrifft und durch die Öffnungen im Verschattungssystem direkt hindurch gelassen wird ($\tau_{direkt\text{-}direkt}$)
- der Anteil, der als Direktstrahlung auf die Fassade auftrifft und im Verschattungssystem abgelenkt und/oder gestreut wird ($\tau_{direkt\text{-}diffus}$)
- der Anteil, der als Diffusstrahlung auf die Fassade auftrifft und als solche durch das Verschattungssystem transmittiert wird ($\tau_{diffus\text{-}diffus}$)

  (An dieser Stelle wird auf den Index e verzichtet. Grundsätzlich kann diese Unterteilung sowohl für τ_e als auch für τ_v getroffen werden.)

Die Winkelabhängigkeit eines Verschattungssystems kann durch Streuverteilungsfunktionen (engl.: BSDF – bidirectional scattering distribution functions) beschrieben werden. Dabei wird eine Kugel in zwei Halbsphären, die innere und die äußere, unterteilt. Anschließend werden die Halbsphären in Raumwinkel diskretisiert. Ein Raumwinkel entspricht verschiedenen Einfallswinkeln (äußere Hemisphäre) bzw. Ausfallswinkeln (innere Hemisphäre). Eine Beschreibung von BSDF und ihrer Anwendung in der energetischen Gebäudesimulation ist z. B. in der Veröffentlichung „Untersuchungen zum sommerlichen Wärmeschutz – Teil 2: Vergleich zwischen Modellierung mit Abminderungsfaktor (F_C-Faktor) und bidirektionalem Ansatz (BSDF-Methode)“[1] zu finden.

Beleuchtungsplanung

Es kann von großer Bedeutung sein, in welche Richtung Strahlung transmittiert wird. Zum Zwecke der Beleuchtungsplanung können bestimmte Effekte gewünscht sein, z. B. die Ablenkung von einfallendem Tageslicht an die Decke. Blendungseffekte können auftreten, wenn Direktstrahlung ins Auge oder auf den Monitor trifft. Auch hinsichtlich des thermischen Komforts spielt Direktstrahlung, die auf einen im Raum anwesenden Menschen trifft, eine große Rolle und ist für den Sommerfall auf jeden Fall zu vermeiden. Bei automatisierten Systemen sollten die Regelungsstrategien die jeweiligen Anforderungen berücksichtigten.

[1] Hoffmann, Sabine, and Abolfazl Ganji Kheybari. 2021. „Untersuchungen zum sommerlichen Wärmeschutz – Teil 2: Vergleich zwischen Modellierung mit Abminderungsfaktor (FC-Faktor) und bidirektionalem Ansatz (BSDFMethode)“. Bauphysik 43, H. 2, S. 87–99

Solargeometrie und Einfluss der Fassadenorientierung

Der Einstrahlwinkel der Direktstrahlung ändert sich je nach Sonnenstand. Dieser wiederum ist abhängig von der Zeit während des Tages sowie vom Tag im Jahr. Die Diffusstrahlung kann entweder als unbeeinflusst vom Sonnenstand angenommen werden (isotrope Diffusstrahlung), oder es kann ein erhöhter Anteil an Diffusstrahlung um den direkten Sonnenstrahl herum (Zirkumsolarstrahlung) und am Horizont (bedingt durch die Erdkrümmung) berücksichtigt werden. Nicht immer ist jedoch Direktstrahlung vorhanden. Bei durchgängiger Bewölkung trifft nur Diffusstrahlung auf die Fassade auf.

Fassadenorientierung

Hinsichtlich des Durchgangs von gerichteter Strahlung muss der zeitlich veränderliche Sonnenstand immer in Kombination mit der Fassadenorientierung betrachtet werden. Entscheidend ist der Einfallswinkel (definiert als Winkel zwischen Sonnenstrahl und der Normalen auf der Fassade), unter dem die Direktstrahlung auf die Fassade trifft. So treten bei Ost- und Westorientierung geringe Einfallswinkel und damit hohe Intensitäten auf. Dies führt in der Konsequenz häufig zu einer Blendungsproblematik morgens auf der Ostseite und am Nachmittag auf der Westseite des Gebäudes.

3.2.4 Regelungsstrategien für automatisierbare Systeme

Sonnenschutzvorrichtungen, die ihre Transmissionseigenschaften ändern können, lassen sich häufig auch automatisieren, soweit die Änderung des Strahlungsdurchgangs aktiv beeinflusst werden kann. Ein Beispiel hierfür sind Lamellensysteme, bei denen der Lamellenwinkel entsprechend eingestellt wird. Jede Automation erfordert mindestens einen Sensor und einen Aktor sowie eine Regelungslogik, die das Eingangssignal mit dem Ausgangssignal über eine Bedingung verknüpft.

Sensorik

Als Sensoren zur Generierung von Eingabewerten für die Steuerung kommen grundsätzlich Messgeräte infrage, die entweder die Solarstrahlung im gesamten Spektrum messen (z. B. Pyranometer), oder solche, die sich auf das sichtbare Licht beschränken (z. B. Photodetektoren).

Pyranometer

Pyranometer werden meist auf dem Dach des Gebäudes angebracht (oder an einer anderen horizontalen und unverschatteten Stelle) und messen die horizontale Globalstrahlung. Dies stellt eine Herausforderung dar hinsichtlich der Nutzung des Messwerts für die fassadenbezogene Steuerung. Die horizontale Globalstrahlung besteht aus der Diffusstrahlung und dem Anteil der auftreffenden Direktstrahlung, deren Einfallswinkel sich aufgrund der Erddrehung kontinuierlich ändert und die zudem stark vom Bewölkungsgrad abhängig ist. Da eine Trennung von Diffus- und Direktstrahlung messtechnisch nur sehr aufwendig zu realisieren ist, muss diese Aufteilung rechnerisch unter Berücksichtigung des jeweiligen Sonnenstands und des angenommenen Bewölkungsgrads vorgenommen werden. Um die einzelnen Orientierungen korrekt zu erfassen, muss die Direktstrahlung von der horizontalen auf die vertikale und entsprechend orientierte Bezugsfläche umgerechnet werden. Der Rechenaufwand zur Umrechnung der mit dem Pyranometer gemessenen Globalstrahlung in die auf die Fassade auftreffende Solarstrahlung ist also recht hoch.

Abb. 3.2.4-1: Beispiel eines auf dem Dach montierten Pyranometers (Anmerkung: Durch die Anbringung an dem Rohr wird ein Teil der einfallenden Strahlung verschattet. Eine völlig freie und unverschattete Aufstellung wäre vorzuziehen.). (Quelle: Degel[1])

Photozellen

Während Pyranometer recht kostenintensiv sind, sind Photozellen deutlich kostengünstiger und können an mehreren Stellen auf der Fassade angebracht werden. Dies hat den Vorteil, dass die Werte direkt für die so orientierte Gebäudeseite genutzt werden können. Allerdings ist auch dabei darauf zu achten, dass Teile der Fassade ggf. durch umliegende Gebäude oder Bäume zeitweise verschattet werden können. Ist dies der Fall, sollte dem Rechnung getragen werden, indem einzelne Gruppen von Verschattungselementen mit ähnlichen Bedingungen gebildet werden und für jede Gruppe ein eigener Photosensor installiert wird.

---

1 Degel, Christoph. Bachelorarbeit 2021. „Realisierung verschiedener Steuerungs- und Regelungsansätze für Lamellen-Verschattungssysteme“, Studiengang Automatisierungstechnik, Hochschule Kaiserslautern

Aktoren

Ansteuerbarer Motor

Um ein Sonnenschutzsystem automatisieren zu können, muss ein ansteuerbarer Motor vorhanden sein. Idealerweise verfügen die Motoren über eine SMI-Schnittstelle (SMI: Standard Motor Interface), mittels der die Motoren über ein Feldbussystem an einen Controller angeschlossen werden. Als Controller fungiert im Allgemeinen eine SPS (SPS: Speicherprogrammierbare Steuerung), die dafür mit einer SMI-Klemme ausgestattet ist (siehe Abb. 3.2.4-2). Ein weiterer Vorteil des SMI-Motors besteht darin, dass er über einen integrierten Inkrementalgeber verfügt, womit der Sonnenschutz präzise in Behanghöhe und ggf. Lamellenwinkel gefahren werden kann.

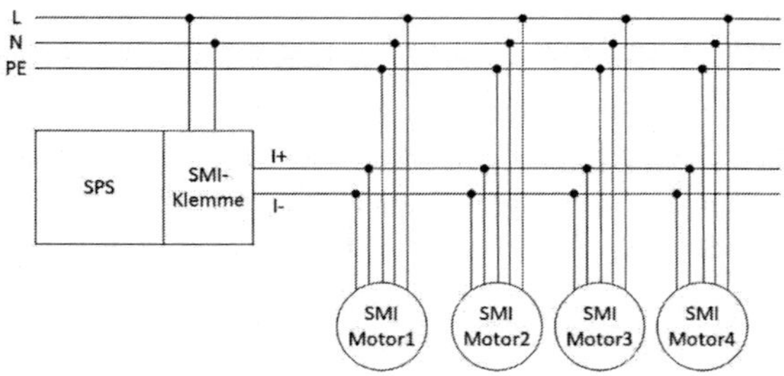

Abb. 3.2.4-2: Schema eines Anschlusses verschiedener Motoren mit SMI-Schnittstelle an eine speicherbare Steuerung. (Quelle: Degel)

Regelbasierte Steuerung des Sonnenschutzes

Der einfachste Fall einer Bedingung für die Betätigung des Sonnenschutzes ist die Abhängigkeit von der auf die Fassade auftreffenden Globalstrahlung. Überschreitet die Bestrahlungsstärke einen Schwellenwert, wird der Sonnenschutz betätigt. Welcher Wert als Schwellenwert für die Aktivierung des Verschattungssystems gewählt wird, hängt von den jeweiligen Anforderungen (z. B. an Solareintrag und Tageslichtverfügbarkeit) und den gebäudespezifischen Verhältnissen ab (z. B. Gesamtenergiedurchlassgrad der Verglasung).

In Abb. 3.2.4-3 sind an einem Beispiel die Auswirkungen unterschiedlicher Schwellenwerte (200, 300 und 400 W/m^2) zu sehen. In blau dargestellt ist die mit einem Pyranometer gemessene und auf die betrachtete Süd-Ost-Fassade umgerechnete Bestrahlungsstärke zu sehen. Die Messergebnisse stammen von einem Sommertag im Juli, wobei bis ca. 12:00 Uhr mittags der Himmel annähernd wolkenfrei war, während er von 12:00–14:00 Uhr teilweise bewölkt war. Die orange, grüne und gelbe Linie repräsentiert jeweils die Betätigung des Sonnenschutzes. Zu den Zeitpunkten, an denen der Sonnenschutz komplett heruntergefahren war, nehmen die Kurven Werte > 0 an. Bei höheren Schwellenwerten wird die Verschattungseinrichtung erst später betätigt. Auch während der teilweise bewölkten Mittagsstunden spielt der Schwellenwert eine maßgebliche Rolle, ob der Sonnenschutz aktiviert wird oder nicht.

Wartezeit von zehn Minuten

Um ein störendes Hoch- und Runterfahren der Verschattung zu vermeiden, wurde bei dieser Steuerung eine Wartezeit von zehn Minuten eingebaut, bis eine Aktion durchgeführt wird. Diese Maßnahme soll der vielfachen Beschwerde von Gebäudenutzern und Gebäudenutzerinnen entgegenwirken, die sich durch zu häufige Systemänderungen gestört fühlen. Im Gegenzug können dadurch jedoch auch Situationen entstehen, die z. B. Blendung oder thermische Unbehaglichkeit durch temporären Einfall von Direktstrahlung nach sich ziehen.

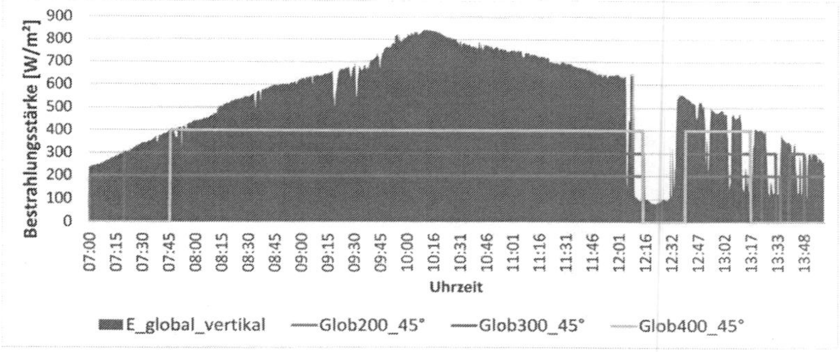

Abb. 3.2.4-3: Aktivierung des Sonnenschutzes abhängig vom Schwellenwert zur Aktivierung des Sonnenschutzes bei einem festen Lamellenwinkel von 45° (E: Bestrahlungsstärke). (Quelle: Degel)

Cut-off Regelung

Bei Lamellensystemen wird häufig eine andere Regelungsstrategie verwendet, bei der die Lamellen so nachgeführt werden, dass keine Direktstrahlung transmittiert wird. Der Cut-off Winkel ist der Winkel, bei dem der Strahl gerade eben nicht mehr durchgelassen wird (s. Abb. 3.2.4-4). Obwohl ein Inkrementalgeber sehr kleine Winkeländerungen ermöglicht, wird man zur Vermeidung häufiger Bewegungen in größeren Grad-Schritten nachführen. Abbildung 3.2.4-5 zeigt, wie der Lamellenwinkel einer realen Steuerung aussehen kann. Auf der Abszisse ist dabei der Sonnenprofilwinkel aufgetragen, der die Projektion des einfallenden Strahls auf die vertikale und normal zur Fassade gerichtete Ebene darstellt. Eine kontinuierliche Nachführung wäre die blaue Kurve, die realen diskreten Lamellenzustände zeigt die orange Kurve.

Lamellenwinkel

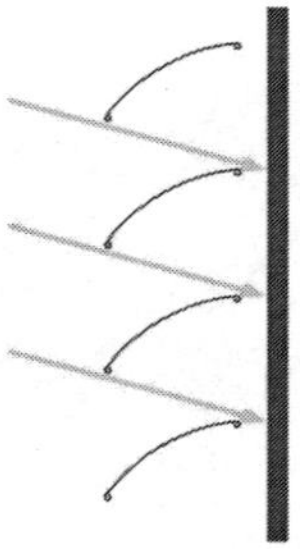

Abb. 3.2.4-4: Die Cut-off Regelung verhindert den Durchgang von Direktstrahlung. (Quelle: Degel)

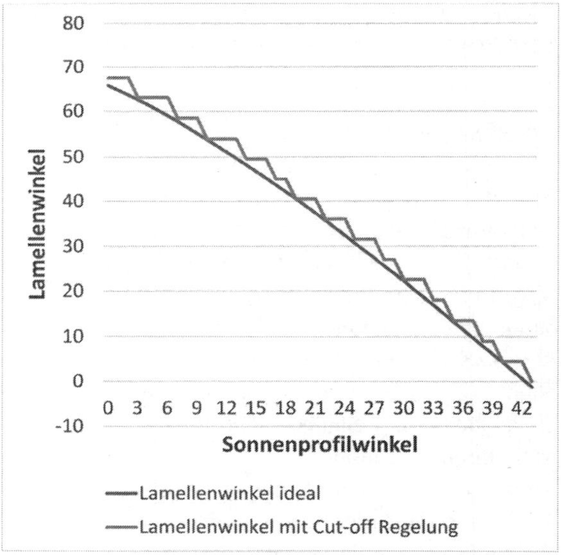

Abb. 3.2.4-5: Nachführung der Lamellen bei einer Cut-off Regelung in Abhängigkeit vom Profilwinkel. (Quelle: Degel)

Der Vorteil einer Cut-off-Regelung besteht darin, dass damit Blendungseffekte nahezu gänzlich verhindert werden können. Wieviel von der Direktstrahlung an den Lamellen nach innen reflektiert wird, hängt vom

Reflexionsgrad der Lamellenoberflächen sowie der Geometrie der Lamellen ab.

Modellprädiktive Regelung

Neue innovative Regelungsansätze berücksichtigen die zu erwartenden Wetterbedingungen bei der Regelentscheidung. Da der Eintrag von solarer Strahlungsenergie Auswirkungen auf den zukünftigen Bedarf an Heiz- und Kühlenergie hat, ist es insbesondere in den Übergangsperioden zwischen Sommer und Winter vorteilhaft, die vorhergesagten Außentemperaturen und Strahlungsverhältnisse zu kennen. Sollte z. B. eine kühlere Periode für den kommenden Betrachtungshorizont (häufig zwischen 24 und 48 h) vorhergesagt sein, versucht die Regelung soviel Strahlung wie unter den vorhandenen Restriktionen (z. B. Blendung oder Überhitzung) möglich zuzulassen. Im umgekehrten Fall wird vorausschauend auch in den Morgenstunden der Solareintrag so stark wie möglich reduziert.

3.3 Raumlufttechnik

Systemübersicht

Luft als Lebensmittel

Luft wird mitunter als „Lebensmittel Nr. 1" bezeichnet, der Luftqualität kommt damit für das Wohlbefinden und die Gesundheit des Menschen eine zentrale Bedeutung zu. Wird Raumlufttechnik eingesetzt, ist folgerichtig die Sicherstellung einer gewünschten Raumluftqualität die zentrale Zielstellung.

Im Einzelnen sind dabei folgende Aufgaben zu lösen:

Abfuhr von Schadstoffen

- Abführen von Schadstoffen und Gerüchen durch Lufterneuerung (Lüften) und Luftbehandlung (Filtern)
- Abführen von (sensiblen) Wärmelasten durch Luftbehandlung (Heizen und Kühlen)
- Abführen von (latenten) Feuchtelasten durch Luftbehandlung (Befeuchten und Entfeuchten)
- Vermeiden von ungewollten Luftströmungen durch Schutzdruckhaltung (Anordnung und Dimensionierung von Zuluft- und Abluftströmen)

Wärme- und Feuchtelasten

Lüftungs- und Klimatechnik

Prozessluft- und Raumlufttechnik

Unter dem Begriff der Lufttechnik werden üblicherweise Prozessluft- und Raumlufttechnik zusammengefasst. Obwohl sich die Gebäudeanlagentechnik auf den ersten Blick eindeutig auf die Raumlufttechnik (häufig als RLT bezeichnet) beschränken lässt, erweist sich eine klare Trennung in der Praxis mitunter als schwierig. Als

Beispiel können Laborabsaugungen dienen, die vordergründig als Prozesslufttechnik einzustufen sind, aber trotzdem einen Beitrag zur Raumlüftung leisten können.

Funktionen der Lüftungstechnik

Unterscheidung von Lüftungs- und Klimatechnik

Raumlufttechnik wird weiterhin in Lüftungs- und Klimatechnik unterschieden. Für die Unterscheidung wird der Funktionsumfang der Anlagentechnik herangezogen. Als sog. thermodynamische Luftbehandlungsfunktionen werden Heizen, Kühlen, Be- und Entfeuchten bezeichnet. Lüftungstechnik ist dadurch gekennzeichnet, dass neben dem Luftaustausch und der Luftfilterung maximal eine thermodynamische Luftbehandlungsfunktion (meist Heizen) möglich ist. In Abhängigkeit vom Vorhandensein von Ventilatoren wird auch in freie (nur mit natürlichen Antriebskräften und ohne Ventilatoren) und ventilatorgestützte (auch als mechanische oder maschinelle) Lüftung (mit Ventilatoren) differenziert. Mischformen aus beiden werden als hybride Lüftung bezeichnet.

Funktionen der Klimatechnik

Mit Klimatechnik lassen sich (neben Luftaustausch und Luftfilterung) mehrere Luftbehandlungsfunktionen realisieren, wobei man zwischen Teilklimaanlagen (zwei bis drei Funktionen) und Vollklimaanlagen (vier Funktionen) unterscheidet.

Die nachfolgende Abbildung 3.3-1 veranschaulicht die Systematik der Lufttechnik.

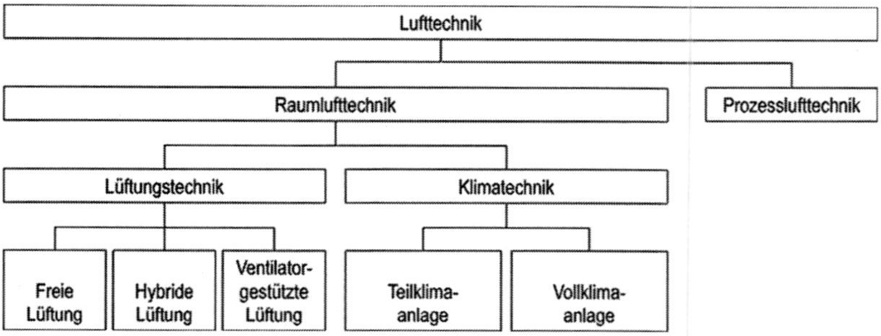

Abb. 3.3-1: Systematik der Lufttechnik. (Quelle: ITG Dresden)

Weitere Unterscheidungsmerkmale

Unterscheidungsmöglichkeiten

Für die Raumlufttechnik existiert eine Vielzahl weiterer Unterscheidungsmerkmale. Man differenziert u. a. nach:

- dem Luftvolumenstrom (konstant vs. variabel)
- der Lüftungsfunktion (Umluftsystem vs. Außenluftsystem)
- dem Wärmeträger (nur Luft vs. Luft-Wasser vs. Luft-Kältemittel)
- der Bauart (Einkanal vs. Zweikanal vs. kombinierte Luft-Wasser-Systeme)
- der Anordnung (zentral vs. dezentral)
- den Druckverhältnissen (Niederdruck vs. Hochdruck)
- der Strömungsgeschwindigkeit (Komfortanlagen vs. Industrieanlagen)
- der Art der Wärmerückgewinnung (ohne vs. nur Wärmerückgewinnung, z. B. mit Plattenwärmeüber-

trager, vs. Wärme- und Feuchterückgewinnung, z. B. mit Sorptionsrotor)

Luft und Wasser

Für die Kombination von Luft und Wasser als Wärmeträger gibt es zwei typische Lösungen. Eine Möglichkeit sind reine Klimaanlagen. In der Klimazentrale wird die Luft aufbereitet, die aus hygienischer Sicht erforderlich ist. Die thermischen Lasten werden durch Kalt- und Heizwasser gedeckt, die Wärmeübergabe vom Wasser an die Luft erfolgt in den Räumen beispielsweise mit Induktionsgeräten oder Ventilatorkonvektoren.

Die zweite Möglichkeit besteht in der Kombination von Klimaanlagen (zur Luftaufbereitung) mit Flächentemperierung (zum Kühlen und Heizen). Für die Flächenkühlung kommen dabei z. B. Kühlsegel, Kühldecken oder Bauteilaktivierung zum Einsatz.

Luft und Kältemittel

Für die Kombination von Luft und Kältemittel wird meist eines der nachfolgenden Raumklimageräte eingesetzt:

- Kompaktgeräte (gesamter Kältekreislauf in einem Gerät meist im Raum, Wärmetransport vom Raum nach außen, z. B. mit Luftleitungen)
- Splitgeräte (Kältekreislauf auf Innengerät mit Verdampfer und Entspannungsventil sowie Außengerät mit Kondensator und Verdichter aufgeteilt) als Singlesplit (ein Innengerät und ein Außengerät) oder

Multisplit (mehrere Innengeräte und ein Außengerät)

- VRF- bzw. VRV-Geräte (Multisplitgeräte mit variablem Kältemittelmassestrom zum parallelen Kühlen und Heizen)

Definition der Luftarten

Für das Verständnis der Lüftungstechnik ist eine klare Definition der Luftarten notwendig. Umgangssprachlich nutzt man ohnehin die Begriffe Außenluft (häufig auch als „Frischluft" bezeichnet) und Raumluft. Im technischen Sinn werden nach DIN EN 16798-3[1] weitere Luftarten unterschieden wie

Luftarten

- Raumluft (grau gekennzeichnet)
- Außenluft (grün gekennzeichnet)
- Zuluft (blau gekennzeichnet): Luftstrom aus der Anlage in den Raum (nach Luftbehandlung)
- Abluft (gelb gekennzeichnet): Luftstrom aus dem Raum in die Anlage
- Fortluft (braun gekennzeichnet): Luftstrom aus der Anlage ins Freie

---

1 Deutsches Institut für Normung e.V.: DIN EN 16798-3: Energetische Bewertung von Gebäuden – Lüftung von Gebäuden – Teil 3: Lüftung von Nichtwohngebäuden – Leistungsanforderungen an Lüftungs- und Klimaanlagen und Raumkühlsysteme, 2017. Beuth Verlag GmbH, Berlin.

- Umluft (orange gekennzeichnet): wiederverwendeter Luftstrom aus der Abluft in die Zuluft
- Sekundärluft (orange gekennzeichnet): Luftstrom, der direkt in einem Raum behandelt wird oder nach der Behandlung außerhalb eines Raums wieder demselben Raum zugeführt wird
- Mischluft (keine eindeutige farbliche Kennzeichnung): Mischung verschiedener Luftströme, z. B. Außenluft + Umluft
- Beipassluft (keine eindeutige farbliche Kennzeichnung): Luftstrom bei der Umgehung von einzelnen Komponenten der Lüftungsanlage

Die nachfolgende Abbildung verdeutlicht die Einordnung der Luftarten.

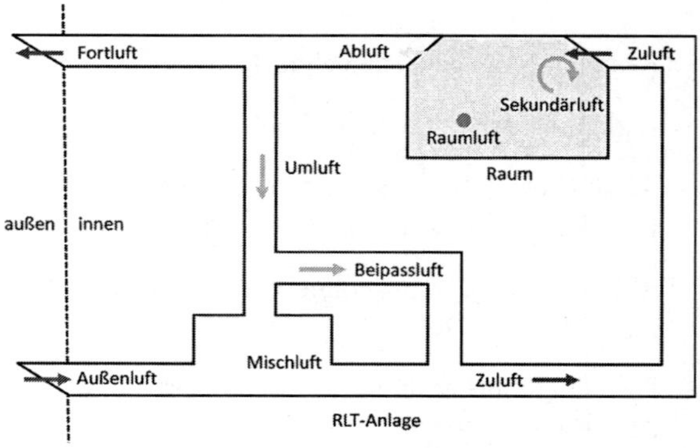

Abb. 3.3-2: Systematik der Luftarten. (Quelle: ITG Dresden)

3.3.1 Dichte Luftleitungen für mehr Energieeffizienz

Rund 35 bis 40 % des Energieverbrauchs und etwa 30 % der CO_2-Emissionen werden in Deutschland immer noch durch den Gebäudesektor verursacht. Und das, obwohl bereits 2005 das Gesetz zur Einsparung von Energie in Gebäuden (Energieeinsparungsgesetz (EnEG)) erlassen wurde und 2007 die Energieeinsparverordnung (EnEV; Verordnung über energiesparenden Wärmeschutz und energiesparende Anlagentechnik bei Gebäuden) folgte. Im Oktober 2013 veröffentlichte das Bundesbauministerium den für Bundesbauten verpflichtend einzuhaltenden Leitfaden Nachhaltiges Bauen (BNB).

Zusammen mit einem Bewertungssystem hat dieser das Ziel, die Anforderungen an ganzheitlich optimierte Gebäude festzuschreiben. Aufbauend auf dem Leitfaden folgte Ende Mai 2018 eine Überarbeitung der Energy Performance of Buildings Directive (EPBD) zur Regulierung der Gesamtenergieeffizienz von Gebäuden. Nahezu zeitgleich wurde im Jahr 2017 der erste Entwurf des Gebäudeenergiegesetzes (GEG) vorgelegt. Es wurde im Juni 2020 versabschiedet und gilt seit November 2020. Das GEG fasst wesentliche Aspekte und Anforderungen des Energieeinsparungsgesetzes (EnEG), der Energieeinsparverordnung (EnEV) und des Erneuerbare-Energien-Wärmegesetzes (EEWärmeG) zusammen, und ist ein Versuch, den Anforderungskatalog zu vereinheitlichen und vereinfachen.

GEG

Ziel des GEG ist es,

- den Energie- und Wärmeverbrauch sowie die CO_2-Emissionen des Gebäudebestands deutlich zu senken,
- die Gesamteffizienz im Gebäudesektor zu steigern und
- bis 2045 einen nahezu klimaneutralen Gebäudebestand zu erreichen.

Ein ehrgeiziges Ziel, für das der Bedarf an Primärenergie um rund 80 % gesenkt werden muss.

RLT- und Klimaanlagen mit 15 bis 40 % Leckagerate

Um diese enorme Reduzierung des Primärenergiebedarfs in der Praxis umsetzen zu können, reichen bekannte Maßnahmen, wie beispielsweise

- verbesserte Wärmedämmungen,
- der Austausch und die Erneuerung alter undichter Fenster,
- der Ersatz alter Ölheizungen durch energieeffiziente Wärmepumpen

etc. nicht aus. Eine bisher meist nicht genutzte und nur wenig bekannte Schlüsselrolle spielen auch RLT- und Lüftungsanlagen. Allein in Deutschland sind rund drei Millionen Nichtwohngebäude – und auch immer mehr Wohngebäude – mit RLT- und Lüftungsanlagen ausgestattet. Deren Luftleitungssysteme weisen – oftmals unerkannt – zahlreichen Studien und Untersuchungen zufolge fast in ganz Europa durchschnittliche Leckageraten von 15 bis 40 % auf. Dies entspricht gemäß der DIN EN 16798-3 der Dichtheitsklasse ATC 6 und damit (mindestens) 2,5-mal der schlechtesten Dichtheitsklasse A (gemäß der früheren DIN EN 13779).

SchlechtesteDichtheitsklasse A

Luftdichtheitsklasse der Luftleitung nach		**Leckage-rate**	**Grenzwert der Luftleckagerate**
DIN EN 1507 und DIN EN 12237 (alte DIN EN 13779)	**DIN EN 16798-3**	**[%]**	$f_{max} \left[\frac{m^3/s}{m^2} \right]$
	ATC 7		Nicht klassifiziert
	ATC 6	15	$0{,}0675 \times \rho_{Prüf} \times 10^{-3}$
A	ATC 5	6	$0{,}027 \times \rho_{Prüf} \times 10^{-3}$
B	ATC 4	2	$0{,}009 \times \rho_{Prüf} \times 10^{-3}$
C	ATC 3	0,67	$0{,}003 \times \rho_{Prüf} \times 10^{-3}$
D	ATC 2[1]	0,22	$0{,}001 \times \rho_{Prüf} \times 10^{-3}$
	ATC 1[1]	0,07	$0{,}00033 \times \rho_{Prüf} \times 10^{-3}$

[1] Luftleitungen für besondere Anforderungen
$\rho_{Prüf}$ [Pa] Prüfdruck – Auslegungsdruckdifferenz des zu prüfenden Luftleitungssystems oder Luftleitungsteilsystems

Tab. 3.3.1-1: Infokasten Dichtheitsklassen

Fast ein Sechstel des gesamten geförderten Luftvolumens geht dadurch in Zwischendecken, Schächten und andernorts verloren, und fehlt damit in den Räumen, die bestimmungsgemäß mit dem Lebensmittel Luft versorgt werden sollen. Entstehen durch das unkontrollierte Einströmen der Leckageluft, beispielsweise in Zwischendecken, ungünstige Druckverhältnisse, besteht die Gefahr, dass über die Undichtigkeiten unkontrolliert verschmutzte und ggf. auch mit Viren o. ä. belastete Luft in angrenzende Räume eindringt.

Die Leckagen bedeuten damit

- einen Verlust an wertvoller Luft,
- schlechtere hygienische Innenraumluftbedingungen,
- eine schlechte Energieeffizienz des Anlagenbetriebs,
- einen hohen Energieverbrauch,
- hohe CO_2-Emissionen bzw. -Äquivalente sowie
- unnötig hohe Betriebskosten.

Schlechte Energieeffizienz

So titelte die New York Times in Anlehnung an eine Untersuchung von Mc Kinsey & Company, dass dichte Luftleitungen das größte Energieeinsparungspotenzial bei energetischen Sanierungen in den USA bieten. Unabhängige Untersuchungen zeigen, dass sich durch eine Abdichtung der Leckagen von RLT- und Lüftungsanlagen weltweit pro Jahr etwa eine Gigatonne CO_2-Äquivalent einsparen lassen. Ergebnissen des ICEE Reports Energy savings estimates of duct sealing applications (Energieeinsparungen durch die Abdichtung von Luftleitungssystemen) zufolge, können durch eine Beseitigung von Leckagen Energieeinsparungen von rund 46 % und Stromkosteneinsparungen von etwa 50 % erreicht werden.

Das Potenzial von dichten RLT- und Klimaanlagen

Zuverlässig dichte Luftleitungssysteme bieten damit enormes Potenzial für Energie- und CO_2-Einsparungen, Effizienzsteigerungen, eine Verbesserung der Hygiene sowie geringere Betriebskosten. Zudem sind dichte Luftleitungen die Grundvoraussetzung, um RLT- und

Lüftungsanlagen wirtschaftlich (gemäß VDI 2067 Blatt 1) und hygienisch (gemäß VDI 6022) zu betreiben.

Eine garantierte Dichtheit von Luftleitungssystemen setzt allerdings voraus, dass die aktuelle Prozesskette im Luftleitungsbau um zwei wichtige und wesentliche Arbeitsschritte ergänzt wird:

1. eine durch wirtschaftlich unabhängige Prüfer verpflichtend nachzuweisende Mindestdichtheit gesamter Luftleitungssysteme (der Klasse ATC 3 gemäß DIN EN 16798-3) und
2. dadurch bedingt (in den meisten Fällen) eine nachträgliche Abdichtung des gesamten Luftleitungssystems.

Wird bei einer verpflichtend durchzuführenden Funktionsmessung festgestellt, dass die messtechnisch ermittelte Dichtheit in der Errichtungsphase die vereinbarte Dichtheitsklasse unterschreitet, sollte eine Nachbesserung verpflichtend durchgeführt werden müssen. Bisher können nämlich weder Planungsvorgaben noch Produktions- und Montagestandards durch Normen und andere Regelwerke eine gute Dichtheit und damit hohe Energieeffizienz einer Lüftungs- oder RLT-Anlage garantieren.

Der Grund ist eine im Folgenden aufgezeigte graduelle Verschlechterung der Dichtheit entlang der gesamten Prozesskette:

- Ausschreibung,
- Planung,
- Herstellung,

- Transport,
- Handhabung und
- Montage,

welche wesentlich zu den in der Praxis meist angetroffenen Leckageraten von 15 % und mehr beiträgt.

3.3.1.1 Verschlechterung der Dichtheit entlang der gesamten Prozesskette

Ausschreibung einer zu geringen Dichtheitsklasse

Dichtheitsklasse ATC 4

Angefangen bei Ausschreibungen, wird für RLT- und Lüftungsanlagen häufig nur die Mindestanforderung der DIN EN 16798-3 für Sanierung und Neubau gefordert. Dies entspricht der Dichtheitsklasse ATC 4 und bedeutet, dass in Standardbauwerken eine Undichtheit von bis zu zwei % akzeptiert und erlaubt wird.

Werden besondere Anforderungen an die Hygiene oder Energieeffizienz gestellt, wird in Anlehnung an die VDI 3803, die VDI 6022 sowie die DIN 16798-3 und 15780 die Dichtheitsklasse ATC 3 (= 0,67 % Leckage) empfohlen. Eine Verpflichtung, die Dichtheitsklasse ATC 3 auszuschreiben, gibt es jedoch nicht.

Eine Ausschreibung mit der Dichtheitsklasse ATC 2 und damit eine erlaubte Leckagemenge von nur 0,22 % für das gesamte System ist bisher in kaum einer Ausschreibung zu finden. Und das, obwohl die Herstellung von Luftleitungsbauteilen in der Dichtheitsklasse ATC 2 unter Einhaltung der DIN 1507 bzw. HFL2002 (für eckige Luftleitungsbauteile), der DIN 12237 bzw. HFL2003 (für runde Luftleitungsbauteile) sowie der DIN EN 15727 und DIN EN 1751 in der Praxis meist kein Problem darstellt.

Dichtheitsverluste durch den Transport zur Baustelle

Problematisch in punkto Dichtheitsklasse wird es jedoch mit dem Transport der Bauteile vom Hersteller zur Baustelle sowie dem sich anschließenden Handling. So geht durch die Handhabung der Bauteile, wie beispielsweise das Ver- und Entladen und das Stapeln der Bauteile im LKW oder auf der Baustelle, in der Praxis meist eine Dichtheitsklasse verloren.

Formänderungen

Der Grund sind u. a. unvermeidbare leichte Formänderungen durch Verzug sowie beschädigte Falze und Dichtungen. Ausgehend von einer nach wie vor häufig ausgeschriebenen, geplanten und produzierten Dichtheitsklasse ATC 4 resultiert nach dem Transport und dem Handling häufig nur noch die Dichtheitsklasse ATC 5. „Umgerechnet" auf die Leckagemenge bedeutet dies statt einer Leckage von zwei % eine Verdreifachung, und damit Undichtigkeiten von bereits rund sechs % des Gesamtvolumenstroms.

Abb. 3.3.1.1-1: Typische Transportschäden durch die Handhabung und den unvermeidbaren Verzug. (Quelle: Mez-Technik)

Montage unter Hochdruck

Eine weitere Verschlechterung der Dichtheit bedingt die Montage der Bauteile. Selbst unter Einhaltung der Montageempfehlungen des HFL-Verbands sind Undichtigkeiten verfahrens- und materialbedingt unvermeidbar. Die Gründe sind u. a., dass:

- Luftleitungsbauteile oftmals nicht mehr zu 100 % ihrer ursprünglichen Form entsprechen und damit nicht mehr exakt zueinander passen
- die Zugänglichkeit zu einigen Bauteilen erheblich eingeschränkt ist
- sich manchmal die Herangehensweise „Versuch, Irrtum, neuer Versuch" etabliert hat, was insbesondere bei Schrauben, Nieten und Klammern zu unnötigen neuen Leckagen führt.

Denn häufig werden alte, nicht mehr gebrauchte Löcher einfach belassen und nicht extra abgedichtet.

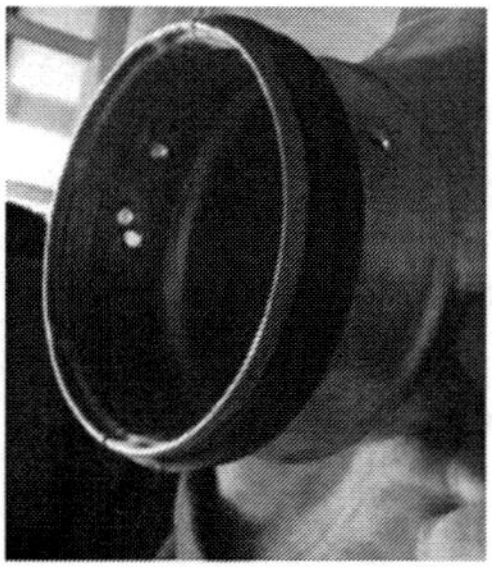

Abb. 3.3.1.1-2: Die Arbeitsweise „Try and Error" führt zu Löchern, die nach der Montage häufig nicht mehr abgedichtet werden, sondern als Leckagen im Luftleitungssystem verbleiben. (Quelle: Mez-Technik)

Weitere Ursachen für Undichtigkeiten sind beispielsweise:

- Aufmaßteile und Passlängen, die auf der Baustelle unter oftmals schwierigen Bedingungen nach Produktionsstandards gefertigt werden sollen
- Unterschiede zwischen Planung und realer Situation, die mit Aufmaßteilen und Passlängen vor Ort ausgeglichen werden sollen
- zu kurz eingeplante Installationszeiten
- fehlender Platz für die Montage sowie eine zu geringe Zugänglichkeit
- ein fehlendes Verantwortungsbewusstsein, Fachverstand sowie eine fundierte Ausbildung.

Im Gegensatz zu anderen Ländern gibt es in Deutschland nämlich den Ausbildungsberuf Lüftungsmonteur nicht. Lediglich die VDI 6022 schreibt vor, dass für *VDI 6022*

Planung, Errichtung und Betrieb eine durch Ausbildung und Berufserfahrung nachzuweisende Fachkunde zwingend erforderlich ist.

Wirtschaftlicher statt günstiger Bieter

Ein weiterer Grund für eine Verschlechterung der Dichtheitsklasse bei der Montage kann die Auswahl des billigsten – und damit oftmals auch weniger erfahrenen – Bieters sein. Während sich dieses Auswahlkriterium immer häufiger durchsetzt, sollte es überdacht und entsprechend der Vergabeverordnung des Bundes angepasst werden. Diese besagt, dass bei der Vergabe der wirtschaftlichste Bieter zu beauftragen ist. Den zu bestimmen, ist zugegebenermaßen – ohne Vorerfahrung mit den Bietern – oft schwierig bis unmöglich. Es sollte dennoch das Bestreben sein und wäre eine Chance, um laut Reinhard Siegismund, ö.b.u.v. Sachverständiger und Beratender Ingenieur VBI, *„wegzukommen von Luftleitungssystemen, die aus den billigsten Komponenten vom günstigsten Anlagerbauer so aufgebaut werden, dass sie mit maximaler Messtoleranz gerade noch die Mindestanforderungen einer per se schlechten Dichtheitsklasse erfüllen“*.

Montagemix aus A bis D und eine unsachgemäße Behandlung nach der Montage

Hinzu kommt, dass die Montage eine Verbindung verschiedenster Komponenten darstellt. In Abhängigkeit des Bauteils gelten teilweise unterschiedliche Zertifizierungskriterien und Dichtigkeitsstandards.

Unterschiedliche Zertifizierungskriterien

Zudem werden in der Praxis auf Baustellen – z. B. aufgrund fehlender Originalteile, falscher oder Ersatzlieferungen – oftmals einzelne Bauteile eingesetzt, die nicht der ausgeschriebenen Dichtheitsklasse des Gesamtsystems entsprechen. Wird in ein Luftleitungssystem, das in der Gesamtheit die Dichtheitsklasse ATC 4 oder ATC 3 erfüllen soll, nur ein Bauteil mit der Dichtheitsklasse ATC 5 verbaut, ist das Erreichen der vorgegebenen Dichtheitsklasse für das Gesamtsystem nicht möglich. Außer,

- das Bauteil der schlechteren Dichtheitsklasse wird ausgetauscht und/oder
- das gesamte Luftleitungssystem wird nach der Montage zuverlässig und bis zum Erreichen der geforderten Dichtheitsklasse abgedichtet.

Ein weiterer Punkt, der sich negativ auf die Dichtigkeit des Gesamtsystems auswirkt, ist eine unsachgemäße Behandlung der Luftleitungsbauteile. Werden Bauteile einer guten oder sehr guten Dichtheitsklasse im Zuge der Montage oder der Lagerung beispielsweise von anderen parallel arbeitenden Gewerken als Sitzgelegenheit u. Ä. „missbraucht", verformen sie sich. Die Folge ist eine Verschlechterung der ursprünglichen Dichtheitsklasse des Bauteils sowie eine dadurch bedingte verminderte Dichtigkeit des Gesamtsystems.

3.3.1.2 Dichtheitskontrolle und Abdichtung

Ist ein Luftleitungssystem fertig montiert, erfolgt i. d. R. eine Überprüfung „gemäß Vorgaben".

Die Überprüfung startet meist mit einer visuellen Inspektion des Systems. Ziel ist es, potenzielle Undichtigkeiten frühzeitig zu erkennen und bereits vor der Inbetriebnahme abzudichten. Eine visuelle Überprüfung ist jedoch nur an den Stellen möglich, die gut zugänglich sind. Zudem sind Ergebnisse – auch beim Einsatz von Sprühnebel oder Seifenlauge – meist nur dann brauchbar und zielführend, wenn der Prüfer ausreichend Erfahrung hat und aufmerksam ist.

Visuelle Inspektion

Messtechnische Überprüfung

Neben der visuellen Inspektion bietet sich eine messtechnische Überprüfung an. Diese erfolgt i. d. R. in Anlehnung an die DIN EN 12599 und bietet die Möglichkeit, den Leckagevolumenstrom zu quantifizieren und die Dichtheitsklasse eines Systems zu bestimmen. Meist wird eine messtechnische Überprüfung aber nur an Teilstücken durchgeführt und ist nur dann zwingend erforderlich, wenn sie im Leistungsverzeichnis (LV) gefordert wurde. Ist dies – wie häufig – nicht der Fall, sind die Abnahmekriterien Ermessensspielraum, was bedeutet, dass oftmals keine messtechnische Überprüfung erfolgt.

Wurden in einem Luftleitungssystem nach der Montage durch visuelle und/oder messtechnische Prüfungen Undichtigkeiten identifiziert, gilt es diese abzudichten. Dieser Prozess erfolgte lange Zeit händisch und iterativ – sprich eine Undichtigkeit nach der anderen, beginnend bei großen Leckagen hin zu immer kleineren Leckagen. Je nach Art der Undichtigkeit kommen dabei Dichtbänder, Kaltschrumpfbänder u. v. m. zum Einsatz. Mit viel Aufwand, Zeit, einer guten Zugänglichkeit des Systems sowie ausreichend Erfahrung, Sorgfalt und Genauigkeit des Ausführenden kann dadurch Dichtheitsklasse ATC 4 (oder ATC 3) erreicht werden. Das Erreichen einer bestimmten Dichtheitsklasse kann jedoch nicht vorab garantiert werden und ist oftmals „Glückssache".

Abb. 3.3.1.2-1: Visuelle Leckageprüfung. (Quelle: Mez-Technik)

Dichtheitsklasse C auf dem Papier, A in der Realität

Nach der Abdichtung ist daher die Dichtheit der Anlage zu überprüfen, um die erreichte Dichtheitsklasse angeben zu können. Dabei können sich für ein und dasselbe System erhebliche Unterschiede ergeben – je nachdem, welcher (An)Teil des Luftleitungssystems zur Bestimmung der Dichtheitsklasse geprüft wird. 100 %, 50 % oder nur die in der DIN EN 12599 als Referenz angegebenen zehn Quadratmeter beziehungsweise zehn % der Leitungsoberfläche mit repräsentativem Querschnitt aller Bauteile.

Ist Letzteres der Fall, ist in der Praxis genau genommen keine aussagekräftige und repräsentative Aussage über die Dichtheit des gesamten Luftleitungssystems möglich. Denn selbst bei Luftleitungssystemen, die in der

Gesamtheit eine Dichtheitsklasse ATC 5 oder schlechter aufweisen, existieren oftmals Teilabschnitte, die der Dichtheitsklasse ATC 3 entsprechen. Erfolgt die Prüfung der Dichtheit genau in diesem Abschnitt, könnte einem Luftleitungssystem mit einer realen Dichtheitsklasse ATC 6 (also Leckageraten von 15 % und mehr) eine theoretische Dichtheitsklasse ATC 3 (= 0,67 % Leckagerate) bestätigt werden.

Dies bedeutet auf dem Papier gute Voraussetzungen für einen energieeffizienten und klimaschonenden Betrieb der RLT- oder Lüftungsanlagen. In der Praxis führen die bei der Prüfung nicht entdeckten, aber vorhandenen Undichtigkeiten jedoch

- zu hohen Leckageraten,
- zu unnötig hohen Mehrkosten,
- einer schlechten Energieeffizienz,
- unnötigen CO_2-Emissionen sowie
- Einbußen in der Hygiene.

Von ATC 3 nach ATC 5 in wenigen Schritten

Zusammengefasst kann nahezu jeder einzelne Schritt der Prozesskette im Luftleitungsbau die Qualität und die Dichtheit des gesamten Luftleitungssystems negativ (siehe Tabelle 1) beeinflussen.

Wird beispielsweise die Dichtheitsklasse ATC 3 (= 0,67 % Leckagerate) ausgeschrieben, lässt sich prozessbedingt ohne eine nachträgliche Abdichtung in der Praxis meist bestenfalls Dichtheitsklasse ATC 5 (= 6 % Leckagerate) erreichen.

Wird– wie vielmals – nur die Mindestanforderung der Dichtheitsklasse ATC 4 in den Ausschreibungen von (öffentlichen) Auftraggebern oder Planern gefordert, liegen die Leckageraten im Betrieb durchschnittlich bei 15 % und mehr. Folglich werden Luftleitungssysteme genau genommen, entgegen der selbst erlassenen Anforderungen, bei der Dichtheitsklasse ATC 6 betrieben, was erhebliche Energie- und Effizienzverluste, hygienische Einbußen sowie unnötig hohe Kosten und CO_2-Emissionen bedeutet.

Prozesskette Luftleitungsbau	**Vorgegebene Dichtheitsklasse** (Leckagerate in %)	**Real erzielbare** Dichtheitsklasse (Leckagerate in %)
Dichtheitsklasse und deren Erfüllung wird vom Planer in der Ausschreibung vorgegeben	ATC 3 (0,67)	ATC 3 (0,67)
Luftkanalhersteller fertigt, prüft und liefert gemäß Vorgaben	ATC 3 (0,67)	ATC 3 (0,67)
Luftkanalbauteile werden zur Baustelle transportiert und dort weiter „bearbeitet“ (Handling)	ATC 3 (0,67)	ATC 4 (2)
Montagefirma montiert und prüft gemäß Vorgaben	ATC 3 (0,67)	ATC 5 (6) – ATC 6 (15)
Reinigungsfirma reinigt gemäß Vorgaben	ATC 3 (0,67)	ATC 5 (6) – ATC 6 (15)
MSR-Technik reguliert die Anlage ein	ATC 3 (0,67)	ATC 5 (6) – ATC 6 (15)
Anlage wird an den Bauherren übergeben	ATC 3 (0,67)	ATC 5 (6) – ATC 6 (15)
Anlage im Betrieb	ATC 3 (0,67)	$\geq$ ATC 6 ($\geq$ 15)

Tab. 3.3.1.2-1: Theoretische Vorgaben für Luftleitungssysteme und real erzielbare Dichtheitsklassen. (Quelle: Weinberger, Daten: Mez-Technik)

Nachteile von undichten Leitungen

Weitere Nachteile von undichten Leitungen sind u. a.:

- Geräusche in Zwischendecken, die bis in den Nutzraum störend zu hören sind
- ungewollte Luftüberströmungen und damit Geruchsbelästigungen, weil beispielsweise die Luft von einem geruchsintensiven Raum, wie einer Cafeteria, in eine Bürofläche strömt
- dass die Luftverteilung in einem verzweigten Luftkanalsystem fehlt und deshalb das System nicht lufttechnisch einreguliert werden kann
- lufttechnisch unterversorgte Räume und damit eine schlechte Luftqualität durch zu hohe CO_2-Werte
- unvermeidbare Fehlfunktionen von Volumenstromreglern, weil der Vordruck zu niedrig ist
- ein unnötig hoher Energieaufwand am Ventilator, um die Leckageluftmengen auszugleichen
- fehlende Reserven, um steigende Filterdrücke zu überwinden, die z. B. durch eine Verschmutzung während des Betriebs entstehen (i. d. R. laufen die meisten neuen RLT-Anlagen bereits nach der Abnahme mit der maximalen Leistung)
- Verluste an kostspieliger Wärme oder Kälte, die luftseitig transportiert wird.

Unnötige Kosten

Zudem bedeuten undichte Leitungen unnötige Kosten:

- Die durch Undichtigkeiten verursachten berechneten Mehrkosten einer Teilklimaanlage (Lüften, Filtern, Heizen, Kühlen) für die Luftförderung und Lufterwärmung in einer Winterperiode (auf Grundlage statistischer Wetterdaten für den Standort Mühldorf/

Inn) liegen bei rund 370 Euro (Luftbehandlung) bzw. 385 Euro (Luftbehandlung und Luftförderung)[1].

- Die Auswertung von Berechnungen, Untersuchungen und Studien hat gezeigt, dass sich durch die Beseitigung von Undichtigkeiten in Luftleitungssystemen die Heizlasten zwischen fünf % und 18 %, die Kühllasten zwischen zehn % und 29 % reduzieren lassen. Zudem führen Leckagen in Luftleitungssystemen dazu, dass rund 30 % bis 75 % mehr Ventilatorleistung und in RLT-Anlagen eine um bis zu 48 % höhere Kühlleistung erforderlich ist. Durch die zuverlässige Beseitigung der Leckagen lassen sich bis zu 50 % der Energiekosten der eingesetzten Ventilatoren einsparen[2].
- Die Baukosten steigen, weil aufgrund der Leckagen in Luftleitungssystemen die Volumenströme bei der Planung immer öfter um 15 bis 20 % höher angesetzt werden. So kann der real benötigte Mindestluftwechsel gewährleistet werden. Zugleich sind Ventilatoren, Lüftungs-, Teilklima- und RLT-Anlagen überdimensioniert, was unnötig hohe Anschaffungs- und Betriebskosten, einen höheren Platzbedarf für größere Leitungen und Bauteile sowie einen Mehraufwand für Schalldämmung und Statik bedeutet.
- Die Energieeffizienz und Wirtschaftlichkeit von Anlagen sinken, weil ein Teil der Luft zwar aufbereitet und transportiert werden muss, jedoch nicht in die mit dem Lebensmittel Luft zu versorgenden Räume ein-

---

1 Berechnet von Wolf Rienhardt, selbstständig tätig für Planung, Training, Beratung in der HLKS-Technik und Mitglied im Deutschen Fachverband für Luft und Wasserhygiene (DFLW).

2 Gemäß Valerie Leprince, Expertin für Luftdichtheit und Geschäftsführerin von PLEIAQ.

strömt. Stattdessen geht ein Teil der aufbereiteten Luft in Zwischendecken, Schächten etc. verloren.

3.3.1.3 Theorie und Praxis

Gesetzlich geforderte Dichtheitsklasse ATC 3

Um diese negativen Auswirkungen zu beseitigen, braucht es ein Umdenken in der Branche und eine Änderung der Baugewohnheiten.

Ziel ist,

- die Bedeutung dichter Luftleitungssysteme in den Fokus zu rücken und damit
- Kosten einzusparen,
- die Energieeffizienz und Hygiene zu erhöhen und
- sicherzustellen, dass das wertvolle Lebensmittel Luft – inklusive der darin ggf. gespeicherten Wärme- oder Kälteenergie – in „sauberer“ Form dort ankommt, wo die Luft benötigt wird.

Dichtheitsklasse von mindestens ATC 3

Dies bedeutet eine Abkehr von der bisherigen Praxis hin zu einer Prozesskette, bei der eine gesetzlich verpflichtend einzuhaltende und messtechnisch nachgewiesene gute Dichtheitsklasse von mindestens ATC 3 ein essenzieller Bestandteil ist. Dabei sollte darauf geachtet werden, dass bei den Messungen eine geringere Messunsicherheit gewährleistet ist und die Dichtheit des gesamten Systems von unabhängigen Prüfern gemessen und bestätigt wird. Ein weiterer wichtiger Aspekt wäre ein international vereinheitlichtes und verbessertes Messprotokoll sowie eine Übergabe von Neu-

oder sanierten Altanlagen mit Einregulierungsprotokoll.

In der Praxis würde das Einhalten einer gesetzlich einzuhaltenden Dichtheitsklasse ATC 3 in aller Regel einen weiteren zusätzlichen Prozessschritt bedeuten: die nachträgliche Abdichtung kompletter Luftleitungssysteme mit einem zuverlässigen Verfahren, bei dem bereits im Voraus das Erreichen von (mindestens) ATC 3 gewährleistet werden kann.

Leckagen beseitigen, ohne sie vorher zu suchen

Aeroseal®-Verfahren

Eine kostengünstige, einfache und schnelle Lösung stellt hierfür z. B. das ressourceneffiziente Aeroseal®-Verfahren dar. Einsetzbar bei neuen und bestehenden Leitungen dichtet es Leckagen ohne vorherige Lokalisation zuverlässig und punktuell von innen heraus ab. Dabei wird ein den Anforderungen der VDI 6022 entsprechender, hygienisch unbedenklicher Dichtstoff mithilfe von Druck und Temperatur in kleinste Teilchen (400 µm) zerstäubt und über einen Folienschlauch zusammen mit Luft in das undichte Leitungssystem eingebracht. Beim Durchströmen des Luftleitungssystems wird das Luft-Dichtstoff-Gemisch in Richtung der Undichtigkeiten umgelenkt, weil an diesen der Druck lokal absinkt. In der Folge werden Ritzen, Spalten, Löcher und mehr von innen nach außen mit dem Luft-Dichtstoff-Gemisch durchströmt. Dabei lagern sich an den Rändern der Leckagen kleinste Mengen des Dichtstoffs ab, und verschließen Undichtigkeiten bis zu einem Durchmesser oder einer Spaltbreite von 15 mm nach und nach dauerhaft.

In der Regel ist dafür kein Eingriff in die Bausubstanz nötig und die abzudichtende Lüftungs- oder RLT-Anlage kann mit Ausnahme des Abdichtungsprozesses ungestört genutzt werden. Der Zeitbedarf liegt meist bei einigen Minuten bis Stunden, der Personalbedarf bei ein bis zwei Personen. Die Amortisationszeiten betragen mehrheitlich nur 0,5 bis fünf Jahre.

Eine Arbeitshilfe zur Ausschreibung des Aeroseal-Verfahrens (in LV's) finden Sie unter Kapitel 1.5 zum Download.

Gut in Theorie und Praxis

Dass das Aeroseal(R)-Verfahren nicht nur in der Theorie, sondern auch in der Praxis erfolgreich ist, zeigen zahlreiche Projekte in Industrie, Gewerbe, Schulen, Krankenhäusern, Alten- und Pflegeheimen, öffentlichen und privaten Gebäuden (Auszug in Tabelle 2) und mehr. So würden (basierend auf den Ergebnissen bereits durchgeführter Abdichtungen) die Kosteneinsparungen eines typischen Aeroseal®-Einsatzes für beispielsweise sechs Gebäude mit insgesamt 150 RLT-Anlagen und einer Gesamtförderleistung von 1,3 Millionen Kubikmeter pro Stunde bei rund einer halben Million Euro pro Jahr liegen.

Neben erheblichen Kosteneinsparungen bedeuten zuverlässig dichte Luftleitungssysteme mit mindestens der Dichtheitsklasse ATC 3 (gemäß DIN EN 16798-3)

- eine erheblich verbessere Energieeffizienz,
- verringerte Verluste des Lebensmittels Luft,
- verminderte Verluste an Wärme und Kälte,

- verbesserte Innenraumluftbedingungen,
- eine verbesserte Hygiene in den Innenräumen sowie
- geringere CO_2-Belastungen und zu zahlende CO_2-Äquivalente.

Projekt	**Abdichtung von**	**Leckagerate vor der Abdichtung [l/s]**	**Leckagerate nach der Abdichtung [l/s]**	**Dichtheitsklasse (gemäß DIN EN 16798-3) vor der Abdichtung (Leckagerate in %)**	**Dichtheitsklasse (gemäß DIN EN 16798-3) nach der Abdichtung (Leckagerate in %)**
Produktion	Bürobereich	k.A.	k.A.	ATC 5	ATC 3
Pharma	Produktionsbereich	103,4	2,5	ATC 6	ATC 2
Berufsschule	Küche	124,0	3,4	ATC 6	ATC 3
Klinikum	Physio-Trakt	640,4	21,9	ATC 6	ATC 2
Hotel	Küche	24,3	0,7	ATC 5	ATC 2
Einkaufszentrum	Verkaufsräume	391	9,8	ATC 6	ATC 2 und 3

Tab. 3.3.1.3-1: Verbesserung der Dichtheitsklassen und Verminderung der Leckageraten durch eine Abdichtung mit dem Aeroseal®-Verfahren aufgezeigt anhand ausgewählter Praxisbeispiele. (Quelle: Weinberger, Daten: Aeroseal Austria GmbH)

Dichte Luftleitungen spielen damit eine Schlüsselrolle beim Erreichen eines klimaneutralen Gebäudebestands, der in Deutschland bis spätestens 2045 erreicht werden soll.

Geförderte Dichtheit

Förderprogramm

Trägt die Abdichtung in Bestandsgebäuden zur einer GEG-relevanten energetischen Aufwertung der Lüftungs- oder RLT-Anlage bei, kann beispielsweise über ein Förderprogramm für Einzelmaßnahmen in Bestandsgebäuden die Erstinstallation oder Erneuerung einer Lüftungsanlage subventioniert werden. Voraussetzung ist, dass die Erneuerung oder Instandsetzung mindestens eine mit Messungen nachgewiesene Dichtheitsklasse ATC 4 (gemäß DIN 1507:2006-07 beziehungsweise DIN 12237:2003-07) erreicht wird. Konkret werden bis zu 20 % Tilgungszuschuss auf einen Kredit der KFW Bank gewährt. Und auch über die neue Bundesförderung effiziente Gebäude (BEG) sind Förderungen in Nichtwohngebäuden möglich. Im Bereich der Prozesslüftungstechnik ist über das technologieoffene Förderprogramm „Energieeffizienz in der Wirtschaft (EEW)" eine Förderung von bis zu 40 % möglich. Auch hier gilt die Dichtheitsklasse ATC 4 als Maßgabe. Als Anhaltspunkt für die Förderrate werden die erwarteten CO_2-Einsparungen, die einer Energieeinsparung gleichgesetzt werden, gegenüber dem Bestand herangezogen.

Ob die Dichtheitsklasse ATC 4 als Standard für eine Förderung ausreichend sein sollte, ist für viele Experten strittig. Nichtsdestotrotz wird der Ansatz positiv gesehen, da zum Erhalt der Förderung das gesamte Luftleitungssystem auf Dichtigkeit überprüft und mit einem Messprotokoll nachgewiesen werden muss. Wird die Dichtheitsklasse ATC 4 erreicht, bedeutet dies Leckageraten von maximal zwei %, was im Vergleich zu den bisherigen Leckageraten von 15 % und mehr ein wichtiger Schritt in die richtige Richtung ist.

3.3.2 Luftleitungen sanieren statt demontieren

Knapp drei Millionen Nichtwohngebäude in Deutschland sind mit RLT- und Lüftungsanlagen ausgestattet. Ein Gros der Anlagen wird ordnungsgemäß geplant, installiert und in Betrieb genommen. Deren regelmäßige Reinigung wird jedoch häufig vernachlässigt, obwohl es die DIN EN 15780, VDI 6022-1, VO (EU) 517-2014, VDMA 24186-1, die Arbeitsstätten- und die Betriebssicherheitsverordnung fordern.

Verunreinigungen

Die negativen Folgen sind Keime, Pilze, Schadstoffe und Viren, die sich im Betrieb innerhalb kurzer Zeit auf den Oberflächen der Luftleitungssysteme ansammeln. Strömt saubere Frischluft (Zuluft) darüber, können sich die Verunreinigungen lösen und mit Viren, Keimen oder Staub belastete Luft strömt in die mit dem Lebensmittel Luft zu versorgenden Innenräume ein. Dies kann zu hygienischen und gesundheitlichen Problemen führen.

Zudem bedeuten die verunreinigten Oberflächen

- einen höheren Reibungswiderstand,
- daraus resultierend höhere Betriebskosten,
- eine geringere Energieeffizienz,
- unnötig hohe CO_2-Emissionen sowie
- einen Druckabfall.

Der Druckabfall bedingt eine geringere Luftwechselrate mit der Folge eines schlechteren Raumklimas. Denn bereits 10 Prozent weniger Luftwechsel reichen aus, um ein gesundes in ein schlechtes Raumklima zu verwandeln.

Bei Küchen und fettbelasteter Abluft stellen die Verunreinigungen zudem potenzielle Brandherde dar.

Abb. 3.3.2-1: Bereits nach kurzer Betriebszeit lagert sich auf den Oberflächen von Luftleitungen Schmutz, Dreck, Staub und mehr an. Werden die Luftleitungssysteme von RLT- und Lüftungsanlagen nicht regelmäßig gewartet, besteht die Gefahr, dass sich die Verunreinigungen in der Luft lösen und mit dieser in die Räume eingebracht werden. (Quelle: Marasoiu)

Prüfen und bewerten

Geht es um die zuverlässige Beseitigung oben genannter Probleme und die Wiederherstellung eines ordnungsgemäßen Zustands von Luftleitungssystemen, stehen generell Sanierung, Retrofitting oder eine Demontage und Neuinstallation zur Auswahl. Welche Option die beste ist, muss für jede Anlage individuell und nach passenden Kriterien (beispielsweise Wirtschaftlichkeit, Amortisationszeit, Vergleich Soll und Ist) entschieden werden.

Vor der Durchführung jedweder Maßnahmen gilt es, den technischen Zustand und den Nutzungsbedarf der Anlage systematisch festzustellen, zu bewerten und zu dokumentieren. Hierzu müssen unter anderem

- der Zustand der Luftleitungssysteme (z. B. Oberflächen- und Abnützungszustand, Verschmutzung, Wanddicke, Leckagen),
- die Energieeffizienz der Anlage und des Leitungssystems,
- die Zugänglichkeit des Leitungssystems,
- das Alter (beispielsweise der Ventilatoren, RLT-Gerät(e), Luftleitungen) sowie
- die Anforderungen an die bisherigen und die künftigen Bedingungen (zum Beispiel in puncto Luftwechselrate, Volumenstrom, Luftfeuchtigkeit, Brandschutz)

Zustands- und Funktionsprüfung
Funktionsmessungen

durch eine Inspektion bestimmt werden. Die Inspektion sollte eine Zustands- und Funktionsprüfung sowie eine technische Prüfung in Form von Funktionsmessungen, wie beispielsweise einer Dichtheitsprüfung des Luftleitungssystems, umfassen. Eine gute Grundlage der Inspektion bildet – sofern vorhanden – die Revisionsdokumentation (als Biografie) der RLT-Bestandsanlage.

Sichtkontrolle und Dichtheitsmessung

Bei Wärmetauschern und Ventilatoren ist die Zustands- und Funktionsprüfung aufgrund eindeutig definierter Systemgrenzen sowie einer meist guten Zugänglichkeit relativ einfach und teilweise sogar mittels Sichtkontrolle durchführbar.

Bei Luftleitungssystemen ist dies hingegen in vielen Teilen erheblich schwieriger und aufwendiger, weil die Systeme meist weitverzweigt und oftmals schlecht bis nicht zugänglich sind. Eine Bestimmung von beispielsweise der Leckagen ist dadurch mittels Sichtprüfung nur sehr eingeschränkt möglich. Eine Alternative ist das Durchführen einer Dichtheitsmessung. Bei dieser wird bestimmt, wie hoch die Leckagerate eines Luftleitungssystems in Abhängigkeit des Drucks ist. Konkret wird dabei die vom Ventilator ausgehende Luftmenge mit der in den mit Zuluft versorgten Räumen ankommenden Luftmenge verglichen. Die Differenz entspricht dem Volumenstrom, der zum Beispiel in Zwischendecken verloren geht und nicht in den Räumen ankommt, die bestimmungsgemäß mit Luft versorgt werden sollen.

Vergleich Soll und Ist

Neben der Dichtheit des Luftleitungssystems gilt es zu prüfen, ob die ursprüngliche Auslegung der Anlage, insbesondere in puncto der Mindestluftwechselrate, des Brandschutzes und der Leitungsdimensionen, zu den künftigen Anforderungen passt. Im Idealfall erfolgt dies anhand der ursprünglichen Planungen, die mit den aktuellen Anforderungen und Planungen verglichen werden.

Nutzungs- bzw. Lebensdauer

Auch ist die Abnützung der Oberflächen, Dichtungen, Vorlegebänder sowie der Zustand der Oberflächen bezüglich Fettablagerungen zu überprüfen. Im zugänglichen Bereich eignet sich dafür eine Sichtprüfung. Ein weiterer zu prüfender Punkt ist die verbleibende rechnerische Nutzungs- bzw. Lebensdauer. Diese wird in der VDI 2067 Blatt 1 für Luftführungen und -kanäle, sprich Luftleitungssysteme, mit 30 Jahren angegeben und ergibt abzüglich der bisherigen Betriebsdauer des untersuchten Luftleitungssystems die verbleibende rechnerische Nutzungsdauer.

Ergeben die Prüfungen, dass die Dimensionen der bestehenden Leitungen zu den künftigen Anforderungen passen, der Brandschutz heutigen Anforderungen genügt oder einfach nachrüstbar ist, die Abnützung von Dichtungen, Vorlegebändern und Oberflächen sowie potenzielle Fettablagerungen gering und die rechnerische Lebensdauer ausreichend hoch sind – was sehr häufig der Fall ist –, ist prinzipiell eine Instandsetzung ebenso möglich wie eine Neuinstallation.

Wirtschaftlich sinnvolle Lösung wählen

Die betriebswirtschaftlich eindeutige (und auch erheblich nachhaltigere) Lösung lautet in aller Regel Instandsetzung. Dies zeigt eine vereinfachte Aufwands- und Kostenabschätzung für ein Luftleitungssystem von etwa 300 bis 400 lfm bzw. 1.000 m^2 auf (beide Angaben sind in etwa gleichzusetzen, wobei die laufenden Meter (lfm) die preisentscheidenden Faktoren sind).

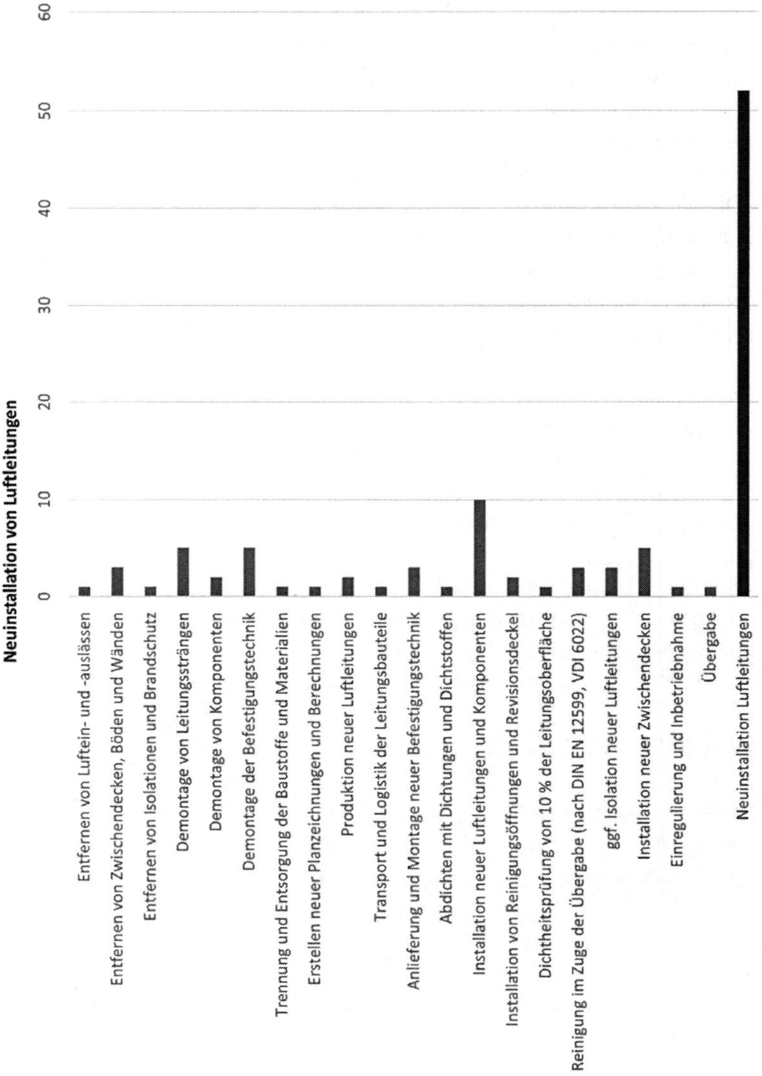

Neuinstallation von Luftleitungen
0
10
20
30
40
50
60
Entfernen von Luftein- und -auslässen
Entfernen von Zwischendecken, Böden und Wänden
Entfernen von Isolationen und Brandschutz
Demontage von Leitungssträngen
Demontage von Komponenten
Demontage der Befestigungstechnik
Trennung und Entsorgung der Baustoffe und Materialien
Erstellen neuer Planzeichnungen und Berechnungen
Produktion neuer Luftleitungen
Transport und Logistik der Leitungsbauteile
Anlieferung und Montage neuer Befestigungstechnik
Abdichten mit Dichtungen und Dichtstoffen
Installation neuer Luftleitungen und Komponenten
Installation von Reinigungsöffnungen und Revisionsdeckel
Dichtheitsprüfung von 10 % der Leitungsoberfläche
Reinigung im Zuge der Übergabe (nach DIN EN 12599, VDI 6022)
ggf. Isolation neuer Luftleitungen
Installation neuer Zwischendecken
Einregulierung und Inbetriebnahme
Übergabe
Neuinstallation Luftleitungen

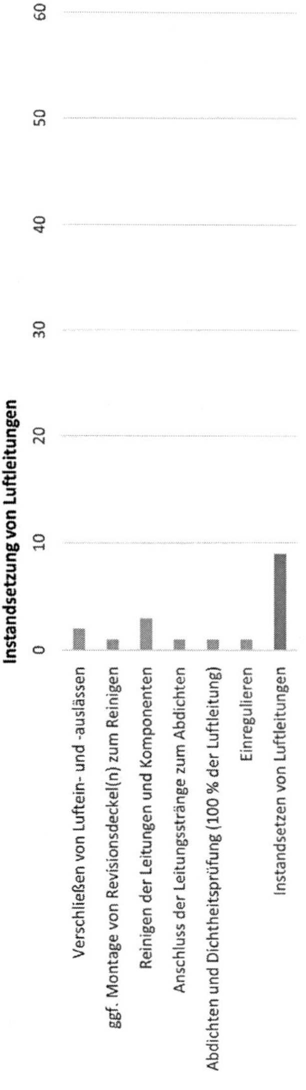

Abb. 3.3.2-2: Dauer in Tagen für die Neuinstallation und die Instandsetzung von rund 1.000 m² bzw. 300 bis 400 lfm Luftleitungssystem (Quelle: Daten @ Mez-Technik, Abbildung © Weinberger)

Beispiel:

Zeit und Kosten im Vergleich; Stand August 2022

Zeitbedarf

- Neuinstallation: ~ 52 Tage (10,5 Arbeitswochen) für 20 Arbeitsschritte
- Instandsetzung: ~ 9 Tage (2 Arbeitswochen) für sechs Arbeitsschritte

8,5 Wochen weniger Personalkosten

Personalkosten (angenommener Stundensatz von 50 Euro)

- Neuinstallation: 52 Tage à acht Stunden = 20.800 Euro
- Instandsetzung: 9 Tage à acht Stunden = 3.600 Euro

Ersparnis von ~ 17.200 Euro (bei 60 Euro Stundenlohn ~ 20.600 Euro)

Materialkosten Luftleitung (angesetzter Preis von 60 Euro pro m^2 Luftkanal [inkl. Formteile])

- Neuinstallation: 1.000 m^2 = 60.000 Euro
- Instandsetzung: 0 Euro

Ersparnis von ~ 60.000 Euro

Kosten Instandsetzung (Reinigung[1] und Abdichtung)

- Neuinstallation (Annahme einer Dichtheitsprüfung, ggf. Reinigung und Abdichtung von 10 Prozent der Luftleitung gemäß DIN EN 12599): 100 m^2 = 600 Euro
- Instandsetzung: 1.000 m^2 = 6.000 Euro

Mehraufwand: ca. 5.400 Euro

Kostenersparnis durch Sanierung

Ohne die Berücksichtigung von Kosten, die durch Entsorgung, Transport, Logistik, Zwischendecken, Wanddurchbrüche, Einregulierung etc. und ggf. einen Produktionsausfall von knapp drei Monaten entstehen (und damit schnell im Millionenbereich liegen), belaufen sich die Kosten einer Neuinstallation von 1.000 m^2 bzw. 300 bis 400 lfm Luftleitung (nur für Personal und Luftleitungen) auf meist mindestens 80.000 Euro. Die Kosten einer Instandsetzung betragen hingegen meist nur etwa 10 (bis maximal 20) Prozent davon.

---

[1] Nach Angabe von Remus Marasoiu, akad. IM und stellvertretender Ausschussvorsitzender VDI 6022 Blatt 8 „Reinigung", wird die Dienstleistung Lüftungsreinigung in der Regel mit Tagespauschalen (für ein 2- bis 3-Mann- Team) verrechnet. Hier ist bei seriösen Anbietern und hochwertiger Ausführung von mindestens ca. 2.200 Euro (netto/Tag/Team) auszugehen. Je nach Art und Umfang der Verschmutzung sowie Zugänglichkeit der zu reinigenden Abschnitte und Komponenten gestaltet sich der Reinigungsfortschritt eines Arbeitstags. Als plakatives Beispiel kann bei einer mäßig zugänglichen Luftleitung, welche mit Staub belastet ist und eine Dimension von ca. 1.000 lfm. aufweist, von einer Reinigungsdauer von acht Tagen ausgegangen werden. Dies entspricht bei 1.000 m^2 bzw. etwa 300 bis 400 lfm einem Wert von etwa 6.000 Euro (netto).

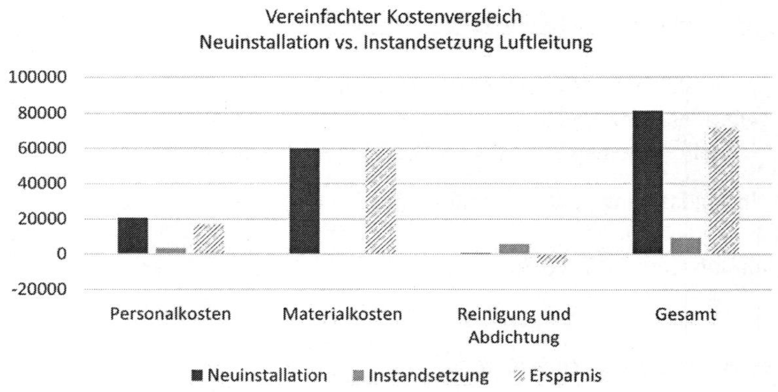

Abb. 3.3.2-3: Kosten für eine Neuinstallation (blau) im Vergleich zu einer Instandsetzung (grün) eines Luftleitungssystems mit rund 1.000 m² bzw. 300 bis 400 lfm (Quelle: Daten @ Mez-Technik und Remus Marasoiu, Abbildung © Weinberger)

Vorteile Instandsetzung

Zugleich bedeutet eine Instandsetzung

- erheblich weniger Müll,
- geringere CO_2- Emissionen (zum Beispiel zur Herstellung neuer Luftleitungen),
- nahezu keine Eingriffe in die Bausubstanz und
- kaum oder keine Ausfallzeiten.

Weitere Gründe, die für die Sanierung sprechen, sind die damit erzielbare

- signifikante Verbesserung der Energieeffizienz und die
- vorab zu garantierende Dichtheit des Luftleitungssystems.

Beides ist für das Erreichen eines klimaneutralen Gebäudebestands von grundlegender Wichtigkeit und trägt außerdem zu geringeren Strom- und Betriebskosten sowie zu bezahlenden CO_2-Äquivalenten bei.

Dichtheit und Energieeffizienz

Die Verbesserung der Energieeffizienz sowie die Reduzierung der Betriebskosten und der Abgaben für CO_2-Äuquivalente resultieren wesentlich aus der verbesserten Dichtheit der Luftleitungssysteme[1] Diese wiederum ergibt sich daraus, dass die Abdichtung der Luftleitungssysteme ein wesentlicher Arbeitsschritt einer Instandsetzung bzw. eines Retrofittings ist.

Eine Abdichtung mit herkömmlichen Methoden ist in der Regel zeit- und kostenaufwendig (die Leckagen müssen lokalisiert, dann zugänglich gemacht, abgedichtet oder die Leitungen de- und neu montiert werden). Zugleich kann bei herkömmlichen Verfahren vorab nicht garantiert werden, dass oder um wie viel die Leckagemenge nach der Abdichtung geringer ist als vor der Abdichtung. Verfahrens- und materialbedingt sind auch bei der Neumontage von Luftleitungssystemen Leckagen nicht auszuschließen.

Aeroseal®-Verfahrens

Anders ist dies beispielsweise bei der Nutzung des Aeroseal®-Verfahrens. Es dichtet neue und bestehende Luftleitungssysteme von innen heraus ab, ohne dass die Leckagen vorher gesucht werden müssen. Stattdessen

[1] Die durchschnittlichen Leckageraten der Luftleitungssysteme von RLT- und Lüftungsanlagen liegen verfahrens- und materialbedingt (sowohl bei neuen als auch bestehenden Anlagen) bei meist 15 bis 40 Prozent. Damit geht ein beachtlicher Teil des geförderten Luftvolumens verloren, verhindert einen energieeffizienten Betrieb von RLT- und Lüftungsanlagen und steht dem Erreichen eines klimaneutralen Gebäudebestands im Weg.

wird ein den Anforderungen der DIN 6022 entsprechender Dichtstoff mithilfe von Druck und Temperatur in kleinste Teilchen (rund 400 µm) zerstäubt und zusammen mit der Luft durch das undichte Luftleitungssystem befördert. Da an undichten Stellen lokal der Druck sinkt, strömt das Luft-Dichtstoff-Gemisch in Richtung von Ritzen, Spalten und Löchern und durchströmt diese von innen nach außen. Dabei lagern sich an den Rändern kleine Mengen des Dichtstoffs ab und Leckagen bis zu einem Durchmesser oder einer Spaltbreite von 15 mm werden nach und nach dauerhaft verschlossen. Ohne vorherige Suche, meist ohne einen Eingriff in die Bausubstanz und in der Regel mit nur ein bis zwei Personen.

Garantierte Dichtheitsklasse von mindestens ATC 3

Durch die Besonderheit und Zuverlässigkeit des Aeroseal®-Verfahrens kann bereits vor der Abdichtung gemäß DIN EN 16798-3 ausgehend von meist

- Dichtheitsklasse ATC 6 (Leckagemenge > 15 Prozent; vormals Dichtheitsklasse 2,5 x A)
- Dichtheitsklasse ATC 5 (Leckagemenge 6 Prozent; vormals Dichtheitsklasse A) oder
- Dichtheitsklasse ATC 4 (Leckagemenge 2 Prozent; vormals Dichtheitsklasse B)

die (von einem Auftraggeber, einer Ausschreibung oder einer einzuhaltenden Norm vorgegebene)

- Dichtheitsklasse ATC 3 (Leckagemenge 0,67 Prozent; vormals Dichtheitsklasse C)

- Dichtheitsklasse ATC 2 (Leckagemenge 0,22 Prozent; vormals Dichtheitsklasse D) oder sogar
- Dichtheitsklasse ATC 1 (Leckagemenge < 0,22 Prozent; vormals nicht definiert)

erreicht und garantiert werden.

Ein weiterer Vorteil ist, dass die Abdichtung von Luftleitungssystemen mit dem Aeroseal®-Verfahren vom BAFA im Rahmen der „Bundesförderung für effiziente Gebäude – Einzelmaßnahmen (BEG EM)“ finanziell unterstützt wird, wenn nach der Abdichtung mindestens Dichtheitsklasse ATC 3 erreicht wird.

Praxisbeispiele

Dass das Erreichen einer sehr guten Dichtheitsklasse durch den Einsatz des Aeroseal®-Verfahrens mit den Vorteilen verringerter Betriebskosten, einer guten Energieeffizienz und eines erheblich reduzierten Energieverbrauchs in der Praxis keine Ausnahme, sondern die Regel ist, zeigen Beispiele aus der Praxis.

Bei der **EBEWE Pharma** konnte innerhalb von drei Tagen – inklusive Auf- und Abbau – die Leckagemenge von 103 l/s (die trotz einer dampfdichten Isolierung der Leitungen vorhanden war) um 97,5 Prozent auf 2,5 l/s reduziert werden. Da die Lüftungsanlage im Produktionsbereich mit Schwebstofffiltern ausgestattet ist und damit hohe Anlagendrücke erfordert, liegen die erwarteten Energieeinsparungen durch das Erreichen der Dichtheitsklasse ATC 2 (und besser) bei etwa 27.000 kWh pro Jahr (Strom-, Heiz- und Kühlenergie). Dies bedeutet eine Amortisationszeit von nur zwei bis drei

Jahren. Eine Demontage und Neuinstallation hätte hingegen einen Stillstand und Ausfall der Produktion von mindestens zwei bis drei Monaten bedeutet und wäre aufgrund von Umsatzeinbußen im mehrstelligen Millionenbereich untragbar gewesen.

Abb. 3.3.2-4: Die Abdichtung bei der EBEWE Pharma erfolgte mithilfe des Aeroseal®-Verfahrens und reduzierte die Leckagen innerhalb kurzer Zeit um 97,5 %. (Quelle: @Aeroseal Austria GmbH)

In einem Großprojekt für die auf Pharma- und Kosmetikprodukte spezialisierte **Dr. Wolff Group** wurden die Verluste des Luftleitungssystems im gesamten Werksgelände inklusive der dazugehörenden Bürogebäude am Standort Bielefeld um bis zu 93 Prozent reduziert. Hierfür wurden je drei zentrale und dezentrale Anlagen in den Bereichen Hochregallager, Produktion und Büro abgedichtet. Hauptaugenmerk bei den vier über zwei Etagen verlaufenden Produktionsräumen mit je etwa 1.500 m^2 galt unter anderem der zuverlässigen Absaugung von Stäuben sowie alkoholhaltigen Dämpfen. Neben einer Verbesserung der Energieeffizienz sollte dadurch der Schutz der Mitarbeitenden weiter verbessert, eine Fortsetzung der Einhaltung der Arbeitsstättenrichtlinie gewährt und die Explosionsgefahr minimiert werden. Die Abdichtung der dezentralen Anlagen erfolgte

Verbesserung der Energieeffizienz

für vier Büroräume und eine Kantine. Bei den zentralen Anlagen wurden pro Etage rund 16 Stränge Zu- und Abluft einzeln abgedichtet. Zusätzlich wurde der riemengetriebene Zu- und Abluftmotor durch je zwei „Fan Walls“ mit neun Motoren ersetzt. Durch die Kombination der Maßnahmen konnte der Energieverbrauch im Bereich des Hochregallagers von 505 MW/h auf etwa 221 MW/h, im Produktionsbereich von 550 MW/h auf etwa 284 MW/h reduziert werden. Dies bedeutet um rund 54.000 Euro pro Jahr verringerte Unterhaltungskosten beim Hochregellager. Zusammen mit der minimalen Betriebsunterbrechung liegt die Amortisationszeit für das ganze Projekt - selbst ohne Berücksichtigung der Kühl- und Heizenergie - bei nur etwa 1,2 Jahren.

Ein Projekt, das so überzeugend war, dass weitere Abdichtungsprojekte in anderen Unternehmenseinheiten am Standort Bielefeld bereits erfolgreich umgesetzt wurden.

Abb. 3.3.2-5: Im Produktionsbereich bei Dr. Kurt Wolff zeigten sich Leckagen in den Luftleitungssystemen, die zu einer unnötig reduzierten Energieeffizienz führten. (Quelle: @ Dr. Kurt Wolff)

Sanierung als erste Option, Neumontage als zweite Option

Im Vergleich zu einer De- und Neumontage bedeutet eine Sanierung bzw. ein Retrofitting der Luftleitungssysteme von RLT- oder Lüftungsanlagen in Industrie, Gewerbe, Schulen, Krankenhäusern, Alten- und Pflegeheimen und vielem mehr nicht nur eine erhebliche Zeit- und Kostenersparnis. Oben genannte Beispiele zeigen auch, dass durch die erheblich verbesserte und vorab zu garantierende Dichtheit der Luftleitungssysteme enorme Steigerungen der Energieeffizienz zu erzielen sind. Dies ist eine Grundvoraussetzung für das Erreichen eines klimaneutralen Gebäudebestands und leistet einen wichtigen Beitrag zur Klimaanpassung von Wohn- und Nichtwohngebäuden in Deutschland.

Sanierung möglich?

Einzige Voraussetzung ist, dass die vorab durchzuführenden Prüfungen ergeben, dass grundsätzlich eine Sanierung bzw. ein Retrofit ebenso möglich ist wie eine De- und Neumontage.

Ergibt die Prüfung, dass beispielsweise aufgrund stark veränderter Betriebsbedingungen die Leitungsdimensionen nicht mehr passend sind, ist eine neue Planung sowie eine De- und Neumontage erforderlich. Bei der Planung sollten dabei Aspekte berücksichtigt werden, die eine spätere regelmäßige Reinigung vereinfachen. Der generelle Grundsatz lautet dabei Zugänglichkeit.

Demnach sollten beispielsweise

- Heiz- und Kühlregister beidseitig zugänglich und
- Tropfenabscheider ausbaubar sein,

um Kondensatwannen und Tropftassen reinigen zu können.

Bei Luftleitungssystemen ist darauf zu achten, dass sie

- (möglichst) nicht unter Rigipsdecken und
- nicht in schlecht zugänglichen Schächten, Ecken, Zwischendecken etc.

verlegt werden, da sonst spätestens bei der ersten Reinigung ein Trockenbauer nötig wird, der Revisionsöffnungen einbringt und Klappen vorbereitet.

Wo immer möglich, sollten

- offen verlegte Luftleitungskanäle,

- offen verlegte Steigleitungen mit Zugängen in den Zwischengeschossen,
- abgehängte OWA-Decken (Odenwalddecken) sowie
- offen zugängliche (und in der VDI 6022 vorgeschriebene) Revisionsöffnungen

eingeplant werden.

Da in der VDI 6022 weder Mindestanzahl noch Maximalabstand der Revisionsöffnungen definiert ist, empfiehlt sich eine Orientierung an der Praxis. Entsprechend den Wellenlängen typischer Reinigungsgeräte (z. B. von LIFA Air), die auch der Länge dem von einer Öffnung aus zu reinigenden Luftleitungsabschnitt entsprechen, ist ein maximaler Abstand der Revisionsöffnungen von etwa 30 m empfehlenswert.

Praxis-Tipps für die Reinigung von Luftleitungssystemen

Werden diese Punkte eingehalten, sind die grundlegenden Voraussetzungen gut und einfach zu reinigender Luftleitungssysteme erfüllt. Zudem sollte am Ende der Neumontage – aufgrund der oben genannten erheblichen Vorteile und der montage- sowie verfahrensbedingt unvermeidbaren Leckagen – eine zuverlässige Abdichtung des gesamten Luftleitungssystems (beispielsweise mit dem Aeroseal®-Verfahren) erfolgen.

Die derart sauberen und dichten Luftleitungssysteme sollten dann gemäß den Vorgaben regelmäßig gereinigt werden, wobei es sich empfiehlt, auf folgende Punkte zu achten:[1]

- Die Abnahme einer RLT-Anlage nach Errichtung sollte von einem unabhängigen Fachmann durchgeführt werden. Das Mittel zur Qualitätssicherung lautet Hygiene-Erst-Inspektion gemäß VDI 6022.
- Revisionsöffnungen für die Reinigung von Luftleitungen sind nicht zwangsläufig in der Montagephase zu schaffen. Jedoch sind Anzahl und Position der Revisionsöffnungen in der Planungsphase zu bestimmen.
- Gebäudetechnik, -ausstattung und -architektur müssen in Bezug auf die Zugänglichkeit von Luftleitungen abgestimmt werden.
- Sinn und Zweck einer Lüftungsreinigung ist die Herstellung des gesetzeskonformen Zustands der gesamten RLT-Anlage hinsichtlich Hygiene und Brandschutz. Nichts Geringeres sollten Auftraggeber vom Lüftungsreiniger ihrer Wahl verlangen.
- Bevor eine Reinigung durchgeführt wird, sollte eine hygiene- und brandschutztechnische Inspektion erfolgen. Die Inspektion bildet die Grundlage für Bestandsaufnahme, Bedarfserhebung, Projektplanung und letztlich für den Reinigungserfolg.

[1] Praxis-Tipps zur Reinigung von Luftleitungssystemen von Remus Marasoiu.

3.4 Wärmedämmung

Gedämmte Wände geben nicht nur weniger Wärme aus Innenräumen an die Umgebung ab, sondern sorgen auch dafür, dass Innenräume an heißen Tagen kühler bleiben. Dabei gibt es sowohl die Möglichkeit der Außen- als auch der Innendämmung. Mit nachträglicher Wärmedämmung können auch ältere Gebäude an heutiges Klima gut angepasst werden.

3.4.1 Außendämmung

Außenseitig angeordnete Wärmedämmschichten

Außenseitig angeordnete Wärmedämmschichten sind aus bauphysikalischer Sicht günstig. Innerhalb der Dämmung werden die großen Temperaturdifferenzen im Jahres- und Tageszeitenverlauf aufgenommen. Die eigentliche Wandkonstruktion ist damit nur vergleichsweise sehr geringen Schwankungen ausgesetzt. Dadurch besitzt die raumseitige Wandoberfläche annähernd so hohe Temperaturen wie die Raumluft, was als ausgesprochen behaglich empfunden wird und die Gefahr der Schimmelbildung aufgrund von Kondensation erheblich senkt. Die Ausführung der Außendämmung kann auf verschiedene Arten erfolgen.

11/22

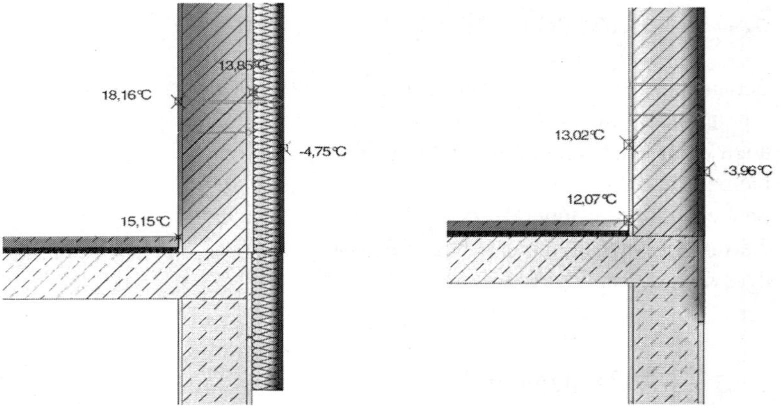

Abb. 3.4.1-1: Der Temperaturverlauf in einer Außenwand mit Außendämmung und ohne Dämmung (innen 20 °C, außen -5 °C). (Quelle: Runkel)

Wärme- und Feuchteschutz

Die Aufgabe von Außendämmungen ist eine Verbesserung des Wärmeschutzes der Außenwand. Damit tragen sie im Wesentlichen zur Erfüllung der Wärmeschutzanforderungen an die Außenwand bei. Mit einem guten und vollständigen Wärmeschutz geht gleichzeitig der Feuchtschutz für die raumseitigen Außenwandoberflächen einher. Eine außenseitige Wärmedämmung bewirkt nämlich eine Anhebung der raumseitigen Oberflächentemperaturen der Außenbauteile. Dadurch sinkt das Risiko von Tauwasserausfall und damit von Feuchte- und Schimmelpilzschäden erheblich, sofern alle Wärmebrücken mit gedämmt worden sind.

Wärmedämmstoffe verhindern den Transport von Wärme aus den beheizten Innenräumen an die Außenluft. Dämmstoffe sollten also eine möglichst geringe

Wärmeleitfähigkeit besitzen. Weil Luft die Wärme besonders schlecht weiterleitet, besitzen Dämmstoffe viele kleine Luftporen. Je feiner und dichter das Porengefüge, umso besser ist die Dämmwirkung. Reine Luftschichten dämmen allerdings umso weniger, je dicker die Luftschicht ist, weil es hier zu Luftbewegungen kommt. Die Nutzbarkeit eines Baustoffs als Wärmedämmstoff wird auch durch seinen Feuchtegehalt bestimmt. Feuchtigkeit verschlechtert die Dämmwirkung, da Wasser eine hohe Wärmeleitfähigkeit von etwa 0,60 W/m · K im Vergleich zur Luft mit etwa 0,025 W/m · K besitzt.

Feine Porengefüge bewirken einen guten Wärmeschutz

Wärmeleitfähigkeit verschiedener Materialien		
Aluminium	160	W/m K
Edelstahl	17	W/m K
Kunststoffe, ca.	0,20	W/m K
Nadelholz, ca.	0,13	W/m K
Laubholz, ca.	0,20	W/m K
Ziegelstein	0,20–0,90	W/m K
Beton	1,10–2,50	W/m K
Dämmstoffe	0,035–0,07	W/m K
Luft, ca.	0,025	W/m K
Wasser, ca.	0,60	W/m K

Tab. 3.4.1-1: Wärmeleitfähigkeit (Quelle: Hallschmid)

Brandschutz

Außendämmungen haben einen großen Einfluss auf den Brandschutz der Außenwand. Die Anforderungen an den Brandschutz sind in den Bauordnungen der Bundesländer und in der DIN 4102 festgelegt.

Bauordnungen der Bundesländer und DIN 4102

Brennbare Baustoffe der Baustoffklasse B1

So sind Wärmedämmsysteme mit brennbaren Baustoffen, wie Polystyrolplatten der Baustoffklasse B1 gemäß DIN 4102 Teil 1, nur bis unterhalb der Hochhausgrenze (22 m über Geländeoberkante) zulässig. Um im Brandfall einen Brandüberschlag von einem Gebäude auf ein angrenzendes zu vermeiden, ist im Anschlussbereich ein Streifen von mind. 1 m Breite aus nicht brennbarem Material (Baustoffklasse A) anzuordnen.

Gebäudeart	**Anforderung**
Bis zu zwei Vollgeschossen h < 7 m	B 2
Mehr als zwei Vollgeschosse h 7–22 m	B 1
Hochhäuser h > 22 m und Sonderbauten	A 1

Tab. 3.4.1-2: Brandschutzklassen für Wärmedämmsysteme (Quelle: Hallschmid)

Gefahr des Herabtropfens

Bei Polystyroldämmstoffen besteht im Brandfall die Gefahr des Herabtropfens. Bei Plattendicken über 100 mm muss oberhalb jeder Fenster- oder Türöffnung im Sturzbereich oder in der Geschossdeckenebene ein mind. 200 mm breiter Mineralfaserdämmstreifen nach DIN 4108-2 der Baustoffklasse A angeordnet werden, um im Brandfall ein Wegschmelzen des Polystyrols zu verhindern. Gleiches gilt für die Laibung im Sturzbereich. Ausnahmen hierzu regeln die Zulassungen der jeweiligen WDVS. Seitlich muss dieser Streifen mind. 300 mm an beiden Seiten über die Öffnung hinweggeführt werden. Wird ein Rollladenkasten überdämmt, so muss der Mineralfaserstreifen bis mind. 50 mm oberhalb des Kastens geführt werden.

Bei schwarzen Polystyrolplatten, die nach Herstellerangaben diese Mineralfaserstreifen nicht erfordern, sind zur Sicherung Gewebeschlaufen um die Platten im

Sturzbereich herumzulegen. Die Flächenarmierung wird zusätzlich verlegt.

Dämmung der Fensterlaibungen

Werden die Fensterlaibungen gedämmt, so dürfen bis zu einer Dicke von 20 mm Polystyrolplatten verwendet werden, bei höheren Dämmstärken sind Mineralfaserplatten zu verlegen. Bei vorgelagerten Fenstern ist ein 200 mm breiter Mineralwollstreifen oberhalb und an beiden Seiten der Öffnung anzubringen.

Mineralfaserdämmplatten im WDVS werden im eingebauten Zustand der Baustoffklasse A2 zugeordnet und können somit über die Hochhausgrenze hinweg eingesetzt werden. Eine Höhenbegrenzung ist bei 100 m aufgrund der Windbeanspruchung erreicht.

Baustoffklassen gemäß DIN 4102 Teil 1

- Baustoffklasse A – nicht brennbare Baustoffe
  - A1 – ohne organische Bestandteile; Nachweis nicht erforderlich (Beton, Ziegel, Eisen, Glas, Granit, Steinwolle, Gipsfaser)
  - A2 – mit organischen Bestandteilen; Nachweis erforderlich (Spezialschaumstoffe, Glaswolle, Spezialträgerplatten, bituminöse Kalksteine)
- Baustoffklasse B – brennbare Baustoffe
  - B1 – schwer entflammbar (Hartschäume, Hartholz, Spezialspanplatten, Agglomerat = polymergebundene Kunststeine)
  - B2 – normal entflammbar (Weichholz, Silikon, Textilien, Strohballen)
  - B3 – leicht entflammbar (Tapeten, Polystyrol)

11/22

3.4.2 Innendämmung

Bei historisch wertvoller Bausubstanz, Fachwerkbauten oder vielgliedrigen Fassadengestaltungen ist es oft zur Werterhaltung oder Wertverbesserung nicht möglich oder sinnvoll, eine Außendämmung aufzubringen, um beispielsweise den Anforderungen bei einer energetischen Sanierung gerecht zu werden. Hier bieten sich als geeignete Alternative Innendämmsysteme an, die nach objektspezifischer Auswahl des Systems bei sorgfältiger Planung, Berücksichtigung der Bausubstanz sowie gewissenhafter Ausführung individuelle und langlebige Lösungen ermöglichen und sich zudem dazu eignen, diverse Schäden durch vorhandenen Salzgehalt, Hinterströmungen, Tauwasser, falsche Materialien, Leckagen usw. bis zu wärmebrückenbedingten Schimmelschäden zu berücksichtigen, zu beheben oder diesen vorzubeugen.

Bauphysikalische und baukonstruktive Herausforderungen

Als bauphysikalische und baukonstruktive Herausforderungen ergeben sich folgende Themen:

- Der Verlust an Wohnfläche schreckt Bauherren und Vermieter ab, Innendämmungen umzusetzen.
- Im Winter stellen sich sehr niedrige Temperaturen zwischen der Dämmung und der ursprünglichen Wandinnenfläche ein. Bei Diffusionsvorgängen kann sowohl Tauwasser als auch Konvektion entstehen. Bei einer Hinterströmung von Dämmplatten mit Raumluft kann Tauwasser ausfallen, wenn der enthaltene Wasserdampf kondensiert.
- Eine Dampfbremse ist in Abhängigkeit von Dicke und Material des Dämmstoffs und des Wandaufbaus notwendig.

- Decken oder Innenwände als einbindende Bauteile unterbrechen die Dämmung und stellen konstruktive Wärmebrücken mit der Gefahr des Tauwassersfalls dar.
- Außenwände sind großen Temperaturschwankungen ausgesetzt.
- Die Schlagregendichtigkeit der Außenwand/Fassade ist sicherzustellen.
- Eine Speicherwirkung der Außenwände ist nicht nutzbar.
- verringerte Raumgrößen und Beeinträchtigung der Raumnutzung während der Dämmarbeiten

Keine Regelausführung für Innendämmungen

Für Innendämmungen gibt es keine Regelausführung oder allgemeingültige Lösungen nach „Schema F" wegen der immensen Vielfalt der möglichen Untergründe (sämtliche Mauerwerksarten, Fachwerk, Holzblockwände etc.) und der für die Innendämmung verwendbaren Materialien. Eine Innendämmung orientiert sich exakt an den Erfordernissen des einzelnen Objekts und stellt deswegen stets eine individuelle Lösung dar.

Anerkannte Regeln der Technik

Als anerkannte Regeln der Technik (i. V. m. den Empfehlungen vom Fachverband für Innendämmung – FVID) sind v. a. folgende Teile aus der Reihe der WTA-Merkblätter zu berücksichtigen:

- 6-4 (2016): Innendämmung nach WTA I: Planungsleitfaden (1. MB 2009)
- 6-5 (2014): Innendämmung nach WTA II: Nachweis von Innendämmsystemen mittels numerischer Berechnungsverfahren

- 8-5 (2018): Fachwerkinstandsetzung nach WTA V: Innendämmungen (1. MB 2000, 2. MB 2008)

Die Empfehlung umfasst alle weiteren relevanten WTA-Merkblätter für eine objektive Betrachtung!

Vorteile und Nachteile der Innendämmung

Vorteile	Nachteile
Warme Innenoberflächen	Große Sorgfalt beim Einbau von Dampfbremsen erforderlich
Schnelle Aufheizung des Innenraums	Kaum wirksame Speichermasse vorhanden
Erhalt der Fassade	Große Temperaturschwankungen in der Außenwand
Ausführung ohne Gerüst möglich	Gefahr von Tauwasserausfall im Bereich Wandkonstruktion/ Dämmung
Ohne behördliche Genehmigung und Zustimmung von Nachbarn ausführbar	Besondere Maßnahmen wegen Erzeugung von Wärmebrücken notwendig

Tab. 3.4.2-1: Vorteile und Nachteile von Innendämmungen (Quelle: Hallschmid)

Material und Konstruktion

Dämmstoffarten

Die Eigenschaften und die Funktion eines Innendämmsystems werden wesentlich durch den Dämmstoff bestimmt. Eine Vielzahl moderner Dämmstoffe steht zur optimalen Anpassung an die unterschiedlichen Einsatzverhältnisse zur Verfügung. Der Dämmstoff muss jedoch stets im Zusammenhang mit den objektspezifischen Anforderungen und der Systemwahl ausgesucht werden, wobei der Dämmstoff systemabhängig auch in Verbundmaterialien integriert sein kann, wie beispielsweise Gipskarton mit EPS- oder PUR-Dämmstoffschicht, und/oder er ist werkseitig mit Kaschierungen versehen.

Geregelte Dämmstoffe

Geregelte Dämmstoffe nach DIN 4108-10 sind:

- Expandierter Kork (ICB)
- Expandiertes Perlite (EPB)
- Holzfaser (WF)
- Holzwolle-Platten (WW)
- Holzwolle-Mehrschichtplatten (WW-C)
- Mineralwolle (MW)
- Polystyrol-Hartschaum (EPS)
- Polystyrol-Extruderschaum (XPS)
- Polyurethan-Hartschaum (PUR)
- Schaumglas (CG)

Nicht geregelte Dämmstoffe

Nicht geregelte Dämmstoffe mit allgemeiner bauaufsichtlicher Zulassung (abZ) oder europäischer technischer Zulassung (ETA):

- Dämmputze
- Calciumsilikatplatten
- Mineraldämmplatten
- Perlite-Dämmplatten
- Pyrogene Kieselsäure/Aerogele

- Vakuumisolationspaneele
- Zellulose

Innendämmsysteme

Bei der Auswahl einer individuell geeigneten Innendämmung ist neben dem Wärmedurchlasswiderstand R als zweite wichtige bauphysikalische Kenngröße der s_d-Wert (wasserdampfdiffusionsäquivalente Luftschichtdicke) zu beachten, um das System unter Berücksichtigung der Bausubstanz und der späteren Nutzung passend fachgerecht zu planen und zu verarbeiten. Man unterscheidet die Innendämmsysteme nach ihrer Art und Weise, mit dem Diffusionsstrom umzugehen. Nach DIN 4108-3 und RAL-GZ 964 werden die Baustoffschichten nach ihrem Diffusionsverhalten (s_d-Wert) unterschieden.

s_d-Wert (wasserdampfdiffusionsäquivalente Luftschichtdicke)

Diffusionsverhalten (s_d-Wert)

kapillaraktiv und diffusionsoffen (s_d-Wert bis 0,5 m)	Kondensat tolerierend
diffusionsgebremst (s_d-Wert 0,5 bis 10 m), diffusionshemmend (s_d-Wert 10 bis 100 m), diffusionssperrend (s_d-Wert 100 bis 1.500 m)	Kondensat begrenzend
diffusionsdicht (s_d-Wert ab 1.500 m)	Kondensat verhindernd
Schichten mit variablem s_d-Wert für Bauteilschichten, die ihren s_d-Wert in Abhängigkeit von umgebenden relativen Luftfeuchten verändern	

Tab. 3.4.2-2: Diffusionsverhalten nach DIN 4108-3 und RAL-GZ 964 (Quelle: Hallschmid)

Entscheidungskriterien für die Auswahl

Schlagregenschutz

Je sicherer und besser der Schlagregenschutz des zu dämmenden Bauteils ist, desto flexibler ist man bei der Auswahl der Innendämmung. Kann eine Feuchteanreicherung der Konstruktion von der Außenseite her ausgeschlossen werden, kann zwischen einer Konstruktion aus der kapillaraktiven diffusionsoffenen, der diffusionsgebremsten (s_d-Wert 0,5 bis 1.500 m) oder der diffusionsdichten Systemgruppe gewählt werden.

Falls eine unsichere Bewertung des äußeren Schlagregenschutzes bzw. des inneren Raumklimas vorliegt, ist eine Konstruktion aus der kapillaraktiven diffusionsoffenen Systemgruppe zu bevorzugen.

Normalklima im Innenraum

Eine Innendämmung kann umso variabler ausgewählt werden, je näher das spätere Innenraumklima im Winter am Normalklima mit 20 °C und etwa 50 % relativer Luftfeuchte liegen wird. Ist durch ein entsprechendes Nutzerverhalten sichergestellt, dass keine dauerhaft hohe Luftfeuchtigkeit auftreten wird, kann eine Konstruktion aus der kapillaraktiven diffusionsoffenen, der diffusionsgebremsten oder der diffusionsdichten Systemgruppe gewählt werden.

Hygrothermische Simulationsberechnung

Wurde durch eine hygrothermische Simulationsberechnung nachgewiesen, dass die Ausführung einer Konstruktion aus der diffusionsgebremsten Systemgruppe geeignet ist, kann sie ausgeführt werden, da sichergestellt sein muss, dass eine Rücktrocknung der in die Dämmebene eingetragenen Feuchte möglich ist.

Kein Rücktrocknungspotenzial bei diffusionsdichten Innendämmungen

Eine diffusionsdichte Innendämmung sollte nur nach einer besonders sorgfältigen Auseinandersetzung mit dem Schlagregenschutz und nach genauer Prüfung ausgewählt werden. Bei derartigen Innendämmungen ist kein Rücktrocknungspotenzial in Richtung des Raums vorhanden. Deshalb muss sichergestellt werden, dass die Bestandskonstruktion dauerhaft trocken bleibt.

Diffusionsdichte Systeme ohne Möglichkeit zur Rücktrocknung

Bei **diffusionsdichten** Systemen wird mithilfe von geeigneten Materialien und Konstruktionen dafür gesorgt, ein Eindringen von Feuchtigkeit in den Dämmstoff bzw. in die Konstruktion von der warmen Raumseite her zu verhindern. Es wird entweder ein dampfdichter Dämmstoff (z. B. Foamglas) gewählt oder raumseitig wird eine dampfdichte Schicht, wie eine Dampfbremsfolie oder Beschichtungsstoffe mit vergleichbarer Wirkung, vor den Dämmstoff gesetzt (z. B. Knauf Aquapanel für Nass- und Feuchträume). Der Nachteil bzw. ein Risiko ist, dass diese Innendämmungen keinerlei Möglichkeit zur Rücktrocknung in Richtung des Innenraums haben und somit dauerhaft trocken bleiben müssen. Die Anforderungen an den äußeren Schlagregenschutz sind umso größer, je dampfdichter die auf der Innenseite eines Bauteils montierte Innendämmung ist.

Diffusionsgebremste Innendämmsysteme

Der Aufbau von **diffusionsgebremsten** Innendämmsystemen ist ähnlich, wobei der Diffusionswiderstand im Vergleich geringer ist und einen Ausgleich zwischen unkritischen Feuchteeinträgen bei kühlen Außentemperaturen und Verdunstungen bei höheren Außentemperaturen zulässt. Auf den Einbau einer separaten Dampfbremsebene kann systemabhängig verzichtet werden, wenn der zu verwendende Dämmstoff einen hohen Diffusionswiderstand aufweist. Zu beachten ist, dass eingedrungene Feuchte in Richtung des Raums nur bedingt zurücktrocknen kann und dass das Rücktrocknungspotenzial bewertet werden muss. Eine feuchtetechnische Bewertung mittels hygrothermischer Simulationsberechnung ist in Abhängigkeit vom jeweils gewählten s_d-Wert des Dämmstoffs unbedingt notwendig. Sofern der äußere Schlagregenschutz sicher nachgewiesen ist und die zu erwartenden klimatischen Innenraumbedingungen dauerhaft unkritisch sind, kann ein diffusionsgebremstes System sinnvoll eingesetzt werden.

Kapillaraktive und diffusionsoffene Innendämmsysteme

Bei **kapillaraktiven und diffusionsoffenen** Innendämmsystemen ist im Winter ein Dampfdiffusionsstrom in die Wand hinein möglich, die Feuchte wird aufgenommen und kapillar an die rauminnere Oberfläche transportiert. Das Feuchteniveau in der Wand wird so dauerhaft auf ein unkritisches Maß reduziert. Feuchtespitzen aus der Raumluft können gepuffert werden, da die Wand diffusionsoffen bleibt. Die relative Luftfeuchtigkeit im Innenraum kann reguliert werden. Diese hydrophilen Baustoffe werden i. d. R. vollflächig auf die vorhandene Konstruktion mit geeignetem Mörtel geklebt und raumseitig mit einer ebenfalls diffusionsoffenen Beschichtung versehen. Auch hier muss der Schlagregenschutz der Außenseite gewährleistet sein. Obwohl das Rücktrocknungspotenzial relativ hoch ist, sollte es nicht überbewertet werden. Sofern die den Schlagregenschutz bestimmenden Faktoren nicht hinreichend bekannt sind, empfiehlt sich eine hygrothermische Simulationsberechnung.

Geklebte Systeme

Geklebte Systeme sind möglich, sofern der vorhandene Wandaufbau tragfähig ist, denn nur dann können Dämmplatten mit systemspezifischen Klebemörteln oder Klebern befestigt werden. Meistens werden die Dämmplatten vollflächig aufgeklebt, damit eine Hinterströmung mit feuchtwarmer Raumluft und somit eine Feuchteanreicherung zwischen Innendämmsystem und Bestandswand vermieden werden kann. Werden andere Klebetechniken angewendet, ist einer Hinterströmung durch geeignete Maßnahmen vorzubeugen.

Ausgleichputze werden zum Egalisieren von Schadstellen oder größeren Maßtoleranzen des Untergrunds aufgetragen.

Mechanisch befestigte Systeme

Mechanisch befestigte Systeme können durch die Montage von Befestigungsschienen auf ungeraden Innenwänden größere Unebenheiten ausgleichen und die Lastabtragung erfolgt über die Dübel in die Außenwand. Nach dem Einlegen der Dämmstoffe zwischen die Befestigungsschienen wird die luftdichte Ebene hergestellt.

Gespritzte Systeme

Gespritzte Systeme werden als wärmedämmende Schicht direkt auf den Wandaufbau aufgespritzt, wobei die wärmedämmende Schicht aus einem Gemisch aus Dämmmaterial und Putzmörtel besteht und eine zusätzliche Befestigung nicht nötig ist. Darauf wird ein Oberputz aufgetragen.

Unterschiedliche Schlussbeschichtungen

Eine Vielzahl unterschiedlicher **Schlussbeschichtungen** steht für die individuelle Oberflächengestaltung im Innenraum zur Verfügung, wobei diese stets auf die Eigenschaften des Systemaufbaus abgestimmt werden müssen.

Flankendämmung

Flankendämmung an Innenwänden

Eine Flankendämmung an Innenwänden sollte vorgenommen werden, weil die in das raumseitig gedämmte Mauerwerk einbindenden Innenwände und Stahlbetondecken eine erhebliche Wärmebrückenwirkung haben. Durch eine Flankendämmung können die lokal verstärkten Wärmetransporte reduziert werden. Bei Holzbalkendecken ist eine Flankendämmung nicht erforderlich, weil die Wärmebrückenwirkung viel geringer ist.

Flanken- und Laibungsdämmungen, Wärmebrücken

Prinzipiell sind Wärmebrückendetails unter Berücksichtigung von DIN 4108 Bbl. 2:2019-06 zu analysieren und entsprechende Flanken- und Laibungsdämmungen sind zu planen und auszuführen.

Zwei Aufbauprinzipien

1. Kapillaraktive Innendämmung

Folgende Konstruktionsvarianten sind bei dieser Systemgruppe am häufigsten vertreten:

- Wärmedämmputz: Innendämmung aus sorptionsfähigem, wärmedämmendem Putz bzw. Putzmischungen
- Innendämmung aus plattenförmigen Baustoffen (i. d. R. sorptionsfähiges Material) mit einer raumseitigen Beschichtung

Wärmedämmputze

Besonders im Fachwerkbau stellen Wärmedämmputze aufgrund der porösen Struktur und der wärmedämmenden Eigenschaft eine sinnvolle Alternative dar, um die Austrocknung nach innen zu ermöglichen. Sofern bei einer Klinker-Ziegelfassade ein ausreichender Schlagregenschutz sichergestellt wird, können als diffusionsoffenes System beispielsweise Mineraldämmplatten (System Multipor) verwendet werden.

Plattenförmige Baustoffe

Die Innendämmungen aus plattenförmigen Baustoffen werden i. d. R. als Systeme komplett von einem Hersteller geliefert und bestehen beispielsweise aus Perlite, Calciumsilikat, Mineralschaum, Lehmbaustoffen, Holzfaserprodukten usw. Raumseitig dürfen nur diffusionsoffene Beschichtungen ausgeführt werden.

2. Innendämmsysteme im Trockenbau

Bauausführung in Trockenbauweise

Innendämmmaßnahmen werden häufig aus wirtschaftlichen Gründen sowie aufgrund der schnelleren und trockenen Bauausführung in Trockenbauweise ausgeführt. Dabei sind in der Praxis drei Konstruktionsvarianten verbreitet.

- Innendämmung aus Verbundplatten mit dampfbremsender oder dampfdichter Schicht
- Innendämmung als Vorsatzschale mit freistehender Unterkonstruktion, Dämmstoff, dampfdichter oder dampfbremsender Schicht raumseitig und beispielsweise Bekleidung aus Gipskartonplatten
- Innendämmung als Vorsatzschale mit punktuell an der Bestandswand montierter Unterkonstruktion, Dämmstoff, dampfdichter oder dampfbremsender Schicht raumseitig und beispielsweise Bekleidung aus Gipskartonplatten

Dampfdichte oder dampfbremsende Dämmstoffe

Des Weiteren findet man auch Innendämmungen aus dampfdichten (häufig Schaumglas) oder dampfbremsenden Dämmstoffen, die nach Vorschriften des Herstellers mit unterschiedlichen raumseitigen Beschichtungen ausführbar sind.

Kondensat begrenzende Innendämmungen

Bei Kondensat begrenzenden Innendämmungen ist von Vorteil, dass raumseitig Beschichtungen mit einer gewissen dampfbremsenden Wirkung ausgeführt werden können, die allerdings kleiner als die eigentliche dampfbremsende Schicht sein soll.

Innendämmung aus Verbundplatten

Der Vorteil der Innendämmung aus **Verbundplatten** liegt darin, dass beispielsweise Gipskarton- oder Silikatplatten mit einer Dämmung aus Mineralwolle, Polystyrol, PUR etc. kaschiert und wahlweise mit integrierter

Dampfbremse ausgestattet sind. Die Verklebung erfolgt mittels Ansetzbinder an den Untergrund im Rand-Wulst- oder Dünnbettverfahren. Zusätzlich kann eine Verdübelung durchgeführt werden. Die Verbundplatte kann als ein raumsparendes System ausgeführt werden, wenn geringe Dämmstoffstärken bei geringer Wärmeleitfähigkeit des Dämmstoffs benötigt werden. Ein weiterer Vorteil neben der schnellen Montage liegt in der Verwendung von elastifiziertem Dämmstoff, wodurch der Schallschutz der Bestandswand verbessert werden kann. Werden jedoch höhere Anforderungen an den Schallschutz gestellt, ist eine Vorsatzschale die geeignete Lösung.

Freistehende Vorsatzschalen

Bei **freistehenden Vorsatzschalen**, deren Unterkonstruktion frei vor die Bestandswand gestellt, mit Dämmstoff gefüllt und mit beispielsweise Gipskartonplatten (mit Dampfbremse) beplankt wird, besteht die Möglichkeit, Installationsleitungen problemlos in der Konstruktion zu verlegen. Hierbei spielt die Qualität des Untergrunds keine Rolle und es besteht die Möglichkeit, unterschiedliche Dämmstoffe einzusetzen und dadurch sowohl den Schallschutz als auch den Feuerwiderstand einer Bestandswand deutlich zu verbessern. Bei der Ausführung der Kondensat verhindernden Schicht ist auf einen vollflächigen Einbau und eine Verklebung an den Überlappungen bzw. Randanschlüssen zu achten.

Punktuell befestigte Vorsatzschalen

Punktuell befestigte Vorsatzschalen entsprechen im Wesentlichen dem Aufbau der freistehenden Vorsatzschalen. Da die Metallprofile jedoch punktuell an der Bestandswand befestigt werden, lassen sich mit punktuell befestigten Vorsatzschalen auch sehr hohe Wandhöhen herstellen.

Luftdichtheit der Gebäudehülle

Die **Luftdichtheit** der Gebäudehülle hat mit dem zunehmenden baulichen Wärme- und Feuchteschutz und den gestiegenen Ansprüchen an die Behaglichkeit einen neuen Stellenwert bekommen. Sie spielt insbesondere zur Konstruktionssicherheit bei innen gedämmten Außenwänden eine Rolle und wird bei Gipskartonplatten oder auch OSB 3- und OSB 4-Platten durch die Platte selbst und das Verspachteln der Fugen sichergestellt. Ein Stufenfalz zwischen aufkaschierter Dämmung und Gipskartonplatte gewährleistet, dass die Dämmung Stoß an Stoß liegt und ausreichend Spachtelmaterial eingebracht werden kann. Der Ansetzbinder ist durchlaufend bei Anschlüssen an Wänden und Decken auf die Verbundplatte aufzutragen. Untersuchungsergebnissen zufolge kann bei luftdichter Ausführung das Hinterströmen der Verbundplatte mit feuchter warmer Raumluft verhindert werden. Somit sind keine Bauschäden betreffend Tauwasserausfall zu erwarten. Falls bauphysikalisch eine Dampfbremse erforderlich ist, muss diese generell auf der dem Innenraum zugewandten Seite der Wärmedämmung angeordnet werden. Dadurch kann das Eindringen von Wasserdampf in die Baukonstruktion so weit verringert werden, dass an der Kondensationsebene zwischen Dämmung und Wand kein Tauwasserausfall eintritt. Aus diesem Grund ist für den Bedarfsfall eine Dampfbremsfolie in die Dämmverbundplatte integriert. Es ist dafür zu sorgen, dass eine Dampfbremse absolut luftdicht an alle einbindenden und anschließenden Bauteile anschließt.

3.4.3 Natürliche Dämmstoffe für einen besseren Hitzeschutz

Natürliche Dämmstoffe verbessern nicht nur den winterlichen Wärmeschutz, sondern leisten dank ihrer spezifischen bauphysikalischen Eigenschaften einen wirksamen Beitrag gegen sommerliche Überhitzung. Darüber hinaus überzeugen sie durch ihre ökologischen Vorteile und positiven Wirkungen auf das Raumklima und unsere Wohngesundheit.

Die zunehmende Erwärmung urbaner Räume stellt Planung und Bauwesen vor erhebliche Herausforderungen. Wiederkehrende Hitzewellen der vergangenen Jahre verdeutlichen, dass Klimaanpassung als integraler Bestandteil des Bauens verstanden werden muss. Dennoch konzentrieren sich viele Effizienzstrategien weiterhin primär auf den Winterbetrieb und die Reduktion von Wärmeverlusten. Angesichts zunehmender Überhitzungsrisiken gewinnt jedoch der sommerliche Hitzeschutz, insbesondere in dicht bebauten und stark versiegelten Stadtgebieten, an zentraler Bedeutung. Durch den wachsenden Einsatz aktiver Kühlung steigt der Energiebedarf in den Sommermonaten außerdem deutlich an. Vor diesem Hintergrund ist es unverzichtbar, Klimaanpassungen ganzjährig und systematisch bereits in die Planung einzubeziehen.

Auswahl geeigneter Baustoffe

Neben architektonischen Maßnahmen wie bspw. außenliegendem Sonnenschutz, begrünten Dach- und Fassadenflächen oder nächtlicher Lüftung stellt die Auswahl geeigneter Baustoffe einen wesentlichen Faktor für den sommerlichen Hitzeschutz dar. Insbesondere nachhaltige Bauweisen setzen auf natürliche Dämmstoffe, die aufgrund ihrer hohen Wärmespeicherkapazität und Materialdichte eine verlängerte Phasenverschiebung bewirken und damit zur thermischen Stabilität von Gebäuden beitragen. Diese Materialien nehmen Wärme über längere Zeiträume auf und geben sie zeitlich verzögert wieder ab, wodurch Temperaturspitzen im Innenraum wirksam reduziert werden. Das Ergebnis ist ein länger anhaltend angenehmes Raumklima, das den Bedarf an mechanischer Kühlung deutlich verringert. Besonders relevant sind diese Eigenschaften in Leichtbaukonstruktionen, die von Natur aus nur über eine geringe Speichermasse verfügen.

Phasenverschiebung und sommerlicher Hitzeschutz

Die Phasenverschiebung beschreibt die zeitliche Verzögerung, mit der eine Temperaturänderung an der Außenseite eines Bauteils an der Innenseite spürbar wird, und ist damit eine zentrale Kenngröße des sommerlichen Hitzeschutzes.

Wichtige Einflussgrößen:

- Spezifische Wärmekapazität (c) [kJ/kg·K]: Wärmemenge, die 1 kg Material speichern kann, bevor sich die Temperatur um 1 °C erhöht.
- Rohdichte (ρ) [kg/m³]: Masse pro Volumen; eine höhere Dichte bedeutet mehr Speichermasse.
- Phasenverschiebung: Zeitintervall zwischen dem Temperaturmaximum außen und dem Erreichen des Maximums an der Innenseite.

Natürliche Dämmstoffe erzielen dabei deutlich höhere Phasenverschiebungswerte als leichte konventionelle Materialien und leisten so einen wichtigen Beitrag zur thermischen Stabilität von Gebäuden im Sommer.

Zu den am häufigsten eingesetzten Naturdämmstoffen zählen etwa Holzfaser, Zellulose, Hanf, Flachs, Jute, Stroh, Schafwolle, Kork, Schilfrohr, Wiesengras oder Seegras. Materialien wie Holzfaserdämmstoffe, gepresste Strohballen oder Kork verfügen über eine vergleichsweise hohe Dichte und Wärmespeicherkapazität und sind daher besonders wirksam im sommerlichen Hitzeschutz. Leichtere Dämmstoffe wie Jute, Flachs oder Schafwolle bieten weitere Vorteile, wie etwa eine sehr gute Feuchteregulierung. Für eine Verzögerung der Wärmeübertragung bedarf es hier ausreichender Schichtdicken. Beim Einbau ist besonders auf den Feuchteschutz zu achten. Beim Einbau ist besonders auf einen wirksamen Feuchteschutz zu achten. Konstruktiv sollte auf sperrende Schichten verzichtet oder deren Einsatz mit einem aktiven Lüftungssystem abgestimmt werden, um Feuchtigkeit in der Konstruktion zu vermeiden, wie es auch bei konventionellen Materialien erforderlich ist.

Hohe Dichte und Wärmespeicherkapazität

Sehr gute Feuchteregulierung

Neben ihrem positiven Beitrag zum thermischen Komfort überzeugen Naturdämmstoffe außerdem durch vielfältige ökologische und bauphysikalische Vorteile und tragen zudem erheblich zur Wohngesundheit bei.

Ökologische und bauphysikalische Vorteile

- Sie bestehen meist aus nachwachsenden Rohstoffen, sind häufig regional verfügbar oder fallen als Nebenprodukte der Land- und Forstwirtschaft an und fördern so eine ressourcenschonende, lokal verankerte Wertschöpfung.
- Durch ihre Fähigkeit, biogenen Kohlenstoff langfristig zu speichern, tragen sie aktiv zum Klimaschutz bei.
- Sie leisten einen wichtigen Beitrag zum Schutz natürlicher Lebensgrundlagen, da ihr Anbau die Artenvielfalt fördert, Bodenqualitäten verbessert sowie Wasser speichern und filtern kann. Damit stärken biobasierte Dämmstoffe auch die ökologische Resilienz im Bausektor.
- Sie sind zu einem hohen Maße kreislauffähig. Bei entsprechender Planung können sie leicht sortenrein rückgebaut, wiederverwendet, recycelt oder sogar kompostiert werden.
- Aufgrund ihrer bauphysikalischen Eigenschaften eignen sie sich besonders für passive und energieeffiziente Low-Tech-Konzepte.
- Dank ihrer hohen spezifischen Wärmekapazität und Dichte puffern sie Wärme, Kälte und Feuchtigkeit zuverlässig ab und sorgen so für ein stabiles Raumklima.
- Sie können durch ihr Feuchtepuffervermögen überschüssige Luftfeuchtigkeit kurzfristig aufnehmen und bei Bedarf wieder abgeben, ohne dabei an Dämmleistung zu verlieren. In Kombination mit ihrer Diffusionsoffenheit und der kapillaren Leitfähigkeit sorgt diese Funktion dafür, dass Feuchtigkeit auf natürliche Weise durch die Bauteilschichten transportiert wird.

So wird das Risiko von Kondensat und Bauschäden deutlich verringert und ein ausgeglichenes Raumklima unterstützt.

- Ihre Materialstruktur trägt zur Verbesserung des Schallschutzes bei und mindert die Schallübertragung innerhalb des Gebäudes.
- Sie fördern ein wohngesundes Raumklima durch emissionsarme und schadstofffreie Materialeigenschaften.
- Sie weisen ein berechenbares Brandverhalten auf, mit geringer Rauchentwicklung und ohne brennendes Abtropfen.
- Viele Naturdämmstoffe sind angenehm zu verarbeiten, da sie hautverträglich, geruchsneutral und meist ohne spezielle Schutzausrüstung einsetzbar sind. Bei Einblasverfahren ist jedoch auf geeignete Staubschutzmaßnahmen zu achten.

3.4.3.1 Holzfaserdämmung

Holzfaserdämmplatten zählen zu den plattenförmigen Holzwerkstoffen und gehören innerhalb der biogenen Dämmstoffe zu den pflanzlichen Faserdämmstoffen. Holzfaserdämmstoffe bestehen überwiegend aus regional verfügbaren Holzresten wie Hackgut, Schwach- oder Bruchholz, also Nebenprodukten der Forstwirtschaft, die sich anderweitig kaum verwerten lassen. Die Nutzung lokaler Rohstoffe senkt zugleich den Transportaufwand und reduziert CO_2-Emissionen. Der Hauptbestandteil der Dämmstoffe sind Holzfasern (mind. 80 %). Je nach Herstellverfahren, Nass- oder Trockenverfahren, kommen zusätzlich Bindemittel und Zusatzstoffe zum Einsatz. Beim Nassverfahren wird auf die holzeigenen Bindekräfte (Lignine) gesetzt, während im Trockenverfahren, welches bei höheren Plattenstärken zum Einsatz kommt (ab ca. 30 mm) auch Bindemittel wie PUR-Harz verwendet werden. Um die Wasseraufnahme zu reduzieren, können wasserabweisende Zusätze (Hydrophobierung) oder pH-wirksame Zusätze ergänzt werden.

Bauphysikalische Besonderheiten

Effizientester Dämmstoff vor sommerlicher Überhitzung

Besonders hervorzuheben ist die Leistungsfähigkeit von Holzfaserdämmstoffen im sommerlichen Wärmeschutz. Ihre, vergleichsweise hohe, Rohdichte, kombiniert mit geringer Wärmeleitfähigkeit und sehr hoher spezifischer Wärmekapazität, macht sie zu einem der effektivsten Dämmstoffe zum Schutz vor sommerlicher Überhitzung. Praxismessungen zeigen, dass die Innenraumtemperaturen in mit Holzfaserplatten gedämmten Dachräumen im Vergleich zu Konstruktionen mit konventionellen Dämmstoffen um bis zu 6 °C niedriger liegen können[1]. Darüber hinaus zeichnen sich Holzfaserdämmplatten durch eine hohe Feuchtebeständigkeit bei gleichbleibender Dämmwirkung aus. Sie verfügen zudem über eine hohe Festigkeit und gewährleisten eine wirksame Schalldämmung.

---

1 Knauf Insulation (2024): Einblasdämmung – flexibel, effizient, nachhaltig. Online verfügbar unter: https://tools.knauf.de/news/fachunternehmer/2024-03-einblasdaemmung.html (abgerufen am 15.09.2025)

Bauphysikalische Kennwerte

Die bauphysikalischen Kennwerte können je nach Produkt und Hersteller variieren.

- Wärmeleitfähigkeit Bemessungswert λ W/m·K:

  0,038 – 0,040

- Rohdichte ρ kg/m³:

  Holzfaser lose (30–45), Holzfasermatten (40–55), Holzfaserplatten (110–270)

- Wasserdampf-Diffusionswiderstand μ:

  Holzfaser lose (1-2), Holzfasermatten (1–3), Holzfaserplatten (2–5)

- Wärmekapazität c (J/kg·K):

  2100

- Baustoffklasse nach DIN 4102-1:

  B2

- Brandverhalten nach DIN EN 13501-1:

  Standardmäßig Klasse E (normal entflammbar); spezielle Produkte („Gutex Pyroresist wall") erreichen C-s1, d0 (schwer entflammbar, geringe Rauchentwicklung, kein brennendes Abtropfen)

- Beständigkeit:

  Resistent gegen Verrottung, Ungeziefer, Pilzbefall, ohne Hydrophobierung nicht resistent gegen Feuchtigkeit (bei längerer Durchfeuchtung)

Verfügbarkeit/Formate

Einblasdämmung

Holzfaserdämmstoffe sind in einer vielfältigen Produktpalette erhältlich, sodass für nahezu jede Bauaufgabe eine passende Produktlösung zur Verfügung steht. Angeboten werden sie als Einblasdämmung, flexible Matten oder feste Platten, welche im Nassverfahren (für Plattenstärken von 3 bis 32 mm) oder im Trockenverfahren (für Plattenstärken von 20 bis 240 mm) hergestellt werden.

Anwendungen/Einsatzbereiche

Anwendungsbereiche von Holzfaserdämmplatten umfassen unter anderem die Dachdämmung, bspw. als Zwischensparren- sowie Unter- oder Aufsparrendämmung. Hydrophobierte Holzfaserdämmplatten, die zugleich diffusionsoffen sein können, können zudem als Unterdeckplatten eingesetzt werden. Durch die Hydrophobierung ist außerdem eine temporäre, freie Bewitterung während der Bauphase möglich. Entsprechende Angaben lassen sich den jeweiligen Produktdatenblättern der Hersteller entnehmen. Auch im Fassadenbereich finden Holzfaserdämmstoffe eine breite Anwendung und sind sowohl in Wärmedämm-Verbundsystemen als auch für die Innendämmung von Außenwänden einsetzbar. Flexible Holzfaserplatten oder lose Holzfasern können darüber hinaus als Vorsatzschalen im Außen- und Innenbereich angewendet werden. Des Weiteren kommen Holzfaserplatten bei der Dämmung von Böden und Decken sowie zur Trittschalldämmung zum Einsatz. Ebenso werden sie als Dämmabschlüsse, Dämmung von Trennwänden, Putzträger, abgehängte Decken oder profilierte Akustikdecken verwendet. Dank ihrer technischen Leistungsfähigkeit und vielfältigen Produktausführungen haben sich Holzfaserdämmstoffe in der Praxis als zuverlässige Lösung bewährt. Sie bieten ein gutes Preis-Leistungs-Verhältnis, sind mechanisch belastbar und lassen sich unkompliziert verarbeiten. Ihre vergleichsweise geringe Anfälligkeit für Algenbildung sowie, je nach Produkt und Ausführung, günstige Eigenschaften im Brandverhalten machen sie auch unter anspruchsvollen Bedingungen einsetzbar. Die breite Anwendbarkeit und ihr langjährig bewährter Einsatz unterstreichen ihre Eignung für unterschiedlichste bauphysikalische Anforderungen.

Abb. 3.4.3.1-1: Verlegung von Holzfaserdämmung im Zuge einer Dachsanierung. Die Platten werden passgenau auf der Unterkonstruktion ausgelegt und bilden durch das Nut- und Federsystem eine durchgehende Dämmschicht (Quelle: PAVATEX by Soprema)

Abb. 3.4.3.1-2: Montage von Holzfaserdämmplatten auf einer Holzrahmenkonstruktion: Die Platten werden im Nut-und-Feder-System durchlaufend verlegt und mechanisch an der Tragkonstruktion befestigt. Die Gefache der Ständerkonstruktion können anschließend mit Einblasdämmung verfüllt werden (Quelle: PAVATEX by Soprema)

Abb. 3.4.3.1-3: Aufdachdämmung mit Holzfaserdämmmatten. (Quelle: PAVATEX by Soprema)

3.4.3.2 Zellulosedämmung

Zellulosedämmstoffe gehören zur Gruppe der organischen Faserdämmstoffe und basieren auf recyceltem Altpapier, meist aus sortierten Druckerzeugnissen, wie z. B. unbenutzten Zeitungen (Remittenden). Das Material wird mechanisch aufbereitet, zerkleinert und zu Dämmflocken oder -platten weiterverarbeitet. Zur Verbesserung des Brandschutzes kommt häufig ein Flammschutzmittel zum Einsatz. Während hierfür überwiegend Borsäure verwendet wurde, setzen heute einige Hersteller auf Alternativen wie Ammoniumphosphat, Aluminiumhydroxid oder natürliche Stoffe wie Fungotannin (extrahiert aus Baum- und Rindenharzen), um der REACH-Kandidatenliste zu entsprechen. Bei Zellulosedämmplatten werden Bindemittel sowie Stützfasern aus Polyolefinfasern oder Jutegarn (z. T. aus Alt- und Resttextilien) als Stützfasern eingesetzt. Zellulosedämmung ist recycelbar und kann deponiert werden, ist jedoch aufgrund der enthaltenen Zusatzstoffe nicht zur Kompostierung geeignet. Besonders hervorzuheben ist der ökonomische Vorteil dieses kosteneffizienten Recyclingdämmstoffs.

Sehr kosteneffizienter Recyclingdämmstoff

Bauphysikalische Besonderheiten

Zellulose verfügt über eine gute Wärmedämmwirkung und zeichnet sich zudem durch eine hohe Wärmespeicherfähigkeit aus. Bei fachgerechter, fugenfreier Verarbeitung im Einblasverfahren entsteht ein Dämmverbund, der luft- und winddicht sowie langfristig setzungssicher ist. Aufgrund des hohen Raumgewichts bietet Zellulosedämmung zudem einen effektiven sommerlichen Hitzeschutz. Die Zellulosefasern vereinen zentrale bauphysikalische Vorteile des natürlichen Werkstoffs

Holz: Sie wirken kapillar aktiv und unterstützen damit einen ausgleichenden Feuchtehaushalt innerhalb der Konstruktion.

Bauphysikalische Kennwerte

Bauphysikalische Kennwerte können je nach Produkt und Hersteller variieren.

- Wärmeleitfähigkeit Bemessungswert λ W/m·K:

  Zelluloseflocken (0,039), Zelluloseplatten (0,042)

- Rohdichte ρ kg/m^3:

  Zelluloseflocken (28-65), Zelluloseplatten (70-145)

- Wasserdampf-Diffusionswiderstand μ:

  Zelluloseflocken (1-2), Zelluloseplatten (2-3)

- Wärmekapazität c (J/kg·K):

  Zelluloseflocken (2.100-2.544), Zelluloseplatten (2.000)

- Baustoffklasse nach DIN 4102-1:

  B2

- Brandverhalten nach DIN EN 13501-1:

  Zelluloseflocken (E, teilweise B-s2B-s2, d0), Zelluloseplatten (E)

- Beständigkeit:

  Feuchteempfindlich; nicht beständig gegen Säuren und Laugen, durch Borsalz oder Ammoniumphosphat resistent gegen Ungeziefer und Schimmelpilze

Verfügbarkeit/Formate

Zellulosedämmung ist entweder als lose Flocken für die Einblasdämmung oder Schüttung erhältlich oder als Dämmplatten, die mit Textil- oder Kunststofffasern gebunden sind.

Anwendungen/Einsatzbereiche

Zellulose-Einblasdämmungen werden sowohl im Neubau als auch in der Bestandssanierung eingesetzt. Das lose Dämmmaterial wird pneumatisch in Hohlräume eingebracht, bspw. in zweischalige Mauerwerke oder Holzrahmenkonstruktionen. Durch das Einblasverfahren lassen sich selbst unregelmäßige oder schwer zugängliche Bereiche fugenlos ausfüllen, wodurch Wärmebrücken wirksam reduziert und bestehende Bauteile effizient nachgedämmt werden können. Ein weiterer Vorteil dieses Verfahrens besteht darin, dass beim Einbringen des Materials keinerlei Verschnitt anfällt. Die Verarbeitung von Einblaszellulose darf ausschließlich durch zertifizierte Fachbetriebe erfolgen. Auch größere Dämmstärken lassen sich auf diese Weise effizient, wirtschaftlich und mit geringem Aufwand realisieren, sodass selbst der Passivhausstandard erreicht werden kann. Bei der Verarbeitung ist außerdem auf die mögliche Staubentwicklung zu achten. Im Holzbau lässt sich Zellulose-Einblasdämmung in industriell vorgefertigten Bauelementen einsetzen, wodurch ein besonders schneller und wirtschaftlicher Bauprozess ermöglicht wird. Alternativ kann Zellulose im sog. Feuchtsprühverfahren aufgebracht werden: Hierbei wird das Material kurz vor dem Austritt mit Wasser (ggf. in Kombination mit Klebe- oder Bindemitteln) versetzt, wodurch sich beim Auftragen eine formstabile, plattenartige Dämm-

Wärmebrücken reduzieren

schicht bildet. Zellulose-Schüttdämmung wird hingegen offen eingebracht, etwa auf der obersten Geschossdeckenfläche. Zellulosedämmplatten wiederum können in typischer Weise zwischen Sparren oder Holzständer geklemmt, als bodengebundene Dämmschicht ausgelegt oder im Aufdachbereich verwendet werden. Für den Einsatz im erdberührten Bereich (Perimeterdämmung) ist Zellulose nicht geeignet.

Abb. 3.4.3.2-1: Offenes Aufblasen von Zelluloseflocken als Schüttdämmung. (Quelle: Isocell)

Abb. 3.4.3.2-2: In diesem Beispiel werden Zelluloseflocken per Einblasverfahren in die Sparrenfelder der Dachkonstruktion eingebracht und bilden eine fugenlose, gleichmäßige Dämmschicht. (Quelle: Isocell)

Abb. 3.4.3.2-3: Industrielle Befüllung von Holzrahmenelementen mit Zelluloseflocken in der Vorfertigung. (Quelle: Isocell)

3.4.3.3 Strohdämmung

Stroh, trockene Halmreste aus der Ernte von jährlich nachwachsendem Getreide, entsteht als landwirtschaftliches Nebenprodukt und steht nicht in Konkurrenz zur Nahrungsmittelproduktion. Baustrohballen bestehen meist aus Weizen- oder Roggenstroh und werden mit einer Dichte von 90 bis 130 kg/m^3 gepresst und dürfen einen Feuchtegehalt von 15 % nicht überschreiten. Bei fachgerechter Verarbeitung ist das Material weitgehend resistent gegenüber Schimmel und Schädlingsbefall, ganz ohne Zusatzstoffe. Bei Platten können jedoch pflanzenbasierte oder kunstharzgebundene Bindemittel enthalten sein. Durch den geringen Energieaufwand in Herstellung und Transport sowie die Nutzung eines ohnehin anfallenden Rohstoffs weist Strohdämmung eine hervorragende Ökobilanz auf. Die Verfügbarkeit hängt von der Getreideernte ab. Jährlich könnten in Deutschland rund 10 Mio. Tonnen nutzbares Stroh entstehen. Grundsätzlich lässt sich Baustroh nach dem Rückbau vielseitig verwerten – es kann wiederverwendet, kompostiert oder energetisch genutzt werden, bspw. in Müllverbrennungs- oder Biogasanlagen.

Hervorragende Ökobilanz

Bauphysikalische Besonderheiten

Strohballen verfügen über eine ausgezeichnete Wärmedämmleistung. Das eingeschlossene Luftvolumen zwischen den Halmen wirkt wärmehemmend und ermöglicht niedrige U-Werte bei vergleichsweise geringen Wandstärken, sodass sich Gebäudestandards wie das Passivhaus realisieren lassen. Beim Einsatz von Strohballen wird die beste Dämmwirkung erzielt, wenn die Halme senkrecht zur Wärmeflussrichtung ausgerichtet sind. Bezüglich des Brandschutzes brennt gepresstes

Stroh wesentlich schlechter als loses Stroh. Durch das beidseitige Beschichten mit Lehmputz lässt sich die Entflammbarkeit von Strohballenwänden signifikant reduzieren. Eine Wandkonstruktion mit 3 cm Lehmbeschichtung auf beiden Seiten erzielte in einer Brandprüfung einen Feuerwiderstand von über 90 Minuten.

Bauphysikalische Kennwerte

Bauphysikalische Kennwerte können je nach Produkt und Hersteller variieren.

- Wärmeleitfähigkeit Bemessungswert λ W/m·K:

  Strohballen (0,052), Stroheinblasdämmung (0,043)

- Rohdichte ρ kg/m^3:

  Strohballen (85–115), Stroheinblasdämmung (105)

- Wasserdampf-Diffusionswiderstand μ:

  Strohballen (2), Stroheinblasdämmung (2,8)

- Wärmekapazität c (J/kg·K):

  Strohballen (2.000), Stroheinblasdämmung (2.100)

- Baustoffklasse nach DIN 4102-1:

  B2

- Brandverhalten nach DIN EN 13501-1:

  E

- Beständigkeit:

  Feuchteempfindlich

Verfügbarkeit/Formate

Strohdämmung ist als Baustrohballen in verschiedenen Formaten, als Einblasdämmung oder als Plattenwerkstoff erhältlich.

Anwendungen/Einsatzbereiche

Statische Funktionen

Strohballen werden im modernen Holzbau v. a. als dämmende Ausfachung in Holzständerkonstruktionen eingesetzt und anschließend mit Putz- oder Plattenbekleidungen versehen. Diese Bauweise eignet sich auch für die Vorfertigung von Wand-, Dach- und Bodenelementen im Werk. Neben der ausfachenden Konstruktion existiert eine tragende Bauweise, bei der die Strohballen sowohl die Dämmung als auch statische Funktionen übernehmen und als monolithischer Wandaufbau ausgeführt werden. Diese lastabtragende Variante basiert auf traditionellen Techniken, ist in Deutschland jedoch nicht allgemein bauaufsichtlich zugelassen und erfordert eine Zustimmung im Einzelfall. Darüber hinaus wird Stroh auch in weiteren Verarbeitungsformen eingesetzt, etwa als hochverdichtete Bauplatte für den Innenausbau, als gepresste Dämmplatte oder als loses Einblasmaterial. Stroh eignet sich für den Einsatz als Perimeterdämmung oder Kerndämmung von zweischaligem Mauerwerk.

3.4.3.4 Hanfdämmung

Dämmstoffe aus Hanf zählen innerhalb der organischen Dämmmaterialien zu den pflanzlichen Faserdämmstoffen. Die Hanfpflanze gilt als widerstandsfähige und schnellwachsende Kulturpflanze mit geringen Standortansprüchen. Auf den Einsatz von Pflanzenschutzmitteln kann aufgrund seiner natürlichen Resistenz gegen Schädlings- oder Pilzbefall vollständig verzichtet werden, was dazu führt, dass der Rohstoff schadstofffrei bleibt. Für die Herstellung von Hanfdämmstoffen werden die Nebenprodukte der Hanfernte, wie Hanffasern und Schäben verwendet. Die Fasern kommen zur Herstellung von Dämmmatten zum Einsatz, während die verholzten Schäben meist zu Schüttdämmstoffen oder festen Platten verarbeitet werden. Für Dämmmatten und Rollenware sowie bei größeren Materialstärken werden teils synthetische oder auf Pflanzenstärke basierende Stützfasern eingesetzt, um eine ausreichende Formstabilität herzustellen. Als Flammschutzmittel kommen i. d. R. Natriumcarbonat oder Ammoniumphosphate zum Einsatz, die als unbedenklich eingestuft werden. Produkte aus reiner Hanfdämmwolle oder Materialkombinationen, sofern keine synthetischen Zusätze enthalten sind, können vollständig biologisch abgebaut werden und gelten laut Bioabfallverordnung als kompostierfähig.

Schadstofffreier Rohstoff

Neben klassischen Hanfdämmstoffen haben sich in den letzten Jahren Hanf-Kalk-Baustoffe etabliert, die für eine Vielzahl von Anwendungen eingesetzt werden können. Hanfkalk besteht aus den verholzten Hanfschäben, die mit Kalkhydrat, hydraulischem Kalk oder Luftkalk gemischt werden. Das Gemisch wird entweder vorgefertigt zu Hanf-Kalk-Mauersteinen oder zu Platten gepresst. Es kann außerdem als lose Mischung eingestampft werden.

Bauphysikalische Besonderheiten

Effektive Feuchtigkeitsregulierung

Hanfdämmstoffe weisen günstige Diffusionseigenschaften auf und unterstützen damit eine effektive Feuchtigkeitsregulierung innerhalb der Bauteile, was zu einem guten Raumklima beiträgt. Darüber hinaus überzeugen Hanfdämmstoffe über gute Schalldämmeigenschaften. Da Hanffasern kein Eiweiß enthalten, ist keine zusätzliche Behandlung gegen Insektenbefall notwendig. Zudem weist Hanf von Natur aus eine hohe Resistenz gegenüber Schimmel und Schadinsekten auf. Auch Hanfkalk ist diffusionsoffen und kapillaraktiv, reguliert die Feuchtigkeit zuverlässig und besitzt eine hohe Wärmespeicherfähigkeit. Insbesondere im Sommer wirkt diese Speichermasse hitzepuffernd und verbessert den sommerlichen Hitzeschutz. Zudem gilt Hanfkalk aufgrund seines hohen Kalkanteils als schwer entflammbar.

Bauphysikalische Kennwerte

Bauphysikalische Kennwerte können je nach Produkt und Hersteller variieren.

- Wärmeleitfähigkeit Bemessungswert λ W/m·K:

  Hanf-Stopfwolle (0,045), Hanfmatten (0,043), Hanfjute (0,043)

- Rohdichte ρ kg/m^3:

  Hanf-Stopfwolle (50-60), Hanfmatten (30-110), Hanfjute (35-40)

- Wasserdampf-Diffusionswiderstand μ:

  Hanf-Stopfwolle (1-2), Hanfmatten (1-2), Hanfjute (1-2)

- Wärmekapazität c (J/kg·K):

  Hanf-Stopfwolle (2.200), Hanfmatten (1.600-2.300), Hanfjute (2.300)

- Baustoffklasse nach DIN 4102-1:

  Hanf-Stopfwolle (B2-B1), Hanfmatten (B2), Hanfjute (B2)

- Brandverhalten nach DIN EN 13501-1:

  Hanf-Stopfwolle (E, C-s2, d0). Hanfmatten (E), Hanfjute (E)

- Beständigkeit:

  Feuchteempfindlich, Resistenz gegen Schädlingsbefall (Insekten und Nagetiere), nicht beständig gegen Säuren und Laugen

Verfügbarkeit/Formate

Hanfdämmungen werden als Platten, Rollen, Filze, lose Stopfwolle oder als Einblasdämmstoff angeboten.

Anwendungen/Einsatzbereiche

Hanfdämmstoffe eignen sich für den Einsatz in Wand-, Dach- und Deckenkonstruktionen, mit Ausnahme von erdberührten Bauteilen. Im Dachbereich werden sie hauptsächlich als Zwischensparren- oder Aufdachdämmung verwendet, in Wänden und Decken zur Ausfachung zwischen tragenden Holzbauteilen. Hanf überzeugt durch eine angenehme Verarbeitbarkeit, da das Material hautfreundlich ist und sich nahezu staubfrei einbauen lässt. Im Fußbodenaufbau können Hanfschüttungen in Kombination mit Lehm oder Kalk eingesetzt werden. Hanfvliese eignen sich darüber hinaus als Trittschalldämmung und bieten eine ressourcenschonende Alternative zu konventionellen Produkten.

Ressourcenschonende Trittschalldämmung

Hanfkalk hingegen kann für den monolithischen Wandaufbau angewendet werden, z. B. in Form von vorgefertigten Hanfkalksteinen. Er eignet sich außerdem für den Einsatz in Außen- und Innenwandkonstruktionen, insbesondere im Fachwerk- und Holzrahmenbau. Die kapillaraktive und diffusionsoffene Materialstruktur von Hanfkalk ermöglicht einen kontinuierlichen Feuchtetransport. In Kombination mit der Alkalität des Kalks werden Kondensations- und Schimmelrisiken wirksam reduziert, sodass schadensfreie Wandaufbauten entstehen. Auch für die Innendämmung im Bestand ist Hanfkalk gut geeignet.

3.4.3.5 Schafwolle

Schafwolle ist ein jährlich nachwachsendes Nebenprodukt der Tierhaltung und Weidewirtschaft, das zu den tierischen Faserdämmstoffen zählt. Pro Tier fallen jährlich rund 7 kg Rohwolle an, die heute vorrangig aus europäischer, möglichst regionaler Herkunft stammt, insbesondere, da sie in der Textilindustrie nur noch begrenzt nachgefragt wird. Dämmstoffe aus Schafwolle bestehen hauptsächlich aus Keratin, einem Eiweiß, das ohne Behandlung anfällig für schädlingsbefallende Insekten wie Mottenlarven oder Teppichkäfer wäre. Daher werden die Produkte i. d. R. mit einem Mottenschutz ausgestattet, etwa durch den Einsatz von Zusatzmitteln oder physikalischen Verfahren wie der Plasmabehandlung. Zur Verbesserung der Formstabilität der Dämmplatten werden teils auch synthetische oder biobasierte Stützfasern beigemischt. Im Vergleich zum weltweiten Rohwollepreis erscheinen Schafwolldämmstoffe relativ kostenintensiv. Der höhere Preis ist jedoch auf die aufwendige Reinigung, Aufbereitung und Verarbeitung zurückzuführen. Erst durch diesen qualitätsgesicherten Herstellungsprozess entsteht ein langlebiger und leistungsfähiger Dämmstoff.

Relativ kostenintensiv

Bauphysikalische Besonderheiten

Ein besonderer Vorteil von Dämmstoffen aus Schafwolle liegt in ihrer Fähigkeit, bis zu 33 % ihres Eigengewichts an Feuchtigkeit aufzunehmen, ohne dass die Dämmwirkung nennenswert beeinträchtigt wird. Verantwortlich dafür ist die hygroskopische Struktur der Wollfaser, die Feuchtigkeit im Faserinneren puffert, während die Faseroberfläche wasserabweisend bleibt. Dadurch eignet sich Schafwolle besonders gut für Konstruktionen mit wechselnden Feuchtebedingungen und trägt zur Regulierung des Raumklimas bei. Neben ihren hygroskopischen Eigenschaften besitzt Schafwolle die Fähigkeit, Schadstoffe aus der Luft zu absorbieren und dadurch die Raumluftqualität zu verbessern, indem sie bspw. Formaldehyd, Ozon und andere flüchtige organische Verbindungen (VOCs) bindet. Auch hinsichtlich des Brandverhaltens zeigt Schafwolle vorteilhafte Eigenschaften. Aufgrund ihres hohen Eiweiß- und Stickstoffgehalts besitzt sie eine natürliche Schwerentflammbarkeit und entzündet sich erst bei Temperaturen oberhalb von 560 °C. Viele Schafwolldämmstoffe erreichen deshalb ohne zusätzliche Flammschutzmittel die Euro-

Hygroskopische Struktur

klasse E. Bei besonders leichten Produkten oder Materialkombinationen kann jedoch eine zusätzliche Flammschutzausrüstung erforderlich sein. Ein weiterer technischer Vorteil ergibt sich aus der hohen mechanischen Elastizität der Wollfaser. Schafwolle ist äußerst knickstabil und zeigt auch unter dauerhafter mechanischer Belastung, wie sie etwa in Installations- oder Schalldämmbereichen auftreten kann, kaum Faserbruch. Selbst nach zahlreichen Belastungszyklen und unter Einfluss von Feuchtigkeit bleibt die Formstabilität erhalten. Dies gewährleistet eine lang anhaltende und zuverlässige Dämmwirkung.

Bauphysikalische Kennwerte

Bauphysikalische Kennwerte können je nach Produkt und Hersteller variieren.

- Wärmeleitfähigkeit Bemessungswert λ W/m·K:

  0,036
- Rohdichte ρ kg/m^3:

  20-90
- Wasserdampf-Diffusionswiderstand μ:

  1-2
- Wärmekapazität c (J/kg·K):

  1.300-1.730
- Baustoffklasse nach DIN 4102-1:

  B2

- Brandverhalten nach DIN EN 13501-1:

  E

- Beständigkeit:

  durch Ausstattung mit Mottenschutzmitteln weitgehend resistent gegen Ungeziefer

Verfügbarkeit/Formate

Schafwolldämmung ist als Dämmmatte (30–120 mm), Trittschallfilz, Dämmzopf oder Stopfwolle erhältlich.

Anwendungen/ Einsatzbereiche

Schafwolldämmstoffe zeichnen sich durch ein breites Anwendungsspektrum aus und werden sowohl in klassischen Bereichen wie Dach-, Wand- und Deckenkonstruktionen als auch in speziellen Bauweisen wie dem Blockbohlenbau eingesetzt. Darüber hinaus eignen sie sich für den Einsatz in Installationsebenen und akustisch wirksamen Bauteilen. Auch im technischen Bereich, z. B. bei Lüftungs- und Kühlanlagen, leisten sie aufgrund ihrer guten wärme- und schalltechnischen Eigenschaften einen wirkungsvollen Beitrag. Darüber hinaus sind Varianten wie Nadelfilze für den Einsatz als Trittschalldämmung sowie Stopfmaterialien für Anschlussdetails, etwa beim Fenstereinbau, erhältlich. Für den Einsatz erdberührter Bauteile sind Schafwolldämmstoffe hingegen nicht geeignet.

3.4.3.6 Schilfrohr

Schilf gehört zu den pflanzlichen Dämmstoffen und wird den pflanzlichen Faserdämmstoffen bzw. Plattendämmstoffen zugeordnet. Als Süßgras wächst es bevorzugt auf feuchten bis nassen Standorten und kann großflächig kultiviert werden. Besonders interessant ist Schilf aus sog. Paludikultur. Dabei bleibt der hohe Wasserstand im Moor erhalten, der Torfkörper wird geschützt und gleichzeitig eine nachhaltige Nutzung durch Nasskulturen wie Schilf oder Rohrkolben ermöglicht. Dieser Ansatz reduziert nicht nur die klimaschädlichen Emissionen entwässerter Moorböden, sondern schafft zugleich regionale Rohstoffquellen für Bauprodukte. Für die Herstellung von Dämmstoffen wird das Schilfrohr mechanisch geerntet, getrocknet, nach Größe sortiert und weiterverarbeitet. Typisch sind Schilfrohrplatten, die aus parallel ausgerichteten, unter Druck gebündelten Halmen bestehen und zur Stabilisierung mit Drähten verbunden werden. Daneben existieren Schilfgranulat- oder Faserplatten, bei denen das zerkleinerte Material mit natürlichen Bindemitteln (z. B. Maisstärke) zu plattenförmigen Produkten gepresst wird. Beide Produktarten kommen ohne synthetische Zusätze aus und gelten als wohngesund. Das Material lässt sich sortenrein wieder- oder weiterverwenden und ist zudem vollständig recycelbar oder kompostierbar. Trotz der Transportwege aus den Anbaugebieten weist Schilf aufgrund seiner einfachen Verarbeitung einen sehr geringen Primärenergiebedarf auf und dient gleichzeitig als wirksamer Kohlenstoffspeicher. Schilf weist außerdem äußerst robuste Materialeigenschaften auf und ist von Natur aus sehr widerstandsfähig gegen Feuchtigkeit, mechanisch stabil und zeigt eine hohe Lebensdauer.

Schilfrohrplatten

Bauphysikalische Besonderheiten

Anwendung als dämmender Putzträger

Die Wärmeleitfähigkeit von Schilfrohrdämmung liegt bei etwa 0,065 W/(m·K) und damit etwas höher als bei anderen Naturdämmstoffen wie Hanf oder Holz. Der Vorteil bei Schilfrohrdämmungen ist, dass die Platten gleichzeitig als dämmender Putzträger Anwendung finden, da Schilf in seiner Oberflächenstruktur sehr stabil und griffig ist. Die spezifische Wärmekapazität bewegt sich im Bereich konventioneller Dämmstoffe. Schilf zeigt ein von Natur aus günstiges Feuchteverhalten, der Wasserdampfdiffusionswiderstand liegt bei Schilfrohrplatten im Bereich von 1-2, bei Schilfgranulat zwischen 3 und 6,5, was seine ausgeprägte feuchtigkeitsregulierende Wirkung belegt. Dank Diffusionsoffenheit und Kapillaraktivität kann Schilfdämmung Feuchtigkeit aufnehmen und weiterleiten, wodurch das Risiko von stehender Nässe, Schimmelbildung und Fäulnis deutlich reduziert wird. Aufgrund dieser Eigenschaften ist Schilfrohr besonders in der Anwendung als Innendämmung und in Kombination mit Lehmputz wirksam. Auch bei stärkerer Wassereinwirkung bleibt Schilf weitgehend resistent, was seine langsame Verrottung erklärt und die Eignung in feuchtebelasteten Regionen hervorhebt. Diese Eigenschaften bilden zudem die Grundlage für die traditionelle Nutzung von Reet in der Dachdeckung, die bis heute Bestand hat.

Bauphysikalische Kennwerte

Bauphysikalische Kennwerte können je nach Produkt und Hersteller variieren.

- Wärmeleitfähigkeit Bemessungswert λ W/m·K:

  0,065

- Rohdichte ρ kg/m^3:

  150

- Wasserdampf-Diffusionswiderstand μ:

  3–6,5

- Wärmekapazität c (J/kg·K):

  1.200

- Baustoffklasse nach DIN 4102-1:

  B2

- Brandverhalten nach DIN EN 13501-1:

  E

- Beständigkeit:

  hohe Resistenz gegenüber Feuchtigkeit, Schimmel und Fäulnis

Verfügbarkeit/Formate

Schilfrohrplatten (2-12 cm), Schilffaserplatten

Anwendungen/Einsatzbereiche

Schilfrohrdämmstoffe finden in zahlreichen konstruktiven Anwendungsbereichen Verwendung. In der Fassadendämmung eignen sie sich sowohl für die Außen- als auch für die Innendämmung von Außenwänden und können mit Ausnahme des Sockelbereichs auch in Wärmedämmverbundsysteme integriert werden. Im Dachbereich kommen Schilfrohrplatten als Aufsparren-, Unter- und Zwischensparrendämmung zum Einsatz. Schilfrohrplatten dienen gleichzeitig als Putzträger und werden mechanisch verdübelt oder in Rahmenkonstruktionen eingelegt und anschließend mit geeigneten Putzen, bspw. Lehm- oder Kalkputz, beschichtet. Dadurch lassen sich die kapillaraktiven und diffusionsoffenen Eigenschaften des Materials optimal nutzen. Weitere Einsatzmöglichkeiten bestehen in der Wärme- und Schalldämmung von Decken- und Bodenaufbauten, bei der Dämmung oberster Geschossdecken, in Hohlräumen sowie im Bau leichter Trennwandsysteme. Einschränkungen ergeben sich durch fehlende bauaufsichtliche Zulassungen, Ernteschwankungen sowie bei Anwendungen mit hohen Brandschutzanforderungen, in Kerndämmungen zweischaliger Mauerwerke und im Perimeterbereich.

Fazit

Die Vielfalt an nachwachsenden Dämmlösungen ist groß und wächst stetig. Produkte aus neuen Materialien und Materialkombinationen streben auf den Markt und bereichern die Auswahlmöglichkeiten für Planer.

Neben den gängigen Ökobilanzen können bewertende Gütezeichen wie natureplus, das eco-Institut-Label oder der Blaue Engel dabei helfen, die neuen Produkte in Bezug auf Ressourcenschonung, Klimaverträglichkeit und Wohngesundheit zu bewerten.

Quellenangaben

Einleitung:

- **Umweltbundesamt (2023):** Kühle Gebäude im Sommer – so geht's. Online unter: https://www.umweltbundesamt.de/themen/kuehle-gebaeude-im-sommer-so-gehts (abgerufen am: 10.09.2025)
- **Baufuchs (o. J.):** Hitzeschutz – So bleibt es im Sommer angenehm kühl. Online unter: https://www.baufuchs.com/energie/hitzeschutz/ (abgerufen am: 10.09.2025)
- **Baunetzwissen (o. J.):** Phasenverschiebung. Online unter: https://www.baunetzwissen.de/glossar/p/phasenverschiebung-1676165 (abgerufen am: 10.09.2025)

Dämmstoffe:

- **Fachagentur Nachwachsende Rohstoffe e. V. (FNR) (2024):** Dämmstoffe aus nachwachsenden Rohstoffen. 13., aktualisierte Auflage. Gülzow-Prüzen: Fachagentur Nachwachsende Rohstoffe e. V. (FNR). Online unter: https://www.fnr.de/fileadmin/allgemein/pdf/broschueren/P20337_FNR_Brosch_Daemmstoffe_2023_v13r08_231208_bf.pdf (abgerufen am: 10.09.2025)

- **Fachagentur Nachwachsende Rohstoffe e. V. (FNR) (2019):** Dämmstoffe aus nachwachsenden Rohstoffen. 10., überarbeitete Auflage. Gülzow-Prüzen: Fachagentur Nachwachsende Rohstoffe e. V. (FNR). Online unter: https://www.fnr.de/fileadmin/allgemein/pdf/broschueren/Brosch_Daemmstoffe_2020_web.pdf (abgerufen am: 10.09.2025)
- **WeCoBIS (o. J.):** Holzfaserdämmstoffe. Online unter: https://www.wecobis.de/bauproduktgruppen/daemmstoffe-pg/daemmstoffe-nachwachsend-pg/holzfaser-pg.html (abgerufen am: 15.09.2025)
- **GUTEX Holzfaserplattenwerk H. Henselmann GmbH & Co. KG (o. J.):** Pyroresist wall. Online unter: https://www.gutex.de/produkte-systeme/daemmstoffe/gutex-pyroresist-wall~p388 (abgerufen am: 15.09.2025)
- **WeCoBIS (o. J.):** Zellulosefaserdämmstoffe. Online: https://www.wecobis.de/bauproduktgruppen/daemmstoffe-pg/daemmstoffe-nachwachsend-pg/zellulosefaser-pg.html (abgerufen am: 16.09.2025)
- **Knauf Gips KG (2025):** Einblasdämmung – ein Geschäft für Fachunternehmer? Online unter: https://tools.knauf.de/news/fachunternehmer/2024-03-einblasdaemmung.html (abgerufen am: 15.09.2025)
- **WeCoBIS (o. J.):** Strohdämmstoffe. Online unter: https://www.wecobis.de/bauproduktgruppen/daemmstoffe-pg/daemmstoffe-nachwachsend-pg/strohdaemmstoffe-pg.html (abgerufen am: 15.09.2025)

- **WeCoBIS (o. J.):** Flachs-Dämmstoffe. Online unter: https://www.wecobis.de/bauproduktgruppen/daemmstoffe-pg/daemmstoffe-nachwachsend-pg/flachs-daemmstoffe-pg.html (abgerufen am: 16.09.2025)
- **WeCoBIS (o. J.):** Schafwolle-Dämmstoffe. Online: https://www.wecobis.de/bauproduktgruppen/daemmstoffe-pg/daemmstoffe-nachwachsend-pg/schafwolle-daemmstoffe-pg.html (abgerufen am: 16.09.2025)
- **natureplus e. V. (2025):** Aufgeklärt: 5 Vorurteile rund um Schafwolldämmung. Online unter: https://www.natureplus.org/artikel-news/aufgeklart-5-vorurteile-rund-um-schafwolldammung (abgerufen am: 16.09.2025)
- **Naturanum (o. J.):** Dämmung aus Schilf. Online: https://www.naturanum.de/themen/daemmung-aus-schilf/?srsltid=AfmBOopuNvKQnW5mw02-vuXUI7dv0xkjYygndBzL03ZulkrAWKOLaYu2 (abgerufen am: 16.09.2025)
- **Michael Succow Stiftung (o. J.):** Paludikultur. Online unter: https://tomoorow.org/superkraft-moor/paludikultur/ (abgerufen am: 16.09.2025)

3.5 Überflutungsschutz bei Gebäuden

Häufige Hochwasser- und Starkregenereignisse, und die dadurch verursachten Überflutungen, haben in den letzten Jahren vermehrt zu erheblichen Schadensereignissen geführt. Die in immer kürzeren Zeitabständen auftretenden extremen Ereignisse müssen als erste Auswirkungen des Klimawandels bzw. als Vorgriff auf mögliche – häufiger auftretende – Zukunftsszenarien verstanden werden. Überflutungs- und Hochwasserschutz sind somit ein wichtiger Bestandteil der Klimaanpassung.

Beim Überflutungs- und Hochwasserschutz gelten folgende Begriffe:

Hochwasser

Hochwasser ist eine zeitlich beschränkte Überschwemmung von normalerweise nicht mit Wasser bedecktem Land, insbesondere durch oberirdische Gewässer oder durch in Küstengebiete eindringendes Meerwasser. Davon ausgenommen sind Überschwemmungen aus Abwasseranlagen.

Starkregenereignis

Große Niederschlagsmengen

Von Starkregenereignissen spricht man bei großen Niederschlagsmengen, die in kurzer Zeit fallen. Diese sind i. d. R. an hochreichende und intensive Konvektion – z. B. an Cumulonimbus-Wolken – gebunden und treten häufig im Zusammenhang mit Gewittern auf.

Der Deutsche Wetterdienst (DWD) warnt vor Starkregen in den folgenden drei Stufen, wenn voraussichtlich folgende Schwellenwerte überschritten werden:

1. Stufe – Regenmengen 15 bis 25 l/m^2 in einer Stunde;

2. Stufe – 20 bis 35 l/m^2 in sechs Stunden (markante Wetterwarnung);

3. Stufe – Regenmengen > 25 bis 40 l/m^2 in einer Stunde oder > 35 l/m^2 bis 60 l/m^2 in sechs Stunden (Unwetterwarnung).

Überflutungen aus dem Kanalnetz

Aufgrund von Starkregenereignissen austretendes Abwasser aus Kanälen oder Sonderbauwerken, das eine Überflutung von Flächen zur Folge hat. Dieses Abwasser kann wiederum in Gebäude eindringen und Schäden verursachen.

Sturzfluten

Zum Begriff Sturzfluten existiert keine einheitliche Definition. Sturzfluten entstehen, wenn mehr Wasser vorhanden ist, als von dem weiter abwärts gelegenen Gewässer, Kanalsystem oder vom Boden aufgenommen werden kann. Das ablaufende Wasser fließt mit hoher Geschwindigkeit abwärts und sammelt sich in tiefer liegenden Gebieten. Am häufigsten treten Sturzfluten nach Starkregen in normalerweise trockenen Gegenden auf.

Abb. 3.5-1: Auf abschüssiger Straße bildet sich ein reißender Strom. (Quelle: Jung-Pumpen GmbH, Steinhagen)

Unmittelbar nach Schadensereignissen durch Überflutungen werden von Betroffenen meist leistungsstärkere öffentliche Kanäle gefordert. Diese können jedoch aus technischen und wirtschaftlichen Gründen nicht so gebaut werden, dass sie bei Starkregenereignissen einen vollständigen Überflutungsschutz bieten. Für Regenereignisse, die oberhalb der Bemessungsvorgaben für öffentliche Abwasserkanäle liegen, müssen zukünftig andere Möglichkeiten der Ableitung und Rückhaltung des Regenwassers zum Einsatz kommen und der Überflutungsschutz bei Gebäuden stärker berücksichtigt werden.

Eintrittswege des Wassers in Gebäude

Drei mögliche Eintrittswege des Wassers ins Gebäude

Beim Überflutungsschutz für Gebäude oder Gebäudekomplexe müssen zunächst alle möglichen Eintrittswege des Wassers analysiert werden.

Folgende Eintrittswege des Wassers in Gebäude sind möglich:

- eindringendes **Grundwasser** durch undichte Keller (Kellerböden, Wände und Rohrdurchführungen von z. B. Wasser-, Gas- und Stromanschlussleitungen)
- eindringendes **Oberflächenwasser** durch undichte Kellerlichtschächte, undichte Kellerfenster, undichte Außenwände sowie Tür- und Fensteröffnungen
- eindringendes **Abwasser** durch einen Rückstau im öffentlichen Kanalnetz (Wasseraustritt z. B. bei WC, Dusche und Bodenabläufen).

Geeignete Schutzmaßnahmen

Schutzmaßnahmen gegen eindringendes Grundwasser

Die Möglichkeit des Eintritts von Grundwasser in das Gebäude wird leider allzu häufig nicht berücksichtigt. Kellerböden, Wände und Rohrdurchführungen können oftmals dem äußeren Wasserdruck nicht standhalten.

Bauwerksabdichtung zur Verhinderung von eindringendem Grundwasser

Eine Schutzmaßnahme zur Verhinderung von eindringendem Grundwasser ist die Bauwerksabdichtung. Hierzu werden Abdichtungsstoffe, wie z. B. Bitumen-Schweißbahnen, Bitumenbahnen, Kunststoffdichtungsbahnen oder Dickbeschichtungen, eingesetzt. Diese Art der Bauwerksabdichtung wird auch häufig als schwarze Wanne bezeichnet. Ein wichtiges Entscheidungskriterium ist hierbei die jeweilige Wassereinwirkungsklasse.

DIN 18533

Für Bauwerke mit Abdichtungen werden in der Norm DIN 18533 „Abdichtung von erdberührten Bauteilen“ folgende Wassereinwirkungsklassen unterschieden:

- Bodenfeuchte und nicht drückendes Wasser
- drückendes Wasser
- nicht drückendes Wasser bei erdberührten Decken
- Spritzwasser im Wandsockelbereich/Kapillarwasser bei erdberührten Wänden

Zusätzlich müssen je nach Wassereinwirkungsklasse noch entsprechende Maßnahmen für das Herstellen der Durchdringungen (Rohrdurchführungen) getroffen werden.

Abb. 3.5-2: Mehrfach-Wanddurchführung.
(Quelle: Bildquelle: DOYMA GmbH & Co)

Alternativ hierzu können Kellerböden und Wände aus wasserundurchlässigem Beton (WU-Beton) hergestellt werden. Diese Ausführung wird auch häufig weiße Wanne genannt. Sie benötigt aufgrund ihrer Konstruktion i. d. R. keine zusätzlichen Dichtungsbahnen. Bei Kellerbauwerken, die aus wasserundurchlässigem Beton bestehen, werden i. d. R. Rohrdurchführungen gegen drückendes Wasser eingesetzt.

Schutzmaßnahmen gegen eindringendes Oberflächenwasser

Häufig dringt das Oberflächenwasser über undichte Kellerfenster und Türöffnungen in das Gebäude ein. Als Schutzmaßnahme können Schwellen angeordnet werden oder die betroffenen Fenster und Türen müssen dem Druck des Wassers widerstehen.

Spezielle wasserdichte Fenster können durch druckresistentes Fensterglas und dichte Fensterrahmen dem Außendruck des Wassers standhalten. Dabei ist darauf zu achten, dass Kellerfenster einem deutlich stärkeren Druck als höher liegende Fenster ausgesetzt sind.

Abb. 3.5-3: Wasserdichte Keller-Außentüre AquaLOCK. (Quelle: Torbau Schwaben GmbH)

Druckdichte Türen sind v. a. da sinnvoll, wo eine Abschottung der Tür mit außen liegenden Maßnahmen nicht möglich ist oder eine komplette Überflutung im Kellerbereich möglich ist. Diese Türen sind i. d. R. so ausgelegt, dass sie mit speziellen Riegeln verschlossen werden und dem Wasserdruck widerstehen.

Schutzmaßnahmen gegen Rückstau aus dem öffentlichen Kanalnetz

Rückstauschutz

Bei Starkregenereignissen kommt es häufig durch einen Abwasserstau im öffentlichen Kanalnetz zum Rückstau bis in die Gebäude- und Grundstücksentwässerung. Sind Entwässerungsgegenstände und Ablaufstellen für Regenwasser von Flächen, die unterhalb der Rückstauebene (i. d. R. die Straßenoberkante) liegen, ohne die erforderlichen Sicherheitseinrichtungen angeschlossen, sind Überflutungsschäden durch Rückstau unvermeidbar.

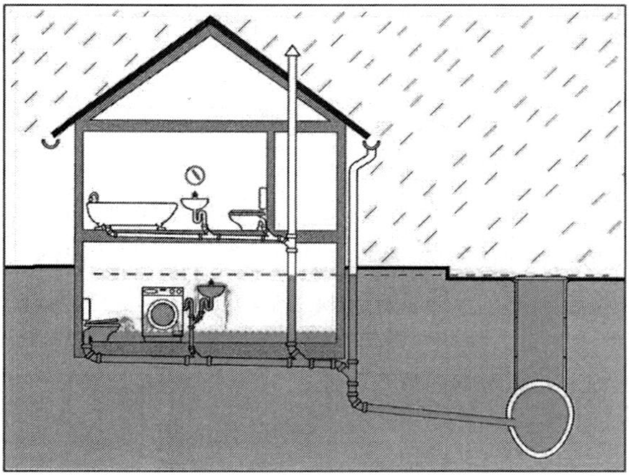

Abb. 3.5-4: Ungesicherte Entwässerungsgegenstände unterhalb der Rückstauebene. (Quelle: ACO Passavant GmbH)

Zum Schutz vor Überflutungen müssen dann Rückstausysteme eingesetzt werden. Zulässige Rückstausysteme (siehe Kapitel 3.5.1 „Rückstauschutz") sind automatisch arbeitende Abwasserhebeanlagen oder – unter bestimmten Voraussetzungen – Rückstauverschlüsse.

3.5.1 Rückstauschutz

Insbesondere bei Starkregenereignissen muss bedingt durch den Stau im öffentlichen Kanal mit Rückstau bis in die Gebäude- und Grundstücksentwässerung gerechnet werden. Sind Entwässerungsgegenstände und Ablaufstellen für Regenwasser von Flächen, die unterhalb der Rückstauebene liegen, ohne die erforderlichen Sicherheitseinrichtungen angeschlossen, sind Schäden aus Rückstauereignissen unvermeidbar. Ziel der normativen Festlegungen zum Rückstauschutz ist die Vermeidung von Überflutungen im Gebäude und auf dem Grundstück.

Abb. 3.5.1-1: Überflutung Kellerraum (Quelle: Jung-Pumpen GmbH, Steinhagen)

Für die Planung und Ausführung von Rückstausystemen gelten die DIN 1986-100 „Entwässerungsanlagen für Gebäude und Grundstücke – Bestimmungen in Verbindung mit DIN EN 752 und DIN EN 12056“, Ausgabe Dezember 2016 sowie die DIN EN 12056-4 „Schwerkraftentwässerungsanlagen innerhalb von Gebäuden – Ab-

DIN 1986-100

DIN EN 12056-4

wasserhebeanlagen: Planung und Bemessung“, Ausgabe Januar 2001.

Zum Rückstauschutz können automatisch arbeitende Abwasserhebeanlagen oder – unter bestimmten Voraussetzungen – Rückstauverschlüsse eingesetzt werden.

Gemäß DIN 1986-100, Abschnitt 13.1.1 sollte in jedem Fall geprüft werden, ob Ablaufstellen unterhalb der Rückstauebene zwingend erforderlich sind.

Oberhalb der Rückstauebene anfallendes Abwasser ist mit freiem Gefälle in die Kanalisation zu entwässern. Wenn kein ausreichendes Gefälle zum Kanal besteht, ist das Abwasser mittels Abwasserhebeanlagen in den Kanal zu fördern.

Rückstauebene

In der DIN EN 12056-4 wird die Rückstauebene unter 3.1.3 folgendermaßen definiert: *„Höchste Ebene, bis zu der das Wasser in einer Entwässerungsanlage ansteigen kann“*. In der Praxis gilt, wenn seitens der örtlichen Behörden nichts anderes festgelegt ist, die Straßenoberfläche an der Anschlussstelle in den öffentlichen Kanal als Rückstauebene. Hierbei kann im Normalfall das anstauende Wasser aus dem öffentlichen Kanal austreten und sich breitflächig verteilen.

Die Rückstauebene kann in besonderen Fällen aber auch anders definiert werden, so z. B. bei abschüssigem Gelände. Hier wird häufig die Höhe der Rückstauebene durch die Höhe des bergauf liegenden Kanalschachts definiert.

Die Festlegung der maßgebenden Rückstauebene sollte man sich grundsätzlich vom Betreiber des öffentlichen Kanalnetzes schriftlich bestätigen lassen.

Abb. 3.5.1-2: Schutz durch eingebaute Rückstausicherung bei festgelegter Rückstauebene = Straßenoberkante. (Quelle: ACO Passavant GmbH)

In der Praxis zeigt sich, dass Schäden durch Rückstau nicht immer auf das Kellergeschoss beschränkt bleiben, sondern bedingt durch die örtliche Höhensituation auch Räume im Erdgeschoss betreffen können.

Ablaufstellen für Schmutzwasseranlagen

Nach DIN 1986-100, Abschnitt 13.1.2 sind Ablaufstellen für Schmutzwasser, deren Wasserspiegel im Geruchverschluss unterhalb der Rückstauebene liegt, durch automatisch arbeitende Abwasserhebeanlagen mit Rückstauschleife nach DIN EN 12056-4 gegen Rückstau aus dem Abwasserkanal zu sichern.

Rückstauverschlüsse müssen DIN EN 13564-1 „Rückstauverschlüsse für Gebäude – Anforderungen“, Ausgabe Oktober 2002 entsprechen. Gemäß DIN EN 12056-4, Abschnitt 4 dürfen Rückstauverschlüsse nur unter folgenden Voraussetzungen verwendet werden:

- es muss freies Gefälle zum Kanal bestehen
- die Räume müssen von untergeordneter Nutzung sein, d. h. dass keine wesentlichen Sachwerte oder die Gesundheit der Bewohner bei Überflutung der Räume beeinträchtigt werden
- der Benutzerkreis muss klein sein und diesem ein WC oberhalb der Rückstauebene zur Verfügung stehen
- bei Rückstau kann auf die Benutzung der Ablaufstelle(n) verzichtet werden

Für die Verwendung der in DIN EN 13564-1 enthaltenen Typen muss DIN 1986-100, Abschnitt 13.2 beachtet werden.

Ablaufstellen für Regenwasseranlagen

DIN 1986-100

DIN EN 12056

Ablaufstellen für Regenwasser, deren Oberkante des Ablaufrosts unterhalb der Rückstauebene liegen dürfen gemäß DIN 1986-100, Abschnitt 13.1.3 an die öffentliche Kanalisation nur getrennt von häuslichem Abwasser über automatisch arbeitende Abwasserhebeanlagen, die außerhalb des Gebäudes angeordnet werden müssen, rückstaufrei nach DIN EN 12056, Teil 4 (heben über die Rückstauebene, Rückstauschleife) angeschlossen werden.

Abflusswirksame Flächen unterhalb der Rückstauebene, die ein Gefälle zum Gebäude aufweisen, wie Garageneinfahrten, Hauseingänge oder Geländeabtragungen zu Souterrainwohnungen, sind möglichst klein zu halten.

In Ausnahmefällen, wie z. B. bei Grenzbebauung und innerstädtischen Innenhöfen, kann die Abwasserhebeanlage auch innerhalb des Gebäudes mit einer Doppelanlage installiert werden, wenn das Gebäude in geeigneter Weise durch bauliche Maßnahmen gegen Überflutung geschützt wird.

Zur Entwässerung kleiner Flächen unterhalb der Rückstauebene mit Gefälle zu Eingängen des Gebäudes, z. B. bei Garagenrampen, kann die Abwasserhebeanlage auch innerhalb des Gebäudes installiert werden.

Bei kleinen Flächen (etwa 5 m^2) von Kellerniedergängen u. dgl. kann das Regenwasser versickert werden, wenn die Bodenverhältnisse hierfür geeignet sind. Ist eine Versickerung nicht möglich, dürfen solche Flächen bei Vorhandensein natürlichen Gefälles über Rückstauverschlüsse nach DIN EN 13564-1 entwässert werden, wenn geeignete Maßnahmen, z. B. Schwellen bei Kellereingängen, ein Überfluten der tief liegenden Räume durch Regenwasser verhindern, solange der Rückstauverschluss geschlossen ist.

Bei der Regenwasserableitung müssen, unabhängig von Maßnahmen des Rückstauschutzes, Überflutungsprüfungen nach DIN 1986-100, Abschnitt 14.9 durchgeführt werden.

Rückstauverschlüsse

Bei Rückstauverschlüssen wird der Durchfluss in rückstaugefährdeten Abwasserleitungen durch Klappen, Schieberplatten oder Quetschventile unterbrochen.

Nachteile sind:

- Solange der Rückstau anhält – also bei geschlossenem Rückstauverschluss – können die angeschlossenen Sanitärobjekte unterhalb der Rückstauebene nicht mehr benutzt werden.
- Ist ein Rückstauverschluss außer Betrieb oder defekt, besteht keine Sicherheit gegen Rückstau (besonders wichtig in Bezug auf Inspektion und Wartung).

Sechs verschieden Typen von Rückstauverschlüssen

In der DIN EN 13564-1 werden sechs verschiedene Typen von Rückstauverschlüssen (Typen 0 bis 5) unterschieden. Ist der Einbau eines Rückstauverschlusses gemäß DIN 1986-100, Abschnitt 13.1.2 bzw. DIN EN 12056-4, Abschnitt 4 möglich, dürfen für den jeweiligen Anwendungsfall nur die in Tabelle 4 der DIN 1986-100 genannten Typen verwendet werden.

Anwendungsbereich	Zugelassene Typen von Rückstauverschlüssen nach DIN EN 13564-1
Fäkalienhaltiges Abwasser	Typ 3 mit Kennzeichnung (F)
Fäkalienfreies Abwasser Regenwasser	Typen 2, 3 und 5
Regenwassernutzungsanlagen*	Typen 0, 1 und 2
* Nur zulässig für Überläufe von Erdspeichern, die an einen Regenwasserkanal angeschlossen werden.	

Tab. 3.5.1-1: Auszug aus Tabelle 4 der DIN 1986-100 - Anwendungsbereiche für Rückstauverschlüsse. (Quelle: Ishorst)

Typ Rückstauverschluss nach DIN EN 13564-1	Beschreibung
Typ 0	Rückstauverschluss für die Verwendung in horizontalen Leitungen mit nur einem selbsttätigen Verschluss
Typ 1	Rückstauverschluss für die Verwendung in horizontalen Leitungen mit einem selbsttätigen Verschluss sowie einem Notverschluss, wobei der Notverschluss mit dem selbsttätigen Verschluss kombiniert sein darf.
Typ 2	Rückstauverschluss für die Verwendung in horizontalen Leitungen mit zwei selbsttätigen Verschlüssen und einem Notverschluss, wobei der Notverschluss mit einem der beiden selbsttätigen Verschlüsse kombiniert sein darf.
Typ 3	Rückstauverschluss für die Verwendung in horizontalen Leitungen mit einem durch Fremdenergie (elektrisch, pneumatisch oder andere) betriebenen selbsttätigen Verschluss und einem Notverschluss, der unabhängig vom selbsttätigen Verschluss ist.
Typ 4*	Rückstauverschluss, der in Ablaufgarnituren oder Bodenabläufen eingebaut ist, mit einem selbsttätigen Verschluss und einem Notverschluss, wobei der Notverschluss mit dem selbsttätigen Verschluss kombiniert werden kann.
Typ 5	Rückstauverschluss, der in Ablaufgarnituren oder Bodenabläufen eingebaut ist, mit zwei selbsttätigen Verschlüssen und einem Notverschluss, wobei der Notverschluss mit einem der beiden selbsttätigen Verschlüsse kombiniert werden kann.
* Dieser Typ findet in Deutschland zurzeit keine Verwendung und ist deshalb auch nicht in der Tabelle 4 der DIN 1986-100 aufgeführt.	

Tab. 3.5.1-2: Typisierung von Rückstauverschlüssen nach DIN EN 13564-1. (Quelle: Bernd Ishorst)

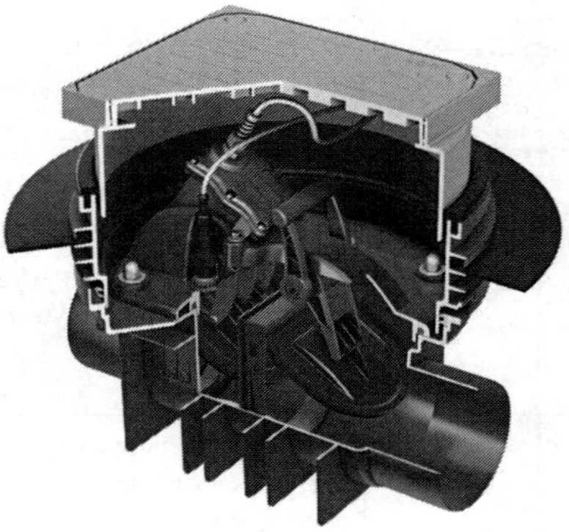

Abb. 3.5.1-3: Vollautomatischer Fäkalien-Rückstauautomat Quatrix für fäkalienhaltiges Abwasser. (Quelle: ACO Passavant GmbH)

Abwasserhebeanlagen

Abwasserhebeanlagen bestehen aus einem Sammelbehälter, einer oder erforderlichenfalls zwei Pumpen und der Druckleitung. Bei einer Abwasserhebeanlage wird das Abwasser mithilfe der Pumpe über die Rückstauschleife in die weiterführende Abwasserleitung gefördert. Die Rückstauschleife ist gemäß DIN EN 12056, Teil 4 der Teil der Druckleitung einer Abwasserhebeanlage über der Rückstauebene, d. h. die Rohrsohle muss oberhalb der Rückstauebene liegen. Hierdurch kann das Abwasser aus dem öffentlichen Kanal nicht in die gefährdeten Räume gelangen.

Rückstauschleife gewährleistet Rückstauschutz

Bei einer ordnungsgemäß installierten Rückstauschleife ist der Rückstauschutz in jedem Fall gewährleistet, selbst wenn die Anlage außer Betrieb oder defekt ist. Durch die Rückstauschleife wird somit der absolute Schutz gegen Rückstau erreicht.

Abb. 3.5.1-4: Abwasserhebeanlage. (Quelle: WILO SE)

Gemäß Abschnitt 13.3 der DIN 1986-100 müssen die Planung und Bemessung von Abwasserhebeanlagen und der zugehörigen Druckleitungen nach DIN EN 12056-4 erfolgen.

Druckleitungen von Abwasserhebeanlagen dürfen nur an belüftete Sammel- oder Grundleitungen angeschlossen werden.

Bei Abwasserhebeanlagen für Regenwasser darf der Anschluss nur an Grundleitungen außerhalb des Gebäudes erfolgen. In begründeten Ausnahmefällen und bei kleinen angeschlossenen Flächen kann die Hebeanlage innerhalb des Gebäudes installiert werden. Hierbei ist die Druckleitung aus hydraulischen Gründen möglichst nahe an der Gebäudeaußenwand an die Regenwassersammel- bzw. -grundleitung anzuschließen.

Für den Fall, dass der Abwasserzufluss nicht unterbrochen werden darf, sind Doppelhebeanlagen entsprechend dem Anwendungsfall nach DIN EN 12050, Teil 1 bzw. DIN EN 12050, Teil 2 einzubauen.

DIN EN 12056-4 zur Verwendung der Abwasserhebeanlagen

Gemäß DIN EN 12056-4 dürfen nur folgende Abwasserhebeanlagen verwendet werden:

- Fäkalienhebeanlagen nach DIN EN 12050-1
- Abwasserhebeanlagen für fäkalienfreies Abwasser/ Regenwasser nach DIN EN 12050-2
- Fäkalienhebeanlagen zur begrenzten Verwendung nach DIN EN 12050-3.

Fäkalienhebeanlagen nach DIN EN 12050-1 müssen nachweislich folgende Anforderungen erfüllen:

- ohne Zerteilung der Fäkalien im Fördermedium einen Anschluss für die Druckleitung von mindestens DN 80 haben
- einen Anschluss vom mindestens DN 50 für die Lüftungsleitung bei einem Förderstrom von 12 l/s haben; bei größeren Förderströmen ist der Anschluss mindestens in DN 70 auszuführen
- bei einem manometrischen Förderdruck von 0,4 bar eine Mindestfließgeschwindigkeit des Mediums in der Druckleitung von 0,7 m/s sicherstellen
- die Anforderungen an den Explosionsschutz erfüllen.

Fäkalienhebeanlagen mit Fäkalienzerteilung sind bei kleinen Querschnitten der Pumpendruckleitung und großen Leitungslängen besonders geeignet. Sie sind grundsätzlich nicht geeignet für die Förderung von Abwasser mit abrasiven Stoffen (z. B. Sand) oder die Entwässerung von Hof- und Parkplätzen, Garagenrampen und die Ableitung von Drainagewasser.

Abwasserhebeanlagen für fäkalienfreies Abwasser/Regenwasser nach DIN EN 12050-2 müssen bei einem manometrischen Förderdruck von 0,4 bar eine Mindestfließgeschwindigkeit des Mediums in der Druckleitung von 0,7 m/s erreichen.

Fäkalienhebeanlagen zur begrenzten Verwendung nach DIN EN 12050-3 dürfen nur eingesetzt werden, wenn der Benutzerkreis klein ist und diesem oberhalb der Rückstauebene ein weiteres WC zur Verfügung steht. Zusätzlich zu dem WC darf höchstens ein Handwaschbecken, eine Dusche und ein Bidet angeschlossen werden. Alle Entwässerungsgegenstände müssen sich in demselben Raum befinden.

Fäkalienhebeanlagen zur begrenzten Verwendung müssen bei einem manometrischen Förderdruck von 0,3 bar eine Mindestfließgeschwindigkeit des Mediums in der Druckleitung von 0,7 m/s erreichen. Diese Hebeanlagen sollten mit einer statischen Förderhöhe von 2,5 m geprüft worden sein.

Hebeanlagen nach DIN EN 12050 (Bau- und Prüfgrundsätze)

Abb. 3.5.1-5: Hebeanlagen nach DIN EN 12050. (Quelle: Jung-Pumpen GmbH, Steinhagen)

Lüftung von Abwasserhebeanlagen

Belüftung möglichst übers Dach

Gemäß DIN 1986-100, Abschnitt 6.5.3 müssen Fäkalienhebeanlagen nach DIN EN 12050-1 über Dach be- und entlüftet werden. Beim Zulaufvorgang in den Sammelbehälter ist eine ausreichende Entlüftung erforderlich. Ansonsten besteht die Gefahr, dass es durch einen nicht ungehinderten Zulauf in den Sammelbehälter zu Störungen im Ablaufverhalten von angeschlossenen Entwässerungsgegenständen kommt. Beim Entleeren des Sammelbehälters (Pumpvorgang) ist eine ausreichende Belüftung erforderlich.

Schmutzwasserhebeanlagen nach DIN EN 12050-2 müssen über Dach be- und entlüftet werden, sofern sie geruchsdicht verschlossen werden.

Hebeanlagen zur begrenzten Verwendung nach DIN EN 12050-3 sind zu lüften. Hierbei sind unbedingt die Herstellerangaben zu beachten.

Lüftungsleitungen von Hebeanlagen dürfen sowohl an Hauptlüftungs- sowie an Sekundärlüftungsleitungen angeschlossen werden, nicht jedoch an Fallleitungen.

Hybridhebeanlagen (Rückstaupumpanlagen)

Für Entwässerungsgegenstände unterhalb der Rückstauebene, die über freies Gefälle in den öffentlichen Kanal entwässert werden können, kann der Einbau einer Hybridhebeanlage eine Alternative zur Abwasserhebeanlage nach DIN EN 12050 sein.

Kombination aus Rückstauverschluss und Hebeanlage

Bei Hybridhebeanlagen handelt es sich um eine Kombination aus Rückstauverschluss und Hebeanlage.

Wenn kein Rückstau besteht, erfolgt die Entwässerung im freien Gefälle, wobei im Gegensatz zur Abwasserhebeanlage keine elektrische Energie benötigt wird (Normalbetrieb).

Bei Rückstau schließt der selbsttätige Verschluss, sodass kein Abwasser aus dem öffentlichen Kanal in die gefährdeten Räume fließen kann. Im Gegensatz zum Rückstauverschluss können bei Rückstau die Entwässerungsgegenstände unterhalb der Rückstauebene weiterhin benutzt werden, da das anfallende Abwasser durch die Pumpe über die Rückstauschleife in den Kanal befördert wird (Rückstaubetrieb).

Im Gegensatz zu Rückstauverschlüssen und Abwasserhebeanlagen sind Hybridhebeanlagen normenmäßig bisher noch nicht erfasst und erfordern somit einen baurechtlichen Verwendbarkeitsnachweis. Der baurechtliche Verwendbarkeitsnachweis sollte bereits in der Planungsphase beim Hersteller der Hybridhebeanlage angefordert werden. Planung und Einbau der Hybridhebeanlage müssen gemäß den Bestimmungen des baurechtlichen Verwendbarkeitsnachweises erfolgen.

Abb. 3.5.1-6: Hybridhebeanlage – Ecolift. (Quelle: KESSEL AG)

Rückstauschutz bei Fettabscheidern

Fettabscheider, deren Ruhewasserspiegel unterhalb der Rückstauebene liegt, sind entsprechend Abschnitt 7.3 der DIN EN 1825-2 „Abscheideranlagen für Fette – Wahl der Nenngrößen, Einbau, Betrieb und Wartung", Ausgabe Mai 2002 über eine nachgeschaltete Abwasserhebeanlage mit Doppelpumpen zu entwässern.

Abwasser aus Fettabscheidern gilt als Grauwasser

Gereinigtes Abwasser aus Fettabscheidern gilt als Grauwasser. Für Grauwasser werden Abwasserhebeanlagen nach DIN EN 12050-2 (fäkalienfreies Abwasser) eingesetzt. Wird der Hebeanlage noch zusätzlich Schwarzwasser aus WC-Anlagen zugeführt, werden Abwasserhebeanlagen nach DIN EN 12050-1 (fäkalienhaltiges Abwasser) erforderlich.

Zusätzlich zu den Anforderungen der DIN EN 12050 müssen Abwasserhebeanlagen, die hinter Fettabscheidern eingebaut sind, gemäß Abschnitt 9.5 der DIN 4040-100 „Abscheideranlagen für Fette – Anwendungsbestimmungen für Abscheideranlagen für Fette nach DIN EN 1825-1 und DIN EN 1825-2", Ausgabe Dezember 2016 noch weitere Kriterien erfüllen.

Bei Abwasserhebeanlagen nach DIN EN 12050-1 (fäkalhaltiges Abwasser) gelten folgende zusätzliche Anforderungen:

- die Funktion der Niveauerfassung muss unempfindlich gegenüber dem Fördermedium sein
- alle medienbeaufschlagten Teile müssen gegenüber dem anfallenden Abwasser beständig sein

- die Kühlung der Pumpen darf nicht mittels Mantelstromkühlung erfolgen.

Für Abwasserhebeanlagen nach DIN EN 12050-2 (fäkalfreies Abwasser) gilt:

- alle zusätzlichen Anforderungen wie für Abwasserhebeanlagen nach DIN EN 12050-1 (fäkalhaltiges Abwasser)
- mindestens 30 mm freier Kugeldurchgang
- frei aufgestellte Sammelbehälter der Abwasserhebeanlage innerhalb von Gebäuden müssen bei einem Druck von 0,5 kPa dicht sein und über Dach be- und entlüftet sein.

Bei Abwasserhebe- und Pumpanlagen bei Erdeinbau nach DIN EN 752 gelten alle zusätzlichen Anforderungen wie für Abwasserhebeanlagen nach DIN EN 12050-1 (fäkalhaltiges Abwasser).

Grundsätzlich sind alle Abwasserhebe- und Pumpanlagen mit einer netzunabhängigen Warneinrichtung auszurüsten, die dem Betriebspersonal die Unterbrechung des Abwasserabflusses optisch und akustisch signalisiert.

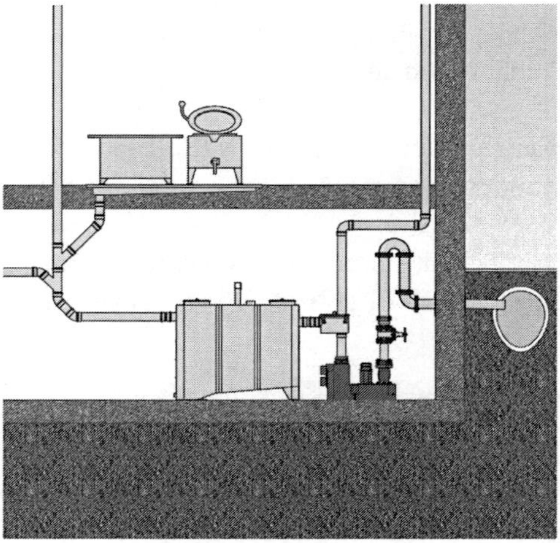

Abb. 3.5.1-7: Fettabscheider mit nachgeschalteter Abwasserhebeanlage. (Quelle: ACO Passavant GmbH)

Nach DIN EN 12056-4, Abschnitt 5.3 darf die Lüftung von Hebeanlagen nicht mit der zulaufseitigen Lüftungsleitung eines Fettabscheiders verbunden werden.

Notstromversorgung

Abwasserhebeanlage funktioniert nur mit Strom

Die beste Abwasserhebeanlage funktioniert selbstverständlich nur solange sie mit Strom versorgt wird. Bei Sondergebäuden, wie z. B. Flughafen- oder Klinikgebäuden, ist eine Notstromversorgung – auch für die Abwasserhebeanlage(n) – erfahrungsgemäß obligatorisch. Bei allen anderen Gebäuden sollte eine Abwägung zwischen den Anschaffungs- und Betriebskosten einer Notstromversorgung mit dem Schadenspotenzial bei Ausfall der Abwasserhebeanlage erfolgen.

Planung und Ausführung der Druckleitung

Die Mindestnennweiten der Druckleitung sind in Tabelle 2 der DIN EN 12056, Teil 4 festgelegt.

Typ der Abwasserhebeanlage	Mindestnennweite
Fäkalienhebeanlagen ohne Fäkalienzerkleinerung nach DIN EN 12050-1	DN 80
Fäkalienhebeanlagen mit Fäkalienzerkleinerung nach DIN EN 12050-1	DN 32
Abwasserhebeanlagen für fäkalienfreies Abwasser nach DIN EN 12050-2	DN 32
Fäkalienhebeanlagen zur begrenzten Verwendung ohne Fäkalienzerkleinerung nach DIN EN 12050-3	DN 25
Fäkalienhebeanlagen zur begrenzten Verwendung mit Fäkalienzerkleinerung nach DIN EN 12050-3	DN 20

Tab. 3.5.1-3: Auszug aus Tabelle 2 der DIN EN 12056-4 - Mindestnennweite der Druckleitung für Abwasserhebeanlagen. (Quelle: Ishorst)

Rückflussverhinderer

Zur Abwasserhebeanlage gehört druckseitig ein Rückflussverhinderer. In Fliessrichtung gesehen ist hinter dem Rückflussverhinderer ein Absperrschieber anzuordnen.

Bei Abwasserhebeanlagen nach DIN EN 12050-2 oder DIN EN 12050-3 kann, wenn die Nennweite der Druckleitung < DN 80 ist, auf den Absperrschieber verzichtet werden. Ist kein Absperrschieber in der Druckleitung vorhanden, muss der Rückflussverhinderer eine Anlüftvorrichtung besitzen oder eine anderweitige Entleerung der Druckleitung möglich sein.

Gemäß Abschnitt 5.2 der DIN EN 12056, Teil 4 dürfen an die Druckleitung keine anderen Anschlüsse vorgenommen werden. Der Einbau von Belüftungsventilen ist unzulässig.

Druckleitungen von Abwasserhebeanlagen dürfen nicht an Abwasserfallleitungen angeschlossen werden, sondern nur an belüftete Grund- oder Sammelleitungen. Die Anschlüsse der Druckleitung an die Grund- oder Sammelleitungen sind wie Anschlüsse druckloser Leitungen auszuführen.

Die Entwässerungsleitungen sind spannungsfrei an die Hebeanlagen anzuschließen. Das Gewicht der Rohrleitungen ist bauseits entsprechend abzufangen.

Die Druckleitung muss mindestens dem 1,5-Fachen des maximalen Pumpendrucks der Anlage standhalten.

Abb. 3.5.1-8: Druckleitung einer Abwasserhebeanlage aus gusseisernen Abflussrohren seit mehr als 25 Jahren in Betrieb.(Quelle: Ishorst)

Zur Vermeidung der direkten Schallübertragung durch den Pumpenbetrieb sind alle Leitungsanschlüsse an die Abwasserhebeanlagen flexibel auszuführen. Dieser Forderung wird durch den Einsatz von elastischen Schlauchverbindungen für die Zulaufanschlüsse als auch für die Verbindung zur Druckleitung Rechnung getragen. Die Befestigungen der Rohrleitungen sind schallgedämmt auszuführen.

Inbetriebnahme

Die Inbetriebnahme von Rückstausystemen sollte nach den Herstellerangaben erfolgen und muss durch einen hierfür Fachkundigen erfolgen.

Über die Inbetriebnahme ist ein Protokoll zu erstellen, das dem Anlagenbetreiber auszuhändigen ist.

Inspektion und Wartung

Rückstauverschlüsse und Abwasserhebeanlagen müssen regelmäßig inspiziert und gewartet werden. Durch die regelmäßige Inspektion und Wartung der Rückstausysteme wird die Betriebs- und Funktionssicherheit erhöht, die Nutzungsdauer erhöht sowie Rückstauschäden vermieden.

Rückstauverschlüsse sind einmal im Monat zu inspizieren und alle sechs Monaten zu warten

Gemäß Tabelle 1, Nr. 13 der DIN 1986-3 „Entwässerungsanlagen für Gebäude und Grundstücke – Regeln für Betrieb und Wartung“, Ausgabe Mai 2024 sind **Rückstauverschlüsse nach DIN EN 13564-1** einmal im Monat zu inspizieren und in einem Turnus von sechs Monaten zu warten.

Zur Inspektion von Rückstauverschlüssen gehören folgende Tätigkeiten:

- Prüfen der Funktion des Betriebsverschlusses
- Betätigen des Notverschlusses durch Schließen und Öffnen

Bei der Wartung von Rückstauverschlüssen sind folgende Arbeiten auszuführen:

- Entfernen von Schmutz und Ablagerungen
- Prüfen von Dichtungen und Dichtflächen auf einwandfreien Zustand, ggf. Austausch der Dichtungen
- Kontrolle der Mechanik der beweglichen Abdichtorgane, ggf. Nachfetten
- Feststellen der Dichtheit der Betriebsverschlüsse durch eine Funktionsprüfung nach DIN EN 13564-2 mit einem Prüfdruck von 1 kPa und zehn Minuten Prüfdauer (Herstellerangaben beachten!)

Rückstauverschlüsse nach DIN EN 13564-1, Typ 3 (für fäkalhaltiges Abwasser) müssen von fachkundigem Personal geprüft und gewartet werden. Die anderen Rückstauverschlusstypen (Typen 0, 1, 2 und 5) sind von sachkundigen Personen zu prüfen und zu warten.

Abwasserhebeanlagen

Nach Tabelle A.1, Nr. 1 der DIN 1986-3 und Abschnitt 8 der DIN EN 12056-4 sind Abwasserhebeanlagen einmal im Monat zu inspizieren und in folgenden Zeitabständen zu warten:

- drei Monate in gewerblichen Betrieben
- sechs Monate in Mehrfamilienhäusern
- zwölf Monate in Einfamilienhäusern

Zur Inspektion von Abwasserhebeanlagen gehören folgende Tätigkeiten:

- Prüfen auf Betriebsfähigkeit durch Beobachtung von mindestens zwei Schaltzyklen
- Kontrolle auf Dichtheit und äußere Korrosion

Bei der Wartung von Abwasserhebeanlagen sind folgende Arbeiten auszuführen:

- Prüfen der Verbindungsstellen auf Dichtheit durch Absuchen des Umfelds von Anlagen und Armaturen
- Betätigen der Schieber, Prüfen auf leichten Gang und Dichtheit, ggf. nachstellen und einfetten
- Öffnen und Reinigen des Rückflussverhinderers; Kontrolle von Sitz und Kugel/Klappe; Funktionsprüfung;
- Reinigen der Fördereinrichtung und des unmittelbar angeschlossenen Leitungsbereichs; Prüfen des Laufrads und der Lagerung
- Ölstandsprüfung, erforderlichenfalls Nachfüllen oder Ölwechsel (wenn Ölkammer vorhanden)
- Innenreinigung des Behälters (bei Bedarf bzw. speziellen Erfordernissen)
- visuelle Kontrolle des elektrischen Teils der Anlage
- visuelle Kontrolle des Zustands des Sammelbehälters
- alle zwei Jahre Anlage mit Wasser durchspülen.

Nach Erledigung der Wartungsarbeiten durch den Fachkundigen ist die Anlage nach Durchführung eines Probelaufs gemäß DIN EN 12056-4 wieder in Betrieb zu nehmen.

Über die Wartung ist ein Protokoll zu führen.

Wenn bei Wartungsarbeiten Mängel festgestellt werden, die nicht behoben werden können, sind diese vom

Fachkundigen dem Betreiber der Anlage schriftlich gegen Quittung mitzuteilen.

Wartungsvertrag

Im Abschnitt 8.3 der DIN EN 12056-4 wird den Anlagebetreibern empfohlen, für die regelmäßig durchzuführenden Wartungs- und Instandhaltungsarbeiten einen Wartungsvertag abzuschließen.

3.5.1.1 Bemessung von Abwasserhebeanlagen

Beim Einsatz von Abwasserhebeanlagen, die zur Entwässerung von Ablaufstellen unterhalb der Rückstauebene dienen, ist die genaue Bemessung von entscheidender Bedeutung. Hierzu sollte frühzeitig ein entsprechendes Konzept erarbeitet werden, in dem alle zur Auslegung erforderlichen Eingangsgrößen festgelegt sind. Dabei ist zum Beispiel bei Schmutzwasserhebeanlagen die genaue Kenntnis der angeschlossenen Entwässerungsgegenstände erforderlich; bei Regenwasserhebeanlagen die Größe der angeschlossenen Regeneinzugsflächen sowie die erforderliche Regenspende.

Nur durch ordnungsgemäß ausgelegte Abwasserhebeanlagen und Druckleitungen sowie diegenaue Ermittlung des erforderlichen Nutzvolumens lassen sich unnötige Mehrkosten, wie zum Beispiel durch einen höheren Stromverbrauch und Pumpenverschleiß, vermeiden.

DIN EN 12056-4

Die Bemessung von Abwasserhebeanlagen und Druckleitungen muss nach DIN EN 12056-4 „Schwerkraftentwässerungsanlagen innerhalb von Gebäuden – Abwasserhebeanlagen: Planung und Bemessung“, Ausgabe Januar 2001, sowie DIN 1986-100 „Entwässerungsanlagen für Gebäude und Grundstücke – Bestimmungen in Verbindung mit DIN EN 752 und DIN EN 12056“, Ausgabe Dezember 2016, erfolgen.

Wichtige Begriffe

Fördermenge

Die Fördermenge der Pumpe Q_P muss mindestens dem Gesamtabwasserzufluss Q_{ges} entsprechen. Bei Schmutzwasserhebeanlagen zur begrenzten Verwendung nach DIN EN 12050-3 kann die Fördermenge der Pumpe Q_P kleiner sein als der Gesamtabwasserzufluss Q_{ges}, wenn der Hersteller das Ausmaß der Abweichung angibt.

Förderhöhe

Die Gesamtförderhöhe H_P der Pumpe muss größer oder gleich der Gesamtförderhöhe H_{tot} sein. Die Gesamtförderhöhe H_{tot} entspricht der Summe aus der geodätischen Förderhöhe H_{geo} und der Druckverlusthöhe H_V der Rohrleitung.

Nutzvolumen

Das Nutzvolumen entspricht dem förderbaren Volumen zwischen Einschaltniveau und Ausschaltniveau der Abwasserhebeanlage. Ein zu geringes Nutzvolumen führt erfahrungsgemäß zu folgenden negativen Auswirkungen:

- mehr Pumpenschaltspiele, dadurch höherer Pumpenverschleiß;
- höherer Stromverbrauch;
- steigende Betriebskosten.

Fördermenge

Ermittlung der Fördermenge Q_P bei Schmutzwasserhebeanlagen

Bei der Bemessung von Schmutzwasserhebeanlagen muss zunächst der Gesamtabwasserzufluss $\boldsymbol{Q_{ges}}$ nach DIN 1986-100 ermittelt werden.

Der Gesamtschmutzwasserzufluss $\boldsymbol{Q_{ges}}$ bzw. $\boldsymbol{Q_{tot}}$ wird nach folgender Gleichung (1) der DIN 1986-100 berechnet:

$$Q_{tot} = Q_{ww} + Q_c \text{ (l/s)}$$

Dabei ist:

Q_{tot}	der Gesamtschmutzwasserabfluss in l/s
Q_{ww}	der Schmutzwasserabfluss in l/s
Q_c	der Dauerabfluss in l/s

Der Schmutzwasserabfluss $\boldsymbol{Q_{ww}}$ wird mit folgender Gleichung (2) der DIN 1986-100 ermittelt:

$$Q_{ww} = K \times (\Sigma\, DU)^{0,5} \text{ (l/s)}$$

Dabei ist:

Q_{ww}	der Schmutzwasserabfluss in l/s
K	die Abflusskennzahl
Σ DU	die Summe der Anschlusswerte

Gebäudeart und Benutzung	*K*
Unregelmäßige Benutzung, z. B. in Wohnhäusern, Altersheimen, Pensionen, Büros	0,5
Regelmäßige Benutzung, z. B. in Krankenhäusern, Schulen, Restaurants, Hotels	0,7
Häufige Benutzung, z. B. in öffentlichen Toiletten und/oder Duschen	1,0

Tab. 3.5.1.1-1: Auszug aus Tabelle 5 der DIN 1986-100 Abflusskennzahlen (Quelle: Ishorst)

Entwässerungsgegenstand	Anschlusswert *DU* l/s
Waschbecken, Bidet	0,5
Dusche mit Stöpsel	0,8
Einzelurinal mit Druckspüler	0,5
Badewanne	0,8
Küchenspüle/Ausgussbecken	0,8
Geschirrspüler	0,8
Waschmaschine bis 8 kg	0,8
WC mit 6-l-Spülkasten/Druckspüler	2,0
Bodenablauf DN 70	1,5

Tab. 3.5.1.1-2: Auszug aus Tabelle 6 der DIN 1986-100 - Anschlusswerte (Quelle: Ishorst)

Berechnungsbeispiel 1

Aufgabenstellung:

Toiletten im Kellergeschoss

In einem Restaurant müssen die Damen- und Herrentoiletten im Kellergeschoss über eine Schmutzwasserhebeanlage entwässert werden.

Gegeben: Folgende Sanitärgegenstände befinden sich in den Damen- und Herrentoiletten:

Entwässerungsgegenstände	Anzahl	DU	Σ DU
WC mit 6-l-Spülkasten	11	2,0	22,0
Einzelurinal mit Druckspüler	6	0,5	3,0
Waschtisch	10	0,5	5,0
Bodenablauf DN 70	2	1,5	3,0
Gesamtsumme der Anschlusswerte			33,0

Tab. 3.5.1.1-3: Tabelle Gesamtsumme der Anschlusswerte (DU) für Berechnungsbeispiel 1 (Quelle: Ishorst)

Die Abflusskennzahl für Restaurants beträgt ***K* = 0,7**

Gesucht: Die Fördermenge Q_P der Schmutzwasserhebeanlage

Gleichung: $Q_{ww} = K \times (\Sigma\ DU)^{0,5}$

Lösung: $Q_{ww} = 0{,}7 \times (33{,}0)^{0,5}$

Ergebnis: Die Fördermenge Q_P beträgt 4,02 l/s bzw. 14,48 m^3/h

> **!** Da Q_c im Beispiel nicht vorliegt, entspricht $Q_{ww} = Q_{tot} = Q_{ges}$

Ermittlung der Fördermenge Q_P bei Regenwasserhebeanlagen

Bei Regenwasserhebeanlagen muss der Gesamtregenwasserzufluss Q_{ges} nach DIN 1986-100 ermittelt werden. Die Fördermenge der Pumpe Q_P muss hierbei mindestens gleich bzw. größer Q_{ges} sein.

DIN 1986-100

Nach Abschnitt 13.7.2 der DIN 1986-100 sind Regenwasserhebeanlagen, die Flächen unterhalb der Rückstauebene entwässern – die bei einer Überflutung Gebäude oder andere Sachwerte gefährden –, unter Berücksichtigung von DIN EN 12056, Teil 4 so zu bemessen, dass bei Auftreten eines Jahrhundertregenereignisses $r_{(5,100)}$ keine Schäden auftreten können. Zu diesen Flächen zählen zum Beispiel Haus- und Kellereingänge, Garageneinfahrten sowie Innenhöfe.

Für Flächen unterhalb der Rückstauebene, die Gebäude oder Sachwerte bei Überflutung nicht gefährden, ist ein Überflutungsnachweis mit dem mindestens 30-jährigen Regenereignis in 5 Minuten $r_{(5,30)}$ zu führen. Hierbei ist die Abwasserhebeanlage für den mindestens 5-minütigen Regen, der einmal in 2 Jahren auftritt $r_{(5,2)}$, zu bemessen.

Bei der Bemessung der Rückhalteeinrichtungen und der Hebeanlage ist die vom Kanalnetzbetreiber zugelassene Einleitungsmenge zu berücksichtigen.

Der Gesamtregenwasserzufluss Q_{ges} bzw. Qr wird nach folgender Gleichung (5) der DIN 1986-100 berechnet:

$Q_r = r_{(D,T)} \times C_S \times A / 10.000$ (l/s)

Dabei ist:

Q_r der Regenwasserabfluss in l/s

$r_{(D,T)}$ die Berechnungsregenspende in Liter je Sekunde und Hektar [l/(s×ha)] am Gebäudestandort nach Tabelle A.1 der DIN 1986-100 oder nach KOSTRA- DWD 2020

C_S der Spitzenabflussbeiwert (dimensionslos) aus Tab. 9 der DIN 1986-100

A die im Grundriss projizierte Regeneinzugsfläche in Quadratmeter (m^2)

Ort	**Dachflächen**		**Grundstücksflächen**	
	Regendauer D = 5 min.		**Regendauer D = 5 min.**	
	Bemessung	**Notentwässerung**	**Bemessung**	**Überflutungsprüfung**
	$r_{(5,5)}$	$r_{(5,100)}$	$r_{(5,2)}$	$r_{(5,30)}$
	l/(s×ha)	**l/(s×ha)**	**l/(s×ha)**	**l/(s×ha)**
Bonn	287	517	227	413

Tab. 3.5.1.1-4: Tabelle „Regenspenden nach KOSTRA-DWD 2020 für Bonn-Zentrum (Quelle: Ishorst)

Art der Flächen Die Abflussbeiwerte beziehen sich ausschließlich auf Flächen, die potenziell einen Abfluss zum Entwässerungssystem haben.	**Spitzenabflussbeiwert C_S**
Schrägdach	
Metall, Glas, Schiefer, Faserzement	1,0
Ziegel, Abdichtungsbahnen	1,0
Flachdach (Neigung bis 3° oder etwa 5 %)	
Metall, Glas, Faserzement	1,0
Abdichtungsbahnen	1,0
Kiesschüttung	0,8
Begrünte Dachflächen*	
Extensivbegrünung (> 5°)	0,7
Intensivbegrünung, ab 30 cm Aufbaudicke (≤ 5°)	0,2
Extensivbegrünung, ab 10 cm Aufbaudicke (≤ 5°)	0,4
Verkehrsflächen (Straßen, Plätze, Zufahrten, Wege)	
Betonflächen	1,0
Schwarzdecken (Asphalt)	1,0
Befestigte Flächen mit Fugendichtung	1,0
Rampen	
Neigung zum Gebäude, unabhängig von der Neigung und Befestigungsart	1,0
* siehe auch C_S-Werte in den FLL-Dachbegrünungsrichtlinien	

Tab. 3.5.1.1-5: Auszug aus Tabelle 9 der DIN 1986-100 – Spitzenabflussbeiwerte (Quelle: Ishorst)

Nach Abschnitt 14.9.3 der DIN 1986-100 ist der Abflussbeiwert für die jeweilige Regeneinzugsfläche ausschließlich zur Ermittlung der Regenwassermenge mit dem zwei- und fünfjährigen Regenereignis zulässig. Bei größeren Jährlichkeiten als ***T=5*** ist der Abflussbeiwert = 1,0.

Berechnungsbeispiel 2

Aufgabenstellung:

Regeneinzugsfläche unterhalb der Rückstauebene

Eine Regeneinzugsfläche unterhalb der Rückstauebene muss über eine Regenwasserhebeanlage entwässert werden. Da durch eine Überflutung Gebäude und Sachwerte gefährdet wären, muss das Jahrhundertregenereignis $r_{(5,100)}$ sicher abgeleitet werden können. Das Objekt befindet sich im Innenstadtbereich von Bonn.

Gegeben:

Größe der Regeneinzugsfläche	193,50 m^2
Jahrhundertregenspende (Bonn)	517 l/(s×ha)
Abflussbeiwert C_S	1,0

Gesucht:	Die Fördermenge Q_P der Regenwasserhebeanlage
Gleichung:	$Q_r = r_{(D,T)} \times C \times A / 10.000$
Lösung:	$Q_r = Q_{ges} = 517 \times 1,0 \times 193,5 / 10.000$
Ergebnis:	Die Fördermenge Q_P muss mindestens **10,00 l/s bzw. 36,00 m³/h** betragen.

Bemessung der Druckleitungen

DIN EN 12056

Die Bemessung der Druckleitung von Abwasserhebeanlagen erfolgt nach Abschnitt 6 der DIN EN 12056, Teil 4. Bei der Bemessung ist zu berücksichtigen, dass die Fließgeschwindigkeit in der Druckleitung 0,7 m/s nicht unterschreiten darf. Eine Maximalgeschwindigkeit von 2,3 m/s ist zu berücksichtigen. Die Mindestnennweiten für Druckleitungen sind in Tabelle 2 der DIN EN 12056, Teil 4 festgelegt.

Typ der Abwasserhebeanlage	Mindestnennweite
Fäkalienhebeanlagen ohne Fäkalienzerkleinerung nach DIN EN 12050-1	DN 80
Fäkalienhebeanlagen mit Fäkalienzerkleinerung nach DIN EN 12050-1	DN 32
Abwasserhebeanlagen für fäkalienfreies Abwasser nach DIN EN 12050-2	DN 32
Fäkalienhebeanlagen zur begrenzten Verwendung ohne Fäkalienzerkleinerung nach DIN EN 12050-3	DN 25
Fäkalienhebeanlagen zur begrenzten Verwendung mit Fäkalienzerkleinerung nach DIN EN 12050-3	DN 20

Tab. 3.5.1.1-6: Auszug aus Tabelle 2 der DIN EN 12056-4 Mindestnennweite der Druckleitung für Abwasserhebeanlagen (Quelle: Ishorst)

Die Förderhöhe der Pumpe $\boldsymbol{H_P}$ muss größer oder gleich der Gesamtförderhöhe $\boldsymbol{H_{tot}}$ sein. Zur Ermittlung der Gesamtförderhöhe gelten die folgenden Gleichungen:

$$H_{tot} = H_{geo} + H_V$$

mit $H_V = H_{V,A} + H_{V,R}$

Dabei ist:

H_{tot}	Gesamtförderhöhe in Meter
H_{geo}	geodätische Förderhöhe in Meter
H_V	Druckhöhenverlust in Meter
$H_{V,A}$	Druckhöhenverlust in Armaturen und Formstücken in Meter
$H_{V,R}$	Druckseitige Rohrreibungsverluste in Meter

Die ***geodätische Förderhöhe H_{geo}*** ergibt sich aus der Höhendifferenz zwischen dem Wasserspiegel in der Abwasserhebeanlage und dem höchsten Punkt der Druckleitung. In der Praxis wird hierzu häufig der Höhenunterschied zwischen dem Boden des Aufstellungsraums der Abwasserhebeanlage und der Rohrsohle in der Rückstauschleife herangezogen.

Der Druckhöhenverlust in Armaturen und Formstücken **$H_{V,A}$** errechnet sich wie folgt:

$$H_{V,A} = \sum \zeta \times v^2 \times 0{,}5 / g$$

Dabei ist:

$H_{V,A}$	Druckverlust in Armaturen und Formstücken in Meter
ζ	Verlustbeiwerte für Armaturen und Formstücke nach Tabelle 3 der DIN EN 12056-4
v	Strömungsgeschwindigkeit in m/s
g	Fallbeschleunigung = 9,81 m/s^2

Die druckseitigen Rohrreibungsverluste $H_{V,R}$ werden wie folgt berechnet:

$$H_{V,R} = \sum (H_{v,j} \times L_j)$$

Dabei ist:

$H_{V,R}$	Rohrreibungsverlust in Meter
$H_{V,j}$	dimensionsloser Druckhöhenverlust bezogen auf die Rohrlänge nach Tabelle A.1 bzw. Bild 9 (Diagramm) der DIN EN 12056-4
L_j	Rohrleitungslänge in Meter

Alternativ kann $\boldsymbol{H_{V,j}}$ nach der Prandtl-Colebrook-Gleichung berechnet werden.

Sind die ***erforderliche Fördermenge*** $\boldsymbol{Q_P}$ und die ***erforderliche Gesamtförderhöhe*** $\boldsymbol{H_{tot}}$ ermittelt, kann aus den Diagrammen der Hersteller eine geeignete Abwasserhebeanlage ausgewählt werden.

Berechnungsbeispiel 3

Aufgabenstellung:

Gesamtförderhöhe einer Abwasserhebeanlage

Die Gesamtförderhöhe $\boldsymbol{H_{tot}}$ einer Abwasserhebeanlage ist zu ermitteln.

Gegeben:

Fördermenge $\boldsymbol{Q_P}$	36 m^3/h = 10,00 l/s
Geodätische Förderhöhe $\boldsymbol{H_{geo}}$	10,0 m
Rohrlänge $\boldsymbol{L_j}$	18,0 m
Rohr	DN 100
Geschwindigkeit $\boldsymbol{v}$	1,3 m/s (Tab. A.1 der DIN EN 12056-4)

Druckhöhenverlust $H_{v,j}$	0,021 (Tab. A.1 der DIN EN 12056-4)
Verlustbeiwerte ζ für Armaturen/ Formstücke	$\sum \zeta$ = 7,8 (Tab. 3 der DIN EN 12056-4)

1 Absperrschieber à 0,5	= 0,5
1 Rückflussverhinderer à 2,2	= 2,2
3 Bogen 90° à 0,5	= 1,5
12 Bogen 45° à 0,3	= 3,6
	$\sum \zeta$ = 7,8

Art des Einzelwiderstands	ζ
Absperrschieber*	0,5
Rückflussverhinderer*	2,2
Bogen 90°	0,5
Bogen 45°	0,3
* Es sollten vorzugsweise Herstellerangaben verwendet werden.	

Tab. 3.5.1.1-7: Auszug aus Tabelle 3 der DIN EN 12056-4 (Quelle: Ishorst)

m-3/-h	DN d_i = 60,0 mm		DN 70 d_i = 70,0 mm		DN 80 d_i = 80,0 mm		DN 90 d_i = 90,0 mm		DN 100 d_i = 100,0 mm		DN 125 d_i = 125,0 mm	
	$H_{V,j}$	v m/s	$H_{V,j}$	v m/s	$H_{V,j}$	v m/s	$H_{V,j}$	v m/s	$H_{V,j}$	v m/s	$H_{V,j}$	v m/s
3-6,-0					0,0-68	2,0	0,0-37	1,6	0,0-21	1,3	0,0-07	0,8
3-8,-0					0,0-76	2,1	0,0-41	1,7	0,0-24	1,3	0,0-08	0,9
4-0,-0					0,0-84	2,2	0,0-45	1,7	0,0-26	1,4	0,0-08	0,9
4-2,-0							0,0-50	1,8	0,0-29	1,5	0,0-09	1,0

Tab. 3.5.1.1-8: Auszug aus Tabelle A.1 der DIN EN 12056-4 (Quelle: Ishorst)

Druckseitiger Rohrreibungsverlust $H_{V,R}$:

$$H_{V,R} = H_{\upsilon,j} * L_j$$

$$H_{V,R} = 0{,}021 * 18\ m$$

$$H_{V,R} = 0{,}378\ m$$

Druckhöhenverlust in Armaturen und Formstücken $H_{V,A}$:

$$H_{V,A} = \sum \zeta * \upsilon^2 * 0{,}5 / g$$

$$H_{V,A} = 7{,}8 * (1{,}3)^2 * 0{,}5 / 9{,}81$$

$$H_{V,A} = 0{,}672\ m$$

Druckhöhenverlust H_V:

$$H_V = H_{V,R} + H_{V,A}$$

$$H_V = 0{,}378\ m + 0{,}672\ m$$

$$H_V = 1{,}05\ m$$

Gesamtförderhöhe H_{tot}:

$$H_{tot} = H_{geo} + H_V$$

$$H_{tot} = 10{,}0\ m + 1{,}05\ m$$

$$H_{tot} = 11{,}05\ m$$

Ergebnis:

Nach der Ermittlung der Gesamtförderhöhe H_{tot} von 11,05 m bei einer erforderlichen Fördermenge Q_P von 36 m^3/h kann nunmehr aus den Herstellerunterlagen eine geeignete Abwasserhebeanlage ausgewählt werden.

Ermittlung Nutzvolumen

Gemäß Abschnitt 6.3 der DIN EN 12056-4 muss das Nutzvolumen größer sein als das über dem Rückflussverhinderer bis zur Rückstauschleife anstehende Volumen in der Druckleitung, jedoch mindestens 20 Liter. Dadurch wird sichergestellt, dass das Volumen in der Druckleitung bei einem Pumpvorgang komplett ausgetauscht wird.

Berechnungsbeispiel 4

Aufgabenstellung:

Länge einer Druckleitung oberhalb des Rückflussverhinderers

Die Länge einer Druckleitung DN 100 oberhalb des Rückflussverhinderers bis zur Rückstauschleife beträgt 18,0 Meter.

Gegeben:

Nennweite der Druckleitung	DN 100
Länge der Druckleitung	18,0 m
Wasserinhalt pro Meter Rohr DN 100	7,85 Liter/Meter

Gesucht:	Nutzvolumen in Liter
Gleichung:	Nutzvolumen = Inhalt pro m Rohr in l/m × Rohrlänge in m
Lösung:	Nutzvolumen = 7,85 l/m × 18,0 m
Ergebnis:	Das **Nutzvolumen** muss **mindestens 141,3 Liter** betragen.

3.5.3 Entwurf DIN 1986-100 „Entwässerungsanlagen für Gebäude und Grundstücke“ im Juni 2025 erschienen

Der Entwurf der DIN 1986, Teil 100, gilt für die Planung und Ausführung von Entwässerungsanlagen für Gebäude und Grundstücke. Das Dokument wurde vom Arbeitsausschuss NA 119-05-02 AA „Entwässerungsanlagen für Gebäude und Grundstücke“ erarbeitet. Hierbei wurden zahlreiche Aktualisierungen, Änderungen und Erweiterungen vorgenommen. Die wichtigsten Neuerungen haben wir für Sie in diesem Beitrag zusammengefasst.

Änderungen

Gegenüber der DIN 1986-100, Ausgabe Dezember 2016 und DIN 1986-4, Ausgabe August 2019 wurden folgende Änderungen vorgenommen:

- die Inhalte der DIN 1986, Teil 4 „Verwendungsbereiche von Abwasserrohren und -formstücken verschiedener Werkstoffe“ wurden in den Entwurf der DIN 1986-100 integriert;
- der Abschnitt 5.7.2.3 „Bodenabläufe“ wurde um Festlegungen zu Bodenabläufen nach DIN EN 1253-6, DIN EN 1253-7 und DIN EN 1253-8 erweitert;
- im Abschnitt 6.1.2 wurden die Festlegungen zur „Dichtheit der Abwasserleitungen und ihrer Verbindungen“ spezifiziert;
- die Tabelle 8 zur „Bemessung von Schmutzwasser-Fallleitungen“ wurde erweitert;

- der Abschnitt 6.2.2 „Schmutzwasserfallleitungen“ sowie die „Anforderungen für Fallleitungsverziehungen“ wurden ergänzt;
- der Abschnitt 6.5.1 „Lüftung der Entwässerungsanlage – Allgemeines“ wurde um Festlegungen zur Nebenlüftung ergänzt;
- die Anforderungen an den „Brandschutz“ im Abschnitt 7 wurden an die aktuellen gesetzlichen Vorgaben angepasst;
- der Abschnitt 8 „Schallschutz“ wurde ergänzt;
- Abschnitt 13 „Schutz gegen Rückstau“ wurde grundlegend überarbeitet und Festlegungen zu Rückstauebene, Ablaufstellen für Niederschlagswasser, Rückstauschleife und Rückstauverschlüssen ergänzt;
- im Abschnitt 5.9 „Notentwässerung“ wurden Festlegungen zur Ableitung der Notentwässerung auf öffentliche bzw. benachbarte Flächen aufgenommen;
- für „Balkone, Loggien, Laubengänge und Terrassen“ wurde der Abschnitt 5.10 um Festlegungen zu Laubengängen und Terrassen sowie Anforderungen an Ablaufstellen unterhalb der Rückstauebene erweitert;
- im Abschnitt 6.3.3 wurden Ergänzungen zu den Festlegungen beim Auslauf auf andere Dachflächen vorgenommen;
- der Abschnitt 14.2 „Regenwasseranlagen“ wurde grundlegend überarbeitet;
- bezüglich „Flachdachentwässerung mit gedrosseltem Abflussvermögen (Retentionsentwässerung)“ wurde der Abschnitt 14.4 erweitert;

- der Abschnitt 14.10 „Überflutungs- und Überlastungsnachweise“ wurde überarbeitet;
- Anhang A wurde neu strukturiert und enthält nun „Tabellen und Diagramme zur Bemessung“. Die bisher in DIN 1986-100:2016-12 enthaltenen Regenreihen werden nur noch beispielhaft erwähnt;
- Anhang D „Dichtheitsprüfung von Schmutz- und Regenwasserleitungen“ wurde ergänzt;
- Anhang E „Verwendbarkeit von Bauprodukten“ wurde erweitert und enthält nunmehr die überarbeiteten Tabellen 1 und 2 aus DIN 1986-4, Ausgabe August 2019;
- Anhang F „Zeichnerische Darstellung nach Abschnitt 4“ wurde ergänzt;
- das Dokument wurde redaktionell überarbeitet.

Im **Abschnitt 5.1.2 des Entwurfs** werden folgende Anforderungen an **„Bauprodukte“** gestellt: *„Bauprodukte müssen für den Verwendungszweck geeignet sein. Die verwendeten Bauprodukte für den Neubau, die Erneuerung und Sanierung von Grundstücksentwässerungsanlagen müssen den Anforderungen der Landesbauordnungen in Verbindung mit den Verwaltungsvorschriften Technischen Baubestimmungen der Länder entsprechen. Die hierfür erforderlichen Nachweise sind zu erbringen.“*

Bezüglich der Materialwahl wurden die Inhalte der DIN 1986, Teil 4 „Verwendungsbereiche von Abwasserrohren und -formstücken verschiedener Werkstoffe“, Ausgabe August 2019 in den Entwurf der DIN 1986-100 integriert.

Im informativen Anhang E des Entwurfs sind zwei Tabellen zu Verwendungsbereichen der genormten Abwasserrohre und -formstücke für den Neubau und die Erneuerung von Abwasserleitungen enthalten. Diese beinhalten:

- Tabelle E.1 – Verwendungsbereiche der nach harmonisierten Europäischen Normen (hEN) hergestellten Abwasserrohre und Formstücke;
- Tabelle E.2 – Verwendungsbereiche der nach nicht harmonisierten Europäischen Normen (DIN EN) und nationalen Normen (DIN) hergestellten Abwasserrohre und Formstücke.

Die Verwendungsbereiche gelten für die Ableitung von häuslichem Abwasser und nicht kontaminiertem Regenwasser sowie für die Ableitung von Kondensaten, z. B. aus Feuerungsanlagen, von Wärmepumpen oder Klimaanlagen.

Rohrsysteme mit „Allgemeiner bauaufsichtlicher Zulassung (ABZ)“ sind ebenfalls zulässig. Hierbei gelten die Verwendungsbereiche gemäß der jeweiligen ABZ.

Nr.	Werkstoff	Norm	Anschluss-, Verbindungsleitung	Schmutzwasserfallleitung	Sammelleitung	Grundleitung		Lüftungsleitung	Regenwasserfallleitung im		Leitungen für Kondensate aus Feuerungsanlagen	Brandverhalten der Baustoffe nach DIN EN 13501-1
						unzugänglich in der Grundplatte	im Erdreich		Gebäude	Freien		
1	Steinzeugrohr	DIN EN 295-1	ja	ja	ja	ja	ja	ja	ja	ja	ja	A1 nicht brennbar
2	Beton-, Stahlfaser- und Stahlbetonrohr Typ 2	DIN EN 1916 mit DIN V 1201[a]	nein	nein	nein	ja	ja	nein	nein	nein	nein[c]	A1 nicht brennbar
3	Gusseisernes Rohr, Lamellengraphit	DIN EN 877 mit DIN 19522	ja	ja	ja	ja	ja[d]	ja	ja	ja	nein[c]	A1 nicht brennbar
4	Gusseisernes Rohr, duktil	DIN EN 598	nein	nein	nein	ja	ja	nein	nein	nein	nein[c]	A1 nicht brennbar
5	Stahlrohr	DIN EN 1123-1 DIN EN 1123-2	ja	ja	ja	ja	ja[b]	ja	ja	ja	nein[c]	A1 nicht brennbar

Legende: **ja** = darf verwendet werden; **nein** = darf nicht verwendet werden bzw. nicht zutreffend

a Typ 2 Anwendung für Misch- und Schmutzwasserkanäle

b Rohre und Formstücke sind außen mit einem Korrosionsschutz nach DIN 30670 zu versehen. Bauseitig aufgebrachter Korrosionsschutz muss DIN 30672-1 und -2 entsprechen.

c Darf für Leitungen verwendet werden, in denen planmäßig eine Verdünnung durch anderes Abwasser entsprechend den Regelungen in DIN 1986-100 in Verbindung mit DWA-A 251 stattfindet. Andernfalls sind diese Rohre mit einer Sonderbeschichtung zu versehen.

d Mit geeigneter Außenbeschichtung nach DIN EN 877 für die Erdverlegung.

Tab. 3.5.3-1: Auszug aus „Tabelle E.1 des Entwurfs der DIN 1986-100 (Quelle: Ishorst)“

Bei der Ableitung von nicht häuslichem Abwasser und/oder der Verlegung von Abwasserleitungen in aggressivem Boden oder Grundwasser muss nachgewiesen werden, dass die Abwasserrohre und -formstücke geeignet sind.

Für die Ableitung von unbehandeltem industriellem bzw. gewerblichem Abwasser sowie die Verlegung von Abwasserleitungen in aggressivem Boden oder Grundwasser sollte die Verwendbarkeit der Rohrwerkstoffe und Dichtungen unbedingt beim Hersteller erfragt werden. Die Auswahl geeigneter Materialien, unter Berücksichtigung der verschiedensten chemischen Belastungen bzw. Mischbelastungen, erfordert viel Erfahrung und sollte deshalb nur in Abstimmung mit dem Hersteller des Rohrsystems erfolgen.

Abwasserleitungen und Lüftungsleitungen vor Abscheideranlagen für Fette müssen die Anforderungen an die chemische Beständigkeit nach Abschnitt 4.1 der DIN 4040-100 „Anwendungsbestimmungen für Abscheideranlagen für Fette nach DIN EN 1825-1 und DIN EN 1825-2“ erfüllen.

Der **Abschnitt 5.7.2.3 „Bodenabläufe“** wurde um Festlegungen zu Bodenabläufen nach

- DIN EN 1253-6 „Abläufe für Gebäude: Bodenabläufe mit Geruchverschluss mit einer Sperrwasserhöhe von weniger als 50 mm“;
- DIN EN 1253-7 „Abläufe für Gebäude: Bodenabläufe mit mechanischem Geruchverschluss“ und

- DIN EN 1253-8 „Abläufe für Gebäude: Bodenabläufe mit Geruchverschluss, mit einer Kombination aus mechanischem Geruchverschluss und Sperrwasser“

erweitert.

Grundsätzlich dürfen in Deutschland Bodenabläufe mit Geruchverschluss verwendet werden, die den Anforderungen der DIN EN 1253-1 „Abläufe für Gebäude: Bodenabläufe mit Geruchverschluss mit einer Geruchverschlusshöhe von mindestens 50 mm“ eingesetzt werden.

Abweichend davon besteht die Möglichkeit,

- Bodenabläufe mit Geruchverschluss mit einer Sperrwasserhöhe von weniger als 50 mm nach DIN EN 1253-6;
- Bodenabläufe mit mechanischem Geruchverschluss nach DIN EN 1253-7 und
- Bodenabläufe mit Geruchverschluss, mit einer Kombination aus mechanischem Geruchverschluss und Sperrwasser nach DIN EN 1253-8

einzusetzen. Hierbei müssen unbedingt die geforderten Einbaubedingungen gemäß der jeweiligen Euronorm beachtet werden.

In Bezug auf die **„Dichtheit der Abwasserleitungen und ihrer Verbindungen“** wird im **Abschnitt 6.1.2** erstmals auf die Dichtheitsprüfungen von Abwasserrohrsystemen innerhalb von Gebäuden eingegangen. In Deutschland sind nach wie vor Dichtheitsprüfungen nur bei erdverlegten Abwasserleitungen – durchgeführt nach DIN EN 1610 – vorgeschrieben. Wenn jedoch in sicherheitsrelevanten Einzelfällen eine Dichtheitsprüfung der Abwasserleitungen innerhalb von Gebäuden erforderlich ist, kann diese nach den **Verfahren in Anhang D des Entwurfs** vereinbart und durchgeführt werden.

Folgende Verfahren werden unterschieden:

- Sichtprüfung;
- Dichtheitsprüfung mit Luft;
- Dichtheitsprüfung mit Wasser.

Vor jeder Dichtheitsprüfung muss eine Sichtprüfung gemäß Anhang D.1.1 erfolgen.

Die genauen Vorgaben zu Dichtheitsprüfungen mit Luft und Wasser werden im Anhang D.1.2 erläutert.

Details zu Dichtheitsprüfungen von innenliegenden Regenwasserleitungen und innenliegenden Schmutzwasserleitungen werden im Anhang D.1.3 beschrieben. Innenliegende Regenwasserleitungen können als Freispiegelsystem oder als Dachentwässerungssystem mit Druckströmung ausgeführt sein. Da Regenwasserleitungen dem Druck standhalten müssen, der durch Aufstau entstehen kann, hervorgerufen z. B. durch Rückstau oder Verstopfung, sollte in jedem Fall eine Dichtheitsprüfung mit Wasser durchgeführt werden. Bei innenliegenden Schmutzwasserleitungen handelt es sich um Freispiegelsysteme.

Die **Tabelle 8 aus Abschnitt 14.1.4 zur „Bemessung von Schmutzwasserfallleitungen“** wurde erweitert. Neben der Bemessung von Schmutzwasserfallleitungen im Hauptlüftungssystem kann nunmehr auch die Bemessung von Schmutzwasserfallleitungen im Nebenlüftungssystem einschließlich der Nebenlüftungen erfolgen.

Schmutzwasserfallleitung	**Hauptlüftungssystem** Q_{max} l/s	**Nebenlüftungssystem** Q_{max} l/s		**Nebenlüftung**	
DN	Abzweige	Abzweige mit Innenradius	Abzweige	Abzweige mit Innenradius	DN
70	1,5	2,0	2,0	2,6	50
80[a b]	2,0	2,6	2,6	3,4	50
90	2,7	3,5	3,5	4,6	50
100	4,0	5,2	5,6	7,3	50
a	Ergänzend zu DIN EN 12056-2:2001-01, Tabellen 11 und 12 darf die Nennweite der Fallleitungen im System I bei Verwendung von Klosettanlagen mit 4,0 l bis 6,0 l Spülwasservolumen mindestens DN 80 betragen.				
b	Mindestnennweite bei Anschluss von Klosetts.				

Tab. 3.5.3-2: Auszug aus „Tabelle 8 des Entwurfs der DIN 1986-100 (Quelle: Ishorst)“

Der **Abschnitt 6.2.2 „Schmutzwasserfallleitungen“** einschließlich der Anforderungen an Fallleitungsverziehungen wurde erweitert.

Fallleitungsversprünge haben eine Auslenkung von maximal 1 m und Umlenkbögen $\leq 45°$. Innerhalb von Versprüngen dürfen keine Anschlüsse vorgenommen werden. Ansonsten sind keine zusätzlichen Maßnahmen erforderlich.

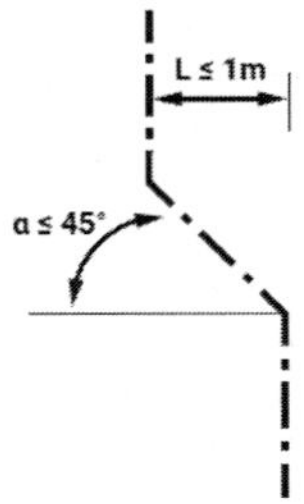

Abb. 3.5.3-1: Fallleitungsversprung ohne zusätzliche Maßnahmen (Quelle: Ishorst)

Ein Verzug mit einer Auslenkung > 1 m oder mit Bögen > 45° gilt als Fallleitungsverziehung.

Je nach Fallleitungslänge werden Schmutzwasserfallleitungen in drei Bereiche unterteilt:

- Fallleitungen bis 10 m;
- Fallleitungen über 10 m bis 22 m;
- Fallleitungen über 22 m.

Die Bestimmung der Fallleitungslänge erfolgt nach Bild 10 des Entwurfs.

Die Fallleitungslänge ist das vertikale Längenmaß zwischen dem höchstgelegenen Anschluss-Abzweig und der Umlenkung der Fallleitung in eine liegende Grund- oder Sammelleitung. Bei der Ermittlung der Fallleitungslänge werden also nur die benetzten senkrechten Leitungsteile berücksichtigt.

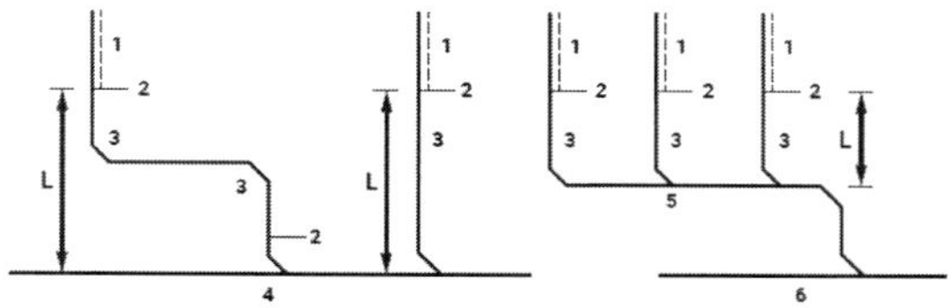

Abb. 3.5.3-2: Bestimmung der Länge von Schmutzwasserfallleitungen (1 Hauptlüftungsleitung, 2 Einzel- oder Sammelanschlussleitung, 3 Fallleitung, 4 Sammelleitung, 5 Grund- oder Sammelleitung, 6 Grundleitung, L Länge der Fallleitung) (Quelle: Ishorst)

Vorgaben bezüglich der Verlegung von Schmutzwasserfallleitungen mit Fallleitungsverziehungen befinden sich in den Abschnitten 6.2.2.2 bis 6.2.2.5 des Entwurfs.

Bei der Bemessung von Schmutzwasserfallleitungen mit Fallleitungsverziehungen muss nunmehr wie folgt vorgegangen werden:

1. zunächst erfolgt eine Bemessung der Schmutzwasserfallleitung, einschließlich der Fallleitungsverziehung gemäß Abschnitt 14.1.4, Tabelle 8;
2. danach erfolgt zusätzlich die Bemessung der Fallleitungsverziehung nach Abschnitt 14.1.5 unter Berücksichtigung des jeweiligen Leitungsgefälles und des Füllungsgrades von h/d = 0,5 mittels Tabelle A.2. Wenn die Bemessung nach 14.1.5 eine größere Nennweite ergibt als nach 14.1.4, muss die gesamte Schmutzwasserfallleitung, einschließlich der Lüftungsleitung bis über Dach in der größeren Nennweite ausgeführt werden.

Im **Abschnitt 6.5.1 „Lüftung der Entwässerungsanlage – Allgemeines**“ wurden Festlegungen zur Nebenlüftung von Sammelanschlussleitungen ergänzt.

Belüftete Sammelanschlussleitungen können, alternativ zur Umlüftung, an den Fallstrang mittels direkter Nebenlüftung über Dach belüftet werden. Die Bemessung der direkten Nebenlüftung muss nach Tabelle 8 „Bemessung von Schmutzwasser-Fallleitungen und Nebenlüftungen“ erfolgen.

Die Anforderungen an den **„Brandschutz“ im Abschnitt 7** wurden an die aktuellen gesetzlichen Vorgaben angepasst. Hierzu heißt es: *„Die Landesbauordnungen enthalten Anforderungen an das Brandverhalten von Baustoffen und Bauteilen. Die Klassifizierung ohne weitere Prüfung von Baustoffen, deren Brandverhalten bekannt und stabil ist, und von Bauteilen, deren Feuerwiderstand unter bestimmten konstruktiven Voraussetzungen als gesichert angenommen werden kann, ist in Deutschland seit Langem geübte Praxis durch die Anwendung von DIN 4102-4. Die in Anhang E, Tabelle E.1 und Tabelle E.2, Spalte 12, enthaltenen Angaben beziehen sich lediglich auf das Brandverhalten des Werkstoffes, soweit es nach den in der Tabelle genannten technischen Regeln eindeutig zuordenbar ist. Bei Bauprodukten, die der CE-Kennzeichnungspflicht unterliegen, erfolgt die Klassifizierung des Brandverhaltens nach DIN EN 13501-1. Diese Klassifizierung kann von der nach DIN 4102-4 abweichen. Aus dieser Unterscheidung erfolgt die Aufteilung in Tabelle E.1 und Tabelle E.2.“*

Der **Abschnitt 8 „Schallschutz“** wurde um folgenden Zusatz ergänzt: *„Die Anforderungen an die zulässigen Schalldruckpegel in schutzbedürftigen Räumen, die Nachweisverfahren und weitere Anforderungen an die Verlegung und Befestigung von Abwasserleitungen sind in der Normenreihe DIN 4109 geregelt.“*

Im **Abschnitt 13 „Schutz gegen Rückstau“** wurden mehrere grundlegende Präzisierungen vorgenommen.

Die Bestimmung der Rückstauebene ist gemäß dem Entwurf zur DIN 1986-100 wesentlich eindeutiger. In der DIN 12056-4 wird die Rückstauebene wie folgt definiert: *„Die höchste Ebene, bis zu der das Wasser in einer Entwässerungsanlage ansteigen kann.“* Diese Aussage ist zwar grundsätzlich richtig, bringt uns aber in der Praxis nicht weiter.

Nach dem Entwurf ist im Rückstaufall der wirksame Entspannungspunkt der öffentlichen Abwasseranlage unter Berücksichtigung des zu erwartenden Überstaus zu berücksichtigen. Die Überstauhöhe ergibt sich anhand der hydraulischen Verhältnisse im örtlichen Kanalnetz und ist beim Kanalnetzbetreiber zu erfragen.

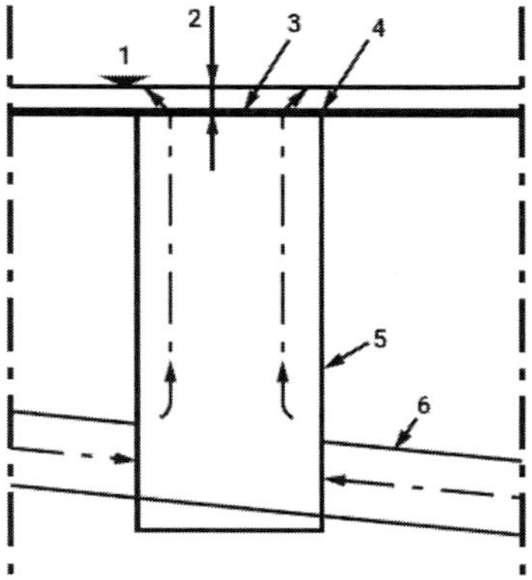

Abb. 3.5.3-3: Die Rückstauebene entspricht der Höhe des Entspannungspunktes zuzüglich der Höhe des dort wirksamen Überstaus (1 Rückstauebene RSE, 2 Überstauhöhe, 3 Höhe Entspannungspunkt im öffentlichen Raum, 4 Straßenoberkante, 5 Schacht, 6 Rückstau im Kanal) (Quelle: Ishorst)

Die Festlegung der Rückstauebene muss in besonderen Fällen, so z. B. bei abschüssigem Gelände, anders vorgenommen werden. Hierbei wird die Höhe des Entspannungspunktes durch die Höhe des bergauf liegenden Kanalschachtes bestimmt. z. B. kann durch ein Abflusshindernis vor dem tieferliegenden Schacht das Abwasser erst beim nächst oberhalb gelegenen Schacht (Entspannungspunkt) austreten. Die Rückstauebene ergibt sich hierbei aus der Addition der Höhe des oberhalb gelegenen Entspannungspunktes plus des wirksamen Überstaus.

In der Praxis zeigt sich, dass Schäden durch Rückstau nicht immer auf das Kellergeschoss beschränkt bleiben, sondern bedingt durch die örtliche Höhensituation auch Räume im Erdgeschoss betreffen können.

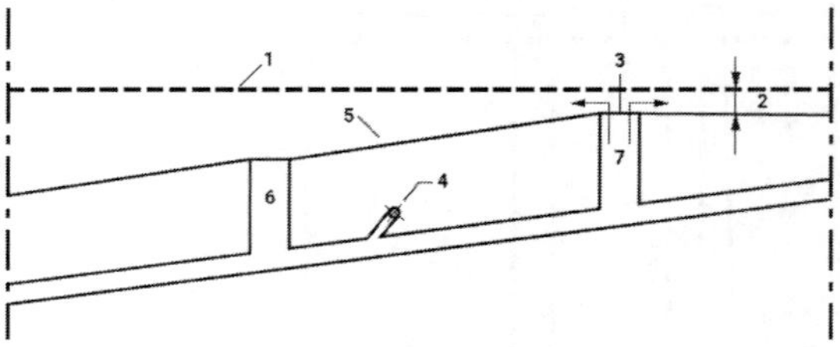

Abb. 3.5.3-4: Definition Rückstauebene bei abschüssigem Gelände = Höhe des Entspannungspunktes + Überstauhöhe (1 Rückstauebene, 2 Überstauhöhe, 3 Oberkante Schacht = Entspannungspunkt, 4 Anschlusskanal Grundstücksentwässerung, 5 Gelände- bzw. Straßenoberfläche, 6 Schacht unten, 7 Schacht oben) (Quelle: Ishorst)

Zur Ausführung der Rückstauschleife bei Abwasserhebeanlagen wurden folgende Ergänzungen vorgenommen:

- Sohle der Rückstauschleife muss mindestens 0,1 m über der festgelegten Rückstauebene liegen;
- nachfolgende Aufweitung und Überleitung mit Gefälle in die weiterführende Freispiegelentwässerung.

Durch diese Maßnahmen wird eine höhere Sicherheit beim Betrieb von Abwasserhebeanlagen erreicht.

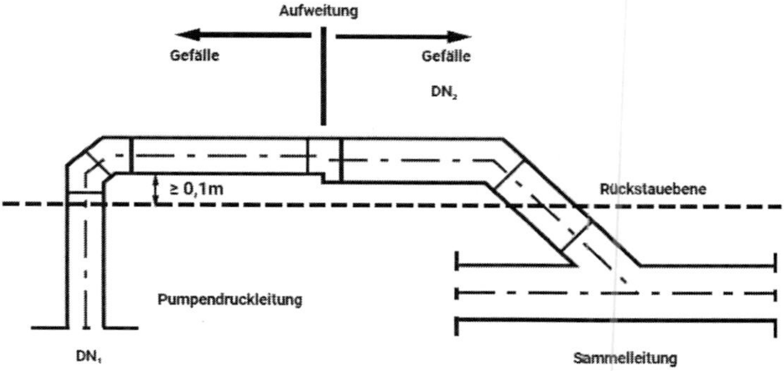

Abb. 3.5.3-5: Unterkante Rückstauschleife ≥ 0,1 m über Rückstauebene (Quelle: Ishorst)

Der **Abschnitt 5.9 „Notentwässerung“** wurde um Festlegungen zur Ableitung der Notentwässerung auf öffentliche bzw. benachbarte Flächen erweitert.

Bei Grenzbebauung kann die Notentwässerung auf öffentliche Flächen abgeleitet werden, wenn hierzu die Genehmigung der zuständigen Behörde erteilt wurde.

Gleichfalls kann die Ableitung der Notentwässerung auf benachbarte nicht öffentliche Grundstücke Dritter abgeleitet werden, falls die betroffenen Flächen unbebaut und topografisch hierzu geeignet sind. Der Grundeigentümer muss der Ableitung grundsätzlich zugestimmt haben.

Im **Abschnitt 5.10 „Balkone, Loggien, Laubengänge und Terrassen**“ wurden die Festlegungen zu Laubengängen und Terrassen erweitert sowie die Festlegung für Ablaufstellen unterhalb der Rückstauebene ergänzt.

Balkone, Loggien, Laubengänge und Dachterrassen sind wie Dachflächen zu behandeln. Hierbei muss generell sichergestellt werden, dass nach Abschnitt 14.2.6 das Entwässerungssystem und die Notentwässerung gemeinsam mindestens das am Gebäudestandort über 5 Min. zu erwartende Jahrhundertregenereignis r(5,100) entwässern können.

Abb. 3.5.3-6: Regen- und Notentwässerung bei Dachterrasse mit geschlossener Brüstung (Quelle: Ishorst)

Bei Balkonen, Loggien, Laubengänge und Dachterrassen mit schwellenarmen oder schwellenlosen Austrittsbereichen nach DIN 18040 muss die Notentwässerung den gesamten zu erwartenden Jahrhundertregen r(5,100) alleine sicher ableiten können.

Befinden sich Ablaufstellen unterhalb der Rückstauebene, ist grundsätzlich zu prüfen, in welchem Maße Niederschlagswasser über Versickerungsanlagen (siehe DWA-A 138) abgeleitet oder einem oberirdischen Gewässer zugeführt werden kann. Niederschlagswasser von Flächen unterhalb der Rückstauebene, das nicht versickert bzw. keinem oberirdischen Gewässer zugeführt werden kann, ist mittels Abwasserhebeanlagen rückstaufrei der öffentlichen Kanalisation zuzuführen. Ist nur die Einleitung in die öffentliche Kanalisation möglich, gelten die Anforderungen gemäß Abschnitt 14.7 „Mischwasserleitungen“.

Die Anforderungen zum **„Auslauf auf andere Dachflächen“ im Abschnitt 6.3.3** wurden konkretisiert. Grundsätzlich sollte die Ableitung von Niederschlagswasser auf tiefer liegende Dachflächen vermieden werden.

In begründeten Einzelfällen besteht jedoch die Möglichkeit des freien Auslaufs auf darunterliegende Dachflächen, wenn es sich um relativ kleine Dachflächen (z. B. von Technikzentralen, Aufzugüberfahrten oder Dachgauben) handelt, die auf größere Dachflächen abgeleitet werden. Hierbei müssen folgende Bedingungen erfüllt werden:

- die zusätzlichen Wassermengen müssen bei der Dimensionierung der Regen- und Notentwässerung sowie der Statik einbezogen werden;

- die Fließwege müssen kurz gehalten werden, um die Belastung der unteren Abdichtung sowie der Entwässerungsanlage zu reduzieren;
- in den Bereichen, in denen das Niederschlagswasser auftrifft, muss die Dachabdichtung/Dachdeckung u. U. verstärkt werden;
- der Auslauf des Niederschlagswassers muss von aufgehenden Gebäudeteilen weggeleitet werden, um Feuchtigkeitsschäden am Gebäude zu vermeiden.

Der **Abschnitt 14.2 „Regenwasseranlagen“** wurde grundlegend überarbeitet. Hierbei wurden die Dauerstufen (D) und Jährlichkeiten (T) präzisiert und in eine neue Tabelle (Tabelle 9 im Entwurf) überführt.

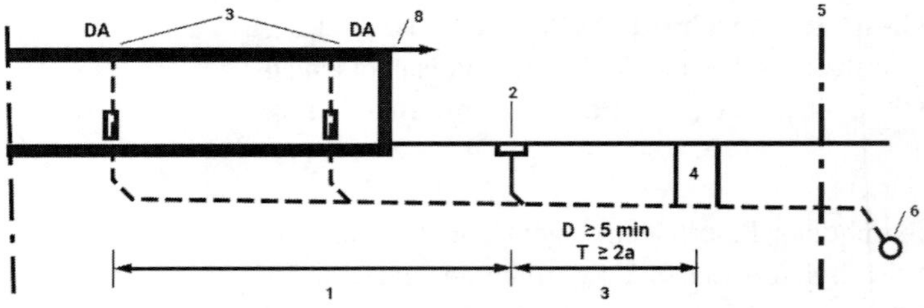

Abb. 3.5.3-7: Dauerstufen (D) und Jährlichkeiten (T) zur Bemessung von Dachentwässerungen und Grundleitungen (1 Dachentwässerung und Grundleitung vor ESP, 2 Entspannungspunkt ESP, 3 Grundleitung nach ESP, 4 Übergabeschacht, 5 Grundstücksgrenze, 6 öffentlicher Kanal, 7 Dachablauf DA, 8 Notentwässerung) (Quelle: Ishorst)

Die Tabelle „Abflussbeiwerte C zur Ermittlung des Regenwasserabflusses“ wurde um mehrere Flächenarten erweitert (Tabelle 10 im Entwurf).

Neue Anforderungen und Bemessungsvorgaben zur **„Flachdachentwässerung mit gedrosseltem Ab-**

flussvermögen (Retentionsentwässerung)“ sind im **Abschnitt 14.4** enthalten.

Im Gegensatz zur dauerhaften Regenwasserspeicherung auf Flachdächern wird bei der Retentionsentwässerung das anfallende Regenwasser nur temporär zurückgehalten. Der Regenwasserabfluss erfolgt verzögert über gedrosselte Dachabläufe. Hierbei findet eine vollständige Entleerung des Rückhalteraumes auf dem Flachdach statt. Die Retentionsentwässerung kann z. B. bei Einleitungsbeschränkungen in den öffentlichen Kanal sowie aus ökologischen, ökonomischen oder städtebaulichen Gründen erforderlich sein.

Abb. 3.5.3-8: Retentionsablauf für Flachdächer (Quelle: LOROWERK)

Bedingt durch den temporären Regenwasserrückhalt muss die Dachkonstruktion die zusätzliche statische Last aus dem errechneten Regenrückhaltevolumen einschließlich der Anstauhöhe durch die Notentwässerung sicher aufnehmen können.

Hierbei muss die Notenwässerung allein mindestens den gesamten standortbezogenen Jahrhundertregen r(D,100) sicher ableiten können. Die Berechnung des Rückhaltevolumens basiert auf dem DWA-Arbeitsblatt A 117 „Bemessung von Regenrückhalteräumen“.

Die kompletten Bemessungsvorgaben zur Notentwässerung und zum Regenrückhaltevolumen einschließlich der Anstauhöhen befinden sich in den Abschnitten 14.4.2 bis 14.4.4 des Entwurfs.

Der **Abschnitt 14.10 „Überflutungs- und Überlastungsnachweise“** wurde um einen Unterabschnitt „Allgemeines“ erweitert. Zusätzlich wurden die Regelungen zur Führung des Überflutungsnachweises überarbeitet.

Der **Anhang A** wurde neu strukturiert und enthält „Tabellen und Diagramme zur Bemessung“. Die Regenspenden für ausgewählte Orte in Deutschland sind nicht mehr enthalten. In der Tabelle A.1 sind nur noch beispielhaft die Regenspenden für die Stadt Solingen enthalten.

Im **Anhang D** sind die Anforderungen für die „Dichtheitsprüfung von Schmutz- und Regenwasserleitungen“ enthalten. Zusätzlich wurde ein Musterprotokoll für die Dichtheitsprüfung von Schmutz- und Regenwasserleitungen innerhalb von Gebäuden (Tabelle D.1) aufgenommen.

Der **Anhang E** „Verwendbarkeit von Bauprodukten“ wurde erweitert und enthält nunmehr die überarbeiteten Tabellen 1 und 2 aus DIN 1986-4, Ausgabe August 2019.

Im **Anhang F** wurden die Vorgaben zur „Zeichnerischen Darstellung nach Abschnitt 4“ ergänzt. Der Anhang enthält mehrere beispielhafte Darstellungen.

Ort	Dachflächen Regendauer D = 5 min.		Grundstücksflächen					
			Regendauer D = 5 min.		Regendauer D = 10 min.		Regendauer D = 15 min.	
	Bemessung $r_{(5,5)}$ l/(s × ha)	**Notentwässerung** $r_{(5,100)}$ l/(s × ha)	**Bemessung** $r_{(5,2)}$ l/(s × ha)	**Überflutungsprüfung** $r_{(5,30)}$ l/(s × ha)	**Bemessung** $r_{(10,2)}$ l/(s × ha)	**Überflutungsprüfung** $r_{(10,30)}$ l/(s × ha)	**Bemessung** $r_{(15,2)}$ l/(s × ha)	**Überflutungsprüfung** $r_{(15,30)}$ l/(s × ha)
Solingen	330,0	580,0	270,0	470,0	168,3	295,0	127,8	223,3

Tab. 3.5.3-3: Nach Tabelle A.1 „Regenspenden am Beispiel der Stadt Solingen“ (Quelle: Ishorst)

Quellenverzeichnis

Entwurf DIN 1986-100 „Entwässerungsanlagen für Gebäude und Grundstücke – Bestimmungen in Verbindung mit DIN EN 752 und DIN EN 12056“, Ausgabe Juni 2025

DIN 1986-100 „Entwässerungsanlagen für Gebäude und Grundstücke – Bestimmungen in Verbindung mit DIN EN 752 und DIN EN 12056“, Ausgabe Dezember 2016

DIN 1986-4 „Entwässerungsanlagen für Gebäude und Grundstücke – Verwendungsbereiche von Abwasserrohren und -formstücken verschiedener Werkstoffe“, Ausgabe August 2019

Kommentar zur DIN 1986-100 und DIN EN 12056-4, 6. überarbeitete und erweiterte Auflage 2016

DIN EN 12056-2 „Schwerkraftentwässerungsanlagen innerhalb von Gebäuden – Schmutzwasseranlagen, Planung und Berechnung“, Ausgabe Januar 2001

DIN EN 12056-3 „Schwerkraftentwässerungsanlagen innerhalb von Gebäuden – Dachentwässerung, Planung und Bemessung“, Ausgabe Januar 2001

DIN EN 12056-4 „Schwerkraftentwässerungsanlagen innerhalb von Gebäuden – Abwasserhebeanlagen; Planung und Bemessung“, Ausgabe Januar 2001

DIN EN 752 „Entwässerungssysteme außerhalb von Gebäuden – Kanalmanagement“, Ausgabe Juli 2017

DIN EN 1253-1 „Abläufe für Gebäude – Bodenabläufe mit Geruchverschluss mit einer Geruchverschlusshöhe von mind. 50 mm“, Ausgabe März 2015

DIN EN 1253-6 „Abläufe für Gebäude – Bodenabläufe mit Geruchverschluss mit einer Sperrwasserhöhe von weniger als 50 mm“, Ausgabe Juni 2023

DIN EN 1253-7 „Abläufe für Gebäude – Bodenabläufe mit mechanischem Geruchverschluss“, Ausgabe Juni 2023

DIN EN 1253-8 „Abläufe für Gebäude – Bodenabläufe mit Geruchverschluss mit einer Kombination aus mechanischem Geruchverschluss und Sperrwasser“, Ausgabe Juni 2023

DIN EN 1610 „Einbau und Prüfung von Abwasserleitungen und -kanälen“, Ausgabe Dezember 2015

DWA-Arbeitsblatt A 117 „Bemessung von Regenrückhalteräumen“, Ausgabe Dezember 2013

DWA-Arbeitsblatt A 118 „Bewertung der hydraulischen Leistungsfähigkeit von Entwässerungssystemen“, Ausgabe Januar 2024

3.6 Regenwasser- und Grauwassernutzung

Der verantwortungsvolle Umgang mit der Ressource Wasser ist eine der größten Zukunftsaufgaben der Menschheit. Wasserreichtum ist selbst in Deutschland vielerorts nicht mehr selbstverständlich. Eine Maßnahme zur Ressourceneffizienz ist der Einsatz von Regenwasser- und Grauwassernutzungsanlagen.

Eine Reduzierung des Trinkwasserbedarfs und die Vermeidung der ungenutzten Ableitung von Regenwasser bzw. Grauwasser in die Kanalisation sind einschlägige Argumente für den Einsatz von Regenwasser- bzw. Grauwassernutzungsanlagen.

Das durch Regenwasser- und Grauwassernutzungsanlagen erzeugte Betriebswasser (Nicht-Trinkwasser) kann z. B. zur WC-Spülung, zum Wäschewaschen oder zur Pflanzenbewässerung eingesetzt werden.

Begriffe

Betriebswasser (Nicht-Trinkwasser)

Nach den geltenden Normen für Regenwasser- bzw. Grauwassernutzungsanlagen handelt es sich bei Betriebswasser (Nicht-Trinkwasser) um „*Wasser, das zur Verwendung bereitgestellt wird, mit Ausnahme zur Verwendung als Trinkwasser, der Herstellung von Speisen und zur persönlichen Hygiene*“.

Regenwasser

Regenwasser ist Wasser aus atmosphärischem Niederschlag, das noch keine Stoffe von Oberflächen aufgenommen hat (Quelle: DIN EN 16323:2014-07 „Wörterbuch für Begriffe der Abwassertechnik").

Niederschlagswasser

Niederschlag, der nicht im Boden versickert ist und von Bodenoberflächen oder von Gebäudeaußenflächen in das Entwässerungssystem eingeleitet ist (Quelle: DIN EN 16323:2014-07 „Wörterbuch für Begriffe der Abwassertechnik").

Grauwasser

Bei Grauwasser handelt es sich um häusliches Schmutzwasser ohne Abwasser aus Toiletten und Urinalen.

Aktuelle Regelwerke

Die wichtigsten Regelwerke für die Planung, Bemessung und den Bau von Regenwasser- und Grauwassernutzungsanlagen sind:

Normenreihe DIN EN 806	Technische Regeln für Trinkwasser-Installationen
Normenreihe DIN 1988	Technische Regeln für Trinkwasser-Installationen
DIN EN 1717	Schutz des Trinkwassers vor Verunreinigungen in Trinkwasser-Installationen
DIN 2403	Kennzeichnung von Rohrleitungen nach dem Durchflussstoff

Trinkwasserverordnung – TrinkwV	Verordnung über die Qualität von Wasser für den menschlichen Gebrauch
AVBWasserV	Verordnung über Allgemeine Bedingungen für die Versorgung mit Wasser

Tab. 3.6-1: Tabelle „Regelwerke zur Wasserversorgung. (Quelle: Ishorst)

DIN EN 16941-1	Vor-Ort Anlagen für Nicht-Trinkwasser – Anlagen für die Verwendung von Regenwasser
DIN 1989-100	Regenwassernutzungsanlagen – Bestimmungen in Verbindung mit DIN EN 16941-1
DIN EN 16941-2	Vor-Ort-Anlagen für Nicht-Trinkwasser – Anlagen für die Verwendung von behandeltem Grauwasser
DWA-Merkblatt M 277	Hinweise zur Auslegung von Anlagen zur Behandlung und Nutzung von Grauwasser und Grauwasserteilströmen
fbr-Hinweisblatt H 202	Hinweise zur Auslegung von Anlagen zur Behandlung und Nutzung von Grauwasser und Grauwasserteilströmen

Tab. 3.6-2: Tabelle Regelwerke zur Betriebs- bzw. Nicht-Trinkwassernutzung. (Quelle: Ishorst)

DIN 1986-100	Entwässerungsanlagen für Gebäude und Grundstücke
DIN EN 12056, Teile 1 – 5	Schwerkraftentwässerungsanlagen innerhalb von Gebäuden
DIN EN 752	Entwässerungssysteme außerhalb von Gebäuden

Arbeitsblatt DWA-A 138	Planung, Bau und Betrieb zur Versickerung von Niederschlagswasser
DIN EN 13564-1	Rückstauverschlüsse für Gebäude – Anforderungen
DIN EN 12050-2	Abwasserhebeanlagen für fäkalienfreies Abwasser/Regenwasser

Tab. 3.6-3: Tabelle Regelwerke zur Entwässerung. (Quelle: Ishorst)

Meldepflicht

TrinkwV

Der Einbau von Regenwasser- und Grauwassernutzungsanlagen ist in Deutschland meldepflichtig. Nach § 13 (4) der „Trinkwasserverordnung (TrinkwV)“ muss die Errichtung und der Betrieb dem zuständigen Gesundheitsamt schriftlich angezeigt werden. Laut § 3 und § 15 der „Allgemeinen Bedingungen für die Versorgung mit Wasser (AVBWasserV)“ besteht eine Mitteilungspflicht gegenüber dem örtlichen Wasserversorgungsunternehmen. Die kommunalen Abwassersatzungen sind zu berücksichtigen.

Kennzeichnung

Eindeutig und dauerhaft

In Deutschland sind Nicht-Trinkwasserleitungen gegenüber Trinkwasserleitungen – gemäß der Trinkwasserverordnung und der DIN 2403 „Kennzeichnung von Rohrleitungen nach dem Durchflussstoff“ – eindeutig und dauerhaft farblich unterschiedlich zu kennzeichnen.

Alle Entnahmestellen für Nicht-Trinkwasser müssen mit einem Schild „Kein Trinkwasser“ oder einem entsprechenden Symbol gekennzeichnet werden.

Am Hausanschluss der Trinkwasseranlage ist in der Nähe des Hauptabsperrventils oder des Wasserzählers ein Informationsschild anzubringen, mit den Hinweisen auf das vorhandene Nicht-Trinkwassersystem sowie der Unzulässigkeit von Querverbindungen.

Abb. 3.6-1: Beschriftungsset für Regenwassernutzungsanlagen. (Quelle: Otto Graf GmbH)"

Wirtschaftlichkeit/Amortisation

Bezüglich der Wirtschaftlichkeit/Amortisation müssen mindestens folgende Aspekte in Betracht gezogen werden:

- Einsparungen durch Trinkwasser-, Abwasser- bzw. Niederschlagsgebühren
- Zuschüsse durch Städte und Gemeinden
- Anschaffungskosten der Regenwasser- bzw. Grauwassernutzungsanlage
- Betriebskosten
- Reinigungs- und Wartungskosten
- evtl. Reparaturkosten

Eine Kalkulation bezüglich der Wirtschaftlichkeit/ Amortisation sollte auf Basis einer möglichst realistischen Gegenüberstellung von Einsparungspotenzialen zu Anschaffungskosten und laufenden Kosten erfolgen. Die Höhe eines möglichen Zuschusses durch Städte und Gemeinden kann hierbei von entscheidender Bedeutung sein.

Bei allen Überlegungen zur Anschaffung einer Regenwasser- bzw. Grauwassernutzungsanlage sollte aber immer der Umweltgedanke im Vordergrund stehen.

3.6.1 Anforderungen an Regenwasser-nutzungsanlagen

Die Mindestanforderungen für die Planung und den Einbau sowie für die Kennzeichnung, Inbetriebnahme und Wartung von Regenwassernutzungsanlagen sind in der Euronorm DIN EN 16941, Teil 1 festgelegt.

Euronorm DIN EN 16941

Ausgenommen vom Anwendungsbereich sind:

- die Verwendung als Trinkwasser zur Herstellung von Speisen
- die Verwendung zur Körperhygiene
- dezentrale Rückhaltung
- Infiltration

In einer Anmerkung zum Anwendungsbereich heißt es: “Konformität mit dieser Norm entbindet nicht von der Einhaltung der Auflagen, die sich aus örtlichen oder nationalen Vorschriften ergeben können“. In Deutschland gelten für Regenwassernutzungsanlagen neben der DIN EN 16941, Teil 1 noch weitere Regelwerke, wie z. B. die DIN 1989-100 „Regenwassernutzungsanlagen - Bestimmungen in Verbindung mit DIN EN 16941-1“ sowie die „Trinkwasserverordnung (TrinkwV)“ und die „Verordnung über Allgemeine Bedingungen für die Versorgung mit Wasser (AVBWasserV)“.

Abb. 3.6.1-1: Regenwassernutzungsanlage.
(Quelle: fbr - Bundesverband für Betriebs- und Regenwasser e. V.)

Nach Abschnitt 4 der DIN EN 16941, Teil 1 gelten folgende grundsätzlichen Anforderungen: „Regenwassernutzungsanlagen müssen so geplant, eingebaut, gekennzeichnet, betrieben und gewartet werden, dass die notwendige Betriebssicherheit jederzeit sichergestellt ist und die erforderlichen Arbeiten zur Instandhaltung leicht durchgeführt werden können."

Regenwassernutzungsanlagen bestehen i. d. R. aus folgenden funktionalen Elementen:

- Sammlung des Regenwassers
- Behandlung
- Speicherung

- Verteilung des Nicht-Trinkwassers

Durch Regenwassernutzungsanlagen dürfen grundsätzlich keine Überflutungen verursacht werden. Überflutungen sind durch **ausreichend dimensionierte Überläufe** zu verhindern. Gemäß Abschnitt 5.3.9 der DIN EN 16941, Teil 1 soll das überschüssige Wasser in ein Oberflächengewässer abgeleitet oder versickert werden. Eine Ableitung in die Kanalisation sollte nur erfolgen, wenn keine andere Möglichkeit besteht.

Geruchverschluss

Beim Anschluss an die Kanalisation ist der Überlauf mit einem Geruchverschluss zu versehen. Besteht die Gefahr des Rückstaus aus der Kanalisation, muss ein Rückstauverschluss in die Überlaufleitung eingebaut werden; ggf. ist das Überlaufwasser über eine Abwasserhebeanlage für fäkalfreies Abwasser nach DIN EN 12050-2 abzuleiten.

Beim Einbau eines Rückstauverschlusses in die Überlaufleitung sind nach DIN 1986-100, Tabelle 4 Rückstauverschlüsse nach DIN EN 13564-1 (Typen 0, 1, 2) zulässig.

Die Überlaufleitung ist so zu bemessen, dass der maximale Zulauf in den Speicher abgeleitet werden kann.

Zur Versickerung von Überlaufwasser aus Regenwasserspeichern heißt es im Abschnitt 4.2 der DIN 1989-100 wie folgt: *"Gestatten die vorhandenen Bodenverhältnisse eine Regenwasserversickerung, sollte das aus dem Speicher überlaufende Wasser nach DIN 4261-5 versickert werden. Die reduzierende Wirkung auf die Dimensionierung der Versickerungsanlage durch die Regenwassernutzung kann bei entsprechender Nachweisführung berücksichtigt werden."*

Bei Metalldächern müssen die landesspezifischen Regelungen zur Versickerung beachtet werden.“

Im Abschnitt 5.1 der DIN EN 16941-1 wird darauf hingewiesen, dass eine **mögliche Ableitung von Schadstoffen** mit dem Regenwasser berücksichtigt werden muss.

Auffangfläche	Potenzielle Auswirkung
Gründach	Verfärbung
bitumenhaltiges Material	Verfärbung
Kupfer-, Blei- oder Zinkdach	erhöhte Schwermetallkonzentrationen

Tab. 3.6.1-1: Auszug aus Tabelle 1 „Beispiele für potenzielle Auswirkungen der Auffangfläche auf die Qualität des gesammelten Regenwassers“ der DIN EN 16941, Teil 1. (Quelle: Ishorst)

Über **Sammelrohrsysteme** soll das Regenwasser ungehindert von den Auffangflächen zur Speichereinrichtung mittels Schwerkraft- oder Unterdruckwirkung abfließen können. Die Planung, Bemessung und Verlegung der Sammelrohrsysteme erfolgt gemäß DIN 1986-100 „Entwässerungsanlagen für Gebäude und Grundstücke“, Ausgabe Dezember 2016.

Behandlung des gesammelten Regenwassers

Zur **Behandlung** des gesammelten Regenwassers heißt es im Abschnitt 5.2.1 der DIN EN 16941, Teil 1 wie folgt: *“Hauptaufgabe der Behandlung ist die Sicherstellung einer bestimmten Wasserqualität, abhängig von der beabsichtigten Verwendung. Zusatzaufgaben sind der Schutz der Bauteile der Anlage sowie die Reduzierung des Wartungsaufwands. Die Behandlung darf biologische, chemische und physikalische Prozesse umfassen, oder eine Kombination aus diesen. Die Behandlung* *muss vor, in oder ggf. nach der Speichereinrichtung erfolgen*".

Folgende Verfahren stehen für die Behandlung des gesammelten Regenwassers zur Verfügung:

- zulaufseitige Rückhaltung grober Partikel (Vorreinigung)
- Rückhaltung von Feinpartikeln durch Sedimentation und Flotation im Speicher
- Filterung nach der Speicherung, abhängig von der beabsichtigten Verwendung des Nicht-Trinkwassers

Die Vorreinigung – z. B. durch Filter oder Abscheider - muss vor der Speichereinrichtung erfolgen und darf aus mehr als einer Vorrichtung bestehen. Durch die Vorreinigung soll das Eindringen von groben Partikeln und organischen Stoffen in die Speichereinrichtung verhindert werden. Beim Gebrauch des Nicht-Trinkwassers in Innenräumen darf die Partikelgröße 1 mm nicht überschreiten. Werden Feststoffe zurückgehalten, sind diese manuell zu entfernen.

Abb. 3.6.1-2: Universal Gewerbe Filter 3 extern. (Quelle: Otto Graf GmbH)

Eine zusätzliche Desinfektion, Desodorierung und/oder Entfärbung des gespeicherten Regenwassers ist vorzusehen, wenn der beabsichtigte Verwendungszweck eine höhere Qualität des Nicht-Trinkwassers erfordert.

Die Aufbereitungsanlage muss mindestens über einen hydraulischen Wirkungsgrad von 90 % verfügen.

Filter

Alle wichtigen Anforderungen und Prüfverfahren zu Filtern von Regenwassernutzungsanlagen sind im Abschnitt 6 der DIN 1989-100 enthalten.

Grundsätzlich müssen die Filter von Regenwassernutzungsanlagen so konstruiert sein, dass Fremdstoffe sicher zurückgehalten werden. Sie müssen im Speicherzulauf – außerhalb oder innerhalb des Regenwasserspeichers – angeordnet werden.

Filter sind wie folgt hinsichtlich ihrer Bauart, Einbauort und Funktionsprinzip zu unterscheiden:

- Systeme mit separater Ableitung von Fremdstoffen
- Systeme mit Rückhaltung von Fremdstoffen innerhalb des Filters in definierten Rückhalteräumen

Filter i. S. d. Norm müssen aus einem Filtergehäuse sowie einem oder mehreren mechanisch wirkenden Filtereinsätzen bestehen.

Bedingt durch die unterschiedlichen Funktionsprinzipien wird in der Norm eine Typisierung für Filter in Tabelle 2 vorgenommen.

Filterart	**Funktionsprinzip**		
	Filter mit mechanischer Filtration und Sedimentation		**Filter mit mechanischer Filtration ohne Einstauvolumen**
	großes Einstauvolumen	**kleines Einstauvolumen ***	
mit Fremdstoffrückhalt	Typ A	Typ B	
mit Fremdstoffableitung	Typ A	Typ B	Typ C **

* Sedimentationseinsatz manuell entnehmbar
** Alle Filter mit Fremdstoffableitung ohne planmäßige Sedimentations- und Rückhaltewirkung sind in Typ C einzuordnen.

Tab. 3.6.1-2: Tabelle Filtertypen entsprechend DIN 1989-100. (Quelle: Ishorst)

Bezüglich Einbau, Betrieb und Wartung von Filtern heißt es im Abschnitt 6.4. der DIN 1989-100 wie folgt: *„Alle Filter müssen vom Hersteller mit einer ausreichenden Produktbeschreibung, insbesondere der Funktionsweise, sowie einer Einbau-, Betriebs- und Wartungsanlei-*

tung versehen werden und nach diesen installiert, betrieben und gewartet werden.“

Jede Regenwassernutzungsanlage muss über mindestens eine ***Speichereinrichtung*** verfügen. Speichereinrichtungen dürfen ober- oder unterirdisch installiert werden.

Die Hauptaufgaben der Speichereinrichtungen sind:

- die Bereitstellung von Nicht-Trinkwasser, angepasst an den beabsichtigten Verwendungszweck und die Sammelkapazität
- die Wasserbehandlung durch Sedimentation und Flotation
- den Schutz der Wasserqualität sicherzustellen

Bei der Installation der Speichereinrichtung müssen die Wasserdichtheit und Standsicherheit sowie der Frostschutz berücksichtigt werden.

Die Nennkapazität ist das maximale Wasservolumen, das von der Speichereinrichtung zurückgehalten werden kann. Sie ist vom Hersteller oder Planer mit einer maximalen Abweichung von ± 0,1 m^3 anzugeben.

Vom Hersteller der Speichereinrichtung müssen die Nennweiten der Anschlussstücke für Zu- und Auslauf angegeben werden. Um eine Resuspension von Feststoffen - hervorgerufen durch Verwirbelungen des Wassers - zu verhindern, muss ein beruhigter Zulauf in die Speichereinrichtung erfolgen.

Bezüglich Inspektions-, Wartungs- und Reparaturarbeiten muss die Zugänglichkeit zur Speichereinrichtung jederzeit gewährleistet sein.

Abb. 3.6.1-3: Regenwassernutzungsanlage zur Gartenbewässerung. (Quelle: Otto Graf GmbH)

Die Anforderungen an Regenwasserspeicher von Regenwassernutzungsanlagen werden im Abschnitt 7 der DIN 1989-100 beschrieben. Im Einzelnen betrifft das Maße und Grenzabmaße, Einbau und Montage sowie Prüfungen für oberirdische und unterirdische Regenwasserspeicher.

DIN 1989-100

Um die Versorgung mit Nicht-Trinkwasser an den Entnahmestellen sicherzustellen, werden i. d. R. Saug-/Druckpumpen eingesetzt. Diese müssen mit einem Trockenlaufschutz ausgerüstet sein. Druckstöße und Stoßwellen, die unzulässig hohe Drücke verursachen können, sind durch den Einbau von Ausdehnungsgefäßen oder Druckregeleinrichtungen zu verhindern.

Werden **Tauchpumpen (Unterwasserpumpen)** eingesetzt, müssen diese nach Abschnitt 5.5.2 der DIN EN 16941, Teil 1 folgende Anforderungen erfüllen:

- oberhalb der Ansaugstelle ist ein Mindestwasserstand zu berücksichtigen, um zu verhindern, dass Luft, Sedimente oder Schwimmstoffe mit eingesaugt werden
- damit das Rohr wassergefüllt bleibt, muss ein Rückschlagventil installiert werden
- die Pumpe muss ohne Spezialwerkzeuge und ohne Betreten des Speichers entfernt und ausgetauscht werden können (wichtig bei Reparatur- und Wartungsarbeiten).

Beim Einbau von **nicht-getauchten Pumpen (Pumpen für Trockenaufstellung)** müssen gemäß Abschnitt 5.5.3 folgende Anforderungen erfüllt werden:

- die Ansaugrohre müssen luftdicht sein
- durch eine hydraulisch günstige Installation der Ansaugrohre sollen unnötig hohe Reibungsverluste vermieden werden
- die Ansaugrohre sind mit Steigung zur Pumpe zu verlegen
- damit das Ansaugrohr gefüllt bleibt, muss ein Rückschlagventil installiert werden
- der Wassereinlauf ist so zu konstruieren, dass ein Einsaugen von Luft oder Sedimenten vermieden wird
- der Standort der Pumpe muss gut gelüftet sein

- bei der Montage der Pumpe müssen Maßnahmen zum Schall- und Vibrationsschutz berücksichtigt werden.

Pumpensteuerung

Durch die erforderliche Pumpensteuerung erfolgt eine automatische Kontrolle des Pumpenbetriebs. Die Steuerung muss eine manuelle Bedienung ermöglichen.

Zusätzlich sollte eine Regenwassernutzungsanlage mit einer Anlagensteuerung ausgestattet sein. Folgende Informationen muss der Benutzer erhalten:

- den Status der Wasserversorgung (Nicht-Trinkwasser oder Reservewasser)
- alle Fehlfunktionen, wie z. B. Ausfall der Pumpe oder der Reservewasserversorgung

Weitere Parameter, wie z. B. Wasserverbrauch, Wasserstand in der Speichereinrichtung oder Tanktemperatur können ebenfalls angezeigt werden.

Im Abschnitt 8 der DIN 1989-100 befinden sich die Anforderungen und Prüfverfahren zu Regenwassersystemsteuerungen.

Die Regenwassersystemsteuerungen von Regenwassernutzungsanlagen betreffen Vorlagebehälter, Pumpe, Speicherbehälter und die Nachspeisung.

Die Nachspeisung muss entsprechend DIN EN 16941-1 erfolgen. Zusätzlich müssen hierbei in Deutschland die Vorgaben der Trinkwasserverordnung beachtet werden.

Einige Hersteller bieten komplette Anlagen (Hauswasserwerke) mit allen erforderlichen Anlagenteilen an.

Abb. 3.6.1-4: Druckerhöhungsanlage zur Regenwassernutzung. (Quelle: WILO SE)

Nach Abschnitt 5.8 der DIN EN 16941, Teil 1 ist die Aufgabe der **Verteilung** die Versorgung der Entnahmestellen mit Nicht-Trinkwasser sowie die Möglichkeit, diese mit Reservewasser zu versorgen. Hierbei müssen die Unversehrtheit und der Schutz von öffentlichen und privaten Trinkwasseranlagen gewährleistet sein.

Nicht-Trinkwasser darf unter keinen Umständen in die Trinkwasseranlage zurückfließen, da dies eine unmittelbare Gefahr für die Trinkwasserqualität darstellt. Gemäß § 17 der Trinkwasserverordnung sind zu diesem Zweck Sicherheitseinrichtungen nach den allgemein anerkannten Regeln der Technik (a.a.R.d.T.) einzubauen.

Muss eine kontinuierliche Versorgung der Entnahmestellen – auch während längerer Trockenperioden – gewährleistet sein, ist eine Trinkwassernachspeisung erforderlich. Hierbei muss die Nachspeisung über eine

Sicherheitseinrichtung, entsprechend DIN EN 1717 (freier Auslauf Typen AA, AB, AD), erfolgen.

Die Planung, Rohrdimensionierung und Ausführung von häuslichen Wasserverteilungssystemen muss gemäß der Normenreihen DIN EN 806 und DIN 1988 „Technische Regeln für Trinkwasser-Installationen" erfolgen.

Einbau von Regenwassernutzungsanlagen

Die Anforderungen für den Einbau von Regenwassernutzungsanlagen werden im Abschnitt 7 der DIN EN 16941, Teil 1 beschrieben.

Der Einbau von Bauelementen sowie die Installationsarbeiten sind in Übereinstimmung mit den geltenden Regelwerken durchzuführen.

Bei Verwendung von vorgefertigten Bauteilen muss der Einbau unbedingt nach den Einbau- bzw. Montageanleitungen der Hersteller erfolgen.

Einbau nach Montageanleitung des Herstellers

Beim Einbau von unterirdischen Einrichtungen sind folgende Faktoren zu berücksichtigen:

- Bodenfestigkeit und Stabilität
- Bodenverunreinigung
- Nähe zu Versorgungsleitungen und Fundamenten
- zusätzliche statische Lasten (z. B. Verkehrslasten)
- bestehende Rohrleitungen und Kabel
- Zugänglichkeit

Inbetriebnahme, Inspektion und Wartung

Die Vorgaben zur Inbetriebnahme von Regenwassernutzungsanlagen werden im Abschnitt 9 der DIN EN 16941-1 beschrieben. Hierzu heißt es: *„Die vollständig installierte Regenwassernutzungsanlage muss vor Inbetriebnahme nach den Vorgaben der Planung, Standards und Herstelleranleitungen überprüft werden. Das Verteilungssystem muss gespült und auf Wasserdichtheit und Querverbindungen zwischen Trink- und Nicht-Trinkwasserleitungen untersucht werden“.*

Die zugehörige elektrische Installation und Regelanlage müssen ebenfalls nach den geltenden Normen und nationalen Vorschriften überprüft werden.

Inbetriebnahme schriftlich dokumentieren

Die Inbetriebnahme ist schriftlich zu dokumentieren. Ein Vorschlag für ein „Inbetriebnahmeblatt“ befindet sich im Anhang C der DIN EN 16941-1. Die vollständige Dokumentation ist dem Eigentümer der Regenwassernutzungsanlage auszuhändigen.

Die Angaben zur Inspektion und Wartung von Regenwassernutzungsanlagen befinden sich im Abschnitt 11 und Anhang D der Norm.

Vorteile der Nutzung von Regenwasser

Folgende vielfältige Argumente sprechen für die Nutzung von Regenwasser als Nicht-Trinkwasser:

- Einsparungen an Trinkwasser- und Niederschlagsgebühren

- durch die Einsparung von Trinkwasser werden die mittlerweile begrenzten Ressourcen an wertvollem Trinkwasser geschont
- weil Trinkwasser einfach zu schade ist für die Gartenbewässerung, das Wäschewaschen und zur Toilettenspülung
- kalkfreies Regenwasser bekömmlicher für Pflanzen ist und weniger Waschmittel erfordert
- Regenwassertanks eine Rückhaltefunktion übernehmen und das Wasser dosiert an das Kanalnetz abgeben
- Regenwassernutzung Energie sparen hilft (Transport- und Aufbereitungskosten von Trinkwasser)
- Regenwasser auch in trockenen Sommern meistens in ausreichender Menge zur Verfügung steht
- in einigen Städten und Gemeinden Zuschüsse für Regenwassernutzungsanlagen bewilligt werden.

3.6.1.1 Bemessung von Regenwassernutzungsanlagen

Bei der Bemessung von Regenwassernutzungsanlagen sind zwei Parameter von entscheidender Bedeutung: der **Ertrag** aus dem Regenwasser, das gesammelt werden kann, und der **Bedarf** an Nicht-Trinkwasser.

Folgende Faktoren sind zur Bemessung der Speichereinrichtung zu berücksichtigen:

- die Niederschlagsdaten am Standort;
- die Größe und Art der Niederschlags-Auffangflächen;
- die Anzahl und Art der beabsichtigten Anwendungen;
- der hydraulische Filterwirkungsgrad.

Zu den Berechnungsverfahren heißt es im Abschnitt 6.1.4 der DIN EN 16941-1 wie folgt: „*Für die Bemessung der Kapazität von Regenwassernutzungsanlagen stehen verschiedene nationale und internationale Berechnungsverfahren zur Verfügung. Diese dürfen verwendet werden.*“

Im Anhang A der Norm werden folgende Berechnungsverfahren aufgeführt:

- ein vereinfachter Ansatz für Projekte mit regelmäßigem Bedarf und Ertrag; oder
- ein detaillierter Ansatz für große und komplexe Projekte und/oder Projekte mit unregelmäßigem Bedarf und Ertrag.

Der vereinfachte Ansatz wird für Ein- und Mehrfamilienhäuser, Büro- und Verwaltungsgebäude sowie Gewerbe- und Industriegebäude mit nachgewiesener gleichmäßiger Verbrauchsstruktur angewendet.

Jährlicher Regenwasserertrag

Gemäß Anhang A der DIN EN 16941, Teil 1 sollte beim vereinfachten Ansatz der **jährliche Regenwasserertrag** nachfolgender Gleichung (A.1) ermittelt werden:

$$Y_R = A \times h \times e \times \eta$$

Dabei ist:

Y_R	der jährliche Regenwasserertrag in Litern
A	die horizontale Projektion der Auffangfläche in m^2
h	der jährliche Gesamtniederschlag in mm am Standort
e	der Oberflächenertragsbeiwert
η	der Beiwert zum hydraulischen Wirkungsgrad der Behandlung

Daten zum jährlichen Gesamtniederschlag am Standort erhält man beim Deutschen Wetterdienst http://www.dwd.de.

Die anzuwendenden Oberflächenertragsbeiwerte befinden sich in Tabelle 2 der DIN 16941, Teil 1.

Auffangfläche	Oberflächenertragsbeiwert *(e)*
geneigte glatte Dachoberfläche (z. B. Metall, Glas, Schiefer, glasierte Fliesen, Sonnenkollektoren)	0,9
geneigte raue Dachoberfläche (z. B. Betondachstein)	0,8
Flachdach ohne Kies	0,8
Flachdach mit Kies	0,7
Gründach, intensiv (z. B. Garten)	0,3
Gründach, extensiv	0,5
ANMERKUNG: Diese Beiwerte können verwendet werden, wenn keine anderen Werte vorliegen.	

Tab. 3.6.1.1-1: Auszug aus Tabelle 2 „Oberflächenertragsbeiwerte" der DIN EN 16941, Teil 1 (Quelle: Ishorst)

Oberflächenertragsbeiwert

Der Oberflächenertragsbeiwert ***(e)*** nach DIN EN 16941, Teil 1 und der Abflussbeiwert ***(C)*** nach DIN 1986-100 sind zwei völlig unterschiedliche Werte, wobei der Oberflächenertragsbeiwert zur Ermittlung des Regenwasserertrags, der Abflussbeiwert zur hydraulischen Bemessung von Regenentwässerungsanlagen verwendet wird.

Der Beiwert zum hydraulischen Wirkungsgrad η ist das Verhältnis des Verbrauchs von behandeltem Wasser zum Zufluss des gesammelten Regenwassers. Falls der Beiwert nicht anders durch den Hersteller festgelegt ist, kann er für Systeme ohne zusätzliche Behandlung mit 0,9 angenommen werden.

Berechnungsbeispiel 1

Gegeben:

A die horizontale Projektion der Auffangfläche = 150,00 m^2

h der jährliche Gesamtniederschlag in mm (Beispiel Bonn = 742 mm = 742 l/m^2)

e der Oberflächenertragsbeiwert = 0,9 für geneigte glatte Dachoberfläche

η der Beiwert zum hydraulischen Wirkungsgrad der Behandlung = 0,9

Gesucht: Y_R = der jährliche Regenwasserertrag in Litern

Gleichung: $Y_R = A \times h \times e \times \eta$

Lösung: $Y_R = 150{,}00\ m^2 \times 742\ l / m^2 \times 0{,}9 \times 0{,}9$

Ergebnis: Y_R = 90.153 Liter

Nach Anhang A der DIN EN 16941-1 sollte beim vereinfachten Ansatz der **jährliche Bedarf an Nicht-Trinkwasser** nach folgender Gleichung (A.2) berechnet werden:

$$D_{p,a} = D_{p,d} \times n \times 365$$

Dabei ist:

$D_{p,a}$ der jährliche Bedarf an Nicht-Trinkwasser in Litern je Jahr

$D_{p,d}$ der tägliche Bedarf an Nicht-Trinkwasser je Person und Tag in Litern je Person und Tag

n die Anzahl der Personen in dem/den angeschlossenen Gebäude(n)

Zusätzlich muss der maximale nicht personengebundene Bedarf an Nicht-Trinkwasser $D_{f,d}$ –zum Beispiel zur Gartenbewässerung – berücksichtigt werden.

Nicht-Trinkwasserbedarf

Im Abschnitt 4.1 der DIN 1989-100 sind in der Tabelle 1 „Orientierungswerte zur Ermittlung des jährlichen Nicht-Trinkwasserbedarfs" enthalten. Hierbei handelt es sich um Werte, die sich in Deutschland schon über einen längeren Zeitraum bewährt haben.

Verbraucher	personenbezogener Tagesbedarf
Toiletten im Haushalt*	24 Liter/Person x Tag
Toiletten im Bürobereich*	12 Liter/Person x Tag
Toiletten in Schulen*	6 Liter/Person x Tag
Textilwaschmaschine	15 Liter/Person x Tag
* Bei Toiletten sollten grundsätzlich nur wassersparende Ausführungen angeschlossen werden, wie z. B. 6 Liter mit Zweimengen-Spülsystemen. Zur Erhöhung des Deckungsgrads können 4,5-Liter-Toiletten bei entsprechenden hydraulischen Verhältnissen genutzt werden.	

Tab. 3.6.1.1-2: Tabelle „Orientierungswerte für den Tagesbedarf an Nicht-Trinkwasser je Person entsprechend DIN 1989-100" (Quelle: Ishorst)

Art der zu bewässernden Grünfläche	spezifischer Jahresbedarf in Litern/m²
Gartenbewässerung (Nutzgarten, Grünanlagen)	60
Sportanlagen*	200**
Grünland bei leichtem Boden*	100 bis 200**
Grünland bei schwerem Boden*	80 bis 150**
* Bewässerung oder Beregnung während der Vegetationszeit von April bis September ** Gesamtmenge für 6 Monate	

Tab. 3.6.1.1-3: Tabelle „Orientierungswerte für den flächenbezogenen Nicht-Trinkwasserbedarf entsprechend DIN 1989-100" (Quelle: Ishorst)

Nutzvolumen des Speichers

Das ***Nutzvolumen des Speichers*** zur Sicherstellung der Versorgung während der gewählten Trockenperiode wird beim vereinfachten Ansatz anhand der folgenden Gleichungen (A.3 und A.4 der DIN EN 16941, Teil 1) bestimmt:

$$D_{N,d} = D_{p,d} \times n + D_{f,d}$$

$$V = D_{N,d} \times d_d$$

Dabei ist:

$D_{N,d}$	der tägliche Bedarf an Nicht-Trinkwasser in Litern je Tag
$D_{p,d}$	der tägliche Bedarf an Nicht-Trinkwasser je Person und Tag in Litern je Tag und Person
$D_{f,d}$	der tägliche maximale flächenbezogene Bedarf an Nicht-Trinkwasser in Litern je Tag
n	die Anzahl der Personen in dem/den angeschlossenen Gebäude(n)
V	das Nutzvolumen des Speichers in Litern
d_d	Die gewählte Trockenperiode in Tagen (für Deutschland 21 Tage)

Berechnungsbeispiel 2 (Einfamilien-Wohnhaus)

Gegeben:

$D_{p,d}$	24 Liter für Toilettenspülung + 10 Liter für Wäschewaschen = 34 Liter je Person und Tag
n	4 Personen
$D_{f,d}$	50 Liter je Tag zur Gartenpflege
d_d	die gewählte Trockenperiode = 21 Tage

Gesucht:	$D_{N,d}$ = der tägliche Bedarf an Nicht-Trinkwasser in Litern je Tag sowie V = das Nutzvolumen des Speichers in Litern
Gleichung:	$D_{N,d} = D_{p,d} \times n + D_{f,d}$ $V = D_{N,d} \times d_d$
Lösung:	$D_{N,d} = (34 \times 4) + 50 = 186$ Liter/Tag V = 186 Liter/Tag × 21 Tage
Ergebnis:	V = 3.906 Liter (Nutzvolumen Speicher)

Im informativen Anhang A der DIN 1989-100 befindet sich ein Vorschlag für ein Berechnungsformular zur Ermittlung von Regenwasserertrag, Betriebswasserbedarf und Nutzvolumen von Regenwasserspeichern.

Regenwassersammel- und Wasserverteilungssysteme

Sammelrohrsysteme müssen entsprechend DIN 1986-100 „Entwässerungsanlagen für Gebäude und Grundstücke" bemessen werden.

Die Rohrdimensionierung von häuslichen Wasserverteilungssystemen muss gemäß den Normenreihen DIN EN 806 und DIN 1988 „Technische Regeln für Trinkwasser-Installationen" erfolgen.

3.6.2 Anforderungen an Grauwasser-nutzungsanlagen

Grauwasser

Bei Grauwasser handelt es sich um den fäkalien- und urinfreien Anteil des häuslichen Schmutzwassers. In Grauwassernutzungsanlagen wird Grauwasser gesammelt, behandelt und unter Berücksichtigung von Qualitätszielen zur Nutzung als hygienisch unbedenkliches Betriebswasser (Nicht-Trinkwasser) bereitgestellt. Dieses kann als Ersatz für Trinkwasser – z. B. zur Gartenbewässerung, WC-Spülung oder zum Wäschewaschen und zur Raumreinigung - verwendet werden.

Reduzierung des Trinkwasserbedarfs

Ziel der Grauwassernutzung ist die Reduzierung des Trinkwasserbedarfs. Die Wiederverwertung von Grauwasser reduziert die Trinkwasserkosten und Abwassergebühren und schont zugleich die kostbaren Wasserressourcen. Zusätzlich kann durch eine vorgeschaltete Wärmerückgewinnung aus Grauwasser wertvolle Energie gewonnen werden.

Grauwassernutzungsanlagen werden mittlerweile bei allen gängigen Gebäudetypen, wie z. B. in Ein- und Mehrfamilienhäusern, Hotels, Studentenwohnheimen, Sport- und Freizeiteinrichtungen sowie Gewerbe- und Industriegebäuden, eingesetzt.

Abb. 3.6.2-1: Grauwassernutzungsanlage in Seniorenwohnheim. (Quelle: DEHOUST)

DIN EN 16941-2

In Deutschland und Europa existierten lange Zeit keine normenmäßigen Vorgaben zur Grauwassernutzung. Als Normenwerk für die europäische Union erschien dann im November 2021 erstmals die DIN EN 16941-2 „Vor-Ort-Anlagen für Nicht-Trinkwasser – Anlagen für die Verwendung von behandeltem Grauwasser“.

In der Einleitung zur Euronorm heißt es: *“Grauwasser variiert in Abhängigkeit von der unterschiedlichen Herkunft nach Anfallsmenge und Zusammensetzung, die verschiedene Stufen der Behandlung von einer beabsichtigten Nutzung erfordern. Deshalb können Grauwassersysteme erhebliche Unterschiede bezüglich der Komplexität und Größe aufweisen“.*

Grauwasser gemäß DIN EN 16323*	
schwach belastetes Grauwasser	stark belastetes Grauwasser
Dusche Badewanne Waschbecken	Waschmaschine Küchenspüle Geschirrspüler
* DIN EN 16323 "Wörterbuch für Begriffe der Abwassertechnik", Ausgabe Juli 2014	

Tab. 3.6.2-1: Tabelle Art und Herkunft von Grauwasser. (Quelle: Ishorst)

Die DIN EN 16941-2 legt die Grundlagen für die Planung, Bemessung, Einbau, Kennzeichnung, Inbetriebnahme und Wartung von Grauwassernutzungsanlagen fest.

Sie ist anwendbar für die Nutzung von behandeltem Grauwasser zur:

- WC-Spülung
- Reinigung von Wäsche
- Gartenbewässerung
- Reinigung von Gegenständen

Vom Anwendungsbereich der Euronorm ausgeschlossen sind:

- die Verwendung als Trinkwasser und zur Zubereitung von Speisen
- die Verwendung zur Körperhygiene
- direkte Anwendungssysteme ohne Aufbereitung
- Produktdesign für spezifische Systembestandteile
- industrielles Schmutzwasser

- Wärmerückgewinnung und Kühlzwecke

In einer Anmerkung zum Anwendungsbereich heißt es: *"Konformität mit diesem Dokument entbindet nicht von der Einhaltung der Auflagen, die sich aus örtlichen oder nationalen Vorschriften ergeben können"*. In Deutschland gelten für Grauwassernutzungsanlagen neben der DIN EN 16941, Teil 2 noch weitere Regelwerke, wie z. B. die „Trinkwasserverordnung (TrinkwV)“ und die „Verordnung über Allgemeine Bedingungen für die Versorgung mit Wasser (AVBWasserV)“.

Funktionale Elemente und Grauwasserqualität

Gemäß Abschnitt 4 der DIN EN 16941-2 müssen Grauwassernutzungsanlagen so geplant, eingebaut, gekennzeichnet, betrieben und gewartet werden, dass die notwendige Betriebssicherheit jederzeit sichergestellt ist und die erforderlichen Arbeiten zur Instandhaltung leicht durchgeführt werden können.

Grauwassernutzungsanlagen bestehen i. d. R. aus folgenden funktionalen Elementen:

- Sammlung des Grauwassers
- Behandlung und Aufbereitung
- Speicherung
- Verteilung des Betriebswassers

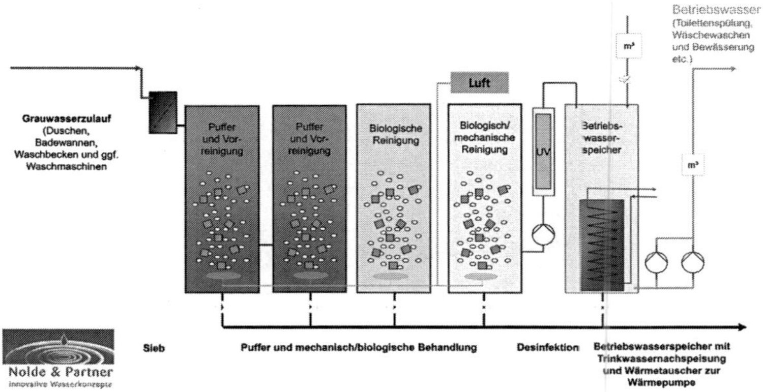

Abb. 3.6.2-2: Fließbild Grauwassernutzungsanlage. (Quelle: Nolde & Partner)

Keine Überflutungen

Durch Grauwassernutzungsanlagen dürfen grundsätzlich keine Überflutungen verursacht werden. Überflutungen sind durch ausreichend dimensionierte Überläufe zu verhindern.

Wird der Überlauf an die Kanalisation angeschlossen, muss die Sicherheit gegen Rückstau beachtet werden. Besteht die unmittelbare Gefahr des Rückstaus aus der Kanalisation, muss ein Rückstauverschluss in die Überlaufleitung eingebaut werden; ggf. ist das Überlaufwasser über eine Abwasserhebeanlage für „Fäkalienfreies Abwasser“ gemäß DIN EN 12050-2 abzuleiten.

Beim Einbau eines Rückstauverschlusses in die Überlaufleitung von Grauwassernutzungsanlagen sind gemäß Tabelle 4 der DIN 1986-100 Rückstauverschlüsse nach DIN EN 13564-1 für „Fäkalienfreies Abwasser“ zu verwenden.

Anwendungsbereich	Zugelassene Typen von Rückstauverschlüssen nach DIN EN 13564-1
Fäkalienhaltiges Abwasser	Typ 3 mit Kennzeichnung (F)
Fäkalienfreies Abwasser Regenwasser	Typen 2, 3 und 5
Regenwassernutzungsanlagen*	Typen 0, 1 und 2
* Nur zulässig für Überläufe von Erdspeichern, die an einen Regenwasserkanal angeschlossen werden.	

Tab. 3.6.2-2: Auszug aus Tabelle 4 der DIN 1986-100. (Quelle: Ishorst)

Die Überlaufleitung ist so zu bemessen, dass der maximale Zulauf in den Speicher abgeleitet werden kann.

Die Menge und der Verschmutzungsgrad des Grauwassers hängen von dessen Herkunft ab. Grauwässer von Küchenspülen und Geschirrspülmaschinen haben einen höheren Verschmutzungsgrad als geringer belastetes Grauwasser, von z. B. Badewannen, Duschen oder Waschbecken. Grauwasser mit höherem Verschmutzungsgrad bedarf i. d. R. einer intensiveren Behandlung.

Sammlung

Die Sammlung des Grauwassers muss gemäß Abschnitt 5.2 der DIN 16941-2 erfolgen. Über Sammelrohrsysteme soll das Grauwasser, getrennt von anderem Schmutzwasser, ungehindert von Sanitäreinrichtungen – wie z. B. Badewanne, Dusche oder Waschbecken –. dem Grauwasserspeicher oder der Grauwasserbehandlungsanlage zufließen können. Die Planung, Bemessung und Verlegung der Sammelrohrsysteme erfolgt gemäß DIN 1986-100 „Entwässerungsanlagen für Gebäude und Grundstücke", Ausgabe Dezember 2016.

Behandlung

Für die verschiedenen Nutzungsmöglichkeiten sind unterschiedliche spezifische Verfahren zur Behandlung und Aufbereitung von Grauwasser erforderlich, die einen wesentlichen Einfluss auf die gesamte erforderliche Anlagentechnik haben. Nach Abschnitt 5.3 der DIN 16941-2 muss das gesammelte Grauwasser mindestens in dem Maße behandelt werden, dass es den Wasserqualitätsanforderungen der angestrebten Nutzung entspricht. Beispiele für die Anforderungen an die Wasserqualität befinden sich im informativen Anhang D der Euronorm.

Wasserqualitätsanforderungen

Zur Behandlung von Grauwasser sind beispielsweise folgende Verfahren bzw. Behandlungsstufen möglich:

- FB = Festbettanlage
- BF = Bodenfilteranlage
- WB = Wirbelbettanlage
- MBR = Membranbioreaktor
- UV = UV-Anlage
- UF = Ultrafiltration
- RO = Umkehrosmose

Die Hersteller von Komponenten zur Grauwassernutzung bieten verschiedenste Produkte zur mechanischen, physikalischen und biologischen Behandlung an, mit denen Grauwasser auch ohne Zusatz von Chemikalien aufbereitet werden kann.

Speicherung

Die Anforderungen zur Speicherung sind im Abschnitt 5.4 der DIN 16941-2 enthalten. Grundsätzlich sollte die Speicherung von unbehandeltem Grauwasser vermieden werden.

Bei der Wahl des Speichers sind folgende Punkte unbedingt zu berücksichtigen:

- maximale Behandlungskapazität
- erforderliche Temperatur und Belüftung
- maximale Speicherdauer
- ob das System ausschließlich zur Grauwassernutzung dient, oder i. V. m. einem Regenwassersammelsystem betrieben wird.

In den Abschnitten 5.4.2 bis 5.4.7 der Euronorm befinden sich die Vorgaben zu Werkstoffen, Maße, Kapazität, Sandsicherheit, Wasserdichtheit sowie den Rohranschlüssen von Speichereinrichtungen.

Wasser-Nachspeisung

Damit eine kontinuierliche Versorgung der Entnahmestellen gewährleistet ist, müssen Grauwassernutzungsanlagen mit einer automatischen **Wasser-Nachspeisung** ausgerüstet werden. Zur Nachspeisung können neben Trinkwasser auch Regenwasser oder andere geeignete Wässer Verwendung finden. Um zu verhindern, dass Nicht-Trinkwasser in die Trinkwasser- oder öffentliche Wasserversorgung eindringt, muss die Nachspeisung mit Trinkwasser über eine Sicherheitseinrichtung, entsprechend DIN EN 1717 (freier Auslauf Typen AA, AB, AD) erfolgen. Weitere Anforderungen werden im Abschnitt 5.5 der DIN 16941-2 beschrieben.

Sicherheitseinrichtung

Pumpen

Pumpen für gesammeltes Grauwasser

Bei Grauwassernutzungsanlagen, bei denen das gesammelte Grauwasser nicht durch Schwerkraft weitergeleitet werden kann, müssen gemäß Abschnitt 5.6 der DIN EN 16941-2 Abwasserhebeanlagen für fäkalienfreies Abwasser nach DIN EN 12050-2 eingesetzt werden. Die Bemessung der Pumpen muss gemäß DIN EN 12056-4 „Schwerkraftentwässerungsanlagen innerhalb von Gebäuden – Abwasserhebeanlagen: Planung und Bemessung“ erfolgen.

DIN EN 12056-4

Pumpen für behandeltes Grauwasser

Der Betriebswasserdruck für behandeltes Grauwasser wird durch eine oder mehrere Druckerhöhungspumpe(n) erzeugt. Für eine erhöhte Betriebssicherheit (Redundanz) können Mehrfachpumpenanlagen eingesetzt werden. Ein sicherer Trockenlaufschutz für die Pumpen ist zu berücksichtigen.

Pumpen für behandeltes Grauwasser werden wie folgt unterschieden:

- außerhalb der Speichereinrichtung installierte Pumpen

- innerhalb der Speichereinrichtung installierte Pumpen.

Bei außerhalb der Speichereinrichtung installierten Pumpen für behandeltes Grauwasser müssen folgende Kriterien berücksichtigt werden:

- die Ansaugrohre müssen luftdicht sein
- durch eine hydraulisch günstige Installation der Ansaugrohre sollen unnötig hohe Reibungsverluste vermieden werden
- die Ansaugrohre sind mit Steigung zur Pumpe zu verlegen
- damit das Ansaugrohr gefüllt bleibt, muss ein Rückschlagventil installiert werden
- der Wassereinlauf ist so zu konstruieren, dass ein Einsaugen von Luft, Sedimenten oder Fremdkörpern vermieden wird
- der Standort der Pumpe muss gut gelüftet sein
- bei der Montage der Pumpe müssen Maßnahmen zum Schall- und Vibrationsschutz berücksichtigt werden.

Werden innerhalb der Speichereinrichtung installierte Pumpen eingesetzt, müssen folgende Anforderungen erfüllt werden:

- oberhalb der Ansaugstelle ist ein Mindestwasserstand zu berücksichtigen, um zu verhindern, dass Luft, Sedimente oder Fremdkörper mit eingesaugt werden

- damit das Rohr wassergefüllt bleibt, muss ein Rückschlagventil installiert werden
- die Pumpe muss ohne Spezialwerkzeuge und ohne Betreten des Speichers entfernt und ausgetauscht werden können (wichtig bei Reparatur- und Wartungsarbeiten).

Pumpensteuerung

Pumpen müssen mit einer Pumpensteuerung ausgestattet sein. Durch die Pumpensteuerung erfolgt eine automatische Kontrolle des Pumpenbetriebs. Die Steuerung muss eine manuelle Bedienung ermöglichen.

Verteilung

Schutz von öffentlichen und privaten Trinkwasseranlagen

Gemäß Abschnitt 5.9 der Euronorm muss die **Verteilung** die kontinuierliche Versorgung der Entnahmestellen mit Nicht-Trinkwasser (Betriebswasser) sicherstellen. Hierbei müssen die Unversehrtheit und der Schutz von öffentlichen und privaten Trinkwasseranlagen gewährleistet sein. Querverbindungen zwischen Nicht-Trinkwasser-Rohrsystemen und anderen Rohrsystemen sind unzulässig.

Die Planung, Bemessung und Ausführung von häuslichen Wasserverteilungssystemen muss gemäß der Normenreihen DIN EN 806 und DIN 1988 „Technische Regeln für Trinkwasser-Installationen“ erfolgen.

Anlagensteuerung

Grauwassernutzungsanlagen müssen mit einer Anlagensteuerung ausgestattet sein, mit der die wichtigsten Einstellungen vorgenommen werden können. Einige Hersteller bieten komplette Steuerungsanlagen an, die mittels Fernabfrage überwacht werden können. Anlagenteuerungen müssen nach Abschnitt 5.7 der DIN EN 16941-2 folgende Anforderungen erfüllen. Sie müssen:

- den Nutzer/Bediener informieren, wenn Verbrauchsmaterial aufgefüllt oder erneuert werden muss, um eine Fehlfunktion zu vermeiden
- sicherstellen, dass behandeltes Grauwasser nicht über eine Zeitdauer gespeichert wird, die zu einer Verschlechterung der Wasserqualität im Vergleich zur festgelegten Qualität führt oder die Anforderungen des Herstellers überschreitet
- bei jeglicher Fehlfunktion: den Nutzer/Bediener informieren, z. B. durch ein sichtbares oder akustisches Warnsignal
- sicherstellen, dass der Bypass unbehandeltes Grauwasser in das Schmutzwassersystem ableitet
- im Falle eines Bedienungsfehlers sicherstellen, dass aus dem Grauwassersystem gespeiste Anwendungen durch die Nachspeisung versorgt werden
- Pumpen steuern sowie die betriebsbedingte Abnutzung oder den Energiebedarf minimieren;
- die Nachspeisung automatisch aktivieren, wenn die Behandlungseinheit dies erfordert

- über einen spannungsfreien Ausgang zum Anschluss des Grauwassersystems an ein Gebäudemanagementsystem verfügen, wenn zweckdienlich.

Einbau

Die Installation von Grauwassernutzungsanlagen ist in Übereinstimmung mit den geltenden Regelwerken durchzuführen. Zusätzlich müssen die Einbau- bzw. Montageanleitungen der Hersteller beachtet werden.

In den Einbauanleitungen der Hersteller müssen – wenn anwendbar – mindestens folgende Punkte enthalten sein:

- erforderliche Standorteigenschaften
- Zusammenbau der Bauteile
- Wartungszugang und/oder Austausch von Verschleißteilen
- Rohr- und elektrische Anschlüsse
- Anforderungen an die Temperatur
- Gesundheits- und Sicherheitsaspekte

Beim Einbau von Grauwassernutzungsanlagen im Erdreich müssen folgende Punkte berücksichtigt werden:

- Bodenfestigkeit und Stabilität
- Bodenverunreinigung
- Grundwasserniveau
- statische Lasten (begehbar oder befahrbar)

- Abstand zu Gebäuden
- Zugänglichkeit
- Nähe zu Versorgungsleitungen und Fundamenten

Wasserdichtheit, Standsicherheit, Frostschutz

Bei der Installation der Grauwassernutzungsanlage müssen die Wasserdichtheit und Standsicherheit sowie der Frostschutz berücksichtigt werden. Bezüglich Inspektions-, Wartungs- und Reparaturarbeiten muss die Zugänglichkeit jederzeit gewährleistet sein.

Inbetriebnahme und Wartung

Die Vorgaben zur Inbetriebnahme und Wartung von Grauwassernutzungsanlagen befinden sich in den Abschnitten 9 und 12 der DIN EN 16941-2.

Grauwassernutzungsanlagen müssen vor Inbetriebnahme nach den Vorgaben der Planung sowie den geltenden Regelwerken überprüft werden. Hierzu gehört auch die Überprüfung der elektrischen Installation auf Übereinstimmung mit den geltenden Vorschriften. Ein Protokoll zur Inbetriebnahme muss anfertigt und dem Auftraggeber (Betreiber) aushändigt werden. Ferner erhält der Betreiber eine schriftliche Betriebsanleitung und wird mündlich in den ordnungsgemäßen Betrieb der Anlage eingewiesen.

Der Betrieb und die Inbetriebnahme der Grauwassernutzungsanlage ist der zuständigen Behörde - entsprechend den Vorgaben der Trinkwasserverordnung - anzuzeigen.

Die regelmäßige Inspektion und Wartung von Grauwassernutzungsanlagen haben nach den Angaben des Herstellers zu erfolgen. Der Abschluss eines Wartungsvertrags ist empfehlenswert. Regelmäßige Wartungen erhöhen die Betriebssicherheit, Lebensdauer und Energieeffizienz der Anlage.

Vorteile der Nutzung von Grauwasser

Folgende Argumente sprechen für die Nutzung von Grauwasser als Nicht-Trinkwasser:

- Einsparungen an Trink- und Abwassergebühren
- durch die Einsparung von Trinkwasser werden die mittlerweile begrenzten Ressourcen an wertvollem Trinkwasser geschont
- weil Trinkwasser einfach zu schade ist für die Gartenbewässerung, das Wäschewaschen und zur Toilettenspülung
- in einigen Städten und Gemeinden Zuschüsse für Grauwassernutzungsanlagen bewilligt werden.

3.6.2.1 Bemessung von Grauwassernutzungsanlagen

Die Bemessung von Grauwassernutzungsanlagen erfolgt nach DIN EN 16941-2 „Vor-Ort-Anlagen für Nicht-Trinkwasser – Anlagen für die Verwendung von behandeltem Grauwasser".

Hierbei sind folgende Faktoren von entscheidender Bedeutung:

- täglicher Grauwasserertrag;
- täglicher Grauwasserbedarf.

Zur Auslegung von Grauwassernutzungsanlagen sind gemäß Abschnitt 6.2.1 der Euronorm folgende Berechnungsmethoden (Verfahren) anwendbar:

WC-Spülung, Wäschewaschen

- **Vereinfachtes Verfahren** (das im Bad anfallende Grauwasser wird zur WC-Spülung und/oder zum Wäschewaschen innerhalb einer Wohneinheit verwendet);
- **Differenziertes Verfahren** (das im Bad anfallende Grauwasser wird zur WC-Spülung, zum Wäschewaschen und zur Gartenbewässerung in Wohn-, Gewerbe-, Industrie- und öffentlichen Gebäuden verwendet).

Handelt es sich um ein Hotel, Wohnheim bzw. ein Gebäude für ähnliche Unterbringungsarten oder um Grauwassersysteme, die mehr als ein Grundstück versorgen, sollte das differenzierte Verfahren angewendet werden.

Vereinfachtes Verfahren

Die Bemessung von Grauwassernutzungsanlagen nach dem vereinfachten Verfahren erfolgt nach Abschnitt 6.2.3 der DIN EN 16941-2. Es ist nur für Wohngebäude anzuwenden und beruht auf folgenden Annahmen:

- relativ konstanter täglicher Bedarf je Person zur WC-Spülung und zum Wäschewaschen;
- relativ konstanter täglicher Ertrag je Person an gering verschmutztem Grauwasser.

Durchschnittliche tägliche Grauwassererträge

Erfahrungswerte für durchschnittliche tägliche Grauwassererträge und Bedarfsmengen pro Person befinden sich in der Tabelle A.1 im Anhang A der Norm.

Ertrag	Bedarf		
	WC	Wäschewaschen	Andere Nicht-Trinkwassernutzungen
60 Liter	35 Liter	15 Liter	10 Liter

Tab. 3.6.2.1-1: Auszug aus Tabelle A.1 der DIN EN 16941-2 „Typische Durchschnittswerte für den täglichen Grauwasserertrag und -bedarf pro Person" (Quelle: Ishorst)

Täglicher Grauwasserertrag

Der **tägliche Grauwasserertrag** hängt in starkem Maße vom jeweiligen Gebäudetyp, den unterschiedlichen Grauwasserquellen (z. B. Dusche, Badewanne oder Waschbecken), der Einwohnerzahl (Nutzerzahl) sowie dem Nutzerverhalten und den installierten Sanitärarmaturen ab.

Für den Normalfall lässt sich der tägliche Grauwasserertrag mit den Werten aus Tabelle A.1 der DIN EN 16941-2 ermitteln. Die Berechnung des täglichen Grauwasserertrags ***(Y_G)*** in Litern pro Tag kann beim vereinfachten Verfahren mittels folgender Gleichung durchgeführt werden:

Y_G = Σ (täglicher Ertrag pro Person x n

Dabei ist:

Y_G	Grauwasserertrag in Liter proTag (l/d)
n	Anzahl der Personen

Berechnungsbeispiel 1

Gegeben:

Einfamilien-Wohnhaus mit ***n*** = 5 Personen

Täglicher Grauwasserertrag pro Person = 60 l/(n×d) nach Tabelle A.1 der DIN EN 16941-2

Gesucht:	Grauwasserertrag $\boldsymbol{Y_G}$ in l/d
Gleichung:	Y_G = Σ *(täglicher Ertrag pro Person × n)*
Lösung:	Y_G = 60 l/(n×d) × 5 Personen (n)
Ergebnis:	Y_G = 300 l/d

Täglicher Grauwasserbedarf

Bei der Ermittlung des **täglichen Grauwasserbedarfs** sind der Gebäudetyp, die Betriebswasser-Verbrauchsstellen sowie die Personenzahl (Nutzerzahl ***n***) und die installierten Sanitärarmaturen von entscheidender Bedeutung.

Ermittlung des täglichen Grauwasserbedarfs

Für den Normalfall lässt sich der tägliche Grauwasserbedarf mit den Werten aus Tabelle A.1 der DIN EN 16941-2 berechnen. Die Ermittlung des täglichen Grauwasserbedarfs ($\boldsymbol{D_G}$) in Litern pro Tag kann beim vereinfachten Verfahren nach der folgenden Gleichung durchgeführt werden:

$D_G = \Sigma$ (täglicher Bedarf pro Person × n)

Dabei ist:

$\boldsymbol{D_G}$ Grauwasserbedarf in l/d

n Anzahl der Personen

Berechnungsbeispiel 2

(gleiches Objekt wie bei Berechnungsbeispiel 1)

Gegeben:

Einfamilien-Wohnhaus mit ***n*** = 5 Personen

Täglicher Grauwasserbedarf pro Person: WC-Spülungen mit 35 l/(n×d) + Wäschewaschen mit 15 l/(n×d) = 50 l/(n×d) nach Tabelle A.1 der DIN EN 16941-2

Gesucht: Grauwasserbedarf D_G in l/d

Gleichung: $D_G = \Sigma$ (täglicher Bedarf pro Person × n)

Lösung: $D_G = 50$ l/(n×d) × 5 Personen (n)

Ergebnis: $D_G = 250$ l/d

Behandlungs- und Speicherkapazität

Zur Gesamtauslegung des Systems heißt es im Abschnitt 6.1 der DIN EN 16941-2 wie folgt: „*Für die Gesamtauslegung des Systems muss der niedrigste berechnete Wert für den Ertrag oder den Bedarf verwendet werden. Es wird empfohlen, die Speicherung von behandeltem Grauwasser zu minimieren. Da es im Allgemeinen eine unbegrenzte Nachlieferung von nicht behandeltem Grauwasser gibt, wird normalerweise eine Speicherung in Höhe von bis zu 50 % des Tagesbedarfs ausreichend sein.*“

Grauwassersammel- und Wasserverteilungssysteme

Die Sammelrohrsysteme für Grauwasser müssen nach DIN 1986-100 „Entwässerungsanlagen für Gebäude und Grundstücke“ bemessen werden.

Häusliche Wasserverteilungssysteme werden gemäß den Normenreihen DIN EN 806 und DIN 1988 „Technische Regeln für Trinkwasser-Installationen“ dimensioniert.

3.7 Überblick bauliche Maßnahmen zum Hitzeschutz

Einleitung

Hitze betrifft in erster Linie die Bewohnerinnen und Bewohner, wirkt sich aber auch negativ auf die Gebäudekonstruktion aus. Um die Raumtemperatur angenehm zu halten und das Gebäude vor Sommerhitze zu schützen, sind zwei unterschiedliche Wege möglich:

- Durch aufeinander abgestimmte bauliche Maßnahmen wird verhindert, dass Hitze in das Gebäude dringen kann.
- Durch technische Einbauten kann Wärme nach außen abgeleitet werden.

Ziel sollte sein, mit baulichen Maßnahmen eine starke Erwärmung des Gebäudes zu verhindern. Gegen bereits entstandene Hitze mit einer Kühlungs- oder Lüftungsanlage vorzugehen, verbraucht viel Strom und erwärmt zusätzlich die direkte Umgebung. Außerdem ist der Einsatz technischer Geräte im Bestand schwer nachzurüsten.

3.7.1 Hitzeschutz über das Gebäudedach

Steildächer

Daten sammeln und auswerten

Oberste Priorität sollte die Sanierung der Dächer haben. Um Schwachstellen in der thermischen Gebäudehülle zu erkennen, sollten über einen Zeitraum von etwa drei Monaten (am besten in den Monaten Juni bis August) Datenlogger aufgestellt und ausgewertet werden. Ein Sanierungsvorschlag zum Dachaufbau, der die folgenden Punkte berücksichtigt, ist in Abb. 3.7.1-1 dargestellt.

- Der Wärmeschutz ist mit einem angenommenen U-Wert von 0,18 $W/(m^2K)$ deutlich besser als die gesetzlichen Vorgaben nach Gebäudeenergiegesetz (GEG).
- Der Hitzeschutz ist durch eine Phasenverschiebung von 13,5 Stunden gewährleistet (Abb. 3.7.1-2).
- Bauphysikalische Aspekte: Durch den Einsatz feuchteadaptiver Materialien und einen Gesamtaufbau, welcher Dampfdiffusion zulässt, ist keine Feuchteproblematik mit einhergehendem Schimmelbefall zu erwarten.
- Die Wohngesundheit wird durch den Einsatz gesundheitlich unbedenklicher sowie geprüfter Materialien sichergestellt.
- Eine Umsetzbarkeit im bewohnten Bestand ist aufgrund des innovativen Dachaufbaus möglich. Dieser Aufbau mit nur einer Folie, welche die Winddichtigkeit herstellt, ist weniger anfällig für Ausführungsfehler. Die Arbeiten können ausschließlich von außen über ein Gerüst erfolgen.

- Die Wirtschaftlichkeit ist durch den Einsatz von nachhaltigen Materialien gegeben, welche künftig nicht vom Eigentümer als Sondermüll zu entsorgen sind.

Seit 2023 greift auch bei Dachsanierungen die Photovoltaikpflicht!

Es ist zu beachten, dass seit 2023 auch bei Dachsanierungen die Photovoltaikpflicht greift. Das ist bei den anstehenden Überlegungen zur künftigen Energieversorgung mit einzubeziehen.

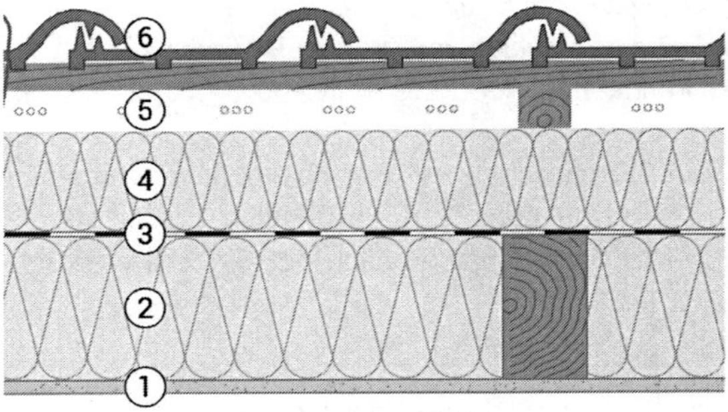

Abb. 3.7.1-1: Sanierungsvorschlag zum Dachaufbau:
1. Innenverkleidung: Bestand
2. Zwischensparrendämmung: Holzfaser-Dämmmatte
3. Folie zur Winddichtigkeit
4. Aufsparrendämmung: Holzfaser-Dämmplatten
5. Hinterlüftung und Ziegeldeckung
(Quelle: Teichert)

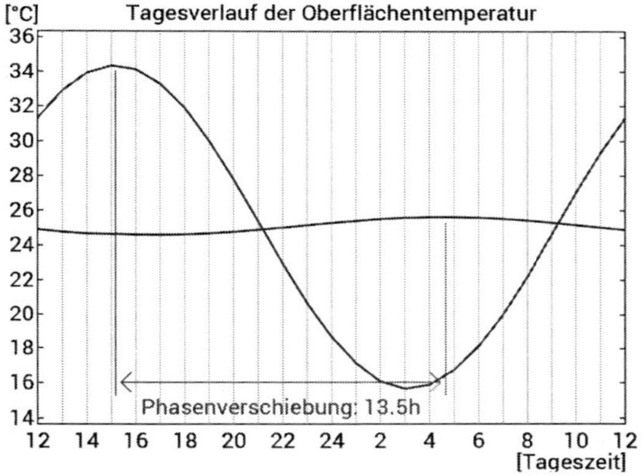

Abb. 3.7.1-2: Verlauf einer optimalen Phasenverschiebung (große, gebogene Kurve: Außentemperatur; flache Kurve: Innentemperatur) (Quelle: Teichert)

Flachdächer

Auf vorhandene Flachdächer ist ein besonderer Fokus zu setzen, da sich hier im Zuge einer Sanierung neben dem Wärme- und Hitzeschutz noch weitere positive Aspekte verwirklichen lassen. Eine extensive Dachbegrünung lässt sich bereits ab einem Aufbau von 10 cm realisieren. Allerdings müssen vorab statische Voraussetzungen fachtechnisch geprüft werden.

Abb. 3.7.1-3: Beispiel für eine geeignete Dachfläche (Quelle: Teichert)

Siehe hierzu auch Kapitel 3.1.4

Auch eine Kombination von Dachbegrünung und PV-Anlagen ist möglich. Die Leistung der Anlage wird durch den Kühleffekt des Gründachs sogar noch erhöht. Weitere Gründe für ein Gründach werden im Folgenden aufgezeigt:

1. Schutz der Dachhaut

   Eine Flachdachabdichtung ist hohen Belastungen ausgesetzt. Der Aufbau einer Dachbegrünung bietet Schutz vor UV-Strahlung, Regen, Wind, Hagelschlag und hohen Temperaturschwankungen.

2. Regenwasserrückhalt

   Ein Gründach kann je nach Aufbau zwischen 50 und 80 Prozent des Regenwassers speichern und verzögert abgeben. Dies entlastet das öffentliche Kanalnetz und vermindert somit das Risiko von Überflutungen bei Starkregen.

3. Verbesserung des Mikroklimas

   Dachbegrünungen sorgen über die Verdunstung für eine Abkühlung und Befeuchtung der direkten Umgebung. Dieser Effekt ist gerade bei den Räumen, die an einer Ostfassade liegen, von Bedeutung: Bei Auswertung von Datenloggern lässt sich feststellen, in welchen Räumen die höchste Hitzebelastung zu beobachten ist.

4. Bindung von Staub und Schadstoffen

   Die Bepflanzung ist in der Lage, erhebliche Mengen von Kleinstpartikeln, Staub und anderen Schadstoffen wie Kohlenmonoxid aus der Luft zu binden. Befindet sich das Gebäude an einer viel befahrenen Straße, erscheint diese Maßnahme als sinnvoll.

5. Ästhetischer Aspekt

   Eine Dachbegrünung sorgt, gerade im urbanen Umfeld, für eine Aufwertung der direkten Umgebung. Nebenbei werden auch Flächen zur Biodiversität geschaffen.

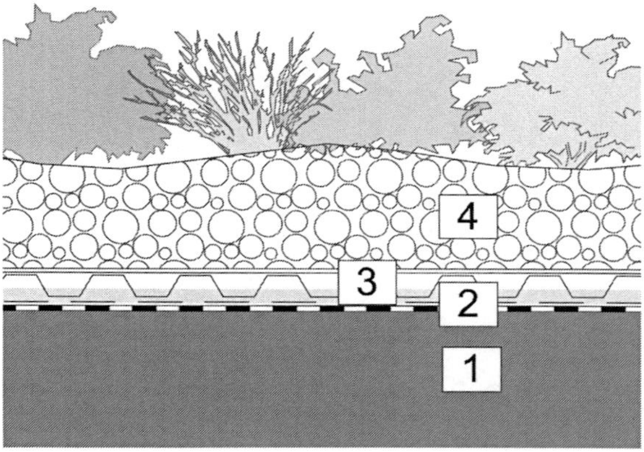

Abb. 3.7.1-4: Aufbau einer extensiven Dachbegrünung
1. Dachkonstruktion Bestand
2. Flachdachabdichtung
3. Drainageelement
4. Pflanzsubstrat
(Quelle: Teichert)

Abb. 3.7.1-5: Beispiel für eine extensive Dachbegrünung (Quelle: Teichert)

3.7.2 Hitzeschutz über die Fassade

Fassadenbegrünungen

Fassadenbegrünungen, siehe auch Kapitel 3.1

Fassadenbegrünungen bieten ähnliche Vorteile wie Gründächer. Die Umsetzung ist jedoch einfacher und es stehen mehr Flächen zur Verfügung. In der Vergangenheit wurden Fassadenbegrünungen hauptsächlich als ökologische und gestalterische Maßnahme gesehen. Im Zuge des Klimawandels und der damit einhergehenden Hitzeproblematik muss der Nutzen der Fassadenbegrünungen zur Gebäudeoptimierung neu bewertet werden:

- Kühlung und Beschattung
- Dämmwirkung
- Verbesserung des Mikroklimas
- Materialschutz
- Bindung von Staub und Schadstoffen
- Lärmminderung
- Rückhalt undVerwendung von Niederschlagswasser
- Ästhetische Aufwertung

Es wird zwischen drei Bauweisen unterschieden:

1. Bodengebundene Begrünung
2. Begrünung mittels Tragsystem
3. Wandgebundene Begrünung

Im Gegensatz zur bodengebundenen Begrünung und der Begrünung mittels Tragsystemen hat die wandgebundene Begrünung vor allem im urbanen Raum ohne Aufstellungsmöglichkeiten Vorteile.

Bodengebundene Begrünung

Um die Fassade nicht zu schädigen, wird ein leitbarer Bewuchs mit Gerüstkletterpflanzen auf einer Unterkonstruktion als Wuchshilfe empfohlen. Diese kann aus Metall, Holz, Draht- oder Kunstfaserseilen bestehen. Die Konstruktion darf nicht korrodieren, pflanzenschädlich beschichtet sein oder sich in der Sonne auf über 60 °C erhitzen. Dimension, Spannkraft und Wandabstand müssen auf die jeweiligen Eigenarten der Pflanzen abgestimmt sein. Welche Pflanzen zur Begrünung eingesetzt werden können, sind einer Aufstellung des NABU zu entnehmen (siehe Kapitel 1.5).

Begrünung mittels Tragsystem

Auf einer bodenständigen Tragkonstruktion werden Pflanzen in Behälter gesetzt. Diese werden so angeordnet, dass sich die Wuchsgröße der Pflanzenauswahl und der Lichteinfall durch Gebäudeöffnungen nicht entgegenstehen. Die Konstruktion ist gleichzeitig Kletterhilfe und kann zur Befestigung der Bewässerungsleitungen dienen. Im Optimalfall kann ein zusätzlicher Außenraum mit hoher Aufenthaltsqualität geschaffen werden. Ein mögliches Konzept könnte wie folgt aussehen: Auf einer Gerüstkonstruktion werden in ausgedienten Badewannen Pflanzen gesetzt und so ein Bestandsgebäude aufgewertet. Die Bewässerung erfolgt über einen vom Dach gespeisten Wassertank. Diese Maßnahme kann auch unter Einbindung lokaler Firmen und Mitwirkung der Hausbewohner durchgeführt werden. Hierdurch entsteht eine hohe Identifikation mit dem Projekt und es bietet einen Lerneffekt für alle Beteiligten.

Wand- oder fassadengebundene Begrünung

Wand- oder fassadengebundene Begrünungssysteme kommen im Allgemeinen an die Fassade der Außenwand und sollen hier andere Materialien wie Glas, Faserzement, Metalle etc. ersetzen. Sie benötigen keinen Bodenanschluss und sind daher besonders für urbane Bereiche geeignet. Die Versorgung der Pflanzen mit Wasser und Nährstoffen muss über eine automatische Anlage erfolgen. Daher ist der Aufwand für Pflege und Wartung höher als bei bodengebundenen Begrünungen. Die Konstruktion muss auf die Begrünung abgestimmt sein.

Abb. 3.7.2-1: Beispiel für eine bodengebundene Begrünung mit Wuchshilfe (Quelle: Robert Marktl – adobe.stock.com)

Abb. 3.7.2-2: Beispiel für eine geeignete Wandfläche an einer südlichen Giebelseite (Quelle: Teichert)

Konstruktiver Sonnenschutz

Im Winter liefert die Wärmeenergie der Sonne einen wichtigen Beitrag zur Abdeckung der Heizlast. Dagegen ist in den wärmeren Monaten eine sinnvoll angebrachte Verschattung (sommerlicher Wärmeschutz) notwendig, um Innenräume vor hohen Raumtemperaturen zu schützen.

Außen angebrachte Verschattungsvorrichtung

Eine außen angebrachte Verschattungsvorrichtung ist am effektivsten, da so die Sonneneinstrahlung nicht direkt auf das Fensterglas trifft. Zudem kann hierdurch auch ein Schutz vor Sturm- und Hagelschäden sichergestellt werden.

Die Dachdeckung eines Hauses kann sich an heißen Tagen zeitweise auf über 80 °C erhitzen. Ohne einen außen liegenden Sonnenschutz an Dachfenstern heizen sich die darunterliegenden Gebäudebereiche noch stärker und schneller auf. Dieser Effekt lässt sich nach Auswertung von Datenloggern in allen Gebäuden mit Dachfenstern feststellen. Moderne Rollläden an Dachfenstern können ohne eine Durchdringung der Dachhaut von außen montiert werden. Ein solarbetriebener Motor sitzt am Rollladen und kann vom Innenraum per Funk gesteuert werden. Eine Kombination mit einem Wetterwächter oder einer Zeitschaltuhr ist auch möglich.

Sonnenschutzelemente an Fassaden bieten meist mehr als nur Verschattung. Sie bestimmen die Lichtverhältnisse in einem Raum, sorgen für einen blendfreien Arbeitsplatz und ermöglichen unter Umständen solare Energiegewinne in den Wintermonaten. Zudem können sie das äußere Erscheinungsbild eines Gebäudes bestimmen. Gerade bei historischen Fassaden muss darauf Rücksicht genommen werden.

Fensterläden aus Holz dienen seit Jahrhunderten als wirksamer Wetter- und Sonnenschutz von Gebäuden. Aufgrund der einfachen Bedienbarkeit, gerade bei motorgesteuerten und automatisierten Holzschiebeläden, erfahren Fensterläden wieder einen hohen Zuspruch. Bei dem Gebäude der Tagesgruppe Klösterle (siehe Bild unten) kann die historische Fassade durch Holzläden zusätzlich aufgewertet werden.

Abb. 3.7.2-3: Beispiel für geeignete Holzschiebeläden (Quelle: Meuvo ÖkoTechnik GmbH)

Abb. 3.7.2-4: Beispiel einer Westfassade ohne außen liegenden Sonnenschutz (Quelle: Teichert)

3.7.3 Hitzeschutz durch Gebäudelüftung

Eine Raumbelüftung soll die Behaglichkeit in den Räumen sicherstellen und Bauschäden durch Kondensatausfall vermeiden. Zudem müssen Schadstoffe, Gerüche, Feuchtigkeit und Wärme durch die Lüftung abgeführt werden können. Diese Stoffgruppen reichern sich innerhalb eines begrenzten Raums schnell an. Das Raumvolumen, die Nutzung und Belegungsdichte und die Bauweise sind ausschlaggebend für die Geschwindigkeit.

Im Folgenden wird auf die Wärmeabfuhr in den Sommermonaten eingegangen. Allerdings ist gerade bei dem festgestellten fehlenden Luftaustausch auch die CO_2-Anreicherung zu beachten und sollte bei weiteren Untersuchungen miteinbezogen werden.

Folgende Lüftungsmethoden bzw. Systeme können eingesetzt werden:

1. Fensterlüftung

   Die reine Fensterlüftung ist immer nutzerabhängig und ist unter Berücksichtigung heutiger Vorgaben im Wohnungsbau als nicht ausreichend zu bewerten.

2. Abluftanlage

   Bei einer Abluftanlage ist keine Wärmerückgewinnung (WRG) möglich. Zudem sind Nachstromöffnungen in den Räumen notwendig, hierdurch kann es zu Zuglufterscheinungen kommen.

3. Lüftungsanlage mit Wärmerückgewinnung

   Aufgrund der hohen Investitionskosten und des großen Platzbedarfs ist diese Variante im Bestand nur begrenzt zu empfehlen.

4. Einzelraumgeräte mit Wärmerückgewinnung

   Diese Variante ist im Bestand gut nachrüstbar. Ein weiterer Vorteil liegt in der individuellen Steuerung für jeden Raum. Spitzenlasten, z. B. am Morgen, sind weiterhin über Stoßlüften abzuführen. Durch die Wärmerückgewinnung lassen sich die Wärmeverluste in den Wintermonaten zumindest begrenzen. Eine Kombination mit einer PV-Anlage zur Stromversorgung ist zu empfehlen.

5. Low-Tech-Ansatz

   Einsatz von Deckenventilatoren

   An heißen Tagen kann den Bewohnern durch die Luftbewegung Kühlung durch Konvektion verschafft werden. In der Heizperiode können Deckenventilatoren die in hohen Räumen nach oben steigende Luft wieder nach unten befördern.

   Einsatz von CO_2-Messgeräten

   Durch die Anzeige der Raumluftqualität wird bei den Bewohnern ein eigenständiges, sinnvolles Lüftungsverhalten gefördert. Für die untersuchten Gebäude sind Einzelraumgeräte mit Wärmerückgewinnung oder der beschriebene Low-Tech-Ansatz geeignet. Möglich ist auch eine Kombination beider Varianten.

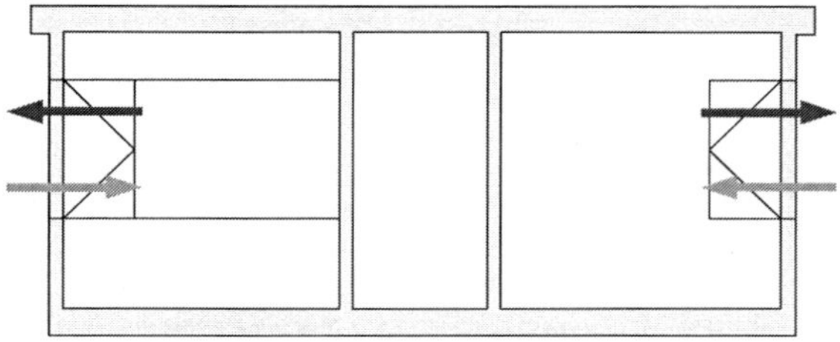

Abb. 3.7.3-1: Fensterlüftung (Quelle: Forum Verlag)

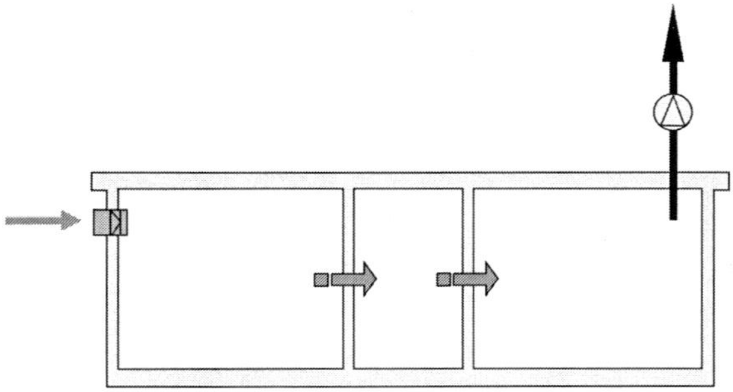

Abb. 3.7.3-2: Einfache Abluftanlage (Quelle: Forum Verlag)

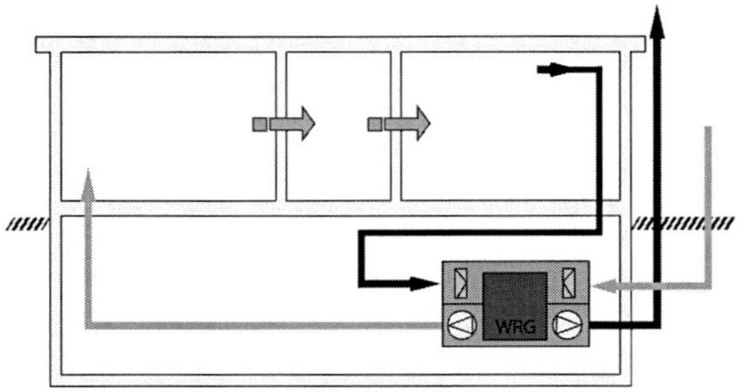

Abb. 3.7.3-3: Einfache Lüftungsanlage mit Wärmerückgewinnung (Quelle: Forum Verlag)

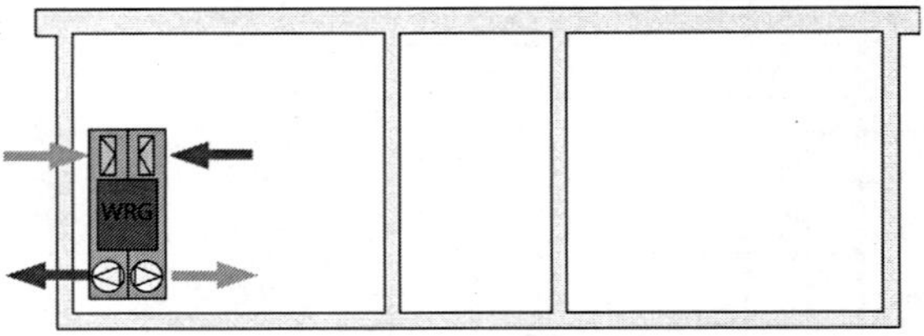

Abb. 3.7.3-4: Einzelraumlüfter mit Wärmerückgewinnung (Quelle: Forum Verlag)

3.8 Klimasicher bauen

CO_2-Vermeidung

Der Klimawandel ist da, und die Folgen der Klimaextreme wie Hitzerekorde, Starkregen und Stürme gefährden Menschen und Gebäude. Es geht deshalb darum, den Klimawandel durch energieeffiziente und nachhaltige Bauprodukte zu bremsen, aber auch darum, sich vor den zunehmenden Klimaextremen zu schützen. Der Gebäudesektor trägt wesentlich durch fossile Heizenergie und die CO_2-Emissionen bei der Herstellung von Bauprodukten zum Klimawandel bei. Zukunftsfähige und klimasichere Bauprodukte müssen deshalb energieeffizient, resilient gegenüber Klimaextremen und nachhaltig sein. Eine Online-Umfrage[1] hat gezeigt, dass Planer, Hersteller, Händler und Bauherren eine neutrale Bewertung der Nachhaltigkeit, Verringerungen von Treibhausgasen (THG) und Klimasicherheit auf Produktebene für notwendig halten. Deshalb hat das ift Rosenheim geeignete Anforderungen und Bewertungskriterien entwickelt, um eine verlässliche Entscheidung für die passenden Bauprodukte treffen zu können. Neben der Reduzierung des Energieverbrauchs (und damit der CO_2-Emissionen) in der Nutzungsphase müssen auch der Ressourcenverbrauch bei der Herstellung (graue Energie) und die Recyclingfähigkeit der Baumaterialien beachtet werden.

---

1 Onlinebefragung "klima.sicher.bauen", ift Rosenheim, Rosenheim 10/2022.
www.ift-rosenheim.de/shop/onlinebefragung-klimasicherbauen-download

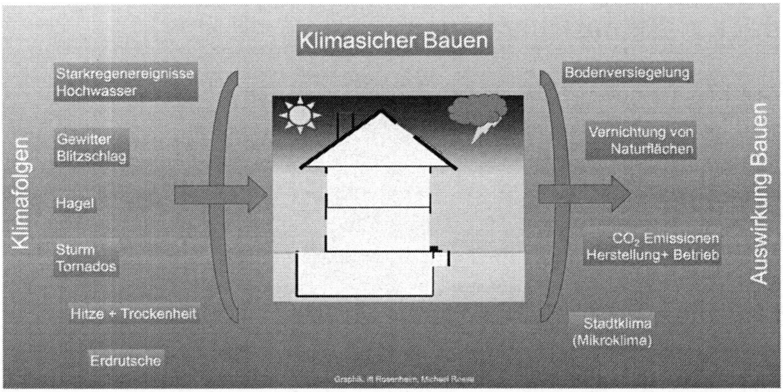

Abb. 3.8-1: Neue und sanierte Gebäude sollten nicht nur energieneutral, sondern auch nachhaltig und klimaresistenter ausgeführt werden (Quelle: ift Rosenheim)

Schutz vor Klimafolgen (Resilienz)

Auch die Realisierung ambitionierter Ziele bei der CO_2-Vermeidung wird die massiven Auswirkungen auf das Wetter nicht mehr verhindern. Die Zunahme klimabedingter Katastrophen und Veränderungen ist bereits im vollen Gange. Ein Tornado in Kiel, die Flut im Ahrtal, Hitzewellen im Südwesten, Trockenheit und Waldbrände im Osten, Hagelschneisen im Chiemgau – es ist beängstigend, wie häufig derartige Ereignisse uns mittlerweile heimsuchen. Überschwemmungen und Hitzewellen sind dabei die größten Gefahren für Leib und Leben sowie für Gebäude. Für Fenster, Türen und Fassaden werden die Anforderungen daher extremer und die Konstruktionen müssen „robuster“ werden. Hierfür sind Materialien mit ausreichender Temperaturfestigkeit notwendig sowie geeignete Konstruktionen mit höherer Widerstandsfähigkeit gegen Hochwasser und Überschwemmungen.

Fenster, Türen und Fassaden

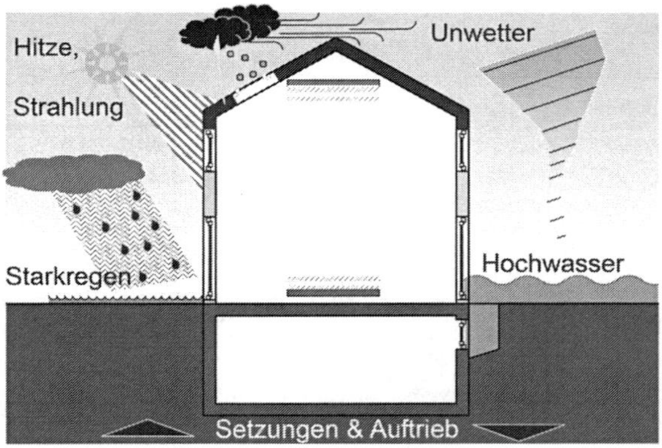

Abb. 3.8-2: Die Zeiten für Gebäude und Bewohner werden rauer (Quelle: ift Rosenheim)

Hochwasserschutz

Überschwemmungen treten schon seit Jahren nicht mehr nur im direkten Umfeld von Flüssen und Bächen auf. Gerade lokale Starkregenereignisse führen durch das Oberflächenwasser zu Überschwemmungen – das kann in Deutschland fast jedes Gebäude treffen; es braucht nur ein ungünstiges Gefälle zum Haus. Die Belastungen während eines Starkregenereignisses oder einer Überschwemmung sind vielfältig. Moderate mechanische Belastungen treten durch den Wasserdruck bei langsam steigendem Wasser auf. Bei einem sprunghaften Ansteigen des Wassers (Dammbruch, Schwallwasser etc.) oder durch angeschwemmtes Treibgut (Baumstämme, Steine, Schwemmgut etc.) sind die Belastungen deutlich höher und erfordern den Einsatz massiver Schutzvorrichtungen.

Mechanische Belastungen

Nr.	Bild (schematisch)	Beschreibung der Belastung	Normal konstruiertes Element	Hochwasserbeständiges Element*)	Schutzwand
1	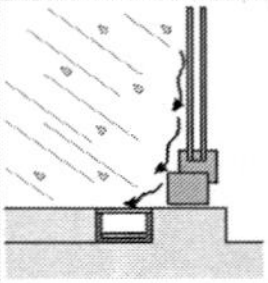	**Schlagregen** Überlagerung von normalem bis kräftigem Regen und Wind	Geeignet Schlagregendichtheit von Element und Anschlüssen Geregelte Klassen nach DIN EN 12208	(Geeignet) Schlagregendichtheit von Element und Anschlüssen ist entsprechend gegeben	Nicht erforderlich Ein Einsatz einer Schutzwand ist nicht erforderlich.
2	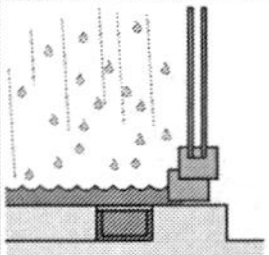	**Starkregen** Unwetterartiger Regen ggf. mit hohen Windbelastungen mit anstauendem Oberflächenwasser	(Geeignet) Je nach Höhe des Oberflächenwassers kann die Dichtheit eingeschränkt sein, eindringendes Wasser in den Baukörperanschluss ist möglich.	Geeignet Dichtheit von Element und Anschlüssen ist gegeben	Möglich Ein kurzfristiger Einsatz von Schutzwänden ist denkbar.
3	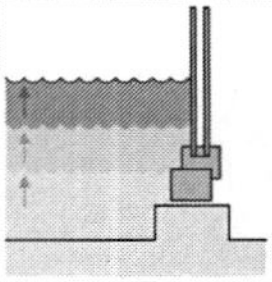	**Anstauendes Wasser** Langsam sich erhöhender Wasserspiegel ohne direkte Anströmung (z. B. volllaufender Kellerschacht)	Ungeeignet Dichtheit und Schadensfreiheit von Element und Anschlüssen nicht mehr gegeben.	Geeignet Geringe Undichtheit zulässig (Hochwasserbeständig) oder wasserdicht.	Geeignet Wasserdichte Abschirmung möglich.
4.1	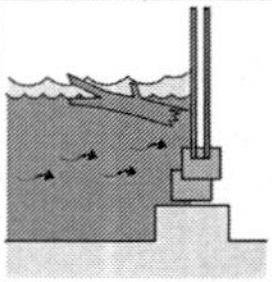	**Anströmendes Wasser** Flut strömt gegen die Elemente	Ungeeignet Dichtheit und Schadensfreiheit von Element und Anschlüssen nicht mehr gegeben.	Ungeeignet Dichtheit und Schadensfreiheit von Element und Anschlüssen nicht mehr gegeben.	Siehe 4.2 Wasserdichte Abschirmung möglich.
4.2		**Anströmendes Wasser** Flut strömt gegen die Abschirmung durch Schutzwand	Geeignet Hochwasserschutz durch wasserdichte Abschirmung.	Geeignet Wasserdichte Abschirmung und/oder Abschirmung von Strömung und Treibgut möglich	Geeignet Wasserdichte Abschirmung möglich.

*) Die Hochwasserbeständigkeit wird nach ift-Richtlinie FE-07/1 geprüft und klassifiziert. Derartige Fenster sind Spezialkonstruktionen, deren Merkmale einen breiten Einsatz in der Architektur üblicherweise verhindern.

Abb. 3.8-3: Belastung durch Wasser und mögliche Schutzmaßnahmen (Quelle: ift Rosenheim)

Hochwasserbeständige Fenster und Türen

Deshalb werden hochwasserbeständige Fenster und Türen immer stärker nachgefragt. Dabei handelt es sich um Spezialkonstruktionen, die nur bedingt die üblichen Anforderungen erfüllen und deshalb bislang vor allem als kleine Kellerfenster am Markt verfügbar sind. Die Entwicklungen geeigneter Anforderungen, Prüfverfahren und Konstruktionen für hochwasserbeständige Fenster und Fenstertüren, die wie „normale“ Fenster im Erdgeschoss eingesetzt werden können, stehen erst am Anfang. Denkbar sind auch wirksame Kombisysteme aus Fenstern und temporären Schutzelementen, die bei Gefahr aktiviert werden. Durch die steigende Nachfrage von Menschen, die ihre Gebäude gegen eine Hochwasserkatastrophe schützen wollen, ist mit einer dynamischen Entwicklung zu rechnen. Einen großen Einfluss auf die Marktentwicklungen haben dabei die Versicherer und deren Bereitschaft, Gebäude ohne Schutzelemente noch gegen Elementarschäden zu versichern.

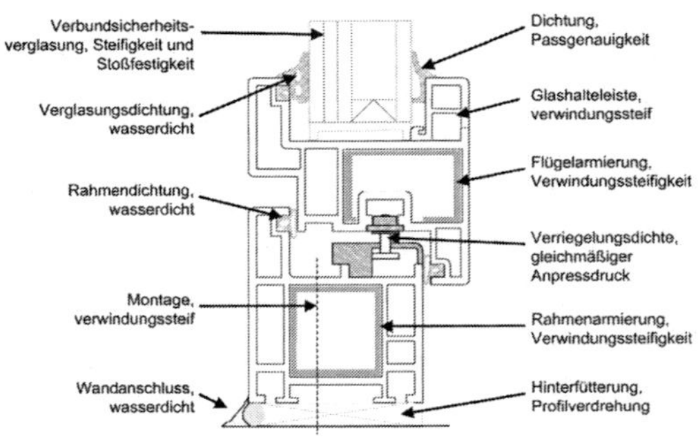

Abb. 3.8-4: Konstruktionsprinzipien und Prüfung hochwasserhemmender Fenster (Quelle: ift Rosenheim)

Hitzeschutz

Wissenschaftliche Prognosen zeigen eine deutliche Zunahme von Hitzewellen mit Temperaturen über 40 °C. Kritisch wird es, wenn Gebäude sich wegen unzureichendem Sonnenschutz und fehlender Nachtlüftung schnell erhitzen und Menschen sich (insbesondere nachts) nicht mehr ausreichend erholen können – das gilt vor allem für hitzevulnerable Gruppen (Kleinkinder, Säuglinge, alte/kranke Menschen, Menschen mit Handicap sowie Wohnungslose). Gemäß einer im Fachjournal „nature medicine" veröffentlichten Studie[1] gab es im Sommer 2022 (KW 2235) in Europa über 60.000 und in Deutschland über 8.000 hitzebedingte Sterbefälle. Der Deutsche Wetterdienst (DWD) hat ein zweistufiges Warnsystem entwickelt (starke Wärmebelastung bei gefühlter Temperatur an zwei Tagen in Folge über 32 °C und extreme Wärmebelastung über 38 °C). Relevant für das Gesundheitsrisiko ist dabei nicht nur die gemessene Lufttemperatur, sondern auch die „gefühlte Temperatur" (Klima-Michel-Modell), bei der auch das Bewegungslevel, Bekleidung sowie die Luftfeuchte (Schwüle) berücksichtigt werden.

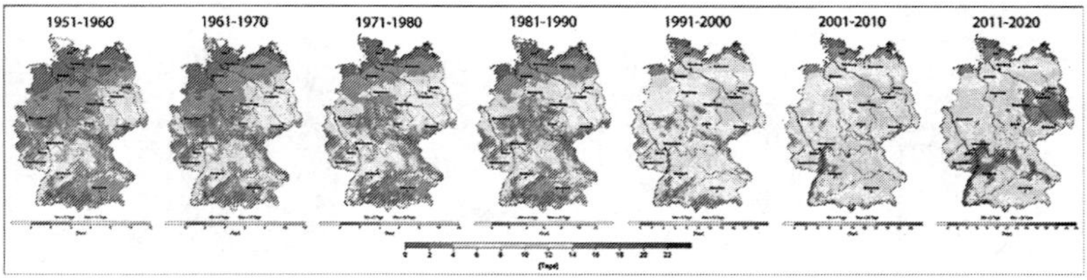

Abb. 3.8-5: Mittlere jährliche Anzahl der heißen Tage in Deutschland (Tage mit einer Höchsttemperatur von mindestens 30 °C) (Quelle: DWD & EWK 2020)

[1] Ballester, J., Quijal-Zamorano, M., Méndez Turrubiates, R. F. et al.: Heat-related mortality in Europe during the summer of 2022. Nat Med (2023). https://doi.org/10.1038/s41591-023-02419-z.

Verschattungen

Ein starrer Sonnenschutz ist meist nicht ausreichend. Es braucht adaptive Systeme, die sich flexibel an den Sonnenstand und die Sonneneinstrahlung anpassen. Das leisten die „klassischen“ Verschattungen (Raffstore, Jalousien oder Rollladen) mit einer Steuerung oder auch schaltbare Verglasungen mit variablem g-Wert oder steuerbare bzw. winkelselektive Verschattungen. Sonnenschutzvorrichtungen müssen folgende Anforderungen erfüllen:

- Kontrolle der solaren Einstrahlung zur Sicherung behaglicher Innenraumtemperaturen,
- gute Tageslichtnutzung zur Reduzierung künstlicher Beleuchtung,
- zusätzlicher Blendschutz und Vermeidung direkter Sonneneinstrahlung, insbesondere bei Bildschirmarbeitsplätzen,
- Sichtschutz bei Nacht und Durchsicht von innen nach außen,
- Vermeidung hoher raumseitiger Oberflächentemperaturen,
- ausreichende Standsicherheit bei Wind, Schnee und Eisbildung.

Nachtauskühlung

Eine Möglichkeit zur Verringerung der Innenraumtemperaturen ist die Nachtauskühlung durch Fensterlüftung, die hohe Luftwechselraten (n ca. 2–5) ohne Anlagentechnik ermöglicht. Diese ist in Deutschland vor allem in ländlichen Gebieten gut nutzbar, wo die Nachttemperaturen durch einen grünen Lebensraum (Wald,

Bäume, Wiesen, Seen etc.) deutlich geringer sind als im städtischen Umfeld. Hierzu ist eine intensive Durchlüftung durch die Fenster (Querlüftung) notwendig. Bei mehrgeschossigen Wohnungen wird der Luftwechsel zusätzlich durch den „Kamineffekt“ unterstützt. Um den Komfort zu verbessern, können die Fenster mit Sensoren oder als automatisiertes System ausgeführt werden, das die Fenster schließt, wenn Sturm und Regen auftreten.

Eine weitere natürlich wirksame Kühlung nutzt das Prinzip der Verdunstungskälte, die bereits in „vorelektrischen“ Zeiten im Orient, in Afrika und Asien eingesetzt wurde. Hierbei werden größere Flächen befeuchtet (Wände, Textilgewebe, Böden, Brunnen etc.). Durch die Verdunstung von Wasser wird der Umgebungsluft Wärme entzogen und die feuchten Flächen kühlen sich ab. Aber auch hierzu ist ein erhöhter Luftaustausch notwendig, um die Luftfeuchte abzuführen. In ähnlicher Weise wirkt auch die Begrünung von Dachflächen sowie Innen- und Außenwänden, die nachweislich zur Abkühlung und Verbesserung des Mikroklimas beiträgt. Bezieht sich ja auf „Begrünung“.

Ganzheitliche Bewertung der „Klimasicherheit"

Die notwendigen Technologien zur Begrenzung des Klimawandels und zum Schutz vor Überhitzung sind vorhanden und bei den aktuellen Energiepreisen auch konkurrenzfähig. Allerdings sind die geltenden normativen Regelungen und Anforderungen veraltet und deren Aktualisierung wird noch Jahre dauern. Bauherren und Planer müssen aber einschätzen können, welche Bauprodukte und Bauelemente für ein klimasicheres und nachhaltiges Gebäude geeignet sind. Deshalb hat das ift Rosenheim geeignete Anforderungen und Bewertungskriterien für „klimasichere" Bauprodukte entwickelt, um eine verlässliche Entscheidung für die passenden Produkte treffen zu können. Dabei müssen sowohl die Unternehmen als auch die Produkte bewertet werden.

Initiative „klima.sicher.bauen"

Klimasichere Bauprodukte müssen deshalb effizient, nachhaltig produziert, frei von Schadstoffen, resilient gegenüber Klimaextremen und kreislauffähig sein. Mit der Initiative „klima.sicher.bauen" hat das ift Rosenheim eine Bewertungsmethodik erarbeitet, die auf Basis anerkannter Regeln und Normen eine transparente Aussage zur „Klimasicherheit" von Bauteilen ermöglicht. Die Bewertung umfasst Kriterien des Produkts und des Unternehmens (Herstellung), beispielsweise den Energie- und Ressourcenverbrauch, die Verbesserung der Umweltwirkungen sowie die Eigenschaften bezüglich der Verbesserung der Klimaresilienz von Gebäuden – also der Widerstandsfähigkeit gegen Überschwemmungen, Hitzewellen und Stürme. Alle Eigenschaften/Kenndaten werden in einer Kennzahl verdichtet, um den Akteuren im Bauwesen einen einfachen Produktvergleich zu ermöglichen. Wichtige Produkteigenschaften, die für die individuelle Planung und Zertifizierung eines Gebäudes notwendig sind, müssen ebenfalls verfügbar sein. Nach einer erfolgreichen Bewertung und Zertifizierung dürfen Hersteller von klimasicheren Bauprodukten ihre Produkte mit dem Label „klima.sicher.bauen" kennzeichnen.

	Kriterium
A.	**Bewertung Produkt** (Energieeffizienz, Klimaresilienz, Materialeinsatz, Lebensdauer/Reparierbarkeit, Recycling etc.)
A1	**Produktdesign** Art und Zweck des Produkts (Konsum, Grundbedarf wie Essen/Wohnen/Kultur, Investition für/gegen Verringerung von Umweltwirkungen)
A2	**Produkteigenschaften** Produktqualität und Bewertung der technischen Eigenschaften hinsichtlich Energieeffizienz, Klimaresilienz, Minderung des THG-Potenzials, Langlebigkeit und Recycling
A3	**Produkt-Emissionen Nutzungsphase** Nachweise für Umweltwirkungen (EPD), Luftschadstoffe (VOC) oder Giftstoffe (REACH)
A4	**Materialien/Ressourcen** Materialanteil und Reduzierung bedenklicher Stoffe (Giftstoffe/REACH) bzw. Erhöhung positiver Materialien (nachwachsende Rohstoffe, Recycling/Wiederverwendung)
A5	**Dauerhaftigkeit** Wartung, Reinigung, Entsorgung
A6	**Reparierbarkeit** Demontierbarkeit (Schrauben anstatt Kleben), Verfügbarkeit der Ersatz-/Verschleißteile, Anleitungen, Reparaturservice etc.
B	**Bewertung Unternehmen** (Management, Produktion, Einkauf, Mitarbeiter etc.)
B1	**Unternehmensphilosophie und Kommunikation** Beschreibung (intern/extern) von nachhaltigem Verhalten mit Zielen, Maßnahmen und Controlling sowie Auszeichnungen/Nachweise oder Mitgliedschaften in Verbänden/Institutionen
B2	**Kontrolle und Steuerung** Nachhaltigkeit als Entscheidungskriterium für Materialeinkauf, Betriebsmittel und Bewertung von Geschäftspartnern (Stakeholder)
B3	**Zertifizierung** Vorhandensein von Leitlinien/Zertifizierung/Managementsystemen für nachhaltiges Arbeiten/Wirtschaften
B4	**Energieverbrauch** Dokumentation + Maßnahmen zur Verringerung aller Energieverbräuche und Verwendung erneuerbarer Energien (Produktion, Verwaltung, Distribution, Reisen, Mitarbeiter etc.)
B5	**Ressourcen** Dokumentation und Maßnahmen zur Verringerung aller genutzten Ressourcen (Wasser, Rohstoffe, Verpackung, Betriebsstoffe etc.)
B6	**Emissionen** Dokumentation und Maßnahmen zur Verringerung aller Emissionen (THG, Einhaltung/Unterschreitung gesetzlicher Grenzwerte)

Abb. 3.8-6: Bewertungskriterien für Produkt und Unternehmen (Quelle: ift Rosenheim)

Abb. 3.8-7: Einfache Bewertung und Kennzeichnung mit dem Label „klima.sicher.bauen“ (Quelle: ift Rosenheim)

Über das ift Rosenheim

Das ift Rosenheim ist eine europaweit notifizierte Forschungs-, Prüf-, Überwachungs- und Zertifizierungsstelle und international nach DIN EN ISO/IEC 17025 akkreditiert. Im Mittelpunkt steht die praxisnahe, ganzheitliche und schnelle Prüfung und Bewertung aller Eigenschaften von Fenstern, Fassaden, Türen, Toren, Glas und Baustoffen sowie persönlicher Schutzausrüstungen PSA (Atemschutzmasken u. a.). Ziel ist die nachhaltige Verbesserung von Produktqualität, Konstruktion und Technik sowie Normungsarbeit und Forschung. Die Zertifizierung durch das ift Rosenheim sichert eine europaweite Akzeptanz. Das ift ist der Wissensvermittlung verpflichtet und genießt als neutrale Institution deshalb bei den Medien einen besonderen Status. Die Publikationen dokumentieren den aktuellen Stand der Technik.

Fazit

Die Nachhaltigkeit von Produkten rückt verstärkt in den Fokus von Auftraggebern für Gebäude, Bauelemente und Bautechnik. Die CO_2-Bilanz, Ressourcenverbrauch und Nachhaltigkeit sind für die Kaufentscheidung sehr wichtig. Daher müssen folgende Aspekte bei der Entwicklung und erfolgreichem Vertrieb von Fenstern und Fassaden im Mittelpunkt stehen:

- Minimierung der Energieverluste über Bauteile, Lüftung,
- optimale Nutzung solarer Zugewinne,
- Schutz vor sommerlicher Überhitzung,
- Resilienz gegenüber Hochwasser, Stürmen, Hagel und Hitze,
- niedriger Energieeinsatz bei Herstellung, Wartung und Betrieb,
- wiederverwendbare (recycelbare) Materialien.

Diese Aspekte müssen dem Endverbraucher in leicht verständlicher Form für die Auswahl geeigneter Produkte gezeigt werden, um geeignete Produkte und Dienstleistungen an den Start zu bringen, die in dem neuen Klima bestehen können. Für eine Branche, deren größter Antrieb in den letzten Jahrzehnten bereits die Optimierung der Energieverluste war, stehen die Chancen auf jeden Fall gut, diese Zukunft zu gestalten.

Weiterführende Literatur

ift-Richtlinie FE-07/1 – Hochwasserbeständige Fenster und Türen, ift Rosenheim

Mannheimer Hitzeaktionsplan, Stadt Mannheim (Fachbereiche Klima, Natur, Umwelt sowie Jugendamt und Gesundheitsamt), Mannheim 9/2021

„Der Hitzeknigge", Umweltbundesamt (UBA), Dessau-Roßlau 2021

„Was wir heute übers Klima wissen", Deutsches Klima-Konsortium, Berlin 6/2021

ift Fachinformation NA-02/4 – Green Envelope – Nachhaltigkeit für Bauprodukte, ift Rosenheim 7/2022

ISO TC 162 WG4+WG5 – "Windows, Doors and Curtain Walling – Impacted by wind-borne debris in windstorms"

3.8.1 Fenstersanierung im Bestand

Chancen, Herausforderungen und Lösungen für Planung und Montage

Der größte Hebel zur Erreichung der Klimaziele liegt in der Modernisierung des Gebäudebestands, durch die Reduzierung des Heizenergiebedarfs, Vermeidung hoher CO_2-Emissionen beim Neubau (graue Energie für Beton etc.) und der Begrenzung des Flächenverbrauchs. Zudem gibt es auch noch Förderungen für die energetische Sanierung der Gebäudehülle, insbesondere für Einzelmaßnahmen wie den Fenstertausch. Zudem hat die Modernisierung und Aufwertung der eigenen vier Wände für die finanzstarken „Baby-Boomer" eine große Bedeutung – hierbei steht der Fenstertausch an oberster Stelle.

Abb. 3.8.1-1: Die energetische Modernisierung von Fenstern, Türen und Fassaden ist durch gute Förderquoten, die Steigerung des Immobilienwertes sowie des Wohnkomforts eine attraktive Investition. (Quelle: Ingo Bartussek – stock.adobe.com)

Die Herausforderung liegt bei der Modernisierung von Fenstern aber weniger auf der Fertigung, sondern der Beratung, Planung und Montage der Fenster. Neben der energetischen Optimierung durch neue Fenster müssen auch Aspekte wie Einbruchschutz, Barrierefreiheit, Nachhaltigkeit sowie der Schutz vor Klimaextremen wie Hitzewellen oder Hochwasser durch Starkregen berücksichtigt werden.

Zukunftsorientierte Fenstermodernisierung

Daher müssen bei einer zukunftsorientierten Fenstermodernisierung folgende Aspekte beachtet werden:

1. Verbesserte Energieeffizienz der Gebäudehülle durch höheren Wärmeschutz, damit energieeffiziente Heiztechnik auf Basis erneuerbarer Energien optimal zum Einsatz kommen kann.

2. Bauprodukte müssen einfach austauschbar, die eingesetzten Materialien (Rahmen, Verglasung, Dichtung, Beschläge etc.) vollständig recycelbar und hierfür leicht trennbar sein (Circular Economy).

3. Geringste $C0_2$-Emissionen bei Herstellung, Nutzung und Rückbau der Baustoffe.

4. Die Zusammensetzung und die Eigenschaften der Materialien sollten für den gesamten Nutzungszeitraum einfach verfügbar sein (Datenbanken, QR-Code, Transponder etc.).

5. Großer Anteil transparenter Flächen in Nord- und Mitteleuropa für eine gute Tageslichtqualität und optimale Nutzung der kostenlosen Sonnenenergie.

6. Effektiver und adaptiver Sonnenschutz (Rollläden, Raffstores, Jalousien, schaltbare Verglasungen etc.), um während der Heizperiode solare Gewinne opti-

mal zu nutzen und vor Überhitzung zu schützen (g_{total}-Wert < 0,2).

7. Einfach nutzbare Lüftungseinrichtungen (öffenbare Fenster), um die Bewohner mit Frischluft zu versorgen und durch Nachtkühlung eine Überhitzung der Räume zu vermeiden. Ergänzend sind für Fenster Sensoren und Aktoren mit Schutz/Warnung bei Regen und Wind sinnvoll.

8. Intelligente (smarte) Anbindung an die Heiz- bzw. Haustechnik (Fenster auf – Heizung aus).

9. Fenster und Türen im Keller und im EG müssen in kritischen Einbaulagen ausreichend vor Überschwemmungen durch lokalen Starkregen und drückendes Wasser schützen (Hochwasserhemmung).

10. Die Konstruktionen und Materialien müssen resistenter gegen höhere Windlasten (Sturm) und Oberflächentemperaturen werden (bis zu 70 °C bei intensiver Sonneneinstrahlung und Hitzeperioden), insbesondere bei dunklen Oberflächen.

Entwicklung gesetzlicher Anforderungen

Um die nationalen und europäischen Klimaziele zu erreichen, müssten eigentlich die Anforderungen für den Gebäudebereich angepasst werden und sich an der EPBD (European Performance of Buildings Directive) orientieren. Aufgrund gestiegener Baukosten, verringerter staatlicher Finanzmittel und weiterer Einflüsse wurde die ursprünglich geplante Verschärfung des Wärmedämmstandards beim aktualisierten Gebäudeenergiegesetz aber komplett fallen gelassen und mit einer baldigen Änderung ist nicht zu rechnen. Allerdings wird die neue EU-Bauproduktenverordnung (BauPVO,

EU-Bauprodukteverordnung

12/2024) konkrete Anforderungen an die Nachhaltigkeit stellen und beispielsweise eine Umweltproduktdeklaration für alle verwendeten Bauprodukte fordern.

EU-Taxonomie-Verordnung

Ein weiterer „Treiber", der den Immobilien- und Baubereich still aber nachhaltig verändert, ist die EU-Verordnung 2020/852 „Einrichtung eines Rahmens zur Erleichterung nachhaltiger Investitionen" auch als EU-Taxonomie-Verordnung (EU Tax-VO) bekannt. Die Taxonomieregeln sollen die Finanzströme auf den europäischen Kapitalmärkten in ökologische und nachhaltige Investitionen lenken. Die EU-Taxonomie ist ein Klassifizierungssystem und fordert transparente Informationen in den Geschäftsberichten, inwieweit Umsätze, Investitionen und Betriebsausgaben die ökologischen und nachhaltigen Ziele unterstützen. Berichtspflichtig sind Anbieter von Finanzdienstleistungen, kapitalmarktorientierte Unternehmen (Börse), große, nicht kapitalmarktorientierte Unternehmen, mit einer Bilanzsumme von mind. 20 Millionen Euro, Nettoumsatzerlöse von mind. 40 Millionen Euro und mit mind. 250 Beschäftigten. Eine Investition oder Wirtschaftstätigkeit gilt nach Artikel 3 der EU Tax-VO als ökologisch nachhaltig, wenn diese einen wesentlichen Beitrag für ein oder mehrere Umweltziele leistet und kein Umweltziel beeinträchtigt.

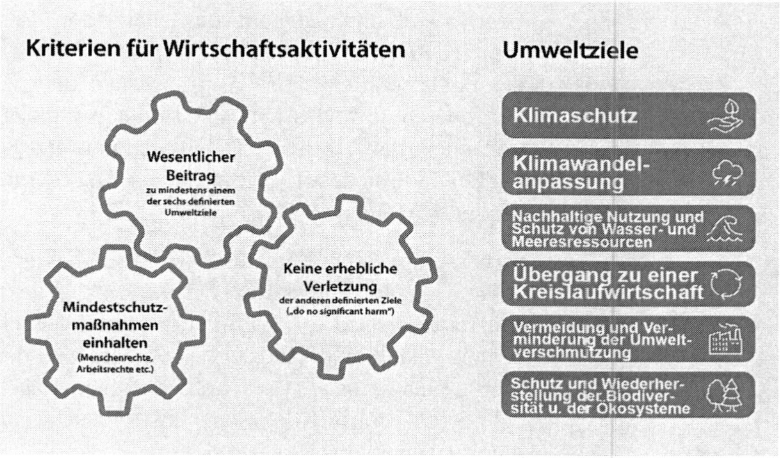

Abb. 3.8.1-2: Übersicht über Ziele und Kriterien der EU-Taxonomie (Quelle: ift Rosenheim)

Eine detaillierte Festlegung der technischen Bewertungskriterien erfolgt in der delegierten Rechtsverordnung EU-2021/2139 vom 4. Juni 2021 zur Ergänzung der EU Tax-VO. Hierbei werden im Baubereich konkrete Angaben definiert, was als „Wesentlicher Beitrag zum Klimaschutz" gilt, beispielsweise:

- Der Primärenergiebedarf (PEB) neuer Gebäude muss mindestens 10 % unter dem Standard von Niedrigstenergiegebäuden (Passivhaus/KfW 40) liegen.
- Gebäuderenovierungen müssen zu einer Verringerung des Primärenergiebedarfs um mind. 30 % führen und durch eine detaillierte Gebäudeaufnahme oder ein Energieaudit bestätigt werden. Durch die Sanierung sollen die Ressourceneffizienz, Anpassungsfähigkeit, Flexibilität und Demontagefähigkeit erhöht und somit die Wiederverwendbarkeit und die Recycglingfähigkeit verbessert werden. Ansonsten gelten die gleichen Anforderungen wie beim Neubau.

- Beim Erwerb und Eigentum von Gebäuden müssen die vor dem 31. Dezember 2020 errichteten Gebäude der Energieeffizienzklasse A entsprechen oder zu den oberen 15 % des nationalen oder regionalen Gebäudebestands zählen (Nachweis notwendig). Für Gebäude ab dem 1.1.2021 gelten die Anforderungen für Neubauten.

- Verbesserung der Klimaresilienz, also besserer Schutz vor Hitzestress/Hitzewellen, Zyklon/Hurrikan/Taifun/Tornado, Stürmen (einschließlich Schnee-, Staub- und Sandstürme), Änderungen der Niederschlagsmuster und -arten (Regen, Hagel, Schnee/Eis) sowie Hochwasser mit Überschwemmungen gemäß Angaben in Anlage A.

- Austausch vorhandener Fenster und Türen durch neue energieeffiziente Fenster und Außentüren, an die aber keine detaillierten quantitativen Anforderungen gestellt werden.

- Gebäude müssen nach Fertigstellung auf Luftdichtheit und thermische Integrität geprüft und das Lebenszyklus-Treibhauspotenzial muss berechnet werden.

- Neubauten dürfen nicht mehr auf Acker- und Kulturflächen mit mittlerer bis hoher Bodenfruchtbarkeit.

- Baustoffe, mit denen Bewohner in Berührung kommen können, dürfen max. 0,06 mg Formaldehyd pro m^3 und max. 0,001 mg andere krebserregende flüchtige organische Verbindungen emittieren.

- Während der Bau- oder Wartungsarbeiten müssen Maßnahmen zur Verringerung der Lärm-, Staub- und Schadstoffemissionen getroffen werden.

- Wird eine bestehende Gebäudehülle mit einer Wärmedämmung versehen, muss von einer für Asbesterkennung geschulten Fachperson eine Gebäudeaufnahme durchgeführt werden.
- Installation, Wartung und Reparatur von Systemen zur Gebäudeautomatisierung und -steuerung, Systemen für Gebäudeenergiemanagement, Beleuchtungssteuerungs- und Energiemanagementsystemen.
- Installation, Wartung und Reparatur von Photovoltaiksystemen, solarbetriebenen Warmwasserpaneelen, Wärmepumpen, Sonnenkollektoren, Wärme- oder Elektroenergiespeichern, Wärmetauscher-/rückgewinnungssystemen (Lüftung) inkl. der dazugehörigen technischen Ausrüstung.
- Vermeidung von Herstellung, Inverkehrbringen oder Verwendung von ausgewiesenen Gefahrstoffen, Chemikalien und Umweltverschmutzung.

Die Auswirkungen der Tax-VO zeigen sich immer deutlicher bei den Investitionen in Immobilien struktureller Investoren (Fonds, Banken, Aktiengesellschaften etc.), beispielsweise bei Büro-, Verwaltungs-, Firmen- oder neuen Wohngebäuden. Konkret bedeutet dies, dass Unternehmen ihre Investments in und für Immobilien nun den Kriterien der Tax-VO anpassen, Gebäude mit schlechter Energieeffizienz rechtzeitig verkaufen und bevorzugt Gebäude der Energieeffizienzklasse „A“ kaufen oder mieten. Auch Banken müssen bei der Finanzierung von Sanierungsmaßnahmen darauf achten, dass die Gebäude nach der Sanierung die Tax-VO erfüllen. Daraus entsteht für Gebäude mit schlechtem Energiestandard ein enormer Sanierungszwang, denn nur

Sanierungszwang

wenige Bestandsgebäude werden die Kriterien erfüllen – alles abzureißen ist auch keine nachhaltige Lösung.

Dramatisch wird es für Immobilienbesitzer oder Erben, wenn sie eine Immobilie mit schlechter Energieeffizienzklasse (E – H) verkaufen wollen. Nach einer aktuellen Analyse des Verkaufsportals ImmoScout24 aus 7/2024 ist bei Häusern mit Energieeffizienzklasse „H" mit Abschlägen von 30 % (und mehr) zu rechnen. Dieser Wertverlust ist quasi das potenzielle Renovierungsbudget und eine sehr starke Motivation, in die bestehende oder ererbte Immobilie zu investieren, um einen besseren Verkaufspreis zu erhalten. Der Fenstertausch und die Dämmung eines Dachbodens sind hierbei oft einfache und schnelle Möglichkeiten, den Energiestandard und damit den Immobilienwert zu verbessern.

Angebotspreis für Einfamilienhäuser
sortiert nach Baualter und Energieeffizienzklasse

Immo Scout24

Preis pro m²	A	B	C	D	E	F	G	H
Altbau (bis 1949)	3.412 €	2.956 €	3.088 €	2.752 €	2.588 €	2.479 €	2.374 €	2.289 €
Wirtschaftswunderzeit (1950-1975)	4.071 €	3.482 €	3.360 €	3.153 €	3.017 €	2.964 €	2.850 €	2.792 €
Vor Mauerfall (1976-1990)	3.750 €	3.213 €	3.723 €	3.219 €	3.201 €	3.051 €	2.887 €	2.876 €
Nach Mauerfall (1991-2013)	4.487 €	4.067 €	3.776 €	3.577 €	3.561 €	3.325 €	3.305 €	3.219 €

Quelle: Analyse aller bei ImmoScout24 zum Kauf angebotenen Einfamilienhäuser (2. Quartal 2024)

Abb. 3.8.1-3: Wertverlust nach Energieeffizienzklasse und Alter gemäß einer Studie von Immoscout 7/2024 (Quelle: Immoscout24[1])

[1] https://www.immobilienscout24.de/unternehmen/news-medien/news/default-title/so-stark-wirkt-sich-die-energieeffizienzklasse-auf-hauspreise-aus/

Montage

DIN 1946-6 und DIN 4108-2

Um eine Fenstermodernisierung erfolgreich durchzuführen, müssen die Besonderheiten im Bestandsbau beachtet werden. Die fachgerechte Fenstermontage im Altbau ist bei Fensterherstellern aber ein eher „ungeliebtes Kind“, sodass bei der Auswahl der Anbieter auf entsprechende Kompetenz bei der Montage sowie der praktischen Umsetzung der geltenden Vorgaben geachtet werden sollte:

- Baurechtliche Vorgaben
  - Mindestwärmeschutz nach DIN 4108-2 (Temperaturfaktor f_{rsi})
  - Lüftung zum Feuchteschutz nach DIN 1946-6 (Lüftungskonzept ...)
  - Sommerlicher Wärmeschutz nach DIN 4108-2 (empfehlenswert bei großen Glasflächen)
- Besondere Planungsaufgaben
  - Hohe Anzahl unterschiedlicher Anschlüsse zu Putz, Fliesen, Fensterbänke, Vertäfelung, Terrassen, Rollkasten etc.
  - Untergrund vor der Demontage der Altfenster nicht genau bekannt
  - Evtl. vorhandene Wärmebrücken vor Demontage nicht sichtbar
  - Fugenbreite der alten Fuge und Putzüberdeckung unbekannt

Praxistipp Montageplanung

Aus der Analyse von Schadensfällen der letzten 15 Jahre ergeben sich folgende Praxistipps, die bei der Kalkulation, Angebot und der Ausführung der Fenstermontage im Altbau helfen:

1. Details zum Untergrund der Außenwand und zur Fugenbreite können in der Angebotsphase meistens nicht erkannt werden und treten teilweise erst bei der Demontage der Altfenster zutage. Es sollte ein Standardfall definiert, kalkuliert und angeboten werden. Notwendige Zusatzmaßnahmen können als Alternativposition (z. B. Wiederherstellung von Putz, Laibung, aufwendige Befestigung etc.) angeboten werden.
2. Die Demontage der Bestandsfenster ist kein „Abriss“, sondern Bestandteil der Fenstersanierungsmaßnahme. Dieser muss mit größtmöglicher Sorgfalt ausgeführt werden, um Beschädigungen an den angrenzenden Bauteilen und Oberflächen auszuschließen.
3. Die Eigentümer sind vorab zu informieren, wenn sich durch neue Fenster eine Verkleinerung der Glasflächen ergibt.
4. *Nachträgliche Dämmung* Hinweis, dass mit dem Fenstertausch auch die energetische Sanierung angrenzender Bauteile sinnvoll bzw. bauphysikalisch notwendig ist, beispielsweise die nachträgliche Dämmung von Rollladenkästen oder der Fensterlaibungen.
5. Die Fenstersanierung wird in bewohnten Einheiten ausgeführt, sodass die Monteure sich korrekt und sauber verhalten müssen, aber ihrerseits auch keine „Privatsphäre“ wie bei Neubauten haben. Das so-

ziale Umfeld während der Arbeiten (Zustand der Wohnungen bzw. allgemeine Wohnsituation) kann für die Monteure psychologisch bedrückend sein und muss thematisiert werden, um das Arbeitsergebnis nicht zu beeinträchtigen.

6. Es ist zu ermitteln, wie die Maßnahmen ohne Beeinträchtigung der Bewohner durchgeführt werden können. Bei der Fenstersanierung in größeren Mietobjekten ist die Zugänglichkeit zu organisieren und der zeitliche Ablauf der Maßnahme genau zu planen. Gleichzeitig sind Staub und Schmutzanfall möglichst zu vermeiden, da die Maßnahme häufig im bewohnten Umfeld stattfindet und der Raumabschluss zum Arbeitsende sicherzustellen ist (temporäre Schließung der Fensteröffnung durch Folien, Platten etc.).

7. Oft ist der Fenstermonteur der einzige Handwerker, der neben der Demontage der Altfenster und der Montage der Neufenster auch kleinere Reparaturarbeiten wie z. B. Nachputzarbeiten durchführt. Hier sind echte „Allrounder" gefragt! Eine Reparatur beschädigter Holztäfelung, Fliesen, Tapeten, Putzflächen etc. ist oft nicht ohne optische Beeinträchtigung möglich.

8. Die Befestigung des neuen (und oft schwereren) Fensters muss auch bei größeren Fugenbreiten 100 % sicher halten.

9. Die Abdichtungslagen müssen oft „in der Rahmenebene" oder mit sehr stark reduzierten Haftbreiten ausgeführt werden, weil keine Putzarbeiten ausgeführt werden sollen.

10. Die Ausführung des Fenstertauschs erfordert im Allgemeinen neben den üblichen Fenstermon-

tagewerkzeugen den Einsatz von leistungsstarken Absaugeinrichtungen, Montagefräsen für den Rückschnitt der alten Schlaudern/Krallen oder Bandsägen für das Beschneiden der alten Blendrahmen.

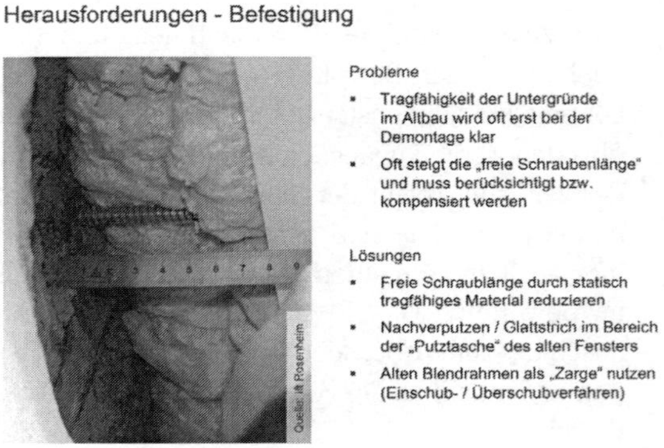

Abb. 3.8.1-4: Die Ermittlung des Befestigungsgrundes (Außenwand) und die Auswahl des geeigneten Befestigungssystems ist ein typischer Problembereich beim Fenstertausch (Quelle: ift Rosenheim)

Das ift Rosenheim und der Verband Fenster und Fassaden (VFF) bieten für diese Aufgaben folgende Unterstützungen an:

- Montageleitfaden mit einer Vielzahl von Praxishilfen zur Planung (inkl. baurechtlicher Nachweise) sowie der Ausführung von Abdichtung, Befestigung (https://shop.ift-rosenheim.de).
- ift-Montageplaner zur Planung und Berechnung der bauphysikalischen Anforderungen (f_{RSI}-Faktor) und Befestigung (https://www.ift-rosenheim.de/ift-montageplaner)
- Weiterbildung zur ift-Montagefachkraft, zum Projektleiter sowie Seminare zu praktischen und aktuellen Problemen (https://www.ift-rosenheim.de/

akademie/ift-montagefachkraft-fenster-und-aussentueren)

- Einen Überblick über die Fördermittel und deren einfache Nutzung (Antrag) bietet der VFF-Fördermittelassistent (www.fenster-können-mehr.de/foerdermittel-assistent)

Herausforderung „Bauwerksabdichtung"

Fenstertüren bzw. „French-Doors" prägen das Bild der modernen Architektur und damit ist die schwierige Schnittstelle zwischen Fenstermontage und Bauwerksabdichtung nahezu auf jeder Baustelle zu finden. Zwingend notwendig ist deshalb eine detaillierte Berücksichtigung objektspezifischer Anforderungen mit den erforderlichen Abdichtungsmaßnahmen und baulichen Kompensationsmaßnahmen zur Sicherstellung einer dauerhaften und gebrauchstauglichen Funktion. Diese Problematik wird durch die zunehmenden Starkregenereignisse verschärft, weil der hohe Wasserstaudruck die Abdichtung stärker belastet.

Maximale Wasseranstauhöhe

Wichtig ist eine definierte Übergabestelle zwischen den Gewerken für den „Standardeinbau" sowie Anforderungen für die Ausnahmen beim vertieften Einbau, bei der normative Abdichtungshöhen unterschritten werden müssen, um beispielsweise eine barrierefreie Passierbarkeit zu erhalten. Als wichtige Kenngröße wird die „Maximale Wasseranstauhöhe (max. WAH)" neu eingeführt, um eine klare Bemessungsgröße für Anforderungen und Prüfungen und damit die konstruktiven Lösungen zu erhalten. Diese „Wasseranstauhöhe" ist auch die Trennlinie für die Anforderungen, denn unterhalb muss die Stauwasserdichtheit in Verbindung mit der Bauwerksabdichtung und oberhalb eine Schlagregendichtheit durch den Fensterbauer/-monteur sichergestellt werden.

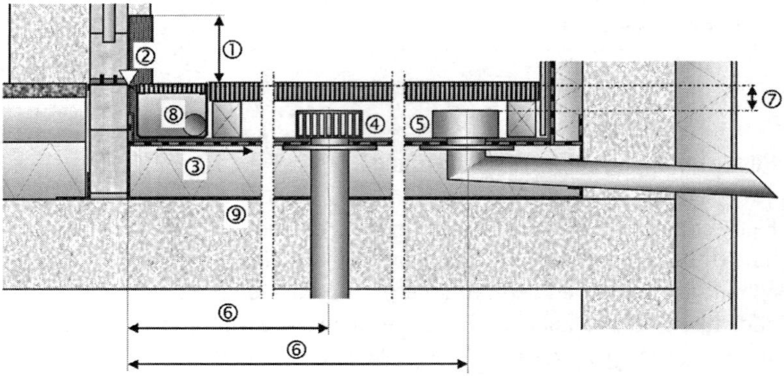

Hierin bedeuten:

① *Abdichtungsanschluss an die Außenwand mit Abdichtungshöhe ≥ 150 mm*

② *max. WAH an der Schwellenkonstruktion (Beispiel barrierefrei)*

③ *Empfehlung Abdichtungsgefälle zur Entwässerung ≥ 1 %*

④ *Hauptentwässerung*

⑤ *Notentwässerung*

⑥ *Abstand Entwässerung zur Schwellenkonstruktion ≤ 10 m*

⑦ *Abstand Oberkante Anstauelement Notentwässerung zu max. WAH ≥ 50 mm*

⑧ *Entwässerungsrinne, Rinnen-Nennmaß b ≥ 150 mm, Öffnungsanteil Rostabdeckung ≥ 50 %*

⑨ *Dampfsperre*

Abb. 3.8.1-5: Prinzipielle Darstellungen eines vertieften Einbaus, rechts mit barrierefreier Ausführung (Bild Montageleitfaden von VFF und ift Rosenheim)

Literatur

ift-Fachinformation KSB-01/2 Klimasicher bauen – Klimaanpassung + Klimaschutz mit klimaresilienten, recyclingfähigen und nachhaltigen Fenstern, Türen und Fassaden, ift Rosenheim, 01/2025

Leitfaden zur Planung und Ausführung der Montage von Fenstern und Haustüren für Neubau und Renovierung. Gütegemeinschaft Fenster, Fassaden und Haustüren e. V., Frankfurt und ift Rosenheim (Institut für Fenstertechnik e. V.). Frankfurt, Rosenheim, 3/2024

EU-Bauproduktenverordnung (BauPVO), (12/2024)

ift Fachinformation NA-02/4 Green Envelope – Nachhaltigkeit für Bauprodukte. ift Rosenheim, 7/2022

Autor:
Dipl.-Ing. Jürgen Benitz-Wildenburg leitet im ift Rosenheim den Bereich PR & Kommunikation. Als Schreiner, Holzbauingenieur und Marketingexperte ist er seit 38 Jahren in der Holz- und Fensterbranche in verschiedenen Funktionen tätig. Als Lehrbeauftragter, Referent und Autor gibt er seine Erfahrung weiter.

Über das ift Rosenheim:
Das ift Rosenheim ist eine europaweit notifizierte Forschungs-, Prüf-, Überwachungs- und Zertifizierungsstelle und international nach DIN EN ISO/IEC 17025 akkreditiert. Im Mittelpunkt steht die praxisnahe, ganzheitliche und schnelle Prüfung und Bewertung aller Eigenschaften von Fenstern, Fassaden, Türen, Toren, Glas und Baustoffen sowie persönlicher

Sicherheitsausrüstungen PSA (Atemschutzmasken u. a.). Ziel ist die nachhaltige Verbesserung von Produktqualität, Konstruktion und Technik sowie Normungsarbeit und Forschung. Die Zertifizierung durch das ift Rosenheim sichert eine europaweite Akzeptanz. Das ift ist der Wissensvermittlung verpflichtet und genießt als neutrale Institution deshalb bei den Medien einen besonderen Status. Die Publikationen dokumentieren den aktuellen Stand der Technik.
www.ift-rosenheim.de

3.11 Eislasten

In diesem Werk werden bautechnische Maßnahmen zur Anpassung an Gebäuden infolge des Klimawandels behandelt. Hierzu gehört auch die Untersuchung, inwieweit sich klimatisch bedingte Einwirkungen unter Berücksichtigung des Klimawandels zukünftig auf Tragwerke und deren Bauteile auswirken. Zu den klimatisch bedingten Einwirkungen gehören auch Eislasten. Darunter sind Einwirkungen durch die Eigenlast von Eisansatz an Bauteilen zu verstehen.

- Der Abschnitt ist wie folgt strukturiert: Zunächst werden die wichtigsten Grundlagen zum Thema Eislasten erläutert. Anschließend werden die in Deutschland zu beachtenden Regelwerke sowie ihre Anwendungsbereiche angegeben. In einem separaten Abschnitt wird auch auf den vorliegenden Normentwurf zu Einwirkungen durch Eislasten eingegangen. Weiterhin wird die Vorgehensweise bei der Ermittlung von Eislasten erläutert, wobei auch auf Besonderheiten eingegangen wird, die bei Eisansatz zu berücksichtigen sind, wie z. B. Windlasten auf vereiste Bauteile. Schließlich wird in einem weiteren Abschnitt untersucht, welche Auswirkungen zukünftige klimatische Änderungen auf Einwirkungen durch Eislasten haben könnten.

Grundlagen

- Eislasten sind Einwirkungen auf Bauteile durch die Eigenlast von Eisansatz. Die Vereisung kann durch Raueis oder Eisregen entstehen und kann insbesondere bei stabförmigen und filigranen Bauteilen zu einer erheblichen zusätzlichen Belastung durch das

Eigengewicht des Eisansatzes führen. Wesentliche Einflussgrößen auf die Art und Intensität der Vereisung sind Lufttemperatur und relative Luftfeuchte sowie Windeinwirkungen. Diese Größen sind stark von der Geländehöhe über dem Meer und der Geländeform abhängig. Üblicherweise tritt Eisansatz in Regionen mit größeren Geländehöhen auf (z. B. in den Mittelgebirgen und in den Alpen). Betroffen sind z. B. Sendemasten, Masten von Hochspannungsleitungen und Seilabspannungen (Abb. 3.11-1).

Eisfahne und Eismantel

Eine stetige Windeinwirkung während der Eisbildung führt bei entsprechenden Wetterbedingungen zu Eisfahnen, die entgegen der Windrichtung wachsen und die Bauteile exzentrisch belasten. Dagegen kommt es bei Eisregen zu einer allseitigen Eisbildung (Eismantel), durch die die Bauteile symmetrisch belastet werden.

Bei der Bemessung der Bauteile und des Tragwerks ist außerdem zu beachten, dass durch den Eisansatz die Windangriffsfläche vergrößert wird. Außerdem ändert sich die aerodynamische Form der Bauteile. Beide Einflüsse bewirken geänderte, meist ungünstigere Windlasten gegenüber dem Tragwerk ohne Eisansatz.

Für stabförmige Tragwerke wie Sende- und Strommasten sowie Seilabspannungen in exponierten Lagen sind daher die Einwirkungen durch Eisansatz und Wind sowie ihre Kombination die maßgebenden Lastfälle.

Abb. 3.11-1: Eisansatz an einem Sendemast (Standort: Stubnerkogel, Österreich; Höhe über dem Meer: ca. 2.200 m), (Quelle: Schmidt)

3.11.1 Regelwerke

DIN EN 1991-1-3/NA

Die Ermittlung von Eislasten in Deutschland ist zurzeit in DIN EN 1991-1-3/NA, Anhang NA.F[1] geregelt. Die Norm ist Teil des Eurocode 1 (Einwirkungen auf Tragwerke) und bildet den Nationalen Anhang zur Grundnorm DIN EN 1991-1-3[2] „Allgemeine Einwirkungen – Schneelasten".

In Zukunft werden Eislasten in einem neuen Normenteil des Eurocode 1 geregelt. Vorgesehen ist hierfür der

[1] DIN EN 1991-1-3/NA:2019-04: Nationaler Anhang – National festgelegte Parameter - Eurocode 1: Einwirkungen auf Tragwerke – Teil 1-3: Allgemeine Einwirkungen - Schneelasten

[2] DIN EN 1991-1-3:2010-12: Eurocode 1: Einwirkungen auf Tragwerke – Teil 1-3: Allgemeine Einwirkungen, Schneelasten

Teil 1–9 der DIN EN 1991 „Allgemeine Einwirkungen – Atmosphärische Eisbildung“ (DIN EN 1991-1-9)[1], der zurzeit als Entwurf vorliegt. Auf den Normentwurf wird in Abschnitt 3.11.7 näher eingegangen.

Auf internationaler Ebene existiert die ISO 12494[2], die Regelungen zur atmosphärischen Eisbildung an Tragwerken enthält. Es ist zu beachten, dass diese Norm nur die Grundlagen regelt, jedoch keine Angaben zum lokalen Eisklima vor Ort, d. h. zu Eislasten in den einzelnen Ländern, enthält. Eine Anwendung der internationalen Norm ist in Deutschland für öffentlich-rechtliche Nachweise nicht vorgesehen. Auf ISO 12494 wird daher nachfolgend nicht weiter eingegangen.

Die folgenden Angaben beziehen sich zunächst auf die derzeit geltenden Regelungen nach DIN EN 1991-1-3/NA, Anhang NA.F (Nationaler Anhang zu DIN EN 1991-1-3 für Deutschland). Die Norm ist in allen Bundesländern bauaufsichtlich eingeführt und in die Muster-Verwaltungsvorschrift Technische Baubestimmungen (MVV TB) [3]aufgenommen. Zum Schluss des Beitrags wird noch auf die geplante Eislastnorm eingegangen, die den Teil 1-9 des Eurocode bildet und zurzeit als Normentwurf vorliegt.

Ein schematischer Überblick über die geltenden und geplanten Regelwerke zur Ermittlung von Eislasten an Bauteilen ist in Abb. 3.11.1-1 dargestellt.

---

1 E DIN EN 1991-1-9:2023-03: Eurocode 1: Einwirkungen auf Tragwerke – Teil 1-9: Allgemeine Einwirkungen – Atmosphärische Eisbildung; Normentwurf

2 ISO 12494:2017-03: Atmospheric icing of structures

3 Muster-Verwaltungsvorschrift Technische Baubestimmungen 2025/1 (MVV TB 2025/1); Ausgabe 2025/1; hrsg. v. Deutsches Institut für Bautechnik, Berlin

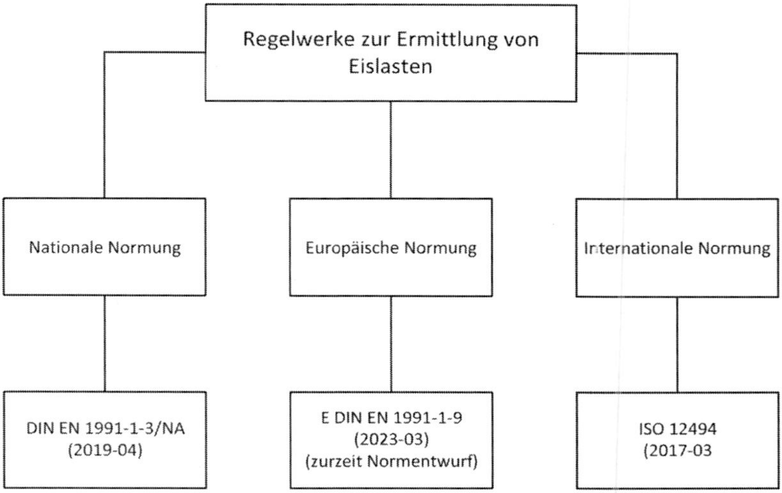

Abb. 3.11.1-1: Überblick über Regelwerke zur Ermittlung von Eislasten, (Quelle: Schmidt)

3.11.2 Ermittlung von Eislasten

Allgemeines

Die Vereisung von Bauteilen durch Eisregen oder Raueis ist von den meteorologischen Bedingungen wie Lufttemperatur, Luftfeuchtigkeit und Windeinwirkung abhängig. Diese Einflussgrößen variieren mit der Geländehöhe und Geländeform stark. Aus diesem Grund können normative Angaben nur bis zu einer Geländehöhe von 600 m über Normalnull und für Bauwerkshöhen bis 50 m gemacht werden. Für diese Randbedingungen sind normative Regelungen zur Ermittlung von Eislasten in Anhang NA.F der DIN EN 1991-1-3/NA angegeben. In anderen Fällen, d. h. bei Geländehöhen über 600 m über Normalnull oder Bauwerkshöhen von mehr als 50 m, ist der anzusetzende Eisansatz in Abstimmung

Abstimmung mit den zuständigen Behörden

mit den zuständigen Behörden im Einzelfall festzulegen. Dies gilt insbesondere für exponierte Lagen, wie z. B. Bergkuppen in den Mittelgebirgen oder Alpen.

Ablauf bei der Ermittlung von Eislasten nach DIN EN 1991-1-3/NA

Der Ablauf bei der Ermittlung von Eislasten in Deutschland gestaltet sich wie folgt (Abb. 3.11.2-1):

1. Überprüfung, ob die Anwendungsbedingungen der Norm (DIN EN 1991-1-3/NA, Anhang NA.F) zutreffen, d. h., die Geländehöhe $\leq$ 600 m und die Bauwerkshöhe $\leq$ 50 m beträgt. Bei Überschreitung der Grenzwerte ist die Eislast in Abstimmung mit der zuständigen Behörde festzulegen, eine normative Ermittlung ist in diesem Fall nicht möglich.
2. Festlegung der maßgebenden Eiszone in Abhängigkeit von der geografischen Lage des Bauwerksstandortes (Abschnitt 3.11.4).
3. Festlegung der anzusetzenden Vereisungsklassen für die Eiszone (3.11.5).
4. Berechnung der Eislast für die jeweilige Vereisungsklasse (3.11.6 und 3.11.7).
5. Überprüfung, welchen Einfluss der Eisansatz auf die Windlast hat (3.11.8).

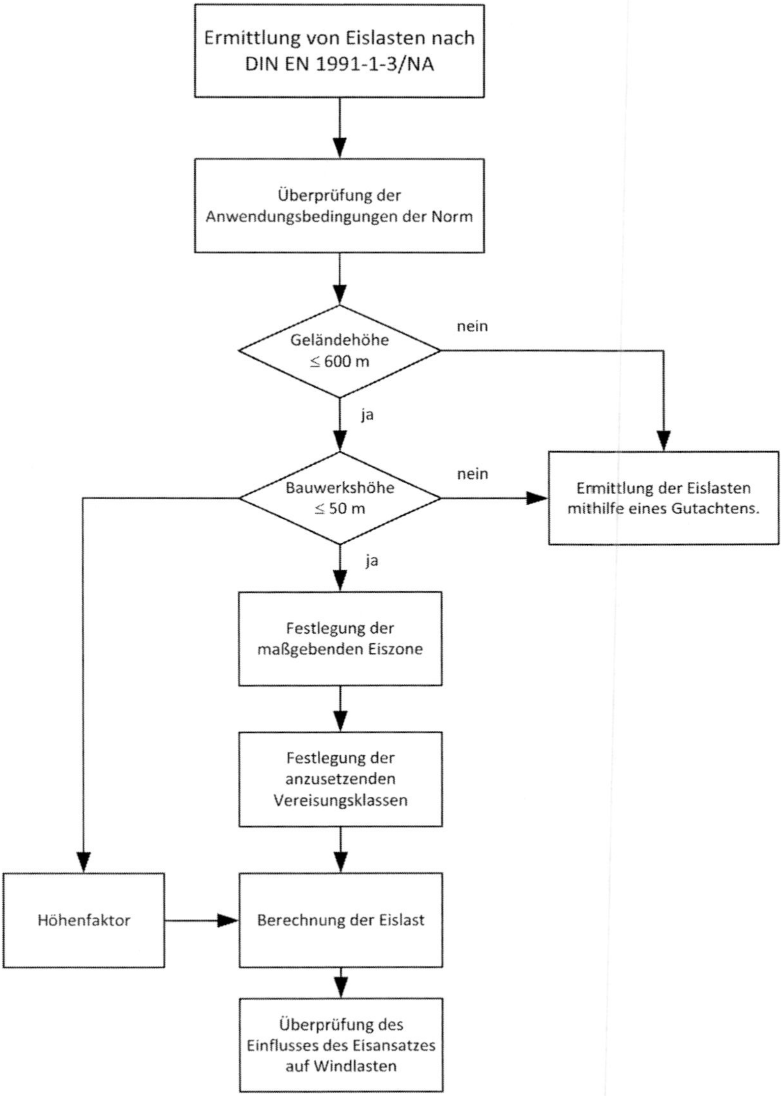

Abb. 3.11.2-1: Ermittlung von Eislasten nach DIN EN 1991-1-3/NA, (Quelle: Schmidt)

3.11.3 Eiszonen in Deutschland

Deutschland ist aufgrund der unterschiedlichen meteorologischen und topografischen Verhältnisse in vier Eiszonen (Zone 1 bis Zone 4) eingeteilt (Abb. 3.11.3-1).

- **Eiszone 1** umfasst die Küstengebiete an Nord- und Ostsee sowie die Inseln. Die Zone 1 erstreckt sich auf einen Streifen entlang der Küste, der eine Breite von wenigen Kilometern bis mehreren 10 Kilometern aufweist.
- **Eiszone 2** erstreckt sich über die gesamte Norddeutsche Tiefebene bis zum Niederrhein und grenzt im Osten Deutschlands bis an die Nachbarländer Polen und Tschechien.
- **Eiszone 3** umfasst sämtliche Gebiete, die südlich der Eiszone 2 liegen und erstreckt sich auf Regionen mit einer Höhenlage bis 400 m über Normalnull.
- **Eiszone 4** erstreckt sich auf alle Mittelgebirge, das Alpenvorland sowie die deutschen Alpenregionen und gilt für Geländehöhen von mehr als 400 m bis 600 m.

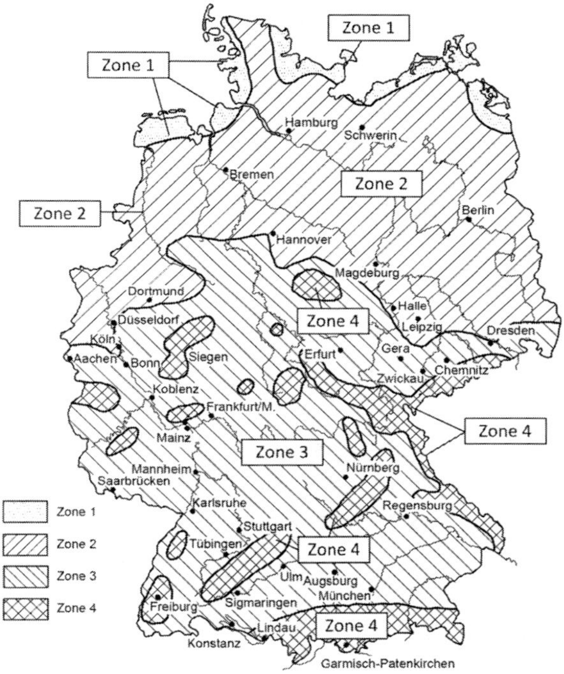

Abb. 3.11.3-1: Eiszonenkarte der Bundesrepublik Deutschland (in Anlehnung an DIN EN 1991-1-3/NA, Bild NA.F.3), (Quelle: Schmidt)

3.11.4 Zuordnung der Vereisungsklassen zu den Eiszonen

Allgemeines

Den Eiszonen sind verschiedene Vereisungsklassen zugeordnet, die die normalen Verhältnisse bis zu einer Geländehöhe von 600 m über Normalnull abdecken. Für Bauwerkstandorte oberhalb von 600 m Geländehöhe ist die anzusetzende Vereisungsklasse durch ein meteorologisches Gutachten zu bestimmen.

Folgende Vereisungsklassen werden unterschieden:

- Glatteis oder Klareis (Kurzzeichen G)
- Raueis (Kurzzeichen R)

Glatteis
Raueis

Glatteis oder Klareis kennzeichnet einen allseitigen Eisansatz und entsteht bei gefrierendem Regen (Eisregen). Raueis entsteht bei entsprechenden meteorologischen Bedingungen (Temperaturen unter 0 °C, hohe relative Luftfeuchte). Charakteristisch für Raueis sind die Eisfahnen, die sich an den Bauteilen unter Windeinwirkung bilden (Abb. 3.11.4-1).

Abb. 3.11.4-1: Eisansatz durch Raueis; hier an einem Skipistenfangzaun, (Quelle: Schmidt)

Innerhalb der einzelnen Vereisungsklassen wird eine weitere Unterteilung vorgenommen, um die unterschiedliche Intensität des Eisansatzes zu berücksichtigen. Bei Glatteis werden die Klassen G1 (geringer Eisansatz) und G2 (hoher Eisansatz) unterschieden (s. Abschnitt 3.11.5); bei Raueis wird eine Unterteilung in die Klassen R1 (geringes Eisgewicht) bis R5 (hohes Eisgewicht) vorgenommen (Abschnitt 3.11.6).

Eiszone	Region	Vereisungsklasse
1	Küstengebiete der Nord- und Ostsee	G1 R1
2	Binnenland	G2 R1
3	Mittelgebirge Geländehöhe $A \leq 400$ m	R2
4	Mittelgebirge Geländehöhe 400 m $< A \leq$ 600 m	R3
G: Glatteis oder Klareis I R: Raueis I A: Geländehöhe über Normalnull in m.		

Tab. 3.11.4-1: Vereisungsklassen im Gebiet der Bundesrepublik Deutschland (in Anlehnung an DIN EN 1991-1-3/NA, Tab. NA.F.4)

Eisansatz in größeren Höhen über Geländeoberfläche

Bei ***Raueis*** nimmt der Eisansatz in größeren Höhen über der Geländeoberfläche zu, da hier höhere Windgeschwindigkeiten wirken. Die Zunahme des Eisansatzes bei Bauteilen bis zu einer Höhe von h = 50 m über Gelände wird durch einen Höhenfaktor berücksichtigt, der mit folgender Formel berechnet wird:

$$k_Z = 1 + \frac{h - 10}{100}$$

Darin ist: h: Geländehöhe über der Geländeoberfläche, in m

Beispiel

Beispiel 1:

Gesucht ist der Höhenfaktor für ein Bauteil in einer Höhe von h = 40 m.

Lösung:

Der Höhenfaktor berechnet sich zu:

$$k_z = 1 + \frac{h - 10}{100} = 1 + \frac{40 - 10}{100} = 1{,}3$$

Der Eisansatz durch Raueis ist um das 1,3-Fache, d. h. um 30 %, zu vergrößern.

Bei ***Glatteis*** ist der Eisansatz unabhängig von der Höhe des Bauteils über der Geländeoberfläche und daher konstant. Eine Erhöhung ist daher nicht erforderlich.

3.11.5 Vereisungsklasse G (Glatteis, Klareis)

Die Vereisungsklasse G wird angenommen, wenn Bauteile durch eine allseitige Ummantelung mit Klareis (Entstehung bei gefrierendem Nebel) oder Glatteis (gefrierender Regen) beansprucht werden. Die Dicke des Eismantels darf als konstant angesehen werden und ist abhängig von der Vereisungsklasse. Die Rohdichte ist für Glatteis und Klareis mit $\gamma = 9\ kN/m^3$ anzunehmen.

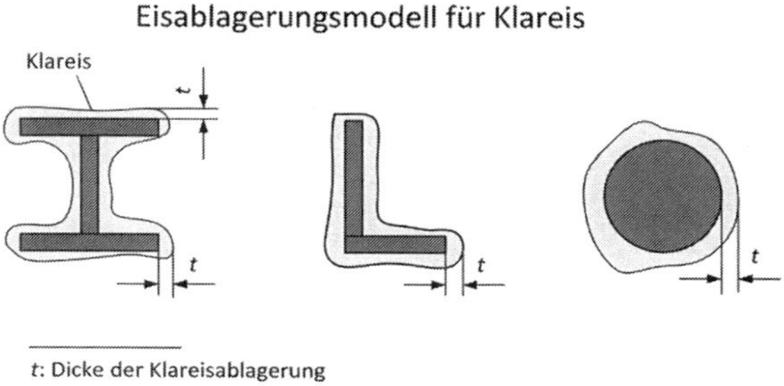

Abb. 3.11.5-1: Allseitiger Eismantel bei Glatteis oder Klareis, (Quelle: Schmidt)

Vereisungsklasse	Dicke des Eismantels *t* in cm
G 1	1,0
G 2	2,0
G: Glatteis, Klareis	

Tab. 3.11.5-1: Eisdicke bei Glatteis und Klareis in Abhängigkeit von der Vereisungsklasse

Die Belastung eines Bauteils (q als Streckenlast in kN/m) durch Eisansatz wird aus Wichte γ und Dicke t des Eismantels mit folgender Gleichung berechnet:

$$q = \gamma \times t$$

Beispiel

Beispiel 2:

Ein stabförmiges Bauteil mit kreisförmigem Querschnitt ist der Vereisungsklasse G2 zugeordnet (Abb. 3.11-7). Gesucht ist die Belastung durch Eisansatz.

Lösung:

- Dicke des Eismantels für Vereisungsklasse G2: t = 2,0 cm = 0,02 m
- Wichte: $\gamma = 9$ kN/m^3

Die Belastung durch Eisansatz ergibt sich zu:

$g = \gamma \times t = 9{,}0 \times 0{,}02 = 0{,}18$ kN/m

Dies entspricht einem Eisgewicht von 18 kg/m, wenn für die Erdbeschleunigung näherungsweise ein Wert von 10 m/s^2 (anstatt 9,81 m/s^2) angenommen wird.

Die Belastung ist eine Streckenlast, die das Bauteil linienförmig belastet, lotrecht nach unten wirkt und in der Schwerachse des Querschnitts angreift.

3.11.6 Vereisungsklasse R (Raueis)

Raueisbildung

Die Vereisungsklasse R beschreibt Raueisbildung an stabförmigen, dünnen Bauteilen, wie z. B. Stäben von Fachwerkkonstruktionen. Die Vereisung erfolgt entgegen der vorherrschenden Windrichtung, indem sich wachsende, kompakte Eisfahnen ausbilden. Die Eisbildung erfolgt unabhängig von der Querschnittsform bis zu einer Profilbreite von maximal 300 mm.

Zur Differenzierung der Größe des Eisansatzes werden in Deutschland fünf Vereisungsklassen (R1 bis R5) in Abhängigkeit von der Lage des Bauwerkstandortes und der Höhenlage des Geländes unterschieden.

Die Vereisungsklassen R 1 und R 2 sind im Flachland sowie in den unteren Höhenlagen der Mittelgebirge bis 400 m über NN anzunehmen. Die Vereisungsklasse R 3 gilt für höhere Lagen der Mittelgebirge und Alpen, d. h., sie ist bei Geländehöhen von mehr als 400 m bis 600 m über NN anzunehmen. Die Klassen R4 und R5 sind in exponierten Lagen anzuwenden.

Für die einzelnen Vereisungsklassen wird das Eisgewicht an einem stabförmigen Bauteil in kN/m angegeben (siehe Tabelle). Die Werte gelten für eine Höhe über Gelände von 10 m. Bei abweichenden Bauteilhöhen ist das Eisgewicht mit dem Höhenfaktor (s. o.) zu korrigieren.

Vereisungs-klasse	**Eisgewicht an einem Stab mit einer Profilbreite ≤ 300 mm in kN/m**
R 1	0,005
R 2	0,009
R 3	0,016
R 4	0,028
R 5	0,050
Anmerkung: Die Werte für das Eisgewicht gelten für Bauteile in 10 m Höhe über Geländeoberfläche. Bei abweichenden Höhen ist das Eisgewicht mit dem Höhenfaktor k_Z zu korrigieren (Abschnitt 3.11.5). R: Raueis	

Tab. 3.11.6-1: Eisgewicht bei Raueis in Abhängigkeit von der Vereisungsklasse

Weiterhin gelten folgende Regeln:

- Die Eisrohgewichte von Raueis dürfen mit 5 kN/m^3 angenommen werden.

Eisfahnenbildung

- Die Formen der Eisfahne von Stäben, die sich um die Längsachse nicht verdrehen können, sind vom Profil des Stabes abhängig und schematisch in Abb. 3.11.7-1 dargestellt. Bei der Eisfahnenbildung sind zwei Phasen zu unterscheiden. In Phase 1 tritt noch keine Zunahme der Breite über die Profilbreite auf, d. h., die Eisfahne wächst nur in Windrichtung. In Phase 2 kommt es nach Abschluss der Phase 1 zum Breitenwachstum, d. h., die Eisfahne wird breiter als die Profilbreite.

- Die Abmessungen der Eisfahnen sind vom Typ des Stabs abhängig. Für Stäbe des Typs A, B, C und D (Kreisquerschnitt, L-förmiger Querschnitt mit Anströmung auf die Spitze, Rechteckquerschnitt und I-Querschnitt mit Anströmung auf die Flansche) siehe Tab. 3.11.4. Für Stäbe des Typs E und F (I-Querschnitt mit Anströmung auf den Steg, I-Querschnitt mit Anströmung in die Kehle) sind die Abmessungen der Eisfahnen in Tab. 3.11.5 angegeben.

- Bei stabförmigen Bauteilen, die sich um die Längsachse verdrehen können (z. B. Seile), kann sich durch Rotation eine allseitig gleichmäßige Eisablagerung ausbilden (Eiswalze). In diesem Fall darf die Schichtdicke mit den Eisgewichten nach Tab. 3.11.3 und einer Eisrohwichte von 5 kN/m^3 berechnet werden.

- Mit zunehmender Querschnittsbreite des Bauteils nimmt die Länge der Eisfahne ab, jedoch nur bis zu einer Breite von 300 mm.

- Bei Querschnitten, die eine größere Breite als 300 mm aufweisen, darf näherungsweise die Länge der Eisfahne für 300 mm angenommen werden. In diesem Fall ergeben sich höhere Werte für das Eisgewicht.

- Für Fachwerkkonstruktionen ermittelt sich die gesamte Eislast durch Summation der Eislasten an den Einzelstäben. Dabei dürfen geometrische Überschneidungen (z. B. im Bereich der Knotenpunkte) abgezogen werden.

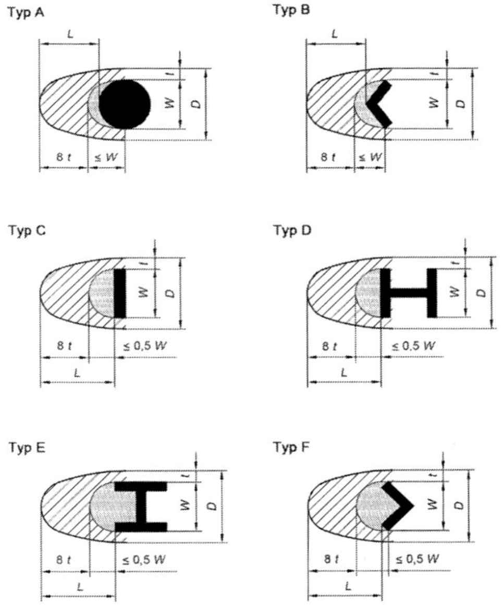

Erläuterungen:

Phase 1: Es tritt noch kein Breitenwachstum auf.

Phase 2: Nach Ende von Phase 1 tritt Breitenwachstum auf.

Formelzeichen:

W Breite des Stabquerschnitts ohne Vereisung, in mm
D Gesamtbreite des vereisten Stabes, in mm
L Länge der Eisfahne in Windrichtung, in mm
t Breite der überstehenden Eisablagerung, in mm

Abb. 3.11.6-1: Eisfahnen von Stäben mit unterschiedlicher Querschnittsform (in Anlehnung an DIN EN 1991-1-3/NA, Bild NA.F.2), (Quelle: Schmidt)

Stabquerschnitt Typ A, B, C und D				
		Vereisungsklasse		
Stabbreite W in mm	Abmessungen der Eisfahnen	R 1	R 2	R 3
		Eisgewicht in kN/m		
		0,005	0,009	0,016
10	L in mm	56	80	111
	D in mm	23	29	37
30	L in mm	36	57	86
	D in mm	35	40	48
100	L in mm	13	23	41
	D in mm	100	100	100
300	L in mm	4	8	14
	D in mm	300	300	300
Zwischenwerte dürfen näherungsweise linear interpoliert werden.				

Tab. 3.11.6-2: Abmessungen von Eisfahnen bei den Stabquerschnitten der Typen A, B, C und D (in Anlehnung an DIN EN 1991-1-3/NA, Tab. NA.F.2)

Stabquerschnitt Typ E und F				
		Vereisungsklasse		
Stabbreite W in mm	Abmessungen der Eisfahnen	R 1	R 2	R 3
		Eisgewicht in kN/m		
		0,005	0,009	0,016
10	L in mm	55	79	111
	D in mm	22	28	36
30	L in mm	29	51	81
	D in mm	34	39	47
100	L in mm	0	0	9
	D in mm	100	100	100
300	L in mm	0	0	0
	D in mm	300	300	300
Zwischenwerte dürfen näherungsweise linear interpoliert werden.				

Tab. 3.11.6-3: Abmessungen von Eisfahnen bei den Querschnittstypen E und F (in Anlehnung an DIN EN 1991-1-3/NA, Tab. NA.F.3)

Aus Abb. 3.11.7-1 wird deutlich, dass beim Wachstum der Eisfahnen zwei Phasen unterschieden werden können:

Phase 1: In Phase 1 tritt noch kein Breitenwachstum auf, d. h., die Eisfahne nimmt nur in Windrichtung zu, wird jedoch nicht breiter als es der Profilbreite *W* entspricht.

Phase 2: In Phase 2 kommt es zusätzlich zum Wachstum in Windrichtung zu einem Breitenwachstum, indem die Eisfahne seitlich über das Profil des Stabes hinauswächst. Phase 2 tritt nur bei Stäben mit geringer Breite auf ($W \leq 100$ mm).

Beispiel 3:

Beispiel

Für einen I-förmigen Stab (HEB 100) einer Fachwerkkonstruktion sollen die Eislast sowie Art und Abmessungen des Eisansatzes bestimmt werden.

Randbedingungen:

- Bauwerksstandort: Siegerland
- Geländehöhe über dem Meer: A = 500 m
- Es liegt keine exponierte oder abgeschirmte Lage vor.
- I-förmiger Stab
- Profilbreite W = 100 mm (= Flanschbreite eines HEB 100)
- Höhe über Geländeoberfläche: h = 50 m
- Der Eisansatz ist für beide Anströmrichtungen zu ermitteln (d. h. Anströmung senkrecht zum Steg und senkrecht zum Flansch).

Lösung:

Es ist Eiszone 4 anzusetzen. Da weder eine exponierte noch eine abgeschirmte Lage vorliegt, dürfen die Vereisungsklassen nach Norm angewendet werden.

Für Eiszone 4 und einer Höhenlage des Geländes von $A = 500$ m ($400 < A = 500 < 600$ m) ist die Vereisungsklasse R 3 anzunehmen, d. h., es liegt Eisansatz durch Raueis vor (Tab. 3.11.1).

Für Vereisungsklasse R 3 ergibt sich ein Eisgewicht von 0,016 kN/m (Tab. 3.11.3). Dieser Wert gilt für Höhen von 10 m über Gelände. Da sich der hier betrachtete Fachwerkstab in einer Höhe von 50 m über Gelände befindet, ist das Eisgewicht noch mit dem Höhenfaktor zu erhöhen. Es gilt:

$$k_Z = 1 + \frac{h - 10}{100} = 1 + \frac{50 - 10}{100} = 1{,}4$$

Damit ergibt sich das anzusetzende Eisgewicht g zu:

$g = 1{,}4 \times 0{,}16 = 0{,}22$ kN/m

Dies entspricht etwa einer Masse von 22 kg/m. Die Belastung wirkt lotrecht nach unten (Eigenlast des Eises) und ist linienförmig am Stab anzusetzen. Aufgrund der Eisfahnenbildung ergibt sich eine exzentrische Belastung für den Stab, die zu einem zusätzlichen Biegemoment führt.

Abmessungen der Eisfahne:

a) Anströmung senkrecht zum Flansch:

Es liegt Querschnittstyp D vor. Für die Eisfahne ergeben sich folgende Abmessungen (Tab. 3.11.4):

- Länge der Eisfahne in Windrichtung: $L = 41$ mm

- Breite der Eisfahne: D = 100 mm (= Flanschbreite W)
- Breite des Eisablagerungsansatzes: t = 0 (da D = W = 100 mm)

b) Anströmung senkrecht zum Steg:

Es liegt Querschnittstyp E vor. Für die Eisfahne ergeben sich folgende Abmessungen (Tab. 3.11.5):

- Länge der Eisfahne in Windrichtung: L = 9 mm
- Breite der Eisfahne: D = 100 mm (= Flanschbreite W)
- Breite des Eisablagerungsansatzes: t = 0 (da D = W = 100 mm)

! Bei diesem Beispiel tritt nur Phase 1 auf, d. h., es kommt zu keinem Breitenwachstum der Eisfahne über die Profilbreite hinaus. Dies liegt daran, dass der hier betrachtete Stab eine relativ große Breite aufweist (W = 100 mm).

Der Eisansatz des Fachwerkstabes ist schematisch in Abb. 3.11.8-1 dargestellt.

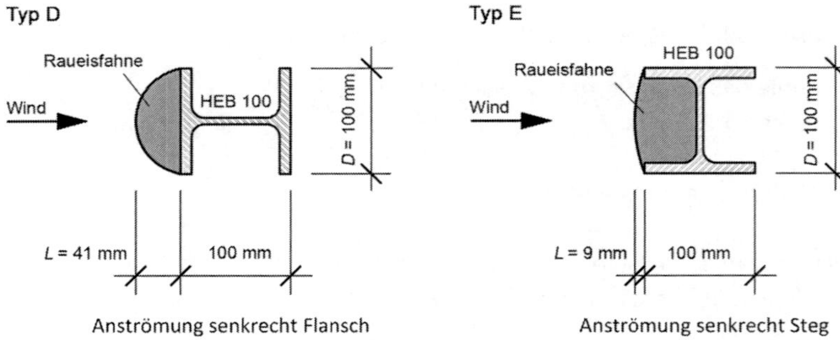

Abb. 3.11.6-2: Beispiel 3 – Eisfahnenbildung durch Raueis bei einem Fachwerkstab eines Bauwerks in Eiszone 4, (Quelle: Schmidt)

3.11.7 Windlasten auf vereiste Baukörper

Windangriffsfläche verändert sich durch Eis

Bei vereisten Baukörpern ändern sich Querschnittsform und Geometrie der Bauteile. Dies hat unmittelbare Auswirkungen auf die aerodynamischen Beiwerte und die Windangriffsfläche. Bei der Ermittlung der Windlasten sind diese Effekte zu berücksichtigen.

In der Norm werden folgende Regelungen festgelegt:

1. **Bauteile in den Vereisungsklassen G (Glatteis, Klareis):** Die Windlasten sind für die durch Eisansatz vergrößerten Querschnitte zu ermitteln. Außerdem sind modifizierte Windkraftbeiwerte c_{fi} anzusetzen, die ausgehend von dem Windkraftbeiwert c_{f0} für Bauteile ohne Eisansatz mithilfe des Diagramms in Abb. 3.11-9 ermittelt werden können. Die Windkraftbeiwerte c_{fi} sind abhängig von der Vereisungsklasse und tendieren mit zunehmendem Eisansatz zu einem konstanten Wert hin.

2. **Bauteile in den Vereisungsklassen R (Raueis):** Bei Raueis sollte angenommen werden, dass die Anströmrichtung quer zu den Eisfahnen wirkt. Für diesen Fall ergibt sich die größte Bezugsfläche (Windangriffsfläche). Die Windkraftbeiwerte ergeben sich aus Abb. 3.11-10. Die Windangriffsflächen können für stabförmige, dünne Bauteile bis zu einer Breite von 300 mm mit den Angaben in Tab. 11.3.4 und Tab. 11.3.5 ermittelt werden. Für Bauteile mit einer größeren Breite als 300 mm wird auf ISO 12494 verwiesen.

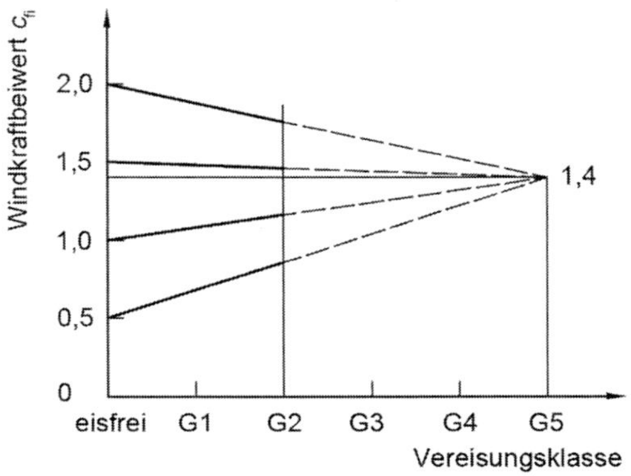

Abb. 3.11.7-1: Modifizierte Windkraftbeiwerte c_{fi} bei allseitigem Eisansatz durch Glatteis bzw. Klareis (Vereisungsklasse G) (in Anlehnung an DIN EN 1991-1-3/NA, Bild NA.F.5), (Quelle: Schmidt)

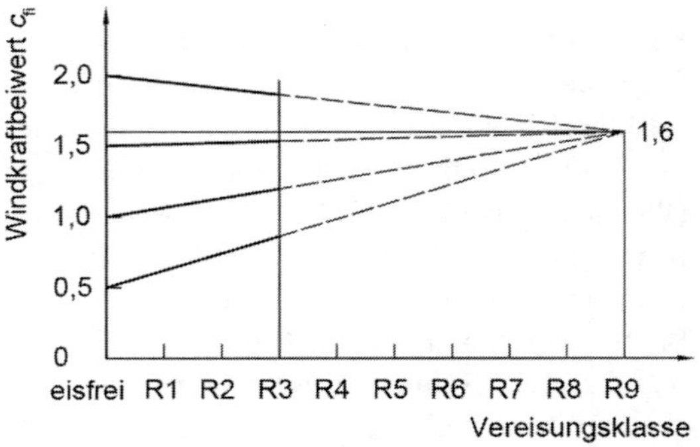

Abb. 3.11.7-2: Modifizierte Windkraftbeiwerte c_{fi} bei Raueis (Vereisungsklasse R) in Anlehnung an DIN EN 1991-1-3/NA, Bild NA.F.6), (Quelle: Schmidt)

Beispiel 4:

Beispiel 4:

Für das Bauteil mit kreisförmigem Querschnitt in Beispiel 2 (Vereisungsklasse G2) ist der Windkraftbeiwert c_{fi} gesucht.

Windkraftbeiwert ohne Eisansatz: c_{f0} = 0,8.

Lösung:

Der Windkraftbeiwert c_{fi} kann entweder aus dem Diagramm abgelesen oder rechnerisch ermittelt werden. Rechnerische Ermittlung durch Interpolation mit den Angaben für Vereisungsklasse G 2 ergibt sich:

$$c_{fi} = \frac{1{,}4 - 0{,}8}{5} \cdot 2 + 0{,}8 = 1{,}04$$

Der Windkraftbeiwert c_{fi} des vereisten Bauteils beträgt 1,04. Das bedeutet, dass sich in diesem Fall der Kraftbeiwert durch den Eisansatz von ursprünglich 0,8 auf

1,04 vergrößert. Damit erhöht sich die Windlast in gleichem Maße, d. h. um ca. 30 %.

3.11.8 Normentwurf DIN EN 1991-1-9 „Eislasten"

Im März 2023 wurde ein Normentwurf zur geplanten DIN EN 1991-1-9[1] „Allgemeine Einwirkungen – Atmosphärische Eisbildung" herausgegeben. Die Norm bildet den Teil 1-9 des Eurocode 1 „Einwirkungen auf Tragwerke" und wird neu in die Normenreihe aufgenommen. DIN EN 1991-1-9 ist als Ersatz für die derzeit gültigen Regelungen in Anhang NA.F in DIN EN 1991-1-3/NA vorgesehen. Zurzeit liegt allerdings nur die Grundnorm mit allgemeinen Regelungen zur atmosphärischen Eisbildung vor. Es fehlt noch der Nationale Anhang, so dass zurzeit keine konkreten Angaben über die Umsetzung der geplanten Regeln in Deutschland gemacht werden können. Dennoch soll kurz auf die wesentlichen Änderungen im Vergleich zu den zurzeit gelten Regel in Deutschland nach Anhang NA.F der DIN EN 1991-1-3/NA eingegangen werden.

Anwendungsbereich

Atmosphärische Eisbildung

DIN EN 1991-1-9 enthält grundsätzliche Regeln für die Bestimmung von Lasten durch atmosphärische Eisbildung (Eislasten), die bei folgenden Tragwerken anzusetzen sind:

---

[1] E DIN EN 1991-1-9:2023-03: Eurocode 1: Einwirkungen auf Tragwerke – Teil 1-9: Allgemeine Einwirkungen – Atmosphärische Eisbildung; zurzeit Normentwurf; vorgesehen als Ersatz für die Regelungen in DIN EN 1991-1-3/NA, Anhang NA.F

- Masten und Türme (z. B. Masten für Hochspannungsleitungen, Sendetürme)
- Antennen und Antennentragwerke
- Abspannungen, Kabel
- Seilbahnen und Tragwerke für Skilifte
- Bauwerke, die einer Eisbildung ausgesetzt sind.

Anmerkung: Für atmosphärische Eisbildung an Freileitungen ist DIN EN 50341-1[1] zu beachten.

In DIN EN 1991-1-9 werden Werte für die Massen und Wichten sowie Abmessungen der Eisablagerungen festgelegt. Außerdem werden die verschiedenen Formen des Eisansatzes angegeben. Weiterhin werden die verschiedenen Arten der Eisablagerung sowie die daraus resultierenden Eislasten behandelt.

Änderungen gegenüber den nationalen Regeln in Anhang NA.F der DIN EN 1991-1-3/NA

Gegenüber den nationalen Regelungen in Anhang NA.F der DIN EN 1991-1-3/NA weist der Normentwurf zu DIN EN 1991-1-9 folgende Änderungen auf:

1. **Berechnung der Eisablagerung:** Für die anzusetzende Eisablagerung werden Formeln angegeben, mit denen die Eislast berechnet wird. Neben dem Grundwert der Basisablagerung, die vom Bauwerksstandort und der Geländehöhe abhängt, werden weitere Einflüsse wie Art des Objekts (feststehend oder rotierend), Ausrichtung des Bauteils (vertikal

[1] DIN EN 50341-1:2013-11: Freileitungen über AC 1 kV – Teil 1: Allgemeine Anforderungen – Gemeinsame Festlegungen

oder horizontal), Jahreszeit und Höhe über Geländeoberfläche berücksichtigt. Im Vergleich zur bisherigen Regelung ist die Berechnung der Eisablagerung genauer, da mehr Einflussparameter berücksichtigt werden.

2. **Vereisungsklassen:** Im Normentwurf zu DIN EN 1991-1-9 ist eine deutlich größere Anzahl an Vereisungsklassen festgelegt als im derzeit geltenden Regelwerk. Bei Glatteis bzw. Klareis werden die Klassen G1 (Eisdicke 10 mm) bis G6 (extreme Eisablagerung) unterschieden. Bei Raueis wird eine Differenzierung in die Klassen R1 (Eismasse 0,5 kg/m) bis R10 (extreme Eisablagerung) vorgenommen. Zum Vergleich: In der derzeit geltenden Norm (DIN EN 1991-1-3/NA, Anhang NA.F) werden lediglich zwei Vereisungsklassen für Glatteis (G1 und G2) sowie fünf Klassen für Raueis (R1 bis R5) unterschieden. Hier muss allerdings abgewartet werden, welche Regelungen im Nationalen Anhang zur zukünftig geltenden DIN EN 1991-1-9 festgelegt werden, d. h., welche der Vereisungsklassen in Deutschland anzuwenden sein werden.

3. **Bauwerkshöhe:** Eine Begrenzung der Bauwerkshöhe ist nicht vorgesehen, d. h., mit der Norm können Eislasten auch für hohe Bauwerke berechnet werden. Hierzu wird ein Höhenfaktor eingeführt, mit dem der Grundwert der Eisablagerung, der für eine Höhe von 10 m über Grund gilt, erhöht wird. Zum Vergleich: In der bisherigen Norm (Anhang NA.F in DIN EN 1991-1-3/NA) ist der Anwendungsbereich für die Berechnung der Eislast für Bauwerke mit einer Höhe bis 50 m über Grund begrenzt. Für höhere Bauwerke muss die Eislast mithilfe eines meteorologischen Gutachtens im Einzelfall festgelegt werden.

4. **Höhenfaktor:** Der Einfluss der Höhe über Geländeoberfläche auf die Größe der anzusetzenden Eislast wird mittels eines Höhenfaktors berücksichtigt. In der Norm werden für die verschiedenen Eisablagerungsarten (Klareis und Raueis) Formeln für den Höhenfaktor angegeben; siehe hierzu auch das Diagramm in Abb. 3.11-11. Bei Klareis ist die Zunahme des Höhenfaktors unterproportional und erreicht für Bauwerke mit einer Höhe von 100 m über Grund einen Wert von 1,35, d. h., die Eislast ist in dieser Höhe um 35 % größer als in 10 m Höhe. Bei Raueis ist die Zunahme überproportional. Für eine Höhe von 100 m ergibt sich bereits ein Höhenfaktor von 2,45; bei 50 m Höhe ergibt sich für den Höhenfaktor ein Wert von 1,49 (Tab. 3.11.6).
   Zum Vergleich: Nach bisheriger Regelung ist für Klareis keine Berücksichtigung der Bauwerkshöhe auf die Eislast vorgesehen. Bei Raueis wird eine lineare Zunahme angenommen. Beispielsweise ergibt sich der Höhenfaktor bei einer Bauwerkshöhe von 50 m zu 1,4. Zusammenfassend kann festgehalten werden, dass die Regelungen nach neuer Norm zu größeren Höhenfaktoren und damit größeren Eislasten für Bauteile in größeren Höhen führen als nach den bisherigen Regelungen.

Größere Höhenfaktoren und damit größere Eislasten

5. **Abmessungen der Eisfahnen bei Raueis:** Die Abmessungen der Eisfahnen bei Raueis werden nach DIN EN 1991-1-9 mit Formeln berechnet. Hierdurch ist eine genauere Bestimmung der Werte als nach bisher geltenden Regelungen mithilfe von Tabellenwerten möglich.

6. **Sonstige Änderungen:** Weitere Änderungen betreffen genauere Regeln für die Kombination von Eislasten mit anderen Einwirkungen, die Berücksichtigung von Eisabfall von Bauwerken, Angaben

zulasten durch Nassschnee und Hinweise für die Messung von Eisablagerungen.

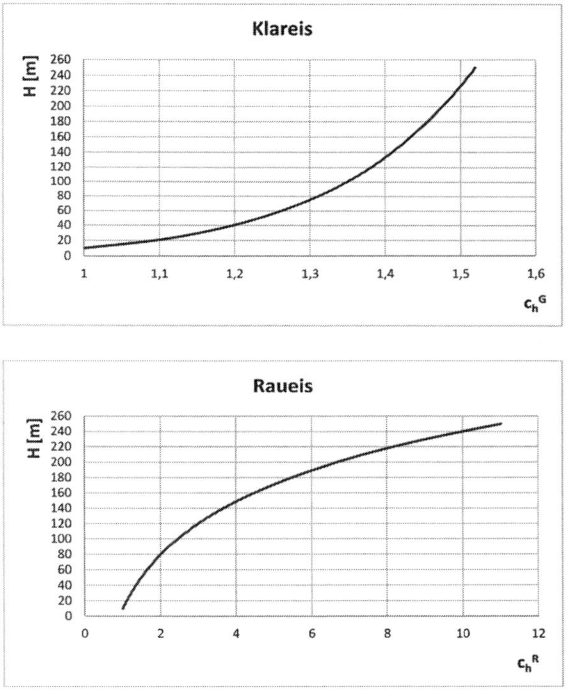

Abb. 3.11.8-1: Höhenfaktor für Klareis und Raueis nach E DIN EN 1991-1-9, (Quelle: Schmidt)

		Glatteis	Raueis
Höhen-faktor	für $H \geq 10$ m	$c_h^G = \left(\frac{H}{H_0}\right)^{0,13}$	$c_h^R = e^{\alpha \cdot (H - H_0)}$
	für $H < 10$ m	$c_h^G = 1,0$	$c_h^R = 1,0$
Erläuterungen: H: Höhe über der Geländeoberfläche in m H_0 = 10 m (Bezugshöhe) α = 0,01 m^{-1}			

Tab. 3.11.8-1: Höhenfaktor nach E DIN EN 1991-1-9

Angaben zur Auswirkung von Klimaveränderungen auf Eislasten

Der Normentwurf zu DIN EN 1991-1-9 enthält keine expliziten Angaben zu möglichen Auswirkungen von Klimaveränderungen auf die auf Bauwerke anzusetzenden Eislasten.

Allerdings wurden gegenüber der zurzeit noch geltenden Norm die Regelungen für die Berechnung des Höhenfaktors in der Weise geändert, dass bei höheren Bauwerken größere Eislasten anzunehmen sind als nach bisheriger Regelung.

Für weitere Informationen zu Eislasten nach DIN EN 1991-1-9 wird auf die Norm sowie die Literatur[1] verwiesen.

1 Schmidt, Peter: Lastannahmen – Beispiele; 2. Auflage 2025; Springer Vieweg, Wiesbaden

3.11.9 Abschätzung der Auswirkungen des Klimawandels auf Eislasten

Der globale Klimawandel hat auch in Deutschland bisher zu spürbaren Auswirkungen auf Natur und Umwelt geführt. Die Folgen sind häufigere und länger anhaltende Hitze- und Trockenperioden sowie die signifikante Zunahme von Extrem-Wetterereignissen wie Stürmen und Starkregen. Siehe hierzu auch den Bericht des Bundesministeriums für Wirtschaft und Klimaschutz[1] sowie die Erläuterungen und Daten zur Klimaentwicklung, die vom Deutschen Wetterdienst (DWD) auf deren Internetseite bereitgestellt werden (siehe www.dwd.de).

Nach Angabe des DWD sind seit Beginn der Aufzeichnung der Messungen im Jahr 1881 ausreichend Daten vorhanden, um Klimaänderungen in Deutschland gesichert zu ermitteln[2]. Zusammenfassend ergeben sich in Deutschland folgende Entwicklungen.

Lufttemperatur

Lufttemperatur hat sich erhöht

Der jährliche Mittelwert der Lufttemperatur hat sich seit Aufzeichnungsbeginn von 1881 bis 2021 um 1,6 °C erhöht. Außerdem hat sich die Zahl heißer Tage, d. h. Tage mit einer Lufttemperatur von mindestens 30 °C, seit den 1950er-Jahren bis heute etwa verdreifacht; im Jahr 2021 wurden im Mittel 9 heiße Tage registriert. Im

---

1 Klimaschutz in Zahlen – Aktuelle Emissionstrends und Klimaschutzmaßnahmen in Deutschland; Ausgabe August 2022; hrsg. v. Bundesministerium für Wirtschaft und Klimaschutz (BMWK)

2 https://www.dwd.de/DE/klimaumwelt/klimawandel/klimawandel_node.html

gleichen Zeitraum hat die Zahl der Eistage, d. h., Tage, an denen die Lufttemperatur nicht über 0 °C steigt, von 28 Tagen in den 1950er-Jahren auf 19 Tage (2021) abgenommen.

Niederschläge

Änderungen der Niederschläge sind im Gegensatz zu Änderungen der Lufttemperatur räumlich und jahreszeitlich sehr unterschiedlich. In den Sommermonaten wurden keine wesentlichen Änderungen der mittleren Niederschlagsmengen beobachtet. Im Winter konnte jedoch eine signifikante Erhöhung der Niederschlagsmengen festgestellt werden, wobei keine Angaben zur Form der Niederschläge, z. B. als Schnee oder Eis, gemacht werden.

Signifikante Erhöhung der Niederschlagsmengen in den Wintermonaten

Klimaprojektionen

Mithilfe geeigneter Klimamodelle können unter Einbeziehung der Messdaten zukünftige Klimaszenarien und Aussagen über mögliche Klimazustände berechnet werden (sogenannte Klimaprojektionen). Auswertungen dieser Ensemblerechnungen, die sich für verschiedene Ausgangszustände mit leicht veränderten Eingangsdaten ergeben, sind im Deutschen Klimaatlas[1] des DWD enthalten. Die Auswertungen der Klimaprojektionen ergeben eine Erhöhung der bodennahen Lufttemperatur von 3,1 °C bis 4,7 °C für den Zeitraum der Jahre 2071 bis 2100 (Klimaszenario RCP8.5) im Vergleich zum historischen Referenzzeitraum der Jahre

---

1 https://www.dwd.de/DE/klimaumwelt/klimaatlas/klimaatlas_node.html

1971 bis 2000. Die Projektion der Änderung der Niederschläge ist dagegen regional unterschiedlich. Im jährlichen Mittel ergeben die durchgeführten Berechnungen Änderungen der Niederschläge von -1 % (weniger Niederschlag) bis +15 % (mehr Niederschlag) im Vergleich zum Referenzzeitraum. Allerdings werden auch hier keine Angaben über die Form der Niederschläge (Regen, Schnee, Eis) gemacht.

Auswirkungen auf Eislasten

Aus den Klimaprojektionen des DWD kann nicht ohne Weiteres auf Auswirkungen von Klimaveränderungen auf die in diesem Abschnitt behandelten Eislasten geschlossen werden. Die Schlussfolgerung, dass zukünftig geringere Eislasten zu erwarten sind, nur weil die Modellrechnungen eine höhere Lufttemperatur für die Zukunft ergeben, wäre schlichtweg falsch. Dies liegt unter anderem daran, dass die Prognosen nur eine Erhöhung der Jahresmitteltemperatur vorhersagen. Hieraus lässt sich aber nicht ableiten, dass zukünftig Wetterbedingungen, die zu Eisablagerungen an Bauteilen führen, eine geringere Intensität aufweisen. Im Gegenteil: Es kann durchaus sein, dass zwar die Häufigkeit von Ereignissen, die zu Eislasten führen, abnimmt, die Intensität aber zunimmt, d. h., sich ein größerer Eisansatz ausbildet, der zu höheren Belastungen für die Bauteile führt. Auch Frost-Tauwechsel-Ereignisse können zu zeitlich begrenzten höheren Eislasten führen, z. B. wenn nach einer Frostperiode Regen einsetzt und das Niederschlagswasser an den noch kalten Bauteilen zu Eis gefriert.

Da genauere Untersuchungen und Modellrechnungen zu diesem Thema noch fehlen bzw. Daten nicht vorliegen, können an dieser Stelle keine konkreten Angaben zur Auswirkung des Klimawandels auf Eislasten gemacht werden. Allerdings kann festgestellt werden, dass bereits geringe Erhöhungen von Eisablagerungen aufgrund der hohen Wichte von Eis (Klareis: 9 kN/m^3, Raueis: 5 kN/m^3) zu erheblichen zusätzlichen Belastungen der Tragwerke führen. Aus diesem Grund sollte bei der Bemessung von Bauteilen für Eislasten eine Reserve eingeplant werden, um für zukünftige Entwicklungen ausreichend vorbereitet zu sein.

Reserve eingeplanen

3.12 Temperatureinwirkungen auf Tragwerke und Bauteile

In diesem Werk werden bautechnische Maßnahmen zur Anpassung an Gebäuden infolge des Klimawandels behandelt. Hierzu gehört auch die Untersuchung, inwieweit sich klimatisch bedingte Einwirkungen unter Berücksichtigung des Klimawandels zukünftig auf Tragwerke und deren Bauteile auswirken. Zu den klimatisch bedingten Einwirkungen zählen auch tägliche und jahreszeitliche Temperatureinwirkungen, die durch Sonneneinstrahlung und wetterbedingte Einflüsse verursacht werden. Außerdem existieren noch betrieblich verursachte sowie nutzungsbedingte Temperatureinwirkungen, die z. B. bei Kühltürmen, Rohrleitungen, Silos, Tanks und Kühlhäusern auftreten. Diese sind unabhängig von klimatischen und witterungsbedingten Einflüssen und werden hier nicht weiter behandelt.

Formänderungen von Bauteilen

Temperatureinwirkungen führen zu Formänderungen von Bauteilen. Bei Behinderung der Formänderungen werden Zwängungsbeanspruchungen verursacht, die vom Tragwerk und seinen Bauteilen aufgenommen werden müssen. Die im Rahmen des Standsicherheitsnachweises anzusetzenden Temperatureinwirkungen sind in Regelwerken festgelegt. In Bezug auf den Klimawandel stellt sich die Frage, welche Auswirkungen mögliche Änderungen bei Temperatureinwirkungen auf die Bemessung von Tragwerken und seinen Bauteilen zukünftig haben könnten. Außerdem beanspruchen Temperatureinwirkungen auch Sekundär-Bauteile, die nicht zum Tragwerk gehören, aber dennoch wichtige Funktionen für die Sicherstellung der Gebrauchstauglichkeit erfüllen. Beispielhaft seien hier Abdichtungen genannt, die einerseits teilweise direkten Temperatureinwirkungen ausgesetzt sind (z. B. Dachabdichtungen) und andererseits eine wichtige Schutzfunktion übernehmen, indem sie das Bauwerk vor eindringendem Wasser und eindringender Feuchtigkeit schützen.

Dieser Beitrag gibt einen umfassenden Überblick über die Grundlagen der Temperatureinwirkungen, die zu beachtenden Regelwerke und mögliche zukünftige Auswirkungen infolge des Klimawandels.

Der Beitrag ist wie folgt strukturiert. Im folgenden Abschnitt werden zunächst wichtige Grundlagen zum Thema Temperatureinwirkungen und dadurch bedingte Formänderungen von Bauteilen sowie daraus resultierende Beanspruchungen erläutert. In diesem Zusammenhang wird erläutert, für welche Bauteile Temperatureinwirkungen relevant sind und welche Auswirkungen Temperatureinwirkungen haben. Anschließend werden die in Deutschland zu beachtenden Regelwerke und ihre Anwendungsbereiche angegeben. Zentrales Dokument für Temperatureinwirkungen auf Tragwerke ist die DIN EN 1991-1-5[1] „Eurocode 1: Einwirkungen auf Tragwerke – Teil 1-5: Temperatureinwirkungen" in Verbindung mit dem zugehörigen Nationalen Anhang (DIN EN 1991-1-5/NA[2]). In einem separaten Abschnitt wird auch auf den vorliegenden Normentwurf zu DIN EN 1995-1-5 vom Oktober 2023 eingegangen

---

1 DIN EN 1991-1-5:2010-12: Eurocode 1: Einwirkungen auf Tragwerke – Teil 1-5: Allgemeine Einwirkungen – Temperatureinwirkungen

2 DIN EN 1991-1-5/NA:2010-12: Nationaler Anhang – National festgelegte Parameter – Eurocode 1: Einwirkungen auf Tragwerke – Teil 1-5: Allgemeine Einwirkungen - Temperatureinwirkungen

(E DIN EN 1991-1-5[1]), der als Ersatz für die Vorgängernorm vorgesehen ist. In einem weiteren Abschnitt werden klimatisch bedingte Temperaturen bei Sekundär-Bauteilen, wie z. B. Abdichtungen, behandelt. Abschließend wird untersucht, welche Auswirkungen zukünftige klimatische Änderungen auf Temperatureinwirkungen sowie Tragwerke und Bauteile haben können.

3.12.1 Grundlagen

Temperatureinwirkungen auf Tragwerke und Bauteile sind Einwirkungen, die aus Änderungen der Temperatur in einer bestimmten Zeitspanne resultieren. Temperaturänderungen ergeben sich als Differenz zwischen der momentan herrschenden Temperatur (z. B. minimale bzw. maximale Außenlufttemperatur) und einer zuvor definierten Ausgangstemperatur. In der Regel wird als Ausgangstemperatur die sogenannte Aufstelltemperatur herangezogen. Darunter ist diejenige Temperatur eines Bauteils zu verstehen, die zum Zeitpunkt der Fertigstellung herrschte. Die anzusetzenden Umgebungstemperaturen und die Aufstelltemperatur können für Bemessungsaufgaben nicht beliebig gewählt werden, sondern sind für verschiedene Anwendungssituationen und Bauwerke (z. B. Gebäude, Brücken) normativ festgelegt. Auf die normativen Regelungen wird weiter hinten in diesem Beitrag noch genauer eingegangen.

[1] E DIN EN 1991-1-5:2023-10: Eurocode 1: Einwirkungen auf Tragwerke – Teil 1-5: Allgemeine Einwirkungen – Temperatureinwirkungen; Normentwurf, vorgesehen als Ersatz für DIN EN 1991-1-5:2010-12

Auswirkungen von Temperatureinwirkungen

Formänderungen von Bauteilen

Temperatureinwirkungen führen bei Änderungen gegenüber der Aufstelltemperatur aufgrund der thermischen Ausdehnung von Stoffen zu Formänderungen von Bauteilen. Die Größe der Formänderungen ist abhängig vom Wärmeausdehnungskoeffizient des Baustoffs oder Materials und der Größe der Temperaturänderung. Es können je nach Verteilung der Temperaturänderungen über den Querschnitt eines Bauteils folgende Formänderungen auftreten:

- Längenänderungen (z. B. bei stabförmigen Bauteilen in Richtung der Stabachse)
- Änderungen der Querschnittsabmessungen (Breite, Höhe des Bauteils)
- Krümmungen, Verformungen, Durchbiegungen
- Kombinationen der zuvor genannten Formänderungen

Reine Längenänderungen treten auf, wenn die Temperaturänderung konstant über den Bauteilquerschnitt verteilt ist, d. h. z. B. bei einer Temperaturerhöhung bzw. -senkung gegenüber der ursprünglichen Temperatur. Zu Krümmungen sowie Verformungen und Durchbiegungen kommt es, wenn die Temperaturänderung auf einer Seite größer ist als auf der gegenüberliegenden Seite des Bauteils bzw. wenn ein Temperaturunterschied zwischen den Bauteiloberflächen besteht, z. B. die Oberseite eines Bauteils ist wärmer als die Unterseite.

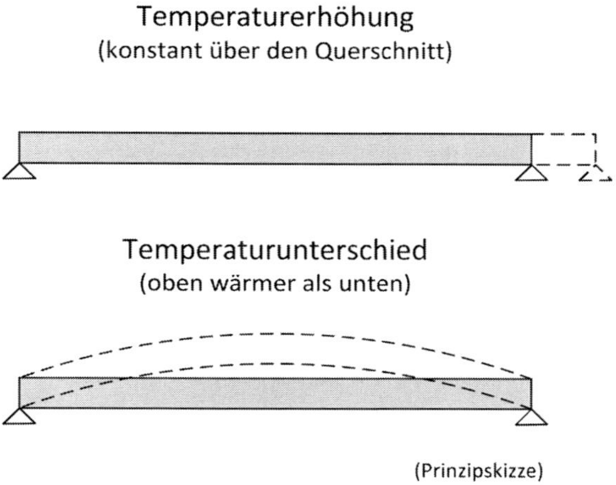

Abb. 3.12.1-1: Längenänderung und Krümmung von Bauteilen bei Temperatureinwirkungen (Quelle: Schmidt)

Hinsichtlich der Richtung von Formänderungen gelten folgende Gesetzmäßigkeiten:

- Eine Temperaturerhöhung (Erwärmung) gegenüber der Aufstelltemperatur führt zu einer Ausdehnung der Bauteilabmessungen. Beispielsweise vergrößert sich die Trägerlänge eines (statisch bestimmt gelagerten) Einfeldträgers, wenn die Temperaturerhöhung gleichmäßig über den Querschnitt verteilt ist. Voraussetzung ist, dass sich die Längenänderung einstellen kann und nicht behindert wird.
- Eine Temperatursenkung (Abkühlung) gegenüber der Aufstelltemperatur führt zu einer Kontraktion bzw. Reduzierung der Bauteilabmessungen (Abb. 3.12.1-2). Beispielsweise wird die Trägerlänge des Einfeldträgers aus dem Beispiel zuvor kürzer, wenn die Temperatur gegenüber der Aufstelltemperatur sinkt.

- Ein Temperaturunterschied zwischen gegenüberliegenden Bauteiloberflächen bewirkt eine Krümmung des Bauteils. Die warme Seite dehnt sich gegenüber der kühleren Seite des Bauteils aus. Bei unbehinderter Formänderung führt diese Temperaturbeanspruchung zu einer Krümmung des Bauteils, wobei sich der Mittelpunkt des Krümmungsradius auf der kühleren Seite befindet (Abb. 3.12.1-3).

- Kombinationen einer Temperaturänderung und eines Temperaturunterschieds führen zu einer gleichzeitigen Längenänderung und Krümmung des Bauteils.

- Darüber hinaus existieren noch Temperatureinwirkungen, bei denen innerhalb des Bauteils zwar Temperaturunterschiede herrschen, aber keine Formänderungen verursacht werden. Dies ist bspw. der Fall, wenn sich Temperaturunterschiede über den Bauteilquerschnitt ausgleichen und somit keine Formänderungen erzeugen. Allerdings wird das Bauteil in diesem Fall durch Zwängungsspannungen (sogenannte Eigenspannungen) beansprucht. Beispielsweise tritt dieser Fall auf, wenn sich alle Ränder eines Bauteils gleichmäßig abkühlen, die Temperatur im Bauteilinneren jedoch noch konstant bleibt. Die Ränder wollen sich aufgrund der Abkühlung zusammenziehen. Diese Bewegung wird jedoch durch den starr bleibenden Kern des Bauteils behindert. Die Ränder werden somit durch Zugspannungen beansprucht. Im Bauteilinnern herrschen Druckspannungen. Zug- und Druckspannungen stehen im Gleichgewicht; das Bauteil wird jedoch erheblich beansprucht (Abb. 3.12.1.-4).

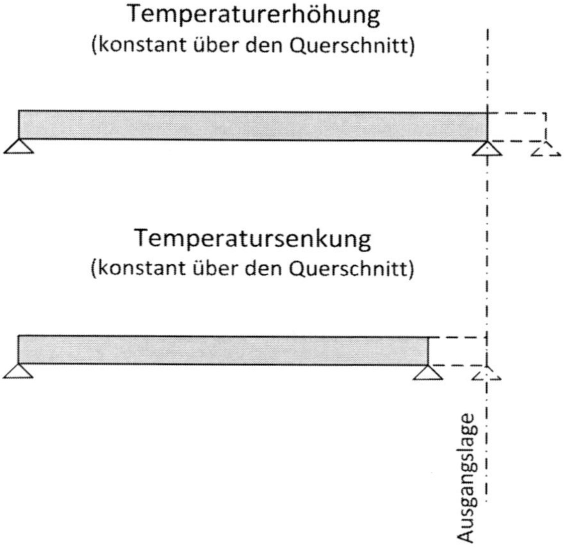

Abb. 3.12.1-2: Längenänderung eines Bauteils infolge einer Temperaturänderung (Quelle: Schmidt)

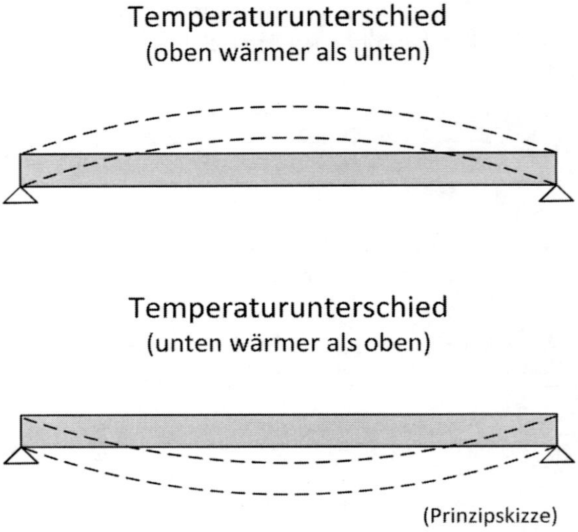

Abb. 3.12.1-3: Krümmung eines Bauteils infolge eines Temperaturunterschieds (Quelle: Schmidt)

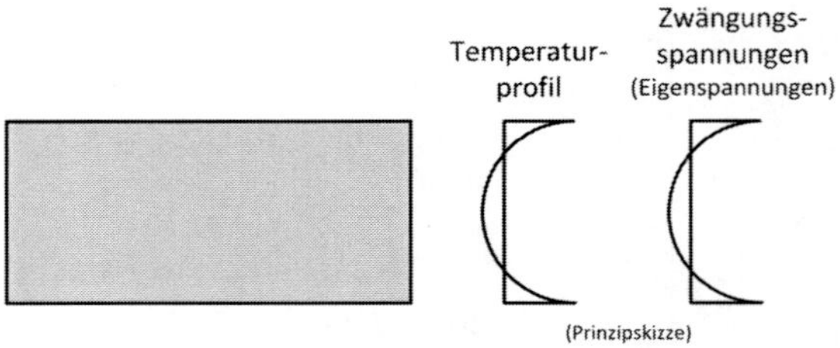

Abb. 3.12.1-4: Zwängungsspannungen infolge ausgleichender Temperaturunterschiede (Quelle: Schmidt)

Berechnung von Längenänderungen

Eine Temperaturänderung ΔT_N gegenüber der Aufstelltemperatur T_0 (konstanter Temperaturanteil) bewirkt eine Längenänderung des Bauteils (Ausdehnung bei Erwärmung gegenüber der Aufstelltemperatur, Verkürzung bei Abkühlung). Die Längenänderung ist von folgenden Einflussgrößen abhängig:

- Länge des Bauteils
- Größe der Temperaturänderung
- Ausdehnungskoeffizient des Baustoffs

Zwischen der Längenänderung und den genannten Einflussgrößen besteht jeweils ein proportionaler Zusammenhang, d. h. mit zunehmender Bauteillänge, mit zunehmender Temperaturänderung und mit größer werdendem Ausdehnungskoeffizienten vergrößert sich die Längenänderung und umgekehrt. Die Längenänderung Δl berechnet sich mit folgender Gleichung:

$$\Delta l = \alpha_T \times \Delta T_N \times l$$

Darin bedeuten:

Δl Längenänderung, in m

α_T Ausdehnungskoeffizient, in 1/K oder K^{-1} (abhängig vom Material; Werte für ausgewählte Stoffe siehe Abschnitt 3.12.5)

ΔT_N Temperaturänderung bzw. -unterschied gegenüber der Aufstelltemperatur (konstanter Temperaturanteil), in K

l Länge des Bauteils, in m

Beispiel 1

Ein Träger aus Baustahl mit einer Länge von l = 10,0 m wird einer Temperaturerhöhung von ΔT_N = 20 K ausgesetzt. Es wird angenommen, dass die Temperaturerhöhung gleichmäßig über den Querschnitt verteilt ist.

Welche Längenänderung Δl ergibt sich aufgrund der Temperaturerhöhung?

Randbedingungen:

- Ausdehnungskoeffizient für Baustahl:

  $\alpha_T = 12 \times 10^{-6}$ 1/K

Lösung:

Da eine Temperaturerhöhung gegenüber der Aufstelltemperatur vorliegt, verlängert sich der Träger um das Maß Δl (nachfolgend in mm angegeben):

$$\Delta l = \alpha_T \times \Delta T_N \times l = 12 \times 10^{-6} \times 20 \times (10 \times 1.000) = 2{,}4 \text{ mm}$$

Die Trägerlänge erhöht sich um 2,4 mm (Abb. 3.12.1-5).

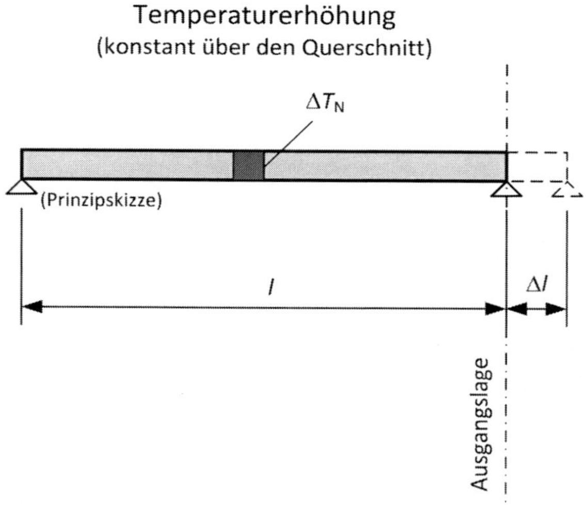

Abb. 3.12.1-5: Beispiel 1 – Längenänderung bei einem Träger infolge einer konstanten Temperaturerhöhung (Quelle: Schmidt)

Auflagerkräfte, Schnittgrößen und Verformungen infolge von Temperaturunterschieden

Ein Temperaturunterschied zwischen der Ober- und Unterseite bzw. den Oberflächen eines Bauteils (linear veränderlicher Temperaturanteil ΔT_M) führt zu einer Verformung bzw. Krümmung der Stabachse. Die Größe der Durchbiegung wird dabei wesentlich vom statischen System bestimmt.

Statische Systeme

Bei statisch bestimmten Systemen, wie z. B. beidseitig gelenkig gelagerte Einfeldträger, stellen sich die Formänderungen ohne Behinderung ein. Es entstehen keine Beanspruchungen im Bauteil, d. h. die Schnittgrößen und Auflagerkräfte sind gleich Null. Statisch bestimmte Systeme sind dadurch gekennzeichnet, dass sich Auflagerkräfte und Schnittgrößen allein mit den Gleichgewichtsbedingungen bestimmen lassen.

Bei statisch unbestimmten Systemen werden die Verformungen teilweise oder vollständig behindert (je nach statischem System) und es ergeben sich zusätzlich Auflagerkräfte und Schnittgrößen. Kennzeichnendes Merkmal von statisch unbestimmten Systemen ist, dass sich Auflagerkräfte und Schnittgrößen nicht allein mit den Gleichgewichtsbedingungen bestimmen lassen, sondern zusätzlich noch Verformungsbedingungen benötigt werden.

Für einige ausgewählte statische Systeme (statisch bestimmt und statisch unbestimmt) sind Auflagerkräfte, Schnittgrößen und Durchbiegung, die sich infolge eines Temperaturunterschieds ergeben, in Tab. 3.12.1 angegeben. Für weitere statische Systeme wird auf die einschlägige Literatur verwiesen (z. B. Schneider Bautabellen für Ingenieure[1]).

[1] Albert, Andrej (Hrsg.): Schneider Bautabellen für Ingenieure; Abschnitt Statik; 26. Auflage 2024, Reguvis Verlag, Köln

Spalte	1	2	3		4	5
Zeile	**System**	**Abbildung**	**Auflagerkräfte**		**maximales Biegemoment**	**Durchbiegung**
			A	***B***	***M***	***w***
1	Einfeldträger, beidseitig gelenkig gelagert (statisch bestimmt)	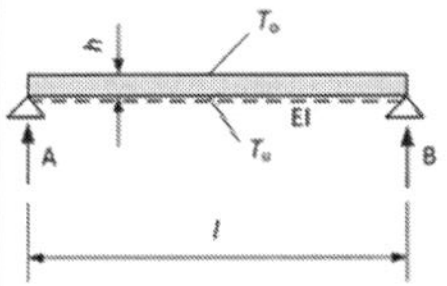	0	0	0	$\frac{k \cdot l^2}{8}$
2	Einfeldträger, A gelenkig B eingespannt (statisch unbestimmt)	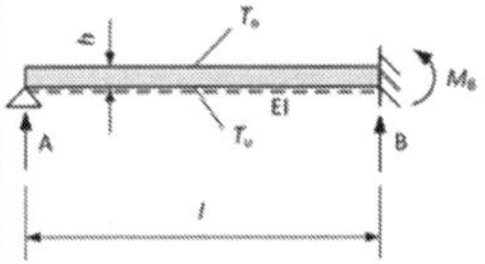	$-1{,}5 \times k \times EI/l$	$+1{,}5 \times k \times EI/l$	$-1{,}5 \times k \times EI$	$w_{mitte} = \frac{k \cdot l^2}{32}$ $w_{max} = \frac{k \cdot l^2}{27}$
3	Einfeldträger, beidseitig eingespannt (statisch unbestimmt)	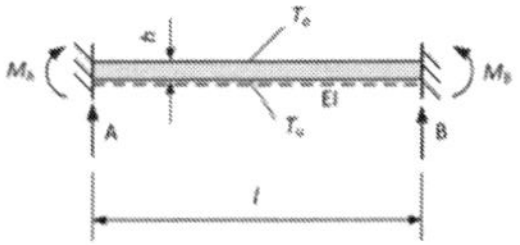	0	0	$-k \times EI$	0

Spalte	1	2	3		4	5
Zeile	**System**	**Abbildung**	**Auflagerkräfte**		**maximales Biegemoment**	**Durchbiegung**
			A	***B***	***M***	***w***
4	Einfeldträger mit Kragarm (statisch bestimmt)	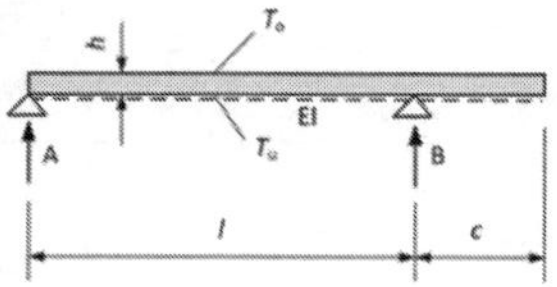	0	0	0	$w_{mitte} = \frac{k \cdot l^2}{8}$ $w_{krag} = -\frac{k \cdot l \cdot c}{2}$

Erläuterung:

$$k = \alpha_T \cdot \frac{T_u - T_o}{h} = \alpha_T \cdot \frac{\Delta T_M}{h}, \text{ in m}^{-1}$$

mit: α_T: Ausdehnungskoeffizient, in K^{-1}; T_u: Temperatur auf der Unterseite, in °C; T_o: Temperatur auf der Oberseite, in °C; ΔT_M: linear veränderlicher Temperaturanteil; h: Querschnittshöhe, in m
E: Elastizitätsmodul des Baustoffs, in kN/m^2
I: Trägheitsmoment des Querschnitts, in m^4
l: Stützweite, in m
c: Kragarmlänge, in m
w: Durchbiegung, in m

Tab. 3.12.1-1: Schnittgrößen und Verformung für statisch bestimmte und statisch unbestimmte Einfeldträger

Beispiel 2 – Durchbiegung bei einem statisch bestimmt gelagerten Einfeldträger:

Gegeben:

- Stahlträger HEB 200
- Stützweite: $l = 5{,}0$ m
- Querschnittshöhe: $h = 200$ mm (HEB 200)
- Ausdehnungskoeffizient Baustahl: $\alpha_T = 12 \times 10^{-6}$ 1/K
- Temperatur auf der Oberseite: $T_o = 70$ °C
- Temperatur auf der Unterseite: $T_u = 20$ °C

Gesucht:

Durchbiegung infolge des Temperaturunterschieds zwischen Ober- und Unterseite

Lösung:

Temperaturunterschied zwischen Oberseite und Unterseite:

$\Delta T_M = T_u - T_o = 20 - 70 = -50$ K

> ! Temperaturunterschiede werden grundsätzlich in Kelvin (K) angegeben.

Hilfswert k (Tab. 3.12.1-1, Fußnote):

$$k = \alpha_T \cdot \frac{T_u - T_o}{h} = \alpha_T \cdot \frac{\Delta T_M}{h} = 12 \cdot 10^{-6} \cdot \frac{-50}{0{,}2} = -3000 \cdot 10^{-6} = -3 \cdot 10^{-3} \cdot \frac{1}{\mathrm{m}}$$

Darin ist h die Trägerhöhe in m.

Die Durchbiegung w (in m) berechnet sich mit folgender Gleichung (Tab. 3.12.1-1, Zeile 1):

$$w = \frac{k \cdot l^2}{8} = \frac{-3 \cdot 10^{-3} \cdot 5{,}0^2}{8} = -0{,}0094\ \mathrm{m} \equiv -9{,}4\ \mathrm{mm}$$

Die Durchbiegung beträgt w = 9,4 mm und ist nach oben gerichtet (negatives Vorzeichen), da sich die Oberseite aufgrund der höheren Temperatur ausdehnt. Der Träger wölbt sich dadurch nach oben.

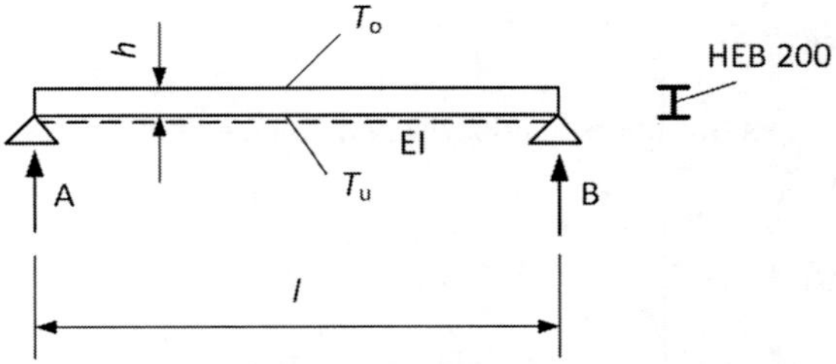

Abb. 3.12.1-6: Beispiel 2 – Durchbiegung eines statisch bestimmt gelagerten Einfeldträgers infolge eines Temperaturunterschieds (Hier: Statisches System und Temperatureinwirkungen) (Quelle: Schmidt)

Beispiel 3 – Auflagerkräfte, maximales Biegemoment und Durchbiegung bei einem einseitig eingespannten Einfeldträger

Ein einseitig eingespannter Einfeldträger (statisch unbestimmt) wird durch einen Temperaturunterschied beansprucht (Oberseite ist wärmer als Unterseite). Es sollen die Auflagerkräfte, das maximale Biegemoment und die Durchbiegung ermittelt werden.

Gegeben:

- Stahlträger HEB 200
- Stützweite: $l = 5{,}0$ m
- Querschnittshöhe: $h = 200$ mm (HEB 200)
- Trägheitsmoment: $I = I_y = 5700$ cm^4
- Ausdehnungskoeffizient Baustahl: $\alpha_T = 12 \times 10^{-6}$ 1/K
- E-Modul: $E = 210.000$ N/mm^2 = 21000 kN/cm^2
- Temperatur auf der Oberseite: $T_o = 70$ °C
- Temperatur auf der Unterseite: $T_u = 20$ °C

Gesucht:

Auflagerkräfte, maximales Moment und Durchbiegung infolge des Temperaturunterschieds zwischen Ober- und Unterseite

Lösung:

Temperaturunterschied zwischen Oberseite und Unterseite (wie Beispiel 2):

$$\Delta T_M = T_u - T_o = 20 - 70 = -50 \text{ K}$$

Hilfswert *k* (Tab. 3.12.1-1, Fußnote):

$$k = \alpha_T \cdot \frac{T_u - T_o}{h} = \alpha_T \cdot \frac{\Delta T_M}{h} = 12 \cdot 10^{-6} \cdot \frac{-50}{0{,}2} = -3000 \cdot 10^{-6} = -3 \cdot 10^{-3} \cdot \frac{1}{\mathrm{m}}$$

Biegesteifigkeit *EI*:

$EI = 21.000 \times 5.700 = 119{,}7 \times 10^6\ \mathrm{kNcm^2} = 11.970\ \mathrm{kNm^2}$

Auflagerkräfte (Tab. 3.12.1, Zeile 2):

Auflager A (gelenkiges Auflager):

$$A = -1{,}5 \cdot k \cdot \frac{EI}{l} = -1{,}5 \cdot (-3 \cdot 10^{-3}) \cdot \frac{11970}{5{,}0} = +10{,}8\ \mathrm{kN}$$

Die Auflagerkraft A wirkt nach oben, d. h. der Träger drückt nach unten (positives Vorzeichen).

Auflager B (eingespanntes Auflager):

$$B = +1{,}5 \cdot k \cdot \frac{EI}{l} = 1{,}5 \cdot (-3 \cdot 10^{-3}) \cdot \frac{11970}{5{,}0} = -10{,}8\ \mathrm{kN}$$

Die Auflagerkraft B wirkt nach unten, d. h. der Träger drückt nach oben (negatives Vorzeichen).

Biegemoment an der Einspannstelle (Einspannmoment) (Tab. 3.12.1-1, Zeile 2):

$M = -1{,}5 \times k \times EI = -1{,}5 \times (-3 \times 10^{-3}) \times 11.970 = +53{,}9\ \mathrm{kNm}$

Das Einspannmoment erzeugt Zug auf der Unterseite (positives Vorzeichen).

Maximale Durchbiegung:

$$w_{\max} = \frac{k \cdot l^2}{27} = \frac{(-3 \cdot 10^{-3}) \cdot 5{,}0^2}{27} = -2{,}78 \cdot 10^{-3}\ \text{m} \equiv -2{,}78\ \text{mm}$$

Die Durchbiegung ist nach oben gerichtet (negatives Vorzeichen).

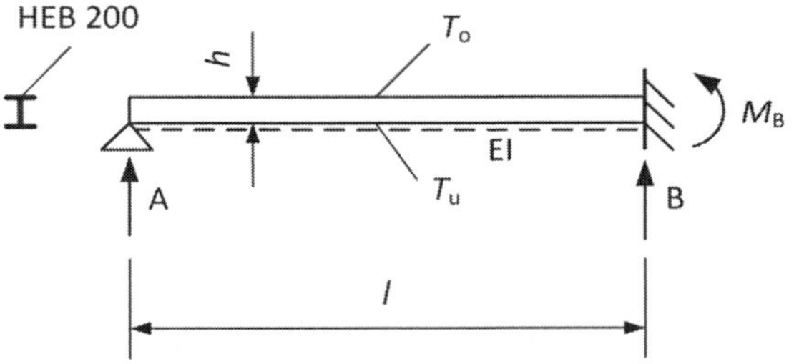

Abb. 3.12.1-7: Beispiel 3 - Auflagerkräfte, maximales Biegemoment und Durchbiegung bei einem einseitig eingespannten Einfeldträger infolge eines Temperaturunterschieds(Hier: Statisches System und Temperatureinwirkung) (Quelle: Schmidt)

Gründe für die Berücksichtigung von Formänderungen

Formänderungen von Bauteilen infolge von Temperaturänderungen müssen berücksichtigt werden, um einerseits Anforderungen an die Tragfähigkeit sicherzustellen und andererseits verschiedene Gebrauchsfunktionen zu gewährleisten. Dies zeigen die zuvor beschriebenen Beispiele deutlich.

Bei statisch unbestimmten Systemen führen Temperatureinwirkungen zu Beanspruchungen der Bauteile und deren Unterkonstruktion, ohne dass äußere Lasten (wie z. B. Nutzlasten, Schnee- und Windlasten) wirken. Die

Beanspruchungen entstehen, weil die temperaturbedingten Formänderungen teilweise oder vollständig behindert werden. Die Kenntnis der zu erwartenden Temperatureinwirkungen ist daher für die Bemessung der Bauteile und des Tragwerks von großer Bedeutung, um die Tragsicherheit sicherzustellen.

Bei statischen bestimmten Systemen bewirken Temperatureinwirkungen zwar keine direkten Beanspruchungen, führen jedoch zu Formänderungen, wie z. B. Längenänderungen, Durchbiegungen, Änderungen der Querschnittsabmessungen. Diese Formänderungen sind für verschiedene Aufgabenstellungen relevant.

Beispielsweise kann eine unzulässig große Durchbiegung eines Bauteils zu Schäden an Sekundärbauteilen und nichttragenden Bauteilen führen, da diese dadurch durch unplanmäßige Lasten beansprucht werden. Beispielsweise führt eine zu große Durchbiegung einer Decke zu einer Belastung nichttragender Wände, wenn die Decke sich auf diese aufgrund der Durchbiegung absetzt.

Unzulässig große Durchbiegungen einer Dachdecke können das vorgesehene Gefälle der Dachabdichtung nachteilig verändern, sodass die planmäßige Ableitung von Niederschlagswasser nicht mehr gewährleistet ist und es zur Pfützenbildung und damit zu einer zusätzlichen Belastung durch die Eigenlast auf der Decke stehenden Wassers kommt.

Die Kenntnis der Größe von Formänderungen infolge von Temperatureinwirkungen ist außerdem für die Anordnung von Bewegungsfugen im Bauwerk von großem Interesse. Bewegungsfugen oder Dehnungsfugen werden angeordnet, um Bewegungen von Bauwerksteilen zwängungsfrei zu ermöglichen und Schäden aufgrund unzulässig großer Zwängungsspannungen zu vermeiden.

3.12.2 Regelwerke

Zentrales Regelwerk für die Ermittlung von Temperatureinwirkungen auf Tragwerke und deren Bauteile ist die DIN EN 1991-1-5[1] i. V. m. dem zugehörigen Nationalen Anhang für Deutschland (DIN EN 1991-1-5/NA[2]). Die Norm enthält Prinzipien und Festlegungen zur Ermittlung von Temperatureinwirkungen auf tragende Bauteile von Gebäuden, Brücken und anderen Bauwerken (u. a. Silos, Tanks, Rohrleitungen). Außerdem enthält die Norm Angaben zu Temperaturen von Außenwandbekleidungen.

Eurocode 1

Das Dokument ist Teil des Eurocode 1 (Einwirkungen auf Tragwerke) und ist seit dem Jahr 2010 in Deutschland bauaufsichtlich eingeführt. Zurzeit wird der Eurocode 1 insgesamt umfassend überarbeitet. Hierzu zählt auch der Teil 1-5 (Temperatureinwirkungen), zu dem seit März 2023 ein Normentwurf zur Grundnorm vorliegt (E DIN EN 1991-1-5[3]). Der zugehörige Nationale Anhang befindet sich allerdings noch in Bearbeitung, sodass Aussagen zu zukünftigen nationalen Regelungen zu

---

1 DIN EN 1991-1-5:2010-12: Eurocode 1: Einwirkungen auf Tragwerke – Teil 1-5: Allgemeine Einwirkungen - Temperatureinwirkungen

2 DIN EN 1991-1-5/NA:2010-12: Nationaler Anhang – National festgelegte Parameter – Eurocode 1: Einwirkungen auf Tragwerke – Teil 1-5: Allgemeine Einwirkungen – Temperatureinwirkungen

3 E DIN EN 1991-1-5:2023-10: Eurocode 1: Einwirkungen auf Tragwerke – Teil 1-5: Allgemeine Einwirkungen – Temperatureinwirkungen; Normentwurf, als Ersatz für DIN EN 1991-1-5:2020-12 vorgesehen

Temperatureinwirkungen hier noch nicht angegeben werden können.

Die folgenden Angaben beziehen sich zunächst auf die derzeit geltenden Regelungen nach DIN EN 1991-1-5 i. V. mit DIN EN 1991-1-5/NA (Nationaler Anhang zu DIN EN 1991-1-5 für Deutschland). Die Norm ist in allen Bundesländern bauaufsichtlich eingeführt und in die Muster-Verwaltungsvorschrift Technische Baubestimmungen (MVV TB)[1] aufgenommen. Zum Schluss des Beitrags wird noch kurz auf den Normentwurf zu DIN EN 1991-1-5 eingegangen, der als Ersatz für die derzeit geltende Ausgabe vorgesehen ist. In diesem Zusammenhang werden relevante Änderungen thematisiert.

Ein schematischer Überblick über die geltenden und geplanten Regelwerke zur Ermittlung von Temperatureinwirkungen auf Tragwerke ist in der folgenden Abbildung dargestellt (Abb. 3.12.2-1).

---

1 Muster-Verwaltungsvorschrift Technische Baubestimmungen 2025/1 (MVV TB 2025/1); Ausgabe 2025/1; hrsg. v. Deutsches Institut für Bautechnik, Berlin

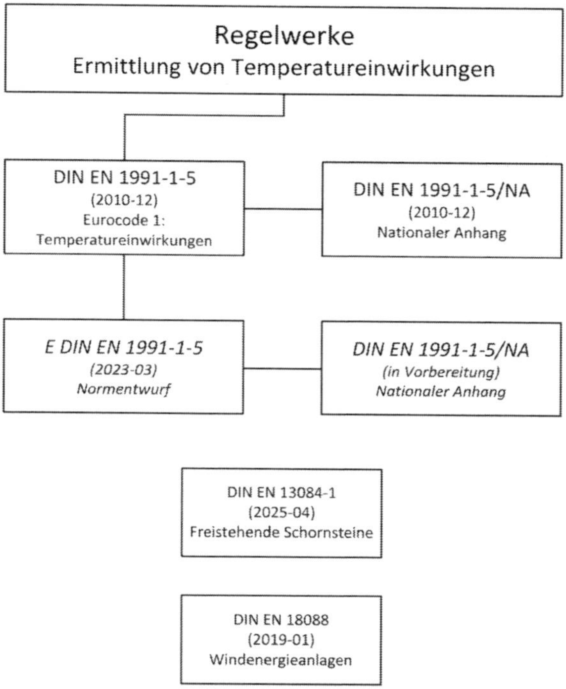

Abb. 3.12.2-1: Überblick über Regelwerke zur Ermittlung von Temperatureinwirkungen auf Tragwerke (Quelle: Schmidt)

Weitere Regeln zu Temperatureinwirkungen finden sich beispielsweise in DIN EN 13084-1[1] (freistehende Schornsteine) und DIN EN 18088[2] (Windenergieanlagen). Nachfolgend werden nur Temperatureinwirkungen auf Gebäude behandelt. Auf Temperatureinwirkungen, die

---

[1] DIN EN 13084-1:2025-04: Freistehende Schornsteine – Teil 1: Allgemeine Anforderungen

[2] DIN EN 18088:2019-01: Tragstrukturen für Windenergieanlagen und Plattformen

auf andere Bauwerke anzusetzen sind, wird hier nicht eingegangen.

3.12.3 Klassifizierung der Temperatureinwirkungen

Charakteristische Werte

Die in DIN EN 1991-1-5 angegebenen Werte der Temperatureinwirkungen sind *charakteristische Werte*, d. h. sie enthalten noch keinen Teilsicherheitsbeiwert. Die charakteristischen Werte der Temperatureinwirkungen werden für eine jährliche Überschreitenswahrscheinlichkeit von 0,02 angegeben. Dies entspricht einer statistischen Wiederkehrperiode von 50 Jahren (= 1/0,02). Damit wird bei Temperatureinwirkungen die gleiche Überschreitenswahrscheinlichkeit verwendet, die auch für die anderen klimatischen Einwirkungen (Windlasten, Schnee- und Eislasten) angesetzt wird; siehe Abschnitte 3.9 bis 3.11 in diesem Werk.

Für Bemessungssituationen mit einer hiervon abweichenden jährlichen Überschreitenswahrscheinlichkeit (z. B. für Bauzustände, temporäre Zustände o.Ä.) sind die Temperatureinwirkungen mit dem Verfahren in DIN EN 1991-1-5 Anhang A zu ermitteln; siehe Norm.

Veränderliche und unabhängige Einwirkungen

Temperatureinwirkungen sind nach DIN EN 1990[1] veränderliche Einwirkungen. Anmerkung: DIN EN 1990 re-

[1] DIN EN 1990:2021-10: Grundlagen der Tragwerksplanung

gelt die Grundlagen der Tragwerksplanung und enthält das Sicherheitskonzept, das der Bemessung von Tragwerken und deren Bauteile zugrunde liegt. Die Klassifizierung als veränderliche Einwirkungen bedeutet, dass ihr Auftreten zeitabhängig (veränderlich) ist. Im Gegensatz dazu wirken ständige Einwirkungen (wie die Eigenlast) während der gesamten Lebensdauer des Bauwerks. Für die Bemessung von Bauteilen sind die charakteristischen Werte, die sich aus den Temperatureinwirkungen ergeben, mit dem Teilsicherheitsbeiwert für veränderliche Einwirkungen γ_Q zu modifizieren; siehe DIN EN 1990.

Temperatureinwirkungen sind unabhängige Einwirkungen

Außerdem gelten Temperatureinwirkungen als unabhängige Einwirkungen, d. h. ihr Auftreten ist unabhängig vom Auftreten anderer Einwirkungen.

Direkte und indirekte Einwirkungen

Temperatureinwirkungen auf Tragwerke oder Bauteile zählen außerdem zu den indirekten Einwirkungen nach DIN EN 1990 in Verbindung mit DIN EN 1990/NA[1]. Das bedeutet, dass das Tragwerk und seine Bauteile beansprucht werden, ohne dass äußere Lasten, d. h. direkte Einwirkungen, wie z. B. Eigenlast, Nutzlasten, Schnee- und Windlasten, wirken.

Indirekte Einwirkungen führen nur bei statisch unbestimmten Systemen zu Beanspruchungen (z. B. in Form von Auflagerkräften, Schnittgrößen, Spannungen). Bei statisch bestimmten Systemen entstehen durch indi-

[1] DIN EN 1990/NA:2010-12: Nationaler Anhang – National festgelegte Parameter – Eurocode: Grundlagen der Tragwerksplanung

rekte Einwirkungen lediglich Verformungen. Siehe hierzu auch die Beispiele in Abschnitt 3.12.1.

Beispielsweise wird ein Zweigelenkrahmen (einfach statisch unbestimmtes System) bei einem Temperaturunterschied (z. B. Oberseite des Riegels ist wärmer als die Unterseite) durch Schnittgrößen beansprucht, da die Krümmung und Verformung der Bauteile (Riegel und Stützen) aufgrund der Lagerung behindert werden. Dagegen ergeben sich bei einem Dreigelenkrahmen (statisch bestimmtes System) keine Beanspruchungen infolge des Temperaturunterschieds. Das bedeutet, dass weder Auflagerkräfte noch Schnittgrößen wirken. Die Bauteile werden lediglich verformt. Die Verformungen müssen beim Nachweis der Gebrauchstauglichkeit berücksichtigt werden.

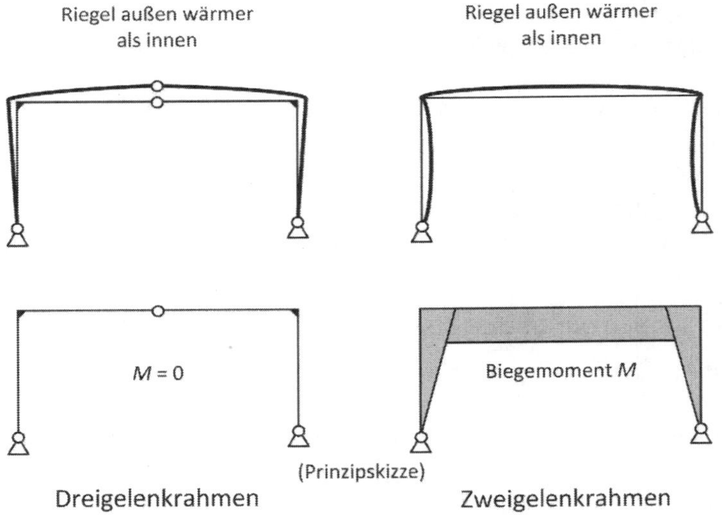

Abb. 3.12.3-1: Temperatureinwirkungen und ihre Auswirkungen bei einem Dreigelenkrahmen (statisch bestimmt) und einem Zweigelenkrahmen (statisch unbestimmt) (Quelle: Schmidt)

Bemessungssituationen

Nach DIN EN 1990 sind Temperatureinwirkungen für jede maßgebende Bemessungssituation zu ermitteln. I. d. R. sind folgende Bemessungssituationen zu untersuchen:

- ständige Bemessungssituation (diese beschreibt die Bedingungen im Gebrauchszustand des fertiggestellten Bauwerks)
- vorübergehende Bemessungssituation (diese beschreibt temporäre Zustände, wie z. B. Zustände während der Bauphase)

Ggfs. ist auch die außergewöhnliche Bemessungssituation zu beachten, z. B. Fahrzeuganprall auf einen Brückenpfeiler bei gleichzeitiger Temperatureinwirkung. Für genaue Angaben wird auf DIN EN 1990 i.V. mit den anderen Normenteilen der DIN EN 1991 verwiesen.

Bei der Ermittlung von Temperatureinwirkungen ist zu beachten, dass Tragwerke, die keinen Temperaturschwankungen ausgesetzt sind, hinsichtlich Temperatureinwirkungen nicht untersucht zu werden brauchen. Für Bauteile von lastabtragenden Konstruktionen ist nachzuweisen, dass keine Überbeanspruchungen durch Verformungen infolge von Temperatureinwirkungen auftreten. Aus diesem Grund sind entweder konstruktive Maßnahmen (z. B. Dehnungsfugen) anzuordnen, oder die Temperatur-Beanspruchungen sind bei der Bemessung zu berücksichtigen.

3.12.4 Temperaturanteile

Die Temperaturverteilung in einem Bauteil wird in folgende Anteile unterteilt (siehe Abb. 3.12.4-1):

- konstanter Temperaturanteil ΔT_N
- linear veränderlicher Temperaturanteil ΔT_{Mz} (bezogen auf die z-Achse des Querschnitts) bzw. ΔT_{My} (bezogen auf die y-Achse)
- nichtlinear veränderlicher Temperaturanteil ΔT_E.
  Der nichtlinear veränderliche Anteil führt zu Eigenspannungen, die im Gleichgewicht stehen und für das Bauteil keine äußere Beanspruchung verursachen.

Es ist zu beachten, dass nicht alle genannten Temperaturanteile gleichzeitig bei der Bemessung angesetzt werden müssen. In den meisten Fällen wird jeweils nur ein Anteil als separater „Lastfall" berücksichtigt, z. B. getrennte Lastfälle für Temperaturänderungen (gegenüber der Aufstelltemperatur) und Temperaturunterschiede (zwischen außen und innen bzw. oben und unten).

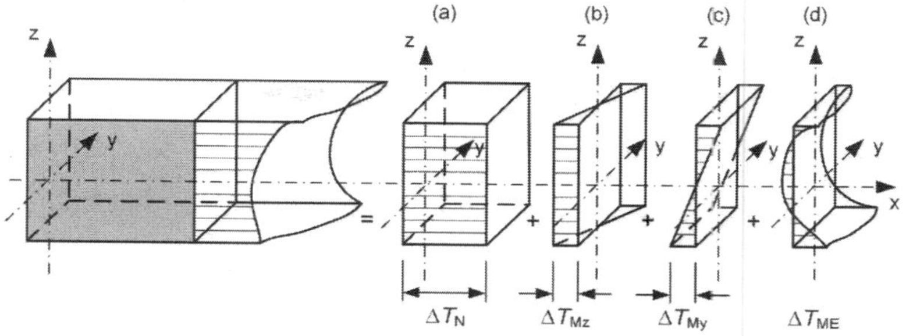

(a) konstanter Anteil (Temperaturänderung)
(b), (c) linear veränderliche Anteile (Temperaturunterschied)
(d) nichtlinearer Anteil (bewirkt Eigenspannungen)

Abb. 3.12.4-1: Anteile der Temperaturverteilung (in Anlehnung an DIN 1991-1-5, Bild 4.1) (Quelle: Schmidt)

3.12.5 Ausdehnungskoeffizienten

Für die Ermittlung von Formänderungen sowie für die Berechnung der Auflagerkräfte und Schnittgrößen in statisch unbestimmten Systemen infolge von Temperatureinwirkungen werden die Ausdehnungskoeffizienten der Baustoffe bzw. Materialien benötigt.

Für die Bemessung der Bauteile bzw. Berechnung der Formänderungen sollten die Ausdehnungskoeffizienten den jeweiligen materialspezifischen Teilen der Eurocode-Normenreihe entnommen werden (z. B. Eurocode 2 für Bauteile aus Beton und Stahlbeton (DIN EN 1992[1]), Eurocode 3 für Bauteile aus Stahl (DIN

[1] DIN EN 1992: Eurocode 2: Bemessung und Konstruktion von Stahlbeton- und Spannbetontragwerken; mehrere Teile mit verschiedenen Ausgabedaten

EN 1993[1]), Eurocode 5 für Bauteile aus Holz (DIN EN 1995[2]) usw.). Sofern keine Werte für den Ausdehnungskoeffizienten in den Normen angegeben sind, sind die Werte von der zuständigen Behörde festzulegen oder dürfen von den Beteiligten des Projekts auf Grundlage zuverlässiger veröffentlichter Daten vertraglich vereinbart werden. Außerdem können die Werte durch Prüfungen nachgewiesen werden; siehe DIN EN 1991-1-5. Werte der Ausdehnungskoeffizienten für ausgewählte Baustoffe sind in Tab. 3.12.5-1 angegeben.

Material	**Ausdehnungskoeffizient** α_T (x 10^{-6}) [1/K]	**Bemerkung**
Aluminium, Aluminiumlegierungen	24	-
Baustahl	12	bei Verbundkonstruktionen darf folgender Wert angenommen werden: 10 x 10^{-6} x 1/K
Beton	10	-
Holz, in Faserrichtung	5	-
Holz, senkrecht zur Faserrichtung	30 bis 70	abhängig von der Holzart; siehe Produktnormen
Mauerwerk	6 bis 10	abhängig von der Art des Mauerwerks; siehe Produktnormen

Tab. 3.12.5-1: Ausdehnungskoeffizienten für verschiedene Baustoffe (Auswahl) (nach DIN EN 1991-1-5/NA, Anhang C)

1 DIN EN 1993: Eurocode 3: Bemessung und Konstruktion von Stahlbauten; mehrere Teile mit verschiedenen Ausgabedaten

2 DIN EN 1995: Eurocode 5: Bemessung und Konstruktion von Holzbauten; mehrere Teile mit verschiedenen Ausgabedaten

3.12.6 Temperatureinwirkungen auf Gebäude

Tragfähigkeit oder Gebrauchstauglichkeit

Temperatureinwirkungen auf Gebäude infolge klimatischer (tägliche und jahreszeitliche Temperaturschwankungen) oder betriebsbedingter Einflüsse (Heizung) sind zu berücksichtigen, wenn durch thermisch bedingte Formänderungen und/oder daraus resultierende Beanspruchungen die Gefahr besteht, dass der Grenzzustand der Tragfähigkeit oder Gebrauchstauglichkeit überschritten wird.

Es ist zu beachten, dass Formänderungen und/oder Beanspruchungen auch durch weitere Parameter beeinflusst werden können:

- temporäre Temperaturschwankungen infolge Abschattung durch Nachbargebäude
- Ausrichtung des Gebäudes bezogen auf die Himmelsrichtung
- unterschiedliche Ausdehnung von Baustoffen mit verschiedenen Temperaturausdehnungskoeffizienten und Wärmeleitfähigkeiten
- unterschiedliche Querschnittsformen bei verschieden konstanten Temperaturen

Bestimmung der Temperatur

Die auf ein Bauteil einwirkenden Temperaturen ermitteln sich, indem folgende Anteile – in Anlehnung an das Temperaturprofil nach Abschnitt 3.12.4 – festgelegt werden:

1. **Konstanter Anteil ΔT_N**: Dieser ergibt sich als Differenz zwischen der Durchschnittstemperatur T eines Bauteils (Winter / Sommer) und seiner Anfangs- bzw. Aufstelltemperatur T_0 ($\Delta T_N = T - T_0$).
   Für die Aufstelltemperatur (Temperatur zum Zeitpunkt der Fertigstellung) darf ein Wert von $\boldsymbol{T_0}$ **= +10 °C** angesetzt werden, sofern keine genaueren Angaben vorliegen.

2. **Linear veränderlicher Anteil ΔT_M:** Dieser beschreibt den Temperaturunterschied zwischen der Außen- und Innenseite eines Bauteils ($\Delta T_M = T_u - T_o$; mit T_u: Temperatur auf der Unterseite; T_o: Temperatur auf der Oberseite des Bauteils).

Die Durchschnittstemperatur T eines Bauteils ermittelt sich aus den Temperaturen für die innere Umgebung T_{in} und den Temperaturen für die äußere Umgebung T_{out}, jeweils für Winter und Sommer.

Für einschichtige Bauteile (Bauteile, die aus einer Schicht bestehen) gilt näherungsweise $T = 0{,}5 \times (T_{in} + T_{out})$, für mehrschichtige Bauteile ist die Durchschnittstemperatur T unter Verwendung eines Temperaturprofils über den Querschnitt nach DIN EN 1991-1-5, Anhang D zu bestimmen, siehe Norm.

Temperaturen für die innere Umgebung T_{in} siehe Tabelle 3.12.6-1, Temperaturen für die äußere Umgebung T_{out} siehe Tabelle 3.12.6-2.

Jahreszeit	Temperatur T_{in}
Sommer	T_1 = +20 °C
Winter	T_2 = +25 °C

Tab. 3.12.6-1: Temperaturen für die innere Umgebung T_{in} (n. DIN EN 1991-1-5, Tab. 5.1)

Jahreszeit	Bauteile über der Erde			Bauteile unter der Erde	
	Eigenschaft		Temperatur T_{out}	Tiefe unter der Erdoberfläche	Temperatur T_{out}
Sommer	Farbe der Oberfläche (Absorptionsgrad)	strahlend helle Oberfläche (0,5)	$T_{max} + T_3$ (= +37 °C)	< 1 m	T_6 (= +8 °C)
		helle farbige Oberfläche (0,7)	$T_{max} + T_4$ (= +39 °C)	≥ 1 m	T_7 (= +5 °C)
		dunkle Oberfläche (0,9)	$T_{max} + T_5$ (= +41 °C)		
Winter	-		T_{min} (= -24 °C)	< 1 m	T_8 (= -5 °C)
				≥ 1 m	T_9 (= -3 °C)
T_{max} = +37 °C (max. Außenlufttemperatur n. DIN EN 1991-1-5/NA) T_{min} = -24 °C (min. Außenlufttemperatur n. DIN EN 1991-1-5/NA) T_3 = 0 °C, T_4 = +2 °C, T_5 = +4 °C T_6 = +8 °C, T_7 = +5 °C, T_8 = -5 °C, T_9 = -3 °C Hinweis: Aufstelltemperatur T_0 = +10 °C (n. DIN EN 1991-1-5/NA)					

Tab. 3.12.6-2: Temperaturen für die äußere Umgebung T_{out} (n. DIN EN 1991-1-5, Tab. 5.2 u. Tab. 5.3)

Beispiel 4 – Temperaturänderung (konstanter Anteil):

Für eine Halle (Tragwerk aus Stahl) sind die Beanspruchungen infolge von Temperaturänderung (Sommer, Winter) gegenüber der Aufstelltemperatur zu ermitteln. Es soll nur die Längenänderung des Riegels (nicht die der Stützen) berücksichtigt werden.

Randbedingungen:

- Nutzung: Gebäude
- Stützen: Stahl, E = 210.000 N/mm^2 = 21.000 kN/cm^2, $I = I_y$ = 23130 cm^4 (IPE 400)
- Riegel: Stahl, Annahme: Dehnsteifigkeit $EA \Rightarrow$ unendlich
- Dach: dunkle Oberfläche

1. Sommer:

a) Längenänderung des Riegels:

- außen: $T_{out} = T_{max} + T_5 = 37 + 4 = +41$ °C (Tab. 3.12.6-2; Bauteil über der Erde, dunkle Oberfläche)
- innen: $T_{in} = +20$ °C (Tab. 3.12.6-1; Sommer)

Durchschnittstemperatur:

Es wird ein einschichtiges Bauteil angenommen, d. h. die Durchschnittstemperatur ergibt sich als Mittelwert zwischen der Temperatur außen und innen:

$T = 0{,}5\,(T_{out} + T_{in}) = 0{,}5\,(41 + 20) = +30{,}5$ °C

Aufstelltemperatur:

T_0 = +10 °C

Temperaturänderung im Sommer gegenüber der Aufstelltemperatur:

$\Delta T_N = T - T_0 = 30{,}5 - 10 = 20{,}5$ K

> **!** Temperaturdifferenzen werden grundsätzlich in Kelvin (K) angegeben.

Längenänderung bzw. Ausdehnung des Riegels (Berechnung nach Abschnitt 3.12.1):

$\Delta l = \alpha_T \times \Delta T_N \times l = 12 \times 10^{-6} \times 20{,}5 \times 15000 = 3{,}69$ mm

mit:

$\alpha_T = 12 \times 10^{-6}$ 1/K (Ausdehnungskoeffizient für Baustahl n. Tab. 3.12.5-1)

l = 15,0 m = 15.000 mm (Länge des Riegels)

b) Einspannmomente in den Stützen aufgrund der Verlängerung des Riegels (Sommer):

Es wird angenommen, dass sich die Längenänderung des Riegels jeweils zur Hälfte auf beide Stützen verteilt, d. h. beide Stützen gleichmäßig beansprucht und nach außen gedrückt werden.

Die Längenänderung (Ausdehnung) des Riegels bewirkt eine Verformung der Stützen am Stützenkopf.

Damit kann eine äquivalente horizontale Einzellast *F* berechnet werden, die am Stützenkopf angreift und zur gleichen Verformung führt. Für den eingespannten Kragträger mit der Höhe *h* unter einer horizontalen Einzellast am Kragarmende *F* ergibt sich (Formeln siehe z. B. Hirschfeld[1]):

$$F = \frac{\Delta l}{2} \cdot \frac{3 \cdot EI}{h^3} = \frac{3{,}69 \cdot 10^{-3}}{2} \cdot \frac{3 \cdot 48753}{5{,}0^3} = 2{,}16 \text{ kN}$$

Damit ergibt sich folgendes Einspannmoment der Stützen:

M = F x h = 2,16 x 5,0 = 10,8 kNm

(Zug auf der Innenseite)

Darin ist:

EI = 21000 x 23130 = 485730000 kNcm^2 = 48573 kNm^2 (Biegesteifigkeit)

h = 5,0 m (Stützenhöhe)

2. Winter:

a) Längenänderung des Riegels:

[1] Hirschfeld, K.: Baustatik; 4. unveränderte Aufl. 1998, erster und zweiter Teil; Springer Verlag, Berlin

a) außen: $T_{out} = T_{min} = -24$ °C (Tab. 3.12.6-2)

b) innen: $T_{in} = +25$ °C (Tab. 3.12.6-1)

Durchschnittstemperatur:

$T = 0{,}5\ (T_{out} + T_{in}) = 0{,}5\ ((-24) + 25) = +0{,}5$ °C

Aufstelltemperatur:

$T_0 = +10$ °C

Temperaturänderung im Winter gegenüber der Aufstelltemperatur:

$\Delta T_N = T - T_0 = 0{,}5 - 10 = -9{,}5$ K

Längenänderung (Verkürzung):

$\Delta l = \alpha_T \times \Delta T_N \times l = 12 \times 10^{-6} \times (-9{,}5) \times 15000 = -1{,}71$ mm

b) Einspannmomente in den Stützen aufgrund der Verkürzung des Riegels (Winter):

$$F = \frac{\Delta l}{2} \cdot \frac{3 \cdot EI}{h^3} = \frac{(-1{,}71) \cdot 10^{-3}}{2} \cdot \frac{3 \cdot 48753}{5{,}0^3} = -1{,}00 \text{ kN}$$

$$M = F \cdot h = (-1{,}00) \cdot 5{,}0 = -5{,}00 \text{ kNm}$$

(Zug auf der Außenseite)

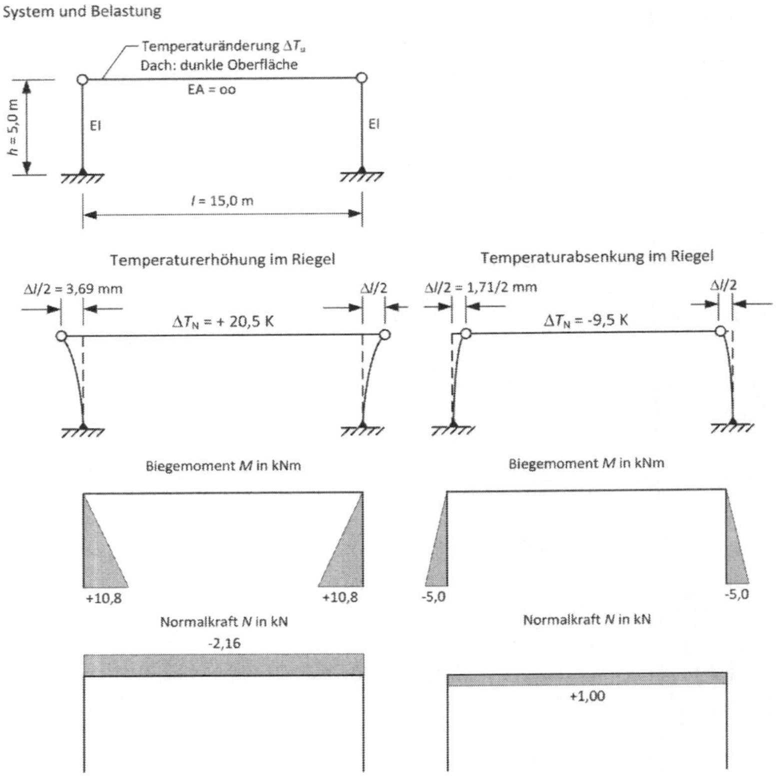

Abb. 3.12.6-1: Beispiel 4 – Temperaturänderung (Sommer und Winter gegenüber der Aufstelltemperatur) bei einer Halle in Stahlbauweise (Quelle: Schmidt)

Beispiel 5 – Temperaturunterschied (linear veränderlicher Anteil):

Für ein Gebäude soll der anzusetzende Temperaturunterschied für die Außenbauteile (Dach und Wände) berechnet werden.

Randbedingungen:

- Nutzung: Gebäude
- Sommer, Winter
- Außenflächen: hellfarbige Oberfläche

a) Anzusetzende Temperatureinwirkungen im Sommer:

- außen: $T_{out} = T_{max} + T_4 = 37 + 2 = +39$ °C (Tab. 3.12.6-2)
- innen: $T_{in} = +20$ °C (Tab. 3.12.6-1)

Temperaturunterschied:

$\Delta T_M = T_{out} - T_{in} = 39 - 20 = 19$ K

Der Temperaturunterschied zwischen Außen- und Innenseite beträgt im Sommer 19 K. Das positive Vorzeichen bedeutet, dass es außen wärmer ist als innen.

b) Anzusetzende Temperatureinwirkungen im Winter:

- außen: $T_{out} = -24$ °C (Tab. 3.12.6-2)
- innen: $T_{in} = +25$ °C (Tab. 3.12.6-1)

Temperaturunterschied:

$\Delta T_M = T_{out} - T_{in} = -24 - 25 = -49$ K

Im Winter ist ein Temperaturunterschied zwischen außen und innen von 49 K anzunehmen. Das negative Vorzeichen deutet darauf hin, dass die Innenseite wärmer ist als die Außenseite.

3.12.7 Normentwurf zu DIN EN 1991-1-5

DIN EN 1991-1-5

Im März 2023 wurde ein Normentwurf zu DIN EN 1991-1-5 (E DIN EN 1991-1-5) herausgegeben, der als Ersatz für die zurzeit gültige Ausgabe aus dem Jahr 2010 vorgesehen ist. Der Normentwurf umfasst jedoch nur die Grundnorm, d. h. der zugehörige Nationale Anhang fehlt noch. Aus diesem Grund kann zurzeit nicht exakt angegeben werden, inwieweit die in der Grundnorm festgelegten Regelungen und vorgenommenen Änderungen zukünftig auch in Deutschland gelten werden. Hier muss noch abgewartet werden, welche Regelungen der zukünftige Nationale Anhang enthalten wird.

In der Grundnorm wurden folgende Änderungen gegenüber der bisherigen Fassung vorgenommen:

- Redaktionelle Überarbeitung des Dokuments
- Anpassung der Verweise (z. B. Verweise auf Normen)
- Überarbeitung der Temperatureinwirkungen für Gebäude
- Überarbeitung der Temperatureinwirkungen für Brücken (Überbau und Brückenpfeiler)
- Aufnahme von Temperatureinwirkungen bei Brücken durch Heißasphaltieren
- Streichung des bisherigen Anhangs C – Temperaturkoeffizienten

Nachfolgend soll kurz auf die Änderungen bei Temperatureinwirkungen für Gebäude eingegangen werden.

Änderungen bei Temperatureinwirkungen für Gebäude

Gegenüber der bisherigen Norm werden die Temperaturen für den Außenbereich für Bauteile über der Erde differenzierter angegeben. Wie bisher ist grundsätzlich zu unterscheiden, ob sich die Bauteile über der Erde (z. B. luftberührte Außenwände) oder unter der Erdoberfläche (z. B. Kelleraußenwände) befinden. Außerdem wird bei Temperaturen im Sommer eine Unterscheidung hinsichtlich der Oberflächenfarbe vorgenommen, wobei Temperaturwerte für strahlend helle, hellfarbige und dunkle Oberflächen angegeben werden.

Temperaturmaximum im Sommer für Bauteiloberflächen

Neu in den Normentwurf zu DIN EN 1991-1-5 aufgenommen wurde eine weitere Unterscheidung, indem die Ausrichtung der Bauteiloberfläche berücksichtigt wird. Das Temperaturmaximum im Sommer tritt üblicherweise für Bauteiloberflächen auf, die nach Süd-West orientiert sind und eine dunkle Oberfläche besitzen. Das Temperaturminimum ergibt sich für Bauteile, die nach Nord-Ost ausgerichtet sind und eine helle Oberfläche aufweisen. Diese Regelung ist neu gegenüber der bisherigen Normausgabe. Für den Winter werden dagegen wie in der bisherigen Norm unabhängig von der Ausrichtung konstante Temperaturwerte angegeben. Für Bauteile unter der Erdoberfläche sind im Sommer +6 °C und im Winter -4 °C anzusetzen.

Bereich	Ausrichtung der Bauteile	Sommer		Winter
		$T_{N,max}$ [°C]		$T_{N,min}$ [°C]
Temperaturen T_{in} innen	nicht relevant	$T_1 = 20$		$T_2 = 25$
Temperaturen T_{out} für Gebäude bzw. Bauteile über der Geländeoberfläche	Nord-Ost	strahlend helle Oberflächen	$T_{max} + 0$	T_{min}
		helle farbige Oberflächen	$T_{max} + 2$	T_{min}
		dunkle Oberflächen	$T_{max} + 4$	T_{min}
	Süd-West	strahlend helle Oberflächen	$T_{max} + 18$	T_{min}
		helle farbige Oberflächen	$T_{max} + 30$	T_{min}
		dunkle Oberflächen	$T_{max} + 42$	T_{min}
Temperaturen T_{out} für Gebäude bzw. Bauteile unter der Geländeoberfläche	nicht relevant	6		-4
Außenlufttemperatur (für Deutschland): T_{max} = +37 °C (Sommer) nach DIN EN 1991-1-5/NA:2010-12, NDP zu 5.3 (2) T_{min} = -24 °C (Winter) nach DIN EN 1991-1-5/NA:2010-12, NDP zu 5.3 (2) Anmerkung: Die Werte T_{max} und T_{min} stammen aus dem noch geltenden Nationalen Anhang (Ausgabe 2010-12) und dienen hier lediglich als Orientierung.				
Bei Bauteilen, deren Ausrichtung zwischen den angegebenen Himmelsrichtungen liegt, darf der Wert durch Interpolation der Winkelrichtung bestimmt werden. Bei horizontalen Bauteilen ist die Ausrichtung Süd-West anzunehmen.				

Tab. 3.12.7-1: Temperaturen für tragende Bauteile in Gebäuden (in Anlehnung an E DIN EN 1991-1-5, Tab. 7.1)

Die Berücksichtigung der Ausrichtung von Außenbauteilen in Bezug auf die Himmelsrichtung führt zukünftig zu genaueren Temperatureinwirkungen für Gebäude.

Dadurch kann eine genauere Bemessung von Bauteilen, die Temperatureinwirkungen ausgesetzt sind, vorgenommen werden. Außerdem lassen sich dadurch zu erwartende Formänderungen von Bauteilen genauer berechnen und z. B. die Lage von notwendigen Dehnungsfugen exakter bestimmen. Die Gefahr von Schäden an Bauteilen und/oder Einschränkungen der Gebrauchstauglichkeit wird hierdurch abgemindert.

Allerdings ist zu beachten, dass der zugehörige Nationale Anhang zu E DIN 1991-1-5 zurzeit noch nicht vorliegt. Dieser kann nationale Festlegungen enthalten, die von den Regelungen der Grundnorm abweichen. Für eine abschließende Beurteilung muss daher abgewartet werden, welche Regelungen der zukünftige Nationale Anhang für Deutschland enthält.

3.12.8 Temperatureinwirkungen auf Sekundär-Bauteile

Temperatureinwirkungen führen auch bei sekundären Bauteilen, die nicht zum Tragwerk gehören, aber dennoch wichtige Funktionen übernehmen, zu Formänderungen und ggfs. Beanspruchungen. Diese müssen bei der Auslegung der sekundären Bauteile und ggfs. der angrenzenden Konstruktion berücksichtigt werden. Beispiele für Sekundär-Bauteile, die durch klimatisch bedingte Temperatureinwirkungen beansprucht werden, sind:

- Dachabdichtungen
- Abdichtungen von Balkonen und ähnlichen Flächen
- Dämmschichten an Wänden und auf Dächern

- Außenwandbekleidungen; hier sind insbesondere solche aus Stahlblech (aufgrund des hohen Ausdehnungskoeffizienten von Stahl) relevant sowie nach Süd-West orientierte Bekleidungen aufgrund der dort herrschenden höheren Temperatureinwirkungen
- Beläge von Dachterrassen, Balkonen, Parkdecks und ähnlichen Flächen
- Geländerkonstruktionen

Für die Berechnung von Formänderungen und ggfs. Beanspruchungen können als Näherung die Temperaturwerte nach DIN EN 1991-1-5 i.V. mit DIN EN 1991-1-5/NA verwendet werden, sofern keine genaueren Angaben vorliegen.

3.12.9 Abschätzung der Auswirkungen des Klimawandels auf klimatisch bedingte Temperatureinwirkungen

Hitze- und Trockenperioden

Der globale Klimawandel hat in Deutschland in den letzten Jahren zu spürbaren Auswirkungen auf Natur und Umwelt geführt. Die Folgen sind häufigere und länger anhaltende Hitze- und Trockenperioden sowie die signifikante Zunahme von Extrem-Wetterereignissen wie Stürmen und Starkregen. Siehe hierzu auch den Bericht des Bundesministeriums für Wirtschaft und Klimaschutz[1] sowie die Erläuterungen und Daten zur Klimaentwicklung, die vom Deutschen Wetterdienst

[1] Klimaschutz in Zahlen – Aktuelle Emissionstrends und Klimaschutzmaßnahmen in Deutschland; Ausgabe August 2022; hrsg. v. Bundesministerium für Wirtschaft und Klimaschutz (BMWK)

(DWD) auf deren Internetseite bereitgestellt werden (siehe www.dwd.de).

Nach Angabe des DWD sind seit Beginn der Aufzeichnung der Messungen im Jahr 1881 ausreichend Daten vorhanden, um Klimaänderungen in Deutschland gesichert zu ermitteln[1]. Zusammenfassend ergeben sich in Deutschland folgende Entwicklungen.

Lufttemperatur

Der jährliche Mittelwert der Lufttemperatur hat sich seit Aufzeichnungsbeginn von 1881 bis 2021 um 1,6 °C erhöht. Außerdem hat sich die Zahl heißer Tage, d. h. Tage mit einer Lufttemperatur von mindestens 30 °C, seit den 1950er-Jahren bis heute etwa verdreifacht; im Jahr 2021 wurden im Mittel 9 heiße Tage registriert. Im gleichen Zeitraum hat die Zahl der Eistage, d. h. Tage, bei denen die Lufttemperatur nicht über 0 °C steigt, von 28 Tagen in den 1950er-Jahren auf 19 Tage (2021) abgenommen.

Niederschläge

Änderungen der Niederschläge sind im Gegensatz zu Änderungen der Lufttemperatur räumlich und jahreszeitlich sehr unterschiedlich. In den Sommermonaten wurden keine wesentlichen Änderungen der mittleren Niederschlagsmengen beobachtet. Im Winter konnte jedoch eine signifikante Erhöhung der Niederschlagsmengen festgestellt werden.

---

1 https://www.dwd.de/DE/klimaumwelt/klimawandel/klimawandel_node.html

Klimaprojektionen

Mithilfe geeigneter Klimamodelle können unter Berücksichtigung der Messdaten zukünftige Klimaszenarien und Aussagen über mögliche Klimazustände berechnet werden (sogenannte Klimaprojektionen). Auswertungen dieser Ensemblerechnungen, die sich für verschiedene Ausgangszustände mit leicht veränderten Eingangsdaten ergeben, sind im Deutschen Klimaatlas[1] des DWD enthalten. Die Auswertungen der Klimaprojektionen ergeben eine Erhöhung der bodennahen Lufttemperatur von 3,1 °C bis 4,7 °C für den Zeitraum der Jahre 2071 bis 2100 (Klimaszenario RCP8.5) im Vergleich zum historischen Referenzzeitraum der Jahre 1971 bis 2000.

Auswirkungen auf Temperatureinwirkungen

Auf die hier betrachteten Temperatureinwirkungen haben die Klimaprojektionen folgende Auswirkungen.

1. **Aufstelltemperatur:** Die derzeit geltende Aufstelltemperatur von 10 °C sollte in den nächsten Jahrzehnten aufgrund der durch den Klimawandel verursachten Zunahme der mittleren Außenlufttemperatur entsprechend erhöht werden.
2. **Maximale / minimale Außenlufttemperatur:** Die maximale bzw. minimale Außenlufttemperatur für Sommer und Winter sollte entsprechend den prognostizierten Lufttemperaturen angepasst werden. Je nach Größe des Maximal- bzw. Minimalwer-

[1] https://www.dwd.de/DE/klimaumwelt/klimaatlas/klimaatlas_node.html

tes in Bezug zur Aufstelltemperatur können sich Auswirkungen auf anzusetzende Temperaturänderungen und -unterschiede ergeben. Allerdings ist auch zu beachten, dass sich keine Unterschiede ergeben, wenn das Temperaturniveau insgesamt, d. h. für Aufstelltemperatur sowie für die minimale und maximale Außenlufttemperatur, gleichmäßig angehoben wird.

3. **Temperatur des Erdreichs:** Eine moderate Anpassung der Temperatur des Erdreichs sollte ebenfalls überprüft werden. Hier ist allerdings zu beachten, dass die Wärmeaufnahme des Erdreichs aufgrund der großen Trägheit zeitverzögert gegenüber der Erhöhung der Lufttemperatur reagiert. Eine Anpassung der Temperaturwerte des Erdreichs müsste demnach zeitversetzt zu erhöhten Lufttemperaturen erfolgen.

4. **Sommer / Winter:** Im Sommer ergeben sich aufgrund der höheren Außenlufttemperaturen, bei gleich bleibendem Raumklima (aktuell 20 °C), größere Temperaturunterschiede zwischen innen und außen als bisher. Im Winter werden die Temperaturunterschiede dagegen geringer, sofern eine höhere Lufttemperatur im Winter als bisher (derzeit -24 °C) angesetzt wird und das Raumklima gleich bleibt (aktuell 25 °C).

5. **Bestehende Gebäude:** Für bestehende Gebäude, die mit der derzeit geltenden Aufstelltemperatur von 10 °C berechnet wurden, bedeuten höhere Außenlufttemperaturen im Sommer größere Formänderungen der Bauteile gegenüber dem Aufstellzeitpunkt, d. h. der Fertigstellung, da die Temperaturänderung größer wird. Im Winter werden die Formänderungen dagegen geringer. Das kann in

ungünstigen Fällen dazu führen, dass bspw. Dehnungsfugen die zusätzlichen, durch den Klimawandel bedingten Verformungen im Sommer (z. B. bei starker Sonneneinstrahlung), nicht mehr aufnehmen können, da ein Teil der Verformungsreserve bereits durch Formänderungen infolge höherer Lufttemperaturen aufgebraucht ist.

6. **Sonstige Auswirkungen:** Höhere mittlere Lufttemperaturen und höhere Extremwerte der Temperaturen sowie die Zunahme von Temperaturschwankungen können weitere nachteilige Auswirkungen auf Bauteile und Baukonstruktionen haben. Beispielhaft seien hier Beeinträchtigungen der Dauerhaftigkeit, Verringerung der Lebensdauer, Ermüdungsvorgänge, Rissbildungen u.Ä. genannt.

Da genauere Untersuchungen und Modellrechnungen noch fehlen bzw. belastbare Daten nicht vorliegen, können an dieser Stelle keine konkreten quantitativen Angaben zur Auswirkung des Klimawandels auf Temperatureinwirkungen auf Tragwerke und deren Bauteile gemacht werden. Allerdings kann festgestellt werden, dass erhöhte Außenlufttemperaturen insbesondere bei Bestandsbauwerken zukünftig Probleme bereiten können, da diese hierfür nicht ausgelegt sind und größere Formänderungen nicht ohne Weiteres aufnehmen können.

4

4 Klimaanpassung an Freiflächen

Autoren
Hartmut Balder (4.1–4.1.1, 4.1.4, 4.4–4.4.2)
Beate Hüttenmoser (4.1.2)
Christoph Dirksen (4.1.3)
Bernd Ishorst (4.2.1–4.2.4)
Jörg Tröller (4.3)
Jakob Maerker (4.5)
Andreas Thon (4.6–4.6.3)
Tom Kirsten (4.7)

Inhaltsverzeichnis

4.1 Wege zur klimaresilienten Stadtbegrünung

Die nachhaltige Gestaltung des Straßenbegleitgrüns im urbanen Umfeld war für die beteiligten Akteure schon immer eine große Herausforderung. Während zu Beginn der grünen Stadtentwicklung wenige Waldbaumarten in unversiegelten Standorten ohne größere Belastungen mit gärtnerisch leistbarer Pflege erfolgreich verwendet werden konnten (Abb. 4.1-1), stellen sich heute mit der schrittweisen Verdichtung und Versiegelung der Baumstandorte, der Motorisierung der Städte, der Technisierung der Prozesse und der Klimaentwicklung die Wuchssituationen für urbane Pflanzen völlig anders dar (Abb. 4.2-2).

Abb. 4.1-1: Erste Straßenbepflanzungen ab 1647: Unter den Linden, Berlin, mit guten Wuchsbedingungen (offene Böden, wenig Belastungen) und einem ästhetisch hochwertigen Stadtbild. (Quelle: Balder)

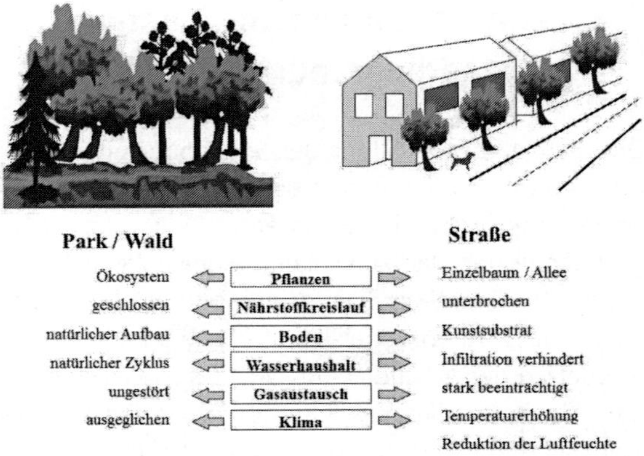

Abb. 4.1-2: Standortvergleich naturnaher Standorte (Park/Wald) und Folgen der Versiegelung und Verdichtung von urbanen Baumstandorten in der versiegelten Stadt. (Quelle: Balder)

Stadt der Zukunft

Neues Denken erforderlich

Für die Stadt der Zukunft ergeben sich bei den aktuellen Klimaprognosen zahlreiche Fragen zur effizienten Pflanzenverwendung, um auch unter verschlechterten Wuchsbedingungen eine Stadtbegrünung im Sinne einer lebenswerten Stadt erfolgreich weiterentwickeln zu können. Gestalterische Vorstellungen müssen in unterschiedlichsten Straßensituationen daher durch ein angepasstes Pflanzensortiment, urbane Vegetationstechnologien, Pflegeprogramme, ökologische und ökonomische Vorhersagen sowie Ansprüche an die Verkehrssicherheit der öffentlichen Räume neu gedacht werden, nur so lassen sich die zahlreichen Funktionen des Straßenbegleitgrüns unter den verschärften Klimabedingungen künftig erreichen. Nur bei Beachtung der neuesten Erkenntnisse von Wissenschaft und Technik können sowohl die ästhetischen als auch die klimatisierenden Effekte des Straßenbegleitgrüns in einer modernen Stadt sicher erzielt werden.

Klimatische Faktoren, wie Feuchtigkeit, Strahlung, Temperatur und Wind, haben auf das Wachstum der Gehölze schon immer einen großen Einfluss gehabt. Sie haben aber mit der Frage der erforderlichen Anpassung an die Stadtverdichtung, den unmittelbaren Klimafolgeschäden (Trockenschäden an Stadtbäumen bei unzureichender Wasserversorgung, Hochwasser bei Starkregenereignissen, Baumkrankheiten und Schädlinge als komplexe Schadensentwicklung, Kronenbruch bei Sturmereignissen, umgeworfene Großbäume bei mangelnder Standsicherheit bei Sturmereignissen) und den zunehmenden manuellen Baumschäden (Schäden an der technischen Infrastruktur durch unkontrolliertes Wurzelwachstum, Schäden an Wurzelsystemen durch unzureichenden Baumschutz) eine neue Dimension bekommen. Daher sind grundlegende interdisziplinäre Planungsverfahren und nachhaltige Grünkonzepte mit einem Lebenszyklusansatz gefragt, um die Bewirtschaftung der urbanen Lebensräume in einer hohen Aufenthaltsqualität zu sichern.

Interdisziplinäres Denken im Lebenszyklusmodell erforderlich

Des Weiteren muss die Stadtentwicklung auf den demografischen Wandel und auf den Trend reagieren, dass immer mehr Menschen als Folge veränderter Lebensformen und -erwartungen in die Städte ziehen. Nicht zielführend sind daher in Hinblick auf gesamtstädtische Fehlentwicklungen zu hohe Belastungen des Straßenbegleitgrüns, verkürzte Lebenserwartungen der Pflanzen, unästhetische Stadtbilder, Schäden an den technischen Infrastrukturen, Beeinträchtigungen für die Bürger sowie explodierende Unterhaltungskosten, insbesondere der Baumbestände. Eine zukunftsgerichtete Stadtentwicklung muss all diese Veränderungen der Stadt, der Gesellschaft, rechtliche Vorgaben sowie den technischen und naturwissenschaftlichen Erkenntnisprozess in allen beteiligten Disziplinen zum Anlass

Zukunftsgerichtete Stadtentwicklung

nehmen, Optimierungspotenziale zu erkennen und nachhaltige Anpassungen zielgerichtet vorzunehmen.

Stadtplanung der Zukunft – Ertragsdenken unter veränderten Klimabedingungen

Im Planungsprozess müssen individuell Gestaltung, Nutzung und Unterhaltung der innerstädtischen Straßen in Hinblick auf die städtebauliche Situation, die Mobilitätswende sowie die Lebensqualität für die Stadtgesellschaft optimal abgestimmt werden. Unter Klimaaspekten prägen die Wege zur Kühlung der urbanen Räume, extreme Sturmereignisse sowie ein neuer Umgang mit dem Regenwasser die fachlichen und politischen Diskussionen.

Weißbuch „Stadtgrün" und die Handlungsfelder

Mit der Vorlage des Grünbuchs „Grün in der Stadt – für eine lebenswerte Zukunft" (BMU, 2015) sowie des nachfolgenden Weißbuchs (BMU, 2017) hat die Politik die großen Handlungsfelder für die Zukunft erstmalig formuliert und fordert im Ergebnis eines langen Arbeitsprozesses alle Akteure zu einer integrierten Vorgehensweise auf.

Planung, Realisierung und Unterhaltung des Stadtgrüns sind als Gesamtkonzept im Rahmen einer Wertschöpfungskette neu zu denken, sodass graue, grüne und blaue Infrastrukturen der Stadt zu gegenseitigem Nutzen zu konzipieren und zu betreiben sind.

Die gezielte Klimatisierung und Verkehrssicherheit der urbanen Räume stellt alle Akteure vor große Herausforderungen. Folgende **Ziele** müssen unter dem Aspekt von veränderten Klimabedingungen, wie eine zunehmende Stadterwärmung, Hitze- und Trockenheitsereignisse, Stürme, sinkende Grundwasserstände sowie neue Schaderregerpotenziale, erreicht werden:

- weitere Durchgrünung der Städte durch Neupflanzungen zur Kühlung der Städte
- Steigerung der Schattierungs- und Transpirationsleistung der Gehölze durch Schaffung und Sicherung der Wuchsbedingungen für die langjährige Standzeit der Bäume
- fachgerechte Pflege der Gehölze zur Erhaltung von Vitalität und Baumgesundheit

Pflege vordenken und verstetigen

- umfassender Baumschutz bei Eingriffen und Veränderungen des Baumumfeldes

Baumschutz konsequent betreiben

- Entsiegelung der Pflanzenstandorte zur Verbesserung der Infiltrationsrate der Niederschläge
- Nutzung von Niederschlägen zur Verbesserung des Wasserhaushaltes von Baumstandorten
- Stabilisierung von Baumbeständen bei zunehmendem Klimastress (Hitze, Trockenheit, Sturm) durch baumverträgliche Kroneneinkürzungen

Baumstandorte vor Klimafolgen stabilisieren

- Stabilisierung der Baumbestände durch Erhöhung der Biodiversität durch Unterpflanzungen
- regelmäßige Baumkontrolle zur Erhöhung der Verkehrssicherheit.

Unter den verschärften Klimabelastungen fehlen aktuell leider gesicherte Langzeitstudien, um den Umbau der Städte hin zur klimaresilienten Umwelt voranzubringen.

Abb. 4.1-3: Nutzung von Niederschlägen durch moderne Regenwasserbewirtschaftung. (Quelle: Balder)

Folgerichtig stellt auch der Baukulturbericht 2020/21 (Bundesstiftung Baukultur, 2020) mit Schwerpunkt auf den Öffentlichen Raum fest:

„Attraktive Städte und Orte sind lebendig, sicher, nachhaltig und gesund. Sie zeichnen sich durch eine Vielzahl gut gestalteter öffentlicher Freiräume aus, die Begegnungen ermöglichen und den Austausch fördern. Als Ausgangspunkt städtebaulicher Planungen legen Freiräume grundlegende Qualitäten wie Wegeverbindungen fest. Sie bilden die elementare und dauerhafte Struktur einer Stadt, in der sich ihr Charakter und Rhythmus zeigen.
Straßen, Wege und Plätze überdauern Jahrhunderte. Wer sie plant und gestaltet, muss sich fragen, welche Aufgabe sie für kommende Generationen erfüllen werden. Antworten liefern städtebauliche Leitbilder, die den Menschen in den Mittelpunkt rücken.
Durch die Gestaltung von Straßen und Verkehrsflächen können Städte und Gemeinden die Aufenthaltsqualität in öffentlichen Räumen erheblich verbessern. Attraktive und unverwechselbare Verkehrs- und Stadträume machen vielfältige gestalterische, soziale und kommunikative Angebote. Für Verkehrsgerechtigkeit zu sorgen heißt auch, Flächen ggf. neu aufzuteilen. Zeitgenössisches Bauen und Umbauen knüpft an vorhandene Kulturen und Bauwerke an. Es liefert Antworten auf technische, ökologische und gesellschaftliche Fragen."

Im Nachfolgenden werden hierzu die Erkenntnisse für eine funktionale Straßenbegrünung zusammenfassend dargestellt.

4.1.1 Straßenbegleitgrün

Funktionen des Straßenraums

Die originäre Aufgabe einer Straße ist die Verbindung zweier Punkte. In Anpassung an Klimaveränderungen lassen sich diese lokal und besonders auf Stadtquartiersebene neu konzipieren, da sich mit dem Rückbau von nicht mehr benötigten Verkehrsflächen neue Möglichkeiten ergeben, das Straßenbegleitgrün quantitativ und qualitativ weiter zu entwickeln. In gestalterischer und klimatisierender Hinsicht erfüllen besonders die Straßenbäume auch in der Stadt der Zukunft vielfältige Funktionen:

Neue Chancen

- Sie wirken **raumbildend**, da sie in der Länge und Breite der Straße die Höhe hinzufügen und somit neben baulichen Einrichtungen die dritte Dimension des Straßenraums bilden.
- Sie wirken **leitend**, da eine straßenbegleitende Baumpflanzung dem Straßenverlauf folgt und somit stets zielorientiert ist.
- Sie bilden **Orientierungszeichen**, da sie durch die optische Vielfalt des Laubs, der Blüte, der Früchte, des Stamms und der Wuchsform der unterschiedlichen Arten einen großen Fundus für die Gestaltung und damit für die Identifikation eines Orts liefern.
- Sie bilden gestalterische **Schwerpunkte**, da sie aufgrund ihres Erscheinungsbilds einem bestimmten Areal mit einer besonderen Bedeutung eine markante Erscheinung geben.

- Sie ergänzen die **Wirkung der Architektur**, indem sie z. B. Gebäude umrahmen, verdecken, betonen, farblich ergänzen.

Schattieren und Kühlen

- Sie **schattieren** und **kühlen** durch Verdunstung die öffentlichen Räume und wirken dadurch der Überhitzung der Städte entgegen.

Windschutz

- Sie geben **Windschutz**, indem sie durch ihre Kronen die Windstärke reduzieren.
- Sie dienen der **Luftreinigung**, indem sie Stäube und Schadgase binden.
- Sie erhöhen die **Biodiversität**, da sie ober- und unterirdisch Lebensraum für viele Organismen sind.

Ökosystemleistungen fördern

Weitere pflanzliche Elemente ergänzen diese wesentlichen Funktionen bodennah und stabilisieren vielfach die Gesundheit der Bäume durch die Förderung von natürlichen Gegenspielern der Baumschädlinge. Sie können aber auch allein für sich ohne Baumbestand wirken und Areale begrünen, die keine größere Wuchshöhe zulassen oder haben sollen. Stets stehen alle Pflanzen in enger Beziehung zur Architektur, sodass im Zusammenspiel das Straßengrün in Farbe, Duft, Form und Wuchshöhe unterschiedliche Wirkungen erzielen kann. Während eine dunkle und dichte Belaubung den Eindruck von Massivität, Enge und Dunkelheit weckt, wirken hingegen helles, lichtes Laub und filigrane Blätter oder Kronen heiter und lichtdurchlässig[1].

Die gewünschten Funktionen können auf Dauer nur in Anpassung an die Folgen der Klimaentwicklung gesi-

[1] Andres, C., Balder,H., Böhm, M. et.al.:Straßenbegleitgrün. Wirtschaftlich, ökologisch und verkehrssicher. Forum Verlag, Merching (2020).

chert werden, da bereits ein einmaliges Klimaereignis, wie Dürre, Starkregen, Hochwasser, Sturm, Strahlung oder Fröste, jahrelange Investitionen in Stadtgrün vernichten kann. Kommunen und Städten ist daher zu empfehlen, vorhandene Grünkonzepte den Klimabelastungen durch geeignete Maßnahmen anzupassen, bevor größere Baumschäden oder -verluste entstehen. Bei Neuanlagen müssen diese Aspekte von vornherein mitgedacht werden.

Weitsicht erforderlich

Räumliche Zuordnungen im Straßenquerschnitt in der Stadt der Zukunft

Auch unter veränderten Klimabedingungen und gesellschaftlichen Anpassungen zur Mobilitätswende sind Nutzung, Gestaltungsmöglichkeiten und Mikroklima einer Straße von ihrer städtebaulichen Zuweisung und Verkehrsbedeutung maßgeblich abhängig und bedingen sich gegenseitig. Ihre Raumbreite wird i. d. R. von den Gebäudekanten bestimmt, je breiter, desto mehr Funktionen und mehr großkroniges Straßenbegleitgrün kann untergebracht werden. Während bislang der Kfz-Verkehr prioritär bemessen wurde, treten zunehmend separate Busspuren, Straßenbahntrassen, Fahrradwege und barrierefreie Bürgersteige in den Konzepten und Leitplänen in den Vordergrund. Die Sicherheit aller Verkehrsteilnehmer und die Annehmlichkeit des Orts sind heute wesentliche Kriterien bei der Ausgestaltung der Straßenquerschnitte. Hinzu kommen die Forderung nach mehr Biodiversität und Rückzugsmöglichkeiten für Insekten, aber auch Erwartungen an gezielte Nutzung (Früchte, Urban Gardening) und Verwertung der Biomasse (Kompost, Mulch, Holzhäcksel, Wertholz, Raffinerie, Biogas). Mutige Konzepte zur Regenwasser-

Sicherheit aller Verkehrsteilnehmer

Mut auf neue Konzepte

bewirtschaftung werden exemplarisch realisiert, u. a. Mulden-Rigolensysteme, Schwammstadtmodelle.

Nach wie vor geben für die Proportionen der jeweiligen Straßenbereiche sowie Abstandsvorgaben der grünen von der grauen Infrastruktur kommunale Vorschriften den Rahmen vor.

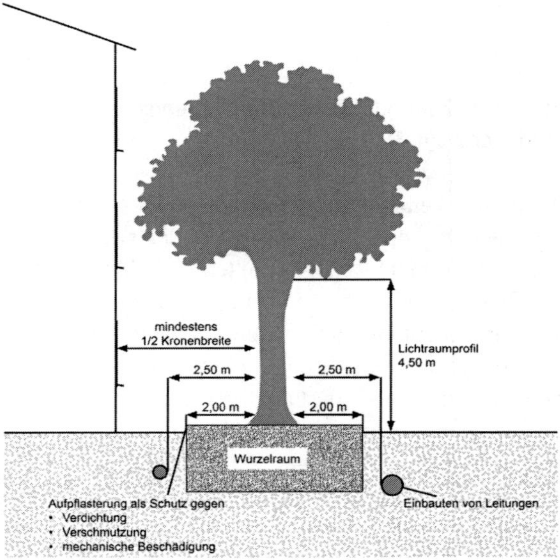

Abb. 4.1.1-1: Abstände einer Baumpflanzung von Gebäuden, von der Fahrbahn, von Leitungen und anderen Infrastrukturen. (Quelle: Balder)

Die Ausstattung mit Grünelementen lässt aber durchaus gestalterischen Spielraum zu, wobei die Begrünung je nach Raumbreite auch so konzipiert werden kann, dass sie Nutzungsbereiche bewusst trennt und abschirmt. Grundsätzlich sind folgende Zuordnungen – besonders auch in Hinblick auf das lokale Mikroklima - von Bedeutung:

Aufheizung als Folge

- **Klassische Seitenalleen** haben den Vorzug, dass der Fahrverkehr auf dem Mittelweg übersichtlicher, der Eindruck der Straße und des Straßenverkehrs einheitlicher und eindrucksvoller ist. Der Umstand jedoch, dass die Baumkronen mit zunehmender Größe die Hausfassaden z. T. verdecken und bei räumlicher Enge regelmäßig einen kostenträchtigen Fassadenfreischnitt bedeuten, ist eher ungünstig. Gleiches gilt für die Aufrechterhaltung von Blickachsen und Luftschneisen. Dies ist mit der Aufheizung der versiegelten Straßenbereiche und der benachbarten Stadtquartiere verbunden.

Abb. 4.1.1-2: Seitenallee mit breitem Stadtraumprofil, Straße des 17. Juni, Berlin. (Quelle: Balder)

- **Straßen mit Mittelalleen** incl. Integrierten Promenaden oder Fahrtrassen (ÖPNV, Fahrradwege) sind weniger stattlich in der Erscheinung, aber behaglicher sowohl für Spaziergänger und Fahrradfahrer als auch für die Anwohner; darüber hinaus ist der Anblick der Fassaden freier. Ferner können lokal

Kühlende Aufenthaltsqualität

Nutzungen integriert werden, u. a. Stadtmöbel, Gastronomie, Freizeitbeschäftigungen, Kunst, Wasserspiele. Sie haben durch ihre schattierte Gesamtsituation eine hohe kühlende Aufenthaltsqualität.

Abb. 4.1.1-3: Mittelallee mit kühlendem Effekt. (Quelle: Balder)

- Durch die **verschiedene Anordnung** und **Anzahl** der Baumreihen, insbesondere durch Verbindung von Mittel- und Seitenalleen und durch Einfügung von Radfahrwegen, Bus- und Straßenbahntrassen, Rasenstreifen, Wildblumeneinsaaten oder Zierpflanzungen, können viele verschiedene symmetrische und asymmetrische Straßenprofile gestaltet werden.

Windschutz

Ihre Bepflanzung schattiert, kühlt und ist windgeschützt.

- Lokale **Begrünungsinseln** in seitlicher, mittiger oder zufälliger Anordnung können gezielt den Verkehrsfluss beeinflussen. Auf das Stadtklima haben sie nur wenig Einfluss.
- **Fußgängerstraßen** und **Boulevards** sind durch ihre hohe Fußgängerdichte gekennzeichnet und müssen die hohen Erwartungen der Nutzer und Anrainer durch eine attraktive Gestaltung mit Identifikationscharakter erfüllen. Gewünscht sind durch die Kronenentwicklungen Kühlung, Schattierung und Regenschutz.

Schattierung und Regenschutz

- Konzepte zur **Regenwasserbewirtschaftung** der Straße selbst und des Umfelds können zur Bewässerung des Straßengrüns integriert werden. Je nach räumlicher Zuordnung wird das Wachstum der Bäume gefördert, sodass Verdunstung und Schattierung der Baumkronen sich kühlend auswirken.

Niederschläge zur Baumbewässerung nutzen

- **Stellflächen** für den ruhenden Verkehr können auf vielfältige Weise integriert werden, die Schattenwirkung des Straßenbegleitgrüns ist entsprechend zu planen.
- **Gleichrangige Verkehrssituationen** von Kfz, ÖPNV, Radfahrer und Fußgänger ohne Markierung in beruhigten Zonen.

Zwangsläufig ist der Gestaltungsspielraum u. a. abhängig von den Grundprofilen der jeweiligen Straßensituation und ermöglicht individuell eine Pflanzenverwendung mit der Optimierungschance zur Klimaanpassung.

Pflege mitdenken

Bei allen Begrünungskonzepten sind neben den Investitionskosten die direkten Konsequenzen für die langjährige Unterhaltung zu beachten. Die Pflege des Begleitgrüns sowie der Straßenkörper beeinflussen sich gegenseitig und bieten viele Ansätze von Synergien. Die Notwendigkeit der Anpassung der Konzepte an die Klimaentwicklung muss jedoch klar erkannt werden. So muss die Wurzelentwicklung von Gehölzen bei Neupflanzungen räumlich in die Tiefe gefördert, die Wasserversorgung auch in Trockenzeiten gesichert und die Bruch- und Standsicherheit besonders von Großbäumen durch Baumpflegemaßnahmen gegeben sein.

Wirkungen der grünen Infrastruktur

Mit der Anpflanzung von Straßenbäumen kann für den Verkehr eine leitende, trennende, geschwindigkeitsbeeinflussende und orientierende Wirkung erzielt werden, die gezielt zur Erhöhung der Verkehrssicherheit eingesetzt werden sollte, indem das Straßenbegleitgrün bezüglich Art, Größe, Form und Farbe geschickt ausgewählt und angeordnet wird, wie psychologische Studien belegen[1]. Die gewünschten Klimaeffekte kommen noch hinzu.

Aufmerksamkeit der Straßennutzer wird erhöht

Durch eine Baumbepflanzung wird der Straßenquerschnitt optisch eingeengt, die Helligkeit vermindert und ein Wechsel von Licht und Schatten hervorgerufen, was die Aufmerksamkeit der Straßennutzer erhöht und reduzierend auf die Geschwindigkeit des Verkehrs wirkt.

1 Bogaard-Bos, T., 2018: Farbe Grün. Ein Nachschlagewerk für eine dendrologisch bewusste Farbanwendung. Baumschule Ebben, Cuijk, NL

Schließen mit der naturnahen Entwicklung der Bäume mit den Jahren die Kronendächer zu einem geschlossenen Tunnel, so hat dies zur Folge, dass das Mikroklima für den menschlichen Aufenthalt angenehm temperiert wird, der schattierte Bereich aber mangels Licht kaum Unterpflanzungen zulässt, die erhöhte Luftfeuchtigkeit Baumkrankheiten fördert und die Feinstaubkonzentration mangels Wind zunimmt. Offene Straßenzüge oder in Form geschnittene Baumkronen sind daher in der Gesamtbetrachtung in der Aufenthaltsqualität höher zu bewerten. Umgekehrt schattieren großkronige Bäume die Straßenbereiche. In Windlagen ist aber zu prüfen, ob nicht durch Kronenreduktionen die Stabilität der Baumbestände verbessert werden kann und muss, um sie nicht bei Sturmereignissen zu verlieren.

Mikroklima umfassend beachten

Qualität vor Quantität

Abb. 4.1.1-4: Gezielte Kronenschnitte und Formierung des Straßenbilds bei gleichzeitiger Schattierung und Durchlüftung eines Straßenzugs, Kurfürstendamm, Berlin. (Quelle: Balder)

Durch die gezielte Gestaltung unterstreichen Straßenbäume die Hierarchie eines Straßensystems. Von der Hauptstraße abzweigende Nebenstraßen, die gegenüberliegende Seite einseitig einmündender Straßen und andere Gefahrenstellen können durch eine entsprechende Baumbepflanzung betont werden, sodass dadurch der Verkehrsteilnehmer auf die Gefahrensituation aufmerksam gemacht wird. Die gleiche Signalwirkung kann auch bei Kreuzungen durch die Wahl der Laubfarbe und Kronenform erreicht werden. Auch der Endpunkt von Sackgassen kann in dieser Art unterstrichen werden. Unterstützung erfährt die Markierung durch die Wahl einer anderen Baumart oder Begrünungsform.

Baumarten in Farbe und Form gezielt einsetzen

Die Betonung von Straßenbiegungen wird erzielt, indem für die Biegung selbst entweder ein Baum oder mehrere besonders eng gesetzte Bäume einer anderen Baumart gewählt werden. Bei entsprechender Gestaltung mit Barrierewirkung leiten bepflanzte Trenn- und Mittelstreifen den Fußgänger und Radverkehr zu Überwegen hin, indem sie das Überqueren der Fahrbahn dazwischen erschweren. Trampelpfade und Gefahrensituationen werden dadurch vermieden.

Sichtbehinderungen in Bezug auf den Straßenverlauf, Kreuzungen sowie Verkehrs- und Beleuchtungseinrichtungen sind durch die Wahl von Standort und Baumart möglichst gering zu halten. Lichtsignalgeber, Verkehrszeichen, Hinweisschilder und andere Leiteinrichtungen des Verkehrs dürfen von der Bepflanzung weder verdeckt noch verschmutzt (Honigtau von Blatt saugenden Schädlingen) werden. Ferner darf die Sicht an Kreuzungen, Einmündungen und Überwegen nicht beeinträchtigt werden.

Der Wechsel von Licht und Schatten im Laub während der Vegetationszeit wird im Winter abgelöst durch den

Linienverlauf der Verzweigung. Zu dieser Zeit gewinnt auch die Struktur und Farbe der Rinde an Bedeutung.

Urban Gardening

Werden Flächen für das Urban Gardening ausgewiesen, müssen die Nutzer in ihrem Aktionsradius und ihrer Bewegung gelenkt werden. Die übrigen Straßenteilnehmer dürfen dadurch nicht gefährdet werden. Das gilt auch für die Erntezeit von Früchten, z. B. bei Wildobstanpflanzungen.

Gefahren der Erhöhung der Biodiversität bedenken

Flächen zur Erhöhung der Biodiversität müssen so integriert und bewirtschaftet werden, dass größere Beeinträchtigungen des übrigen Straßenbereichs vermieden werden, u. a. durch Pollenflug (Allergien), Sichtbehinderung (Wuchshöhe) oder Insektenflug.

Regenwasserbewirtschaftungskonzepte

Die Integration von Mulden- und Rigolensystemen im Rahmen von Regenwasserbewirtschaftungskonzepten setzt voraus, dass die Wahrnehmung derselben durch die Straßennutzer gegeben ist. Sie können durch Baum-, Strauch- und Staudenpflanzungen ergänzt werden und, gezielt eingesetzt, eine lenkende Funktion übernehmen. Die Konzepte müssen den ruhenden und fahrenden Verkehr integrieren, um Schäden an den Infrastrukturen zu vermeiden und die Funktionalität der Versickerungsanlagen zu gewährleisten. Erste Studien belegen, dass die Zufuhr von Regenwasser das Straßenbegleitgrün nachhaltig fördert[1].

---

[1] Balder, H.; Goll, L.; Nickel, D.; Rehfeld-Klein, M., 2018: Befunde zur Verwendung von Bäumen in Muldensystemen im Rahmen der Regenwasserbewirtschaftung. Pro Baum 4, 15 –2.

Abb. 4.1.1-5: Stauden in Mulden. (Quelle: Balder)

Mit Weitsicht die Zukunft entwickeln

Anpassung an die Klimaentwicklungen

Von Planungsprozessen kann erwartet werden, dass für den jeweiligen Straßenzug für die angedachte Standzeit der Bäume ein vollständiges Konzept entwickelt wird, welches die gewünschten Funktionen sicher erfüllt und fachlich wie auch ökonomisch mit dem Ansatz eines Lebenszyklusmodells erreicht wird. In Hinblick auf das Straßenbegleitgrün bedeutet dies i. S. d. Weißbuchs „Stadtgrün“[1] und in Anpassung an die Klimaentwicklungen ein zielgerichtetes **Ertragsdenken**. Hieraus folgt:

- Eine konzipierte Straßenbegleitbegrünung sollte durch die Nutzung der Straße möglichst keine Beschädigungen erleiden, u. a. durch Anfahrschäden, unkontrollierte Bauarbeiten, chemische Auftausalze des Winterdiensts, Bodenvibrationen, Emissionen, Hunde-Urin.

[1] BMUB, 2017: Weißbuch Stadtgrün. Berlin. 47 S.

- Der Rückbau von Straßen muss dazu genutzt werden, mehr Straßenbegleitgrün in den urbanen Bereichen zu ermöglichen und dadurch die Kühlung der urbanen Räume zu optimieren.

Kühlung der urbanen Räume bei Rückbau verbessern

- Zur Schattierung der hitzebelasteten Stadtareale ist die Verwendung von künftigen Großbäumen zu fördern, indem die unterirdischen Wuchsräume besser vorbereitet werden.

Abb. 4.1.1-6: Großräumige unterirdische Vorbereitung eines Baumstandortes mit strukturstabilen Substraten und Wurzelbarrieren. (Quelle: Balder)

- Verwendung von versickerungsfähigen Substraten zur Optimierung der Infiltrationsraten zur Entlastung der Kanalisation bei Starkregenereignissen.

Versickerungsfähige Substrate

- Die Entwicklung der Pflanzen, insbesondere der Bäume, darf nicht durch lichtbeeinflusstes Wachstum zu Beeinträchtigungen des lichten Verkehrsraumes führen, z. B. durch Schiefwuchs von Lichtbaumarten.

- Die Wurzelentwicklung der Bäume muss so gelenkt werden, dass keine Beeinträchtigungen oder Beschädigungen der technischen Infrastruktur der Straßen-

Wurzeln gezielt lenken

körper oder benachbarter Gebäude, Mauern und Stadtmöblierungen ausgelöst werden. Zum Beispiel durch den Einsatz von Wurzelbarrieren.

Vermeidung enger Baumbestände

- Zu enge Pflanzenbestände bewirken ein instabiles Pflanzenwachstum, beeinträchtigen die Architektur der Gebäude, erfordern permanent Pflegekorrekturen und fördern Pflanzenkrankheiten mangels Durchlüftung. Auch erhöht das den Trockenstress durch einen erhöhten Wasserbedarf.
- Fehlentwicklungen in der Ästhetik eines Straßenzugs durch mangelnde Vitalität und Gesundheit des Straßenbegleitgrüns sind nicht zielführend und lösen Unzufriedenheit aus.
- Vom Straßenbegleitgrün dürfen in der gesamten Standzeit keine Gefährdungen für die Straßennutzer ausgehen, u. a. durch eine unzureichende Stand- und Bruchsicherheit der Bäume, Fruchtfall, Belagsglätte durch Pflanzensäfte oder durch allergieauslösende Pflanzenteile, u. a. Pollen, Blatt-(Platane) und Insektenhaare (Eichenprozessionsspinner).
- Die gärtnerische Pflege der Bepflanzung muss fachlich, rechtlich und ökonomisch transparent gestaltet und abgesichert sein. Insbesondere Baumkronen müssen für die Baumkontrolle und Baumpflege zugängig sein.

Baumkontrolle und Baumpflege

- Pflanzensaugende Schadinsekten (Blattläuse, Schildläuse) treten zyklisch in nennenswerter Befallsdichte auf und produzieren große Mengen an sog. Honigtau und ermöglichen in der Folge das Auftreten von Schwärzepilzen, die Beläge, Pkw, Beschilderungen und Stadtmöbel verschmutzen (Reinigung, Verkehrssicherheit, Allergien).

Differenzierte Servicelevel

- Die kontinuierliche Reinigung der Belagsflächen muss leistbar sein, u. a. durch die Zugängigkeit der Flächen mit Maschinen, Befahrbarkeit von Baumscheiben oder durch angepasste Grünkanten bei Pflanzrabatten. Ein differenzierter Servicelevel ermöglicht die Planung und Kontrolle der gewünschten Aufenthaltsqualität.
- Anlagen der Regenwasserbewirtschaftung bedürfen der zielgerichteten Pflege, um die Ästhetik und Funktionalität der Konzepte zu sichern[1].

Gebäudearchitektur

- Veränderungen der Gebäudearchitektur beeinflussen nachhaltig das Mikroklima. Daher sind sie in der Planungsphase kritisch zu prüfen, ob sie Baumstandorte nachhaltig verändern, z. B. durch Besonnung, Verschattung, Düseneffekte.
- Der Winterdienst (Schnee-, Eisbeseitigung) belastet das Straßenbegleitgrün sowohl durch den Eintrag von chemischen Auftausalzen als auch abstumpfenden Materialien. Die Einführung eines differenzierten Winterdiensts und Festlegung auf die Streckenbehandlung (Weißes Netz, Dringlichkeitsstufen) auf Stadtebene mit langfristiger Bindung hilft, die Pflanzenauswahl entsprechend abzustimmen. Konzepte zur Regenwassernutzung müssen die Schadstoffeinträge in Hinblick auf Grundwasserbelastung und Phytotoxizität auf die Vegetation konsequent beachten.

Schadstoffeinträge

Modernes Stadtmanagement

- Die Bewirtschaftung der Straßen muss organisatorisch, ökonomisch und rechtlich abgesichert sein, ein integriertes Stadtmanagement mit IT-gestützter

---

[1] Balder, H.; Kaletta, M.; Gorning, G.; Nickel, D., 2022: Erfahrungen zur Grünpflege von Mulden im Regenwassermanagement. Neue Landschaft, 23 – 28.

Kontrolle und Steuerung des Personal- und Geräteeinsatzes ist daher empfehlenswert. Auch können aus den Daten Erkenntnisse gewonnen werden, die in die Stadtplanung und -bewirtschaftung zur Optimierung eingehen können.

Ein optimierter Planungsprozess kann bei diesen Herausforderungen nur unter Beteiligung aller Disziplinen gelingen und setzt den gleichrangigen Umgang mit der Materie voraus. Unterschiedliche Strategien müssen sachlich abgewogen und vorrangig unter dem Aspekt der partnerschaftlichen Nutzung sowie der gesamten Unterhaltungskosten transparent entschieden werden. Moderne Software steht den Beteiligten nicht nur für die Visualisierung der Begrünungs- und Verkehrskonzepte zur Verfügung, sondern auch für die Vorhersage der Folgekosten. Ziel muss daher von Beginn an das Bekenntnis zur Funktionalität eines Konzepts sein, weniger das einmalige Design einer Örtlichkeit.

Bekenntnis zur Funktionalität

Baumempfehlungen im Klimawandel

Ästhetische Ansprüche und die individuellen Standorteigenschaften haben bislang die Gehölzwahl maßgeblich beeinflusst[1]. Baumschulbetriebe haben schon immer nach geeigneten Gehölzen für die städtische Verwendung gesucht, die in vielen Städten seit 1995 getestet und in der sog. GALK-Straßenbaumliste https://www.galk.de/arbeitskreise/stadtbaeume/themenuebersicht/strassenbaumliste bewertet werden. Hieraus wurde aktuell eine Auswahl als „Zukunftsbäume für die Stadt“

1 Andres, C., Balder, H., Böhm, M. et.al.: Straßenbegleitgrün. Wirtschaftlich, ökologisch und verkehrssicher. Forum Verlag, Merching (2020.)

publiziert. Darüber hinaus sind von mehreren Fachinstitutionen lokal unterschiedliche Testreihen als Feldstudien und teils auch in Städten angelaufen, die aber aufgrund der kurzen Testzeit noch keine gesicherten Aussagen zulassen. Auch ist zu bedenken, dass die deutschen Städte in verschiedenen Klimazonen liegen, von maritim bis kontinental ist alles vertreten.

Die künftige Gehölzverwendung muss mit Blick auf die Klimaentwicklung verstärkt auf Baumarten mit folgenden Eigenschaften zurückgreifen:

- breite Kronenentwicklung mit hohem Schattierungspotenzial
- gute Stammbildung und Aufastungsverträglichkeit
- tiefgründige Wurzelentwicklung zur Erschließung des Unterbodens
- hohe Bruchfestigkeit gegenüber Sturmbelastungen
- gute Schattenverträglichkeit zur Verwendung in engen Stadtstraßen
- hohe Verträglichkeit gegenüber Überflutungen, u. a. in Regenwasserbewirtschaftungsanlagen
- Hitze- und Strahlungsresistenz
- Trockenheitsresistenz
- gute Schnittverträglichkeit
- geringe Anfälligkeit für wärmeliebende Schaderreger
- geringe Anfälligkeit für stamm- und rindenbrütende Schädlinge
- geringes Allergiepotenzial für den Menschen

- geeignete Futterquelle und Lebensraum zur Erhöhung der Biodiversität, u. a. für Insekten und Vögel

Die bisherigen Erkenntnisse sind ausgewählt in der Tabelle zusammengestellt. Es muss bedacht werden, dass aktuell nicht alle Baumarten und -sorten in den Baumschulbetrieben unbegrenzt vorrätig sind.

Botanische Bezeichnung	**Name**	**Wuchshöhe**	**Wuchsbreite**	**Lichtbedürfnis**
Acer campestre	Feldahorn	6-12 m	4-6 m	L - HS
Acer cappadocicum	Kolchischer Blutahorn	10-12 m	6-10 m	L
Acer freemanii	Herbst-Flammen-ahorn	20-25 m	8-10 m	L - HS
Acer monspessulanum	Franz. Burgenahorn	5-8 m	4-7 m	L - HS
Acer platanoides	Spitz-Ahorn	18-25 m	15-20 m	L - HS
Acer rubrum	Rot-Ahorn	8-10 m	6-7 m	L
Alnus spaethii	Purpurerle	10-15 m	4-8 m	L -HS
Betula utilis	Himalaja-Birke	12-15 m	5-7 m	L
Carpinus betulus	Hainbuche	12-15 m	15-20 m	L - S
Castanea sativa	Esskastanie	15-20 m	10-15 m	L - HS
Catalpa bignonioides	Trompetenbaum	9-14 m	10-12 m	L
Celtis australis	Zürgelbaum	15-20 m	8-10 m	L - HS
Cerics siliquastrum	Judasbaum	4-6 m	4-6 m	L - HS
Crataegus lavallei	Apfel-Dorn	5-6 m	7-10 m	L - HS
Gingko biloba	Gingko	18-22 m	16-18 m	L
Gleditsia triacanthos	Gleditschie	14-18 m	15-20 m	L
Liquidambar styraciflua	Amberbaum	9-12 m	5-6 m	L
Liriodendron tulipifera	Tulpenbaum	18-25 m	15-20 m	L

Botanische Bezeichnung	**Name**	**Wuchshöhe**	**Wuchsbreite**	**Lichtbedürfnis**
Magnolia kobus	Kobushi-Magnolie	6-9 m	4-6 m	L
Nyssa sylvatica	Nymphenbaum	10-15 m	5-10 m	L - HS
Ostrya carpinifolia	Hopfenbuche	10-15 m	8-12 m	L
Parrotia persica	Eisenholzbaum	6-10 m	6-10 m	L
Pinus sylvestris	Kiefer	12-20 m	7-10 m	L
Platanus acerifolia	Platane	18-25 m	15-18 m	L
Quercus cerris	Zerr-Eiche	20-25 m	10-20 m	L
Quercus petraea	Trauben-Eiche	20-25 m	12-16 m	L - HS
Quercus robus	Stiel-Eiche	20-25 m	15-18 m	L - HS
Quercus rubra	Rot-Eiche	18-20 m	12-16 m	L
Robinia pseudoacacia	Robinie	16-20 m	10-12 m	L
Sophora japonica	Jap. Schnurbaum	14-18 m	12-16 m	L
Tilia cordata	Winter-Linde	8-20 m	8-18 m	L - HS
Tilia tomentosa	Silber-Linde	18-22 m	10-15 m	L
Ulmus RESISTA	RESISTA-Ulme	12-20 m	3-10 m	L - HS
Zelkova serrata	Jap. Zelkove	15-30 m	8-12 m	L - HS

Tab. 4.1.1-1: Auswahl von Klimabäumen. (Quelle: Balder)

Auswertung von Sturmereignissen

Die aktuelle Auswertung von Sturmereignissen in Berlin hat weitere Hinweise gegeben:

- Linden als häufig verwendeter Straßenbaum erleiden meist nur dünne Astabbrüche
- Platane, Ulme, Kastanie, Robinie, Pappel und Ahorn erleiden schnell Starkastbrüche
- Platane und Ahorn können die halben Kronen verlieren

- Pappeln werden neben Astbruch aufgrund der häufig oberflächennahen Wurzelentwicklung am häufigsten geworfen

Abb. 4.1.1-7: Starkastbruch bei Platane nach Sturm und Auswirkungen auf die Verkehrssicherheit. (Quelle: Balder)

Regenwasserbewirtschaftung

In Hinblick auf die Verträglichkeit gegenüber Überflutungen zur Verwendung von Gehölzen in Grünkonzepten im Rahmen der Regenwasserbewirtschaftung liegen bislang nur empirische Erkenntnisse vor. Auch muss gesehen werden, dass es durch den Klimawandel vermehrt zu Sommerüberflutungen kommt, deren Auswirkungen wie auch die jungen Schwammstadtkonzepte noch einer wissenschaftlichen Bearbeitung bedürfen.

Tolerant	**Mäßig tolerant**	**Intolerant**
Nymphenbaum *(Nyssa aquatica)*	Spree-Eiche *(Quercus palustris)*	Amerik. Ulme *(Ulmus americana)*
Kürbis-Esche *(Fraxinus profunda)*	Kanad. Schwarz-Pappel *(Populus deltoides)*	Zürgelbaum *(Celtis occidentalis)*
Rot-Esche *(Fraxinus pennsylvanica)*	Westl. Platane *(Platanus occidentalis)*	Glattbl. Zürgelbaum *(Celtis laevigata)*
Schwarz-Weide *(Salix nigra)*	Eschenahorn *(Acer negundo)*	Amberbaum *(Liquidambar styraciflua)*
Bruch-Weide *(Salix fragilis)*	Rot-Ahorn *(Acer rubrum)*	Robinie *(Robinia pseudoacacia)*
Purpur-Weide *(Salix purpurea)*	Silberahorn *(Acer saccharinum)*	Amerikanische Linde *(Tilia americana)*
Schwarz-Erle *(Alnus glutinosa)*	Gemeine Esche *(Fraxinus exelsior)*	Spätbl. Traubenkirsche *(Prunus serotina)*
Sumpfzypresse *(Taxodium distichum)*	Bergulme *(Ulmus glabra)*	Tulpenbaum *(Liriodendron tulipifera)*
Küstenmammutbaum *(Sequoia sempervirens)*	Schwarzpappel *(Populus nigra)*	viele Nadelholz-Arten
	Pappel-Hybriden	

Tab. 4.1.1-2: Resistenz verschiedener Baumarten gegenüber Wasserüberschuss. (Quelle: Balder[1])

Es ist davon auszugehen, dass die bisherigen Empfehlungen in den nächsten Jahren aufgrund verbesserter Erkenntnisse weiter angepasst werden.

1 Balder, Hartmut; 1998: Die Wurzeln der Stadtbäume. Ulmer Verlag, Stuttgart. S. 180.

Fazit

Die Verdichtung der urbanen Stadträume muss im Blick haben, wie sich die Wuchssituationen der Bäume durch den Wandel in Stadtarchitektur und Klimaentwicklung ober- und unterirdisch verändern. Bisherige Pflanz- und Bewirtschaftungskonzepte sind häufig nicht mehr ausreichend, vielmehr müssen vorhandene Gehölzbestände in ihrer Vitalität gezielt verbessert werden. Das setzt weitsichtige Konzepte voraus, die sowohl die Nachqualifizierung vorhandener Gehölzbestände zum Inhalt hat, als auch die städtebauliche Entwicklung mit Auswirkungen auf die mikroklimatischen Folgen für Baumbestände, u. a. Schattierung, Düseneffekte, gestörter Wasserhaushalt. Neuartige Konzepte zur Stabilisierung von Baumbeständen bei Klimabelastungen oder Konzepte zur Regenwasserbewirtschaftung incl. der Schwammstadt bedürfen der wissenschaftlichen Aufarbeitung, bevor sich hieraus Standards entwickeln.

Forschung erforderlich

Den Kommunen und Städten ist zu empfehlen, durch ein geeignetes Monitoring die Entwicklungen selbst im Blick zu haben und die gewonnenen Erkenntnisse kontinuierlich in die verwaltungsinternen Planungen einzufügen. Die Forschung zu den Fragen der Klimaanpassung muss intensiviert werden.

Monitoring

Auswahl weiterführender Literatur:

Andres, C., Balder, H., Böhm, M et.al.: Straßenbegleitgrün. Wirtschaftlich, ökologisch und verkehrssicher. Forum Verlag, Merching (2020).

Augustin, B., Balder, H., Barthel T., et.al.: Grünflächenpflege. Verwaltung, Pflege und Unterhalt von öffentlichen und privaten Flächen. Forum Verlag, Merching (2018).

Balder, H., Ehlebracht, K., Mahler, E.: Straßenbäume. Planen. Pflanzen. Pflegen. Am Beispiel von Berlin. Patzer Verlag, Berlin, (1997).

Balder, Hartmut: Die Wurzeln der Stadtbäume. Ulmer Verlag, Stuttgart, (1998).

Florineth, Florian; Pflanzen statt Beton. Patzer Verlag, Berlin (2012).

Kühn, Rudolf: Die Straßenbäume. Patzer Verlag, Berlin (1961).

Roloff, Andreas: Bäume in der Stadt. Ulmer Verlag, Stuttgart, (2013).

4.1.2 Staudenpflanzungen auf trockenen Standorten

Unsere Sommer sind immer häufiger von langen und ausgeprägten Trocken- und Hitzezeiten geprägt. An vielen Orten wird es notwendig, Pflanzungen daran anzupassen oder Neu-Pflanzungen von Anfang an anders zu konzipieren.

Dabei helfen uns auf jeden Fall die Lebensbereiche. Viele Staudengärtnereien nennen die Lebensbereiche ihrer angebotenen Stauden in ihren Online-Katalogen. Allerdings sind für die Verwendung so viele andere Eigenschaften und Standortansprüche maßgeblich, dass es hilfreich ist, eine kleinere Auswahl an Artenvorschlägen zu haben, die bestenfalls dann auch in einer Pflanzung, z. B. in ihrem Ausbreitungsverhalten und ihrer ästhetischen Merkmale, harmonieren.

Wichtig ist zu bedenken, dass es je nach Substratart oder Bodenart sehr unterschiedliche trockene Standorte in voller Sonne gibt. Praktikabel erscheint eine Einteilung in drei Gruppen.

1. trockene Standorte auf bindigem Boden
2. trockene Standorte auf sandigem Boden
3. trockene Standorte auf Splitt-Substrat

Bindige Böden sind über die kalte Jahreszeit oft nass und kalt, auch in regnerischen Zeiten halten sie die Feuchtigkeit. Arten, die auf durchlässigen, sandigen Naturstandorten vorkommen, vertragen diese feinstrukturierten Böden oft nicht. Allerdings sind sie i. d. R. nährstoffreicher und es gibt einige Arten dabei, die gut über 30 cm hoch und insofern in der Lage sind, die Versamung von Wildkräutern deutlich zu mindern. Die Pflanzungen wirken bei guter Pflege relativ rasch und eine Art wie *Phlomis tuberosa* 'Amazone' bringt mit ihren 70 cm Höhe auch eine gute Höhenstaffelung in die Pflanzung.

Sandige Böden sind sehr durchlässig, eindeutig trockener und nährstoffärmer als bindige. Allerdings können sich Stauden auch auf purem Sand ebenso selbstaussäen und der Zuwachs ist teils kräftig. Das Jäten von unerwünschten Wildkräutern ist deutlich einfacher, weil sich die Wurzeln leicht aus dem Sand lösen. Die ästhetische Aussagekraft kann bereits im 1. Jahr nach dem Pflanzjahr sehr gut sein. *Petrorhagia saxifraga* oder *Linum flavum* wachsen und wirken hier besonders gut.

Splitt-Substrat ist extrem trocken und nährstoffarm, v. a., wenn der Untergrund z. B. auf Verkehrsinseln aus rein mineralischem Substrat wie Schotter 8/16 besteht. Ein Untergrund aus Mineralbeton 0/32 gibt da schon etwas mehr her. Düngung über das Blatt und Wässern ist im 1. und 2. Jahr über den Sommer absolut notwendig. Nur sehr wenige Arten halten diese extremen Bedingungen aus und ein Erfolg, Blumenzwiebeln anzusiedeln, kann so gut wie ausgeschlossen werden. Die ersten Jahre sind optisch außerordentlich mager, daher ist eine dichtere Pflanzung als normal üblich zu empfehlen. Allerdings ist der Pflegeaufwand in den ersten fünf Jahren auch extrem gering. Hier fällt v. a. *Euphorbia seguieriana ssp.niciciana* besonders positiv auf. Sie wirkt sehr lange im Jahr und ist sehr strukturstabil.

Stauden für trockene Standorte auf bindigen Böden

Botaninscher Name	Deutsche Namen	Lebensbereich
Acanthus hungaricus	ungarischer Akanthus	Fr2(St2,FS2,GR2)
Achillea clypeolata 'Schwellenburg'	Goldquirl-Garbe	Fr1b(B1)
Asphodeline lutea	Junkerlilie	Fr1(St1,FS1)
Aster linosyris	Goldhaar-Aster	Fr1 (SH1)
Calamintha nepeta 'Triumphator'	kleinblütige Bergminze	Fr1(St1,FS1)
Euphorbia characias ssp. characias	Palisaden-Wolfsmilch	B1-2(Fr1-2,St1-2)
Euphorbia myrsinites	Walzen-Wolfsmilch	St1-2(FS1-2,SF1-2)
Geranium x cantabrigiense 'Biokovo'	Cambridge-Storchschnabel	St1-2(Fr1-2,FS1-2)
Geranium sanguineum 'Max Frei'	blutroter Storchschnabel	St1(Fr1)
Lavandula angustifolia 'Hidcote Blue'	Lavendel	Fr1b(FS1,SH1)
Nepeta racemosa 'Superba'	traubige Katzenminze	St1(Fr1b)
Phlomis tuberosa 'Amazone'	Knollen-Brandkraut	Fr1(Fr1b)
Ruta graveolens	Wein-Raute	Fr1-2(SH1-2,B1-2)
Salvia officinalis 'Berggarten'	Salbei	B1(St1,Fr1b)
Santolina chamaecyparissus	silbriges Heiligenkraut	St1(FS1,Fr1)
Sedum telephim 'Herbstfreude'	Purpur-Fetthenne	Fr1b(St1-2,FS1-2,B1-2)
Sorghastrum nutans 'Indian Steel'	gelbes Indianergras	Fr1-2(GR1-2)
Stachys byzantina 'Silver Carpet'	Woll-Ziest	Fr1(FS1,St1)
Stipa gigantea	Riesen-Federgras	Fr1(SH1,St1,FS1)

Botaninscher Name	Deutsche Namen	Lebensbereich
Blumenzwiebeln		
Allium caeruleum	Blau-Lauch	Fr1(FS1,M1)
Allium karataviense	Blauzungen-Lauch	St1(FS1)
Fritillaria persica 'Adyaman'	Persische Kaiserkrone	GR1(Fr1)
Iris histrioides 'Georg'	Zwiebel-Iris	St1(Fr1)
Muscari armentiacum	Armenische Traubenhyazinthe	Fr1-2(St1-2,GR1-2)

Tab. 4.1.2-1: Stauden für trockene Standorte auf bindigen Böden. (Quelle: Hüttenmoser)

Abb. 4.1.2-1: Stauden auf bindigem Boden. (Quelle: Hüttenmoser)

Stauden für trockene Standorte auf Sand

Botanische Name	Deutsche Namen	Lebensbereich
Eragrostis tichodes 'Bernd'	Sand-Liebesgras	Fr1-2
Euphorbia seguieriana ssp. niciciana	Steppen-Wolfsmilch	St1-2(FS1-2,SH1-2)
Linum flavum 'Compactum'	Gelber Lein	Fr1(SH1,St1,FS1)
Satureja spicigera	Niederliegendes Bohnenkraut	St1(FS1,SH1-2)

Botanische Name	Deutsche Namen	Lebensbereich
Sedum album 'Coral Carpet'	Weiße Fetthenne	St1(FS1,M1,MK1)
Sedum sexangulare	Milder Mauerpfeffer	St1(FS1,M1)
Anthericum ramosum	Ästige Graslilie	Fr1(SH1,GR1,St1)
Festuca cinerea 'Elijah Blue'	Grauer Schwingel	St1(FS1,Fr1,SH1)
Geranium sanguineum 'Max Frey'	Garten-Blut-Storchschnabel	St1(Fr1)
Origanum laevigatum 'Herrenhausen'	Heidegünsel	Fr1(SH1,St1,FS1)
Petrorhagia saxifraga	Steinbrech-Felsennelke	St1(MK1,FS1,SH1)
Santolina rosmarinifolia	Grünes Heiligenkraut	St1(FS1,Fr1)
Teucrium x lucidrys	Bastard-Gamander	St1-2(FS1-2,SF1)
Blumenzwiebeln		
Crocus ancyrensis	Ankara-Krokus	Fr1-2(St1-2,M1-2)
Crocus chrysanthus 'Blue Pearl'	Balkan-Krokus	Fr1-2 (St1-2, M2)
Tulipa clusiana var. Chrysantha	Damen-Tulpe	St2(Fr2)
Tulipa linifolia	Leinblättrige Tulpe	St1(Fr1)

Tab. 4.1.2-2: Stauden für trockene Standorte auf Sand. (Quelle: Hüttenmoser)

Abb. 4.1.2-2: Stauden auf sandigem Boden (links der Frühjahrsaspekt mit Crocus ancyrensis, rechts der Frühsommeraspekt im 3. Jahr). (Quelle: Faber)

Stauden für trockene Standorte auf Splitt

Botanische Namen	Deutsche Namen	Lebensbereich
Amorpha canescens	Bleibusch/Halbstrauch	St 1-2
Euphorbia seguieriana ssp. Niciciana	Steppen-Wolfsmilch	St1-2(FS1-2,SH1-2)
Linum flavum ‚Compactum'	Gelber Lein	Fr1(SH1,St1,FS1)
Santolina rosmarinifolia	Grünes Heiligenkraut	St1(FS1,Fr1)
Teucrium x lucidrys	Bastard-Gamander	St1-2(FS1-2,SF1-2)
Anthericum ramosum	Ästige Graslilie	Fr1(SH1,GR1,St1)
Festuca cinerea ‚Elijah Blue'	Grauer Schwingel	St1(FS1,Fr1,SH1)
Geranium sanguineum ‚Max Frey'	Garten-Blut-Storchschnabel	St1(Fr1)
Petrorhagia saxifraga	Steinbrech-Felsennelke	St1(MK1,FS1,SH1)
Satureja spicigera	Niederliegendes Bohnenkraut	St1(FS1,SH1-2)
Echium russicum	Russischer Natternkopf	St 1-2

Tab. 4.1.2-3: Stauden für trockene Standorte auf Splitt. (Quelle: Hüttenmoser)

Abb. 4.1.2-3: Stauden auf Splitt. (Quelle: Hüttenmoser)

4.1.3 Widerstandsfähige Stadtbäume

Starker Regen über mehrere Tage auf der einen, ausbleibender Niederschlag auf der anderen Seite. Zudem stark verdichtete Böden, gefräßige Schädlinge, fehlender Raum für die Wurzeln: Stadtbäume müssen mit vielem zurechtkommen, wenn sie überleben wollen – und sollen. Genug Gründe, um sich mit den Baumsorten der Zukunft zu beschäftigen.

Im Zuge des Klimawandels wird der Ruf nach Baumpflanzungen in und um die Städte Deutschlands und Europas immer größer – und er ist natürlich wichtig und alternativlos. Wurden vor 2018 eher Bäume in den Städten entnommen und nicht nachgepflanzt, so ist der Trend jetzt ein anderer: kranke Bäume ersetzen, fehlende Baumlücken bepflanzen und ganze Alleen, die nicht vorhanden waren, neu pflanzen.

Der Grund ist klar: Bäume erledigen so viele wichtige Aufgaben für den Menschen. Sie binden CO_2, produzieren dringend benötigten Sauerstoff, filtern Feinstaub aus der Luft, spenden Schatten in der Innenstadt, kühlen die Temperaturen. Hinzu kommt – nicht zu vergessen – die große Wohlfahrtswirkung der grünen Lungen (siehe Central Park in New York).

Die richtigen Sorten

Da sich in den letzten Jahren die ein oder andere Baumart allerdings als nicht vorteilhaft herausgestellt hat, ist es ganz besonders wichtig, solche Bäume neu zu pflanzen, die in Zukunft am Endstandort überleben und bestenfalls 100 Jahre alt werden können. Dabei sind die Standorte in den Städten und Kommunen die schwie-

Standorte in den Städten sind sehr extrem

rigsten und extremsten. Diese sind oft auch ein ganz großer Problemfaktor für die neu zu pflanzenden Bäume. Baumschulen und Baumpfleger beschäftigen sich schon lange mit diesem Thema – auch und v. a. bei der GALK e. V. (Deutsche Gartenamtsleiterkonferenz). Hier hat man sich vor mehreren Jahren zusammengesetzt und die GALK-Straßenbaumliste erarbeitet und beschrieben, welche Bäume sich nach aktuellem Kenntnisstand für Städte und Kommunen am besten eignen. https://strassenbaumliste.galk.de

Die richtigen Eigenschaften

Dabei geht es nicht darum, dass der Baum nur schön aussieht, er muss v. a. viele positive Eigenschaften erfüllen:

- Insbesondere werden Bäume benötigt, die später ein Lichtraumprofil von 4 bis 5 m erreichen können,
- starke, durchgehende Leittriebe bis in die Spitzen haben
- oder aufgrund ihres Wurzelwerks standsicher sein müssen,
- dadurch besser Wasser und Nährstoffe aufnehmen können und somit langlebig sind.

Dazu kommt, dass die Bäume an die neuen klimatischen Bedingungen angepasst sein müssen.

Hitze oder Starkregen

- Lang andauernde Hitzeperioden von teils mehreren Monaten, Trockenphasen ohne natürliche Niederschläge, teilweise über drei, vier oder fünf Monate,

- oder plötzliche Starkregenereignisse, die zu Überflutungen, Auswaschungen oder Staunässe führen, schwächen Bäume enorm.
- Zusätzlich gibt es Schnee und Temperaturen von zweistelligen Minusgraden, bei denen Bäume praktisch erfrieren (vertrocknen).

Diese ganzen Problemfelder sind eine sehr große Spanne, in der sich die Zukunftsbäume bewegen müssen, um problemlos zu wachsen. Dabei sind Krankheiten wie Pseudomonas, Eschentriebsterben oder Quarantäneschädlinge noch gar nicht berücksichtigt. Kurzum: Zukunftsbäume müssen eine Menge leisten, um den Erwartungen gerecht zu werden, die an sie gestellt werden.

Die richtige Stelle

Dies klappt aber nur, wenn die Baumarten und -sorten auch an der richtigen Stelle geplant und umgesetzt werden. Ein junger Baum mit einem Stammumfang 18-20-25-30 ist meist schnell gepflanzt, aber die Grundlagen zu schaffen, dass er auch wirklich gut an- und weiterwächst, ist nicht immer ganz so einfach. Pflanzgruben mit mindestens 12 m^3 durchwurzelbaren Raum (besser sogar 36 m^3) sind nur ein wichtiger Faktor für einen Baum, der in Zukunft gut wachsen soll.

Wichtige Faktoren für gutes Wachstum sind hier:

- Pflanzschnitt,
- höhengerechte Einpflanzung,
- perfekte Anbindung,

- Schutz des Stamms durch Weißanstrich oder Riedmatten,
- Anwässerung bei der Pflanzung,
- dauerhaftes Wässern in den ersten fünf Jahren nach der Pflanzung, zu Beginn wöchentlich 100 l Wasser ab dem Zeitpunkt der Blattentwicklung (am besten ab Anfang Mai bis zum Blattfall).

Diese Grundvoraussetzungen müssen immer gegeben sein, damit ein Baum überhaupt eine Chance hat, anzuwachsen und an seinem neuen Standort alt zu werden. Mehrere Überprüfungen im Jahr helfen dabei, evtl. auftretende Probleme oder Schäden zeitnah zu beheben.

Zukunftsbäume für die Stadt

Die Annahme, ein Zukunftsbaum könne sich allein helfen oder brauche nicht so viel Pflege, ist ein Trugschluss, denn er muss zu Beginn genauso gut gepflanzt und gepflegt werden wie alle anderen Bäume, damit er einmal prächtig wachsen und gedeihen kann. Zukunftsbäume haben aber die besten Voraussetzungen, am Endstandort auch wirklich alt zu werden und die Leistungen zu erbringen, die wir vorab beschrieben haben. Im Buch des GALK und des Bdb (Bund deutscher Baumschulen) sind 65 Baumarten von Fachleuten ausgewählt worden, die jahrzehntelange Erfahrung mit diesem Sortiment haben. Auch andere Institutionen haben sich mit Zukunftsbäumen befasst. Ein Großteil der Ergebnisse/ Sortimente stimmt mit der Zukunftsbaumliste der GALK und des BdB überein.

Denn wichtig ist: Einfach zu behaupten, Sorte „X“ sei ein Zukunftsbaum, ist gefährlich. Um einen Baum als Zukunftsart einzustufen, muss man ihn jahrelang begleitet haben, um seine Stärken und Schwächen zu kennen. Erst dann kann man eine Aussage über die Zukunftsfähigkeit eines Baums treffen. Deswegen ist es kritisch, eine neue Baumsorte auf den Markt zu bringen und zu behaupten: Das ist ein Zukunftsbaum. Monitoring von 20 bis 30 Jahren ist nötig, um gesicherte Aussagen zu treffen. Für die Produktion in ausreichenden Stückzahlen werden dann noch einmal 10 bis 20 Jahre benötigt.

Einzelne Sorten im Detail

Alleen

Bereits im Vorfeld muss gesagt werden, dass es besonders viel Sinn ergibt, neue Alleen „aufzusplitten“. Natürlich kann man eine Allee aus 100 Bäumen einer Sorte pflanzen, aber aus Gründen der Biodiversität ist es sinnvoll, eine Allee aus mehreren Sorten zusammenzustellen. Dies wird in der Praxis bereits sehr oft umgesetzt. Das heißt, eine Allee mit 100 Bäumen kann auch aus 5 oder 10 verschiedenen Baumsorten bestehen. Dennoch sind „Uniformalleen“ an langen Straßen oder in Innenstädten weiterhin richtig und ganz normal.

Feldahorn

Eine der Top-Baumarten ist sicherlich der Feldahorn *Acer campestre*. Je nach Standort in der Stadt oder im urbanen Raum kann man mit dem Sämling oder auch den Sorten *Acer campestre* „Elsrijk“ oder „Huibers Elegant“ einen der besten Bäume der Zukunft pflanzen. Der Feldahorn wird derzeit bereits sehr stark auf dem Markt nachgefragt.

Abb. 4.1.3-1: Feldahorn Acer campestre „Elsrijk“ (Quelle: Baumschule LEY)

Purpur-Erle

Die Purpur-Erle *Alnus spaethii* hat sich in den letzten Jahren als ein Top-Baum herauskristallisiert. Er benötigt etwas größere Standorte, wie in Industriegebieten, ist aber auch für breite Alleen und für parkähnliche Pflanzungen hervorragend geeignet. Sein durchgehender, starker Leittrieb und seine tollen Blätter lassen den Baum im Sommer hervorragend wirken.

Abb. 4.1.3-2: Purpur-Erle Alnus spaethii (Quelle: Baumschule LEY)

Hainbuche

Im Bereich Gemeine Hainbuche/*Carpinus betulus* „Fastigiata“ hat sich die Sorte „Lucas“ mehr und mehr etabliert. Sie ist speziell für schmale Innenstadtbereiche sehr vorteilhaft, da sie langsamer wächst als *Carpinus betulus* „Fastigiata“ und noch eine dunkelgrünere Laubfarbe hat.

Kornelkirsche

Die Kornelkirsche *Cornus mas* ist ein sehr kleinkroniger Baum, der optisch viel zu bieten hat und für Extremstandorte geeignet ist, an denen es nur wenig Platz gibt. Eine tolle Rinde, eine kleine Krone und schöne Blattfärbungen sind die Highlights dieser Pflanze. Es ist aber daran zu denken, dass *Cornus mas* auch Früchte bekommen kann. Deshalb der Hinweis: Jeder Baumstandort benötigt auch eine bestimmte, gut geeignete Baumsorte.

Abb. 4.1.3-3: Kornelkirsche Cornus mas (Quelle: Baumschule LEY)

Esche

Die Sorte *Fraxinus ornus* „Louisa Lady" (Blumenesche) rückt immer mehr als Ersatzsorte für *Fraxinus excelsior* (Gemeine Esche) in den Vordergrund. Sie ist aktuell nicht anfällig für das Eschentriebsterben und bildet eine relativ kleine Krone aus, mit dunkelgrünem Laub und einer schwachen Blüte.

Abb. 4.1.3-4: Blumenesche Fraxinus ornus „Louisa Lady" (Quelle: Baumschule LEY)

Gleditschie

Die Amerikanische Gleditschie *Gleditsia triacanthos* „Skyline" rückt in den letzten 10–20 Jahren immer weiter nach vorn. Ihr feines Laub bringt eine sehr interessante Schattenwirkung und die Pflanze scheint mit Trockenheit sehr gut zurechtzukommen.

Amberbaum

Auch der Amerikanische Amberbaum *Liquidambar styraciflua* „Worplesdon" eignet sich für Städte. Sicherlich hat er nicht eine so tolle Korkleiste, aber die Blätter mit der bis zu sechs Wochen dauernden Herbstfärbung erfreuen das Auge. Auch ist er relativ kleinkronig und hervorragend aufastbar.

Ahornblättrige Platane

Nicht zu vergessen ist die Ahornblättrige Platane *Platanus acerifolia*. Dieser Baum zählt zu den schnittverträglichsten Gehölzen im Bereich der Baumproduktion. Vorausschauend muss gesagt werden, dass der Endstandort vom Boden her geeignet sein muss. Steht die Platane auf guten Böden, ist und bleibt sie gesund. Massariakrankheiten sind auf guten Standorten nicht bekannt. Es ist quasi immer möglich, eine Platane, ob jung oder alt, zu beschneiden. Sonderformen wie Dächer- oder Spalierformen lassen sich mit ihr wunderbar herstellen. Kappungen, auch von dicken Platanen, zeigen immer wieder Erfolg.

Eiche

Quercus frainetto (Ungarische Eiche) und ganz besonders *Quercus cerris* (Zerreiche) rücken immer weiter in den Fokus. *Quercus cerris* wird ausgesät und steht immer auf eigener Wurzel. Ihr toller pyramidaler Kronenaufbau und ihr stetig gesundes Erscheinungsbild ohne Mehltau stellen den Baum ständig als Highlight dar. Durch ihre starke, tiefe Wurzel ist sie standfest und kann ihr dichtes Blattwerk mit dunkelgrünem Laub auch in heißen Sommern gut versorgen. Bei *Quercus frainetto* ist es von Vorteil, Sämlingsbäume zu verwenden. Auch diese können dann sehr alt werden. Leider sind Sämlingsbäume nicht immer verfügbar, sodass auf Veredlungen zurückgegriffen werden muss.

Japanischer Schnurbaum

Der Japanische Schnurbaum *Sophora japonica* „Regent" zeigt sich als sehr toller, insektenfreundlicher Baum auch für die Innenstadt. Hitze und Trockenheit bereiten ihm keine Probleme. Eine sehr üppige Blüte dient vielen Insekten in der Innenstadt als Nahrungsquelle.

Linde

Auch im Bereich der Linden gibt es viele gute Sorten, die unverzichtbar sind. Oft wird gesagt: Wir haben so viele Linden bei uns stehen, die wachsen nicht so gut. Allerdings sind es gerade die Linden, von denen es viele alte und große Exemplare in fast allen Städten gibt. Deshalb sind Sorten wie *Tilia cordata* (Winterlinde) „Rancho" oder *Tilia europaea* (Holländische Linde) „Pallida" in der Innenstadt ganz besonders wichtig. Eine besondere Lindensorte ist *Tilia tomentosa* (Silber-Linde) „Brabant". Sie schafft es auch in heißen Sommermonaten, der Hitze mit ihrer silbernen Blattunterseite zu trotzen. Der kompakte Kronenaufbau und das silbrige Blatt verhelfen ihr zu einem schönen Erscheinungsbild.

Abb. 4.1.3-5: Silber-Linde Tilia tomentosa „Brabant“ (Quelle: Baumschule LEY)

Verfügbarkeit

Produktionszeit 10 bis 20 Jahre

Die hier aufgeführten Baumarten und -sorten sind nur einige Highlights aus der Top-65-Liste der GALK und des BdB. Damit diese Bäume in die Städte gelangen können, benötigen die Baumschulen, je nach Sorte, zwischen 10 und 20 Jahren Produktionszeit. Daran lässt sich erahnen, dass es schwierig sein wird, in den nächsten Jahren mal eben schnell alle Bäume wunschgemäß zur Verfügung zu haben. Schon jetzt stellt man fest, dass viele Pflanzen viel früher eingekauft werden als in der Vergangenheit und teilweise ganze Sortimente in einer

Saison sehr schnell vergriffen sind. Hier ist es wichtig, flexibel zu handeln, wenn es darum geht, dass die Wunschbäume gerade am Markt nicht verfügbar sind. Den Baum vielleicht eine Nummer kleiner oder größer auswählen oder auch mal das Sortiment zu wechseln, sollte dazu beitragen, dass Baumpflanzungen in den Städten und Kommunen umgesetzt werden können. Bäume gibt es genug.

Abb. 4.1.3-6: Erst in 15 Jahren verkaufsfähige-große Menge an Zukunftsbäumen in der Produktion (Quelle: Baumschule LEY)

Abb. 4.1.3-7: Dachplatanen auf dem Weg zum Rheinufer (Quelle: Baumschule LEY)

Auch Baumsorten, die nicht in der Top-65-Liste stehen, sind geeignet. Der richtige Standort und die korrekte Pflege tragen dazu bei, dass es immer glücken kann, einen Baum zum Wachsen zu bekommen.

Hinweis zum Autor:
Christoph Dirksen ist gelernter Gärtnermeister; Geschäftsführer der Wilhelm Ley GmbH & Co. KG Baumschulen in Meckenheim; Vorsitzender des Landesverbands Nordrhein-Westfalen im BdB; Präsidiumsmitglied der FLL; tätig in mehreren Regelwerksausschüssen der FLL (z. B. TL-Baumschulpflanzen); Vorsitzender des Ausschusses „Laubgehölze & Immergrüne“ im BdB.

4.1.4 Sturmschäden an Bäumen

Verkehrssicherheit und Klimaanpassung

Mit zunehmenden Wetterextremen erhöht sich in den urbanen Baumbeständen die Gefahr, dass durch Brechen von Kronen und Umstürzen der Bäume größere Sach- und Personenschäden entstehen (Abb. 4.1.4-1). Die wissenschaftliche Auswertung von Sturmschäden muss genutzt werden, um hieraus Hinweise für die künftige Pflanzenverwendung, Baumpflege und Baumkontrolle in einer weitsichtigen Stadtbegrünung zu geben.

Abb. 4.1.4-1: Sachschaden durch Astbruch in einem Wohngebiet. (Quelle: Balder)

Wissensstand zur Baumstatik

Die Windbelastungen von Bäumen werden wesentlich von der Anströmrichtung und vom Baumumfeld beein-

Windgeschwindigkeiten bis zu 150 km/h

flusst. Im Schatten von Gebäuden, solitären Großbäumen oder Waldbeständen können sie mit den Jahren schiefe und instabile Kronen ausbilden. Des Weiteren schwächen oder verstärken diese Wuchssituationen den Wind, Düseneffekte sind hierbei von besonderer Bedeutung[1]. Ein freies Feld lässt den Wind großräumig auf Baumbestände einwirken, die Nord-Süd-Ausrichtung einer Baumallee ist bei vorrangiger Westwindrichtung besonders dem Wind ausgesetzt. Windgeschwindigkeiten bis zu 150 km/h sind dabei keine Seltenheit. Studien aus der Luftströmungsforschung belegen, dass eine enge Pflanzdichte, große Wuchshöhe und -breite die Windstärke zunehmen lassen[2]. Die doppelte Windgeschwindigkeit bedeutet i. d. R. den vierfachen Winddruck. Daher ist es nicht verwunderlich, dass bei Stürmen immer wieder verstärkt Schäden an Bäumen speziell

- an Kreuzungen auf der Ostseite von Gebäuden (Aufprall)
- hinter Gebäuden, ausgelöst durch Fallwinde
- seitlich von Gebäudeecken oder Vegetationsbeständen (Verwirbelungen)
- in Straßen in West-Ost-Richtung (Schluchten)
- hinter Gebäudelücken aufgrund von Düseneffekten
- bei Anströmung von freiem Feld frontal auf Baumbestände

---

1 Wessolly, L.; Erb, M., 2014: Baumstatik und Baumkontrolle. Patzer Verlag. Berlin

2 Stiftung DIE GRÜNE STADT, 2013: Bäume und Pflanzen lassen Städte atmen. Berlin

festgestellt werden können[1]. Augenscheinlich nehmen Schäden dort zu, wo sich Winde durch Aufprall verstärken und besonders durch Düseneffekte in ihrer Kraft potenzieren.

Abb. 4.1.4-2: Sturmschäden durch Verwirbelungen im Umfeld von Hochhäusern, (Quelle: Balder)

Winde wirken als horizontale oder seitliche Belastung, die Größe der Belastung hängt dabei von der Kronenfläche, der Kronenform, dem Luftwiderstand der Krone und dem Winddruck ab[2]. Bei Sturm kann ein Baum durch Brechen oder Umstürzen versagen. Bruchschäden entstehen, wenn der Stammdruck die Biegefestigkeit des Stammes (Schaftbruch) oder von Ästen (Ast-, Wipfelbruch) überschreitet (Abb. 4.1.4-3). Ein vollholziger Baum bricht relativ stumpf ab, ein hohler hingegen nach Verformung und Längsrissbildung. Häufig brechen kleinere Äste, größere Kronenteile und die Termi-

Brechen oder Umstürzen

[1] Balder, H., 2005: Baumschäden durch Windbruch. Teil 1: vorbeugende Baumpflege. AFZ, 868-870; Teil 2: Maßnahmen im Schadensfall. AFZ, 1096-1098

[2] Wessolly, L.; Erb, M., 2014: Baumstatik und Baumkontrolle. Patzer Verlag. Berlin

nalen verstärkt, wenn sie sich lang entwickeln konnten oder als einzelne Äste aus den Kronen herausragen.

Abb. 4.1.4-3: Kronenbruch bei einer Eiche, (Quelle: Balder)

Bäume auf flachgründigen Standorten sind in ihrer Standsicherheit eingeschränkt und werden bei entsprechender Windbelastung umgeworfen. Mechanische Wurzelverluste und absterbende Wurzelsysteme nach größerer Trockenheit, Hochwasserereignissen und Befall mit Wurzelpathogenen schränken ebenfalls die Standsicherheit ein[1]. Bricht ein Baum aus einem Bestand heraus, sind die benachbarten Bäume gefährdet, da neu exponiert.

[1] Balder, H., 1998: Die Wurzeln der Stadtbäume. Ulmer Verlag. Stuttgart

Abb. 4.1.4-4: Umgeworfener Baum mit flachgründigem Wurzelsystem, (Quelle: Balder)

Sturmschäden beeinträchtigen Baumbestände für lange Zeit

Durch derartige Sturmschäden werden Baumbestände für lange Zeit beeinträchtigt oder sogar völlig vernichtet. Handelt es sich hierbei um Kultur- und Naturdenkmale, ist ihre Schädigung besonders beklagenswert, ortsbildprägende Baumbestände verlieren ihre ästhetische Wirkung oder hinterlassen eine kahle Fläche. Befinden sich die Bäume an stark frequentierten Verkehrsstraßen, entstehen in der Folge hohe finanzielle Aufwendungen für Baumkontrolle, Baumpflege und Nachpflanzung. Sind dabei Sach- und Personenschäden entstanden, müssen diese gut dokumentiert werden, um Daten und Bilder für Schadensersatzforderungen bereit zu haben. Alle Entwicklungen sollten sinnvollerweise in Baumkatastern dauerhaft dokumentiert werden[1]. Nach ersten Aufräumarbeiten unmittelbar nach einem Sturmereig-

[1] Balder, H.; Reuter, A.; Semmler, R., 2009: Handbuch zur Baumkontrolle. 2. Auflage. Patzer Verlag. Berlin

nis müssen daher in der Nachkontrolle weitere Probleme erkannt und dokumentiert werden[1].

Erkenntnisse zur künftigen Schadensvermeidung nutzen

Baumbestände regelmäßig kontrollieren

Baumbestände auf öffentlichen und privaten Flächen müssen nach einem Grundsatzurteil des BGH (1961) zur Herstellung der Verkehrssicherheit zur Vermeidung von Personen- und Sachschäden regelmäßig kontrolliert werden. Diese Baumkontrollen werden entweder von Mitarbeitern der Ämter oder von beauftragten Dienstleistern durchgeführt, kommunale Verwaltungsvorschriften regeln in den Kommunen meist das Vorgehen. Nach der FLL-Baumkontrollrichtlinie (2020) wird von den Akteuren zunächst der Stamm abgeklopft, um zu hören, ob der Baum z. B. hohl ist. Des Weiteren werden Äste und Krone kontrolliert– i. d. R. vom Boden her. Und man untersucht, ob der Baum äußerlich erkennbar von einem holzzerstörenden Pilz befallen ist oder andere Defekte vorliegen (Abb. 4.1.4-5). Allerdings sind nicht alle Pilzfruchtkörper dauerhaft zu sehen, manche zeigen sich nur wenige Tage und werden deshalb schnell übersehen. Diese normalen Kontrollen finden in regelmäßigen Abständen, optimalerweise mal im belaubten, mal im unbelaubten Zustand statt. Ihre Häufigkeit wird unterschiedlich gehandhabt, eine hohe Frequenz ist weniger entscheidend, sondern vielmehr die sachkundige und sorgfältige Vorgehensweise. Erst bei auffälligen Schäden müssen spezielle Folgeuntersuchungen folgen, um die Verkehrssicherheit zu bestätigen oder durch geeignete Maßnahmen herzustellen. Hieraus

[1] FLL, 2020: Baumkontrollrichtlinien. Bonn

können auch unpopuläre Maßnahmen folgen, u. a. Kroneneinkürzungen oder Baumfällungen. Die Politik muss diese Sachzwänge akzeptieren und der Öffentlichkeit mit guter Kommunikation vermitteln.

Abb. 4.1.4-5: Baumstamm mit unübersehbarem Pilzfruchtkörper als Hinweis für innere Holzfäulen, (Quelle: Balder)

Die Schäden, die Stürme besonders im urbanen Wohnumfeld hinterlassen, überraschen Baumeigentümer und Bevölkerung gleichermaßen. Wohnungsbaugesellschaften sind hiervon aufgrund ihrer Flächengröße und häufig großer Baumbestände unmittelbar betroffen. Die wissenschaftliche Aufarbeitung der Hintergründe ist immer wieder erkenntnisreich, v. a. in Hinblick auf potenzielle Auswirkungen der Klimaveränderungen und des Stadtumbaus. Sich allein auf Naturgewalten (höhere Gewalt) zu berufen, erhöht die Gefahr von Baumverlusten, hohen Schadenersatzforderungen und der Zerstörung eines beliebten Umfeldes. Es ist daher empfehlenswert, durch Experten nicht nur intensiv die

Kronenbrüche aufzuarbeiten, sondern gleichermaßen die Windwürfe. Aspekte sind hierbei:

- Erkennen exponierter Windlagen durch Pflanzenverwendung und Architektur (s. Abb. 4.1.4-2)
- Aufzeigen risikoreicher Kronenentwicklungen, u. a. Reiterationstriebe, eingewachsene Rinden
- Absinken der Grundwasserstände mit nachfolgenden Trockenschäden
- Infektionen mit holzzerstörenden Pilzen durch unverträgliche Schnittmaßnahmen (s. Abb. 4.1.4-5)
- Schäden der Wurzelsysteme durch mechanische Eingriffe bei mangelndem Baumschutz
- Bodenversiegelungen und -verdichtungen

Baumkataster

All diese Erkenntnisse sollten vollständig in vorhandene Baumkataster aufgenommen werden, um nicht nur dem Nachweis der Baumkontrolle zur Herstellung der Verkehrssicherheit nachzukommen, sondern vielmehr die Grundlage für eine weitsichtige Baum- und Bestandsentwicklung zu liefern. Nur so können weitreichende Beeinträchtigungen und Verluste größerer Baumbestände durch den permanenten Stadtumbau oder Veränderungen der Wuchsbedingungen erkannt werden, z. B. durch Trockenheit, geringere Winterhärte und vermehrte Windbelastungen als Folge des Klimawandels. Ein nachhaltiges Management der Baumbestände muss das Ziel haben, die Vitalität, Gesundheit und Stabilität der Gehölze möglichst genau zu kennen und auf dieser Datengrundlage alle baumbeeinflussenden Faktoren zu steuern. Unvermeidbare Eingriffe in die Baumsubstanz lassen sich so schadensmindernd optimieren und Baumverluste mittelfristig verringern.

Es ist daher bedenklich, dass die Auswertung von Stürmen offenbart, dass Baumschäden durch

- eine Überalterung der Baumbestände
- Folgen „baumchirurgischer" Maßnahmen der Vergangenheit
- unzureichende Baumschutzmaßnahmen bei Bauvorhaben
- die Trockenheit der letzten Jahre
- wenig aufgearbeitete Sturmschäden der Vergangenheit
- eine nachlassende Baumpflege
- eine unzureichende Baumkontrolle

verstärkt oder sogar erst ermöglicht wurden. Es zeigt sich, dass die Fähigkeit zur verlässlichen Baumkontrolle und der sorgfältigen Dokumentation vielerorts nachgelassen hat. Dies ist eine Folge der unzureichenden Personalausstattung der Behörden, was die kommunale Politik mit einem Mangel an Fachpersonal erklärt. Da nach wie vor Baumkontrolleure und Baumpfleger keine angemessen hochwertige staatliche Qualifikation erfahren, sind auch Dienstleister sehr unterschiedlich aufgestellt. Hieraus folgen leider auch zunehmend Angstfällungen von Bäumen und somit der Verlust kühlender Großbäume sowie der Finanzwerte geschaffener Investitionen in die grüne Infrastruktur[1]. In Hinblick auf die zunehmende Gefährdung der bedeutenden Altbaumbestände ist unbedingt eine intensivere Betreuung der

[1] Bundesstiftung Baukultur, 2024: Baukultur Bericht Infrastrukturen. Potsdam

Bäume erforderlich. Das Markenzeichen „Grüne Infrastruktur“ i. S. d. Weißbuchs Stadtgrün „Grün in der Stadt - für eine lebenswerte Zukunft“[1] erhält so seine wahre Identität.

Vorbeugen ist besser als heilen nach dem Sturm ist vor dem Sturm

Aus bisherigen und neuen Erkenntnissen ergeben sich drei Handlungsfelder für ein nachhaltiges Baummanagement unter sich verschärfenden Rahmenbedingungen:

1. Nachsorge der sturmgeschädigten Baumbestände
2. Vorbeugende Maßnahmen zur Stabilisierung der vorhandenen Baumbestände
3. Anpassung der künftigen Grünplanungen für eine resiliente Bepflanzung im Lebenszyklusmodell und kalkulierten Pflegekosten

Kronenschäden müssen zeitnah aufgearbeitet werden, um die Verkehrssicherheit wiederherzustellen. Dabei sollte auch die Ästhetik des Ortes gesehen werden, um schrittweise wieder ein ansprechendes Ortsbild zu entwickeln. Die Baumkontrollen müssen in derartig geschädigten Baumbeständen intensiviert werden. Wurden geschädigte Baumbestände abgesperrt, können sie erst wieder nach bestätigter Verkehrssicherheit freigegeben werden.

---

[1] BMU, 2017: Weißbuch Stadtgrün. Berlin

Baumbestände fachgerecht pflegen

Als wichtige Erkenntnis ist zu sehen, dass Baumbestände, die in risikoreichen Situationen in ihrer Entwicklung rechtzeitig in ihrer Kronengröße fachgerecht reduziert wurden, kaum Sturmschäden erlitten haben. In Berlin ist neben dem Kurfürstendamm (s. Projektdatenbank (9.5.1)) und der Puschkinallee (siehe Kapitel 9.5.2) die angepasste Baumpflege der Platanen im Märkischen Viertel ein wegweisendes Beispiel. Mit Gründung des Stadtquartiers wurde zu Beginn der 70er Jahre ein Freiraumkonzept realisiert, das 22 000 Platanen in einem sehr engen Pflanzabstand in größtenteils versiegelten und durch die Bebauung verschatteten Standorten vorsah. In der Folge gab es großflächige Fehlentwicklungen (Abb. 4.1.4-6), sodass ein differenziertes Baumpflegekonzept mit mehrstufigen Kroneneinkürzungen für die Wohnungsbaugesellschaft in enger Abstimmung mit dem Grünflächenamt des Bezirkes entwickelt wurde. Bis heute werden u. a. in regelmäßigen Abständen Kronenpflegemaßnahmen von Fachfirmen durchgeführt, sodass die Qualität der Freiräume für unterschiedliche Orte gewahrt ist (Abb. 4.1.4-7). Die Sturmbelastungen mit nur vereinzelten Astbrüchen bestätigen die bisherige Vorgehensweise.

Abb. 4.1.4-6: Platanen im Märkischen Viertel ohne Konzeptanpassung, (Quelle: Balder)

Abb. 4.1.4-7: Platanen im Märkischen Viertel mit intensiven Kronenpflegemaßnahmen, (Quelle: Balder)

Fazit

Im urbanen Wohnumfeld sind neben der Anpassung der aktuellen Grünkonzepte zur Steigerung der Resilienz vorbeugende Baumpflegemaßnahmen im Klimawandel nachdrücklich zu empfehlen, um die Stabilität von risikoreichen Baumbeständen zu erhöhen und die Gefahr von Kronenbruch und Windwurf zu mindern. Es geht der Appell insbesondere an die Kommunen, die Resilienz der Baumbestände zu überprüfen und mit geeigneten korrigierenden Maßnahmen zu reagieren, um nicht beim nächsten Sturm noch größere Probleme zu haben.

4.2 Dezentrale Regenwasserversickerung und Einleitung von Niederschlagwasser in ortsnahe Oberflächengewässer

4.2.1 Grundlagen zur dezentralen Regenwasserversickerung

Regenwasserbewirtschaftung auf Grundstücken

Die Einleitung von Niederschlagswasser in das öffentliche Kanalnetz ist oftmals nicht mehr möglich, da durch die zunehmende Versiegelung von Landschaften durch Bebauung mittlerweile vielerorts die öffentlichen Kanalsysteme überlastet sind. Der kostenintensive Neubau oder die Erweiterung der öffentlichen Kanäle wäre die Folge, kann aber von den Kommunen und Gebietskörperschaften oftmals nicht geleistet werden. Zur Lösung des Problems wird zunehmend die Regenwasserbewirtschaftung auf Grundstücken gefordert.

Bei der wassersensitiven Zukunftsstadt wird der natürliche Wasserkreislauf mehr Berücksichtigung finden. Hierzu soll das Niederschlagswasser bevorzugt direkt vor Ort versickert oder verdunstet werden.

Abb. 4.2.1-1: Dezentrale Regenwasserversickerung (Quelle: Otto Graf GmbH)

Geltende Regelwerke

Für die Planung und Bemessung sowie den Bau und Betrieb von Versickerungsanlagen gelten folgende Regelwerke:

- Arbeitsblatt DWA-A 138-1 „Anlagen zur Versickerung von Niederschlagswasser“ – Planung, Bau und Betrieb“, Ausgabe Oktober 2024
- Arbeitsblatt DWA-A 117 „Bemessung von Regenrückhalteräumen“, Ausgabe Dezember 2013
- Merkblatt DWA-M 153 „Handlungsempfehlungen zum Umgang mit Regenwasser“, Ausgabe August 2007
- DIN 1986-100 „Entwässerungsanlagen für Gebäude und Grundstücke – Bestimmungen in Verbindung mit DIN EN 752 und DIN EN 12056“, Ausgabe Dezember 2016

- DIN EN 752 „Entwässerungssysteme außerhalb von Gebäuden – Kanalmanagement“, Ausgabe Juli 2017

DWA-Arbeitsblatt A 138-1

Durch die Deutsche Vereinigung für Wasserwirtschaft, Abwasser und Abfall e. V. erschien im Oktober 2024 das DWA-Arbeitsblatt A 138-1 „Anlagen zur Versickerung von Niederschlagswasser – Planung, Bau, Betrieb“. Aufgrund neuester Erkenntnisse aus Forschung und Praxis musste das DWA-Arbeitsblatt A 138 (Stand 2005) grundlegend überarbeitet werden.

DWA-A 138

Der Anwendungsbereich des DWA-Arbeitsblatts A 138-1 umfasst die Versickerung von Niederschlagswasser im Sinne des Abwasserbegriffs gem. § 51 Wasserhaushaltsgesetz (WHG), d. h. Wasser, das von Niederschlägen aus dem Bereich von befestigten oder bebauten Flächen gesammelt abgeleitet wird.

Das Arbeitsblatt beschreibt die Entwässerungssituation innerhalb von Siedlungsgebieten. Für die Entwässerungssituation außerhalb von Siedlungsgebieten wird auf weiterführende Regelwerke verwiesen.

Versickerungsverfahren

Die prinzipiellen technischen Lösungen zur Versickerung von Niederschlagswasser auf Grundstücken (dezentrale Versickerung) sind:

- Flächenversickerung

  Bei der Flächenversickerung wird das anfallende Niederschlagswasser von befestigten Flächen direkt ohne Zwischenspeicherung auf benachbarte Flächen (i. d. R. begrünte bzw. teildurchlässige befestigte Flächen) zur Versickerung abgeleitet. Die Flächenversickerung findet ohne wesentlichen Aufstau statt und kommt der natürlichen Versickerung am nächsten.

- Muldenversickerung

  Bei der Muldenversickerung werden die Oberflächenabflüsse nach kurzfristiger Speicherung über eine flächig bewachsene Bodenzone versickert. Die Einstauhöhe des Wassers in der Mulde ist i. d. R. auf 0,3 m zu begrenzen.

- Rigolenversickerung

  Die Rigolenversickerung wird im Allgemeinen eingesetzt, wenn die zur Verfügung stehende Fläche für eine Muldenversickerung nicht ausreicht. Das Niederschlagswasser wird der Rigole über eine vorgeschaltete Behandlungsanlage zugeführt.

  Bei den Bauweisen unterscheidet man in Rigolen aus Fertigteilen (z. B. aus Kunststoff) oder Rigolen aus Schüttmaterial mit hoher Speicherfähigkeit (z. B. Kies) mit eingebetteten Dränagerohren. Die Verteilung des Regenwassers innerhalb der Rigole erfolgt durch die Dränagerohre mit profilierter Außenfläche und Wasseraustrittsöffnungen.

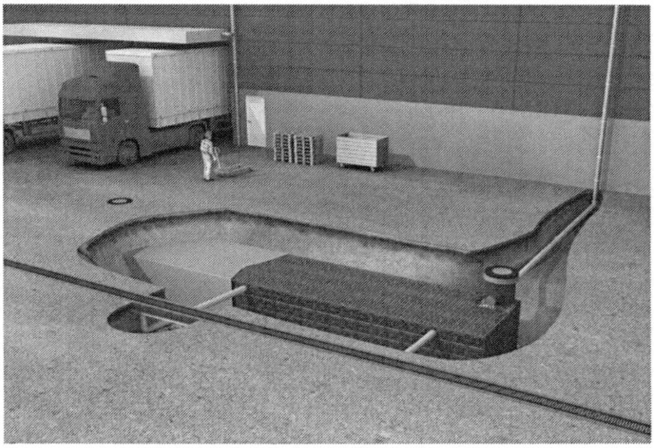

Abb. 4.2.1-2: Rigolenversickerung mit Fertigteilen aus Kunststoff (Quelle: Graf GmbH)

- Mulden-Rigolen-Element

  Ein Mulden-Rigolen-Element besteht aus einer Versickerungsmulde und einer darunter angeordneten Rigole mit jeweils eigenständigen Füll- und Entleerungsprozessen. Mulden-Rigolen-Elemente verfügen i. d. R. über eine hohe Speicherkapazität (Mulde plus Rigole) und sind dadurch besonders gut bei geringer Wasserdurchlässigkeit des Bodens oder geringem Platzangebot einsetzbar.

- Mulden-Rigolen-System

  Bei einem Mulden-Rigolen-System handelt es sich um ein Mulden-Rigolen-Element, bei dem ein Teil des in der Rigole gespeicherten Regenwassers über einen Schacht mit Drossel in ein nachfolgendes System abgeleitet wird.

- Versickerungsschacht

Im Versickerungsschacht wird das Niederschlagswasser zwischengespeichert und verzögert in den Untergrund abgeleitet. Das Wasser sollte dem Schacht stets über eine vorgeschaltete Behandlungsanlage zugeführt werden.

Bei den Bauarten der Schächte unterscheidet man grundsätzlich in Typ A (Schachtringe mit seitlichen Austrittsöffnungen) und Typ B (Entleerung des Speichervolumens erfolgt vollständig durch die Filterschicht im Sohlebereich).

Versickerungsschächte eignen sich besonders für kleine abflusswirksame Flächen, wie z. B. für Grundstücke von Ein- und Zweifamilienhäusern.

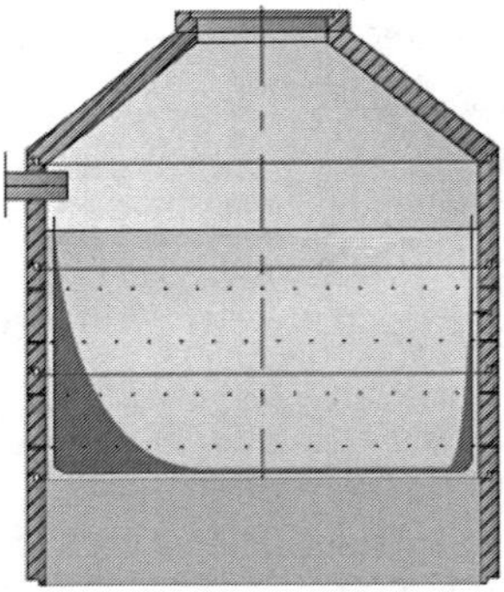

Abb. 4.2.1-3: Versickerungsschacht Typ A.
(Quelle: Mall GmbH)

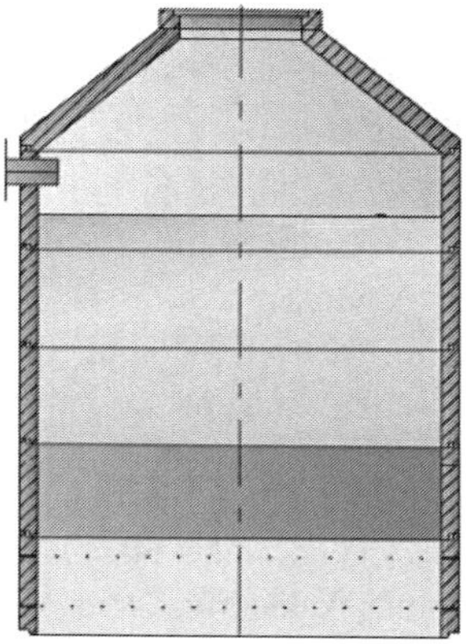

*Abb. 4.2.1-4: Versickerungsschacht Typ B.
(Quelle: Mall GmbH)*

Bewertung der Niederschlagsabflüsse

Im Abschnitt 5.2.2 des DWA-Arbeitsblatts A 138-1 wird die Bewertung der Niederschlagsabflüsse näher erläutert. Niederschlagswasser wird primär durch atmosphärische Verunreinigungen belastet. Eine zusätzliche Belastung erfolgt durch den Kontakt mit stofflich verunreinigten Flächen, wie beispielsweise Dach- oder Verkehrsflächen. Das auf Flächen gesammelte Niederschlagswasser kann in unterschiedlichsten Konzentrationen mit Schwermetallen oder organischen Stoffen belastet sein. In den Wintermonaten können hohe Konzentrationen an Chlorid aus Tausalzen entstehen. Die Höhe der Belastungen hängt überwiegend von ortsspezifischen sowie klimatischen Bedingungen ab.

Die Bewertung der Belastung und der daraus resultierenden Behandlungsmaßnahmen von Niederschlagswasser erfolgt auf der Grundlage allgemeiner Kenntnisse zum jeweiligen Stoffaufkommen der unterschiedlichen Flächentypen, vorrangig in Bezug auf den Referenzparameter **AFS63**.

Der Referenzparameter **AFS63** bezieht sich auf den Feinanteil der Feststoffe von 45 µm bis 63 µm, wodurch die stoffliche Belastung von Niederschlagswasser und der daraus resultierenden langfristigen Wirkungen in Grund- und Oberflächengewässern angemessen abgebildet wird. Hierzu wird eine Kategorisierung der Niederschlagswasserabflüsse von bebauten und befestigten Flächen in der Tabelle 5 vorgenommen. Man unterscheidet folgende drei Belastungskategorien:

- Belastungskategorie I (gering belastetes Niederschlagswasser)
- Belastungskategorie II (mäßig belastetes Niederschlagswasser)
- Belastungskategorie III (stark belastetes Niederschlagswasser)

Gemäß Tabelle 5 des DWA-A 138-1 ergibt sich beispielsweise für Dächer mit einer Fläche bis 50 m^2 die Belastungskategorie I (gering belastetes Niederschlagswasser).

Die Flächenkategorisierung beruht hauptsächlich auf der Flächennutzung und dem Risiko möglicher Havarien. Von der Kategorisierung kann in begründeten Einzelfällen abgewichen werden.

Zur Vermeidung erhöhter stofflicher Belastungen sollten Baustoffe bzw. Bauprodukte eingesetzt werden, die möglichst geringe Emissionen verursachen.

Reinigungsanforderungen

In den Abschnitten 5.2.3.2 „Versickerung über bewachsene Bodenzone“ und 5.2.3.3 „Dezentrale Behandlungsanlagen“ des Arbeitsblatts werden die Anforderungen für Behandlungsmaßnahmen des Niederschlagswassers definiert. Diese basieren auf den Prüfwerten der „BBodschV – Bundes-Bodenschutz- und Altlastenverordnung“, die nach dem Passieren der bewachsenen Bodenzone oder der dezentralen Behandlungsanlage erfüllt werden. Ferner sind bei der Schädlichkeit des Niederschlagswassers die „Geringfügigkeitsschwellenwerte für das Grundwasser“ gemäß LAWA 2017 der Bund-/Länderarbeitsgemeinschaft Wasser berücksichtigt.

Gemäß Abschnitt 5.2.3.2 gilt die Versickerung über die bewachsene Bodenzone – z. B. bei Mulden – grundsätzlich als Behandlungsmaßnahme. Hierzu werden zur Sicherstellung der Behandlung des Niederschlagswassers und der Versickerungsleistung Mindestanforderungen in der Tabelle 6 gestellt. Die entscheidenden Faktoren sind hierbei die jeweilige Flächenkategorie (I, II oder III) der bebauten bzw. befestigten Flächen, die Mindestmächtigkeit (Dicke) und die Höhe der Flächenbelastung der bewachsenen Bodenzone. Gemäß Tabelle 6 des DWA-A 138-1 richten sich beispielsweise bei Dächern mit der Belastungskategorie I die Behandlungsanforderungen nach den rechtlichen Anforderungen oder müssen ggf. mit der zuständigen Behörde abgestimmt werden.

Ferner werden im Abschnitt 5.2.3.2 noch Anforderungen für besondere Einzelfälle bei der Versickerung über die bewachsene Bodenzone gestellt; ggf. sind diese mit der zuständigen Behörde abzustimmen.

Für dezentrale Behandlungsanlagen sind im Abschnitt 5.2.3.3 die wichtigsten Vorgaben definiert. Hierzu werden in Tabelle 7 „Anforderungen an die dezentrale Niederschlagswasserbehandlung vor Versickerung über unterirdische Versickerungsanlagen (Rigolen, Sickerschächte)“ gestellt. Entscheidende Faktoren sind hierbei die jeweilige Flächenkategorie (I, II oder III) sowie der Gesamtwirkungsgrad der dezentralen Behandlungsanlage. Gemäß Tabelle 7 des DWA-A 138-1 richten sich beispielsweise bei Dächern mit der Belastungskategorie I die Behandlungsanforderungen nach den rechtlichen Anforderungen oder müssen ggf. mit der zuständigen Behörde abgestimmt werden.

Bei Anlagen mit bauaufsichtlicher Zulassung – z. B. durch das Deutsche Institut für Bautechnik, Berlin (DIBt) – müssen die im Zulassungsverfahren festgelegten Vorgaben unbedingt beachtet werden. Ein wesentlicher Bestandteil beim Zulassungsverfahren ist die Festlegung der Reinigungsleistung der Behandlungsanlage. Vom Hersteller der Anlage ist dem Betreiber sowie der Genehmigungsbehörde eine Konformitätsbescheinigung bezüglich Baugleichheit und Einbau gemäß der bauaufsichtlichen Zulassung auszuhändigen.

Zur Verwendung von Anlagen ohne bauaufsichtliche Zulassung kann die Beurteilung der Reinigungsleistung – im Rahmen einer mit der DIBt-Zulassung vergleichbaren Prüfung – durch eine von der zuständigen Wasserbehörde zugelassenen Prüfstelle durchgeführt werden.

Generell sollten Anforderungen für besondere Einzelfälle, die nicht im Abschnitt 5.2.3.3 erfasst sind, mit der zuständigen Wasserbehörde abgestimmt werden.

Hydrogeologische Gegebenheiten

Im DWA-Arbeitsblatt A 138-1, Abschnitt 5.3.1, werden die „Hydrogeologischen Gegebenheiten“ beschrieben. Bereits im Vorfeld der Planung einer Regenwasserversickerung auf einem Grundstück sollte in jedem Fall eine hydrogeologische Untersuchung vor Ort durchgeführt werden. Durch Geländeuntersuchungen und Grundwasserstands-Messungen werden die zur Regenwasserversickerung erforderlichen Daten ermittelt. Im hydrogeologischen Gutachten werden dann detailliert die Boden- und Grundwasserverhältnisse beschrieben.

Die wichtigsten Kenndaten sind hierbei:

- die Tiefenlage des Grundwasserspiegels sowie dessen Schwankungsbreite
- die Wasserdurchlässigkeit des Bodens (Durchlässigkeitsbeiwert k_f in m/s)

Der Abstand der Sohle der Versickerungsanlage zum mittleren höchsten Grundwasserstand (MHGW) sollte mindestens 1,0 m betragen. In Ausnahmefällen kann der Abstand bei geringer stofflicher Belastung der Niederschlagsabflüsse nach Abstimmung mit der Genehmigungsbehörde auch weniger als 1,0 m betragen.

Bei der Regenwasserversickerung liegen die Durchlässigkeitsbeiwerte (k_f-Werte) i. d. R. in einem Bereich von 10^{-3} m/s bis 10^{-6} m/s. Besonders geeignete Bodenarten sind z. B. sandiger Kies, sandiger Schluff sowie Grob-, Mittel- und Feinsande.

k_f-Wert in m/s	Bereich
unter 10^{-8}	sehr schwach durchlässig
10^{-8} bis 10^{-6}	schwach durchlässig
10^{-6} bis 10^{-4}	durchlässig
10^{-4} bis 10^{-2}	stark durchlässig
über 10^{-2}	sehr stark durchlässig

Tab. 4.2.1-1: Durchlässigkeitsbereiche nach DIN 18130-1 (Quelle: Ishorst)

Bei k_f-Werten größer als 10^{-3} m/s besteht die Gefahr, dass bei geringen Grundwasserständen das Niederschlagswasser dem Grundwasser zu schnell zufließt. Dadurch ist eine ausreichende Aufenthaltszeit, die zur Reinigung durch chemische und biologische Vorgänge erforderlich ist, nicht mehr gegeben.

Abstand zu Gebäuden und Grenzen

Im Abschnitt 5.3.2 des DWA-Arbeitsblatts werden einige grundsätzliche Maßnahmen zum Abstand von Versickerungsanlagen zu Gebäuden und Grenzen beschrieben. Durch Versickerungsanlagen dürfen keine Schäden an Gebäuden und Anlagen entstehen. Für die Mindestabstände zu Gebäuden sind die Art und Tiefe der Unterkellerung sowie die Lage der Grundwasseroberfläche von entscheidender Bedeutung. Bei Gebäuden ohne wasserdruckhaltende Abdichtung sollten Versickerungsanlagen nicht in Verfüllungsbereichen in Gebäudenähe – z. B. in Baugruben – angeordnet werden.

Der Abstand zur Grundstücksgrenze hängt insbesondere von der Art der Versickerungsanlage sowie der Hydrogeologie und Topografie vor Ort ab und ist so zu bestimmen, dass eine Beeinträchtigung des Nachbargrundstücks einschließlich deren Bebauung ausgeschlossen werden kann.

Im Bereich von Versickerungsanlagen sollten Einbauten grundsätzlich vermieden werden. Einbauten können die Versickerungsleistung in starkem Maße beeinflussen.

Bau von Versickerungsanlagen

DWA-Arbeitsblatt A 138

Im Abschnitt 4 des DWA-Arbeitsblatts A 138 befinden sich die wichtigsten Vorgaben zur Bauausführung, Bauvorbereitung und Baustellenorganisation für den Bau von Versickerungsanlagen. Für komplexere Versickerungsanlagen wird eine Fachbauleitung empfohlen.

Bei den Erdarbeiten muss darauf geachtet werden, dass im Zusammenhang mit dem Bau von Versickerungsanlagen unbedingt alle erforderlichen Schutzmaßnahmen zur Vermeidung einer Bodenverdichtung und zur Aufrechterhaltung der Wasserdurchlässigkeit des Untergrunds getroffen werden.

Die Anforderungen zur Begrünung – z. B. von Mulden – sowie der Fertigstellungspflege von Versickerungsanlagen müssen beachtet werden.

Abb. 4.2.1-5: Baustelle Versickerungsanlage (Quelle: Otto Graf GmbH)

Betrieb von Versickerungsanlagen

Wichtige Vorgaben zum ordnungsgemäßen Betrieb von Versickerungsanlagen befinden sich im Abschnitt 5 des Arbeitsblatts DWA-A 138.

Versickerungsanlagen sind regelmäßig zu überwachen, zu pflegen, zu warten und instand zu halten. Ferner wird auf die Erstellung eines Betriebshandbuchs hingewiesen. Im Betriebshandbuch sollten folgende wichtige Daten bzw. Nachweise zur Versickerungsanlage dokumentiert werden:

- Angaben zur Versickerungsfähigkeit des Bodens sowie weitere wichtige Aspekte zum Untergrund (aus hydrogeologischem Gutachten)
- Bemessung der gesamten Niederschlagswasserableitung einschließlich der Versickerungsanlage
- Wasserrechtsantrag

- wasserrechtliche Erlaubnis
- komplette Bestandspläne der Niederschlagswasserableitung einschließlich der Versickerungsanlage

Das Betriebshandbuch ist dem Betreiber der Versickerungsanlage und – falls gefordert – der zuständigen Wasserbehörde zu übergeben.

Rechtliche Grundlagen

Im Bereich der Versickerung von Niederschlagswasser gelten verschiedene boden-, wasser- und planungsrechtliche Regelungen. Zu den wichtigsten rechtlichen Grundlagen für die Planung, den Bau und Betrieb von Versickerungsanlagen zählt geltendes EU-, Bundes-, Landes- und kommunales Satzungsrecht.

Niederschlagswasser wird juristisch als Abwasser eingestuft. Somit handelt es sich bei Versickerungsanlagen – einschließlich der zugehörigen Behandlungsanlagen – um Abwasseranlagen.

Wasserhaushaltsgesetz

Im Wasserhaushaltsgesetz (WHG) heißt es zu Abwasseranlagen unter § 60 Abs. 1 wie folgt: *„Abwasseranlagen sind so zu errichten, zu betreiben und zu unterhalten, dass die Anforderungen an die Abwasserbeseitigung eingehalten werden. Abwasseranlagen müssen nach den allgemein anerkannten Regeln der Technik errichtet, betrieben und unterhalten werden.“*

In der Praxis sind die rechtlichen Anforderungen an Versickerungsanlagen vor Ort i. d. R. im jeweiligen Landeswassergesetz, den kommunalen Abwassersatzungen sowie den Merkblättern der Umweltschutzämter verankert.

4.2.2 Bemessung von dezentralen Versickerungsanlagen

Die Bemessung von Versickerungsanlagen basiert auf den Bemessungsverfahren des Arbeitsblatts DWA-A 117 „Bemessung von Regenrückhalteräumen“. Danach können folgende Verfahren angewendet werden:

DWA A 117

- ein einfaches Bemessungsverfahren, basierend auf statistischen Niederschlagsauswertungen **(Einfaches Verfahren)**, oder
- der Nachweis der Leistungsfähigkeit mittels Niederschlag-Abfluss-Langzeitsimulation **(Nachweisverfahren)**

Beim Einfachen Verfahren gelten nach DWA-Arbeitsblatt A 117 in Übereinstimmung mit DIN EN 752 und unter Berücksichtigung technischer und wirtschaftlicher Aspekte für das gesamte Einzugsgebiet (Grundstück) bis zur Versickerungsanlage die folgenden Randbedingungen:

- Das Einzugsgebiet $\boldsymbol{A_E}$ weist eine Fläche von maximal 200 ha auf oder die Fließzeit bis zum Becken beträgt maximal 15 Minuten.
- Die gewählte bzw. zulässige Überschreitungshäufigkeit des Speichervolumens beträgt $T_n \leq 10$ Jahre.
- Die spezifische Versickerungsrate, bezogen auf A_u, ist $q_S \geq 2$ l/(s × ha).
- Die Regenhäufigkeit wird mit der Bemessungshäufigkeit gleichgesetzt.

Für die Bemessung von dezentralen Versickerungsanlagen kann somit i. d. R. das Einfache Verfahren angewendet werden.

Die Berechnung der Zuflüsse zu Versickerungsanlagen beim einfachen Verfahren wird im Abschnitt 5.3.3.5 des DWA-Arbeitsblatts A 138-1 „Anlagen zur Versickerung von Niederschlagswasser – Planung, Bau, Betrieb“, Ausgabe Oktober 2024 beschrieben. Hierbei muss zunächst der Rechenwert für ***AC*** nach folgender Gleichung 2 ermittelt werden:

$$AC = \Sigma\,(A_{E,b,a,i} \times C_i) + \Sigma\,(A_{E,nb,a,i} \times C_i)$$

Dabei ist:

AC	Summe aller an die Versickerungsanlage angeschlossenen Teilflächen, multipliziert mit dem jeweils zugehörigen mittleren Abflussbeiwert (m^2)
$A_{E,b,a,i}$	angeschlossene befestigte Teilfläche (m^2)
$A_{E,nb,a,i}$	angeschlossene nicht befestigte Teilfläche (m^2)
C_i	mittlerer Abflussbeiwert der Teilfläche

In der Tabelle 9 des DWA-Arbeitsblatts A 138-1 sind mittlere Abflussbeiwerte C_m und Spitzenabflussbeiwerte C_S aufgeführt. Diese korrespondieren mit der DIN 1986-100 „Entwässerungsanlagen für Gebäude und Grundstücke“, Ausgabe Dezember 2016.

Berechnungsbeispiel 1

Gegeben:

$A_{E,b,a,i}$ 400 m² Dachfläche mit Extensivbegrünung < 10 cm Aufbaudicke und Dachneigung < 5° mit einem mittleren Abflussbeiwert $C_{m,i}$ von 0,3

$A_{E,nb,a,i}$ 200 m² Parkfläche mit Rasengittersteinen für häufige Verkehrsbelastung mit einem mittleren Abflussbeiwert $C_{m,i}$ von 0,2

Gesucht: AC Summe aller an die Versickerungsanlage angeschlossenen Teilflächen, multipliziert mit dem jeweils zugehörigen mittleren Abflussbeiwert in m²

Gleichung: $AC = \Sigma\ (A_{E,b,a,i} \times C_i) + \Sigma\ (A_{E,nb,a,i} \times C_i)$

Lösung: $AC = (400\ m^2 \times 0{,}3) + (200\ m^2 \times 0{,}2)$

Ergebnis: $A_u = 160\ m^2$

Der **Zufluss zur Versickerungsanlage Q_{zu}** wird nach folgender Gleichung 3 des Arbeitsblatts berechnet:

$$Q_{zu} = r_{D(n)} \times (AC + A_{VA}) \times 10^{-4}$$

Dabei ist:

Q_{zu} der Zufluss zur Versickerungsanlage während der Dauerstufe D in l/s

$r_{D(n)}$ die Regenspende der Dauerstufe D und Wiederkehrzeit n in l/(s × ha)

A_{VA} die überregnete Fläche einer oberirdischen Versickerungsanlage in m²

AC Rechenwert für die Bemessung der sich aus der Summe aller an die Versickerungsanlage angeschlossenen Teilflächen, multipliziert mit dem jeweils zugehörigen mittleren Abflussbeiwert C_m ergibt in m²

KOSTRA-DWD 2020

Die Ermittlung der Regenspenden $r_{D(n)}$ vor Ort muss über **KOSTRA-DWD 2020** erfolgen.

Berechnungsbeispiel 2

Gegeben:

$r_{D(n)}$ Regenspende $r_{10,5}$ = 208,5 l/(s × ha)

A_C angeschlossene abflusswirksame Fläche insgesamt = 650 m^2

A_{VA} überregnete Fläche der Versickerungsanlage = 100 m^2

Gesucht: Q_{zu} = der Zufluss zur Versickerungsanlage in l/s

Formel: $Q_{zu} = r_{D(n)} \times (AC + A_{VA}) \times 10^{-4}$

Lösung: $Q_{zu} = 208{,}5\ l/(s \times ha)\ x\ (650\ m^2 + 100\ m^2) \times 10^{-4}$

Ergebnis: Q_{zu} **= 15,64 l/s**

Die Vorgehensweise zur Berechnung der Versickerungsleistung wird im Abschnitt 5.3.3.6 des Arbeitsblatts DWA-A 138-1 erläutert. Zur Ermittlung der Versickerungsleistung gilt folgende Gleichung 4:

$$Q_S = k_i \times A_S \times 10^3$$

Dabei ist:

Q_S Versickerungsleistung in l/s

A_S erforderliche Versickerungsfläche in m^2 (anlagenspezifisch)

k_i bemessungsrelevante Infiltrationsrate nach Gleichung 5 in m/s

Die bemessungsrelevante Infiltrationsrate k_i in m/s ergibt sich aus der Multiplikation des ermittelten Durchlässigkeitsbeiwerts des Bodens $\boldsymbol{k}$ (i. d. R. $\boldsymbol{k_f}$-Wert aus dem hydrogeologischen Gutachten) in m/s und dem resultierenden Korrekturfaktor für die Wasserdurchlässigkeit $\boldsymbol{f_k}$ gemäß Gleichung 5.

$$\boldsymbol{k_i = k \times f_k}$$

Der resultierende Korrekturfaktor $\boldsymbol{f_k}$ wird nach folgender Gleichung 6 berechnet:

$$\boldsymbol{f_k = f_{Ort} \times f_{Methode} \leq 1}$$

Dabei ist:

$\boldsymbol{f_{Ort}}$ Korrekturfaktor zum Kenntnisstand der Variabilität der Bodenverhältnisse sowie der Anzahl der durchgeführten Versuche/Probenahmen vor Ort nach Tabelle 10 des DWA-A 138-1

$\boldsymbol{f_{Methode}}$ Korrekturfaktor für die Bestimmungsmethode (methodenspezifische Unsicherheiten der Ergebnisse durch unterschiedliche Versuchsverfahren) nach Tabelle 11 des DWA-A 138-1

Berechnungsbeispiel 3

Gegeben:

$\boldsymbol{A_S}$ erforderliche Versickerungsfläche = 100 m^2

$\boldsymbol{k}$ Durchlässigkeitsbeiwert der gesättigten Zone mit 2×10^{-4} m/s (hier $\boldsymbol{k_f}$-Wert aus hydrogeologischem Gutachten)

$\boldsymbol{f_k}$ resultierender Korrekturfaktor mit 0,8 (aus hydrogeologischem Gutachten bzw. aus DWA-A 138-1, Tabelle 10 und 11)

Gesucht: $\boldsymbol{Q_S}$ = Versickerungsleistung in l/s

Formel: $\boldsymbol{Q_S = k_i \times A_S \times 10^3}$ mit $\boldsymbol{k_i = k \times f_k}$

Lösung: $k_i = 2 \cdot 10^{-4}\ m/s \times 0{,}8 = 1{,}6 \cdot 10^{-4}\ m/s$

$Q_S = 1{,}6 \cdot 10^{-4}$ m/s × 100,00 m² × 10^3

Ergebnis: $Q_S = 16$ **l/s**

Das **erforderliche Speichervolumen** stellt in den häufigsten Fällen die Bemessungszielgröße bei Versickerungsanlagen (außer bei der Flächenversickerung) dar. Im Arbeitsblatt DWA-A 138-1 wird im Abschnitt 5.3.3.7 die Vorgehensweise zur Ermittlung des erforderlichen Speichervolumens beschrieben.

Beim Einfachen Verfahren gilt die Gleichung 8 des Arbeitsblatts:

$$V_{VA} = (Q_{zu} - Q_S - Q_{Dr}) \times D \times 60 \times f_Z \times f_A \times 10^{-3}$$

Dabei sind:

V_{VA}	das erforderliche Speichervolumen in m³
Q_{zu}	der Zufluss zur Versickerungsanlage während der Dauerstufe D in l/s
Q_S	die Versickerungsleistung in l/s
Q_{Dr}	der Drosselabfluss in l/s (z. B. gemäß Einleitungsbeschränkung in den Straßenkanal)
D	die Dauerstufe in min
f_Z	der Zuschlagsfaktor nach DWA-A 117 (empfohlen zwischen 1,1 und 1,2)
f_A	der Abminderungsfaktor nach DWA-A 117 (i. d. R. = 1,0)

Das Maximum für das erforderliche Speichervolumen muss hierbei iterativ für verschiedene Wertepaare der Dauerstufe D (beginnend bei 5 min bis maximal 4.320 min) und der jeweils zugehörigen Regenspende $r_{D(n)}$ bestimmt werden.

Die Bemessungsregeln für die unterschiedlichen Typen von Versickerungsanlagen – z. B. für Flächenversickerung, Versickerungsmulden, Rigolen- und Schachtversickerung – befinden sich im Abschnitt 6 des Arbeitsblatts DWA-A 138-1.

4.2.3 Grundlagen zur Einleitung von Niederschlagswasser in ortsnahe Oberflächengewässer

DIN 1986-100

Ziel der Regenwasserbewirtschaftung auf Grundstücken ist der ökologische und nachhaltige Umgang mit Niederschlagswasser. Gemäß DIN 1986-100 „Entwässerungsanlagen für Gebäude und Grundstücke", Ausgabe Dezember 2016, ist die Einleitung von Niederschlagswasser in ortsnahe Oberflächengewässer, z. B. in einen Bach oder See, ein wichtiger Teilbereich der dezentralen Regenwasserbewirtschaftung. Bezüglich der Planung, Bemessung und Ausführung wird in der DIN 1986-100 auf die entsprechenden DWA-Regelwerke verwiesen.

Gemäß DIN 1986-100 sollten bei der Planung und Ausführung von Regenentwässerungsanlagen vorrangig alle Möglichkeiten der dezentralen Regenwasserbewirtschaftung genutzt werden, um die Einleitung von Niederschlagswasser in die öffentlichen Kanäle zu reduzieren.

Die zunehmende Versiegelung von Landschaften durch Bebauung führt mittlerweile vielerorts zur Überlastung der öffentlichen Kanalsysteme. Der kostenintensive Neubau oder die Erweiterung der öffentlichen Kanäle wäre die Folge, kann aber von den Kommunen und Gebietskörperschaften oftmals nicht geleistet werden. Zur Lösung des Problems wird zunehmend die Regenwasserbewirtschaftung auf Grundstücken gefordert, bei der das Regenwasser größtenteils dem natürlichen Wasserkreislauf zugeführt wird.

Die Arbeits- und Merkblattreihe DWA-A/M 102 (BWK-A/M3)

Die emissions- und immissionsbezogenen Anforderungen zum Umgang mit Niederschlagswasser zur Einleitung in Oberflächengewässer befinden sich in der Arbeits- und Merkblattreihe DWA-A/M 102 (BWK-A/M3). Sie befasst sich mit den wasserwirtschaftlichen Belangen des Gewässerschutzes mit Schwerpunkt auf Regenwasserabflüsse (Niederschlagswasser) aus Siedlungsgebieten.

Die Arbeits- und Merkblattreihe wurde gemeinsam von der DWA (Deutsche Vereinigung für Wasserwirtschaft, Abwasser und Abfall e. V.) und dem BWK (Bund der Ingenieure für Wasserwirtschaft, Abfallwirtschaft und Kulturbau e. V.) erarbeitet und ist folgendermaßen gegliedert:

- Teil 1: Arbeitsblatt „Allgemeines“, Ausgabe Dezember 2020
- Teil 2: Arbeitsblatt „Emissionsbezogene Bewertungen und Regelungen“, Ausgabe Dezember 2020 – korrigierte Fassung: Oktober 2021
- Teil 3: Merkblatt „Immissionsbezogene Bewertungen und Regelungen“, Ausgabe Oktober 2021
- Teil 4: Merkblatt „Wasserhaushaltsbilanz für die Bewirtschaftung des Niederschlagswassers“, Ausgabe März 2022
- Teil 5: Merkblatt „Hydromorphologische und biologische Verfahren zur immissionsbezogenen Bewertung“, Ausgabe Oktober 2023

Die DWA Arbeits- und Merkblattreihe richtet sich vor allem an Ingenieurbüros, Kommunen, Aufsichtsbehörden, Entwässerungsbetriebe, ausführende Firmen sowie Hersteller von Behandlungsanlagen für Niederschlagswasser.

Der Anwendungsbereich bezieht sich innerhalb der Siedlungsentwässerung auf den umweltgerechten Umgang mit Regenwasserabflüssen, unter besonderer Berücksichtigung der Zielvorgaben der EG-WRRL/Europäische Wasserrahmenrichtlinie 2000/60/EG („guter chemischer und guter ökologischer Zustand“)

Ermöglicht die Bewertung von Niederschlagswasser

Die Arbeits- und Merkblattreihe ermöglicht die emissions- und immissionsbezogene Bewertung von Niederschlagswasser im Bereich bebauter und befestigter Flächen von Siedlungsgebieten zur Einleitung in oberirdische Gewässer.

! „Immission“ bedeutet „Einwirkung“ von Störfaktoren aus der Umwelt auf den Menschen und die natürliche Umwelt. „Emissionen“ bedeutet „Ausstoß“, im Allgemeinen die Aussendung von Störfaktoren in die Umwelt.

Im Abschnitt 5.2.1 des Arbeitsblatts DWA-A 102/BWK-A3, Teil 1 „Grundlagen der Bewirtschaftung von Niederschlagswasser“ wird klar darauf hingewiesen, dass zukünftig die Einleitung von Niederschlagswasser in die öffentlichen Kanäle reduziert und durch Maßnahmen der Regenwasserbewirtschaftung ersetzt werden soll. Dies gilt als Beitrag zur Zielsetzung „Erhalt des lokalen Wasserhaushalts“.

Je nach Erfordernis des Gewässer- und Bodenschutzes sind verschiedenste Maßnahmen und Anlagentechniken zur Behandlung von belastetem Niederschlagswasser einsetzbar. Die Auswahl geeigneter Maßnahmen oder Maßnahmenkombinationen sollte anhand einer Prüfung der Umsetzbarkeit und unter Wirtschaftlichkeitsbetrachtungen erfolgen.

Begriffe

Aus der Arbeits- und Merkblattreihe sind folgende Begriffe bei der Einleitung von Regenwasser in ortsnahe Oberflächengewässer besonders relevant:

- Niederschlagswasser

  von Niederschlägen aus dem Bereich von bebauten und befestigten Flächen gesammeltes abfließendes Wasser (in Anlehnung an das Wasserhaushaltsgesetz – WHG)

- Niederschlagswasserbehandlung

  Maßnahmen in dezentralen oder zentralen Anlagen zur gezielten Stoffrückhaltung von belastetem Niederschlagswasser

- Niederschlagswasserbewirtschaftung

  Konzepte und Maßnahmen zum zielgerichteten Umgang mit Niederschlag und daraus resultierenden Abflüssen

- Regenwasserabfluss (Q_R)

  durch Regen verursachter Abfluss

- Drosselabfluss (Q_{Dr})

  gedrosselter Abfluss an der Einleitstelle in das Oberflächengewässer

Flächenkategorisierung und Behandlungserfordernis

Referenzparameter AFS63

Im Abschnitt 5.2.1 des Arbeitsblatts DWA-A 102/BWK-A3, Teil 2, erfolgt die Bewertung der Verschmutzung von Niederschlagswasser und ggf. des Umfangs notwendiger Behandlungsmaßnahmen vor der Einleitung in ein Oberflächengewässer. Dies auf der Grundlage allgemeiner Kenntnisse zum Stoffaufkommen unterschiedlicher Herkunftsflächen, vorrangig in Bezug auf den ***Referenzparameter AFS63***.

Der ***Referenzparameter AFS63*** bezieht sich auf den Feinanteil der Feststoffe von 45 bis 63 µm, wodurch die stoffliche Belastung von Niederschlagswasser und der daraus resultierenden langfristigen Wirkungen in Grund- und Oberflächengewässern angemessen abgebildet wird.

Je nach Flächentypen und Flächennutzungen werden folgende drei Belastungskategorien unterschieden:

- Belastungskategorie I (gering belastetes Niederschlagswasser)
- Belastungskategorie II (mäßig belastetes Niederschlagswasser)
- Belastungskategorie III (stark belastetes Niederschlagswasser)

Gemäß Tabelle A1 des DWA-A 102-2 ergibt sich beispielsweise für Dächer mit einer Fläche bis 50 m^2 die Belastungskategorie I (gering belastetes Niederschlagswasser).

Von der Kategorisierung in Tabelle A.1 kann in begründeten Einzelfällen abgewichen werden.

Unter die Kategorisierung fällt nur abfließendes und gesammeltes Niederschlagswasser von bebauten oder befestigen Flächen, da nur dieses den Abwasserbegriff gemäß Wasserhaushaltsgesetzt (WHG) erfüllt.

Behandlungsbedürftigkeit von Niederschlagswasser

Die Tabelle 3 des Arbeitsblatts DWA-A 102/BWK-A3, Teil 2, beschreibt die Behandlungsbedürftigkeit von Niederschlagswasser der Belastungskategorien I, II und III. Das Einleiten von Niederschlagswasser der Belastungskategorie I darf grundsätzlich ohne Behandlung vorgenommen werden; bei den Belastungskategorien II und III ist eine geeignete technische Behandlung erforderlich.

Soweit möglich, sollte bei der Erschließung neuer Baugebiete eine Vermischung von Niederschlagswasser unterschiedlicher Belastungskategorien vermieden werden.

Bei Niederschlagswasser von Flächen der Belastungskategorie III sollte grundsätzlich überprüft werden, ob – je nach Höhe der stofflichen Belastung – eine dezentrale Behandlung mit nachfolgender Versickerung oder Einleitung in ein Oberflächengewässer oder eine Weiterleitung zur Kläranlage – im Trennverfahren – die zu präferierende Lösung ist.

Standardisierte Berechnungsgrößen zum Stoffabtrag

Flächenspezifischer Stoffabtrag

In Tabelle 4 des Arbeitsblatts DWA-A 102/BWK-A3, Teil 2, sind die aus Messdaten abgeleiteten Standardwerte für AFS63 als mittlere Konzentrationen und flächenspezifischer Stoffabtrag für die Belastungskategorien I bis III abgebildet.

Folgende Werte sind in der Tabelle 4 festgelegt:

- Belastungskategorie I: mittlere Konzentration für ASF63 von 50 mg/l – entspricht einem flächenspezifischen Stoffabtrag von 280 kg/(ha × a)
- Belastungskategorie II: mittlere Konzentration für ASF63 von 95 mg/l – entspricht einem flächenspezifischen Stoffabtrag von 530 kg/(ha × a)
- Belastungskategorie III: mittlere Konzentration für ASF63 von 136 mg/l – entspricht einem flächenspezifischen Stoffabtrag von 760 kg/(ha × a)

Bezugsbasis für die Ermittlung der Jahreswerte zum durchschnittlichen Stoffabtrag für Deutschland für die drei Belastungskategorien ist das durchschnittliche Jahresregenwasservolumen $V_{R,aM}$.

Das Jahresregenwasservolumen $V_{R,aM}$ in m^3/a wird nach folgender Gleichung berechnet:

$$V_{R,aM} = h_{Na} \times A_{b,a} \times \Psi_{aM} \times 10$$

Dabei ist:

h_{Na}	Jahresniederschlagshöhe in mm/a
$A_{b,a}$	angeschlossene befestigte Fläche in ha
Ψ_{aM}	Jahresabflussbeiwert (dimensionslos)

Bei einer mittleren Jahresniederschlagshöhe von h_{Na} = 800 mm/a in Deutschland und einem mittleren Jahresabflussbeiwert Ψ_{aM} = 0,7 ergibt sich ein mittleres Jahresregenwasservolumen $V_{R,aM}$ von 5.600 $m^3/(ha \times a)$, das entspricht 5.600.000 l/(ha × a).

So ergibt sich beispielsweise für die Belastungskategorie I mit einer mittleren Konzentration $C_{R,AFS63}$ von 50 mg/l, multipliziert mit einem mittleren Jahresregenwasservolumen von 5.600.000 l/(ha × a), ein flächenspezifischer Stoffabtrag von 280 kg/(ha × a).

Die angegebenen Konzentrations- und Frachtwerte für die drei Belastungskategorien in Tabelle 4 sind ausdrücklich nur als Rechenwerte zur Verwendung im Kontext des Arbeitsblatts DWA-A 102 geeignet.

Bezugsgröße für den flächenspezifischen Stoffabtrag ist die an die Einleitstelle angeschlossene befestigte Fläche $A_{b,a}$ im Einzugsgebiet.

Zielgröße zulässiger Stoffaustrag AFS63

Der für die Belastungskategorie I abgeleitete flächenspezifische Stoffabtrag von 280 kg/(ha × a) gilt als zulässiger flächenspezifischer Stoffaustrag („Emission“) für AFS63 ($b_{R,e,zulAFS63}$), der ohne Behandlung zur Einleitung in Oberflächengewässer geeignet ist.

Entsprechend wird für Flächen der Kategorien II und III und Einzugsgebiete, die Teilflächen dieser Belastungskategorien enthalten, zur Einhaltung des zulässigen Stoffaustrags in Oberflächengewässer eine Behandlung des Niederschlagswassers erforderlich. Dies bedeutet, der flächenspezifische Stoffaustrag („Emission“) für AFS63 von Flächen der Kategorien II und III muss durch die Behandlung auf einen flächenspezifischen Stoffaustrag von 280 kg/(ha × a) reduziert werden. Der verbleibende flächenspezifische Stoffaustrag von 280 kg/(ha × a) darf dann eingeleitet werden.

Behandlung von Niederschlagswasser im Trennsystem

Belastungskategorien II und III

Für Flächen der Belastungskategorien II und III ist eine Behandlung des Regenwassers vor Einleitung in ein Oberflächengewässer erforderlich, um den Stoffaustrag an AFS63 auf den zulässigen Wert zu begrenzen.

Der erforderliche Stoffrückhalt im Niederschlagswasser erfolgt auf Grundstücken in dezentralen Behandlungsanlagen. Die Wirkmechanismen des Feststoffrückhalts sind in der Regel Sedimentation und Filtration.

Maßgebend für den Nachweis der Wirksamkeit der Behandlungsmaßnahme ist der Stoffrückhalt bezüglich AFS63. Dezentrale Behandlungsanlagen sind in unmittelbarer Nähe der Flächen anzuordnen, deren Niederschlagswasser behandlungsbedürftig ist. Diese können für einzelne oder mehrere benachbarte Grundstücke eingesetzt werden.

Dezentrale Anlagen werden unterschieden in „Anlagen mit Bodenpassage als Teil der Behandlungsanlage, die individuell geplant und gebaut werden, teilweise unter

Einsatz von Baufertigteilen“ und „Anlagen, die gewerblich oder industriell gefertigt werden“.

Bei Anlagen mit bauaufsichtlicher Zulassung kann die im Zulassungsverfahren für spezifizierte Anwendungsbereiche festgelegte Reinigungsleistung grundsätzlich als Wirksamkeit des Stoffrückhalts angesetzt werden.

Hierzu heißt es im Abschnitt 6.1.2 des Arbeitsblatts DWA-A 102/BWK-A3, Teil 2, wie folgt: „*Bei Anlagen mit Zulassung nach DIBt*[1] *(2015) kann von einer Wirksamkeit des Stoffrückhalts bezüglich AFS63 ausgegangen werden, die ausreicht, auch für angeschlossene Flächen der Belastungskategorie III den resultierenden Stoffaustrag auf den rechnerisch zulässigen Wert zu begrenzen. Die im Zulassungsverfahren getroffenen Vorgaben zu Anordnung, Flächenzuordnung und Betrieb, insbesondere zur Begrenzung der angeschlossenen Flächen, sind im konkreten Anwendungsfall zu beachten.*“

Ohne bauaufsichtliche Zulassung

Für Anlagen ohne bauaufsichtliche Zulassung gelten folgende Regelungen: „*Soweit bei Anlagen ohne bauaufsichtliche Zulassung die Reinigungsleistung im Rahmen einer mit DIBt* (2015) vergleichbaren Prüfung bzw. eines Prüfverfahrens durch eine von der zuständigen Wasserbehörde zugelassene Prüfstelle festgestellt wurde, kann dieser Wert in gleicher Weise für die Beurteilung ihrer Wirksamkeit herangezogen werden. Zusätzlich sind dann im Einzelfall anlagenbezogene Vorgaben zu Anordnung, Flächenzuordnung und Betrieb durch die Prüfstelle oder die Wasserbehörde festzulegen.*“

[1] Deutsches Institut für Bautechnik, Berlin.

Vom Hersteller der Behandlungsanlage ist dem Betreiber sowie der zuständigen Wasserbehörde eine Konformitätsbescheinigung über Baugleichheit der geprüften und eingesetzten Anlage auszuhändigen.

Betrieb von Behandlungsanlagen

Allgemeines

DWA-M 179

Die Betriebserfahrungen für dezentrale Anlagen entstammen bisher vorwiegend Forschungs- und Pilotprojekten. Das entsprechende Merkblatt DWA-M 179-1 „Dezentrale Anlagen zur Niederschlagswasserbehandlung – Allgemeines sowie Einleitung in Oberflächengewässer“ liegt seit September 2024 als Entwurf vor.

Eigenüberwachung

Vorgaben zur Eigenüberwachung von Behandlungsanlagen für Niederschlagswasser befinden sich in den länderspezifischen Regelungen und Verordnungen, wie z. B. der Eigenüberwachungsverordnung.

Wartung

Hinweise und Empfehlungen bezüglich der Wartung von Behandlungsanlagen für Niederschlagswasser befinden sich in den Regelungen der einzelnen Bundesländer.

Entsorgung von Abfällen

Abfälle aus Anlagen zur Behandlung von Niederschlagswasser müssen unter Beachtung der wasser- und abfallrechtlichen Bestimmungen ordnungsgemäß entsorgt werden.

Rechtliche Grundlagen

Europäische Wasserrahmenrichtlinie

Grundlage für eine integrierte Wasserpolitik innerhalb der europäischen Gemeinschaft ist die am 22.12.2000 in Kraft getretene Europäische Wasserrahmenrichtlinie (EG-WRRL). Zielsetzung sind der Erhalt und die Verbesserung der aquatischen Umwelt. Die Umsetzung in deutsches Recht erfolgte über das Wasserhaushaltsgesetz (WHG), die Oberflächengewässerverordnung (OGewV) und die Grundwasserverordnung (GrwV).

Die Begrenzung der Gewässerbelastung durch Einleitung in Oberflächengewässer ist in Deutschland im Wasserhaushaltsgesetz (WHG) § 57 „Einleiten von Abwasser in Gewässer" geregelt.

Im Abschnitt 4.2 des Arbeitsblatts DWA-A 102-1/BWK-A 3-1 „Emissionsbezogene Anforderungen" wird eingangs auf die DIN EN 752 „Entwässerungssysteme außerhalb von Gebäuden – Kanalmanagement" verwiesen, die lediglich allgemeine Grundsätze zur Begrenzung der Gewässerbelastung durch Niederschlagswasser enthält und hinsichtlich der Anforderungen lediglich auf nationale bzw. lokale Vorschriften verweist.

In der Praxis sind die rechtlichen Anforderungen zur Einleitung von Niederschlagswasser in Oberflächengewässer i. d. R. im jeweiligen Landeswassergesetz, den kommunalen Abwassersatzungen sowie den Merkblättern der Umweltschutzämter verankert.

4.2.4 Bemessungsregeln zur Einleitung von Niederschlagswasser in ortsnahe Oberflächengewässer

Arbeitsblatt DWA-A 102-2/BWK-A 3-2

Die Bemessungsregeln zur Einleitung von Niederschlagswasser in ortsnahe Oberflächengewässer sind im Arbeitsblatt DWA-A 102-2/BWK-A 3-2 „Emissionsbezogene Bewertungen und Regelungen", Ausgabe Dezember 2020, korrigierte Fassung vom Oktober 2021, enthalten.

Bei der Bemessung werden zunächst die Flächenermittlung und die Bilanzierung des Stoffabtrags durch Niederschlagswasser durchgeführt. Falls eine Behandlung erforderlich ist, muss der Wirkungsgrad der Behandlungsmaßnahme ermittelt werden. Bei einer notwendigen Drosselung des Regenabflusses an der Einleitstelle in das oberirdische Gewässer muss zusätzlich noch die Berechnung des Speichervolumens der Regenrückhaltung erfolgen.

Flächenermittlung

Basisgröße zur Ermittlung des flächenspezifischen Stoffabtrags ist die an die Einleitstelle angeschlossene befestigte Fläche $A_{b,a}$ im Einzugsgebiet.

Abgekoppelte (nicht angeschlossene) Flächen bleiben bei der Ermittlung des jährlichen Stoffabtrags bzw. spezifischen Stoffabtrags unberücksichtigt. Somit wird der rechnerische Stoffaustrag nur auf die angeschlossene befestigte Fläche $A_{b,a}$ in ha im betrachteten Einzugsgebiet bezogen.

Flächen mit durchlässiger Flächenbefestigung gelten als abgekoppelt, wenn ihr Aufnahmevermögen für Regenspenden bis zu 300 l/(s × ha) nachgewiesen ist und sie keinen Beitrag zum Regenwasserabfluss leisten.

Bilanzierung des Stoffabtrags durch Niederschlagswasser

Der resultierende Stoffabtrag $B_{R,a,AFS63}$ in kg/a wird mittels flächengewichtiger Frachtbilanz mit den flächenspezifischen Werten $b_{R,a,AFS63}$ in kg/(ha × a) nach Tabelle 4 des Arbeitsblatts DWA-A 102-2/BWK-A 3-2 berechnet. Basisgröße für die Frachtbilanz ist die angeschlossene befestigte Fläche $A_{b,a}$ in ha.

Durchlässig befestigte Flächen und Gründächer mit nachweislich reduziertem Jahresregenwasserabfluss gegenüber dem Referenzwert von $h_{Na,eff}$ = 560 mm/a werden in der Bilanzierung des Stoffabtrags ohne Reduzierung mit dem flächenspezifischen Wert $b_{R,a,AFS63}$ = 280 kg/(ha × a) bilanziert. Diese Flächen werden der Belastungskategorie I zugerechnet, da ihr Einfluss in der Stoffbilanz hinsichtlich erforderlicher Behandlung „neutral" bleibt.

Für den Stoffabtrag $B_{R,a,AFS63,i}$ der Teilfläche $A_{b,a,i}$ gilt:

$$\mathbf{B_{R,a,AFS63,i} = A_{b,a,i} \times b_{R,a,AFS63,i}} \text{ (in kg/a)}$$

Der Stoffabtrag des Gebiets beträgt:

$$\mathbf{B_{R,a,AFS63} = \Sigma\, B_{R,a,AFS63,i}} \text{ (in kg/a)}$$

Der resultierende flächenspezifische Stoffabtrag des betrachteten Gebiets ergibt sich zu:

$$\mathbf{b_{R,a,AFS63} = B_{R,a,AFS63} / \Sigma A_{b,a,i}} \text{ (in kg/(ha × a))}$$

Wirkungsgrad von Behandlungsmaßnahmen

Wird ein zulässiger flächenspezifischer Stoffabtrag $b_{R,e,zulAFS63}$ von 280 kg/(ha × a) überschritten, sind gemäß Abschnitt 5.2.2.4 des Arbeitsblatts DWA-A 102-2/BWK-A 3-2 Behandlungsmaßnahmen erforderlich. Für die gewählten Behandlungsmaßnahmen sind dann die Wirkungsgrade zu berechnen und in der weiteren Bilanzierung zu berücksichtigen.

Der erforderliche Wirkungsgrad η_{erf} der Behandlungsmaßnahmen ergibt sich zu:

$$\eta_{erf} = \mathbf{1 - b_{R,a,zulAFS63}/b_{R,a,AFS63})} \text{ (-)}$$

oder

$$\eta_{erf} = \mathbf{[1 - (b_{R,a,zulAFS63}/b_{R,a,AFS63})] \times 100 \text{ in } \%}$$

Der resultierende Stoffaustrag $B_{R,a,AFS63,i}$ nach einer Behandlungsanlage ergibt sich bei dezentraler Behandlung für einzelne Teilflächen zu:

$$\mathbf{B_{R,a,AFS63,i} = A_{b,a,i} \times (1 - \eta_i) \times b_{R,a,AFS63,i}} \text{ (in kg/a)}$$

Beispiele

Berechnungsbeispiel 1

Gegeben:

Nur Belastungskategorie II mit 530 kg/(ha × a)

Gesucht: erforderlicher Wirkungsgrad in %

Formel: $\eta_{erf} = [1 - b_{R,a,zulAFS63}/b_{R,a,AFS63})] \times 100$ (in %)

Lösung: [1 – (280 kg/ha × a)/530 kg/(ha × a))] × 100 = 47,2 %

Ergebnis: Der erforderliche Wirkungsgrad η_{erf} beträgt 47,2 %.

Berechnungsbeispiel 2

Gegeben: nur Belastungskategorie III mit 760 kg/(ha × a)

Gesucht: erforderlicher Wirkungsgrad in %

Lösung: [1 – (280 kg/(ha × a)/760 kg/(ha × a))] × 100 = 63,2 %

Ergebnis: Der erforderliche Wirkungsgrad η_{erf} beträgt 63,2 %.

!

Der Entwurf zum DWA-Merkblatt M 179-1 „Dezentrale Anlagen zur Niederschlagswasserbehandlung – Allgemeines sowie Einleitung in Oberflächengewässer“, Ausgabe September 2024 beschreibt im Abschnitt 8.2 folgende Regelungen bezüglich der Vermischung von Niederschlagswasser verschiedener Belastungskategorien:

„Die Vermischung von nicht behandlungsbedürftigen Abflüssen (Kategorie I) mit behandlungsbedürftigen Abflüssen (Kategorie II und III) steht einer effektiven dezentralen Behandlung entgegen und ist daher nicht zulässig.

Aus gleichem Grund sollte eine Vermischung unterschiedlich stark belasteter Abflüsse (Kategorie II mit III) vermieden werden. Sollte eine Vermischung nicht vermeidbar sein, gelten die Anforderungen der jeweils am stärksten belasteten Fläche. Werden beispielsweise die Abflüsse von 2.000 m^2 Kategorie II mit 200 m^2 Kategorie III gemeinsam behandelt, gelten die Anforderungen für Kategorie III für die gesamte Fläche von 2.200 m^2.“

Gemäß dem Entwurf zum DWA-Merkblatt M 179-1 beträgt der stoffliche Wirkungsgrad für die Kategorie II mindestens 47 % und für die Kategorie III mindestens 63 %.

Drosselabfluss und Speichervolumen der Regenrückhaltung

DIN 1986-100

Die Bemessung von Regenentwässerungsanlagen erfolgt grundsätzlich nach DIN 1986-100 „Entwässerungsanlagen für Gebäude und Grundstücke", Ausgabe Dezember 2016, sowie DIN EN 12056-3 „Schwerkraftentwässerungsanlagen innerhalb von Gebäuden – Dachentwässerung, Planung und Bemessung", Ausgabe Januar 2001.

Zur Vermeidung von Spitzenabflüssen kann für jede einzelne Einleitstelle in ein oberirdisches Gewässer die Drosselung des Regenabflusses erforderlich werden.

Je nach Größe des zulässigen Drosselabflusses Q_{Dr} ist ein mehr oder weniger großes Speichervolumen erforderlich, um hohe Niederschlagsabflüsse zwischenspeichern zu können.

Das erforderliche Speichervolumen kann nach den Vorgaben des Arbeitsblatts DWA-A 117 „Bemessung von Regenrückhalteräumen", Ausgabe Dezember 2013, errechnet werden.

4.3 Überflutungsschutz an Straßen und Wegen

Der Überflutungsschutz steht nicht erst seit heute im Blickpunkt der Wasserwirtschaft. Bedingt durch die Erkenntnisse zum Klimawandel und den in immer kürzeren Abständen auftretenden Extremwetterereignissen, welche in diesem Zusammenhang als Ausblick auf zukünftig zu erwartende Szenarien verstanden werden, ist dieser auch in den Fokus der breiten Bevölkerung gerückt.

Der Überflutungs- und Hochwasserschutz ist damit auch ein wesentliches Instrument zum Schutz der zu erwartenden Folgen aus dem Klimawandel.

In der Vergangenheit war die rasche Ableitung des Oberflächenwassers in den nächsten Vorfluter, den nächsten Regenwasserkanal die erste Wahl für die Entwässerung von Verkehrsflächen.

Die Sensibilisierung zur nachhaltigen Regenwasserbewirtschaftung wird unter dem Stichwort Klimawandel mit dem einhergehenden, zunächst widersprüchlich erscheinenden Auftreten von Starkregenereignissen, anhaltenden Trocken- und Hitzeperioden weiter vorangetrieben und fordert eine Umorientierung zu einer naturnahen Oberflächenentwässerung.

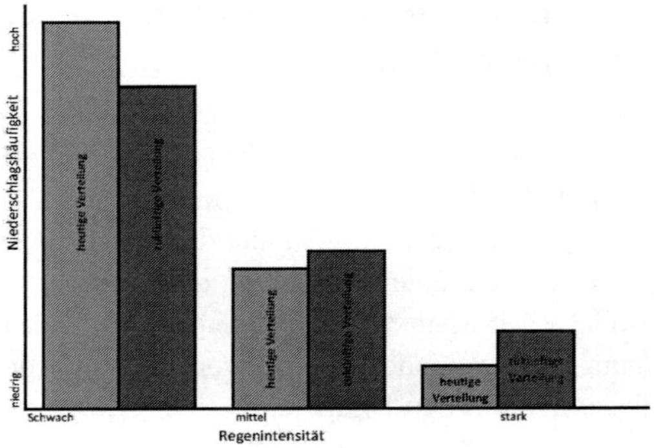

Abb. 4.3-1: Durch Klimawandel erwartete Zunahme der Starkregengefahr. (Quelle: Tröller)

Zielsetzung ist die Wasserbilanz der Oberflächenentwässerung, bestehend aus Verdunstung, Versickerung und Abfluss, dem natürlichen Wasserkreislauf anzunähern.

Dies zwingt zu einer tiefgreifenden Zusammenarbeit unterschiedlicher Fachbereiche wie Stadt-, Straßen- und Verkehrsplanung, Forst- und Landwirtschaft, Stadtentwässerung und Gewässerunterhaltung, Stichwort „ganzheitliche Lösungen“.

Begriffsbestimmung (Hochwasser, Überflutung aus dem Kanalnetz, Sturzfluten)

Unter dem Begriff **Hochwasser** versteht man die zeitlich beschränkte Überschwemmung von normalerweise nicht mit Wasser bedecktem Land, durch oberirdische Gewässer oder durch in Küstengebiete eindringendes Meerwasser. Überschwemmungen aus Abwasseranlagen gelten nicht als Hochwasser.

Unter der **Überflutung aus dem Kanalnetz** versteht man den Austritt von Abwasser aufgrund von Starkregenereignissen, welches eine Überflutung von Flächen zur Folge hat, was wiederum in Häuser eindringen und Schäden verursachen kann („unverschmutztes" Regen- bzw. Oberflächenwasser, welches über ein Kanalnetz abgeleitet wird, bezeichnet man ebenfalls als Abwasser).

Unter **Sturzfluten,** häufig auch „urbane Sturzfluten", werden oberflächliche Abflüsse aufgrund kleinräumiger, intensiver Niederschlagsereignisse im urbanen Raum verstanden. Diese, lokal eng begrenzten, Ereignisse treten in ihrer höchsten Intensität meist in Bereichen mit einer Ausdehnung von unter 1 km^2 auf.

Versickerungsfähigkeit der Oberflächen

Diese, die Versickerungsfähigkeit der Oberflächen weit übersteigenden, Wassermassen können weder durch angrenzende Gewässer noch die Entwässerungsinfrastruktur aufgenommen werden.

Abb. 4.3-2: Überflutete Straße, die Abläufe sind durch Blätter verstopft. (Quelle: Tröller)

Der Abfluss erfolgt daher ungeordnet, den direkten Weg suchend in natürliche oder baulich geschaffene Tiefpunkte (Wohngebiete, Keller, Unterführungen, Tiefgaragen etc.).

Der Begriff Sturzfluten wird auch verwandt, wenn innerhalb von Minuten bis wenigen Stunden nach einem starken Regenereignis, einem Deich- oder Dammbruch o. Ä., plötzlich große Wassermassen ein tiefer liegendes Gebiet überfluten.

Der Begriff Sturzfluten ist daher weder den Kategorien Hochwasser oder Überflutung aus dem Kanalnetz zuzuordnen, noch als eigenständiges Ereignis zu betrachten.

Starker Regen oder Sturzflut

Das Auftreten von Starkregenereignissen ist nicht regional begrenzt und kann überall auftreten.

Der Deutsche Wetterdienst unterscheidet:

- *markantes Wetter* mit einer Regenmenge von 15-25 l/m^2 in einer Stunde oder 20-35 l/m^2 in sechs Stunden
- *Unwetter* mit einer Regenmenge von 25-40 l/m^2 in einer Stunde oder 35-60 l/m^2 in sechs Stunden
- *extremes Unwetter* mit einer Regenmenge von > 40 l/m^2 in einer Stunde oder > 60 l/m^2 in sechs Stunden

Unsere heutigen Entwässerungssysteme sind im Wesentlichen in der Lage, markante Wetterlagen schadlos abzuleiten bzw. zu puffern. Bei Unwetterereignissen reichen die baulichen Reserven in den meisten Fällen bereits nicht mehr aus.

Bei extremen Starkregen mit kurzzeitig auftretenden, sehr hohen Regenmengen, „urbanen Sturzfluten“ oder lange anhaltenden hohen Regenmengen sind diese deutlich überfordert.

4.3.1 Risikoeinschätzung

Hochwassergefahren- und Risikokarten

Für den Hochwasserschutz liegen bereits detaillierte Hochwassergefahren- und Risikokarten vor. Diese werden regelmäßig fortgeschrieben, sodass auch den veränderten Randbedingungen Rechnung getragen werden kann.

Die Kanalnetze sind hydraulisch, unter Zugrundelegung von Überflutungs- und Überstauhäufigkeiten bemessen. Auch hier werden die Daten regelmäßig fortgeschrieben.

In den Bereichen, wo bereits nur geringe oder keine Reserven vorhanden sind, kann von einem Überflutungsrisiko durch Starkregenereignisse ausgegangen werden. Darüber hinaus liegen den Kanalnetzbetreibern Erfahrungen aus vorrangegangenen Starkregenereignissen der letzten Jahre vor.

Für eine erste, systematische Risikoeinschätzung können zumeist die oben angeführten Unterlagen und Erkenntnisse für eine Analyse zusammengefasst werden.

Durch das Land Hessen (in anderen Bundesländern, z. B. Niedersachsen, wurde bzw. wird Ähnliches zur Verfügung gestellt) werden den Kommunen Fließpfadkarten zu Verfügung gestellt.

Wie der Name bereits sagt, sind hier lediglich Fließpfade möglich, basierend auf einer einfachen Datengrundlage, digitales Geländemodell, Gebäudegrundrisse etc. dargestellt. Diese eignen sich zu einer ersten Einschätzung, insbesondere für kleinere Ortschaften und Ortsteile im ländlichen Umfeld.

Da der Einfluss von Gräben, Durchlässen und der Kanalisation nicht in die Datengrundlage einbezogen wird, ist die Aussagekraft für städtisch geprägte Flächen nur eingeschränkt gegeben.

Modellrechnungen zur Simulation und Analyse von starkregenbedingten Überflutungsereignissen werden derzeit vielerorts vorangetrieben und liegen in einigen Kommunen als Starkregen-Gefahrenkarte bereits vor.

Auf der Grundlage dieser Modelle, welche in aller Regel mit Erfahrungen aus vorrangegangenen Starkregenereignissen abgeglichen werden, können risikobehaftete Bereiche identifiziert und gezielt geeignete Maßnahmen zur kurz bis mittelfristigen Reduzierung des Überflutungsrisikos entwickelt werden.

Um keine falschen Vorstellungen zu erwecken – es geht um die, nach dem Stand der Technik, mögliche Minimierung der Risiken.

4.3.2 Kurzfristige Handlungsmöglichkeiten im Bestand

Aufgrund der Erfahrungen aus vorrangegangenen Starkregenereignissen bzw. auf der Grundlage von Simulationsmodellen können kurzfristige Maßnahmen zur Entschärfung punktueller Risiken getroffen werden.

Straßenabläufe, Unterhaltung, Gestaltung und Abflussmengensteuerung

So banal es klingen mag, um die vorhandenen Transport- und Speichermöglichkeiten des Kanalnetzes zu nutzen, muss die Funktion der vorhandenen Straßeneinläufe gewährleistet bzw. optimiert werden.

Funktion der vorhandenen Straßeneinläufe muss gewährleistet sein

Unterhaltung:

- regelmäßige Säuberung der Straßeneinläufe, ggf. geringerer Reinigungsabstand in Risikobereichen oder bei hohem Laubanfall
- Vermeidung von Verstopfungen durch Laub oder Verwurzelung durch die Einhaltung von ausreichendem Abstand zur Baumkrone.
- Straßeneinläufe zur Gewährleistung der Reinigung durch Parkverbote freihalten

Abb. 4.3.2-1: Sperrfläche an einem Straßeneinlauf, um eine regelmäßige Reinigung zu ermöglichen. (Quelle: Tröller)

Gestaltung:

- Einbau von Straßeneinläufen mit höherem Schluckvermögen

Abb. 4.3.2-2: Straßeneinlauf (nach Herstellerangabe) so gestaltet, dass neben einem hohen Schluckvermögen auch der Abtransport von Laub optimiert ist. (Quelle: Tröller)

- Verdichtung der Anzahl der Straßeneinläufe

- Einbau von mehreren Straßeneinläufen nebeneinander (z. B. im Tiefpunkt)

Abb. 4.3.2-3: Nachträglich im Tiefpunkt angeordneter zweiter Straßeneinlauf. (Quelle: Tröller)

- Einbau von Querrinnen mit Stufung in Steilstrecken
- Einbau von Bergeinläufen bei starkem Längsgefälle

Abb. 4.3.2-4: Bergeinlauf mit deutlich größerem Einlaufquerschnitt. (Quelle: Tröller)

Abflussmengensteuerung:

Je nach Gestaltung und Anordnung der Straßeneinläufe können diese auch als Instrument zur Abflussmengensteuerung eingesetzt werden.

Zur Nutzung des vorhandenen Transport- und Speichervermögens des vorhandenen Kanalnetzes wird, wie oben beschrieben, das Schluckvermögen der Straßeneinläufe optimiert.

Abflussreduzierung

Zur Abflussreduzierung kann im Umkehrschluss, in Kenntnis der hydraulischen Überlastung des Kanalnetzes oder bewusster Nutzung des Einstauvolumens der Straßen-, Wege- oder Platzflächen (siehe nachfolgend), die Leistungsfähigkeit der Straßeneinläufe verringert werden.

Abflusslenkung und Notwasserwege

Wie bereits ausgeführt, können die Wassermassen aus extremen Starkregenereignissen weder durch angrenzende Gewässer noch die Entwässerungsinfrastruktur aufgenommen werden. Um Bereiche mit kritischer Infrastruktur, wie Hauptverkehrswege, Bahnanlagen, Unterführungen, tief liegende Siedlungsgebiete etc., zu schützen, können Straßen-, Wege- und Platzflächen als temporäres Speichervolumen genutzt werden.

Ein Weiteres ist die Nutzung von Straßenflächen als Notwasserwege zur schadensminimierenden Umleitung des Oberflächenabflusses in Bereiche mit geringerem Schadenspotenzial bzw. in vorgesehene Rückstau- und Überflutungsflächen. Hierbei können durch geschickte Anordnung der Bordsteinführung bzw. dem

Einbau von Schwellen die Fließpfade verändert bzw. auf mehrere Fließpfade verteilt werden.

Dabei muss natürlich strengstens darauf geachtet werden, dass der Schutz des einen nicht zum Nachteil des anderen wird.

Zur Erinnerung, die zuvor beschriebenen Maßnahmen dienen zur Minimierung des Überflutungsrisikos bei kleinräumlichen, bis ca. 1 km^2 umfassenden Starkregenereignissen.

Ausbau der Bestandsanlagen begrenzen

Seit einigen Jahren wurde und wird, aus unterschiedlicher Intension heraus (schonender Umgang mit Flächenressourcen, Schaffung von urbanem Wohnraum etc.), die Bebauung verdichtet.

Je nach den örtlichen Gegebenheiten ist zu prüfen, inwieweit dieser Ausbau i. S. d. Überflutungsschutzes reglementiert werden kann.

Im Mindesten muss aus Sicht des Autors sichergestellt werden, dass es durch die weitere Verdichtung der Bebauung zu keiner Erhöhung der Abflüsse und damit des Überflutungsrisikos kommt.

Hierfür steht eine Reihe von Möglichkeiten, wie nachfolgend beschrieben, zur Verfügung.

4.3.3 Mittel- bis langfristige Vorsorgemaßnahmen

Schwammstadt

Die Forderung zur nachhaltigen, naturnahen Regenwasserbewirtschaftung ist nicht neu und hat in den letzten Jahren unter dem Aspekt des sich abzeichnenden Klimawandels Fahrt aufgenommen. Der in diesem Zusammenhang mittlerweile in den Sprachgebrauch übergegangene Begriff „Schwammstadt" ist rechtlich geschützt und wird zunehmend durch den, zugegebenermaßen sperrigen Begriff „blaue bzw. grünblaue Infrastruktur" ersetzt.

Neben den positiven Effekten auf innerstädtisches Kleinklima ergibt sich durch den Ausbau der blauen Infrastruktur mit den Bausteinen Verdunstung, Regenwasserrückhaltung und Versickerung eine erhebliche Reduzierung der Spitzenabflüsse bei Starkregenereignissen.

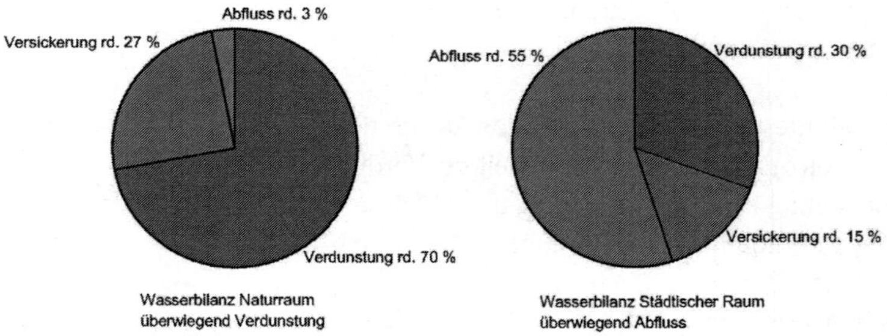

Abb. 4.3.3-1: Wasserbilanz. (Quelle: Tröller)

Neben den offensichtlichen ökologischen Vorteilen einer naturnahen Entwässerung ergeben sich auch finanzielle Vorteile durch direkte Einsparung von Bau- und

Planungskosten einer entsprechenden Abwasserableitung und darüber hinausgehende Folgekosten für Kanalnetz- oder Kläranlagenerweiterung mit den zugehörigen Unterhaltungskosten.

Der Aufbau einer blauen Infrastruktur ist im Bestand nur kleinzeilig und mit langem Atem umzusetzen. Die Umsetzung solcher kleinzeiligen Maßnahmen zur Entlastung der gefährdeten Bereiche (Unterlieger) erfolgt am effektivsten bereits in den weniger gefährdeten Bereichen (Oberlieger). Hier bedarf es städteplanerischer Überzeugungskraft, um den Wegfall von Parkmöglichkeiten, der ungewünschten Beschattung, dem höheren Laubanfall etc. durch den Bau von straßenbegleiteten Baum- oder Pflanzrigolen zu begründen.

Zur Umsetzung des nachfolgend beschriebenen Maßnahmenbündels in neu auszuweisenden Baugebieten bedarf es lediglich zielgerichteter Regelungen in den Flächennutzungs- und Bebauungsplänen i. V. m. der Anpassung der jeweiligen Abwassersatzungen, welche darauf abzielen, den Naturraum abzubilden und das Niederschlagswasser an Ort und Stelle zu versickern, verdunsten oder zu verwerten. Hierzu gibt es, nach asiatischen Vorreitern und in Europa Kopenhagen und Wien, auch in Deutschland einige Projekte, in denen die naturnahe Regenwasserbewirtschaftung ein fast vollständiges Abkoppeln von der Kanalisation erlaubt.

Baugenehmigungsverfahren

Um die Einleitmenge von Oberflächenwasser in das Kanalnetz zu begrenzen, können Abwassersatzungen auch im Bestand angewandt werden. In einigen Kommunen gibt es bereits restriktive Vorgaben, welche im Rahmen des Baugenehmigungsverfahrens bei Neu- und größeren Umbauten Anwendung finden.

Im Nachfolgenden wird auf die grundstücksübergreifenden Möglichkeiten zur Reduzierung der Gefahren eines Starkregenereignisses eingegangen.

Verdunstung und Versickerung

Die Verdunstung ist mit Blick auf das Starkregenereignis nicht relevant. Diese ist aber für das Stadtklima von großer Bedeutung. Durch den Einsatz von Straßenbegleitgrün lässt sich die Wasserbilanz in Richtung Verdunstung unterstützen. Neben den positiven Auswirkungen auf die Luftqualität, Verdunstungskühlung und Schattenbildung (Stichwort Hitzevorsorge) wird die Lebensqualität im urbanen Raum nachhaltig gefördert. Weitere, in diesem Zusammenhang stehende Maßnahmen sind begrünte Dächer und Fassaden mit Wasserspeicher, gesteuerte Retentionsdächer, Erhalt und Aufwertung von Parkflächen im Sinne einer wassersensiblen Stadtentwicklung mit bepflanzten Feuchtflächen o. Ä..

Für den Straßenraum oder Plätze bieten sich Baum- bzw. Pflanzrigolen an. Diese Kombination von Pflanz- und Versickerungsfläche wurde bereits in den 1990er-Jahren in den USA und Australien entwickelt.

Durch den begrenzten Platz für das Wurzelwerk von Bäumen, den sich durch die Vibration des Verkehrs verdichtende Boden ist bei „konventionellen" Pflanzflächen das begleitende Grün hohen Belastungen ausgesetzt. Im Gegensatz hierzu wird bei der Anlage von Baumrigolen gezielt Wasser zu den Pflanzen gebracht, der Abfluss in die Kanalisation verringert, durch die Wahl des Füllmaterials die Bodenverdichtung verringert, Wasser für die Trockenperioden gespeichert bzw. Staunässe vermieden.

Durch die belebte Bodenzone findet eine Reinigung des überwiegend durch den Straßenverkehr belasteten Oberflächenwassers statt.

Fließwege schaffen bzw. freihalten

Die Wassermassen aus extremen Starkregenereignissen können weder durch angrenzende Gewässer noch die Entwässerungsinfrastruktur aufgenommen werden.

Notwasserwege

Wie im vorangegangenen Kapitel „Kurzfristige Handlungsmöglichkeiten im Bestand" beschrieben, können Fließwege im kleineren Rahmen als Notwasserwege geschaffen werden.

Im Sinne einer mittel- und langfristigen städtebaulichen Vorsorge sind diese planerisch zu bearbeiten, planrechtlich festzuschreiben und ggf. der notwendige Grunderwerb zu tätigen, damit diese Fließwege von Einbauten freigehalten werden können und die schadlose Ableitung in vorgesehene Rückstau- und Überflutungsflächen langfristig gesichert ist.

Abb. 4.3.3-2: Wirtschaftsweg als Fließweg bzw. Einstauvolumen. (Quelle: Tröller)

Flutmulden anlegen

Das Anlegen von Flutmulden und naturnahen Rückhaltungen erfolgt innerhalb bzw. angrenzend an den bereits vorhandenen bzw. geplanten Fließweg. Durch eine naturnahe Gestaltung wird ein hoher Anteil an Verdunstung und Versickerung gewährleistet und nebenbei die Fließgeschwindigkeit vermindert.

Ebenso werden aufwendige Reinigungs- bzw. Unterhaltungsarbeiten vermieden. Für die ein- bis zweimal jährlich durchzuführende Maat hat sich der Einsatz von Schafen bewährt.

Abb. 4.3.3-3: Naturnahe Flutmulde.(Quelle: Tröller)

Rückhaltemöglichkeiten im urbanen Raum

Multifunktionale Flächennutzung

Rückhaltemöglichkeiten im urbanen Raum konkurrieren mit den funktionellen Bedürfnissen des Stadtlebens. Lösungsansätze bieten eine multifunktionale Flächennutzung, z. B. die Nutzung einer Parkplatzfläche als Notentwässerungsfläche. Wichtig hierbei ist, dass diese so gestaltet bzw. gesteuert werden kann, dass der Pegel in der Parkfläche nur langsam ansteigt und die parkenden Pkw rechtzeitig entfernt werden können. Dies ist in aller Regel bei Kunden- bzw. Mitarbeiterparkplätzen, welche nicht für dauerhaftes Parken zugelassen sind, möglich.

Im Weiteren die Schaffung bzw. Umgestaltung von begrünten Flächen, welche zeitweise als Wasserspeicher, i. S. v. Flächenversickerungsanlagen in Kombination mit Baumrigolen, dienen können.

Unsere holländischen Nachbarn haben speziell für dicht besiedelte Ballungsräume das Konzept der Wasserplätze entwickelt. Hierbei handelt es sich um abgesenkte, in das Umfeld eingebundene, oft als Spiel- und Freizeitfläche für Kinder und Jugendliche zu nutzende Flächen. Diese sollen bei Starkregenereignissen Oberflächenwasser von Dach- und Umgebungsflächen aufnehmen. Das so zwischengespeicherte Oberflächenwasser wird nach Ende des Starkregenereignisses so abgeleitet, dass die Flächen bereits nach kurzer Zeit wieder genutzt werden können.

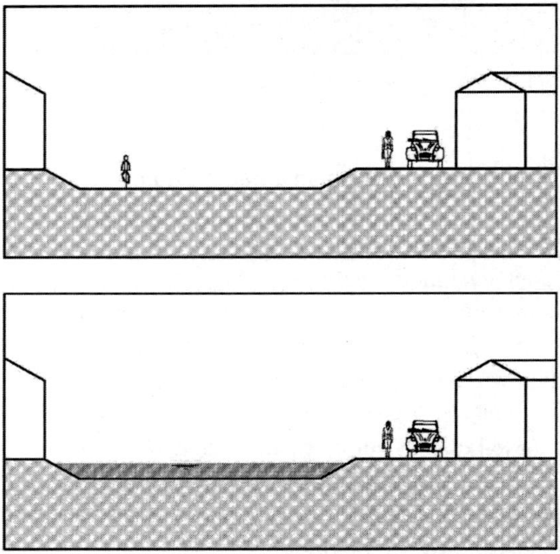

Abb. 4.3.3-4: Systemskizze der Wasserplätze für Rotterdam, oben Nutzung als Spiel- und Freizeitfläche, unten Nutzung als kurzfristigen Zwischenspeicher nach einem Starkregen.
(Quelle: Tröller)

Außengebietsflächen abtrennen bzw. nutzen

Die Abtrennung von Außengebietsflächen, welche an das Kanalnetz angeschlossen sind, wird bereits seit

Längerem betrieben und ist die augenfälligste Maßnahme, die einem bei der Fragestellung des Überflutungsschutzes einfällt.

Daneben kommen, hier nur in Stichworten angeführte, Maßnahmen, wie Nutzung von natürlichen Vertiefungen als Rückhaltevolumen, Bau von Schutzwällen, Auffanggräben, Verdunstungs- und Versickerungsbecken, Öffnen von verrohrten Gräben und Bächen etc., in Betracht.

Die Maßnahmen stehen im engen Zusammenhang bzw. überlappen sich mit den nachfolgend beschriebenen Vorsorgemaßnahmen im Land- und forstwirtschaftlichen Bereich.

Land- und forstwirtschaftliche Überflutungsvorsorge

Der Nutzen von land- und forstwirtschaftlichen Flächen für den Überflutungsschutz wird häufig unterschätzt. Die Minimierung von Abflüssen und dem Verhindern einer Bodenerosion in Entwässerungssysteme bzw. gefährdete Gebiete sind hier die wesentlichen Parameter.

Hier einige Schlagworte:

- Stilllegung von Drainagen
- Umorientierung von Parzellenzuschnitten
- abflussminimierende Bewirtschaftung
- Aufforstung
- Anpassung der Wirtschaftswege

- Umwandlung von Ackerflächen im nahen, bebauten Umfeld mit Geländeneigung zur Bebauung in Grünland oder Wald

Zusammenfassung

Die vorangestellten Maßnahmen und Möglichkeiten zeigen, dass ein Schutz bzw. die Minimierung der Gefahren von lokalen Starkregenereignissen möglich ist.

Es zeigt gleichzeitig, dass die im Zuge der Diskussion zu den Auswirkungen des Klimawandels deutlich gewordene Komplexität von Ursache und Wirkung ein ebensolches komplexes Zusammenarbeiten auf allen Ebenen erfordert.

Dies gilt für groß angelegte Neuerschließungen und noch mehr für die weniger plakative, dafür umso wichtigere Umsetzung kleiner Einzelmaßnahmen in der Bestandsituation.

4.4 Regenwasserbewirtschaftung mit Stadtgrün

4.4.1 Bepflanzung von Muldensystemen im Rahmen der Regenwasserbewirtschaftung

Wassernutzung in der modernen Stadt

Urbane Räume unterliegen in der Stadtplanung einem steten Wandel, haben aber nach wie vor zum Ziel, attraktive und bezahlbare Lebensräume für die Menschen in der Stadt zu schaffen. Der ästhetischen, klimatischen und lufthygienischen Aufenthaltsqualität kommt dabei eine ebenso große Bedeutung zu wie auch der Organisation von Wohnen, Mobilität, Naherholung, Gewerbe, Entsorgung von Abfällen und Abwässern oder der Energie- und Wasserversorgung. Mit den Klimaveränderungen werden neue Strategien formuliert, die u. a. einen Paradigmenwechsel von der Wasserentsorgung hin zur Wassernutzung in der modernen Stadt im Fokus haben. Auf diese Weise soll die urbane Vegetation auf natürliche Weise bewässert und die Stadt durch Verdunstung gekühlt werden. Die Vernetzung der grauen Infrastruktur mit der blauen und grünen Struktur wird aktuell vielfach gedacht und diskutiert, mit der wissenschaftlichen Auswertung der Funktionalität steigt das Verständnis für die komplexen Zusammenhänge. Die gezielte Verwendung von Vegetation in Regenwasseranlagen erscheint als Chance, ist aber auch mit Risiken verbunden[1].

---

[1] GALK, 2023: Positionspapier Wassersensible Straßenraumgestaltung. Deutsche Gartenamtsleiterkonferenz (GALK e. V.), Arbeitskreis Stadtbäume

Ziele grüner Stadtplanung und Regenwasserbewirtschaftung

Mit der Vorlage des Weißbuches Stadtgrün „Grün in der Stadt – Für eine lebenswerte Zukunft“ empfiehlt der Bund den Kommunen u. a. die Stärkung des Klimaschutzes in der integrierten Stadtplanung durch funktionales Stadtgrün, um so die Klimafolgen zu mindern. (Sie finden eine Kopie des Weißbuches Stadtgrün unter Kapitel 1.5.) Durch die Förderung der Verdunstung des Regenwassers soll das innerörtliche Klima stabilisiert und das Mikroklima verbessert werden. Die Nutzung von Regenwasser als neue Strategie kann in einem interdisziplinären Ansatz folgende Ziele erreichen:

Mikroklima verbessern

- Regenwasserbewirtschaftungssysteme können bei funktionaler Integration von Pflanzen, v. a. mit Bäumen, aber auch mit Sträuchern, Bodendeckern, Gräsern und Stauden, die Gestaltungsmöglichkeiten in der urbanen Stadtlandschaft erweitern, Flächenkonkurrenzen reduzieren und Pflegekosten senken.
- Die zusätzliche Versorgung mit Wasser erhöht die Transpirationsleistung der Pflanzen, sofern in Trockenphasen zusätzlich gewässert wird und die Pflanzen vital und gesund bleiben. Zudem wird das Wachstum der Pflanzen gefördert, sodass der Kühleffekt durch die vergrößerte und vitale Blattoberfläche noch verstärkt werden kann.
- Der Schadstoffbindung durch Pflanzen über die Wurzelpassage kommt in Hinblick auf den Grundwasserschutz eine weitere Bedeutung zu.
- Die Abwassersysteme der Stadt werden entlastet.
- Die Schaffung neuer Lebensräume erhöht die Biodiversität.

Abb. 4.4.1-1: Wohnanlage mit vielfältiger Vegetation und Regenwasserversickerung (Quelle: Balder)

Je nach Örtlichkeit, lokaler Wertschätzung, Finanzierung und politischen Vorgaben ergeben sich zahlreiche Möglichkeiten.

Gestaltung

Zwangsläufig ist die Integration dezentraler Entwässerungssysteme in die Stadtgestaltung in ihren Möglichkeiten von der räumlichen Dimension des Ortes, der Topografie, der Bodensituation sowie seiner Nutzung abhängig. Der Spielraum der planerischen Konzepte ist in neu zu errichtenden Stadtquartieren vielfältiger als bei Veränderungen im Altbestand. In aktuellen Planungskonzepten (u. a. Schwammstadt) erscheinen die Möglichkeiten grenzenlos und visionär, doch liegen hierzu nur vereinzelt wissenschaftliche Studien und keine Langzeiterfahrungen vor, insbesondere auch zur Funktionalität der Anlagen.

Im Folgenden werden grundsätzliche Ansätze mit ihren bisherigen Erfahrungen der Gestaltung, Pflanzenverwendung, Stadtmöblierung und Nutzung vorrangig in Verbindung mit Mulden aufgezeigt.

Versickerungsmulden

Herkömmliche Versickerungsmulden ergeben ein relativ monotones Stadtbild und werden in der Regel lediglich mit Rasen begrünt ohne größere Effekte für die Biodiversität. Nach gültigen Regelwerken ist eine Bepflanzung nicht zwingend notwendig, es stehen dem jedoch auch keine Bedenken gegenüber, solange auf flachwurzelnde Pflanzen zurückgegriffen wird.[1]

In eng bemessenen Räumen ist die Pflanzenverwendung eher kleinteilig, bei entsprechend größeren Gebieten wie Stadtquartieren können neben Straßen unter anderem auch Plätze, Freizeit- und Spielbereiche mit Mulden konzipiert werden. Pflanzenauswahl und Gestaltungsspielräume sind hier größer und sollten zur Steigerung der Aufenthaltsqualität sowie zur Identifikation des Ortes genutzt werden. Die Kombination von klassischen Versickerungsmulden und Bäumen als ortsbildprägende Elemente kann auf verschiedene Weise erfolgen. So können Baumpflanzungen entweder

Versickerungsmulden und Bäume

- an den jeweiligen Kopfenden der Mulde,
- direkt im Sohlenbereich der Mulde,
- erhöht auf einem Planum, das sich in der Mitte der Mulde befindet,
- seitlich zur Mulde in unversiegelten/versiegelten Bereichen als Pflanzstreifen

[1] DWA-Arbeitsblatt A 138, 2005: Planung, Bau und Betrieb von Anlagen zurVersickerung von Niederschlagswasser.

- oder seitlich zur Mulde in Baumscheiben ansonsten versiegelter Bereiche

vorgenommen werden.

Abb. 4.4.1-2: Platzierung von Bäumen in der Muldenmitte im Sohlenbereich (Quelle: Balder)

Im Bereich der **Straße** können Versickerungsmulden entweder seitlich zur Fahrbahn, parallel zu Parkbuchten oder als Mittelinsel angeordnet werden. Sie werden entlang der Straße[1] oder parallel zu Parkbuchten meist standardisiert länglich und in Form eines Rechtecks mit variabler Länge und Breite konzipiert. Die Abstandsvorschriften zur Bebauung sind einzuhalten. Versickerungsmulden, die als Mittelinsel oder -streifen zwischen den Fahrbahnen fungieren, sind häufig breiter und länger.

Auf **Plätzen** ist die Gestaltung von Versickerungsmulden auf verschiedene Weise möglich. Je nach Platz-

1 Richter, M. und Dickhaut, W., 2023: Dezentrale Regenwasserbewirtschaftung an Baumstandorten. In: Jahrbuch der Baumpflege 2023, 99-119. Haymarket Media

angebot und Nutzung des Areals können sie großflächig oder in mehreren kleineren Abschnitten angeordnet werden. Auch bezüglich Form und Anordnung sind bei entsprechendem Platzangebot keine Grenzen gesetzt. Eine Begrünung kann um Stadtmöbel zur vielfältigen Nutzung eines Platzes ergänzt werden.

In **Wohngebieten** können die Versickerungsmulden entweder entlang der Hauswand oder großflächig im Innenhof der Wohnanlage platziert werden. Soll eine Versickerungsmulde in der Nähe eines Wohnhauses oder Gebäudes konzipiert werden, muss zunächst abgeklärt werden, ob das angrenzende Gebäude unterkellert ist und ob eine wasserdruckhaltende Abdichtung vorhanden ist. Bei unterkellerten Gebäuden sollte der Abstand der Versickerungsmulde vom Baufußgrund das 1,5-Fache der Baugrundtiefe vorweisen, Größe und Form richten sich nach dem vorhandenen Platz sowie der zu entwässernden Fläche. Das anfallende Regenwasser kann über Fallrohre vom Dach und über oberflächlich gestaltete Rinnen in die Versickerungsmulde geleitet werden.

Abb. 4.4.1-3: Versickerungsmulde entlang der Hauswand mit Staudenbepflanzung (Quelle: Balder)

Bei den im Innenbereich von Wohnanlagen angelegten Versickerungsmulden besteht die Möglichkeit, diese bei ausreichendem Platzangebot großflächig zu gestalten (s. Abb. 4.4.1-1). Das anfallende Regenwasser kann hier entweder durch eine leichte Absenkung in Richtung der Mulde zur Versickerungsmulde geleitet werden oder für die Ableitung des Regenwassers vom Dach, durch Fallrohre in Kombination mit weiteren Rohren, die zur Versickerungsmulde führen. Großflächig angelegte Versickerungsmulden können im Innenbereich von Wohnanlagen mit einer Freiraumfläche für die Anwohner gartenarchitektonisch kombiniert werden. Hierbei sollte auf eine gute Integration der Mulde in die Freiraumfläche geachtet werden, um die Versickerungsmulden vor Verdichtungen, die beim Betreten der Fläche entstehen können, zu schützen.

Gestaltungsspielräume nutzen

Schutzmaßnahmen integrieren

Wasserflächen

Ästhetisch ansprechend ist die Gestaltung von Wasserläufen, Teichen und Seen, sofern die räumlichen Gegebenheiten es zulassen. Der Mehrwert ist in Wohnanlagen besonders groß. Offene Wasserflächen erhöhen den Kühleffekt um ein Vielfaches, was entsprechende Regenmengen mit Kontinuität voraussetzt. Die Begrünung kann themenbezogen vorgenommen werden. Die Biodiversität wird in diesen Arealen um wasserliebende Lebewesen ergänzt.

Kühleffekt

Stadtmöblierung

Um Beschädigungen oder Verdichtungen von Regenwasseranlagen im Freizeitbereich vorzubeugen, sollten den Nutzern Hilfestellungen angeboten werden, die das Betreten der sensiblen Freianlagen vermindern. Um beispielsweise das Sitzen auf den Grünflächen zu reduzieren, sollten ausreichend Bänke aufgestellt werden. Mittels Wegplatten oder Brücken über Mulden können die Nutzer zu den Bänken geleitet werden, ohne dabei die sensiblen Versickerungsmulden direkt betreten zu müssen. Als weitere Möglichkeit kann das Einrahmen dieser Flächen mittels Zäunen, Steinbeeten oder Bepflanzungen rund um das Areal gesehen werden. Hiermit wird eine Barriere geschaffen, die gleichzeitig das Gesamtbild aufwertet[1].

Bepflanzung

Auswahl geeigneter Pflanzen

Alle diese Gestaltungselemente wirken sich unmittelbar auf das Design eines Ortes aus, sie können durch Vegetationselemente optimal ergänzt werden. Dies setzt aber voraus, dass geeignete Pflanzen ausgewählt werden, ihr Größenwachstum beachtet wird und kontinuierlich eine bedarfsgerechte Pflege stattfindet.

Bäume

Raumbedarf bedenken

In vielen Regenwasseranlagen werden wegen der Gestaltung, aber auch aus klimatischen Erwartungen Bäume integriert. Da Bäume mit den Jahren ein immer größeres Bodenareal erschließen, muss jedoch der für das Wurzelwachstum benötigte Raumbedarf mitberücksichtigt werden, um Schäden und Folgekosten an der technischen Infrastruktur durch Wurzeln zu vermeiden.[2] Seitliche Wurzelbarrieren können bei räumlicher

1 Gorning, G.; Kaletta, M.; Balder, H., 2021: Stadtgestaltung und Biodiversität durch Regenwassermanagement. Pro Baum 2, 19–26.

2 Balder, H.; Goll, L.; Nickel, D.; Rehfeld-Klein, M., 2018: Befunde zur Verwendung von Bäumen in Muldensystemen im Rahmen der Regenwasserbewirtschaftung. Pro Baum 4, S.15 –2.

Enge und aggressiven Baumarten das Einwurzeln in benachbarte hochwertige Areale abwehren, sodass das Anheben von Beeteinfassungen oder Bürgersteigplatten sowie das Aufbrechen von Asphaltflächen verhindert werden kann.

Nach DWA-A 138 (2005)[1] sollte bei der Pflanzung von Bäumen ein Mindestabstand zwischen Wurzelwerk und Rigole eingehalten werden, der der Hälfte des zu erwartenden Kronendurchmessers entspricht. Eine großräumige Muldenbauweise sowie die verbesserte Wasserversorgung der Vegetation bewirken eine deutliche Wuchssteigerung der Bäume gegenüber der herkömmlichen Pflanzgrubenbauweise. Damit verbunden ist auch die zunehmende Schattierung der Muldenareale mit Folgen für die Bodenvegetation und den Pflegeaufwand.

Sträucher

In kleindimensionierten Regenwasseranlagen können alternativ Sträucher verwendet werden. Wüchsigkeit, Schnittverträglichkeit und Blühwilligkeit sind Kriterien bei ihrer Verwendung. Die Wurzelentwicklungen sind meist weniger aggressiv.

---

1 DWA-Arbeitsblatt A 138, 2005: Planung, Bau und Betrieb von Anlagen zur Versickerung von Niederschlagswasser.

Abb. 4.4.1-4: Strauchbepflanzung einer Mulde (Quelle: Balder)

Gräser und Stauden

Auch Gräser und Stauden sind relativ problemlos in Regenwasseranlagen zu verwenden. Als Entscheidungskriterium gelten auch hier Wüchsigkeit und Blühwilligkeit. Bedacht werden sollte aber auch die individuelle Verträglichkeit gegenüber Staunässe und Trockenheit, daher sind Pflanzen für wechselfeuchte Bedingungen zu bevorzugen. Werden sie in Ergänzung zu Bäumen und Sträuchern verwendet, ist die zunehmende Konkurrenz um Wasser, Nährstoffe und Licht zu beachten.

Pflege

Die Unterhaltung von Regenwasseranlagen hat bislang die Aufrechterhaltung ihrer Funktionalität im Fokus[1] (Balder u. a., 2022). Bei Mulden-Rigolen-Konzepten soll

[1] Balder, H.; Kaletta, M.; Gorning, G.; Nickel, D., 2022: Erfahrungen zur Grünpflege von Mulden im Regenwassermanagement. NL 23 – 27.

Regelmäßige Mahd

eine sog. belebte Oberbodenschicht, von 30 cm Dicke, auf drainfähigem Unterboden, durch Durchwurzelung mit Gräsern möglichst lange die Versickerungs- und Reinigungsleistung gewährleisten. Die regelmäßige Mahd von Versickerungsflächen ist wichtig, um eine Eutrophierung der Flächen zu verhindern. Die Bewirtschaftung muss daher folgende Aspekte durch geeignete Maßnahmen sichern:

- Regelmäßige Mahd der Gräsereinsaaten nebst Abfuhr des Mähguts zur ästhetischen Gestaltung der Muldenoberfläche, meist 6 x pro Jahr mit geeigneten Maschinen zur Vermeidung von Bodenverdichtungen
- Vertikutieren der Rasennarbe zur Aufrechterhaltung der Versickerungsleistung
- Beseitigung von unerwünschtem Pflanzenaufwuchs, u. a. Wurzelunkräuter, Gehölzsämlinge zur Aufrechterhaltung der gestalterischen Qualität
- Entfernen von eingetragenem Laub, Nadeln und Ästen zur Reduktion der organischen Bestandsanteile in der belebten Bodenzone
- Optische Kontrolle der Versickerungsleistung nach Starkniederschlägen zur Verhinderung von Überflutungen
- Aufsammeln von eingetragenem und abgelagertem Müll, Baustoffen, Hundekot zur Vermeidung von Schadstoffeinträgen in den Unterboden
- Nachsaaten oder Rollrasenverlegungen nach Auflösungen der Narbenoberfläche, u. a. nach Sommertrockenheit, Winterschäden, mechanischen Beschädigungen

- Kontrolle auf bodenbürtige Schädlinge, die die Rasennarbe schädigen, u. a. Junikäfer-Engerlinge, Tipula-Larven und Vornahme von geeigneten Bekämpfungsmaßnahmen
- Kontrolle des Bodens auf Schadstoffentwicklungen, um Grundwassereinträge zu verhindern

Abb. 4.4.1-5: Bodenschonende Mahd mit einem Handrasenmäher; geringe Bodenverdichtung, weil leichte Maschine (Quelle: Balder)

Ästhetik und Gestaltung von Regenwasseranlagen zur Qualitätssteigerung urbaner Lebensbereiche werden jedoch zunehmend weitergedacht. So werden auf Stadtquartiersebene Straßen, Plätze, Vorgärten und Innenhöfe vielfältig begrünt und möbliert. Neben den zuvor genannten Pflegemaßnahmen kommen jetzt weitergehende Pflegetätigkeiten auf dienstleistende Akteure zu. Hierzu zählen:

- Anwuchssicherung von Jungbäumen und Sträuchern
- Kontinuierlicher Kronenaufbau und Formschnitt der Gehölze

- Heckenschnitt zur Formgebung und zur Barrierewirkung
- Bodendecker- und Staudenpflege zur Erhaltung des Vegetationsbildes
- Beseitigung von Wurzelschösslingen
- Baumkontrolle im Rahmen der Verkehrssicherungspflicht
- Kontrolle auf Lästlinge, u. a. Mäuse, Ratten, Kaninchen
- Winterdienst auf integrierten Wegen und Plätzen
- Laub- und Totholzentfernung
- Bewässerung bei Trockenheit
- Nachpflanzen bei Ausfällen
- Herstellen von Lichtraumprofil und Blickachsen
- Beseitigung von Hundekot

Anpassungen an Forderungen zur Biodiversität

Biodiversität an Versickerungsmulden

Vorhandene Regenwasseranlagen können im Rahmen der Weiterentwicklung angepasst werden, um den politischen Forderungen nach mehr Biodiversität gerecht zu werden.[1] Standardisierte Pflegekonzepte können in diese Richtung angepasst werden, was sich sogar kostengünstig auswirken kann. Dies kann durch folgende Pflegemaßnahmen erzielt werden:

[1] Gorning, G.; Kaletta, M.; Balder, H., 2021: Stadtgestaltung und Biodiversität durch Regenwassermanagement. Pro Baum 2, 19–26.

- Eine reduzierte Mahdabfolge fördert Blütenentwicklungen zum Wohle von Insektenpopulationen.
- Bei der Umstellung auf extensive Pflegekonzepte kann geeignetes Saatgut in die vorhandene Grasnarbe manuell eingebracht und bei anfänglicher Bewässerung etabliert werden.
- Die größere Vielfalt in der Vegetation schafft andere Stadtbilder.
- Die Umstellung dient dem Arten- und Naturschutz.
- Ergänzungen können auch mit Sträuchern oder Bäumen realisiert werden.
- Bei Aufwuchs unerwünschter Vegetation muss diese entfernt werden, u. a. Gehölze, allergene Pflanzen.

Abb. 4.4.1-6: Großräumig angelegte Regenentwässerung ohne Mahd (Quelle: Balder)

Die extensive Pflege von Versickerungsmulden steigert die Biodiversität beträchtlich, dabei sollten Regenerationspausen von bis zu zehn Wochen eingelegt werden. Eine Steigerung der Diversität kann innerhalb eines Jahres erreicht werden, wenn die Mahd auf maximal vier beziehungsweise nur zwei Termine pro Jahr beschränkt wird. Eine Schnitthöhe von mindestens 10 Zentimetern bietet den meisten Pflanzen genügend Assimilationsfläche zur Regeneration und lässt ausreichend Erneuerungsknospen für einen erneuten Aufwuchs zurück.

Anpassungen der Begrünungskonzepte von Mulden bieten sich weniger in Stadtzentren an, sondern eher in lockeren Wohngebieten am Stadtrand oder in Industrieregionen. Diese neuen Konzepte zur Förderung der Biodiversität sollten jedoch noch wissenschaftlich in ihrer Entwicklung begleitet werden, insbesondere muss geklärt werden, ob die Funktionalität der Mulden-Rigolen-Systeme mit den Standjahren leidet. Es macht aber Mut, Regenwasserkonzepte auch in der Pflege weiterzudenken. Es sollte demnach ein gesundes Gleichgewicht zwischen Biodiversitätsförderung und Instandhaltung der Versickerungsfunktion gefunden werden.

4.4.2 Chancen und Risiken bei Konzepten zur Schwammstadt

Interdisziplinäre Entwicklungsarbeiten und Langzeitstudien

Jede neue Technologie birgt Chancen und Risiken, beides sollte vor ihrer breiten Einführung in die Praxis abgeklärt sein. Komplexe Systeme zur Optimierung der Stadt der Zukunft erfordern daher im Vorfeld interdisziplinäre Entwicklungsarbeiten und Langzeitstudien, was bei der aktuellen Klimaentwicklung und dem Ruf nach unmittelbaren Maßnahmen offensichtlich keinen Aufschub erlaubt. Insbesondere die Verwendung von langlebigen Gehölzen in der propagierten Schwammstadt mit ihren Anpassungsformen an veränderte Regenwassersituationen bedarf daher der steten Analyse. Die Erkenntnisse aus realisierten Projekten müssen stetig zur Aufstellung von gesicherten Standards beitragen.

Hintergrund

Die Klimaveränderungen der letzten Jahre mit Starkregenereignissen, Hochwasserfluten, Stürmen, Hitze- und Trockenzeiten haben die Diskussion um einen Paradigmenwechsel im Umgang mit dem urbanen Wasserhaushalt in Politik, Verwaltung, Wirtschaft und Wissenschaft ausgelöst. Visionär wird gefordert, Regenwasser aus den Kommunen und Städten nicht mehr abzuleiten, sondern es für die Grundwasserneubildung, zur Bewässerung des Stadtgrüns und zur Abkühlung aufgeheizter Innenstädte zu nutzen (vgl. 4.4.1). Die Pflanzenverwendung und ihre Einbindung in blau-grüne Infrastrukturen gelingt aber nur, wenn die Wachstumsansprüche der Gehölze erfüllt und für eine lange Standzeit durch eine fachgerechte Unterhaltung gesichert sind. Auch muss ihre räumliche Entwicklung und Anpassungsfähigkeit an neue Wuchssituationen bekannt sein, um Fehlentwicklungen oder Absterben der Bäume und Schäden an urbanen Strukturen zu vermeiden. Der Verkehrssicherheit der öffentlichen Freiräume kommt hierbei eine besondere Bedeutung zu.

Die soeben beschlossene deutsche Anpassungsstrategie an den Klimawandel 2024 (DAS) fordert in Erfüllung des Bundesklimaanpassungsgesetzes (2023) die gesicherte Aktivierung von Stadtgrün, um Hitzebelastungen zu reduzieren.[1] Eine Stadt nach dem Schwammstadt-Prinzip muss daher weitsichtig und mit Lebenszyklusansatz geplant werden. Der bisherige Wissensstand zu dieser speziellen Gehölzverwendung wird nachfolgend dargestellt.

Baumwachstum und Wasserhaushalt

Individuelle Wurzelbedingungen je nach Standort

Wasser beeinflusst auf vielfältige Weise die vitale und räumliche Wurzelentwicklung von Gehölzen.[2] Jungbäume sind in der Lage, in der Etablierungsphase eines Standorts in tiefere Bodenschichten vorzudringen und aus dem Grundwasser ihren Wasserbedarf zu decken, Altbäume sind hierzu nur bedingt fähig (siehe Abb. 4.4.2-1). An Standorten mit hohem Grundwasserstand hingegen bilden die gleichen Baumarten flache, weitstreichende Wurzelsysteme aus, sodass ihre Standsicherheit dort eingeschränkt ist und ihre Sensibilität auf Grundwasserschwankungen zunehmen kann.

1 BMUV, 2024: Die Deutsche Anpassungsstrategie an den Klimawandel. Berlin.

2 Balder, H. (1998): Die Wurzeln der Stadtbäume. Ulmer Verlag, Stuttgart.

Windwürfe nehmen daher bei erhöhter Sturmbelastung im Klimawandel zu.

Abb. 4.4.2-1: Baumentwicklungen und Wasserhaushalt – Anpassungen und Folgen bei Grundwasserveränderungen (Quelle: Balder)

Stabiler Wasserhaushalt als wichtige Voraussetzung

Voraussetzung für ein vitales langjähriges Baumwachstum ist daher ein stabiler Wasserhaushalt. Vielerorts haben in der Siedlungsgeschichte die dichte urbane Bebauung, großräumige Bodenversiegelungen und unkontrollierte Eingriffe in den Wasserhaushalt, insbesondere bei Baumaßnahmen, zu sinkenden Grundwasserpegeln in den Stadtzentren geführt.[1] In der Folge haben sich die Baumbestände vital in ihrer Wurzelausbreitung schrittweise in der Tiefe anpassen können oder sie erlitten großräumig merkliche Trockenschäden.[2] Um Baumausfälle zu verhindern, haben daher viele Städte zwischenzeitlich Baumschutzsatzungen erlassen und

---

1 Meyer, F.-J. (Hrsg.) (1982): Bäume in der Stadt. Ulmer Verlag, Stuttgart.

2 Balder, H. (1998): Die Wurzeln der Stadtbäume. Ulmer Verlag, Stuttgart.

bemühen sich, die Grundwasserstände stabil zu halten und sogar wieder zu erhöhen. Mit einem Pegelanstieg ist aber die Gefahr der Staunässe insbesondere bei älteren Bäumen verbunden.

Aktuelle Grundwasserstände beachten und Entwicklung vordenken

Hieraus folgt, dass bei der Konzeption und Ausweisung von punktuellen Regenwasseranlagen (u. a. Mulden, Baum-Rigolen) bis hin zu größeren Schwammstadtquartieren die aktuelle Grundwassersituation evaluiert werden muss, um die Gefahren für die Baumgesundheit eines vorhandenen Altbaumbestands einschätzen zu können. Eine gewünschte Regenwasserversickerung darf nicht dazu führen, dass das Grundwasser nennenswert ansteigt, wenn in der Folge vorhandene Altbäume durch Staunässe und Wurzelfäule belastet werden. Jungbäume sind hingegen in der Lage, sich noch oberflächennah anzupassen (siehe Abb. 4.4.2-1).

Moorwiedervernässung mit unbekannten Folgen

Ähnlich kritisch muss auch die aktuelle Forderung nach Wiedervernässung von Mooren im Rahmen der Maßnahmen zur Wiederherstellung der Natur[1] und die damit zu erwartenden steigenden Grundwasserpegel begleitet werden, um negative Auswirkungen auf Stadtbäume auszuschließen. Dies muss im Fokus der deutschen Anpassungsstrategie an den Klimawandel für das Jahr 2030 stehen, denn nur ein vitales und gesundes Stadtgrün ist leistungsfähig und erreicht große Baumkronen mit der anzustrebenden Überschirmung der Stadt.[2] Bislang liegen von Schwammstadtprojekten keine Studien zu den tatsächlichen Auswirkun-

---

1 EU Restoration Law (2024): Gesetz zur Wiederherstellung der Natur. Brüssel

2 BMUV (2024): Die Deutsche Anpassungsstrategie an den Klimawandel. Berlin.

gen auf die lokalen Grundwasserstände vor, da viele Projekte sich noch im jungen Pilot-Stadium befinden.

Hochwasser mit Folgen für Baumbestände

Mit den Klimaveränderungen sind auch veränderte Hochwasserereignisse verbunden. Immer häufiger treten Überschwemmungen nicht nur im Frühjahr, sondern nach Starkregenereignissen und bei trockenen Böden in der sommerlichen, sensiblen Vegetationsperiode auf. Sie verursachen neben manuellen Schäden durch Treibgut unmittelbar und mittelfristig Wuchsbeeinträchtigungen überfluteter Baumbestände. Je nach Dauer des Hochwassers, der Empfindlichkeit der Baumart und der Bodensituation reagieren die Bäume infolge der Sauerstoffarmut mit kurzzeitiger Kleinblättrigkeit (siehe Abb. 4.4.2-2), Regeneration, Absterben und mit den Jahren mit einer geringen Standfestigkeit. Ihre wissenschaftliche Aufarbeitung liefert wichtige Hinweise für die Gehölzverträglichkeit bei größeren Regenwassermengen und längeren Standzeiten, wie sie in der Schwammstadt zu erwarten sind.[1] Der bisherige Erfahrungs- und Wissensstand muss für alle Beteiligten die Grundlage für ein verantwortungsvolles Handeln sein.

[1] Balder, H. & Wagner, J.-P. (2016): Grünflächenmanagement für hochwassergefährdete Baumstandorte. NL, 34–39. GALK (2024): Positionspapier „Wassersensible Straßenraumgestaltung"; Versickerungsanlagen sind keine Baumstandorte. Leipzig.

Abb. 4.4.2-2: Kleinblättrigkeit bei Linde (rechts) nach Sommerhochwasser (Quelle: Balder)

Gehölzentwicklung in der Schwammstadt – quo vadis?

Dezentrale Regenwasserversickerungsanlagen werden konventionell mit Gräsern bepflanzt, da die Versickerung durch die bewachsene Oberbodenschicht einen i. d. R. erforderlichen Reinigungsschritt zum Schutz des Grundwassers darstellt. Eine Verwendung von Gehölzen wird hingegen eher kritisch gesehen, da grundsätzliche Fragen der Wasserwirtschaft noch der Klärung bedürfen, u. a. ein potenziell negativer Einfluss der Wurzelsysteme auf die langfristige Funktionalität der Anlagen, der Eintrag von unerwünschten Stoffen in das Grundwasser. Die Errichtung von Mulden an Streusalz belasteten Straßen wird klar abgelehnt (DWA A 138). Als **Chance** soll die Zufuhr von Regenwasser die kostenintensive Bewässerung bei Stadtbäumen ersetzen, ein vitales Gehölzwachstum mit ortsprägenden Bäumen ermöglichen und durch Verdunstung und Transpiration eine kühlende Wirkung für die Umgebung entfalten. Dies setzt Funktionalität eines komplexen Systems im Lebenszyklusmodell voraus.

Nachhaltige Förderung des Pflanzenwachstums unter Mulden-einfluss

Bisherige Untersuchungen von Projekten mit längeren Laufzeiten belegen eine nachhaltige Förderung des

Pflanzenwachstums unter Muldeneinfluss im Vergleich zu konventionellen Pflanzenstandorten. Alleen entwickeln sich homogen, die Belaubung ist dicht und von einer guten Nährstoffversorgung gekennzeichnet (siehe Abb. 4.4.2-3). Offensichtlich werden mit dem Niederschlagswasser zusätzlich Nährstoffe den Bäumen auf diese Weise zugeführt, Trocken- und Hitzeschäden werden deutlich reduziert. Dies ist zweifelsfrei der verbesserten Wasserversorgung zuzuschreiben, aber auch einer weiträumigen Standortverbesserung durch die Muldenbauweisen selbst verglichen mit herkömmlichen Pflanztechniken.[1]

Abb. 4.4.2-3: Deutliche Wuchsförderung von Straßenbäumen unter Muldeneinfluss (rechts konventionell) (Quelle: Balder)

Die sich entwickelnden Wurzelsysteme der Bäume breiten sich auf der Suche nach Wasser vorrangig länglich in der Muldenmitte aus und entwickeln einen Großteil

[1] Balder, H.; Rehfeld-Klein, M.; Goll, L. & Nickel, D. (2018): Befunde zur Verwendung von Bäumen in Muldensystemen im Rahmen der Regenwasserbewirtschaftung. ProBaum 4, S. 15–21.

ihrer Wurzeln im organisch angereicherten Oberboden (siehe Abb. 4.4.2-4). Senkerwurzeln bewirken gleichzeitig bislang eine sichere Verankerung der Bäume. Dabei entwickeln sie kräftige Starkwurzeln, sodass sie bei räumlicher Enge an ihren zugewiesenen Standorten seitlich der Mulden die Bordsteinkanten durch- und unterwachsen mit folgenschweren Verdrückungen, Belagshebungen und -zerstörungen (siehe Abb. 4.4.2-5). Dies kann verhindert werden, indem seitlich Wurzelbarrieren eingebaut werden. Insbesondere muss aber eine Baumart in Hinblick auf den erforderlichen Wurzelraum gewählt werden, d. h. Muldenbreiten von 1,5 bis 3,0 m lassen nur die Verwendung von Sträuchern oder kleinwachsenden Baumarten zu. Eine messbare Abkühlung von Hitzeinseln setzt aber Großbäume mit zu erzielenden Großkronen und entsprechender Überschirmung voraus. Dies ist nur bei entsprechend groß dimensionierten Straßenquerschnitten oder auf Plätzen zu realisieren.

Abb. 4.4.2-4: Wuchsorientierung der Wurzelsysteme hin zur Muldenmitte (Quelle: Balder)

Abb. 4.4.2-5: Schäden an der technischen Infrastruktur (Quelle: Balder)

Bleiben die Wurzeln oberflächennah, führen Pflegegänge in grasbewachsenen Mulden zu mechanischen Wurzelschäden. Bei einseitiger Ausstattung von Straßen mit Mulden sind aggressive Baumarten in der Lage, unter Asphaltbelägen hindurchzuwachsen, um die „Wasserquelle" zu erreichen. Die Schäden und Reparaturaufwendungen des Straßenbaus sind entsprechend.

Baumwachstum in der Planung beachten

Mit der Zunahme der Kronengröße werden begleitende Vegetationsflächen beschattet, sodass u. a. Bodendecker, Rosen, Stauden und Sträucher unter Lichtmangel leiden und sich individuell zurückziehen. Hierunter leidet die Ästhetik von Gestaltungsgrün, auch verlieren die Anpflanzungen ihre Barriere-Wirkungen, sodass Trampelpfade entstehen. Die bislang verwendeten Baum- und Straucharten sowie Stauden wachsen allesamt gut; abgesehen von den Wurzelproblemen konnten grundlegende Entwicklungsunterschiede bislang nicht erkannt werden.

Die **Risiken** von Fehlentwicklungen und Schäden an den technischen Infrastrukturen sind erheblich und setzen umsichtige Planungen voraus. Hieraus ergeben sich vielfältige Pflegemaßnahmen, die konsequent zum Schutz der Investitionen mitgedacht und durchgeführt werden müssen. Mit der Standzeit nimmt auch der Wasserbedarf, der an gute Wuchsbedingungen gewöhnten Bäume, zu. Hieraus folgt, dass mit den Klimaveränderungen auch in der Schwammstadt bei Bedarf Bäume gewässert werden müssen, um Ausfälle zu vermeiden.[1] Die hohen städtebaulichen Investitionen sind nur bei fachgerechter Unterhaltung zu rechtfertigen.

Auch in der Schwammstadt müssen bei Bedarf Bäume gewässert werden

Stark wachsende Bäume mit hohem Wasserbedarf sind in Trockenzeiten in der Lage, mit weitstreichenden Wurzeln die Feuchtigkeit aus dem weiteren Muldenumfeld zu beziehen, sodass an der dortigen Vegetation Trockenschäden entstehen können. Hieraus resultieren potenziell juristische Auseinandersetzungen zwischen den Grundstücksbesitzern. Zur Risikominimierung ist daher zu empfehlen, die Verantwortung in der Unterhaltung klar zu regeln und ganzheitliche Betreibermodelle zu entwickeln.

Betreibermodelle einführen

Funktionalität von Baumrigolen gefährdet?

Der Betrieb von Regenwasseranlagen ist auf lange Zeit angelegt. Die Planung von Retentionsflächen muss entsprechend räumlich ausgelegt sein und dauerhaft funktionsfähig bleiben. Bei zu großer Enge erscheint es daher sinnvoll, grundstücksübergreifende Regenwasserkonzepte zu erproben und in den Baugenehmigungsverfahren zu etablieren. Die Topografie eines

[1] Balder, H.; Kaletta, M.; Gorning, G. & Nickel, D. (2022): Erfahrungen zur Grünpflege von Mulden im Regenwassermanagement. NL, S. 23–28.

Stadtquartiers muss bedacht und dazu genutzt werden, die Wasserwege vorzudenken und in die Planungskonzepte sinnvoll zu integrieren, u. a. auch zur Gestaltung, Speicherung und Verdunstung von größeren Regenwassermengen durch die Integration offener Wasserflächen. Dies bedingt vertragliche Vereinbarungen der beteiligten Akteure. Die Drainfähigkeit der zur Versickerung vorgesehenen Flächen muss daher dauerhaft gegeben sein.

Die Bepflanzung derartiger Anlagen mit Bäumen zur Gestaltung wirft aktuell elementare Fragen auf. So existieren Bedenken seitens der Wasserwirtschaft hinsichtlich der Risiken für den Grundwasserschutz durch Kurzschlussströmungen entlang der Baumwurzeln, einer unerwünschten Verdichtung des Untergrunds durch Wurzeln und einer möglichen Beeinträchtigung der Filterstabilität von Rigolen. Umfangreiche Bewässerungsversuche in Berlin haben ergeben, dass auch nach mehr als 20-jähriger Laufzeit trotz des Einwuchses von Baumwurzeln von Hainbuchen in Mulden bislang keine Beeinträchtigungen der geforderten Versickerungsleistung messbar waren (siehe Abb. 4.4.2-6). Bei Wassersättigung des Untergrunds ist die Drainfähigkeit etwas eingeschränkt. Langzeitstudien müssen die Verwendung anderer Baumarten noch abklären, da ein stärkerer Wurzelfilz sehr wohl negative Effekte erwarten lässt.

Versickerungsfähigkeit lässt nicht nach

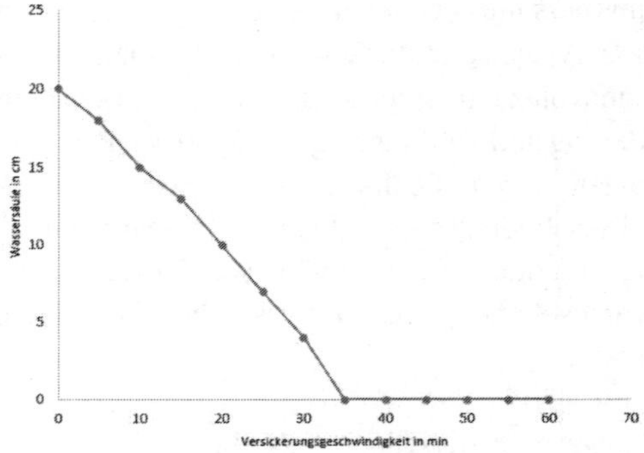

Abb. 4.4.2-6: Versickerungsleistung bei trockenem Untergrund nach künstlicher Flutung (Quelle: Balder)

Regenwasseranlagen stellen neue Lebensräume für Organismen dar. Anpassungen in der Pflege haben bereits zur Steigerung der Biodiversität geführt, u. a. durch veränderte Mahdabfolgen.[1] Offene Wasserflächen und länger stehendes Wasser tragen jedoch auch zur Vermehrung von Lästlingen und Krankheitserregern bei, u. a. von Mückenpopulationen, was in Wohnanlagen eher problematisch werden dürfte.

Gestaltung mit Gehölzen mit Weitsicht erforderlich

Bäume können in Hinblick auf ihre Verwendung in dezentralen Regenwasseranlagen auf unterschiedliche Weise räumlich konzipiert werden, um die blau-grüne

[1] Balder, H.; Kaletta, M.; Gorning, G. & Nickel, D. (2022): Erfahrungen zur Grünpflege von Mulden im Regenwassermanagement. NL, S. 23–28.

Infrastruktur für die klimaresiliente Stadt der Zukunft gestalterisch zu entwickeln.[1] Großbaumarten benötigen zur Erzielung ihrer langfristig gewünschten Wirkung, dass hierfür breite Mulden von mindestens 5,0 bis 10 m für einreihige Bepflanzungen konzipiert werden, sinnvoller erscheinen größere Areale mit genügend Entwicklungspotenzial (siehe Abb. 4.4.2-7). In der Praxis werden die räumlichen Wuchsansprüche der Baumarten für eine lange Standzeit noch zu wenig beachtet.

Abb. 4.4.2-7: Großräumig angelegter Baumhain (Spree-Eiche) bei Starkregen (Quelle: Balder)

Die Erfüllung des EU-Restoration Law ermöglicht die Durchsetzung der Wuchsanforderungen der Baumarten. Da weniger die Anzahl der gepflanzten Bäume im Fokus der Umweltpolitik steht, sondern das Erreichen einer vitalen Überschirmung der Stadt, sollte dies genutzt werden, um vor dem Hintergrund der Mobilitätswende und der Flächenentsiegelung neue Baumstandorte zu qualifizieren. Gerade auf Quartiersebene lassen sich Gestaltung, Nutzung und Regenwasservor-

---

[1] Gorning, G.; Kaletta, M.; Balder, H. (2021): Stadtgestaltung und Biodiversität durch Regenwassermanagement. Pro Baum 2, S. 19–26.

sorge großräumig völlig neu denken (siehe Abb. 4.4.2-8).

Abb. 4.4.2-8: Großräumige Platzgestaltung mit Retentionsflächen und attraktiver Begrünung (Quelle: Balder)

Gestalterisch und in Hinblick auf ein vitales Baumwachstum sind der Flächenbedarf sowie der mittel- und langfristige Effekt von Bedeutung, d. h., mit dem potenziellen Wachstum der Gehölze treten die räumlichen Aspekte wie Blickachsen, Lichtraumprofil im Verkehrsraum sowie die zunehmenden Schatteneffekte immer mehr in den Vordergrund. Gleichzeitig steigen auch der Wasserbedarf der Vegetation sowie die Unterhaltungskosten, u. a. Bewässerung, Baumschnitt, Laubentfernung, Baumkontrolle (Verkehrssicherheit). Von daher sind die räumlichen Dimensionen langfristig für die Entwicklung und Finanzierung der Unterhaltungspflege bedeutsam.

Es scheint geboten, die realisierten Projekte weiter durch Experten aller beteiligten Disziplinen in einem offenen Dialog kritisch zu begleiten. Die komplexen Auswirkungen für Städtebau und Gehölzverwendung müssen voll erkannt werden, die Grundwasserentwicklung steht dabei im Mittelpunkt des Interesses (siehe Abb. 4.4.2-9). Auch dies ist Kern des Weißbuchprozesses „Grün in der Stadt – Für eine lebenswerte Zukunft“[1]. Chancen müssen nachvollziehbar durch Best Practise-Beispiele belegt, Risiken benannt und minimiert werden. Nur so lässt sich der Weg hin zur klimaresilienten Stadt mit den anzustrebenden Effekten beschreiten und sicher erreichen.

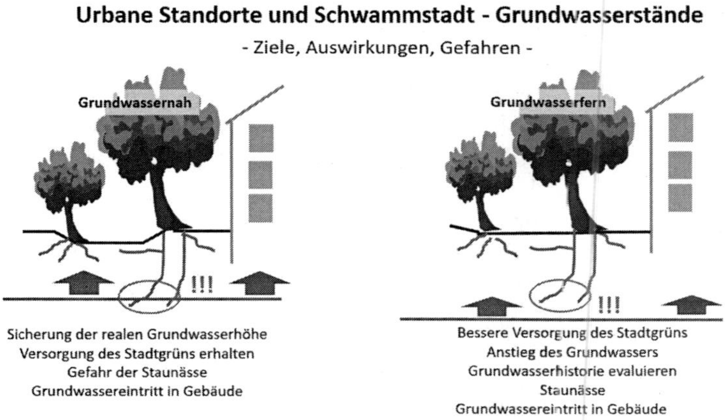

Abb. 4.4.2-9: Ziele und Gefahren der Grundwasserveränderungen auf die Stadtentwicklung (Quelle: Balder)

[1] BMUB (2017): Weißbuch Stadtgrün. Berlin.

Fazit

Die Untersuchungen von realisierten Projekten mit längerer Laufzeit bestätigen die grundsätzliche **Chance**, Gehölze im Einflussbereich von Mulden zu verwenden. Ihre bessere Wasserversorgung fördert das Baumwachstum und vermindert trockenheitsbedingte Schadentwicklungen. Es sind aber auch **Risiken** erkannt, da ein starkes Baumwachstum Schäden an der technischen Infrastruktur der Stadt mit großen Folgekosten auslösen kann, wenn die Verhältnisse zu eng bemessen sind. Negative Auswirkungen auf die Muldenfunktion sowie die Baumentwicklung bezüglich Vitalität, Gesundheit und Verkehrssicherheit (Standsicherheit) sind bislang nicht erkannt, bedürfen aber noch der längerfristigen Betrachtung.

Es wird deutlich, dass die künftigen Konzepte nicht nur allein die Anforderungen der Regenwasserbewirtschaftung betrachten dürfen. Im Fokus der Akteure muss der urbane Gesamtkontext unter Berücksichtigung der vielfältig positiven Effekte für die Lebensraumgestaltung, Luftreinhaltung, Stadtklimatisierung, Erhöhung der Biodiversität sowie Kostentransparenz in der Bauphase und langjährigen Unterhaltung stehen.

4.5 Albedo/Rückstrahlung von Bau- und Gestaltungsmaterialien

Das Lokalklima wird neben der synoptischen Strömung, d. h. der übergeordneten atmosphärischen Bedingungen, stark durch die Beschaffenheit der Erdoberfläche geprägt.

Urbane Räume sind mit ihrer hohen Konzentration von Baumassen grundsätzlich anfälliger gegenüber Wärmebelastung als ländlich geprägte Gebiete, da sich bebaute und versiegelte Flächen stärker aufheizen können als unversiegelte. Diese Eigenschaft führt während extremer Hitzewellen vor allem im Sommer zur Ausprägung von urbanen Hitzeinseln (engl. *urban heat island*, UHI).

Für die Einwohner/-innen größerer, verdichteter Städte kann dies zu starker Wärmebelastung führen, die sich negativ auf die menschliche Gesundheit (im Extremfall) bis hin zum Tod auswirken kann. Die hitzebedingte Morbidität und Mortalität unter den betroffenen Einwohnern und Einwohnerinnen steigt vor allem dann, wenn auch während der Nächte kaum Abkühlung stattfindet (sog. Tropennächte, Mindesttemperatur > 20 °C).

Fokus auf Interaktion und Umwandlung von Strahlungsenergie

Sommerliche Hitzewellen werden durch den Klimawandel in Zukunft noch extremer bezüglich ihrer Dauer und Intensität ausgeprägt sein. Bei der Auswahl von Bau- und Gestaltungsmaterialien sollte daher ein Fokus auf deren Eigenschaften bei der Interaktion und Umwandlung von Strahlungsenergie durch die Sonne liegen. Grundlegende physikalische Einflussgrößen sind dabei die Albedo der Oberfläche, die Wärmeleitfähigkeit und Wärmespeicherkapazität des Materials.

Die Albedo bezeichnet die Rückstrahlfähigkeit einer Oberfläche, also das Vermögen, auftreffende Strahlung zu reflektieren. Sie nimmt Werte zwischen 0 und 1 an und ist umso größer, je mehr Energie reflektiert wird. Je heller die Oberfläche ist, desto mehr Sonneneinstrahlung wird reflektiert, gleichzeitig wird wenig Sonneneinstrahlung absorbiert, was insgesamt eine hohe Albedo zur Folge hat.

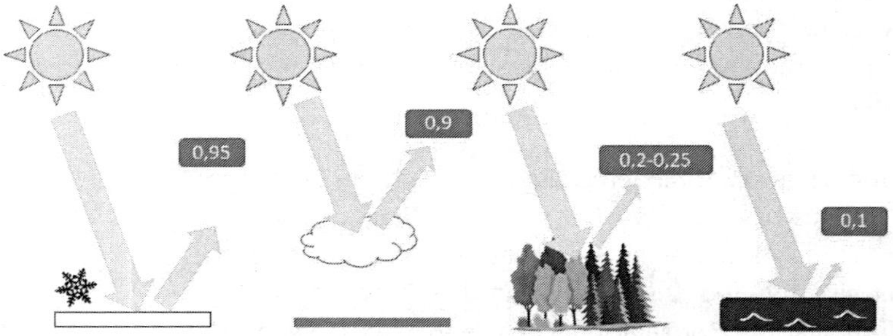

Abb. 4.5-1: Schematische Darstellung der Albedo verschiedener natürlicher Oberflächen (Quelle: ThINK)

Der Grad der Oberflächenerwärmung kann durch geschickte Materialauswahl reduziert werden. Wie viel Energie für die Erwärmung einer Oberfläche zur Verfügung steht, wird maßgeblich durch ihr stoffspezifisches Reflexionsvermögen, die sog. „Albedo", bestimmt. Die nachfolgende Tabelle gibt einen Überblick über das Reflexionsvermögen verschiedener Oberflächen. Der Wert kann dabei für bestimmte Stoffe in Abhängigkeit von ihrem Zustand schwanken (z. B.

Schnee – feuchter, trockener, alter, neuer, dunkler, heller).

Material	Albedo
Wandkonstruktionen	
Photovoltaik	0,16
Sichtbackstein	0,55
Glasfassade	0,31
Natursteinverkleidung	0,28
Holzverkleidung	0,35
Dachziegel	0,1–0,35
Dach mit hellem Anstrich	0,6–0,7
Dachbegrünung	0,7–0,85
Materialien mit einer hohen Varianz der Albedo	
Glasfassade mit Sonnenschutz	0,08–0,68
Aluminiumblechverkleidung	0,1–0,8
Kompaktfassade	0,25–0,7
Leichtbaufassade	0,08–0,68
Gebäudenahe Bodenkonstruktionen	
Betonbelag	0,2–0,38
Kiesbelag	0,29
Rasengittersteinpflästerung	0,25
Betonsteinpflästerung	0,25
Steinplattenpflästerung	0,45
Asphalt	0,05-0,18
Wiese	0,2-0,4

Tab. 4.5-1: Albedowerte verschiedener Oberflächen (Quelle: verändert nach M. Satamouris (2001) & Hoffmann & Geissler [2022])

Abb. 4.5-2: Wandfarbe und Material haben Einfluss auf die Albedo. (Quelle: Gabriele Jahn/ThINK)

Dunkle Oberflächen absorbieren mehr Strahlung als helle Flächen

Dunkle Oberflächen besitzen i. d. R. eine niedrigere Albedo als helle, d. h., sie absorbieren mehr Strahlung als helle Flächen. Helle Flächen verfügen dagegen über ein hohes Rückstrahlvermögen. Sie reflektieren die eintreffende Energie dementsprechend stärker, sodass weniger Sonnenenergie für die Erwärmung der Oberfläche zur Verfügung steht. Im Zusammenspiel mit den Materialeigenschaften Wärmeleitfähigkeit und Wärmespeicherkapazität wird so auch der Wärmedurchlass ins Gebäudeinnere reduziert. Die thermische Belastung der Gebäudenutzer sinkt.

Die Wärmeleitfähigkeit eines Materials beeinflusst, wie gut es Wärme übertragen kann. Materialien mit niedriger Wärmeleitfähigkeit isolieren besser und verlangsamen den Wärmeaustausch zwischen verschiedenen Umgebungen, sei es zwischen Innenräumen und der Außenumgebung oder zwischen der Oberfläche eines Gebäudes und der Atmosphäre. Die Verbindung zwischen Wärmeleitfähigkeit und Albedo entsteht durch die Tatsache, dass Baumaterialien, die eine niedrige Wärmeleitfähigkeit aufweisen, in der Lage sind, Wärme besser zu speichern. In einem städtischen Umfeld kann dies dazu führen, dass die Oberflächen in der Nähe von Gebäuden, Straßen und Gehwegen langsamer abkühlen (UHI).

Dieser Effekt kann in städtischen Gebieten insbesondere während der Nacht zu höheren Temperaturen führen. Wenn nun die Albedo berücksichtigt wird, ist erkenntlich, dass helle, reflektierende Oberflächen dazu neigen, mehr Sonnenlicht zu reflektieren und weniger Wärme aufzunehmen. Kombiniert mit Materialien mit niedriger Wärmeleitfähigkeit können diese Oberflächen dazu beitragen, den Wärmeinsel-Effekt zu mildern, da weniger Wärme in die Gebäude und die umgebende Atmosphäre übertragen wird.

Wärmespeicherkapazität

Die Wärmespeicherkapazität eines Baumaterials gibt an, wie viel Wärmeenergie es speichern kann, wenn es erwärmt wird, und wie gut es diese Wärme über einen bestimmten Zeitraum hinweg halten kann, bevor es abgegeben wird. Materialien mit hoher Wärmespeicherkapazität haben die Fähigkeit, Wärme über längere Zeiträume zu speichern und langsam abzugeben. Das bedeutet, dass selbst nach Sonnenuntergang oder in den kühleren Nachtstunden die aufgeheizte Oberfläche Wärme an die Umgebung abgeben kann. Diese Fähigkeit kann dazu beitragen, den Temperaturanstieg im umgebenden Bereich zu verzögern und abzumildern. Die Wärmespeicherkapazität von Baumaterialien in Verbindung mit der Albedo trägt dazu bei, wie gut ein Gebäude oder eine Umgebung Wärme speichert, reflektiert und abgibt. Dies hat Auswirkungen auf die Temperaturdynamik, den Energieverbrauch und die Energieeffizienz in städtischen und gebäudetechnischen Kontexten.

Tagsüber führt eine hohe Albedo neben einer als unangenehm empfundenen Blendwirkung allerdings dazu, dass benachbarte Gebäude und Flächen die Rückstrahlung empfangen und sich dadurch weiter erwärmen. Um dies zu vermeiden, muss auf genügend Abstand und freien Himmel (Sky-View-Faktor) geachtet werden, damit die reflektierte Strahlung aus den Straßen und von den Plätzen der Stadt in die Atmosphäre entweichen kann.

Sky-View-Faktor

Um die Albedo urbaner Oberflächen zu erhöhen, können dunkle, sich stark aufheizende Materialien (z. B. Asphalt, Bitumen oder Teerdächer) auf Verkehrsflächen, städtischen Freiflächen und Dächern sukzessive durch Werkstoffe und Oberflächengestaltungen mit günstigeren Eigenschaften ersetzt werden.

Hitzeoptimierte Rückstrahleigenschaften

Hitzeoptimierte Rückstrahleigenschaften der Bau- und Gestaltungsmaterialien sind allerdings nur ein Beitrag zur thermischen Entlastung des städtischen Raums. Ein weiterer Fokus muss auf der generellen Reduzierung des solaren Energieeintrags in den Siedlungsraum liegen, z. B. durch Verschattung öffentlicher Bereiche und Erhöhung des Flächenanteils für die Verdunstung (Teil-/Entsiegelung, Wasser-/Grünflächen) sowie durch Verschattung von Gebäuden durch technische (z. B. Markisen, Rollläden) und naturnahe (z. B. Dach- und Fassadenbegrünung) Lösungen. Eine immer stärker in den Fokus rückende Rolle für die Kühlung von Städten spielen Bäume, die neben der Schattenspende eine Vielzahl weiterer Wohlfahrtswirkungen für die Stadtbevölkerung haben, wie bspw. Verdunstungskühlung, Luftreinhaltung, Sauerstoffproduktion, Lärmminderung.

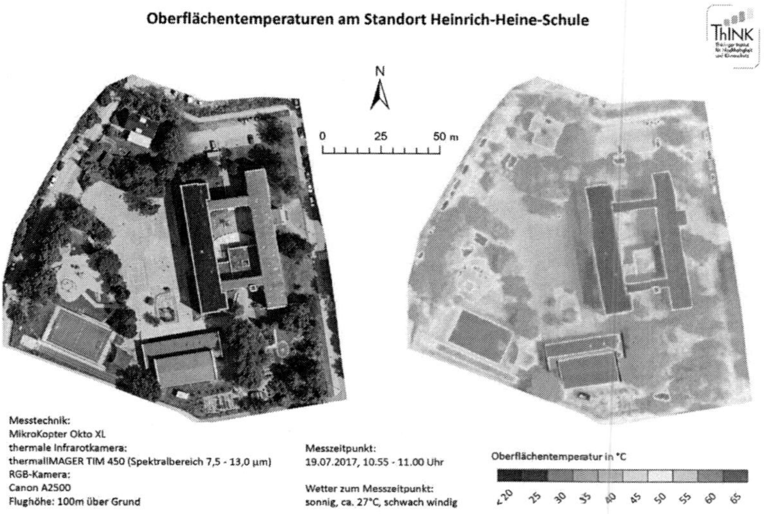

Abb. 4.5-3: Temperaturunterschiede verschiedener Oberflächen (Quelle: ThINK)

Mithilfe von UAV-gestützten Thermal-Aufnahmen wird eine deutliche Differenzierung der Oberflächentemperatur sichtbar, welche in erster Linie von der Albedo der Oberflächen abhängt. Besonders stark überhitzte Bereiche (mit Oberflächentemperaturen von 60 °C oder mehr) sind bspw. sonnenexponierte Flächen, die durch ihre spezielle Beschaffenheit, Materialeigenschaften und Farbe gekennzeichnet sind. Hierzu zählen z. B. dunkle Dachflächen (geringe Albedo), der Kunstrasenplatz und geparkte Autos.

4.6 Bewässerung für Vegetationsflächen

4.6.1 Standortangepasste und bedarfsgerechte Bewässerung

Einleitung

Eine Bewässerung, die als Ausgleich von Wasserdefiziten in Trockenperioden während der Wachstumsperiode notwendig ist, wird durch den Klimawandel eine immer stärkere Bedeutung bekommen.

Die weltweite Wassersituation gebietet einen verantwortungsvollen Umgang mit dem kostbaren Gut Wasser, besonders, wenn es sich nicht um Nahrungsmittelproduktion, sondern um ästhetische und Freizeitaspekte handelt, wie es bei der Bewässerung von Grünanlagen inklusive der Gehölze überwiegend der Fall ist. Argumente für teil- oder vollautomatische Bewässerungsanlagen, wie die Optimierung der Bewässerung durch Beregnung in der besten Wasserausbringungszeit und die Arbeitserleichterung, lassen diesen Markt seit Jahren boomen.

Viele verschiedene Systeme, Franchiseunternehmer und GaLa-Bauer freuen sich über einen wachsenden Markt. Die Systeme sind hochprofessionell, allerdings lässt die rasante Entwicklung neuer Geräte und Verfahren kaum die Zeit für nachweisbare und geprüfte Funktionalität. Es besteht Forschungsbedarf in vielen Bereichen der Bewässerung für den Landschaftsbau. Literatur oder Empfehlungen zu diesen Themen sind nicht einheitlich. Hier können Forschung und bewertende

Recherche klare Aussagen treffen, die den Bewässerungserfolg sicherstellen. Die Erfahrungen der Landwirtschaft und des Gartenbaus werden hierbei bis jetzt zu wenig hinsichtlich ihrer Anwendungsmöglichkeiten für öffentliche Grünflächen und Privatgärten überprüft.

Anforderungen an eine Bewässerungsanlage

Die Anforderungen an eine Bewässerungsanlage, die Wasserverteilung, das Beregnungsbild, die erforderliche Wassermenge pro Quadratmeter, die Überkopfbewässerung und Prüfverfahren um die Gleichmäßigkeit sind in der FLL-Richtlinie für die Planung, Installation und Instandhaltung von Bewässerungsanlagen in Vegetationsflächen (2015) enthalten.

Für die Planung, den Bau, die Unterhaltung und das Qualitätsmanagement von Bewässerungsanlagen sind Kenntnisse über die relevanten Standortfaktoren Klima/Wetter, Boden und Pflanze, die Eigenschaften verschiedener Bewässerungsarten, die Anforderungen an die Wasserqualität von Bewässerungswasser sowie die Eigenschaften der Hauptbestandteile einer Bewässerungsanlage erforderlich. Außerdem sind die Verteilungskurven des künstlichen Niederschlags und die dadurch beeinflusste Anordnung der Regner, die hydraulische Berechnung der Anlage und die Überprüfung der Verteilgenauigkeit von bestehenden Bewässerungsanlagen zu beachten.

Aktuelle Wetterphänomene (2020) bzw. der letzten 3 Jahre

Basierend auf den Messwerten der Wetterstation des Deutschen Wetterdienstes an der Hochschule Geisenheim konnten die Daten der letzten Jahre ausgewertet werden. Dargestellt sind im Folgenden die Sonnenscheindauer in Stunden von 1985 bis 2020 während der

Vegetationsphase. Dieser Zeitraum - auch als Vegetationsperiode oder Vegetationszeit bezeichnet - umfasst den jahreszeitlich wiederkehrenden aktiven Zeitraum einer Pflanze. Das heißt, mit Ausnahme immergrüner Gehölze, beginnt die Vegetationszeit mit dem Austrieb im Frühjahr bis zum Laubabwurf der Pflanze vor der Winterruhe. Temperaturdaten definieren diesen Zeitraum mit einer durchschnittlichen Mindesttemperatur > 5 °C gemessen über 24 Std. Diese Voraussetzungen werden i. d. R. an 240 bis 280 Tagen im Jahr erfüllt. Die Aufzeichnungen der letzten 15 Jahre zeigen in Summe eine deutliche klimatische Veränderung. Besonders auffällig ist die Zunahme der Sonnenscheindauer seit 2003.

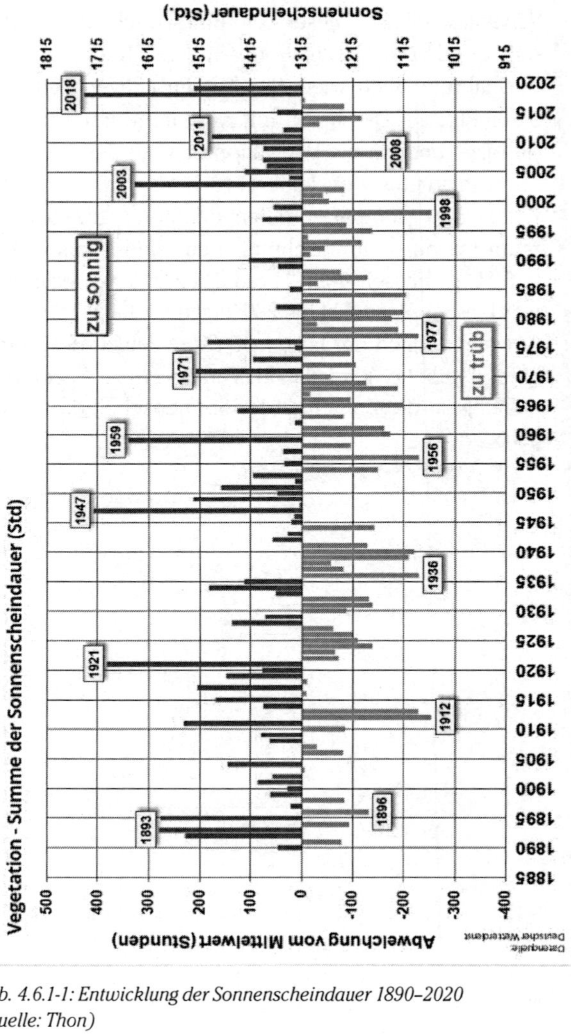

Abb. 4.6.1-1: Entwicklung der Sonnenscheindauer 1890–2020 (Quelle: Thon)

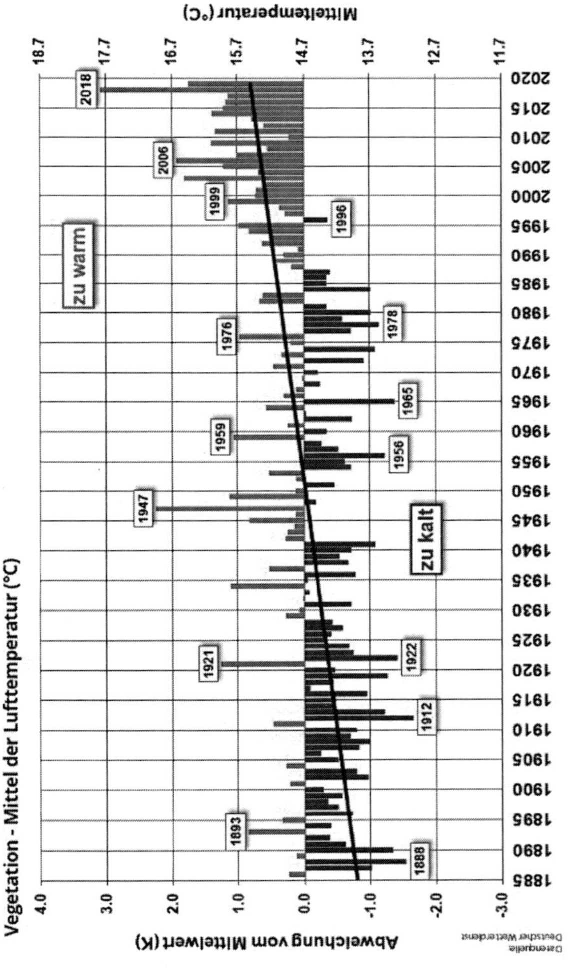

Abb. 4.6.1-2: Änderung der Lufttemperatur (Quelle: Thon)

In Analogie zur Sonnenscheindauer wurde ab 2003 eine extreme Steigerung der gemittelten Lufttemperatur während der Vegetationszeit aufgezeichnet. Die aus diesen

Veränderungen resultierende erhöhte Evapotranspiration hat unmittelbaren Einfluss auf die Verdunstung des Bodens und der Pflanzen.

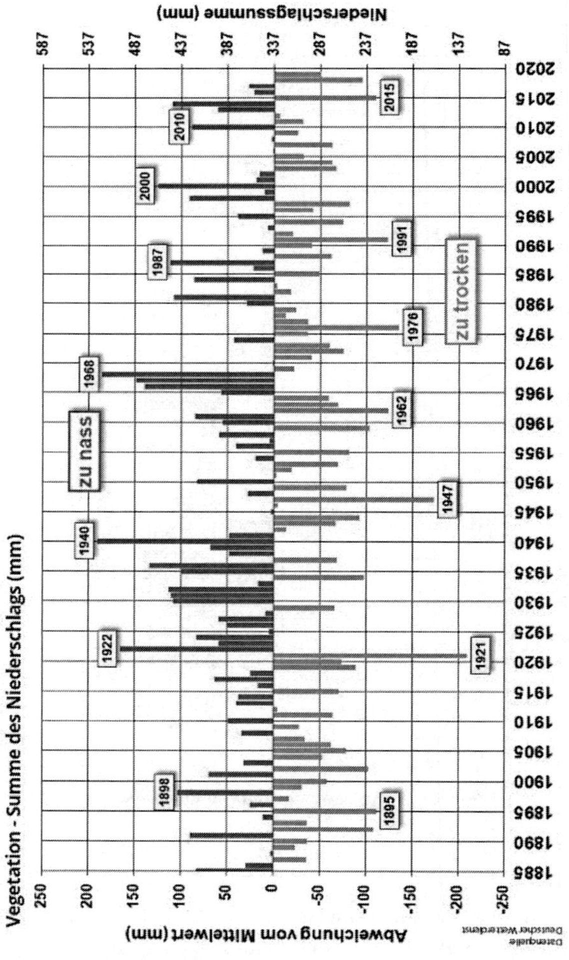

Abb. 4.6.1-3: Rückgang des Niederschlags (Quelle: Thon)

Kongruent zu den Aufzeichnungen der Sonnenscheindauer ist gleichzeitig ein Rückgang der Niederschlagsmenge im Jahresverlauf besonders ab 2003 erkennbar.

Um die erfassten Daten der Niederschlagsereignisse auf die zukünftig prognostizierten Wasserdefizite in den Vegetationsphasen richtig interpretieren zu können, müssen die Niederschlagsereignisse nicht als Jahressummen, sondern auf die unterschiedlichen Quartale im Jahr differenziert dargestellt werden. Auch hier ist die Veränderung innerhalb der Vegetationsperiode und deren ungleichmäßige Verteilung ab 2003 sehr auffällig. Es ist zu erkennen, dass seit ca. 2004 die Niederschlagssummen im Winter und Frühling tendenziell zugenommen haben, die Niederschläge im Sommer und im Herbst hingegen deutlich rückläufig sind. Eine künstliche Bewässerung könnte dieses Missverhältnis ausgleichen.

4.6.2 Grundlagenermittlung

Das Verstehen der Zusammenhänge zwischen den klimatischen Gegebenheiten, dem Bodenwasser in Abhängigkeit von den Bodeneigenschaften und der Wasseraufnahme durch die Pflanze sowie ihres Wasserbedarfs ist die grundlegende Voraussetzung für eine erfolgreiche Bewässerungssteuerung.

Standortfaktoren

Klima/Wetter

Verdunstung und Niederschlag

Die ausschlaggebenden Klimafaktoren für die Bewässerung sind die Verdunstung (Evapotranspiration) und der Niederschlag. Ist die Verdunstung größer als der Niederschlag, wird die Menge des im Boden gespeicherten Wassers (ΔS) kleiner. Es kommt zu Trockenperioden, die durch Bewässerung ausgeglichen werden müssen. Bei höherer Niederschlagsmenge wird der Bodenwasserspeicher wieder aufgefüllt. Weiterhin hat der Wind nicht nur durch die Steigerung der Verdunstung, sondern auch durch die Abdrift des Beregnungswassers einen Einfluss auf die Bewässerung.

Niederschlag

Durch den Niederschlag N wird der Bodenwasserspeicher aufgefüllt. Wenn er über längere Zeit niedriger ist als die Verdunstung, sodass der Boden nicht mehr ausreichend pflanzenverfügbares Wasser enthält, ist eine Bewässerung notwendig. Die tägliche Niederschlagsmenge sollte regional ermittelt werden, besser noch direkt vor Ort mittels entsprechender Sensorik. Internetbasierte oder gemittelte Niederschlagsereignisse können zum Teil nicht präzise sein, da Unterschiede in der Niederschlagsverteilung sehr kleinräumlich sein können.

Verdunstung

Einfluss auf die Verdunstung haben die Temperatur, die Sonneneinstrahlung, die Luftfeuchtigkeit und der Wind. Je höher Sonneneinstrahlung und Temperatur, desto mehr Wasser verdunstet. Auch der Wind erhöht die Verdunstung.

Das potenziell für die Verdunstung zur Verfügung stehende Wasser setzt sich zusammen aus der Interzeption, der Evaporation und der Transpiration (Letztere zusammengefasst als Evapotranspiration ET).

Wenn der Boden optimal mit Wasser versorgt ist, kann mehr Wasser verdunstet werden, als wenn wenig Wasser vorhanden ist. So ist die ET auch von dem Wasserangebot des Bodens abhängig und ebenso von dem Bewuchs, da jede Pflanze unterschiedliche Verdunstungs- und Interzeptionswerte aufweist. Daher wird bei der ET unterschieden in:

- **Potenzielle Evapotranspiration (ET_P)** = bei optimalem Wasserangebot und Pflanzenbestand von kurzem Raygras (*Lolium multiflorum*, Welsches Weidelgras)
- **Reale Evapotranspiration (ET_R)** = bei aktuellem Wasserangebot und definierter Kulturart

Internetbasierte Wetterdienstanbieter eignen sich bei der Ermittlung der Verdunstungsrate weitaus besser als für die Ermittlung der Niederschlagsrate, da hier die Unterschiede meist weniger gravierend sind.

Wind

Die Abdrift des Bewässerungswassers erhöht sich bei steigenden Windgeschwindigkeiten. Auf dem Markt sind Bewässerungssteuerungen erhältlich, die bei Überschreitung einer maximalen Windgeschwindigkeit die Bewässerung abbrechen. An häufig windigen Standorten kann mit der Regneranordnung einer ungleichmäßigen Wasserverteilung durch Wind vorgebeugt werden. An extrem windigen Standorten ist zu überlegen, ob auf nicht windanfällige Bewässerungsmöglichkeiten, wie z. B. unterirdische Baumbewässerung durch Bubbler oder Tropfbewässerung, ausgewichen werden kann.

Fazit

Für den Bewässerungsbedarf ist die reale Evapotranspiration (ET_R) bei definierter Pflanzenart und aktuellem Wasserdargebot des Bodens entscheidend. Regionales Wetter und Windverhältnisse müssen bei der Planung berücksichtigt werden.

Boden

Wasserspeicherfähigkeit und Pflanzenverfügbarkeit des Bodenwassers

Die meisten Pflanzen nehmen das benötigte Wasser ausschließlich über ihre Wurzeln aus dem Boden auf. Durch den Transpirationssog wird das Wasser von den Wurzeln nach oben befördert. Die Kraft dieses Soges muss stärker sein als die Saugspannung, mit der das Wasser im Boden festgehalten wird.

Saugspannung

Das Haftwasser ist als Adsorptionswasser an negativ geladenen Bodenteilchen (Ton, Humus) angelagert oder wird mittels Kapillarkräften in den Bodenporen festgehalten (Kapillarwasser), es unterliegt also einer bestimmten **Saugspannung**. Je enger die Poren, desto stärker sind die Kapillar- und Adhäsionskräfte und umso höher ist die Saugspannung. Umso schlechter ist das Wasser dann auch für die Pflanzen verfügbar.

Je nach Bodenart sind das Gesamtporenvolumen sowie die Anteile an den verschiedenen Porengrößen unterschiedlich. So hat Sand einen höheren Anteil an Grobporen, aber ein kleineres Gesamtporenvolumen, Lehm einen höheren Anteil an Fein- und Mittelporen und ein größeres Gesamtporenvolumen.

Wenn ein Boden die maximale Wassermenge enthält, die er gegen die Schwerkraft festhalten kann, ist die sog. **Feldkapazität FK** erreicht. Nun sind alle Fein-, Mittel- und langsam dränenden Grobporen mit Wasser gefüllt, die Saugspannung beträgt je nach Boden pF = 1,8 bis 2,4. Sand enthält in diesem Stadium ca. 13 Vol.-% Wasser, Lehm dagegen 40 Vol.-% Wasser.

Nutzbare Feldkapazität nFK

Sind im Boden nur die Feinporen mit Wasser gefüllt, ist das noch vorhandene Wasser für Kulturpflanzen nicht mehr verfügbar, die Saugspannung beträgt pF = 4,2, der **Permanente Welkepunkt PWP** ist erreicht. Der Wassergehalt liegt hier bei Sand bei 3 Vol.-%, Lehm enthält 13 Vol.-% Wasser. Der Bereich zwischen der FK und dem PWP ist die **nutzbare Feldkapazität nFK**.

Fazit

Der Wassergehalt eines Bodens (Bodenfeuchte) hat also keine Aussagekraft über die Wasserversorgung der Pflanzen; der Wasserzustand über die pF-Werte ist hier die relevante Bezugsbasis.

Modernste Entwicklungen in der Bewässerungssteuerung setzen genau hier an. Es werden Messungen der Saugspannung am Spross und am Blatt einer Pflanze durchgeführt. Druckunterschiede zeigen einen Bedarf an Wasser an.

Erfahrungen aus der Landwirtschaft und dem Gartenbau beschreiben, dass bei einer Bodenfeuchte von 30 bis 50 % nFK eine Bewässerung erfolgen muss. Die Deutsche Landwirtschaftsgesellschaft empfiehlt sogar, dass bei Gemüse und Sonderkulturen 70 bis 75 % der nutzbaren Feldkapazität (nFK) und bei landwirtschaftlichen Kulturen 50 bis 55 % nFK nicht unterschritten werden sollten (Deutsche Landwirtschaftsgesellschaft e. V.). Auch im Stauden- und Zierpflanzenbau wird eine zu starke Austrocknung vermieden, da einmal ausgetrocknete gärtnerischen Substrate sich nur langsam wieder befeuchten lassen. In der Landschaftsarchitektur bzw. bei der Objektplanung werden im Unterschied zur Landwirtschaft oder dem Gartenbau keine uniformen Flächen bzw. einheitlichen Bepflanzungen geplant.

Allerdings sind die in der Pflanzenverwendung genutzten Pflanzen den Standortfaktoren angepasst und durch die Verwendung der Pflanzen wird kein Ertrag erwartet. Entsprechend der Landwirtschaft und dem Gartenbau ist die Bodenfeuchte eine sehr geeignete Bezugsgröße zur Bewässerungssteuerung, damit die Bewässerung bedarfsgerecht geschieht. Angestrebt wird eine Bewässerung bis zu einer Bodenfeuchte von 80 % nFK und nicht höher, damit es nicht zu Überwässerungsschäden kommt. Je mehr Bodenporen mit Wasser gefüllt sind, desto weniger mit Luft gefüllte Poren sind vorhanden. Dies ist besonders bei schweren Böden der Fall, die nur wenige Grobporen aufweisen. Werden diese Böden mit zu viel Wasser versorgt, entsteht Luftmangel für die Pflanzenwurzeln und es kann zu Fäulnisschäden an den Wurzeln kommen. Auch die Bodenstruktur leidet, wenn der Boden dauerhaft zu feucht gehalten wird, da Bodenkrümel dann in ihre Einzelteile zerfallen. Bei zu großen und starken Wassergaben können Nährstoffe, insbesondere Nitrat, aus dem Wurzelbereich in tiefere Schichten ausgewaschen werden.

Fazit für die Bewässerung

Da die nFK bei Sandböden geringer ist als bei Lehmböden, werden Sandböden mit geringeren Wassergaben bewässert, dafür aber häufiger, Lehmböden erhalten größere Gaben, dafür aber seltener. Sind die Bewässerungsgaben zu klein, leiden die Pflanzen weiter unter Trockenstress und der Boden wird nicht tief genug durchfeuchtet. Sind sie zu groß, besteht die Gefahr der Nährstoffauswaschung und das Wasser, das der Boden nicht speichern kann, versickert in tiefere Schichten. Wie groß die Gaben sein müssen, hängt neben den Bodeneigenschaften noch von der Durchwurzelungstiefe ab.

Pflanzenansprüche

Pflanzenarten haben sehr unterschiedliche Ansprüche an die Wasserversorgung. Manche können nur im Wasser leben, andere brauchen dauerfeuchten Boden, manche lieben es eher trocken, wieder andere können längere Trockenzeiten überstehen, brauchen aber dann Wasser zum „Auftanken“. So werden z. B. Pflanzen aus dem Lebensbereich Wasserrand stärker bewässert werden müssen als solche aus der trockenen Freifläche.

Wasserbedarf innerhalb einer Vegetationsperiode

Auch wechselt der Wasserbedarf innerhalb einer Vegetationsperiode. So benötigt Getreide bis zur Keimung 30 % nFK, beim Schossen bis zur Blüte 60 bis 70 % nFK und bis zur Reife wieder 30 % nFK (Kuntze, H. U. A.). Für die im Landschaftsbau verwendeten Pflanzen liegen kaum Daten vor. Es herrscht hier großer Forschungsbedarf, um die Bewässerung so effizient wie möglich zu gestalten.

Bei den meisten Kulturarten liegt die maximale Saugspannung, mit der sie Bodenwasser aufnehmen können, bei 15 bar = pF 4,2 = permanenter Welkepunkt. Es gibt jedoch viele Pflanzentypen, die eine deutlich höhere maximale Saugspannung aufweisen. Auch hier herrscht großes Wissensdefizit und Forschungsbedarf.

Pflanzen weisen eine unterschiedliche Durchwurzelungstiefe auf, wobei die Tiefe gemeint ist, bis zu der der Boden intensiv durchwurzelt ist. Diese Durchwurzelungstiefe ist entscheidend dafür, wie groß die Wassermenge ist, die eine Pflanze sich erschließen kann. Die Hauptdurchwurzelungstiefe der Pflanzen sollte gleich dem Durchfeuchtungshorizont sein, damit die Pflanze eine arttypische Wurzelausbildung ausbilden kann.

Fazit für die Bewässerung

Die Durchwurzelungstiefe einer Pflanze/Kulturart gibt an, wie tief der Boden mit einer Bewässerungsgabe durchfeuchtet werden muss. So lässt sich zusammen mit der nFK für den betreffenden Boden die Größe der Beregnungsgabe ermitteln.

Wasserqualität

Wassers ist keine chemisch reine Substanz und enthält abhängig von seiner Herkunft verschiedene Stoffe, die unmittelbar Einfluss auf die Funktionalität der Beregnungsanlagen haben. Zu unterscheiden ist in Feststoffe und chemische Bestandteile.

Während die im Wasser enthaltenen Feststoffe i. d. R. durch einige der Beregnungsanlage vorgeschaltete Filter zurückgehalten werden können, sind chemische Bestandteile schwieriger zurückzuhalten.

Enthält das Wasser herkunftsbedingt viel Eisen, kann dies Ventile und Pumpen schädigen und Rohrleitungen verstopfen. Wie Eisen kann auch ein hoher Carbonatgehalt sowohl zu Beeinträchtigungen an der Bewässerungsanlage als auch an der Kulturpflanze führen. Der ph-Wert im Substrat hat zudem maßgeblich Einfluss auf die Verfügbarkeit von Spurenelementen, die der Pflanze während der Vegetationsphase zur Verfügung stehen müssen.

Gleichermaßen muss die Qualität des Wassers in der Bemessung der Düngemenge berücksichtigt werden. Eine zu hohe Dosierung der Düngung in Verbindung mit salzhaltigem Gießwasser kann zu Schäden an der

Bewässerungsanlage und den Pflanzen führen. Eine regelmäßige Analyse des Gießwassers zur Ermittlung der Wasserqualität ermöglicht eine maßgenaue Steuerung der Bewässerungsanlage und beugt möglichen Störungen und Schädigungen an der Pflanze vor.

Fazit für die Bewässerung

Beachten Sie die in der FLL-Richtlinie für Bewässerungsanlagen von Vegetationsflächen die Ansprüche an die Wasserqualität aus technischer Sicht, aus pflanzenphysiologischer Sicht und aus hygienischer Sicht.

Abb. 4.6.2-1: Untersuchung der Wasserqualität (Quelle: Thon)

Abb. 4.6.2-2: Verfärbungen an Granitplatten durch eisenhaltiges Wasser (Quelle: Thon)

4.6.3 Planung und Bau von Bewässerungsanlagen für Vegetationsflächen

Bewässerungsanlagen müssen individuell für jede Vegetationsfläche aufgrund der unterschiedlichen Einflussfaktoren wie, z. B. dem Anspruch an die Bewässerungsanlage, dem anstehenden Boden, dem Relief, der Exposition und den verwendeten Pflanzen, geplant werden.

Zu bewässernde Flächen müssen auf einem Lageplan eindeutig beschrieben, die Wasserkapazität und der Wasserdruck ermittelt werden. Um Fehlplanungen zu vermeiden, sollte der Automatisierungsgrad der Bewässerungsanlage eindeutig beschrieben werden.

Hauptkomponenten einer Bewässerungsanlage

Pumpe oder Hausanschluss

Das benötigte Wasser kann entweder durch den Außenwasserhahn bereitgestellt werden oder mittels einer Pumpe aus einem Wasserspeicher wie Brunnen, Teich oder Zisterne. In diesem Fall muss ein Feinfilter (mind. 120 Mesh) vor der Beregnungsanlage eingebaut werden, dies ist aber generell auch bei Anschluss über einen Wasserhahn zu empfehlen. Alle Rohrleitungen im gesamten System müssen spannungsfrei eingebaut werden. Für Bewässerungswasser ist gesammeltes Regenwasser oder anderes bereits genutztes Betriebswasser zu verwenden. Wenn aber bei fehlender Kapazität auch Trinkwasser zugeführt oder ausschließlich genutzt wird, ist das Trinkwassernetz durch eine Systemtrennung vor Verunreinigung zu schützen (DIN EN 1717).

Trinkwassernetz vor Verunreinigung schützen

Jeder Anschluss an das Trinkwassernetz gilt als fester Anschluss und erfordert die Installierung einer Systemtrennung. Die Schutzeinrichtung ist entsprechend der Gefährdungsklassifikation auszuwählen. Ein Trinkwasseranschluss darf nur durch einen anerkannten Fachbetrieb ausgeführt werden.

Steuergerät

Hier werden Beregnungsdauer und Beregnungszeitpunkt programmiert, sodass für den entsprechenden Boden- und Pflanzentyp die optimale Niederschlagsmenge eingestellt werden kann. Da mehrere Programme zur Verfügung stehen, lassen sich unterschiedliche Pflanzentypen, z. B. Rasen und Gehölze, auch unterschiedlich häufig in der Woche beregnen. Es sollten Geräte mit fester Bewässerungsdauer (das bedeutet immer die gleiche Bewässerungsgabe) genutzt werden. Eine Dynamik sollte nur in den Bewässerungsintervallen zwischen den Bewässerungsgaben bestehen.

Sensorik

Regensensor

Ermöglicht das Unterbrechen der Beregnung bei Niederschlag. Enthält i. d. R. ein saugfähiges Material, das bei Wasseraufnahme expandiert. Der Regensensor übermittelt per Kabel oder per Funk die Daten an das Steuergerät.

Abb. 4.6.3-1: Tensiometer (Quelle: Thon)

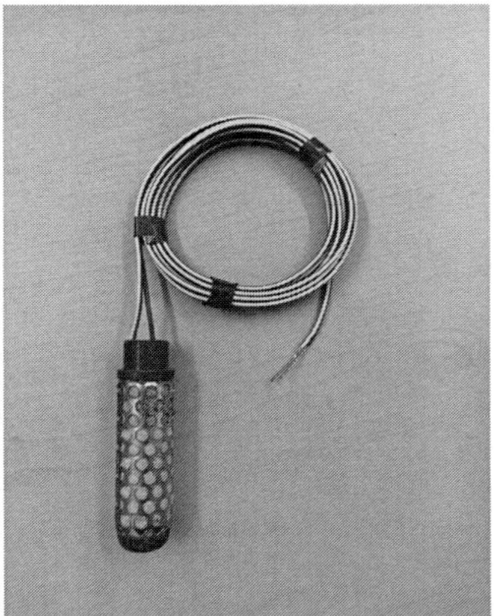

Abb. 4.6.3-2: Wassersensor (Quelle: Thon)

Bodenfeuchtemessung

Für die Ermittlung der Bodenfeuchte sind eine Vielzahl von Produkten auf dem Markt erhältlich, z. B.:

- Tensiometer
- Gipsblock (bspw. Water Mark)
- FDR und TDR-Sonden

Windsensoren

Da der Wind einen erheblichen Einfluss auf die Verteilgenauigkeit der Regner hat, sollte ein Windsensor die Bewässerungsgabe unterbrechen, wenn die Gefahr besteht, dass Sprühbilder verfälscht werden oder auch Flächen, die nicht bewässert werden sollen (Natursteinplatten, Hauswände etc.), durch Windabdrift benässt werden.

Bewässerungsanlage

DIN 19655

Entsprechend DIN 19655 wird die Anlagenart in ortsfeste, teilortsfeste oder bewegliche Anlagen unterschieden. Die Art der Wasserausbringung (linear, punkt- oder flächenförmig) und die Wurfweite sollten in Anlehnung an DIN 19655 festgelegt werden. Grundsätzlich wird zwischen Drehstrahlregner, Sprühregner, Mikroregner, Einzeltropfer und Tropfrohren unterschieden.

Abb. 4.6.3-3: Unterirdische Verlegung von Tropfrohren unter Rollrasen (Quelle: Thon, Stein, Kohl 2021)

Planung der Regnerstandorte

Um die Deckungsgenauigkeit der Bewässerung festzulegen, muss die Verteilungskurve des jeweiligen Regners berücksichtigt werden. So ist sichergestellt, dass die Summe der Regner auf die gesamte Fläche eine ausgeglichene und gleichmäßige Wasserverteilung (l/m^2) erzielt (siehe Abbildung).

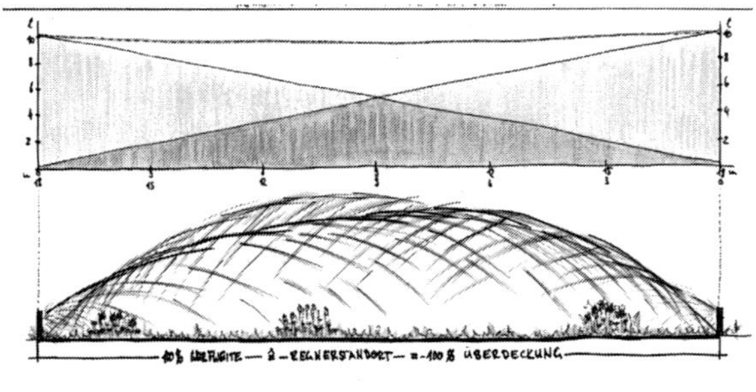

Abb. 4.6.3-4: Gleichmäßige Wasserverteilung bei 100 % Wurfweite = Standort des nächsten Regners (Quelle: Flehmig, Thon 2010)

Durch eine „Kopf zu Kopf“ geplante Aufstellung der Regner können sich die Niederschlagsraten aufaddieren und führen u. a. dadurch zu einer gleichmäßigen Wasserverteilung. Der Abstand zwischen den Regnern sollte 80 % der Wurfweite nicht unterschreiten, allerdings sollten die Regner auch nicht weiter als 120 % der Wurfweite auseinanderstehen. Die Verteilgleichmäßigkeit nach CHRISTIANSEN (CU-Wert) beträgt laut FLL für Bewässerungsanlagen mind. 75 %. Der SC-Wert (Schedule Coefficient) darf höchstens 1,75 betragen.

Verteilgleichmäßigkeit nach CHRISTIANSEN

Abb. 4.6.3-5: Drehstrahlregner/Getrieberegner (Quelle: Thon)

Abb. 4.6.3-6: Ermittlung des CU- und SC-Wertes zur Überprüfung der Verteilgenauigkeit entsprechend DIN EN 12484 (Quelle: Thon, Stein 2022)

Hydraulik und die Berechnung des Druckverlustes

Für die Planung und den Betrieb von Bewässerungsanlagen ist ausschließlich der Fließdruck die relevante Bezugsgröße, nicht der statische Druck. Zur hydraulischen Berechnung sind die Wasserkapazität und der Fließdruck an dem Übergabepunkt der Bewässerungsanlage festzustellen. Die Ansprüche an den Betriebsdruck an der Austrittsstelle (Regner, Tropfer, Bubbler) müssen, wie durch die Herstellerangaben beschrieben, erfüllt werden. Ob der erforderliche Fließdruck an dieser Stelle anliegt, kann durch die Subtraktion des Druckverlustes beim Durchfließen der Wasseruhr, Rohre, Ventile, Fittinge etc. vom Druck am Übergabepunkt des

Systems errechnet werden. Der Druckverlust ist abhängig von Rohrlänge, Innendurchmesser, Rohrreibungszahl (Material des Rohres), Dichte des Wassers und dessen Geschwindigkeit und kann aus Druckverlusttabellen oder einschlägigen Softwareprodukten abgelesen bzw. ermittelt werden. Diese ermittelten Daten sind zwingend zu ermittelnde Daten für die Planung und sind Teil des (Planungs-)Werkvertrags. Wenn der Ruhedruck oder der Fließdruck die Grenzwerte der für die Anlage verwendeten Komponenten überschreiten, muss ein Druckminderer verwendet werden.

Berechnung der Laufzeiten und des Bewässerungsintervalls

Auf Grundlage der Wasserspeicherfähigkeit des Bodens (Bewässerungsgabe/Bewässerungsmenge) und des Bewässerungsbedarfs

Um die Laufzeiten der Beregnungskreise und die Tage, an denen die Beregnungsanlage in Betrieb gehen soll, berechnen zu können, ist die standortangepasste Verdunstung und dadurch der Bewässerungsbedarf zu berechnen. Um das Bewässerungsintervall berechnen zu können, teilt man das Wasserspeichervermögen (Berechnung der Bewässerungsgabe/Bewässerungsmenge) durch den Bewässerungsbedarf.

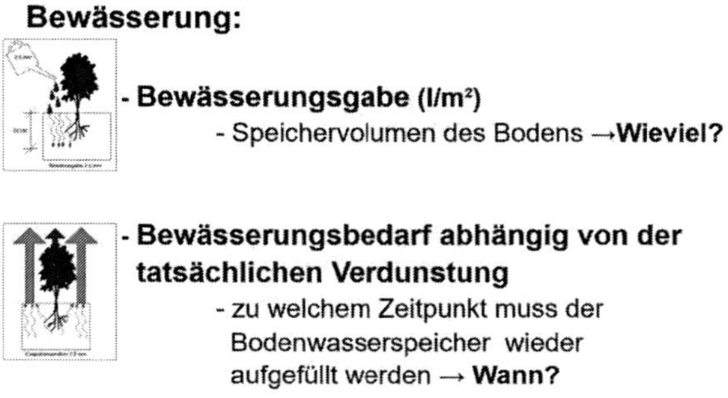

Abb. 4.6.3-7: Berechnung Bewässerungsintervall (Quelle: Thon)

Berechnung des Bewässerungsbedarfs der Vegetation

In Abhängigkeit von den die ET_R beeinflussenden Standortfaktoren

Die Gabe von Bewässerungswasser ist notwendig, wenn die ET_R zusammen mit der Interzeption liegt.

Liegt die ET_R zusammen mit der Interzeption höher als der anfallende Niederschlag und der kapillare Aufstieg, ist eine zusätzliche Bewässerung erforderlich. Es stehen für einzelne Städte und Regionen in Deutschland ermittelte ET_R-Mittelwerte zur Verfügung, die im Internet abrufbar sind.

Einfluss auf die Berechnung des Bewässerungsbedarfs sollten der Lebensbereich, die Blattmasse (Pflanzenart), die Bodenart und die Sonnenexposition der Pflanzenbestände haben.

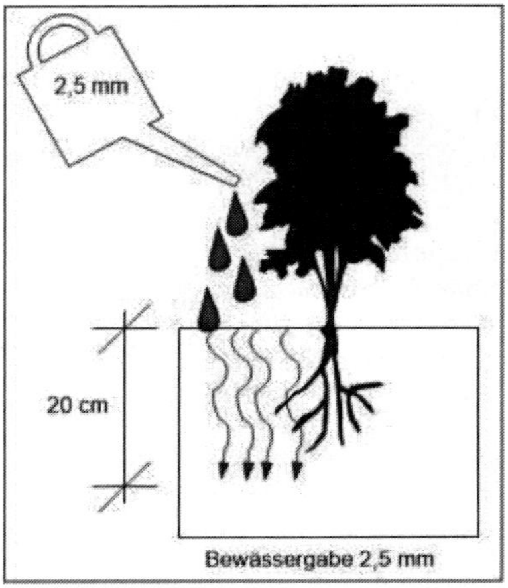

Abb. 4.6.3-8: Berechnung Bewässerungsgabe (Quelle: Thon)

Entsprechend der FLL-Richtlinie wird zur Ermittlung des Bewässerungsbedarfs folgende Formel angewendet: $ETt = ET_0 \times L \times G \times B \times S$

Faktor für Lebensbereiche der Pflanzen = L

L1 = 0,6 (trockener Standort; nFK > 30 % < 50 %)

L2 = 1,0 (frische Standorte; nFK > 50 % < 80 %)

L3 = 1,6 (feuchte Standorte; nFK > 80 %)

Faktor für die Vegetationsart = G

G1 = 0,8 (Bodendecker, Rasen)

G2 = 1,0 (Stauden, Kleinsträucher)

G3 = 1,3 (Großsträucher, Bäume)

Faktor für die Bodenart = B

B1 = 1,5 (Sand)

B2 = 1,0 (sandiger Lehm)

B3 = 0,8 (Lehm/Schluff/Ton)

Faktor für die Sonnenexposition = S

S1 = 0,7 (Schatten)

S2 = 1,0 (Halbschatten)

S3 = 1,3 (volle Sonne)

Beispielrechnung für eine Staudenpflanzung auf sandigem Lehm an einem halbschattigen Standort bei einer Verdunstung (ET_0) von 5 mm

E_t= 5 mm x 0,6 × 1,0 × 1,0 × 1,0 = 3 mm/Tag (l/m^2/Tag)

Berechnung der Bewässerungsgabe

Die Bewässerungsgabe wird durch die Bewässerungsmenge und die Bewässerungsintensität beschrieben. Die Höhe der Bewässerungsgabe orientiert sich an der Bodenart und der gewünschten Durchfeuchtungstiefe.

Einfluss der Bodenart

Einfluss der Bodenart

Die Bodenfeuchte bei definierten pF-Werten bei einer bekannten Bodenart kann zur Bewässerungssteuerung herangezogen werden. Angestrebt wird eine Bewässerung, die bei 30 % nFK beginnt und die Bodenfeuchte bis 80 % nFK auffüllt.

Einfluss der Durchwurzelungstiefe

Aus der nFK kann die Wassermenge ermittelt werden, die benötigt wird, um ein bestimmtes Bodenvolumen entsprechend dem Bewässerungsziel mit Wasser aufzufüllen. Das aufzufüllende Volumen wird von der Flächengröße und der Tiefe bestimmt, bis zu der der Boden durchfeuchtet werden muss. Das ist die Durchwurzelungstiefe.

Berechnung

Die Bewässerungsmenge wird berechnet, indem die nFK entsprechend der Bodenart ermittelt wird. Da bei 30 % nFK die Bewässerung beginnen und bis 80 % nFK erhöht/aufgefüllt werden soll, müssen 50 % der nFK aufgebracht werden. Die nFK wird angegeben in Vol.-%, das bedeutet ebenfalls $l/dm/m^2$. Durch die Multiplikation mit der Bodentiefe kann die Wassergabe errechnet werden. Durch die Subtraktion der tatsächlichen Bodenfeuchte ist nun bekannt, wie viel Wasser bei definierter Bodenart und Durchwurzelungstiefe bewässert werden muss.

$$\frac{nFK}{2} * D = W$$

0,5 nFK (der entsprechenden Bodenart × **D**urchwurzelungstiefe in dm = **W**assergabe für die zu erreichende Bodenfeuchte)

Rasenfläche
Bewässerungsbedarf: 5,2 mm
gilt bei ET_0 = 5 mm
Bewässerungsintervall: alle 4 Tage

Gehölzfläche
Bewässerungsbedarf: 8,4 mm
gilt bei ET_0 = 5 mm
Bewässerungsintervall: alle 10 Tage

Abb. 4.6.3-9: (Quelle: Thon)

Düngen mit einer Bewässerungsanlage

Grundsätzlich sind zwei Arten von Düngereinspeisung in eine Bewässerungsanlage möglich.

Zum einen ist das Einbringen des Flüssigdüngers in einen Wasserspeicher, aus dem bewässert wird, möglich. Diese Art der Düngereinspeisung hat den Nachteil, dass zwingend eine elektrische Versorgung notwendig ist, da ein entsprechender Wasserdruck zum Verteilen des Wassers benötigt wird und ein entsprechend großes Speichermedium vorgehalten werden muss.

Dieses ist bei der zweiten Variante der Düngereinspeisung nach dem Venturi-Prinzip nicht nötig. Bei der Venturi-Injektion wird ein Zwischenstück in die Versorgungsleitung montiert. Das Wasser strömt mit hohem Druck in den Venturi-Injektor. Die Kammer des Injektorbereichs ist schmaler als das Versorgungsrohr. Dadurch verändert sich die Strömungsgeschwindigkeit, und es entsteht ein Unterdruck. Dieser Unterdruck wird genutzt, um den Flüssigdünger aus dem Vorratsgefäß in das Bewässerungssystem zu transportieren. Die Menge des Düngers wird über einen Hahn am Zufuhrschlauch reguliert.

Beim Einsatz von Trinkwasser als Betriebswasser für Bewässerungsanlagen beachten Sie stets die aktuellen Anforderungen an den Schutz des Trinkwassernetzes!

Literatur

Bassler, R. (Hrsg.) (1997): Methodenbuch Band I – Die Untersuchung von Böden, Darmstadt

Deutsches Klimarechenzentrum GmbH (2007): Klimaänderungsszenarien für IPCC AR4. http://www.dkrz.de/dkrz/science/IPCC_AR4/scenarios_AR4_Intro; besucht am 22.10.2007

Deutsche UNESCO-Kommission e. V. (2003): Wasser für Menschen, Wasser für Leben. Weltwasserentwicklungsbericht der Vereinten Nationen. http://www.unesco.de/wwdr.html?&L=0; besucht am 22.10.2007

DIN 1988-100: Technische Regeln für Trinkwasser-Installationen: Schutz des Trinkwassers

DIN EN 1717: Schutz des Trinkwassers vor Verunreinigungen in Trinkwasser-Installationen und allgemeine Anforderungen an Sicherheitseinrichtungen zur Verhütung von Trinkwasserverunreinigungen durch Rückfließen

DIN EN 12484: Automatische Rasenbewässerungssysteme, 1–5

DIN EN 19655: Bewässerung – Aufgaben, Grundlagen, Planung und Verfahren

Kuntze, H. et al. (1994): Bodenkunde. Stuttgart: Ulmer Verlag

MLUV Brandenburg (2005): Leitfaden zur Beregnung landwirtschaftlicher Kulturen. MLUV Potsdam

Mosler, T. (2007): Gemüse, Praxisratgeber Bewässerung. München: Deutscher Landwirtschaftsverlag

Paschold, P.-J. (2007): Damit das Wasser für morgen reicht. München: Deutscher Landwirtschaftsverlag

Roskam, F. et al. (1995): Sportplatzbau und -erhaltung. Hanau/Main: Trimmhold & Drapper

Roth-Kleyer, St./A. Thon et all: Bewässerung im Garten- und Landschaftsbau. Fachbibliothek Grün. Ulmer Verlag, ISBN: 978-3-8001-8386-9

Thon, A. (2007): Automatische Beregnungsanlagen. Planen und installieren Schritt für Schritt. In: Deutscher Gartenbau 26/2007, Stuttgart

Thon, A. (2009): Richtig bewässern – aber wie? Einfluss der Pflanzenansprüche auf die Bewässerung im GaLaBau. In: Der Bauunternehmer 07/2007, Berlin

Thon, A. & K. Kohl (2020): Bewässerungstechnik im Garten- und Landschaftsbau. Neue Landschaft 11/2020, S. 29–35

Thon, A. (2022): Forschungsgarten liefert Daten für Bewässerungsmethoden. Neue Landschaft 2/2022, S. 21

Thon, A. et al. (2023): Vergleich von Bodenfeuchtesensoren für Bewässerung. Neue Landschaft 5/2023, S. 23–27

Withers, N./S. Vipond & K. Lecher (1978): Bewässerung, 1. Auflage, Berlin/Hamburg

4.7 Sportplätze als Versickerungsanlagen

Erfahrungen, Versuche und Entwicklung einer Regelbauweise

Nutzung, Versickerung und Rückhaltung von Regenwasser muss Vorrang vor dem Ableiten haben

Bei der Grundstücksentwässerung sollen künftig die Nutzung, Versickerung und Rückhaltung von Regenwasser Vorrang vor dem Ableiten haben. Die etablierten Bauweisen im Sportplatzbau trugen diesen Aspekten lange Zeit nicht ausreichend Rechnung. Daher war eine neue Bauweise gefragt.

Bei LfULG in Dresden-Pillnitz waren gute Bedingungen für die Entwicklung gegeben. Es wurde eine Forschungsprojekt Entwicklung konzipiert und aus Mitteln des Freistaats Sachsen umgesetzt. Die neue Bauweise sollte, so die Erwartungen bei Projektstart, wie folgt von Nutzen sein: Die lokale Wasserbilanz wird verbessert, da das Niederschlagswasser nicht abgeleitet wird, sondern vor Ort verbleibt. Die lokale Verdunstungsrate wird erhöht, da das Wasser länger im Aufbau des Sportplatzes verweilt. Die öffentliche Kanalisation wird, wenn der Anschluss zugunsten der Niederschlagswasserversickerung unterbleibt, entlastet. Es entsteht kein Abwasser. Die Versickerung wird wartungsfrei in den Sportplatzaufbau integriert.

Abb. 4.7-1: Rasensportplatz in Leipzig (Quelle: Kirsten)

4.7.1 Die Entwässerung von Sportplätzen

Aufbaue eines Sportplatzes

Sportanlagen sollen auch bei nasser Witterung nutzbar sein. Auf dem Sportplatz stehendes Wasser beeinträchtigt das Ballverhalten sowie den Spielbetrieb und birgt ein Verletzungsrisiko beim Sport. Der Aufbau moderner Sportanlagen ist deshalb i. d. R. wasserdurchlässig. In diesem Abschnitt wird der Aufbau eines Sportplatzes mit Blick auf die Entwässerung der einzelnen Schichten beschrieben.

Die grundlegenden Entwässerungsprinzipien sind in der folgenden Abbildung dargestellt. Die linke Seite stellt einen Kunststoffrasenaufbau dar, die rechte einen Naturrasenaufbau.

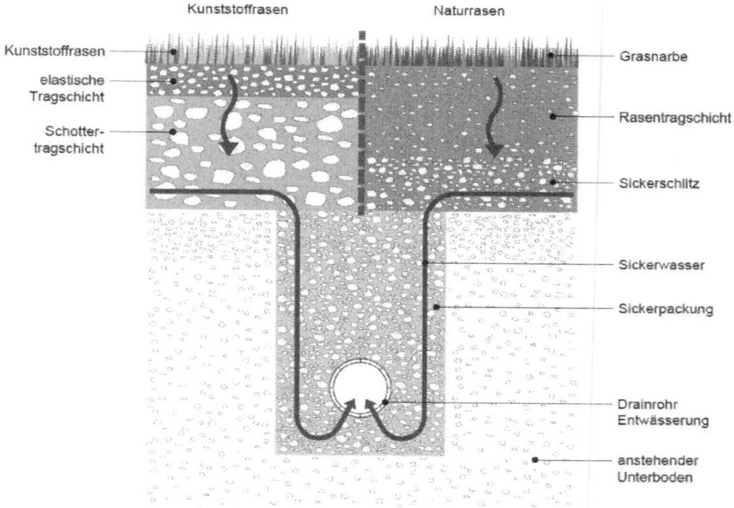

Abb. 4.7.1-1: Schnittdarstellung der Entwässerung von Sportplätzen über Drainpackungen (Quelle: Kirsten)

Tennen- und Kunststoffbeläge sind hinsichtlich Tragschichten und Entwässerung mit Kunststoffrasen vergleichbar. Grundsätzlich nimmt die Wasserdurchlässigkeit des Aufbaus von oben nach unten zu. Dadurch wird der Wassertransport erleichtert und stauende Nässe im Aufbau vermieden. Voraussetzung ist der Einsatz ausreichend wasserdurchlässiger Baustoffe.

Sportrasen

Sportrasenflächen bzw. Naturrasenflächen im Sportplatzbau bestehen aus einer Rasentragschicht mit Rasendecke sowie einem Entwässerungssystem. Je nach Baugrund und gewünschtem Entwässerungskomfort kommen unterschiedliche Bauweisen zur Anwendung.

Es lassen sich vier grundlegende Bauweisen unterscheiden:

- Direkter Aufbau auf durchlässigem Baugrund

  Bei ausreichend wasserdurchlässigem Untergrund liegt die Rasentragschicht direkt auf dem Erdplanum. Diese einfache Bauweise ist kostengünstig, bei Nässe jedoch nur eingeschränkt nutzbar.

- Verbesserter Baugrund mit Dränage

  Ist der Baugrund grundsätzlich geeignet, kann seine Durchlässigkeit verbessert werden. Die Entwässerung erfolgt über Dränstränge mit Dränrohren.

- Rasentragschicht mit Dränschlitzen

  Bei wenig durchlässigem Baugrund wird die Rasentragschicht über Dränschlitze entwässert, die in Dränstränge einbinden. Diese Bauweise ist im Sportplatzbau weit verbreitet.

- Dränschichtbauweise

  Unter der Rasentragschicht wird eine zusätzliche Dränschicht eingebaut. Diese sorgt für eine besonders schnelle Entwässerung, ist jedoch aufwendiger und führt zu höherem Bewässerungsbedarf. Diese Bauweise dürfte im professionellen Bereich die Regelbauweise darstellen.

Die Wahl der Bauweise hängt im Wesentlichen von der Wasserdurchlässigkeit und Bearbeitbarkeit des Baugrunds sowie vom gewünschten Nutzungsniveau ab. Die Rasentragschicht ist in allen Bauweisen ähnlich aufgebaut. Sie besteht aus einem sandreichen Substrat mit geringem Feinanteil. Dadurch wird eine gute Wasserdurchlässigkeit erreicht und gleichzeitig das Wurzelwachstum gefördert. Die Tragfähigkeit und Scherfestigkeit werden v. a. durch die Durchwurzelung sowie eine geeignete Kornverteilung sichergestellt.

Ein zu hoher Feinanteil verbessert zwar die Wasserspeicherung, führt jedoch zu schlechterer Dränage, geringerer Stabilität und ungünstigen Spieleigenschaften. Deshalb wird der Anteil organischer Substanz und feiner Bestandteile bewusst begrenzt. Die erforderliche Wasserversorgung erfolgt i. d. R. über Beregnung. Bei der Beregnung wird die Wassermenge bedarfsgerecht dosiert. Ziel ist es, den Aufbau zu befeuchten, ohne dass Wasser in die Entwässerungseinrichtungen abgeführt wird.

Rasentragschicht als Kompromiss

Insgesamt stellt die Rasentragschicht einen Kompromiss zwischen Wasserdurchlässigkeit, Tragfähigkeit und Vegetationsbedingungen dar.

Kunststoffrasensysteme

Kunststoffrasensysteme sind mehrschichtig aufgebaut. Sichtbar ist der Kunststoffrasenbelag mit eingewebten Fasern und meist einer Verfüllung, darunter folgen eine elastische Tragschicht sowie weitere Schichten des Oberbaus. Sowohl der Belag als auch die Tragschicht sind wasserdurchlässig. Das Trägergewebe ist gelocht, sodass Niederschlagswasser in darunterliegende Schichten gelangen kann.

Die Verfüllung erfolgt i. d. R. mit Quarzsand. Dieser ist aufgrund seiner Kornform und Kornverteilung kaum verdichtbar und gewährleistet eine gute Wasserdurchlässigkeit sowie stabile Spieleigenschaften. Verfüllungen aus Gummigranulat werden aus Gründen des Mikroplastikeintrags nicht mehr eingesetzt. Alternative Materialien wie Kork haben sich bislang nicht durchgesetzt.

Kunststoffrasenplätze werden seit etwa zwei Jahrzehnten verstärkt gebaut und ersetzen vielerorts ältere Tennenbeläge. Der Bau und Betrieb sind kostenintensiv, insbesondere durch den regelmäßigen Austausch des Belags.

Ein Vorteil von Kunststoffrasen liegt in der hohen Nutzbarkeit unabhängig von Witterungseinflüssen. Gleichzeitig bestehen jedoch Nachteile hinsichtlich Umweltwirkungen und Ressourcenverbrauch. Im Vergleich zu Naturrasen weisen Kunststoffrasenplätze eine höhere Gesamtumweltbelastung auf. Pro Nutzungsstunde relativiert sich dieser Unterschied teilweise.

Ein wesentliches Problem ist der Eintrag von Mikroplastik. Durch Verschleiß der Kunststofffasern entsteht Faserabrieb, der sowohl oberflächlich als auch über das Entwässerungssystem in die Umwelt gelangen kann. Technische Maßnahmen wie Filter können diesen Eintrag teilweise reduzieren. In Forschungsarbeiten wurden Verschleißtests entwickelt.

Die Systeme werden kontinuierlich weiterentwickelt, beispielsweise durch Hybridrasenlösungen oder optimierte Tragschichten. Diese Ansätze kombinieren Eigenschaften verschiedener Bauweisen, müssen jedoch hinsichtlich Pflege, Entsorgung und Umweltwirkung fallweise bewertet werden.

Die Wasserdurchlässigkeit von Kunststoffrasen bleibt bei fachgerechter Pflege über die Nutzungsdauer erhalten. Eine Beregnung erfolgt nur bei Bedarf, etwa zur

Verbesserung der Spieleigenschaften oder zur Reduzierung von Oberflächentemperaturen und Verletzungsrisiken.

Die Wasserdurchlässigkeit der verschiedenen Sportbeläge unterscheidet sich deutlich.

Grundsätzlich gilt, dass auf der Oberfläche kein Wasser stehen bleiben darf, gleichzeitig soll aber nur so viel Wasser abgeführt werden, wie aus bau- und nutzungsbedingten Gründen erforderlich ist.

Beim Sportrasen wird ein Teil des Wassers für die Vegetation benötigt. Beim Tennenbelag ist ein gewisser Wassergehalt erforderlich, um die Bindung des Materials sicherzustellen. Beide Beläge sind daher auf ein ausgewogenes Verhältnis zwischen Wasserspeicherung und Entwässerung angewiesen. Bei Kunststoffbelägen und Kunststoffrasensystemen steht nicht die Wasserspeicherung im Vordergrund, sondern eine möglichst schnelle Ableitung des Niederschlagswassers durch den Aufbau.

4.7.2 Tragschichten ohne Bindemittel und Erdplanum

Tragschichten ohne Bindemittel bestehen aus natürlichen Gesteinskörnungen definierter Korngrößen. Durch Anforderungen an Kornverteilung, Kornform und Widerstandsfähigkeit wird bei fachgerechtem Einbau eine ausreichende Tragfähigkeit und Wasserdurchlässigkeit sichergestellt. Die Schichten sind so aufgebaut, dass Wasser schnell durch den Oberbau nach unten abgeführt werden kann. Gleichzeitig müssen sie mechanische Belastungen dauerhaft aufnehmen.

Entwässerung in tieferen Schichten

Die in den Regelwerken geforderten Wasserdurchlässigkeiten sind hoch. Sie ergeben sich nicht nur aus sportfunktionalen Anforderungen, sondern auch daraus, dass die horizontale Wasserbewegung im Boden deutlich langsamer ist als die vertikale. In der Praxis zeigt sich, dass die Wasserdurchlässigkeit solcher Tragschichten über lange Zeit weitgehend erhalten bleibt. Bei Sanierungen können sie i. d. R. weiterverwendet werden. Insgesamt wird die Entwässerung bei wasserdurchlässigen Sportanlagen im Wesentlichen in tiefere Schichten verlagert. Oberflächenabfluss spielt bei normgerechtem Aufbau und fachgerechter Pflege nur eine untergeordnete Rolle. Aus diesen Gründen wurden die Abflussbeiwerte in aktuellen Regelwerken deutlich verringert (DIN 18035-3, DWA-A 138-1, DIN-E 1986-100).

Das Erdplanum bildet die unterste Ebene des Aufbaus. Es wird vor dem Einbau der Tragschichten hergestellt, profiliert und verdichtet. Die erforderliche Tragfähigkeit wird i. d. R. erst durch Verdichtung erreicht. Dabei wird die Wasserdurchlässigkeit des Planums zum Teil erheblich verringert. Das Planum folgt der Neigung des Sportplatzes, die meist zwischen 0,5 und 1 % liegt. Ziel ist es, einerseits den Wasserabfluss zu gewährleisten und andererseits das Spielgeschehen nicht zu beeinflussen. Wasser darf auf dem Planum nicht stehen bleiben, um Schäden durch Durchfeuchtung oder Frost zu vermeiden. Die Entwässerung erfolgte bisher üblicherweise über Dränstränge, die in das Erdplanum eingebaut werden. Sie sammeln das Sickerwasser und leiten es ab. Die Abstände liegen typischerweise im Bereich weniger Meter.

Der grundlegende Aufbau der Planumsentwässerung entspricht weitgehend dem Stand der Technik seit den 1970er Jahren. Rohrlose Entwässerungssysteme sind in den geltenden Regelwerken bis auf bodennahe Bauweisen von Sportrasen derzeit nicht vorgesehen.

Technische Entwässerungseinrichtungen erforderlich

In der Praxis wird die erforderliche Wasserdurchlässigkeit des Baugrunds häufig nicht erreicht. Ursache ist vor allem die Verdichtung des Bodens beim Bau, wodurch wasserleitende Poren reduziert werden. Auch bindige Böden weisen oft nur geringe Versickerungsleistungen auf. Deshalb sind technische Entwässerungseinrichtungen im Sportplatzbau i. d. R. erforderlich, selbst wenn der natürliche Boden grundsätzlich wasserdurchlässig erscheint.

4.7.3 Versuchsanlage

Anforderungen an die Versuchsanlage

Die Versuchsanlage wurde so konzipiert, dass sie die wesentlichen Bedingungen eines Sportplatzaufbaus realitätsnah abbildet und gleichzeitig gezielte Untersuchungen zur Entwässerung ermöglicht. Ziel war es, den Wassertransport im Aufbau unter definierten Randbedingungen zu untersuchen, um die Frage zu klären, ob die Entwässerung auch rohrlos umgesetzt werden kann.

Die Anlage musste folgende Anforderungen erfüllen:

- Übertragbarkeit auf die Praxis

  Der Aufbau orientiert sich an üblichen Bauweisen im Sportplatzbau, insbesondere hinsichtlich Schichtaufbau und Materialwahl.

- Kontrollierte Wasserzufuhr und -ableitung

  Niederschlagsereignisse sollten nachgebildet und die resultierenden Abflüsse erfasst werden können.

- Messbarkeit der maßgeblichen Größen

  Insbesondere Infiltration, Abfluss und Speichereffekte im Aufbau sollten beobachtet und ausgewertet werden können.

- Reproduzierbarkeit der Versuche

  Die Randbedingungen mussten so gestaltet sein, dass Versuche vergleichbar durchgeführt werden können.

Die Versuchsanlage stellt damit ein vereinfachtes, aber praxisnahes Modell eines Sportplatzaufbaus dar, an dem das Entwässerungsverhalten systematisch untersucht werden kann.

Versuchsaufbau

Wasser wurde über Regner gezielt zugeführt. Bewässert wurde mit Brunnenwasser, welches für Versuchszwecke in Landwirtschaft und Gartenbau zur Verfügung stand. Die tatsächliche Wassermenge pro Quadratmeter war abhängig vom aktuellen Druck im System und vom Wind. Sie wurde über Regenmesser festgestellt. Die

Dränagesysteme unter dem Planum waren über Schächte einsehbar. Es konnte jederzeit beobachtet werden, ob und wie viel Wasser den Oberbau durchsickert hat und im Dränagesystem steht.

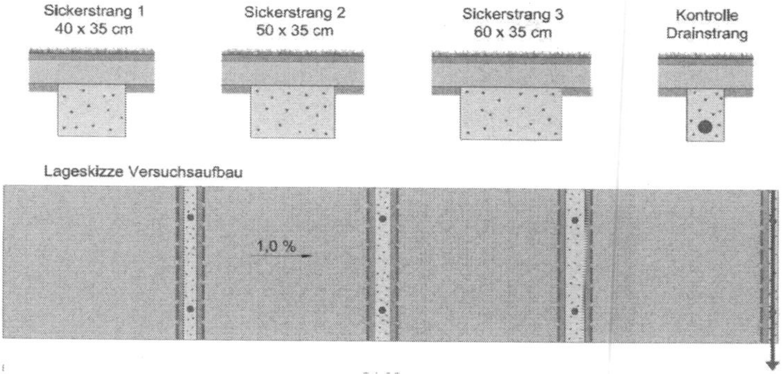

Abb. 4.7.3-1: Lageplan der Versuchsanlage (Quelle: Kirsten)

Die Versuche wurden unter definierten und wiederholbaren Bedingungen durchgeführt. Die Sportflächen wurden beregnet, um Niederschlagsereignisse nachzubilden. Anschließend wurde beobachtet, wie schnell das Wasser versickert oder gespeichert wird. Die Versuche wurden mehrfach wiederholt, um vergleichbare Ergebnisse zu erhalten.

Messergebnisse und Auswertung

Die durchgeführten Versuche belegen, dass der untersuchte Aufbau Niederschlagswasser gut aufnehmen und ableiten kann und dass es möglich ist, das Planum bei einer Wasserdurchlässigkeit des Bodens von etwa $1*10^{-6}$ m/s oder besser, also ab etwa 5 mm/h, rohrlos zu dränieren.

Ableitung erfolgt verzögert

Das Wasser dringt schnell in die oberen Schichten ein und wird anschließend im Aufbau weitergeleitet. Die Entwässerung hängt nicht an einer einzelnen Schicht, sie wird durch das Zusammenspiel aller Schichten bestimmt. Ein wesentlicher Teil des Wassers wird zunächst im Aufbau gespeichert. Diese Speicherwirkung ist gewünscht, da sie kurzfristige Belastungsspitzen abpuffert. Erst verzögert erfolgt die Ableitung in tiefere Schichten.

Dabei wird deutlich, dass die Wasserdurchlässigkeit des Gesamtsystems ausreichend hoch ist, um auch bei stärkeren Niederschlagsereignissen einen Rückstau im Aufbau zu vermeiden. Gleichzeitig wird deutlich, dass die Leistungsfähigkeit stark von den Randbedingungen abhängt. Dazu zählen insbesondere die Durchlässigkeit des Baugrunds, die Ausbildung der Tragschichten und der Zustand der oberen Schichten.

Insgesamt bestätigen die Ergebnisse, dass ein entsprechend aufgebautes System mit rohrloser Dränage sowohl die Anforderungen an die Entwässerung als auch an die Nutzungssicherheit erfüllen kann.

Abb. 4.7.3-2: Ansicht der Versuchsanlagen im Versuchsfeld des LfULG in Dresden-Pillnitz (Quelle: Kirsten)

4.7.4 Empfehlungen für Planung und Dimensionierung

Für die Planung lassen sich daraus einige grundlegende Prinzipien ableiten.

Entwässerung erfolgt innerhalb des Systems

Zentral ist, dass das Wasser nicht oberflächlich abgeführt wird, sondern in den Aufbau eindringt und dort verzögert weitergeleitet wird. Die Entwässerung erfolgt damit überwiegend innerhalb des Systems und nicht über die Oberfläche.

Die Leistungsfähigkeit der Entwässerung ergibt sich nicht aus einer einzelnen Schicht. Entscheidend ist das Zusammenspiel von Belag, Tragschicht und Baugrund. Ein Teil des Niederschlagswassers wird im Aufbau zwischengespeichert. Der erste Anstau in der Dränage entstand bei einer Beregnung mit 40 l pro Stunde und Quadratmeter nach 30 bis 45 Minuten. Diese Pufferwirkung reduziert Abflussspitzen und ist bei der Auslegung mitzuberücksichtigen, auch für Systeme mit Dränrohren, wenn keine planmäßige Versickerung möglich ist.

Die Versickerungsleistung wird maßgeblich durch die Durchlässigkeit des Baugrunds bestimmt. Ist dieser wenig durchlässig, begrenzt er die Gesamtleistung des Systems. Eine ausreichend wasserdurchlässige Ausbildung der Tragschichten ist Voraussetzung dafür, dass Wasser überhaupt bis zum Baugrund gelangen kann. Faktoren wie Verdichtung, Verschlämmung oder unzureichende Pflege können die Leistungsfähigkeit deutlich reduzieren.

Insgesamt belegen die Ergebnisse, dass ein wasserdurchlässiger Sportplatzaufbau unter geeigneten Randbedingungen als Bestandteil der Niederschlagswasserbewirtschaftung genutzt werden kann. Voraussetzung ist eine abgestimmte Planung, bei der Aufbau und Baugrund gemeinsam betrachtet werden.

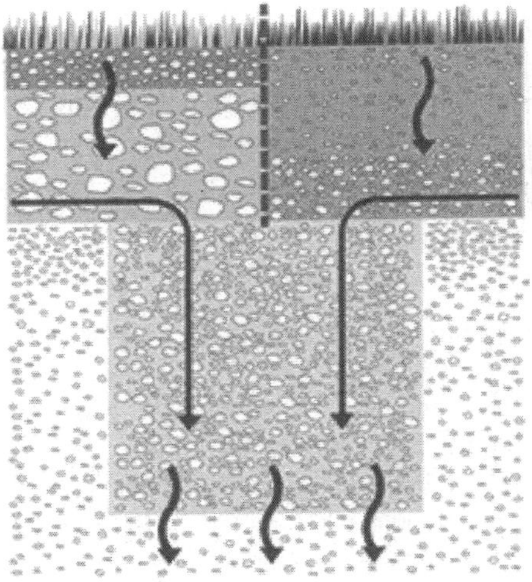

Abb. 4.7.4-1: Schnittdarstellung der rohrlosen Drainage bei der Entwässerung von Sportplätzen (Quelle: Kirsten)

Pilotprojekte

Die Überführung der Bauweise in die Praxis erfolgte zunächst bei Pilotprojekten in Hamburg-Mitte im Rahmen des Bundesförderprogramms „Mitte machen“ zur Weiterentwicklung der Städtebauförderung des Bundesministeriums für Wohnen, Stadtentwicklung und Bauwesen (BMWSB), fachlich begleitet unter anderem durch das Bundesinstitut für Bau-, Stadt- und Raumforschung (BBSR).

Ziel des Programms war, innovative Ansätze für die Weiterentwicklung von Stadtstrukturen, insbesondere im Bereich der sozialen und sportlichen Infrastruktur, unter realen Bedingungen zu erproben. Dazu gehörte ausdrücklich auch die Erprobung neuer technischer und planerischer Lösungen. Es bestand die Möglichkeit, von bestehenden Regelwerken abzuweichen und neue Bauweisen umzusetzen. Dies war eine entscheidende Voraussetzung, um den entwickelten Ansatz erstmals unter Praxisbedingungen zu realisieren. Das erste Projekt wurde auf der Sportanlage Kroonhorst im Hamburg-Altona umgesetzt. Die in den Pilotprojekten gewonnenen Erfahrungen wurden in die weitere fachliche Diskussion und Normungsarbeit eingebracht.

Regelwerksarbeit

DIN 18035-3

Im Zuge der Weiterentwicklung der Bauweise bestand die Möglichkeit, die gewonnenen Erkenntnisse in die Normung einzubringen. Der Verfasser ist Mitglied des zuständigen Gremiums zur Überarbeitung der DIN 18035-3 „Sportplätze – Entwässerung".

Im Rahmen der Gremienarbeit wurde der vorgestellte Aufbau erläutert und anhand der Versuchsergebnisse diskutiert. Im Kreis der Beteiligten bestand hohes Interesse an alternativen Entwässerungskonzepten. In der praktischen Anwendung lagen bereits Erfahrungen mit kombinierten Systemen aus Dränage und Versickerung vor.

Die vorgestellte Bauweise wurde über mehrere Sitzungen hinweg behandelt und floss in die Überarbeitung der Norm ein. In der aktuellen Fassung der DIN 18035-3:2025-07: Sportplätze – Teil 3: Entwässerung ist diese Entwicklung insbesondere im Abschnitt zur Dränentwässerung berücksichtigt.

Rohrlose Sickerpackungen wurden als eigenständige Bauweise aufgenommen. Damit wird erstmals ausdrücklich eine Bauweise beschrieben, bei der die Entwässerung innerhalb des Systems erfolgt und das Wasser dem natürlichen Wasserkreislauf wieder zugeführt wird.

Die Norm legt dafür konkrete Anwendungsbereiche fest. Rohrlose Sickerpackungen sind insbesondere dann geeignet, wenn der Baugrund eine ausreichende, aber begrenzte Wasserdurchlässigkeit aufweist. Seine Eignung ist über die Infiltrationsrate nachzuweisen.

Für die Ausführung werden grundlegende Anforderungen definiert, unter anderem die Mindestabmessungen der Sickerpackungen, Einbau quer zum Gefälle des Erdplanums sowie Anforderungen an das verwendete Gesteinskörnungsgemisch. Zusätzlich werden Richtwerte für die Anordnung der Sickerpackungen in Abhängigkeit von der Durchlässigkeit des Baugrundes vorgegeben.

Funktion des Sportplatzes als Teil der Niederschlagswasserbewirtschaftung

Die Dränentwässerung mit rohrlosen Sickerpackungen wird nicht als klassische Versickerungsanlage im Sinne anderer Regelwerke eingeordnet, sondern als Bestandteil der Sportplatzentwässerung. Dadurch bleibt die Bauweise im Kontext des Sportplatzbaus verankert. Ergänzend wird in der Norm hervorgehoben, dass Entwässerungssysteme von Sportflächen grundsätzlich auch zur Rückhaltung von Niederschlagswasser beitragen können. Damit wird die Funktion des Sportplatzes als Teil der Niederschlagswasserbewirtschaftung anerkannt.

Fazit

Die Untersuchung belegt, dass wasserdurchlässige Sportplatzaufbauten grundsätzlich geeignet sind, Niederschlagswasser nicht nur abzuleiten, sondern innerhalb des Systems aufzunehmen und verzögert weiterzugeben. Entscheidend ist dabei das Zusammenwirken aller Schichten sowie die Einbindung des Baugrunds in das Entwässerungskonzept.

Mit der Aufnahme entsprechender Ansätze in die DIN 18035-3 ist die Bauweise inzwischen auch normativ verankert. Dies schafft eine Grundlage für die weitere Anwendung und Planungssicherheit im Sportplatzbau.

Danksagung

Der Verfasser dankt allen, die die Entwicklung der Bauweise fachlich und praktisch unterstützt haben. Dies betrifft insbesondere die Mitwirkung bei der Durchführung der Versuche, die Umsetzung der Pilotprojekte sowie das Einbringen in die Normungsarbeit.

Besonderer Dank gilt Markus Illgas (Landschaftsarchitekt), Heinz Schomakers (BGL), Dr. Hohlfeld (LfULG) sowie Torge Hauschild (Bezirksamt Hamburg-Mitte, Fachamt Bezirklicher Sportstättenbau) für ihre Unterstützung, ihre Impulse und die kontinuierliche Begleitung der Arbeiten. Ohne dieses Zusammenwirken wäre die Entwicklung, Erprobung und Verankerung der Bauweise in dieser Form nicht möglich gewesen.

Autor

Tom Kirsten ist freier Landschaftsarchitekt und ö. b. v. Sachverständiger für Garten- und Landschaftsbau sowie ö. b. v. Sachverständiger für Sportplatzbau.

5

5 Klimaanpassung in der Landschafts- und Stadtplanung

Autoren

Georg Hermannsdorfer (5.1–5.1.3)

Catharina Fröhling, Wilhelm Kuttler, Julia Nickel-Kuhn (5.2)

Birgit Georgi (5.3–5.3.4)

Bernd Ishorst (5.4–5.4.2)

Thomas Köhler (5.5–5.5.3)

Inhaltsverzeichnis

5.1 Renaturierung von Fließgewässern

5.1.1 Probleme der Fließgewässer

Unterhaltungsverpflichtung liegt bei den Kommunen

Die Gewässer III. Ordnung, unsere Bäche und Gräben, beanspruchen den Hauptanteil unserer Fließgewässer. In Bayern gibt es 90.000 km Gewässer III. Ordnung, dagegen nur 10.000 km I. Ordnung und II. Ordnung, die großen und mittelgroßen Flüsse. Ähnlich dürfte das Verhältnis in den übrigen Bundesländern sein. Die Unterhaltungsverpflichtung nach dem Wasserhaushaltsgesetz (WHG) für Gewässer III. Ordnung liegt bei den Kommunen, denen damit eine große Verantwortung übertragen wird. Unsere großen Flüsse können nur „so gut" sein, wie die Summe der Zuflüsse. Alles Material, Dünger, Nährstoffe, Oberboden, Unterboden, Geschiebe, Holz, Müll usw., das in den kleinsten Bach oder Graben gelangt, wird irgendwann in irgendeiner Form in den Flüssen und Seen ankommen. Alles belastende Material, das wir durch Vorsorge- und Unterhaltungsmaßnahmen von unseren Bächen und Gräben fernhalten, wird sowohl unseren Bächen und Gräben als auch unseren Flüssen und Seen zugutekommen. Wenn wir diese Ursachen bekämpfen, leisten wir auch einen Schutz für unser Grund- und Trinkwasser.

Probleme der Fließgewässer

Die Probleme sind vielfältig, um nur die wichtigsten zu nennen:

- fehlender Gehölzbewuchs mit der Folge von Ufer- und Sohlenerosion im privaten, kommunalen Bereich und in der Landwirtschaft

Versiegelung

- intensive Versiegelung von Flächen in Wohn- und Gewerbegebieten mit der Folge von erhöhtem, beschleunigtem Abfluss und dadurch bedingter Erosion im Ufer- und Sohlbereich
- Einleitung Straßenwasser (Niederschlagswasser auf Straßen)
- Straßengullys am Rand und inmitten der landwirtschaftlichen Nutzflächen und dadurch bedingt unmittelbarer Dünge- und Pflanzenschutzmitteleintrag bei Regen
- Nährstoff-Pflanzenschutzmittel- und sonstige Schadstoffeinträge, wie z. B. Reifenabrieb
- Verschlammung der Gewässersohle durch Bodenerosion auf Ackerflächen
- Fehlanschlüsse von Kleinkläranlagen und Siloanlagen
- Dauerlagerung von Materialien unmittelbar am Ufer
- Altsünden, wie z. B. Verrohrung und Begradigung der Bachläufe
- künstliche Böschungssicherung durch Versteinung der Ufer für private, naturferne Gartennutzung und naturfernes öffentliches Grün bis unmittelbar ans Ufer

Fehlender Gehölzbewuchs

Gräser wurzeln ca. 20 cm tief. Ein natürlicher Erosionsschutz braucht einen standortgerechten Gehölzbewuchs. Je nach Bachtyp bieten auch Röhricht, Seggengräser oder Hochstauden ausreichend Schutz. Bäche und Gräben ohne Ufergehölze und damit ohne Beschattung „verkrauten“, d. h., intensiver Pflanzenaufwuchs im Gewässerbett vermindert den Abfluss. Als Gegenmaßnahme werden diese Gewässer regelmäßig ausgemäht und ausgebaggert. Das lockere Bodenmaterial ist der Erosion preisgegeben. Die ganze Arbeit könnte man sich sparen, wen man einen natürlichen Gehölzaufwuchs zulässt, weil die Beschattung der Gehölze eine „Verkrautung“ verhindert.

Abb. 5.1.1-1: Fehlender Gehölzbewuchs am Bach.(Quelle: Gmaindl)

Abb. 5.1.1-2: Nach Bachräumung – Erosion an ungeschützten Ufern. (Quelle: Hermannsdorfer[1])

Intensive Versiegelung von Flächen

Konzentrierte Abflüsse

Intensive Flächenversiegelung vernichtet nicht nur wertvolle landwirtschaftliche Böden, die uns eines Tages fehlen werden, sondern führt auch zu schnellen konzentrierten Abflüssen nach Regenfällen, wodurch unsere Bäche unnatürlich hoch beaufschlagt werden,

1 Bilder aus „Renaturierung von Fließgewässern, Georg Hermannsdorfer, Patzer-Verlag,

was die Erosion der Uferböschungen und der Gewässersohle verstärkt.

Steile Schluchtläufe sind von Natur aus erosionsgefährdet. Durch Flächenversiegelung im Einzugsgebiet, Dränierung und unbedeckte landwirtschaftliche Böden wird Wasser bei Starkregen ohne Verzögerung unmittelbar abgeleitet und verschärft diese Situation gefährlich.

Abb. 5.1.1-3: Erosion in Schluchtlauf. (Quelle: Hermannsdorfer)

Verdichtung landwirtschaftlicher Böden

Versickerung

Verdichtung landwirtschaftlicher Böden durch Befahren in nassem Zustand, mit zu schweren Maschinen, zu hohem Reifendruck verhindern die natürliche Versickerung und Pufferung und führen zu schnellem unmittelbarem Abfluss und Bodenabtrag und damit zu Erosion und Verschlammung unserer Gewässer, insbesondere der Gewässersohle. Damit wird wertvoller Lebensraum für Fische, Muscheln und Wasserinsekten zerstört, umgekehrt verlieren wir die in sehr langen Zeiträumen entstandene belebte Ackerkrume – die Grundlage und Garantie für unsere Ernährung.

Einleitung Straßenwasser und Straßengullys in der Nähe landwirtschaftlicher Flächen

Die Straßenentwässerung führt häufig in die landwirtschaftlichen Flächen. Damit werden bei Regen automatisch und ohne Zutun der Landwirte Nährstoffe, wie z. B. Gülle, direkt in den nächsten Bach geleitet.

Silosickersaft ist wertvoller Dünger. Wenn er allerdings über dränierten Flächen versickert, gelangt er über die Dränrohre direkt ins Gewässer und wird dort zum Problem.

Risse in der Betondecke von Siloanlagen und Gullys zur Hofentwässerung leiten hochkonzentrierte Silosickersäfte direkt in den Vorfluter und über diesen in den nächsten Bach. Hier ist seitens der Fachbehörden – Landwirtschaftsämter und Wasserbehörden – noch viel Aufklärungsarbeit nötig. Leider fehlt dazu häufig das Personal.

Abb. 5.1.1-4: Gullys leiten Sickersäfte aus Siloanlagen in einen Bach. (Quelle: Forster)

Am Ende einer Verrohrung. Der „Abwasserpilz“ (roter Pfeil) zeigt es an: Nährstoffbelastetes Wasser wird von irgendwoher eingespeist. Woher? – Das kann oft nur durch Messungen (Fachbehörde) und zusammen mit dem Gewässerberater des Landwirtschaftsamts und dem örtlichen Landwirt geklärt werden. Leider fehlt auch für diese wichtigen Messungen bei den zuständigen Behörden (Wasserbehörden) häufig das Personal.

Abb. 5.1.1-5: Abwasserpilz (roter Pfeil). (Quelle: Forster)

Ein verdreckter Bach mit deutlicher Verpilzung (Pilze und Bakterien) durch direkten Eintrag von Silosickersaft führt zu starker Sauerstoffzehrung und einem lebensfeindlichen Milieu.

Begradigung und Verrohrung

Ein begradigter Bach in einer Betonschalenrinne und intensiv gepflegtem Ufer wird zum reinen „Vorfluter“ degradiert. Solche Bilder sollten der Vergangenheit angehören.

Vorfluter

Abb. 5.1.1-6: Begradigter Bach. (Quelle: Hermannsdorfer)

Verrohrungen sind Altsünden und geschehen heute nicht mehr. Mit jeder verrohrten Strecke verschwindet nicht nur wertvoller Lebensraum, sondern auch ein Stück natürliche Reinigungsstrecke. Jede offene Strecke, und wenn sie noch so „versaut" ist – begradigt, versteint, verschlammt – ist besser als eine Verrohrung.

Künstliche Böschungssicherung und Verbauung

Entwicklung einer Bachaue

Flächen im kommunalen Bereich werden häufig aufwendig gepflegt und viel zu selten für die Entwicklung einer Bachaue verwendet.

Der private Häuslebauer sieht den Bach oft als feindliches Element. Statt den Bach in seinen Garten zu integrieren, schafft er eine ebene Rasenfläche bis unmittelbar zum Wasser, vernichtet damit Natur und Abflussraum und weiß sich am Ende nur noch mit einem Steinsatz zu wehren. Der Holzbohlenverbau (im Bild rechts) auf der gegenüberliegenden Seite ist nicht viel besser.

Abb. 5.1.1-7: Künstliche Böschungssicherung. (Quelle: Hermannsdorfer)

Lagerung von Materialien unmittelbar am Ufer in der „Bachaue“ an einem See- Campingplatz. Das Gespür für den richtigen Umgang ist teilweise nicht einmal bei denen vorhanden, die ihren Verdienst direkt aus dem Erlebnisraum Natur erwirtschaften.

Abb. 5.1.1-8: Verbauung der Uferböschung. (Quelle: Hermannsdorfer)

11/22

5.1.2 Natürlicher Überflutungsschutz

Wie es anders geht, können wir von der Natur lernen. Wir brauchen dazu keine Fachbücher wälzen oder uns durch Google klicken, und wir brauchen uns auch nicht mit Spezialbegriffen aus der Wissenschaft quälen. Ein Ausflug zum nächsten Bach in unserer Gegend, an einen Abschnitt, der noch intakt ist, und dann über die Böschung hinunter bis zum Wasser – und schon befinden wir uns dort, wo die Natur uns zeigt, wie dieses System seit Jahrhunderttausenden funktioniert: über uns die Baumkronen, neben uns Weidendickicht, hereinhängende Äste, knorrige Baumwurzeln, Getreibsel - ein Dickicht aus toten Ästen und Blättern - vom letzten Hochwasser und unter uns die Bachsohle, der Lebensraum für Fische und Muscheln und die vielen Wasserinsekten, die letztlich die Gewässerreinigung besorgen.

Abb. 5.1.2-1: Ein natürliches Bachbett: eine angemessene Gewässerbreite, Flusskiesel in der Sohle und kräftiges Wurzelwerk sorgen für ein stabiles Gleichgewicht. (Quelle: Hermannsdorfer)

Weidenaue

Abklingendes Hochwasser hat vor Jahren Weidensamen angespült. So entsteht auf natürliche Weise nach und nach eine dichte Weidenaue, die das Gewässervor beschattet und die Ufer kostenlos ohne künstlichen Steinwurf sichert. Diese Entwicklung muss man ganz einfach zulassen und nicht mit Bebauung und landwirtschaftlicher Nutzung dagegen arbeiten.

Abb. 5.1.2-2: Frisch ausgetriebene Weiden. (Quelle: Hermannsdorfer)

Weidengehölze sind an die Gewässer angepasst. Sie wurzeln nicht nur in den Boden, sondern auch ins Wasser hinein. Bei Hochwasser abgebrochene Äste lagern sich an günstigen Stellen ab und treiben wieder aus.

Wurzelteppiche

Manche Weidenarten, wie die Bruch- und Silberweide, bilden dichte „Wurzelteppiche“ aus. Dadurch entstehen dicht besiedelte Lebensräume für Weichtiere und Wasserinsekten – unsere natürlichen „Entsorger“.

Abb. 5.1.2-3: Wurzelteppich einer Weide mit Bachflohkrebsen (Quelle: Hermannsdorfer)

Abb. 5.1.2-4: Typisches Wurzelwerk einer alten Schwarzerle: Wie Bohrpfähle reihen sich die Wurzeln der Schwarzerle dicht an dicht und dringen tief in die Gewässersohle ein. Schwer vorstellbar, dass ein Steinwurf mehr Stabilität bewirken könnte. (Quelle: Hermannsdorfer)

Abb. 5.1.2-5: Wie zwei Wehrtürme sichern diese beiden Altbäume das Bachbett und leiten das Wasser schadlos ab. Links im Bild eine Bruchweide, rechts im Bild eine Schwarzerle. Einst verteidigten lebende Bäume statt einfallsloser Steinsicherungen die Uferlinie. Ein Stein mit gleich starker Ufersicherung ist unter normalen Gegebenheiten nicht transportabel. (Quelle: Hermannsdorfer)

Abb. 5.1.2-6: Wurzelverhau von Schwarzerle (links) und Esche(rechts). Gut sichtbar ist der Wurzelbogen der Esche: sie will nicht ins Wasser, die Schwarzerle(links) schon. Im Team mit Schwarzerle und Weide sorgen Esche, Eiche, Traubenkirsche und viele andere für einen gelungenen Uferschutz und bieten hervorragende Fischunterstände. (Quelle: Hermannsdorfer)

Aber nicht nur Gehölze, sondern je nach Bachtyp unterschiedlich auch Röhrichte oder Seggengräser bieten Uferschutz und Fischunterstände.

Natürliche Bachaue erfüllt Mehrfachfunktion

Funktionierendes Fließgewässer

Was unsere Fließgewässer v. a. brauchen, ist eine Bachaue, bestehend aus je 10 m breiten Uferstreifen beidseitig, die mit standortgerechten, heimischen Gehölzen, teilweise - je nach Bachtyp - auch mit Röhricht, Hochstauden oder Seggengräsern bestockt sind. Eine solche natürliche Bachaue ist neben sauberem Wasser, unverbauten Ufern und einer natürlichen Gewässersohle die wichtigste Voraussetzung für ein funktionierendes Fließgewässer-Ökosystem. Ein solcher Uferstreifen erfüllt alle Funktionen, die ein künstlicher Uferschutz niemals bieten kann: er beschattet das Gewässer, sichert Uferböschungen und Sohle vor Erosion, puffert Einträge aus der Landwirtschaft ab, bietet Fischunterstände und Lebensraum für allerlei Gewässerorganismen – Bakterien, Pilze, Weichtiere, Wasserinsekten, die zur Gewässerreinigung beitragen. Er bietet dem Biber reichlich Nahrung, der wiederum seinerseits für zusätzliche Lebensräume und vielfältige Gewässerstrukturen sorgt.

Durchgehende Uferstreifen sind ideale Wanderachsen für eine Vielzahl von Tierarten und würde, sofern man diese endlich zulässt, für eine weitverzweigte Vernetzung vieler Einzelbiotope über Staatsgrenzen hinaus sorgen, wie wir sie durch kleine andere Maßnahmen erreichen können, denn die „Infrastruktur", die Gewässerläufe, selbst sind schon da.

Auch als Energielieferant kann die Bachaue einen wertvollen Beitrag liefern. 500 m Bachlauf ergaben bei einer Breite von 20 m einen Hektar Fläche, der nach zehn Jahren Aufwuchszeit zehn Tonnen(t) Brennholz liefern kann – also pro Jahr eine Tonne. Einen kleinen Teil der Gehölze sollte man allerdings altern lassen, damit auch Altbäume entstehen. Allein in Bayern könnten wir klimaneutral ca. 24.000 Einfamilienhäuser beheizen. Derzeit sind von den insgesamt 90.000 km Gewässer III. Ordnung in Bayern ca. 50 %, also etwa 45.000 km, ohne Ufergehölze. Wenn wir auf dieser Strecke eine 20 m breite Bachaue zulassen, dann ergibt das eine Fläche von 90.000 ha, die jährlich 90.000 t Brennmaterial produzieren.

Wir müssen diese Bachaue nicht einmal kostenaufwendig bepflanzen, sondern nur den natürlichen Samenanflug zulassen und vielleicht in Teilen mit Initialpflanzungen nachhelfen. Für die Landwirte wäre das keine Verschlechterung, vorausgesetzt, die Landwirtschaftsministerien stellen die Förderungen im Bachumgriff um – statt Förderung von Mais, Getreide, Grünland auf Förderung von einheimischen Gehölzen.

Uferstreifen sind eigentlich vom Wasserhaushaltsgesetz her verpflichtend. Im § 39 Wasserhaushaltsgesetz (WHG) steht: *Die Ufer sind durch Erhaltung und Neuanpflanzung einer standortgerechten Ufervegetation zu schützen.* Und im § 38 wird sogar ein Gewässerrandstreifen im Außenbereich von 5 m Breite gefordert. Leider werden beide gesetzliche Forderungen durch einen „Trojaner“, den vermutlich die Agrarlobby im § 38 Abs. 4 Nr. 3 gesetzt hat, wieder ausgehebelt. Die beiden Paragrafen sind also real wenig wert.

Abb. 5.1.2-7: Natürliche Bachaue mit Kehrwasser, Totholz, Getreibsel, tiefen Gumpen, Stromschnellen und gewundenem Lauf. (Quelle: Hermannsdorfer)

Abb. 5.1.2-8: Künstlich angelegter Uferstreifen mit anschließendem Grünlandstreifen – das sollte Schule machen. Leider muss der Grünlandstreifen aus nicht nachvollziehbaren bürokratischen Gründen alle fünf Jahre umgebrochen werden, sodass sich niemals eine richtige Wiese entwickeln kann. (Quelle: Hermannsdorfer)

5.1.3 Naturnahe Sicherungsbauweisen

Zeitlich begrenzte Wirkung

Naturnahe, ingenieurbiologische Methoden wirken zeitlich begrenzt, in der Regel zwischen 5-15 Jahren. Sie wirken als Basis für die Entwicklung von Wurzelwerk (Gehölze, Röhricht, Seggen), das letztlich die Sicherung der Ufer und Sohle übernimmt. Nach 3 bis 5 Jahren greift bereits die natürliche Sicherung durch Wurzelwerk.

! Vor Beginn von Baumaßnahmen unbedingt beachten!

- Zuständige Behörden benachrichtigen/ Auskünfte einholen
- Landratsamt (Wasserrecht/UNB)
- Wasserwirtschaftsamt
- Fischereirechtsinhaber rechtzeitig benachrichtigen
- Muschelschutz: Informationen von UNB einholen
- Zeiten für Gehölzrückschnitt und Gewinnung von Soden – Röhricht, Seggen, Hochstauden – berücksichtigen (erlaubt: Anfang Oktober – Ende Februar)

Methoden

Fichtenraubaum

Einfachste Methode der naturnahen Sicherung

Die einfachste Methode der naturnahen Sicherung ist der Fichtenraubaum. Hier werden dicht benadelte Fichtenwipfel verwendet. Diese sind in der Regel über Waldbauernvereinigungen und Maschinenringe erhältlich.

Abb. 5.1.3-1: Einbau eines Fichtenraubaums mit Pflöcken (unten rechts im Bild) (Quelle: Hermannsdorfer)

Der Fichtenraubaum wird mit jeweils 2 Pflöcken vorne und hinten angepflockt (und mit Draht verbunden). Man verwendet dicht benadelte Fichtenwipfel oder andere Nadelgehölze.

Abb. 5.1.3-2: Bearbeitung der Böschung mit Bagger (Quelle: Hermannsdorfer)

Anschließend wird die Böschung mit der Baggerschaufel abgedrückt. So entsteht eine Berme, die mit Weidensteckhölzern oder mit Gehölzen, meist mit Schwarzerlen, bepflanzt werden kann.

Abb. 5.1.3-3: Fichte und Weide als Raubaum (Quelle: Hermannsdorfer)

Auch Weichholzmaterial, das bei der Pflege anfällt, kann verwendet werden. In Abbildung 3 liegt zuunterst eine Fichte, darüber Weichholz (Weide). Nadelholz verrottet langsamer.

Weidenflechtwerk

Weiden sind leicht verfügbar

Weidengehölze wachsen (das sollten sie zumindest) an jedem Bach. Sie werden außerhalb der Vegetationszeit geschnitten (Oktober bis Februar). Dann werden Holzpflöcke im Abstand von ca. 0,5 m eingeschlagen und die Weidenruten eingeflochten. Wichtig ist hier die gute Bodenbindung mit der Böschung und dass immer wieder kleine Hohlräume gelassen werden!

Abb. 5.1.3-4: Auf dem Bild gut erkennbar die Anlage einer Berme (rechtes Ufer) im Abstand von ca. 30– 50 cm über Mittelwasserstand. Darauf werden entweder Steckhölzer gesetzt oder Gehölze gepflanzt. Damit hat das Wurzelwerk die optimale Nähe zum Wasser. (Quelle: Hermannsdorfer)

Abb. 5.1.3-5: Siebenjähriges Flechtwerk. Die abgeschnittenen Triebe wurden bereits für weitere Maßnahmen verwendet. (Quelle: Hermannsdorfer)

Faschinenwalze

Um eine Faschinenwalze herzustellen, werden Weidenruten ineinandergesteckt und mit Draht verbunden. Die Faschinenwalzen können in „Endlos"- Länge hergestellt werden und so riesige Abschnitte an Böschungen sichern.

Faschinenwalzen können endlos lang werden

Abb. 5.1.3-6: Uferschutz mit Faschinenwalzen (Quelle: Hermannsdorfer)

Die Walzen werden kreuzweise gegen Aufschwimmen angepflockt. Seitlich wird eine Berme angebracht, die bereits mit Steckhölzern und Setzstangen von Weidengehölzen bestückt und so gesichert ist.

Kokossenkwalze

Etwas aufwendiger herzustellen ist die Kokossenkwalze. Sie ist jedoch aufgrund ihres Gewichts äußerst wirksam gegen Seitenerosion .

Abb. 5.1.3-7: Kokossenkwalze (Quelle: Hermannsdorfer)

Hier dienen die Weidenstangen der Stabilität, der eingebrachte Kies bringt Masse und das Kokosnetz hält alles zusammen. Gebunden wird die Kokossenkwalze mit Kokosstrick oder Draht.

Abb. 5.1.3-8: Einbau von zwei Walzen von Studenten (Quelle: Hermannsdorfer)

In Abbildung 8 ist zu sehen, wie zwei Walzen übereinander als Uferschutz eingebaut werden. Dazwischen werden, schräg, um eine bessere Durchwurzelung zu gewährleisten, fingerdicke Weidensteckhölzer und etwa armdicke Weidensetzstangen eingeschlagen. Die langfristige Sicherung übernehmen wie immer die Gehölzwurzeln.

Schulung

Erlernbar nur durch praktische Schulungen!

Ingenieurbiologie ist in erster Linie keine Wissenschaft, sondern ein Handwerk. Man erlernt Ingenieurbiologie und Gewässerrenaturierung vor allem durch praktische Schulungen!

Leider gibt es aktuell kaum Firmen mit praktischen Kenntnissen in Ingenieurbiologie. Aber was hilft der beste Architekt und der schönste Plan, wenn es keine Handwerker gibt, die das Geplante umsetzen können?

Der Hochbauarchitekt hat Zimmerer, Maurer, Putzer ... zur Verfügung. Der Landschaftsarchitekt steht meist leer da. Dabei bräuchte es für die wenigsten Bäche einen aufwendigen sogenannten Renaturierungsplan, weil ja die Problematik fast immer ähnlich gelagert ist. Wenn man ein Einfamilienhaus plant, beauftragt man für die Heizung auch keinen Heizungsbauingenieur, sondern eine Heizungsbaufirma, also Handwerker. An unseren Bächen brauchen wir vor allem **Handwerker**.

Der Architekt kann dann den Rahmen abstecken, rechtliche und naturschutzfachliche Vorgaben abchecken, Pflanzlisten erstellen, Uferabschnitte mit Handlungsbedarf festlegen und eine Grobkalkulation für die Kommune erstellen. Den Rest sollte – in Zukunft – eine Landschaftsbaufirma erledigen können. Eine aufwendige Planung braucht es nicht.

Die Methoden an sich sind auch für Bauhofmitarbeiter (handwerkliche Vorbildung vorhanden) leicht erlernbar.

Jedoch ist eine **praktische Schulung Voraussetzung**. Diese dauert in der Regel 2–3 Tage. Die Schulung findet auf der kommunalen Baustelle statt, das heißt, das geplante Vorhaben wird zumindest teilweise bereits während der Schulung umgesetzt.

Abb. 5.1.3-9: Pflock einschlagen mit der Ramme (Studentenbaustelle). Außerhalb der Schulung erledigt das der Bagger. (Quelle: Hermannsdorfer)

Quellenangabe und Bildrechte

Renaturierung von Fließgewässern

Praxishandbuch für naturnahe Bauweisen

2020 Patzer Verlag

ISBN 978-87617-1609

5.2 Ventilationsschneisen

Hitze in der Stadt – wie Kaltluft aus dem Umland das Stadtklima verbessern kann

Mikroklimate zwischen Stadt und Umland

Die typischen Charakteristika des urbanen Klimas treten vor allem bei synoptisch ungestörtem Strahlungswetter, mithin während des Vorherrschens einer hochdruckbestimmten, austauscharmen (autochthonen) Witterung auf.[1] Eine derartige Wetterlage schränkt nicht nur den horizontalen, sondern auch den vertikalen Luftaustausch in hohem Maße ein. Hierbei setzen sich die unterschiedlichen Mikroklimate zwischen Stadt und Umland besonders stark voneinander ab.[2] Die mit der übergeordneten Windarmut verbundene mangelnde Durchlüftung der bodennahen Stadtatmosphäre fördert die Akkumulation gas- und partikelförmiger Spurenstoffe und führt damit zu einer Verschlechterung der Luftqualität. Ebenso begünstigt sie auch während einstrahlungsreicher Sommertage oder gar Hitzewellen eine fehlende Abkühlung nachts. Ungenügende Schlaftiefe durch Wärmebelastung und damit mangelnde Erholung sind während dieser Zeit häufig die Folge.

Luftleitbahnen zwischen Stadt und Umland

Um derartige Einbußen an Umwelt- und Lebensqualität in den Städten zu reduzieren, sollten, neben einer Verminderung von Emissionen und der Schaffung von Beschattungsmöglichkeiten, Luftleitbahnen zwischen

1 Detaillierte Informationen hierzu siehe: Schirmer, H./Buschner, W. & Cappel, A. et al. (1987): Meyers kleines Lexikon Meteorologie. Meyers Lexikon Verlag, Mannheim.

2 Kuttler, W. & S. Weber (2023): Characteristics and phenomena of the urban climate. Meteorol. Z. (Contrib. Atm. Sci.), Vol. 32, No. 1, 15–47. DOI: 10.1127/metz/2023/1153.

Stadt und Umland bestehen, um saubere und kühle Freilandluft in einen Stadtkörper eindringen zu lassen. Dadurch kann sowohl die Luftqualität verbessert als auch der thermische Diskomfort reduziert werden. Zudem kann die Umlandluft das Gebäudeinnere kühlen, falls Fenster oder Türen geöffnet sind. Groß[1] veranschlagt nach modelltheoretischen Berechnungen diesen Abkühlungseffekt auf etwa 50 % desjenigen der Wirkung der Außenraumabkühlung.

Es sind die thermischen Unterschiede zwischen Stadt und Umland, die ein Grenzschichtwindsystem initiieren, welches in Form eines lokal wirksam werdenden Land-Stadt-Windes auftritt. Voraussetzung dafür sind allerdings nicht nur begünstigende meteorologische Faktoren, sondern auch optimale topografische Gegebenheiten.

Da der globale Klimawandel im Sommer auf Städte wegen des starken Versiegelungsgrads und der baulichen Verdichtung sowie einer hohen Bevölkerungsdichte schon jetzt einen negativen Einfluss aufweist und sich dieser zukünftig noch verstärken dürfte, scheint das Vorhandensein derartiger Luftleitbahnen, über die kühle Frischluft aus dem Umland herantransportiert werden kann, notwendiger denn je zu sein. Dieses Kapitel legt dar, welche Bedingungen erfüllt sein müssen, um das Stadtklima während gesundheitsbelastender sommerlicher Wetterlagen durch Zufuhr kühler Frischluft aus dem Umland über entsprechende Luftleitbahnen zu verbessern.

---

1 Groß, G. (2021): A numerical study on the effects of natural ventilation on summer nighttime indoor temperatures in an urban area. Meteorol. Z., Vol. 30, 227–236.

5.2.1 Thermische Unterschiede zwischen Stadt und Umland

Urbane Überwärmung

Die urbane Überwärmung, die im Vergleich zum Umland sowohl durch höhere Oberflächen- als auch Lufttemperaturen charakterisiert wird, stellt das bekannteste Faktum des Stadtklimas dar. Hierfür hat sich der Begriff „städtische Wärmeinsel" (engl. Urban Heat Island, UHI) bereits seit langer Zeit in der Fachwelt etabliert. Erstmalig wurde dieser Begriff von Peppler[1] 1929 zur Beschreibung der nächtlichen Überwärmung der Stadt Karlsruhe verwendet. Mit der UHI wird eine sich vom kühleren Umland abhebende, meist inselartig auftretende städtische Überwärmung bezeichnet, die, als relatives Temperaturmaß verwendet, den jeweiligen Temperaturunterschied zwischen Stadt und Umland angibt.

UHI: $T_{UHI} = T_{Stadt} - T_{Umland}$ in °C bzw. K

Besonders ausgeprägt treten städtische Wärmeinseln in Mitteleuropa hauptsächlich bei ruhigem sommerlichen Strahlungswetter, überwiegend nachts und bevorzugt in der zweiten Nachthälfte auf.

Die Ursachen für das unterschiedliche thermische Verhalten eines Stadtkörpers ist in der Bausubstanz sowie der Zuordnung und Mischung bebauter und begrünter Flächen zu sehen[2].

---

1 Peppler, A. (1929): Das Auto als Hilfsmittel der meteorologischen Forschung. Zeitschrift f. angew. Meteorologie 48, 305–308.

2 BMBau = Schriftenreihe „Raumordnung" des Bundesministers für Raumordnung, Bauwesen und Städtebau (Hrsg.) (1976): Zuordnung und Mischung von bebauten und begrünten Flächen. Nr. 03.044. Bonn, Bad Godesberg.

Städte zeichnen sich gegenüber der freien Landschaft i. A. tagsüber durch eine, durch Sonneneinstrahlung bedingte, Aufheizungstendenz von Gebäuden und versiegelten Oberflächen aus. Die Intensität ist primär von der Lagedichte der Bebauung und der räumlichen Verteilung versiegelter Flächen abhängig. Mit zunehmender räumlicher Dichte dieser Faktoren verstärkt sich der Überwärmungseffekt, der in dicht bebauten Innenstadtbereichen deutlicher ausgeprägt ist als an aufgelockert bebauten und grüneren Stadträndern oder in ländlichen Siedlungen.

Räumliche Dichte

Auch herrschen in Städten verstärkt künstliche Baumaterialien vor, im Umland eher natürlicher Boden mit Bewuchs. Ein exemplarischer Vergleich zwischen einem typischen Stadtuntergrund („Asphalt") und einer natürlichen (trockenen) Umlandoberfläche („Lehmboden") zeigt, in welchem Maße sich ausgewählte thermische Größen beider Oberflächen voneinander unterscheiden.

Wärmespeicherfähigkeit

So liegt für Asphalt der Wert der Wärmespeicherfähigkeit um 40 %, der des Wärmeeindringkoeffizienten (= Wärmeeindringgeschwindigkeit) um 200 % und der der Wärmeleitfähigkeit sogar um 300 % über dem des trockenen Lehmbodens.[1] Im Endeffekt bedeutet dies, dass Stadtgebiete Wärme nicht nur schneller und effektiver in ihre Bausubstanz aufnehmen, sondern diese Energie auch stärker speichern können. Dadurch kühlt sich ein Stadtkörper nachts langsamer ab als das benachbarte Umland, wo schneller niedrigere Temperaturen erreicht werden. Diese urban-ruralen Temperaturunterschiede – in Einzelfällen wurden bereits Werte von

[1] Hupfer, P. & W. Kuttler (Hrsg.) (2006): Witterung und Klima. 12. A. 554 S. Teubner Verlag, Wiesbaden.

bis zu 10 K gemessen[1] – stellen den potenziellen Antrieb für eine bodennahe stadteinwärts gerichtete nächtliche Luftströmung dar.

Eine städtische Wärmeinsel ist mit ihrem dynamischen Auftreten sowohl in zeitlicher als auch räumlicher Hinsicht ein hoch variables und sehr fragiles System. So unterscheidet sich diese nicht nur von Tag zu Tag, sondern auch innerhalb einer Nacht.[2] Exemplarisch wird dies anhand der Abbildung 5.2.1-1 für die Stadt Braunschweig gezeigt. Hieran wird das wetterlagenabhängige Auftreten während einzelner Sommernächte und entsprechende Intensitätswechsel innerhalb derselben deutlich. Tagsüber verschwindet die für den Kaltlufttransport so wichtige Temperaturdifferenz und damit der Antrieb für einen Land-Stadt-Wind fast zur Gänze.

[1] Kuttler, W./A. Miethke/D. Dütemeyer & A.-B. Barlag (2015): Das Klima von Essen. Westarp Verlagsservicegesellschaft, Hohenwarsleben, 249 S.

[2] Groß, G. (2023): Analysis of the different faces of a nocturnal urban heat island. Meteorol. Z., Vol. 32, 343–349.

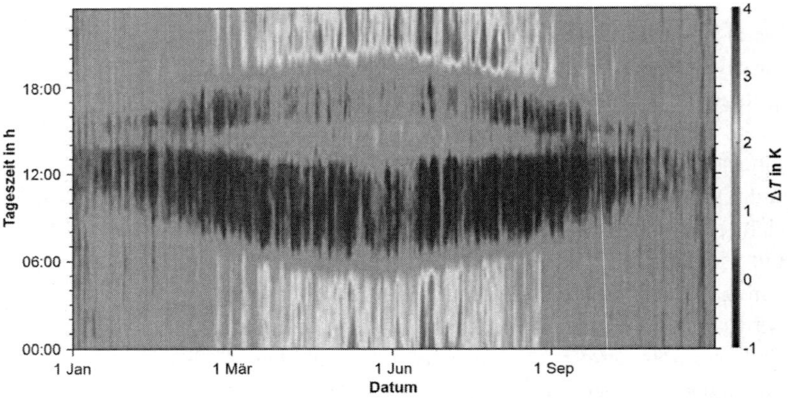

Abb. 5.2.1-1: Jährliche Variation der halbstündlichen mittleren bodennahen UHI-Intensitäten ($\Delta T_{Stadt - Umland}$) für Braunschweig (2012–2020). Die Beobachtungen stammen von einer Nord-Süd exponierten Straßenschlucht im Zentrum von Braunschweig und einem ländlichen Standort im Westen der Stadt.[1]

5.2.2 Kaltluftentstehung

Kaltluft entsteht grundsätzlich bei negativer nächtlicher (langwelliger, L) Strahlungsbilanz ($L^* = L\downarrow - L\uparrow$). Die kurzwelligen Terme fallen wegen der fehlenden Sonneneinstrahlung weg, sodass ausschließlich die beiden langwelligen Terme $L\downarrow$ und $L\uparrow$ zur Geltung kommen. Überschreitet der Term der langwelligen Ausstrahlung des Bodens ($L\uparrow$) deutlich denjenigen der langwelligen Gegenstrahlung der Atmosphäre ($L\downarrow$), kann Kaltluftproduktion an der Bodenoberfläche stattfinden. Als Kaltluft wird Luft bezeichnet, „die aufgrund ihres Energieumsat-

---

1 Grunwald, L./Kossmann, M., Weber, S. (2019): Mapping urban cold-air paths in a Central European city using numerical modelling and geospatial analysis. Urban Climate, 29, 100503. DOI: org/10.1016/j.uclim.2019.100503.

zes an der Erdoberfläche eine niedrigere Temperatur aufweist als die Umgebungsluft“[1].

Kaltluftproduktivität

Schwieriger als der Nachweis des Auftretens von Kaltluft durch Messung ist es allerdings, die jeweilige Kaltluftproduktivität, mithin das pro Zeit- und Flächeneinheit gebildete Volumen [Angabe z. B. in $m^3/(m^2 \times h)$], anzugeben, da die bestimmenden bodenphysikalischen Größen wie Porosität, Permeabilität und Wassergehalt insbesondere in den oberen Bodenschichten witterungsbedingt innerhalb kurzer Zeit schwanken können. Auch die Art des Bewuchses wirkt sich auf die Kaltluftbildung aus (zur Begrifflichkeit von Kaltluftproduktivität und Kaltluftbildung siehe Vogt[2]).

Grundsätzlich leiten Böden mit hoher Lagerungsdichte die Wärme besser und sind deshalb schlechtere Kaltluftproduzenten als solche, die bei geringerer Dichte und höherem Luftanteil eine schlechte Wärmeleitfähigkeit aufweisen.

Qualitative Angaben zur Kaltlufterzeugung lassen sich exemplarisch für verschiedene Nutzungsarten Abb. 5.2.2-1 entnehmen.

---

1 VDI 3787 Blatt 5:2024-03 (Entwurf): Umweltmeteorologie; Lokale Kaltluft. Berlin: DIN Media.

2 Vogt, J. (2001): Lokale Kaltluftabflüsse. Karlsruher Schriften zur Geographie und Geoökologie, Bd. 14. 354 S.

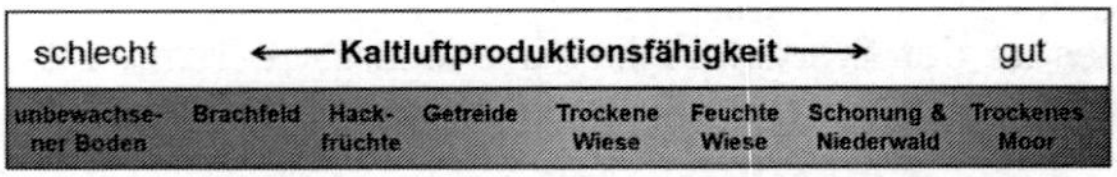

Abb. 5.2.2-1: Qualitative Einstufung der Kaltluftproduktionsfähigkeit verschiedener natürlicher Oberflächen hier nach Dütemeyer 2000[1]

Kaltluftbildung nimmt mit dem Humus- und Wassergehalt von Böden zu

Als schlechteste Kaltluftlieferanten gelten naturgemäß gut wärmeleitende Untergründe wie Felsböden, ruhige, seichte Wasserflächen sowie Mineralböden. Im Allgemeinen nimmt die Kaltluftbildung mit dem Humus- und Wassergehalt von Böden zu. King[2] nennt in diesem Zusammenhang eine Kaltluftbildungsrate, z. B. für Wiesengelände, von 12 $m^3/(m^2 \times h)$. Dieser Wert bedeutet theoretisch, dass sich, falls die Kaltluft nicht abfließen sollte und somit stagniert, diese über dem Boden eine Mächtigkeitszunahme von bis zu 12 m/h erführe.

Feuchte Untergründe verfügen zwar im Vergleich zu trockenen über eine höhere Wärmeleit- und Wärmespeicherfähigkeit und müssten demnach schlechte Kaltluftproduzenten sein. Da aber der Verdunstungswärmestrom („latenter Wärmestrom“) bei entsprechenden meteorologischen Voraussetzungen wegen seines hohen Energieverbrauchs (etwa 2,4 MJ/kg Wasser bzw. 0,65 kWh/kg Wasser) tagsüber relativ groß und auch nachts meist noch von der Oberfläche in die Atmosphäre gerichtet ist und dadurch den Boden kühlt, sind

1 Dütemeyer, D. (2000): Urban-orographische Bodenwindsysteme in der städtischen Peripherie Kölns. Essener Ökologische Schriften 12. Westarp Wissenschaften, Hohenwarsleben.

2 King, E. (1973): Untersuchungen über kleinräumige Änderungen des Kaltluftflusses und der Frostgefährdung durch Straßenbauten. – Berichte des Deutschen Wetterdienstes, Nr. 130, Offenbach/M.

derartige feuchte Flächen ebenfalls zu den bevorzugten Kaltluftbildnern zu rechnen.[1]

Die Kaltluftproduktivität von Wäldern richtet sich nach deren topografischer Lage. Bei bewaldeter ebener Fläche sinkt die im Kronendach abgekühlte Luft in den Stammraum ab und stagniert dort. Die Kaltlufttemperatur ist wegen der bestandsklimatischen Verhältnisse (z. B. durch die langwellige Gegenstrahlung des Kronendaches im Stammraum) im Vergleich zu einer Wiesenfläche in entsprechender Lage absolut gesehen höher.

Von planerischer Seite kann durch Veränderung der Bodenoberfläche die Kaltluftproduktivität herauf- oder herabgesetzt werden. So führt z. B. eine Umwandlung landwirtschaftlich genutzter Feldfruchtflächen in Baum- oder Waldbestände zu einer geringeren Kaltluftbildung. Weiterhin ist bei einem Wechsel von Grün- zu Ackerland davon auszugehen, dass die Kaltluftproduktivität abnimmt. Denn durch die Bodenverdichtung wird die Wärmeleitung erhöht, was zu einer Verminderung der Kaltluftproduktivität führt. Ebenso können Wasserflächen, die an Städte angrenzen, zu einer Minderung der Kaltluftbildung führen, da sich größere Wasserkörper wegen ihrer hohen Wärmekapazität nachts nur wenig abkühlen. Bewegt sich Kaltluft vom Umland über eine nächtlich warme Wasserfläche in Richtung Stadt, kann, je nach Überströmungslänge der Wasserfläche, der Temperaturdifferenz zwischen überstreichender Kaltluft und wärmerem Wasser sowie der Strömungsgeschwindigkeit der Luft über der Wasseroberfläche,

---

1 Baumgartner, A. (1963): Einfluss des Geländes auf die Lagerung und Bewegung der nächtlichen Kaltluft Frostschutz im Pflanzenbau, Nr. 1, 151–194.

die transportierte Luft wesentlich wärmer werden. Dadurch verliert diese ihre temperatursenkende Wirkung.

Folgendes Beispiel verdeutlicht dies:

BEISPIEL

Beträgt die überstrichene Weglänge eines Wasserkörpers 1.000 m und die Temperaturdifferenz zwischen Wasser und Luft anfangs 10 K, so resultiert für eine 2,0 m mächtige Kaltluftschicht, die sich mit 0,5 m/s über die Wasserfläche bewegt, nach 1.000 m eine Temperaturerhöhung von etwa 9 K. Der Effekt der Kühlung dürfte damit zum großen Teil verloren gegangen sein.[1]

Die Bildung lokaler Kaltluft in austauscharmen Nächten heißer Tage ist nicht obligatorisch, insbesondere dann nicht, wenn z. B. die Böden des Freilands trocken sind und sich daher ebenso erwärmen können wie versiegelte Flächen oder wenn aufgrund geeigneter Wetterlagen heiße Luft aus dem Mittelmeerraum oder aus Kontinentaleuropa heranströmt, die auch nachts die Abkühlung auf lokalen Freiflächen kompensiert.

[1] Hupfer, P., W. Kuttler (Hrsg.) (2006): Witterung und Klima. 12. A. 554 S. Teubner Verlag, Wiesbaden.

5.2.3 Beschaffenheit von Luftleitbahnen

Die klimaverbessernde Wirkung durch zugeführte Kaltluft aus dem Umland in einem Stadtkörper ist von deren Eindringtiefe, Untertemperatur und dem transportierten Volumen, aber natürlich auch von der Größe und Beschaffenheit des Kaltluftproduktionsgebiets abhängig. Eine weitere unabdingbare Voraussetzung zu den oben genannten meteorologischen Bedingungen stellt insbesondere die Gestaltung, Form und der Verlauf entsprechender Luftleitbahnen dar.

Ventilationsbahnen, Kaltluftbahnen und Frischluftbahnen

Grundsätzlich lassen sich stadtklimarelevante Luftleitbahnen (z. B. Ein-/Ausfallstraßen, Bahntrassen, Grünfinger/Parkanlagen, Fließ-/Stillgewässer[1]) nach den thermischen und lufthygienischen Eigenschaften der transportierten Luft klassifizieren. So wird nach Mayer et al.[2] unterschieden in Ventilationsbahnen, die lediglich einen Lufttransport unabhängig von der thermischen und lufthygienischen Qualität in Richtung Siedlungszentrum gewährleisten sollen, Kaltluftbahnen mit niedrigem thermischem Niveau im Vergleich zum Stadtbereich, jedoch ohne weitere lufthygienische Klassifizierung, sowie Frischluftbahnen mit unterschiedlichen thermischen Niveaus der bewegten Luft, jedoch lufthygienisch unbelastet.

---

[1] Kuttler, W. (2000): Stadtklima. In: Guderian, R. (Hrsg.) (2000): Handbuch der Umweltveränderungen und Ökotoxikologie, Band 1 B: Atmosphäre, S. 420 – 470. Springer-Verlag Berlin.

[2] Mayer, H./W. Beckröge, A. Matzarakis (1994): Bestimmung von stadtklimarelevanten Luftleitbahnen. UVP-report 5, 265–268.

Grundsätzlich sollten sich Luftleitbahnen durch die nachfolgend genannten Charakteristika auszeichnen[1]:

- keine Bebauung, keine hohe Vegetation (< 10 m)
- Untergrund aus möglichst schlecht wärmeleitendem Material
- keine Bebauungs- oder Bewuchsvorsprünge an den Rändern
- Längen-/Breitenverhältnis etwa 20:1
- Hindernisbreite innerhalb der Luftleitbahn < 10 % der Breite der Luftleitbahn
- längere Seite eines Hindernisses sollte parallel zur Achse der Luftleitbahn ausgerichtet sein
- möglichst geradliniger Verlauf der Luftleitbahn zwischen Umland und Stadt

Luftleitbahn strömungshindernisfrei

Wichtig ist somit, dass eine Luftleitbahn weitgehend strömungshindernisfrei ist. Auch sollte darauf geachtet werden, dass der Boden der Luftleitbahn möglichst nicht bzw. nur gering versiegelt ist, sodass die herantransportierte Kaltluft durch vom Boden ausgehende thermische Turbulenz bzw. Erwärmung ihre Effektivität einbüßt.

Abbildung 5.2.3-1 zeigt das Beispiel eines frühmorgendlichen Kaltlufttransports, der durch Raucherzeuger sichtbar gemacht wurde. Die Kaltluft bewegt sich von links (kühles Umland) nach rechts (bebautes Gebiet) und weist eine Geschwindigkeit von etwa 1,5 m/s auf.

---

[1] Mayer, H./W. Beckröge, A. Matzarakis (1994): Bestimmung von stadtklimarelevanten Luftleitbahnen. UVP-report 5, 265–268.; ergänzt und verändert.

Abb. 5.2.3-1: Durch künstlichen Rauch sichtbar gemachter frühmorgendlicher Kaltlufttransport während einer Strahlungswetterlage. Das Kaltluftproduktionsgebiet liegt links, die bebaute Fläche rechts.[1]
(Quelle: Kuttler)

5.2.4 Kaltlufttransport

Der für die Entwicklung eines Land-Stadt-Windsystems notwendige thermische Antrieb resultiert aus einem über dem wärmeren Stadtgebiet (in der bodennahen Atmosphäre) vorherrschenden labilen vertikalen Lufttemperaturgefälle ($dT/dz >> 1$ K/100 m), dem im Umland eine stabile atmosphärische Schichtung (Temperaturgefälle $dT/dz << 1$ K/100 m) gegenübersteht. Einem derartigen Strömungssystem liegt also kein gravitativer Antrieb zugrunde, wie man es in reliefiertem Gelände etwa von den Hangabwinden her kennt, sondern ausschließlich ein thermischer. Da sich während derartiger Ereignisse die kühle Luft vom Umland (der Flur) in Richtung wärmerem Stadtkörper bewegt, wird die lokale Luftströmung auch Flurwind (engl. *country breeze*) bzw. *Urban Heat Island Circulation* (UHIC) genannt.

Ausschließlich thermischer Antrieb

Die nachfolgende Abbildung 5.2.4-1 stellt in stark generalisierter und vereinfachter Form das Modell einer

1 Kuttler, W. (2013): Klimatologie. 2. A., Verlag Ferdinand Schöningh. Paderborn. 306 S.

Luftdruckgefälle

derartigen Flurwindsituation für eine Stadt in ebener Lage dar. Wie gezeigt wird, liegen über der Stadt wegen der höheren Lufttemperatur die Flächen gleichen Luftdrucks höher als im Umland. Hierdurch entsteht ein Luftdruckgefälle, wodurch eine Ausgleichsströmung in der Höhe in Richtung Umland begünstigt wird. Die absinkende Luft über dem Umland führt dort zu einem Luftdruckanstieg in den bodennahen Schichten, während in der bodennahen urbanen Atmosphäre der Luftdruck sinkt. Dadurch entsteht bodennah ein Druckgefälle in Richtung Stadt. Im Optimalfall strömt die kühle Umlandluft von allen Seiten und zur gleichen Zeit zentripetal auf ein Stadtzentrum zu.

Dem bodennahen Zusammenfließen (Konvergenz) und dem Aufsteigen, steht in der Höhe ein Auseinanderfließen von Luft (Divergenz), mithin ein Stadtwind, gegenüber.

Für das Innenstadtzentrum von Berlin (Ø = 7,0 km) konnte z. B. eine Aufstiegsgeschwindigkeit von 0,1 m/s, eine vertikale Mächtigkeit von etwa 1,0 km sowie eine horizontale Ausdehnung des gesamten Systems von etwa 30 km nachgewiesen werden.[1] Zu vergleichbaren Werten kommen Hidalgo et al.[2] für Untersuchungen in Toulouse. Allerdings wurden auch schon höhere Vertikalgeschwindigkeiten von etwa 1,0 m/s berechnet, so für das Stadtgebiet von Paris.[3] Da es sich um ein mikrobzw. mesoskaliges System handelt, wird die Strömung

1 Hupfer, P.,F. M. Chmielewski (1990): Das Klima von Berlin. Akademie-Verlag, Berlin. 288 S.

2 Hidalgo, J./G. Pideon, V. Masson (2008): Urban-breeeze circulation during CAPITOUL experiment: Observational data analysis approach. Meteorology and Atmospheric Physics, 102(3), 223–241.

3 Lemonsu, A., Masson, V. (2002): Simulation of a summer urban breeze over Paris. –Boundary-Layer Meteorology 104, 463–490.

in ihrer Richtung kaum durch die ablenkende Kraft der Erdrotation (Corioliskraft) beeinflusst. Die Luft wird deshalb im Wesentlichen dem Luftdruckgradienten folgend transportiert. Während derartiger Wettersituationen kann die Windgeschwindigkeit im Stadtgebiet sogar gebietsweise höher sein als im Umland.[1,2]

Der Flurwind ist somit ein Lokalwind, der sich durch niedrige, intermittierend auftretende Windgeschwindigkeiten (< 2 m/s) auszeichnet, eine labile Richtungstendenz aufweist und nur unter optimalen Bedingungen (radial) vom Umland in den Stadtkörper vordringt.

Wegen der meist hohen urbanen Reibungswiderstände ist die Eindringtiefe der schwachen Strömung nicht nur von den meteorologischen Voraussetzungen abhängig, sondern insbesondere auch von der Porosität des Stadtkörpers sowie der Gestaltung möglichst hindernisarmer Luftleitbahnen (siehe oben).

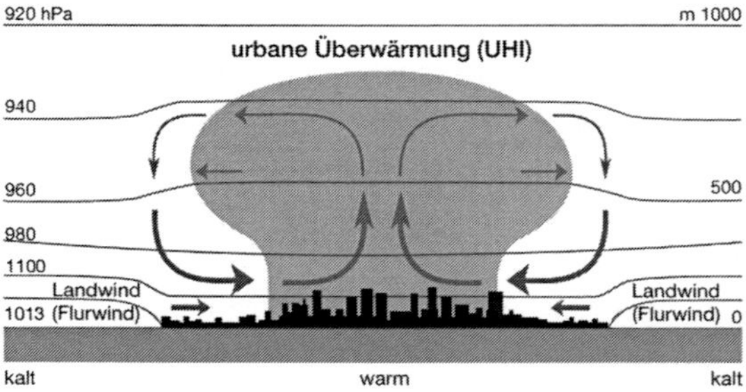

---

1 Kuttler, W./A. Miethke/D. Dütemeyer & A.-B. Barlag (2015): Das Klima von Essen. Westarp Verlagsservicegesellschaft, Hohenwarsleben, 249 S.;.

2 Groß, G. (2019): On the self-ventilation of an urban heat island. Meteorol. Z., Vol. 28, 87–92. DOI: 10.15488/4763

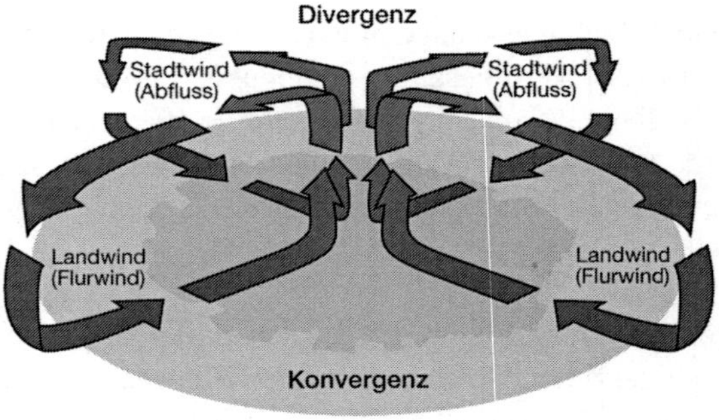

Abb. 5.2.4-1: Zwei- und dreidimensionale schematische Darstellung einer Flurwindzirkulation bzw. UHIC (Quelle: nach Oke et al.[1]; verändert)

Hochdruckwetterlage

Bei Vorliegen der synoptischen Voraussetzungen durch eine Hochdruckwetterlage sowie eine begünstigende Topografie hängt die Häufigkeit des Auftretens von Flurwinden ferner von der Stärke der städtischen Wärmeinsel ab. Wie dem in Abb. 5.2.4-2 dargestellten Tagesgang der mittleren Zahl der Flurwindstunden pro Jahr in Abhängigkeit von der UHI-Intensität zu entnehmen ist, kann bei stark ausgebildeter städtischer Überwärmung von etwa 50 Flurwindstunden, die sich überwiegend auf die Sommermonate verteilen, ausgegangen werden. Das Tageszeit abhängige Auftreten wird durch eine hohe Varianzerklärung (66 %) der Ausgleichsgeraden belegt.

[1] Oke, T. R./G. Mills, A. Christen & J. A. Voogt (2017): Urban Climates. Cambridge University Press. 525 S.

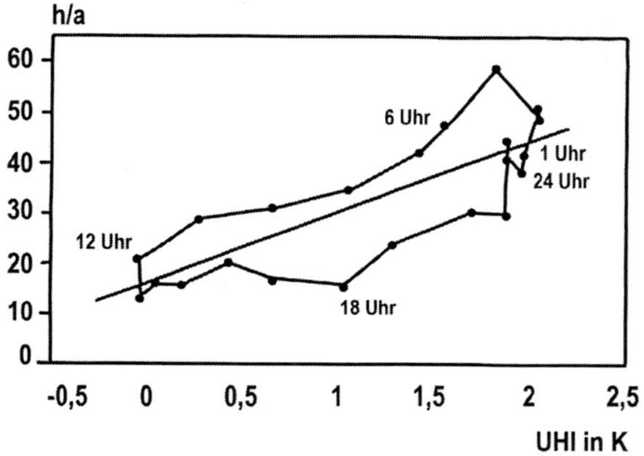

Abb. 5.2.4-2: Tagesgang der Abhängigkeit der Anzahl der Flurwindstunden pro Jahr von der Stärke der UHI; dabei gilt: $y = 13{,}893x + 16{,}649$; $r = 0{,}815$, $r^2 = 0{,}665$
(Stadtgebiet Bochum; Quelle und Details: Kuttler[1])

Planungsrelevante Aussagen für eine derartige Stadtbelüftung insbesondere bei thermisch belastender Witterung sollten in quantifizierbarer Form erfolgen. Deshalb werden am Beispiel einer Flurwinduntersuchung in der Stadt Bochum für fünf Luftleitbahnen, die das Stadtgebiet mit dem Umland verbinden, entsprechende Ergebnisse vorgestellt. Da es sich hierbei um lokale Spezifika handelt, lassen sich diese nicht ohne Weiteres auf andere Stadt-Umland-Situationen übertragen. Gleichwohl dürften sich prinzipielle Erkenntnisse daraus ableiten lassen.

Abbildung 5.2.4-3 zeigt neben der Lage der Stationen auch die sektorale Flurwindhäufigkeit auf. Insgesamt konnten an den fünf Stationen zu etwa 10 % der Jahresstunden Flurwinde nachgewiesen werden, die fast aus-

1 Kuttler, W. (2000): Stadtklima. In: Guderian, R. (Hrsg.) (2000): Handbuch der Umweltveränderungen und Ökotoxikologie, Band 1 B: Atmosphäre, S. 420–470. Springer-Verlag Berlin.

schließlich durch hochdruckbestimmte Sommertage charakterisiert waren. In 72 % dieser Fälle konnte an mindestens zwei gegenüberliegenden Standorten das gleichzeitige Einströmen von Kaltluft in das Stadtgebiet nachgewiesen werden und in 20 % der Fälle an mindestens drei Stationspaaren. Insgesamt vermitteln die in der Abbildung enthaltenen Windrosen trotz ihrer Unterschiedlichkeit für jede Luftleitbahn ein deutlich ausgebildetes zentripetales bodennahes Windfeld.

Bodennahes Windfeld

Die unterschiedlich stark ausgeprägte Richtungsstabilität, die durch die jeweilige Breite der Windrosen dokumentiert wird, ist auf die heterogen gestalteten Oberflächenstrukturen der einzelnen Luftleitbahnen sowie deren Einzugsgebiete zurückzuführen. Hieran wird deutlich, dass gerade die Ausgestaltung, Breite sowie der Verlauf der Schneisen über deren Effizienz im Kaltlufttransport wesentlich mitentscheiden. Die Analyse des hier dargestellten Flurwindsystems belegt, dass die Planungsrelevanz dieses Belüftungssystems nicht unterschätzt werden sollte, denn es kann gerade während hoher urbaner Nachttemperaturen (z. B. während sog. Tropennächte mit Minimaltemperaturen $\geq$ 20 °C) zur gewünschten Abkühlung führen. Da Flurwinde sehr empfindliche Windsysteme sind, die schnell zusammenbrechen können, sollten Planer darauf achten, dass bei Bestehen oder Neuanlage entsprechender Luftleitbahnen diese dieser schwachen, aber durchaus wirkungsvollen Strömung nicht entgegenstehen.

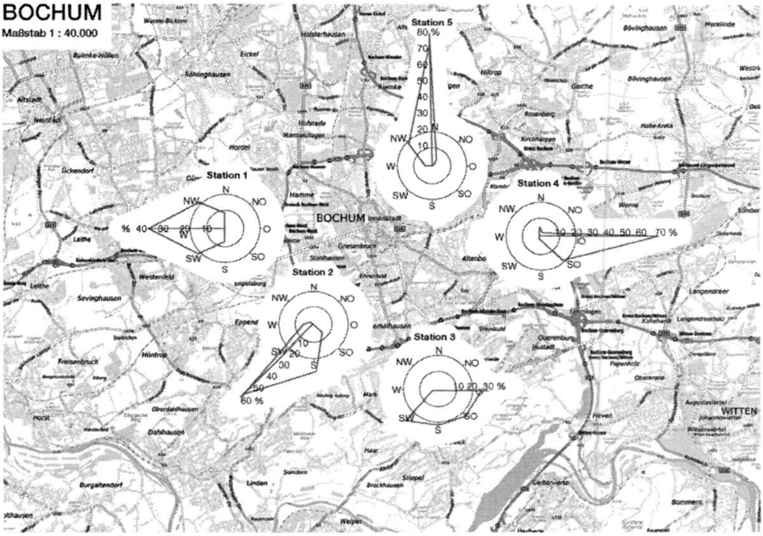

Abb. 5.2.4-3: Flurwindereignisse in der Stadt Bochum (Quelle: Barlag/Kuttler[1], verändert; Details siehe Text)

5.2.5 Nachweis von Kaltluftschneisen

Zum Nachweis von Kaltluftschneisen bieten sich verschiedene methodische Möglichkeiten an. Dazu zählen z. B. stationäre und/oder mobile Messungen der Lufttemperatur und des Windvektors im Gelände, Analysen entsprechender Modelle im Windkanallabor, Berechnungen mithilfe numerischer Modellierung zur Kaltluftproduktivität und zum Kaltluftfließverhalten.

---

[1] Barlag, A.-B. Kuttler, W. (1990/91): The Significance of Country Breezes for Urban Planning: Energy and Buildings, 15-16, 291–297. DOI: 10.1016/0378-7788(90)90001-Y.

Nachfolgend werden verschiedene Möglichkeiten genannt, Kaltluftschneisen nachzuweisen (nach Grunwald et al.[1], ergänzt und verändert):

- In-Situ-Stationsmessungen meteorologischer Größen in der Stadt, im Kaltluftentstehungsgebiet sowie in den Luftleitbahnen
- Durchführung von Tracer-Experimenten [Freisetzen von künstlichem Rauch als optischem Tracer (visueller oder fotografischer Nachweis) oder luftfremder Spurengase als chemische Tracer (z. B. Tetrafluormethan CF_4, Schwefelhexafluorid, SF_6; allerdings starke Treibhausgase; gaschromatografische Analyse erforderlich)] im Kaltluftquellgebiet sowie innerhalb der Luftleitbahn und im Zielgebiet
- Nachweis mithilfe der Auswertung von Infrarotluftbildern
- Durchführung mobiler Messfahrten zur Lufttemperaturaufnahme zwischen Stadt und Umland (siehe auch VDI 3785 Blatt 2[2])
- Windkanaluntersuchungen an entsprechenden Modellen im Maßstabsbereich < 1:700 (siehe auch VDI 3783 Blatt 12[3])

---

[1] Grunwald, L./Schneider, A.-K./Schröder, B., Weber, S. (2020): Predicting urban cold-air paths using boosted regression trees. Landscape and Urban Planning, 201, 103843. DOI: org/10.1016/j.landurbplan.2020.103843.

[2] VDI 3785 Blatt 2:2023-07: Methodik bodengebundener Stadt- und Standortklimamessungen mit mobilen Messsystemen. Berlin: DIN Media.

[3] VDI 3783 Blatt 12:2024-11: Umweltmeteorologie; Physikalische Modellierung von Strömungs- und Ausbreitungsvorgängen in der atmosphärischen Grenzschicht; Windkanalanwendungen. Berlin: DIN Media.

- Analyse der Oberflächenformen mithilfe Geographischer Informationssysteme (GIS)
- numerische Modellierung bei möglichst kleiner Gitternetzweite (siehe auch VDI 3783 Blatt 7[1])
- Einsatz von Algorithmen zur Entscheidungsfindung [sog. „Entscheidungsbäume" (CART = Classification and Regression Trees)] im Rahmen des maschinellen Lernens durch Trennung der Daten nach entsprechenden Schwellwerten

Bevor die genannten Untersuchungen in der Praxis von planerischer Seite zur Anwendung kommen, sollte entschieden werden, welcher Genauigkeitsgrad für eine Aussage über die Effizienz von Kaltluftschneisen angestrebt wird und über welches Zeitbudget für den Nachweis von Kaltlufttransporten seitens der Entscheidungsträger verfügt wird. Erfahrungsgemäß sind für stationäre Geländemessungen Zeitspannen von einem Jahr, zumindest jedoch von einem Sommerhalbjahr, zu veranschlagen. Mobile Einsätze im Gelände zur Aufnahme der thermischen und lufthygienischen Komponenten können bei Auftreten entsprechender Wetterlagen in wesentlich kürzerer Zeit erfolgen.[2]. Der Einsatz von Windkanalmessungen setzt voraus, dass ein realitätsnahes Modell des Untersuchungsgebiets angefertigt

Für stationäre Messungen Zeitspannen von bis zu einem Jahr

---

[1] VDI 3783 Blatt 7: Umweltmeteorologie; Prognostische mesoskalige Windfeldmodelle; Evaluierung für dynamisch und thermisch bedingte Strömungsfelder. Berlin: DIN Media.

[2] Dütemeyer, D./A.-B. Barlag & W. Kuttler (2004): Planungsrelevante Stadtklimatologie am Beispiel der beabsichtigten Flächenumwidmung einer Industriebrache. UVP-Report 18 (1), 21–26.

wird. Hierfür wird i. d. R. ein nicht zu unterschätzender Teil der Arbeitszeit beansprucht. Numerische Modellanalysen[1] und die Zuhilfenahme des maschinellen Lernens z. B. unter Einsatz der oben genannten CART-Methode können dann weniger zeitintensiv durchgeführt werden, wenn sämtliche für die Berechnung notwendigen Eingabedaten vorliegen.

In vielen planerischen Entscheidungsprozessen dürfte allerdings eine erste qualitative Abschätzung zur Existenz von Kaltluftschneisen ausreichend sein, insbesondere dann, wenn ausschließlich der Verlauf und die topografische Lage potenzieller Kaltluftschneisen für ein Stadt-Umland-Gebiet ermitteln werden sollte. Derartige Kenntnisse sind mit relativ einfachen Mitteln zu erreichen und innerhalb kurzer Zeit zu bewerkstelligen.

Ist allerdings eine Quantifizierung des Kaltluftmassentransports sowie eine Qualitätsanalyse der transportierten Luft unumgänglich, sollten parallel aufwendige meteorologische und lufthygienische Untersuchungen im Gelände durchgeführt werden (z. B. Weber/Kuttler[2]; zur Messmethodik siehe auch Foken[3]). Auch theoretisch-statistische (Modell-)Analysen können dazu herangezogen werden, z. B. ein stadtklimatisches Monitoring zum

---

1 Steigerwald, F./ M. Kossmann/H. Schau-Noppel/S. Buchholz, O. Panferov (2022): Delimination of Urban Hot Spots and Rural Cold Air Formation Areas for Nocturnal Ventilation Studies Using Urban Climate Simulations. Land 11, 1330. DOI: org/10.3390/land11081330.

2 Weber, S., W. Kuttler (2004): Cold-air ventilation and the nocturnal boundary layer structure above an urban ballast facet. Meteorol. Z., Vol. 13, 413–420.

3 Foken, T. (Ed.) (2021): Springer Handbook of Atmospheric Measurements. Springer Cham, CH, 1748 S. DOI: 10.1007/978-3-030-52171-4.

räumlichen Nachweis und zur Effektivität stadtnaher Frischluftschneisen durch Einsatz quantifizierbarer Flächenindikatoren[1] bzw. entsprechende Algorithmen unter Verwendung des maschinellen Lernens (*boosted regression trees*)[2].

Für die Beantwortung praktischer Fragen rund um das Thema „Lokale Kaltluft“, ihre Entstehung, Transport und Ausgestaltung einer entsprechenden Schneise steht z. B. die VDI-Richtlinie 3787 Blatt 5 zur Verfügung, auf die im folgenden Abschnitt näher eingegangen wird.

5.2.6 VDI-Richtlinie 3787 Blatt 5 „Umweltmeteorologie; Lokale Kaltluft"

Wie bereits beschrieben, sind Städte, aufgrund des starken Versiegelungsgrads und der baulichen Verdichtung, von den Auswirkungen des Klimawandels im besonderen Maße betroffen.

Eine häufigere und länger andauernde, überwiegend sommerliche Überwärmung hat auch entsprechende gesundheitliche Beeinträchtigungen für die Stadtbewohner zur Folge. Hierbei spielt vor allem die verminderte nächtliche Abkühlung eine tragende Rolle. Denn Hitzetage (max. Lufttemperatur $\geq$ 30 °C) in Verbindung mit Tropennächten (min. Lufttemperatur $\geq$ 20 °C) versetzen den Körper unter thermischen Stress.

[1] Dütemeyer, D./A.-Barlag,/W. Kuttler, U. Axt-Kittner (2013): Stadtklimatisches Flächenmanagement in der kommunalen Umweltplanung. UVP-report 27(3), 173–179.

[2] Grunwald, L., S. Weber (2021): Influence of urban land-use change on cold-air path occurrence and spatial distribution. Computational Urban Science, 1(1): 25. DOI: 10.1007/s43762-021-00026-7.

Daher gewinnen thermisch induzierte Ausgleichströmungen, wie lokale Kaltluft, zunehmend an Bedeutung, und eine Sicherstellung der Zufuhr kühlerer Luft in den überhitzen Stadtkörper dient als eine wichtige Maßnahme im Kontext einer nachhaltigen und klimaangepassten Stadtplanung, um den bereits erfolgten sowie prognostizierten klimatischen Veränderungen zu begegnen.

Die VDI-Richtlinie 3787 Blatt 5 „Umweltmeteorologie; Lokale Kaltluft" trägt dazu bei, die Darlegung des Planungsfaktors lokale Kaltluft auf eine physikalisch begründete Basis zu stellen. Damit ergeben sich verbesserte Möglichkeiten, diesen Aspekt in die räumliche Gesamtplanung sowohl auf regionaler als auch auf lokaler Ebene einzubeziehen.

Fachgerechte Berücksichtigung von Kaltluft in der Landschaftsrahmenplanung

Zudem ermöglicht die VDI-Richtlinie 3787 Blatt 5 die fachgerechte Berücksichtigung des Themas lokale Kaltluft in der Landschaftsrahmenplanung, Flächennutzungsplanung und Landschaftsplanung. Darüber hinaus tragen die dargestellten methodischen und inhaltlichen Aussagen dazu bei, formalrechtliche Qualität für die Zielsetzungen zum Thema lokale Kaltluft nach den Landesplanungsgesetzen der Länder, dem Baugesetzbuch (BauGB), den Naturschutzgesetzen des Bundes (BNatSchG) und der Länder, dem Gesetz über die Umweltverträglichkeitsprüfung (UVPG) sowie zahlreichen Fachgesetzen zu erreichen.

Die Notwendigkeit, lokale Kaltluft in der Raumplanung zu berücksichtigen, ergibt sich u. a. daraus, dass die Nutzung von Freiräumen in deutlicher Wechselwirkung mit der Kaltluftentstehung und Kaltluftdynamik steht. Im Rahmen der Regional- und Bauleitplanung stehen die positiven Aspekte der Abkühlung und der Wirkung auf die Kaltluftdurchlüftung mit ggf. lufthygienischen Belastungen im Vordergrund. Diese human-biometeorologisch positiven Effekte gilt es beispielsweise bei der Planung von Wohngebieten, aber auch von Industrie- und Gewerbegebieten sowie von Verkehrswegen zu berücksichtigen und nutzbar zu machen. Ebenso besteht sowohl das Erfordernis als auch die Chance, das Ausmaß der positiven Wirkungen von Kaltluft bei der Sanierung und Umnutzung bestehender baulicher Strukturen zu verstärken bzw. die Notwendigkeit, die Beeinträchtigung der positiven Wirkung der Kaltluft bei der Erweiterung bestehender bzw. Planung neuer Baugebiete zu minimieren.

Die VDI-Richtlinie 3787 Blatt 5 ermöglicht es Klimagutachtern sowie Regional-, und Stadtplanern im Rahmen der Stadtentwicklung, die für den entsprechenden Abwägungsprozess notwendigen Schritte zur Entstehung, Dynamik und Wirkung lokaler Kaltluft objektiv einzuschätzen. Darüber hinaus werden auch Bewertungsmöglichkeiten bezüglich der Wirkung von Kaltluft aufgezeigt. Hierdurch soll gewährleistet werden, dass bereits im Vorfeld einer Planungsmaßnahme ein Leitfaden zur Verfügung steht, der sowohl die grundlegenden Untersuchungsschritte enthält als auch Hinweise auf die zu beachtenden Gesetze und Vorschriften gibt.

Damit unterliegt die VDI-Richtlinie VDI 3787 Blatt 5 die gesetzlichen Rahmenbedingungen und Vorgaben des Bundes [Deutsche Anpassungsstrategie an den Klimawandel (DAS), dem Bundes-Klimaanpassungsgesetz (KAnG)] und unterstützt darüber hinaus auf Bundes-, Länder- und kommunaler Ebene, Maßnahmen zur Anpassung an den Klimawandel praktisch umzusetzen.

Ausblick

Vorbeugender Umweltschutz und damit langfristig angelegte Stadtplanung hat vor dem Hintergrund des globalen Klimawandels davon auszugehen, dass sich in den Städten u. a. die thermischen Bedingungen eher verschlechtern als verbessern werden. Dieses ist auf die Zunahme der Andauer und Intensität während heißer sommerlicher Witterungsabschnitte zurückzuführen. Eingebunden in kommunale Konzepte zur Hitzeaktionsplanung (siehe hierzu auch die VDI-Expertenempfehlung VDI-EE 3787 Blatt 13 „Hitzeaktionsplanung“[1], VDI 3787 Blatt 8 „Stadtentwicklung im Klimawandel[2]), die ein mögliches Vorgehen im Umgang mit Hitzeereignissen und in einer auf Prävention ausgerichteten Hitzeaktionsplanung auf kommunaler Ebene beschreiben, sollte in stärkerem Maße als bisher auch darauf geachtet werden, die direkt an den Stadtgrenzen liegenden Umlandflächen (engl. *urban sprawls*), die möglicherweise Kaltluft produzieren, nicht zu bebauen. Denn durch die zusätzliche Oberflächenversiegelung würden sich Städte der wichtigen Möglichkeit berauben, Belüftungssysteme zu erhalten bzw. anzulegen, die insbesondere bei zu erwartenden hohen Nachttemperaturen Kühlung generieren können.

---

[1] VDI-EE 3787 Blatt 13: Umweltmeteorologie; Hitzeaktionsplanung (in Bearbeitung).

[2] VDI 3787 Blatt 8:2020-09: Umweltmeteorologie; Stadtentwicklung im Klimawandel. Berlin, DIN Media.

Anschriften der Verfasser:

- Univ.-Prof. (em.) Dr. Wilhelm Kuttler, Angewandte Klimatologie, Universität Duisburg-Essen, Vors. Fachausschuss Klima, Fachbereich II, Umweltmeteorologie, VDI e. V.
- Dr. Julia Nickel-Kuhn, Fachbereichskoordinatorin des Fachbereichs II „Umweltmeteorologie“ der VDI/DIN-Kommission Reinhaltung der Luft (KRdL) – Normenausschuss, VDI e. V.
- Dipl.-Geogr. Catharina Fröhling, Projektkoordinatorin des VDI-Fokusthemas „Herausforderung – Anpassung an den Klimawandel“, VDI e. V.

DANK:
Die Verfasser danken Dr. Dirk Dütemeyer, Essen, für wertvolle fachliche Hinweise bei der Anfertigung des Beitrags.

5.3 Naturbasierte Lösungen

Definition und Einordnung

Klimaanpassung in Städten und Gemeinden kann auf unterschiedliche Art und Weise erfolgen. Zum einen bieten sich organisatorische und planerische Maßnahmen an, wie die Ausweisung von Überschwemmungsgebieten oder Kaltluftbahnen, die Etablierung eines Notfallmanagements oder eines Hitzeaktionsplans. Zum anderen gibt es eine Vielfalt infrastruktureller Maßnahmen. Hier wird zwischen grauen Maßnahmen (technische Installationen) und grünen und blauen Maßnahmen (Vegetation und Wasser), den naturbasierten Lösungen, unterschieden. Während bei der Vorsorge gegen extreme Wetterereignisse, wie Hochwasser, Starkregen oder auch Hitze, in der Vergangenheit der Fokus oft auf technischen Lösungen lag, gewinnen naturbasierte Lösungen zur Anpassung an das derzeitige und zukünftige Klima zunehmend an Attraktivität.

Naturbasierte Lösungen als übergreifendes Konzept

Dabei handelt es sich bei naturbasierten Lösungen weniger um klar abgrenzbare Maßnahmen als um ein übergreifendes Konzept, das eine Vielzahl von Ansätzen aus Politik, Praxis und Wissenschaft bündelt. Dazu zählen u. a. die Konzepte *Grüne und blaue Infrastruktur* (ein strategisch geplantes Netz von natürlichen und naturnahen Flächen und Elementen, wie Vegetationsflächen, Bäume, Gebäudegrün, Gewässer), *Nutzung von Ökosystemdienstleistungen* (Dienstleistungen der Natur für die Menschen, wie Luftreinhaltung, Filterung von Staub und Lärm, Wasserrückhaltung), *Ökosystembasierte Klimaanpassung* (nachhaltiges Management, Schutz und Wiederherstellung von Ökosystemen, die für die Menschen Dienstleistungen anbieten, sich an

Klimaveränderungen anzupassen). Die Konzepte überlagern sich, wodurch sich im großen Umfang Synergien ergeben[1] (Abb. 5.3-1).

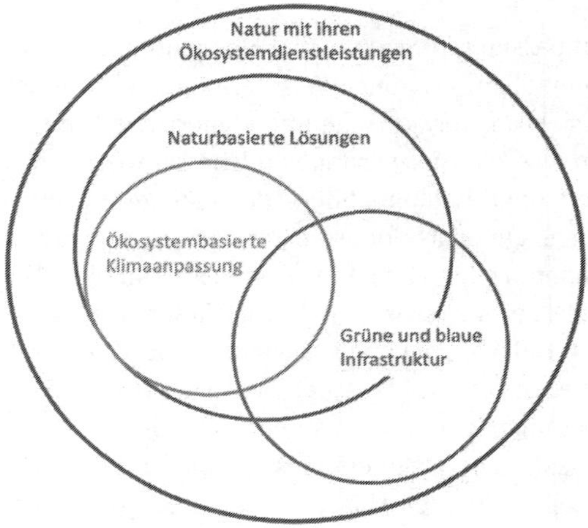

Abb. 5.3-1: Überlagerung verschiedener Konzepte (Quelle: Georgi, nach Pauleit angepasst)

[1] *Pauleit, Stephan u. a.: Nature-Based Solutions and Climate Change – Four Shades of Green, in: Kabisch, Nadja u. a. (Hg.): Nature-Based Solutions to Climate Change Adaptation in Urban Areas: Linkages between Science, Policy and Practice, Cham: Springer International Publishing 2017), S. 29–49; EEA European Environment Agency (Hg.): Nature-Based Solutions in Europe Policy, Knowledge and Practice for Climate Change Adaptation and Disaster Risk Reduction. Luxembourg: Publications Office 2021.*

Grundsätzlich umfassen naturbasierte Lösungen das Konzept, mit der Natur als Werkzeug zu arbeiten, um gesellschaftlichen Herausforderungen zu begegnen.[1] Die Europäische Kommission definiert sie als „Lösungen, die von der Natur inspiriert und unterstützt werden, die kosteneffizient sind, gleichzeitig ökologische, soziale und wirtschaftliche Vorteile bieten und zum Aufbau von Resilienz beitragen".[2]. Sie können in vielen Formen und in Kombination mit technischen Lösungen auftreten. Die Abgrenzung zwischen Grün und Grau kann dabei fließend sein.

Multipler Nutzen naturbasierter Lösungen

Was naturbasierte Lösungen, die auf verschiedene Ökosystemleistungen aufbauen, so interessant macht, ist ihr vielfältiger Nutzen. Dazu gehören die Förderung der Artenvielfalt, der Gesundheit und des menschlichen Wohlbefindens, die Verbesserung der Erholungseignung, das Vermögen, Wasser zurückzuhalten, die Luft und Wasserqualität zu verbessern und Temperaturen auszugleichen ebenso wie ihre oft hohe ästhetische Wirkung im städtischen Raum (Tab. 5.3-1).

1 *EEA European Environment Agency (Hg.): Nature-Based Solutions in Europe Policy, Knowledge and Practice for Climate Change Adaptation and Disaster Risk Reduction. Luxembourg: Publications Office 2021.*

2 Climate-ADAPT: Nature-based Solutions, https://climate-adapt.eea.europa.eu/en/eu-adaptation-policy/key-eu-actions/NbS. (Stand 01. Juni 2023) Absichtlich andere Schriftart?

Grüne und blaue Infrastruktur
Flächen mit Vegetation und Gewässern, wie Parks, Gärten, Dach- und Fassadenbegrünung, Bäume, Teiche, Bäche

Nachhaltige Entwässerungs- und Regenwasserspeichersysteme
u. a. Versickerungsmulden und -gräben, Regenbeete, Pflanzungen in wasserspeichernden oder regulierenden Substraten, Rigolen, Zisternen

Ingenieurbiologische Bauweisen
u. a. Böschungsbefestigungen mit lebenden Materialien, Dünenbepflanzung

Konzepte mit natürlicher Dynamik zu arbeiten
statt gegen sie; u. a. Überschwemmungen kontrolliert zulassen und Schaden durch resiliente angepasste Bauweise zulassen, wie beispielsweise schwimmende Infrastruktur, Bauen auf Stelzen u. Ä.

Tab. 5.3-1: Verschiedene Arten naturbasierter Lösungen für Klimaanpassung. (Quelle: Georgi)

Kategorien von Ökosystemdienstleistungen für naturbasierte Lösungen	**Beispiele**
Angebot von Lebensmitteln und Rohstoffen	Lebensmittel: u. a. Getreide, Trinkwasser, Fisch Rohstoffe: u. a. Baumwolle, Holz, Wasser
Regulierungs- und Erhaltungsleistungen	Aufrechterhaltung der physikalischen, chemischen und biologischen Bedingungen, z. B. Bestäubung und Samenausbreitung durch Insekten, Mikroklimaregulierung von Temperatur und Feuchtigkeit, Regulierung des Wasserhaushalts oder Kohlenstoffspeicherung Abmilderung von Abfällen/Toxinen/anderen Schadstoffbelästigungen, z. B. Reduzierung von Gerüchen, Lärm oder Sequestrierung von Sedimenten und Schadstoffen und Lieferung gesunder Lebensumwelt Abmilderung von Strömungen (Masse, Flüssigkeiten und Gas), z. B. Reduzierung der Erosion oder Sturmschäden durch schützende Vegetation.
Kulturelle Leistungen	Räume für physische und intellektuelle Interaktion, z. B. Nutzung von Ökosystemen für Freizeitaktivitäten wie Wandern und Kanufahren oder zu Bildungszwecken wie Natur- und Waldschulen Ästhetik, Attraktivität des Raums Spirituelle und symbolische Interaktion Förderung mentaler Gesundheit

Tab. 5.3-2: Auswahl von Ökosystemdienstleistungen als Basis naturbasierter Lösungen. (Quelle:Georgi, nach „Handbuch grüne Infrastruktur“[1])

1 *Interreg Central Europe Project MaGICLandscapes (Hg.): Handbuch grüne Infrastruktur – Konzeptioneller und theoretischer Hintergrund, Begriffe und Definitionen (Deutsche Kurzfassung). Projekt-Output O.T1.1, Dresden 2019*

Auch auf der politischen Ebene rücken naturbasierte Lösungen als urbane grüne Infrastruktur zunehmend in den Fokus. Die gezielte Anwendung naturbasierter Lösungen zur Lösung von umwelt- oder gesellschaftlichen Herausforderungen ist derzeit noch oft auf Pilotprojekte beschränkt.[1] Zukunftsweisende Politik und Programme in Deutschland sollen dies ändern. Dazu gehören insbesondere das Aktionsprogramm natürlicher Klimaschutz (2023)[2], welches dazu beitragen soll, den allgemeinen Zustand der Ökosysteme in Deutschland deutlich zu verbessern und sowi ihre Resilienz und ihre Klimaschutzleistung zu stärken, das Bundeskonzept Grüne Infrastruktur (2017) und der Masterplan Stadtnatur (2019).

1 *UBA Umweltbundesamt: Naturbasierte Lösungen für klimaresiliente europäische Städte, https://www.umweltbundesamt.de/naturbasierte-loesungen-fuer-klimaresiliente (Stand 01.06.2023).*

2 *BMUV Bundesministerium für Umwelt, Naturschutz, nukleare Sicherheit und Verbraucherschutz: Natürlicher Klimaschutz, https://www.bmuv.de/natuerlicher-klimaschutz (Stand 01.06.2023.)*

5.3.1 Naturbasierte Lösungen als Maßnahmen zur Klimaanpassung

Naturbasierte Lösungen können auf allen städtischen Maßstabsebenen (Einzelelemente an und um Gebäude, im Quartier, Gesamtstadt und Umland) zur Klimaanpassung beitragen (siehe Tab. unten). Im Unterschied zur traditionellen Planung von Grünanlagen werden bei der Umsetzung von naturbasierten Lösungen auch weitergehende Aspekte wie ökologische Netzwerke, Klimawandelanpassung und -schutz sowie Landschafts- und Freiraumplanung integriert betrachtet und strategisch geplant.

Mit Blick auf die urbane Klimaanpassung stehen die Verringerung des urbanen Wärmeinsel-Effekts und Senkung hoher Sommertemperaturen, die lokale Aufnahme und verzögerte Abgaben von Niederschlägen durch die Erhöhung der lokalen Versickerung oder Speicherung von Regenwasser und damit sowohl die Vorbeugung gegen Überschwemmungen als auch Überwindung von Trockenphasen im Fokus. Naturbasierte Lösungen können auch Teil der Lösungsstrategie für Flusshochwasser und Küstenschutz sein, allerdings erfordert dies in der Regel Lösungen auf der Ebene der Landschaftsplanung außerhalb des bebauten Bereichs, wie die Schaffung oder Erhaltung von Retentions- und Auenflächen bzw. Dünen und deren Bepflanzung.

Bereich	Maßnahmenart	Maßnahmenbeispiele	Adressierte Klimarisiken
Urbaner Raum 	Grüne Infrastruktur	Gründächer und -fassaden, Grünflächen, Parks, Wälder, Stadtbäume, Regenbeete, Rigolen, Versickerungsmulden.	Hitzewellen, Starkregenüberschwem-mung, Hochwasser
	Blaue Infrastruktur	Wasserbecken und Teiche, Retentionsbecken, Kanäle und Gräben, Rückhaltebecken, Infiltrationsbecken, Infiltrationsstreifen, wasserdurchlässige Beläge, Sedimentabscheide-becken, nachhaltige urbane Drainagesysteme, temporäre Speicherung des Abflusses.	
Wasserwirt-schaft 	Flussrenaturierung	Rückbau von Uferverbauungen, Stabilisierung natürlicher Ufer, Wiederherstellung von Mäandern, Wiedervernetzung mit abgeschnittenen Auegewässern, Flussrenaturierung, Wiederherstellung der Flussbett- und Solendynamik.	Hochwasser, Starkregenüberschwem-mungen
	Auenrenaturierung, Grundwasseranreicherung, Gewässerrenaturierung, Renaturierung von Feuchtgebieten.		
Küstengebiete 	Küstenrenaturie-rungg, -wiederaufbau und -erhalt.	Strandwiederaufbau mittels Sandspülungen, Dünenbefestigung, Küstenneumodellierung, Steilküstenstabilisie-rung.	Meeresspiegelanstieg, Sturmfluten, Erdrutsche.

Tab. 5.3.1-1: Überblick zu naturbasierten Lösungen zur Klimaanpassung für Städte und Gemeinden (Quelle: Auszug aus EEA[1])

[1] *EEA, 2021.*

Grünanlagen, Parks und Stadtwälder

Senken der Luft- und Oberflächentemperaturen

Grünanlagen und Parks senken die Luft- und Oberflächentemperaturen, vorausgesetzt, es werden die richtigen Arten ausgewählt . Der Kühleffekt hängt zudem von der Flächengröße, Art des Bewuchses und Lage im städtischen Raum ab. Studien fanden, dass beispielsweise der Sonne ausgesetzte Grasflächen 2–4 °C kühler sind als Betonflächen und Bäume die Lufttemperatur aufgrund von Beschattung und Verdunstungskälte durch den Prozess der Evapotranspiration um 5–7 °C senken können. Städtische Parks sind im Durchschnitt 0,94 °C kühler als bebaute Gebiete, wobei größere Parks und solche mit Bäumen einen stärkeren Kühleffekt haben.[1]

Auffangen von Niederschlägen

Neben der Abschwächung des städtischen Wärmeinsel-Effekts und Hitzestress können städtische Parks und Wälder auch das Regenwasser regulieren, indem sie Niederschläge auffangen, es zwischenzeitlich speichern und verdunsten lassen, den Abfluss verzögern oder in den Boden infiltrieren. Während zum Beispiel städtische Landschaften mit 50–90 % undurchlässiger Bedeckung 40–83 % der Niederschläge in Oberflächenabfluss verlieren, verliert eine bewaldete Landschaft typischerweise etwa 13 % der Niederschläge durch Abfluss nach ähnlichen Niederschlagsereignissen.[2]

Kaltluftbahnen

Auf der Stadt- und Landschaftsebene können ausgedehnte vernetzte Grünanlagen und Straßenbegleitgrün als Kaltluftbahnen dienen, um bei Hitzeperioden kühlere Luft aus dem Umland in die städtische Wärmeinsel zu leiten, sofern diese Wege nicht durch Infra-

---

1 *EEA, 2021.*

2 *EEA, 2021.*

strukturen, Gebäude oder hohe, dichte Vegetation blockiert sind. Auenflächen und andere Retentionsflächen verlangsamen den Hochwasserabfluss, speichern oder versickern das Wasser.

Abb. 5.3.1-1: Begrünte Straßenbahngleise ermöglichen das Einströmen von Kaltluft (Quelle: Georgi)

Stadtbäume und Straßenbegleitgrün

Ebenso wie Grünanlagen können Bäume mit ausreichenden Baumscheiben und andere Gehölze entlang von Straßen, auf öffentlichen Plätzen und Parkplätzen dazu beitragen, den Abfluss von Regenwasser zu reduzieren. Auch hier bestimmen die Anzahl, Dichte, Größe, Artenzusammensetzung, Alter, Erhaltungszustand und die räumliche Anordnung das tatsächliche Vermögen, den Abfluss von Regenwasser in die Kanalisation zu vermindern. Studien über Straßenbäume schätzen, dass ein Baum um die 6,7 m^3 Wasser pro Jahr abfangen kann, was dazu beiträgt, die Häufigkeit und Schwere von Überlaufereignissen bei Mischwasserkanälen zu mindern oder ganz zu vermeiden. Den wirtschaftlichen Nutzen dieser Effekte hat eine Studie aus Lissabon auf 47,80 USD pro Baum geschätzt dank seiner Fähigkeit, den Abfluss von Regenwasser zu verringern.[1]

Kühlen durch Verdunstungskälte

Vitale Stadtbäume tragen erheblich zur Verbesserung des Mikroklimas bei, indem sie Schatten für Straßen, Plätze und benachbarte Gebäude spenden und damit die Lufttemperatur senken. Sie kühlen zusätzlich durch Verdunstungskälte bei der Evapotranspiration, dem Prozess, bei dem durch die Spaltöffnungen der Blätter Wasser an die Umgebungsluft abgegeben wird. Aufgrund der großen Blattoberfläche von Bäumen ist dieser Effekt besonders stark. Im räumlichen Verbund mit anderen naturbasierten Maßnahmen helfen sie so auch den Wärmeinsel-Effekt zu reduzieren.[2]

Gebäudegrün

Gebäudegrün bei Platzmangel

Dach- und Fassadenbegrünungen spielen gerade in dicht bebauten Gebieten, in denen Platzmangel für Grünanlagen, Parks und Bäume herrscht, eine wichtige Rolle. Ohne wesentlich weiteren Platz in Anspruch zu nehmen, kann diese Vegetation zum Regenwasser- und Wärmemanagement in der Stadt beitragen. Begrünte Dächer können größere Wassermengen zurückhalten als konventionelle Dächer und den Wasserabfluss verzögern. Unter bestimmten Bedingungen kann ein Starkregenereignis von kurzer Dauer (z. B. 30 Minuten) sogar vollständig von einem trockenen Gründach zurückgehalten werden. Dies reduziert im Allgemeinen die

---

1 *EEA, 2021.*

2 *EEA, 2021*

Abflussmenge um bis zu 70 % und das Spitzenabflussvolumen um bis zu 96 %.[1]

Thermischer Komfort innerhalb und außerhalb des Gebäudes

Begrünte Dächer und Fassaden senken die Oberflächen- und unmittelbare Umgebungstemperatur. Ein Gründach kann bis zu 30 °C kühler als ein konventionelles Dach sein. Zudem reduzieren sie das Aufheizen der Gebäudehülle. Sie tragen damit zum thermischen Komfort am und im Gebäude bei und senken den Energiebedarf für Gebäudekühlung. So wurde beispielsweise festgestellt, dass begrünte Dächer und Fassaden den Energiebedarf für die Klimatisierung um bis zu 40–60 % in einem mediterranen Klima senken, welches auch dem zukünftigen Klima diverser deutscher Städte entsprechen wird. Sie können zudem die umliegenden Straßen zwischen 0,03 °C und 3 °C kühlen. So haben begrünte Flächen, ob auf Gebäude oder auf dem Boden, eine höhere Albedo (20–30 %) als künstliche harte Oberflächen (5 %) und tragen zur Verringerung des städtischen Wärmeinsel-Effekts bei, indem sie mehr Strahlung reflektieren.[2]

1 *EEA, 2021.*

2 *EEA, 2021.*

Naturbasierte Lösung	Innenraumtemperatur in °C	Außentemperatur Wand/ Dach in °C	Umgebungslufttemperatur in °C
Begrünte Fassade	1,7–4,8	0,4–7,1	0,5–4,1
Extensives Gründach	2,0–4,0	2,0–20,0	0,5–1,5
Intensives Gründach	0,3–4,0	7,0–22,0	Durchschnitt: 1,0 und maximal 4,2
Bäume	-	10,0–12,0	0,9–5,2 (Kühlgrenztemperatur: 3,8–15,0)
Städtische Grünanlagen	-	-	Tags: 0,5–7,0 Nachts: 1,2

Tab. 5.3.1-2: Senkung der Temperatur in Grad C durch verschiedene naturbasierte Lösungen (Quelle:[1], angepasst)

Abb. 5.3.1-2: Grüne Wand im Stecksystem vor der Fassade (Quelle: Georgi)

Naturbasierte Lösungen für die städtische Wasserwirtschaft

Zu den naturbasierten Lösungen für die Wasserbewirtschaftung in Städten gehören vielzählige kleinräumige Maßnahmen, im Gebäudeumfeld oder Quartier oft zusammengefasst als nachhaltige Drainagesysteme (engl. SuDS – Sustainable drainage systems). Dazu zählen

SuDS – Sustainable drainage systems

[1] *Rachel Morrisson und Sam Hartley: Nature-Based Solutions Evidence Base – IGNITION Headline Findings Report, Greater Manchester: 2020.*

unter anderem Versickerungsmulden, Regengärten, Rigolensysteme, unversiegelte (begrünte) Flächen, wasserdurchlässige Beläge befestigter Flächen und begrünte Dächer. Zu den großräumigen landschaftsübergreifenden Maßnahmen gehören Fluss- und Uferrenaturierung, Feuchtgebiete, Rückhalte- und Retentionsflächen.

Die Entfernung von überschüssigem Asphalt und Beton im privaten und öffentlichen städtischen Raum kann Möglichkeiten zur Umsetzung vieler solcher Lösungen bieten, darunter die Wiedereröffnung von kanalisierten Wasserläufen und Wiederherstellung von Flussufern. Fließende Gewässer tragen daneben auch zur Kühlung der Städte bei.

Kombination naturbasierter und technischer Lösungen

Die Lösungen zielen darauf ab, Menge und Zeitpunkt des Oberflächenabflusses von insbesondere Starkregen als auch Flusshochwasser zu steuern und damit das Risiko von Überschwemmungen zu reduzieren im Gegensatz zu konventioneller technischer Infrastruktur, die das Regenwasser direkt in die Kanalisation ableitet. Bei extremen Niederschlagsereignissen läuft diese jedoch über und kann kein weiteres Wasser aufnehmen. In der Folge werden Plätze und Gebäude überschwemmt, oder das Wasser fließt direkt und oft mit Schadstoffen belastet in Bäche und Flüsse und trägt zum Flusshochwasser anderenorts bei. Oft ist es eine Kombination von der Abwasserinfrastruktur mit naturbasierten Lösungen, wie Versickerungsmulden, Grünflächen, Retentionsräume, Dachbegrünung und Zisternen, die den Abfluss so verringern können, dass die Kanalisation die Restmenge noch bewältigen kann. Die Wirksamkeit von naturbasierten Lösungen hängt wiederum maßgeblich von deren Art, Gestaltung und Erhaltungszustand im Zusammenhang mit den örtlichen Gegebenheiten ab. [1]

Abb. 5.3.1-3: Beispiel Versickerungsmulde/Regenbeet (Quelle: Georgi)

Naturbasierte Lösung	Hochwasserrückhaltung (Reduzierung der HW-Spitze)	Infiltrierung des jährlichen Niederschlags	Durchschnitt-liche Regenwasserrückhaltung	Verlangsamung der HW-Spitze
Begrünte Fassade	<75 %	-	-	-
Extensives Gründach	57–88 %	-	34–82 % usw.	35–500 Minuten
Intensives Gründach	Keine Daten	-	75%	-
Stadtbäume	<81%		5,2-79,0%	68 Minuten
Städtische Grünanlagen	92,0-99,4%	16,0-35,0%	-	-
Nachhaltige Drainagesysteme	25-100%	-	35-100%	16-34 Minuten

Tab. 5.3.1-3: Starkregenrückhaltung durch verschiedene naturbasierte Lösungen (Quelle:[2], angepasst)

Auf Landschaftsebene fungieren die naturbasierten Lösungen ähnlich. Die Sanierung und Wiederherstellung von Flüssen und Überschwemmungsgebieten (z. B. Neuprofilierung von Kanälen, Ausbaggern von Sedimenten, Wiederherstellung der natürlichen Form von Flüssen, Vergrößerung von Überschwemmungsgebieten) und die Einrichtung und Wiederherstellung von Gewässerrandstreifen dienen der Verringerung des

1 *EEA, 2021.*

2 *Morrisson und Hartley, 2020.*

Hochwasserrisikos. Wiederhergestellte Auen können überschüssiges Wasser zurückhalten, während die Vegetation in den Puffern die Fließgeschwindigkeit verringern und Sedimente zurückhalten kann.[1]

Regenwasserrückhaltung auch als Maßnahmen gegen Trockenheit

Die Rückhaltung von Regenwasser sowohl klein- als auch großmaßstäblich kann zudem als Anpassungsmaßnahme gegen zunehmende Trockenheit genutzt werden. Die langsame Versickerung macht dieses Wasser länger für Pflanzen verfügbar und reichert es im Boden und das Grundwasser an. Die Speicherung in Mulden, Becken, Zisternen u. Ä. ermöglicht die spätere Nutzung des Regenwassers für die Bewässerung. Ausgeklügelte Rigolensysteme und spezielle Pflanzsubstrate beispielsweise für Stadtbäume können deren Wasserverfügbarkeit regulieren. Sie speichern überschüssiges Wasser und geben es unmittelbar bei Bewässerungsbedarf wieder ab.

Konzept Schwammstadt und wassersensible Stadt

Über Insellösungen hinausgehen

In den Konzepten Schwammstadt oder wassersensible Stadt wird über Insellösungen hinausgedacht und es werden verschiedene naturbasierte und andere Lösungen kombiniert. Der Ansatz erstreckt sich über die gesamte Stadt oder Gemeinde. Wasser wird hier nicht nur als Problem, sondern auch als Lösungsansatz gesehen. In der Schwammstadt wirken Rückhalt, Versickerung, Verdunstung und Kühlung als System zusammen. Das anfallende Niederschlagswasser wird durch die Reduzierung versiegelter Flächen und eine Erhöhung des Grünanteils wie in einem Schwamm gespeichert

---

1 *EEA, 2021.*

und in Trockenperioden wieder abgegeben. Durch die Verdunstungskühlung von Bäumen, Wasserflächen, Vegetation und Böden, die durch das gespeicherte Wasser ausreichend bewässert werden, kann so eine deutliche Reduzierung der Temperaturen in Siedlungen erreicht werden. Die Begrünung von Dächern und Fassaden unterstützt diesen Kühlungseffekt. [1]

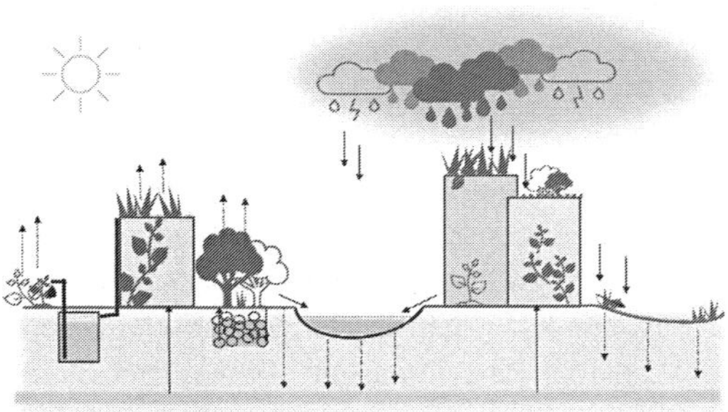

Abb. 5.3.1-4: Konzept wassersensible Stadt/Schwammstadt (Quelle: Georgi)

Insbesondere bei Neuplanungen bieten sich umfangreiche Möglichkeiten für eine wassersensible Gestaltung. Der dezentrale Umgang mit Niederschlagswasser sollte daher frühzeitig in die Siedlungsplanung einbezogen werden. Schwieriger stellt sich die Situation im Siedlungsbestand dar. Hier sind die Möglichkeiten aus technischer und wirtschaftlicher Sicht und aufgrund der oftmals hohen Kosten begrenzt. Hier gilt es Schritt für Schritt im Rahmen des übergreifenden Konzepts, die Möglichkeiten für die wassersensible Umgestaltung zu

1 *StMUV Bayerisches Staatsministerium für Umwelt und Verbraucherschutz (Hg.): Wassersensible Siedlungsentwicklung – Empfehlungen für ein zukunftsfähiges und klimaangepasstes Regenwassermanagement in Bayern, München: 2020.*

nutzen, die sich aus ohnehin anstehenden notwendigen Bau- und Instandsetzungsmaßnahmen eröffnen[1].

Ufer-, Böschungs- und Dünenbefestigung

Naturbasierte Lösungen zur Stabilisierung von Hängen und Küsten in der Nähe zu Siedlungen sind entscheidend, um das Risiko von Erdrutschen oder Küstenerosion zu verringern. Der Erhalt und die Wiederherstellung der Waldbedeckung, insbesondere an steilen Hängen, verringern das Risiko der Bodenerosion und fördern gleichzeitig den Erhalt oder das Wachstum der Vegetation. Der Schutz von Küstenlebensräumen (z. B. Wattflächen, Salzwiesen, Dünen und Seegraswiesen) kann Küstenlinien gegen Küstenerosion stabilisieren. Küstenvegetation, Barriereinseln, Dünen und Strände dienen als natürliche Barrieren gegen Wellen und können sich nach einem Sturm schnell erholen.

Ingenieurbiologische Lösungen

Ingenieurbiologische Lösungen und Hybridlösungen, bei denen gebaute Strukturen mit naturbasierten Lösungen kombiniert werden, sind ebenfalls möglich zur Stabilisierung von Küsten, Hängen und Ufern. Beispiele hierfür sind begrünte Deiche oder lebende Zäune, bepflanzte Gabionen und Geotextilien zur Böschungsbegrünung.[2]

---

1 *StMUV 2020*

2 *EEA, 2021.*

5.3.2 Die Vorteile naturbasierter Lösungen

In der Diskussion findet sich oft das Argument, dass naturbasierte Lösungen kostengünstiger seien als technische Lösungen, und einzelne Beispiele bestätigen dies durchaus. Obwohl beispielsweise die Installation, Wartung und Entsorgung von Begrünungssystemen an Gebäuden zunächst kostspielig erscheinen mögen, sind die Kosten im Vergleich zu den Gesamtbaukosten gering (im Promillebereich der Baukosten für mehrstöckige Wohngebäude) und die Lebenszykluskosten über 40 Jahre sind ähnlich hoch wie bei denen von nicht begrünten Dächern.[1] Nichtsdestotrotz hält eine pauschale Annahme, dass naturbasierte Lösungen kostengünstiger sind, nicht. Das Kosten-Nutzen-Verhältnis als Klimaanpassungsmaßnahme hängt stark von der konkreten Auswahl der naturbasierten Lösung, den standörtlichen Gegebenheiten, dem diesbezüglichen Pflegaufwand und den zur Verfügung stehenden grauen Alternativen ab. Für die Innenraumtemperatur hat eine mit Klettergehölzen begrünte Wand eine andere Kühlwirkung als eine vorgesetzte grüne Wand mit Pflanzcontainern oder als eine technische Gebäudeisolierung. Die unterschiedlichen Pflegeintensitäten der Lösungen müssen dabei ebenfalls in die Betrachtung einfließen.

Simultane Klimaanpassungskapazität und multipler Nutzen

Der große Vorteil naturbasierter Lösungen ergibt sich vor allem durch die oft simultane Klimaanpassungskapazität sowohl gegen Hitze als auch Überschwemmungen und bei Einbeziehung ihres umfangreichen Zusatznutzens in die Betrachtung. Diesen können technische Lösungen nicht oder nur sehr begrenzt bieten. Naturbasierte Lösungen bieten weitergehende, teils

1 *EEA, 2021.*

quantifizierbare direkte und indirekte wirtschaftliche Vorteile für die Gesellschaft, Unternehmen und Gemeinden, wie z. B. die Schaffung von Arbeitsplätzen, Kundengewinnung und -bindung, Potenziale für den Tourismus.

Bereich	**Naturbasierte Maßnahmenoptionen**	**Mehrfacher Nutzen der naturbasierten Maßnahmen**	**Adressierte Klimarisiken**
Urbaner Raum 	Parks, Grünanlagen, Stadtwälder, Straßenbäume Gebäudegrün (Gründächer, grüne Fassaden u. Ä.) Naturbasierte Lösungen für Wassermanagement (Versickerungsmulden, Rückhaltebecken u. Ä.)	Kühlung der Lufttemperatur Regulierung des Wasserabflusses Kohlenstoffspeicherung Biodiversität Menschliche Gesundheit und Wohlergehen Wasserqualität	Hochwasser und Überschwemmungen Hitzestress
Wasserwirtschaft 	Renaturierung von Flüssen und Auen Gewässerrandstreifen, Pufferräume Wassersensitive Forstwirtschaft	Regulierung des Wasserabflusses Reduzierung von Überschwemmungen und Bodenerosion Erholung und Ästhetik Biodiversität Wasserqualität	Dürre Hochwasser und Überschwemmungen
Küstengebiete 	Wiederherstellung von Küstenhabitaten Barriereinseln, Sandspülungen Hybride Lösungen (z. B. begrünte Deiche und Dämme)	Reduzierung von Küstenüberschwemmungen Küstenstabilisierung Kohlenstoffspeicherung Biodiversität Erholung	Meeresspiegelanstieg Sturmfluten Küstenerosion

Tab. 5.3.2-1: Beispiele für Mehrfachnutzen naturbasierter Lösungen für Klimaresilienz in verschiedenen, für Städte und Gemeinden relevanten Sektoren (Quelle:[1], angepasst)

[1] *EEA, 2021.*

Naturbasierte Lösungen können auch dort sinnvoll sein und eine Alternative bilden, wo technische Lösungen durch das Ausmaß der Klimarisiken an ihre Grenzen kommen. Der Ausbau der Kanalisation in der erforderlichen Dimension, um ein extremes Starkregenereignis abzufangen, ist mit vertretbaren Kosten nicht möglich. Der Abfluss muss dann oberirdisch beispielsweise durch Retentionsflächen und Versickerungsflächen und -mulden, Auffangbecken oder Dachbegrünung gemanagt werden. Diese Notwendigkeit war einer der Gründe für Hamburg, als erste deutsche Stadt ein umfangreiches Gründachprogramm ins Leben zu rufen.[1] Auch die Erhöhung von Deichen entlang von Flüssen und an der Küste ist nur begrenzt möglich. Ein alternatives, naturbasiertes Konzept ist es, die natürliche Dynamik zuzulassen und mit dem Wasser zu leben, anstatt es abzuhalten, beispielsweise durch den Bau schwimmender Gebäude und Infrastrukturen oder Bauen auf Stelzen.

1 *Climate-Adapt: Four pillars to Hamburg's Green Roof Strategy: financial incentive, dialogue, regulation, and science, https://climate-adapt.eea.europa.eu/de/metadata/case-studies/four-pillars-to-hamburg2019s-green-roof-strategy-financial-incentive-dialogue-regulation-and-science?set_language=de (Stand 01.06.2023).*

BEISPIEL

Aufschwimmende Häuser in Maasbommel

Im nationalen Programm „Raum für den Fluss" in den Niederlanden wandte man sich von dem Konzept ab, Hochwasser ausschließlich zwischen Deichen abfließen zu lassen. Verheerende Flusshochwasser in den 90er-Jahren hatten gezeigt, dass diese Maßnahme nicht ausreicht und erst recht nicht unter den zukünftigen Klimabedingungen mit mehr Starkregen. Im Programm wurden daher umfangreiche Flächen als Retentions- und Überschwemmungsflächen ausgewiesen, in denen die Bebauung nicht möglich ist oder stark beschränkt wurde. Siedlungsfläche ist jedoch rar in den Niederlanden. In der Stadt Maasbommel experimentiert man daher mit einer Siedlung schwimmender und aufschwimmender Häuser. So kann die natürliche Flussdynamik mit zeitweisen Überschwemmungen aufrechterhalten werden. Die Häuser passen sich bei Bedarf dem Wasserspiegel an.[1]

[1] *Climate-Adapt: Amphibious housing in Maasbommel, the Netherlands, https://climate-adapt.eea.europa.eu/en/metadata/case-studies/four-pillars-to-hamburg2019s-green-roof-strategy-financial-incentive-dialogue-regulation-and-science (Stand 01.06.2023).*

5.3.3 Herausforderungen

Trotz des politischen Momentums und diverser Bemühungen auf allen politischen Ebenen sind naturbasierte Lösungen zur Klimaanpassung noch nicht in der Breite der Städte und Gemeinden angekommen. Dafür verantwortlich ist eine Vielzahl von Herausforderungen und Hindernissen, mit denen die Umsetzung von naturbasierten Lösungen in Städten einhergeht, für die es jedoch Lösungen gibt.[1]

Flächenkonkurrenz

Städtische naturbasierte Lösungen können auch mit anderen Aktivitäten konkurrieren, da der Raum knapp und die Konkurrenz mit anderen Nutzungen, wie Wohnen, Gewerbe und Verkehr, groß ist. Ein Beispiel ist die Nutzung von Dachflächen für Photovoltaik statt als Gründach, da der Wissensstand zu Solargründächern, die beides kombinieren, oft noch gering ist. Der wünschenswerte Fokus auf die Innenentwicklung von Städten statt neuer Baugebiete im unbebauten Bereich mindert auch das Platzangebot für bodengebundene flächige naturbasierte Lösungen. Dach- und Fassadenbegrünung können hier eine Option sein, jedoch nicht alle Funktionen übernehmen.

1 *UBA, n. d.*

Lebende Systeme im Klimawandel

Naturbasierte Lösungen haben eine eigene DynamikDie dargestellten Nutzen der naturbasierten Lösungen beruhen auf vitalen Ökosystemen, die ihre volle Funktion entfalten können. Naturbasierte Lösungen sind lebende und ortsabhängige Systeme mit einer eigenen Dynamik. Ihr Wirkungsgrad und die dauerhafte Funktionsfähigkeit können daher nicht zu 100 % vorhergesagt und geplant werden. Dies erfordert eine fortlaufende Beobachtung und gegebenenfalls Nachjustierung der Lösungen.

Pflanzenarten müssen selbst klimaresilient sein

Naturbasierte Lösungen sind auch selbst vom Klimawandel durch ein wärmeres Klima und unterschiedliche Niederschlagsmuster betroffen. Besonders zunehmende Trockenperioden in den Sommermonaten bedrohen sie. Ein Teil der derzeit verwendeten Baum- und anderen Pflanzenarten kann unter den zukünftigen Klimabedingungen nicht mehr existieren oder das volle Potenzial entfalten. Möglichkeiten der Anpassung naturbasierter Lösungen sind u. a. eine Artenauswahl, die an die zukünftigen Standortbedingungen angepasst ist. Allerdings fehlen hierzu noch die Langzeiterfahrungen. Dauerhafte Bodenbedeckung und / oder nachhaltige Bewässerungsmethoden aus der Speicherung von Regenwasser und Wiedernutzung von Grauwasser, insbesondere im Sinne des Schwammstadtkonzepts, sind weitere Maßnahmen.

Bewusstsein und Wissen

Bürger, aber auch Entscheidungsträger, sind sich oft nicht der vielen unterschiedlichen Vorteile von naturbasierten Lösungen bewusst und berücksichtigen diese nicht bei der Lösungsfindung. Gegen hohe Temperaturen in Gebäuden durch sommerliche Hitzeperioden werden beispielsweise eher Klimaanlagen eingebaut als Dächer und Fassaden begrünt. Zudem ist die Wissensbasis zum spezifischen Wirkungsgrad der verschiedenen Typen naturbasierter Lösungen noch unzureichend und uneinheitlich. Studien konzentrieren sich häufig nur auf einen oder einige wenige Nutzen, statt die vielfältigen anderen Nutzen in die Bewertung mit einzubeziehen. Zudem ist aufgrund der starken Ortsabhängigkeit der naturbasierten Lösungen eine Vergleichbarkeit der Wirkungseffizienz und der Kosten nur bedingt gegeben. Es muss mit Bandbreiten gerechnet werden. Noch mangelnde fachliche Kapazitäten bei der planenden Kommune oder den ausführenden Firmen können weitere Hindernisse sein.

Finanzierung

Für kommunale Verwaltungen kann die Finanzierung der Planung von naturbasierten Lösungen, ihre Umsetzung und Pflege eine große Herausforderung darstellen. Sie sind eher mit konventionellen grauen Infrastrukturlösungen vertraut. Eine zentrale Herausforderung ist zudem die dauerhafte Pflege der naturbasierten Lösungen nach deren Errichtung. Diese Arbeiten sind in der Regel aus dem normalen Haushalt zu bezahlen. Zuschüsse und Kredite, wie für die Errichtung naturbasierter Lösungen, stehen hierfür in der Regel nicht zur Verfügung.

Herausforderung ist die Pflege der naturbasierten Lösungen

Für ein günstiges Kosten-Nutzen-Verhältnis ist es erforderlich, möglichst viele der potenziellen Nutzen naturbasierter Lösungen gleichzeitig zu ermöglichen. Dies erfordert die Zusammenarbeit über verschiedene Verwaltungsbereiche. Während dies grundsätzlich neue Finanzierungsmöglichkeiten eröffnet, kann die Zusammenarbeit an gemeinsamen Lösungen außerhalb etablierter Verwaltungsprozesse noch ungewohnt sein.

5.3.4 Planung und Umsetzung von naturbasierten Lösungen in Städten und Gemeinden

Integrative Planung

Funktionale Netzwerke konzipieren

Naturbasierte Lösungen und grüne Infrastruktur, vor allem die Erhöhung des Grünflächenanteils, sind eine der wirkungsvollsten Maßnahmen gegen die Folgen des Klimawandels in Städten und wirken parallel dem grundlegenden Verlust der biologischen Vielfalt entgegen.[1] Dabei können kleinere naturbasierte Lösungen Abhilfe im unmittelbaren Umfeld leisten, beispielsweise das Gebäude kühlen oder Regenwasserabfluss lokal vom Gebäude wegleiten. Für die Entfaltung des vollen Potenzials naturbasierter Lösungen in Städten sollten jedoch keine Insellösungen, sondern funktionale Netzwerke konzipiert werden. Beispiele hierfür sind das Schwammstadtkonzept und die hitzesensible Stadtplanung. Nur so können die großflächigen Effekte wie Hitzeinseln und Überflutungen wirksam reduziert werden. In der Praxis kann je nach örtlichen Gegebenheiten die Zusammenführung mit konventioneller grauer Infrastruktur mit einer grün-blau-grauen Infrastruktur zur Steigerung des Wirkpotenzials beitragen.[2]

---

1 *EEA European Environment Agency (Hg.): Urban Adaptation in Europe: How Cities and Towns Respond to Climate Change, EEA Report 12/2020, Luxemburg: Publications Office, 2020.*

2 *UBA, n. d.*

BEISPIEL

In seinem Starkregenplan vernetzt Kopenhagen 300 verschiedene Maßnahmen

Im Jahr 2011 überflutete ein extremes Starkregenereignis die komplette Innenstadt von Kopenhagen mit einem Schaden von 900 Millionen Euro. In der Folge entwickelte die Stadt einen umfangreichen Starkregenplan. Berechnungen hatten gezeigt, dass die Kombination von naturbasierten und grauen Infrastrukturmaßnahmen das beste Kosten-Nutzen-Verhältnis ergibt. Um die 300 miteinander vernetzte Maßnahmen werden nun schrittweise innerhalb von 30 Jahren umgesetzt. Die gesamthafte Planung verhindert, dass Überflutungsprobleme lediglich von einem Ort auf einen anderen verlagert werden.

Abb. 5.3.4-1: Der Sankt Annae Plads ist nach seiner Tieferlegung Teil der Starkregenmaßnahmen in Kopenhagen. Sowohl oberflächig als auch unterirdisch kann so das Wasser aus dem Abfluss der dicht bebauten Umgebung gespeichert und ins Meer abgeleitet werden. (Quelle: Georgi)

Die Multifunktionalität naturbasierter Lösungen sollte gezielt bei der Auswahl und konkreten Planung berücksichtigt werden. So kann beispielsweise eine abgesenkte Vegetationsfläche mehr Regenwasser speichern als eine lediglich ebenerdig angelegte. Das ermöglicht es, ihre Wirksamkeit für die Klimaanpassung und verschiedensten anderen Belange zu maximieren und somit einen hohen Nutzen zu insgesamt geringeren Kosten anzubieten, was wiederum ihre Akzeptanz steigert.

Zusammenarbeit verschiedener Akteure

Die Multifunktionalität wiederum erfordert eine enge Zusammenarbeit mit Infrastruktur- und Versorgungsunternehmen in den Bereichen Verkehr, Abfall, Wasser und Energie, dem Artenschutz, Gesundheitssektor und anderen. Eine angemessene Beteiligung von Anwohnern und ansässigen Unternehmen und anderen Organisationen ermöglicht es, deren Bedürfnisse an naturbasierte Lösungen in die Entwicklung einzubeziehen. Die notwendige großflächige Durchgrünung der Stadt oder Gemeinde erfordert auch die Hebung der Motivation und Befähigung privater Grundstückseigentümer, eigenständig naturbasierte Lösungen zu errichten. Städte und Gemeinden bestehen aus einem Mix privater und öffentlicher Flächen, wohingegen abfließendes Wasser oder Hitze nicht an Grundstücksflächen haltmachen. Die gegenseitige oder gemeinsame Umsetzung naturbasierter Lösungen mindert bei entsprechender Planung auch die Klimarisiken auf benachbarten Flächen und im gesamten Quartier oder Stadtgebiet. Naturbasierte Lösungen können somit auf den Flächen eingesetzt werden, wo sie insgesamt am effektivsten wirken.

Gemeinsame Umsetzung auf öffentlichen und privaten Flächen

Sorgfältig und ortsabhängig planen

Während übergeordnet eine starke Durchgrünung stark zu befürworten ist, muss die Planung naturbasierter Lösungen differenzierter betrachtet werden. Die simplen Ansätze „Viel hilft viel“ oder „Hauptsache grün“ gelten nicht uneingeschränkt. Es kommt darauf an, die für den Ort und die spezifischen Zwecke am besten geeigneten naturbasierten oder hybride Lösungen auszuwählen und spezifisch zu planen. Maßnahmen, die an einem Ort gut funktionieren, können an anderen aufgrund der örtlichen Gegebenheiten nur geringen Nutzen bringen. Im schlimmsten Fall wirken naturbasierte Lösungen sogar kontraproduktiv, wenn sie falsch gewählt und positioniert wurden. Dichter Baumbewuchs mitten in einer Kaltluftschneise kann das Fließen der Luft erheblich behindern. Gleiches gilt für die mangelnde Durchlüftung von Straßenräumen, wenn diese durch eine stark tunnelförmige Baumbepflanzung behindert wird. Auch auf eine an (zukünftige) Klimabedingungen angepasste Pflanzenauswahl ebenso wie eine fachgerechte Pflege ist zu achten, um die positiven stadtklimatischen Wirkungen der naturbasierten Lösungen sicherzustellen.

Fehlfunktionen vermeiden

Förderung von naturbasierten Lösungen

Vielfältige Fördermöglichkeiten

Das *Aktionsprogramm natürlicher Klimaschutz* des Bundesumweltministeriums sieht die Entwicklung eines Förderprogramms für naturnahes Grünflächenmanagement und Schaffung von Naturoasen in Kommunen sowie ein investives Programm zur Förderung von Baumpflanzungen in Städten und die Umsetzung des Leitbilds einer „wassersensiblen Stadt" vor.[1]

Zu den bereits heute verfügbaren umfangreichen Fördermöglichkeiten für naturbasierte Lösungen und grüne Infrastruktur zählen:

- Die *Städtebauförderung:* Sie macht Maßnahmen zum Klimaschutz und zur Anpassung an den Klimawandel, insbesondere durch die Verbesserung der grünen Infrastruktur, zu einer verpflichtenden Fördervoraussetzung für alle Gesamtmaßnahmen. Programm 3: *Wachstum und nachhaltige Erneuerung – Lebenswerte Quartiere gestalten* fördert u. a. Maßnahmen der wassersensiblen Stadt- und Freiraumplanung und zur Reduzierung des Wärmeinseleffekts.
  https://www.staedtebaufoerderung.info/DE/Startseite/startseite_node.html
- Die *IKK-Energetische Stadtsanierung – Quartiersversorgung* (201/ 202) der KfW bietet Förderungen zur Anpassung an den Klimawandel durch grüne Infrastruktur bei Kommunen und Unternehmen.
  https://www.energetische-stadtsanierung.info/energetische-stadtsanierung/programmekfw/
- Das *Umweltprogramm der KfW 240 / 241* fördert Investitionen von Unternehmen für natürliche Klimaschutzmaßnahmen an Gebäuden, auf Betriebs-

---

1 *BMUV Bundesministerium für Umwelt, Naturschutz, nukleare Sicherheit und Verbraucherschutz: Aktionsprogramm Natürlicher Klimaschutz: Kabinettsbeschluss vom 29. März 2023. Lassen wir so (also nicht 29.03.2023).*

geländen oder auf der Fläche von Gewerbe- und Industrieparks.

- https://www.kfw.de/inlandsfoerderung/Unternehmen/Energie-und-Umwelt/F%C3%B6rderprodukte/Umweltprogramm-(240-241)/

- Beim Programm *Förderung von Maßnahmen zur Anpassung an die Folgen des Klimawandels* im Rahmen der Deutschen Anpassungsstrategie geht es im Förderschwerpunkt A um die Entwicklung von Anpassungskonzepten und Maßnahmen, während Teil B auch die Umsetzung innovativer Modellprojekte umfasst.
  https://www.z-u-g.org/das/

- Das Bundesprogramm *Anpassung urbaner Räume an den Klimawandel* bietet Förderung für investive Maßnahmen durch Kommunen mit Mitteln aus dem Sondervermögen *Klima- und Transformationsfonds.* https://www.bbsr.bund.de/BBSR/DE/forschung/aufrufe/aktuelle-meldungen/anpassung-urbaner-raeume-an-klimawandel.html

- Das Bundesprogramm *Biologische Vielfalt* fördert Stadtnatur. https://www.bfn.de/thema/bundesprogramm-biologische-vielfalt

Daneben bieten diverse Länder- und lokale Programme weitere Finanzierungsmöglichkeiten.

Auch auf EU-Ebene ergeben sich Fördermöglichkeiten für Kommunen, z. B. im Rahmen der Programme:

- EU-Strukturfonds / Regionalfördermittel
  https://www.bmuv.de/themen/europa-internationales/europa/strukturfoerderung

- LIFE-Programm
  https://cinea.ec.europa.eu/programmes/life_en
- Interreg
  https://www.interreg.de/INTERREG2021/DE/Startseite/home_node.html
- HORIZON Europe
  https://www.horizont-europa.de/
- EUI- European Urban Initiative und Innovative Actions
  https://www.urban-initiative.eu/
- EUI- ist mir nicht ganz klar; die zweite Initiative heißt „Urban Innovative Actions"

5.4 Die Schwammstadt (Sponge City)

Extremwetterereignisse und deren katastrophale Folgen werden zu einer immer größeren Herausforderung für die gesamte Menschheit. Aufgrund der Klimaerwärmung muss zukünftig mit mehr Stürmen, extremen Regenfällen und Hitzewellen gerechnet werden. Mittlerweile häufen sich in Deutschland Überflutungsereignisse durch Starkregen sowie längere Hitze- und Trockenperioden.

Ein Konzept zur Vermeidung von Überflutungen bei Starkregenereignissen sowie der Verbesserung des Stadtklimas ist die sog. Schwammstadt, bei der das Niederschlagswasser möglichst nicht in den öffentlichen Kanal eingeleitet, sondern durch verschiedene Maßnahmen der Regenwasserbewirtschaftung zwischengespeichert und dem natürlichen Wasserkreislauf zugeführt wird. Zusätzlich erfolgt durch Verdunstungskühlung, hervorgerufen z. B. durch eine ausgeprägte Begrünung von Außenflächen, eine Verbesserung des Stadtklimas.

Maßnahmen der Regenwasserbewirtschaftung

Zielsetzung

Ziel des Konzepts der Schwammstadt sind die Vermeidung von Überflutungen bei Starkregenereignissen sowie eine Verbesserung des Stadtklimas. Außerdem soll die Gesundheit von Stadtbäumen gefördert werden.

Vermeidung von Überflutungen und Verbesserung des Stadtklimas

Die fortschreitende Flächenversiegelung durch Bebauung führt vielerorts zur Überlastung der öffentlichen Kanalsysteme und somit zu verheerenden Sturzfluten bei Starkregenereignissen. Bei der Schwammstadt soll das Niederschlagswasser möglichst nicht in den öffentlichen Kanal eingeleitet, sondern durch verschiedene bauliche Maßnahmen zwischengespeichert und dem natürlichen Wasserkreislauf zugeführt werden.

In den Sommermonaten entstehen bei längeren Trockenperioden urbane Hitzeinseln. Hier sorgt Verdunstungskühlung, hervorgerufen z. B. durch Dach- und Fassadenbegrünung bei Gebäuden oder der Begrünung von Außenflächen im öffentlichen Bereich und auf Grundstücken, zu einer Verbesserung des Stadtklimas.

Die Umsetzung des Konzepts zur Schwammstadt muss nicht unbedingt eine ganze Stadt oder Gemeinde betreffen, sondern kann sich z. B. auch nur auf ein Stadtviertel, Bebauungsgebiet oder einen Straßenzug beziehen. Einige Kommunen fördern Maßnahmen zum Konzept der Schwammstadt.

Im Rahmen der Städtebauplanung erfordert die Schwammstadt eine frühzeitige Einbindung der Fachplanungsbüros und aller beteiligten Gewerke.

! Bei der Bezeichnung „Schwammstadt" handelt es sich um eine eingetragene Wortmarke eines Berliner Landschaftsarchitektenbüros.

5.4.1 Mögliche Maßnahmen

Zu den wichtigsten Maßnahmen bei der Umsetzung des Konzepts der Schwammstadt gehören:

- die Entsiegelung (Rückbau undurchlässiger Flächen)
- die Regenwasserrückhaltung (Retention)
- die Versickerung von Niederschlagswasser
- die Erhöhung der Verdunstung
- die Regenwassernutzung

Entsiegelung (Rückbau undurchlässiger Flächen)

Versiegelte Flächen sind durch einen Bodenbelag wie Asphalt, Beton oder Pflastersteine luft- und wasserdicht abgedeckt. Zur Wiederherstellung einer möglichst natürlichen Bodenfunktion sind dann Entsiegelungsmaßnahmen erforderlich. Die versiegelnd wirkenden Schichten werden hierzu entfernt und i. d. R. durch einen wasserdurchlässigen Bodenbelag ersetzt. Besonders geeignete wasserdurchlässige Bodenbeläge sind z. B. Rasen, Schotterrasen, Holzroste, Rasengittersteine oder Pflaster mit offenen Zwangsfugen. Nach Durchführung der Maßnahmen wird das Niederschlagswasser durch Versickerung wieder direkt dem natürlichen Wasserkreislauf (Grundwasser) zugeführt.

Abb. 5.4.1-1: Rasengittersteine (Quelle: BWL Betonwerk Linden)

Minderung des Direktabflusses von Regenwasser und Erhöhung der Grundwasserneubildung durch Versickerung

Die Entsiegelung führt zu einer Minderung des Direktabflusses von Regenwasser und einer Erhöhung der Grundwasserneubildung durch Versickerung. Für vollständig entsiegelte Flächen werden im Gegensatz zu versiegelten bzw. teilversiegelten Flächen keine Niederschlagswassergebühren erhoben.

Regenwasserrückhaltung (Retention)

Die Regenwasserrückhaltung (Retention) wird schon seit Langem im öffentlichen Bereich (zentral) und auf Grundstücken (dezentral) gefordert und umgesetzt, um eine Risikominimierung bei Starkregenereignissen zu ermöglichen. Zur Rückhaltung der Regenwassermengen stehen zahlreiche technische Lösungen, wie z. B. Muldenanlagen, Stauraumkanäle, Rigolen sowie Regenwasserretention auf Flachdächern oder Regenrückhaltebecken, zur Verfügung.

DWA-Arbeitsblatt A 117

Im öffentlichen Bereich muss die Berechnung des erforderlichen Regenrückhaltevolumens gemäß DWA-Arbeitsblatt A 117 „Bemessung von Regenrückhalteräumen“, Ausgabe Dezember 2013, erfolgen.

Viele Stadtentwässerungsbetriebe verlangen mittlerweile im Zuge des Entwässerungsantrags bei Grundstücksentwässerungsanlagen einen Überflutungsnachweis bzw. die Bemessung von Regenrückhalteräumen bei Einleitungsbeschränkungen.

Im Abschnitt 14.9.2 der DIN 1986-100 „Entwässerungsanlagen für Gebäude und Grundstücke – Bestimmungen in Verbindung mit DIN EN 752 und DIN EN 12056“, Ausgabe Dezember 2016, werden die Anforderungen zum Überflutungsnachweis und zur Regenrückhaltung auf Grundstücken beschrieben. Die Berechnungsmethoden zum Überflutungsnachweis befinden sich im Abschnitt 14.9.3 der Norm, die zur Bemessung von Regenrückhalteräumen, basierend auf dem DWA-Arbeitsblatt A 117, sind im Abschnitt 14.9.4. enthalten.

DIN EN 752

Der Überflutungsnachweis bzw. die Kontrolle der schadlosen Überflutung auf dem Grundstück erfolgt in Anlehnung an DIN EN 752 „Entwässerungssysteme außerhalb von Gebäuden – Kanalmanagement“, Ausgabe Juli 2017, und ist unabhängig von der Einleitung in den öffentlichen Kanal oder ein Gewässer zu führen.

Oberirdische Regenrückhaltemaßnahmen, wie z. B. Mulden oder Becken, leisten zusätzlich durch Verdunstung einen Betrag zur Verbesserung des Stadtklimas.

Abb. 5.4.1-2: Regenrückhaltung mit Rigolen – Aufbau werksseitig (Quelle: Otto Graf GmbH)

Versickerung von Niederschlagswasser

Unter der Voraussetzung geeigneter Untergrundbedingungen soll bei der Schwammstadt das Niederschlagswasser von öffentlichen Flächen sowie von Grundstücken möglichst vor Ort versickert und so auf direktem Weg dem natürlichen Wasserkreislauf (Grundwasser) zugeführt werden.

DWA-Arbeitsblatt A 138

Die Anforderungen an Versickerungsanlagen sind im DWA-Arbeitsblatt A 138 „Planung, Bau und Betrieb von Anlagen zur Versickerung von Niederschlagswasser", Ausgabe April 2005, enthalten. Zusätzlich sind die Empfehlungen zur mengen- und gütemäßigen Behandlung von Regenwasser gemäß dem DWA-Merkblatt M 153 „Handlungsempfehlungen zum Umgang mit Regenwasser", Ausgabe August 2007, zu beachten.

DWA-Merkblatt M 153

Die zentrale Versickerung von Niederschlagswasser erfolgt i. d. R. über Versickerungsbecken. Das Niederschlagswasser wird hierzu in Regenwasserkanälen gesammelt und dem Versickerungsbecken zugeführt, zwischengespeichert und über eine flächige bewachsene Bodenzone versickert.

Bei der dezentralen Versickerung auf Grundstücken kommen folgende Verfahren infrage:

- Flächenversickerung

  Bei der Flächenversickerung wird das anfallende Niederschlagswasser von befestigten Flächen direkt ohne Zwischenspeicherung auf benachbarte Flächen (i. d. R. begrünte bzw. teildurchlässige befestigte Flächen) zur Versickerung abgeleitet. Die Flächenversickerung findet ohne wesentlichen Aufstau statt, und kommt der natürlichen Versickerung am nächsten.

- Muldenversickerung

  Bei der Muldenversickerung werden die Oberflächenabflüsse nach kurzfristiger Speicherung über eine flächig bewachsene Bodenzone versickert. Die Einstauhöhe des Wassers in der Mulde ist i. d. R. auf 0,3 m zu begrenzen.

- Rigolenversickerung

  Die Rigolenversickerung wird i. A. eingesetzt, wenn die zur Verfügung stehende Fläche für eine Muldenversickerung nicht ausreicht. Das Niederschlagswasser wird der Rigole über eine vorgeschaltete Behandlungsanlage zugeführt.

  Bei den Bauweisen unterscheidet man in Rigolen aus Fertigteilen (z. B. aus Kunststoff) oder Rigolen aus Schüttmaterial mit hoher Speicherfähigkeit (z. B. Kies) mit eingebetteten Dränagerohren.

- Mulden-Rigolen-Element

  Ein Mulden-Rigolen-Element besteht aus einer Versickerungsmulde und einer darunter angeordneten Rigole, mit jeweils eigenständigen Füll- und Entleerungsprozessen. Mulden-Rigolen-Elemente verfügen i. d. R. über eine hohe Speicherkapazität (Mulde plus Rigole), und sind dadurch besonders gut bei geringer Wasserdurchlässigkeit des Bodens oder geringem Platzangebot einsetzbar.

- Mulden-Rigolen-System

  Bei einem Mulden-Rigolen-System handelt es sich um ein Mulden-Rigolen-Element, bei dem ein Teil des in der Rigole gespeicherten Regenwassers über einen Schacht mit Drossel in ein nachfolgendes System abgeleitet wird.

- Versickerungsschacht

  Im Versickerungsschacht wird das Niederschlagswasser zwischengespeichert und verzögert in den Untergrund abgeleitet. Das Wasser sollte dem Schacht stets über eine vorgeschaltete Behandlungsanlage zugeführt werden.

  Bei den Bauarten der Schächte unterscheidet man grundsätzlich in Typ A (Schachtringe mit seitlichen Austrittsöffnungen) und Typ B (Entleerung des Speichervolumens erfolgt vollständig durch die Filterschicht im Sohlebereich).

Abb. 5.4.1-3: Baustelle Rigolen-Versickerungsanlage ausgeführt mit Boxen-Rigolen (Quelle: Otto Graf GmbH)

Erhöhung der Verdunstung

Erhöhung der Verdunstungskühlung

Eine Erhöhung der Verdunstungskühlung, z. B. durch Dach- und Fassadenbegrünungen bei Gebäuden, der Begrünung von Außenflächen und durch Bäume, wirkt bei längeren Trockenperioden in den Sommermonaten der Entstehung urbaner Hitzeinseln entgegen und führt somit zu einer Verbesserung des Stadtklimas.

Dachbegrünungen haben in den letzten Jahrzehnten aufgrund der ökologischen, funktionalen und gestalterischen Vorzüge erheblich an Bedeutung gewonnen. Für die Planung, den Bau und die Instandhaltung von Dachbegrünungen gelten die „FLL Dachbegrünungsrichtlinien", Ausgabe 2018. Sie gelten für *Intensivbegrünungen, einfache Intensivbegrünungen* und *Extensivbegrünungen* auf Dächern und Decken, z. B. Hallendächern, Dachterrassen, Tiefgaragen und anderen Bauwerksdecken mit einer Überdeckungshöhe bis 2,0 m (siehe Kapitel 3.1).

Die zugehörigen Regenentwässerungsanlagen müssen in Übereinstimmung mit der DIN 1986-100 „Entwässerungsanlagen für Gebäude und Grundstücke", Ausgabe Dezember 2016, und der DIN EN 12056-3 „Schwerkraftentwässerungsanlagen innerhalb von Gebäuden – Dachentwässerung, Planung und Bemessung", Ausgabe Januar 2001, geplant und ausgeführt werden.

Intensivbegrünungen sind nur durch eine intensive Pflege mit regelmäßiger Wasser- und Nährstoffversorgung dauerhaft zu erhalten. Die verwendeten Pflanzen stellen sehr hohe Ansprüche an den Schichtaufbau der Dachbegrünung.

Intensivbegrünungen können z. B. aus Stauden, Gräsern, Gehölzen, im Einzelfall auch Bäumen, sowie Rasenflächen bestehen. Bedingt durch den hohen Schichtaufbau wird bei der Intensivbegrünung ein großer Anteil des anfallenden Regenwassers gespeichert. Dadurch ergeben sich günstigste Bedingungen bei der Minderung des Direktabflusses und der Verdunstungskühlung.

Einfache Intensivbegrünungen sind eine kostensparende Sonderform der Intensivbegrünung. Sie sind i. d. R. mit Gräsern, Stauden und Gehölzen ausgebildet. Die verwendeten Pflanzen stellen geringere Ansprüche an den Schichtaufbau.

Extensivbegrünungen sind naturnah angelegte Vegetationsformen, die sich weitgehend selbst erhalten und weiterentwickeln. Deshalb werden Pflanzen mit besonderer Anpassung an die mitunter extremen Standortbedingungen und hoher Regenerationsfähigkeit verwendet. Extensivbegrünungen sind mit relativ niedrigem Aufwand herstellbar. Im Normalfall ist der Pflegeaufwand sehr gering. Trotz des niedrigen Schichtaufbaus ergeben sich bei Extensivbegrünungen immer noch gute Bedingungen bezüglich der Minderung des Direktabflusses und der Verdunstungskühlung.

Abb. 5.4.1-4: Dachbegrünung (Quelle: ZinCo GmbH)

Bei der ***Fassadenbegrünung*** handelt es sich um den planmäßigen und mindestens kontrollierten Bewuchs geeigneter oder speziell vorgerichteter Fassaden mit Pflanzen. Für die Planung, den Bau und die Instandhaltung von Fassadenbegrünungen gelten die „FLL Fassadenbegrünungsrichtlinien“, Ausgabe 2018.

Fassadenbegrünungen werden unterschieden in boden- und fassadengebundene Begrünungen.

Bei der *bodengebundenen Begrünung* haben die Pflanzen eine direkte Verbindung zum gewachsenen Boden. Die Versorgung der Pflanzen mit Wasser und Nährstoffen erfolgt i. d. R. auf natürliche Weise über den Boden. Regelmäßige Pflege ist notwendig, aber erfahrungsgemäß mit relativ geringem Aufwand verbunden.

Abb. 5.4.1-5: Fassadenbegrünung (Quelle: BuGG e. V.)

Bei der *fassadengebundenen Begrünung* besteht keine Verbindung zum Boden. Die Versorgung der Pflanzen mit Wasser und Nährstoffen erfolgt über automatische Anlagen. Der Pflegeaufwand ist erfahrungsgemäß größer als bei bodengebundenen Begrünungen.

Fassadenbegrünungen zeichnen sich vor allem durch ihren Beitrag zur Verbesserung des **Stadtklimas durch Verdunstungskühlung aus.**

Für weitere detaillierte Informationen zu Dach- und Fassadenbegrünung siehe Kapitel 3.1.

Stadtbäume können bei optimaler Wasser-, Luft- und Nährstoffversorgung über einen langen Lebenszyklus zu einer Verbesserung des Stadtklimas – und somit zu mehr Lebensqualität für Mensch und Tier – beitragen.

Zur Optimierung der Wachstumsbedingungen für Stadtbäume entscheiden sich Kommunen und Stadtplaner immer häufiger für den Einsatz von Wurzelkammersystemen. Durch den Einsatz von Wurzelkammersystemen können sich die Baumwurzeln frei entfalten, sodass dem Stadtbaum dauerhaft genügend Nährstoffe für ein gesundes und nachhaltiges Gedeihen zur Verfügung stehen.

Abb. 5.4.1-6: Wurzelkammersystem für Stadtbäume (Quelle: Greenleaf)

Beim Konzept der Schwammstadt können Bäume einen erheblichen Beitrag zur Verbesserung des Stadtklimas durch Verdunstungskühlung leisten.

Regenwassernutzung

Bei der Regenwassernutzung wird Regenwasser gesammelt, behandelt, gespeichert und als Betriebswasser (Nicht-Trinkwasser), z. B. zur WC-Spülung, zum Wäschewaschen oder zur Gartenbewässerung, verwendet. Die Planung und Bemessung, der Einbau sowie die Kennzeichnung, Inbetriebnahme und Wartung von Regenwassernutzungsanlagen müssen gemäß DIN EN 16941-1 *DIN EN 16941-1*

„Vor-Ort-Anlagen für Nicht-Trinkwasser – Anlagen für die Verwendung von Regenwasser“, Ausgabe Juni 2018 erfolgen.

In Deutschland gelten für Regenwassernutzungsanlagen neben der DIN EN 16941-1 noch weitere Regelwerke, wie z. B. die DIN 1989-100 „Regenwassernutzungsanlagen – Bestimmungen in Verbindung mit DIN EN 16941-1“, Ausgabe Juli 2022, sowie die „Trinkwasserverordnung (TrinkwV)“ und die „Verordnung über Allgemeine Bedingungen für die Versorgung mit Wasser (AVBWasserV)“.

Einbau meldepflichtig

Der Einbau von Regenwassernutzungsanlagen ist in Deutschland meldepflichtig.

Beim Konzept der Schwammstadt ist die Regenwassernutzung zur Gartenbewässerung besonders günstig, da hierbei nicht nur eine Minderung des Direktabflusses durch die Speicherung erfolgt, sondern zusätzlich das Stadtklima durch Verdunstungskühlung verbessert wird.

Abb. 5.4.1-7: Regenwassernutzungsanlage zur Gartenbewässerung (Quelle: Otto Graf GmbH)

5.4.2 Planung

Hydrologische Untersuchung

Bereits im Vorfeld der Planung einer Regenwasserversickerung sollte in jedem Fall eine ***hydrogeologische Untersuchung vor Ort*** durchgeführt werden. Durch Geländeuntersuchungen und Grundwasserstands-Messungen werden die zur Regenwasserversickerung erforderlichen Daten ermittelt. Im hydrogeologischen Gutachten werden dann detailliert die Boden- und Grundwasserverhältnisse beschrieben.

Die wichtigsten Kenndaten sind hierbei:

- die Tiefenlage des Grundwasserspiegels sowie dessen Schwankungsbreite
- die Wasserdurchlässigkeit des Bodens (Durchlässigkeitsbeiwert k_f in m/s)

Der Abstand der Sohle der Versickerungsanlage zum mittleren höchsten Grundwasserstand (MHGW) sollte mindestens 1,0 m betragen. In Ausnahmefällen kann der Abstand bei geringer stofflicher Belastung der Niederschlagsabflüsse auch weniger als 1,0 m betragen, wobei aber in jedem Fall ein Mindestabstand von 0,5 m berücksichtigt werden muss.

Bei der Regenwasserversickerung liegen die Durchlässigkeitsbeiwerte (k_f-Werte) i. d. R. in einem Bereich von 10^{-3} m/s bis 10^{-6} m/s. Besonders geeignete Bodenarten sind z. B. sandiger Kies, sandiger Schluff sowie Grob-, Mittel- und Feinsande.

k_f-Wert in m/s	Bereich
unter 10^{-8}	sehr schwach durchlässig
10^{-8} bis 10^{-6}	schwach durchlässig
10^{-6} bis 10^{-4}	durchlässig
10^{-4} bis 10^{-2}	stark durchlässig
über 10^{-2}	sehr stark durchlässig

Tab. 5.4.2-1: Tab. „Durchlässigkeitsbereiche nach DIN 18130-1"“

Versickerungsanlagen mit Zwischenspeicherung führen durch Regenrückhaltung zu einem höheren Überflutungsschutz. Oberirdische Versickerungsanlagen, wie z. B. Muldenversickerungen oder Versickerungsbecken, leisten zusätzlich durch Verdunstung einen Beitrag zur Verbesserung des Stadtklimas.

> ! Gemäß Abschnitt 5.3.1 der DIN 1986-100 sollen bei der Planung und Ausführung von Regenentwässerungsanlagen auf Grundstücken vorrangig alle Möglichkeiten der dezentralen Regenwasserbewirtschaftung genutzt werden, um die Einleitung von Niederschlagswasser in die öffentlichen Kanäle zu reduzieren. Diese Anforderung gilt schon seit der Ausgabe der DIN 1986-100 vom Mai 2008.

Erstellung der Wasserhaushaltsbilanz

Erhalt eines naturnahen Wasserhaushalts

Ziel der Wasserhaushaltsbilanz ist der Erhalt eines naturnahen Wasserhaushalts und damit die Reduzierung der abzuleitenden Niederschlagsmengen über die Kanalisation. Die Ermittlung erfolgt über die Bilanzierung aus Niederschlag, Verdunstung, Abfluss und Speicheränderung, bezogen auf ein Gebiet und einen Zeitraum.

Mit der Arbeits- und Merkblattreihe DWA-A/M 102 „Grundsätze zur Bewirtschaftung und Behandlung von Regenwetterabflüssen zur Einleitung in Oberflächengewässer“ wurde erstmals der Erhalt des lokalen Wasserhaushalts als Zielgröße formuliert. Im Merkblatt DWA-M 102, Teil 4 „Wasserhaushaltsbilanz für die Bewirtschaftung des Niederschlagswassers“ vom März 2022, ist ein Rechenverfahren für den langjährigen lokalen Wasserhaushalt in Siedlungsgebieten enthalten.

Maßnahme	**Eignung zur**		
	Minderung des Direktabflusses	**Erhöhung der Grundwasserneubildung**	**Erhöhung der Verdunstung**
Rückbau undurchlässiger Flächen	sehr gut geeignet	sehr gut geeignet	gut geeignet
Wasserdurchlässige Flächenbefestigung	gut geeignet	gut geeignet	gut geeignet
Begrünung von Freiflächen	sehr gut geeignet	gut geeignet	sehr gut geeignet
Begrünung von Dachflächen extensiv	gut geeignet	nicht geeignet	gut geeignet
Begrünung von Dachflächen intensiv	sehr gut geeignet	nicht geeignet	sehr gut geeignet
Begrünung von Gebäudefassaden	wenig geeignet	wenig geeignet	sehr gut geeignet
Bäume	wenig geeignet	wenig geeignet	sehr gut geeignet
Regenwasserversickerung oberirdisch	sehr gut geeignet	sehr gut geeignet	gut geeignet
Regenwasserversickerung unterirdisch	sehr gut geeignet	sehr gut geeignet	nicht geeignet

Maßnahme	Eignung zur		
	Minderung des Direktabflusses	**Erhöhung der Grundwasser-neubildung**	**Erhöhung der Verdunstung**
Regenwassernutzung als Betriebswasser	sehr gut geeignet	nicht geeignet	nicht geeignet
Regenwassernutzung für Bewässerung	gut geeignet	wenig geeignet	sehr gut geeignet

Tab. 5.4.2-2: Auszug aus Tabelle 3 des Merkblatts DWA-M 102-4 „Wirksamkeit von Maßnahmen der Niederschlagswasserbewirtschaftung im Hinblick auf den Wasserhaushalt“

DWA-M 102-4

Bereits in der Entwurfsphase des Merkblatts DWA-M 102-4 (Gelbdruck vom Dezember 2020) forderten einige Genehmigungsbehörden bei neuen Erschließungsmaßnahmen die Aufstellung einer Wasserhaushaltsbilanz nach dem Rechenverfahren gemäß Entwurf.

Bei der Bilanzierung muss gemäß Abschnitt 5.3.3 des Merkblatts DWA-M 102-4 der Vergleich zwischen dem langjährigen Mittel der Wasserbilanz des unbebauten Gebiets (Referenzzustand) und dem langjährigen Mittel der Wasserbilanz des geplanten bebauten Gebiets erfolgen. Hierbei sollen die Bilanzgrößen im bebauten Zustand bzw. Planungszustand denen des unbebauten Referenzzustands so weit wie möglich angenähert werden. Sind durch unvermeidbare Randbedingungen größere Abweichungen zu erwarten, müssen diese fachlich begründet und im Rahmen von Ersatz- und Ausgleichsregelungen berücksichtigt werden.

5.5 Wässerwiesen

Die letzten Jahre haben gezeigt, dass wir lernen müssen, Wasser nachhaltiger zu managen und mehr Wasser in der Landschaft zu halten. Vermehrt treten Extremwetterereignisse auf, etwa lange Trockenperioden einerseits sowie Starkniederschläge und Überschwemmungen andererseits. Das sich ändernde Klima führt uns vor Augen, dass der natürliche Wasserrückhalt in der Landschaft ein Schlüsselfaktor für die landwirtschaftliche Produktion und den Erhalt von Ökosystemen ist.

Eine dezentrale Lösung des natürlichen Wasserrückhalts stellt die traditionelle Wiesenbewässerung dar:

Unterschiedliche Bewässerungssysteme

Durch verzweigte, dem Gelände angepasste Grabensysteme wird Wasser aus einem Fluss über Bewässerungsgräben in die Wiesenfläche geleitet. Unterschiedliche Bewässerungssysteme fluten oder überrieseln die Wiesen durch gezieltes Stauen des Wassers. Ein Teil des Wassers wird anschließend wieder in den Fluss zurückgeleitet. Aber auch andere Systeme können lokal und vor allem kostengünstig Wasser zurückhalten, etwa Entrohrungen, regulierbare Drainagen, Keyline Design oder Kleingewässer.

Ein Projekt des Deutschen Verbands für Landschaftspflege (DVL) hat im ersten Jahr seines zweijährigen Projekts erfolgreiche Beispiele des dezentralen, natürlichen Wasserrückhalts recherchiert und ein großes Netzwerk aus Akteurinnen und Akteuren, u. a. aus Landschaftspflege, Landwirtschaft, Naturschutz, Wasser- und Bodenverbänden, Behörden und Wissenschaft, aufgebaut. Ziel ist der Wissens- und Erfahrungsaustausch und der Anstoß neuer Projekte. Die Erkenntnisse aus elf Monaten Projektlaufzeit werden im Folgenden dargestellt. Das Projekt wird gefördert von der Deutschen Bundesstiftung Umwelt sowie der Stiftung Natur und Umwelt Rheinland-Pfalz aus Mitteln der Glücksspirale.

Abb. 5.5-1: Fördermittelgeber des Projekts „Klimaangepasstes Wassermanagement" (Quelle: DVL)

! Der Deutsche Verband für Landschaftspflege (DVL) ist der bundesweite Dachverband der Landschaftspflegeorganisationen, wie Landschaftspflegeverbände, Landschaftserhaltungsverbände, biologische Stationen und vergleichbarer Vereinigungen in Deutschland. Markenzeichen des DVL sowie seiner Mitglieder ist der gleichberechtigte und freiwillige Zusammenschluss von Vertreterinnen und Vertretern der Land- und Forstwirtschaft, des Naturschutzes und der Kommunen. Die drei gesellschaftlichen Gruppen wirken in den Vorständen der Landschaftspflegeorganisationen gleichberechtigt zusammen. Diese sog. Drittelparität schafft Vertrauen und fördert den praktischen Erfolg der Arbeit. Landschaftspflegeorganisationen sind regional gut vernetzt und arbeiten mit Eigentümerinnen und Eigentümern sowie landwirtschaftlichen Betrieben auf freiwilliger Basis zusammen.

Wässerwiesen: eine Jahrhunderte alte Kulturtechnik

Die traditionelle Wiesenbewässerung ist eine alte Kulturform, die bis ins Mittelalter zurückreicht. Damals (wie mancherorts heute auch) wurden die Wiesen gewässert, um die Fläche mit Nährstoffen und organischem Material (z. B. Laub) aus den Fließgewässern anzureichern. Durch die Wiesenbewässerung steigerten Landwirtschaftsbetriebe somit den Aufwuchs ihrer Grünfläche und waren dadurch in der Lage, mehr Rinder zu halten. Deren Ausscheidungen wurden in Form von Festmist als Dünger für den Acker verwendet. Das wiederrum sorgte für eine reichere Ernte.

Mit dem Einsatz von Kunstdünger ab dem 20. Jahrhundert, dem teilweisen Rückgang der Rinderhaltung und alternativer, weniger aufwendiger Bewässerungsmethoden fielen die meisten Wässerwiesen schließlich brach. Einige wenige Wässerwiesen konnten sich jedoch über die Jahre halten, manche wurden reaktiviert, und das nicht allein aus kulturhistorischen Gründen. Denn Wässerwiesen helfen uns bei der Bekämpfung moderner Herausforderungen wie dem Klimawandel, Verlust der Artenvielfalt und sinkende Grundwasserpegel. Doch wie funktionieren Wässerwiesen eigentlich?

5.5.1 Funktionsweise von Wässerwiesen

Wässerwiesen gibt es in unterschiedlichen Ausführungen. Grundsätzlich ist die Funktionsweise aber ähnlich: Aus einem Gewässer, etwa ein Bach, Fluss oder Kanal, wird Wasser in ein Grabensystem abgeleitet, das sich durch ein Grünlandgebiet zieht. Je nach Größe des Systems verzweigen sich zum Teil mehrere Hauptgräben in weitere Nebengräben, die unterschiedliche Teilbereiche mit Wasser versorgen. Liegt die Wässerwiese etwa auf gleicher Höhe oder höher als das Gewässer, muss dieses durch ein Querbauwerk temporär, d. h. während der Bewässerungszeiten, eingestaut werden, um den Wasserstand auf das Niveau der Wässerwiese anzuheben. Liegt die Wässerwiese niedriger als das zuführende Gewässer, erfolgt die Bewässerung ohne Gewässerstau – das Wasser folgt dem natürlichen Gefälle. In den meisten Fällen wird der Wasserzufluss zusätzlich durch ein einfaches Querbauwerk am Eingang zum Hauptgraben reguliert, das nur in geöffnetem Zustand Fluss- oder Bachwasser in die Bewässerungsgräben einleitet. In den Bewässerungsgräben befinden sich an unterschiedlichen Stellen kleine Schleusen, mit denen gezielt gestaut und Teilbereiche der Wässerwiese überrieselt werden können.

Hang-, Riesel-, Rückstaubewässerung

Man unterscheidet zwischen der Hang-, Riesel- und Rückstaubewässerung. Bei der Hangbewässerung, die in Deutschland z. B. in vielen Mittelgebirgen praktiziert wurde, wird Bachwasser in hangparallele Grabensysteme abgeleitet. Meist gibt es mehrere Gräben auf unterschiedlichen Höhenlinien. Eine reaktivierte Hangbewässerung findet man u. a. im Bayerischen Wald. Die beiden anderen Techniken lassen sich unter dem Begriff der Talbodenbewässerung zusammenfassen. Bei der Rieselbewässerung überrieselt Wasser die Wiese von stromaufwärts nach stromabwärts, also in Fließrichtung des Gewässers, entlang des natürlichen Gefälles. Dem gegenübersteht steht die Rückstaubewässerung. Wie der Name schon vermuten lässt, wird von der stromabwärts liegenden Seite, also vom Ende der Wässerwiese, rückgestaut. Die im Wasser befindlichen Schwebstoffe bleiben im Aufwuchs der Wiese hängen und setzen sich ab. Diese Form der Bewässerung gibt es noch bzw. wieder in einigen Flusstälern Deutschlands.

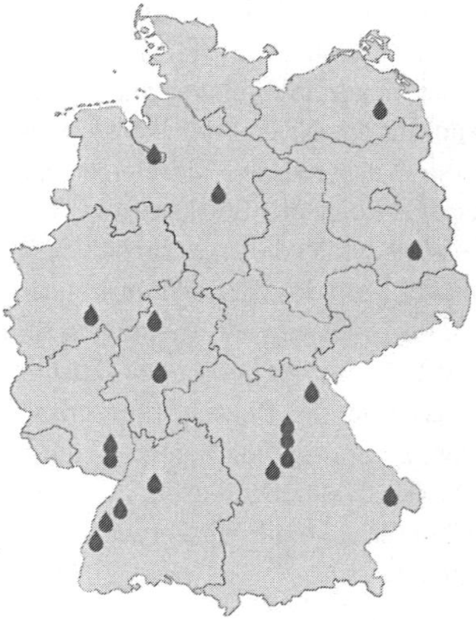

Abb. 5.5.1-1: Die Karte verortet alle aktiven Wässerwiesen bzw. Wässerwiesenkulissen in Deutschland, Stand: Dezember 2024 (Quelle: Thomas Köhler, DVL)

Abb. 5.5.1-2: Hangbewässerung im italienischen Burgeis (Quelle: Thomas Köhler, DVL)

Abb. 5.5.1-3: Wässerwiese im Rheinland-Pfälzischen Neustadt an der Weinstraße (Quelle: Martin Grund, NABU Neustadt)

Vorteile für Jedermann

Bei fachlich korrekter Anwendung bringen Wässerwiesen deutlich mehr Vorteile als Nachteile mit sich. Dabei profitieren sowohl Landwirtschaftsbetriebe als auch der Natur- und Klimaschutz und Kommunen.

- **Landwirtschaft**

Düngender und wachstumsfördernder Effekt

Die Berieselung der Wiesen haben einen düngenden und wachstumsfördernden Effekt auf die Pflanzen. Zudem setzen sich Schwebstoffe und Sedimente im Wasser auf der Fläche ab und fördern so die Bodenbildung. Besonders auf sandigen Flächen mit geringem Wasserhaltevermögen oder in niederschlagsarmen Regionen sind Landwirtschaftsbetriebe in der Lage, die Wüchsigkeit ihrer Grünlandflächen durch die Wiesenbewässerung im Vergleich zu unbewässertem Grünland zu erhöhen. In vielen Teilen Frankens etwa sind die Wässerwiesen aus der landwirtschaftlichen Praxis nicht mehr wegzudenken. Zudem werden Wässerwiesen im Gegensatz zur Moorvernässung nur zeitweilig berieselt und können daher i. d. R. mit konventionellen Maschinen befahren werden.

- **Natur- und Klimaschutz**

Lebensraum auf Wiesen und an Gräben

Wässerwiesen bieten wertvollen Lebensraum für unterschiedliche feuchtliebende Tier- und Pflanzenarten, wie z. B. die Sibirische Schwertlilie oder diverse Brutvögel bzw. rastende und überwinternde Vogelarten. Auch das häufig weit verzweigte Grabensystem stellt i. d. R. wertvolle wechselfeuchte Kleinstrukturen dar, die für ein Biotopverbundsystem eine wichtige Rolle spielen können. Je nach Dauer des Wasserstands in den Gräben sind diese ein wichtiger

Lebensraum für feuchtliebende oder an wechselfeuchte Bedingungen angepasste Arten, etwa die Gebänderte Heidelibelle. Im Idealfall sind begleitende Strukturen, wie schmale Röhricht- oder Hochstaudenbestände, vorhanden. Als bewässertes Grünland speichern Wässerwiesen zudem deutlich mehr Kohlenstoff im Vergleich zur Nutzung als Ackerland.

- **Kommunen (Klimaanpassung)**

  Die Grabensysteme verlängern den Weg des Wassers. Bei Starkregenereignissen können die Gewässer durch die geöffneten Bewässerungsgräben entlastet werden. Weitläufige Versickerungsflächen puffern die Abflussspitzen zusätzlich ab. Viele aktive Wässerwiesen in Deutschland haben bereits mehrfach erfolgreich Hochwasserereignisse abgepuffert. Außerdem sorgt die regelmäßige und großflächige Versickerung des Regenwassers für Grundwasseranreicherung und trägt somit zu einer stabileren Trinkwasserversorgung bei. Schließlich haben Wässerwiesen einen kühlenden Effekt durch stärkere Verdunstung in Städten und Gemeinden.

Entlastung bei Starkregenereignissen und Grundwasseranreicherung

Bei einer guten Koordination und Absprache mit allen Beteiligten können alle oben genannten Vorteile unter einen Hut gebracht werden.

Abb. 5.5.1-4: Aufgrund der Bewässerung in den rheinland-pfälzischen Queichwiesen versammeln sich jedes Jahr zahlreiche Störche zur Nahrungssuche
(Quelle: Pirmin Hilsendegen, Interessensgemeinschaft Queichwiesen)

5.5.2 Wie reaktiviert man eine Wässerwiese?

In Deutschland gab es früher viele Wässerwiesen. Warum also nicht diese alten Graben- und Staustrukturen wieder in Betrieb nehmen, wie es vielerorts in Deutschland und in Europa bereits gemacht wurde? Im Folgenden werden verschiedene Arbeitsschritte dargestellt, die bei der Reaktivierung und Bewirtschaftung einer Wässerwiese anfallen. Die Reihenfolge der genannten Punkte hat keine besondere Bedeutung.

1. **Historische Wässerwiese geografisch abgrenzen**

   Die Reaktivierung einer Wässerwiese setzt einige Vorüberlegungen, Untersuchungen und Gutachten voraus. Um zielgerichtet und ressourceneffizient zu arbeiten, sollte das Bewässerungsgebiet im Voraus definiert werden. Beispielsweise hängt die nötige Wasserentnahmemenge u. a. von der Größe der Wässerwiesenkulisse ab.

2. **Möglichkeiten zur Erweiterung des Wässerwiesensystems prüfen**

   Die Grenzen historischer Wässerwiesen sind nicht in Stein gemeißelt. Es kann durchaus angemessen sein, die bereits vorhandenen Bewässerungsstrukturen auszubauen, um angrenzende Gebiete mit Wasser zu versorgen. Es lohnt sich daher zu prüfen, ob Gebiete, die an die historische Wässerwiese angrenzen, von einer Bewässerung profitieren würden und unter welchen Voraussetzungen das möglich wäre. So wurde das bestehende Grabensystem in Neustadt an der Weinstraße (Rheinland-Pfalz) für die Waldbewässerung erweitert. Ähnliche Pläne haben die Akteurinnen und Akteure in den ebenfalls rheinland-pfälzischen Queichwiesen.

3. **Die topografischen und hydrologischen Verhältnisse sowie Bodenbedingungen analysieren**

   Nicht selten ist das Netz aus Haupt- und Nebengräben komplex. Ist das Wissen über die Bewässerung der Wässerwiese verloren gegangen, kann es eine Herausforderung sein, die Funktionsweise der einzelnen Stau- und Grabenstrukturen zu rekonstruieren. Zudem gilt es unbedingt zu vermeiden, dass Flächen von der Bewässerung unfreiwillig betroffen sind. Für eine gezielte und vor allem kontrollierte Berieselung ist es deshalb sinnvoll, die topografischen und hydrologischen Verhältnisse der Gebietskulisse und somit den Wasserfluss in der Landschaft zu analysieren. Auch die Bodenbedingungen sollten bekannt sein, da sie maßgeblich beeinflussen, wie schnell das Wasser lateral abfließt.

4. **Wasserrechte einholen**

   Wasser ist öffentliches Gut. Die Entnahme von Wasser aus Gewässern setzt immer eine Genehmigung durch die Wasserbehörde voraus. Einige Wässerwiesen haben verbriefte Altrechte zur Wasserentnahme. Dort ist geregelt, zu welchen Zeiten wie viel Wasser entnommen werden darf. Diese Altrechte haben oft bis heute Bestand, wobei die Rechte verfallen können, wenn sie eine bestimmte Zeit lang nicht genutzt wurden. Bevor ein neues Wasserrechtsverfahren beantragt wird, lohnt es sich zu prüfen, ob in den Archiven der Wasserbehörden solche Altrechte vorhanden und noch wirksam sind. Sind keine Altrechte vorhanden, ist eine Genehmigung zur Wasserentnahme notwendig. Im Rahmen des Genehmigungsverfahrens werden die Auswirkungen auf das Gewässer und seine Bewohner untersucht – durch die Wasserentnahme darf keine Verschlechterung des Gewässers eintreten. Dies beinhaltet i. d. R. die Durchführung von Gutachten. Nur in seltenen Fällen wurde die Erlaubnis zur Wasserentnahme deutlich niederschwelliger und ohne Gutachten auf Grundlage einiger Probestaue erteilt. Liegen die alten Wasserrechte bei den Wasser- und Bodenverbänden, sollten diese in die Bewässerung eingebunden werden. Ruhende Verbände können für diesen Zweck wieder ins Leben gerufen werden. Ist dies nicht möglich, können die Rechte auch auf andere Zusammenschlüsse übertragen werden. So hat der sich auflösende Wasser- und Bodenverband sein Eigentum (Wege, Gräben, Schleusen) und die wasserrechtliche Erlaubnis zur Bewässerung der Hessischen Ederaue im Jahr 2018 an die NABU-Stiftung Hessisches Naturerbe übertragen.

5. **Eigentumsverhältnisse klären**

Ober- und Unterlieger dürfen von der Bewässerung nicht unfreiwillig betroffen sein. Außerdem kann es vorkommen, dass sog. Sperrflächen ein ganzes Wässerwiesenprojekt verhindern – das sind Flächen innerhalb einer Wässerwiesenkulisse, die nicht berieselt werden dürfen und gleichzeitig nicht von der Berieselung ausgespart werden können. Daher sollte man bereits vor Maßnahmenumsetzung die Eigentumsverhältnisse der Flächen klären. Gegebenenfalls müssen über Kauf oder Flächentausch neue Flächen erworben werden. Strukturen wie Landschaftspflegeorganisationen oder Wasser- und

Bodenverbände sind hier wichtige Kooperationspartner.

6. **Regionale Strukturen ausfindig machen und Zuständigkeiten festlegen**

   Die Aufgaben, die bei der Reaktivierung und Bewirtschaftung einer Wässerwiese anstehen, werden durch verschiedene Akteurinnen und Akteuren bewerkstelligt. Für die Umsetzung gibt es keine Muster, es kommt immer auf die Strukturen in der Region an. Es gilt daher zu schauen, welche Strukturen in der Region vorhanden sind und in die Wiesenwässerung eingebunden werden können. Für die Koordination kommen viele Akteurinnen und Akteure infrage, etwa Landschaftspflegeorganisationen, Naturschutzverbände, Kommunen, Landkreise und selbst Regierungen bzw. Regierungspräsidien. Von sehr hohem Wert sind dabei Wasser- und Bodenverbände bzw. Deichverbände. In ihnen sind die Flächeneigentümerinnen und -eigentümer bzw. bewirtschaftenden Betriebe organisiert. Dort, wo Wasser- und Bodenverbände in die Bewirtschaftung von Wässerwiesen eingebunden sind, kümmert sich der Verband meist um die Abstimmung der Bewässerungszeiträume und das Öffnen der Schleusen.

7. **Vorrangiges Ziel der Wiesenbewässerung festlegen**

   Die Reaktivierung einer Wässerwiese ist nur schwer ohne Projektförderung umsetzbar. Das Ziel der Wiesenbewässerung ist daher relevant. Denn ob die Wässerwiese vor allem dem Hochwasserschutz, der Trinkwasserversorgung, der Landwirtschaft oder Naturschutzzielen zugutekommt, mag beeinflussen, welcher Födertopf für ein Projekt zur Verfügung steht. Es kann daher hilfreich sein, sich auf konkrete Ziele bei der Wiesenwässerung zu fokussieren, um für bestimmte Förderprogramme infrage zu kommen. Oft haben diese Ziele dann trotzdem positive „Mitnahmeeffekte“ für andere Bereiche.

8. **Die richtigen Querbauwerke auswählen**

Querbauwerke gibt es in unterschiedlichsten Ausführungen, etwa nicht regulierbare Sohlschwellen aus Natursteinen, Holz und Metall oder regulierbare Schleusen und Wehre, die per Hand gezogen oder mit einer Kurbel hochgefahren werden. Sogar sich selbst regulierende Bauwerke, wie die Suderburger Stauklappe, wurden bereits entwickelt. Dabei hat jedes Bauwerk Vor- und Nachteile bzw. sinnvolle Einsatzzwecke. Die wichtigsten Überlegungen zu Beginn sind, ob noch vorhandene Querbauwerke restauriert werden können oder neu gebaut werden müssen und welches Querbauwerk für die gegebenen Rahmenbedingungen am geeignetsten ist. In manchen Fällen sind die Bauwerke denkmalgeschützt, dann ist die Denkmalbehörde miteinzubeziehen. Bei der Wahl der Querbauwerke muss zudem geprüft werden, ob die Vorgaben zur Durchgängigkeit von Gewässern eingehalten werden (siehe „Wässerwiesen im gegenwärtigen Rechtsrahmen“). Bei einer Hangbewässerung im Bayerischen Wald sorgen beispielsweise Steine im Gewässer für einen kostengünstigen Einstau des Baches, während kleine Lücken zwischen den Steinen die Durchgängigkeit gewährleisten.

Abb. 5.5.2-1: Handgezogene Schleusen im Bewässerungsgraben der Queichwiesen
(Quelle: Pirmin Hilsendegen, Interessensgemeinschaft Queichwiesen)

9. **Zielkonflikte ausräumen**

Zielkonflikte sind bei solchen Projekten kaum zu vermeiden. Mögliche Konflikte entstehen z. B. bei unterschiedlichen Betriebsformen: Die Milchviehwirtschaft und Pferdewirtschaft haben unterschiedliche Schnittzeitpunkte. Das hat Auswirkungen auf den Bewässerungszeitraum, da kurz vor und während der Bewässerung nicht gemäht werden kann. Manchmal schränken Naturschutzziele die Bewirtschaftung der Flächen ein. Wie die vielen aktiven Wässerwiesen jedoch zeigen, sind diese Konflikte auflösbar. Wichtig ist, dass man sich über mögliche Zielkonflikte im Vorfeld Gedanken macht und alle Betroffenen an einen Tisch bringt. Landschaftspflegeorganisationen können hier als Mediatoren wirken.

10. Notwendige Vorprüfungen veranlassen

Wässerwiesen greifen zweifelsfrei in die bestehende Landschaft ein. Je nach Region können die Behörden daher verschiedene Gutachten verlangen, die für eine Genehmigung der Wiesenbewässerung notwendig sind. Durch hydrologische Untersuchungen kann z. B. ausgeschlossen werden, dass durch die Bewässerung Ober- und Unterlieger, die nicht zur Wässerwiese gehören, betroffen sind. Gewässerökologische Gutachten können für die Bestimmung der maximalen Wasserentnahmemenge notwendig sein. Und eine FFH-Vorprüfung prüft, ob die Inbetriebnahme der Wässerwiese zu Beeinträchtigungen eines Natura 2000-Gebiets führt. Es ist daher anzuraten, frühzeitig zu klären, welche Untersuchungen notwendig sind. Denn diese haben einen großen Einfluss auf das Budget und den zeitlichen Rahmen des Projekts.

11. Klären, wie und durch wen die Wässerwiese bewirtschaftet wird

Ohne Landwirtschaftsbetriebe gibt es keine Wässerwiesen, sie müssen also zwingend in die Planung einer Wässerwiese einbezogen werden. In den landwirtschaftlich intensiver genutzten Fränkischen Wässerwiesen sind Landwirtschaftsbetriebe Profiteure der Wässerung. In anderen, extensiver genutzten Gebieten, wo beispielsweise der Kiebitzschutz im Fokus steht, können Agrarumwelt- und Klimamaßnahmen etwaige Ertragsausfälle und Erschwernisse ausgleichen. Es gilt also, zunächst zu klären, inwieweit die Wiesenbewässerung die reguläre Bewirtschaftung beeinflusst bzw. verändert und ob die derzeitigen Landwirtschaftsbetriebe sich auf die neue Bewirtschaftungsform einlassen. In seltenen Fällen bewirtschaften Betriebe durch die Wiesenbewässerung neu erschlossene Flächen im Rahmen eines Dienstleistungsvertrags.

12. **Pflege der Gräben**

    Keineswegs zu vernachlässigen ist die Grabenpflege. Zugewachsene und verlandete Gräben transportieren kein Wasser. Die Bewässerungsgräben, inklusive Gewässerbett, müssen daher alle paar Jahre mit einem Mähkorb gemäht und bei Bedarf mit einem Bagger ausgegraben werden. Dabei ist zu beachten, dass die Gräben nicht alle auf einmal, sondern abschnittsweise gemäht werden, da die Kräuter und Stauden an den Gräben wichtiger Lebensraum für verschiedene Tiere sind.

Die Reaktivierung und Bewirtschaftung einer Wässerwiese ist sehr individuell, weshalb der Ablauf nur grob skizziert werden kann. Die frühzeitige Einbindung aller betroffenen Akteurinnen und Akteure ist dabei aber allen erfolgreichen Beispielen gemein. Konkrete Beispiele von Wässerwiesen sind kostenfrei auf www.waesserwiesen.dvl.org/aktive-waesserwiesen/steckbriefe verfügbar.

Wässerwiesen im gegenwärtigen Rechtsrahmen

Bei der Etablierung einer Wässerwiese sind i. d. R. einige Vorprüfungen durchzuführen, um die Vorgaben diverser Gesetze und Verordnungen einzuhalten, beispielsweise das Wasserhaushaltsgesetz, die Wasserrahmenrichtlinie oder das Bundesnaturschutzgesetz und die entsprechenden Landesgesetze. Diese Vorprüfungen untersuchen die Auswirkungen der Wiesenbewässerung auf den Wiesenlebensraum und deren Flora und

Fauna sowie die Gewässer bzw. gewässerbezogenen Lebensräume und deren Flora und Fauna. Im Folgenden sollen die einzelnen Bereiche kurz beleuchtet werden.

Natur- und Artenschutz

Die Wiesenwässerung kann bestehende Ökosysteme verändern. So kann sich die Artenzusammensetzung durch die Bewässerung zum Vorteil von feuchteliebenden Arten verschieben. Dies ist zunächst einmal neutral zu betrachten. Kritisch wird es allerdings, wenn gefährdete Arten dadurch lokal verschwinden. Gleichermaßen verhält es sich mit Lebensraumtypen, weshalb geprüft werden muss, ob FFH-Lebensraumtypen, zu deren Schutz die Länder verpflichtet sind, in der Gebietskulisse der Wässerwiese vorhanden sind und ob die Bewässerung den Zustand des Lebensraums verschlechtern würde.

Gefährdete Arten und Lebensräume dürfen nicht verschwinden

Gewässerschutz

Zum guten ökologischen Zustand eines Gewässers gehört eine Mindestwasserführung. In fast allen noch vorhandenen Wässerwiesen sind daher maximale Wasserentnahmemengen festgelegt, die verhindern sollen, dass ein Gewässer aufgrund der Wiesenbewässerung trocken fällt. Wann und wie viel Wasser für die Wiesenbewässerung entnommen werden darf, ist stets eine Einzelfallentscheidung. Hinzu kommt, dass sich das Wasser nicht zu sehr erwärmen sollte. Daher können schattenspendende Stauden und Gehölze bei zeitweilig eingestauten Gräben für die Gewässerökologie durchaus vorteilhaft sein.

Mindestwasserpegel schützen Gewässer vor ökologischer Verschlechterung

Schutz von Gewässerorganismen

Fische benötigen durchgängige Gewässer

Laut der Wasserrahmenrichtlinie und des Wasserhaushaltsgesetzes müssen Gewässer durchgängig sein, damit wandernde Fische und andere Gewässerorganismen bei der Nahrungssuche und Fortpflanzung nicht behindert werden. Der Einstau von Gewässern durch Querbauwerke ist zwar nur temporär, verhindert die Gewässerdurchgängigkeit dann allerdings während der Bewässerungszeiträume. Zudem sollte verhindert werden, dass Fische während der Bewässerung ins Grabensystem gelangen und beim Einstau der Bewässerungsgräben in den Wiesen verenden. Die Gewässerdurchgängigkeit kann jedoch durchaus mit dem Einstau in Einklang gebracht werden und das Fischverenden in den Wässerwiesen lässt sich vermeiden oder zumindest verringern:

- **Ersatzstrukturen**

  Der Erhalt der Gewässerdurchgängigkeit ist Pflicht. Beim Neubau von Querbauwerken in Gewässern müssen daher Strukturen geschaffen werden, die es Fischen und anderen Organismen ermöglichen, die Bauwerke zu passieren, wie z. B. Fischtreppen oder Sohlgleiten. Hier sei anzumerken, dass die Gewässer vieler derzeit aktiver Wässerwiesen durch die bereits vorhandenen, alten Bauwerke auch ohne Ersatzstrukturen eingestaut werden, was maßgeblich daran liegt, dass die Strukturen bereits existieren und die Erlaubnis für den Betrieb der Wässerwiese schon in der Vergangenheit erteilt wurde.

- **Unvollständiger Einstau**

  Der Einstau kann auch dann möglich sein, wenn das Querbauwerk nicht ganz bis zur Gewässersohle reicht, d. h., ist zwischen dem Querbauwerk und der

Gewässersohle ein Spalt, können Fische trotz Einstau passieren.

- **Fischrechen**

  Sie verhindern, dass Fische in die Bewässerungsgräben gelangen. Sie werden einfach an bereits vorhandene Querbauwerke angebracht.

- **Kleiner, schwer zugänglicher Zulauf**

  In anderen Wässerwiesen ist der Zulauf vom Gewässer in den Hauptgraben sehr klein und liegt im rechten Winkel, wodurch der Wasserstrom in Richtung Graben sehr gering ist. Nur sehr selten werden nach Erfahrung der Projektbeteiligten Fische in die Gräben hineingezogen.

Zu beachten ist, dass der Status von Entwässerungsgräben nicht einheitlich geregelt ist: In manchen Bundesländern sind Entwässerungsgräben keine Gewässer. In anderen Ländern werden Gräben wie Gewässer behandelt und unterliegen somit vollumfänglich dem Wasserhaushaltsgesetz, einschließlich der Vorgaben der Gewässerdurchgängigkeit.

Am Ende muss immer im Einzelfall entschieden werden, welche Maßnahmen zum Schutz der Gewässerorganismen ausreichen bzw. ob oder bis zu welchem Grad eine Gefahr für Gewässerorganismen in Kauf genommen werden kann. In jedem Fall sollten die entsprechenden Genehmigungsbehörden, vor allem die Naturschutz- und Wasserbehörde, frühzeitig und eng in das Vorhaben einbezogen werden.

Naturschutz- und Wasserbehörde miteinbeziehen

5.5.3 Was tun, wenn keine Wässerwiesen vorhanden sind?

Nie
Wass

Nicht jede Kommune und nicht jeder Landkreis hat historische Wässerwiesen in seiner Gemarkung. Welche Möglichkeiten des natürlichen Wasserrückhalts gibt es in solchen Regionen? Der Goldstandard beim natürlichen – im Gegensatz zum technischen – Wasserrückhalt ist zweifellos die Auenrenaturierung. Diese benötigt jedoch viel Fachwissen und Erfahrung und ist sehr zeitaufwendig und kostspielig. Nicht selten fehlen die dafür nötigen Ressourcen. Außerdem ist die Auenrenaturierung nicht für jede Region geeignet. Viele Akteurinnen und Akteure suchen daher vor allem nach niederschwelligen Möglichkeiten des Wasserrückhalts. Ein paar Beispiele sollen hier kurz skizziert werden.

Entrohrung

Der Bau von Drainagen auf landwirtschaftlichen Flächen hatte in den letzten 100 Jahren eine große Bedeutung zur Ertragssteigerung bzw. zur Erschließung von landwirtschaftlichen Nutzflächen. Diese Meliorationsmaßnahme hatte zum Ziel, Staunässe zu verhindern, die Bodenstruktur und die Bewirtschaftbarkeit der Flächen zu verbessern und somit die Erträge abzusichern. Einige Flächen konnten überhaupt erst durch die Drainierung in Nutzung genommen werden. Drainagen sind allerdings hauptverantwortlich für die großflächige Entwässerung unserer Kulturlandschaft und daraus resultierender Wasserknappheit. Eine Möglichkeit, um diesen Prozess rückgängig zu machen, ist der Verschluss der Drainagerohre.

Verschluss der Drainagerohre

…erwie-
…nden sind?

Bei der Entrohrung werden unterirdisch liegende Drainagerohre aufgebaggert, gekappt und verschlossen, z. B. mit dem Aushub. Diese Art von Wasserrückhalt ist verhältnismäßig kostengünstig und unkompliziert in der Ausführung, allerdings ist der Pegelstand der betroffenen Fläche nicht steuerbar. Umliegende Flächen müssen in der Planung demnach besonders berücksichtigt werden, damit diese nicht auch vernässt werden. Oft werden die wieder vernässten Flächen nach Naturschutzzielen beweidet, beispielsweise mit Wasserbüffeln.

Für den Verschluss der Drainagen muss die Lage der Rohre bekannt sein, z. B. anhand von alten Bauplänen. Sollten diese nicht mehr vorhanden oder unvollständig sein, können verschiedene Methoden der Drainagedetektion Abhilfe schaffen. Zum Beispiel ist es möglich, über eine hochauflösende Wärmebildkamera den Eintritt des etwas wärmeren Drainagewassers in den kälteren Entwässerungsgraben zu erfassen. Der Temperaturunterschied ist dann in Verwirbelungen im Wasser erkennbar. Damit die Temperaturunterschiede erkennbar werden, muss diese Art der Detektion im Winter und bestenfalls nach einem Regenereignis stattfinden.

Regulierbare Drainagen

Pegelstand mit vorhandenen Drainagen steuern

Entrohrte Flächen können nur sehr eingeschränkt bewirtschaftet werden. Mit steuerbaren Drainagen wird der Einstau der Flächen reguliert. Auf einigen Standorten haben sich die Rahmenbedingungen so verändert, dass nur noch saisonale Wasserüberschüsse vorhanden sind. Um diese ungleich über das Jahr verteilten Zeiträume mit ausreichender Wasserverfügbarkeit auszudehnen, können die vorhandenen Drainagestrukturen genutzt und mit einer Regulierungseinrichtung versehen werden. Bei Bedarf werden die steuerbaren Drainagen mit Wetter-Prognosesystemen ergänzt, um den Einstau noch zielgerichteter zu gestalten.

Im Gegensatz zur Entrohrung werden bei diesem Ansatz die im Boden verlegten Drainagerohre nicht vollständig verschlossen. Stattdessen wird am Auslass des Drainagesystems ein Regelungsschacht eingebaut. In dem Schacht wird die Wasserstandshöhe im Boden gesteuert, ab welcher das Wasser über das Drainagesystem in den Entwässerungsgraben eingeleitet wird. So kann während Zeiten des Regenüberschusses durch Verschluss der Drainage Wasser in der Fläche gehalten werden. Regulierbare Drainagen ermöglichen damit sowohl den Einstau des Wassers, um Trockenperioden zu überbrücken, als auch den Abfluss des Wassers zur Bewirtschaftung der Fläche. Diese Art von Wasserrückhalt ist auf dem Acker und auf dem Grünland möglich. Prognosemodelle entscheiden u. a. unter Berücksichtigung von Wetterdaten und Bodenfeuchtesensoren den optimalen Zeitpunkt zur Öffnung des Drainageabflusses, sodass die Fläche befahrbar und bewirtschaftbar ist, der Wasserbodenspeicher aber noch ausreichend den Pflanzenbestand über die folgende Trockenperiode mit Wasser versorgen kann. Regulierbare Drainagen sind gut anschlussfähig an bestehende Drainagesysteme – sie sind i. d. R. kostengünstig und einfach einzubauen.

Abb. 5.5.3-1: Drainagesteuerung (Quelle: Markus Hanssler; Geries Ingenieure GmbH; Projekt WMM Kleine Aller/Westlicher Drömling der LSW Netz GmbH & Co. KG)

Grabeneinstau

Einstau von Entwässerungsgräben

Oftmals wirkt allein schon der einfache Einstau von Entwässerungsgräben wahre Wunder. Dafür werden Entwässerungsgräben mit kleinen Schleusen, Sandsäcken oder „Big Bags“ zeitweilig verschlossen – ähnlich wie bei den Wässerwiesen, nur wird hier nicht das Wasser aus Gewässern, sondern Regenwasser gestaut. Das funktioniert sowohl auf kleinem Maßstab auf Schlagebene als auch auf großem Maßstab wie in der Hessischen Wetterau. In der Wetterau ermöglichen über 30 Schleusen den zeitweiligen Einstau eines großen Wiesengebiets. Eine gute Koordination und Absprache mit den Landwirtinnen und Landwirten ist hier, wie bei den Wässerwiesen, essenziell. Abgeflachte Gräben berieseln die angrenzenden Flächen außerdem besser und erleichtern die Pflege.

Abb. 5.5.3-2: Einstau von Entwässerungsgräben in der Wetterau (Quelle: Walter Schmidt)

Keyline Design

Planung von Gräben, die abschließendes Wasser einfangen

Das Keyline Design ist eine Methode, um in der Landschaft abfließendes Regenwasser einzufangen, zurückzuhalten und lokal verfügbar zu machen. Dabei ist eine sorgfältige Planung für den Erfolg essenziell: Mit Vermessungstechnik, Fernerkundungsmethoden und hydrologischen Modellierungen wird zuerst einmal analysiert, wie das Wasser auf einem definierten Gelände abfließt. Auf Basis von Höhenplänen, die die Fließstrecken und Versickerungszonen definieren, werden Retentionsgräben oder Furchen gegraben. Diese Gräben fangen Wasser auf, das sonst schnell von der Fläche abfließen würde, und machen es lokal pflanzenverfügbar. Um zu verhindern, dass Furchen übersprungen werden oder erodieren, sollten die Retentionsgräben stets dauerhaft begrünt sein. Oft werden Bäume, z. B. Obst- oder Nussbäume, auf der hangabwärts liegenden Seite der begrünten Versickerungsmulden gepflanzt. Sie verlangsamen den Wasserfluss noch weiter und stellen eine zusätzliche Einnahmequelle für die Betriebe dar. Die Talseite der Gräben ist dabei so auszuformen, dass die Pflanzenreihen stabil und sicher stehen und gut zu pflegen sind. Das Keyline Design kommt im Grünland und auf dem Acker zum Einsatz.

Kleingewässer und Blänken

Kleingewässer mit anderen Maßnahmen kombinieren

Alle oben genannten Maßnahmen, inklusive der Wässerwiesen, können mit dem Bau von temporär oder ganzjährig wassergefüllten Kleingewässern kombiniert werden. Folgende Punkte sind bei der Anlage von Kleingewässern zu beachten:

- Die Ufer von Kleingewässern sollten flach sein. Dadurch sind sie einfacher zu pflegen, verringern Nährstoffeinträge und Versandung und eignen sich besonders als Nahrungsflächen für Wiesenvögel.
- Die Uferbereiche von Tümpeln müssen regelmäßig gepflegt werden, da sie ansonsten der Sukzession verfallen. Gehölze am Ufer, wie z. B. Weiden, wachsen zum Teil sehr schnell, weshalb sich eine Pflege, wenn möglich, in jährlichem Turnus anbietet. Die Pflege bringt also einen hohen Aufwand mit sich.
- Wechselwarme Tiere und Wiesenvögel profitieren von gehölzfreien Uferbereichen. Erstere, weil sich das Wasser im Frühjahr und Sommer erwärmt. In dem Fall dürfen die Gewässer nicht zu tief sein.

Letztere, weil Wiesenbrüter die Nähe von Gehölzen meiden (der sog. Kulisseneffekt).

- Tümpel verlanden mittelfristig, man muss daher individuell prüfen, ob diese alle paar Jahre ausgebaggert bzw. entschlammt werden sollten, abhängig vom jeweiligen Ziellebensraum. Die Verlandung wird durch Nährstoffeintrag beschleunigt, der beispielsweise durch angrenzende landwirtschaftliche Flächen, Hochwassereinträge oder Laub verursacht wird.

- Laich oder Larven können sterben, wenn Tümpel im Frühjahr trockenfallen. Um das zu verhindern, sollte ein Standort gewählt werden, dessen Grundwasserspiegel nahe an der Oberfläche liegt. Alternativ können Tümpel an Grabensysteme integriert oder durch gekappte Drainagen mit Wasser versorgt werden, wobei dadurch große Mengen an Nährstoffen eingetragen werden können.

- Beschattung durch Ufergehölze ist dann sinnvoll, wenn das Wasser nur zeitweilig im Tümpel verbleibt und schließlich in ein Gewässer abfließt. In diesem Fall darf sich das Wasser nicht zu stark erwärmen, da sonst die Gewässerökologie negativ beeinflusst werden würde. Außerdem verringert die Beschattung durch Ufergehölze die Verdunstung.

- Je nach Art des Gewässers (z. B. Kleingewässer mit oder ohne Grundwasseranbindung) sind entsprechende Behörden frühzeitig hinzuzuziehen und Genehmigungen einzuholen. Eine bodenkundliche Vorerkundung durch Bohrproben am Standort ist wünschenswert. Denn der Bodentyp bestimmt maßgeblich das Abflussverhalten eines Tümpels. Außerdem ist auch der Boden ein Schutzgut. Solche Bohrungen sollen vermeiden, dass Archivböden zerstört werden, also solche Böden, die z. B. anhand von vorhandenen Pollen oder besonderen Sedimenten Informationen vergangener Umwelt- und Klimabedingungen beinhalten oder die noch so ungestört sind, dass sich daran die natürliche Bodenentwicklung beobachten lässt. Alternativ können entsprechende Informationen, aber auch durch Einsicht in die Bodenkarte oder den Kontakt mit Behörden eingeholt werden.

- Beim Anlegen von Tümpeln in Moorböden darf der Aushub auf keinen Fall einfach deponiert werden, da ansonsten viele klimaschädlichen Gase freigesetzt werden. Stattdessen sollte der Aushub in andere Moorbereiche oder zumindest nasse Bereiche wieder eingebracht werden. So könnten z. B. Gräben in den Moorböden mit dem Aushub verfüllt werden. Beprobungen können feststellen, ob der Aushub mit Schadstoffen belastet ist und entsorgt werden muss.

Mehr Informationen auf der Projektwebsite

Auf der Website www.waesserwiesen.dvl.org sind Steckbriefe von aktiven Wässerwiesen und anderen Wasserrückhaltemethoden zum Download verfügbar. Außerdem ist es möglich, sich dort für regelmäßig stattfindende Online-Seminare anzumelden oder die Aufzeichnungen vergangener Seminare anzusehen. Wenn Sie Fragen bzw. Anmerkungen haben oder in den Mailverteiler aufgenommen werden möchten, kontaktieren Sie den Projektmanager Thomas Köhler unter t. koehler@dvl.org.

6

6

6 Klimaanpassung durch Energieoptimierung

Autoren

Tina Weinberger (6.1–6.2)
Kersten Roselt, Dagmar Everding (6.2.2)
Susanna Conde-Schucht (6.3)
Arthur Dornburg (6.3.3)

Inhaltsverzeichnis

6 Klimaanpassung durch Energieoptimierung

6.1 Gesteigerte Energieeffizienz durch integrierte Stadt-/Quartiersentwicklung

In Deutschland soll bis 2045 ein nahezu klimaneutraler Gebäudebestand erreicht werden. Dennoch sind derzeit noch rund 75 Prozent der Gebäude in ganz Europa ineffizient und verbrauchen mehr Energie als unbedingt nötig. Hinzu kommen eine mangelnde Versorgungssicherheit sowie steigende Energiepreise. Strom, Gas und Heizöl sind so teuer wie noch nie. Ein Ende der Preisspirale ist bisher nicht in Sicht. Vor diesen Hintergrund erscheint es nur sinnvoll, Gebäude an die neuen Gegebenheiten anzupassen.

Energieeffizienz erhöhen
Umweltbelastungen verringern

Ein Schlüssel dafür ist eine integrierte Stadt- und Quartiersentwicklung. Deren Ziel ist es u. a., die Energieeffizienz zu erhöhen, Umweltbelastungen zu verringern, ein lebenswertes Klima zu erhalten bzw. zu schaffen und unnötige CO_2-Emissionen zu vermeiden. Zugleich kann (und soll) eine integrierte Stadt- und Quartiersentwicklung zu mehr Chancengleichheit beitragen und die Vielfalt städtischen Lebens ermöglichen bzw. ausweiten.

Das Bundesministerium für wirtschaftliche Zusammenarbeit und Entwicklung (BMZ) bezeichnet beispielsweise unter dem Stichwort „Connective Cities[1]“ eine integrierte Stadtentwicklung als *„zukunftsfähige[n] Städtebau“*. Wichtige Handlungsfelder einer sektor- und ressortübergreifenden integrierten Stadtentwicklung, die in vernetzten Strukturen ein breites Spektrum an Akteuren einbezieht, sind dabei nach Aussage des BMZ die Stadt im Klimawandel, innovative Mobilität, das Management von städtischen Dienstleistungen zur kommunalen Daseinsvorsorge sowie die Gestaltung menschengerechter und sozialer Städte.

Das Konzept der integrierten Stadtentwicklung ist allerdings nicht neu. Bereits 2007 wurde in der Leipzig Charta zur nachhaltigen europäischen Stadtentwicklung eine integrierte Stadtentwicklung wie folgt definiert[2]:

"Wir brauchen mehr ganzheitliche Strategien und abgestimmtes Handeln aller am Prozess der Stadtentwicklung beteiligten Personen und Institutionen - auch über die Grenzen der einzelnen Städte und Gemeinden hinaus. (...) Um diese Verantwortung auf den verschiedenen Regierungsebenen effektiv zu gestalten, müssen wir die sektoralen Politikfelder besser koordinieren und ein neues Verantwortungsbewusstsein für eine integrierte Stadtentwicklungspolitik schaffen. Wir müssen gewährleisten, dass alle, die an der Umsetzung der Ziele für eine nachhaltige Stadt arbeiten, die dafür erforderlichen und berufsübergreifenden Kompetenzen und Kenntnisse erwerben."

Damit meint eine integrierte Stadt- und Quartiersentwicklung, Entwicklungspotenziale städtischer Räume oder Quartiere zu erkennen, zu planen und ganzheitlich umzusetzen. Es gilt, die strukturelle und räumliche Entwicklung auf dynamische und sich wandelnde Rahmen-

1 URL: https://www.connective-cities.net/themen/integrierte-stadtentwicklung/ (Stand: November 2022)

2 URL: https://kommunalwiki.boell.de/index.php/Integrierte_Stadtentwicklung (Stand: November 2022)

bedingungen anzupassen. Aufgrund stetig neuer Herausforderungen, wie beispielweise die Bewältigung der Energie- und Mobilitätswende, müssen zudem Planungen und Strategien kontinuierlich fortentwickelt werden. Zudem empfiehlt es sich, Politik, Verantwortliche und auch Bürger ins Boot zu holen.

Einsatz und die Nutzung von neuen Technologien

Voraussetzung für eine integrierte Stadt- und Quartiersentwicklung ist eine entsprechende Planung sowie der Einsatz und die Nutzung von Technologien, die eine Umsetzung der Theorie in die Praxis ermöglichen. Eine integrierte Stadt- und Quartiersentwicklung sollte dabei so gestaltet sein, dass Planungsprozesse nicht sektoral, sondern ganzheitlich gestaltet werden. Das bedeutet, dass bei der Stadt- bzw. Quartiersentwicklung die Siedlungsstruktur, Mobilität, Wirtschaft, Umwelt und soziale Belange nicht einzeln, sondern im Zusammenhang betrachtet werden. Darauf basierend können dann Städte und Quartiere nachhaltig und unter Beachtung der sich immer schneller dynamisch wandelnden Rahmenbedingungen und Anforderungen entwickelt und – auch im Hinblick auf ein weiteres Zusammenwachsen – gestaltet werden.

6.1.1 Energie im Fokus

Geht es speziell um eine Erhöhung der Energieeffizienz durch eine integrierte Stadt- und Quartiersentwicklung, müssen Aspekte mit einem direkten Bezug zu Energie in den Fokus gerückt werden.

Dies sind in Wohn- und Nichtwohngebäuden z. B.:

- Wärmebedarf

- ggf. Kältebedarf
- Strombedarf
- Wärmedämmung
- Anlagentechnik (wie z. B. Lüftungstechnik)

Geht es darum, diese Punkte im Sinne einer guten Energieeffizienz und damit einer klimaangepassten Stadt- und Quartiersentwicklung zu optimieren und anzugleichen, sollte dies mit dem Blick aus einer „energiewirtschaftlichen Gesamtsystembrille" erfolgen. Dies bedeutet beispielsweise, dass es primär nicht nur darum geht, einzelne Gebäude, Städte oder Quartiere zu optimieren, sondern bei allem auch oder insbesondere übergeordnete Ziele zu betrachten. Priorität bei der Auswahl einer bestimmten energie- und kostenoptimierten Betriebsweise im Quartier bzw. in der Stadt hat deren deutschlandweite Auswirkung in puncto Systemdienlichkeit, Energieeffizienz, Umweltfolgen etc.

Systemdienlichkeit, Energieeffizienz, Umweltfolgen

Konkret meint dies u. a.:

- Einer übergreifenden Systemdienlichkeit ist eine höhere Priorität einzuräumen als beispielsweise der Quartiersautarkie (d. h., es sollten z. B. nicht alle Batteriespeicher im Quartier mittels PV-Anlagen geladen werden, wenn übergelagert Strombedarf bzw. ein hoher Strompreis herrscht).
- Ein systemdienlicher Betrieb mit netzfreundlichen Hybridanlagen (z. B. eine Kombination aus Blockheizkraftwerken (Wärme- und Stromerzeugung) und Photovoltaikanlagen (PV-Anlagen)) ist gegenüber energieeffizienten Einzelsystemen (z. B. Wärmepumpe ohne PV) zu bevorzugen.

- Eine Sektorkopplung, d. h. ein Zusammenspiel und eine Verzahnung der verschiedenen Sektoren und Teile des Energiesystems – sprich Strom, Wärme und Mobilität – sollte, wo möglich und sinnvoll, unter maximaler Nutzung von erneuerbaren Energien genutzt werden.

Neubau oder Bestand

Ist, wie in immer mehr Quartieren und Städten (z. B. Leipzig[1], Berlin, Nürnberg[2]), die Entscheidung für eine integrierte Stadt- oder Quartiersplanung gefallen, sind Neubauquartiere und Bestand zu unterschieden. Neubauquartiere bieten den Vorteil, dass die integrierte Planung auf einem weißen Papier startet und spätestens bei der Erschließung ansetzen kann. Sie bietet höchste (Betriebs-) Effizienzpotenziale, weil neue effiziente Technik verbaut werden kann. Zugleich bedeutet ein Neubau, bei der heutzutage meist noch dominierenden klassisch-massiven Bauweise, einen sehr hohen energetischen „Rucksack" und ökologischen Fußabdruck. Hinzukommt der Flächenverbrauch und eine Flächenversiegelung, was sich beides negativ auf das (Stadt-)Klima auswirken kann.

Im Bestand muss bei der Planung mit Vorhandenem gearbeitet, dieses integriert und beispielweise bei geplanten Straßenöffnungen überprüft und ggf. angepasst werden (z. B. lokale Wärmequellen oder -senken). Da-

---

[1] URL: https://www.leipzig.de/bauen-und-wohnen/stadtentwicklung/stadtentwicklungskonzept-insek/ (Stand: November 2022)

[2] URL: https://www.nuernberg.de/internet/stadtentwicklung/integrierte.html (Stand: November 2022)

Energetisches Verbesserungspotenzial

bei bieten Sanierungen ein hohes und oftmals relativ einfach zu erschließendes energetisches Verbesserungspotenzial (z. B. Wärmedämmung, neue Heizung), das sich nicht nur bei den aktuell stark steigenden Energiepreisen schnell bezahlt macht – ungeachtet der Vorteile, die eine Sanierung für das Klima bedeutet.

Planung, Analyse und Vergleich

Analyse vom jeweiligen Areal oder dessen naher Umgebung

Unabhängig von der konkreten Vorgehensweise sollte bei Neubauten und auch bei Sanierungen im Bestand eine Analyse der im jeweiligen Areal oder dessen naher Umgebung vorhandenen Möglichkeiten erfolgen. Dies können u. a. sein:

- Energie- und Wärmequellen (z. B. Erdwärme, Industrieabwärme, BHKWs)
- Kältequellen (z. B. Grundwasser, Eisspeicher)
- Stromquellen (z. B. PV-Anlagen, BHKWs)
- Speichermöglichkeiten für Wärme oder Kälte (z. B. Eisspeicher, Grünflächen)
- Speichermöglichkeiten für Strom (z. B. Batterien, E-Autos, E-Fahrräder)
- Infrastrukturen (z. B. Fernwärmenetz, Stromnetz, Wassernetz) sowie
- Erneuerbare Energien (z. B. Wasserlauf, Windkraft, Wasserstoffnetz)

Zugleich gilt es, Bedarfe abzuklären, die innerhalb eines Quartiers oder einer Stadt vorhanden bzw. erwartbar sind. Basierend auf den Ergebnissen der Analyse sind meist verschiedene integrierende Lösungsansätze (bzw. Konzepte) möglich, die oftmals auf verschiedene Arten kombinierbar sind.

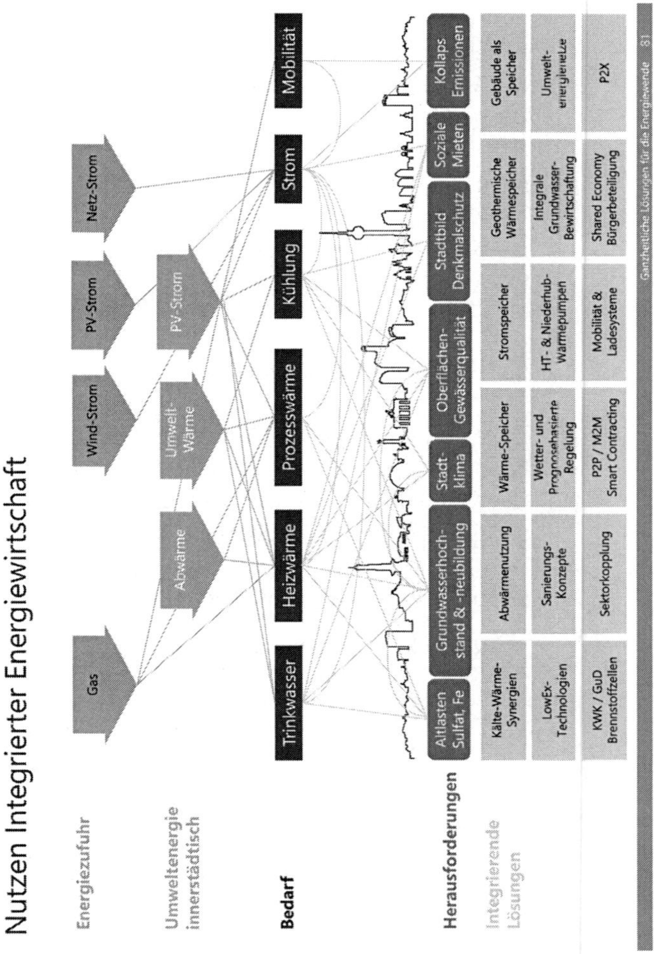

Abb. 6.1.1-1: Beispielhafte Analyse für eine integrierte Stadt- oder Quartiersplanung mit verschiedenen integrierenden Lösungsansätzen, Herausforderungen, Bedarfen und Potenzialen, (Quelle: eZeit-Ingenieure, Michael Viernickel)

Um für ein spezielles Stadt- oder Quartiersprojekt gut geeignete Kombinationsmöglichkeiten bzw. integrierte Lösungen auswählen zu können, gilt es u. a., Herausforderungen, Möglichkeiten, Bedarfe etc. der einzelnen Projekte zusammenzuführen und zu vergleichen. Für den Vergleich bieten sich z. B. Simulationen an, deren Basis i. d. R. Daten vorhergehender (Muster-)Projekte sind. Alternativ können Konzepte (händisch) in Anlehnung an bereits durchgeführte Projekte, die in puncto Rahmenbedingungen, Anforderungen und definierten Zielsetzungen ähnlich sind, erstellt und verglichen werden.

Individuelle Auswahlkriterien

Liegen unterschiedliche Lösungsansätze für ein Quartier oder eine Stadt vor, gilt es eine Auswahl zu treffen. Die Auswahlkriterien sollten bei Bedarf individuell angepasst und dabei folgende Punkte beachten werden:

- übergeordnete Systemdienlichkeit
- Möglichkeit der Sektorkopplung
- Nutzung erneuerbarer Energien
- Einsatz netzdienlicher Anlagen
- Nutzung lokaler Energiequellen und -senken (für z. B. Wärme, Kälte und Klimatisierung)
- „Matching“ (Übereinstimmung) der Bedarfe und Potenziale
- Quartiers- bzw. Stadteffizienz
- Länge und Art der Transportwege

- potenzielle Auswirkung auf das (Stadt-)Klima (z. B. erhöhte Temperatur)
- potenzielle Auswirkung auf das Grundwasser (z. B. erniedrigter Stand, erhöhte Temperatur)
- CO_2-Emissionen
- Investitionskosten
- erwartbare Betriebskosten
- Autarkiegrad etc.

Die Bewertung der einzelnen Punkte kann anhand einer Matrix mit ggf. unterschiedlicher Gewichtung der einzelnen Punkte erfolgen. Welchen Punkten Priorität eingeräumt wird, kann bei Bedarf individuell entschieden werden, wobei speziell der Systemdienlichkeit immer eine hohe Priorität eingeräumt werden sollte.

6.1.2 Von der Theorie in die Praxis

Ist mithilfe der Bewertung – und des gesunden Menschenverstands(!) – die Auswahl für ein bestimmtes Lösungskonzept gefallen, geht es um die Umsetzung der Theorie in die Praxis. Dies umfasst meist

- Wärme,
- Kälte,
- Strom,
- Gebäude,
- Anlagentechnik,
- ggf. Verkehr,

Best-Practice-Beispiele

und kann oftmals in Anlehnung an bereits durchgeführte Best-Practice-Beispiele erfolgen.

Dementsprechend bietet sich z. B. ein modularer Aufbau bzw. eine zellulare Quartiersentwicklung an. In beiden Fällen werden einzelne Anlagen, Gebäude oder kleine Quartierszellen etc. als separate Module nach und nach aufgebaut (bzw. verbessert) und dann zu einem integrierten und immer mehr vernetzten und zusammenwachsenden Quartier verbunden. Dabei können Zellen sowohl als komplette Neubauten entstehen als auch die derzeit sehr beliebte Umwidmung von bestehenden Gebäuden u. Ä. (z. B. Bahntunnel als Eisspeicher) beinhalten.

Orientierung an der Praxis

Die konkrete Gestaltung einzelner integrierter Stadt- und Quartierentwicklungsprojekte ist meist individuell unterschiedlich. Nichtsdestotrotz gibt es in den bisher umgesetzten (Muster-)Projekten oftmals zahlreiche Gemeinsamkeiten.

So könnte die **Wärmeversorgung** von Wohn-, Nichtwohngebäuden und Industrie z. B. Folgendes beinhalten:

- Abwärmepotenziale und Wärmebedarfe werden z. B. mittels Wärmepumpen „zusammengebracht“.
- Abwärme aus der Industrie (diese ist nicht im eigentlichen Sinne erneuerbar (EE), aber ggf. vor Ort vorhanden und energetisch nutzbar) wird ergänzend zu EE genutzt.

- Eine hohe Quartierseffizienz wird angestrebt, um das Wärmesystem gesamtdienlich betreiben zu können (Wärme muss nicht überregional transportiert werden).
- Moderne und klimaschonende Heizsysteme mit günstigen und effizienten Klimatisierungsmöglichkeiten (z. B. reversible Wärmepumpen) werden statt herkömmlicher Heizsysteme eingesetzt.
- Der Stromverbrauch für die Wärmeversorgung (z. B. bei Wärmepumpen) wird optimiert, um dadurch verursachte negative Klimaauswirkungen zu minimieren.
- Umweltwärme sowie dezentrale Luft-Wasser-Wärmepumpen werden i. V. m. Wärmenetzen oder alternativ kalter Nahwärme (Anergienetz[1]) verwendet.
- In EFH kommen statt Luft-Luft- bzw. Luft-Wasser-Wärmepumpen (relativ hoher Stromverbrauch) Erd- bzw. Sole-Wärmepumpen und kalte Nahwärmenetze (nahezu stromfrei zu betreiben mit kleiner Umwälzpumpe, z. B. < 30 Watt für EFH) zum Einsatz.
- Biomasse wird für z. B. Prozesswärme in der Industrie genutzt.
- Wärme wird mithilfe von Geothermie, E-Tanks, Wasserspeicher, Eisspeicher (ggf. plus PVT[2]), Erdsonden, Grundsonden, Uferfiltrat oder Triple Eis gespeichert.

1 Als Energienetz wird ein Leitungsnetz bezeichnet, das für den Transport von Wärme auf niedrigem Temperaturniveau dient. Eine alternative Bezeichnung ist oftmals kaltes Nahwärmene.

2 PVT-Anlagen vereinen Solarthermie- und Photovoltik-Anlagen in einem Kollektor

Hinzu kommen folgende Punkte, die gleichfalls für die **Kälte- und Stromversorgung** gelten:

- Bedarfe werden, wo immer möglich, minimiert.
- Die Energieeffizienz im Betrieb wird gesteigert.
- Energiespeicher und EE werden maximal ausgeschöpft.

Die ersten beiden Aspekte lassen sich in **Gebäuden** u. a. durch

- einen besseren Dämmstandard (z. B. an Decken, Wänden, bessere Fenster),
- intelligente Gebäude und vernetzte Strukturen (z. B. automatisch Heizung und Licht aus, wenn ein Raum nicht genutzt wird),
- einen geringeren Energieverbrauch (z. B. kein Standby, minimal geringere Raumtemperaturen),
- geringere Verluste (z. B. geringe Heizkreis- und Raumtemperaturen),
- optimierte Transportwege (z. B. möglichst kurz für geringe Verluste) sowie
- eine möglichst effektive und energiesparende Anlagentechnik (z. B. Smartmeter, Lüftung, dichte Luftleitungssysteme)

erreichen, sind Bestandteil einer klimaangepassten Betriebsweise von Gebäuden und gehören damit nicht nur in Städte und Quartiere, die integriert entwickelt, geplant und gebaut bzw. saniert wurden.

Herausforderungen meistern

Klimaanpassung und Energieeffizienz

Eine integrierte Stadt- oder Quartiersentwicklung bietet zahlreiche Vorteile – nicht nur in Sachen Klimaanpassung und Energieeffizienz. Sie wird jedoch bisher zwar zunehmend, aber immer noch nicht flächendeckend umgesetzt – weder quantitativ noch qualitativ.

Einige der Gründe sind Herausforderungen, die es zu meistern gibt, und Unsicherheiten, die es zu beseitigen gilt. So bekennt sich die Bundespolitik bisher nicht dazu, was unter „integriert" genau zu verstehen ist, was förderbar ist, was Vorzugstechnologien sind (eine Ausnahme stellen aktuell Wärmepumpen dar) und welche Technologien evtl. keine Zukunft haben. Statt zuverlässiger und langfristig geltender Rahmenbedingungen, die eine gute Planbarkeit ermöglichen, herrscht große Unsicherheit, die Projekten oftmals im Weg steht oder sie erschwert.

Hinzu kommen Herausforderungen, wie bürokratische, genehmigungsrechtliche und administrative Hemmnisse sowie z. B. Genehmigungsverfahren in Sachen:

- Grundwasserschutz (z. B. Chemie, Temperatur, Neubildung)
- Klimaschutz (z. B. CO_2- Emissionen)
- Ressourcenschutz (z. B. Dämmung versus Technik)
- Naturschutz (z. B. PV-Anlage versus Landwirtschaft)
- Gewässerschutz (z. B. Temperatur, Sauerstoff)
- Stadtklima (z. B. Temperatur, Schwüle)
- Stadtbild und Denkmalschutz (z. B. schwarze PV-Anlagen auf roten historischen Dächern)

- Ökonomie und Sozialverträglichkeit (z. B. Bezahlbarkeit von Wohnungen in energieoptimierten Stadtquartieren)
- Akzeptanz und Partizipation (z. B. Quartiersmanager)

Dass sich diese Herausforderungen meistern lassen, zeigen immer mehr Projekte. Die Tatsache, dass vielen davon auch vermehrt Aufmerksamkeit seitens Politik, Kommunen, Planer etc. geschenkt wird, unterstreicht, dass eine integrierte Stadt- und Quartiersentwicklung einen wichtigen Beitrag in Richtung eines klimaneutralen Gebäudebestands leisten kann und künftig auch leisten muss, wenn bis 2045 ein nahezu klimaneutraler Gebäudebestand erreicht werden soll.

6.2 Energieeffizienter Umbau von Stadtquartieren

Von der Theorie in die Praxis bei der integrierten Stadtentwicklung

Um mit einer integrierten Stadt- und Quartiersentwicklung nicht nur in der Theorie, sondern auch in der Praxis eine nachhaltige und lebenswerte Umgebung zu schaffen, die den Bedürfnissen der Menschen entspricht, müssen diverse Punkte berücksichtigt werden. Es gilt, die verschiedenen Bereiche der Stadtplanung und -entwicklung aufeinander abzustimmen und zugleich die Bedürfnisse, Wünsche, Meinungen und das Feedback der Bewohner einzubeziehen. Nur so können Gebiete entstehen, in denen Menschen gerne leben, arbeiten und Zeit verbringen und zugleich die Umwelt geschützt sowie Nachhaltigkeit gefördert wird.

Konkret heißt das, dass verschiedenste Akteure und Institutionen, wie Stadtverwaltungen, Planungsbehörden, Architekten, Bürger, Stakeholder und zivilgesellschaftliche Organisationen, eng zusammenarbeiten, sich abstimmen und einen Konsens finden sollen bzw. müssen.

Bestandsaufnahme – Stärken- und Schwächenanalyse

Erster wichtiger Punkt ist dabei meist eine Bestandsaufnahme. Bei dieser können Stärken und Schwächen im zu planenden Quartier analysiert und darauf aufbauend Entwicklungspotenziale und Herausforderungen identifiziert werden.

Auf dieser Basis kann anschließend ein integrierter Entwicklungsplan erstellt werden. Dieser zeigt z. B. auf, wo grüne Räume und bezahlbarer Wohnraum geschaffen, der öffentliche Nahverkehr (ÖPNV) ausgebaut oder soziale Einrichtungen gefördert werden sollen. Um sicherzustellen, dass der integrierte Entwicklungsplan die Bedürfnisse und Wünsche der (künftigen) Bürger berücksichtigt, sollten diese frühzeitig in Form von z. B. Bürgerdialogen, Bürgerworkshops oder Online-Befragungen eingebunden werden (siehe Kapitel 7).

Ist ein „akzeptierter" Plan erarbeitet, geht es an die Umsetzung konkreter Maßnahmen. Dazu gehört z. B. der Bau von Gebäuden, der Ausbau des ÖPNV, das Anlegen von Grünflächen, die Erschließung erneuerbarer Energiequellen im Quartier sowie eine smarte Vernetzung der Gebäude und Services. Während des gesamten Prozesses sollte regelmäßig überprüft und am Ende evaluiert werden, ob die Umsetzung mit den zu erreichenden Zielen übereinstimmt. Sind Abweichungen zu erkennen oder haben sich Rahmenbedingungen grundlegend verändert, gilt es, Anpassungen vorzunehmen – u. a. im Hinblick auf die Umwelt, soziale Gerechtigkeit, Nachhaltigkeit sowie die Energieeffizienz.

Energieeffizienz und Nachhaltigkeit als grundlegende Aspekte

In puncto Energieeffizienz bieten sich hierfür u. a.

- Energieaudits,
- eine Optimierung der Gebäudehülle,
- eine Optimierung der Heizungsanlagen (und ggf. Lüftungsanlagen),
- eine verbesserte Infrastruktur,
- der Einsatz erneuerbarer Energien,

- die Nutzung dezentraler Energiequellen sowie
- eine Vernetzung aller Gebäude zu einem smarten Gesamtsystem

an.

Energieaudits zeigen auf, an welchen Stellschrauben in einem Stadtquartier gedreht werden muss, um Energie zu sparen und/oder die Effizienz zu steigern und damit eine energieeffiziente Sanierung anzustoßen oder auch bei Neubauten einen nachhaltigen und klimafreundlichen Kurs zu fahren. Besonders im Bestand bedeutet dies fast immer eine Optimierung der Gebäudehülle, sprich: eine verbesserte Dämmung von z. B. Fenstern, Türen, Dächern und Fassaden. Ähnlich bedeutend und häufig ist eine Optimierung von Heizungs- und (besonders in Nichtwohngebäuden auch) Lüftungsanlagen. Sind diese veraltet oder undicht, geht ein Großteil an Energie ungenutzt verloren und bedeutet hohe Einbußen in der Energieeffizienz.

Eine im Sinne der Energieeffizienz verbesserte Infrastruktur meint, dass z. B., wenn die Wege kürzer werden, der ÖPNV und auch Fahrräder oder Pedelecs mehr genutzt werden, der individuelle Autoverkehr abnimmt u. v. m. Alles mit dem Ziel, den Energieverbrauch zu verringern und zugleich das Klima im Stadtteil zu verbessern. Hierzu können auch ausreichend eingeplante Grünflächen sorgen. Zum einen fördern diese eine „Reinigung“ der Luft, zum anderen wirken sie starker Überhitzung entgegen und tragen damit zu einem angenehmen Stadtklima bei.

Erneuerbare Energien

Last but not least spielen auch erneuerbare Energien eine wesentliche Rolle bei integriert geplanten Quartieren. So lässt sich z. B. durch

- Solaranlagen (Photovoltaik, Solarthermie oder PVT),
- Geothermieanlagen,
- Biomasseanlagen,
- Windkraftanlagen,
- kalte Nahwärmenetze,
- Abwärmenutzung,
- Betriebsnetze für Strom
- u. v. m.

die Energieeffizienz ganzer Städte oder Quartiere steigern, während der Energiebedarf und die CO_2-Emissionen minimiert werden. Das Ergebnis sind neue bzw. sanierte Quartiere, die nachhaltig und klimafreundlich „arbeiten". Insbesondere dann, wenn durch eine sinnvolle und smarte Vernetzung einzelner Gebäude, Energiequellen und -senken dafür gesorgt wird, dass Energie zu jeder Tages- und Nachtzeit mit möglichst geringen Verlusten vom (jeweiligen) Produzenten zum (jeweiligen) Konsumenten transportiert wird. Wobei in der Regel jeder Bewohner im Quartier sowohl Produzent als auch Konsument ist und daher oft auch als Prosumer („Pro" von Produzent und „sumer" von Konsument) bezeichnet wird.

Prosumer

6.2.1 Bedeutung erneuerbarer und klimaschonender Energien in integriert geplanten Quartieren

Erneuerbare Energien

Solaranlagen können u. a. auf Dächern von Gebäuden installiert werden, um Strom (Photovoltaikanlagen; PV-Anlagen), Wärme (Solarthermieanlagen) oder beides zugleich (so- genannte PVT-Anlagen) zu erzeugen. Ob PV-, Solarthermie- oder PVT-Anlage, wichtig bei der Planung ist, dass die Anlage optimal ausgerichtet und platziert wird, um eine maximale Energieausbeute zu erzielen.

Auch **Erdwärme** kann mithilfe der Geothermie zum klimaneutralen Heizen und/oder Kühlen von Gebäuden genutzt werden. In der Regel erfolgt die Nutzung der Erdwärme mithilfe einer Wärmepumpe, in der die thermische Energie des Erdreichs (Erdwärme) in nutzbare Energie (Wärme oder Kälte) umgewandelt wird. Bei sehr warmen Quellen kann Erdwärme nach dem Prinzip der Wärmekraftmaschine auch in Strom umgewandelt werden. Eine Nutzung in der Art ist im Vergleich zur Wärme- und Kälteerzeugung in Deutschland (aufgrund der meist nicht ausreichend hohen Temperaturen) jedoch gering.

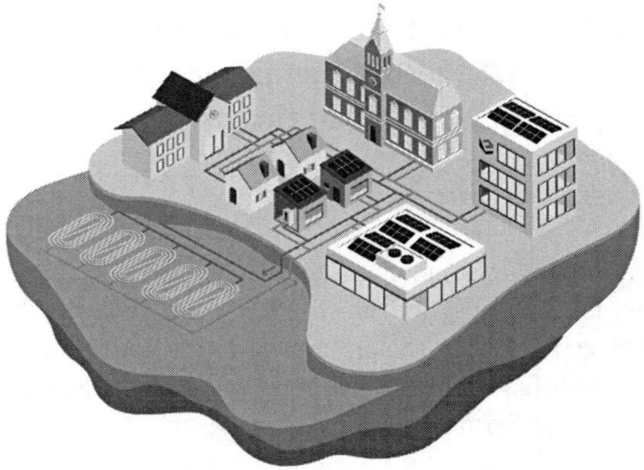

Abb. 6.2.1-1: Vernetztes Quartier mit horizontalem Erdwärmekollektor (Quelle: Energie PLUS Concept GmbH)

Mehr Potenzial zur Strom-, aber auch zur Wärmegewinnung bietet **Biomasse**. Statt Gas, Erdöl o. Ä. werden biologische Materialien, wie Holz, Stroh oder Pflanzenabfälle, verbrannt. Die dabei frei werdende Energie kann direkt zur Strom- oder Wärmeerzeugung genutzt werden. Gleiches gilt für **Biogas**, das in der Regel aus organischen Abfällen oder Gülle gewonnen wird.

Je nach Lage des Quartiers ist auch **Windkraft** eine gute Energiequelle, um Strom zu erzeugen. Hierbei können sowohl kleinere Windkraftanlagen auf Dächern oder Freiflächen als auch große Windkraftanlagen genutzt werden.

Nahwärme

Bisher meist weniger bekannt, aber nichtsdestotrotz von großer Bedeutung im Bereich der erneuerbaren Energien sind sogenannte **kalte Nahwärmenetze**. Bei den kalten Nahwärmenetzen wird die Wärmeversorgung von Gebäuden in einem lokalen Netzwerk organisiert. Aufgrund der dadurch realisierbaren kurzen Strecken wird bei kalten Nahwärmenetzen Wasser mit niedriger Temperatur (meist unter 20 °C) durch kleine Rohre transportiert. Im Gegensatz zu herkömmlichen Fernwärmenetzen, bei denen heißes Wasser in großen Rohren über lange Strecken transportiert wird, sind die Wärmeverluste dadurch sehr gering. Wärme oder auch Kälte wird dann dezentral mithilfe von Wasser-Wärmepumpen realisiert. Dementsprechend wird die Wärme (oder Kälte) direkt vor Ort erzeugt und genutzt, wodurch nochmals lange Transportwege und hohe Wärmeverluste vermieden werden können. Kalte Nahwärmenetze eignen sich besonders gut für dicht besiedelte städtische Gebiete, in denen ein hoher Wärmebedarf besteht und die Möglichkeit für eine dezentrale Wärmeversorgung aus erneuerbaren Quellen möglich ist. Zudem sind kalte Nahwärmenetze flexibel, skalierbar und gut mit anderen Technologien, wie z. B. Solar- und Geothermie oder Biomasse, einsetzbar.

Abb. 6.2.1-2: Vorteile kalter Nahwärme (Quelle:Energie PLUS Concept GmbH)

Klimaschonende Energiequellen als Ergänzungen zu erneuerbaren Energien

Wärmerückgewinnung

Immer öfter wird in Quartieren auch die **Abwärme** von Rechenzentren und/oder Supermärkten genutzt, um z. B. Heiz- und Kühlsysteme in Gebäuden u. Ä. zu versorgen. Wird die Abwärme in Wärmerückgewinnungsanlagen genutzt, spielt ein Wärmetauscher die zentrale Rolle. In diesem wird die Wärmeenergie (der Abwärme) in das Heiz- oder Kühlsystem eines Gebäudes eingespeist. Bei Kälterückgewinnungsanlagen wird die Abwärme – dem Namen entsprechend – zur Kälteerzeugung genutzt. Die Kälte kann anschließend in das Kühlsystem, z. B. des Supermarkts, aus dem die Abwärme stammt, eingespeist werden. Alternativ kann die Kälte in nahe gelegenen Gebäuden genutzt werden. Eine weitere Einsatzmöglichkeit zur Nutzung der Abwärme aus Supermärkten und/oder Rechenzentren sind Fernwärmenetze, die Gebäude in der Umgebung des Supermarkts und/oder des Rechenzentrums (um lange Wege und Verluste zu vermeiden) mit Wärme versorgen.

Stromerzeugung

Wird die Abwärme aus Rechenzentren und Supermärkten in sogenannten **Kraft-Wärme-Kopplungs-Anlagen** (KWK-Anlagen) genutzt, kann aus der Abwärme gleichzeitig Strom und Wärme erzeugt werden. Die Wärme kann bei Bedarf in das Heizsystem des Gebäudes oder z. B. in Fernwärmenetze eingespeist werden. Der Strom ist ebenfalls direkt im Gebäude oder anderweitig im Quartier nutzbar. Ansonsten kann der Strom in aller Regel auch ins öffentliche Netz eingespeist werden. Eine weitere Möglichkeit der Abwärmenutzung ist die thermische Speicherung. Dabei sind thermische Speicher so konzipiert, dass sie als temporäre Wärmequelle für das Heiz- oder Kühlsystem eines Gebäudes (bei ausreichender Größe auch mehrerer Gebäude) genutzt werden können. Zu beachten ist, dass thermische Speicher eine sehr gute Isolierung benötigen, um Wärmeverluste zu vermeiden, die sich negativ auf die Effizienz auswirken. Unabhängig davon, welche Art(en) der Abwärmenutzung infrage kommt/kommen, gilt es, die Systeme richtig zu dimensionieren und auszulegen, um eine effiziente Nutzung der Abwärme zu gewährleisten..

Eigenversorgungsnetz oder Inselnetz

Eine weitere sinnvolle Ergänzung zur Abwärmenutzung und zum vermehrten Einsatz von erneuerbaren Energien (wie z. B. PV- oder Windkraftanlagen) sind sogenannte **Betriebsnetze** für Strom. Dabei meint ein Betriebsnetz für Strom ein Netz, das innerhalb eines Gebäudes oder einer Anlage Strom von einem oder mehreren Stromerzeugern zu den Verbrauchern transportiert. In der Regel ist ein Betriebsnetz unabhängig von öffentlichen Stromversorgungsnetzen und wird daher oft auch als Eigenversorgungsnetz oder Inselnetz bezeichnet. Typische (bisherige) Anwendungen sind z. B. Industrieanlagen, Kraftwerke oder Offshore-Plattformen, weil dort eine unabhängige Stromversorgung erforderlich ist. In Quartieren können Betriebsnetze dazu beitragen, die Energieeffizienz zu verbessern, indem der Stromverbrauch direkt im Quartier optimiert und Stromverluste reduziert werden. Abgestimmt auf Quartiere sind Betriebsnetze für Strom (viel) kleiner als öffentliche Stromversorgungsnetze. Zugleich verfügen Betriebsnetze häufig über eine eigene Stromerzeugungseinheit, wie z. B. einen Generator oder eine PV-Anlage. Geregelt werden die Stromerzeugungseinheiten meist über eine Steuerungseinheit, die die Stromerzeugung an den aktuellen Stromverbrauch anpasst. Sprich, wird mit den im Betriebsnetz eingebundenen Stromerzeugungsanlagen (z. B. Windkraft und PV) weniger Strom erzeugt, als im Betriebsnetz benötigt wird, sorgt die Steuerung dafür, dass die dem Betriebsnetz eigene Stromerzeugungseinheit (z. B. der Generator) gestartet und gemäß dem Bedarf zusätzlicher Strom erzeugt wird. Das Verbinden von Betriebsnetzen mit öffentlichen Stromversorgungsnetzen bietet den Vorteil einer redundanten Stromversorgung. Zudem können Betriebsnetze die öffentlichen Netze stabilisieren bzw. entlasten, da sie als Puffer dienen (Stromerzeuger bzw. -abnehmer).

Ähnliches gilt auch für die immer mehr in Mode kommenden bidirektional ladbare **E-Mobile**. Diese bieten im Vergleich zu Batteriespeichern (welche als separate Einheit noch relativ teuer sind) einen Mehrfachnutzen (z. B. emissionsfreies Fahren, Stabilisierung des Netzes, da je nach Bedarf Stromspeicher und -lieferant) und punkten insbesondere beim Carsharing (im Vergleich zur Nutzung als Privat-PKW) in Sachen Nachhaltigkeit, Klima- und Umweltschutz sowie einer „angenehmen" Stadtatmosphäre.

Gelebte Praxis

Dass die Nutzung von erneuerbaren Energien in integriert geplanten Quartieren nicht nur in der Theorie, sondern auch in der Praxis eine gute Lösung ist, zeigen immer mehr Beispiele, so z. B. auch der **Lagarde Campus in Bamberg**.

Die integrierte Planung des über 20 Hektar großen energieeffizienten Quartiers wurde u. a. von der Energie PLUS Concept GmbH in Zusammenarbeit mit dem Fraunhofer-Institut IEE, dem Nürnberger Ingenieurbüro BUILD.ING Consultants und der Otto-Friedrich-Universität Bamberg durchgeführt. Das Ergebnis ist eine Kombination aus oberflächennaher Geothermie, PV-Anlagen, Wärmepumpen, Abwärmenutzung aus Abwasser und Gewerbebetrieben sowie ein flächendeckendes Glasfasernetz. Insgesamt 18 Millionen Euro investierten die Stadtwerke Bamberg, um 1.200 Wohneinheiten und Gewerbeflächen für 1.500 Arbeitsplätze mit „klimaschonender“ Energie zu versorgen.

Zum Konzept gehören u. a. eine gekoppelte Strom- und Wärmegewinnung sowie ein Wärmenetz der „vierten Generation[1]“. Rund 80 % der Wärme für die Bestands- und Neubauten können aus erneuerbaren Energien gewonnen werden. Strom für Wärmepumpen wird mithilfe von PV-Anlagen erzeugt, welche eine Gesamtleistung von 1.700 kW besitzen und auf den Dächern der Gebäude installiert sind. In der Energiezentrale gleichen ein zentraler Batteriespeicher und ein Blockheizkraftwerk die Produktionsschwankungen zwischen Tag und Nacht aus. Eine saisonale Speicherung von überschüssiger Energie sowie Abwärme aus den Sommermonaten erfolgt mithilfe von 55 Erdwärmesonden sowie Erdwärmekollektoren. Über ein kaltes Nahwärmenetz mit maximalen Temperaturen von 15 bis 20 °C wird die Wärme gesammelt und verteilt. Für eine möglichst effi-

---

1 Wärmenetze der „vierten Generation“ zeichnen sich durch niedrige Systemtemperaturen aus. Die Vorlauftemperaturen liegen im Bereich von 20–95 °C. Dies ermöglicht die Integration eines hohen Anteils an erneuerbaren Wärmequellen (wie z. B. Solarthermie, Umweltwärme, Biomasse) und Abwärme. „Wärmenetze 4.0“ verteilen Wärme sehr effizient, weil aufgrund der niedrigen Temperaturen im Netz wenig Energie verloren geht. Beim Lagarde Campus sammelt das kalte Nahwärmenetz sogar mehr Energie, als es verliert. Durch die Einbindung von Power-to-Heat-Technologien (wie z. B. Wärmepumpen) kann Flexibilität für den Strommarkt bzw. das Stromnetz bereitgestellt werden.

ziente Nutzung der Energie ist jegliche Gebäude- und Anlagentechnik miteinander vernetzt. Das realisierte Wärmekonzept ist das Ergebnis einer Machbarkeitsstudie, die für den Standort die Energieausbeute, den Platzbedarf, Kohlendioxid- und Lärmemissionen sowie die Wirtschaftlichkeit der einzelnen Wärmeerzeugungsmethoden in den Fokus nahm.

Bundeswirtschaftsminister Peter Altmaier bestätigt: „Die Dekarbonisierung der Fernwärme ist ein wichtiger Baustein der Wärmewende. Zur Erreichung dieses Ziels will die Bundesregierung eine neue Förderung für die langfristige Umstellung von Wärmenetzen auf erneuerbare Wärme und Abwärme schaffen, und die sehr erfolgreiche Förderung für neue Wärmenetze der 4. Generation weiter fortsetzen. Das Projekt in Bamberg belegt, dass innovative Lösungen für erneuerbare Fernwärme technisch möglich und wirtschaftlich sind." Oberbürgermeister Andreas Starke bestätigt: „Bamberg ist Smart City – und die Stadtwerke tragen mit ihren innovativen Energiegewinnungskonzepten wesentlich dazu bei. Die Förderung durch das Bundeswirtschaftsministerium zeigt, dass unser Lagarde Campus ein deutschlandweites Vorzeigeprojekt in Sachen Energieeffizienz ist."

6.2.2 Integration von biodiversitätsfördernden Klimaanpassungsmaßnahmen in integrierte energetische Quartierskonzepte – GREENESS

Jedes Quartier ist individuell

Wenn eine Kommune für ein Quartier oder einen Ortsteil ein Konzept der energetischen Sanierung erstellen lässt, besteht in jedem Fall Handlungsbedarf beim energetischen Standard der Mehrzahl der Gebäude. In der Regel weist ein solches Quartier weitere Mängel in der Wohnqualität sowie im städtebaulichen und verkehrlichen Umfeld auf.

KfW 432

Seit 2001 lassen Kommunen in Deutschland energetische Quartierskonzepte für sehr unterschiedliche Siedlungs- und Stadtstrukturen erstellen. Sie bedienen sich dabei der Förderrichtlinie ‚Energetische Stadtsanierung' (KfW 432). Ziel ist es, den energetischen Modernisierungsbedarf systematisch zu erfassen, Entwicklungsziele zu definieren und konkrete Maßnahmen zur Umsetzung zu entwickeln. Ein relevanter Anteil der untersuchten Quartiere umfasst Wohnanlagen aus den 1950er bis 1970er Jahren. Diese sind oft im Besitz einer oder weniger Wohnungsgesellschaften. Weitere Untersuchungsgebiete betreffen zentrumsnahe Mischgebiete mit älteren Gebäudebeständen, die Wohnen, Dienstleistungen und kleinteiliges Gewerbe vereinen. Auch ehemals dörfliche Strukturen im Umland, die sich nach dem Zweiten Weltkrieg zu Vororten mit Ein- und Mehrfamilienhäusern sowie Gewerbegebieten entwickelt haben, weisen heute vielfach energetischen Sanierungsbedarf auf.

Es kommt auf die Eigentümerstruktur an

Die Eigentümerstruktur spielt für die Umsetzung der Konzepte eine zentrale Rolle. Befindet sich ein Quartier im Besitz eines einzelnen oder weniger Eigentümer, kann eine flächendeckende Erneuerung vergleichsweise effizient durchgeführt werden. In solchen Fällen sind integrierte Lösungen wie z. B. Nahwärmenetze oder quartiersbezogene Konzepte zur Begrünung und zum Regenwassermanagement leichter realisierbar. Komplexer gestaltet sich die Umsetzung in Quartieren mit kleinteiliger Eigentümerstruktur, insbesondere wenn ein Großteil der Eigentümer höheren Alters ist. In diesen Fällen sind gezielte Motivation, umfassende Beratung und ein hohes Maß an Kommunikation erforderlich.

Als unterstützend haben sich begleitende Maßnahmen im öffentlichen Raum erwiesen, mit denen die Kommune eine aktive Rolle im Erneuerungsprozess übernimmt und gleichzeitig Impulse für private Investitionen setzt. So kann sie nicht nur die Richtung der Entwicklung vorgeben, sondern auch Vertrauen in die Machbarkeit und den Nutzen gemeinschaftlicher Anstrengungen schaffen.

Quartiere für die Zukunft fit machen

Gebietsbezogene Erneuerungskonzepte verfolgen eine integrierte Herangehensweise, um Stadtquartiere zukunftsfähig weiterzuentwickeln – nicht nur im Hinblick auf energetische Standards, sondern in sämtlichen relevanten Handlungsfeldern. Dies ist auch sachlich geboten, da sich viele Maßnahmen überschneiden, sich gegenseitig ergänzen und erst in ihrer Gesamtheit eine nachhaltige Entwicklung ermöglichen.

Verbesserung der lokalen Lebensqualität

Die Entscheidung einer Kommune, ein integriertes Quartierskonzept zu beauftragen, das unter aktiver Mitwirkung der Bürgerschaft erstellt und umgesetzt wird, weckt in der Regel Erwartungen an eine Verbesserung der lokalen Lebensqualität. Die angestrebte Reduktion fossiler Brennstoffe dient nicht nur globalen Klimaschutzzielen, sondern führt lokal zu höherem Wohnkomfort, verlängert die Lebensdauer erhaltenswerter Gebäude und steigert ihren Wert. Gleichzeitig können durch Modernisierungen auch höhere Nutzungskosten entstehen, was sozial ausgewogene Begleitstrategien erfordert.

Zur Lebensqualität und Attraktivität eines Quartiers tragen jedoch nicht nur Gebäude und Wohnungen bei, sondern ebenso das unmittelbare Umfeld. Ein zukunftsfähiges Stadtquartier benötigt grüne Freiräume mit Aufenthaltsqualität für unterschiedliche Bevölkerungsgruppen. Während diese Wechselwirkung in der Stadterneuerung seit Jahrzehnten berücksichtigt wird, stellen die rasanten Entwicklungen des Klimawandels und des Artenverlusts neue Anforderungen an Planung und Umsetzung. Die Auswirkungen des Klimawandels sind bereits heute in Form von Überhitzung, Wasserknappheit oder Starkregenereignissen spürbar. Der Verlust biologischer Vielfalt hingegen vollzieht sich schleichender, ist aber langfristig nicht minder bedrohlich.

An dieser Stelle setzt das Forschungsprojekt GREENESS[1] an: Es untersucht, inwieweit die nationalen Strategien zur Erhaltung der biologischen Vielfalt und zur Anpassung an den Klimawandel in die gebietsbezogene Stadterneuerung übertragbar sind. Mittels einer Schnittstellenanalyse wurden zentrale Handlungsfelder identifiziert, die für die Umsetzung in Quartieren relevant sind. Die systematische Auswertung zahlreicher geförderter Quartierskonzepte verdeutlicht, dass Ansätze zur Förderung von Biodiversität und Klimaanpassung bereits vereinzelt in kommunalen Entwicklungszielen aufgegriffen werden. Ziel ist es, diese Impulse weiterzuentwickeln und in der Praxis anwendbar zu machen – als integrale Bestandteile einer nachhaltigen Quartierserneuerung.

Integrale Bestandteile einer nachhaltigen Quartierserneuerung

Maßnahmenkatalog der Arbeitshilfe GREENESS

Während für die Planung und Umsetzung energetischer Maßnahmen bereits eine Vielzahl an praxisorientierten Arbeitshilfen existiert, fehlte bislang ein vergleichbares Instrument für die Integration blau-grüner Infrastrukturen in die Quartierserneuerung. Diese Lücke schließt die im Jahr 2023 veröffentlichte Arbeitshilfe des Projekts GREENESS, die konkrete Handlungsmöglichkeiten für Kommunen, Planende und weitere Akteure systematisch aufbereitet.

[1] Der Begriff ‚GREENESS' entstand als Arbeitstitel der Studie für das BfN (2023): *Biologische Vielfalt, Naturschutz und grüne Infrastruktur in Quartieren der „Energetischen Stadtsanierung"*.

Die Arbeitshilfe verfolgt drei übergeordnete Zielsetzungen:

1. Erhalt und Förderung der Biodiversität
2. Verbesserung der Grünversorgung
3. Anpassung an den Klimawandel

Die Ziele „Biodiversität und Klimaanpassung" werden als Querschnittsaufgaben verstanden, die über die rein quantitative Grünversorgung hinausreichen. Das bedeutet: Einzelmaßnahmen – etwa die Anlage eines Spielplatzes – können zwar zur Grünversorgung beitragen, ihre Wirkung auf Biodiversität und Klimaanpassung hängt jedoch maßgeblich von der konkreten Gestaltung ab. Diese funktionale Mehrdimensionalität ist ein zentrales Element der Bewertung.

Vor diesem Hintergrund fasst die Arbeitshilfe thematisch verwandte Maßnahmengruppen zusammen und bewertet die enthaltenen Maßnahmen hinsichtlich ihres Beitrags zur Erreichung der drei Hauptziele. Die folgenden Gruppen werden behandelt:

- Gestaltung, Aufwertung und Vernetzung von Grün- und Freiflächen
- Gebäudebegrünung (Dächer, Fassaden)
- Begrünung von Straßen und Plätzen
- Entwicklung und Aufwertung von Gewässerstrukturen
- Wasserrückhalt im Quartier

Neben der systematischen Darstellung bietet die Arbeitshilfe praxisnahe Hinweise zur Umsetzung und verweist auf realisierte Best-Practice-Beispiele, die als Inspiration und Orientierung dienen können.

Als exemplarische Maßnahme innerhalb der Gruppe „Wasserrückhalt im Quartier“ wird im Folgenden die Einzelmaßnahme „Anlage von Regenrückhalteflächen/multifunktionalen Retentionsflächen“ näher erläutert.

In der Maßnahmengruppe „Wasserrückhalt im Quartier“ findet sich die Einzelmaßnahme „Anlage Regenrückhalteflächen/multifunktionale Retentionsflächen“, die hier als Beispiel dargestellt wird.

Die Arbeitshilfe zur Integration von biodiversitätsfördernden Klimaanpassungsmaßnahmen in Integrierte Energetische Quartierskonzepte finden Sie zum Download in Kapitel 1.5.

1.6 Wasserrückhalt im Quartier					
	Einzelmaßnahmen		**Praktische Hinweise**	**Effekte**	**Praxisbeispiele**
1.6.1	Wasserdurch-lässiger Bodenbelag	●	wasserdurchlässige und verdunstungsfördernde Oberflächenbefestigung mit oder ohne Vegetationsanteil (z. B.: Schotterrasen, Rasengittersteine, Lochsteine, wasserdurchlässige Asphalte, Kies-/Splitterdecke, Betonpflastersteine)		wassersensible Gestaltung des Zollhandelsplatzes (Freiburg im Breisgau), klimagerechte Umgestaltung Tåsinge Plads (Kopenhagen), klimagerechte Umgestaltung Sankt Annæ Plads (Kopenhagen), Regenwasser-Spielplatz Hamburg Neugraben (Hamburg), Smartes Retentions-Gründach von Wasser Hamburg (Hamburg)
		●	wasserdurchlässiger Bodenbelag an Funktion der Fläche anpassen, ausreichende Wasserdurchlässigkeit berücksichtigen (≥ 3x10-5 m/s bzw. ≥ 5x 10-5 m/s), Tragfähigkeit beachten		
		●	Abwassergebührensatzung ggf. an Entsiegelungsmaßnahmen anpassen (anteilige/vollständige Befreiung von der Niederschlagswassergebühr)		
1.6.2	Anlage Regen-Rückhalteflächen, multifunktionale Retentionsflächen	●	Multifunktionalität der Flächen als Spiel- und Erholungsflächen, Straßen, Plätze, Parkflächen, Sportanlagen, Grünflächen, Auen, Tiefbeete, Mulden etc.		
		●	ggf. in Kombination mit unterirdischen Rückhalteelementen, Drosseleinrichtungen		
		●	kurze Rückstau-/Entleerungszeiten, Versickerung und Verdunstung, ggf. Ableitung in Gewässer oder Kanalsystem, Reinigungsverfahren		
		●	Anforderungen an Verkehrssicherheit, Barrierefreiheit, Katastrophenschutz, Flächen- und Gebäudeschutz beachten		
1.6.3	Anlage von Baumrigolen-systeme und Mulden-Rigolen-Systeme	●	Mulden und ggf. auch Rigolen extensiv begrünen		
		●	je nach Belastung einzuleitender Wässer Vorschaltung technischer Behandlungsanlage		
		●	Verkehrswegeentwässerung hin zu Rigolensystemen		
1.6.4	Anlage von Retentionsdächer	●	Speicherung und Rückhalt von Starkregenabflussspitzen (siehe auch Maßnahme 5.1)		

Abb. 6.2.2-1: Einzelmaßnahme 1.6.2 der Arbeitshilfe zur Integration von biodiversitätsfördernden Klimaanpassungsmaßnahmen in Integrierte Energetische Quartierskonzepte (Quelle: GREENESS)

Praxisbeispiel Hamburger Regenspielplatz

Im Hamburger Stadtteil Neugraben-Fischbek wurde im Rahmen der Sanierung eines bestehenden Spielplatzes ein innovatives Konzept zur Regenwasserrückhaltung umgesetzt. Anlass waren wiederholte Überflutungen eines angrenzenden Schulzentrums infolge von Starkregenereignissen. Die 2013 fertiggestellte Maßnahme kombiniert technische und spielerische Elemente, um Regenwasser dezentral zwischenzuspeichern und zugleich das Bewusstsein für den lokalen Wasserkreislauf zu fördern.

Kernstück der Maßnahme ist ein multifunktional gestaltetes Sickerbecken mit vorgelagerter Regenwassermulde, die unter normalen Bedingungen als Spielbereich genutzt werden kann. Bei Starkregen füllt sich das Becken temporär und leitet überschüssiges Wasser über eine flach modellierte Transportmulde in ein externes Versickerungsareal weiter. Thematisch gestaltete Spielgeräte sowie begleitende Informationstafeln vermitteln Kindern und Nutzergruppen auf anschauliche Weise das Prinzip der Regenwasserbewirtschaftung.

Multifunktionale Freiräume im Kontext klimaresilienter Quartiersentwicklung

Das Beispiel zeigt, wie durch eine gestalterisch integrierte Lösung ökologische, technische und pädagogische Ziele miteinander verbunden werden können. Es verdeutlicht zugleich das Potenzial multifunktionaler Freiräume im Kontext klimaresilienter Quartiersentwicklung.

Abb. 6.2.2-2: Regenwasserspielplatz Neugraben Fischbek (Quelle: HAMBURG WASSER/Jörg Böthling)

Maßnahmen mit Mehrfachnutzen: Klimaanpassung und Biodiversität

Die Arbeitshilfe legt einen besonderen Schwerpunkt auf Maßnahmen, die sowohl der Anpassung an den Klimawandel dienen als auch einen signifikanten Beitrag zur Förderung der Biodiversität leisten. Im Fokus stehen dabei insbesondere Begrünungsmaßnahmen an Gebäuden sowie die ökologische Aufwertung naturnaher Gewässerstrukturen im Quartier.

Fassaden- und Dachbegrünung

Ein zentrales Element bildet die Fassaden- und Dachbegrünung, deren positive Effekte auf das Mikroklima, die Regenwasserrückhaltung und die Artenvielfalt im urbanen Raum ausführlich dargestellt werden. Ergänzend werden auch technische Voraussetzungen, bauliche Rahmenbedingungen sowie ökonomische Aspekte der Umsetzung erläutert – etwa hinsichtlich Investitionskosten, Unterhalt oder Fördermöglichkeiten.

Die systematische Darstellung dieser Maßnahmen verdeutlicht ihren Mehrwert als integrale Bestandteile einer klimaresilienten und biodiversitätsfördernden Quartiersentwicklung. Damit liefert die Arbeitshilfe konkrete Anknüpfungspunkte für Kommunen, Wohnungswirtschaft und Planende, um synergetische Effekte bei der Umsetzung von Klimaanpassungsstrategien gezielt zu nutzen.

Praxisbeispiel Stadtgarten in Stollberg/Erzgebirge

Im Rahmen eines städtebaulichen Entwicklungsprozesses im Zentrum von Stollberg (Erzgebirge) verfolgte die Stadt das Ziel, zusätzliche öffentlich zugängliche Grünflächen in einem verdichteten Quartier zu schaffen. Die Realisierung eines neuen Lebensmittelmarkts bot die Gelegenheit, das Flachdach des Gebäudes in eine öffentlich nutzbare Grünanlage zu integrieren. Dank der örtlichen Topografie konnte ein ebenerdiger Übergang vom bestehenden Stadtgarten auf das Dach geschaffen werden.

Die 2019 fertiggestellte Anlage umfasst eine zentrale Rasenfläche, die von Sitzbänken, Platanen, berankten Pergolen sowie artenreichen Staudenflächen umgeben ist. Die Begrünung fördert nicht nur die Aufenthaltsqualität, sondern leistet durch ihre vielfältige Bepflanzung auch einen Beitrag zur urbanen Biodiversität und zur Klimaanpassung. Das Beispiel zeigt, wie technische Infrastrukturflächen – in diesem Fall ein Supermarktdach – durch kreative Planung multifunktional genutzt und in bestehende Freiraumstrukturen integriert werden können.

Abb. 6.2.2-3: Stadtgarten in Stollberg/Erzgebirge, Projekt: PB DIETRICH ARCHITEKTEN INGENIEURE, Oelsnitz (Quelle: Bert Harzer)

Bestehendes Rechtsinstrumentarium neu denken

Das klassische Instrument der verbindlichen Bauleitplanung, insbesondere in Form von Bebauungsplänen, wird bislang überwiegend für Neubaugebiete angewendet. In bereits bestehenden Stadtquartieren hingegen liegt selten ein qualifizierter Bebauungsplan vor. Wenn Kommunen dort rechtlich verbindliche Anforderungen etwa zur Begrünung oder Klimaanpassung festsetzen möchten, greifen entsprechende Regelungen meist erst dann, wenn Eigentümer bauliche Veränderungen anstreben.

Abwägung der öffentlichen und privaten Belange

Ein Beispiel für die strategische Nutzung dieses Instruments liefert die Stadt Essen: Für einen besonders hitzebelasteten Teil der Innenstadt wurde ein Bebauungsplan aufgestellt, der eine Begrünung von Flachdächern vorschreibt. Eigentümer haben dabei die Wahl, die Maßnahme unmittelbar umzusetzen oder bis zur nächsten Dachsanierung zu warten. Solche Festsetzungen setzen eine differenzierte Abwägung der öffentlichen und privaten Belange voraus. Seit der BauGB-Novelle von 2011 zählt die Anpassung an den Klimawandel explizit zu den Belangen, die in die planerische Abwägung verbindlich einzubeziehen sind (§ 1 Abs. 6 Nr. 11 BauGB).

Eine vertiefende Darstellung zur Integration von Begrünungspflichten in die Bauleitplanung bietet der Leitfaden *„Mehr Grün durch verbindliche Bauleitplanung"* (IÖW & LMU 2023). Darin wird deutlich, dass die planerischen Spielräume der Kommunen bislang nur ansatzweise ausgeschöpft werden.

! Sie finden den Leitfaden zum Download in Kapitel 1.5.

Grün-Gestaltungssatzung

Das Projekt GREENESS empfiehlt darüber hinaus, eine Grün-Gestaltungssatzung als ergänzendes rechtliches Instrument einzusetzen. Die Bauordnungen der Bundesländer ermöglichen es den Gemeinden, für bestimmte Teilräume des Gemeindegebiets Satzungen zur äußeren Gestaltung von Gebäuden und Freiflächen zu erlassen. Dazu gehören u. a. Regelungen zur Fassadengestaltung, Dachform, Einfriedung oder Vorgartenbepflanzung – etwa zur Förderung standortgerechter Hecken oder zur Vermeidung von Schottergärten.

Auch der *Praxisleitfaden zur Kommunalen Gestaltungssatzung zur Klimaanpassung im Siedlungsbereich* (HLNUG, 2023) weist auf diese Möglichkeiten hin und stellt dar, wie gestalterische und klimapolitische Ziele in bestehenden Quartieren wirksam miteinander verknüpft werden können.

Transformation im ländlichen Raum: das Dorf als Quartier

Auch in den ländlich geprägten Räumen mit scheinbar höherem Grünanteil besteht die Notwendigkeit biodiversitätsfördernder Klimaanpassungsmaßnahmen. Die Annahme, Dörfer verfügten aufgrund ihrer Lage und Struktur per se über ausreichende naturnahe Flächen, verkennt häufig die tatsächlichen ökologischen Bedingungen: So ist die umgebende Agrarlandschaft vielfach durch intensive Nutzung und geringe Strukturvielfalt geprägt (vgl. BMUV 2022; Oppermann & Böhning-Gaese 2019), während innerörtlich zunehmend versiegelte Flächen und pflegeleichte Gestaltungstrends sowie eine abnehmende Vielfalt an Pflanzenarten zu einer ökologischen Verarmung führen (vgl. Bundesamt für Naturschutz 2020). Städtische Flächen sind oft biodiverser als ländliche. Integrierte Energetische Quartierskonzepte bieten auch ‚auf dem Lande' ein geeignetes Instrument, um klimatische, energetische und ökologische Aspekte systematisch zu verknüpfen, lokale Anpassungsstrategien zu entwickeln und gleichzeitig die Biodiversität zu stärken.

Tatsächlich hat sich in den letzten Jahren das geförderte Quartierskonzept zu einem beliebten Transformationshebel für ländliche Gemeinden/Dörfer entwickelt. Der Grund: Es gibt keine vergleichbaren systemischen Transformationsansätze für diese kleinste gemeinschaftlich strukturierte Einheit im ländlichen Raum. Als überschaubarer Ort sozialen Zusammenhalts, gewachsener Identität und grundlegender Infrastruktur bietet das Dorf hervorragende Voraussetzungen für eine lokale Transformation mit dem Ziel hoher Selbstversorgungsgrade, würde es besser von der übergeordneten Verwaltungsstruktur bzw. der Politik unterstützt und begleitet. Das Gefühl des Alleingelassenseins angesichts der Folgen des Klimawandels, eingeschränkter ÖPNV-Anbindung und vielfach ehrenamtlich organisierter Verwaltung hat in vielen ländlichen Regionen das Empfinden des „Abgehängtseins" verstärkt – mit entsprechenden politischen Wahlaussagen der Bevölkerung. Integrierte Quartierskonzepte bieten hier eine große Chance, lokale Prozesse anzustoßen und dabei Empowerment und Teilhabe gezielt zu fördern.

Ausblick

Ende 2023 wurde durch den Bund die Förderung „Energetische Stadtsanierung – Zuschuss 432" abrupt eingestellt. Als Grund wurde vom damaligen Bauministerium die Haushaltslage angegeben, wenngleich angesichts der vergleichsweise geringen Zuschuss-Summen von ca. 30 Mio €/a für Projekte mit einer derartigen Hebelwirkung diese Begründung von der Fachwelt hinterfragt wurde. Bis zu diesem Zeitpunkt waren fast 1.800 Quartierskonzepte bewilligt, von denen über 700 bereits mit einem Sanierungsmanagement in die Umsetzung gegangen waren (pers. Mitt. KfW). Die verbleibenden Quartiere bleiben im Prozess stecken und die jeweiligen Bürgermeister oder Amtsleiter kommen vor Ort gegenüber den Bürgern in Erklärungsnöte.

Gibt es eine Wiederaufnahme der Förderung „Energetische Stadtsanierung"?

Mehrere Fachverbände und Institutionen sprechen sich derzeit für eine Wiederaufnahme der Förderung „Energetische Stadtsanierung" aus. Diese Forderung ist fachlich gut begründet: Das Quartier stellt eine besonders wirksame Handlungsebene dar, da hier strategische Zielsetzungen in konkrete, gebäudebezogene und sozialräumliche Maßnahmen übersetzt werden können. Zudem ermöglicht die Quartiersebene eine integrierte

Betrachtung technischer, ökologischer und sozialer Aspekte – von der energetischen Sanierung über Mobilitätskonzepte bis hin zur klimaangepassten Freiraumgestaltung.

Darüber hinaus bildet das Quartier den zentralen Bezugspunkt für Beteiligungsprozesse: Hier sind Bürgerinnen und Bürger direkt betroffen und können aktiv in Transformationsprozesse eingebunden werden. Die Akzeptanz und Wirksamkeit von Maßnahmen lassen sich auf dieser Ebene besonders gut steuern.

Nicht zuletzt wird auch die derzeit in vielen Bundesländern vorangetriebene Kommunale Wärmeplanung in der Umsetzungsphase auf quartiersbezogene Konzepte angewiesen sein. Eine räumlich differenzierte Planung und Umsetzung der Wärmewende ist ohne die Skalierung auf Quartiersebene kaum realisierbar.

Mit kluger Planung und passender Förderung kann das Quartier somit zur Schlüsselskala einer nachhaltigen und sozial gerechten Stadtentwicklung werden.

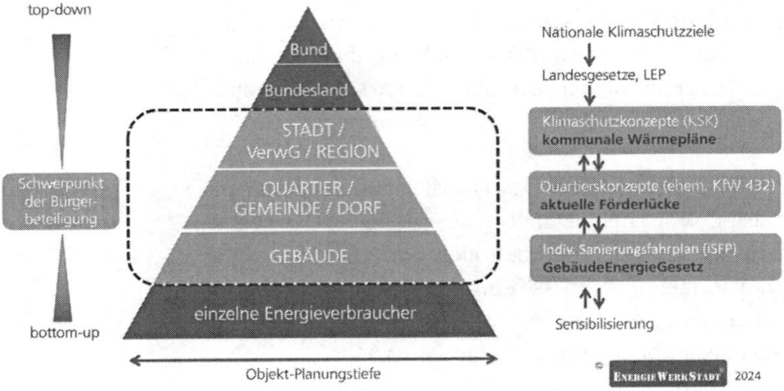

Abb. 6.2.2-4: Das Quartier als die umsetzungseffektivste Skalierung und als Hauptaustragungsort der Bürgerbeteiligung (Quelle: eigene Darstellung EnergieWerkStadt)

Wer heute in Quartiersentwicklung investiert, legt das Fundament für resiliente, lebenswerte und klimafitte Städte von morgen. Die in diesem Beitrag dargestellten Impulse zielen daher auf eine Zukunft, die bereits vor der eigenen Haustür beginnt – und keinesfalls vertagt werden sollte.

Literatur

BMUV (2022): *Bericht zur Lage der Natur in Deutschland.* Bundesministerium für Umwelt, Naturschutz, nukleare Sicherheit und Verbraucherschutz.

Bundesamt für Naturschutz (2020): *Urbanisierung und biologische Vielfalt.* BfN-Skripten 552.

Bundesamt für Naturschutz (2023): *Biologische Vielfalt, Naturschutz und grüne Infrastruktur in Quartieren der „Energetischen Stadtsanierung"*, Teil 1: *Wissenschaftliche Untersuchung* (BfN-Schriften 665/1). Teil 2: *Arbeitshilfe zur Integration von biodiversitätsfördernden Klimaanpassungsmaßnahmen in Integrierte Energetische Quartierskonzepte* (BfN-Schriften 665/2)

Difu (2023): *Integrierte energetische Quartierskonzepte – Praxisleitfaden für Kommunen.* Deutsches Institut für Urbanistik.

Hessisches Landesamt für Naturschutz, Umwelt und Geologie – Fachzentrum Klimawandel und Anpassung. (Hrsg.). (2023). *Kommunale Gestaltungssatzung zur Klimaanpassung im Siedlungsbereich: Praxisleitfaden am Beispiel von Frankfurt am Main.* Wiesbaden.

IÖW & LMU (2023): *Leitfaden: Mehr Grün durch verbindliche Bauleitplanung.* Berlin und München

KfW (2011): *Energetische Stadtsanierung (Zuschuss).* Förderrichtlinie KfW 432

Oppermann, R. & Böhning-Gaese, K. (2019): *Agrarlandschaften im Wandel – Biodiversitätsverlust und Handlungsperspektiven.* In: Natur und Landschaft, 94(5).

UBA (2021): *Klimaanpassung in Kommunen – Handlungsoptionen und Förderprogramme.* Umweltbundesamt.

Hinweis zu den Autoren:
Prof. Dr. Dagmar Everding, Dr. Kersten Roselt
EnergieWerkStadt® eG
Saalbahnhofstraße 25 c,
07743 Jena
kontakt@energie-werk-stadt.de

6.3 Kommunale Wärmeplanung

6.3.1 Wärmeplanungsgesetz und Gebäudeenergiegesetz – Ziele, Inhalte und Verzahnung

Mehr als die Hälfte des jährlichen Endenergieverbrauchs in der Bundesrepublik entfällt auf Wärmeanwendungen (siehe Abb. 1). Knapp 90 % dieser Wärme wird aus fossilen Brennstoffen erzeugt. Um die Wärmewende gezielt und schneller voranzutreiben und einen zentralen Beitrag zum Erreichen der deutschen Klimaschutzziele zu leisten, wird mit dem „Bundesgesetz zur Wärmeplanung und zur Dekarbonisierung der Wärmenetze" (WPG) die Wärmeplanung im Bundesgebiet flächendeckend eingeführt. So soll die Wärmewende unter Berücksichtigung lokaler Gegebenheiten vorangetrieben werden. Darüber hinaus finden sich im Gebäudeenergiegesetz (GEG) konkrete Vorgaben für den Einbau und Weiterbetrieb von Heizungsanlagen. In Summe bilden beide Gesetze die zentralen rechtlichen Bausteine, um eine klimaneutrale Wärmeversorgung bis zum Jahr 2045 erreichen zu können. Wie greifen das WPG und das GEG nun ineinander?

WPG

GEG

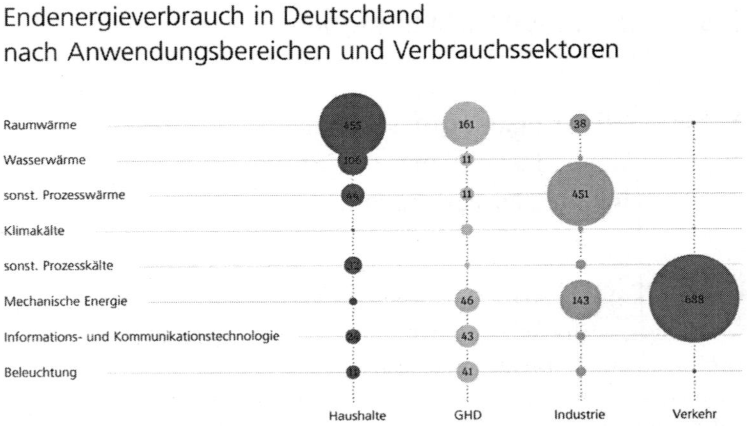

Abb. 6.3.1-1: Endenergieverbrauch (Quelle: KEAN)

Wärmeplanungsgesetz und Gebäudeenergiegesetz: Ziele und Pflichten

Fristen betreffen nur die „planungsverantwortliche Stelle"

Ziel der Wärmeplanung ist es, eine treibhausgasneutrale zukunftsfähige Wärmeversorgung aufzubauen und die Wärmewende aktiv und unter Berücksichtigung lokaler Gegebenheiten zu gestalten. Für eine nachhaltige Wärmeversorgung der Zukunft sind zum einen, langfristige strategische Entscheidungen für die Organisation und Transformation der Wärmeversorgungsstruktur zu treffen, und zum anderen, gezielt Umsetzungsmaßnahmen vor Ort anzustoßen. Zu betonen ist hierbei, dass die mit dem WPG einhergehenden Pflichten und Fristen nur die „planungsverantwortliche Stelle" (bspw. Kommune) betreffen. Für Bürger ergeben sich hingegen keine direkten Verpflichtungen aus dem WPG. Die Wärmeplanung dient somit einer „Strategieentwicklung" für die Wärmewende für das gesamte kommunale Gebiet. Diese Strategieentwicklung unterscheidet sich daher von nachfolgenden Planungsschritten für Teilbereiche der Kommune, wie z. B. Umsetzungsplanungen (bspw. für quartiersweite Wärmenetze) oder Detailplanungen (bspw. auf Gebäudeebene). Dennoch ist festzuhalten: Die Wärmeplanung gibt für alle Teilbereiche der Kommune und alle nachfolgenden Planungsschritte wichtige Hinweise und Leitplanken für die Umsetzung der Wärmewende, ragt also in diese hinein (siehe Abb.2).

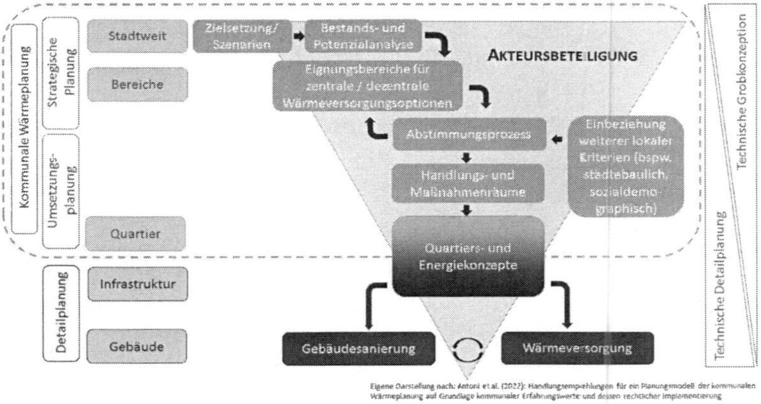

Abb. 6.3.1-2: KWP-Ablauf (Quelle: Schuchardt)

Damit im Anschluss an die Wärmeplanung die Wärmewende in die Umsetzung gebracht werden kann, sind weitere Vorgaben nötig. Diese werden durch das GEG definiert und gesetzlich verankert. Ziel des GEG ist es, die Transformation hin zu einer treibhausgasneutralen Wärmeversorgung abzusichern. Dafür gibt das GEG zum einen Vorgaben zur Nutzung von Wärme aus erneuerbaren Energiequellen in Neubauten und Bestandsgebäuden vor („65-%-EE-Pflicht", siehe § 71 Abs. 1 GEG). Zum anderen werden Übergangsfristen

Transformation hin zu einer treibhausgasneutralen Wärmeversorgung

für den Einbau und die Weiternutzung verschiedener bestehender Anlagen zur Wärmebereitstellung festgeschrieben (§§ 71b ff. GEG).

Das GEG benennt konkrete Lösungen für eine treibhausgasneutrale Wärmeversorgung (§ 71 Abs. 3 GEG). Exemplarisch sei hier die elektrisch betriebene Wärmepumpe oder der Anschluss an ein Wärmenetz genannt. Für diese Lösungen macht das GEG vergleichsweise konkrete Vorgaben, wie diese auszulegen oder auszuführen sind, damit die 65-%-EE-Pflicht als quasi erfüllt angenommen werden kann und nicht für jeden Einzelfall nachzuweisen ist (§§ 71b–h GEG). In anderen Worten: Der Gesetzgeber definiert „Standardlösungen“ für eine treibhausgasneutrale Wärmeversorgung.

Wichtig: Die konkreten Vorgaben, Pflichten und Fristen des GEG betreffen Bürger, Energieberater und Energieversorger direkt. Allerdings sind diese Fristen und Pflichten des GEG wiederum mit den Ergebnissen der Wärmeplanung verzahnt.

Die aktuellen Inhalte des GEG finden Sie in Kapitel 1.5 zum Download.

Wärmeplanung im Bund und in den Ländern

Am 17.11.2023 wurde das WPG verabschiedet. Ziel ist es, eine Planungsgrundlage für langfristige strategische Entscheidungen für die Organisation und Transformation der Wärmeversorgung der Zukunft zu schaffen. Die

Wärmeplanung kanalisiert dafür die Ziele des Bundes auf den handhabbaren räumlichen Kontext des Gemeindegebiets. Maßnahmen für die Wärmewende können so unter Beachtung der lokalen Gegebenheiten zielgenau identifiziert, eingeordnet, quantifiziert und aufeinander abgestimmt werden. Im Ergebnis entsteht ein Bewusstsein für Herausforderungen, die mit der erforderlichen Wärmewende einhergehen. Gleichzeitig werden greifbare Lösungsansätze unter Einbeziehung der lokalen bzw. relevanten Akteure zur Transformation der Wärmeversorgung in einem vertrauten räumlichen Kontext aufgezeigt.

Hervorzuheben ist, dass die Bundesländer Adressaten des WPG sind und nicht die einzelnen Kommunen. Mit dem WPG werden zunächst die Länder verpflichtet, bis spätestens zum Ende des Jahres 2028 eine flächendeckende Wärmeplanung durch planungsverantwortliche Stellen – in der Regel sind dies Kommunen – sicherzustellen. Grund ist, dass der Bund den Kommunen keine Pflichtaufgaben zuweisen darf, sondern dies einzig den Ländern obliegt (§ 84 Abs. 1 GG). Das heißt, dass sich aus dem WPG selbst vorerst keine Rechtsgrundlage für die Durchführung einer Wärmeplanung ergibt.

Bis Ende des Jahres 2028 flächendeckende Wärmeplanung durch Kommunen

Ausnahme sind all jene Bundesländer, die bereits vorab eine eigene Landesregelung zur Wärmeplanung beschlossen haben. Dazu zählen u. a. Baden-Württemberg (KlimaG BW, 2020), Schleswig-Holstein (EWKG, 2021), Niedersachsen (NKlimaG, 2022) oder Hessen (HEG, 2022). In diesen Ländern besteht somit bereits eine Rechtsgrundlage für die Durchführung einer Wärmeplanung in ausgewählten Kommunen. Die Länderöffnungsklausel des WPG (§ 5 Abs. 1 WPG) regelt, wie mit bereits erstellten, in Durchführung oder in Planung befindli-

Die Länderöffnungsklausel des WPG

chen Wärmeplanungen umzugehen ist. Grundsätzlich wird die „Wirksamkeit eines solchen nach Landesrecht erstellten Wärmeplans" eingeräumt, wenn dieser mit den Umsetzungsfristen des Bundes gemäß WPG im Einklang steht. Da der Bund teils strengere Fristen als einzelne landesrechtliche Regelungen vorsieht, kann dies aber bedeuten, dass die betroffenen Kommunen ihre Wärmeplanungen früher als nach Landesrecht vorgesehen, fertigstellen müssen.

6.3.2 Grundlagen schaffen: vom Problem- zum Lösungsbewusstsein

Bewusstsein für den Umfang mit der erforderlichen Wärmewende

In einem ersten Schritt entsteht durch die Wärmeplanung zunächst einmal ein Bewusstsein für den Umfang mit der erforderlichen Wärmewende. Mit Blick auf die knapp 90 % fossiler Energieträger in Wärmeanwendungen sollte dieses Bewusstsein rasch in kommunalen Verwaltungen und bei anderen relevanten Akteuren der Wärmewende verankert werden.

Lösungsbewusstsein als nächster Schritt

In einem nächsten bedeutsameren Schritt entsteht idealerweise ein Lösungsbewusstsein, mit welchen Möglichkeiten die Wärmewende lokal umzusetzen ist und welche Technologien und Werkzeuge unter Berücksichtigung lokaler Stärken und Gegebenheiten zum Einsatz kommen. Hierbei bedarf es eines von der Kommune moderierten Interessenausgleichs zwischen verschiedenen Akteursgruppen, um für alle Seiten tragbare Kompromisse für diesen Transformationsprozess zu finden.

Entstehung einer gesellschaftlichen Basis

Durch einen dadurch angestoßenen umfassenden Dialogprozess wird einerseits die Qualität der Wärmeplanung sichergestellt und andererseits die Akzeptanz für die notwendigen Umsetzungsschritte bei allen relevanten Akteuren geschaffen. In der Summe entsteht eine gesellschaftliche Basis für die lokale Umsetzung der Wärmewende sowie für die dafür notwendigen Investitionen.

Wichtig ist dabei die Erkenntnis, dass es sich bei der Wärmewende um einen Transformationsprozess mit dem Ziel Treibhausgasneutralität handelt. Der Weg zum Ziel ist zum jetzigen Zeitpunkt jedoch nur in Grundzügen erkennbar. Daraus folgt, dass absehbare Probleme auf dem Weg zum Ziel nur qualitativ beschrieben und deren Lösungen nur vage umrissen werden können. Daher sieht das WPG vor, dass die Lösungsstrategien von heute in der Zukunft nachgeschärft und angepasst werden können. Die Wärmeplanung wird durch regelmäßige Fortschreibung als stetiger Prozess in den Kommunen verankert (§ 25 WPG).

Fristen und Inhalte für eine zielgerichtete Wärmewende vor Ort

Damit die für die Wärmewende erforderliche Planung möglichst schnell anläuft, definiert der Bund im WPG-Fristen für die Durchführung der Wärmeplanung (§ 4 WPG). Diese sind der

- 30.06.2026 für alle bestehenden Gemeindegebiete mit mehr als 100.000 Einwohnern,
- 30.06.2028 für alle bestehenden Gemeindegebiete mit weniger oder exakt 100.000 Einwohnern (Stichtag für Einwohnerzahl: 01.01.2024).

Abschnitt 4 des WPG gibt die einzelnen Schritte zur „Durchführung der Wärmeplanung“ vor. Diese folgen dem grundlegenden „Beschluss [...] der planungsverantwortlichen Stelle (z. B. der Kommune) über die Durchführung einer Wärmeplanung“ (§ 13 WPG) sowie der „Eignungsprüfung“ zur verkürzten Durchführung einer Wärmeplanung (§ 14 WPG), in denen u. a. eine Bestandsanalyse entfällt.

Erstellung eines „Zielszenarios“

Herzstück der Wärmeplanung ist die Erstellung eines „Zielszenarios“. Dieses stellt die langfristige Entwicklung der Wärmeversorgung dar (§ 17 WPG). Dafür werden unterschiedliche Szenarien gegenübergestellt und mit relevanten Akteuren der Wärmewende ausgearbeitet. Dabei stehen die notwendigen Entwicklungen des Wärmebedarfs, die Möglichkeiten zur erneuerbaren Wärmeerzeugung und der Umbau von Energieinfrastrukturen im Fokus. Im Ergebnis wird von der Kommune erarbeitet, welches Zielszenario weiterverfolgt werden soll.

Einteilung des Gemeindegebiets in voraussichtliche Wärmeversorgungsgebiete

Anschließend erfolgt eine „Einteilung des [Gemeindegebiets] in voraussichtliche Wärmeversorgungsgebiete“ (§ 18 WPG) für die Jahre 2030, 2035 und 2040. Darin wird abgeschätzt, wann welche „Wärmeversorgungsvarianten für das Zieljahr“ vorliegen (§ 19 WPG). Maßgaben sind dabei möglichst geringe Wärmegestehungskosten, Realisierungsrisiken und Treibhausgasemissionen sowie eine möglichst hohe Versorgungssicherheit. Mit diesen Zielvorgaben geht die Wärmeplanung über die Forderungen des Energiewirtschaftsgesetzes hinaus und verschafft der Kommune einen Handlungsspielraum, um die Umsetzung der Wärmewende voranzutreiben.

Potenzialanalyse

Grundlage des „Zielszenarios" ist die „Bestandsanalyse" (§ 15 WPG) sowie die „Potenzialanalyse" (§ 16 WPG). In Ersterer werden Wärmebedarfe oder Wärmeverbräuche, vorhandene Wärmeerzeugungsanlagen (z. B. Gas-, Öl-, Biomassekessel) sowie die Wärmeversorgungsinfrastruktur (Gas-, Wärme- und auch Stromnetze) ermittelt. In der Potenzialanalyse werden die Nutzung erneuerbarer Wärme und unvermeidbarer Abwärme sowie räumliche, technische, rechtliche und/oder wirtschaftliche Restriktionen zu deren Nutzung untersucht. Als zweite Säule der Wärmewende werden zudem Potenziale zur Reduktion des Wärmebedarfs in Gebäuden sowie in industriellen und gewerblichen Prozessen betrachtet. Neben der Umstellung von (Produktions-)Prozessen liegt hier der Fokus zunächst auf Sanierungsmöglichkeiten im Gebäudebestand. Aber auch die Berücksichtigung nicht und geringinvestiver Maßnahmen (hydraulischer Abgleich, Tausch einzelner Heizkörper, optimierte Einstellung der Heizkurve etc.) sollte v. a. bei neueren Bestandsgebäuden einen gesonderten Fokus erhalten, da sonst angesichts geringer Sanierungsraten und -tiefen ein Großteil des Gebäudebestands kaum für den Einsatz erneuerbarer Wärme vorbereitet werden kann.

Entwicklung einer Umsetzungsstrategie

Abschließend entwickelt die Kommune eine „Umsetzungsstrategie", mit der das Ziel einer treibhausgasneutralen Wärmeversorgung bis zum Zieljahr erreicht werden soll. Dies sollte in Zusammenarbeit mit den für die Wärmewende relevanten Akteuren geschehen (§ 20 WPG). Darüber hinaus müssen sich Gemeindegebiete mit mehr als 45.000 Einwohnern u. a. bei der Wärmeplanung mit benachbarten Gemeinden abstimmen (§ 21 WPG), um ggf. mögliche Synergien zu identifizieren. Gemeinden mit weniger als 10.000 Einwohnern können hingegen ein „Vereinfachtes Verfahren für die Wärmeplanung“ durchlaufen (§ 22 WPG).

Rechtsverbindlichkeit der Wärmeplanung

Die wesentlichen Ergebnisse der Wärmeplanung werden in einem Wärmeplan räumlich aufgelöst dargestellt. Dabei werden u. a. potenzielle Gebiete für eine Wärmenetz-, Wasserstoffnetz- oder dezentrale Wärmeversorgung ausgewiesen. Allerdings ist diese Ausweisung im Wärmeplan rein informell und hat keine rechtliche Außenwirkung oder einklagbaren Rechte oder Pflichten zur Folge (§ 3 Abs. 1 Satz 6 WPG und § 23 Abs. 4 WPG).

Durch Ausweisung werden die Ergebnisse der Wärmeplanung rechtskräftig

Um nun eine Rechtsverbindlichkeit herzustellen, können und sollen Kommunen einzelne Teilbereiche des Gemeindegebiets, in denen Wärme- oder Wasserstoffnetze zukünftig die klimaneutrale Wärmeversorgung gewährleisten, auf Basis des Wärmeplans grundstücksscharf ausweisen (§ 26 Abs. 1 WPG und § 27 Abs. 1 WPG). Erst durch diese Ausweisung (z. B. durch einen Ratsbeschluss) werden die Ergebnisse der Wärmeplanung rechtskräftig. Ein Ergebnis dieser Ausweisung ist, dass explizit in diesen gesondert ausgewiesenen Teilbereichen des Gemeindegebiets die Pflichten und Fristen des GEG früher greifen.

Das bedeutet aber auch: Nur durch die frühzeitige Erstellung und Fertigstellung eines Wärmeplans entstehen Kommunen, Bürgern und Energieversorgern keine Nachteile. Die Befürchtung, dass Vorreiterkommunen benachteiligt werden, ist aufgrund des zunächst rein informellen, nicht verbindlichen Charakters des Wärmeplans unbegründet. Im Gegenteil: Durch die frühe Bereithaltung eines Wärmeplans liegen Bürgern und Energieversorgern wichtige Informationen vor, wie die Zukunft ihrer Wärmeversorgung aussehen könnte. Je früher diese Informationen vorliegen, desto schneller kann es auch an die Umsetzung der Wärmewende gehen und können Fehlinvestitionen vermieden werden. Maßgeblich ist, schnellstmöglich zu einer Entscheidung über die verbindliche Ausweisung eines Wärmenetz- oder Wasserstoffnetzgebiets zu kommen. Angesichts der damit verbundenen Herausforderungen für Bürger und Energieversorger stellt dies eine drängende Aufgabe dar, die schnellstmöglich in Angriff genommen werden sollte.

Fazit

Wärmeplanungsgesetz und Gebäudeenergiegesetz sollen die Wärmewende strategisch und praktisch voranbringen. Mit Blick auf diesen Prozess muss jedoch anerkannt werden, dass es sich bei der Wärmewende um einen Transformationsprozess handelt. Eigenheit solcher Transformationsprozesse ist, dass das Ziel, hier die Treibhausgasneutralität, klar erkennbar sein muss, auch wenn der Weg dahin erst in Grundzügen erkennbar ist. Daher sieht das WPG vor, dass die in der Wärmeplanung erarbeiteten Lösungsstrategien turnusmäßig immer wieder nachgeschärft und angepasst werden können. Damit wird die Wärmeplanung als stetiger Prozess in den Kommunen verankert.

Aus rein praktischer Sicht ist allerdings festzuhalten, dass sich die ersten greifbaren Erfolge des Zweiklangs aus WPG und GEG erst Anfang bzw. Mitte der 2030er-Jahre einstellen werden. Ungeachtet der Übergangsfristen ist jedoch eine Vielzahl von Akteuren angehalten, vorbereitende Maßnahmen zu ergreifen, damit die Wärmewende auch schnellstmöglich umgesetzt werden kann. Solche „No-regret-Maßnahmen“ sind aus heutiger Sicht z. B. der Ausbau erneuerbarer Erzeugungsanlagen sowie die bestmögliche Vorbereitung des Gebäudebestands auf den Einsatz erneuerbarer Wärme.

Die gute Nachricht: Wenn mit Blick auf die Vorbereitung des Gebäudebestands Energieberater und Handwerk gezielt und mit Augenmaß Sanierungsmaßnahmen anstoßen, aber auch den Wert nicht und geringinvestiver Maßnahmen vermitteln, kann die Wärmewende sowohl in dezentral als auch in zentral versorgten Gebieten sozialverträglich gelingen.

6.3.3 Kommunale Wärmeplanung – ein aktueller Effizienzratgeber

Eine Bestandsaufnahme der ersten Ergebnisse und Erfahrungen ermöglicht einen Ausblick über das tatsächliche Potenzial der Wärmeplanung in den Kommunen. Dieser Beitrag möchte zeigen, wie eine realitätsnahe Erwartungshaltung erfolgversprechende, pragmatische und wirtschaftliche Lösungsansätze ermöglicht.

Fernwärme sowie Nahwärme stellten grundsätzlich gute Ansätze zur Effizienzsteigerung im Wärmesektor dar. Im Gegensatz zu kleinen Einzellösungen können mit Wärmenetzen durch intelligente sowie sektorübergreifende Lösungen und in Kombination mit Synergien und Skalierungseffekten die Basis von Wirtschaftlichkeit und Nachhaltigkeit gelegt werden. Dies ist allerdings kein Selbstläufer und erfordert hohe und vielfältige Sachkenntnisse in Kombination mit langjähriger Erfahrung mit Wärmenetzen. Die wirtschaftlichen Ergebnisse müssen gleichermaßen für den Kunden zutreffen, als auch dem Betreiber des Wärmenetzes betriebswirtschaftlich die Existenz und Zukunft sichern. Erfolgreiche Projekte schaffen den Spagat dieses Interessenkonflikts. Grundlage dieser Win-win-Situation sind wirtschaftliche Gesamtlösungen.

Ob die Kommunale Wärmeplanung in der Praxis diesen Anforderungen gerecht wird und gleichzeitig den Nachhaltigkeitszielen Rechnung trägt, wird sich sehr bald zeigen. Kritische Stimmen sehen in der Kommunalen Wärmeplanung lediglich eine Art „Weichspüler“ für das GEG; die Aussicht auf Alternativen zur privaten Wärmepumpe und somit eine Erwartungshaltung, die in diesem Umfang nicht gehalten werden könne. Für viele

Projekte würde das verlorene Zeit und Kosten bedeuten. Eine kritische Betrachtung der regionalen Aktivitäten präsentiert sich somit als angebracht und muss zeitnah erfolgen.

Aus- und Neubau von Fernwärmenetzen mit Praxiserfahrung

Unkritisch sind dahingegen die Ausbau- und Expansionsaktivitäten von Gemeinde- bzw. Stadtwerken, aber auch privaten Wärmenetzbetreibern, die es ungeachtet der Kommunalen Wärmeplanung ohnehin gibt. Diese sind i. d. R. fachlich fundiert und wirtschaftlich belastbar ausgearbeitet. Chancen werden realistisch eingeschätzt und die Wirtschaftlichkeit gegen das Maß anfänglicher Ambitionen aufgewogen. Langjährige Erfahrung in der Wärmeerzeugung und -verteilung in Kombination mit innovativer Technik gehören zum Tagesgeschäft erfolgreicher Energiedienstleister. Auch Herausforderungen im Tiefbau, gerade in den innerstädtischen Trassen, im Betrieb und in der Instandhaltung, aber auch im Vertrags- und Rechnungswesen mit zahlreichen Einzelkunden, gehören zum Anforderungsprofil erfolgreicher Akteure in der Kommunalen Wärmeversorgung. Dies gilt nicht nur für die Betreiber solcher Wärmenetze, sondern auch für die beauftragten Ingenieur- und Anlagenbaufirmen.

Für einen Teil der Machbarkeitsstudien im Rahmen der Kommunalen Wärmeplanung wurden auch schnell die lokalen Betreiber direkt oder indirekt beauftragt. Vergaberechtlich ist dies sicher bedenklich, vor dem Hintergrund der fachlichen und wirtschaftlichen Herausforderungen jedoch das kleinere Übel.

Ingenieurleistungen zur Kommunalen Wärmeplanung

Ein Großteil der Machbarkeitsstudien wurde jedoch ohne fachliche Vorprüfung der Bieter vergeben. Entschieden wurde oft ausschließlich auf Grundlage des abgegebenen Preises. Die Aufgabestellung lässt darüber hinaus eine starke Bandbreite an Qualität zu. Neben den o. g. langjährigen Profis gingen somit auch Aufträge von Machbarkeitsstudien zur Kommunalen Wärmeplanung an Akteure, die teilweise neu am Markt sind und mutmaßlich entsprechend wenig Wärmenetz geplant, gebaut oder betrieben haben. Dies bedeutet zwangsläufig ein breites Spektrum hinsichtlich Qualität und Verwertbarkeit der Ausarbeitungen.

Zwischenbilanz

Inzwischen liegen erste Entwürfe bzw. Abschlussberichte im Rahmen der Kommunalen Wärmeplanung vor. Nun zeichnet sich das erwartungsgemäß breite Spektrum an Qualität und Verwertbarkeit ab. Neben Ideen und Lösungsansätzen, die zeitnah und realistisch realisiert werden können, trifft genauso das Gegenteil ein: Ausarbeitungen, die absehbar im Regal verstauben oder Papiermüll landen. Hier wäre also Zeit und Geld vergeudet.

Es hat sich herausgestellt, dass die besten Ideen auch bei gegebener Wirtschaftlichkeit noch kein Erfolgsrezept ausmachen. Dafür benötigt es zudem vor Ort i. d. R. einen fachlich versierten Investor und Betreiber mit ausreichender Finanzkraft. Vielen Kommunen, aber auch kleineren Stadt- und Gemeindewerken, bliebe dann nur die Fremdvergabe bzw. ein externer Betreiber. Solch eine Fremdvergabe bedeutet dann neue Herausforderungen, insbesondere unter der Prämisse von marktgerechten Wärmepreisen in Kombination mit ambitionierten Klimazielen. Bei näherer Betrachtung existierender externer Betreibermodelle zeigt sich oft, dass die Kommunen dennoch direkt oder indirekt die wirtschaftlichen Risiken solcher Wärmenetze tragen, insbesondere, wenn sie mit eigenen Liegenschaften angeschlossen sind.

Einer Fremdvergabe sollte in jedem Fall eine sachkundige Make or Buy (MoB) – Analyse vorgeschaltet werden. Externe Partner können häufig mit höherer Fachkompetenz und einer ausreichenden Zahl an Referenzen punkten. Ob dieser Vorteil durch höhere Finanzierungskosten und Renditeerwartungen kompensiert werden, ist Gegenstand des wirtschaftlichen Teils solcher MoB – Analysen. Möglicherweise wird dann ein Betreibermodell gefunden, bei dem die Vorteile unterschiedlicher Partner kombiniert werden können.

Gute Machbarkeitsstudien gibt es glücklicherweise auch und zeichnen sich durch hohen Praxisbezug in Kombination mit einem offensiven Umgang mit den vorhandenen Herausforderungen, sofern diese überhaupt bekannt und erkannt sind, aus.

Projektierung von Wärmenetzen und ihre Herausforderungen

Um Wärme von A nach B zu transportieren, bedarf es zunächst Wärmenetze, und diese bedeuten Kosten für Tief- und Rohrleitungsbau, aber auch den Betrieb. Für große Wärmemengen auf kurzen Entfernungen in einfachem Gelände ist dies leichter darstellbar. Eine Herausforderung sind hingegen innerstädtische Leitungen unter Berücksichtigung zahlreicher Fremdsparten und hohen Kosten für die Wiederherstellung von Oberflächen. Auch kleinteilige Wärmekunden und lange Leitungslängen bringen die Wirtschaftlichkeit schnell an ihre Grenzen.

Relevanter Nachteil

Ein relevanter Nachteil für Wärmenetze sind jedoch auch moderne nachhaltige Gebäude. Sie haben den Vorteil von geringeren Temperaturniveaus und somit weniger Verluste. Sie machen jedoch Wärmenetze durch den reduzierten Wärmebedarf, insbesondere aber die reduzierten Vollbenutzungsstunden gegenüber einer Altbausubstanz, schneller unwirtschaftlich.

In jedem Fall müssen sich die (Voll-)Kosten eines Wärmenetzes durch Einsparungen und Synergien in der Wärmeerzeugung bzw. -bereitstellung rechnen. Vor dem Hintergrund, dass die abgeleiteten Kosten eines unwirtschaftlichen Wärmenetzes schnell 60 – 90 €/MWh bedeuten, also schon ohne Wärmepreis den Grenzpreis einer dezentralen Eigenerzeugung erreichen, wird die Anforderung an erfolgversprechende Machbarkeitsstudien bzw. Projektentwicklungen deutlich.

Nah- bzw. Fernwärmeerzeugung oder dezentrale Eigenerzeugung

Den Grenzpreis für eine regionale Wärmeversorgung bilden i. d. R. die Vollkosten einer dezentralen Eigenerzeugung einer GEG-gerechten Heizungsanlage. In Zukunft dürfte dies mehrheitlich die Wärmepumpe (WP) sein. Diese Kosten sind wiederum entscheidend vom Wirkungsgrad (COP) und vom Strompreis bzw. dem

Anteil der Eigenstromerzeugung abhängig. Der Grenzpreis von ineffizienten WPs mit geringem oder keinem Eigenstromanteil ist für Wärmenetzbetreiber leichter einzuhalten. Aus dieser Erkenntnis resultiert ein weiteres Kriterium für eine realistische Einschätzung der Potenziale von Wärmenetzen.

Weitere Vorteile einer Nah- bzw. Fernwärmeversorgung sind der reduzierte Aufwand für die Wärmekunden und die freiwerdenden Kellerflächen in den Liegenschaften. Ob dies monetär relevant ist und erhöhte Wärmepreise rechtfertigt, muss im Einzelfall bzw. im Wettbewerb geklärt werden.

Intelligente, sektorübergreifende Wärmeerzeugung

Mit einer 1:1-Technologie der Wärmeerzeugung im Großmaßstab gegenüber einer Dezentralen Eigenerzeugung dürfte sich die wirtschaftliche Herausforderung eines Wärmenetzes nicht bewältigen lassen. Es bringt beispielsweise nichts, aus zahlreichen Einzel-WPs eine Groß-Wärmepumpe zu machen, auch nicht unter Berücksichtigung eines Gleichzeitigkeitsfaktors. Das reicht in den meisten Fällen nicht, um die Mehrkosten des Wärmenetzes aufzufangen. Eine erfolgversprechende, wirtschaftliche Lösung erfordert ein intelligenteres und innovativeres Gesamtkonzept.

Darüber hinaus bedeutet der Einsatz von Wärmepumpen die Lösung von Hemmnissen. Wärmepumpen haben ihren idealen Einsatz in Effizienzgebäuden mit niedrigen Verbräuchen und Systemtemperaturen von max. 55 °C. Der bedingungslose Einsatz von WPs für höhere Temperaturen, wie sie z. B. für Altbausubstanz typisch sind, ist technisch zwar lösbar, wirtschaftlich jedoch kritisch zu prüfen.

In Kombination mit der Nutzung von Umgebungsenergie aus dem Erdreich kann die Effizienz von WPs gesteigert werden. Wasser-Wasser-Wärmepumpen (WW-WP) haben hinsichtlich Effizienz erhebliche Vorteile gegenüber den Luft-Wasser-Wärmepumpen (LW-WP). Darüber hinaus benötigen WW-WP weniger Platz und haben Vorteile bei der Lärmentwicklung. Je nach Betriebsmitteln sind jedoch sicherheitstechnische Anforderungen zu berücksichtigen. In der Projektierung ist frühzeitig zu prüfen, ob ganz oder wenigstens teilweise zugunsten von WW-WP auf den Einsatz von LW-WP verzichtet werden kann. Neben der Sole aus dem Erdreich bieten sich andere „(Ab-)Wärmequellen" für ca. 30-grädiges Wasser für die WW-WP an.

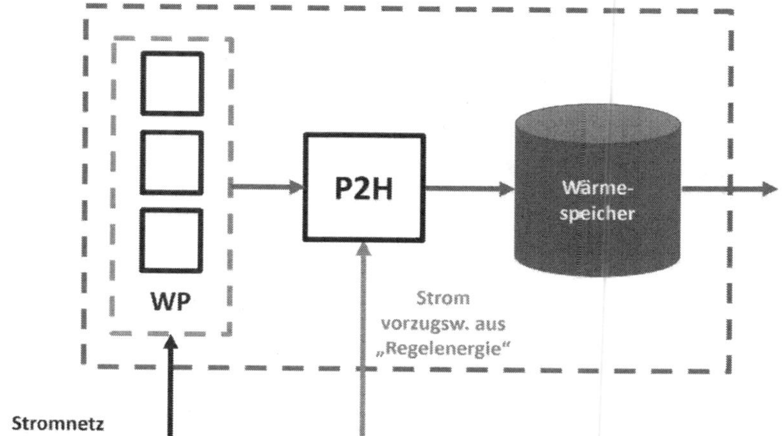

Abb. 6.3.3-1: Kombilösung light WP & P2H (Quelle: Dornburg)

Vergleichsweise einfach, aber auch ökologisch sinnvoll, ist die Einbindung „kostenloser“ Abwärme aus Produktionsprozessen etc. Wenn diese verfügbar ist und die Auskopplung keine zu großen Kosten verursacht, ist dies ein sinnvoller Baustein für eine Kommunale Wärmeversorgung.

Aus Effizienzgründen stellt sich auch die Frage, ob bezwingend die gesamte Leistung mit teurer Technik bereitgestellt werden muss. Die Spitzenlast, also je nach Abnahmeprofil 40 – 50 % der Maximalleistung, kann problemlos durch einfachere und kostengünstigere Technologiebausteine gelöst werden.

Sinnvoll ist die Kombination der WP mit Power to Heat (P2H). Die WP wird nicht aufwendig und kostspielig für die Spitzenlast im Winter ausgelegt. Dies übernimmt P2H, also eine Elektroheizung, in Kombination mit einem großen Schichtwärmespeicher.

Der P2H kann die WP bei höheren Temperaturen und zur Deckung von Spitzenlasten unterstützen. Bei elektrischen Leistungen ab 500 kW bietet sich zusätzlich die Einbindung in den Regelenergiemarkt an, was die Wirtschaftlichkeit des Gesamtsystems signifikant steigert. Beim Spitzenlastbetrieb des P2H sollte darüber hinaus auf Betriebszeiten bei niedrigen Stromtarifen geachtet werden.

Ein ausreichend dimensionierter Wärmespeicher unterstützt die Freiheitsgrade für solch einen wirtschaftlich optimierten Anlagenbetrieb. Der Wärmespeicher ist ohnehin sinnvoll, da er das Takten der WPs vermeidet und somit zur Effizienzsteigerung beiträgt. Im Extremfall kann ein gut gefüllter Speicher kurzfristig zusätzlich zur Spitzenlastabdeckung beitragen.

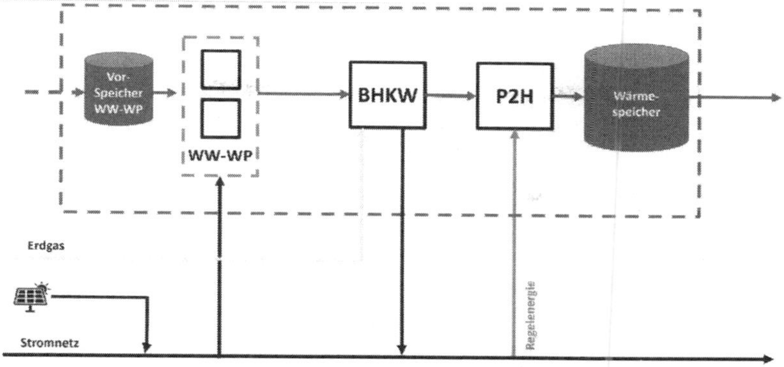

Abb. 6.3.3-2: Kombilösung WP, BHKW & P2H (Quelle: Dornburg)

Wärme als „Abfallprodukt" der Stromerzeugung

Einen hohen Einfluss auf die Wirtschaftlichkeit der WP haben Stromverbrauch und Stromkosten. Neben der Effizienzsteigerung der WP ist zusätzlich die Eigenstromerzeugung, i. d. R. mit PV, teilweise auch über regionale Windkraft, anzuraten. Kostspieliger Stromkonsum kann durch die preiswertere Eigenerzeugung reduziert werden. Darüber hinaus optimiert die dezentrale Eigenerzeugung des elt. Stroms die Versorgungssicherheit und entlastet überregionale Stromnetze. Die saisonale Verwerfung der Strombilanz von WPs und PV kann mit Windkraft teilweise aufgefangen werden, wird aber gerade im Winter oft noch eine „Versorgungslücke" hinterlassen.

Im Winter wird der Strombedarf zusätzlich getrieben durch den reduzierten Wirkungsgrad der WPs für die Bereitstellung höherer Vorlauftemperaturen im Wärmesystem. Dies steigert den Bedarf zusätzlicher Gaskraftwerke zur Deckung der Versorgungslücke und zur Stabilisierung der Stromnetze. Zum Ausgleich des zunehmend volatilen Energiemixes benennt das Bundeswirtschaftsministerium bis 2031 einen Bedarf an 17 bis 21 GW neuer Gaskraftwerke. Aktuellere Zahlen gehen sogar von bis zu 30 GW aus. Die Wahrscheinlichkeit, dass der Strom im Winter für die Wärmepumpen aus solchen Gaskraftwerken kommt, ist somit sehr groß.

Viel sinnvoller ist daher der Einsatz kleinerer dezentraler BHKW-Einheiten in Kombination mit der Wärmeversorgung. Dezentrale KWK-Anlagen mit gesicherter Wärmenutzung verfügen mit min. 80 % über einen höheren Gesamtwirkungsgrad als Großanlagen mit teilweise fehlender oder unzureichender Wärmeauskopplung. Darüber hinaus können KWK-Anlagen die Stromnetze entlasten und vermeiden Milliardeninvestitionen in große Gaskraftwerke und den Netzausbau.

Wenn die WPs mit einem BHKW kombiniert werden, können die Vorteile zweier Technologien genutzt werden. Dies erhöht Effizienz und Versorgungssicherheit bei gleichzeitiger Reduktion der Betriebskosten. Das BHKW kann somit im Winter den Strombedarf der WP decken. Da die Wärmepumpe vorzugsweise bei Heizungstemperaturen bis 55 °C arbeitet, kann das BHKW den höheren Temperaturbereich und in Kombination mit Wärmespeicher und P2H die Spitzenlast abdecken.

Diese integrierten und intelligenten Gesamtlösungen entsprechen den aktuellen energiewirtschaftlichen Anforderungen und sind eine Grundlage für eine wirtschaftliche Wärmeversorgung. Wärme ist somit auch das Abfallprodukt einer intelligenten dezentralen Stromerzeugung. Gerade in der Kommunalen Wärmeplanung kann solch ein Gesamtsystem in unterschiedlichen Leistungsklassen, also von kleineren Quartierslösungen bis hin zur Versorgung von großen

Fernwärmenetzen, skaliert werden. Die Kommunale Wärmeplanung leistet dann auch einen signifikanten Beitrag für die Herausforderungen einer zukunftsfähigen und bezahlbaren Stromversorgung und reduziert den Bedarf an Subventionen für neue „Großkraftwerke“.

Variantenvergleich

Neben den o. g. Möglichkeiten der Wärmeerzeugung gibt es auch weitere sinnvolle Wärmeerzeuger. Gerade in ländlichen Regionen kann Biomasse wie Holz und Biogas einen relevanten Beitrag liefern.

In jedem Fall ist im Rahmen einer Machbarkeitsstudie in einer frühen Projektphase ein Variantenvergleich unerlässlich. Neben dem Vergleich der jeweiligen Optionen der Wärmeerzeugung ist hier auch die Frage, Wärmenetz oder dezentrale Wärmeerzeugung mit in die Betrachtung aufzunehmen. Nur so ist eine realistische Einschätzung möglich, ob die Mehrkosten eines Wärmenetzes durch die Synergien einer größeren Wärmeerzeugungsanlage aufgefangen werden können. Dies ist essenziell, um nicht in einer fortgeschrittenen Projektphase zu erkennen, dass die prognostizierten Anschlussquoten nicht erreicht werden.

Herausforderung kurzfristiger und umfangreicher Auslastung

Ein Anschlusszwang kann jedenfalls nicht die Lösung sein. Eine erfolgreiche regionale Wärmeversorgung findet nur breite Akzeptanz, wenn sie nachweislich versorgungssicher und klimaschonend ist, v. a. aber auch wirtschaftlich für die Endkunden. Nur so lassen sich hohe Anschlussquoten erreichen.

Wichtig für die Gesamtwirtschaftlichkeit ist aber auch, dass die hohen Anschlussquoten sehr schnell erreicht werden. Heizzentralen, v. a. aber auch das Wärmenetz, sind sehr hohe Investitionen. Um die Finanzierungskosten möglichst klein zu halten, muss eine Refinanzierung zeitnah erfolgen. Zu lange Zeiträume für Zwischenfinanzierungen machen schnell Projekte unwirtschaftlich, die zunächst bei ambitionierten Anschlussquoten eine positive Ertragslage erwarten ließen.

Für einen frühzeitig und dauerhaft positiven Cash-Flow ist eine erfahrene und realistische Projektentwicklung unerlässlich. Gerade bei den Wärmetrassen kann in unterschiedlichen Ausbaustufen geplant werden. Dies setzt aber auch voraus, dass bei der Wärmeerzeugung in unterschiedlichen Ausbaustufen gedacht wird. Die damit verbundene Flexibilität erleichtert auch eine schnellere Reaktion auf veränderte energiewirtschaftliche und marktwirtschaftliche Rahmenbedingungen.

Anforderungen an fachlich versierte Betreiber von Wärmenetzen

Auch die beste und wirtschaftlichste Projektentwicklung birgt ein Restrisiko für unvorhergesehene Hemmnisse und Rückschläge. Nicht alles lässt sich über Kalkulationsreserven absichern. Damit solche Rückschläge nicht zur existentiellen Bedrohung und somit zu Ausfallrisiken für die Endkunden werden, sind entsprechende Anforderungen an potenzielle Investoren und Betreiber zu berücksichtigen. Neben den fachlichen Herausforderungen muss der Investor und Betreiber auch den Bonitätsanforderungen solch einer langfristigen Energieversorgung gerecht werden. Dieser Aspekt findet in vielen Machbarkeitsstudien zur Kommunalen Wärmeversorgung zu wenig Beachtung. Viele Konzepte und Ideen sind das Papier nicht wert, wenn es solch einen potenten Betreiber nicht gibt. Hinzu kommt das Problem, dass der Ruf der Nahwärmeversorgung durch vereinzelte Insolvenzen regionaler Anbieter schon getrübt ist. Einige Akteure haben offensichtlich die komplexen und vielschichtigen fachlichen, wirtschaftlichen, aber auch organisatorischen und abrechnungstechnischen Herausforderungen eines Wärmedienstleisters unterschätzt.

Chance für neue Anbieter und Energiedienstleister

Neben den Ausfallrisiken bietet eine gute und wirtschaftliche Kommunale Wärmeplanung v. a. Chancen für bestehende, aber auch neue Energiedienstleister. Gemeinde- und Stadtwerke können planbar expandieren, in einigen Fällen sogar neu gegründet werden. Auch für neue Marktteilnehmer, z. B. aus dem Anlagenbau, bieten sich gerade in deren Heimatregion im Spektrum der Quartierslösungen neue Geschäftsfelder. Auch sektorübergreifende Geschäftsmodelle finden immer mehr Anwendung. Nachdem in den letzten Jahren Biogasanlagen einen Beitrag zur Wärmeversorgung geliefert haben, kommen nun verstärkt auch Anlagen aus der Freiflächen-PV und Windkraft in die Wärmeversorgung.

7

7 Partizipatives Planen

Autoren
Birgit Schaarschmidt (7.1–7.4)

Inhaltsverzeichnis

7.1 Partizipatives Planen und Bauen

Partizipatives Bauen ist ein neuer Begriff, der immer mehr Verbreitung findet. Er soll ausdrücken, dass mehrere Personen vor und während des Bauens einbezogen werden. Nicht notwendigerweise müssen die so Einbezogenen in einem vertraglichen Verhältnis zueinanderstehen oder unmittelbare Nachbarn sein.

Es geht um gemeinsames Planen, gemeinsames Bauen und gemeinsam Leben. Dazu gibt es verschiedene Formen bzw. Ausgestaltungen, in welchen Konstellationen dies zum Tragen kommt.

Öffentliches Recht

Zu denken ist zum einen an die Bürgerbeteiligung, die immer mehr im Gesetz verankert ist. Diese ist eine Form aus dem öffentlichen Recht. In diesem Fall müssen die beteiligten Personen, Personenkreise oder juristischen Personen nicht in einer vertraglichen Beziehung zueinander oder zu der Kommune stehen.

Privates Baurecht

Zum anderen kommt dies im Bereich von sog. Baugruppen vor. Diese Form betrifft das private Baurecht. Im Rahmen einer Baugruppe sind die Beteiligten i. d. R. vertraglich oder sachenrechtlich miteinander verbunden. Insofern unterscheiden sich die beiden Varianten nicht nur bezüglich des anzuwendenden Rechts, sondern auch bezüglich der vertraglichen Beziehungen.

Alle Interessenten sollen beteiligt werden, um mit diesen zusammen zunächst die Planung zu entwickeln bzw. zu gestalten.

7.2 Bürgerbeteiligung

Die Bürgerbeteiligung gehört zu der Öffentlichkeitsbeteiligung und ist ein Konfliktmanagementsystem. Diese Art des Konfliktmanagementsystems zielt aber nicht nur darauf ab, einen Konflikt zu lösen, sondern v. a. darauf, die Interessen der Beteiligten herauszufinden.

Interessen der Beteiligten herausfinden

Es geht bei der Öffentlichkeits-/Bürgerbeteiligung zunächst darum, die Interessen überhaupt herauszufinden und zu kanalisieren. Dies erfolgt i. d. R. durch das Sammeln von Vorschlägen und Kritik, was eine oder mehrere Personen übernehmen können. Bei der Bürgerbeteiligung wird man meist davon ausgehen können, dass ein Team von dafür ausgebildeten Personen diese leiten.

Vorteil einer Bürgerbeteiligung ist es, dass frühzeitig die Interessen und Bedürfnisse möglichst vieler Beteiligter bzw. Interessensgruppen herausgefunden und bei der weiteren Planung berücksichtigt werden können.

Ein weiteres Ziel der Bürgerbeteiligung ist es, zukünftig möglichst ohne gerichtliche Auseinandersetzungen zu einem für alle Beteiligten sinnvollen Ergebnis zu kommen, dass auch als solches Bestand hat.

Moderation

Die Person oder Personen, die diese leitet/leiten, werden oftmals als Moderator bezeichnet. Es sind aber auch andere Bezeichnungen denkbar. Meistens haben diese Personen eine Coaching- und/oder Mediatoren-

Ausbildung. Die Methoden der Moderatoren sind sich immer ähnlich.

Für die Qualifikation der Moderatoren bedarf es keiner expliziten Eignung als Moderator. Wichtig wäre, dass die betreffenden Personen besondere Erfahrungen aufweisen, die sie als Moderator im Bereich der Bürgerbeteiligung benötigen. Mediatoren, wie auch Coaches oder ähnliche Berufsgruppen, eignen sich gut als Moderatoren für ein solches Team. Diese haben i. d. R. eine besondere Qualifikation erworben, die für die Durchführung der Bürgerbeteiligung wichtig sind. Das können Techniken sein, wie Clustern, Aufstellung etc. Auch Personen mit entsprechender Lebenserfahrung oder Berufserfahrung – ohne eine gesonderte Ausbildung hierzu – können sich dafür eignen. Denn diese bringen gerade in dem zu moderierenden Feld besondere Erfahrung mit, die hilfreich sein kann.

Diese Methoden sollen helfen, die Interessen oder die Kritik der Beteiligten zu sammeln, zu filtern, zu sortieren, nachzuhaken etc. Auch wenn es oftmals leicht aussieht, so bedarf diese Form der Moderation einer ausführlichen Vorbereitung, einer geschickten Steuerung und einer nachvollziehbaren Zusammenfassung.

Durchführung

Freiwillig oder nicht freiwillig

Die Bürgerbeteiligung kann freiwillig oder nicht freiwillig durchgeführt werden. Nicht freiwillig bedeutet, dass es gesetzliche Grundlagen gibt, in denen eine Bürgerbeteiligung vorgesehen bzw. vorgeschrieben ist. Selbstverständlich kann auch jede Kommune selber entscheiden, ob sie die Bürger bei ihren Entscheidungen beteiligt oder nicht. Es gibt verschiedene Möglichkeiten,

Bürger zu beteiligen. Die bekanntesten dürften das Bürgerforum sowie der Ideenwettbewerb sein. Beides sind Möglichkeiten, um Anregungen und Ideen zu erhalten.

Bürgerforum

Ideenwettbewerb

BEISPIEL

Mit dem Gesetz über die Dialogische Bürgerbeteiligung (DBG) gibt es in Baden-Württemberg eine rechtliche Grundlage, Bürgerbeteiligung mit zufällig ausgewählten Teilnehmenden zu organisieren. Das zeigt, wie wichtig es dem Land Baden-Württemberg ist, Bürger an Entscheidungsprozessen zu beteiligen. Es ist aber nicht zwingend, dass der Ablauf einer Bürgerbeteiligung bzw. die Form in einem Gesetz schriftlich fixiert ist.

Sinn und Zweck dieser Beteiligung der Öffentlichkeit ist es, nicht nur die Meinungen der verschiedenen Interessensgruppen in Erfahrung zu bringen, sondern auch auf dem Wissen der potenziell Beteiligten bzw. der Beteiligten aufbauen zu können bzw. dieses zu verwenden.

Sammeln von Meinungen und Wissen

! Es hat sich gezeigt, dass eine Entscheidung, bei denen die Betroffenen angehört wurden bzw. die Chance hatten, angehört zu werden, grundsätzlich eine höhere Akzeptanz im Nachfolgenden hat als eine Entscheidung, die quasi über die Köpfe der Betroffenen hinweg gefällt wird.

Ein weiterer wichtiger Grund ist überhaupt in Erfahrung zu bringen, was gewollt ist. Was möchte die Mehrheit der Betroffenen in Zukunft realisiert haben. Das ist eine Form von Demokratie. So kann/muss aber nicht jeder betroffene Bürger sich an der Entscheidung beteiligen und Anregungen sowie Bedenken äußern.

Werden die Beteiligten nicht zufällig ausgewählt, sondern kann sich jeder, der Interesse hat, beteiligen, so besteht natürlich die Gefahr, dass nur die besonders Engagierten und Interessierten dabei sein werden und nicht unbedingt die Meinung der Mehrheit der Betroffenen widerspiegeln. Aber auch das ist eine Form von Demokratie. Denn diejenigen, die sich nicht beteiligen, dürfen sich im Nachhinein nicht beschweren, wenn sich andere beteiligt haben und aufgrund deren Beteiligung eine Entscheidung getroffen wurde, die alle tangiert.

Bürgerforum

Grundsätzlich lässt sich ein idealtypischer Ablauf für eine Bürgerbeteiligung in Form eines Bürgerforums erstellen. Dieser Ablauf soll helfen, die Bürgerbeteiligung zu organisieren und ein erfolgreiches Gelingen einer Bürgerbeteiligung unterstützen.

7.2.1 Ablauf einer Bürgerbeteiligung

Bevor eine Bürgerbeteiligung organisiert wird, sollte überlegt werden, ob für das Thema noch Handlungsmöglichkeiten bestehen oder ob bereits eine Entscheidung getroffen wurde, die nicht oder nur schwer veränderlich ist. Sollte Letzteres der Fall sein, so ist von der Durchführung einer Bürgerbeteiligung abzuraten. Denn dann können die Bürger nichts mehr beeinflussen oder mitgestalten.

Sollte eine Mitgestaltung möglich sein, sollte überprüft werden, ob die notwendigen bzw. sinnvollen Informationen bereitgestellt und Transparenz hergestellt werden kann. Möglicherweise spricht eine Form der notwendigen Geheimhaltung dagegen. Spricht eine Geheimhaltungsverpflichtung dagegen, sollte keine Bürgerbeteiligung als Form gewählt werden.

Transparenz

Bevor überhaupt über eine Bürgerbeteiligung nachgedacht wird, sollte daher das Thema daraufhin untersucht werden, ob noch Gestaltungsmöglichkeiten bezüglich des Themas bestehen und ob dieses offen und transparent in der Öffentlichkeit ohne Weiteres diskutiert werden kann. Denn grundsätzlich sind die Informationen im Rahmen einer Bürgerbeteiligung allen, die dies wünschen, bereitzustellen. Oftmals erfolgt dies über Homepages.

Gestaltungsmöglichkeiten

Ebenso sollte in dieser Phase festgelegt werden, welche Form der Bürgerbeteiligung bzw. des Bürgerforums gewählt wird. Soll die Form der zufällig ausgewählten Teilnehmenden gewählt werden oder die der Stakeholder. Bei der ersten Methode sind die Beteiligten unbekannt bzw. werden sie zufällig ausgewählt. Bei der zweiten Form werden die Beteiligten bzw. die Gruppen bewusst ausgewählt.

Form der Bürgerbeteiligung

Unter Stakeholder werden z. B. Verbände, Bürgerinitiativen, Vereine usw. verstanden. Dabei sind folgende Optionen denkbar:

- Die Stakeholder können im Rahmen eines Bürgerforums Fachleute sein oder sie werden in einem separaten Prozess eingebunden.
- Ebenso kann es eine Mischung aus beidem geben.

- Möglich wäre auch, dass jeder, der Interesse hat, sich an dem Verfahren beteiligen kann.

Dazu eingeladen werden können dann die verschiedenen Stakeholder als besonders Betroffene oder Fachleute. Das zeigt schon, dass grundsätzlich verschiedene Formen denkbar sind und angewandt werden können.

Welche Form gewählt wird, hängt sicherlich auch von dem Umfang, in dem die Beteiligung stattfinden soll, ab.

- Handelt es sich um eine Gruppe von Betroffenen von wenigen hundert Personen, so ist sicherlich eine gezielte Einladung ohne Weiteres möglich, da die Beteiligten leicht herauszukristallisieren sind.
- Handelt es sich dagegen um eine Stadt, bei der die Bürger beteiligt werden sollen, die bei ca. 1 Million Bewohnern liegt, so wird man vielleicht zunächst ein offenes Forum wählen, in das sich Interessierte einklinken können und dann die Gruppen herauskristallisieren bzw. kanalisieren.

Im letzteren Fall wird man auch nicht immer ein Forum bilden, an dem sich grundsätzlich alle potenziell Betroffenen beteiligen können. Vielmehr wird man zwischenzeitlich auch Arbeitsgruppen o. ä. formieren wollen.

Themen vorab sammeln

Es können Themen vorab gesammelt und geclustert werden. Clustern bedeutet, dass verschiedene Punkte unter einen Oberpunkt zusammengefasst werden.

Aktionen zusammengetragen

Ferner können die geplanten Aktionen zusammengetragen werden. Der vorherige Austausch kann bilateral oder über Social Media und anderen Medien mit allen Interessierten erfolgen. Beides sollte öffentlich vorab zugänglich gemacht werden. Sinnvoll ist dies in der heutigen Zeit über eine Homepage.

Durch diese Technik werden frühe Handlungsoptionen für die inhaltliche Agenda wie auch für das Verfahren eröffnet. Es soll geklärt werden, was zu besprechen ist, ggf. in welcher Abfolge. Ferner ist zu überlegen, ob jemand bzw. eine Personengruppe möglicherweise vergessen wurde oder nach den neuen Erkenntnissen mit einzubeziehen wäre.

Öffentlichkeitsbeteiligung durch ein sog. Bürgerforum

Zu einem bestimmten Zeitpunkt ist dann die Öffentlichkeit zu beteiligen. Das erfolgt i. d. R. durch ein sog. Bürgerforum. Aber auch andere Bezeichnungen sind denkbar. Das kann real oder virtuell erfolgen. Je nachdem, was gewählt wird, sind unterschiedliche Vorbereitungen sinnvoll.

Treffen real oder virtuell?

Das ergibt sich schon allein daraus, dass bei e inem virtuellen Treffen nicht alle Beteiligten i. d. R. „im Blick" sein werden. Auch bei einem realen Treffen wird man nicht alle direkt sehen können, man wird aber allen, wenn man will, ins Gesicht schauen können. Das ist bei virtuellen Treffen i. d. R. nicht möglich. Bei realen Treffen wird man sich durch Handzeichen bemerkbar machen können. Bei virtuellen Treffen wird es einen Chat oder etwas anderes als Regel geben, um sich zu Wort zu melden. Auch zeigt der Umgang mit virtuellen Techniken, dass man dort den Redner i. d. R. viel leichter ausreden lässt als beim realen Treffen. Das bedeutet, dass virtuelle Treffen eine andere Dynamik haben als reale Treffen.

Virtuelle Treffen stellen die Organisatoren oft vor das Problem, dass nicht jeder, der daran teilnimmt, die notwendigen technischen Voraussetzungen hat und/

oder bedienen kann. Gegebenenfalls sollte daher eingeplant werden, dass dies im Vorfeld deutlich und leicht verständlich erklärt wird. Möglicherweise kann man auch bereits auf einer Homepage entsprechende Erläuterungen geben, sodass dies leicht für jedermann nachgelesen werden kann.

Der Begriff Bürgerforum ist weit zu verstehen. Es können darunter sowohl Veranstaltungen verstanden werden, zu denen die Beteiligten vorher ausgewählt werden. Oftmals wird ein Aufruf im Internet und/oder in den Printmedien gestartet, an einem Bürgerforum teilzunehmen. Wer an dem Bürgerforum teilnehmen sollte und dann kann, hängt sicherlich von den Themen ab, die erörtert werden sollen.

Wahl der beteiligten Bürger

Handelt es sich um ein Bürgerforum, bei dem zufällig Bürger ausgewählt und beteiligt werden sollen, so ist zu überlegen, wie die zufällige Auswahl erfolgt. Das kann über ein Rechenzentrum der betroffenen Kommune erfolgen. Wichtig ist auch, zu überlegen, wie viele ausgewählt werden sollen. Denn die Anzahl der Beteiligten bestimmt auch, mit welchen Techniken und wie an den Themen gearbeitet werden kann. Es wird hier von Themen gesprochen. Denn oftmals zeigt sich, dass ein Thema mehrere Unterthemen hat oder zumindest mehrere Themen tangiert, die auch beleuchtet werden sollten.

BEISPIEL

Geht es z. B. um die Frage einer Verkehrswende in einer Stadt, so sind neben Interessensverbänden, der Politik und weiteren Fachleuten und Organisationen sicherlich alle Bürger der Stadt gefragt und können potenziell teilnehmen. Bezieht sich das Thema nur auf einen Stadtteil, so wird dies sicherlich auf die Bürger dieses und ggf. noch der angrenzenden Stadtteile begrenzt werden.

Erstes Treffen

Unabhängig davon, welche Variante des Bürgerforums gewählt wurde, wird es bei dem ersten Treffen zunächst darum gehen, sich kennenzulernen. Es kann auch vorab erst einmal eine solche Sitzung bzw. ein solches Treffen einberufen werden, nur um sich kennenzulernen. Natürlich wird nicht jeder sich persönlich unbedingt vorstellen können. Das wird schon zeitlich nicht machbar sein oder anhand der Anzahl der Beteiligten auch fast unmöglich erscheinen.

Interessensgemeinschaften

Aber zumindest können sich die Organisatoren des Bürgerforums vorstellen sowie die Sprecher von Interessensgemeinschaften. Ebenso kann der Ablauf vorgestellt werden. Hierzu können sich auch die Beteiligten dann u. U. äußern. Gleiches gilt für das Thema, welches erörtert wird. In der Regel ist dieses vorgegeben. Es kann jedoch sein, dass noch weitere Themen hinzukommen. Diese könnte man als Unterthemen bezeichnen. Das Hauptthema bleibt sicherlich bestehen.

Auch kann der Ablauf bzw. Prozess erörtert und geklärt werden. So sind alle, die zukünftig beteiligt sind, darüber informiert und wissen, was geplant ist. Aber auch hier hängt es sicherlich davon ab, in welchem Umfang mit welchen Personen die Treffen geplant sind. Je nach Größe und Umfang wird auch hier der Inhalt bzw. der Ablauf variieren.

Folgende Treffen

Fachleute
Politiker

In dem zweiten und/oder dritten Treffen kommen i. d. R. die Fachleute zu Wort. Das sind die Experten in einem bestimmten Gebiet. Darüber hinaus werden Politiker sprechen, die ihre vertretenen Interessen darstellen. Innerhalb dieser Treffen werden Vor- und Nachteile bzw. pro und contra erörtert und zusammengestellt. Oftmals werden Vorträge oder Impulse gegeben und können Nachfragen gestellt werden. Ebenso können die Themen bzw. die einzelnen Ideen diskutiert werden. Diese Treffen werden i. d. R. öffentlich sein. Anders ist es bei Treffen, in denen die Betroffenen unter sich beraten. Diese werden i. d. R. nicht öffentlich sein. Denn oftmals wird nur die Zusammenfassung der Beratungen der Öffentlichkeit vorgestellt. Das bedeutet, dass die beiden nachfolgenden Treffen i. d. R. öffentlich sein werden.

Ergebnisse zusammentragen

Es folgen dann Treffen, in denen die Ergebnisse aufgearbeitet, d. h. zusammengetragen und Ergebnisse dargestellt werden. Ebenso wird über Empfehlungen gesprochen, die das Ergebnis von weiteren Beratungen sein sollen. Auch hierfür gibt es verschiedene Methoden. Es können die einzelnen Unterthemen z. B. in verschiedenen Gruppen erörtert werden. Es können auch verschiedene Interessensgruppen alle Themen thematisieren bzw. besprechen. Es sollte nur bei diesen

Treffen eine Zusammenfassung sowie zumindest eine Empfehlung das Resultat sein. Diese Treffen wie auch die anderen können persönlich oder virtuell stattfinden. Die Öffentlichkeit wird i. d. R. nicht erneut beteiligt bzw. ist durch die Bildung der einzelnen Gruppen bereits beteiligt. Begleitet werden diese einzelnen Gruppen i. d. R. von Moderatoren, die behilflich sind, die Ergebnisse festzuhalten sowie Empfehlung zu formulieren.

Vorstellen der Ergebnisse

Diese Ergebnisse werden dann der Öffentlichkeit vorgestellt. Dies kann ebenso auf verschiedenen Wegen erfolgen. Zum Beispiel in einem großen Saal, zu dem die Öffentlichkeit Zutritt hat. Ebenso können das Videokonferenzen sein. Diese haben sich oftmals als zweckmäßig erwiesen, weil dies einer großen Anzahl von Personen die Möglichkeit bietet, dabei zu sein. Insbesondere bei landesweiten oder auch regionalen Anliegen kann es sein, dass Videokonferenzen bevorzugt werden. Denn es entfällt die Anfahrt, ggf. Hotelbuchungen etc. Auch entfällt oft dadurch die Anzahl der sog. No-Shows.

Die Ergebnisse werden präsentiert und erläutert. Es können Fragen dazu gestellt werden und es werden die entsprechenden Personen dazu antworten. Diese Form der Bürgerbeteiligung endet i. d. R. mit einer Zusammenfassung der Antworten und Empfehlung sowie der Anmerkung hierzu und einen Bericht bzw. ein Protokoll hierüber.

! Ist ein Bürgerforum angedacht, so sollte auch an die Kosten, die damit verbunden sind, gedacht werden. Bei diesen Kosten sind die

Anzahl der Veranstaltungen zu berücksichtigen sowie die dafür erforderlichen Personen als Moderatoren.

7.2.2 Aufgaben des Moderators

Bei der Durchführung des Bürgerforums ist auf eine Wertschätzung der Sprache zu achten sowie darauf, dass jeder bestimmte Regeln befolgt, wie z. B. das Ausredenlassen. Auf einen wertschätzenden Umgang untereinander sollte ebenso geachtet werden. Diskussionen können auch erhitzen und „im Eifer des Gefechts" können Worte fallen, die später bereut werden. Es sollte darauf geachtet werden, dass solche Situationen möglichst vermieden werden. Denn ansonsten kann es sein, dass das Thema aus „den Augen verloren" geht und die an einer solchen hitzigen Diskussion Beteiligten nicht mehr über die Sache nachdenken, sondern nur darüber, wie sie dem anderen „eins auswischen können". Das ist zum einen für die anderen Beteiligten wenig nachvollziehbar und zum anderen für das Thema wenig zielführend.

Die Moderatoren sollten dem Prozess so oder so steuern. Zum einen sollten auch teilweise mit Einzelnen oder einzelnen Gruppen persönliche Gespräche geführt werden, um das Vertrauen zu stärken. Zum anderen sollten diese schauen, ob es bei den verschiedenen Interessensgruppen oder in der Politik versteckte Motive gibt, in einer bestimmten Form zu agieren, die mit der eigentlichen Sache nicht in Zusammenhang stehen. Dies ist wichtig, um zu vermeiden, dass sachwidrige Erwägungen eine Rolle spielen werden.

Aus diesem Grund sind auch die Kompetenzen, die bei einer Mediation sinnvoll sind, für einen Moderator bei einer Bürgerbeteiligung äußerst sinnvoll. Es handelt sich dabei um Techniken, wie

Aktives Zuhören, Widerspiegeln, wertschätzende Kommunikation

- aktives Zuhören,
- Widerspiegeln,
- wertschätzende Kommunikation und
- das Finden von Win-Win-Situationen.

Aus diesem Grund ist es sehr wichtig, die Interessen und Bedürfnisse der Beteiligten herauszufinden und ggf. zu hinterfragen.

Es sollte darauf geachtet werden, dass jeder Gehör findet und somit jeder das Gefühl hat, dass seine Bedürfnisse und seine Positionen angekommen sind. Das bedeutet, dass im Rahmen der Moderation darauf zu achten ist, dass auch Schweigende gefragt werden, ob diese noch etwas beitragen wollen. Genauso sind diejenigen zu beteiligen, die sich zu Wort gemeldet haben. Wird dies nicht beachtet und werden Menschen übergangen, so zeigt sich oft, dass sich bei diesen ein Widerstand gegen das Verfahren und damit auch gegen die Form der Bürgerbeteiligung und dann auch gegen das Thema ausprägen kann. Das ist für eine Lösungsfindung wenig förderlich.

! Ziel einer Bürgerbeteiligung ist allerdings nicht, dass jeder Bürger das Ergebnis akzeptiert. Ziel ist es vielmehr, dass jeder sich gehört fühlt und insofern in dem Prozess sich einbringen konnte, wenn jemand das wollte.

7.2.3 Rechtlicher Hintergrund

Es gibt öffentlich-rechtliche Vorschriften, die eine Bürgerbeteiligung als Teil des Verfahrens ansehen und insofern verpflichtend sind. Eine Bürgerbeteiligung kann aber auch dann stattfinden, wenn dies nicht verpflichtend ist. Denn es kann Sinn machen, die betroffenen Bürger bei einer Entscheidung, zu beteiligen. Wenn es sich z. B. um die Bebauung/Umgestaltung eines Gebietes handelt. Denn dies sind die Menschen, die das Gebiet nutzen bzw. dort leben. Damit kann sich die Zufriedenheit der Bürger auch erhöhen.

Gerichtsverfahren dauern lange und kosten Zeit und Geld. Darüber hinaus kann einer der Parteien im Gerichtsverfahren in die Insolvenz gehen. Es ist daher unklar, ob man seinen Anspruch vor Gericht in angemessener Zeit und damit wirtschaftlich durchsetzen kann. Darüber hinaus belegen verschiedene Studien immer wieder, dass Konflikte einem Unternehmen „Geld kosten". Untersucht wurde dies v. a. bei innerbetrieblichen Konflikten. Die Gerichtsverfahren, die im Rahmen einer Bürgerbeteiligung auch vermieden werden sollen, sind Klagen z. B. gegen einen Bebauungsplan oder eine Planfeststellung.

Beauftragung eines Moderierenden

Hat eine Bürgerbeteiligung stattzufinden oder wurde sich für eine Bürgerbeteiligung entschieden, so stellt sich die Frage, wie diese erfolgen soll bzw. wer dies moderieren soll. Unabhängig von der personellen Entscheidung geht es dann auch um die Frage, mit welchen

Leistungen diese Experten im Moderieren, d. h. das Moderatorenteam beauftragt werden soll. Sicherlich kann dies von Fall zu Fall anders sein und es ist auch ein individuell angepasstes Leistungsbild vermutlich besser. Nachfolgende Leistungen können Inhalte der Beauftragung eines Moderierenden sein.

> **!** Die aufgeführten Leistungen sind fakultativ und keine verpflichtenden Leistungskataloge. Es können die kompletten Leistungen oder nur einzelne Leistungen als Aufgabe für das Moderatorenteam vereinbart werden.

Leistungsbeschreibung

Diese Art der Leistungsbeschreibung sollte Teil eines Vertrags werden. Der Vertrag sollte als Inhalt die Vertragspartner bzw. Vertragsparteien, eine Präambel, allgemeine Projektbeschreibung, Zielsetzung und Gegenstand des Verfahrens sowie Grundsätze des Verfahrens und Bestandteil des Verfahrens beinhalten. Ebenso sollten die weiteren Beteiligten erwähnt werden. Gegebenenfalls sollte über die Vertretungsmacht bzw. Vollmachten etwas in dem Vertrag ausgesagt werden.

Aufgaben

Des Weiteren können die Aufgaben, die sich nicht in den Leistungsbildern widerspiegeln sowie die Pflichten und Rechte der Vertragspartner, d. h. auch des Moderatorenteams, die Verfahrenskosten im Vertrag enthalten sein. Auch eine Regelung über einen Kostenvorschuss für das Moderatorenteam oder weitere Regelung zur Vergütung wären möglich.

Weiterhin ist es sinnvoll, Regelungen

Ort, Leitung, Sprache des Verfahrens

- zum Ort des Verfahrens,

- zur Leitung des Verfahrens,
- zur Sprache des Verfahrens sowie
- zur Haftung und Haftungsbegrenzungen des Moderatorenteams,
- zur Art der Kommunikation unterhalb der Verfahrensbeteiligten (also auch mit denen, die nicht Vertragspartei werden),
- der Dokumentation (über die einzelnen Schritte sowie über das ganze Verfahren; wer fertigt Protokolle an etc.) und
- zur Kündigung des Vertrags mit dem Moderatorenteam aus besonderen, d. h. wichtigen Gründen zu vereinbaren.

Ähnlich wie der Mediator nach dem Mediationsgesetz verpflichtet ist, bestimmte Befangenheitsgründe zu offenbaren, so sollte auch jeder Moderator des Moderatorenteams mindestens per Vertrag zur Offenlegung bisheriger Beratungs- und Vertretungsbehältnisse mit den betroffenen Gruppen verpflichtet sein. Sollte sich nämlich später herausstellen, dass einer der Moderatoren befangen ist, so könnte die gesamte Bürgerbeteiligung damit wertlos werden. Denn die Beteiligten könnten den Eindruck haben, dass ihr Beitrag sowieso nicht gehört wird bzw. nichts an bereits Beschlossenem ändern wird. Das könnte die zu Beteiligenden erheblich demotivieren.

Verschwiegenheit

Auch sollte über Fragen der Verschwiegenheit nachgedacht werden. Es geht einmal um die Fragen der Verschwiegenheit innerhalb des Vertragsverhältnisses. Zum anderen geht es auch um Verschwiegenheit im anderen Kontext und mit anderen Gruppen. Auch dies kann im Vertrag zumindest für die Vertragspartner geregelt werden.

Der Vertrag kann auch mehrere Vertragspartner haben. In der Regel wird es allerdings bei der Öffentlichkeitsbeteiligung so sein, dass die zu beteiligende Öffentlichkeit, d. h. die Bürger, nicht Vertragspartner sind.

Neben dem Moderator/Moderatorenteam können Prozessbegleiter als Gremium (Baujuristen, Bausachverständige) oder als Einzelpersonen (Baujurist oder Bausachverständiger) hinzukommen. Das hängt davon ab, wie die Bürgerbeteiligung erfolgen soll und welche Methoden gewählt werden.

Öffentlichkeitsarbeit

Ebenso sollte daran gedacht werden, wie die Öffentlichkeitsarbeit gestaltet wird und wer dies übernehmen wird/soll. Unter Öffentlichkeitsarbeit wird das verstanden, was der Öffentlichkeit präsentiert wird, wann und wie es präsentiert wird. Die Ergebnisse der Bürgerbeteiligung werden i. d. R. in irgendeiner Form veröffentlicht. Auch wird überhaupt zu den Bürgerbeteiligungen eingeladen, sodass auch die Öffentlichkeit dies erfährt. Es empfiehlt sich daher, sich auch hierüber Gedanken zu machen und jemanden mit dieser Aufgabe zu verpflichten. Das kann der Moderator oder das Moderatorenteam sein; muss es aber nicht. In der Regel wird diese Tätigkeit wohl nicht vom Moderator/Moderatorenteam übernommen. Wenn diese Tätigkeit vom Moderator/Moderatorenteam übernommen wird, so sollte dies vertraglich ebenfalls geregelt sein.

VDI-Richtlinie 7001

Die VDI-Richtlinie 7001 (*Kommunikation und Öffentlichkeitsbeteiligung bei Planung und Bau von Infrastrukturprojekten*) befasst sich mit der Kommunikation im Rahmen der Öffentlichkeitsbeteiligung. Dort werden ebenso Elemente der einzelnen Leistungsphase der Öffentlichkeitsbeteiligung benannt. Auf diese wird informativ verwiesen.

Konfliktmanagement

Unter einem Konfliktmanagement wird i. d. R. eine Stelle verstanden, an die man sich im Falle eines Konflikts wenden kann. Diese wird sich dann bemühen, den Konflikt gemäß den vertraglichen Vereinbarungen zu lösen. Die Bürgerbeteiligung kann als eine Art des Konfliktmanagements bezeichnet werden. Ein Konfliktmanagement bedeutet daher, Konflikte zu identifizieren und so schnell als möglich zu lösen, damit diese keine Störung im Ablauf verursachen.

Es sind nachfolgende **Projektstadien** denkbar:

1. Raumordnungsverfahren/ Bauleitplanung
2. Bedarfsermittlung bis Freigabe der Finanzierung für die Planung (vor Lph. 1 bis Lph. 2 der HOAI)
3. Entwurfsplanung (Lph. 2 bis Lph. 3 der HOAI) als freiwillige, konsultative Bürgerbeteiligung
4. Genehmigungsverfahren/Planfeststellung (Lph. 3 bis Lph. 4 der HOAI)
5. Ausschreibungs- und Bauphase (Lph. 5 bis Lph. 8 der HOAI)

6. Eröffnung und Betriebsphase (Lph. 9 der HOAI und später)

Leistungsbilder und Leistungsstufen

Wie bereits erwähnt, obliegt es der vertraglichen Gestaltung, was beauftragt ist. Die Leistungsbilder können in folgende mögliche Beziehungen eingeteilt werden:

- interne Beratung des Auftraggebenden
- Bürger informieren
- mit Bürgern arbeiten
- Auftraggebenden bei Umsetzung unterstützen
- Wiederholung von Leistungen und Dokumentation der Ergebnisse

Grundsätzlich können die Leistungen einzeln beauftragt und erbracht werden; es empfiehlt sich allerdings, diese zusammen oder zumindest teilweise zusammen zu beauftragen. Denn das eine baut auf dem anderen auf. Daher würde die Bürgerbeteiligung eine Kontinuität bis zum Schluss des Projekts erhalten, wenn alles beauftragt würde.

Die Leistungen des Moderatorenteams sollten einsetzen, bevor die Bürger selbst beteiligt werden. Das ermöglicht, ein Konzept und die weitere Vorgehensweise festzulegen, bevor die Öffentlichkeit oder auch die Parlamente und Ausschüsse informiert werden. Wie bereits dargestellt, ist diese Vorbereitungsphase eine sehr wichtige Phase. In dieser werden die Weichen gestellt.

Begleitendes Monitoring

Sinnvoll ist für jede Phase der Bürgerbeteiligung ein begleitendes Monitoring, wie es in VDI 7001, Ziff. 3.10, vorgeschlagen wird. Monitoring in diesem Sinne ist quasi eine begleitende Überprüfung und schauen, ob es Optimierungsbedarf gibt.

Beispiel für mögliche Leistungen der Moderatoren im Rahmen eines Raumordnungsverfahren oder der Bauleitplanung

Am häufigsten wird es im Rahmen eines Raumordnungsverfahren oder der Bauleitplanung zu einer Bürgerbeteiligung kommen. Denn in dieser Phase kann noch viel gestaltet und mitbestimmt werden. Nachfolgende Leistungen/Stufen mit einer entsprechenden Ausgestaltung der möglichen Leistungen der Moderatoren werden vorgeschlagen:

Interne Beratung des oder der Auftraggebenden:

- Erarbeiten eines Konzepts zur Bürgerbeteiligung: Beratung des Auftraggebenden zum Umfang sowie zur Art und Weise der Bürgerbeteiligung
- Vorstellen von bis zu drei verschiedenen Konzepten
- Darstellen, wann und wie Experten, Bürgerinitiativen einzubinden sind
- Darstellen, wie die Bürgerbeteiligung finanziert werden kann
- Vorstellen der Ergebnisse und Diskutieren mit dem Auftraggebenden, Dokumentation der Konzepte und der Ergebnisse aus der geführten Besprechung sowie Präsentation der Ergebnisse

- Beraten des Auftraggebenden bei der Ablauforganisation der Bürgerbeteiligung und Festlegung mit dem Auftraggebenden der Ablauforganisation
- Begleiten und Beraten des Auftraggebenden bei der Festlegung des Berichtwesens zwischen den Beteiligten sowie Festlegen der Kommunikationswege zwischen den Beteiligten
- Zusammenfassen und Dokumentieren der Arbeitsergebnisse in Textform
- Analyse bestehender vertraglicher Verpflichtungen für das Projekt
- Durchsicht und Analyse etwaiger städtebaulicher Verträge, öffentlich-rechtliche Verträge, Baulasten, Grunddienstbarkeiten sowie des Plangebiets
- Herausarbeiten von Problempunkten bezüglich der Örtlichkeit als im Hinblick auf die betroffenen Bürger und evtl. Nachbarkommunen
- Zusammenfassen der Ergebnisse und Präsentieren für den Auftraggebenden

Die **Information** der Bürger/Betroffenen:

- Beraten des Auftraggebenden bei der Ablauforganisation der Bürgerbeteiligung und Festlegung mit dem Auftraggebenden der Ablauforganisation.
- Begleiten und Beraten des Auftraggebenden bei der Festlegung des Berichtwesens zwischen den Beteiligten sowie Festlegen der Kommunikationswege zwischen den Beteiligten; Zusammenfassen und Dokumentieren der Arbeitsergebnisse in Textform
- Analyse bestehender vertraglicher Verpflichtungen für das Projekt; Durchsicht und Analyse etwaiger

städtebaulicher Verträge; öffentlich-rechtliche Verträge, Baulasten, Grunddienstbarkeiten sowie des Plangebiets; Herausarbeiten von Problempunkten bezüglich der Örtlichkeit als im Hinblick auf die betroffenen Bürger und evtl. Nachbarkommunen; Zusammenfassen der Ergebnisse und Präsentieren für den Auftraggebenden

- übersichtliche Zusammenstellung der für die Bürgerbeteiligung wichtigen Informationen
- Abstimmen dieser Informationen mit dem Auftraggebenden
- Dokumentation des Ergebnisses dieser Abstimmung
- Teilnahme an Besprechungen des Auftraggebenden zum Thema Bürgerbeteiligung und Vorstellung des geplanten Projekts
- Teilnahme an den Planungsbesprechungen, soweit dies erforderlich
- Aufbereitung der letzten Planungsstände und der technischen Unterlagen der Flächenplanung für die Bürgerbeteiligung, d. h. verständlich und übersichtlich für Bürger und Politiker
- Darstellen und Gegenüberstellen der Vor- und Nachteile der verschiedenen Varianten
- Unterlagen für die Präsentation vorbereiten
- Präsentieren des Arbeitsergebnisses gegenüber dem Auftraggebenden sowie Abstimmung mit diesem, wie die Präsentation im Rahmen der Bürgerbeteiligung erfolgen soll
- Information der Öffentlichkeit mittels Informationsveranstaltungen, Drucksachen, Homepage

- Pflege/Aktualisierung der für die Öffentlichkeit bestimmten Unterlagen und Informationen
- Beteiligung der Presse, Fertigen von Pressemitteilungen, Pressekonferenzen, Einladen sowie nachfolgende Kontaktpflege zu der Presse (sofern die Öffentlichkeitsarbeit durch die Moderatoren gewünscht ist)
- Bearbeiten von an den Auftraggebenden gerichteten Bürgeranfragen, Aufbereiten der Fragen und Antworten für den Auftraggebenden, Erarbeiten von Antwortvorschlägen, Beraten und Abstimmen der Antwortvorschläge mit dem Auftraggebenden.

Die **Arbeit mit** den Betroffenen/Bürgern:

- Organisation und Durchführen von Ortsterminen für die Bürger, Interessengruppen, Verbände und Parteien unter Einbeziehung der fachlich Beteiligten/der Experten
- Vorbereiten, Durchführen und Auswerten von Workshops
- Treffen (präsent oder online) und sonstige Formen von Dialogveranstaltungen zur Erarbeitung von Planungszielen und -varianten unter Beteiligung der Bürger und aus deren Sicht
- Dokumentieren und dem Auftraggebenden präsentieren
- Dialog zwischen den verschiedenen Betroffenen im Plangebiet, insbesondere zwischen dem Auftraggebenden und betroffenen Bürgern
- Zusammenstellung der Ergebnisse der verschiedenen Formen der Bürgerbeteiligung

- Beratung mit vom Auftraggebenden beauftragten Planern, insbesondere für Flächennutzungs- und Bebauungsplan; Zusammenstellen der Ergebnisse
- Dokumentieren und dem Auftraggebenden präsentieren
- Auftraggebenden bei Umsetzung des Projekts unterstützen
- Auswerten und Zusammenstellen der verschiedenen Einwände der Bürger
- Bewerten der Einwände nach Erheblichkeit technischer und rechtlicher Sicht
- Herausarbeiten, bei welchen Einwänden ein fachtechnischer oder juristischer Rat notwendig wäre
- Darstellen der Einwände von ihrer Dringlichkeit bzw. Erheblichkeit für das gesamte Projekt
- Vorbereiten des Auftraggebenden sowie dessen Fachplaner aus Verwaltung und Ingenieurbüros für die Bürgerbeteiligung und Anhörungen
- Ergebnisse der Bürgerbeteiligung sowie der technischen Lösung in einfacher Sprache für Beschlussfassungen von Kommunen vorbereiten und an den Auftraggebenden in Textform übergeben; Gleiches gilt für Pläne und technische Unterlagen der Flächenplanung, Vor- und Nachteile der verschiedenen Möglichkeiten sind nachvollziehbar in Tabellenform gegenüberzustellen
- Aufbereitung und verständliche Präsentation der von der Kommune gefassten Beschlüsse in der Öffentlichkeit

- Unterstützung des Auftraggebenden im Falle von Gerichtsverfahren mit Unterlagen/Informationen

Manchmal sind Wiederholungen von Leistungen und Dokumentation der Ergebnisse erforderlich. Hierfür können Stundensätze vereinbart werden.

Stundensätze

Nachfolgende Leistungen werden erfahrungsgemäß oftmals wiederholt oder kommen bei einer Bürgerbeteiligung mehrfach vor.

- Zusammenfassung der Ergebnisse vor vorangegangenen Phasen als Grundlage für die notwendigen Wiederholungen von Teilleistungen der durchgeführten Phasen
- monatliche Berichte an den Auftraggebenden über die aktuelle Situation, offene und neue konkrete Einwände mit Bearbeitungsstand sowie ggf. Änderungswünsche des Auftraggebenden mit Bearbeitungsstand
- notwendige Wiederholungen von Teilleistungen der durchgeführten Phasen
- Zusammenstellen aller Ergebnisse sowie ständige Aktualisierungen dokumentieren; diese Zusammenstellung dem Auftraggebenden präsentieren und übergeben

Damit ist oftmals die Bürgerbeteiligung abgeschlossen. Es gibt aber noch weitere Phasen, in denen der Moderator/das Moderatorenteam begleiten kann. Der Moderator kann den Auftraggebenden noch weiter beraten, z. B. von der Bedarfsermittlung bis zur Finanzierung. Das wären Aufgaben wie Darstellen, wie die Bürgerbeteiligung finanziert werden kann, Vorstellen der Ergebnisse und Diskutieren mit dem Auftraggebenden, Dokumentation der Konzepte und der Ergebnisse aus der geführten Besprechung sowie Präsentation der Ergebnisse.

7.3 Baugruppen

Einleitung

Eine ganz andere, nicht gesetzlich vorgeschriebene oder sonst gesetzlich vorgesehene Variante des partizipativen Bauens sind die sogenannten Baugruppen.

Bei diesen finden sich Private zusammen, um gemeinsam ein Projekt zu realisieren. Meistens geht es darum, dass für die Mitglieder der Baugruppe Wohnraum hergestellt wird. Die Mitglieder der Baugruppen entscheiden gemeinsam, wie das Projekt umgesetzt wird. Sie sind vergleichbar mit den Wohnungseigentümern einer Wohnungseigentümergemeinschaft. Nur anders als diese haben die Erwerber entscheidende Einflussmöglichkeiten auf die Art der Ausführung. Sie können und müssen daher sich mit der Materie des Bauens und den damit verbundenen Fragestellungen befassen. Sie sind gemeinsam die Bauherrschaft.

Gemeinsame Bauherrschaft

Nachfolgend wird dieses Konstrukt näher dargestellt.

Bei einer Baugruppe finden sich verschiedene Personen zusammen; Baugruppen werden auch Baugemeinschaft oder Bauherrengemeinschaft genannt. Die Gemeinschaft, die sich zusammenfindet, hat einen Zweck. In der Regel ist dieser, für alle der Gemeinschaft Wohnraum zu schaffen. Juristisch betrachtet, handelt es sich damit um eine Gesellschaft bürgerlichen Rechts; abgekürzt GbR. Die Regelungen zu einer GbR finden sich im BGB unter §§ ff. 705 BGB. Auch die Wohnungseigentümergemeinschaft ist eine GbR. Für diese gibt es allerdings im WEG spezifische Regelungen.

GbR

Die GbR einer Baugruppe kann unproblematisch gegründet werden. Für die Gründung einer GbR bedarf es keiner bestimmten Form. Ist beabsichtigt, Mietwohnungen zu bauen, so empfiehlt sich wohl eine Genossenschaft zu gründen, die wiederum allerdings in ein Register einzutragen ist. Das ist aufwendiger, als eine GbR zu gründen.

Obwohl es nicht zwingend erforderlich ist, so sollte doch gerade bei einer Baugruppe ein Gesellschaftsvertrag geschlossen werden. Alle Beteiligten der Baugruppe sind dann auch Gesellschafter. Den Inhalt des Bauvertrags sollte man sich durchlesen oder überlegen, sofern noch kein Vorschlag für einen Gesellschaftsvertrag existiert. Es empfiehlt sich, in diesen Vertrag auch eine Klausel aufzunehmen, die beschreibt, wie mit schwer lösbaren Konflikten umzugehen ist.

Zunächst soll erörtert werden, warum es sich lohnen kann, eine Baugruppe zu gründen. Damit wird die Ausgangssituation dargestellt, aus der sich wiederum das Konfliktpotenzial ergibt.

7.3.1 Vorteile der Baugemeinschaft

Eine Baugemeinschaft hat zum Ziel, ein Bauprojekt zu realisieren. Es handelt sich in der Regel dabei um ein Bauprojekt, welches nicht alleine von einer Person realisiert werden kann. Die Baugemeinschaft bietet ein paar Vorteile.

Bei der Baugemeinschaft lernt man die Personen, die mit einem zusammen das Projekt angehen, direkt kennen. Man ist in einer Gemeinschaftund entwickelt zusammen das Bauprojekt. In der Regel legen Baugemeinschaften einen großen Wert auf die Gemeinschaft und damit auch auf die Nachbarschaft. Es werden oftmals auch Gemeinschaftsräume mit geplant. Einige Baugemeinschaften planen auch ein Mehrgenerationenhaus.

Eine Baugemeinschaft hat die Möglichkeit, sich ihr individuelles Haus zu bauen. Damit wird das Bauprojekt sehr individuell. Die Baugemeinschaft ist der Bauherr und beauftragt die ausführenden Unternehmen sowie die Planer, die für die Realisierung des Projekts erforderlich sind. Ebenso kann versucht werden, es kostensparend zu planen und zu realisieren sowie die Unterhaltungskosten des Bauwerks bereits bei der Planung zu berücksichtigen. Dies erfolgt in der Regel bei herkömmlichen Bauwerken nicht oder noch zu wenig.

Das Bauen als Baugemeinschaft ist in der Regel auch kostengünstiger, als wenn ein Eigenheim erworben wird. Üblicherweise wird ein solches Eigenheim von einem Bauträger erworben. Der Bauträger rechnet entsprechende Margen ein, damit auch er Gewinn hat. Diese Margen entfallen bei den Baugruppen. Denn diese sind direkt Auftraggeber und können damit annähernd die Preise erreichen, die auch ein Bauträger erreichen würde.

Ebenso können Baugruppen von verschiedenen Förderprogrammen und damit von einer finanziellen Unterstützung profitieren.

Von der Planung über die Bauphase bis zur Vollendung des Bauprojekts gilt es, alles gemeinsam abzustimmen und zu entscheiden. Voraussetzung dafür ist grundsätzlich, dass alle ähnliche Vorstellungen von der Verwirklichung des Projekts haben. Daher ist es auch eine Grundsatzentscheidung für eine solche Baugemeinschaft. Denn es ist wichtig zu wissen, dass auch viel Zeit in die Entscheidungsfindungsphase mit den anderen Beteiligten fließen wird.

Dies zeigt allerdings auch schon das Konfliktpotenzial, welches beim Bauen in Baugruppen entstehen kann.

7.3.2 Ablauf einer Bauherrengemeinschaft

Um mögliche Potenziale noch besser zu eruieren, wird im Nachfolgenden der Ablauf von Baugemeinschaften bis zur Vollendung des Projekts kurz dargestellt.

Vertrag

GbR-Vertrag

Die Gründung der Baugemeinschaft kann, wie bereits dargestellt, durch einen Gesellschaftsvertrag erfolgen. Dieser sogenannte GbR-Vertrag ist vorab zu formulieren. Schon in diesem Stadium kann sich zeigen, ob unter den Beteiligten tatsächlich ähnliche Interessen und Vorstellungen von der Realisierung des Projekts bestehen. In dem Vertrag sind Rechte wie auch Pflichten fixiert. Darüber hinaus sollte darin auch das zu realisierende Bauprojekt genauer beschrieben werden.

Ebenso sollten Abstimmungsmodi vereinbart werden. Sicherlich ist nicht in allen Bereichen eine Einigung zu erzielen. Es stellt sich daher die Frage, ob die Mehrheit über z. B. einen Ausführungswunsch entscheiden darf und wenn ja, mit welcher Mehrheit. Enthalten sein sollte in dem Vertrag ebenso, wie im Falle von Konflikten vorzugehen ist, die nicht innerhalb der Beteiligten gelöst werden können. Das kann z. B. die Vereinbarung einer Mediation oder einer Streitschlichtung für einen solchen Fall sein. Ggf. sollten auch Reaktionszeiten der Mitglieder formuliert sein, innerhalb derer bestimmte Reaktionen zu erfolgen haben, und wie vorzugehen ist, wenn diese Reaktionen nicht erfolgt. Ebenso sollten Vertretungsregelungen enthalten sein.

Haftung

Auch ist es wichtig, sich über die Fragen der Haftung der Verantwortlichkeiten im Klaren zu sein. Alle Mitglieder haften mit ihrem persönlichen Vermögen. Fällt ein Mitglied aus – gleich aus welchem Grund –, kommen die anderen auch für dessen Verbindlichkeiten auf. Auch hier liegt ein Konfliktpotenzial. Oftmals geht es für die Mitglieder um existenzielle Fragen. Ein solches Bauprojekt ist ein erheblicher finanzieller Faktor und überschreitet als Ganzes meist die finanziellen Mittel eines Mitglieds. Dies ist auch eine emotionale bzw. psychische Belastung für die Mitglieder. Sie befinden sich in einer besonderen Situation und sind unter Umständen anders als in ihrem üblichen Umfeld.

Arten von Baugemeinschaften

Grundsätzlich gibt es zwei verschiedene Arten von Baugemeinschaften beziehungsweise Baugruppen, und zwar zum einen die freie private Baugemeinschaft und zum anderen die betreute private Baugemeinschaft.

Gemeinsam ist beiden Formen das Kaufen eines Miteigentumsanteils an dem Grundstück. An der Größe des Anteils bemisst sich die Höhe der Kosten, die jedes einzelne Mitglied zu tragen hat.

Freie private Baugemeinschaft

Eine freie private Baugemeinschaft organisiert von Anfang alles selbst: Diese beauftragt den Architekten und weitere erforderliche Planer oder Sachverständige. Das bedeutet auch, dass die Baugemeinschaft mit dem Architekten und ggf. auch den anderen Planern alle Wünsche bespricht und auf dieser Grundlage das Bauwerk geplant wird. Auch in diesem Stadium können sich bereits Konflikte aufzeigen, die zwischen den Mitgliedern der Baugemeinschaft zu lösen sind. Denn nur dann, wenn alle Mitglieder dieselben Wünsche haben, kann der Architekt planen.

Des Weiteren beauftragt die freie private Baugemeinschaft auch die bauausführenden Unternehmen und damit alle Gewerke. Ebenso ist sie für die Überwachung der Ausführung verantwortlich. Dafür kann der Architekt als Bauüberwacher oder Bauleiter beauftragt werden, was ebenso von der Baugemeinschaft zu erfolgen hat. Werden alle Baumaßnahmen von der Baugruppe ausgeschrieben, so hat diese die entsprechenden Angebote einzuholen und zu verhandeln sowie die Unternehmen zu beauftragen.

Ebenso hat die Baugemeinschaft die Baugenehmigung zu beantragen und sich darum zu kümmern, dass diese eingehalten wird. Ein Vorteil dieser Art der Baugemeinschaft ist sicherlich das hohe Maß an Mitbestimmung und Flexibilität. Nachteilig kann sein, dass die Mitglieder der Baugemeinschaft alles selber machen müssen und das für die Mitglieder Zeit kostet. Darüber hinaus sollten die Mitglieder ein entsprechendes Fachwissen haben, um sinnvolle und wirtschaftliche Entscheidungen über die Art der Bauausführung treffen zu können.

Gesteuerte private Baugemeinschaft

Die gesteuerte private Baugemeinschaft funktioniert etwas anders. Diese Baugemeinschaft fängt nicht von

Grund auf an, sondern es liegen bereits Konzepte/Planungen vor. Ebenso sind Architekten und Baufirmen vorhanden, die sich genau an diese Form der Baugemeinschaft richten. Die Baugemeinschaft sucht sich eines der vorhandenen Konzepte aus und danach wird dann gebaut. Das bedeutet, dass weniger Einflussnahme-Möglichkeiten und damit weniger Flexibilität besteht als bei einer freien privaten Baugemeinschaft. Ausgeführt und überwacht wird das Bauprojekt dann von dem Architekten und ggf. weiteren Planern sowie den bauausführenden Firmen oder der Baufirma.

Genossenschaft

Eine andere Alternative wäre die Genossenschaft. In einer Genossenschaft finden sich mindestens drei Personen zusammen, die sich selbst organisieren. Zur Gründung muss eine Satzung bei einer Generalversammlung beschlossen und ein Vorstand und Aufsichtsrat aufgestellt werden. Zusätzlich muss die Genossenschaft in das Genossenschaftsregister eingetragen werden. Ein Mindestkapital gibt es nicht. Die Mitglieder einer Genossenschaft haften nicht mit ihrem Privatvermögen. Bei dieser Gesellschaftsform lassen sich auch später noch dazukommende Mitglieder gut integrieren.

Ebenso ist an eine Gesellschaft mit beschränkter Haftung (GmbH) zu denken. Im Gegensatz zu GbR und Genossenschaft ist sie keine Personengesellschaft, sondern eine Kapitalgesellschaft. Ein Mitglied reicht zur Gründung bereits aus. Das Mindestkapital beträgt 25.000 Euro; die Haftung ist auf das Gesellschaftsvermögen limitiert. Die Bildung einer Gesellschaft mit beschränkter Haftung ist für Baugruppen sinnvoll, deren Mitglieder später nicht in dem Bauwerk wohnen möchten, sondern dieses vermieten wollen.

Phasen der Bauherrengemeinschaft

Die Bauherrengemeinschaft kann in fünf nachfolgende Phasen eingeteilt werden:

Zunächst gibt es die **Findungsphase**, die von einer Interessengemeinschaft zur Bauherrengemeinschaft führt. Darauf folgt die Planungsgemeinschaft und darauf die eigentliche Baugemeinschaft, gefolgt von der Eigentümergemeinschaft.

In der **Phase der Interessengemeinschaft** werden die groben Ziele besprochen und festgehalten.

In der **Phase der Planungsgemeinschaft** sollte der Gesellschaftsvertrag der GbR geschlossen sein. Die Planung wird konkreter. Es wird geschaut, ob noch weitere Mitglieder zu finden sind und ob diese gefunden werden.

In der **Phase der eigentlichen Baugemeinschaft** sollte auf jeden Fall der Gesellschaftervertrag geschlossen sein. Denn es geht um den Kauf eines Grundstücks durch die Gemeinschaft. Ebenso müssten die Baupläne konkretisiert werden und ggf. die entsprechenden Planer oder Unternehmen beauftragt werden, die das Projekt realisieren sollen. Es müssen mit diesen von der Gemeinschaft Verträge geschlossen werden. Am Ende der Baumaßnahme hat eine Abnahme durch die Gemeinschaft zu erfolgen, denn sie ist die Eigentümerin.

Ende der Baugemeinschaft

Nachdem der Bau fertiggestellt ist, verwandelt sich die Baugemeinschaft in eine **Wohneigentümergemeinschaft**. Üblicherweise ist das Ende der Baugemeinschaft zu beschließen. Damit einhergehend werden etwaige Ansprüche der Baugemeinschaft wie z. B. Ansprüche wegen Mängeln auf die Wohnungseigentümergemeinschaft übertragen. Die handelnden Mitglieder sind zunächst dieselben, mit denen zusammen gebaut wurde.

7.3.3 Konfliktlösungsmöglichkeiten innerhalb einer Bauherrengemeinschaft

Konfliktpotenzial ist sehr hoch

Wie bereits dargestellt, ist dem Konstrukt Bauherrengemeinschaft schon immanent, dass ein Konfliktpotenzial besteht. Denn oftmals muss miteinander kommuniziert werden, um Entscheidungen zu treffen. Am meisten ist dies bei der freien privaten Bauherrengemeinschaft der Fall. Denn hier sind viele Entscheidungen von der Gemeinschaft zu treffen.

Bei allen anderen Formen reduziert sich durch die Anzahl der zu treffenden Entscheidungen in der Regel das Konfliktpotenzial. Denn durch die Entscheidung der Form besteht bereits ein Rahmen, der nicht mehr so viele Entscheidungen nach der Gründung der Gesellschaft zulässt. Aber auch dort ist nach wie vor Konfliktpotenzial gegeben.

Es empfiehlt sich daher, auf einen Konfliktfall vorbereitet zu sein, der nicht mehr von den Mitgliedern allein gelöst werden kann. Bevor es zu Gericht geht oder sich die Mitglieder weiter zerstreiten, sollten außergerichtliche Streitbeilegungsmethoden angewandt werden. Diese sollten bereits im Gesellschaftsvertrag fixiert werden. Denn erfahrungsgemäß ist es später schwierig, sich auf eine Streitschlichtungsmethode zu einigen.

Es gibt verschiedene alternative Streitbeilegungsmethoden, die im Nachfolgenden erläutert werden. Dies kann bei der Entscheidung helfen, welche Methode im Gesellschaftsvertrag einfließen soll. Es können auch mehrere alternative Streitbeilegungsmethoden in den Vertrag aufgenommen werden. In diesem Fall sollte geregelt werden, wann welche Methode greifen soll.

Mediator benennen

Es kann auch ein Konfliktmanagementsystem vereinbart werden. Darunter wird in der Regel ein begleitendes System verstanden. In diesem Fall wäre z. B. ein Mediator bereits benannt, der immer dann, wenn schwierige Konflikte auftreten, hinzugezogen wird. Auch könnte diese Person bereits bei allen Treffen zugegen sein und moderieren. Dadurch würden Konflikte aller Voraussicht nach nicht eskalieren.

Neben diesem Konfliktpotenzial ist auch an das für das Bauen übliche Konfliktpotenzial zu denken, z. B. Streitigkeiten mit dem Architekten oder anderen Planern sowie den bauausführenden Unternehmen oder dem Grundstücksnachbar. Auch in diesen Fällen sollten außergerichtliche Konfliktbeilegungsmethoden ernsthaft in Betracht gezogen werden. Denn gerade baurechtliche Streitigkeiten dauern vor Gericht schon in der ersten Instanz mehrere Jahre. Auch mit diesen Beteiligten kann ein Konfliktmanagementsystem vereinbart werden.

Alternative Konfliktbeilegungsmethoden sind oftmals günstiger und meistens schneller beendet als Gerichtsverfahren.

7.4 Mediation, Schlichtung und andere Streitschlichtungsverfahren

7.4.1 Mediation

Mediation ist ein freiwilliges Verfahren zur außergerichtlichen Vermeidung oder Regulierung von Konflikten. In diesem Verfahren sollen die Konfliktbeteiligten unter Hinzuziehung eines neutralen (allparteilichen) Dritten – des Mediators – versuchen, selbstbestimmte und von allen Beteiligten akzeptierte Problemlösungen zu erarbeiten.

Kein Richter entscheidet

Im Gegensatz zum gerichtlichen Verfahren liegt das Ergebnis dieses Verfahrens allein in den Händen der beteiligten Parteien. Kein Richter entscheidet, sondern allein die Beteiligten. Vor den Gerichten gibt es einen Güterichter, der sehr ähnlich wie der Mediator agiert. In diesem Fall ist aber bereits ein gerichtliches Verfahren anhängig.

Da die Mediation freiwillig ist, kann sie von jedem Beteiligten ohne Angabe von Gründen in jedem Stadium beendet werden.

Die Mediation kann mit einer abschließenden Vereinbarung oder Regelung beendet werden, muss aber nicht. Die Vereinbarung kann vollstreckbar sein; muss dies aber nicht. Die Vollstreckbarkeit ist nur dann gegeben, wenn ein so genannter Anwaltsvergleich nach § 796a ZPO geschlossen wird. Dann müssen Anwälte zugegen sein, die den Vergleich für die jeweilige Partei unterschreiben.

Ziel

Ziel der Mediation ist es, Lösungen zum allseitigen Nutzen zu erarbeiten, die von allen Beteiligten getragen werden und dadurch zu einer zukunftsorientierten und damit langfristigen „Befriedung" des Konflikts führen. Daher kommt auch die Idee der Freiwilligkeit. Denn erfahrungsgemäß werden nur dann die Lösungen von allen Beteiligten akzeptiert, wenn dies freiwillig erfolgt.

Dieses Ziel wird dadurch erreicht, dass die Konfliktparteien im Verlauf des Verfahrens unter Anleitung des Mediators (wieder) miteinander kommunizieren, selbständig und eigenverantwortlich mit ihrem Konflikt umgehen, um letztlich nach kreativen Lösungsmöglichkeiten zu forschen und diese umzusetzen.

Kosten

Die Mediationssitzungen werden in der Regel nach Stundensätzen abgerechnet. In den meisten Fällen umfasst der Prozess hier zwischen 7 und 10 Sitzungen. Erfahrungsgemäß kann dies aber variieren. Manchmal reicht ein Termin über mehrere Stunden aus.

Bei einer Mediation im Wirtschaftsbereich orientiert sich der Stundensatz auch am Streitwert und beträgt 150-250 Euro netto. Die Stundensätze variieren. Von Anwälten werden in der Regel die anwaltsüblichen Stundensätze auch für die Mediation verwandt. Mediatoren müssen keine Anwälte oder Juristen sein. Architekten oder Planer sind für Bauprojekte ebenfalls sinnvolle Mediatoren.

Bei der Mediation wird kein Streitwert zugrunde gelegt

Im Gegensatz zum Rechtsstreit, wird bei der Mediation kein Streitwert zugrunde gelegt. Das bedeutet, dass unabhängig davon, ob es um ideelle Dinge oder um ein ganzes Haus geht, bleiben die Kosten für eine Mediation gleich.

Bei einer Mediation muss auch niemand von einem Rechtsbeistand vertreten sein. Ein Rechtsbeistand kann dabei sein, muss aber nicht.

Prinzipien der Mediation

Der Mediation liegen verschiedene Prinzipien zugrunde, die im Folgenden erörtert werden.

Neutraler Mediator

Dass der Mediator neutral ist, gehört zu den wichtigsten Grundlagen eines Mediationsverfahrens. Der Mediator hat keine vom Staat zugewiesene Autorität und zieht seine Legitimation einzig aus seiner Neutralität. Auch durch das Mediationsgesetz erhält er keine besondere Legitimation. Ausnahmen hierzu können lediglich bei einer gerichtsnahen Mediation vorliegen. Aber auch das sollte nicht so ausgestaltet sein.

In Konflikten ist die Kommunikation mit der anderen Konfliktpartei oft gestört oder abgebrochen. Die Parteien nehmen oft gegensätzliche Positionen ein, ohne die diesen Standpunkten tatsächlich zugrundeliegenden Interessen in den Blick zu bekommen. Dann kann es hilfreich sein, Dritte einzuschalten, die allparteilich bzw. neutral und unparteiisch das Gespräch wieder in Gang bringen, um Sichtweisen und Interessen zu klären, um z. B. neues Vertrauen zu entwickeln, um sich auf neue, kreative, vielleicht auch ungewohnte Lösungsoptionen einzulassen.

Die persönliche Neutralität des Mediators umfasst zum einen die Unabhängigkeit von den Parteien, aber auch die Unabhängigkeit vom Streitgegenstand. Hinzu tritt die Pflicht, alle Parteien gleich zu behandeln, wenn es um Leistungen des Mediators wie die Weitergabe von Informationen oder die Partizipation der Parteien am Fachwissen des Mediators geht.

Der Mediator muss aber nicht nur persönlich, sondern auch bei Verfahrenshandlungen neutral sein. Hier empfiehlt es sich, dies im Rahmen der Mediationsvereinbarung bzw. einer Vereinbarung über das Konfliktmanagement festzuhalten. Sie kann eine Handlungsanleitung für den Mediator sein. Ähnlich wie der Richter das Gesetz, sollte der Mediator nur die in der Mediationsvereinbarung festgelegten Regeln heranziehen oder in Abstimmung mit den Parteien und deren Zustimmung Regeln vereinbaren.

Prinzip der Freiwilligkeit

Ein weiteres wichtiges Prinzip ist die Freiwilligkeit. Parteien und Mediator sollen freiwillig an dem Verfahren teilnehmen. Freiwilligkeit ist nur dann gegeben, wenn gewährleistet ist, dass die Entscheidung für die Durchführung des Mediationsverfahrens autonom getroffen wird, die Parteien dem Verfahren offen gegenüberstehen und bereit sind, an ihm mitzuwirken. Das wird dann nicht der Fall sein, wenn sie sich dem Willen Anderer oder sonstigen Zwängen unterwerfen.

Zur Freiwilligkeit zählt auch, dass sich jeder Beteiligte, Parteien wie Mediator, ohne Angabe von Gründen jederzeit aus dem Verfahren zurückziehen kann. So verstanden ist die Freiwilligkeit eine Grundvoraussetzung für die selbstverantwortliche Beteiligung an einem Mediationsverfahren. Sinn dieses Verfahrenskriteriums ist es, zwischen den Parteien eine möglichst offene Verhandlungsatmosphäre zu schaffen. Die Freiwilligkeit ist daher letztlich nötig, um eine langfristige Bindungswirkung der gefundenen Einigung sicherzustellen.

Die Mediation geht davon aus, dass die Parteien die Experten und Verantwortlichen ihres Konflikts sind. Sie selbst wissen besser als jeder andere, wie er entstanden und wie er zu lösen ist. Die Mediation bietet ihnen lediglich den Rahmen, in dem sie ihre Ressourcen für die Konfliktlösung entdecken und nutzen können. Die Konfliktparteien sind für die Inhalte der einzelnen Phasen und für das Ergebnis der Verhandlung allein und selbst verantwortlich. Sie entscheiden, welche Lösungen des Konfliktes in Betracht kommen. Dies wird das Prinzip der Eigenverantwortlichkeit genannt.

Prinzip der Eigenverantwortlichkeit

Die Parteien müssen über die entscheidungserheblichen Tatsachen und die Rechtslage umfassend informiert werden bzw. sich Informationen durch die Einschaltung von Fachleuten holen. Nur so kann sichergestellt werden, dass ein in der Mediation gefundenes Ergebnis auch in Zukunft akzeptiert wird. Der Mediator muss darauf achten, dass den Parteien die Notwendigkeit einer möglichst umfassenden Informiertheit bewusst ist. Dies wird das Prinzip der Informiertheit genannt.

Prinzip der Informiertheit

Prinzip der Vertraulichkeit

Wichtig ist ferner das Prinzip der Vertraulichkeit. Der Grundsatz der Vertraulichkeit hat zwei Ausprägungen. Zum einen wird über die Durchführung des Mediationsverfahrens Schweigen gewahrt: Niemand braucht zu erfahren, dass es stattgefunden hat. Zum anderen sind die Inhalte des Verfahrens vertraulich.

Dies soll verhindern, dass Informationen, die im Laufe einer Mediation offenbart wurden, nach einem Scheitern des Verfahrens im folgenden Gerichtsprozess gegen die betroffene Partei verwendet werden können. Das hätte zur Folge, dass sich die Parteien schon in der Mediation – mit Blick auf anschließende Gerichtsverfahren – Informationen vorenthalten, was dann einer Lösung des Konfliktes im Wege stehen könnte. Sichergestellt werden kann dieses Prinzip dadurch, dass sich vor Beginn der Mediation alle Parteien im Rahmen der gesetzlichen Möglichkeiten hierzu (vertraglich) verpflichten.

Problematisch ist und bleibt jedoch, dass keine rechtliche Verschwiegenheitspflicht aus dem Mediationsverfahren in einem gerichtlichen Verfahren besteht.

Beteiligten sind gesprächsbereit und ergebnisoffen

Ferner ist es wichtig, dass die Beteiligten gesprächsbereit und ergebnisoffen sind. Gleiches gilt für den Mediator.

Die beteiligten Konfliktparteien sollten bereit und in der Lage sein, miteinander zu reden. Sie sollten sich auf das Verfahren einlassen. Zudem darf nicht von vornherein feststehen, welches Ergebnis erreicht werden soll (Ergebnisoffenheit). Nur dann ist es für die Beteiligten möglich, kooperativ miteinander zu verhandeln und sich auf den anderen einzulassen.

Mediationen funktionieren in der Regel nur, wenn keine zu großen Machtunterschiede bestehen. Große Machtungleichgewichte können dazu führen, dass eine Konfliktpartei der anderen ihren Willen aufzwingt. Sieht der Mediator im Rahmen einer Mediation diese Gefahr, so hat er dagegen zu wirken, damit ein Gleichgewicht hergestellt werden kann. Bei Baugruppen wird die Gefahr in der Regel nicht so groß sein, weil kein großes Machtgefälle zu erwarten ist.

Sinnvoll sind Mediationsverfahren vor allem in Fällen, in denen die Parteien auch in Zukunft miteinander umgehen. Folgt der Konflikt hingegen aus einer einmaligen Begegnung, beispielsweise der Auseinandersetzung mit einem Gutachter, sind andere Verfahren geeigneter. Denn die Betroffenen sehen keine Notwendigkeit, etwas für die Zukunft zu regeln. Das Mediationsverfahren ist jedoch grundsätzlich zukunftsorientiert. Es werden Lösungen für die Zukunft gesucht und keine Vergeltung.

Da bei einer Bauherrengemeinschaft, die im späteren zu einer Wohnungseigentümergemeinschaft führt, langjährige Beziehungen zu erwarten ist, wäre das Mediationsverfahren ein geeignetes Verfahren.

Gerichtsverfahren schafft Klarheit über den Einzelfall hinaus

Keine Mediation, sondern ein Gerichtsverfahren ist zu empfehlen, wenn jemand eine Entscheidung anstrebt, die Klarheit über den Einzelfall hinaus verschaffen soll. Mediation bietet interessengerechte Lösungen für Individuen und deren konkrete Sachlagen: eine Leistung, für die unsere Jurisprudenz nicht angezeigt ist. Geht es aber um abstrakt-generelle Lösungen, so genannte Präzedenzentscheidungen, die für eine Vielzahl ähnlich gelagerter Fälle Orientierung geben, zeigt sie ihre Stärke.

Der Mediator/Konfliktmanager ist Verwalter des Mediationsverfahrens und fungiert auch als Hüter der Verfahrensprinzipien. Er leitet die Mediation/das Konfliktmanagement und sorgt für den entsprechenden Rahmen, in dem die Beteiligten inhaltlich ihren Konflikt austragen. Dies erfordert Verfahrensexpertise. Der Mediator/ Konfliktmanager muss die Fertigkeit besitzen, die Tiefenstruktur eines Konflikts offen zu legen, gegenseitiges Verständnis zu fördern und verhärtete Positionsfronten aufzuweichen. Der Mediator/Konfliktmanager ist der neutrale Dritte, der das Verfahren garantiert, ohne dabei inhaltlich mitzuwirken.

Ein Mediator hat rein organisatorische und verfahrensbezogene Aufgaben zu bewältigen. Zu den organisatorischen Funktionen zählt, dass er die Treffen vorbereitet: z. B. Termine und Orte vereinbart, das so genannte Setting gestaltet oder das Visualisierungsmaterial auswählt und bereitstellt.

Phasen der Mediation

Die Mediation als klassische Mediation hat verschiedene Phase. Die Einhaltung dieser Phase ist anzuraten, weil der Ablauf sinnvoll gewählt wurde. Denn durch diese Phasen öffnen sich die Beteiligten mehr und mehr.

Wie viele Phasen eine Mediation umfasst, wird in der Literatur unterschiedlich beantwortet. Unabhängig von der konkreten Zahl, scheint der Ablauf jedoch bei allen Modellen sehr ähnlich zu sein. Nachfolgend werden sechs verschiedene Phasen dargestellt.

1. Vertragsschluss

   Die Mediation kann nur stattfinden, wenn sich alle Beteiligten darauf einlassen wollen und die jeweiligen Erwartungen an das Verfahren geklärt sind. Die Konfliktbeteiligten schließen einen Vertrag mit den Mediatoren, in dem Aufgaben und Kosten vereinbart werden. Die erfolgt in der Regel vor dem eigentlichen Treffen für die Mediation und ist daher davon losgelöst zu betrachten. Allerdings ist sich wichtig, weil so die Parteien schon wieder ins Gespräch kommen; sei es auch nur, um über den Mediationsvertrag zu sprechen.

2. Einzelgespräche

   Inzwischen hat sich bewährt, dass vor dem Einstieg in das eigentliche Mediationstreffen mit den Beteiligten so genannte Einzelgespräche geführt werden. Denn die Beteiligten reden erfahrungsgemäß mit dem Mediator offener als innerhalb einer Gruppe.

   Im Rahmen des Treffens zur Mediation werden zunächst Informationen und Themen gesammelt. Die Beteiligten formulieren, worum es ihnen geht und welche Themen sie im Meditationsverfahren besprechen möchten.

3. Interessenserklärung

   Die entscheidende Phase in der Mediation ist dann die der Interessenklärung. Die unterschiedlichen Interessen und Bedürfnisse, die hinter den Positionen stehen – also Motive, Beweggrunde, Ziele – eröffnen den Raum für neue Lösungsmöglichkeiten und bilden die Grundlage für zukunftsfähige Regelungen, die von allen Beteiligten getragen werden können.

4. Kreative Suche

   Dann folgt die kreative Suche nach Lösungsoptionen. Gemeinsam entwickeln die Konfliktbeteiligten eine Vielzahl von Ideen, die für das zu lösende Problem hilfreich sein können. Dabei kommen regelmäßig auch ganz neue und für alle Seiten vorteilhafte Optionen heraus.

5. Bewertung und Optionen

   Die unterschiedlichen Ideen werden in der Phase der Bewertung und Auswahl von Optionen nun gemeinsam bewertet und konkretisiert. Am Ende stehen realisierbare Vorschläge, mit denen alle leben können und die den Interessen möglichst weitgehend gerecht werden.

6. Abschluss

   In der Abschlussphase werden die Lösungen in einem Abschlusspapier oder Vertrag zusammengefasst. Häufig ist das Ergebnis eines Mediationsverfahrens nicht nur ein konkreter Lösungsvorschlag: Das Verfahren trägt oft zur Verbesserung der Beziehungen zwischen den Beteiligten bei.

7.4.2 Schlichtung

Schiedsstellen der berufsständischen Organisationen

Ein weiteres Verfahren zur Konfliktbewältigung ist die Schlichtung. Zur Konfliktbearbeitung stehen den Parteien in bestimmten Fällen Schiedsstellen der berufsständischen Organisationen zur Verfügung. Hierzu gehören unter anderem die vom Bauhandwerk, den Handwerke-, Ärzte-, Industrie- und Handelskammern eingerichteten Stellen. Die Streitbearbeitung durch solche Stellen bietet den Parteien die Möglichkeit, ihren Konflikt vor einer auf die jeweiligen Fachgebiete der Berufsstände spezialisierten Institution zu behandeln.

Die Parteien können entscheiden, ob sie überhaupt diese Art der Konfliktbearbeitung wahrnehmen wollen. Während des Verfahrens unterbreitet der Schlichter den Parteien Lösungsvorschläge, wodurch er sich vom Mediator unterscheidet, dem solche Vorschläge grundsätzlich nicht erlaubt sind, will er nicht seine Neutralität gefährden. Den Parteien steht es frei, den Vorschlag der Schlichtungsstelle zu akzeptieren oder abzulehnen.

Die Schlichtungsstellen werden auf den Vorschlag oftmals nur einer der Konfliktparteien besetzt, wohingegen der Mediator einvernehmlich von den Parteien bestimmt wird. Wie auch die Mediation, setzt die Konfliktbearbeitung durch Schlichtungsstellen eine generelle Bereitschaft der Parteien zu einer einvernehmlichen Streitbeilegung voraus.

Schlichtungsstellen sind keine Voraussetzung, um eine Schlichtung durchzuführen. Eine Schlichtung kann vertraglich vereinbart werden und es kann sich auf einen Schlichter geeinigt werden. Grundsätzlich ist ein solches Verfahren auch freiwillig.

Der Unterschied zur Mediation besteht darin, dass Vorschläge unterbreitet werden, wie weiter vorgegangen wird. Diese müssen allerdings nicht umgesetzt werden. Die Grenze zwischen Mediator und Schlichter kann auch verschwimmen.

Die Schlichtung kann ein gutes Mittel im Rahmen des Konfliktmanagementsystems darstellen. Sie kann vertraglich ausgestaltet werden.

7.4.3 Schiedsgutachterverfahren

Meinungsverschiedenheiten verbindlich klären

Ziel des Schiedsgutachtens ist es, Meinungsverschiedenheiten von Vertragsparteien über den Inhalt, die Auslegung oder die Anpassung eines Vertrages durch einen unabhängigen, unparteiischen und fachlich kompetenten Sachverständigen verbindlich klären zu lassen. Der Gang zum Gericht soll dadurch vermieden werden, bleibt aber unter bestimmten Voraussetzungen möglich.

Bei dem Sachverständigen handelt es sich in der Regel um eine Person mit technischem Sachverstand. Daher ist ein solches Verfahren besonders sinnvoll, wenn technische Fragestellungen zu klären sind. Das kann z. B. der Fall sein, wenn ein bauausführendes Unternehmen der Auffassung ist, dass eine Leistung im Vertrag nicht enthalten sei oder sich die Frage stellt, ob eine Leistung mangelhaft ausgeführt wurde.

Das Schiedsgutachten ist oftmals eine Form der Beweisaufnahme und kann als vorweggenommene Beweisaufnahme oder als Alternative zu dem gerichtlichen Selbständigen Beweisverfahren gesehen werden. Das führt auch dazu, dass sich die Parteien in der Regel – es sei denn, es ist anders vereinbart – an die vom Schiedsgutachter getroffenen Feststellung auch in einem Gerichtsverfahren festhalten müssen.

Einschaltung eines öffentlich bestellten Sachverständigers

Werden sich Vertragsparteien über Unstimmigkeiten wie z. B. Sachmängel bei Kauf- oder Werkvertrag; Feststellung von Bauschäden anlässlich der Bauabnahme etc. nicht einig, und um den zeit- und kostenaufwendigen Gang vor Gericht zu vermeiden, können die Parteien die Einschaltung einer fachkundigen und neutralen Person (regelmäßig ein öffentlich bestellter Sachverständiger) vereinbaren, der den umstrittenen Sachverhalt für beide Vertragspartner verbindlich feststellt.

Aufgabe des Schiedsgutachters ist es, im Rahmen eines Rechtsverhältnisses für die Vertragsparteien zweifelhafte oder umstrittene Punkte zu klären. Gegenstand kann dabei im Grundsatz alles sein, was sich durch Sachverständige begutachten lässt und nicht gegen zwingende gesetzliche Normen verstößt.

Eine solche Vereinbarung für den Fall des Streits wird als Schiedsgutachtenvereinbarung vereinbart. Durch die Schiedsgutachtenvereinbarung verpflichten sich die beiden Vertragspartner, bestimmte Zweifels- und Streitfragen nicht vor die staatlichen Zivilgerichte zu bringen, sondern ihre Klärung einem Schiedsgutachter anzuvertrauen.

Vor- und Nachteile

Effizienz und Schnelligkeit

Vorteile eines Schiedsgutachtenverfahrens im Vergleich zu einer gerichtlichen Auseinandersetzung sind Effizienz und Schnelligkeit. Man hat auf die Auswahl der Schiedsgutachter Einfluss und ist nicht einer mehr oder weniger zufälligen Bestimmung des Sachverständigen durch ein staatliches Gericht ausgeliefert.

Nachteilig kann sich auswirken, dass die Durchführung eines Schiedsgutachtenverfahrens immer die Zustimmung beider Parteien voraussetzt, also nicht erzwungen werden kann. Ebenso nachteilig ist, dass unter Umständen die Feststellungen des Schiedsgutachters vor einem ordentlichen Gericht verwendet werden bzw. der Schiedsgutachter als Zeuge dient. Vorteilig deshalb, weil es vermutlich nicht zu einem Gerichtsverfahren kommen würde, wenn alle Parteien mit dem Ergebnis des Schiedsgutachters einverstanden wären.

7.4.4 Adjudikation

Ein weiteres Verfahren, das vertraglich vereinbart werden kann, ist die Adjudikation. Dieses Verfahren kommt aus dem anglo-amerikanischen Rechtsraum. Adjudikation ist ein ad hoc eingeleitetes summarisches Verfahren zur außergerichtlichen Lösung einer Baustreitigkeit, welches oftmals innerhalb eines sehr engen Zeitgerüstes durchgeführt wird.

Sachverhalts- und Rechtsprüfung

Ein unparteiischer Dritter – der Adjudikator: ein Techniker, Baubetriebswirtschaftler oder Jurist – nimmt eine summarische Sachverhalts- und Rechtsprüfung vor. Er schließt – sofern keine gütliche Einigung zu Stande kommt – das Verfahren mit einer die Parteien zumindest vorläufig schuldrechtlich bindenden Entscheidung ab. Endgültig bindend wird die Entscheidung erst durch die Vereinbarung der Parteien. Den Parteien steht es frei, in der gleichen Angelegenheit ein Gerichts- oder Schiedsverfahren einzuleiten. Vorteil des Verfahrens ist, dass kurze Einlassungsphasen der Parteien und Entscheidungszeiträume für den Entscheider vereinbart bzw. vorgesehen sind.

Nur eine vorläufige Entscheidung

Im Gegensatz zum Schiedsverfahren ist Adjudikation ein für Baustreitigkeiten entwickeltes einstweiliges Verfügungsverfahren, welches nicht vor den ordentlichen Gerichten stattfindet. Es ähnelt dem Schiedsgerichtsverfahren; ist jedoch ein schnelleres Verfahren und hat in der Regel keine endgültige, sondern nur eine vorläufige Entscheidung. In diesem können die im Schiedsverfahren zwingenden Verfahrensgarantien frei vereinbart werden, so dass schnellere und summarische Entscheidungen möglich werden, wie z. B. die erste Adjudikations-Ordnung für Baustreitigkeiten (AO-Bau) zeigt. Es gibt inzwischen verschiedene Organisationen, die Adjudikationen anbieten und dafür Verfahrensordnungen entwickelt haben.

Der Vorteil einer vorläufigen Entscheidung besteht darin, dass es eine Entscheidung gibt, an die alle erst einmal gebunden sind. Das kann z. B. bei einem Baustopp, der aufgrund eines unlösbaren Konflikts entstanden ist, sinnvoll sein.

7.4.5 Schiedsgerichtliches Verfahren

Eine weitere Möglichkeit, die Auseinandersetzung der Bearbeitung durch ein staatliches Gericht zu entziehen, stellt das schiedsgerichtliche Verfahren dar.

Parteien sind an das Ergebnis gebunden

Im Unterschied zum Schlichtungsverfahren sind die Parteien eines schiedsgerichtlichen Verfahrens an dessen Ergebnis gebunden. Der Schiedsspruch ist auch in der Regel vollstreckbar. Die Entscheidungsmacht des Schiedsrichters ist also so stark, dass man von einer echten Delegation der Konfliktlösungszuständigkeit von den ordentlichen Gerichten auf das Schiedsgericht sprechen kann.

Schiedsverfahren werden durch das zehnte Buch der Zivilprozessordnung (§§ 1025-1066 ZPO) geregelt, soweit die Parteien für ihr Schiedsverfahren keine davon abweichenden Regelungen treffen. Voraussetzung für einen Schiedsverfahren ist eine Schiedsvereinbarung zwischen den Parteien. Dadurch wird der Rechtsweg zu den staatlichen Zivilgerichten ausgeschlossen. Der bürgerliche Rechtsstreit zwischen dem Schiedskläger und dem Schiedsbeklagten wird durch einen Schiedsspruch eines oder mehrerer Schiedsrichter beendet.

Der Schiedsspruch tritt an die Stelle eines Urteils eines staatlichen Gerichts. Er ist für die Parteien bindend und kann für vollstreckbar erklärt werden.

Die Dauer des Verfahrens hängt oft von dem Streitgegenstand und dessen Komplexität ab. Das Schiedsgericht ist nach einer Instanz beendet, so dass das Verfahren kürzer ist als bei der ordentlichen Gerichtsbarkeit. Allerdings kann sich so ein Verfahren auch zeitlich sehr ziehen, so dass dieses Verfahren nicht unbedingt die notwendige Schnelligkeit bringt. Da es nur eine Instanz gibt, ist das Schiedsgerichtsverfahren auch in der Regel kostengünstiger als ein Gerichtsverfahren vor den ordentlichen Gerichten.

Dieses Verfahren eignet sich mehr bei so genannten Einmal-Konflikten und nicht, wenn die Beziehungen der Parteien fortgesetzt werden.

7.4.6 Vor- und Nachteile der verschiedenen Verfahren

Folgende Vor- und Nachteile der einzelnen außergerichtliche Streitbeilegungsmethoden sind gerade für Bauherrengemeinschaften zu bedenken

- Mediationsverfahren

  eignen sich zur dauerhaften, schnellen und oft günstigeren Lösung von Konflikten, wenn die Parteien bereit sind, ihren Streit selbstverantwortlich zu lösen. Dies ist häufig dann der Fall, wenn sie in einer dauerhaften Beziehung zueinanderstehen, die sie für die Zukunft aufrechterhalten wollen.

Für Bauherrengemeinschaften ist dies sehr sinnvoll, da sie einige Jahre zusammen das Projekt verfolgen und später unter Umständen auch gemeinsam in dem Bauwerk leben. Wird dies projektbegleitend als Konfliktmanagementsystem installiert, so können die Beteiligten als Nebeneffekt auch lernen, wie sie selbst Konflikte sinnvoll lösen. Denn jeder Konflikt kostet erfahrungsgemäß Zeit und Geld.

- Schlichtungsverfahren

eignen sich besonders für Streitigkeiten, in denen die Parteien fachkompetent, zügig und autoritär einen Vorschlag eines Dritten für ein Problem benötigen, das in der Vergangenheit liegt oder noch fortdauert. Die Grenzen zwischen Schlichtung und Mediation sind fließend.

Auch ein Mediator kann Lösungsvorschläge unterbreiten, wenn die beteiligten Parteien dies wünschen. Auch ein Schlichter kann projektbegleitend als Konfliktmanager installiert werden.

- Verfahren vor Schiedsleuten

sind besonders für Fälle geeignet, in denen eine endgültige Entscheidung nur den Konflikt lösen kann und andere Möglichkeiten nicht gesehen werden können. Sie eignen sich weniger, wenn es darum geht, nach Störungen einer Beziehung die Grundlage für eine erfolgversprechende weitere Kooperation zu legen

- Die Adjudikation

ist sinnvoll, wenn ein Konflikt feststeckt und eine schnelle Entscheidung vonnöten ist

- Schiedsgutachter- und Schiedsverfahren

  sind eher sinnvolle Alternativen, wenn es sich um Einmalkonflikte oder auflösbare Sachkonflikte handelt, die durch stärkere Aufklärung beigelegt werden können.

Es empfiehlt sich ein Konfliktmanagementsystem von Anfang an vorzusehen und ggf. bereits den „Konfliktmanager“ bei den Besprechungen schon dabei zu haben, damit diese strukturiert ablaufen können.

Aus diesen einzelnen Verfahren kann ein Konfliktmanagementsystem zusammengesetzt werden. Die Methoden können kombiniert werden. Ein Konfliktmanagementsystem ist auf den Bedarf abzustimmen.

8

8

8 Rechtliche Grundlagen und Förderung

Autoren
Nina Kiesewetter (8.1–8.1.2, 8.1.7–8.1.9)
Tobias Öst (8.1.2, 8.1.7–8.1.8)
Denise Helling (8.1.3–8.1.6)
Volker Teichert (8.1.10, 8.2.1.1, 8.2.2–8.3.16)
Werner Friedl (8.1.11)

Inhaltsverzeichnis

8 Rechtliche Grundlagen und Förderung

8.1 Gesetzliche Vorgaben und aktuelle Rechtsprechung

Begreift man den Klimawandel, und die damit verbundenen tatsächlichen Auswirkungen auf das Leben aller, als eine der großen Herausforderungen unserer Zeit, so ergibt sich unweigerlich die Notwendigkeit der Verrechtlichung der damit verbundenen Entscheidungen und dahinterstehenden Abwägungen.

Denn der Umgang mit den kurzfristigen Auswirkungen, wie beispielsweise Fluten, Niedrigwasser und Dürreereignissen, und der Umgang mit den schleichenden Auswirkungen und Änderungen sowie den klimabedingten Anpassungen von Bebauung und technischer Gebäudeausstattung fordern eine Anpassung der rechtlichen Rahmenbedingungen.

Anders als im Bereich des Klimaschutzes besteht hinsichtlich der erforderlichen rechtlichen Anpassungen aus dem Blickpunkt der Klimaanpassung an Gebäuden, Freiflächen sowie in der Stadt- und Landschaftsplanung in den betroffenen Kreisen einstimmig die Überzeugung, dass es sich um notwendige Anpassungen handelt, die unideologisch pragmatisch umzusetzen sind.

8.1.1 Verfassungsrechtliche Vorgaben

Stellung der Anpassung an den Klimawandel im Rechtssystem

Den Klimawandel als eines der zentralen Probleme dieser Zeit begreifend, finden sich mittlerweile auch im deutschen Verfassungsrecht Normen dazu.

Rechtssystem

Grundgesetz

Das Grundgesetz, die Verfassung der Bundesrepublik Deutschland, legt die rechtliche Grundordnung des politischen Gemeinwesens fest. Es setzt unmittelbar geltendes Recht und steht als oberste Rechtsquelle über allen anderen Gesetzen.

Zum Kerngehalt des Grundgesetzes gehören unter anderem das Recht auf Leben und körperliche Unversehrtheit, die allgemeine Handlungsfreiheit und das Eigentum.

Umweltschutz als Staatsziel

Nach Artikel 20a des Grundgesetzes hat der Staat „*in Verantwortung für die künftigen Generationen die natürlichen Lebensgrundlagen und die Tiere*" durch Gesetz und Recht zu schützen. Insoweit ist der Umweltschutz als Staatsziel im Grundgesetz festgeschrieben.

Um die Grundrechte und Staatsziele jedoch miteinander in Einklang zu bringen, sind konkrete gesetzliche Regelungen erforderlich. Denn es gilt im Einzelfall das Eigentumsrecht eines Eigentümers und die damit verbundene Freiheit, mit seinem Eigentum so zu verfahren wie ihm beliebt, beispielsweise mit Anforderungen des

Schutzes vor Strakregenereignissen durch Verbote der Oberflächenversiegelung mit dem Ziel, die Entwässerungsanlage vor Überlastung zu schützen, in Einklang zu bringen.

Dies kann nicht allein auf verfassungsrechtlicher Grundlage erfolgen, sondern setzt immer eine Abwägung, zunächst abstrakt in Form eines Gesetzes und dann in immer detaillierter werdenden Planungen bis hin zu konkreten Verwaltungsakten, mit denen ein Handeln untersagt oder vorgeschrieben wird, voraus.

Dies kann unter Berücksichtigung des allgemeinen Gleichbehandlungsgrundsatzes – der ebenso Verfassungsrang genießt – und unter Berücksichtigung der verfassungsrechtlichen Rechtsstaatsgarantie nur durch allgemeine Gesetze, deren Ausführung rechtmäßiges behördliches Handeln bedarf, erfolgen.

Staatsaufbau

Der Staatsaufbau in der Bundesrepublik Deutschland ist von einem föderalen System geprägt. Die Zuständigkeiten für die verschiedensten Bereiche sind jeweils zwischen dem Bund und den Ländern aufgeteilt. Viele Maßnahmen im Bereich des Klimaschutzes, aber auch bei der Anpassung an den Klimawandel, sind jedoch nur von Bund und den Ländern gemeinsam zu leisten. Verfassungsrechtlich werden solche Zuweisungen als „Gemeinschaftsaufgabe" bezeichnet.

Gemeinschaftsaufgabe

Im Hinblick auf die Anpassung an den Klimawandel ist in den letzten Jahren verstärkt der Vorschlag vorgebracht worden, die Klimaanpassung ähnlich wie etwa den Küstenschutz verfassungsrechtlich als neue

Gemeinschaftsaufgabe „Anpassung an den Klimawandel“ im Grundgesetz zu verankern[1].

Die aktuellen politischen Geschehnisse haben jedoch solche Vorhaben zumindest kurzfristig in den Hintergrund treten lassen. Hier bleibt abzuwarten, ob noch in dieser Legislaturperiode entsprechende Vorstöße zu erwarten sind. Der Bedeutung der Sache würde diese verfassungsrechtliche Aufwertung der Klimaanpassung gerecht werden und würde zugleich den Weg zu neuen Fördermöglichkeiten öffnen.

„Klima-Beschluss“ des Bundesverfassungsgerichts

Für das verfassungsrechtliche Verständnis des Klimaschutzes ist der Beschluss des Bundesverfassungsgerichts vom 24.03.2021[2] von bahnbrechenderer Bedeutung.

In dem Beschluss hat das Bundesverfassungsgericht zunächst festgestellt, dass das Bundesklimaschutzgesetz, in der damals geltenden Fassung, die verfassungsrechtlichen Schutzpflichten in Bezug auf Leben und körperliche Unversehrtheit einerseits, und die verfassungsrechtlichen Schutzpflichten in Bezug auf das Eigentum andererseits nicht verletzen.

Das Verfassungsgericht hatte insoweit auch dem Bundesgesetzgeber einen erheblichen Ermessensspielraum im Hinblick auf die Zielbestimmung und Mittel zugebilligt.

---

1 URL: https://www.umweltbundesamt.de/themen/klimaanpassung-jetzt-gesetzlich-verankern (Stand: November 2022)

2 BVerfG Beschluss vom 24. März 2021, Az.: 1 BvR 2656/18.

Die grundsätzliche Entscheidung des Gesetzgebers, mittels eines Klimaschutzgesetzes vor den Auswirkungen des Klimawandels unter Berücksichtigung des Übereinkommens von Paris[1], nach dem der Anstieg der globalen Durchschnittstemperatur auf deutlich unter 2 °C gegenüber dem vorindustriellen Niveau zu begrenzen ist, zu verfolgen, hat das Gericht in seinem Beschluss ausdrücklich für zulässig gehalten. Diesen Satz bitte überarbeiten!

Für verfassungswidrig gehalten hat das Gericht indes, dass das Klimaschutzgesetz nicht ausreichend konkret bestimmt, wie das Klimaziel vollständig erreicht werden soll. Dies beeinträchtige die Handlungsfreiheit künftiger Generationen.

In dem damaligen Klimaschutzgesetz war festgelegt, dass die Treibhausgasemissionen bis zum gesetzlichen Zieljahr 2030 im Vergleich zum Jahr 1990 schrittweise um mindestens 55 % verringert werden sollten, indem die zulässigen Jahresemissionsmengen in Schritten bis zum Jahr 2030 beschränkt werden.

Das Bundesverfassungsgericht hielt diese Schritte für nicht ausreichend und formulierte erstmalig eine auch zeitliche Komponente der Verteilung der sich aus dem Klimawandel ergebenden Lasten. Dies, indem das Gericht postulierte, dass die aus dem notwendigen Klimaziel ergebenden Einschränkungen der Handlungsfreiheit beim Verbrauch der Ressourcen gerecht auf die jetzige und die kommenden Generationen verteilt werden.

---

1 Amtsblatt der Europäischen Union, L 282/4, 19.10.2016.

Diese sich unmittelbar aus der Verfassung ergebende Verpflichtung, unter bestimmten Voraussetzungen zur Sicherung grundrechtsgeschützter Freiheiten die Freiheitschancen verhältnismäßig über die Generationen zu verteilen, ist neu. Dies führt dazu, dass Maßnahmen zur Anpassung an den Klimawandel nicht beliebig aufgeschoben und damit zur Belastung der kommenden Generationen werden dürfen, sondern, wenn auch ratierlich, aber verhältnismäßig, umgesetzt werden müssen.

Klimaanpassungsgesetz des Bundes

Eine gemeinsame Pressemitteilung des Bundesministeriums für Wirtschaft und Klimaschutz und des Bundesministeriums für Umwelt, Naturschutz, nukleare Sicherheit und Verbraucherschutz vom 06.03.2023 teilte mit, dass die Bundesregierung unter Federführung des Bundesumweltministeriums derzeit an einer vorsorgenden Klimaanpassungsstrategie mit messbaren Zielen arbeite.[1]

Klimaanpassungsgesetz (KAnG)

Dabei soll ein Klimaanpassungsgesetz (KAnG) verabschiedet werden, was den Handlungsrahmen für die Klimaanpassung in Deutschland schaffen soll. Damit setzt die Bundesregierung eine Aufgabe aus dem Koalitionsvertrag um, wonach ein solches Gesetz geschaffen werden sollte.[2]

---

1 https://www.bmwk.de/Redaktion/DE/Pressemitteilungen/2023/03/20230306-konsequenter-klimaschutz-und-vorsorgende-klimaanpassung-verhindern-milliardenschaeden.html (Stand: März 2023).

2 Koalitionsvertrag 2021-2025 „ Mehr Fortschritt wagen“, SPD, Bündnis 90/Die Grünen und FDP, S. 32.

Derzeit[1] befindet sich der Referentenentwurf in der Ressortabstimmung – das Gesetz ist somit noch nicht in Kraft getreten.

Das Klimaanpassungsgesetz soll eine verbindliche Klimaanpassungsstrategie hervorbringen, die die Bundesregierung alle vier Jahre unter Berücksichtigung neuer wissenschaftlicher Erkenntnisse fortschreiben wird. Die Strategie soll auf einer Klimarisikoanalyse basieren, welche zum ersten Mal bis zum 30.09. 2025 vorgelegt wird.

Unter anderem soll ein Berücksichtigungsgebot regeln, dass alle Träger öffentlicher Aufgaben bei ihren Planungen und Entscheidungen das Ziel des Gesetzes fachübergreifend und integriert zu berücksichtigen haben.[2] Das Ziel des Gesetzes ist in § 1 Abs. 1 KAnG folgendermaßen definiert:

> „Ziel dieses Gesetzes ist es, zum Schutz der menschlichen Gesundheit, Gesellschaft, Wirtschaft und Infrastruktur sowie der Natur und der Ökosysteme negative Auswirkungen des Klimawandels, insbesondere die drohenden Schäden, weitestgehend zu vermeiden und nicht vermeidbare Auswirkungen möglichst zu reduzieren. Die Widerstandsfähigkeit ökologischer und gesellschaftlicher Systeme gegenüber den auch in Zukunft fortschreitenden klimatischen Veränderungen soll zur Bewahrung gleichwertiger Lebensverhältnisse unter Beachtung des Vorsorgeprinzips gesteigert und Beiträge zu den nationalen und internationalen Anstrengungen bei der Klimaanpassung geleistet werden. Die Vertiefung sozialer Ungleichheiten durch die negativen Auswirkungen des Klimawandels soll verhindert werden."

---

[1] Stand: April 2023.

[2] Referentenentwurf des Bundesministeriums für Umwelt, Naturschutz, nukleare Sicherheit und Verbraucherschutz – Entwurf eines Bundes-Klimaanpassungsgesetzes, S. 1 f. https://www.bmuv.de/fileadmin/Daten_BMU/Download_PDF/Glaeserne_Gesetze/20._Lp/kang/Entwurf/kang_refe_bf.pdf (Stand: April 2023).

Für das Gebiet jeder Gemeinde und jedes (Land-)Kreises ist ein integriertes Klimaanpassungskonzept auf Grundlage einer Klimarisikoanalyse aufzustellen und die darin vorgesehenen Maßnahmen sind umzusetzen. Diese Konzepte müssen beim Großteil der Kommunen noch erarbeitet werden: Lediglich 15–20 % der Kommunen haben schätzungsweise bereits Klimaanpassungskonzepte erarbeitet.[1]

Der Gesetzentwurf sieht in § 12 Abs. 2 beispielsweise folgende Inhalte für die Konzepte vor:

- *Entwicklung einer übergeordneten Gesamtstrategie zur nachhaltigen Klimaanpassung für die Gebietskörperschaft unter Berücksichtigung von Schnittstellen und Synergien zu anderen Bereichen der Nachhaltigkeit, sowie unter Berücksichtigung bestehender Klimaanpassungsprozesse und -aktivitäten*
- *ein auf die örtlichen Gegebenheiten bezogener Maßnahmenkatalog zur Umsetzung des Klimaanpassungskonzepts, dieser sollte möglichst auch Maßnahmen enthalten, mit denen Vorsorge insbesondere in extremen Hitzelagen, bei extremer Dürre und bei Starkregen getroffen werden kann, sowie solche, die die Eigenvorsorge der Bürger erhöhen.*

Nach dem Entwurf soll der mit dem KAnG geschaffene Rahmen es ermöglichen, dass Maßnahmen innerhalb der Handlungsfelder koordinierter vorangetrieben werden. Die Klimaanpassung soll dadurch „beschleunigt, besser steuerbar, transparenter und gerechter" werden.[2]

---

1 A.a.O., S. 6.

2 A.a.O., S. 15.

8.1.2 Europäische Vorgaben

Anpassungsstrategie

Auch auf europäischer Ebene gelten Regelungen zur Klimaanpassung. Es wurde eine Anpassungsstrategie entwickelt und verabschiedet, die fortwährend aktualisiert wird. Ziel ist es dabei, die Welt resilienter zu machen[1].

Klimaanpassungsstrategie

Green Deal

Die Klimaanpassungsstrategie ist aus dem Europäischen Green Deal[2] erwachsen und soll u. a. das Europäische Klimagesetz umsetzen. Dieses Instrument ist an die Mitgliedstaaten adressiert und wendet sich dabei an alle öffentlichen und privaten Unternehmen und Einrichtungen. Hauptziele der Strategie sind die intelligentere, schnellere und systemische Anpassung sowie Verstärkung der internationalen Maßnahmen für Klimaresilienz[3].

Europäisches Klimagesetz

Anpassungsziele bis 2050

Mit diesem Gesetz wird der Rahmen für das Erreichen der Klimaneutralität abgesteckt und die Anpassungsziele bis 2050 festgelegt. In Artikel 5 wird die Anpassung an den Klimawandel thematisiert. Die zuständigen Organe der Union und die Mitgliedstaaten sollen danach

---

1 Mitteilung der Europäischen Kommission vom 24.02.2021, COM (2021) 82.

2 Mitteilung der Kommission vom 11.12.2019, Der europäische Grüne Deal, COM(2019) 640 final.

3 URL: https://www.umweltbundesamt.de/themen/klima-energie/klimafolgen-anpassung/anpassung-auf-eu-ebene#ziele-der-eu-anpassungsstrategie- (Stand: November 2022)

für „kontinuierliche Fortschritte bei der Verbesserung der Anpassungsfähigkeit, der Stärkung der Widerstandsfähigkeit und der Verringerung der Anfälligkeit gegenüber Klimaänderungen“ sorgen. Diese Vorgabe erwächst aus dem Übereinkommen von Paris, was die erste weltweite Klimaschutzvereinbarung darstellt. In Artikel 5 des Europäischen Klimagesetzes werden von den Mitgliedstaaten zudem nationale Anpassungsstrategien und -pläne gefordert, welche sich an den Leitlinien der Kommission orientieren sollen, die bis zum 30.07.2022 erlassen worden sind. Hierzu zählen beispielsweise die Technische Leitlinie für die Sicherung der Klimaverträglichkeit von Infrastrukturprojekten im Zeitraum 2021-2027[1] und die Leitlinie für staatliche Klima-, Umweltschutz- und Energiebeihilfen 2022, in der u. a. die Beihilfen zur Verbesserung der Gesamtenergieeffizienz und der Umweltbilanz von Gebäuden geregelt wurden [2].

Klimaverträglichkeit von Infrastrukturprojekten

Klima-, Umweltschutz- und Energiebeihilfen

---

1 Bekanntmachung der Kommission vom 16.09.2021, 2021/C 373/01.
2 Mitteilung der Kommission vom 18.02.2022, 2022/C 80/01.

8.1.3 Klimaanpassung im Raumordnungsrecht

Das gesetzliche Instrument des Ausgleichs konkurrierender Raumnutzungen ist die Raumordnung. Unter dem Begriff der Raumordnung werden die räumlich übergeordnete, also über das Gebiet der Kommunen hinausgehende, sowie die zugleich fachübergreifende Planung verstanden.

Konkurrierende Gesetzgebung

Die Raumordnung fällt in den Bereich der konkurrierenden Gesetzgebung, für die Bund und Länder gleichermaßen zuständig sind, Art. 74 Abs. 1 Nr. 31 GG. Das (Bundes-)Raumordnungsgesetz (ROG) ist daher ein Rahmengesetz.

Leitbilder für die Raumentwicklung

Für die Raumentwicklung wurden von der zuständigen Ministerkonferenz vier strategische Leitbilder für die Raumordnung verabschiedet. Dies sieht § 24 Abs. 2 ROG im Rahmen der Zusammenarbeit von Bund und Ländern vor.

Adressaten der Leitbilder sind zunächst Entscheidungsträger in Bund und Ländern, jedoch auch regionale Planungsträger, wie Gemeinden.[1]

Eines der Leitbilder nennt sich „Klimawandel und Energiewende gestalten“. Dabei sollen notwendige regio-

---

1 https://www.bmwsb.bund.de/Webs/BMWSB/DE/themen/raumentwicklung/raumordnung/leitbilder/leitbilder-node.html (Stand: April 2023).

nale Anpassungen an den Klimawandel berücksichtigt werden.

Es wurden verschiedene Handlungsansätze zur Umsetzung des Leitbildes festgesetzt, wie zum Beispiel:

- *Entwicklung von Leitfäden zur Klimafolgenbewertung*
- *Weiterentwicklung des raumordnerischen Instrumentariums*
- *Ausrichtung von Raumordnungs- und Bauleitplanungen auf energieeffiziente und verkehrsvermeidende Siedlungsstrukturen*
- *Sicherung bzw. Hinwirkung auf eine Revitalisierung bzw. Renaturierung natürlicher Kohlenstoffsenken in den Raumordnungsplänen*
- *Anpassung an die Folgen des Klimawandels, z. B. durch eine erweiterte vorsorgende Hochwasserschutz- und Küstenschutzplanung, sowie die Sicherung und Entwicklung von Freiräumen mit klimatischen Ausgleichsfunktionen.* [1]

Diese Ansätze und Strategien sollen einen Rahmen für raumbezogene politische Ziele und konkrete Umsetzungsmaßnahmen bilden.

---

[1] Leitbilder und Handlungsstrategien für die Raumentwicklung in Deutschland der Ministerkonferenz für Raumordnung, S. 30 und 33, https://www.bmwsb.bund.de/SharedDocs/downloads/Webs/BMWSB/DE/veroeffentlichungen/raumordnung/mrko/leitbilder-und-handlungsstrategien-raumordnung.pdf?__blob=publicationFile&v=4 (Stand: April 2023).

Kernnormen im Raumordnungsgesetz (ROG)

Das ROG enthält allgemeine Vorschriften zu den Aufgaben, Leitvorstellungen und Grundsätzen der Raumordnung. Es enthält zudem Verfahrensbestimmungen und Instrumente der Umsetzung von Raumordnungsplänen.

Neben dem ROG haben sämtliche Bundesländer eigene Raumordnungsgesetze erlassen, die innerhalb des durch das ROG eingeräumten Rahmens besondere landesspezifische Regelungen, insbesondere Zuständigkeitsregelungen, enthalten.

Nach § 1 Abs. 1 ROG ist der Gesamtraum der Bundesrepublik Deutschland durch Raumordnungspläne, durch raumordnerische Zusammenarbeit und durch Abstimmung raumbedeutsamer Planungen und Maßnahmen zu entwickeln, zu ordnen und zu sichern.

Leitvorstellung bei der Raumordnung ist nach § 1 Abs. 2 ROG die nachhaltige Raumentwicklung, die die sozialen und wirtschaftlichen Ansprüche an den Raum mit seinen ökologischen Funktionen in Einklang bringt und zu einer dauerhaften, großräumig ausgewogenen Ordnung führt.

Die Belange des Umweltschutzes sind in den in Raumordnungsplänen zu treffenden Festlegungen v. a. zur Siedlungs-, Freiraum- und Infrastruktur zu berücksichtigen. Kernelement der Raumordnung ist die räumliche Konzentration der Siedlungstätigkeit und der Schutz des Freiraums durch übergreifende Freiraum-, Siedlungs- und Fachplanungen. Außerdem soll die Flächeninanspruchnahme im Freiraum, insbesondere in Waldgebieten, begrenzt werden.

Aus § 2 Abs. 2 Nr. 6 ROG ergibt sich, dass auch die Berücksichtigung der Entwicklung des Klimas zu den Grundsätzen der Raumordnung zählt:

„Der Raum ist in seiner Bedeutung für die Funktionsfähigkeit der Böden, des Wasserhaushalts, der Tier- und Pflanzenwelt sowie des Klimas einschließlich der jeweiligen Wechselwirkungen zu entwickeln, zu sichern oder, soweit erforderlich, möglich und angemessen wiederherzustellen. Bei der Gestaltung räumlicher Nutzungen sind Naturgüter sparsam und schonend in Anspruch zu nehmen; Grundwasservorkommen und die biologische Vielfalt sind zu schützen. Die erstmalige Inanspruchnahme von Freiflächen für Siedlungs- und Verkehrszwecke ist zu verringern, insbesondere durch quantifizierte Vorgaben zur Verringerung der Flächeninanspruchnahme sowie durch die vorrangige Ausschöpfung der Potenziale für die Wiedernutzbarmachung von Flächen, für die Nachverdichtung und für andere Maßnahmen zur Innenentwicklung der Städte und Gemeinden sowie zur Entwicklung vorhandener Verkehrsflächen. [...] Für den vorbeugenden Hochwasserschutz an der Küste und im Binnenland ist zu sorgen, im Binnenland v. a. durch Sicherung oder Rückgewinnung von Auen, Rückhalteflächen und Entlastungsflächen. [...] Den räumlichen Erfordernissen des Klimaschutzes ist Rechnung zu tragen, sowohl durch Maßnahmen, die dem Klimawandel entgegenwirken, als auch durch solche, die der Anpassung an den Klimawandel dienen. [...]"

Das ROG bestimmt insoweit, dass die Raumordnungspläne den Aspekt der Klimaanpassung zu berücksichtigen haben. Durch diese Bestimmung soll zudem die Aufmerksamkeit der Träger der Raumordnung auf die Belange der Klimafolgenbewältigung gelenkt werden.[1]

---

[1] Umweltbundesamt, Klimaanpassung im Raumordnungs-, Städtebau- und Umweltfachplanungsrecht sowie im Recht der kommunalen Daseinsvorsorge, 2018, S. 31.

Umsetzung der Klimaanpassung im ROG

Wie konkret die Grundsätze der Raumordnung in Raumordnungspläne einfließen sollen, ergibt sich aus der aktuellen Fassung des ROG nicht. Insoweit fehlt es im ROG an einem rechtlich verbindlichen Konzept der Berücksichtigung.

Tatsächlich werden jedoch schon heute vielfach konkret raumbedeutsame Maßnahmen zur Vorsorge vor Auswirkungen des Klimawandels bei Extremwetterlagen, wie etwa die Ausweitung der Abfluss- und Retentionsflächen, in Raumordnungsplänen berücksichtigt. Festzustellen ist daher, dass die erforderliche Konkretisierung der Grundsätze der Raumordnung regelmäßig auch ohne gesonderte Auflistung oder gesetzliche Normierung erfolgt.

Im Landschaftsprogramm Berlin 2006 ist folgendes Kernziel festgeschrieben: „Ein Kernziel ist es, möglichst viele Freiflächen zu erhalten und unnötige Versiegelungen auf Wohn- und Gewerbegrundstücken (unter Beachtung des Boden- und Gewässerschutzes), im Straßenraum und in Grünanlagen zu beseitigen. Höfe, Dächer und Wände standortgerecht zu begrünen schafft neue Lebensräume für Tiere und Pflanzen. In engen, schattigen Höfen gedeihen manche Waldpflanzen gut. Diese Maßnahmen können vor allem als Kompensation baulicher Verdichtungen umgesetzt werden."[1]

---

1 Senatsverwaltung für Stadtentwicklung und Umwelt, Landschaftsprogramm Artenschutzprogramm, Begründung und Erläuterung 2016, S. 47.

Umweltprüfung

Nach § 8 ROG hat indes bei der Aufstellung von Raumordnungsplänen eine Umweltprüfung stattzufinden, in deren Rahmen die voraussichtlichen erheblichen Auswirkungen des Raumordnungsplans auf

1. Menschen, einschließlich der menschlichen Gesundheit, Tiere, Pflanzen und die biologische Vielfalt,
2. Fläche, Boden, Wasser, Luft, Klima und Landschaft,
3. Kulturgüter und sonstige Sachgüter sowie
4. die Wechselwirkung zwischen den vorgenannten Schutzgütern

zu ermitteln und in einem Umweltbericht frühzeitig zu beschreiben und zu bewerten sind.

Dadurch wird sichergestellt, dass sämtliche erkennbaren, nicht unerheblichen Auswirkungen eines Raumordnungsplans – auch auf Klimabelange – bereits im Rahmen der Planaufstellung zu prüfen und zu beurteilen sind.

8.1.4 Klimaanpassung im Städtebaurecht

Im Städtebaurecht hat der Klimawandel ebenso Einzug erhalten. Hieraus ergeben sich Konfliktpotenziale, die in den Planungen angegangen werden müssen.

Instrumente der Bauleitplanung zur Klimaanpassung

Mit der sog. Klimaschutznovelle wurden bereits 2011 Maßnahmen zum Klimaschutz und zur Klimaanpassung gesetzlich geregelt.[1]

Klimaanpassung als Grundsatz der Bauleitplanung

Klimaanpassung gehört zu den Planungsgrundsätzen

Die Bauleitplanung ist ein zentrales Element des Städtebaurechts und im Baugesetzbuch (BauGB) umfassend geregelt. Zu den Instrumenten der Bauleitplanung gehören der Flächennutzungsplan sowie der Bebauungsplan (sog. Bauleitpläne). Während der Flächennutzungsplan für das gesamte Gemeindegebiet aufgestellt wird und die sich aus der beabsichtigten städtebaulichen Entwicklung ergebende Art der Bodennutzung nach den voraussichtlichen Bedürfnissen der Gemeinde in den Grundzügen darstellt (§ 5 Abs. 1 Satz 1 BauGB), werden Bebauungspläne für einzelne Baugebiete aufgestellt und enthalten die rechtsverbindlichen Festsetzungen für die städtebauliche Ordnung (§ 8 Abs. 1 Satz 1 BauGB).

Die Entscheidung darüber, ob und wann ein Bauleitplan aufgestellt wird, liegt im städtebauplanerischen Ermes-

1 „Gesetz zur Förderung des Klimaschutzes bei der Entwicklung in den Städten und Gemeinden" vom 22.07.2011, Bundesgesetzblatt 2011, 1509.

sen der Gemeinde. Die Vorschrift des § 1 Abs. 3 BauGB sieht vor, dass Bauleitpläne aufzustellen sind, „*sobald und soweit es für die städtebauliche Entwicklung und Ordnung erforderlich ist*“. Dabei ist der Klimaschutz als öffentlicher Belang im Rahmen der Bauleitplanung zu berücksichtigen. Durch die BauGB-Novelle 2011 hat das Baugesetzbuch verschiedene Regelungen erhalten, durch die den Belangen und Zielen von Klimaschutz und Klimaanpassung Rechnung getragen werden soll.

Durch die Regelung des § 1 Abs. 5 Satz 2 BauGB wird klargestellt, dass die Förderung des Klimaschutzes in der gemeindlichen Abwägungsentscheidung zu beachten ist. Intention des Gesetzgebers ist es, durch das Einfügen dieser Regelung den „*Klimaschutz zu einem der in Absatz 5 in Form von Planungsleitsätzen zusammengefassten Ziele und Grundsätze der Bauleitplanung*“ zu machen.[1] Mithin müssen nun verschiedene städtebauliche Voraussetzungen auf diese Aufgabe hin überprüft werden, wie beispielsweise die Rechtfertigung der Festsetzungen aus städtebaulichen Gründen gem. § 9 Abs. 1 BauGB.[2]

Klimaschutzklausel

Außerdem wurde in § 1a BauGB der Abs. 5 eingefügt; die sog. Klimaschutzklausel. Danach soll „*den Erfordernissen des Klimaschutzes [...] sowohl durch Maßnahmen, die dem Klimawandel entgegenwirken, als auch durch solche, die der Anpassung an den Klimawandel dienen, Rechnung getragen werden*“. Berücksichtigung findet diese Klausel in der Abwägung nach § 1 Abs. 7 BauGB in der Bauleitplanung. Rechtlich verbindlich ist

---

1 BT-Drs. 344/11, S. 18.

2 Wickel, UPR 11+12/2011, S. 417.

diese Regelung damit nicht. Sollten andere Situationen oder Vorstellungen bei der Planung maßgeblich sein, kann von den Maßnahmen abgewichen werden.[1]

Reduzierung der Flächenneuinanspruchnahme

Ferner wird zur Förderung der Klimaanpassung eine Reduzierung der Flächenneuinanspruchnahme angestrebt. Dies, um die Versiegelung von (Grün-)Flächen zu vermeiden. Vor einer Neuausweisung soll vorrangig der innerhalb bestehender Siedlungs- und Verkehrsflächen liegende Bereich entwickelt werden. Der Koalitionsvertrag 2021[2] sieht eine Reduzierung des Flächenverbrauchs im Rahmen des 30-Hektar-Ziels vor. Dabei soll bis zum Jahr 2030 die Neuinanspruchnahme von Flächen auf unter 30 Hektar pro Tag verringert werden. Zum Vergleich: Im Jahr 2000 lag der Wert bei 120 Hektar pro Tag, 2020 bei 54 Hektar pro Tag.[3]

Konzept der „doppelten Innenentwicklung"

Flächenreserven sollen dabei auch vor dem Hintergrund auf urbanes Grün entwickelt und gestaltet werden. Hierfür wurde das Konzept der „doppelten Innenentwicklung" entworfen. Dabei wird der offene Landschaftsraum geschützt und parallel dazu werden freiraum- und bestandsaufwertende Maßnahmen zur Verbesserung der Wohn- und Lebensqualität eingesetzt.[4]

---

1 Schink, UPR 6/2020, S. 201 f.

2 Koalitionsvertrag 2021-2025 „Mehr Fortschritt wagen", SPD, Bündnis 90/Die Grünen und FDP, Seite 41 f.

3 Werte des Statistischen Bundesamts (Destatis), 17.03.2022, Erläuterungen zum Indikator „Anstieg der Siedlungs- und Verkehrsfläche".

4 Ministerium für Umwelt, Klima und Energiewirtschaft Baden-Württemberg, Innere Werte im Siedlungsbestand, 2011, S. 7.

Umweltprüfung

Im Rahmen der Aufstellung von Bauleitplänen muss für die entsprechenden Belange des Umweltschutzes nach § 2 Abs. 4 BauGB eine Umweltprüfung durchgeführt werden. Dabei werden die voraussichtlichen erheblichen Umweltauswirkungen des jeweiligen Vorhabens ermittelt, beschrieben und bewertet. Die Ergebnisse werden im Umweltbericht festgehalten und sind in der behördlichen Abwägung zu berücksichtigen. Für bestimmte Verfahren mit erheblichen Umweltauswirkungen ist zudem eine Umweltverträglichkeitsprüfung nach dem Umweltverträglichkeitsgesetz (UVPG) erforderlich.

Dabei ist nicht mehr nur die Verminderung der Treibhausgasemissionen im Fokus, sondern auch, ob der geprüfte Plan unter dem sich verändernden Klima und dessen Folgen haltbar ist.[1]

Innerhalb der Umweltprüfung kann auch eine sog. Klimafestigkeitsprüfung („Climate Proofing") durchgeführt werden. Hierbei sollen Pläne hinsichtlich ihrer Resilienz und Anpassungsfähigkeit gegenüber den Folgen des Klimawandels getestet werden. Gesetzlich geregelt ist dies aber (noch) nicht.[2]

Allerdings ist eine Umweltprüfung nicht ausnahmslos auf alle Bauleitpläne anwendbar. Im vereinfachten Verfahren zur Aufstellung eines Bebauungsplans sowie bei der vereinfachten Aufstellung von Bebauungsplänen in der Innenentwicklung (§ 13 Abs. 3 Satz 1 BauGB und

---

1 Umweltbundesamt, Klimaanpassung im Raumordnungs-, Städtebau- und Umweltfachplanungsrecht sowie im Recht der kommunalen Daseinsvorsorge, 2018, S. 64.

2 Stand: Oktober 2022.

§ 13a Abs. 3 Nr. 1 BauGB) wird von der Umweltprüfung abgesehen. Zu beachten ist aber, dass dies nicht von der Pflicht entbindet, klimatische Belange in der Abwägung nach § 1 Abs. 7 BauGB zu berücksichtigen.

Instrumente in der Praxis

Bei der Entwicklung von Bebauungsplänen haben viele Städte bereits gezeigt, wie in konkreten Fällen die Stadtplanung an den Klimawandel angepasst werden kann. Beispielsweise hat die Stadt Paderborn Notwasserwege für die Ableitung von Oberflächenwasser bei Starkregenereignissen vorgesehen.[1] In Hamburg wurden in einem Gebiet, welches überwärmungsgeneigt ist, multifunktionale Flächennutzungen ausgewiesen. Dabei wurden Grünflächen geplant, welche zum einen das Mikroklima günstig beeinflussen und zum anderen zur Entwässerung im Hochwasserfall dienen.[2]

1 Stadtplanungsamt Paderborn, Begründung zum Bebauungsplan Nr. 217 „Rolandsweg", S. 40.

2 Stadt Hamburg, Begründung zum Bebauungsplan Altona-Nord 26, 2014, S. 24.

8.1.5 Klimaanpassung im Umweltfachplanungsrecht

Auch für die Fachplanung im Umweltbereich spielt der Klimawandel eine wichtige Rolle. Die Planentwicklung muss hier verschiedenste Ereignisse berücksichtigen, um die Herausforderungen meistern zu können.

Wasserrecht

Bei der Gewässerbewirtschaftung sind ebenfalls die Folgen des Klimawandels zu beachten. So zählen zu den in § 6 Abs. 1 WHG festgelegten allgemeinen Grundsätzen der Gewässerbewirtschaftung in § 6 Abs. 1 WHG auch das Ziel, mögliche Folgen des Klimawandels vorzubeugen (Nr. 5), sowie das Ziel, an oberirdischen Gewässern so weit wie möglich natürliche und schadlose Abflussverhältnisse zu gewährleisten und insbesondere durch Rückhaltung des Wassers in der Fläche der Entstehung von nachhaltigen Hochwasserfolgen vorzubeugen (Nr. 6).

Für Hochwasser, als eine Folge des Klimawandels, normiert das WHG mehrere Instrumente, §§ 72 ff. WHG. Beispielsweise sollen Gefahren- und Risikokarten (§ 74 WHG) und Risikomanagementpläne (§ 75 WHG) erstellt sowie Rückhalteflächen (§ 77 WHG) bereitgehalten werden.

Auch im allgemeinen Planungsrecht ist der Hochwasserschutz als Grundsatz verankert: In § 1 Abs. 6 Nr. 12 BauGB wird der Hochwasserschutz als zu berücksichtigender Belang bei der Aufstellung von Bauleitplänen genannt. § 2 Abs. 2 Nr. 6 ROG regelt den Hochwasserschutz als Grundsatz der Raumordnung.

Bodenschutzrecht

Versiegelte Böden sind für die Folgen des Klimawandels von enormer Relevanz. Dies begründet sich aus dem Wasserabfluss und dem Wasserrückhalt sowie der Verminderung von Wärmebelastungen.[1] Folglich sind auch die Auswirkungen auf Boden, Klima und das Wirkungsgefüge zwischen ihnen bei der Aufstellung von Bauleitplänen einzubeziehen, § 1 Abs. 6 Nr. 7a BauGB.

BBodSchG

Da landwirtschaftlich genutzte Böden besonders wichtig für den Klimaschutz sind, hat § 17 BBodSchG eine besondere Rolle bei der Klimaanpassung inne. Damit wird auf landwirtschaftlichen Flächen die Vorsorgepflicht erfüllt, § 7 Satz 5, § 17 Abs. 1 Satz 1 BBodSchG. Dies geschieht beispielsweise mit Bodenbearbeitungsmethoden, die auf die Bodenfruchtbarkeit, die Wasserspeicherkapazität und die Fähigkeit, als Kohlenstoffspeicher zu dienen, hinwirken.[2]

Das Bundesumweltministerium hat gemeinsam mit Vertretern aus den ständigen Ausschüssen der Bund/Länder-Arbeitsgemeinschaft Bodenschutz sowie mit Unterstützung des Umweltbundesamts ein Eckpunktepapier zur Novelle des nationalen Bodenschutzrechts erstellt,

---

1 Umweltbundesamt, Klimaanpassung in der räumlichen Planung, 2020, S. 142.

2 Ebd.

in dem auch die Herausforderungen der Klimaanpassung Berücksichtigung finden.[1]

Naturschutzrecht

Eine Aufgabe der Landschaftsplanung ist der Naturschutz des jeweiligen Plangebiets, § 9 Abs. 1 BNatSchG. Eine konkrete Regelung bezüglich der Klimaanpassung lässt das BNatSchG bislang vermissen. Doch wird in § 1 Abs. 3 Nr. 4 BNatSchG als Ziel des Naturschutzes und der Landschaftspflege geregelt, dass die Luft und das Klima auch durch Maßnahmen des Naturschutzes und der Landschaftspflege zu schützen sind. Konkretisiert wird dies durch § 9, der die Aufgaben und Inhalte der Landschaftsplanung normiert. Beispielsweise sollen die Pläne Angaben über die Beurteilung des vorhandenen und zu erwartenden Zustands von Natur und Landschaft, einschließlich der zu erwartenden Konflikte, enthalten, § 9 Abs. 3 Nr. 3 BNatSchG.

1 BMUV, 01.03.2022, Eckpunkte für eine Novelle des nationalen Bodenschutzrechts, Perspektiven und Änderungsbedarfe.

8.1.6 Klimaanpassung im Bauordnungsrecht

Die Einhaltung der öffentlich-rechtlichen Voraussetzungen wird im Baugenehmigungsverfahren gesichert.

Bauplanungsrecht

Die Bedingungen, auf welchen Grundstücken überhaupt und in welcher Art und welchem Ausmaß gebaut werden darf, ergeben sich aus dem Bauplanungsrecht. Die Bedingungen für die Zulässigkeit der einzelnen baulichen Anlage finden sich in den Landesbauordnungen der einzelnen Bundesländer. Diese beruhen auf der Musterbauordnung (MBO) der Bauministerkonferenz, die der Vereinheitlichung der dem Landesrecht unterliegenden Landesbauordnungen dient. Neben den Verfahrensbestimmungen, welche die Voraussetzungen der Erteilung einer Baugenehmigung regeln, normiert das Bauordnungsrecht die Anforderungen, die bei der Planung und Errichtung von Bauvorhaben zu beachten sind.

Unter anderem:

- einzuhaltende Abstandsflächen zu Nachbargrundstücken
- Anforderungen an gesunde Wohnverhältnisse (Belichtung, Raumhöhen, Schall-, Kälte- und Wärmeschutz)
- Brandschutzanforderungen und Anforderungen an Flucht- und Rettungswege
- Standsicherheitsnachweise
- Anforderungen an die Versorgung und die Entsorgung sowie die Grundstücksentwässerung

- Anforderungen an die Sicherheit von Baustelle und Bauwerk

Die bauordnungsrechtliche Grundanforderung an die dem Bauordnungsrecht unterfallenden Anlagen lautet:

„Bauliche Anlagen sowie andere Anlagen und Einrichtungen [...] sind so anzuordnen, zu errichten, zu ändern und instand zu halten, dass sie die öffentliche Sicherheit oder Ordnung sowie die natürlichen Lebensgrundlagen nicht gefährden; [...]." Vgl. etwa § 3 Abs. 1 LBauO RLP

Diese allgemeinen Anforderungen werden im Wesentlichen durch die bei der Planung oder Änderung von Gebäuden zu berücksichtigenden Regeln der Technik umgesetzt, die allgemein anerkannte technische Anforderungen enthalten. Diese Regelungen enthalten jedoch keine ausdrücklich die Klimaanpassung berücksichtigenden Bestimmungen, können jedoch aufgrund dynamischer Anpassung durch die jeweiligen Normausschüsse an die veränderten klimatischen Bedingungen angepasst werden.

Die Landesbauordnungen sehen daneben lediglich vereinzelt Regelungen zur Klimaanpassung vor. Enthalten sein kann insbesondere ein Verbot einer nicht erforderlichen Versiegelung von Flächen sowie allgemeine Begrünungspflicht (vgl. beispielsweise § 8 Abs. 1 BauO NRW):

„Die nicht mit Gebäuden oder vergleichbaren baulichen Anlagen überbauten Flächen der bebauten Grundstücke sind
1. wasseraufnahmefähig zu belassen oder herzustellen und
2. zu begrünen oder zu bepflanzen,
soweit nicht die Erfordernisse einer anderen zulässigen Verwendung der Flächen entgegenstehen."

Diese Regelung dient dem Schutz ökologischer Belange.[1] Nur durch die Wasseraufnahmefähigkeit des Bodens kann eine erfolgreiche Begrünung erfolgen. Die Schaffung von begrünten Flächen ist eine Maßnahme, um einerseits das Erscheinungsbild zu gestalten und andererseits den Biotopflächenfaktor urbanisierter Räume zu erhöhen. Begrünte Flächen dienen auch dem Rückhalten und Speichern von Niederschlagswasser und führen so zu einer Verbesserung des Mikroklimas.

Darüber hinaus wird z. B. in § 69 Abs. 1 Satz 3 Nr. 1 i. V. m. Satz 5 BauO NRW klargestellt, dass Gründe des Allgemeinwohls, die Abweichungsmöglichkeiten von bestimmten Regelungen der Landesbauordnung eröffnen können, u. a. dann gegeben sind, wenn Belange des Klimaschutzes sowie der Klimaanpassung vorliegen.

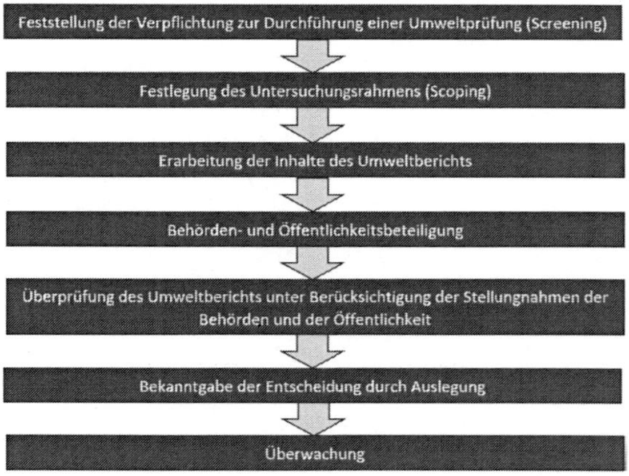

Abb. 8.1.6-1: Übersicht: Ablauf Umweltprüfung (Quelle: Helling)

1 Dreesen, in: Spannowsky/Saurenhaus. Bauordnungsrecht Nordrhein-Westfalen, 14. Edition, Stand: 01.03.2023, § 8 Rn. 11.

8.1.7 Klimaanpassung im Baunachbarrecht

Zu den Klassikern der Rechtsfragen im Nachbarrecht gehört stets die Inanspruchnahme des Nachbargrundstücks. Häufig enthalten die Landesnachbargesetze sog. Hammerschlag- und Leiterrechte, aufgrund derer Nachbargrundstücke vorübergehend zur Ausführung von Bauleistungen in Anspruch genommen werden können.

Im Bereich der Klimaanpassung entwickelte sich die Frage der dauerhaften Inanspruchnahme des Nachbargrundstücks zur Gebäudedämmung zunächst zu einem erheblichen Problem. Ein Gebäudeeigentümer, dessen Gebäudeabschlusswand zugleich die Grenze zum Nachbargrundstück bildet, kann keine Außendämmung vornehmen, ohne das Eigentumsrecht des Grundstückseigentümers des Nachbargrundstücks zu verletzen, wenn die aufgebrachte Dämmung dauerhaft zumindest in den Luftraum über dem Nachbargrundstück ragen würde.

Einige Bundesländer hatten daher, um diesen Konflikt zu entschärfen, die Landesnachbargesetze auch um das Recht der dauerhaften Inanspruchnahme des Nachbargrundstücks zur Anbringung einer Außendämmung erweitert.

Bezüglich dieser Regelungen waren rechtliche Bedenken aufgekommen: Kritiker der landesrechtlichen Regelungen sahen in den Bestimmungen weitgehende Einschränkungen der Eigentumsrechte der Nachbargrundstückseigentümer zugunsten der Gebäudeeigentümer.

Der Bundesgerichtshof[1] entschied indes, dass für die Anbringung einer Außenwandwärmedämmung die Inanspruchnahme des Nachbargrundstücks zulässig sei, wenn das Landesrecht dies bestimme.

Dämmung darf auf das Nachbargrundstück ragen

Das Berliner Nachbargesetz etwa lässt zu, dass bei der nachtäglichen Anbringung einer Wärmedämmung an Bestandsgebäude die Dämmung auf das Nachbargrundstück ragen darf. Der Nachbar ist daher zumeist zur Duldung verpflichtet.

Dieser nunmehr langjährige Konflikt dürfte damit, zum Vorteil des Klimaschutzes und der Klimaanpassung, beendet sein.

1 BGH, Urteil vom 23.06.2022, Az.: V ZR 23/21.

8.1.8 Klimaanpassung in technischen Normen und Regelwerken

Für die praktische Ausführung von Anlagen und Bauwerken sind technische Normen und Regelwerke von besonderer Bedeutung. Diese geben die allgemein anerkannten Regeln der Technik – und damit die Summe der in einem Fachgebiet anerkannten wissenschaftlichen, technischen und handwerklichen Erfahrungen, die durchweg bekannt sind und sich als richtig und brauchbar bewährt haben – wieder. Die allgemein anerkannten Regeln der Technik haben dadurch erhebliche Bedeutung für die Bestimmung der Soll-Eigenschaften von Bauwerken und Sachen und bestimmen dadurch auch die bei Planungsaufträgen zu berücksichtigenden Umstände.

Die Folgen des Klimawandels stellen auch für technische Normen und Regelwerke eine Herausforderung dar. So ergibt sich aus zunehmenden Durchschnittstemperaturen z. B. eine höhere Anforderung an den Schutz vor hohen Temperaturen in Innenräumen. Mit der Zunahme von Starkregenereignissen steigen die Anforderungen an die Bemessung von Entwässerungsanlagen.

Regelmäßig ist festzustellen, dass die tatsächlichen Entwicklungen nur verzögert Niederschlag in Normen und Regelwerken finden. Die Erkenntnis, dass der Klimawandel und die dadurch bedingte Umsetzung von Anpassungsmaßnahmen als Stand der Technik zu etablieren sind, hat sich noch nicht in allen Bereichen durchgesetzt oder wird durch langwierige Normungsverfahren verzögert.

Daher gilt, dass bei der Anwendung im Einzelfall stets zu prüfen ist, ob die Normen auch die bisher festgestellten Auswirkungen und praktischen Anforderungen aufgrund der derzeitigen Klimaveränderungen berücksichtigen.

Regelmäßig gilt zudem, dass dort, wo die Normen und Regelwerke Entscheidungsspielräume zulassen, Unsicherheiten zukünftiger Entwicklungen durch höhere Sicherheitsniveaus abzufangen sind.

8.1.9 Klimaanpassung im Vergaberecht

Die öffentliche Beschaffung hat deutschlandweit ein Volumen von rund 500 Milliarden Euro und beeinflusst damit den Markt erheblich. Zudem kommt der öffentlichen Verwaltung bei ihren Tätigkeiten stets eine Vorbildfunktion zu,[1] weshalb der Einbeziehung von Belangen der Klimaanpassung – und auch von Nachhaltigkeitsaspekten – eine noch höhere Relevanz zugeschrieben wird.

Bei der Vergabe von Bau-, Dienst- oder Lieferleistungen kann der Aspekt der Klimaanpassung berücksichtigt werden. Dies ist auf verschiedene Weisen umsetzbar.

Zum einen kann die Leistungsbeschreibung darlegen, welche Eigenschaften das jeweilige Produkt oder Bauwerk aufweisen soll oder wie eine Dienstleistung ausgestaltet sein soll.

Hierzu folgende Beispiele:

- Die Fenster eines Gebäudes müssen renoviert und neu beschafft werden. Der öffentliche Auftraggeber kann in der Leistungsbeschreibung angeben, dass die Fenster die Raumtemperatur bestmöglich halten können, auch wenn extreme Hitzeperioden im Sommer anhalten.
- Das Dach eines Gebäudes muss saniert werden. Der öffentliche Auftraggeber kann in der Leistungsbeschreibung festlegen, dass ausschließlich ein begrüntes Dach gewünscht ist, welches wie eine natürliche Klimaanlage wirkt.

---

[1] Vgl. zum Beispiel § 3 UVwG (Umweltverwaltungsgesetz).

Des Weiteren können Belange der Klimaanpassung in den Eignungskriterien oder den Zuschlagskriterien implementiert werden.

Auch hierzu Beispiele:

Fachkunde im Bereich Klimaanpassung

- Eine Stadt möchte eine Schule abreißen und neu bauen und sucht hierfür einen Planer. Dabei kann sie im Rahmen der Anforderungen an die technische und wirtschaftliche Leistungsfähigkeit verlangen, dass nur Planer mit einer besonderen Fachkunde im Bereich Klimaanpassung geeignet sind. Dies kann sodann durch geeignete Referenzprojekte vom Bieter nachgewiesen werden.
- Im selben Fall kann die Stadt zudem fordern, dass ein Planer mindestens 5 Jahre Berufserfahrung in der Planung klimaresilienter Projekte vorweisen kann.

8.1.10 Bundes-Klimaanpassungsgesetz

Auch 2023 hat sich der Klimawandel weiter fortgesetzt. Dabei war der 06.07.2023 ein außergewöhnlicher Tag: Denn es wurden gleich zwei Rekorde aufgestellt. Erstens kam es an diesem Tag zu den meisten Flügen weltweit: 134.186 Passagiermaschinen waren an diesem Tag unterwegs. Gleichzeitig war der 06.07.2023 der bislang wärmste Tag seit Beginn der Wetteraufzeichnungen. Bereits am 03.07.2023 überschritt die globale Durchschnittstemperatur erstmals in der Geschichte die 17-Grad-Schwelle. Drei Tage später waren es sogar 17,23 °C. Als Grund für das Ansteigen der Temperatur wird neben der globalen Erwärmung das Phänomen El Niño angegeben (vgl. Christ 2023[1]). Der Klimawandel muss also als unumkehrbar angesehen werden, sodass wir uns vermehrt damit beschäftigen müssen, was zu tun ist, um sich an den Klimawandel anzupassen.

Bundes-Klimaanpassungsgesetz (KAnG)

Die Bundesregierung hat hierzu im November 2023 das Bundes-Klimaanpassungsgesetz (KAnG) verabschiedet. Ziel des Gesetzes ist, negative Auswirkungen des Klimawandels auf Leben, Gesellschaft, Wirtschaft, Infrastruktur und Natur zu verhindern oder zu minimieren. Es soll die Widerstandsfähigkeit von Ökosystemen und der Gesellschaft gegenüber den Klimaveränderungen erhöhen und soziale Ungleichheiten verhindern.

---

[1] Christ, Johannes (2023): Nicht nur der wärmste Tag: Diese unrühmlichen Klimarekorde wurden 2023 schon gebrochen. In: Redaktionsnetzwerk Deutschland vom 13.07.2023. URL: https://www.rnd.de/wissen/klimawandel-diese-unruehmlichen-klimarekorde-wurden-2023-schon-gebrochen-VBYVFBA6BFBLRDODVBKHCBNMNA.html.

Bis zum 30.09.2025 muss eine vorsorgende Klimaanpassungsstrategie vorliegen

Nach § 3 KAnG ist die Bundesregierung dazu verpflichtet, spätestens bis zum 30.09.2025 eine vorsorgende Klimaanpassungsstrategie mit messbaren Zielen vorzulegen. Diese Strategie muss unter Berücksichtigung aktueller wissenschaftlicher Erkenntnisse alle vier Jahre aktualisiert werden. Die Entwicklung dieser Strategie basiert insbesondere auf der Klimarisikoanalyse, auf die in § 4 KAnG näher eingegangen wird.

In der vorsorgenden Klimaanpassungsstrategie müssen folgende Cluster und zugeordnete Handlungsfelder berücksichtigt werden:

1. Wasser mit Unterfeldern wie Wasserhaushalt, Wasserwirtschaft, Küsten- und Meeresschutz und Fischerei
2. Infrastruktur mit Gebäuden, Energieinfrastruktur und Verkehr
3. Land und Landnutzung mit Boden, biologischer Vielfalt, Landwirtschaft und Wald sowie Forstwirtschaft
4. Gesundheit mit dem Fokus auf der menschlichen Gesundheit
5. Wirtschaft mit Industrie und Gewerbe sowie Finanzwirtschaft
6. Stadtentwicklung, Raumplanung und Bevölkerungsschutz mit Stadt- und Siedlungsentwicklung, Raumplanung und Bevölkerungsschutz
7. Ein Cluster mit übergreifenden Handlungsfeldern

Diese Strategie muss ambitionierte, messbare Ziele enthalten, die innerhalb eines festgelegten zeitlichen Rahmens erreicht werden sollen und einem bestimmten Cluster zugeordnet sind. Zudem muss für jedes Ziel mindestens ein Indikator definiert werden, der den Fortschritt misst. Die Strategie benennt auch geeignete Maßnahmen des Bundes zur Erreichung und gibt Empfehlungen für Maßnahmen, die in die Zuständigkeit der Länder fallen. Außerdem wird ein Mechanismus zur Bewertung der Fortschritte in der Zielerreichung festgelegt.

Bei der Auswahl der Maßnahmen, wenn es mehrere gleich geeignete gibt, sollen nachhaltige Anpassungsmaßnahmen Vorrang haben. Dies betrifft vor allem jene, die Synergien mit den Bereichen des natürlichen Klimaschutzes, dem Schutz der biologischen Vielfalt und der nachhaltigen Stadt- und Siedlungsentwicklung aufweisen. Die Länder, Verbände und die Öffentlichkeit sollen in die Festlegung der messbaren Ziele, Indikatoren und Maßnahmen einbezogen werden. Die Verantwortlichkeit für die Aufstellung, Überprüfung und eventuelle Aktualisierung der Ziele und Maßnahmen in der Strategie trägt das jeweilige Bundesministerium, das, in Abstimmung mit anderen betroffenen Bundesministerien, fachlich überwiegend für ein Ziel oder eine Maßnahme zuständig ist. Die Zuständigkeitsverteilung innerhalb der Bundesregierung bleibt dabei unverändert.

Klimarisikoanalyse

Wie bereits erwähnt, ist die Bundesregierung in § 4 KAnG dazu verpflichtet, eine Klimarisikoanalyse durchzuführen, die auf dem aktuellen Stand der Wissenschaft basiert und mindestens alle zehn Jahre aktualisiert wird. Des Weiteren verpflichtet sich die Bundesregierung dazu, den Ländern und Kommunen die für die Klimarisikoanalyse verwendeten Daten, fachliche Grundlagen und methodische Leitfäden zur Verfügung zu stellen. Die Bundesregierung will darüber hinaus regelmäßig Daten zu folgenden Aspekten erheben:

- Informationen über die Schadenssummen, die auf Schäden aus extremen Wetterereignissen zurückzuführen sind.
- Ausgaben des Bundes im Zusammenhang mit Maßnahmen zur Anpassung an den Klimawandel.

Die Bundesregierung will in regelmäßigen Abständen einen Monitoringbericht vorlegen, der auf dem aktuellen Stand der Wissenschaft basiert. Dieser Bericht dient dazu, die Öffentlichkeit über die beobachteten Folgen des Klimawandels in Deutschland zu informieren und den Stand der Zielerreichung zu verdeutlichen.

Monitoringbericht mindestens alle vier Jahre

Ab dem Inkrafttreten des Gesetzes muss der Monitoringbericht mindestens alle vier Jahre erstellt und veröffentlicht werden, vorzugsweise vor der geplanten Vorlage der vorsorgenden Klimaanpassungsstrategie gem. § 3 KAnG. Das Monitoring bildet die wissenschaftliche Grundlage, um den Fortschritt bei der Zielerreichung zu bewerten und die Klimaanpassungsstrategie fortzuschreiben.

Sollte sich auf Grundlage des Monitorings eine Zielverfehlung ergeben, sind Anpassungen an den Maßnahmen zur Zielerreichung im Rahmen der Fortschreibung der Klimaanpassungsstrategie gem. § 3 KAnG vorzunehmen.

Außerdem werden dabei die Ziele geprüft und ggf. aktualisiert. Wenn aufgrund des Monitorings oder anderer Erkenntnisse eine Zielverfehlung erwartet wird, können die zuständigen Ressorts geeignete Maßnahmen zur Verbesserung ergreifen, auch bevor die Klimaanpassungsstrategie nach § 3 KAnG aktualisiert wird.

Nach § 7 KAnG passt der Bund seine Bundesliegenschaften an die Auswirkungen des Klimawandels an. Dies wird durch die Umsetzung angemessener Maßnahmen bei der Errichtung und Modernisierung von Gebäuden auf diesen Liegenschaften erreicht. Diese Maßnahmen werden anhand eines Bewertungssystems für nachhaltiges Bauen durchgeführt, das unter Berücksichtigung der gesetzlichen Vorgaben kontinuierlich aktualisiert wird.

Die Anpassung der Bundesliegenschaften zielt auf Nachhaltigkeit ab und legt einen Schwerpunkt auf Maßnahmen, die Synergien mit natürlichen Klimaschutzinitiativen, Kreislaufwirtschaft, dem Schutz der biologischen Vielfalt und der nachhaltigen Entwicklung von Städten und Siedlungen aufweisen.

Zusätzlich unterstützt die Bundesregierung, innerhalb ihrer Zuständigkeiten und Haushaltsmöglichkeiten, Länder und Kommunen bei der Anpassung ihrer Liegenschaften an den Klimawandel. Dies wird durch Schulungsangebote, Wissensaustausch und Zertifizierung nach den Prinzipien des nachhaltigen Bauens gefördert.

Im Weiteren werden in den §§ 9 bis 12 die Aufgaben der Bundesländer beschrieben, die bis zum 31.01.2026 eine eigene Klimaanpassungsstrategie erarbeiten und verabschieden sollen. Den Entwurf des KAnG sowie einen Kommentar dazu finden Sie zum Download unter Kapitel 1.5.

8.1.11 EU Gebäuderichtlinie

Richtlinie (EU) 2024/1275 des Europäischen Parlaments und des Rates [1]

EU-Richtlinie verabschiedet

Die Richtlinie 2024/1275 über die Gesamtenergieeffizienz von Gebäuden EPBD (Energy Performance of Buildings Directive), auch als EU-Gebäuderichtlinie bekannt, ist am 08.05.2024 im Amtsblatt der europäischen Union veröffentlicht worden und trat am 28.05.2024 in Kraft. Aus Gründen der Klarheit handelt es sich hierbei um eine Neufassung und nicht um eine Novelle zur Richtlinie 2010/31/EU.

Die Umsetzung in nationales Recht hat von den Mitgliedstaaten bis Ende Mai 2026 zu erfolgen. In Deutschland betrifft dies das Gebäudeenergiegesetz.

Die geschichtliche Entwicklung der EU-Gebäuderichtlinie reicht bis in das Jahr 2002 zurück und wurde seitdem mehrfach angepasst.

- 2002/91/EG von 16.12.2002 → EnEV
- 2010/31/EU von 19.05.2010 → EnEV
- 2018/844/EU von 30.05.2018 → GEG 2020
- neu: Richtlinie (EU) 2024/1275 (Mai 2024)

„Fit für 55"-EU-Paket

Die nun beschlossene EU-Gebäuderichtlinie übernimmt die Verpflichtungen aus dem europäischen „Grü-

[1] RICHTLINIE (EU) 2024/1275 DES EUROPÄISCHEN PARLAMENTS UND DES RATES vom 24.04.2024über die Gesamtenergieeffizienz von Gebäuden (Neufassung).

nen Deal“ und soll den bis 2050 geforderten dekarbonisierten Gebäudebestand mit Anforderungen an die Mitgliedstaaten umsetzen. Das Gesetzgebungspaket „Fit für 55“ des „Grünen Deals“ deckt eine Reihe von Politikbereichen ab, darunter Energieeffizienz, erneuerbare Energie, Landnutzung, Landnutzungsänderung und Forstwirtschaft, Energiebesteuerung, Lastenteilung, Emissionshandel und Infrastruktur für alternative Kraftstoffe.

Die Europäische Union fordert in den ehrgeizigen Klima- und Energiezielen eine neue Vision für Gebäude. Das Nullemissionsgebäude steht zukünftig für neue Gebäude im Fokus. Dabei handelt es sich um ein Gebäude mit sehr geringem Energiebedarf, das keine CO_2-Emissionen aus fossilen Brennstoffen am Standort verursacht und keine oder eine sehr geringe Menge an betriebsbedingten Treibhausgasemissionen verursacht.

Nullemissionsgebäude bis 2030

Nullemissionsgebäude

Spätestens bis 2030 sollen alle neuen Gebäude (Art. 7) in der Europäischen Union dem Standard „Nullemissionsgebäude“ entsprechen, und bestehende Gebäude sind bis 2050 in Nullemissionsgebäude zu modernisieren.

Der Energiebedarf eines Nullemissionsgebäudes kann über verschiedene Erfüllungsoptionen gedeckt werden. Zum Beispiel über erzeugte Energie aus erneuerbaren Quellen am Standort oder in der Nähe des Gebäudes, wie Solarthermie, Geothermie, Photovoltaik, Wärmepumpen, Hydroelektrizität und Biomasse. Werden erneuerbare Brennstoffe am Standort des Gebäudes verbrannt, gelten diese als erzeugte Energie aus erneuerbaren Quellen.

Daneben ist es zulässig, erneuerbare Energie von Erneuerbare-Energie-Gemeinschaften anzurechnen sowie effiziente Fernwärme und Fernkälte und Energie aus sonstigen kohlenstofffreien Quellen zu verwenden.

Bestehende Gebäude

Bleiben bestehende Gebäude unverändert, gelten diese nicht als neue Gebäude.

Renovierungspass

Eingeführt werden Renovierungspässe für bestehende Gebäude. Diese enthalten einen klaren Fahrplan für umfassende Renovierungen in mehreren Stufen und sollen es Eigentümern und Investoren erleichtern, den Zeitpunkt und den Umfang der Renovierungsmaßnahmen bestmöglich zu planen. Sachverständige dürfen Renovierungspässe und Energieausweise zusammen erstellen

Neu eingeführt wird die Begrifflichkeit „umfassende Renovierung“. Damit ist eine Renovierung hin zum Standard „Niedrigstenergiegebäude“ zu verstehen.

Sanierungszwang für bestehende Nichtwohngebäude

Sanierungszwang

Verpflichtende Mindestvorgaben für die Gesamtenergieeffizienz von bestehenden Nichtwohngebäuden soll dazu führen, dass es mit der Zeit keine Gebäude mit der schlechtesten Gesamtenergieeffizienz mehr gibt und der nationale Gebäudebestand kontinuierlich verbessert wird. Verpflichtend soll die Renovierung von Nichtwohngebäude mit der schlechtesten nationalen Gesamtenergieeffizienz werden. Diese haben das größte Einsparpotenzial in Bezug auf die Dekarbonisierung.

Wohngebäudebestand

Die Mitgliedstaaten sollen bei Wohngebäuden die Flexibilität haben, Instrumente zu wählen, mit denen sie die erforderlichen Verbesserungen des **Wohngebäudebestands** erreichen. Dabei kann es sich beispielsweise um Mindestvorgaben für die Gesamtenergieeffizienz oder um technische Hilfe und finanzielle Unterstützungsmaßnahmen handeln.

In nationalen Gebäuderenovierungsplänen sollen alle Mitgliedstaaten nationale Ziele für 2030, 2040 und 2050 zur schrittweisen Transformation des nationalen Wohngebäudebestands in Nullemissionsgebäude bis 2050 formulieren.

Darüber hinaus steht es den Mitgliedstaaten frei, zu entscheiden, ob sie weitere Mindestvorgaben für die Gesamtenergieeffizienz einführen wollen, die auf nationaler Ebene konzipiert werden und an die nationalen Gegebenheiten angepasst sind.

Solardachpflicht

Solardächer werden Pflicht

Ziel ist die rasche Umsetzung von PV-Anlagen und solarthermischen Technologien in Verbindung mit Energiespeichern.

Die Mitgliedstaaten haben sicherzustellen, dass sowohl auf neuen Wohn- als auch auf neuen Nichtwohngebäuden und auf bestehenden Nichtwohngebäuden geeignete Solaranlagen installiert werden. Zumindest sind neue Gebäude so „solartauglich“ zu konzipieren, dass die Installation von Solartechnologien, ohne kostspielige strukturelle Eingriffe, auch zu einem späteren Zeitpunkt möglich ist.

Gemischt genutzte Gebäude

Mitgliedstaaten können weiterhin entscheiden, ob gemischt genutzte Gebäude als Wohn- oder Nichtwohngebäude behandelt werden.

Ausbildungsoffensive

Um die Verwirklichung der Klimaziele der Union sicherzustellen, sollten die Mitgliedstaaten unterrepräsentierte Gruppen dazu ermutigen, im Bauwesen eine Ausbildung zu absolvieren und einer Arbeit nachzugehen.

Elektromobilität

Eine entscheidende Rolle bei der Dekarbonisierung und Effizienz des Stromnetzes dürften Elektrofahrzeuge spielen, so der europäische Gesetzgeber. Die betrifft nicht nur das Aufladen von Elektrofahrzeugen, sondern auch das Laden von Fahrrädern.

Elektrofahrzeuge als Speicher

Dabei sollen Elektrofahrzeuge als Speicherreserve in das Stromnetz integriert werden und somit zur Effizienz des Netzes und zu einer höheren Aufnahme von Strom aus erneuerbaren Quellen beitragen.

Zukünftig sind neue Wohn- und Nichtwohngebäude mit Ladepunkten auszustatten, zumindest sind Vorverkabelungen zur Verbesserung der Leitungsinfrastruktur vorzusehen. Gleiches gilt für Wohngebäude, die einer größeren Renovierung unterzogen werden, sofern dies technisch und wirtschaftlich machbar ist. Dies soll intelligentes Laden und bidirektionales Laden zur Integration in das Energiesystem ermöglichen.

Zudem soll zukünftig der Platzbedarf für Fahrradstellplätze nicht mehr von der Verfügbarkeit und dem Bedarf an Autostellplätzen abhängen.

Energieausweise

Neue Energieausweise

Seit 2002 sind Energieausweise über die Gesamtenergieeffizienz in Gebrauch. Die verwendeten Skalen und Formate sind bisher in den Mitgliedstaaten nicht einheitlich. Zukünftig soll eine Vereinheitlichung der Ausweise über die Gesamtenergieeffizienz von Gebäuden in der gesamten Europäischen Union eingeführt werden. Die betrifft auch Energieausweise bei Verkauf oder Vermietung und die Veröffentlichung in Immobilienanzeigen.

Zur Überwachung der Ausweise sind nationale Datenbanken einzurichten, und die darin enthaltenen Informationen sind an die Beobachtungsstelle für den EU-Gebäudebestand zu übermitteln.

Handelt es sich um öffentliche Gebäude mit starkem Publikumsverkehr, sind Energieausweise an gut sichtbaren Stellen im Gebäude zu veröffentlichen. Dies betrifft insbesondere Rathäuser, Schulen, Ladengeschäfte und Einkaufszentren, Supermärkte, Gaststätten, Theater, Banken und Hotels.

Wartung der Anlagentechnik

Anlagentechnik Prüfpflichten

Verpflichtend wird eine unabhängige Prüfung der gesamten Heizungs-, Lüftungs- und Klimaanlage. Diese Prüfung der Komponenten soll über den gesamten Lebenszyklus in regelmäßigen Abständen erfolgen, insbesondere vor einem Austausch oder einer Modernisierung.

In den Prüfprotokollen enthaltene Ertüchtigungs- und Wartungsempfehlungen sind zu beachten. Diese Maßnahmen sind durch qualifiziertes Fachpersonal umzusetzen und vom Eigentümer nachzuweisen.

8.2 Finanzierung und Fördermöglichkeiten

8.2.1 Förderung von Wohngebäuden

BEG-Wohngebäude Kredit Effizienzhaus des Bundesministeriums für Wirtschaft und Klimaschutz (BMWK)

Regionale Gültigkeit: bundesweit

BEG-Wohngebäude Kredit Effizienzhaus

Programmname: BEG[1]-Wohngebäude Kredit Effizienzhaus des Bundesministeriums für Wirtschaft und Klimaschutz (BMWK)

Status: gültig

Zielgruppen:

- Eigentümer von Grundstücken, Grundstücksteilen, Gebäuden oder Gebäudeteilen (privat und gewerblich)
- Wohnungseigentümergemeinschaften
- Wohnungsgenossenschaften und sonstige juristische Personen des Privatrechts
- Körperschaften und Anstalten des öffentlichen Rechts
- gemeinnützige Organisationen, einschließlich Kirchen
- freiberuflich Tätige

[1] Bundesförderung für effiziente Gebäude (BEG).

- Contractoren
- Pächter oder Mieter

Beschreibung

Gefördert wird die energetische Sanierung, der Neubau und der Kauf eines neuen bzw. frisch sanierten Effizienzhauses

Gefördert wird die energetische Sanierung, der Neubau und der Kauf eines neuen bzw. frisch sanierten Effizienzhauses. Die Förderung beinhaltet ein Darlehen für bis zu 100 % der förderfähigen Investitionskosten, einschließlich der Nebenkosten. Der Betrag ist in Summe oder in Teilen abrufbar. Im Rahmen von Neubau- und Sanierungsvorhaben werden lediglich Wärmeerzeuger auf Basis erneuerbarer Energien gefördert. Förderfähig sind nur Maßnahmen, die nach Fertigstellung bzw. Umsetzung aller Maßnahmen unter den Anwendungsbereich des aktuell gültigen Gebäudeenergiegesetzes (GEG) fallen.

Neubau Effizienzhaus

Beim Neubau beträgt die Förderung maximal 120.000 Euro pro Wohneinheit. Die Bemessungsgrundlage für die Höchstgrenze der förderfähigen Kosten ist die Anzahl der neu errichteten Wohneinheiten. Die Fertigstellung eines Rohbaus kann auch als Neubau gefördert werden, wenn für diesen eine neue Baugenehmigung erteilt wird.

Folgende Effizienzhaus-Stufe wird gefördert:

- Effizienzhaus 40 Nachhaltigkeit (NH)

Für die Nachhaltigkeitszertifizierung[1] gibt es für die energetische Fachplanung und Baubegleitung eine Förderung in Höhe von 10.000 Euro. Bei Nachweis der angefallenen förderfähigen Kosten wird ein Tilgungszuschuss gewährt, der sowohl bei der energetischen Fachplanung und Baubegleitung als auch bei der Nachhaltigkeitszertifizierung 50 % ausmacht.

Sanierung zum Effizienzhaus

Gefördert werden Maßnahmen, die eine Verbesserung des energetischen Niveaus eines Effizienzhauses bedingen. Gewährt werden maximal 120.000 Euro pro Wohneinheit bei einer Sanierung zum Effizienzhaus. Je nach erreichtem Effizienzhaus-Standard werden unterschiedliche Tilgungszuschüsse gewährt. Für die Erneuerbare-Energien-Klassen werden maximal 150.000 Euro pro Wohneinheit gewährt.

Des Weiteren wird die Baubegleitung und Fachplanung mithilfe eines Energieeffizienz-Experten gefördert und ein Nachhaltigkeitszertifikat für Effizienzhäuser mit der „Nachhaltigkeits (NH)"-Klasse ausgestellt.

[1] Weitere Informationen zum Nachhaltigen Bauen und zur Nachhaltigkeitszertifizierung finden sie unter Bundesministerium für Wohnen, Stadtentwicklung und Bauwesen (2022): Qualitätssiegel Nachhaltiges Gebäude. Neubau von Wohngebäuden. Berlin: BMWSB; URL: https://www.nachhaltigesbauen.de/fileadmin/publikationen/20220510_QNG-Broschuere_Bauherren_01.pdf. (Stand: November 2022)

Bei der energetischen Fachplanung und Baubegleitung gibt es bei Ein- und Zweifamilienhäusern eine Förderung in Höhe von 10.000 Euro pro Vorhaben (Tilgungszuschuss in Höhe von 50 %, also bis 5.000 Euro) und bei Mehrfamilienhäusern eine Förderung in Höhe von 4.000 Euro pro Wohneinheit und pro Vorhaben in Höhe von 40.000 Euro (Tilgungszuschuss in Höhe von 50 %).

Folgende Effizienzhaus-Stufen werden gefördert:

- Effizienzhaus Denkmal oder Denkmal Erneuerbare Energien (EE)
- Effizienzhaus 85 oder 85 EE
- Effizienzhaus 70 oder 70 EE
- Effizienzhaus 55 oder 55 EE
- Effizienzhaus 40 oder 40 EE

Ab dem 22. September 2022 ein zusätzlicher Bonus für WPB

Ab dem 22. September 2022 wird ein zusätzlicher Bonus für „Worst Performing Buildings“[1] (WPB) eingeführt:

- Effizienzhaus 55 WPB oder 55 EE WPB
- Effizienzhaus 40 WPB oder 40 EE WPB

---

1 Ein „Worst Performing Building“ ist ein Gebäude, das aufgrund des energetischen Sanierungsstandes seiner Bauteilkomponenten zu den energetisch schlechtesten 25 % des deutschen Gebäudebestandes gehört. Eine „Effizienzhaus EE“-Klasse wird erreicht, wenn erneuerbare Energien und/oder unvermeidbare Abwärme einen Anteil von mindestens 55 Prozent des für die Wärme- und Kälteversorgung des Gebäudes erforderlichen Energiebedarfs erbringen.

Genauere Informationen hierzu unter Wohngebäude – Kredit (261) | KfW.

Tilgungszuschuss

Beim Nachweis der erreichten Effizienzhaus-Stufen gemäß Zusage wird ein Tilgungszuschuss zugestanden. Dieser wird auf den hierfür bewilligten Kreditbetrag gewährt.

Neubau Effizienzhaus

- Effizienzhaus 40 NH → 5 Prozent

Sanierung zum Effizienzhaus

- Effizienzhaus Denkmal → 5 Prozent
- Effizienzhaus 85 → 5 Prozent
- Effizienzhaus 70 → 10 Prozent
- Effizienzhaus 55 → 15 Prozent
- Effizienzhaus 40 → 20 Prozent

Bei Erreichen einer „Effizienzhaus EE“-Klasse erhöht sich der jeweils anzusetzende Prozentwert um zusätzliche fünf Prozentpunkte. Für die Sanierung eines „Worst Performing Buildings“ wird ab dem 22. September 2022 zusätzlich ein Bonus von fünf Prozentpunkten gewährt. Dieser Bonus ist mit der EE-Klasse kumulierbar.

Kumulierbarkeit

Ergibt sich durch die Kumulierung für die zu fördernde Maßnahme eine Förderquote von mehr als 60 %, so hat dies der Fördernehmer der KfW anzuzeigen. Die gewährte BEG-Förderung ist dann so zu kürzen, dass eine Förderquote von maximal 60 % erreicht wird. Soweit bereits Fördersummen erhalten wurden, sind diese zurückzuerstatten.

Für die Ermittlung der Förderquote sind alle Zuschüsse und Tilgungszuschüsse aus öffentlichen Mitteln zu berücksichtigen. Zuschüsse von privatrechtlich selbstständigen Unternehmen im Besitz von Ländern, Städten und Gemeinden, Zinsverbilligungen von Förderkrediten und öffentliche Bürgschaften sind nicht einzubeziehen.

Ausschlüsse

Ausgeschlossen sind Vermögensübertragungen

Von der Förderung ausgeschlossen sind entgeltliche oder sonstige Vermögensübertragungen, die über den selbstnutzenden Erwerb einer Wohneinheit hinausgehen. Des Weiteren besteht ein Ausschluss der Förderung zwischen nahestehenden Personen, wie Lebenspartnern oder Eheleuten gem. § 138 I Nr. 1-3 Insolvenzordnung. Eigenleistungen und damit verbundene Materialkosten sind außerdem nicht förderfähig. Förderfähig sind lediglich Leistungen, die durch ein qualifiziertes Unternehmen geleistet werden.

Ferner schließt die KfW bestimmte Vorhaben generell aus oder gibt einzuhaltende Bedingungen vor. Nähere Infos unter: www.kfw.de/ausschlussliste.

Einbindung eines Energieeffizienz-Experten

Für die Beantragung ist ein Energieeffizienz-Experte aus einer Energieeffizienz-Expertenliste einzubeziehen (www.energie-effizienz-experten.de). Der Antrag für die Förderung muss vor Beginn der Maßnahme bei einem Finanzierungsinstitut der eigenen Wahl gestellt werden. Für eine Kreditzusage gilt der Zeitpunkt der Antragstellung bzw. das Eingangsdatum des Antrags bei der KfW. Grundlage ist die vom Energieeffizienz-Experten erstellte „Bestätigung zum Antrag" (BzA). Nach Abschluss des Vorhabens bestätigt der Energieeffizienz-Experte die Einhaltung der technischen Mindestanforderungen (TMA) sowie die Einsparung von Primär- und Endenergie und CO_2-Emissionen. Schließlich werden die für die Maßnahme förderfähigen Kosten durch den Energieeffizienz-Experten ebenfalls bestätigt.

Energieberatung für Wohngebäude

Regionale Gültigkeit: Bund

Programmname: Bundesförderung für Energieberatung für Wohngebäude (BAFA)

Bundesförderung für Energieberatung für Wohngebäude (BAFA)

Status: gültig

Zielgruppen:

- Haus- und Wohnungseigentümer
- Wohnungseigentümergemeinschaften
- Mieter und Pächter
- Nießbrauchberechtigte

Gefördert werden Sanierungskonzepte eines Wohngebäudes zu einem KfW-Effizienzhaus

Beschreibung

Gefördert werden Sanierungskonzepte eines Wohngebäudes zu einem KfW-Effizienzhaus, also eine Komplettsanierung oder auch ein Sanierungsfahrplan mit Einzelmaßnahmen. Ein- und Zweifamilienhäuser erhalten einen Zuschuss von bis zu 80 % des zuwendungsfähigen Beratungshonorars, maximal 1.300 Euro, Wohnhäuser mit mindestens drei Wohneinheiten einen Zuschuss von bis zu 80 % und maximal 1.700 Euro. Für die zusätzliche Erläuterung des Plans bei Wohnungseigentümergemeinschaften werden maximal 500 Euro bezuschusst.

Art der Förderung

Zuschuss

Kumulation

Es können nicht gleichzeitig öffentliche Mittel anderer Förderprogramme des Bundes für gleichartige Maßnahmen in Anspruch genommen werden. Bei der zusätzlichen Förderung mit Mitteln anderer Beratungsprogramme als denen des Bundes dürfen die gesamten Fördermittel 85 % der förderfähigen Ausgaben nicht übersteigen.

Besondere Hinweise

Die Energieberatung darf nur durch einen von der BAFA anerkannten Sachverständigen erfolgen (www.machts-effizient.de/energieberatung-gebaeude). Diese Energieberatung darf nur durchgeführt werden, wenn das Gebäude in Deutschland steht, der Bauantrag für das Gebäude mindestens zehn Jahre zurückliegt und das Gebäude überwiegend dem Wohnen dient.

Hinweise zum Antrag

Bauantrag muss bis zum 31.01.2002 gestellt worden sein

Der Bauantrag muss bis zum 31.01.2002 gestellt worden sein. Um einen Antrag für die Energieberatung zu stellen, muss – wie oben bereits erwähnt – ein qualifizierter Sachverständiger beauftragt werden, der den Antrag stellen muss. Außerdem ist die Unterzeichnung einer Verwendungsnachweiserklärung erforderlich.

8.2.1.1 Klimafreundlicher Neubau

Programmname

Die Richtlinie für die **Bundesförderung für effiziente Gebäude – Klimafreundlicher Neubau (KFN)** unterstützt den Neubau und den Ersterwerb von klimafreundlichen, energieeffizienten Wohn- und Nichtwohngebäuden, die den energetischen Standard eines Effizienzhauses 40/Effizienzgebäudes 40 für Neubauten und die Anforderung Treibhausgasemissionen im Gebäudelebenszyklus für den Neubau von Wohn- und Nichtwohngebäuden des Qualitätssiegels Nachhaltiges Gebäude PLUS (QNG-PLUS) erreichen.

Klimafreundlicher Neubau (KFN)

Regionale Gültigkeit

Gefördert werden ausschließlich Investitionsvorhaben, die auf dem Gebiet der Bundesrepublik Deutschland durchgeführt werden.

Status

Die Richtlinie wurde am 28.02.2024 verabschiedet, trat am 01.03.2024 in Kraft und gilt bis zum 31.12.2030.

Von März 2024 bis Dezember 2030

Zielgruppen

Antragsberechtigt sind Investoren und Ersterwerber von förderfähigen Wohn- und Nichtwohngebäuden. Dazu zählen

- natürliche Personen,
- Wohneigentumsgemeinschaften,
- Einzelunternehmer.
- freiberuflich Tätige,
- Körperschaften und Anstalten des öffentlichen Rechts (z. B. Eigentümer, Contractoren, Unternehmen, Kammern oder Verbände),
- gemeinnützige Organisationen, Kommunen (einschl. Kirchen),
- Unternehmen (einschl. kommunaler Unternehmen),
- sonstige juristische Personen des Privatrechts (einschl. Wohnungsbaugenossenschaften).

Nicht antragsberechtigt sind der Bund, Bundesländer und politische Parteien. Ausnahmen gibt es für die Stadtstaaten, wenn sie mit der geförderten Maßnahme Aufgaben nachkommen, die in anderen Bundesländern auf kommunaler Ebene wahrgenommen werden.

Beschreibung

Verringerung des Primärenergiebedarfs

Ziel des Programms ist die Reduktion von Treibhausgasemissionen, die Verringerung des Primärenergiebedarfs und der Einsatz erneuerbarer Energien bei der Errichtung neuer Wohn- und Nichtwohngebäude. Die Förderung richtet sich an Projekte, die den Standard eines Effizienzhauses oder Effizienzgebäudes 40 erfüllen. Besonders gefördert werden Gebäude mit einem Nachhaltigkeitszertifikat nach den Standards QNG-PLUS oder QNG-PREMIUM.

Die Förderung umfasst zwei Stufen:

1. Klimafreundliches Wohn-/Nichtwohngebäude (KFWG/KFNWG).
2. Klimafreundliches Wohn-/Nichtwohngebäude mit QNG (KFWG-Q/KFNWG-Q).

Die KFWG-Q-Stufe wird erreicht, wenn für ein Effizienzhaus bzw. Effizienzgebäude 40 ein Nachhaltigkeitszertifikat ausgestellt wird, das die Übereinstimmung der Maßnahme mit den Anforderungen des „Qualitätssiegel[s] Nachhaltiges Gebäude Plus“ (QNG-PLUS) oder „Qualitätssiegel[s] Nachhaltiges Gebäude Premium“ (QNG-PREMIUM) bestätigt.

Förderfähige Projekte müssen den Anforderungen des Gebäudeenergiegesetzes (GEG) entsprechen.

Art und Umfang, Höhe der Förderungen

Die Förderung erfolgt als Projektförderung in Form von Krediten mit Zinsverbilligung oder Investitionszuschüssen (nur für kommunale Gebietskörperschaften).

Förderfähige Kosten

Zu den förderfähigen Kosten zählen Bauwerkskosten, technische Anlagen, Fachplanung, Baubegleitung und Dienstleistungen wie Nachhaltigkeitszertifizierungen.

Förderkonditionen:

Zuschussförderung

a) Zuschussförderung (nur kommunale Gebietskörperschaften):

- Klimafreundliches Wohngebäude: 5 % Zuschuss auf maximal 100.000 Euro pro Wohneinheit
- Klimafreundliches Wohngebäude: 12,5 % Zuschuss auf maximal 150.000 Euro pro Wohneinheit
- Klimafreundliches Nichtwohngebäude: 5 % Zuschuss auf bis zu 2.000 Euro pro Quadratmeter Nettogrundfläche, maximal 10 Mio. Euro pro Vorhaben
- Klimafreundliches Nichtwohngebäude: 12,5 % Zuschuss auf bis zu 2.000 Euro pro Quadratmeter Nettogrundfläche, maximal 15 Mio. Euro pro Vorhaben

Kreditförderung

b) Kreditförderung:

- Klimafreundliches Wohngebäude: Kredite bis zu 100.000 Euro pro Wohneinheit
- Klimafreundliches Wohngebäude mit QNG: Kredite bis zu 150.000 Euro pro Wohneinheit
- Klimafreundliches Nichtwohngebäude: Kredite bis zu 2.000 Euro pro Quadratmeter Nettogrundfläche, maximal 10 Mio. Euro pro Vorhaben
- Klimafreundliches Nichtwohngebäude mit QNG: Kredite bis zu 3.000 Euro pro Quadratmeter Nettogrundfläche, maximal 15 Mio. Euro pro Vorhaben

Mindestlaufzeit vier Jahre

Die Mindestlaufzeit des Kreditvertrags beträgt vier Jahre.

Kreditlaufzeiten und Zinsbindung:

Kreditlaufzeiten

Folgende Laufzeitvarianten stehen für Kredite zur Verfügung:

- bis zu 10 Jahre mit Tilgung in einer Summe am Laufzeitende und einer Zinsbindung für die gesamte Kreditlaufzeit
- bis zu 10 Jahre bei höchstens zwei Tilgungsfreijahren und einer Zinsbindung für die gesamte Kreditlaufzeit
- bis zu 25 Jahre bei höchstens drei Tilgungsfreijahren und einer Zinsbindung für die ersten zehn Jahre
- bis zu 35 Jahre bei höchstens fünf Tilgungsfreijahren und einer Zinsbindung für die ersten zehn Jahre.

Die Zinsverbilligung aus Bundesmitteln macht bis zu 4 % pro Jahr des Kreditbetrags bei einer Laufzeit von 30 Jahren und 10 Jahren Zinsverbilligung.

Besondere Fördervoraussetzungen

Eine Kombination mit anderen Förderprogrammen ist möglich, sofern keine Doppelförderung vorliegt. Die zweckentsprechende Nutzung der Gebäude ist mindestens 10 Jahre verpflichtend. Es besteht kein Rechtsanspruch auf Förderung; die Vergabe erfolgt nach pflichtgemäßem Ermessen und vorbehaltlich der Verfügbarkeit von Haushaltsmitteln.

Sonstige Förderbestimmungen

Technische Mindestanforderungen

Eine Energieeffizienz-Expertin oder ein Energieeffizienz-Experte[1] muss die Einhaltung des Effizienzhauses 40-/Effizienzgebäudes 40 sowie die Anforderungen an die Treibhausgasemissionen im Gebäudelebenszyklus für den Neubau von Wohn- und Nichtwohngebäuden des Qualitätssiegels Nachhaltiges Gebäude PLUS (QNG-PLUS) bestätigen. Ebenso muss das Zertifikat einer akkreditierten Zertifizierungsstelle vorliegen, mit dem die Erfüllung der Anforderungen des „Qualitätssiegel[s9 Nachhaltiges Gebäude PLUS“ (QNG-PLUS) oder „Qualitätssiegel8s9 Nachhaltiges Gebäude PREMIUM“ (QNG-PREMIUM) bestätigt wird.

Verfahren

Die KfW ist für die Durchführung zuständig. Förderanträge sind vor Projektbeginn entweder direkt bei der KfW (für Zuschüsse) oder über Finanzierungspartner (für Kredite) einzureichen. Für die sachgerechte Verwendung der Fördermittel sind Nachweise erforderlich.

Geltungsdauer

Die Förderung endet am 31.12.2030.

[1] Vgl. https://www.energie-effizienz-experten.de (Zugriff am 20.11.2024).

8.2.1.2 Förderung von Effizienzhaus

Kredit-Effizienzhaus

Programmname: BEG[1]-Wohngebäude Kredit Effizienzhaus des Bundesministeriums für Wirtschaft und Klimaschutz (BMWK)

Regionale Gültigkeit: bundesweit

Status: gültig

Zielgruppen

- Privatpersonen und Wohnungseigentümergemeinschaften
- Unternehmen, kommunale Unternehmen und freiberuflich Tätige
- alle juristischen Personen des Privatrechts, z. B. Wohnungsbaugenossenschaften
- Körperschaften und Anstalten des öffentlichen Rechts, z. B. Kammern oder Verbände
- soziale Organisationen und Vereine
- Contracting-Geber

Beschreibung

Primärenergiebedarf und Transmissionswärmeverlust

Gefördert werden alle energetischen Maßnahmen, die zu einer Effizienzhaus-Stufe 85 oder besser führen. Ein Effizienzhaus ist ein energetischer Standard für Wohngebäude. Er setzt sich aus zwei Kriterien zusammen, dem Gesamtenergiebedarf der Immobilie und der Wärmedämmung der Gebäudehülle. Das wird mit Pri-

[1] Bundesförderung für effiziente Gebäude (BEG).

märenergiebedarf und Transmissionswärmeverlust angegeben. Der Primärenergiebedarf gibt an, wie viel Energie durchschnittlich für Heizen, Lüften und Warmwasseraufbereitung verbraucht wird. Der Transmissionswärmeverlust beschreibt, wie viel Wärmeenergie bei einer beheizten Immobilie über die Gebäudehülle nach außen abgegeben wird. Die Effizienzhaus-Stufe gibt die Klasse der Energieeffizienz an. Die Werte 40 bis 85 definieren die unterschiedlichen Effizienzhaus-Stufen. Je kleiner die Kennzahl ist, desto geringer ist der Energiebedarf der Immobilie. Als Vergleich dient ein Referenzgebäude, das den Vorgaben des Gebäudeenergiegesetzes (GEG) entspricht.

> Ein Beispiel: Im Vergleich zum Referenzgebäude des GEG benötigt das Effizienzhaus 55 nur 55 % der Primärenergie. Zudem liegt der Transmissionswärmeverlust bei nur 70 % des Referenzgebäudes. Der bauliche Wärmeschutz ist somit um 30 % besser.

Neben der Gebäudeeffizienz werden auch Baunebenkosten und Wiederherstellungskosten gefördert. Zu den Baunebenkosten zählen verschiedene Ausgaben, die im Rahmen der Sanierung anfallen können (z. B. für Architekten- und Ingenieurleistungen). Wiederherstellungskosten können z. B. entstehen, wenn die Außenwanddämmung verputzt oder Außenanlagen wie Zugangswege wiederhergestellt werden.

Voraussetzung: Der Bauantrag oder die Bauanzeige des Wohngebäudes liegt zum Zeitpunkt des Antrags mindestens fünf Jahre zurück.

Gefördert wird auch die Sanierung von Baudenkmalen oder Gebäuden mit besonders erhaltenswerter Bausubstanz.

Beim Kauf einer frisch sanierten Immobilie wird die Maßnahme der energetischen Sanierung gefördert, sofern die Kosten gesondert ausgewiesen werden (z. B. im Kaufvertrag). Eine zusätzliche Förderung gibt es für

- die notwendige Fachplanung und Baubegleitung durch einen Energieeffizienz-Experten sowie eine akustische Fachplanung durch eine Akustikerin oder einen Akustiker.
- die Nachhaltigkeitszertifizierung mit dem „Qualitätssiegel Nachhaltiges Gebäude", wenn eine Effizienzhaus-Stufe mit Nachhaltigkeitsklasse erreicht wird.

Komplettsanierung zum Effizienzhaus

Gefördert werden Maßnahmen, die eine Verbesserung des energetischen Niveaus eines Effizienzhauses bedingen. Gewährt werden maximal 120.000 Euro pro Wohneinheit bei einer Sanierung zum Effizienzhaus. Je nach erreichtem Effizienzhaus-Standard werden unterschiedliche Tilgungszuschüsse gewährt. Sofern die Immobilie zusätzlich die Kriterien für die Erneuerbare Energien-Klassen oder die Nachhaltigkeitsklasse erfüllt, werden maximal 150.000 Euro pro Wohneinheit gewährt.

Bei der energetischen Fachplanung und Baubegleitung gibt es bei Ein- und Zweifamilienhäusern eine Förderung in Höhe von 10.000 Euro pro Vorhaben (Tilgungszuschuss in Höhe von 50 % also bis 5.000 Euro) und bei den Mehrfamilienhäusern eine Förderung in Höhe von 4.000 Euro pro Wohneinheit und pro Vorhaben in Höhe von 40.000 Euro (Tilgungszuschuss in Höhe von 50 %). Bei einer Eigentumswohnung mit mindestens drei Wohneinheiten werden 4.000 Euro je Wohneinheit und maximal bis zu 40.000 Euro je Vorhaben gefördert, wenn eine neue Effizienzhaus-Stufe erreicht wird. Der Tilgungszuschuss liegt bei 50 %, d. h. bis zu 2.000 Euro je Wohneinheit, maximal 20.000 Euro je Vorhaben.

Folgende Effizienzhaus-Stufen werden gefördert:

- Effizienzhaus Denkmal oder Denkmal Erneuerbare-Energien-Klasse oder Denkmal Nachhaltigkeitsklasse
- Effizienzhaus 85 oder 85 Erneuerbare-Energien-Klasse oder 85 Nachhaltigkeitsklasse
- Effizienzhaus 70 oder 70 Erneuerbare-Energien-Klasse oder 70 Nachhaltigkeitsklasse
- Effizienzhaus 55 oder 55 Erneuerbare-Energien-Klasse oder 55 Nachhaltigkeitsklasse
- Effizienzhaus 40 oder 40 Erneuerbare-Energien-Klasse oder 40 Nachhaltigkeitsklasse

Zum 22.09.2022 wurde ein zusätzlicher Bonus für „Worst Performing Buildings“[1] (WPB) eingeführt:

---

[1] Ein „Worst Performing Building“ ist ein Gebäude, das aufgrund des energetischen Sanierungsstands seiner Bauteilkomponenten zu den energetisch schlechtesten 25 % des deutschen Gebäudebestands gehört. Eine „Effizienzhaus EE“-Klasse wird erreicht, wenn erneuerbare Energien und/oder unvermeidbare Abwärme einen Anteil von mindestens 55 % des für die Wärme- und Kälteversorgung des Gebäudes erforderlichen Energiebedarfs erbringen.

- Effizienzhaus 70 Erneuerbare-Energien-Klasse WPB
- Effizienzhaus 55 WPB oder 55 Erneuerbare-Energien-Klasse WPB
- Effizienzhaus 40 WPB oder 40 Erneuerbare-Energien-Klasse WPB

Als Kriterium dient

- ein gültiger Energieausweis oder
- das Baujahr des Gebäudes und der Sanierungszustand der Außenwand.

Genauere Informationen hierzu unter „Wohngebäude – Kredit" (261) | KfW.

Tilgungszuschuss

Beim Nachweis der erreichten Effizienzhaus-Stufen gemäß Zusage wird ein Tilgungszuschuss zugestanden. Dieser wird auf den hierfür bewilligten Kreditbetrag gewährt.

Sanierung zum Effizienzhaus

- Effizienzhaus Denkmal: 5 %
- Effizienzhaus 85: 5 %
- Effizienzhaus 70: 10 %
- Effizienzhaus 55: 15 %
- Effizienzhaus 40: 20 %

Bei Erreichen einer „Effizienzhaus EE"-Klasse erhöht sich der jeweils anzusetzende Prozentwert um zusätzliche 5 Prozentpunkte. Für die Sanierung eines „Worst Performing Buildings" wird ebenfalls ein Bonus von 5 Prozentpunkten gewährt.

Kumulierbarkeit

Förderquote von maximal 60 %

Ergibt sich durch die Kumulierung für die zu fördernde Maßnahme eine Förderquote von mehr als 60 %, so hat dies der Fördernehmer der KfW anzuzeigen. Die gewährte BEG-Förderung ist dann so zu kürzen, dass eine Förderquote von maximal 60 % erreicht wird. Soweit bereits Fördersummen erhalten wurden, sind diese zurückzuerstatten.

Für die Ermittlung der Förderquote sind alle Zuschüsse und Tilgungszuschüsse aus öffentlichen Mitteln zu berücksichtigen. Zuschüsse von privatrechtlich selbstständigen Unternehmen im Besitz von Ländern, Städten und Gemeinden, Zinsverbilligungen von Förderkrediten und öffentliche Bürgschaften sind nicht einzubeziehen.

Ausschlüsse

Von der Förderung ausgeschlossen sind entgeltliche oder sonstige Vermögensübertragungen, die über den selbstnutzenden Erwerb einer Wohneinheit hinausgehen. Des Weiteren besteht ein Ausschluss der Förderung zwischen nahestehenden Personen wie Lebenspartnern oder Eheleuten gem. § 138 I Nr. 1–3 Insolvenzordnung. Eigenleistungen und damit verbundene Materialkosten sind außerdem nicht förderfähig. Förderfähig sind lediglich Leistungen, die durch ein qualifiziertes Unternehmen geleistet werden.

Ferner schließt die KfW bestimmte Vorhaben generell aus oder gibt einzuhaltende Bedingungen vor. Nähere Infos unter: www.kfw.de/ausschlussliste.

Einbindung eines Energieeffizienz-Experten

Energieeffizienz-Expertenliste

Für die Beantragung ist ein Energieeffizienz-Experte aus einer Energieeffizienz-Expertenliste einzubeziehen (www.energie-effizienz-experten.de). Der Antrag für die Förderung muss vor Beginn der Maßnahme bei einem Finanzierungsinstitut der eigenen Wahl gestellt werden. Für eine Kreditzusage gilt der Zeitpunkt der Antragstellung bzw. das Eingangsdatum des Antrags bei der KfW. Grundlage ist die vom Energieeffizienz-Experten erstellte „Bestätigung zum Antrag" (BzA). Nach Abschluss des Vorhabens bestätigt der Energieeffizienz-Experte die Einhaltung der technischen Mindestanforderungen (TMA) sowie die Einsparung von Primär- und Endenergie und CO_2. Schließlich werden die für die Maßnahme förderfähigen Kosten durch den Energieeffizienz-Experten ebenfalls bestätigt.

Umwidmung von Nichtwohnfläche in Wohnfläche

Dieser Förderkredit dient dazu, eine bisher nicht bewohnte Fläche in eine Wohnfläche umzuwidmen. Gefördert werden – wie bei der Komplettsanierung zum Effizienzhaus – entweder eine neue Wohneinheit oder die Erweiterung bestehender Wohneinheiten. Eine Wohneinheit umfasst einen eigenen Zugang, eine Küche oder Kochnische, ein Badezimmer und eine Toilette. Sie muss zur dauerhaften Wohnnutzung geeignet und bestimmt sein. Eine Einliegerwohnung zählt als separate Wohnung, wenn sie abgeschlossen ist. Zu den Nichtwohnflächen zählen unbeheizte Scheunen, Lager-

und Fabrikhallen sowie beheizte Bürogebäude, Arztpraxen oder Ladenlokale.

8.2.1.3 Energieberatung für Wohngebäude

Regionale Gültigkeit: Bund

Programmname: Bundesförderung für Energieberatung für Wohngebäude (BAFA)

Klimaneutraler Gebäudebestand 2045

Status: Bis zum Jahr 2045 strebt die Bundesregierung einen nahezu klimaneutralen Gebäudebestand in Deutschland an. Genau an dieser Stelle knüpft die Energieberatung für Wohngebäude an. Das Programm deckt den gesamten Wohngebäudebereich, sowohl für private als auch für gewerbliche Zielgruppen, ab. Entsprechend dem Ziel der klimaneutralen Wärmeversorgung von Gebäuden bis 2045 soll die Beratung besonders auf einen erforderlichen Heizungstausch hinwirken und dabei vor allem Heizungen aufzeigen, bei denen der Einsatz von direkt genutzten erneuerbaren Energien möglichst hoch und der von begrenzt verfügbaren fossilen oder biogenen Brennstoffen möglichst gering ist.

Zielgruppen

- Eigentümer von selbstgenutzten oder vermieteten Wohngebäuden
- Wohnungseigentümergemeinschaften (WEG) im Sinne des Wohnungseigentumsgesetzes
- Mieter und Pächter
- Nießbrauchsberechtigte

Beschreibung

Dem Antragsteller ist in Form eines individuellen Sanierungsfahrplans (iSFP) aufzuzeigen, wie ein Wohngebäude Schritt für Schritt über einen längeren Zeitraum durch aufeinander abgestimmte Maßnahmen umfassend energetisch saniert werden kann oder wie durch eine umfassende Sanierung ein bundesgefördertes Effizienzhausniveau zu erreichen ist (systemische Sanierung). Eine Energieberatung besteht mindestens aus der Datenaufnahme vor Ort, der Erstellung des iSFP, der anschließenden Aushändigung und Erläuterung des iSFP. Im Rahmen dieser Richtlinie soll eine Netto-Endenergieeinsparung pro Beratungsfall von jährlich 8 000 kWh und eine damit einhergehende CO_2-Minderungswirkung erzielt werden.

Ein- und Zweifamilienhäuser erhalten einen Zuschuss von bis zu 80 % des zuwendungsfähigen Beratungshonorars, maximal 1.300 Euro, Wohnhäuser mit mindestens drei Wohneinheiten einen Zuschuss von bis zu 80 % und maximal 1.700 Euro. Für die zusätzliche Erläuterung des Plans bei Wohnungseigentümergemeinschaften werden maximal 500 Euro bezuschusst.

Art der Förderung

Zuschuss

Kumulation

Es können nicht gleichzeitig öffentliche Mittel anderer Förderprogramme des Bundes für gleichartige Maßnahmen in Anspruch genommen werden. Bei der zusätzlichen Förderung mit Mitteln anderer Beratungsprogramme als denen des Bundes dürfen die gesamten Fördermittel 85 % der förderfähigen Ausgaben nicht übersteigen.

Besondere Hinweise

Antragstellung ab dem 01.01.2024

Förderfähig ist bei Antragstellung ab dem 01.01.2024 eine Energieberatung nur, wenn diese von einer Person durchgeführt wird, die in der Energieeffizienz-Expertenliste unter „Energieeffizienz-Expertenliste – Deutsche Energie-Agentur“ (dena) in der Kategorie *Energieberatung für Wohngebäude* gelistet ist. Ab dem 01.07.2023 ist nämlich die Deutsche Energie-Agentur GmbH (dena) für die Zulassung von Energieberaterinnen und Energieberatern zum Förderprogramm zuständig.

Hinweise zum Antrag

Der Bauantrag oder die Bauanzeige für das Wohngebäude muss zum Zeitpunkt der Antragstellung mindestens zehn Jahre zurückliegen. Um einen Antrag für die Energieberatung zu stellen, muss ein qualifizierter anerkannter Sachverständige beauftragt werden, der den Antrag stellt. Außerdem ist die Unterzeichnung einer Verwendungsnachweiserklärung erforderlich.

Weitere Informationen unter BAFA – Bundesförderung der Energieberatung für Wohngebäude.

8.2.2 Förderung von Nichtwohngebäuden

8.2.2.1 BEG-Nichtwohngebäude Kredit Effizienzhaus des Bundesministeriums für Wirtschaft und Klimaschutz (BMWK)

Regionale Gültigkeit: bundesweit

Programmname: BEG-Nichtwohngebäude Kredit Effizienzhaus des Bundesministeriums für Wirtschaft und Klimaschutz (BMWK)

Status: gültig

Zielgruppen:

- Privatpersonen sowie Einzelunternehmerinnen und Einzelunternehmer
- freiberuflich Tätige
- in- und ausländische Unternehmen der gewerblichen Wirtschaft, die sich mehrheitlich in Privatbesitz befinden
- kommunale Unternehmen
- gemeinnützige Organisationen und Kirchen
- Geschäftsbanken, Genossenschaftsbanken und Sparkassen
- Contracting-Geber

Beschreibung

Gefördert werden die Sanierung und der Kauf eines frisch sanierten Effizienzgebäudes. Der Betrag ist in Summe oder in Teilen abrufbar. Förderfähig sind ausschließlich Nichtwohngebäude, die nach Fertigstellung bzw. Umsetzung aller Maßnahmen unter den Anwendungsbereich des aktuell gültigen Gebäudeenergiegesetzes (GEG) fallen.

Sanierung zum Effizienzgebäude

Energieeffizienzstufe 70 oder besser

Es werden alle energetischen Maßnahmen, die zu einer Energieeffizienzstufe 70 oder besser führen, gefördert. Zusätzlich werden die Kosten der förderfähigen Umfeldmaßnahmen gefördert. Dies setzt jedoch voraus, dass der Bauantrag oder die Bauanzeige des Gebäudes zum Zeitpunkt der Antragstellung mindestens fünf Jahre zurückliegt.

Folgende Effizienzhaus-Stufen werden gefördert:

- Effizienzhaus Denkmal oder Denkmal Erneuerbare-Energien-Klasse oder Denkmal Nachhaltigkeitsklasse
- Effizienzhaus 70 oder 70 Erneuerbare-Energien-Klasse oder 70 Nachhaltigkeitsklasse
- Effizienzhaus 55 oder 55 Erneuerbare-Energien-Klasse oder 55 Nachhaltigkeitsklasse
- Effizienzhaus 40 oder 40 Erneuerbare-Energien-Klasse oder 40 Nachhaltigkeitsklasse

Eine „Effizienzgebäude EE“-Klasse wird erreicht, wenn erneuerbare Energien und/oder unvermeidbare Abwärme einen Anteil von mindestens 65 % des für die Wärme- und Kälteversorgung des Gebäudes erforderlichen Energiebedarfs erbringen. Voraussetzung ist, dass der auf erneuerbaren Energien basierende Wärme- oder Kälteerzeuger bzw. das Wärme- oder Gebäudenetz als Bestandteil der geförderten Sanierung zur Effizienzgebäude-EE-Klasse erstmals eingebaut bzw. erstmals angeschlossen wird und zuvor kein solcher Wärmeerzeuger im Gebäude vorhanden war. Auch bei einer schrittweisen Sanierung kann die EE-Klasse nur einmal erreicht werden. Eine „Effizienzgebäude NH"-Klasse wird erreicht, wenn für ein Effizienzgebäude ein Nachhaltigkeitszertifikat ausgestellt wird, das die Übereinstimmung der Maßnahme mit den Anforderungen des Qualitätssiegels „Nachhaltiges Gebäude" bestätigt.

Eine Kumulierung von EE-Klasse und NH-Klasse ist nicht möglich.

Zum 22.09.2022 wurde ein zusätzlicher Bonus für „Worst Performing Buildings" (WPB) eingeführt:

- Effizienzgebäude 70 WPB
- Effizienzgebäude 55 WPB oder 55 EE WPB oder 55 NH WPB
- Effizienzgebäude 40 WPB oder 40 EE WPB oder 40 NH WPB

Baubegleitung

Eine zusätzliche Förderung wird für die nichtinvestiven Maßnahmen der energetischen Fachplanungs- und Baubegleitungsleistungen in Zusammenhang mit einem Neubau oder einer Sanierung gewährt. Außerdem wird eine zusätzliche Förderung für Gebäude gewährt, die den Nachhaltigkeitsstandard (NH) erfüllen.

Im Falle der Sanierung kann der Kreditbetrag um bis zu 10 €/m^2 Nettogrundfläche, maximal auf 40.000 Euro pro Vorhaben, aufgestockt werden, wenn eine neue Effizienzgebäude-Stufe erreicht wird. Davon erhält der Antragsteller 50 % als Tilgungszuschuss, also bis zu 20.000 Euro.

Genauere Informationen hierzu unter www.kfw.de/263.

Tilgungszuschuss

Mit Nachweis der erreichten Effizienzgebäude-Stufen gemäß Zusage wird ein Tilgungszuschuss eingeräumt. Dieser wird auf den hierfür bewilligten Kreditbetrag gewährt.

Sanierung zum Effizienzgebäude

- Effizienzgebäude Denkmal 5 %
- Effizienzgebäude 70 10 %
- Effizienzgebäude 55 15 %
- Effizienzgebäude 40 20 %

Bei Erreichen der Effizienzgebäude EE-Klasse oder der Effizienzgebäude Nachhaltigkeits-Klasse erhöht sich der jeweils anzusetzende Prozentwert um zusätzliche 5 Prozentpunkte. Für die Sanierung eines „Worst Performing Buildings“ wird ein Bonus von 10 Prozentpunkten gewährt. Dieser Bonus ist mit der EE- oder NH-Klasse kumulierbar.

Was die Kumulierbarkeit, Ausschlüsse und Einbindung von Energieeffizienz-Experten angeht, so gelten hier die gleichen Bedingungen wie bei Wohngebäuden.

8.2.2.2 Energieberatung für Nichtwohngebäude

Regionale Gültigkeit: Bund

Programmname: Bundesförderung für Energieberatung für Nichtwohngebäude, Anlagen und Systeme

Status: gültig

Zielgruppen:

- kommunale Gebietskörperschaften (Gemeinden, Städte, Kreise)
- kommunale Zweckverbände
- gemeinnützige Organisationen, Religionsgemeinschaften mit Körperschaftsstatus sowie deren Einrichtungen und Stiftungen im Sinne des § 5 Abs. 1 Nr. 9 Körperschaftsgesetz
- soziale und gesundheitliche Einrichtungen
- Kultureinrichtungen
- kleine und mittlere Unternehmen (KMU)
- Nicht-KMU, deren Gesamtenergieverbrauch über alle Energieträger hinweg im Jahr höchstens 500.000 kWh beträgt
- freiberuflich Tätige

Beschreibung

Energieaudit

Energieberatung in Form eines Energieaudits

Gemäß DIN EN 16247 ist ein Energieaudit eine systematische Inspektion und Analyse des Energieeinsatzes und des Energieverbrauchs einer Anlage, eines Gebäudes, eines Systems oder einer Organisation mit dem Ziel, Energieflüsse zu untersuchen, Ergebnisse der Analyse des Ist-Zustands darzustellen und Potenziale für Energieeffizienzverbesserungen daraus zu identifizieren und über die durchgeführten Analysen und Ergebnisse in einem Energieauditbericht zu berichten. Je Antragsteller ist innerhalb von vier Jahren eine Energieberatung in Form eines Energieaudits förderfähig.

Übersteigen die jährlichen Energiekosten des Antragstellers 10.000 Euro (netto), beträgt die Förderung 80 % des förderfähigen Beratungshonorars, jedoch maximal 6.000 Euro. Bei jährlichen Energiekosten von nicht mehr als 10.000 Euro (netto) beträgt die Förderung 80 % des förderfähigen Beratungshonorars, jedoch maximal 1.200 Euro.

Energieberatung für Nichtwohngebäude nach DIN V 18599

Gefördert werden Energieberatungen für Nichtwohngebäude in Form eines energetischen Sanierungskonzepts auf Grundlage der DIN V 18599, das aufzeigt, wie ein Gebäude Schritt für Schritt über einen längeren Zeitraum durch aufeinander abgestimmte Maßnahmen umfassend energetisch saniert werden kann (Sanierungsfahrplan) oder wie durch eine umfassende Sanierung der Standard eines bundesgeförderten KfW-Effizienzgebäudes zu erreichen ist.

Förderfähig sind Energieberatungen auf Grundlage der DIN V 18599, die dem Standard eines bundesgeförderten KfW-Effizienzgebäudes entsprechen. KMU, Nicht-KMU und freiberuflich Tätige können innerhalb von vier Jahren nur einmal eine geförderte Energieberatung in Anspruch nehmen. Für alle anderen Antragsteller sowie Nicht-KMU können mehrere Beratungen für verschiedene Nichtwohngebäude in Anspruch genommen werden.

Die Entwicklung des Konzepts wird dabei bezuschusst mit bis zu 80 % des förderfähigen Beratungshonorars mit einem Maximum von 8.000 Euro. Die genaue Höhe hängt von der Nettogrundfläche des betreffenden Gebäudes ab.

Contracting-Orientierungsberatung

Gefördert werden Energieberatungen zur Eignungsprüfung und Vorbereitung für die Umsetzung eines Contracting-Modells mit vertraglicher Einspargarantie (Contracting-Orientierungsberatung). Eine Contracting-Orientierungsberatung muss mindestens folgende Bestandteile beinhalten:

- Auswahl, Begehung und (energetische) Erstanalyse eines geeigneten Gebäudes oder mehrerer Gebäude (Gebäudepool)
- Zusammenstellung eines geeigneten Gebäudepools
- Bewertung der Eignung der gewählten Gebäude für Contracting-Modelle mit vertraglicher Einspargarantie sowie der Energiesparpotenziale

- Plausibilisierung bereits vorhandener Energie-Daten oder eigene Erhebung von Daten (Baseline-Erstellung)
- Unterbreitung von qualitativen Vorschlägen für technische, bauliche oder organisatorische Maßnahmen zur Steigerung der Energieeffizienz und zur Verringerung des CO_2-Ausstoßes
- Abschätzung des erwarteten Investitionsvolumens
- Beratung zu Fördermöglichkeiten

Die Orientierungsberatung kann darüber hinaus folgende Bestandteile beinhalten:

- Unterstützung bei der Vorbereitung der Ausschreibungsunterlagen und
- Unterstützung bei der Erarbeitung von Vorlagen für Entscheidungsträger oder -gremien

Die Energiekosten des Gebäudes/des Gebäudepools, das/der Beratungsgegenstand ist, sollen wenigstens 100.000 Euro pro Jahr (netto) betragen. Mehrere Gebäude können innerhalb einer Orientierungsberatung betrachtet und innerhalb eines Antrags zusammengefasst werden, um insbesondere die geforderten Mindestenergiekosten zu erreichen. Im Einzelfall können auch Gebäude mit geringeren Energiekosten zugelassen werden, sofern deren potenzielle Eignung für ein Contracting-Modell mit vertraglicher Einspargarantie durch den Contracting-Berater dargelegt werden kann.

Bei jährlichen Energiekosten von nicht mehr als 300.000 Euro (netto) beträgt die Förderung 80 % des förderfähigen Beratungshonorars, jedoch maximal 7.000 Euro. Übersteigen die jährlichen Energiekosten des betrachteten Gebäudes bzw. Gebäudepools 300.000 Euro (netto), beträgt die Förderung 80 % des förderfähigen Beratungshonorars, jedoch maximal 10.000 Euro.

Art der Förderung

Zuschuss

Kumulation

Eine Kumulation mit anderen gleichartigen öffentlichen Mitteln des Bundes ist nicht möglich, aber eine Kombination mit anderen Förderungen für die Umsetzung der Sanierungsmaßnahmen ist selbstverständlich möglich. Die gesamten Fördermittel dürfen allerdings nicht die Höhe von 90 % der förderfähigen Ausgaben übersteigen.

Hinweise zum Antrag

Die Antragstellung muss von einem von der DENA anerkannten Energieberater erfolgen. Der Antrag kann ausschließlich über ein Online-Portal gestellt werden.

Weitere Informationen unter **BAFA – Bundesförderung für Energieberatung für Nichtwohngebäude, Anlagen und Systeme**

8.2.3 Bundesförderung für effiziente Gebäude – Infoblatt zu den förderfähigen Maßnahmen und Leistungen

Die Bundesförderung für effiziente Gebäude – kurz BEG – fasst frühere Förderprogramme zur Förderung von Energieeffizienz und erneuerbaren Energien im Gebäudebereich zusammen und unterstützt u. a. den Einsatz neuer Heizungsanlagen, die Optimierung bestehender Heizungsanlagen, Maßnahmen an der Gebäudehülle und den Einsatz optimierter Anlagentechnik.

Regionale Gültigkeit: bundesweit

Programmname: Bundesförderung für effiziente Gebäude – Infoblatt zu den förderfähigen Maßnahmen und Leistungen

Status: gültig

Zielgruppen:

- Privatpersonen sowie Einzelunternehmer/-innen
- freiberuflich Tätige
- Körperschaften und Anstalten des öffentlichen Rechts
- gemeinnützige Organisationen
- Unternehmen einschließlich kommunaler Unternehmen
- sonstige juristische Personen des Privatrechts

- Eigentümer, Pächter und Mieter des jeweiligen Grundstücks, Grundstücksteils, Gebäudes oder Gebäudeteils
- Außerdem förderfähig sind alle Gebäude, die überwiegend dem Wohnen dienen, dazu können auch Ferienwohnungen/Ferienhäuser/Wochenendhäuser, Beherbergungsbetriebe/Beherbergungsstätten und Gebäude der Glaubensausübung zählen, sofern sie unter den Anwendungsbereich des GEG fallen.

8.2.3.1 Maßnahmen an der Gebäudehülle

Maßnahmen zur Wärmedämmung

Gefördert werden energetische Maßnahmen zur Wärmedämmung sowie die Erneuerung, der erstmalige Einbau und die energetische Ertüchtigung von Fenstern und Außentüren von beheizten Räumen in Wohn- und Nichtwohngebäuden. Es werden grundsätzlich alle Maßnahmen gefördert, die unmittelbar für die Ausführung und Funktionstüchtigkeit erforderlich sind. Dies umfasst das Material sowie den fachgerechten Einbau durch die jeweiligen Fachunternehmen.

- Zu den ***Arbeiten an Außenwänden*** zählen beispielsweise Dämmung, Dämmung und Ertüchtigung von vorhandenen Rollladenkästen, Ersatz, Erneuerung und Erweiterung von Außenwänden oder auch Austausch von Glasbausteinen.
- ***Arbeiten an Dachflächen*** umfassen u. a. den Ersatz, die Erneuerung und die Erweiterung des Dachstuhls oder von Teilen eines Dachstuhls, die Entfernung schädlichen Materials (u. a. Asbest), der Erhalt und die Neuanlage von Dachbegrünungen sowie Änderungen am Dachüberstand oder andere notwendige Arbeiten an Schornsteinen.

- Die ***Arbeiten an Decken und Wänden gegen unbeheizte Räume sowie Bodenflächen*** dienen der Erneuerung von energetisch relevanten Türen oder wärmedämmenden Bodentreppen, z. B. zum Keller oder Dachboden, sowie von wärmedämmenden Bodenklappen zum unbeheizten Dachboden.
- ***Arbeiten an Fenstern und Außentüren*** enthalten Maßnahmen zur Wärmebrückenreduktion, auch Dämmung von Heizkörpernischen, Sanierung kritischer Wärmebrücken im Raum. Dies betrifft aber auch Maßnahmen zum Schutz vor Wetter- bzw. Klimaextremen (z. B. Sturm-, Hagel- und Schlagregenschutz sowie Bauelemente an Fenstern und Türen zum Schutz bei Überschwemmungen durch Flüsse oder Starkregen).
- ***Sommerlicher Wärmeschutz***: Förderfähig sind nur außen liegende Sonnenschutzvorrichtungen. Darunter zu fassen sind Fensterläden und Rollläden, Jalousien und Raffstore sowie Markisen.

8.2.3.2 Anlagetechnik (außer Heizung)

- **Wohngebäude und Nichtwohngebäude:**

  Einbau, Austausch oder Optimierung raumluft- und klimatechnischer Anlagen inklusive Wärme-/Kälterückgewinnung: Gefördert werden anlagentechnische Maßnahmen zur Verbesserung der Energieeffizienz raumlufttechnischer Anlagen in Wohn- und Nichtwohngebäuden. Es werden grundsätzlich alle Maßnahmen unterstützt, die unmittelbar für die Ausführung und Funktionstüchtigkeit erforderlich sind. Dies umfasst das Material sowie den fachgerechten

Einbau und die Einregulierung durch das jeweilige Fachunternehmen.

- **Wohngebäude:**

  Die ***Erstinstallation/Erneuerung von Lüftungsanlagen*** kann durch den Einbau bedarfsgeregelter zentraler Abluftsysteme erfolgen, um den Luftaustausch zu optimieren. Es können aber auch Komponenten in Lüftungsanlagen ausgetauscht werden.

- **Wohngebäude:**

  Einbau digitaler Systeme zur energetischen Betriebs- und Verbrauchsoptimierung bzw. zur Verbesserung der Netzdienlichkeit der technischen Anlagen des Gebäudes oder des angeschlossenen Gebäudenetzes: Gefördert wird die Umsetzung von Maßnahmen zur Betriebsoptimierung durch elektronische Systeme mit dem Ziel der Verbesserung der Energieeffizienz bzw. der Netzdienlichkeit der technischen Anlagen in einem Gebäude (Heizung, Trinkwarmwasserbereitung, Lüftungs-/Klimatechnik, Beleuchtung etc.).

- **Nichtwohngebäude:**

  Gefördert werden der ***Einbau sowie Ersatz von Mess-, Steuer- und Regelungstechnik***, die der Realisierung eines Gebäudeautomatisierungsgrades dienen.

- **Nichtwohngebäude:**

  Die ***Erstinstallation/Erneuerung von Lüftungsanlagen*** erfolgt durch bedarfsgeregelte Zu- und Abluftsysteme mit Wärme-/Kälterückgewinnung.

- **Nichtwohngebäude:**

  Inbetriebnahme, Einregulierung und Einweisung der Anlagebetreibenden: Förderfähig sind Maßnahmen wie Inspektion, Wartung und Garantieverlängerung bis zum Ablauf des zweiten Kalenderjahres nach Einreichen des Verwendungsnachweises, sofern die Kosten bereits im Voraus beglichen wurden und auch nachgewiesen werden können.

- **Nichtwohngebäude:**

  Kältetechnik zur Raumkühlung: Gefördert werden der Einbau wärmegetriebener Kälteanlagen zur Nutzung von Wärme aus der Kraft-Wärme-Kopplung oder von Prozessabwärme, der Einbau von Kompressionskälteanlagen, der hydraulische Abgleich und die Dämmung ungedämmter oder unzureichend gedämmter Wärme-/Kälteverteilleitungen und Armaturen. Weiterhin förderfähig sind anlagentechnische Maßnahmen zur Verbesserung der Energieeffizienz kältetechnischer Anlagen.

- **Nichtwohngebäude:**

  Energieeffiziente Beleuchtungssysteme: Förderfähig ist ausschließlich der vollständige Leuchtenaustausch und nicht der von Einzelkomponenten.

8.2.3.3 Anlagen zur Wärmeerzeugung (Heizungstechnik)

- ***Anlagen zur Wärmeerzeugung (Heizungstechnik):***

  Gefördert werden Biomasse-Anlagen, Solarkollektoranlagen, der Anschluss solarthermischer Anlagen an das Warmwasser- und/oder Heizsystem, inklusive Solarspeicher, elektrisch betriebene Wärmepumpen-Anlagen, Erneuerbare Energien-Hybridheizungen, der Ausbau von Gas-/Öltanks einschließlich der Entsorgung des alten Tanks und der Wiederherstellung der Außenanlagen bei erdbedeckten Tanks.

- ***Innovative Heizungstechnik auf Basis erneuerbarer Energien:***

  Voraussetzung für die Förderung ist die Aufnahme in eine Positivliste entsprechender Anlagen, und es muss eine schriftliche Bestätigung zur Förderfähigkeit vorliegen.

- ***Inbetriebnahme, Einregulierung und Einweisung der Anlagebetreibenden:***

  Förderfähig sind Maßnahmen wie Inspektion oder Wartungsarbeiten.

- ***Wärmequelle einer Wärmepumpenanlage:***

  Es werden die Erschließungs- und Anschaffungskosten inkl. Installationskosten und Anbindung an die Wärmepumpe finanziert.

- ***Mess-, Steuer- und Regelungstechnik, Gebäudeautomation, Energiemanagementsysteme:***

  Gefördert werden Maßnahmen zur Betriebsoptimierung, Steigerung der Energieeffizienz und Verbesserung der Netzdienlichkeit.

- ***Wärmespeicher:***

  Hierunter fallen Maßnahmen für alle Arten der Warmwasser-Speicherung.

- ***Heiz- und Technikraum:***

  Die Errichtung, Sanierung oder Umgestaltung eines Heiz- bzw. Technikraums wird gefördert, sofern dies für den Betrieb des geförderten Wärmerzeugers erforderlich ist.

- ***Brennstoffaufbewahrung:***

  Finanziell gefördert werden Lagerräume für Biomassepellets und Biomassehackschnitzel, Silos und Speicher für grünen Wasserstoff.

- ***Abgassysteme und Schornsteine:***

  Hierunter fallen Maßnahmen der Erneuerung oder Anpassung bestehender Abgassysteme oder Schornsteine.

- ***Wärmeverteilung und Wärmeübergabe:***

  Förderfähig sind der hydraulische Abgleich des Zentralheizungssystems, Flächenheizungen (Decken-, Fußboden- und Wandheizungen) inklusive Trittschalldämmung und Estrich, Bodenbeläge, Wandverkleidung, Putzarbeiten, Einbau einer hocheffizienten Umwälzpumpe und/oder einer hocheffizienten Zirkulationspumpe, Umbau von Einrohr- in

Zweirohrsysteme, Wärmedämmung von Rohrleitungen.

- ***Warmwasserbereitung:***

  Gefördert werden u. a. die Umstellung von einer dezentralen Warmwasserbereitung auf eine zentrale, heizungsintegrierte Warmwasserbereitung (inkl. notwendiger Sanitärarbeiten wie Austausch der Armaturen, Einsatz wassersparender/energiesparender Maßnahmen, Abwasser-Wärmerückgewinnung) zur Wiederherstellung der Funktionsfähigkeit, Einbau hocheffizienter Warmwasser-Wärmepumpen, Kalkschutz- und Wasserenthärtungsanlagen und sonstige Anlagen und Komponenten zur Aufbereitung von Trinkwasser, hocheffiziente Zirkulationspumpen, elektronisch geregelte Durchlauferhitzer und Wärmemengenzähler.

- ***Demontagearbeiten:***

  Hierzu zählen die Entsorgung eines alten Öl- oder Gastanks und die Wiederherstellung der Außenanlagen bei erdbedeckten Tanks, der Ausbau alter Wärmeerzeuger einschließlich Entsorgung (inkl. Schadstoffe und Sonderabfälle).

- ***Provisorische Heiztechnik bei Heizungsdefekt:***

  Bei einem Heizungsdefekt werden im Zusammenhang mit einer geförderten Anlage zur Wärmeerzeugung bis zu deren Inbetriebnahme und für eine Dauer von maximal einem Jahr die Mietkosten einer provisorischen Übergangsheizung mit gefördert.

8.2.3.4 Heizungsoptimierung

Ein Antrag auf Förderung von Maßnahmen der Heizungsoptimierung kann bei einem Wohngebäude nur für Gebäude mit bis zu fünf Wohneinheiten und bei einem Nichtwohngebäuden nur für ein Gebäude mit höchstens 1.000 m^2 beantragt werden. Das Alter des Wärmeerzeugers muss bei nichtfossiler Brennstoffversorgung mindestens zwei Jahre und bei fossiler Brennstoffversorgung zusätzlich maximal 20 Jahre betragen, damit eine Förderung von Maßnahmen zur Heizungsoptimierung erhalten werden kann. In Verbindung mit dem hydraulischen Abgleich können einzelne niedriginvestive Maßnahmen zusätzlich gefördert werden, wie etwa nachträgliche Wärmedämmung ungedämmter oder unzureichend gedämmter Wärmeverteilleitungen, Austausch von Heizkörpern durch Niedertemperaturheizkörper (Vorlauftemperatur $\leq$ 55 °C), Maßnahmen zur Schalldämmung, Umstellung des Trinkwarmwassersystems, d. h. Integration in die Heizungsanlage, inklusive notwendiger Sanitärarbeiten wie Austausch der Armaturen, elektronisch geregelte Durchlauferhitzer, Smart-Metering-Systeme (ohne Endgeräte und ohne Unterhaltungstechnik) und Wärmemengenzähler.

Nicht förderfähig sind Maßnahmen wie der Einbau bzw. Austausch von Wärmeerzeugern innerhalb der Maßnahme „Heizungsoptimierung".

Genauere Informationen hierzu unter Infoblatt zu den förderfähigen Maßnahmen und Leistungen – Bundesförderung für effiziente Gebäude (BEG) (kfw.de).

8.2.4 Nationale Klimaschutzinitiative – strategische Klimaschutzmaßnahmen

Regionale Gültigkeit: bundesweit

Programmstart: 01.01.2022

Voraussichtliches Programmende: 31.12.2027

Status:

Die Fördermöglichkeiten der Kommunalrichtlinie im Rahmen der Nationalen Klimaschutzinitiative (NKI) des Bundesministeriums für Wirtschaft und Klimaschutz (BMWK) werden im Frühjahr 2024 angepasst.

Zielgruppe:

- Kommunen und kommunale Zusammenschlüsse
- kommunale Betriebe mit mindestens 25 % kommunaler Beteiligung sowie Zweckverbände, an denen Kommunen beteiligt sind
- öffentliche, gemeinnützige oder religionsgemeinschaftliche Einrichtungen der Erziehung, der vorschulischen, schulischen oder hochschulischen Bildung, der Kinder- und Jugendhilfe, des Gesundheitswesens, der Kultur, der Pflege, Betreuung, Unterbringung sowie Hilfe für Menschen – jeweils für diese Einrichtungen
- gemeinnützige Vereine
- Religionsgemeinschaften mit Körperschaftsstatus sowie deren Stiftungen

Beschreibung

Maßnahme und Förderschwerpunkt

Diese Förderung betrifft unterschiedliche Bereiche, weshalb die Höhe der Zuschüsse von der Art der Maßnahme bzw. dem Förderschwerpunkt abhängig ist:

8.2.4.1 Beratung und Managementsysteme

Einstiegs- und Orientierungsberatung für das Handlungsfeld Klimaschutz

Im Rahmen der Kommunalrichtlinie wird die Einstiegs- und Orientierungsberatung im Bereich Klimaschutz gefördert. Diese Beratung, die von externen Dienstleistern durchgeführt wird, beinhaltet Bestandsaufnahmen und Potenzialanalysen zur Identifikation und Planung effektiver Klimaschutzmaßnahmen. Antragsberechtigt sind Kommunen, kommunale Zusammenschlüsse, kommunale Betriebe und verschiedene gemeinnützige Organisationen. Es können bis zu 20 Beratertage in Anspruch genommen werden. Der Zuschuss umfasst 70 % der förderfähigen Gesamtausgaben, wobei finanzschwache Kommunen und Antragstellende aus Braunkohlerevieren bis zu 90 % Förderung erhalten können. Anträge können das ganze Jahr über das Online-Portal easy-Online gestellt werden, wobei bestimmte Unterlagen und Anforderungen gemäß dem Technischen Annex zu beachten sind.

Fokusberatung Klimaschutz

Gefördert wird die Beratung im Bereich Klimaschutz durch externe Dienstleister. Förderfähig sind Sach- und Personalausgaben für maximal 20 Beratungstage. Die

Förderquote beträgt maximal 70 bzw. 90 % für finanzschwache Kommunen. In den Fokusberatungen zum Klimaschutz wird zunächst eine lokale Ansprechperson festgelegt, die für den Beratungsprozess zuständig ist. Es folgt eine detaillierte Bestandsaufnahme der bestehenden Aktivitäten und Potenziale im gewählten Handlungsfeld. Anschließend werden mindestens fünf praktikable Klimaschutzmaßnahmen definiert, von denen mindestens eine innerhalb von 18 Monaten umgesetzt werden soll. Zudem ist die Durchführung eines Workshops mit lokalen Schlüsselakteuren vorgesehen, um die Maßnahmen zu konkretisieren und Zuständigkeiten zu klären.

Energiemanagementsysteme

Erstmalige Einrichtung sowie die Erweiterung eines Energiemanagements

Gefördert werden die erstmalige Einrichtung sowie die Erweiterung eines Energiemanagements. Alle relevanten Handlungsfelder, Prozesse, Verbrauchs- und Erzeugungsstellen werden in einem jährlichen Energiebericht zusammengefasst. Bezuschusst werden (1) Software (bis max. 20.000 Euro), (2) Messtechnik (bis max. 50.000 Euro), (3) die Durchführung von Gebäudebewertungen, (4) die Einstellung von Fachpersonal, (5) Dienstleister, die beim Aufbau und Betrieb des Energiemanagements unterstützen – bis maximal 45 Beratertage für die Einführung eines Energiemanagements und bis maximal 20 Beratertage sofern bereits ein Klimaschutzteilkonzept vorliegt, (6) die Erstzertifizierung des Energiemanagements nach einem anerkannten Zertifizierungssystem sowie (7) Dienstreisen für Weiterqualifizierungen von bis zu 15 Tagen. Die Förderquote beträgt maximal 70 bzw. 90 % für finanzschwache Kommunen. Einzureichen sind eine Vorhabensbeschreibung und der Beschluss über den Aufbau und den beabsichtigten

Betrieb des Energiemanagementsystems durch das oberste Entscheidungsgremium.

Energiesparmodelle

Im Rahmen der „Einführung und Umsetzung von Energiesparmodellen" in Bildungseinrichtungen, insbesondere in Schulen und Kindertageseinrichtungen, werden neben Fachpersonal und begleitender Öffentlichkeitsarbeit auch spezielle Ausgaben gefördert. Dazu gehört die Unterstützung für Öffentlichkeitsarbeit, beispielsweise für Aktionstage, mit bis zu 1.000 Euro pro Einrichtung. Im Starterpaket, das in den ersten 18 Monaten implementiert werden kann, werden Sachausgaben bis zu 5.000 Euro pro Einrichtung bezuschusst. Diese können für pädagogische Arbeit zum Klimaschutz, Ausstattung der Energieteams und geringinvestive Maßnahmen im Gebäudebereich verwendet werden. Zu den geringinvestiven Maßnahmen zählen u. a.:

- Abdichten von Außentüren und Fensterrahmen
- Anbringen von Türschließern an Außentüren
- Installation von voreinstellbaren manuellen sowie programmierbaren Thermostatventilen
- Ersatz von ineffizienten Kleinlüftern (Zu- und Abluft) durch bedarfsgeregelte Neugeräte
- Einsatz von Wassersparaufsätzen und/oder wassersparenden Armaturen bei Warmwasserleitungen
- Einführung bzw. Verbesserung eines Abfalltrennsystems und Maßnahmen zur Vermeidung von Abfall

Der Bewilligungszeitraum des Programms beträgt bis zu vier Jahre, und der Zuschuss liegt bei 70 bzw. 90 % für finanzschwache Kommunen. Anträge können das ganze Jahr über eingereicht werden.

8.2.4.2 Kommunale Netzwerke und Machbarkeit

Kommunale Netzwerke

Aufbau und Betrieb kommunaler Netzwerke

Gefördert werden Aufbau und Betrieb kommunaler Netzwerke zum Klimaschutz, zur Energieeffizienz, zur Ressourceneffizienz oder zur klimafreundlichen Mobilität. Ein Netzwerk muss dabei aus mindestens sechs Personen bestehen. Es gibt eine Förderung der Gewinnungsphase und eine Förderung der Netzwerkphase, wobei die Förderung der Netzwerkphase unabhängig von der Gewinnungsphase erfolgt.

In der Netzwerkphase werden Aufbau, Betrieb und die Begleitung eines Klimaschutz-Netzwerks durch fachkundige Netzwerkmanager gefördert. Die Förderung umfasst 60 % (80 % für finanzschwache Kommunen und Braunkohleregionen) der förderfähigen Gesamtausgaben, mit einem Maximalzuschuss von 40.000 Euro pro Netzwerkteilnehmer. Dazu gehören Ausgaben für Netzwerkmanager/-innen, Beratung, Moderation, Honorare für Referierende und Sachausgaben.

Machbarkeitsstudien

Die Förderung umfasst die Erstellung von Machbarkeitsstudien für Projekte in Bereichen wie Siedlungsabfalldeponien, Abwasser- und Trinkwasserversorgungsanlagen. Die Studien beinhalten Bestandsaufnahmen, Potenzialanalysen, Vorplanungsphasen und Entwurfs- sowie Genehmigungsplanungen. Die Förderung ist in verschiedene Leistungsphasen gegliedert: die Leistungsphasen 1 und 2 umfassen die grundlegende Analyse und Konzeption, während die Leistungsphasen 3 und ggf. 4 die detailliertere Planung und Vorbereitung der Umsetzung einschließen. Antragsberechtigt sind Kommunen, kommunale Betriebe und weitere Einrichtungen. Die Förderquote beträgt 50 bzw. 70 % für finanzschwache Kommunen und Braunkohleregionen.

Einrichtung einer Klimaschutzkoordination

Die Förderung unterstützt die Einrichtung einer Klimaschutzkoordination in Organisationen, um untergeordnete Einheiten im Klimaschutz zu beraten und zu unterstützen. Gefördert werden Ausgaben für Fachpersonal, Erstellung von Energie- und CO_2-Bilanzen, Öffentlichkeitsarbeit und Prozessunterstützung. Antragsberechtigt sind übergeordnete Organisationen wie Landkreise oder Wohlfahrtsverbände. Der Zuschuss beträgt 70 % der förderfähigen Gesamtausgaben, erhöht auf 90 % für finanzschwache Kommunen und Braunkohleregionen. Anträge erfordern eine Vorhabenbeschreibung, einen easy-Online-Antrag und Teilnahmeerklärungen von mindestens 25 % der untergeordneten Einheiten.

Klimaschutzkonzepte und Klimaschutzmanagement

Das Förderprogramm unterstützt vielfältige Klimaschutzinitiativen in Kommunen und Organisationen.

Integrierten Klimaschutzkonzepte

Bei der Erstellung von integrierten Klimaschutzkonzepten werden Fachpersonal und externe Dienstleistungen inklusive Akteursbeteiligung und Öffentlichkeitsarbeit gefördert. Die Förderquote beträgt 70 %, für finanzschwache Kommunen und Braunkohleregionen 90 %. Das Anschlussvorhaben zur Fortführung dieser Konzepte bietet Unterstützung für Fachpersonal und externe Dienstleistungen mit einer Förderquote von 40 %, die für finanzschwache Kommunen und Braunkohleregionen auf 60 % erhöht wird. Zudem werden bis zu drei vorbildhafte Maßnahmen aus Klimaschutzkonzepten gefördert mit einer Quote von 50 % und einer Erhöhung auf 70 % für finanzschwache Kommunen und Braunkohleregionen.

Erstellung eines integrierten Vorreiterkonzepts

Die Erstellung eines integrierten Vorreiterkonzepts für den Klimaschutz wird gefördert, um bestehende Klimaschutzstrategien zu aktualisieren und ambitionierter zu gestalten. Gefördert werden Ausgaben für externe Dienstleister zur Konzepterstellung und Öffentlichkeitsarbeit. Antragsberechtigt sind Kommunen, kommunale Zusammenschlüsse und Betriebe. Der Zuschuss beträgt 50 % der förderfähigen Ausgaben, erhöht auf 70 % für finanzschwache Kommunen und Braunkohleregionen. Voraussetzung für die Antragstellung ist ein bestehendes Klimaschutzkonzept, das vor dem 31.12.2016 fertiggestellt wurde. Anträge können bis zum 31.12.2024 gestellt werden.

Fokuskonzepte und Umsetzungsmanagement

Gefördert wird die Erstellung von Fokuskonzepten durch fachkundige, externe Dienstleister für bestimmte Handlungsfelder. Förderfähig ist außerdem ein Klimaschutzmanagement für die Umsetzung von Maßnahmen aus einem Fokuskonzept, einem Klimaschutzteilkonzept oder einem integrierten Klimaschutzkonzept. Der Förderschwerpunkt gliedert sich wie folgt:

- Die Förderung unterstützt die Erstellung von Fokuskonzepten im Bereich Klimaschutz für die Sektoren Mobilität und Abfallwirtschaft. Diese Konzepte analysieren technische und wirtschaftliche Potenziale zur Minderung von Treibhausgasen und legen kurz-, mittel- und langfristige Ziele fest. Gefördert werden Ausgaben für externe Dienstleister, Akteursbeteiligung und Öffentlichkeitsarbeit. Antragsberechtigt sind Kommunen und kommunale Zusammenschlüsse. Die Förderquote beträgt 60 % der förderfähigen Ausgaben, erhöht sich auf 80 % für finanzschwache Kommunen und Braunkohleregionen.
- Die Förderung unterstützt den Einsatz eines Klimaschutzmanagements zur Umsetzung von Fokuskonzepten, insbesondere in den Sektoren Mobilität und Abfallwirtschaft. Gefördert werden zusätzliches Fachpersonal, externe Dienstleistungen für Prozessunterstützung, Akteursbeteiligung und Öffentlichkeitsarbeit. Antragsberechtigt sind Kommunen und kommunale Zusammenschlüsse. Der Zuschuss beträgt 40 % der förderfähigen Ausgaben, erhöht sich auf 60 % für finanzschwache Kommunen und Braunkohleregionen. Anträge erfordern eine Vorhabenbeschreibung und einen easy-Online-Antrag. Die Ausschreibung der Personalstelle muss in Abstimmung mit der Projektträgerin erfolgen.
- Die Förderung unterstützt das Umsetzungsmanagement zur Fortführung integrierter Klimaschutzkonzepte. Gefördert werden Fachpersonal und externe Dienstleistungen für Prozessunterstützung, Akteursbeteiligung und Öffentlichkeitsarbeit. Antrags-

berechtigt sind Kommunen und Organisationen, die bereits ein Erstvorhaben Klimaschutzmanagement im Rahmen der Übergangsregelung der vorherigen Kommunalrichtlinie umsetzen. Der Zuschuss beträgt 40 % der förderfähigen Ausgaben, erhöht sich auf 60 % für finanzschwache Kommunen und Braunkohleregionen.

8.2.5 Nationale Klimaschutzinitiative – investive Klimaschutzmaßnahmen

8.2.5.1 Hocheffiziente Innen- und Hallenbeleuchtung

Zielgruppen

- Kommunen und kommunale Zusammenschlüsse
- kommunale Betriebe mit mindestens 25 % kommunaler Beteiligung sowie Zweckverbände mit kommunaler Beteiligung
- Bildungsträger und Einrichtungen der Kinder- und Jugendhilfe
- öffentliche, gemeinnützige und religionsgemeinschaftliche Hochschulen
- öffentliche, religionsgemeinschaftliche oder gemeinnützige Kultur-, Gesundheits- und Sozialeinrichtungen
- gemeinnützige (Sport-)Vereine
- Religionsgemeinschaften mit Körperschaftsstatus und ihre Stiftungen

Beschreibung

Gefördert werden vom Bundeswirtschaftsministerium im Rahmen der Nationalen Klimaschutzinitiative folgende Anlagenkomponenten:

- komplettes Leuchtensystem bestehend aus Leuchte, Leuchtmittel, Reflektor/Optik und Abdeckung

- Steuer- und Regelungstechnik und
- erforderliches Installationsmaterial

Lichtplanung durch qualifizierte Fachplaner

Es wird eine Lichtplanung auf Grundlage der DIN EN 12464-1:2021 durch qualifizierte Fachplaner durchgeführt. Für die zu installierenden Anlagenkomponenten wird eine Treibhausgaseinsparung von mindestens 50 % nachgewiesen. Für die Reduktion von Lichtemissionen nach außen sind Hallenrandbereiche, durch die das Licht (z. B. durch Fenster) nach außen abstrahlt, von der Beleuchtung weitgehend auszusparen. Die Systemlichtausbeute (Bemessungslichtausbeute) des eingebauten Beleuchtungssystems beträgt mindestens 100 lm/W. Der Lichtstromerhalt der eingesetzten Leuchten erreicht mindestens $\geq$ 80 % (L80) bei 50.000 Betriebsstunden. Die Farbwiedergabe der Beleuchtungssysteme beträgt mindestens 80 Ra. Die Regelung des Beleuchtungssystems für Nicht-Wohngebäude entspricht mindestens der Referenzausführung nach GEG Anlage 2 für die entsprechende Nutzungszone.

Achtung: Nicht zuwendungsfähig für die Förderung sind beispielsweise Umrüstsätze sowie der ausschließliche Ersatz von Leuchtmitteln sowie Brandschutzanlagen

Art der Förderung

- Der Zuschuss beträgt 25 % der förderfähigen Gesamtausgaben. Finanzschwache Kommunen und Antragstellende aus Braunkohlegebieten können 40 % der förderfähigen Gesamtausgaben als Zuschuss erhalten.

- Um die Mindestförderhöhe zu erreichen, können mehrere Maßnahmen in einem Antrag gemeinsam beantragt werden. Auch ein Zusammenschluss von mehreren Antragstellern ist möglich.

8.2.5.2 Maßnahmen zur Förderung klimafreundlicher Mobilität

Errichtung von Mobilitätsstationen

Gefördert wird die Errichtung neuer und die Erweiterung bestehender verkehrsmittelübergreifender Mobilitätsstationen. Der Bewilligungszeitraum beträgt i. d. R. 24 Monate.

Bewilligungszeitraum beträgt i. d. R. 24 Monate

Wegweisung und Signalisierung für den Radverkehr

Gefördert werden die Wegweisung und Signalisierung für den Radverkehr. Förderfähige Maßnahmen sind:

- Wegweisung: Einrichtung von Wegweisungssystemen zur verbesserten Orientierung und Routenwahl; für die Aufstellung der Wegweiser muss die Zustimmung der Wegeeigentümer bzw. Straßenbaulastträger vorliegen.
- Signalisierung: technische Maßnahmen zur Einführung von „grünen Wellen" für den Rad- und Fußverkehr an Ampeln in Form von Sensorik zur Erkennung und Erfassung des Radverkehrs, Systemen zur lokalen Vernetzung und Steuerung von Ampeln sowie technische Lösungen zur Erfassung und Kommunikation des Ampelphasen-Status an Radfahrende z. B. in Form von Geschwindigkeits- oder Routenempfeh-

lungen. Der Bewilligungszeitraum beträgt i. d. R. 24 Monate.

Der Zuschuss beträgt 50% der förderfähigen Gesamtausgaben. Finanzschwache Kommunen und Antragstellende aus Braunkohlegebieten können 65% der förderfähigen Gesamtausgaben als Zuschuss erhalten.

Verbesserung des ruhenden Radverkehrs und von dessen Infrastruktur

Gefördert wird die Verbesserung der Mobilitätsinfrastruktur für den ruhenden Radverkehr. Förderfähige Maßnahmen sind die Errichtung von Radabstellanlagen sowie Fahrradparkhäusern (einschl. ihrer Ausstattung). Der Bewilligungszeitraum beträgt i. d. R. 24 Monate.

Der Zuschuss beträgt 50% der förderfähigen Gesamtausgaben. Finanzschwache Kommunen und Antragstellende aus Braunkohlegebieten können 65% der förderfähigen Gesamtausgaben als Zuschuss erhalten.

Errichtung von Radabstellanlagen (insb. im Rahmen der Bike + Ride-Offensive)

Gefördert wird die Errichtung von Radabstellanlagen innerhalb eines Radius von 100 m von einem Bahnhof oder einem Haltepunkt einer Bahnanlage.

Der Zuschuss beträgt 70% der förderfähigen Gesamtausgaben. Finanzschwache Kommunen und Antragstellende aus Braunkohlegebieten können 85% der förderfähigen Gesamtausgaben als Zuschuss erhalten.

Verbesserung des fließenden Radverkehrs und von dessen Infrastruktur

Gefördert wird die Mobilitätsinfrastruktur zur Verbesserung des fließenden Radverkehrs. Folgende Maßnahmen werden als förderfähig angesehen:

- Errichtung von Radfahrstreifen, Schutzstreifen, Radwegen, Geh- und Radwegen, Fahrradstraßen, Fahrradschnellwegen und Fahrradzonen
- Umgestaltung bestehender Radinfrastruktur in Form von Wegeverbreiterungen, Änderungen der Streckenführung oder anderen baulichen Verbesserungen, die über die reine Instandhaltung bzw. Sanierung der bestehenden Radinfrastruktur hinausgehen
- Umgestaltung von Knotenpunkten zur Erhöhung der Sicherheit und des Verkehrsflusses des Radverkehrs
- Errichtung hocheffizienter und regelbarer Beleuchtungsanlagen zur verbesserten Beleuchtung von Radwegen

Auch hier berträgt wie bei der Verbesserung des ruhenden Radverkehrs der Zuschuss 50% der förderfähigen Gesamtausgaben. Finanzschwache Kommunen und Antragstellende aus Braunkohlegebieten können 65% der förderfähigen Gesamtausgaben als Zuschuss erhalten.

Kumulation

Eine Kumulation mit anderen Förderkrediten, Zuschüssen oder Drittmitteln ist möglich, wenn keine beihilferechtlichen Vorgaben vorhanden sind und Eigenmittel in Höhe von mindestens 15 % des Gesamtvolumens der zuwendungsfähigen Ausgaben erbracht werden. Eine Kumulation mit anderen Förderprogrammen des Bundes ist ausgeschlossen.

Hinweise zum Antrag

Anträge können für alle Förderschwerpunkte ganzjährig und auch von einem externen Dienstleister eingereicht werden. Ein Antrag besteht immer aus einem elektronischen Antragsformular und einer Vorhabenbeschreibung oder einem Berechnungsformular. Vorlagen gibt es auf der Webseite, zugeordnet zu den entsprechenden Förderschwerpunkten. Nach Absenden der elektronischen Unterlagen müssen die Antragsunterlagen in ausgedruckter und unterschriebener Form per Post eingereicht werden. Weitere Informationen unter Richtlinie zur Förderung von Klimaschutzprojekten im kommunalen Umfeld „Kommunalrichtlinie" (KRL).

Adresse
Zukunft-Umwelt-Gesellschaft (ZUG) gGmbH
Stresemannstraße 69–71 | 10963 Berlin
Beratungstelefon: 030-72618 0000
www.z-u-g.org

8.2.6 Visualisierung des Ertrags aus erneuerbaren Energien

Regionale Gültigkeit: Bund

Programmname: Maßnahmen zur Visualisierung des Ertrags Erneuerbarer Energien

Status: gültig

Zielgruppen:

- öffentliche Einrichtungen der Kommunen oder gemeinnützige Träger
- Beruf- oder Technikerschulen
- Berufsbildungszentren
- überbetriebliche Ausbildungsstätte bei den Kammern
- allgemeinbildende Schulen
- Fachhochschulen und Universitäten
- Kirchen

Beschreibung

Gefördert werden Visualisierungsmaßnahmen

Gefördert werden seit dem 01.01.2021 von der BAFA alle Visualisierungsmaßnahmen des Ertrags aus Erneuerbaren Energien, also beispielsweise Anzeigetafeln zur Nutzung erneuerbarer Energien. Dabei werden maximal 1.200 Euro je Anlage zur Verfügung gestellt. Folgende Anlagen fallen unter Nutzung erneuerbarer Energien:

- Biogasanlagen
- Biomasseanlagen
- Photovoltaikanlagen
- Solarthermieanlagen
- Wärmepumpenanlagen
- Wasserkraftanlagen
- Windkraftanlagen

Art der Förderung
Zuschuss

Hinweise zum Antrag
Der Antrag muss vor der Umsetzung gestellt werden, und ein Verwendungsnachweis eingereicht werden, um die Auszahlung des Zuschusses zu veranlassen.

Adressen
Bundesamt für Wirtschaft und Ausfuhrkontrolle (BAFA)
Frankfurter Straße 29–35 | 65760 Eschborn
Tel. 06196-908-1625
Fax: 06196-908-1800
poststelle@bafa.bund.de
www.bafa.de

8.3 Klimaanpassung und ihre jeweiligen Maßnahmen in den 16 Bundesländern

> **!** Der Text in den folgenden Kapiteln beruht auf Quellen, die im Text als Verlinkung angegeben sind. Kunden der Premium- und Online-Ausgabe können somit direkt auf die verlinkten Stellen zugreifen.

8.3.1 Baden-Württemberg

Gesetzliche Anforderungen

KlimaG BW

Baden-Württemberg verfügt mit dem Klimaschutz- und Klimawandelanpassungsgesetz Baden-Württemberg (KlimaG BW) über eine verbindliche gesetzliche Grundlage zur Klimaanpassung. Das Gesetz in seiner Fassung vom 1. Februar 2023 wurde ursprünglich als Klimaschutzgesetz im Jahr 2013 eingeführt und im Jahr 2023 grundlegend überarbeitet, um die Anpassung an den Klimawandel gleichrangig neben dem Klimaschutz zu verankern. In § 1 benennt das Gesetz ausdrücklich die vorsorgende Anpassung an die Folgen des Klimawandels als eines seiner Hauptziele. § 7a verpflichtet das Umweltministerium zur Entwicklung und regelmäßigen Fortschreibung einer landeseigenen Anpassungsstrategie. § 7c fordert die Einbindung der Kommunen in Planungsprozesse, während die §§ 9a bis 9c die institutionellen Strukturen für Monitoring, Berichterstattung und wissenschaftliche Begleitung durch einen Klima-Sachverständigenrat regeln.

Die aktuelle Anpassungsstrategie wurde im Jahr 2023 veröffentlicht und bildet den strategischen Rahmen für die Klimaanpassung in Baden-Württemberg. Sie umfasst elf zentrale Handlungsfelder wie Wasserwirtschaft, Forst, Landwirtschaft, Gesundheit, Städtebau, Tourismus, Energie und Biodiversität. Aufbauend auf aktuellen Vulnerabilitätsbewertungen wurden über 100 konkrete Maßnahmensteckbriefe entwickelt. Für die Umsetzung sind die jeweils fachlich zuständigen Ressorts verantwortlich, koordiniert durch das Ministerium für Umwelt, Klima und Energiewirtschaft. Die Landesanstalt

LUBW

für Umwelt Baden-Württemberg (LUBW) unterstützt diesen Prozess durch die Erhebung von Daten, die Durchführung von Analysen und die fachliche Begleitung.

Monitoring-System

Zur kontinuierlichen Steuerung der Anpassungsprozesse ist ein Monitoring-System im Gesetz verankert. Ein gemeinsam mit den Ministerien entwickeltes Indikatorenset dient der Bewertung des Fortschritts und wird regelmäßig aktualisiert. Bisherige Monitoringberichte wurden in den Jahren 2016, 2020 und 2025[1] veröffentlicht , der nächste Bericht ist 2030 Vorgesehen. Seit 2021 übernimmt der Klima-Sachverständigenrat die fachliche Stellungnahme zum Monitoringbericht, um die Qualität und Wirksamkeit der Anpassungspolitik wissenschaftlich zu prüfen.

1 Ministerium für Umwelt, Klima und Energiewirtschaft/Landesanstalt für Umweltschutz Baden-Württemberg (2025): Monitoringbericht 2025 zur Anpassungsstrategie an den Klimawandel in Baden-Würrtemberg https://pudi.lubw.de/detailseite/-/publication/10774">Monitoringbericht 2025 zur Anpassungsstrategie an den Klimawandel in Baden-Württemberg</a> (Zugriff am 07.10.2025)

Länderspezifische Anpassungsmaßnahmen

Kompetenzzentrum Klimawandel

Ein zentrales Element der institutionellen Infrastruktur ist das Kompetenzzentrum Klimawandel bei der Landesanstalt für Umwelt Baden-Württemberg. Es fungiert als zentrale Anlaufstelle für Kommunen, Fachverwaltungen und weitere Akteure. Neben Informationen und Beratungsangeboten stellt es über den Klimaatlas BW auch praktische Hilfsmittel, kommunale FAQs und Beispiele guter Praxis bereit. Darüber hinaus fördert es die interdisziplinäre Vernetzung zwischen staatlichen, kommunalen, wissenschaftlichen und zivilgesellschaftlichen Akteuren.

Der Maßnahmenkatalog der Anpassungsstrategie enthält über 100 Einträge, die auf die verschiedenen Klimarisiken und Handlungsfelder zugeschnitten sind. Eine begleitende Sammlung von Best-Practice-Beispielen ist derzeit in Arbeit und soll künftig über den Klimaatlas BW veröffentlicht werden. Ergänzend liefern die bisherigen Monitoringberichte aus den Jahren 2016 und 2020 vertiefende Einblicke in den Stand der Umsetzung. § 9a des KlimaG BW verpflichtet das Land darüber hinaus zu einem kontinuierlichen Monitoring sowie zur laufenden Weiterentwicklung der Anpassungsstrategie. Die Landesanstalt für Umwelt Baden-Württemberg führt in diesem Zusammenhang regelmäßig Umfragen unter den Kommunen durch. Abgefragt werden unter anderem der Stand kommunaler Anpassung, bestehende Strategien und Konzepte wie etwa Hitzeaktionspläne sowie der Fortschritt bei der Umsetzung geplanter Maßnahmen. Die Ergebnisse fließen in die landesweite Berichterstattung ein und unterstützen die politische Steuerung.

Umfragen unter den Kommunen

Auch auf der kommunalen Ebene bestehen strukturierte Maßnahmen. Der Städtetag Baden-Württemberg koordiniert eine Arbeitsgemeinschaft „Klimawandel und Klimafolgenanpassung“, in der sich Städte und Gemeinden über lokale Herausforderungen und Strategien austauschen. Ende 2023 führte das Kompetenzzentrum Klimawandel der Landesanstalt für Umwelt Baden-Württemberg eine umfassende Erhebung durch, die sowohl auf freiwilligen Umfragen als auch auf einer Internetrecherche basierte. Dabei beteiligten sich 17 der 35 Landkreise, einer von neun Stadtkreisen sowie 198 von insgesamt 1.101 Städten und Gemeinden. Zusätzlich wurden die Internetauftritte der 95 großen Kreisstädte sowie der 44 Stadt- und Landkreise ausgewertet. Die Auswertung ergab, dass in acht Landkreisen und 29 Städten oder Gemeinden bereits Klimaanpassungskonzepte vorliegen. In weiteren zehn Landkreisen sowie in 54 Kommunen befinden sich solche Konzepte derzeit in der Entwicklung. Die Öffentlichkeit wird im Rahmen der Fortschreibung der Landesstrategie über das Beteiligungsportal eingebunden. Zudem erfolgt eine formelle Anhörung der relevanten Verbände. Der Umsetzungsstand der Maßnahmen wird auf Landesebene regelmäßig durch die Monitoringberichte zur Anpassungsstrategie überprüft. Der letzte veröffentlichte Bericht stammt von 2025.

Under2Coalition

Baden-Württemberg ist darüber hinaus in internationale Klimaanpassungsprozesse eingebunden. Das Land ist Mitglied der Under2Coalition und beteiligt sich über das Netzwerk „Regions4“ am globalen Erfahrungsaustausch zur Klimaanpassung auf subnationaler Ebene. Dadurch bringt sich Baden-Württemberg aktiv in internationale Partnerschaften ein und profitiert zugleich vom Wissenstransfer über Länder- und Kontinentsgrenzen hinweg.

8.3.2 Bayern

Gesetzliche Anforderungen

BayKLAS

Die Bayerische Klimaanpassungsstrategie (BayKLAS) verfolgt das Ziel, die Anpassungsfähigkeit des Landes gegenüber den Folgen des Klimawandels nachhaltig zu stärken. Sie soll die Anfälligkeit Bayerns für klimabedingte Risiken möglichst verringern und die Klimaanpassung dauerhaft, planungssicher und fachübergreifend in allen relevanten Politikfeldern verankern. Die Strategie benennt zentrale Herausforderungen in den Bereichen Wirtschaft, Gesellschaft, Infrastruktur und Umwelt und leitet daraus bestehende und potenzielle Maßnahmen zur Anpassung ab. Diese Maßnahmen werden hinsichtlich ihrer Wirksamkeit, Dringlichkeit, Verantwortlichkeit, Umsetzungsgrundlage und intersektoralen Relevanz bewertet. Ein besonderer Schwerpunkt liegt auf der gezielten Unterstützung der Kommunen zur Stärkung ihrer Klimaresilienz.

Stärkung der Klimaresilienz der Kommunen

Bereits 2009 wurde die erste BayKLAS als eine der frühesten Anpassungsstrategien auf Länderebene in Deutschland veröffentlicht. Die erste Fortschreibung erfolgte 2016. Eine weitere Aktualisierung ist derzeit in Arbeit, wie es Artikel 5 des Bayerischen Klimaschutzgesetzes (BayKlimaG) vorsieht. Diese Fortschreibung soll erstmals, sofern möglich, auch Zwischenstände und Indikatoren zur Bewertung des Umsetzungsstandes enthalten und damit einen Beitrag zur Erfüllung der Anforderungen des Bundes-Klimaanpassungsgesetzes (KAnG) leisten.

Im Zuge der Strategieumsetzung wurde ein Indikatorensystem zur Bewertung klimabedingter Veränderungen und Anpassungsfortschritte eingeführt. Es basiert auf der Machbarkeitsstudie „Indikatoren zu Klimafolgen und Klimaanpassung in Bayern". Das daraus abgeleitete System umfasst 27 Indikatoren, die im ersten Monitoringbericht zu Klimawandelfolgen und Klimaanpassung in Bayern veröffentlicht wurden. Der Bericht dokumentiert, wie sich die Umwelt durch den Klimawandel verändert, und welche Anpassungsmaßnahmen bereits in die Praxis umgesetzt wurden.

Kein eigenständiges Klimaanpassungsgesetz

Das Bayerische Klimaschutzgesetz (BayKlimaG), das am 1. Januar 2021 in Kraft trat und zum 1. Januar 2023 novelliert wurde, bildet die rechtliche Grundlage für die Weiterentwicklung der BayKLAS. Zwar verfügt Bayern bislang über kein eigenständiges Klimaanpassungsgesetz, doch mit der Verpflichtung zur regelmäßigen Fortschreibung der Strategie erfüllt der Freistaat die zentralen Anforderungen aus § 10 des Bundes-KAnG. Wie Bayern die bundesrechtlich vorgesehene Verpflichtung zur Erstellung kommunaler Klimaanpassungskonzepte künftig konkret ausgestalten wird, ist aktuell noch offen. Einige bayerische Städte – etwa Würzburg, München oder Augsburg – verfügen jedoch bereits über eigene Konzepte, die als Vorbilder für andere Kommunen dienen können.

Länderspezifische Anpassungsmaßnahmen

Bayerische Klima-Allianz

Im Bereich der lokalen Maßnahmen ist insbesondere die Bayerische Klima-Allianz hervorzuheben. Sie wurde bereits 2004 als gemeinsame Initiative der Bayerischen Staatsregierung und des BUND Naturschutz in Bayern e. V. ins Leben gerufen. Die Klima-Allianz vereint gesellschaftlich relevante Akteure aus den Bereichen Umwelt, Kommunen, Kirche, Bildung, Jugend, Wirtschaft und Wissenschaft. Ziel ist es, gemeinsam Verantwortung für Klimaschutz und Klimaanpassung zu übernehmen und durch konkrete Maßnahmen sowie Informationsarbeit zur Umsetzung beizutragen. Die Allianzpartner verstehen sich als Multiplikatoren und handeln auf Grundlage gemeinsamer Werte. Sie engagieren sich unter anderem für die Reduktion von CO_2-Emissionen, für Energieeinsparung und -effizienz, für den Ausbau erneuerbarer Energien sowie für eine umfassende Umweltbildung. Regelmäßig werden Projekte initiiert, die Bewusstsein für nachhaltiges Verhalten schaffen und den Umgang mit natürlichen Ressourcen im Sinne der Klimaanpassung fördern.

Umweltforschungsstation Schneefernerhaus

Ein besonders sichtbares Beispiel für die Zusammenarbeit zwischen Wissenschaft, Staat und Gesellschaft ist die Umweltforschungsstation Schneefernerhaus (UFS) auf der Zugspitze. Sie ist die höchstgelegene Umweltforschungsstation Deutschlands und liegt auf 2650 Metern Höhe an der Südseite der Zugspitze. Neun renommierte Forschungseinrichtungen betreiben dort permanente Studien unter anderem zum regionalen Klima, zur Atmosphäre, zur Luftqualität und zur Klimafolgenbeobachtung. Der Freistaat Bayern ist als Konsortialpartner am Betrieb der Station beteiligt und unterstützt sie als Teil seiner wissenschaftsbasierten Klimapolitik.

Under2Coalition

International engagiert sich Bayern aktiv für die Umsetzung der Ziele des Pariser Klimaschutzabkommens. Als Hightech-Region bekennt sich Bayern zu den globalen Klimazielen und sieht sich in einer Vorbildrolle bei der praktischen Umsetzung. Der Freistaat ist Mitglied der Under2Coalition – einem globalen Netzwerk subnationaler Akteure wie Bundesstaaten, Regionen und Städten. Ziel der Under2Coalition ist die Reduktion der Treibhausgasemissionen um 45 Prozent bis 2030 gegenüber dem Niveau von 2010 sowie das Erreichen der Klimaneutralität bis zum Jahr 2050. Die Initiative zählt mehr als 270 Unterzeichner weltweit und repräsentiert rund 1,8 Milliarden Menschen sowie etwa die Hälfte der globalen Wirtschaftsleistung.

Darüber hinaus ist Bayern auch Teil des Virtuellen Alpenobservatoriums (VAO), das von der Umweltforschungsstation Schneefernerhaus initiiert wurde und von der Alpenkonvention unterstützt wird. Das VAO ist ein Verbund mehrerer Höhen- und Klimaforschungsstationen im Alpenraum. Ziel ist es, die besonderen klimatischen Bedingungen und Herausforderungen dieser Region wissenschaftlich zu analysieren. Der Alpenraum gilt als besonders sensibles Ökosystem mit etwa 14 Millionen Einwohnern und stark variierenden klimatischen Einflüssen – atlantisch, mediterran und kontinental. Seit 2012 arbeiten Forschungseinrichtungen im Rahmen des VAO an Themen wie Luftqualität, Gletscherveränderung, Extremwetterereignissen und alpenspezifischen Klimafolgen. Die Bayerische Staatsregierung unterstützt das Observatorium gezielt durch die Finanzierung entsprechender Forschungsprojekte.

8.3.3 Berlin

Gesetzliche Anforderungen

Das Berliner Klimaschutz- und Energiewendegesetz (EWG Bln), das 2016 als Berliner Energiewendegesetz verabschiedet und 2021 novelliert wurde, verankert erstmals auch die Anpassung an die Folgen des Klimawandels als verbindliche Aufgabe von Politik und Verwaltung. Bereits 2016 wurde mit der Konzeptstudie „Anpassung an die Folgen des Klimawandels in Berlin" (AFOK) eine umfassende Vulnerabilitätsanalyse erstellt. Darauf aufbauend wurden für neun identifizierte Handlungsfelder konkrete Empfehlungen für Anpassungsmaßnahmen formuliert. Die kurzfristig und mittelfristig umsetzbaren Maßnahmen wurden in das Berliner Energie- und Klimaschutzprogramm (BEK) 2030 überführt, das 2018 vom Abgeordnetenhaus für den ersten Umsetzungszeitraum bis 2021 beschlossen wurde.

EWG Bln

Im Sommer 2021 begann die Fortschreibung des Klimaanpassungsteils des BEK 2030 für den Umsetzungszeitraum 2022-2026. Unter breiter Beteiligung von Hauptverwaltungen, nachgeordneten Behörden, Bezirksverwaltungen sowie Vertretern aus Wissenschaft und Stadtgesellschaft wurde die bisherige Umsetzung evaluiert und im Kontext aktueller Klimarisiken wurden rund 50 neue Maßnahmen für zehn Handlungsfelder entwickelt.

Mit dem Ende 2022 vom Senat beschlossenen Stadtentwicklungsplan (StEP) Klima 2.0 liegt ein gesamtstädtisch integriertes Konzept vor, das Klimaschutz und Klimaanpassung gleichermaßen berücksichtigt. Der StEP Klima 2.0 ist nach § 1 Abs. 6 Nr. 11 BauGB bei der

Aufstellung von Bauleitplänen verbindlich zu berücksichtigen und bildet eine zentrale Grundlage für eine klimaresiliente und klimaneutrale Stadtentwicklung. Er umfasst fünf Handlungsfelder:

1. Unterstützung der „Stadt der kurzen Wege“
2. Blau-grüne Anpassung von Bestands- und Neubauten
3. Klimaoptimierung von Grün- und Freiräumen zur Kühlung
4. Erschließung von Synergien zwischen Stadt und Wasser
5. Vorsorge gegen Starkregen und Hochwasser

Darüber hinaus werden spezifische Handlungsräume für hitzesensible, starkregenangepasste und klimaschutzorientierte Stadtentwicklung identifiziert. Ergänzend zeigt der StEP Klima 2.0 anhand von Stadtstrukturtypen mögliche Maßnahmen auf. Das vollständige Dokument und die räumlichen Handlungsansätze sind im Geoportal des Landes Berlin abrufbar.

Länderspezifische Anpassungsmaßnahmen

Planungshinweise Stadtklima

Die Planungshinweise Stadtklima bilden eine zentrale Entscheidungsgrundlage, um stadtklimatische Belange in unterschiedlichen Planungsprozessen – etwa in der Bauleitplanung, der Stadtentwicklungsplanung oder bei Wettbewerben – systematisch zu berücksichtigen. Sie basieren auf der Modellierung eines durchschnittlichen Sommertages und bewerten den stadtklimatischen Ist-Zustand im Land Berlin. Die Bewertung umfasst die räumliche Darstellung klimatisch belasteter Stadträume sowie von Ausgleichsräumen mitsamt ihrer Einwirkbereiche. Dabei erfolgen eine Gesamtbewertung sowie eine differenzierte Analyse der Tag- und Nachtsituation. Ergänzend werden besonders belastete und vulnerable Stadtgebiete – beispielsweise mit hoher Sensibilität für Kinder oder ältere Menschen – ausgewiesen und auf Grundlage der jeweiligen Stadtstruktur erste Anpassungsmaßnahmen empfohlen. Die fünf Klimabewertungskarten sind im Geoportal des Landes Berlin unter dem Titel „Klimabewertungskarten 2022“ abrufbar.

Zur Einschätzung künftiger Entwicklungen werden räumlich differenziert die Veränderungen ausgewählter klimatologischer Kenntage – Sommertage, heiße Tage und Tropennächte – betrachtet. Die Datengrundlagen sind im Geoportal unter „Entwicklung der Anzahl ausgewählter klimatologischer Kenntage 2022“ verfügbar. Dabei werden die Zeiträume 1971-2000, 2031-2060 und 2071-2100 gegenübergestellt.

Ein indikatorengestütztes Klimafolgenmonitoring soll die bereits eingetretenen Auswirkungen des Klimawandels sichtbar machen. State-Indikatoren beschreiben dabei den Zustand klimatischer Parameter wie Temperatur, Niederschlag und Kenntage und dienen der Ermittlung langfristiger Entwicklungstrends. Impact-Indikatoren sollen demgegenüber konkrete Klimafolgen frühzeitig erkennbar machen. Aktuell umfasst das Monitoring Indikatoren aus den Handlungsfeldern Boden, Luft, Gesundheit, Naturschutz/Biodiversität, Forstwirtschaft sowie Stadtentwicklung und Stadtgrün. Die Indikatorauswahl orientiert sich an der vorhandenen Datenverfügbarkeit und erfolgte ohne Gewichtung. Der erste Sachstandsbericht zum Klimafolgenmonitoring wurde im Oktober 2016 veröffentlicht.

Seit 2018 erfolgen die Veröffentlichung und die kontinuierliche Aktualisierung des Klimafolgenmonitorings im digitalen Monitoring- und Informationssystem für das BEK 2030 (diBEK). Dort werden auch die im Rahmen des BEK 2030 umgesetzten Maßnahmen zur Klimaanpassung und zum Klimaschutz sowie deren Wirksamkeit dargestellt (dibek.berlin.de).

Die deutliche Zunahme von Extremwetterereignissen wie heißen Tagen, Tropennächten und Starkniederschlägen stellt die Berliner Politik und Verwaltung vor erhebliche Herausforderungen. Ein zentrales Instrument zur Bewältigung dieser Herausforderungen ist der Stadtentwicklungsplan Klima 2.0 (StEP Klima 2.0), der Klimaschutz und Klimaanpassung gesamtstädtisch und räumlich integriert betrachtet. Er formuliert Maßnahmenempfehlungen, die sich an unterschiedlichen Stadtstrukturen orientieren. Die konkrete Umsetzung gliedert sich in fünf Handlungsfelder. Gemäß § 1 Abs. 6 Nr. 11 BauGB ist der StEP Klima 2.0 bei der Aufstellung von Bauleitplänen zu berücksichtigen. Die konkrete Umsetzung erfolgt nachgelagert auf Ebene des jeweiligen Planungserfordernisses.

BEK

Neben dem StEP Klima 2.0 bilden das Berliner Energie- und Klimaschutzprogramm (BEK) 2030, ein in Arbeit befindlicher Hitzeaktionsplan sowie eine ebenfalls in Erarbeitung befindliche gesamtstädtische Klimaanpassungsstrategie die strategische Grundlage für eine klimagerechte Stadtentwicklung. Das BEK 2030 enthält sowohl Maßnahmen zur Klimaanpassung als auch zum Klimaschutz sowie ein etabliertes Monitoring. Die Federführung für das BEK und die Klimaanpassungsstrategie liegt bei der Senatsverwaltung für Mobilität, Verkehr, Klimaschutz und Umwelt (SenMVKU), der Hitzeaktionsplan wird durch die Senatsverwaltung für

Wissenschaft, Gesundheit und Pflege (SenWGP) umgesetzt.

Im Anpassungsteil des BEK 2030 werden zehn Handlungsfelder adressiert:

- Gesundheit: Fokus auf gesundheitlichen Hitzeschutz, Erstellung eines Hitzeaktionsplans, zielgruppenspezifische Informationen zu Hitze und UV-Strahlung, Sensibilisierung zur Eigenvorsorge, Sicherstellung von Hitzeschutzmaßnahmen in Pflegeheimen, Ausbau des Trinkwasserbrunnennetzes, Bekämpfung allergener Ambrosia-Pollen sowie Prüfung eines Vektormonitorings.
- Stadtentwicklung: Berücksichtigung von Klimaanpassung bei Neubauprojekten, Entwicklung blaugrüner Infrastrukturen, Schaffung multicodierter Klimakomfortplätze, Ausbau von Dach- und Fassadenbegrünungen, Einrichtung eines Hofbegrünungsprogramms und Erweiterung des Stadtbaumbestandes um klimatolerante Arten.
- Wasser: Neuausrichtung des Regenwassermanagements, Entwicklung grundstücksübergreifender Regenwasserkonzepte, Erstellung und Fortschreibung von Starkregen- und Hochwasserkarten, strategisches Starkregenrisikomanagement.
- Boden: Erhaltung und Wiederherstellung natürlicher Bodenfunktionen, Einrichtung von Bodendauerbeobachtungsflächen und Bodenmonitoring.
- Forstwirtschaft: Waldumbau zur Reduzierung von Trockenstress, Schädlingsbefall und Waldbrandrisiko, Förderung klimaangepasster Baumarten.

- Biologische Vielfalt: Erhöhung der Artenvielfalt im Gebäudebestand, Umsetzung und Qualifizierung eines Biotopverbundes, Bekämpfung invasiver Arten, Erhalt und Wiederherstellung von Kleingewässern einschließlich Monitoring.
- Mobilität: Sommerliche Kühlung im öffentlichen Nahverkehr, klimaangepasste Gestaltung von Wartebereichen, Nutzung von Verkehrsflächen zur Regenwasserretention.
- Industrie und Gewerbe: Informations- und Beratungsangebote zur Klimaanpassung, Unterstützung bei der Erstellung von Klimaanpassungskonzepten.
- Tourismus, Kultur und Sport: Risikoanalysen und Anpassungskonzepte zum Schutz vor Hitze- und UV-Belastungen bei Freiluft- und Sportveranstaltungen.
- Bevölkerungsschutz: Aufbau einer Behördenkooperation zur Gefahrenabwehr bei Extremwetterereignissen.

Umgesetzte Projekte

Berlin hat in den vergangenen Jahren eine Reihe von Projekten umgesetzt, die der Anpassung an die Folgen des Klimawandels dienen.

Das Projekt HYPO-PAkT – Präventives Aktionsprogramm für Pflegeheime zum optimalen Trinkverhalten bei Hitzegefährdung wird von der Charité Universitätsmedizin Berlin bis Ende 2024 durchgeführt. Ziel war es, zu untersuchen, ob ältere und pflegebedürftige Menschen während Hitzeperioden verstärkt von Hyponatriämien (bezeichnet eine zu niedrige Natriumkonzentration im Blutserum) und damit verbundenen Krankenhausaufenthalten betroffen sind. Auf Grundlage der Projektergebnisse wurde ein präventives Aktionsprogramm erstellt, das über einen breiten Verteiler im Pflegebereich verbreitet wurde, um Gesundheitsstörungen und Krankenhauseinweisungen während Hitzewellen zu vermeiden.

Das Projekt „Kleingehölze und krautige Pflanzen im Klimawandel“ der Lehr- und Versuchsanstalt Gartenbau und Arboristik e. V. (LVGA) startete im Dezember 2020. Es dient der Untersuchung klimaangepasster Pflanzenarten für Parkanlagen und Grünflächen sowie der Erstellung praxisnaher Empfehlungen für Neuanlagen und Nachpflanzungen. Die Ergebnisse fließen direkt in Ausbildungs-, Fort- und Weiterbildungsangebote der LVGA ein. Ein erster Projektbericht wurde 2024 veröffentlicht.

Mit der Wasserhaushaltsmodellierung zur Erhöhung der Resilienz von Straßenbäumen in Berlin hat das Berliner Pflanzenschutzamt in Kooperation mit dem Deutschen Wetterdienst innerhalb von drei Jahren ein praxistaugliches Modell entwickelt, das eine optimale Wasserversorgung von Straßenbäumen sicherstellen soll. Die erhobenen Daten wurden zur Validierung des DWD-Systems „Agrowetter Beregnung“ genutzt und flossen in eine online verfügbare Bewässerungsampel ein, die auch nach Projektende im Dezember 2021 fortgeführt wird.

Das Leuchtturmprojekt Wald.Berlin.Klima informiert seit 2017 entlang eines vier Kilometer langen Rundwegs im Grunewald über den Zusammenhang zwischen Klimawandel, Wald und Großstadt. An sog. „Waldwohnzimmern“ werden Themen wie der Umbau von Kiefernbeständen zu Mischwäldern, die Bedeutung von

Mooren und Wäldern als CO_2-Senke sowie die naturnahe Waldbewirtschaftung anschaulich vermittelt.

Projekt Berliner Moore

Das Projekt Berliner Moore im Klimawandel (2011–2015) wurde am Fachgebiet für Bodenkunde und Standortlehre der Humboldt-Universität zu Berlin durchgeführt. Es beinhaltete eine flächendeckende Erfassung und bodenkundliche Beurteilung aller Moorgebiete der Stadt sowie die Entwicklung eines Indikatorensystems zur Bewertung ihrer Ökosystemleistungen. Ziel war die Entwicklung einer Anpassungsstrategie, um die Funktionsfähigkeit und den ökologischen Nutzen der Moore langfristig zu sichern.

Mit dem Projekt Entsiegelungspotenziale in Berlin wird die Bodenqualität durch die dauerhafte Entsiegelung ungenutzter Flächen verbessert. Diese Flächen dienen als Ausgleich für neu versiegelte Flächen, etwa im Zuge von Bauprojekten. Die Entsiegelung ermöglicht die Wiederherstellung natürlicher Bodenfunktionen und kann wertvolle Lebensräume schaffen. Eine Entsiegelungspotenzialkarte im Umweltatlas Berlin sowie die Integration der Daten ins Geoportal unterstützen die Visualisierung und Bereitstellung der Informationen.

Lokale Maßnahmen

Aktionsbündnis Hitzeschutz

Berlin setzt im Bereich der Klimaanpassung auch auf Netzwerke und Kooperationen. Im März 2022 gründeten die Senatsgesundheitsverwaltung, die Berliner Ärztekammer und die Deutsche Allianz Klimawandel und Gesundheit (KLUG) das Aktionsbündnis Hitzeschutz. Der Schwerpunkt liegt auf dem Berliner Gesundheitswesen, weshalb unterschiedliche Akteurinnen und Akteure aus diesem Bereich eingebunden sind. Ziel des

Bündnisses ist es, die Bevölkerung vor sommerlicher Hitze zu schützen, Mustermaßnahmenpläne für verschiedene Sektoren des Gesundheitswesens zu erarbeiten, Schulungsmaterialien bereitzustellen sowie ein Hitzewarnsystem für das Berliner Gesundheitswesen einzurichten. Letzteres basiert auf der Weiterleitung der Hitzewarnungen des Deutschen Wetterdienstes an einen entsprechenden Verteiler, um rechtzeitig Schutzmaßnahmen einleiten zu können. Schulungsmaterialien und Mustermaßnahmenpläne sind unter www.hitzeschutz-berlin.de abrufbar.

Zur Unterstützung der Berliner Bezirke wurde 2023 unter Leitung des Landesamtes für Gesundheit und Soziales (LAGeSo) eine AG Hitzeschutz eingerichtet. Darin stimmen sich Vertreterinnen und Vertreter der Bezirke gemeinsam mit dem LAGeSo und der Senatsgesundheitsverwaltung über weitere Maßnahmen im Hitzeschutz ab.

Darüber hinaus sind einige Bezirksvertreter Teil der 2022 vom Deutschen Institut für Urbanistik (difu) gegründeten und koordinierten Arbeitsgruppe Gesundheitsfördernde Gemeinde- und Stadtentwicklung (AGGSE). Diese inter- und transdisziplinäre Arbeitsgruppe richtet sich insbesondere an Stadtplanerinnen und Stadtplaner, die Gesundheitsthemen und speziell den Hitzeschutz in der Stadtentwicklung berücksichtigen.

Auf der Ebene bezirklicher Anpassungsstrategien haben die drei Bezirke Charlottenburg-Wilmersdorf, Friedrichshain-Kreuzberg und Berlin-Mitte eigene Klimaanpassungskonzepte entwickelt.

8.3.4 Brandenburg

Gesetzliche Anforderungen

Im Jahr 2023 hat das Kabinett des Landes Brandenburg die Strategie zur Anpassung an die Folgen des Klimawandels[1] beschlossen. Die Erarbeitung erfolgte unter Federführung des Ministeriums für Landwirtschaft, Umwelt und Klimaschutz (MLUK) in der Interministeriellen Arbeitsgruppe „Anpassung an die Folgen des Klimawandels“. Die Strategie umfasst zwölf Handlungsfelder aus sechs Ressorts der Landesregierung mit rund 200 konkreten Maßnahmen. Dazu gehören die Bereiche Wasser, Forstwirtschaft und Wald, Landwirtschaft, Naturschutz und Biodiversität, Boden, Gesundheit, Brand- und Katastrophenschutz, verarbeitendes Gewerbe, Tourismus, Verkehr sowie Raumordnungsplanung, Städtebau und Bauen. Jedes Handlungsfeld enthält eine Auswertung zu den handlungsfeldspezifischen Klimaauswirkungen, eine Analyse der Handlungskapazitäten, einen Maßnahmenkatalog und Indikatoren für das künftige Monitoring. Besondere Bedeutung haben die sogenannten Meilensteine, eine Auswahl an Maßnahmen, die bis 2027 umgesetzt sein sollen. Für die Umsetzung sind die jeweils zuständigen Fachressorts verantwortlich. Die Strategie wird bis Ende 2027 evaluiert, wobei der Fokus auf den Meilensteinen liegt und die Ergebnisse des Klimawandelmonitorings einbezogen werden. Diese Evaluierung bildet die Grundlage für

[1] Ministerium für Landwirtschaft, Umwelt und Klimaschutz (2023): Strategie des Landes Brandenburg zur Anpassung an die Folgen des Klimawandels. Potsdam: MLUK. URL: https://mleuv.brandenburg.de/sixcms/media.php/9/Klimaanpassungsstrategie-Brandenburg-LF.pdf (Zugriff am 7. Oktober 2025).

die geplante Fortschreibung der Klimaanpassungsstrategie ab dem Jahr 2028.

Ein zentraler Bestandteil der Strategie ist das Gesamtkonzept zur Anpassung an den Klimawandel im Politikfeld Wasser aus dem Jahr 2022. Es orientiert sich an bundesweiten und länderübergreifenden Anpassungserfordernissen der Wasserwirtschaft. Das Konzept enthält Maßnahmen zu klimabedingten Herausforderungen im Wasserbereich, wobei relevante Themen anderer Politikfelder wie Landwirtschaft, Forstwirtschaft oder Bodenschutz über Querverweise integriert werden. Eine besondere Rolle spielt das 2021 veröffentlichte Landesniedrigwasserkonzept, das Strategien zum Umgang mit einem klimabedingten Rückgang des Wasserdargebots beschreibt.

Indikatorensystem zum Klimawandelmonitoring

Zur Erfolgskontrolle betreibt das Landesamt für Umwelt Brandenburg seit 2018 ein Indikatorensystem zum Klimawandelmonitoring, das zunächst Themen aus der Umwelt-, Landwirtschafts-, Forst-, Gesundheits- und Infrastrukturpolitik abdeckte und 2022 aktualisiert wurde. Mit der Klimaanpassungsstrategie von 2023 wurde dieses System auf alle zwölf Handlungsfelder ausgeweitet. Ein Klimaanpassungsgesetz besteht in Brandenburg bislang nicht. Im Jahr 2024 beauftragte das MLUK jedoch ein Rechtsgutachten, um die Möglichkeiten und Rahmenbedingungen für ein solches Landesgesetz zu prüfen.

Länderspezifische Anpassungsmaßnahmen

Das Land Brandenburg hat mit der Umsetzung zahlreicher Maßnahmen aus der 2023 beschlossenen Strategie zur Anpassung an die Folgen des Klimawandels bereits begonnen. Zu den umgesetzten Projekten zählt die 2024 eingeführte Förderrichtlinie „Anpassung an den Klimawandel in den Bereichen Starkregenvorsorge sowie denkmalgeschützter Garten- und Parkanlagen im Land Brandenburg". Ebenfalls 2024 erließ das Ministerium für Landwirtschaft, Umwelt und Klimaschutz eine Förderrichtlinie für Maßnahmen zur Stärkung des Landschaftswasserhaushalts und für ein nachhaltiges Wassermanagement im Rahmen des Europäischen Landwirtschaftsfonds für die Entwicklung des Ländlichen Raums (ELER) sowie eine weitere Richtlinie zur Förderung von Maßnahmen zur Verbesserung der Gesundheit und Robustheit landwirtschaftlicher Nutztiere. Darüber hinaus wurde eine Studie zum Gebietswasserhaushalt und Abflussgeschehen in Brandenburg erstellt, die auf Projektionsdaten basiert.

Bereits 2021 wurde das Landesniedrigwasserkonzept veröffentlicht, das ein systematisches und strukturiertes wasserwirtschaftliches und wasserrechtliches Handeln für ein nachhaltiges Niedrigwassermanagement in Brandenburg anstrebt. Ergänzend hierzu befasste sich der 2022 veröffentlichte sachliche Teilabschnitt der Wasserversorgungsplanung Brandenburg zur mengenmäßigen Grundwasserbewirtschaftung mit den Auswirkungen des Klimawandels, insbesondere im Hinblick auf die klimatische Situation und die erwarteten Veränderungen des verfügbaren Grundwasserdargebots. Für den Landeswald wurde 2023 die Waldvision 2050 verabschiedet, die strategische Ziele, insbesondere für den Waldumbau, formuliert.

Das Land ist zudem an bundesweiten Verbundprojekten zur waldbaulichen Klimawandelanpassung wie „Multi-RiskSuit" sowie an regionalen Schwerpunktprojekten

ADAPT-Wald-Holz wie „ADAPT-Wald-Holz“ beteiligt, das ein adaptives Waldressourcen-Management für eine zukunftsfähige Holzwirtschaft in Brandenburg und Berlin entwickelt. Passend dazu wurden Empfehlungen zur Mischung von Baum- und Straucharten im Wald in Form einer Baumartenmischungstabelle veröffentlicht. Auch im Bereich der Verkehrsinfrastruktur gibt es Anpassungsinitiativen, etwa die Alleenkonzeption 2030 des Ministeriums für Infrastruktur und Landesplanung sowie die Gründung des Kompetenzzentrums für Straßenbäume *kostba* und Alleen „kostba“, das bundesweit einzigartig ist.

Ein weiterer Meilenstein war das 2022 erstellte Gutachten für den Hitzeaktionsplan des Landes Brandenburg mit insgesamt 41 Maßnahmen, die langfristige, vorbereitende und akute Handlungsoptionen umfassen. Hinzu kamen modellhafte Untersuchungen wie das Projekt „Historische Stadtquartiere im Spannungsfeld von Denkmalschutz und Klimafolgenanpassung“, das Herausforderungen und Lösungsansätze für Kleinstädte in Brandenburg und Nordrhein-Westfalen beleuchtet.

INKA BB Mit dem „INKA BB – Innovationsnetzwerk Klimaanpassung Brandenburg Berlin“ wurden in 24 Forschungsprojekten Themen aus Land- und Forstwirtschaft, Naturschutz, Tourismus, Wassermanagement, Regionalplanung sowie Gesundheitsmanagement bearbeitet. Ergänzend dazu wurde 2024 die Fortschreibung der Nachhaltigkeitsstrategie für das Land Brandenburg beschlossen, die die Anstrengungen für eine ökologisch gesicherte, wirtschaftlich leistungsfähige und sozial ausgewogene Weiterentwicklung des Landes intensiviert.

Lokale Maßnahmen

Aus dem Gutachtenprozess zum Hitzeaktionsplan für Brandenburg ist das zentrale Netzwerk zur Erarbeitung eines Hitzeaktionsplans für Brandenburg hervorgegangen, das sich zweimal jährlich trifft. Ziel dieses Netzwerks ist es, die Bemühungen zur Umsetzung von Hitzeschutzmaßnahmen zu verstärken und bessere Voraussetzungen für deren Realisierung zu schaffen. Ergänzend dazu hat das Ministerium für Landwirtschaft, Umwelt und Klimaschutz das Netzwerk Starkregenrisikomanagement initiiert, um den Wissensaustausch zu fördern, die Förderkriterien der Förderrichtlinie im Bereich „Anpassung an den Klimawandel zur Starkregenvorsorge" transparent darzustellen und Kommunen bei der Erstellung qualitativ hochwertiger Förderanträge zu unterstützen. Dadurch sollen die Umsetzung wirksamer Maßnahmen zur Starkregenvorsorge gefördert und die Resilienz der Kommunen gegenüber extremen Wetterereignissen gestärkt werden.

Darüber hinaus wurden gemeinsam vom Zentrum für Klimaanpassung und dem Ministerium für Landwirtschaft, Umwelt und Klimaschutz zwei regionale Klimawerkstätten organisiert: am 23. November 2022 zum Thema „Extremwetterereignis: Hitze" und am 23. März 2023 zum Thema „Blau-Grüne Infrastrukturen in Kommunen". Auch die zweimal jährlich stattfindende gemeinsame Informationsveranstaltung zum kommunalen Klimaschutz behandelt regelmäßig Themen der kommunalen Klimaanpassung.

Mehrere Kommunen haben zudem eigene Anpassungsstrategien oder -konzepte erarbeitet. Die Landeshauptstadt Potsdam veröffentlichte ein Klimaschutzteilkonzept zur Anpassung an den Klimawandel. Die Stadt Bad

Liebenwerda entwickelte unter dem Arbeitstitel „Wohlfühlen im Klimawandel“ strategische Ansätze für die Weiterentwicklung der Stadt und insbesondere des Kurbetriebs unter veränderten klimatischen Bedingungen. Die Stadt Eberswalde veröffentlichte 2024 ihr „Klimaanpassungskonzept für die Stadt Eberswalde - Gemeinsam für ein lebenswertes, grünes Eberswalde - auch in Zukunft“. Bernau bei Berlin stellte bereits 2020 die „Strategie zur ökosystembasierten Anpassung an den Klimawandel“ vor. Die Stadt Erkner erarbeitete 2024 ein integriertes Klimaschutzkonzept, in dem Belange der Klimaanpassung ausdrücklich berücksichtigt sind.

Stakeholder werden in Brandenburg auf vielfältige Weise informiert und beteiligt. So wurde die „Arbeitshilfe - Resilient im Klimawandel“ erstellt und am 7. Mai 2024 öffentlich vorgestellt. In enger Zusammenarbeit mit sieben Brandenburger Kommunen entstand zudem eine Checkliste, die als Einstieg in die Klimaanpassung und als Grundlage für ein Klimaanpassungskonzept für kleine Kommunen dient. Das Projekt „Klimafit in Brandenburg - Klima-Tandems“ begleitete vier Städte bei der Initiierung und Umsetzung partizipativer Klimaanpassungsprojekte, bei denen Vertreterinnen und Vertreter aus kommunaler Verwaltung und Zivilgesellschaft nach einer Schulung zu den Klimawandelfolgen gemeinsam niedrigschwellige Maßnahmen vor Ort realisierten.

Ein weiterer Zusammenschluss ist das „Klimabündnis Stadtentwicklung“, das den Klimaschutz und die Klimafolgenanpassung in brandenburgischen Städten und Gemeinden stärken soll. Es besteht aus dem Ministerium für Infrastruktur und Landesplanung (MIL), dem BBU Verband Berlin-Brandenburgischer Wohnungsunternehmen und der Landesgruppe Berlin/Brandenburg des Verbandes kommunaler Unternehmen e. V. (VKU). Das Bündnis veranstaltet regelmäßig Informationsveranstaltungen für Kommunen und informiert über einen eigenen Newsletter. Darüber hinaus fand am 29. September 2022 eine Beteiligungsveranstaltung zur Klimaanpassungsstrategie des Landes Brandenburg statt.

Mit dem Projekt „Klimaangepasst und nachhaltig – zehn grüne Schulhöfe für Brandenburg“ unterstützten das Ministerium für Landwirtschaft, Umwelt und Klimaschutz und die Deutsche Umwelthilfe (DUH) die partizipative Planung und erste Umsetzungsschritte für die Begrünung von zehn im Wettbewerb ausgewählten Schulhöfen.

Auch im Austausch mit dem Privatsektor gibt es gezielte Aktivitäten. So wurde 2018 die Broschüre „Klimawandel in Brandenburg – Was Unternehmen tun können“ veröffentlicht. Im Rahmen des vom Bundesumweltministerium geförderten Projekts „HandwerkGoesGreen“ (2022–2024) entwickelte die Handwerkskammer Ostbrandenburg eine Checkliste zur Ermittlung von Handlungsbedarf sowie einen Leitfaden zur Klimaanpassung für Handwerksbetriebe. Zudem läuft seit 2024 ein Gutachtenprojekt mit praxisorientierten Handlungsleitfäden zur Klimafolgenanpassung für Tourismusakteure im Land Brandenburg, das bis 2025 konkrete Maßnahmen zum Umgang mit den Auswirkungen des Klimawandels erarbeiten soll.

Checklisten zur Ermittlung des Handlungsbedarfs

8.3.5 Bremen

Gesetzliche Anforderungen

Anfang 2018 beschlossen das Land Bremen sowie die beiden Stadtgemeinden Bremen und Bremerhaven eine gemeinsame Anpassungsstrategie an die Folgen des Klimawandels. Sie bietet einen konkreten Handlungsrahmen für Politik und Verwaltung, um Land und Stadtgemeinden robust gegenüber Klimafolgen zu entwickeln und die Eigenvorsorge der Bevölkerung zu stärken. Auf Grundlage von Betroffenheitsanalysen wurden 19 Strategieziele für die Bereiche Mensch, Umwelt sowie Gebäude und Infrastruktur festgelegt. Daraus abgeleitet wurden 28 Schlüsselmaßnahmen definiert, die konkrete Handlungsansätze für die kommenden Jahre enthalten.

In den Jahren 2023 und 2024 wurde die Klimaanpassungsstrategie fortgeschrieben, wobei neue Ziele und Schlüsselmaßnahmen formuliert wurden. Diese Fortschreibung soll im ersten Quartal 2025 der Politik zum Beschluss vorgelegt werden. Im Rahmen dieses Prozesses wurde auch der Umsetzungsstand der Maßnahmen aus der Strategie von 2018 evaluiert. Ein wesentlicher Bestandteil der Strategie ist der im September 2024 beschlossene Hitzeaktionsplan Bremen.

BremKEG

Das Bremer Klima- und Energiegesetz (BremKEG) wurde im Februar 2023 novelliert. In § 3 wird festgelegt, dass die Klimaanpassungsstrategie unter Berücksichtigung wissenschaftlicher Erkenntnisse sowie internationaler, bundes-, landes- und kommunalpolitischer Entwicklungen regelmäßig fortgeschrieben wird. Diese Fortschreibung muss spätestens alle fünf Jahre erfolgen. Zudem sind die Ziele der Klimaanpassungsstrategie durch die Träger öffentlicher Belange bei ihrer Tätigkeit zu berücksichtigen. Der neu eingeführte § 6a bestimmt darüber hinaus ein Monitoring zur Klimaanpassungsstrategie und legt die entsprechenden Anforderungen fest.

BremLBO mit Klimaanpassung

Auch die Bremische Landesbauordnung (BremLBO) enthielt bereits vor ihrer Neufassung 2024 Regelungen mit Bezug zur Klimaanpassung. Dazu zählen Vorschriften zur Befestigung baulich ungenutzter Grundstücksflächen (§ 8), zum Wärmeschutz von Gebäuden (§ 15) sowie die Ermächtigung der Stadtgemeinden, in örtlichen Bauvorschriften unter anderem Regelungen zur Begrünung von baulichen Anlagen und zur Gestaltung von Freiflächen zu treffen (§ 86). Mit der 2024 erfolgten Neufassung wurde die Bremische Landesbauordnung (BremLBO) um Regelungen erweitert, die ausdrücklich auf die Anpassung an die Folgen des Klimawandels ausgerichtet sind. In die Generalklausel des § 3 BremLBO-2024 wurden erstmals spezifische Regelungsziele der Klimaanpassung aufgenommen. Das bereits 2019 eingeführte Begrünungsortsgesetz, das zunächst ausschließlich für die Stadtgemeinde Bremen eine Verpflichtung zur Erhöhung des Anteils an begrünten Flachdachflächen und Freiflächen vorsah, wurde 2023 novelliert. Ziel dieser Überarbeitung war es, die Gebäudebegrünung weiter auszubauen, um Überhitzung zu vermeiden, den Regenwasserabfluss zu verringern, die Luftbelastung mit Stickstoffdioxid zu reduzieren und insgesamt ein milderes Stadtklima zu schaffen. Im Zuge der Neufassung der Landesbauordnung wurden die Regelungen des Begrünungsortsgesetzes 2024 in das Bauordnungsrecht integriert und sind damit auch für die Stadtgemeinde Bremerhaven verbindlich.

Der überarbeitete § 8 BremLBO-2024 präzisiert, dass nicht für bauliche Anlagen genutzte Grundstücksflächen wasseraufnahmefähig zu belassen oder herzustellen und dauerhaft zu begrünen oder zu bepflanzen sind, sofern dem keine anderen zulässigen Nutzungen entgegenstehen. Ausgenommen sind Flächen, für die Bebauungspläne oder andere Satzungen entsprechende Festsetzungen enthalten. Zusätzlich wird eine Entsiegelung von Konversionsflächen gefordert. Die Übergangsvorschriften in § 87 BremLBO-2024 sehen vor, dass bestehende Freiflächen spätestens bis zum 31. Dezember 2026 den Anforderungen des § 8 Abs. 1 entsprechen müssen.

In § 32 BremLBO-2024 wurde zudem eine Verpflichtung zur Begrünung von Flachdachflächen mit mehr als 50 Quadratmetern festgeschrieben. Diese Regelung enthält Vorgaben zur baulichen Ausführung und berücksichtigt zugleich weitere einschlägige öffentlich-rechtliche Vorschriften.

Länderspezifische Anpassungsmaßnahmen

In einzelnen Handlungsfeldern werden im Land Bremen bereits konkrete Maßnahmen zur Anpassung an die Folgen des Klimawandels verfolgt und umgesetzt. Zur Koordinierung dieser Aktivitäten wurde im Jahr 2022 die Landeszentrale Klimaanpassung Bremen bei der Senatorin für Umwelt, Klima und Wissenschaft eingerichtet. Ihre Aufgaben umfassen unter anderem die Bereitstellung von Klimainformationen und Klimamodelldaten als Grundlage für Planungen und Risikoabschätzungen, die Unterstützung bei der Planung und Umsetzung von Klimaanpassungsmaßnahmen, den fachlichen Austausch mit überregionalen, nationalen und internationalen Akteuren sowie die langfristige Verstetigung des Gesamtprozesses im Rahmen der Fortschreibungen der Klimaanpassungsstrategien.

Die in der Klimaanpassungsstrategie 2018 definierten Schlüsselmaßnahmen bilden die Grundlage für das Handeln in Bremen und Bremerhaven. Dazu gehören die Bedarfsprüfung für eine Stadtklimaanalyse in Bremerhaven, die Erstellung einer Fachkarte zur Sicherung und Weiterentwicklung klimatisch relevanter Grünflächen und -korridore in Bremerhaven sowie das Monitoring des Grundwassers. Ergänzt werden diese Maßnahmen durch ein adaptives und phänologisches Schutzgebietsmanagement, die Sicherstellung langfristig klimawandelgerechter Küstenschutzsysteme, eine breit angelegte Informationskampagne zur Klimaanpassung für Politik, Verwaltung, Wirtschaft und Öffentlichkeit sowie ein integriertes Konzept zur Bewältigung von Extremwetterereignissen. Darüber hinaus sind Klimaanpassungskonzepte für die Hafenanlagen vorgesehen und es wird eine Modellierung klimawandelbedingter Grundwasseränderungen durchgeführt.

Lokale Maßnahmen

Bei der Entwicklung des Hitzeaktionsplans Bremen.Bremerhaven wurden Verbände und Organisationen aus dem Sozial- und Gesundheitsbereich sowohl in die Klimarisikoanalyse als auch in die Entwicklung der Maßnahmen eingebunden. Ein weiteres Beispiel für eine intensive Beteiligung ist die Potenzialstudie Klimaanpassung für den Stadtteil Kattenturm in Bremen, bei der die relevanten Stakeholder des Stadtteils aktiv in den Prozess einbezogen wurden. Hierzu gehörte auch eine gezielte Jugendbeteiligung, um die Perspektiven junger Menschen in die Planung einzubringen.

Mit dem Projekt KlimPark verfolgt die Stadt Bremen das Ziel, ihre Kleingewässer fit für den Klimawandel zu machen. Aufbauend auf der 2018 beschlossenen Klimaanpassungsstrategie und der darin enthaltenen Schlüsselmaßnahme HB 3 „Klimaangepasste Gestaltung und Unterhaltung von Gewässern“ soll die Klimaresilienz der Park- und urbanen Kleingewässer gesteigert werden. Hierzu wird ein klimaangepasstes Kleingewässermanagement etabliert und langfristig verstetigt. Das Projekt wird durch das Bundesministerium für Umwelt, Naturschutz, nukleare Sicherheit und Verbraucherschutz im Rahmen des Förderprogramms „Maßnahmen zur Anpassung an den Klimawandel“ gefördert. Ein zentrales Element des Projekts ist die Citizen-Science-Initiative, bei der Bremer Bürgerinnen und Bürger aktiv mitwirken können. Interessierte Personen oder Gruppen sind eingeladen, sich an einem Gewässer-Monitoring zu beteiligen, Beobachtungen und Daten zum Zustand der Kleingewässer in ihrem Umfeld zu erheben und so das Bremer Kleingewässermanagement direkt zu unterstützen.

Kooperation und Austausch mit dem Privatsektor

Im Rahmen des Projekts BREsilient II (Juni 2021 bis Juli 2023) wurde gezielt die Resilienz der Bremer Wirtschaft gestärkt. Der Schwerpunkt lag auf den als besonders klimavulnerabel identifizierten Branchen Logistik und Ernährung. Ziel war es, diese Wirtschaftsbereiche frühzeitig auf die zu erwartenden Klimafolgen vorzubereiten, ihre Anpassungsfähigkeit zu erhöhen und branchenspezifische Lösungen zu entwickeln. Weitere Informationen zu den im Projekt erarbeiteten Konzepten und Unterstützungsangeboten finden sich unter Klimaanpassung für Unternehmen.

Stand der Maßnahmenumsetzung

Die Umsetzung der in der Anpassungsstrategie von 2018 definierten Schlüsselmaßnahmen ist insgesamt weit fortgeschritten. Sämtliche Maßnahmen wurden angestoßen oder vorbereitet, ein Großteil befindet sich bereits in der Umsetzung oder ist vollständig realisiert und verstetigt. Einige Maßnahmen haben einen prozessualen Charakter mit dem Ziel, dauerhaft in nachgelagerten Projekten fortgeführt zu werden. Ein Beispiel hierfür ist der Bremer Klimaanpassungscheck, der als Leitfaden zur Integration von Klimaanpassungsbelangen in die städtebauliche Planung dient.

kostenfreie Vor-Ort-Beratungen

Im Zuge der Maßnahmenumsetzung wurden zudem zahlreiche Angebote etabliert, die unmittelbar der Öffentlichkeit zur Verfügung stehen und regelmäßig genutzt werden. Dazu zählen das online verfügbare Auskunfts- und Informationssystem Starkregenvorsorge für Bremen, ergänzt durch kostenfreie Vor-Ort-Beratungen, die auch den naturnahen Umgang mit Regenwasser thematisieren. Weitere Beispiele sind das erstellte Gründachkataster, ein neu aufgelegtes Förderprogramm zur Regenwasserbewirtschaftung und für Fassadenbegrünung der Bremer Umweltberatung sowie der Ausbau kostenfreier Trinkwassermöglichkeiten durch Trinkwasserbrunnen und ein Refill-Netzwerk in Bremen und Bremerhaven.

8.3.6 Hamburg

Gesetzliche Anforderungen

Strategie zur Anpassung an die Folgen des Klimawandels

Im Februar 2025 hat der Hamburger Senat eine umfassende Strategie zur Anpassung an die Folgen des Klimawandels verabschiedet. Diese bildet den zentralen Handlungsrahmen für die Entwicklung Hamburgs zu einer klimaresilienten Stadt. Die Strategie verfolgt drei übergeordnete Ziele: den Schutz von Bevölkerung, Wirtschaft und Umwelt vor den Gefahren durch Extremwetterereignisse; die Sicherung der Funktionsfähigkeit der Infrastrukturen, insbesondere der kritischen Versorgungs- und Gesundheitssysteme; sowie die Bewahrung und Weiterentwicklung der Lebensqualität in der Stadt, unter anderem durch ein gesundheitsverträgliches Stadtklima, wohnungsnahe Grün- und Freiflächen und die Vermeidung von Umweltbelastungsschwerpunkten.

Ein weiterer Schwerpunkt liegt auf der Stärkung der privaten Eigenvorsorge durch gezielte Information, Beratung und Förderung. Der Senat hat drei Handlungsbedarfe als vorrangig eingestuft: Küsten- und Binnenhochwasserschutz, Starkregenvorsorge sowie die Umsetzung einer Blau-Grünen Infrastruktur im gesamten Stadtgebiet.

Die Strategie umfasst insgesamt elf Handlungsfelder, die sämtliche relevanten Zuständigkeitsbereiche der Stadt abdecken. Für jedes Handlungsfeld werden spezifische Ziele definiert und die zentralen Handlungsschwerpunkte benannt.

HmbKliSchG

Rechtlich ist die Klimaanpassung in § 1 des Hamburgischen Klimaschutzgesetzes (HmbKliSchG) als Querschnittsaufgabe der Hamburger Verwaltung verankert. Dort wird auch ein Berücksichtigungs- und Mitwirkungsgebot normiert, das in § 2 Abs. 3 Nr. 3 und § 5 Abs. 1 HmbKliSchG konkretisiert ist. Der Senat ist demnach verpflichtet, die Anpassung an die Auswirkungen des Klimawandels in allen Planungen und Investitionen vorzubereiten und zu berücksichtigen. Dies schließt insbesondere Maßnahmen des vorsorgenden Hochwasserschutzes, städtebauliche und landschaftsplanerische Instrumente sowie den Gesundheitsschutz ein. Darüber hinaus hat sich der Senat in § 5 Abs. 1 Satz 2 HmbKliSchG dazu verpflichtet ist, die in der Klimaanpassungsstrategie enthaltenen Maßnahmen vollständig umzusetzen.

Länderspezifische Anpassungsmaßnahmen

RegenInfraStrukturAnpas (RISA)

Hamburg setzt im Rahmen des Projekts „RISA – RegenInfraStrukturAnpassung" auf einen zukunftsfähigen Umgang mit veränderten Niederschlagsbedingungen. Ziel ist es, Regenwasser systematisch in der städtischen Infrastruktur mitzudenken – sowohl zur Vorsorge vor Starkregen als auch für eine sinnvolle Nutzung vor Ort, zur Verbesserung des Stadtklimas und zum Schutz der Gewässer.

Der Hamburger Senat unterstützt Bürgerinnen und Bürger sowie Unternehmen durch verschiedene Förderprogramme bei der Umsetzung von Klimaanpassungsmaßnahmen. Gefördert werden unter anderem Dach- und Fassadenbegrünungen, Entsiegelungen, Versickerungsanlagen und Zisternen.

Zur Unterstützung der Planung und Entscheidungsfindung wurden in den letzten Jahren wichtige fachliche Grundlagen geschaffen und aktualisiert. Dazu zählen die Starkregengefahrenkarte, die Versickerungspotenzialkarte, die aktualisierte Stadtklimaanalyse sowie ein umfassendes Versiegelungsmonitoring.

Im Bereich des Hochwasserschutzes werden die bestehenden Anlagen im Rahmen eines laufenden Bauprogramms auf den 2013 festgelegten Bemessungswasserstand angepasst, der den prognostizierten Meeresspiegelanstieg bis zum Jahr 2050 berücksichtigt. Dieses Bauprogramm soll bis 2050 abgeschlossen sein. Sollte sich der Meeresspiegelanstieg wie derzeit prognostiziert entwickeln, werden im Anschluss weitere Erhöhungsmaßnahmen erforderlich sein.

8.3.7 Hessen

Gesetzliche Anforderungen

Klimaplan Hessen

In Hessen bildet der Klimaplan Hessen die zentrale Grundlage für Klimaschutz und Klimaanpassung. Er wurde am 31. Januar 2023 vom Kabinett beschlossen und führt den Integrierten Klimaschutzplan Hessen 2025 (IKSP 2025) konsequent fort. Der Klimaplan umfasst 57 neue Maßnahmen in zehn Handlungsfeldern, die gemeinsam mit einem wissenschaftlichen Fachkonsortium und unter Beteiligung der Öffentlichkeit erarbeitet wurden. Zusammen mit den fortlaufenden Maßnahmen aus dem IKSP 2025 ergibt sich ein Gesamtpaket von 90 Maßnahmen.

IKSP 2025)

Für den Bereich Klimaanpassung enthält der Klimaplan unter anderem folgende Schwerpunkte: Stärkung der wassersensiblen Stadtentwicklung, Integration von Klimaschutz- und Anpassungszielen in die Landes- und Regionalplanung, Verbesserung des Brand- und Katastrophenschutzes im Hinblick auf Klimafolgen, Ausbau der Klimakompetenz in der Landwirtschaft, Steigerung des Wasserrückhalts im Wald, Aufbau klimaresilienter Wälder, Reduzierung der Klimawandelgefährdung von Landstraßen sowie Konfliktlösung bei der Wassernutzung.

Bis Anfang 2027 wird Hessen zudem eine vorsorgende Klimaanpassungsstrategie entwickeln, die auf einer Bestandsaufnahme, einer Klimarisikoanalyse und einem spezifischen Maßnahmenkatalog basieren wird. Dieser soll eng mit den Inhalten des Klimaplans verzahnt sein.

Der Vorgängerplan, der Integrierte Klimaschutzplan Hessen 2025, wurde bereits im Dezember 2020 durch einen Monitoring- und Projektionsbericht evaluiert. Dieser stellte eine deutliche Betroffenheit Hessens durch den Klimawandel fest, dokumentierte jedoch auch frühzeitige Anpassungsmaßnahmen. Dazu zählten unter anderem ein Monitoring gesundheitlicher Gefahren, Informationskampagnen zu baulichen Anpassungsmöglichkeiten für Kommunen und Bauverantwortliche sowie das Landesförderprogramm „Haus- & Hofbegrünung".

Klimaneutralität 2045

Rechtlich ist der Klimaplan im Hessischen Klimagesetz verankert, das am 8. Februar 2023 in Kraft getreten ist. Das Gesetz verpflichtet das Land, die Treibhausgasemissionen schrittweise zu senken und bis spätestens 2045 Klimaneutralität zu erreichen. Ebenso sieht es die Erstellung einer Strategie zur Anpassung an die Folgen des Klimawandels vor, um die unvermeidbaren Auswirkungen abzumildern. Die Fortschreibung des Klimaplans erfolgt im Fünfjahresrhythmus auf Basis eines Monitoring- und Projektionsberichts, der sowohl quantitative als auch qualitative Aspekte berücksichtigt und eine Weiterentwicklung der Maßnahmen sicherstellt.

Länderspezifische Anpassungsmaßnahmen

Klimawandel in der Praxis (KLIMPRAX)

Die Maßnahmen zur Klimaanpassung in Hessen sind integraler Bestandteil des Klimaplans Hessen und werden durch praxisorientierte Projekte des Fachzentrums Klimawandel und Anpassung konkretisiert. Unter dem Dach der Initiative „Klimawandel in der Praxis" (KLIMPRAX) entwickelt das Land gemeinsam mit Kommunen, Landkreisen, Regierungspräsidien und Regionalverbänden maßgeschneiderte Handlungshilfen, die auf die jeweiligen Zielgruppen zugeschnitten sind. Ziel ist es, praxisnahe und umsetzbare Lösungen zu erarbeiten, um den Folgen des Klimawandels wirksam zu begegnen.

Zu den KLIMPRAX-Schwerpunkten zählen unter anderem Krisenvorbereitung, Planung und Bauen, Stadtklima (beispielhaft für Wiesbaden/Mainz), Starkregen- und Katastrophenschutz in Kommunen sowie Stadtgrün. Die im Rahmen dieser Vorhaben entwickelten Materialien umfassen Kartenwerke, Checklisten, Ausschreibungshilfen und interaktive Online-Tools. Beispiele hierfür sind das Tool „Stadtgrün im Klimawandel", ein Analyse- und Prognoseinstrument zur Etablierung der Asiatischen Tigermücke in hessischen Kommunen, Hitzekarten, Entscheidungshilfen für Stadtklimaanalysen sowie Planungsleitfäden für klimaresiliente Veranstaltungen. Zudem werden allgemeine Informationen zur Anpassung an den Klimawandel angeboten.

Darüber hinaus unterstützt das Land über die Klima-Richtlinie gezielt kommunale Anpassungsprojekte. Förderfähig sind sowohl investive Maßnahmen, wie etwa die Entsiegelung und Begrünung öffentlicher Plätze, Dach- und Fassadenbegrünung, Offenlegung von Gewässern, Bau von Rückhaltebecken oder Installation von Trinkbrunnen, als auch vorbereitende Analysen und Studien wie Starkregengefahrenkarten oder Stadtklimaanalysen. Ein weiterer Bestandteil ist das Programm Haus- und Hofbegrünung, mit dem Kommunen eigene Förderangebote für private Begrünungsmaßnahmen an Gebäuden oder auf Grundstücken auflegen können. Dazu gehört auch die Unterstützung von Bewässerungssystemen, um eine nachhaltige Pflege und Nutzung der Grünflächen sicherzustellen.

Klimawandel und Gesundheit

Der im Frühjahr 2023 veröffentlichte hessische Hitzeaktionsplan bildet die Grundlage für den landesweiten Hitzeschutz. Er zielt darauf ab, insbesondere vulnerable Bevölkerungsgruppen vor den gesundheitlichen Risiken extremer Hitzeereignisse zu schützen. Ergänzend betreibt das Hessische Landesamt für Gesundheit und Pflege ein kontinuierliches Monitoring zur Asiatischen Tigermücke, um deren Ausbreitung zu erfassen und gezielte Gegenmaßnahmen zu ermöglichen.

Klimaschutz und Anpassung in der Landwirtschaft

Zur Unterstützung der Landwirte bietet der Landesbetrieb Landwirtschaft Hessen gezielte Beratungsangebote an, die den Umgang mit den klimabedingten Veränderungen in der Landwirtschaft thematisieren.

Klimawandel und Wald/Forstwirtschaft

HessenForst setzt auf den schrittweisen Umbau der Wälder hin zu klimaresilienten Strukturen. Im Auftrag des Landwirtschaftsministeriums und des Hessischen Landesamts für Naturschutz, Umwelt und Geologie (HLNUG) werden Entscheidungshilfen zur klimaangepassten Baumartenwahl entwickelt. Diese Empfehlungen sollen Waldbesitzern die Auswahl geeigneter, klimastabiler Baumarten erleichtern.

Klimawandel und Naturschutz

Das Zentrum für Artenvielfalt des HLNUG bündelt Expertise zur Erhaltung und Förderung der biologischen Vielfalt unter den Bedingungen des Klimawandels.

Klimawandel und Wasser

Mit dem Zukunftsplan Wasser verfolgt Hessen eine sektorübergreifende wasserwirtschaftliche Strategie, die Klimawandelfolgen wie Trockenperioden oder Starkregenereignisse berücksichtigt und entsprechende Vorsorgemaßnahmen festlegt.

Thematische Breite der Klimaplan-Maßnahmen

Die Maßnahmen des Klimaplans Hessen decken zehn Handlungsfelder ab: Bildung und Forschung, Energie, Gebäude und Stadt, Industrie, Kreislaufwirtschaft, Gesundheit und Bevölkerungsschutz, übergeordnete Maßnahmen, Verkehr und Mobilität, Landnutzung sowie Querschnittsthemen. Die Maßnahmen der hessischen Klima-Kommunen sind in der Maßnahmendatenbank zu finden.

Bereits 2020 legte das Land einen umfassenden Monitoringbericht zum Integrierten Klimaschutzplan Hessen 2025 vor. Dieser Bericht stellte nicht nur die wesentlichen Klimafolgen für Hessen dar, sondern bewertete auch den Stand der Umsetzung der geplanten Maßnahmen und dokumentierte ausgewählte Projekte im Detail. Der aktuelle Klimaplan Hessen wurde auf Grundlage dieser Ergebnisse weiterentwickelt und an neue wissenschaftliche Erkenntnisse angepasst.

Lokale Maßnahmen – Netzwerke und Kooperationen

Hessen aktiv: Die Klima-Kommunen

In Hessen unterstützen verschiedene Netzwerke und Kooperationsplattformen die Umsetzung von Klimaanpassungsmaßnahmen auf kommunaler und betrieblicher Ebene. Das Bündnis „Hessen aktiv: Die Klima-

Kommunen“ vereint rund 400 Städte, Gemeinden und Landkreise, die sich gemeinsam für Klimaschutz und Anpassung an die Folgen des Klimawandels engagieren. Mitgliedskommunen profitieren von fachlicher Beratung, Zugang zu Veranstaltungs- und Schulungsangeboten sowie weiteren Unterstützungsleistungen. Die Plattform fördert den Wissenstransfer und die Zusammenarbeit zwischen den Kommunen.

Fachzentrum Klimawandel und Anpassung

Das Fachzentrum Klimawandel und Anpassung fungiert als Schnittstelle zwischen Wissenschaft und Praxis. Es vernetzt Universitäten, Forschungseinrichtungen, Politik und Verwaltung, um die Umsetzung von Klimaanpassungsmaßnahmen zu fördern. Bereits 2009 wurden hierfür spezialisierte Expertenforen eingerichtet, darunter das Gesundheitsforum und das Planungsforum.

Mit der Umweltallianz Hessen verfügt das Land zudem über ein Netzwerk aus Wirtschaft und Kommunen, das sich dem Klimaschutz und der betrieblichen Klimaanpassung widmet. Ziel ist es, Unternehmen und Einrichtungen für die Herausforderungen durch Extremwetterereignisse zu sensibilisieren und sie bei der Umsetzung geeigneter Anpassungsmaßnahmen zu unterstützen.

Mehrere hessische Kommunen haben bereits eigene Anpassungsstrategien oder Konzepte entwickelt. Dazu gehören etwa der Landkreis Darmstadt-Dieburg, die Stadt Frankfurt am Main, die Stadt Offenbach, die Stadt Kassel mit ihrem Klimaschutzteilkonzept „Anpassung an den Klimawandel“ sowie die Stadt Marburg mit einem eigenen Handlungskonzept. Auch der Landkreis Marburg-Biedenkopf, die Städte Oberursel, Taunusstein, Kronberg, die Gemeinde Kiedrich, die Stadt Dietzenbach und weitere Kommunen haben Konzepte erarbeitet. In verschiedenen weiteren Kommunen befinden sich Klimaanpassungskonzepte derzeit in der Erstellung.

Planung und Bauen

Im Bereich Planung und Bauen arbeitet das Fachzentrum Klimawandel und Anpassung eng mit der Hessischen Industrie- und Handelskammer (HIHK), den IHKs der Bezirke sowie der Handwerkskammer in Hessen zusammen. Gemeinsam wurde praxisnahes Informationsmaterial für private Hausbesitzerinnen und Hausbesitzer entwickelt, die ihre Gebäude an die Folgen des Klimawandels anpassen möchten. Darüber hinaus informiert das Fachzentrum in Kooperation mit der IHK über das Thema „Gewerbegebiete – klimaangepasst und fit für die Zukunft“, das sich speziell an Gewerbeeigentümer, Immobilienentwickler, Wirtschaftsförderer, Architektinnen und Architekten sowie Planer richtet. Ergänzende Handlungshilfen und Materialien sind über die Internetplattform des Fachzentrums verfügbar.

Im Rahmen des Klimaplans Hessen ist zudem eine umfassende Informationskampagne zu Klimaanpassungsstrategien für Unternehmen und Kommunen vorgesehen. Aufbauend auf der bereits im Rahmen der Umweltallianz Hessen veröffentlichten Website „Klimaanpassung und Klimarisiken für Unternehmen und Kommunen“ sollen dabei gezielt kleine und mittlere Unternehmen (KMU) angesprochen werden. Die Kampagne wird verschiedene Instrumente, Unterstützungsleistungen und Best-Practice-Beispiele vorstellen, um Unternehmen praxisnah bei der Entwicklung und Umsetzung eigener Anpassungsstrategien zu unterstützen.

Der Klimaplan Hessen wurde Ende Januar 2023 beschlossen und bildet seitdem die zentrale Grundlage für Klimaschutz- und Anpassungsmaßnahmen im Land. Der Umsetzungsstand der enthaltenen Maßnahmen wird einmal jährlich durch eine Monitoringabfrage überprüft. Bereits zum Jahresende 2023 befanden sich nahezu alle Maßnahmen, einschließlich ihrer einzelnen Maßnahmenelemente, in der Umsetzung oder waren als dauerhafte Aufgaben institutionell verankert.

Gemäß dem Hessischen Klimagesetz ist alle fünf Jahre ein ausführlicher Monitoring- und Projektionsbericht vorzulegen. Dieser basiert auf einer quantitativen und qualitativen Auswertung und soll auch Vorschläge zur Weiterentwicklung bestehender Maßnahmen enthalten.

Klimabeirat

Zur fachlichen Unterstützung berief die Landesregierung im April 2023 erstmals einen wissenschaftlichen Klimabeirat als unabhängiges Beratungsgremium für Klimaschutz und Klimaanpassung. Die Mitglieder werden für fünf Jahre ernannt und beraten die Landesregierung regelmäßig in strategischen Fragen.

8.3.8 Mecklenburg-Vorpommern

Gesetzliche Anforderungen

Klimaanpassungsstrategie

In Mecklenburg-Vorpommern wird derzeit an einer umfassenden Klimarisikoanalyse gearbeitet, die die Grundlage für die bis Ende 2026 zu erstellende Klimaanpassungsstrategie des Landes bilden soll. Diese Strategie wird Ziele für eine nachhaltige Klimaanpassung definieren und konkrete Maßnahmen entwickeln, um diese zu erreichen. Als Orientierung dient dabei die Deutsche Anpassungsstrategie (DAS). Die künftige Klimaanpassungsstrategie kann zudem als Vorlage für regionale Klimaanpassungskonzepte genutzt werden. Parallel dazu wird aktuell ein Hitzeschutzplan erarbeitet.

Bereits im Jahr 2010 hatte das Ministerium für Wirtschaft, Arbeit und Tourismus Mecklenburg-Vorpommern einen Aktionsplan Klimaschutz vorgelegt. Gegenwärtig wird ein neuer Klimaschutzplan erstellt. Ebenfalls 2010 wurde das Maßnahmenkonzept zur Anpassung der Wälder Mecklenburg-Vorpommerns an den Klimawandel veröffentlicht, in dem die aus damaliger Sicht wichtigsten Maßnahmen zur Waldanpassung zusammengefasst wurden. Es enthält Darstellungen zu den möglichen Wirkungen des Klimawandels auf Wald und Forstwirtschaft, zu Standorten und Waldstruktur, zu Leitlinien der Waldbewirtschaftung unter Klimawandelbedingungen, zu forstlicher Standortkartierung, Baumarteneignung, standortbezogener Baumartenwahl, genetischer Vielfalt, Waldumbau, Bestandsmischung sowie Waldschutz.

Ein Monitoring- und Evaluationsverfahren zur Klimafolgenanpassung wird derzeit vom Ministerium für Klimaschutz, Landwirtschaft, ländliche Räume und Umwelt vorbereitet. Zudem befindet sich die Umsetzung des Bundes-Klimaanpassungsgesetzes (KAnG) auf Landesebene in Arbeit.

Länderspezifische Anpassungsmaßnahmen

In Mecklenburg-Vorpommern wurden bereits verschiedene länderspezifische Anpassungsmaßnahmen initiiert und umgesetzt. Dazu zählt unter anderem die 2022 veröffentlichte Studie „Ökonomie des Klimawandels: Eine Bewertung von Anpassungsoptionen für die Küsten von Mecklenburg-Vorpommern" (Coastline Reports 28) der Küsten Union Deutschland e. V. (Coastal Union Germany – EUCC-D), die wirtschaftliche Handlungsmöglichkeiten für den Küstenschutz analysiert. Ergänzend dazu liegt seit 2017 das Bodenschutzprogramm Mecklenburg-Vorpommern, Teil 2: Bewertung und Ziele des Ministeriums für Landwirtschaft und Umwelt Mecklenburg-Vorpommern vor, das konkrete Zielsetzungen für einen nachhaltigen Bodenschutz formuliert.

ECAS-BALTIC

Im Projekt ECAS-BALTIC (Strategies of ecosystem-friendly coastal protection and ecosystem-supporting coastal adaptation on the German Baltic Sea Coast, 2020–2023) wurden Strategien für einen ökosystemgerechten Küstenschutz an der deutschen Ostseeküste entwickelt.

Der Regionale Planungsverband Vorpommern hat im Rahmen seiner Raumentwicklungsstrategie zur Anpassung an den Klimawandel und zum Klimaschutz das

Erfordernis eines integrierten Regionalen Energiekonzepts abgeleitet. Dieses Konzept wurde 2013–2014 erarbeitet und umfasste drei aufeinander aufbauende Teilaufgaben: die Datenerhebung und Analyse, die Ermittlung kommunaler Potenziale erneuerbarer Energien und Partizipationsmöglichkeiten sowie die Entwicklung von Maßnahmen zur regionalen Wertschöpfung, Standortentwicklung und Energiewende.

KliWaKom

Unter der Dachmarke der Deutschen Anpassungsstrategie (DAS) wurde zudem das Vorhaben Stärkung von Klimawandelanpassung im Management touristisch geprägter Gemeinden an der mecklenburgischen Ostseeküste durchgeführt, insbesondere im Rahmen des Projekts KliWaKom (Klimawandel in Kommunen und Kommunikation), das von der Küsten Union Deutschland e. V. geleitet und vom Bundesministerium für Umwelt, Naturschutz, Bau und Reaktorsicherheit gefördert wurde (Laufzeit: 1. August 2015 bis 31. Juli 2018).

Ein weiteres zentrales Vorhaben war das Projekt RegWaKlim (Regionale Grundwassernutzung im Klimawandel, 2016–2018), in dem gemeinsam mit regionalen Akteuren eine raum- und sektorenübergreifende Anpassungsstrategie zur nachhaltigen Sicherung der Wasserversorgung in Vorpommern entwickelt wurde. Die Ergebnisse wurden 2018 in der Publikation Grundwassernutzung im Klimawandel – Ansätze zu einer nachhaltigen Sicherung der regionalen Wasserversorgung veröffentlicht.

In Mecklenburg-Vorpommern wurden im Rahmen des Programms RADOST (Regionale Anpassungsstrategien für die deutsche Ostseeküste) zahlreiche Anwendungsprojekte durchgeführt. Dazu zählen unter anderem das von der TUHH/URCE umgesetzte Projekt Vorarbeiten für eine Fachplanung zum Schutz sandiger Küsten sowie mehrere Vorhaben des Staatlichen Amtes für Landwirtschaft und Umwelt Mittleres Mecklenburg (StALU MM), darunter die Beratung der Stadt Rostock zum Hochwasserschutz bei sich ändernden klimatischen Bedingungen und das Projekt Unterhaltung von Schifffahrtswegen und Küstenschutz – Nutzung von Synergien, in dem Optionen zur Verwendung von Baggergut aus Bau- und Unterhaltungsmaßnahmen zur Deckung des steigenden Sandbedarfs im Küstenschutz untersucht wurden. Weitere RADOST-Anwendungsprojekte waren die Entwicklung angepasster Pflanzensorten sowie die vom Leibniz-Institut für Gewässerökologie und Binnenfischerei (IGB) bearbeitete Steuerung von Nährstoffeinträgen durch Retentionsbecken. Ergänzend widmete sich das RADOST-Teilprojekt Tourismus und Klimawandel der Entwicklung von Anpassungsmaßnahmen für die deutsche Ostseeküste.

Zu den Schlüsselmaßnahmen des Landes zählen innovative freiwillige Klimaschutz- und Anpassungsinstrumente. Jeder erworbene Anteil steht für mindestens einen Quadratmeter neu aufgeforsteten Klimawaldes, der neben der CO_2-Speicherung vielfältige Ökosystemleistungen erbringt.

Mit den MoorFutures bietet Mecklenburg-Vorpommern Kohlenstoffzertifikate an, die auf der Basis von Moorwiedervernässungen generiert werden. Ein MoorFuture entspricht dem Einsparpotenzial von einer Tonne CO_2 und berücksichtigt in der Version 2.0 auch weitere Ökosystemleistungen und Aspekte der Biodiversität.

Der HeckenScheck ist ein weiteres Ökowertpapier aus Mecklenburg-Vorpommern, das die Pflanzung neuer Feldhecken finanziert.

8.3.9 Niedersachsen

Gesetzliche Anforderungen

NKlimaG

In Niedersachsen bildet das Niedersächsische Klimagesetz (NKlimaG) die zentrale gesetzliche Grundlage für Klimaschutz und Klimaanpassung. Es wurde im Dezember 2020 vom Landtag verabschiedet und sieht ausdrücklich Regelungen zur Anpassung an die Folgen des Klimawandels vor. Das Gesetz verpflichtet die Landesregierung zur Entwicklung einer Strategie zur Anpassung an den Klimawandel, die alle fünf Jahre fortgeschrieben wird. Die erste Anpassungsstrategie erschien 2021 und baut auf einer bereits 2012 veröffentlichten Empfehlung für eine niedersächsische Anpassungsstrategie auf.

Die Niedersächsische Strategie zur Anpassung an die Folgen des Klimawandels umfasst 17 Handlungsfelder, die sowohl die erwarteten Klimawirkungen als auch notwendige Anpassungsmaßnahmen darstellen. Dazu zählen unter anderem Veränderungen des Wasserhaushalts, eine erhöhte Sturmflutgefährdung an Küste und Inseln, steigender Bewässerungsbedarf in der Landwirtschaft, verlängerte Vegetationsperioden, Veränderungen der Bodenfunktionen sowie eine zunehmende Hitzebelastung. Jede Fortschreibung der Strategie beinhaltet zudem eine Bewertung des Umsetzungsstands der Maßnahmen.

Länderspezifische Anpassungsmaßnahmen

Niedersächsisches Kompetenzzentrum Klimawandel

2021 wurde das Niedersächsische Kompetenzzentrum Klimawandel (NIKO) als zentrale Anlaufstelle für alle Fragen rund um Klimawandel und Klimaanpassung eingerichtet. NIKO fungiert als fachliche Schnittstelle zwischen Wissenschaft, Verwaltung, Kommunen und weiteren Akteuren.

Mit der Novelle des NKlimaG vom Dezember 2023 wurde für Gemeinden und Samtgemeinden eine neue Pflicht eingeführt: Bis spätestens Dezember 2026 müssen sie ermitteln und dokumentieren, welche Flächen ihres Gebiets potenziell entsiegelt werden können. Hierfür stellt das Land ein digitales Entsiegelungskataster zur Verfügung.

Eine weitere Novellierung des NKlimaG ist für 2025 geplant, um die Anforderungen des Bundes-Klimaanpassungsgesetzes (KAnG) in Landesrecht zu überführen, insbesondere im Hinblick auf verpflichtende kommunale Klimaanpassungskonzepte.

Lokale Maßnahmen

In Niedersachsen fördern verschiedene Netzwerke den Austausch und die Zusammenarbeit im Bereich Klimaanpassung auf kommunaler und institutioneller Ebene. Das Niedersächsische Aktionsforum Gesundheit und Klima (NaGuK), eingerichtet vom Niedersächsischen Sozialministerium, bringt Akteurinnen und Akteure des Gesundheitswesens zusammen. Ziel ist es, Erfahrungen zu den Auswirkungen des Klimawandels auf das Gesundheitssystem auszutauschen, Strategien für den Umgang mit klimabedingten Gesundheitsrisiken zu entwickeln und offene Fragen zur Erreichbarkeit besonders vulnerabler Bevölkerungsgruppen zu klären.

Das vom Niedersächsischen Kompetenzzentrum Klimawandel (NIKO) initiierte Kommunale Klimaanpassungsnetzwerk richtet sich an Klimaanpassungs- und Klimaschutzmanagerinnen und -manager aus allen Regionen des Landes. Es tagt zweimal jährlich und bietet eine Plattform für den Erfahrungsaustausch zu aktuellen Projekten, Herausforderungen und Fördermöglichkeiten.

EKlimakompetenz-netzwerk

Ebenfalls unter der Leitung des NIKO steht das Klimakompetenznetzwerk, das v. a. niedersächsische Behörden miteinander vernetzt, die im Bereich Klimawandel und Klimafolgenanpassung tätig sind. Ziel ist die Stärkung der ressortübergreifenden Zusammenarbeit und die Förderung einer abgestimmten Anpassungspolitik.

Darüber hinaus bietet die Kommunale UmweltAktioN (UAN) mit dem Starkregen-Netzwerk Niedersachsen eine fachspezifische Austauschplattform für Städte und Gemeinden. Sie informiert über kommunale Überflutungsvorsorge, stellt Fachwissen und Praxisbeispiele zur Verfügung und unterstützt Kommunen bei der Entwicklung eigener Strategien zur Reduzierung des Starkregenrisikos.

8.3.10 Nordrhein-Westfalen

Gesetzliche Anforderungen

Klimaanpassungsgesetz Nordrhein-Westfalen

Nordrhein-Westfalen verfügt über eine der am weitesten entwickelten rechtlichen Grundlagen zur Klimaanpassung in Deutschland. Mit dem Klimaanpassungsgesetz Nordrhein-Westfalen (KlAnG)[1] von 2026 wurde das bundesweit erste eigenständige Gesetz erlassen, das ausschließlich der Anpassung an die Folgen des Klimawandels gewidmet ist. Es verpflichtet das Land zu strategischer Vorsorge, zu ressortübergreifendem Handeln sowie zu regelmäßiger Überprüfung und Weiterentwicklung der Anpassungspolitik. Die Umsetzung erfolgt auf Grundlage der Landesstrategie 2024–2029, die als aktuelle Klimaanpassungsstrategie Nordrhein-Westfalens im Jahr 2024 veröffentlicht wurde.

Die Landesstrategie beschreibt die Klimakrise als zentrale Herausforderung, die sich in NRW bereits durch häufigere und heftigere Extremwetter (u. a. Hitze, Dürre, Starkregen, Hochwasser) sowie langfristige Veränderungen, wie steigende Temperaturen, veränderte Niederschlagsmuster und invasive Arten, zeigt – mit Folgen für Menschen, Umwelt, Wirtschaft und Infrastrukturen. NRW sieht sich als Vorreiter (u. a. frühe Strategie seit 2009) und verankert Klimaanpassung als staatliche Daseinsvorsorge; das Klimaanpassungsgesetz NRW verpflichtet zur regelmäßigen Fortschreibung und soll auch Anforderungen des Bundesklimaanpassungsgesetzes erfüllen.

---

[1] (Zugriff am 28.01.2026)

Für die Steuerung wird eine ressortübergreifende Arbeitsgruppe fortgeführt, flankiert durch eine Koordinierungsstelle im Umweltministerium und Klimaanpassungs-Koordinierende in allen Ministerien; der Beirat Klimaanpassung NRW begleitet beratend, und die Strategie ist als fortlaufender Prozess mit mindestens fünfjähriger Fortschreibung angelegt.

Ein zentrales Instrument der Steuerung ist das im Gesetz verankerte Monitoring. Im Auftrag des Ministeriums für Umwelt, Naturschutz und Verkehr des Landes Nordrhein-Westfalen (MUNV) erstellt das Landesamt für Natur, Umwelt und Klima Nordrhein-Westfalen (LANUK) das sog. Klimafolgen- und Anpassungsmonitoring in NRW (KFAM NRW). Ziel ist es, die Auswirkungen des Klimawandels auf Natur, Umwelt und Gesellschaft frühzeitig zu erkennen und die Wirksamkeit der durchgeführten Anpassungsmaßnahmen messbar zu machen. Das Monitoring dient nicht nur der Bewertung des Ist-Zustands, sondern auch der kontinuierlichen Weiterentwicklung der Anpassungspolitik. Es ermöglicht eine evidenzbasierte Steuerung und unterstützt die Identifikation regionaler Trends, Risiken und Handlungsbedarfe.

KFAM NRW

Das im Juli 2024 in Kraft getretene Bundes-Klimaanpassungsgesetz stimmt in weiten Teilen mit dem Landesgesetz Nordrhein-Westfalens überein. Darüber hinaus enthält es jedoch eine ausdrückliche Verpflichtung für Kommunen, eigene Klimaanpassungskonzepte zu entwickeln. In welcher Form diese bundesrechtliche Vorgabe künftig in Nordrhein-Westfalen übernommen wird, ist derzeit noch offen. Das zuständige Ministerium arbeitet derzeit an einer Novellierung des bestehenden Landesgesetzes, um es inhaltlich zu evaluieren, strukturell weiterzuentwickeln und mit den bundesweit laufenden Klimaanpassungsprozessen in Einklang zu bringen.

Länderspezifische Anpassungsmaßnahmen

Klimaanpassungsstrategie

Die landeseigene Klimaanpassungsstrategie Nordrhein-Westfalen 2024–2029 bildet die zentrale Grundlage der Klimafolgenanpassungspolitik des Landes. Sie wurde ressortübergreifend unter Federführung des Ministeriums für Umwelt, Naturschutz und Verkehr des Landes Nordrhein-Westfalen entwickelt und umfasst 16 Handlungsfelder. Diese wurden inhaltlich aus dem Klimaschutzplan NRW von 2015 übernommen und zugleich an den Strukturrahmen der Deutschen Anpassungsstrategie angelehnt. Ziel war es, praxisorientierte Zielsetzungen und konkrete Maßnahmen zu formulieren, die im Rahmen von ressortübergreifenden Workshops entwickelt wurden. Die Verantwortung für die Umsetzung liegt nicht bei einzelnen Fachressorts, sondern verteilt sich auf mehrere Ministerien, die in vielen Fällen kooperativ zuständig sind.

Klimaschutzplan NRW

Ein großer Teil der Anpassungsoptionen in Nordrhein-Westfalen ist das Ergebnis angewandter Forschung und Praxisprojekte. Besonders hervorzuheben ist das Projekt zur Entwicklung und Anwendung einer Systematik zur integrierten Bewertung sozial-ökologischer Wohnlagen, das es Kommunen ermöglichen soll, Belastungen durch den Klimawandel räumlich zu identifizieren und gezielt Gegenmaßnahmen zu entwickeln. Auch das Förderprojekt zur Hitzeprävention bei alleinlebenden Seniorinnen und Senioren in Recklinghausen zählt zu den wegweisenden Ansätzen. Es entwickelt ein Betreuungskonzept, das helfen soll, gesundheitliche Risiken infolge von Hitzewellen durch individuelle Präventionsmaßnahmen zu minimieren.

Weitere Studien wie die Machbarkeitsstudie „Lebenswerte Straßen, Orte und Nachbarschaften“ (LesSON) zeigen auf, wie urbane Räume durch Umgestaltung klimaresilienter und lebenswerter werden können. Ergänzend legt das Land praxisorientierte Arbeitshilfen vor, etwa im Bereich des kommunalen Starkregenrisikomanagements. Ziel ist es, Fachverwaltungen in Städten und Gemeinden ein einheitliches und wirksames Vorgehen bei der Risikominimierung zu ermöglichen.

Auch großräumige Projekte wie „Evolving Regions – NRW wird klimarobust“ sind Ausdruck der aktiven Klimaanpassungspolitik. Dieses LIFE-Projekt ermöglichte zwischen 2019 und 2023 die Entwicklung regionaler Klimaanpassungsstrategien in acht Pilotregionen, darunter sieben Kreise in Nordrhein-Westfalen und eine Region in den Niederlanden. Die Ergebnisse flossen direkt in regionale und kommunale Strategien ein und unterstützten den Aufbau langfristiger Kooperationen.

Im Rahmen eines zweijährigen Pilotprojekts wurde zudem der „European Climate Award“ als Qualitätsmanagement- und Zertifizierungssystem für kommunale Klimaanpassung entwickelt. Aufbauend auf diesem Modell unterstützt das Land seit 2019 über eine Förderrichtlinie die Einführung von Qualitätsmanagementsystemen in Kommunen, die die Integration von Klimaanpassungsprozessen langfristig im Verwaltungshandeln verankern sollen.

Zahlreiche themenspezifische Studien flankieren diese praktischen Maßnahmen. Dazu zählen Untersuchungen zu den Auswirkungen des Klimawandels auf den Tourismus, den Wald und die Forstwirtschaft sowie auf die Stadtentwicklung. Eine modellgestützte Klimaanalyse für das gesamte Landesgebiet wurde 2018 vorgelegt und wird derzeit aktualisiert. Sie analysiert unter anderem die thermische Belastung im Siedlungsraum, die Verfügbarkeit ausgleichender Freiflächen und die Betroffenheit der Bevölkerung durch Hitzebelastung. Die Ergebnisse sind im Klimaatlas NRW des LANUK dargestellt und werden auch über Broschüren und Fachberichte öffentlich zugänglich gemacht.

Gründachkataster

Für die Förderung naturbasierter Lösungen steht in Nordrhein-Westfalen unter anderem das Gründachkataster zur Verfügung, das landesweit Informationen über das Nachrüstungspotenzial vorhandener Dachflächen liefert. Es unterstützt Kommunen, Eigentümer und Planungsbüros bei der zielgerichteten Umsetzung von Dachbegrünung. Weitere Studien beschäftigen sich mit der Rolle der Innenentwicklung unter Klimaanpassungsgesichtspunkten sowie mit den Wechselwirkungen zwischen Bodenkühlleistung und Stadtklima.

FIS Klimaanpassung

Ein Beispiel für interdisziplinäre Planung ist das Projekt zur hitzeangepassten Quartiersplanung in Bonn. Es untersuchte, wie städtebauliche Anpassungsmaßnahmen in unterschiedlichen Stadtstrukturen wirken und wie sich deren Effektivität im Rahmen eines Fachinformationssystems (FIS) Klimaanpassung systematisch bewerten lässt. Die Ergebnisse wurden als Planungshilfe für Kommunen veröffentlicht.

Im Bereich Wald und Forstwirtschaft wurde bereits 2015 eine analysierte, umfangreiche Anpassungsstrategie vorgelegt. Sie analysiert die klimatischen Herausforderungen für die Wälder in Nordrhein-Westfalen und schlug langfristig wirkende Maßnahmen vor, die auch künftigen Generationen gesunde, leistungsfähige Waldökosysteme sichern sollten Die Strategie umfasste sowohl wissenschaftliche Grundlagen als auch praktische Maßnahmenkataloge für verschiedene Nutzungsformen.

Kühlleistung von Böden

Eine weitere ressortübergreifende Orientierung bietet der Leitfaden zur Integration der potenziellen Bodenkühlleistung in stadtklimatische Konzepte[1]. Er zeigt auf, wie der Boden als Wasserspeicher in der Stadt gestärkt und für die Temperaturregulierung gezielt genutzt werden kann.

Lokale Maßnahmen

In Nordrhein-Westfalen werden lokale Maßnahmen zur Klimaanpassung systematisch durch Netzwerke, Beratung und regionale Kooperationen unterstützt. Ziel ist es, vorhandenes Wissen zu bündeln, Erfahrungen aus der Praxis weiterzugeben und Synergien zwischen kommunalen, wissenschaftlichen und zivilgesellschaftlichen Akteuren zu fördern. Das Ministerium für Umwelt, Naturschutz und Verkehr Nordrhein-Westfalen legt da-

[1] Landesamt für Natur, Umwelt und Verbraucherschutz Nordrhein-Westfalen (2025): Kühlleistung von Böden. Leitfaden zur Einbindung in stadtklimatische Konzepte in NRW. LANUV-Arbeitsblatt 29. Recklinghausen: LANUV. URL: https://www.lanuk.nrw.de/fileadmin/lanuvpubl/4_arbeitsblaetter/LANUV-Arbeitsblatt_29_web.pdf (Zugriff am 28.01.2026).

bei großen Wert auf die Stärkung lokaler und regionaler Handlungskapazitäten, um die Anpassung an den Klimawandel in der Fläche nachhaltig zu verankern.

Beirat Klimaanpassung NRW

Ein zentrales Gremium auf Landesebene ist der im Jahr 2021 eingesetzte Beirat Klimaanpassung NRW. Er begleitet die Weiterentwicklung der Anpassungspolitik des Landes aus gesellschaftlicher Perspektive. Durch die Beteiligung von Vertreterinnen und Vertretern aus verschiedenen gesellschaftlichen Bereichen bringt der Beirat unterschiedliche Erwartungen, Bedarfe und Fachkenntnisse in den politischen Prozess ein. Auf diese Weise sollen Impulse für die künftige strategische Ausrichtung der Klimaanpassung in Nordrhein-Westfalen gesetzt werden.

Bereits seit dem Jahr 2019 bietet das Land zudem eine Kommunalberatung zur Klimafolgenanpassung an. Dieses Unterstützungsangebot richtet sich an Städte, Gemeinden und Kreise, die sich aktiv mit Klimarisiken auseinandersetzen möchten. Seit 2024 ist die Kommunalberatung organisatorisch beim Landesamt für Natur, Umwelt und Klima angesiedelt. Sie begleitet sowohl Kommunen, die bereits klimaaktiv sind, als auch solche, die bislang wenig Erfahrung mit Klimaanpassung gesammelt haben. Ziel ist es, die Anpassung als integralen Bestandteil kommunaler Planungsprozesse zu etablieren und in die Verwaltungsstrukturen einzubetten.

Ein besonderer Schwerpunkt liegt auf der Förderung regionaler Kooperationen. In den Jahren 2018 und 2019 wurden landesweit fünf Regionalforen durchgeführt, um den Austausch zwischen Kommunen zu fördern und regionale Netzwerke zu etablieren. Für die Großstädte in NRW wurde ein zusätzliches Forum organisiert, das speziell auf deren Herausforderungen zugeschnitten war.

BESTKLIMA

In mehreren Regionen des Landes bestehen bereits etablierte regionale Anpassungsstrukturen. So arbeiten die Städte Solingen, Remscheid und Wuppertal im Projekt BESTKLIMA eng zusammen und organisieren gemeinsame Veranstaltungen zur Klimaanpassung. Der Kreis Euskirchen hat ein umfassendes Klimaanpassungskonzept für das gesamte Kreisgebiet erarbeitet, das alle kreisangehörigen Kommunen einschließt. Auch die Region Köln/Bonn, das Rheinische Revier sowie die Emscherregion verfügen über eigene regionale Strategien. Letztere entwickelt derzeit eine regionale Hitzeaktionsplanung im Rahmen des Projekts „HAP.Regio". In der Emscherregion ist außerdem die Zukunftsinitiative „Klima.Werk" aktiv, die aus dem Vorgängerprojekt „Wasser in der Stadt von morgen" hervorgegangen ist. Darüber hinaus fördert der „Runde Tisch Klimaanpassung" des Regionalverbands Ruhr (RVR) den fachlichen Austausch zu zentralen Anpassungsthemen. In Südwestfalen und im Münsterland befassen sich regionale Klimanetzwerke ebenfalls mit Maßnahmen des Klimaschutzes und der Anpassung.

HAP.Regio

Auf kommunaler Ebene ist die Vielfalt der Strategien und Konzepte besonders groß. Der Klimaatlas NRW bietet unter dem Stichwort „Konzepte vor Ort" eine systematische Übersicht über die Städte und Gemeinden, die bereits über ein Klimaanpassungskonzept verfügen. Dabei werden verschiedene Formate unterschieden, darunter klassische, geförderte Konzepte (bis 2018 als „Teilkonzept Klimafolgenanpassung" bezeichnet), integrierte Konzepte im Rahmen von Leuchtturmprojekten der Deutschen Anpassungsstrategie (DAS), eigenständig entwickelte Konzepte sowie sogenannte „Integrierte Klimaschutz- und Klimaanpassungskonzepte“, die einen besonderen Schwerpunkt auf die Folgenanpassung legen.

Kooperation und Austausch mit dem Privatsektor

Klimaresilienz der Wirtschaft

Das Land Nordrhein-Westfalen arbeitet intensiv mit privaten Unternehmen zusammen, um die Klimaresilienz der Wirtschaft zu stärken und zugleich die Potenziale der sogenannten Klimaanpassungswirtschaft zu fördern. Im Fokus stehen dabei nicht nur Unternehmen, die ihre eigene Anpassungsfähigkeit erhöhen möchten, sondern auch solche, die Dienstleistungen, Technologien und Produkte zur Klimaanpassung anbieten. Durch gezielte Unterstützung sollen diese Aktivitäten sichtbarer gemacht, neue Märkte erschlossen und „Klimaanpassung made in NRW“ gestärkt werden.

Netzwerk Klimaanpassung & Unternehmen.NRW

Ein zentrales Instrument dieser Kooperation ist das Netzwerk Klimaanpassung & Unternehmen.NRW“, das seit 2021 als zentrale Anlaufstelle zur Sensibilisierung, Vernetzung und Motivation dient. Das Netzwerk richtet sich sowohl an Unternehmen mit eigener Anpassungsstrategie als auch an Anbieter von Anpassungslösungen. Regelmäßig werden Veranstaltungen durchgeführt, unter anderem mit Praxisbeispielen, thematischen Informationsangeboten und einem digitalen Fördernavigator. Als jährlicher Höhepunkt findet das „Forum Klimaresilienz NRW – Unternehmen.Machen.Klimaanpassung“ statt, das den Erfahrungsaustausch und die strategische Weiterentwicklung fördert.

Resilience Expo

Mit der Resilience Expo[1] plant das Land ab dem Jahr 2025 eine internationale Messe zur Klimaanpassungswirtschaft. Dort sollen vielfältige Lösungen zur Bewältigung der Klimafolgen präsentiert werden – von intelligenter Regenwasserbewirtschaftung über klimaresiliente Stadtbegrünung bis hin zu innovativen Frühwarnsystemen für extreme Wetterereignisse. Die Messe soll zeigen, wie Unternehmen aktiv zur Anpassung beitragen und dabei wirtschaftliche Chancen nutzen können.

KLIMA.PROFIT Nordrhein-Westfalen

Ein weiteres praxisorientiertes Angebot ist der Prozess KLIMA.PROFIT Nordrhein-Westfalen. Dabei handelt es sich um ein modular aufgebautes Beratungs- und Umsetzungsprogramm für Unternehmen, das auf kommunaler Ebene durchgeführt und von geschulten Beraterinnen und Beratern begleitet wird. Innerhalb eines etwa zehnmonatigen Prozesses werden individuelle Risiken analysiert, betriebliche Lösungen entwickelt und konkrete Maßnahmen umgesetzt. KLIMA.PROFIT wurde im Rahmen eines Modellvorhabens gemeinsam mit der EPC gGmbH entwickelt und in den Jahren 2022 und 2023 vom Land kofinanziert. Die Koordination erfolgte über wirtschaftsnahe Bereiche der Kommunalverwaltungen.

Eine Best-Practice-Sammlung mit Kartendarstellung dokumentiert erfolgreiche Unternehmensprojekte im Netzwerk „Klimaanpassung & Unternehmen.NRW“. Sie bietet einen umfassenden Überblick über Betriebe, die sich entweder selbst an den Klimawandel anpassen oder mit ihren Produkten und Dienstleistungen aktiv zur Anpassung anderer beitragen.

---

[1] https://resilience-expo.com/home/ (Zugriff am 28.01.2026).

8.3.11 Rheinland-Pfalz

Gesetzliche Anforderungen

Klimaschutzgesetz (LKSG)

Der rheinland-pfälzische Landtag hat 2025 ein Klimaschutzgesetz (LKSG)[1] beschlossen, das den Pfad zur Klimaneutralität bis spätestens 2040 festschreibt. Kern des Gesetzes sind verbindliche Reduktionspfade für Treibhausgasemissionen. Das Gesetz verankert zudem das Ziel, Rheinland-Pfalz bis 2030 bilanziell zu 100 Prozent mit erneuerbarer Energie zu versorgen. Damit soll die Energieversorgung des Landes nicht nur klimafreundlich, sondern unabhängiger von fossilen Brennstoffen und geopolitischen Krisen werden. Im Rahmen des länderübergreifenden Projekts „Klimawandel und Wasserwirtschaft" (KLIWA) arbeitet Rheinland-Pfalz seit vielen Jahren gemeinsam mit Bayern, Baden-Württemberg, dem Saarland, Hessen und dem Deutschen Wetterdienst an der Analyse der Auswirkungen klimatischer Veränderungen auf die Wasserwirtschaft. Ergänzend dazu untersuchte das Landesprojekt „Klima- und Landschaftswandel in Rheinland-Pfalz" (KlimLandRP) in den Jahren 2008 bis 2011 die Folgen des Klimawandels für Landnutzung, Landwirtschaft, Forstwirtschaft, Biodiversität sowie Boden- und Wasserhaushalt.

KLIWA

Ein weiterer Meilenstein war die Arbeit der Enquete-Kommission „Klimawandel" des rheinland-pfälzischen Landtags, deren zentrale Empfehlung im Jahr 2010 zur Einrichtung des Kompetenzzentrums für Klimawandelfolgen führte. Dieses fungiert seitdem als

[1] Siehe Landesklimaschutzgesetz Rheinland-Pfalz unter URL: https://eur-lex.europa.eu/legal-content/DE/TXT/PDF/?uri=CELEX:72021L1187DEU_202504103 (Zugriff am 28.01.2026).

landesweite Anlaufstelle für Wissenschaft, Verwaltung und Politik. Im November 2013 folgte ein Klimawandelbericht, der erstmals strategische Aussagen zu Handlungsfeldern wie Naturschutz, Biodiversität, Boden, Wasser, Landwirtschaft, Weinbau und Wald formulierte.

Im Juni 2024 veröffentlichte die Landesregierung unter Federführung des Ministeriums für Wissenschaft und Gesundheit (MWG) den Hitzeaktionsplan Rheinland-Pfalz. Ziel ist es, den Schutz der Bevölkerung vor den gesundheitlichen Folgen extremer Hitzeereignisse zu verbessern, die Sensibilität für Hitzeschutzmaßnahmen zu erhöhen und langfristige Strategien insbesondere im Bereich der Stadtplanung zu etablieren.

Ebenfalls 2024 legte das Ministerium für Klimaschutz, Umwelt, Energie und Mobilität (MKUEM) den Zukunftsplan Wasser Rheinland-Pfalz vor. Diese wasserwirtschaftliche Strategie zeigt den sektorübergreifenden Handlungsbedarf zur Anpassung an Klimawandelfolgen auf. Schwerpunkte sind der Schutz und die nachhaltige Bewirtschaftung der Wasserressourcen, die Vorsorge vor Extremereignissen, Strategien zum Umgang mit Nutzungskonflikten, der Schutz des naturnahen Landschaftswasserhaushalts, die Sicherung kritischer Infrastrukturen sowie eine energieeffiziente und leistungsfähige Wasserwirtschaft.

Bis spätestens 31.01.2027 wird Rheinland-Pfalz unter Federführung des MKUEM eine eigene vorsorgende Klimaanpassungsstrategie vorlegen. Diese Strategie wird durch ein landesspezifisches Monitoringsystem unterstützt, das aktuell entwickelt wird. Grundlage bilden vorhandene Datenbestände sowie bestehende Monitoring- und Umweltbeobachtungssysteme des Landes. Der neue Indikatorensatz wird die Evaluierung und Bewertung einzelner Maßnahmen ermöglichen und die Basis für künftige Monitoringberichte sowie die Fortschreibung klimaanpassungsbezogener Konzepte bilden.

Länderspezifische Anpassungsmaßnahmen

Regionales Zukunftsprogramm

Rheinland-Pfalz unterstützt die Umsetzung von Klimaanpassungsmaßnahmen auf kommunaler und regionaler Ebene durch gezielte Förderprogramme und praxisorientierte Projekte. Seit Oktober 2024 läuft das „Regionale Zukunftsprogramm“, das Kommunen in Regionen mit besonderen strukturellen Herausforderungen bei ihrer nachhaltigen Weiterentwicklung unterstützt. Neben Klimaschutzmaßnahmen können hier auch gezielt Projekte zur Anpassung an die Folgen des Klimawandels gefördert werden.

Ein zentrales Finanzierungsinstrument ist das „Kommunale Investitionsprogramm Klima und Innovation“ (KIPKI), das seit März 2023 in Kraft ist. Ziel ist es, Klimaschutz- und Anpassungsmaßnahmen in den Kommunen anzustoßen und deren Umsetzung finanziell abzusichern. Ergänzend dazu wurde ebenfalls im März 2023 der „Kommunale Klimapakt“ (KKP) ins Leben gerufen. Mit ihrem Beitritt verpflichten sich die Kommunen, ihr Engagement im Klimaschutz und in der Anpassung an Klimafolgen zu verstärken und sich zu den Klimaschutzzielen des Landes zu bekennen. Im Gegenzug bietet die Landesregierung passgenaue Unterstützung und Fördermöglichkeiten.

Neben diesen landesweiten Programmen setzt Rheinland-Pfalz auf thematisch fokussierte Projekte. Das Interreg-Vorhaben „RiverDiv: Biodiversität und Wasserqualität – Klimawandelangepasstes Management" (2023–2025) widmet sich dem Schutz der aquatischen Artenvielfalt und der Reduzierung von Gewässerverschmutzung im Einzugsgebiet der Wieslauter. Das Projekt „Mosel-AdapTiV" (2020–2023) förderte in der Kommune Traben-Trarbach die Anpassungskapazität in den Sektoren Weinbau und Tourismus. Ziel war es, durch Kompetenzaufbau bei relevanten Akteursgruppen die wirtschaftlich bedeutenden regionalen Branchen gegenüber Klimarisiken resilienter zu machen.

Ein weiteres Beispiel ist das Leuchtturmvorhaben „Hitze Sicher/Worms" (2020–2022), das die Stadt Worms bei der Entwicklung und Einführung eines kommunalen Hitzeaktionsplans unterstützte. Unter breiter Beteiligung relevanter Akteure wurden präventive Maßnahmen und Informationsangebote entwickelt, um gesundheitlichen Belastungen durch extreme Hitzeereignisse wirksam vorzubeugen.

Lokale Maßnahmen

In Rheinland-Pfalz spielen Netzwerke und Kooperationen eine zentrale Rolle bei der Umsetzung der Klimaanpassung auf kommunaler Ebene. Ein wichtiges Instrument ist das KAM-Netzwerk RLP, das sich an alle Klimaanpassungsmanagerinnen und Klimaanpassungsmanager im Land richtet. Ebenso angesprochen werden weitere kommunale Mitarbeitende, die mit der Anpassung an Klimawandelfolgen befasst sind oder entsprechende Maßnahmen auf den Weg bringen wollen. Das Netzwerk ist im Rahmen des Kommunalen Klimapakts (KKP) entstanden und steht allen beigetretenen KKP-Kommunen offen. Es dient dem Erfahrungsaustausch, der Vernetzung sowie der Unterstützung bei

KAM-Netzwerk RLP

der praktischen Umsetzung von Anpassungsmaßnahmen.

Darüber hinaus ist Rheinland-Pfalz Teil der 5-Länder-Kooperation mit Nordrhein-Westfalen, Thüringen, Hessen und dem Saarland. Ziel dieser Kooperation ist der fachliche Austausch zu ausgewählten Schwerpunktthemen der Klimaanpassung sowie die gemeinsame Vorbereitung und Durchführung regionaler Konferenzen.

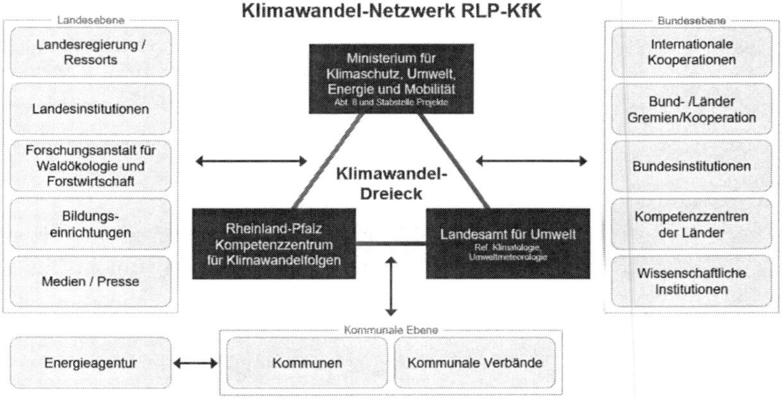

Abb. 8.3.11-1: Klimawandelnetzwerk Rheinland-Pfalz (Quelle: Umweltbundesamt)

Ein weiteres zentrales Element ist das Klimawandelnetzwerk Rheinland-Pfalz, das verschiedene staatliche, wissenschaftliche und zivilgesellschaftliche Akteure verbindet. Es bündelt Expertise, fördert den Dialog zwischen den Beteiligten und dient als Plattform für die Koordination und Entwicklung gemeinsamer Projekte.

Anpassungsstrategien und -konzepte einzelner Kommunen

Mehrere Städte und Gemeinden in Rheinland-Pfalz verfügen bereits über eigene Klimaanpassungskonzepte oder Teilkonzepte. Beispiele hierfür sind das integrierte Konzept und die innovative Strategie zur Anpassung an Klimawandelfolgen der Stadt Speyer, das Klimaschutzteilkonzept „Anpassung an die Folgen des Klimawandels" der Stadt Ingelheim am Rhein sowie das Klimaanpassungskonzept Kaiserslautern unter dem Titel „Kaiserslautern im Klimawandel – wir gestalten unsere Zukunft". Auch die Stadt Worms hat mit „KLAK – Worms handelt!" ein Klimaschutzteilkonzept mit Schwerpunkt Anpassung erstellt. Für die Stadt Landau liegt ebenfalls ein eigenes Klimaanpassungskonzept vor.

Ein zentrales Element vieler Konzepte ist die Einbindung relevanter Akteure. Kommunen, Unternehmen und Bürgerinnen und Bürger können sich beim Rheinland-Pfalz Kompetenzzentrum für Klimawandelfolgen über konkrete Anpassungsmöglichkeiten informieren. Kommunen, die dem Kommunalen Klimapakt Rheinland-Pfalz beigetreten sind, erhalten zudem individuelle Beratung zu geeigneten Maßnahmen.

Beteiligungsformate fördern den direkten Austausch zwischen Bevölkerung und Politik. Das JugendKlimaForum Rheinland-Pfalz bietet jungen Menschen in einem offenen Workshop-Format an verschiedenen Orten im Land die Möglichkeit, Themen rund um Klimaschutz und Anpassung an Klimafolgen zu diskutieren – sowohl untereinander als auch mit politisch Verantwortlichen.

Ein praktisches Beispiel für die Verbindung von Klimaanpassung, Klimaschutz und regionaler Wertschöpfung ist das Projekt „Zukunft mit Dorfwerten in der Südwestpfalz“ (März 2023 bis September 2025). Ziel ist es, durch Maßnahmen wie Agrarholzanbau Arten-, Boden- und Hochwasserschutz zu stärken und das gewonnene Holz in der CO_2-neutralen Wärmeversorgung einzusetzen. Gleichzeitig sollen neue Wertschöpfungsketten und Arbeitsplätze in der Region entstehen, die über eine regionale Organisationsstruktur vermarktet werden.

8.3.12 Saarland

Gesetzliche Anforderungen

SKSG

Die Grundlage für Klimaschutz und Klimaanpassung im Saarland bildet das Saarländische Klimaschutzgesetz (SKSG). Dieses formuliert in § 4 Abs. 3 ausdrücklich Ziele zur Anpassung an die Folgen des Klimawandels. Demnach sollen negative Klimawirkungen durch handlungsfeldspezifische, regional angepasste Maßnahmen begrenzt werden. § 5 Abs. 2 konkretisiert die für die Umsetzung relevanten Handlungsfelder. Dazu zählen insbesondere menschliche Gesundheit, Bauwesen, Wasserhaushalt und Wasserwirtschaft, Boden, biologische Vielfalt, Land- und Forstwirtschaft sowie Verkehr und Verkehrsinfrastruktur. Der Katastrophenschutz ist in angemessenem Umfang zu berücksichtigen.

Klimaschutzkonzept

Das SKSG sieht in § 6 Abs. 1 die Erstellung eines Klimaschutzkonzepts[1] vor, das auch zentrale Klimaanpassungsmaßnahmen enthalten muss. Die Landesregierung erarbeitete dieses Konzept unter Beteiligung der Öffentlichkeit. Es wurde im Juli 2025 verabschiedet und soll anschließend spätestens alle 4 Jahre auf Grundlage der Monitoringberichte fortgeschrieben werden. Das Konzept umfasst die wesentlichen Klimaschutzstrategien und -maßnahmen sowie Klimaanpassungsmaßnahmen zur Erreichung der Ziele. In Anlehnung an das bundesdeutsche Klimaschutzgesetz betrachtet das saar-

[1] Saarländische Landesregierung (2025): Klimaschutzkonzept für das Saarland. Saarbrücken. URL: https://www.saarland.de/SharedDocs/Downloads/DE/mukmav/klima/dl_ksk_final.pdf?__blob=publicationFile&v=2 (Zugriff am 28.01.2026).

ländische Klimaschutzkonzept folgende Sektoren: Energiewirtschaft, Industrie, Gebäude, Mobilität, Landwirtschaft, Kreislaufwirtschaft sowie den Sektor Landnutzung, Landnutzungsänderung und Forstwirtschaft (LULUCF). Der Schwerpunkt des Konzepts liegt auf dem Zeitraum bis 2030. Neben den sofort, kurz- oder mittelfristig umsetzbaren Maßnahmen wird ein Weg zur Minderung der THG-Emissionen um 65 % im Vergleich zu 1990 dargestellt. Darüber hinaus wird ein Ausblick auf die weiteren Minderungsschritte bis 2045 gegeben.

Ergänzend wurde 2024 von der Saarländischen Landesregierung ein „Aktionsplan zum Schutz der Menschen im Saarland vor Hitze“ veröffentlicht, der praktische Hilfen zum Umgang mit Hitzewellen bietet.

Das Monitoring ist in § 7 SKSG verbindlich geregelt. Es basiert auf quantitativen und qualitativen Erhebungen, die sowohl den Zielerreichungsgrad (§ 4, § 10 Abs. 3) als auch den Umsetzungsstand wichtiger Strategien und Maßnahmen in den Bereichen Klimaschutz und Klimaanpassung erfassen. Die Veröffentlichung der Monitoringberichte erfolgt im zweijährigen Turnus.

Länderspezifische Anpassungsmaßnahmen

Schutz und die Anpassung zentraler Ökosysteme

Die Klimaanpassungspolitik des Saarlandes umfasst sowohl den Schutz und die Anpassung zentraler Ökosysteme als auch die Vorsorge gegenüber klimabedingten Extremereignissen.

Ein Schwerpunkt liegt im Schutz der Wälder. Grundlage hierfür bilden die Biodiversitätsstrategie für den Staatswald des Saarlandes, die Waldbewirtschaftungsrichtlinie für den Staatswald sowie der Masterplan für den saarländischen Wald 2019. Oberstes Ziel ist der Erhalt und die Wiederherstellung der Ökosystemleistungen nachhaltig bewirtschafteter, multifunktionaler Wälder. Gleichzeitig sollen die Anpassungsfähigkeit und Widerstandsfähigkeit der Wälder gegenüber den Folgen des Klimawandels gestärkt werden. Zentrales Element ist der ökologische Waldumbau: Seit 1988 werden Nadelbaumreinbestände im Staatswald systematisch in artenreiche, standortheimische Mischwälder umgewandelt, die sich in Baumartenzusammensetzung, Struktur und Dynamik an natürlichen Waldgesellschaften orientieren.

Die natürliche Verjüngung heimischer Baumarten hat dabei Vorrang vor künstlicher Pflanzung. Vorrangig werden Schlusswaldbaumarten mit Pionierbaumarten wie Birke, Espe oder Vogelbeere kombiniert. Besondere Bedeutung für klimaresiliente Wälder haben Baumarten wie Eiche und Esskastanie, ergänzt durch Weißtanne, Bergahorn, Hainbuche, Erle und weitere. Ziel ist es, durch eine breite Baumartenmischung die Anpassungsfähigkeit an veränderte Klimabedingungen zu erhöhen. Der Waldumbau wird als ein wesentlicher Beitrag zur Erhaltung der Kohlenstoffsenke „Wald“ und damit zum Klimaschutz betrachtet.

Ein weiterer Schwerpunkt ist die Starkregenvorsorge. Das Projekt SER-SL (Starkregen- und Erosionsgefahrenkarten für das Saarland) wird in Kooperation zwischen der Hochschule für Technik und Wirtschaft des Saarlandes (HTW), der Universität des Saarlandes und dem Ministerium für Umwelt, Klima, Mobilität, Agrar und Verbraucherschutz (MUKMAV) umgesetzt. Ziel ist die landesweite Erstellung von Starkregengefahren- und ereignisbasierten Erosionsgefahrenkarten. Angesichts des zu erwartenden häufigeren und intensiveren Starkregens sollen diese Karten eine fundierte Informationsbasis bieten, um Risiken durch Überflutungen und erosionsbedingte Schäden besser zu verstehen und geeignete Anpassungsmaßnahmen zu entwickeln. Die künftige Bereitstellung der Daten soll sowohl Behörden als auch der Öffentlichkeit helfen, präventive Maßnahmen zu planen und die Resilienz gegenüber extremen Wetterereignissen zu erhöhen. Ergänzend dienen die „Handlungsempfehlungen zur Erstellung von Starkregengefahrenkarten" sowie der „Leitfaden Hochwasservorsorge in der Planung – für kommunale Planungsträger" als praxisorientierte Grundlagen, um die Ergebnisse in kommunale Planungs- und Vorsorgestrategien einzubinden.

Lokale Maßnahmen

Die lokalen Klimaanpassungsmaßnahmen im Saarland umfassen ein breites Spektrum an Projekten, Kooperationen und strategischen Initiativen, die auf die spezifischen Herausforderungen der einzelnen Regionen zugeschnitten sind.

Im Hochwasser- und Starkregenbereich setzen zahlreiche saarländische Kommunen kontinuierlich ihre kommunalen Hochwasser- und Starkregenvorsorgekonzepte um. Diese Maßnahmen werden sukzessive realisiert und in den kommenden Jahren weiter ausgebaut, um die Widerstandsfähigkeit gegenüber klimabedingten Extremwetterereignissen zu erhöhen.

Ein Beispiel für eine integrierte, lokal verankerte Anpassungsinitiative ist das Projekt KAN-T – KlimaAnpassungsNetzwerk Tholey. Ziel war es, die Gemeinde Tholey bei der Identifizierung möglicher Klimafolgen und Gefahrenlagen zu unterstützen und darauf aufbauend vorbeugende Anpassungsmaßnahmen zu entwickeln und umzusetzen. Herzstück des Projekts war das 2019 gegründete KlimaAnpassungsNetzwerk Tholey, in dem Akteure aus Kommune, Landkreis, Ingenieur- und Planungsbüros, Wasserversorgung, Feuerwehr, Technischem Hilfswerk, Natur-Zweckverband, Handwerksbetrieben und Landwirtschaft zusammenarbeiteten. Das Netzwerk fungierte als Ideenschmiede und Impulsgeber für die Entwicklung und Umsetzung der Anpassungsstrategie sowie für die Information und Sensibilisierung der Bevölkerung. Schwerpunkte lagen in den Handlungsfeldern Wasser, Bauwesen und kommunale Planung.

Mit KAN-T II wurde die Anpassungsstrategie der Gemeinde Tholey nachhaltig verankert. Bereits entwickelte Maßnahmen wurden vertieft, verstetigt und auf den Landkreis St. Wendel ausgeweitet. Das Projekt unterstützte die Ausdehnung der Aktivitäten und trug dazu bei, die Klimaanpassung in der Region strukturell zu etablieren.

Das Projekt STARK: Saarlouis klimafit zielte auf die Erhöhung der Resilienz der Kreisstadt Saarlouis gegenüber den Folgen des Klimawandels, insbesondere Hitze und Starkregen. Gemeinsam mit der Stadtverwaltung und weiteren relevanten Akteuren wurden Strategien und Maßnahmen entwickelt, die die Anpassungsfähigkeit der Stadt steigern. Die Gemeinde Nalbach wurde als Transferkommune eingebunden, um die Erfahrungen und Ergebnisse zu übertragen.

Das Interreg-Projekt ADAPT: Überhitzung und Hitzestress – Abminderungs- und Anpassungsstrategien wird in der Großregion umgesetzt. Für das Saarland betreut die IZES gGmbH den Landkreis St. Wendel als Modellregion für ein Hitze-Monitoringsystem in sozialen Einrichtungen. Darüber hinaus werden kurz-, mittel- und langfristige Anpassungsmaßnahmen für soziale Einrichtungen entwickelt. Ziel ist es, klimagerechtes Planen und Bauen zu fördern, gesundheitsgefährdende Raumklimata zu vermeiden und wirksame Maßnahmen zur akuten Gefahrenabwehr während Hitzewellen bereitzustellen.

Der Regionalverband Saarbrücken verfolgt mit der Initiative „Gesund bei Hitze im Quartier“ gezielte Maßnahmen zum Schutz vulnerabler Gruppen während Hitzeperioden. Ergänzend beteiligt sich das Saarland an internationalen und nationalen Hochwasserpartnerschaften, um von überregionalen Erfahrungen zu profitieren und gemeinsam wirkungsvolle Strategien gegen Hochwasser- und Starkregenrisiken zu entwickeln.

Anpassungsstrategien und -konzepte einzelner Kommunen

Mehrere Kommunen im Saarland haben bereits eigene Strategien und Konzepte zur Anpassung an die Folgen des Klimawandels entwickelt. Ein zentrales Beispiel ist die Gemeinde Tholey mit dem bereits erwähnten Projekt KAN-T und der darauf aufbauenden Weiterführung KAN-T II. Die Anpassungsstrategie „Masterplan Klimaanpassung“ adressiert insbesondere die Handlungsfelder Wasser, Bauwesen und kommunale Planung. Das Projekt KAN-T II verstetigte die im Rahmen der ersten Projektphase entwickelten Maßnahmen, vertiefte deren Umsetzung und weitete die Aktivitäten auf den gesamten Landkreis St. Wendel aus.

Die Kreisstadt Saarlouis entwickelte mit STARK – Saarlouis im Klimawandel eine Anpassungsstrategie, die gezielt auf die Folgen extremer Hitze und Starkregen ausgerichtet ist. Das Projekt ermöglichte die gemeinsame Entwicklung konkreter Maßnahmen mit relevanten Akteuren vor Ort.

Das Interreg-Projekt ADAPT – Überhitzung und Hitzestress hat im Landkreis St. Wendel den Aufbau eines Hitze-Monitoringsystems in sozialen Einrichtungen ermöglicht. Neben der technischen Implementierung umfasst das Projekt eine begleitende Sensibilisierung und Qualifizierung der beteiligten Einrichtungen, um sowohl kurzfristige Schutzmaßnahmen als auch langfristige Anpassungen umzusetzen.

Weitere kommunale Planungsansätze umfassen das Klimaanpassungskonzept für die Stadt St. Ingbert, das Projekt Gesund bei Hitze im Quartier des Regionalverbands Saarbrücken sowie das Freiraumentwicklungskonzept der Stadt Saarbrücken, das Klimaanpassung eng mit Stadt- und Freiraumgestaltung verknüpft.

Die Einbindung relevanter Akteure spielt in allen Projekten eine zentrale Rolle. So ist beispielsweise im Anpassungsfeld Hochwasser- und Starkregen die Förderung der Erstellung kommunaler Hochwasser- und Starkregenvorsorgekonzepte an eine intensive Beteiligung lokaler Stakeholder geknüpft. Auch im Rahmen des Projekts ADAPT wurden Einrichtungen des Gesundheits- und Bildungssektors durch zielgruppenspezifische Beteiligungsformate aktiv in die Projektentwicklung einbezogen. Dies umfasste unter anderem die

Anwendung des Monitoringsystems, die Nutzung einer Warn-App sowie die Schulung von Mitarbeitenden und Nutzenden, um Prävention und Anpassung im Alltag fest zu verankern.

8.3.13 Sachsen

Gesetzliche Anforderungen

EKP 2021

Das Energie- und Klimaprogramm Sachsen 2021 (EKP 2021), beschlossen im Juni 2021, bildet die strategische Grundlage der Sächsischen Staatsregierung für Klimaschutz, Energiewende und Klimaanpassung bis 2030. Die Anpassung an die Folgen des Klimawandels sowie der Ausbau von Wissen und Wissenstransfer sind zwei von insgesamt sechs zentralen Strategien. In neun Handlungsfeldern – darunter Kommunaler Klimaschutz und Klimaanpassung sowie Umwelt- und Landnutzungen – werden Herausforderungen und Handlungsansätze beschrieben.

Der Maßnahmenplan zum EKP wurde 2023 beschlossen und unterliegt einem Monitoringprozess mit zweijährigem Umsetzungsbericht. Der aktuelle Umsetzungsbericht vom 05.07.2024 zeigt, dass von insgesamt 192 Maßnahmen bereits 158 (82,3 %) in Umsetzung oder erfolgreich abgeschlossen sind. Neben Erfolgsbeispielen werden darin auch notwendige Weiterentwicklungen für eine erfolgreiche zukünftige Umsetzung benannt.

Ein zentrales Element ist das Klimafolgenmonitoring des Freistaats Sachsen, das seit 2012 als Bestandteil des EKP-Maßnahmenplans besteht. Es umfasst Indikatoren zu Klimafolgen (Impacts) in den Bereichen Biodiversität, Land- und Forstwirtschaft, Wasserhaushalt/-wirtschaft und Boden, ergänzt seit 2015 um Statusindikatoren zur Klimaentwicklung. In der Fortschreibung sollen Indikatoren aus dem Nicht-Umweltbereich sowie zu Anpassungsmaßnahmen ergänzt werden. Es bestehen

Schnittmengen zum Monitoring im Rahmen der Deutschen Anpassungsstrategie.

Gemäß § 10 des Bundes-Klimaanpassungsgesetzes (KAnG) wird auf Landesebene eine Landesklimaanpassungsstrategie erarbeitet. Diese entsteht unter breiter Beteiligung und soll eine fachliche Grundlage für kommunale Klimaanpassungskonzepte bieten. Die Vorlage ist gemäß § 10 Abs. 6 KAnG bis spätestens 31.01.2027 vorgesehen. Das Landesgesetz zur Klimaanpassung in Sachsen wird im Laufe der aktuellen Legislaturperiode eingebracht.

Länderspezifische Anpassungsmaßnahmen

Für den Freistaat Sachsen liegt bislang keine eigenständige, integrative Klimaanpassungsstrategie vor. Die Anpassungspolitik basiert auf dem Energie- und Klimaprogramm des Landes. In ausgewählten Fachbereichen des Umweltressorts – unter anderem Landwirtschaft, Forstwirtschaft und Wasserhaushalt – bestehen Strategien mit integrierten Anpassungsmaßnahmen. Einen Überblick zum Stand der Anpassung bietet die Veröffentlichung „Klimawandel in Sachsen – wir passen uns an“ (2015). Der aktuelle Schwerpunkt liegt auf der Unterstützung kommunaler Klimaanpassung.

LIFE LOCAL ADAPT

LIFE LOCAL ADAPT: Im Rahmen des EU-Projekts LIFE LOCAL ADAPT (2016–2021) unterstützte das Landesamt für Umwelt, Landwirtschaft und Geologie (LfULG) kleine und mittlere Kommunen bei der Integration von Klimaanpassung in kommunale Verwaltungsstrukturen. Ziel war es, Kommunen frühzeitig auf die Folgen des Klimawandels vorzubereiten und zukunftsfähige Strukturen zu entwickeln. Das Projekt umfasste die Vermittlung praxisnahen Wissens zur Klimaanpassung in kommunalen Aufgabenbereichen, die Ergänzung kommunaler Ressourcen für die Umsetzung entsprechender Aktivitäten sowie die finanzielle Förderung konkreter Maßnahmen über zwei Wettbewerbe.

KlimaKonform

Forschungsprojekt KlimaKonform: Das Verbundprojekt KlimaKonform (2020–2023) hatte zum Ziel, gemeinsam mit Landkreisen, Beispielgemeinden und Praxispartnern die Anpassungskapazitäten an den Klimawandel in Mittelgebirgsregionen zu stärken. Die Modellregion umfasste den Vogtlandkreis (Sachsen), den Landkreis Greiz (Thüringen) und den Burgenlandkreis (Sachsen-Anhalt) im Einzugsgebiet der Weißen Elster. Aufgrund ihrer strukturellen und klimatischen Gegebenheiten gilt die Modellregion als typisch für große Teile Deutschlands. Die gewählten Methoden und Werkzeuge sind so angelegt, dass sie auf andere Mittelgebirgsregionen übertragbar sind. Die Umsetzung erfolgte in enger Zusammenarbeit mit kommunalen Praxispartnern vor Ort.

Im Rahmen des Projekts KlimaKonform wurden unter anderem folgende Arbeitsschwerpunkte verfolgt:

- Ermittlung der Bedarfe von Akteuren aus Verwaltung, Wirtschaft und Gesellschaft auf kommunaler Ebene im Hinblick auf die Anpassung an den Klimawandel
- Darstellung der Auswirkungen und Risiken des Klimawandels in der Modellregion
- Bereitstellung von Daten und Informationen als Entscheidungsgrundlage für Planungs- und Entscheidungsprozesse

- Analyse der Anpassungskapazitäten an den Klimawandel
- Untersuchung möglicher Anpassungsmaßnahmen
- Etablierung einer Beratung für Kommunen zur Klimaanpassung

Veröffentlichung der Ergebnisse über das Regionale Klimainformationssystem ReKIS

Der Maßnahmenplan zum Energie- und Klimaprogramm Sachsen enthält darüber hinaus folgende Vorhaben im Bereich Klimaanpassung:

- Fachbegleitung von Kommunen durch das Fachzentrum Klima am Landesamt für Umwelt, Landwirtschaft und Geologie (LfULG)
- Förderangebote zur Umsetzung von Klimaanpassungsmaßnahmen
- Information und Sensibilisierung relevanter Akteure durch Kommunikations- und Netzwerkarbeit der Landesverwaltung
- „Grundsatzkonzeption öffentliche Wasserversorgung 2030“ als Grundlage zur Anpassung der Wasserversorgungsinfrastruktur und der Bewirtschaftung
- Anpassung der Trink- und Brauchwasserversorgung aus Talsperren
- Fortführung des Waldumbaus

Initiative Klimaschulen

Initiative Klimaschulen: Mit der Initiative Klimaschulen wird das Thema Klima – sowohl Klimaschutz als auch Klimaanpassung – als eigenständiges Schulprofil in sächsischen Schulen etabliert. Der 2015 gestartete Modellversuch mit zehn Schulen (Gymnasien, Oberschulen, Förderschulen) wurde 2018 abgeschlossen und durch eine weiterführende Finanzierung verstetigt. Die inhaltlichen Ansätze und Aktivitäten der beteiligten Schulen sind vielfältig und zeigen eine zunehmende Eigenständigkeit im Umgang mit dem Klimaschulprofil. Aktuell umfasst das Klimaschulnetzwerk 60 Klimaschulen. Dazu gehören neun Grundschulen, fünf Förderschulen, sieben Oberschulen, 23 Gymnasien, sechs Berufsschulzentren und zehn Schulen mit mehreren Schularten.

Lokale Maßnahmen

Klimaanpassungsnetzwerk Sachsen

Im Rahmen der Projekte LIFE LOCAL ADAPT und Klima-Konform wurde eine gezielte Vernetzung lokaler Akteure initiiert. Aus diesen Projekten ging das Klimaanpassungsnetzwerk Sachsen hervor, das unter der Leitung des Fachzentrums Klima am Landesamt für Umwelt, Landwirtschaft und Geologie (LfULG) kommunale Mitarbeitende miteinander verknüpft. Das Netzwerk dient als zentrale Plattform für den fachlichen Austausch und die Weitergabe praxisnaher Erfahrungen aus der kommunalen Klimaanpassung.

Für die Landeshauptstadt Dresden wird auf das Projekt REGKLAM (Regionales Klimaanpassungsprogramm für die Modellregion Dresden) sowie das daraus hervorgegangene integrierte Klimaanpassungsprogramm verwiesen. Dieses Programm bündelt stadt- und regionalspezifische Maßnahmen, die auf einer umfassenden Vulnerabilitätsanalyse basieren.

Die Stadt Chemnitz verfügt seit Ende 2012 über ein Integriertes Klimaschutzprogramm, das neben dem Klimaschutz auch den Klimawandel und dessen Folgen berücksichtigt. Es bildet die Handlungsgrundlage für kommunale Klimaschutz- und Klimaanpassungsmaßnahmen. Chemnitz und Delitzsch nahmen zudem am Modellvorhaben European Climate Award (eca) teil – einem prozessbasierten Qualitätsmanagement- und Zertifizierungsverfahren für die kommunale Klimafolgenanpassung, das durch den Freistaat Sachsen gefördert wurde. Der eca-Prozess setzt auf eine lokale Vernetzung relevanter Akteure, um die Umsetzung von Anpassungsmaßnahmen nachhaltig zu sichern. Die Stadt Zwickau hat in den Jahren 2015/2016 eine eigene Klimaanpassungsstrategie mit zugehöriger Vulnerabilitätsanalyse erarbeitet und veröffentlicht. Das Strategiepapier enthält 40 konkrete Maßnahmenvorschläge in sieben kommunalen Handlungsfeldern und dient als strategischer Rahmen für zukünftige Anpassungsaktivitäten.

Kooperation und Austausch mit dem Privatsektor

Das Sächsische Staatsministerium für Energie, Klima, Umwelt und Landwirtschaft (SMEKUL) arbeitet in enger Kooperation mit der VKU-Landesgruppe Sachsen, um das Thema „klimabasierte Risiken in kommunalen Unternehmen“ aufzugreifen. In diesem Rahmen wurde ein Online-Portal entwickelt, das für unterschiedliche Branchen kommunaler Unternehmen sowie für Kultureinrichtungen Informationen bereitstellt. Das Portal umfasst Hinweise zu Klimarisiken, anwendbare Anpassungsoptionen, geeignete Werkzeuge sowie bestehende Netzwerke und Kooperationsmöglichkeiten.

8.3.14 Sachsen-Anhalt

Gesetzliche Anforderungen

Die Landesregierung von Sachsen-Anhalt hat im Jahr 2007 eine fach- und ressortübergreifende Arbeitsgruppe „AG Klima" eingerichtet. Diese Arbeitsgruppe begann bereits 2008 mit der Erarbeitung der ersten Strategie zur Anpassung an den Klimawandel, die im Jahr 2010 vom Kabinett bestätigt wurde.

Arbeitsgruppe Klima

Nach einer ersten Aktualisierung im Jahr 2013 und der Vorlage von zwei Umsetzungsberichten wurde die Landesstrategie im Jahr 2019 erneut fortgeschrieben. Derzeit erfolgt die dritte Fortschreibung, deren Abschluss für das Jahr 2026 vorgesehen ist.

Zur Überprüfung der Zielerreichung wird in regelmäßigen Abständen ein Umsetzungsbericht zur Landesanpassungsstrategie erstellt. Der erste Bericht erschien 2012, der zweite 2015, und der dritte wurde im März 2022 verabschiedet. Diese Berichte werden veröffentlicht und sind damit öffentlich zugänglich.

Mit Blick auf die Umsetzung des Bundes-Klimaanpassungsgesetzes (KAnG) vom 20.12.2023 in Landesrecht arbeitet Sachsen-Anhalt derzeit an der Erarbeitung eines Landes-Klimaanpassungsgesetzes.

Länderspezifische Anpassungsmaßnahmen

Die in der Landesstrategie zur Anpassung an den Klimawandel benannten Maßnahmen wurden von den jeweils fachlich zuständigen Ressorts erarbeitet und werden in deren eigener Zuständigkeit umgesetzt. Über den Stand der Umsetzung informiert die Landesregierung regelmäßig in Umsetzungsberichten, die der Öffentlichkeit zugänglich sind.

Ein zentrales Instrument der praktischen Umsetzung ist das Landesförderprogramm KLIMA III, das im Juli 2024 veröffentlicht wurde und auf eine sehr hohe Nachfrage stieß. Das Programm wurde aus EFRE-Mitteln finanziert, verfügte über ein Gesamtvolumen von 35 Mio. Euro und richtete sich ausschließlich an kommunale Gebietskörperschaften zur Förderung von Anpassungsmaßnahmen an die Folgen des Klimawandels. Förderfähig waren u. a.:

- Maßnahmen des kommunalen Starkregen- und Hochwasserrisikomanagements
- Erstellung von Klimaanalysen und Hitzeaktionsplänen
- Investive Vorhaben wie Entsiegelung, Begrünung und Beschattung öffentlicher Flächen und Gewässer
- Dach-, Fassaden- und Straßenbegrünung

Die Investitionsbank Sachsen-Anhalt fungierte als Bewilligungsstelle. Auf den ersten Förderaufruf vom 10.07.2024 folgte am 26.05.2025 der zweite Förderaufruf.

In der Fassung der Strategie aus dem Jahr 2019 wurden für die einzelnen Sektoren spezifische Maßnahmen festgelegt, ohne diese als Schlüsselmaßnahmen zu priorisieren. Die Umsetzung liegt in personeller und finanzieller Verantwortung der jeweiligen Ressorts. Der Umsetzungsbericht 2021 dokumentiert den Stand dieser Maßnahmen.

Im Zuge der derzeitigen Fortschreibung der Landesstrategie wird ein separater Maßnahmenplan als Anlage erarbeitet. Die Ressorts sowie weitere Beteiligte – darunter Universitäten und Hochschulen – haben hierzu ihre Maßnahmen nach einem einheitlichen Formblatt definiert. Auch hier erfolgt keine Gewichtung oder Definition von Schlüsselmaßnahmen. Besonders viele Maßnahmen wurden bislang in den besonders betroffenen Sektoren Wasser, Landwirtschaft, Forstwirtschaft, Tier- und Pflanzenwelt, Kommunen und Bildung gemeldet; in anderen Sektoren beschränkt sich die Zahl der Maßnahmen auf ein bis zwei.

Die Landesregierung versteht Klimaanpassung als gemeinsame gesellschaftliche Aufgabe. Im Rahmen der Fortschreibung der Strategie fand im November 2024 eine öffentliche Dialogveranstaltung statt, die den partizipativen Prozess vertiefte und eine breite Einflussnahme auf die Ausgestaltung der Strategie ermöglichte. Bereits bei früheren Fortschreibungen waren öffentliche Anhörungen in schriftlicher Form Bestandteil des Verfahrens. Unterschiedlichste gesellschaftliche Akteure konnten ihre Erkenntnisse und Perspektiven einbringen sowie Stellungnahmen abgeben. Die eingegangenen Hinweise werden nun gesichtet, ausgewertet und in die überarbeitete Strategie integriert. Damit basiert die Strategie auf einer breiten gesellschaftlichen Beteiligung und profitiert von der vielfältigen Expertise im Land.

Lokale Maßnahmen

Die Landesregierung Sachsen-Anhalt hat im Jahr 2007 eine fach- und ressortübergreifende Arbeitsgruppe Klima (AG Klima) eingerichtet. In der AG Klima sind *AG Klima*

Vertreterinnen und Vertreter aus Verwaltung, Fachbehörden, kommunalen Spitzenverbänden, Universitäten und Hochschulen des Landes sowie aus überregionalen Forschungsorganisationen – darunter das Umweltforschungszentrum Leipzig (UFZ) und der Deutsche Wetterdienst – vertreten. Die AG Klima befasst sich sowohl mit Klimaschutz als auch mit der Anpassung an die Folgen des Klimawandels. Zu ihren zentralen Aufgaben zählen die Politikberatung, die Initiierung von Forschungsprojekten sowie die Erstellung, Aktualisierung und Begleitung der Umsetzung der Anpassungsstrategie des Landes. Die Geschäftsstelle der AG Klima ist im Landesamt für Umweltschutz (LAU) angesiedelt.

ReKIS

Das von Sachsen, Sachsen-Anhalt und Thüringen gemeinsam betriebene Regionale Klimainformationssystem ReKIS ist ein interaktives Werkzeug zur Bereitstellung, Dokumentation, Bewertung und Interpretation von Klimadaten. Neben dem Daten- und Kartenservice ReKIS-Expert bietet die Plattform nutzerspezifische, aufbereitete Informationen. Im Bereich ReKIS-Kommunal stehen Klimasteckbriefe für jede Kommune und jeden Landkreis in Sachsen-Anhalt zur Verfügung, ergänzt durch Handlungsoptionen. Das Modul „Der Weg zum Anpassungskonzept" unterstützt Kommunen bei der Umsetzung der Anforderungen des Bundes-Klimaanpassungsgesetzes. Darüber hinaus gibt der Bereich ReKIS-Wissen einen strukturierten Überblick über bereits eingetretene und zukünftig zu erwartende Klimaänderungen, die mithilfe von Karten und Diagrammen anschaulich visualisiert werden.

Das Landesamt für Umweltschutz Sachsen-Anhalt ist zudem Partner im Forschungsprojekt KlimaKonform. Neben dem LAU sind unter anderem die Technische Universität Dresden, die Friedrich-Schiller-Universität

Jena, die United Nations University (UNU-Flores), das Helmholtz-Zentrum für Umweltforschung sowie weitere Partner beteiligt. Ziel des Projekts ist es, gemeinsam mit Landkreisen, ausgewählten Pilotkommunen und weiteren Praxispartnern die Anpassungskapazitäten in Mittelgebirgsregionen zu verbessern.

In der ersten Projektphase von Mai 2020 bis April 2023 wurden exemplarische Tools entwickelt, um die Auswirkungen und Risiken des Klimawandels in der Modellregion darzustellen und mögliche Anpassungsmaßnahmen zu planen. Diese Werkzeuge werden Kommunen als Entscheidungsgrundlage zur Verfügung gestellt. Die Ergebnisse wurden als interaktive Tour aufbereitet.

In der zweiten Projektphase von 2023 bis 2026 werden die Inhalte vertieft, erweitert und auf andere Gemeinden übertragen. Thematische Schwerpunkte sind unter anderem die Bedeutung von Stadtgrün und Gründächern, Hitzebelastung und Gebäudeschadensrisiken, urbane Kanalsysteme und Überflutungen, Hochwasserrisiken, Grundwasserentwicklung, Talsperrenbewirtschaftung sowie Auswirkungen auf Land- und Forstwirtschaft, Regionalökonomie und Unternehmen. In der Pilotkommune Zeitz arbeitet das LAU eng mit der Stadtverwaltung zusammen, unterstützt bedarfsgerecht bei der Planung von Anpassungsmaßnahmen und fördert den Austausch zwischen Verwaltung und Forschungseinrichtungen. Hierzu werden regelmäßige Austausch- und Arbeitstreffen vor Ort organisiert.

Im Rahmen von KlimaKonform führte das LAU gemeinsam mit der Friedrich-Schiller-Universität Jena im April 2024 eine Befragung aller Kommunen in Sachsen-Anhalt zu den Themen Klimawandel, Klimaschutz und

Klimaanpassung durch. Die Ergebnisse fließen in die weitere Ausrichtung der Anpassungsstrategie und die Unterstützung der Kommunen ein.

Anpassungsstrategien und -konzepte einzelner Kommunen

Das Land Sachsen-Anhalt betrachtet es seit vielen Jahren als zentrale Aufgabe, den Anpassungsprozess der jeweils zuständigen Sektoren aktiv zu begleiten. Ein Schwerpunkt liegt darauf, Landkreise und Kommunen hinsichtlich ihrer Verantwortung für das Gemeinwohl im Kontext der Klimaanpassung zu sensibilisieren. Ziel ist es, dass die Kommunen ihre eigene Betroffenheit analysieren, konkrete Anpassungsmaßnahmen identifizieren und eine fundierte Abwägung der Handlungsoptionen vornehmen. Die Landesregierung unterstützt diesen Prozess durch Konferenzen, Tagungen, Projekte sowie Forschungsarbeiten.

Exemplarisch seien folgende kommunale Aktivitäten genannt:

- Anpassungskonzept an die Folgen des Klimawandels für den Landkreis Mansfeld-Südharz und die Stadt Sangerhausen.
- Klimaanpassungskonzept für die Landeshauptstadt Magdeburg.

Integrierte Klimaschutz- oder Stadtentwicklungskonzepte mit Klimaanpassungsmaßnahmen, erarbeitet u. a. in: Landkreis Jerichower Land, Dessau-Roßlau, Lutherstadt Wittenberg, Bitterfeld-Wolfen, Naumburg,

Salzwedel, Schönebeck, Gommern, Tangermünde (Stand: Januar 2026).

- In Arbeit (Stand: Januar 2026): Salzlandkreis, Landkreis Anhalt-Bitterfeld.
- Integriertes Kommunales Klimaschutzkonzept der Stadt Halle (Saale), 2018 fortgeschrieben und um Maßnahmen mit Schwerpunkt Klimaanpassung ergänzt.

Im Rahmen des Forschungsprojekts KlimaKonform wurden zwei Kommunenbefragungen durchgeführt, die auch Fragen zu Anpassungsmaßnahmen und dem strategischen Vorgehen im Projektgebiet (u. a. Burgenlandkreis) umfassten. Bei der zweiten Befragung im April 2024 gaben 10,6 % der teilnehmenden Kommunen an, dass eine integrierte Anpassungsstrategie vorliegt, in Arbeit ist oder geplant wird.

Stakeholder-Beteiligung

Für die Fortschreibung der Strategie des Landes zur Anpassung an den Klimawandel fand vom 07..08.2024 bis 20.11.2024 ein Beteiligungsverfahren über das Beteiligungsportal des Landes statt. Eingeladen waren alle Kommunen, relevanten Verbände, Vereinigungen, Institutionen, Kammern und Religionsgemeinschaften. Auch interessierte Bürgerinnen und Bürger konnten den Entwurf der Strategie kommentieren. Am 07.11.2024 wurde der Entwurf in einer Dialogveranstaltung vorgestellt und mit den anwesenden Stakeholdern diskutiert. Die eingegangenen Stellungnahmen werden derzeit von den zuständigen Ressorts ausgewertet, um die Erkenntnisse in die endgültige Strategie einfließen zu lassen.

8.3.15 Schleswig-Holstein

Gesetzliche Anforderungen

In Schleswig-Holstein wurden die zentralen Handlungsfelder zur Klimaanpassung erstmals im Klimaschutzbericht 2009 der Landesregierung benannt. Besonders betroffen sind demnach die biologische Vielfalt, die Wasserwirtschaft, der Küstenschutz, die Land- und Forstwirtschaft sowie der Tourismus und der Verkehr. Aufbauend darauf veröffentlichte das Land 2017 die Broschüre „Anpassung an den Klimawandel – Fahrplan für Schleswig-Holstein“, in der für diese prioritären Handlungsfelder mögliche Maßnahmen und Umsetzungspfade beschrieben werden.

Seit Sommer 2023 wird eine umfassende Landesstrategie zur Anpassung an den Klimawandel erarbeitet, die konkrete Handlungsziele und Maßnahmen enthalten soll. Am Entwicklungsprozess beteiligt ist ein Klimaanpassungs-Expertinnen- und Expertennetzwerk mit rund 30 Vertreterinnen und Vertretern aus Wirtschaft, Wissenschaft, Verwaltung und Zivilgesellschaft.

Klimaanpassung in der räumlichen Planung

Die Berücksichtigung der Klimaanpassung in der räumlichen Planung wurde bereits mit dem Landesplanungsgesetz Schleswig-Holstein vom 27.01.2014 verankert. § 5 schreibt vor, dass bei der regionalen und überregionalen Landschaftsplanung die räumlichen Erfordernisse des Klimaschutzes und der Klimaanpassung in Raumordnungsplänen zu berücksichtigen sind.

Mit der Novelle des Energiewende- und Klimaschutzgesetzes Schleswig-Holstein (EWKG) im

Dezember 2021 wurden erstmals verbindliche Regelungen zur Klimaanpassung in Landesrecht aufgenommen. § 32 EWKG verpflichtet das Land zur Erarbeitung einer Klimaanpassungsstrategie und zur Umsetzung entsprechender Maßnahmen. Die Landesregierung schreibt die Anpassungsstrategie an den Klimawandel mindestens alle fünf Jahre fort.

Aufgrund bundesrechtlicher Vorgaben, insbesondere durch das am 01.07.2024 in Kraft getretene Bundes-Klimaanpassungsgesetz (KAnG), wurde eine weitere Anpassung des Landesrechts erforderlich. Im März 2025 verabschiedete die Landesregierung eine zweite Novelle des EWKG. Diese sieht in § 33 EKWG vor, dass bis spätestens 30.06.2029 alle Kreise und kreisfreien Städte in Schleswig-Holstein eigene Klimaanpassungsstrategien entwickeln, die auf Klimarisikoanalysen oder vergleichbaren Entscheidungsgrundlagen basieren. Die Strategien sollen Handlungsfelder benennen und konkrete Maßnahmenkataloge enthalten, um eine koordinierte Umsetzung auf kommunaler Ebene zu gewährleisten. Zugleich schafft die Novelle die rechtliche Grundlage zur Erfüllung der bundesgesetzlichen Berichtspflichten.

Länderspezifische Anpassungsmaßnahmen

Küsten und Hochwasserschutz

Die künftige Strategie zur Anpassung an die Folgen des Klimawandels des Landes Schleswig-Holstein, die sich derzeit in der Erarbeitung befindet, wird eine tabellarische Übersicht zentraler Maßnahmen enthalten. Bereits jetzt setzt das Land jedoch in mehreren Handlungsfeldern konkrete Anpassungsmaßnahmen um – mit einem besonderen Schwerpunkt im Küsten- und Hochwasserschutz.

Ein zentrales Instrument ist der Generalplan Küstenschutz, der den prognostizierten beschleunigten Meeresspiegelanstieg berücksichtigt. Landesschutzdeiche werden dabei mit einem Klimazuschlag und einer Baureserve verstärkt. Die Deiche erhalten eine Erhöhung um etwa 0,5 Meter über den aktuellen Bedarf hinaus sowie eine deutlich flachere Außenböschung. So wird ein Meeresspiegelanstieg von 1,0 Meter in der Sicherheitsplanung einkalkuliert. Sollte der Anstieg höher ausfallen, kann die Bauweise eine zusätzliche Erhöhung um bis zu einem weiteren Meter ermöglichen. In zwei Bauphasen ließe sich damit ein Anstieg von insgesamt bis zu 2,0 Metern ausgleichen.

Für den Schutz des Wattenmeers hat die Landesregierung 2015 die „Strategie für das Wattenmeer 2100“ beschlossen. Ziel ist es, die ökologischen Strukturen und Funktionen dieses UNESCO-Weltnaturerbes auch unter den Bedingungen eines beschleunigten Meeresspiegelanstiegs zu erhalten.

Zur langfristigen Sicherung der bewohnten Halligen wurde 2016 ein Warftverstärkungs- und Entwicklungsprogramm initiiert. Kern des Programms ist die nachhaltige Erhöhung und Stabilisierung der Halligwarften, um die Siedlungsfähigkeit auch bei steigenden Meeresspiegeln zu gewährleisten. Bislang wurden drei Warften zu sog. Klimawarften ausgebaut, vier weitere befinden sich in Planung.

Auch die Ostseeküste steht angesichts zunehmender Sturmflutwasserstände und steigender Meeresspiegel im Fokus der Anpassungsplanung. Bis 2025 wird die Strategie „Entwicklung Ostseeküste 2100“ erarbeitet, die Küstenschutz, Tourismus und Naturschutz in einem langfristigen Gesamtkonzept vereint. Ziel ist es, die Ostseeküste nachhaltig auf die Herausforderungen des Klimawandels vorzubereiten und ihre Schutz-, Nutzungs- und Erholungsfunktionen zu sichern.

Ein erheblicher Teil der Landesfläche Schleswig-Holsteins – rund ein Fünftel – liegt unter Normalhöhe Null. Diese sog. Niederungen werden überwiegend aktiv über Schöpfwerke und Siele entwässert. Angesichts des steigenden Meeresspiegels in Nord- und Ostsee, zunehmender Winterniederschläge sowie häufiger Dauer- und Starkregenereignisse wird diese Entwässerung zunehmend anspruchsvoller. Um diesen Herausforderungen langfristig zu begegnen, wurde die „Strategie für die Zukunft der Niederungen bis 2100" entwickelt. Sie initiiert einen generationsübergreifenden Anpassungsprozess, in dem die eng vernetzten Handlungsfelder Wasser- und Landwirtschaft, Natur-, Gewässer- und Klimaschutz sowie Raumplanung und Landentwicklung zusammengeführt werden. Die Strategie, die 2024 veröffentlicht wurde, definiert gemeinsame Ziele und Maßnahmen für eine klimaangepasste und zukunftsfähige Entwicklung der Niederungen. Erste Pilotprojekte in ausgewählten Regionen setzen bereits konkrete Anpassungsvorhaben um.

Die Auswirkungen des Klimawandels betreffen auch die biologische Vielfalt des Landes. Um die Anpassungsfähigkeit von Ökosystemen, Arten und Lebensräumen zu stärken, veröffentlichte die Landesregierung im Oktober 2021 die „Strategie zum Erhalt der biologischen Vielfalt in Schleswig-Holstein". Neben dem direkten Schutz von Ökosystemen wie Wäldern, Mooren und Niederungen trägt diese Strategie durch die natürlichen Speicher- und Pufferfunktionen von Kohlenstoffdioxid und Wasser auch zum Klimaschutz und zur Klimaanpassung bei.

Mit einem Waldanteil von nur etwa 11,5 % ist Schleswig-Holstein das waldärmste Bundesland. Zudem bestehen rund 33 % der Waldflächen aus reinen Nadelwäldern, die insbesondere in Dürresommern durch Borkenkäferbefall, andere Insektenpopulationen und Sturmereignisse stark gefährdet sind. Um die Widerstandsfähigkeit zu erhöhen, verfolgt das Land den schrittweisen Umbau zu standortgerechten, strukturreichen Mischwäldern.

Ein wichtiges Förderinstrument ist das 2020 verabschiedete Programm „Biologischer Klimaschutz durch Moorschutz und Neuwaldbildung". Es umfasst Maßnahmen zur Wiedervernässung von Mooren, zur Neuwaldbildung und zum Waldumbau auf Moorböden sowie zur Umwandlung von Ackerflächen in extensiv genutztes Dauergrünland. Ziel ist es, bis 2030 jährlich bis zu 717.500 t CO_2-Äquivalente einzusparen. Neben den positiven Effekten für den Klimaschutz entstehen Synergien für den Biodiversitäts-, Gewässer- und Bodenschutz.

Lokale Maßnahmen

In Schleswig-Holstein existieren auf kommunaler Ebene bereits verschiedene Strategien und Konzepte zur Anpassung an die Folgen des Klimawandels. Dazu zählen unter anderem die Strategie zur Anpassung an den Klimawandel im Kreis Rendsburg-Eckernförde, das Klimaanpassungskonzept des Kreises Stormarn, das Klimaanpassungskonzept für die Hansestadt Lübeck, das Klimaanpassungskonzept der Stadt Flensburg, das Klimaanpassungsprogramm des Kreises Schleswig-Flensburg sowie das Klimaschutzteilkonzept zur Anpassung an den Klimawandel für den Kreis Segeberg.

Darüber hinaus wird derzeit ein Rahmenkonzept Klimaanpassung für die Landeshauptstadt Kiel erarbeitet.

Die Einbindung von Stakeholdern erfolgt in Schleswig-Holstein über verschiedene etablierte Formate. Ein zentrales Gremium ist der Beirat Integriertes Küstenschutzmanagement, der bereits 1999 gegründet wurde. Hier werden Kommunalverbände, Wasser- und Bodenverbände sowie Naturschutzverbände regelmäßig, i. d. R. zweimal jährlich, durch das zuständige Ministerium über strategische Fragen des Küstenschutzes und der Klimaanpassung informiert. Die Verbände können in diesem Rahmen eigene Themen und Anliegen einbringen und direkt mit den Vertretern des Landes erörtern.

Ein weiteres etabliertes Beteiligungsformat ist das Bürgermeistergespräch Halligen 2050. Unter Leitung des zuständigen Abteilungsleiters im Ministerium werden die Bürgermeister der Halligen mehrmals jährlich über den Fortschritt des Warftverstärkungsprogramms informiert. In diesen Gesprächen werden Fragen, Sorgen und Forderungen der Halligbevölkerung aufgenommen und – soweit möglich – direkt geklärt.

8.3.16 Thüringen

Gesetzliche Anforderungen

IMPAKT

In Thüringen wurde die Klimaanpassung im Rahmen des Integrierten Maßnahmenprogramms zur Anpassung an die Folgen des Klimawandels (IMPAKT) verankert. Dieses Programm wurde im Zuge der laufenden Fortschreibung zu einer umfassenden Thüringer Klimaanpassungsstrategie (IMPAKT II) weiterentwickelt. Ziel ist es, die bestehenden Maßnahmen zu bündeln, gezielt auszubauen und an die aktuellen klimatischen Herausforderungen anzupassen.

Mit IMPAKT II[1] legt die Thüringer Landesregierung die erste Fortschreibung des Integrierten Maßnahmenprogramms zur Anpassung an die Folgen des Klimawandels im Freistaat Thüringen (IMPAKT) aus dem Jahr 2013 vor. IMPAKT II erfüllt die Anforderung des im Dezember 2018 verabschiedeten Thüringer Klimagesetzes (ThürKlimaG), das unter anderem eine regelmäßige Weiterentwicklung des Integrierten Maßnahmenprogramms vorsieht. Das Maßnahmenprogramm beinhaltet nun insgesamt 47 Maßnahmen aus allen relevanten Bereichen, die vom Klimawandel betroffen sind und in denen Anpassungsmaßnahmen erforderlich sind.

---

1 Ministerium für Umwelt, Energie und Naturschutz (2019): Integriertes Maßnahmenprogramm zur Anpassung an die Folgen des Klimawandels im Freistaat Thüringen – IMPAKT II. Erfurt: TMUEN. URL: https://umwelt.thueringen.de/fileadmin/001_TMUEN/Unsere_Themen/Klima/Klimaanpassung/IMPAKT_II_Broschuere.pdf (Zugriff am 28.01.2026).

Eine zentrale rechtliche Grundlage bildet das Ende 2018 verabschiedete Thüringer Klimagesetz. Dieses verankert Klimaschutz und Klimaanpassung gleichberechtigt als zwei tragende Säulen der Landespolitik. Die gesetzliche Festschreibung unterstreicht, dass beide Handlungsfelder parallel und mit gleicher Priorität verfolgt werden müssen, um den komplexen Herausforderungen des globalen Klimawandels wirksam zu begegnen.

Länderspezifische Anpassungsmaßnahmen

Mit der Veröffentlichung des Thüringer Klima- und Anpassungsprogramms im Jahr 2009 hat der Freistaat Thüringen den strukturierten Prozess der Klimafolgenanpassung eingeleitet. Unter fachlicher Begleitung der Thüringer Klimaagentur – heute Kompetenzzentrum Klima – entstand 2013 das Integrierte Maßnahmenprogramm zur Anpassung an die Folgen des Klimawandels im Freistaat Thüringen (IMPAKT).

IMPAKT ist die regionale Antwort auf den globalen, europäischen und nationalen Konsens, wissenschaftliche Erkenntnisse der Klimaforschung frühzeitig in eine vorausschauende, planende und handelnde Anpassungspolitik zu überführen. Das Programm bildet die fachliche Grundlage für den kooperativ-strategischen Ansatz der Landesregierung, mit dem die Anpassungskapazität in den einzelnen Handlungsfeldern erhöht, die Vulnerabilität gegenüber den Folgen des Klimawandels verringert und die Bewusstseinsbildung für notwendige Anpassungsmaßnahmen in behördliche und private Entscheidungsprozesse integriert werden soll.

Im Oktober 2019 wurde mit IMPAKT II die Fortschreibung des Programms beschlossen und im Thüringer Klimagesetz verankert. Derzeit erfolgt mit IMPAKT III eine erneute Fortschreibung, die das Programm zu einer umfassenden Thüringer Klimaanpassungsstrategie im Sinne des Bundes-Klimaanpassungsgesetzes weiterentwickelt.

Mit dieser Fortschreibung wird IMPAKT III zu einer umfassenden Thüringer Klimaanpassungsstrategie im Sinne des Bundes-Klimaanpassungsgesetzes weiterentwickelt.

Das Kompetenzzentrum Klima am Thüringer Landesamt für Umwelt, Bergbau und Naturschutz stellt umfassende Kenntnisse zur aktuellen Klimaentwicklung in Thüringen und zu den damit verbundenen Folgen bereit. Es unterstützt regionale und lokale Planungsprozesse durch ein umfangreiches Datenangebot, das als Grundlage für die Ableitung notwendiger Anpassungsmaßnahmen dient.

Eine Übersicht der zentralen Anpassungsmaßnahmen in Thüringen ist im IMPAKT-Programm enthalten. Zu den besonders hervorzuhebenden Good-Practice-Beispielen gehören die Niedrigwasserstrategie, der Hochwasserschutz und die Starkregenvorsorge, die Kommunale Hitzetoolbox, der Thüringer Klimaleitfaden, ReKIS Kommunal sowie KlimaKonform.

Lokale Maßnahmen

ReKIS

Das Kompetenzzentrum Klima stellt im Rahmen des Regionalen Klimainformationssystems (ReKIS) interaktive Karten zum beobachteten Klimawandel bereit.

Diese bieten Landkreisen und Kommunen umfassende Informationsmöglichkeiten zur Entwicklung von Temperatur, Niederschlag und Temperaturkenntagen. Kommunale Akteure können so schnell und gezielt relevante Daten abrufen. Ergänzend stehen Klimarasterdaten mit statistischen Auswertungen für alle Thüringer Landkreise und Gemeinden zur Verfügung, die Auskunft über die Entwicklung wichtiger Klimaparameter und Kenngrößen geben. Grundlage hierfür sind die Stationsmessdaten des Deutschen Wetterdienstes.

Der Thüringer Klimaleitfaden bietet anhand interaktiver Karten zu den Schwerpunkten Wärmebelastung, Starkregen und Trockenstress einen Überblick über die Klimaentwicklung, die Sensitivität gegenüber klimatischen Veränderungen sowie die daraus resultierenden Wirkungen. Städte und Gemeinden können so abschätzen, in welchem Ausmaß sie jeweils betroffen sind, und gezielte Handlungsmöglichkeiten ableiten, um den Klimawirkungen aktiv entgegenzuwirken.

Darüber hinaus ist Thüringen Teil der Fünfländerkooperation der Klimakompetenzzentren der Bundesländer Baden-Württemberg, Rheinland-Pfalz, Nordrhein-Westfalen, Hessen und Thüringen.

Anpassungsstrategien und -konzepte einzelner Kommunen

- JenKAS – Jenaer Klimaanpassungsstrategie: Strategisches Konzept zur Anpassung der Stadt Jena an die Folgen des Klimawandels.
- JELKA: Für Jena entwickeltes lokales Entscheidungsunterstützungswerkzeug, das Anpassungsoptionen

aus unterschiedlichen Werkzeugen und Datenbanken bündelt und lokal relevante Maßnahmen darstellt.

- Maßnahmenkatalog der Stadt Erfurt: Enthält konkrete Handlungsansätze für die kommunale Klimaanpassung.
- Forschungsprojekt Heat Resilient City: Entwicklung und Umsetzung hitzeresilienter Stadtstrukturen mit besonderem Fokus auf Wohnquartiere.
- Maßnahmenkatalog des Landkreises Ilm-Kreis: Übersicht regionaler Anpassungsmaßnahmen.

Kooperation und Austausch mit dem Privatsektor

Im Rahmen des bundesweiten Projekts klimafit werden an Thüringer Volkshochschulen Kurse angeboten, die Bürgerinnen und Bürger für die Herausforderungen des Klimawandels sensibilisieren und praxisnahes Wissen zur Klimaanpassung vermitteln.

9

9 Projektdatenbank

Inhaltsverzeichnis

9 Projektdatenbank

In der Projektdatenbank finden Sie erfolgreiche Projekte zum Thema Klimaanpassung aus der Praxis. Ob privater Bauherr oder Kommune, Vorreiter oder gut ausgeführtes Standardvorgehen, kleine, lokale Anpassung oder großflächige Umsetzung – wir tragen die unterschiedlichsten Konzepte für Sie in einer eigenen Datenbank zum Nachschlagen zusammen.

Die Projektdatenbank finden Sie exklusiv in der Medienbibliothek zum Download, Zugang siehe Kapitel 1.5. Die Medienbibliothek ist nur Bestandteil des Premium- und Online-Abos.

Projektpartner für Ihre nachhaltigen Projekte finden Sie unter www.bauindex-online.de/green-index/, dem Hersteller- und Dienstleister-Verzeichnis für Bauherren, Architekten und Planer zum Thema Klimaanpassung.

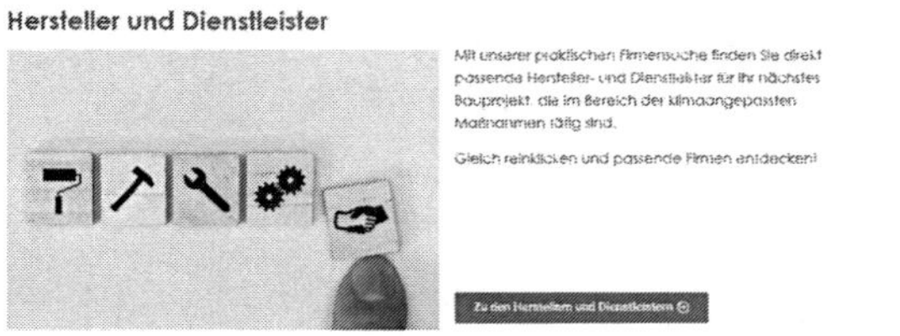

9.1 Regenwasserbewirtschaftung

9.1.1 Regenwasser braucht Aufenthaltserlaubnis

Bausteine der Regenwasserbewirtschaftung an Beispielen einer begrünten Lärmschutzwand in Großsachsenheim und einem „grünen Zimmer" als kühlende Baulücke in Ludwigsburg.

9.1.2 Regenwasser nutzen im Gartencenter

Ein Gartencenter investiert nach Überflutungen durch Starkregen in einen eigenen Regenwasserspeicher. Das gespeicherte Regenwasser wird dann auch zur Bewässerung der Pflanzen verwendet.

9.1.3 Projekt Interess-I alternative Wasserresourcen

Blau-grünen Infrastrukturen kommt eine besondere Bedeutung bei der Klimaanpassung in Städten zu. Eine wichtige Rolle spielt dabei die Sicherstellung einer verlässlichen Wasserversorgung, um den Erhalt des bestehenden und die Anlage von zukunftsfähigen, neuem Stadtgrün in nachhaltigen und resilienten Stadtquartieren zu ermöglichen.

9.1.4 Ersatz für Sickermulden

Für die Versickerung von Regenwasser sind bewachsene Mulden die erste Wahl. Doch was tun, wenn eine Mulde auf dem Gelände nicht möglich ist? Ein Sonderfall mit Versickerung ganz ohne Sickermulde ist der Kindergarten St. Martin in Bad Saulgau-Braunenweiler.

9.2 Gewerbeflächen

9.2.1 Klimaanpassung als Baustein nachhaltiger Gewerbegebiets-entwicklung

Welche Auswirkungen des Klimawandels in Gewerbegebieten besonders relevant sind und wie Kommunen und Unternehmen ihre Gebiete resilient und nachhaltig gestalten können, werden aus den Erfahrungen aus dem Projekt „Grün statt Grau – Gewerbegebiete im Wandel" dargestellt.

9.2.2 Klimagerechter Parkplatz

Zur Sicherung und Verbesserung der Lebensqualität setzt sich die Stadt Herne intensiv mit einer klimawandelgerechten Stadtentwicklung auseinander. Das 2019 etablierte Klimafolgenanpassungskonzept formuliert dazu Planungshinweise und liefert einen umfassenden Katalog mit geeigneten Anpassungsmaßnahmen. Eine davon ist der klimagerechte Parkplatz.

9.3 Klimaneutrale Energieversorgung

9.3.1 Projekt Naturstrom Berlin

Projektvorstellung des Öko-Quartiers Kokoni One der Naturstrom AG. Bei diesem Quartier wird mit Geothermie und Nahwärme fossilfrei geheizt.

9.4 Klimaanpassung am Gebäude

9.4.1 Umkehrdach mit Retention

Um die Folgen von Starkregen abzumildern, setzen immer mehr Kommunen, Architekten und Planer auf Retentionsdächer. Ravago Building Solutions dämmt ein solches nachhaltiges Umkehrdach mit Retention.

9.4.2 Grauwasser-Recycling mit Wärmerückgewinnung

Wasser- und Wärmerecycling in derselben Anlage, und zwar ohne Komforteinbuße. Was wie Wunschdenken aussieht, wird im Wohnungsbau bei einzelnen Objekten seit 10 Jahren mit Erfolg praktiziert: Die Mietnebenkosten sinken deutlich.

9.4.3 Hitzeschutz im Bungalow ohne Klimaanlage

Wie schützt man einen Flachbau aus den 70ern vor sommerlicher Hitze ohne den Einsatz einer Klimaanlage?

9.4.4 Update zur Regenwassernutzung in Haus und Garten

Wie kann Regenwasser in Haus und Garten genutzt und was muss dabei alles bedacht werden?

9.4.5 Dachbegrünung und Photovoltaik

Ist eine Dachbegrünung unter einer Photovoltaikanlage überhaupt möglich? Was gibt es hier zu beachten?

9.4.6 Wasser speichern und verdunsten auf dem Dach

Dachflächen können eine entscheidende Rolle im Wassermanagement eines Gebäudes, eines ganzen Stadtquartiers und der Stadt spielen, sofern sie gezielt als Wasserrückhaltevolumen genutzt werden.

9.4.7 Gebäude mit Verdunstungsanteil und dezentraler Regenwasserbewirtschaftung in Symbiose

Ein Gebäude mit 100 % dezentraler Regenwasserbewirtschaftung und einer Wasserhaushaltsbilanz mit angestrebten 50 % Verdunstungsanteil, wie im natürlichen Gelände vor der Bebauung.

9.4.8 Schwamm-Prinzip: Wie Gründächer Wasser speichern

Retention auf Flachdächern oder Gründächern bedeutet, dass das Dach Regenwasser zeitlich zurückhalten kann, um die zentrale Entwässerung zu entlasten. Die Projektbeschreibung zeigt, wie diese Bauweise auf einem begrünten Dach gelingt.

9.4.9 Entwässerungsrinnen in Tiefgaragen

Entwässerungsrinnen sind in Tiefgaragen vorgeschrieben. Wie diese so geplant werden, dass eine langjährige einwandfreie Funktion gewährleistet wird, beschreibt dieses Beispiel aus der Praxis.

9.5 Klimaanpassung an Freiflächen

9.5.1 Klimaresilienz von urbanen Boulevards

In den urbanen Stadtzentren kommt Boulevards in der Stadtentwicklung schon immer eine besondere Bedeutung zu. Der Ku'damm in Berlin wird klimaresilient und prägt so die Stadt.

9.5.2 Historische Baumalleen und Maßnahmen zur Stabilisierung

Der grundsätzliche Alleenerhalt und ihre Weiterentwicklung im urbanen Kontext müssen sich gleichzeitig der veränderten Straßennutzung, der Klimaentwicklung, dem veränderten Schaderregerpotenzial, dem Verlust an Biodiversität sowie der Sicherung der kommunalen Trinkwasserversorgung anpassen.

9.5.3 Platzbegrünung mit Solitärbäumen in hochwertiger Architektur – der Berliner Walter-Benjamin-Platz

Investitionen in ästhetischer Platzbepflanzung mit Großbäumen sind nur sinnvoll, wenn eine geeignete Baumart gewählt wird und ihr schwieriger Standort gute Wuchsbedingungen dauerhaft schafft.

9.5.4 Biodiversität in Außenräumen

Der Erhalt der Biodiversität ist neben ambitioniertem Klimaschutz das zentrale Thema unserer Zeit, wenn es darum geht, eine lebenswerte Zukunft auf der Erde zu sichern. Deshalb hat die DGNB ein Zertifikat entwickelt, dass Biodiversitätsfördernde Außenräume bewertet.

9.5.5 Von der traditionellen Pergola zur modernen Stadtlaube

Die Optimierung des Klimas in Städten ist dringend. Wenn kein Platz für einen Park oder eine andere große Grünfläche besteht gibt es immer noch die Möglichkeit mit Hilfe von schattigen Kleinräumen, also Pergolas, kühlende Räume für die Bewohner zu schaffen.

9.5.6 Mehr Räume für Bäume

Die Initiative „Mehr Räume für Bäume“ zielt, unter Bürgerbeteiligung, sowohl auf die Steigerung der Anzahl von Bäumen im Stadtgebiet ab, als auch auf die Gesunderhaltung von Bäumen im städtischen Raum.

9.5.7 Quantified Trees – Ein KI-gestütztes Vorhersagemodell zur Bewässerung urbaner Straßenbäume

Ein Projektbeitrag zur klimaangepassten Pflege urbaner Vegetation.

9.5.8 Regenwasser sicher und zuverlässig von Straßen ableiten

Praxisbeispiel einer Bankettbefestigung mit pult- und muldenförmigen Rinnen aus Granitpflastersteinen zur Ableitung des Regenwassers von Straßen.

9.6 Klimaanpassung im Quartier

9.6.1 KlimaWohL-Modellprojekt Herzkamp

Das Wohnquartier Herzkamp in Hannover-Bothfeld ist ein gelungenes Beispiel für klimaangepasstes, nachhaltiges Wohnen und Leben im Quartier. Es steht für einen ganzheitlichen Ansatz, der orientiert am Leitbild einer nachhaltigen Stadtentwicklung klimaanpassungsrelevante Verhaltensänderungen der Bewohner für das Grundbedürfnis ‚Wohnen' einschließt und Synergien zwischen Klimaanpassung und Klimaschutz schafft.

9.6.2 Resiliente Stadtquartiere

Echte Quartiere zu schaffen, gehört mit seiner Komplexität zur Königsdisziplin der Immobilienwirtschaft. Stadtquartiere mit gemischter Nutzung und einem eigenen, funktionierenden Ökosystem, die im besten Fall übergreifend gemanagt werden. Mit „maxfrei" soll ein derartiges Projekt bis Ende 2024 fertiggestellt werden.

9.6.3 Plattenbauareal der Zukunft

Plattenbauten haben in Deutschland eine wechselvolle Geschichte, hier werden sie geliebt, dort verschmäht, hier saniert, dort abgerissen. Auch in Wernigerode gilt es, die Zukunft der Plattenbauareale attraktiver für alle zu gestalten. Wie gehen wir mit ihnen in Zukunft um? Wie können wir neue Qualitäten schaffen, die im Einklang mit den Menschen, aber auch dem Planeten stehen?

9.6.4 Dezentrale Regenwasserbewirtschaftung auf den Buckower Feldern in Berlin

Auf den Buckower Feldern werden rund 900 neue Wohnungen gebaut. Besonders ist hier, dass bei diesem Bauvorhaben das Thema der Regenwasserbewirtschaftung schon von Beginn an mitgedacht wurde.

9.6.5 Die Essbare Stadt

Gemeinschaftliche, öffentliche Obstgärten als fixer Bestandteil der zukunftsorientierten, klimaangepassten Gemeinde.

9.6.6 Ansätze für klimagerechte Stadtentwicklung im Quartier

Das Projekt „Was wäre, wenn ...? Eine Stadt probt ihren Untergang“ ist aus der Fragestellung heraus entstanden, wie durch kooperative Steuerung und kollektives Lernen gemeinsame Zukunftsvorstellungen entstehen können. Es wurde im Rahmen des Programms „Transformation als Daueraufgabe“ der Nationalen Stadtentwicklungspolitik umgesetzt und erprobte neue Formen der Beteiligung, der Arbeit mit Narrativen und der intermediären Governance auf Quartiersebene.